内容提要

本图集分别对巴西、委内瑞拉、哥伦比亚、阿根廷、厄瓜多尔、秘鲁、智利、圭亚那和玻利维亚共九个国家，从国家概况、油气勘探开发现状、石油地质特征和勘探开发潜力、油气管道、石油加工及对外合作六个方面进行了叙述。重点介绍已发现常规油气2P可采储量、剩余常规油气2P可采储量、待发现常规油气可采资源量、非常规石油技术可采资源量、非常规天然气技术可采资源量，并以每个国家所涉及含油气盆地为对象，分别描述其勘探开发历程、区域地质、油气地质特征、成藏组合、典型油气藏解剖以及常规、非常规勘探开发潜力。

本图集可供从事全球油气勘探开发、海外油气业务发展战略的科研人员、管理人员参考使用。

图书在版编目（CIP）数据

世界油气勘探开发与合作形势图集.南美地区 / 胡永乐等编著.—北京：石油工业出版社，2021.7

ISBN 978-7-5183-4064-4

Ⅰ.①世… Ⅱ.①胡… Ⅲ.①油气勘探–南美洲–图集②油气田开发–南美洲–图集 Ⅳ.①TE1-64 ②TE3-64

中国版本图书馆 CIP 数据核字（2020）第 107653 号

审图号：GS（2020）3011 号

策划编辑：周家尧	章卫兵	责任编辑：马新福	
责任校对：郭京平		封面设计：周 彦	

出版发行：石油工业出版社

（北京安定门外安华里2区1号　100011）

网　址：www.petropub.com

编辑部:（010）64523543　图书营销中心:（010）64523633

经　　销：全国新华书店

印　　刷：北京中石油彩色印刷有限责任公司

2021年7月第1版　2021年7月第1次印刷

889×1194毫米　开本：1/16　印张：39.5

字数：1000千字

定价：500.00元

（如出现印装质量问题，我社图书营销中心负责调换）

版权所有，翻印必究

《世界油气勘探开发与合作形势图集》
编委会

主　　任：叶先灯

副 主 任：贾　勇　卞德智　蒋　奇　刘合年

编　　委：潘校华　郑小武　赖泽武　张光亚　田作基
　　　　　王红军　张志伟　郑俊章　张庆春　肖坤叶

专家组：童晓光　马新华　穆龙新

《世界油气勘探开发与合作形势图集（南美地区）》
编写组

胡永乐　史卜庆　范子菲　温志新　王兆明　边海光

马中振　刘亚明　贺正军　宋成鹏　刘小兵　刘祚冬

汪永华　栾天思　马　锋　吴义平　陈　曦

前言 / Preface

南美地区包括巴西、委内瑞拉、哥伦比亚、阿根廷、厄瓜多尔、秘鲁、智利、圭亚那和玻利维亚等国家，总面积 $1696.43\times10^4 km^2$。南美地区西侧为中—新生代科迪勒拉褶皱体系，东部为前寒武系的圭亚那—巴西—乌拉圭地盾。该地区共发育 48 个含油气盆地，总沉积面积 $962.66\times10^4 km^2$，油气资源极其丰富，勘探开发潜力巨大。截至 2018 年底，南美九国已累计发现常规石油（含凝析油）2P 可采储量 $4926.49\times10^8 bbl$，天然气 $584.89\times10^{12}ft^3$，分别占全球的 11.51% 和 2.8%；剩余常规石油（含凝析油）2P 可采储量 $3713.68\times10^8 bbl$，天然气 $369.25\times10^{12}ft^3$。中国石油 2018 年全球油气资源评价结果表明，南美九国待发现石油可采资源量 $2605.86\times10^8 bbl$，天然气 $450.18\times10^{12}ft^3$，分别占全球的 24% 和 6.7%。

20 世纪 90 年代，出于政治、经济等原因，南美各国陆续开放石油行业。此后埃克森美孚、雪佛龙等国际石油巨头强势布局南美各国上中游资产，中国石油、中国海油、中国石化、中国中化等国家石油公司及多家中国民营石油公司也有所收获。随着深水、深层等领域勘探开发技术的进步及各大石油公司的介入，我们对南美各国石油行业的认识不断提高。2005 年，李国玉教授主持编写了《世界含油气盆地图集》，包含南美地区主要含油气盆地油气地质相关内容。随着我国经济高质量发展，油气对外依存度不断攀升，南美地区各产油国在今后相当长时间内，将是我国油气进口重要的来源地之一。为了让有志于"走出去"利用国外油气资源的企业了解研究成果，从而有的放矢参与国际油气合作，有必要更新编制一套数据更为丰富、图文并茂的《世界油气勘探开发与合作形势图集》。

本图集以国家为单元，以石油地质为核心，分别对巴西、委内瑞拉、哥伦比亚、阿根廷、厄瓜多尔、秘鲁、智利、圭亚那和玻利维亚九个国家，从国家概况、油气勘探开发现状、石油地质特征和勘探开发潜力、油气管道、石油加工及对外合作等六个方面进行了叙述。从资源国的人文地理、政治经济入手，重点介绍了所在国家的已发现常规油气 2P 可采储量、剩余常规油气 2P 可采储量、待发现常规油气（P50）可采资源量、非常规石油技术可采资源量、非常规天然气技术可采资源量，以每个国家所涉及含油气盆地为对象，分别描述了其勘探开发历程、区域地质、油气地质特征、成藏组合、典型油气藏解剖以及常规、非常规油气勘探开发潜力。而作为国际油气合作中的重要内容，本图集也介绍了各资源国合作环境、主要合同类型及外国油公司运营概况。

《世界油气勘探开发与合作形势图集》是在国家科技重大专项"全球油气资源评价与选区选带研究"课题一

"全球重点领域油气地质与富集规律研究（2016ZX05029-001）"和课题二"全球重点地区常规、非常规油气资源整体评价（2016ZX05029-002）"的部分研究成果的基础上编著而成。

　　本图集涉及参考文献众多，故仅列出主要参考文献。图集中还涉及大量外文地名和术语，对于目前还没有准确中文翻译的词条，文中未做翻译。

　　由于世界油气勘探开发及合作环境的复杂性以及编著者水平有限，本图集难免存在疏漏之处，敬请读者批评指正。

目录 / Contents

概述

图 0-1　南美地区大地构造分布图　　　　　　　　　　　　　　　／ 8

图 0-2　南美地区含油气盆地分布图　　　　　　　　　　　　　　／ 9

图 0-3　南美各国油气投资综合风险系数分布图　　　　　　　　　／ 10

图 0-4　南美地区各盆地待发现资源量分布图　　　　　　　　　　／ 11

图 0-5　南美主要国家待发现资源量分布图　　　　　　　　　　　／ 12

第一部分　巴西

一、国家概况

二、油气勘探开发现状

图 1-2-1　巴西含油气盆地分布图　　　　　　　　　　　　　　　／ 16

图 1-2-2　巴西历年新增油气 2P 可采储量柱状图　　　　　　　　／ 17

图 1-2-3　巴西历年油气产量与未来产量预测图　　　　　　　　　／ 18

三、石油地质特征和勘探开发潜力

（一）桑托斯盆地

图 1-3-1-1　桑托斯盆地油气田分布图　　　　　　　　　　　　　／ 24

图 1-3-1-2　桑托斯盆地历年新增油气 2P 可采储量柱状图　　　　／ 25

图 1-3-1-3　桑托斯盆地构造单元分布图　　　　　　　　　　　　／ 26

图 1-3-1-4　桑托斯盆地区域地质剖面图　　　　　　　　　　　　／ 27

图 1-3-1-5　桑托斯盆地地层综合柱状图　　　　　　　　　　　　／ 28

图 1-3-1-6　里贝拉油田构造与油藏剖面图　　　　　　　　　　　／ 29

图 1-3-1-7　卡卡拉油田地震剖面及地层柱状图　　／30
图 1-3-1-8　拉帕油田地震剖面图　　／31
图 1-3-1-9　卢拉油田地震剖面图　　／32

（二）坎波斯盆地

图 1-3-2-1　坎波斯盆地油气田分布图　　／40
图 1-3-2-2　坎波斯盆地历年新增油气 2P 可采储量柱状图　　／41
图 1-3-2-3　坎波斯盆地构造单元分布图　　／42
图 1-3-2-4　坎波斯盆地区域地质剖面图　　／43
图 1-3-2-5　坎波斯盆地地层综合柱状图　　／44
图 1-3-2-6　龙卡多油田构造与油藏剖面图　　／45
图 1-3-2-7　马利姆油田构造与油藏剖面图　　／46
图 1-3-2-8　朱巴尔特油田地层柱状图和油藏剖面图　　／47
图 1-3-2-9　阿尔巴克拉油田构造及油气藏剖面图　　／48
图 1-3-2-10　佩列格里诺油田构造顶面及地层综合柱状图　　／49
图 1-3-2-11　卡拉廷加油气田构造剖面及油藏综合柱状图　　／50
图 1-3-2-12　巴德珠油田构造及油藏剖面图　　／51
图 1-3-2-13　纳莱拉多油田构造、油藏剖面及地层柱状图　　／52
图 1-3-2-14　马林巴油田构造及油藏剖面图　　／53
图 1-3-2-15　帕姆波油田构造及油藏剖面图　　／54
图 1-3-2-16　韦尔梅油田构造、油藏剖面及地层柱状图　　／55

（三）埃斯皮里图桑托盆地

图 1-3-3-1　埃斯皮里图桑托盆地油气田分布图　　／61
图 1-3-3-2　埃斯皮里图桑托盆地历年新增油气 2P 可采储量柱状图　　／62
图 1-3-3-3　埃斯皮里图桑托盆地构造单元划分图　　／63
图 1-3-3-4　埃斯皮里图桑托盆地区域地质剖面图　　／64
图 1-3-3-5　埃斯皮里图桑托盆地地层综合柱状图　　／65
图 1-3-3-6　拉戈阿帕尔达油田构造及油藏剖面图　　／66
图 1-3-3-7　1-ESS-195-ESS 油气田地震剖面图　　／67

（四）热基蒂尼奥尼亚盆地

图 1-3-4-1　热基蒂尼奥尼亚盆地油气田位置分布图　　／72
图 1-3-4-2　热基蒂尼奥尼亚盆地历年新增油气 2P 可采储量柱状图　　／73
图 1-3-4-3　热基蒂尼奥尼亚盆地构造单元划分图　　／74
图 1-3-4-4　热基蒂尼奥尼亚盆地区域地质剖面图　　／75
图 1-3-4-5　热基蒂尼奥尼亚盆地地层综合柱状图　　／76

（五）阿尔马达—卡玛木盆地

    图 1-3-5-1　阿尔马达—卡玛木盆地油气田分布图　　　　　　　　　　　/ 81

    图 1-3-5-2　阿尔马达—卡玛木盆地历年新增油气 2P 可采储量柱状图　　/ 82

    图 1-3-5-3　阿尔马达—卡玛木盆地构造单元划分图　　　　　　　　　　/ 83

    图 1-3-5-4　阿尔马达—卡玛木盆地区域地质剖面图　　　　　　　　　　/ 85

    图 1-3-5-5　阿尔马达—卡玛木盆地地层综合柱状图　　　　　　　　　　/ 86

    图 1-3-5-6　马纳蒂气田构造与地震剖面图　　　　　　　　　　　　　　/ 87

    图 1-3-5-7　皮那乌纳油气田构造与油藏剖面图　　　　　　　　　　　　/ 88

    图 1-3-5-8　萨丁哈油气田构造、油藏剖面及地层柱状图　　　　　　　　/ 89

（六）土坎诺盆地

    图 1-3-6-1　土坎诺盆地油气田位置分布图　　　　　　　　　　　　　　/ 93

    图 1-3-6-2　土坎诺盆地历年新增油气 2P 可采储量柱状图　　　　　　　/ 94

    图 1-3-6-3　土坎诺盆地构造单元划分图　　　　　　　　　　　　　　　/ 95

    图 1-3-6-4　土坎诺盆地区域地质剖面图　　　　　　　　　　　　　　　/ 96

    图 1-3-6-5　土坎诺盆地地层综合柱状图　　　　　　　　　　　　　　　/ 97

    图 1-3-6-6　康塞桑气田构造剖面图　　　　　　　　　　　　　　　　　/ 98

（七）舍吉佩—阿拉戈斯盆地

    图 1-3-7-1　舍吉佩—阿拉戈斯盆地油气田位置分布图　　　　　　　　　/ 104

    图 1-3-7-2　舍吉佩—阿拉戈斯盆地历年新增油气 2P 可采储量柱状图　　/ 105

    图 1-3-7-3　舍吉佩—阿拉戈斯盆地构造单元分布图　　　　　　　　　　/ 106

    图 1-3-7-4　舍吉佩—阿拉戈斯盆地区域地质剖面图　　　　　　　　　　/ 107

    图 1-3-7-5　舍吉佩—阿拉戈斯盆地地层综合柱状图　　　　　　　　　　/ 108

    图 1-3-7-6　1-SES-158-SES 油田地震剖面及地层柱状图　　　　　　　　/ 109

    图 1-3-7-7　盖奥巴油田构造、油藏剖面及地层柱状图　　　　　　　　　/ 110

    图 1-3-7-8　卡尔穆波利斯油田构造、油藏剖面及地层柱状图　　　　　　/ 111

    图 1-3-7-9　瓜里科马油田构造与地震剖面图　　　　　　　　　　　　　/ 112

    图 1-3-7-10　皮拉尔油田构造与油藏剖面图　　　　　　　　　　　　　/ 113

（八）波蒂瓜尔盆地

    图 1-3-8-1　波蒂瓜尔盆地油气田分布图　　　　　　　　　　　　　　　/ 119

    图 1-3-8-2　波蒂瓜尔盆地历年新增油气 2P 可采储量柱状图　　　　　　/ 120

    图 1-3-8-3　波蒂瓜尔盆地构造单元分布图　　　　　　　　　　　　　　/ 121

    图 1-3-8-4　波蒂瓜尔盆地区域地质剖面图　　　　　　　　　　　　　　/ 123

    图 1-3-8-5　波蒂瓜尔盆地地层综合柱状图　　　　　　　　　　　　　　/ 124

    图 1-3-8-6　坎图阿马罗油田油藏剖面及地层柱状图　　　　　　　　　　/ 125

    图 1-3-8-7　埃斯特雷图油田油藏剖面及地层柱状图　　　　　　　　　　/ 126

图 1-3-8-8　乌帕奈马油田顶面构造、油藏剖面及地层柱状图　　　／ 127

(九) 比阿乌—塞阿拉盆地

　　图 1-3-9-1　比阿乌—塞阿拉盆地油气田位置分布图　　　／ 132

　　图 1-3-9-2　比阿乌—塞阿拉盆地历年新增油气 2P 可采储量柱状图　　　／ 133

　　图 1-3-9-3　比阿乌—塞阿拉盆地构造单元划分图　　　／ 134

　　图 1-3-9-4　比阿乌—塞阿拉盆地区域地质剖面图　　　／ 135

　　图 1-3-9-5　比阿乌—塞阿拉盆地地层综合柱状图　　　／ 136

　　图 1-3-9-6　库里马油田构造及油藏剖面图　　　／ 137

　　图 1-3-9-7　沙里乌油田构造及油藏剖面图　　　／ 138

(十) 帕拉—马拉尼昂盆地

　　图 1-3-10-1　帕拉—马拉尼昂盆地油气田分布图　　　／ 141

　　图 1-3-10-2　帕拉—马拉尼昂盆地历年新增油气 2P 可采储量柱状图　　　／ 142

　　图 1-3-10-3　帕拉—马拉尼昂盆地区域地震剖面图　　　／ 143

　　图 1-3-10-4　帕拉—马拉尼昂盆地地层综合柱状图　　　／ 144

(十一) 福斯杜亚马孙盆地

　　图 1-3-11-1　福斯杜亚马孙盆地油气田位置分布图　　　／ 148

　　图 1-3-11-2　福斯杜亚马孙盆地历年新增油气 2P 可采储量柱状图　　　／ 149

　　图 1-3-11-3　福斯杜亚马孙盆地构造单元分布图　　　／ 150

　　图 1-3-11-4　福斯杜亚马孙盆地区域地质剖面图　　　／ 151

　　图 1-3-11-5　福斯杜亚马孙盆地地层综合柱状图　　　／ 152

(十二) 雷康卡沃盆地

　　图 1-3-12-1　雷康卡沃盆地油气田分布图　　　／ 157

　　图 1-3-12-2　雷康卡沃盆地历年新增油气 2P 可采储量柱状图　　　／ 158

　　图 1-3-12-3　雷康卡沃盆地构造单元划分图　　　／ 159

　　图 1-3-12-4　雷康卡沃盆地区域地质剖面图　　　／ 160

　　图 1-3-12-5　雷康卡沃盆地地层综合柱状图　　　／ 161

　　图 1-3-12-6　坎迪亚斯油田构造、油藏剖面及地层柱状图　　　／ 163

　　图 1-3-12-7　米兰加油田构造、油藏剖面及地层柱状图　　　／ 164

　　图 1-3-12-8　里奥多布油田构造顶面、油藏剖面及地层柱状图　　　／ 166

(十三) 亚马孙盆地

　　图 1-3-13-1　亚马孙盆地油气田位置分布图　　　／ 170

　　图 1-3-13-2　亚马孙盆地历年新增油气 2P 可采储量柱状图　　　／ 171

　　图 1-3-13-3　亚马孙盆地构造单元划分图　　　／ 172

　　图 1-3-13-4　亚马孙盆地区域地质剖面图　　　／ 173

　　图 1-3-13-5　亚马孙盆地地层综合柱状图　　　／ 174

（十四）上亚马孙盆地

  图 1-3-14-1 上亚马孙盆地油气田位置分布图 / 179
  图 1-3-14-2 上亚马孙盆地历年新增油气 2P 可采储量柱状图 / 180
  图 1-3-14-3 上亚马孙盆地构造单元划分图 / 181
  图 1-3-14-4 上亚马孙盆地区域地质剖面图 / 182
  图 1-3-14-5 上亚马孙盆地地层综合柱状图 / 183
  图 1-3-14-6 莱斯特乌鲁库油田 R-7 储层构造平面及剖面图 / 184
  图 1-3-14-7 里奥乌鲁库油气田构造平面、剖面及油藏剖面图 / 185
  图 1-3-14-8 苏多斯特乌鲁库油田构造平面、油藏剖面及地层柱状图 / 186

（十五）巴纳伊巴盆地

  图 1-3-15-1 巴纳伊巴盆地油气田位置分布图 / 191
  图 1-3-15-2 巴纳伊巴盆地历年新增油气 2P 可采储量柱状图 / 192
  图 1-3-15-3 巴纳伊巴盆地构造单元划分图 / 193
  图 1-3-15-4 巴纳伊巴盆地区域地质剖面图 / 194
  图 1-3-15-5 巴纳伊巴盆地地层综合柱状图 / 195

（十六）圣弗朗西斯科盆地

  图 1-3-16-1 圣弗朗西斯科盆地油气田位置分布图 / 199
  图 1-3-16-2 圣弗朗西斯科盆地构造单元划分图 / 200
  图 1-3-16-3 圣弗朗西斯科盆地区域地质剖面图 / 201
  图 1-3-16-4 圣弗朗西斯科盆地地层综合柱状图 / 202

（十七）巴拉纳盆地

  图 1-3-17-1 巴拉纳盆地油气田位置分布图 / 206
  图 1-3-17-2 巴拉纳盆地构造单元与油气田分布图 / 207
  图 1-3-17-3 巴拉纳盆地区域地质剖面图 / 208
  图 1-3-17-4 巴拉纳盆地地层综合柱状图 / 209
  图 1-3-17-5 巴拉博尼塔气田油藏剖面及地层柱状图 / 210

（十八）佩罗塔斯盆地

  图 1-3-18-1 佩罗塔斯盆地位置图 / 213
  图 1-3-18-2 佩罗塔斯盆地历年新增油气 2P 可采储量柱状图 / 214
  图 1-3-18-3 佩罗塔斯盆地地层综合柱状图 / 215

四、油气管道

 （一）输油管道

 （二）输气管道

  图 1-4-1 巴西油气管线、炼厂分布图 / 217

五、石油加工

六、对外合作

  图 1-6-1 巴西境内各石油公司区块个数占比饼状图 / 220

  图 1-6-2 巴西境内各石油公司可采储量统计柱状图及占比饼状图 / 220

第二部分 委内瑞拉

一、国家概况

二、油气勘探开发现状

  图 2-2-1 委内瑞拉含油气盆地分布图 / 223

  图 2-2-2 委内瑞拉历年新增油气 2P 可采储量柱状图 / 224

  图 2-2-3 委内瑞拉历年油气产量与未来产量预测图 / 225

三、石油地质特征和勘探开发潜力

（一）马拉开波盆地

  图 2-3-1-1 马拉开波盆地油气田位置分布图 / 231

  图 2-3-1-2 马拉开波盆地历年新增油气 2P 可采储量柱状图 / 232

  图 2-3-1-3 马拉开波盆地构造单元划分图 / 233

  图 2-3-1-4 马拉开波盆地区域地质剖面图 / 234

  图 2-3-1-5 马拉开波盆地地层综合柱状图 / 235

  图 2-3-1-6 巴查克罗油田油藏剖面及构造平面图 / 236

  图 2-3-1-7 博斯坎油田构造平面及油藏剖面图 / 237

  图 2-3-1-8 休达油田构造平面及油藏剖面图 / 238

  图 2-3-1-9 拉古尼亚斯油田构造平面、油藏剖面及地层柱状图 / 239

  图 2-3-1-10 拉马油气田构造平面及地层剖面图 / 240

  图 2-3-1-11 拉巴斯气田构造平面及油藏剖面图 / 241

  图 2-3-1-12 马拉油田构造平面、油藏剖面及地层柱状图 / 242

  图 2-3-1-13 大梅内油田构造平面、油藏剖面及地层柱状图 / 243

  图 2-3-1-14 蒂亚胡安娜油田油层顶面构造图和油藏剖面图 / 244

（二）法尔考盆地

  图 2-3-2-1 法尔考盆地油气田位置分布图 / 247

  图 2-3-2-2 法尔考盆地历年新增油气 2P 可采储量柱状图 / 248

  图 2-3-2-3 法尔考盆地构造单元划分图 / 249

  图 2-3-2-4 法尔考盆地区域地质剖面图 / 250

  图 2-3-2-5 法尔考盆地地层综合柱状图 / 251

（三）亚诺斯—巴里纳斯盆地

图 2-3-3-1　亚诺斯—巴里纳斯盆地油气田位置分布图　　　　　／255

图 2-3-3-2　亚诺斯—巴里纳斯盆地历年新增油气 2P 可采储量柱状图　／256

图 2-3-3-3　亚诺斯—巴里纳斯盆地构造单元分布图　　　　　　　／257

图 2-3-3-4　亚诺斯—巴里纳斯盆地区域地质剖面图　　　　　　　／258

图 2-3-3-5　亚诺斯—巴里纳斯盆地地层综合柱状图　　　　　　　／260

图 2-3-3-6　瓜非塔油气田构造平面、油藏剖面和地层柱状图　　　／262

（四）东委内瑞拉盆地

图 2-3-4-1　东委内瑞拉盆地油气田位置分布图　　　　　　　　／269

图 2-3-4-2　东委内瑞拉盆地历年新增油气 2P 可采储量柱状图　　／270

图 2-3-4-3　东委内瑞拉盆地构造单元分布图　　　　　　　　　／271

图 2-3-4-4　东委内瑞拉盆地区域地质剖面图　　　　　　　　　／272

图 2-3-4-5　东委内瑞拉盆地地层综合柱状图　　　　　　　　　／273

图 2-3-4-6　阿西库乔重油带石油重度平面分布、
　　　　　　构造平面及油藏剖面图　　　　　　　　　　　　／274

图 2-3-4-7　巴莱油田构造平面、油藏剖面及地层柱状图　　　　／275

图 2-3-4-8　博亚卡重油带位置及构造和连井剖面图　　　　　　／276

图 2-3-4-9　埃尔卡里托油气田构造平面及地层剖面图　　　　　／277

图 2-3-4-10　埃尔福里奥油田构造平面、油藏剖面及
　　　　　　地层柱状图　　　　　　　　　　　　　　　　　／278

图 2-3-4-11　基里基雷油气田构造平面及油藏剖面图　　　　　／279

图 2-3-4-12　圣巴巴拉油田构造平面及地震剖面图　　　　　　／280

图 2-3-4-13　圣罗莎气田构造平面及地层剖面图　　　　　　　／281

四、油气管道

（一）输油管道

（二）输气管道

图 2-4-1　委内瑞拉油气管线、炼厂分布图　　　　　　　　　／283

五、石油加工

六、对外合作

图 2-6-1　委内瑞拉境内各石油公司区块个数占比饼状图　　　　　／285

图 2-6-2　委内瑞拉境内各石油公司可采储量统计柱状图及占比饼状图　／285

第三部分　哥伦比亚

一、国家概况

二、油气勘探开发现状

  图 3-2-1　哥伦比亚含油气盆地分布图　　　　　　　　　　　　　　／ 289

  图 3-2-2　哥伦比亚历年新增油气 2P 可采储量柱状图　　　　　　　　／ 290

  图 3-2-3　哥伦比亚历年油气产量与未来产量预测图　　　　　　　　　／ 291

三、石油地质特征和勘探开发潜力

（一）下马格达莱纳盆地

  图 3-3-1-1　下马格达莱纳盆地油气田位置分布图　　　　　　　　　／ 294

  图 3-3-1-2　下马格达莱纳盆地历年新增油气 2P 可采储量柱状图　　／ 295

  图 3-3-1-3　下马格达莱纳盆地构造单元分布图　　　　　　　　　　／ 296

  图 3-3-1-4　下马格达莱纳盆地区域地质剖面图　　　　　　　　　　／ 297

  图 3-3-1-5　下马格达莱纳盆地地层综合柱状图　　　　　　　　　　／ 298

（二）塞萨尔盆地

  图 3-3-2-1　塞萨尔盆地油气田位置分布图　　　　　　　　　　　　／ 301

  图 3-3-2-2　塞萨尔盆地历年新增油气 2P 可采储量柱状图　　　　　／ 302

  图 3-3-2-3　塞萨尔盆地构造单元分布图　　　　　　　　　　　　　／ 303

  图 3-3-2-4　塞萨尔盆地区域地质剖面图　　　　　　　　　　　　　／ 304

  图 3-3-2-5　塞萨尔盆地地层综合柱状图　　　　　　　　　　　　　／ 305

（三）瓜吉拉盆地

  图 3-3-3-1　瓜吉拉盆地油气田位置分布图　　　　　　　　　　　　／ 309

  图 3-3-3-2　瓜吉拉盆地构造单元分布图　　　　　　　　　　　　　／ 310

  图 3-3-3-3　瓜吉拉盆地区域地质剖面图　　　　　　　　　　　　　／ 311

  图 3-3-3-4　瓜吉拉盆地地层综合柱状图　　　　　　　　　　　　　／ 312

  图 3-3-3-5　楚楚帕气田构造平面及油藏剖面图　　　　　　　　　　／ 313

（四）中—上马格达莱纳盆地

  图 3-3-4-1　中—上马格达莱纳盆地油气田位置分布图　　　　　　　／ 318

  图 3-3-4-2　中—上马格达莱纳盆地历年新增油气 2P 可采储量柱状图　／ 319

  图 3-3-4-3　中—上马格达莱纳盆地构造单元分布图　　　　　　　　／ 320

  图 3-3-4-4　中—上马格达莱纳盆地区域地质剖面图　　　　　　　　／ 322

  图 3-3-4-5　中马格达莱纳盆地地层综合柱状图　　　　　　　　　　／ 323

图 3-3-4-6　巴尔康油田构造平面、油藏剖面及地层柱状图　／ 324
图 3-3-4-7　卡萨毕油田构造平面、油藏剖面及地层柱状图　／ 325
图 3-3-4-8　关多油田构造平面、油藏剖面及地层柱状图　／ 326
图 3-3-4-9　拉锡拉油田构造平面及地层柱状图　／ 327
图 3-3-4-10　利萨玛油田构造及地层柱状图　／ 328
图 3-3-4-11　兰尼托油田构造平面图　／ 329

（五）亚诺斯—巴里纳斯盆地
图 3-3-5-1　阿皮亚伊油田构造平面、油藏剖面及地层柱状图　／ 332
图 3-3-5-2　卡诺利蒙油田构造平面、油藏剖面及地震剖面图　／ 333
图 3-3-5-3　库皮亚瓜油气田构造平面、地震剖面及地层柱状图　／ 334
图 3-3-5-4　库西亚纳油气田构造平面、油藏剖面及地层柱状图　／ 335

（六）普图马约盆地
图 3-3-6-1　普图马约盆地油气田位置分布图　／ 339
图 3-3-6-2　普图马约盆地历年新增油气 2P 可采储量柱状图　／ 340
图 3-3-6-3　普图马约盆地构造单元分布图　／ 341
图 3-3-6-4　普图马约盆地区域地质剖面图　／ 342
图 3-3-6-5　普图马约盆地地层综合柱状图　／ 343
图 3-3-6-6　奥里托油气田构造平面、地震剖面及地层柱状图　／ 344

四、油气管道

（一）输油管道

（二）输气管道
图 3-4-1　哥伦比亚油气管线、炼厂分布图　／ 347

五、石油加工

六、对外合作
图 3-6-1　哥伦比亚境内各石油公司区块个数占比饼状图　／ 349
图 3-6-2　哥伦比亚境内各石油公司可采储量统计柱状图及占比饼状图　／ 349

第四部分　阿根廷

一、国家概况

二、油气勘探开发现状
图 4-2-1　阿根廷含油气盆地分布图　／ 354
图 4-2-2　阿根廷历年新增油气 2P 可采储量柱状图　／ 355

图 4-2-3　阿根廷历年油气产量与未来产量预测图　　　　　　　　　　　／ 356

三、石油地质特征和勘探开发潜力

（一）内乌肯盆地

图 4-3-1-1　内乌肯盆地油气田位置分布图　　　　　　　　　　　　　／ 364

图 4-3-1-2　内乌肯盆地历年新增油气 2P 可采储量柱状图　　　　　　／ 365

图 4-3-1-3　内乌肯盆地构造单元分布图　　　　　　　　　　　　　　／ 366

图 4-3-1-4　内乌肯盆地区域地质剖面图　　　　　　　　　　　　　　／ 367

图 4-3-1-5　内乌肯盆地地层综合柱状图　　　　　　　　　　　　　　／ 368

图 4-3-1-6　拉玛拉塔气田构造平面、油藏剖面及地层柱状图　　　　　／ 369

图 4-3-1-7　埃尔特拉派油田构造平面、地质剖面及地层柱状图　　　　／ 370

图 4-3-1-8　普埃斯托赫尔南德斯油田构造平面、油藏剖面及
地层柱状图　　　　　　　　　　　　　　　　　　　　　／ 371

图 4-3-1-9　森特纳里乌油田构造平面、地层柱状及油藏剖面图　　　　／ 373

图 4-3-1-10　希韦尔德拉谢拉内格拉油田构造平面、地质剖面图　　　／ 374

图 4-3-1-11　里约诺昆油田构造平面、油藏剖面及地层柱状图　　　　／ 375

图 4-3-1-12　埃尔波韦尼尔复合油田构造平面、油藏剖面及地层柱状图　／ 376

图 4-3-1-13　查考·巴约—彼德拉斯布兰卡斯油田构造平面、
地震剖面及地层柱状图　　　　　　　　　　　　　　　／ 377

（二）圣乔治盆地

图 4-3-2-1　圣乔治盆地油气田位置分布图　　　　　　　　　　　　　／ 382

图 4-3-2-2　圣乔治盆地历年新增油气 2P 可采储量柱状图　　　　　　／ 383

图 4-3-2-3　圣乔治盆地构造单元分布图　　　　　　　　　　　　　　／ 384

图 4-3-2-4　圣乔治盆地区域地质剖面图　　　　　　　　　　　　　　／ 385

图 4-3-2-5　圣乔治盆地地层综合柱状图　　　　　　　　　　　　　　／ 386

图 4-3-2-6　艾尔托蒂勒油田砂体厚度及油藏剖面图　　　　　　　　　／ 387

（三）麦哲伦盆地

图 4-3-3-1　麦哲伦盆地油气田位置分布图　　　　　　　　　　　　　／ 392

图 4-3-3-2　麦哲伦盆地历年新增油气 2P 可采储量柱状图　　　　　　／ 393

图 4-3-3-3　麦哲伦盆地构造单元分布图　　　　　　　　　　　　　　／ 394

图 4-3-3-4　麦哲伦盆地区域地质剖面图　　　　　　　　　　　　　　／ 396

图 4-3-3-5　麦哲伦盆地地层综合柱状图　　　　　　　　　　　　　　／ 397

图 4-3-3-6　坎波博莱多拉斯油田构造平面、油藏剖面及地层柱状图　　／ 398

图 4-3-3-7　艾斯坦卡多斯拉古纳斯气田构造平面及地震剖面图　　　　／ 399

图 4-3-3-8　普埃斯托彼得油田构造平面及油藏剖面图　　　　　　　　／ 400

（四）马尔维纳斯盆地

  图 4-3-4-1 马尔维纳斯盆地油气田位置分布图 / 405
  图 4-3-4-2 马尔维纳斯盆地历年新增油气 2P 可采储量柱状图 / 406
  图 4-3-4-3 马尔维纳斯盆地地震反射等值线图 / 407
  图 4-3-4-4 马尔维纳斯盆地区域地质剖面图 / 408
  图 4-3-4-5 马尔维纳斯盆地地层综合柱状图 / 409
  图 4-3-4-6 尤尼克尼欧气田地层柱状图 / 410
  图 4-3-4-7 西留斯气田构造剖面图 / 411
  图 4-3-4-8 赛摩气田地震剖面及地层柱状图 / 412

（五）库约盆地

  图 4-3-5-1 库约盆地油气田位置分布图 / 417
  图 4-3-5-2 库约盆地历年新增油气 2P 可采储量柱状图 / 418
  图 4-3-5-3 库约盆地构造单元分布图 / 419
  图 4-3-5-4 库约盆地区域地质剖面图 / 420
  图 4-3-5-5 库约盆地地层综合柱状图 / 421
  图 4-3-5-6 巴兰卡斯油田构造平面及地震剖面图 / 422
  图 4-3-5-7 维查克拉斯油田构造平面、地质剖面及地层柱状图 / 423
  图 4-3-5-8 拉文塔纳油田构造平面及剖面图 / 424

（六）白垩盆地

  图 4-3-6-1 白垩盆地油气田位置分布图 / 427
  图 4-3-6-2 白垩盆地历年新增油气 2P 可采储量柱状图 / 428
  图 4-3-6-3 白垩盆地构造单元分布图 / 429
  图 4-3-6-4 白垩盆地区域地质剖面图 / 430
  图 4-3-6-5 白垩盆地地层综合柱状图 / 431

（七）查考盆地

  图 4-3-7-1 查考盆地油气田位置分布图 / 436
  图 4-3-7-2 查考盆地历年新增油气 2P 可采储量柱状图 / 437
  图 4-3-7-3 查考盆地构造单元分布图 / 438
  图 4-3-7-4 查考盆地区域地质剖面图 / 440
  图 4-3-7-5 查考盆地地层综合柱状图 / 441
  图 4-3-7-6 阿古拉格气田构造平面及剖面图 / 442
  图 4-3-7-7 拉莫斯气田构造平面、构造剖面及地层柱状图 / 444

四、油气管道

（一）输油管道

（二）输气管道

图 4-4-1　阿根廷油气管线、炼厂分布图　　　　　　　　　　　　　　/ 447

五、石油加工

六、对外合作

图 4-6-1　阿根廷境内各石油公司区块个数占比饼状图　　　　　　　/ 450

图 4-6-2　阿根廷境内各石油公司可采储量统计柱状图及占比饼状图　/ 450

第五部分　厄瓜多尔

一、国家概况

二、油气勘探开发现状

图 5-2-1　厄瓜多尔含油气盆地分布图　　　　　　　　　　　　　　/ 454

图 5-2-2　厄瓜多尔历年新增油气 2P 可采储量柱状图　　　　　　　/ 455

图 5-2-3　厄瓜多尔历年油气产量与未来产量预测图　　　　　　　　/ 456

三、石油地质特征和勘探开发潜力

（一）普罗雷索盆地

图 5-3-1-1　普罗雷索盆地油气田位置分布图　　　　　　　　　　　/ 461

图 5-3-1-2　普罗雷索盆地历年新增油气 2P 可采储量柱状图　　　　/ 462

图 5-3-1-3　普罗雷索盆地构造单元分布图　　　　　　　　　　　　/ 463

图 5-3-1-4　普罗雷索盆地区域地质剖面图　　　　　　　　　　　　/ 464

图 5-3-1-5　普罗雷索盆地地层综合柱状图　　　　　　　　　　　　/ 465

图 5-3-1-6　阿米斯塔德气田构造平面图　　　　　　　　　　　　　/ 466

（二）普图马约盆地

图 5-3-2-1　萨查油田构造平面、地层剖面及地层柱状图　　　　　　/ 470

图 5-3-2-2　舒舒芬迪油田构造平面、地层剖面及地层柱状图　　　　/ 471

图 5-3-2-3　伊什平戈油田构造平面及剖面图　　　　　　　　　　　/ 472

（三）马拉农盆地

图 5-3-3-1　马拉农盆地油气田位置分布图　　　　　　　　　　　　/ 476

图 5-3-3-2　马拉农盆地历年新增油气 2P 可采储量柱状图　　　　　/ 477

图 5-3-3-3　马拉农盆地构造单元分布图　　　　　　　　　　　　　/ 478

图 5-3-3-4　马拉农盆地区域地震剖面图　　　　　　　　　　　　　/ 479

图 5-3-3-5　马拉农盆地地层综合柱状图　　　　　　　　　　　　　/ 480

四、油气管道

（一）输油管道

（二）输气管道

  图 5-4-1 厄瓜多尔油气管线、炼厂分布图 / 482

五、石油加工

六、对外合作

  图 5-6-1 厄瓜多尔境内各石油公司区块个数占比饼状图 / 484

  图 5-6-2 厄瓜多尔境内各石油公司可采储量统计柱状图及占比饼状图 / 484

第六部分 秘鲁

一、国家概况

二、油气勘探开发现状

  图 6-2-1 秘鲁含油气盆地分布图 / 487

  图 6-2-2 秘鲁历年新增油气 2P 可采储量柱状图 / 488

  图 6-2-3 秘鲁历年油气产量与未来产量预测图 / 489

三、石油地质特征和勘探开发潜力

（一）胡拉加盆地

  图 6-3-1-1 胡拉加盆地油气田位置分布图 / 492

  图 6-3-1-2 胡拉加盆地区域地质剖面图 / 493

（二）圣地亚哥盆地

  图 6-3-2-1 圣地亚哥盆地油气田位置分布图 / 497

  图 6-3-2-2 圣地亚哥盆地构造单元分布图 / 498

  图 6-3-2-3 圣地亚哥盆地区域地质剖面图 / 499

  图 6-3-2-4 圣地亚哥盆地地层综合柱状图 / 500

（三）马拉农盆地

  图 6-3-3-1 科连特斯油田构造平面、地震剖面及地层柱状图 / 504

  图 6-3-3-2 希维亚库油田构造平面、地震剖面及地层柱状图 / 505

（四）塔拉拉盆地

  图 6-3-4-1 塔拉拉盆地油气田位置分布图 / 510

  图 6-3-4-2 塔拉拉盆地历年新增油气 2P 可采储量柱状图 / 511

  图 6-3-4-3 塔拉拉盆地构造单元划分图 / 512

  图 6-3-4-4 塔拉拉盆地区域地质剖面图 / 513

  图 6-3-4-5 塔拉拉盆地地层综合柱状图 / 514

  图 6-3-4-6 普罗维登西亚油田构造平面及剖面图 / 515

图 6-3-4-7　佩那内格拉油田构造平面、剖面及地层柱状图　　／ 516
　（五）塞丘拉盆地
　　　图 6-3-5-1　塞丘拉盆地油气田位置分布图　　／ 520
　　　图 6-3-5-2　塞丘拉盆地历年新增油气 2P 可采储量柱状图　　／ 521
　　　图 6-3-5-3　塞丘拉盆地构造位置图　　／ 522
　　　图 6-3-5-4　塞丘拉盆地地层综合柱状图　　／ 523
　（六）乌卡亚利盆地
　　　图 6-3-6-1　乌卡亚利盆地油气田位置分布图　　／ 528
　　　图 6-3-6-2　乌卡亚利盆地历年新增油气 2P 可采储量柱状图　　／ 529
　　　图 6-3-6-3　乌卡亚利盆地构造单元分布图　　／ 530
　　　图 6-3-6-4　乌卡亚利盆地区域地质剖面图　　／ 531
　　　图 6-3-6-5　乌卡亚利盆地地层综合柱状图　　／ 532
　　　图 6-3-6-6　卡米西亚油田构造平面、地质剖面及地层柱状图　　／ 533
　　　图 6-3-6-7　阿瓜迪亚气田构造平面及地震剖面图　　／ 534
　（七）玛德莱德迪奥斯盆地
　　　图 6-3-7-1　玛德莱德迪奥斯盆地油气田位置分布图　　／ 539
　　　图 6-3-7-2　玛德莱德迪奥斯盆地区域地质剖面图　　／ 540
　　　图 6-3-7-3　玛德莱德迪奥斯盆地地层综合柱状图　　／ 541

四、油气管道

　（一）输油管道
　（二）输气管道
　　　图 6-4-1　秘鲁油气管线、炼厂分布图　　／ 543

五、石油加工

六、对外合作

　　　图 6-6-1　秘鲁境内各石油公司区块个数占比饼状图　　／ 545
　　　图 6-6-2　秘鲁境内各石油公司可采储量统计柱状图及占比饼状图　　／ 545

第七部分　智利

一、国家概况

二、油气勘探开发现状

　　　图 7-2-1　智利含油气盆地分布图　　／ 550
　　　图 7-2-2　智利历年新增油气 2P 可采储量柱状图　　／ 551

　　　　图7-2-3　智利历年油气产量与未来产量预测图　　　　　　　　　／552

三、石油地质特征和勘探开发潜力

　　（一）阿劳科盆地

　　　　图7-3-1-1　阿劳科盆地油气田位置分布图　　　　　　　　　　／556

　　（二）瓦尔迪维亚盆地

　　　　图7-3-2-1　瓦尔迪维亚盆地油气田位置分布图　　　　　　　　／560

　　（三）麦哲伦盆地

四、油气管道

　　（一）输油管道

　　（二）输气管道

　　　　图7-4-1　智利油气管线、炼厂分布图　　　　　　　　　　　　／565

五、石油加工

六、对外合作

　　　　图7-6-1　智利境内各石油公司区块个数占比饼状图　　　　　　／567
　　　　图7-6-2　智利境内各石油公司可采储量统计柱状图及占比饼状图　／567

第八部分　圭亚那

一、国家概况

二、油气勘探开发现状

　　　　图8-2-1　圭亚那历年新增油气2P可采储量柱状图　　　　　　／571
　　　　图8-2-2　圭亚那历年油气产量与未来产量预测图　　　　　　　／572

三、石油地质特征和勘探开发潜力

　圭亚那盆地

　　　　图8-3-1-1　圭亚那盆地油气田位置分布图　　　　　　　　　　／577
　　　　图8-3-1-2　圭亚那盆地历年新增油气2P可采储量柱状图　　　／578
　　　　图8-3-1-3　圭亚那盆地构造单元分布图　　　　　　　　　　　／579
　　　　图8-3-1-4　圭亚那盆地区域地质剖面图　　　　　　　　　　　／580
　　　　图8-3-1-5　圭亚那盆地地层综合柱状图　　　　　　　　　　　／581

四、油气管道

五、石油加工

六、对外合作

图8-6-1　圭亚那境内各石油公司区块个数占比图　　/ 583

　　图8-6-2　圭亚那境内各石油公司石油可采储量统计及占比图　　/ 583

第九部分　玻利维亚

一、国家概况

二、油气勘探开发现状

　　图9-2-1　玻利维亚含油气盆地分布图　　/ 588

　　图9-2-2　玻利维亚历年新增油气2P可采储量柱状图　　/ 589

　　图9-2-3　玻利维亚历年油气产量与未来产量预测图　　/ 590

三、石油地质特征和勘探开发潜力

（一）查考盆地

　　图9-3-1-1　拉佩纳油田平面、地质剖面及地层柱状图　　/ 594

　　图9-3-1-2　里奥格兰德气田构造平面图　　/ 595

　　图9-3-1-3　卡兰达油田平面图和油藏剖面图　　/ 596

（二）玛德莱德迪奥斯盆地

　　图9-3-2-1　潘多X-1油气田构造平面、油藏剖面图　　/ 599

四、油气管道

（一）输油管道

（二）输气管道

　　图9-4-1　玻利维亚油气管线、炼厂分布图　　/ 602

五、石油加工

六、对外合作

　　图9-6-1　玻利维亚境内各石油公司区块个数占比饼状图　　/ 604

　　图9-6-2　玻利维亚境内各石油公司可采储量统计柱状图及占比饼状图　　/ 604

参考文献　　/ 605

概 述

南美地区总面积 1696.43×10⁴km²，总人口约 4.08 亿。油气发现主要处在巴西、委内瑞拉、哥伦比亚、阿根廷、厄瓜多尔、秘鲁、智利、圭亚那和玻利维亚 9 个国家。这九个国家在地理位置上连成一片，自然地理环境有着明显的一致性，在政治、经济、文化和历史发展阶段上具有较多的相似性；都为共和制国家，国家有一院制或者两院制，经济以石油、天然气、煤炭、金属与非金属矿产和农牧业为主。

南美地区西侧为中—新生代科迪勒拉褶皱体系，东部为前寒武系的圭亚那—巴西—乌拉圭地盾。南美洲地区总体上可以细分为近南北走向的五个构造区，从西向东依次为：西海岸弧前盆地区、安第斯山区、次安第斯前陆盆地区、发育有古生代凹陷的内陆地盾区以及东海岸被动边缘和裂谷盆地。沉积盆地广泛发育（图 0-1、图 0-2），区内共发育 48 个主要沉积盆地，总沉积面积 962.66×10⁴km²，其中海域 134.53×10⁴km²。油气资源极其丰富，勘探开发潜力大（表 0-1），其中有 3 个盆地未发现油气储量，本书未作介绍。

截至 2018 年底（表 0-2），南美九国已累计发现常规石油（含凝析油）2P 可采储量 4926.43×10⁸bbl，天然气 584.89×10¹²ft³，分别占全球 11.51% 和 2.8%；剩余常规石油（含凝析油）2P 可采储量 3713.681×10⁸bbl，天然气 369.25×10¹²ft³。其中委内瑞拉剩余常规油气最多，石油（含凝析油）2P 可采储量 2918.48×10⁸bbl，天然气 160.67×10¹²ft³；其次是巴西，剩余常规石油（含凝析油）2P 可采储量 579.68×10⁸bbl，天然气 106.03×10¹²ft³。

中国石油天然气集团有限公司（简称中国石油，CNPC）全球油气资源评价结果：南美九国待发现石油可采资源量 2605.86×10⁸bbl，天然气 450.18×10¹²ft³，分别占全球的 24% 和 6.7%（表 0-2）。南美九个国家中，委内瑞拉待发现石油可采资源量最大，为 1976.89×10⁸bbl，待发现天然气可采资源潜力也是最大，为 234.25×10¹²ft³（图 0-4、图 0-5）。

南美各国政治局势相对稳定，暴力冲突事件较少、生产经营环境较为安全。各国陆续开放石油行业，实行矿税、产品分成及合资合作多种合同模式。综合油气资源潜力、财税条款、政治经济、环境及安全等因素，将全球主要资源国油气合作环境划分为 10 个等级（图 0-3），南美九国都在等级 3 以上，合作环境较好。

正是南美各国较好的油气合作环境，埃克森美孚、壳牌、雪佛龙等大多数国际石油巨头、独立石油公司和俄罗斯、马来西亚、日本等国家石油公司在南美地区主要资源国的上游勘探开发及中游天然气管道合作方面占据重要位置。基于地缘政治优势，能源合作也是中国与南美国家合作的亮点，中国石油、中国石化以及华润能源等民营企业在南美运行着多个油气合作项目，为保障我国能源安全奠定了基础。

表 0-1 南美地区主要含油气盆地储产量属性表

序号	盆地名称	涉及国家	盆地总面积（km²）	盆地海域面积（km²）	已发现可采储量 石油(含凝析油)（10⁶bbl）	已发现可采储量 天然气（10⁹ft³）	剩余可采储量 石油(含凝析油)（10⁶bbl）	剩余可采储量 天然气（10⁹ft³）	待发现资源量 石油（10⁶bbl）	待发现资源量 凝析油（10⁶bbl）	待发现资源量 天然气（10⁹ft³）	油气总量（10⁶bbl油当量）
1	桑托斯（Santos Basin）	巴西	326866.60	326866.6	38701.60	76817.72	37450.33	74207.74	43826.00	418.00	83568.00	58652.28
2	坎波斯（Campos Basin）	巴西	155862.80	15173	27187.04	22617.78	14860.39	15416.59	38768.00	807.00	43856.00	47136.38
3	埃斯皮里图桑托（Espirito Santo Basin）	巴西	104023.00	83576	1948.31	3936.71	1584.77	2960.64	5039.84	130.58	7165.85	6405.91
4	热基蒂奥尼亚（Jequitinhonha Basin）	巴西	28112.60	19928	23.95	625.29	23.95	625.29	0.20	0	673.84	116.38
5	阿尔马达—卡玛木（Almada-Camamu Basin）	巴西	15470.20	15470.20	151.83	1475.75	149.79	731.09	234.04	7.05	221.87	279.34
6	土坎诺（Tucano Basin）	巴西	34542.90	0	1.13	89.12	0.57	14.05	1.54	0	0.02	1.54
7	舍吉佩—阿拉戈斯（Sergipe-Alagoas Basin）	巴西	375779.90	125.90	2144.37	4900.88	1338.16	2793.76	38655.00	122.00	9500.00	40414.93
8	波蒂瓜尔（Potiguar Basin）	巴西	73162	46248	2188.06	3484.13	1283.71	2482.43	2204.74	8.28	1350.80	2445.92
9	比阿乌—塞阿拉（Piaui-Ceara Basin）	巴西	70068	57325	293.89	288.34	145.58	167.71	165.22	0.01	165.22	193.72
10	帕拉—马拉尼昂（Para-Maranhao Basin）	巴西	14600.00	14600.00	83.75	132.10	83.75	132.10	97.19	0	1.69	97.48
11	福斯杜亚马孙（Foz do Amazonas Basin）	巴西	157338	138416	150.77	61.00	150.77	61.00	8325.00	0	43278.00	15786.72
12	雷康卡沃（Reconcavo Basin）	巴西	9648.40	1291	1909.03	2995.16	258.05	382.57	812.74	0.96	889.51	967.06
13	亚马孙（Amazon Basin）	巴西	470890	6118	3.68	548.21	3.68	548.21	26.97	4.19	522.56	121.26

世界油气勘探开发与合作形势图集　南美地区　South America

续表

序号	盆地名称	涉及国家	盆地总面积（km²）	盆地海域面积（km²）	已发现可采储量 石油(含凝析油)（10⁶bbl）	已发现可采储量 天然气（10⁹ft³）	剩余可采储量 石油(含凝析油)（10⁶bbl）	剩余可采储量 天然气（10⁹ft³）	待发现资源量 石油（10⁶bbl）	待发现资源量 凝析油（10⁶bbl）	待发现资源量 天然气（10⁹ft³）	油气总量（10⁶bbl油当量）
14	上亚马孙（Upper Amazon Basin）	巴西、秘鲁、哥伦比亚	1086577	0	400.67	4542.23	115.21	2014.60	436.00	5.36	6212.00	1512.39
15	巴纳伊巴（Parnaiba Basin）	巴西	673140.00	1889.29	1.29	1353.70	1.20	1056.77	0	5.68	5236.00	908.44
16	圣弗朗西斯科（Sao Francisco Basin）	巴西	379667	379667	0.19	185.40	0.19	185.40	6.58	0	3360.00	585.89
17	巴拉纳（Parana Basin）	巴西、巴拉圭、阿根廷	1187658	0	0.04	48.30	0.04	48.30	4.48	0	1035.07	182.94
18	佩罗塔斯盆地（Polotas Basin）	巴西	619506	583677	0	0	0	0	782.18	519.45	20633.89	5740.61
19	圭亚那（Guyana Basin）	圭亚那	300293	239932	3651.48	4365.00	3536.05	4365.00	5836.00	82.00	52100.00	14900.76
20	马拉开波（Maracaibo Basin）	委内瑞拉、哥伦比亚	61479	15984.54	65068.01	72806.82	20182.15	31897.68	25360.00	0	24560.00	29594.48
21	法尔考（Falcon Basin）	委内瑞拉	45300	11830.00	217.10	791.27	96.92	683.23	5328.00	0	6500.00	6448.69
22	亚诺斯—巴里纳斯（Llanos–Barinas Basin）	委内瑞拉、哥伦比亚	373466	0	11607.30	11764.79	4676.97	8836.46	3617.00	0	4536.00	4399.07
23	东委内瑞拉（East Venezuela Basin）	委内瑞拉、特立尼达和多巴哥、圭亚那	213408	40342	295326.02	159577.48	269368	159577.7	28382.00	0	86890.00	43363.03
24	下马格达莱纳（Lower Magdalena Basin）	哥伦比亚	96184.00	28855.20	99.87	2953.57	18.33	1713.13	118.88	0	3344.58	695.53
25	塞萨尔（Cesar Basin）	哥伦比亚	8127.20	8127.20	1.14	351.10	1.14	348.53	0	0	2560.00	441.38
26	瓜吉拉（Guajira Basin）	哥伦比亚、委内瑞拉、阿鲁巴	23634	20077	210.40	10910.00	200.80	10521.30	188.00	0	9610.00	1844.90
27	中—上马格达莱纳（Middle–upper Magdalena Basin）	哥伦比亚	47515	0	3621.72	4227.86	979.01	818.87	1820.00	0	4320.00	2564.83
28	普图马约（Putumayo Basin）	哥伦比亚、厄瓜多尔、秘鲁	150292.00	0	10654.20	3332.74	4469.66	1585.41	3230.00	0	1160.00	3430.00

续表

序号	盆地名称	涉及国家	盆地总面积（km²）	盆地海域面积（km²）	已发现可采储量 石油(含凝析油)（10⁶bbl）	已发现可采储量 天然气（10⁹ft³）	剩余可采储量 石油(含凝析油)（10⁶bbl）	剩余可采储量 天然气（10⁹ft³）	待发现资源量 石油（10⁶bbl）	待发现资源量 凝析油（10⁶bbl）	待发现资源量 天然气（10⁹ft³）	油气总量（10⁶bbl油当量）
29	普罗雷索（Progreso Basin）	厄瓜多尔—秘鲁	42436	31218	234.81	1010.60	166.07	767.03	296.84	0	361.57	359.18
30	胡拉加（Huallaga Basin）	秘鲁	21834.00	0	88.00	10.30	88.00	10.30	788.00	0	596.00	890.76
31	圣地亚哥（Santiago Basin）	秘鲁、厄瓜多尔	7449.00	0	0.35	5.00	0.35	5.00	0	0	0	0
32	马拉农（Maranon Basin）	秘鲁、厄瓜多尔、巴西	243761.00	0	2099.80	268.19	893.72	116.22	3650.00	0	656.00	3763.10
33	塔拉拉（Talara Basin）	秘鲁	17566	11662	2797.17	4730.45	1178.05	2936.89	540.74	0	873.80	691.40
34	塞丘拉（Sechura Basin）	秘鲁	28703	10039	79.22	1437.80	71.13	1408.76	120.37	0	1460.37	372.16
35	乌卡亚利（Ucayali Basin）	秘鲁、巴西	197486	0	1252.58	21703.25	964.38	17684.23	109.31	977.29	18168.89	4219.17
36	玛德莱德迪奥斯（Madre de Dios Basin）	玻利维亚、秘鲁、巴西	307837	29087.30	33.00	2000.20	33.00	2000.20	284.00	825.00	38256.00	7704.86
37	查考（Chaco Basin）	玻利维亚、巴拉圭、阿根廷	284672	0	1356.76	38209.40	402.93	16694.62	930.00	836.00	35360.00	7862.55
38	库约（Cuyo Basin）	阿根廷	42605	0	1627.47	389.93	203.82	48.08	1870.10	0	430.00	1944.24
39	内乌肯（Neuquen Basin）	阿根廷	114796	0	6560.68	44861.93	2377.88	16723.35	3850.00	563.00	30165.00	9613.86
40	圣乔治（San Jorge Basin）	阿根廷	163018	67993	6922.44	8473.13	2046.17	2798.54	2840.00	0.80	3650.00	3470.11
41	麦哲伦（Magllanes Basin）	阿根廷、智利	219387	55809	1451.61	32943.35	356.25	13418.28	465.39	153.57	11728.11	2641.05
42	马尔维纳斯（Malvinas Basin）	阿根廷	106188.80	0	6.99	620.60	6.99	620.60	1783.28	0	4604.61	2577.18
43	白垩（Cretaceous Basin）	阿根廷、巴拉圭	95386	0	128.71	301.04	51.35	229.38	147.60	0.73	296.29	199.41
44	阿劳科（Arauco Basin）	智利	13011.3	12000	0.05	11.00	0.05	11.00	22.92	0	229.48	62.49
45	瓦尔迪维亚（Valdivia Basin）	智利	11651.5	11000	0.03	30.00	0.03	30.00	16.90	0	169.25	460.08

表0-2 南美九国储产量属性表

序号	国家	涉及盆地	2018年产量 石油(10^6bbl)	2018年产量 天然气(10^6bbl油当量)	已发现可采储量 石油(10^6bbl)	已发现可采储量 天然气(10^9ft³)	剩余可采储量 石油(10^6bbl)	剩余可采储量 凝析油(10^6bbl)	剩余可采储量 天然气(10^9ft³)	待发现资源量 石油(10^6bbl)	待发现资源量 凝析油(10^6bbl)	待发现资源量 天然气(10^9ft³)	油气总量(10^6bbl油当量)
1	巴西	桑托斯、坎波斯、埃斯皮里图桑托、热塞蒂奥尼亚、阿尔马达卡玛木、土坎诺、舍吉佩—阿拉戈斯、波蒂瓜尔、比阿乌—塞阿拉、帕拉—马拉尼昂、福斯杜马孙、雷康卡沃、亚马孙、上亚马孙、巴纳伊巴、圣弗朗西斯科、巴拉纳、佩罗塔斯	1076.05	139.85	75707.12	126305.00	56895	1072	106031.42	40556.32	1611.79	87142.86	57192.74
2	委内瑞拉	马拉开波、法尔考、亚诺斯—巴里纳斯、东委内瑞拉	517.34	93.74	363966.19	258584.73	288731.89	3116.25	160670.88	212384.34	2306.42	32174.97	270158.86
3	哥伦比亚	下马格达莱纳、塞萨尔、瓜吉拉、中—上马格达莱纳、亚诺斯—巴里纳斯、普图马约	322.99	61.74	14416.17	36369.76	4106.68	45.05	21706.21	8140.66	675.24	33752.64	14635.31
4	阿根廷	查考、库约、内乌肯、圣乔治、麦哲伦、马尔维纳斯、白垩	186.82	242	16450.81	83844.12	4931.91	49.32	30802.78	9571.25	1014.01	85407.45	25310.69
5	厄瓜多尔	普罗格索、普图马约、马拉农	203.13	4.82	10918.27	3333.44	5016.82	50.17	1830.00	6177.49	0.02	2917.34	6680.50
6	秘鲁	胡拉加、圣地亚哥、塞丘拉、马拉农、塔拉拉、玛丘利、玛德雷迪奥斯	49.12	74.52	6056.12	30420.14	2189.88	974.07	24412.63	224.19	52.78	10073.01	9392.14
7	智利	阿芬科、瓦尔迪维亚、马德雷迪奥斯、麦哲伦	1	5	560.28	11906.54	92.522	44.82	4310.50	244.19	52.78	10073.01	2033.70

续表

序号	国家	涉及盆地	2018年产量 石油(10^6bbl)	2018年产量 天然气(10^6bbl油当量)	已发现可采储量 石油(10^6bbl)	已发现可采储量 天然气(10^9ft³)	剩余可采储量 石油(10^6bbl)	剩余可采储量 凝析油(10^6bbl)	剩余可采储量 天然气(10^9ft³)	待发现资源量 石油(10^6bbl)	待发现资源量 凝析油(10^6bbl)	待发现资源量 天然气(10^9ft³)	油气总量(10^6bbl油当量)
8	圭亚那	圭亚那	0	0	3427.01	4210.01	3533.8	2.25	4365	5836.00	82.00	52100.00	14900.76
9	玻利维亚	查考、玛德莱德迪奥斯	20.77	109.67	1038.13	29912.25	80.07	290.51	15278.23	842.10	914.10	40387.39	8719.54
合计	9	48	2377.16	731.58	492649.43	584885.981	371367.964	3713.68	369252.652	287441.51	7490.13	661737.11	409024.24

图 0-1 南美地区大地构造分布图

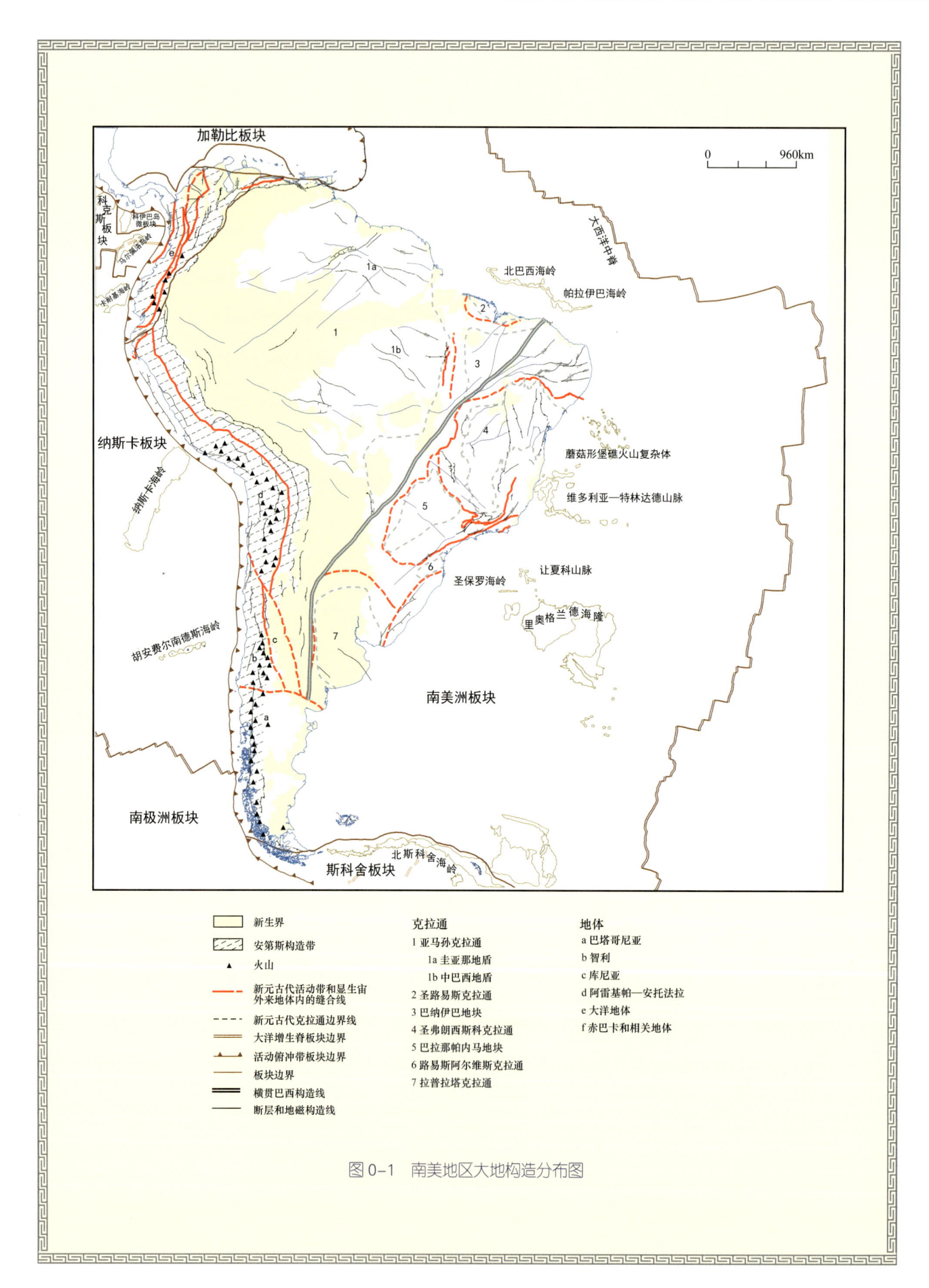

图 0-2 南美地区含油气盆地分布图

世界油气勘探开发与合作形势图集　南美地区　South America

国家级合作环境等级
- 0～5
- 5～6
- 6～7
- ＞7

图 0-3　南美各国油气投资综合风险系数分布图

10

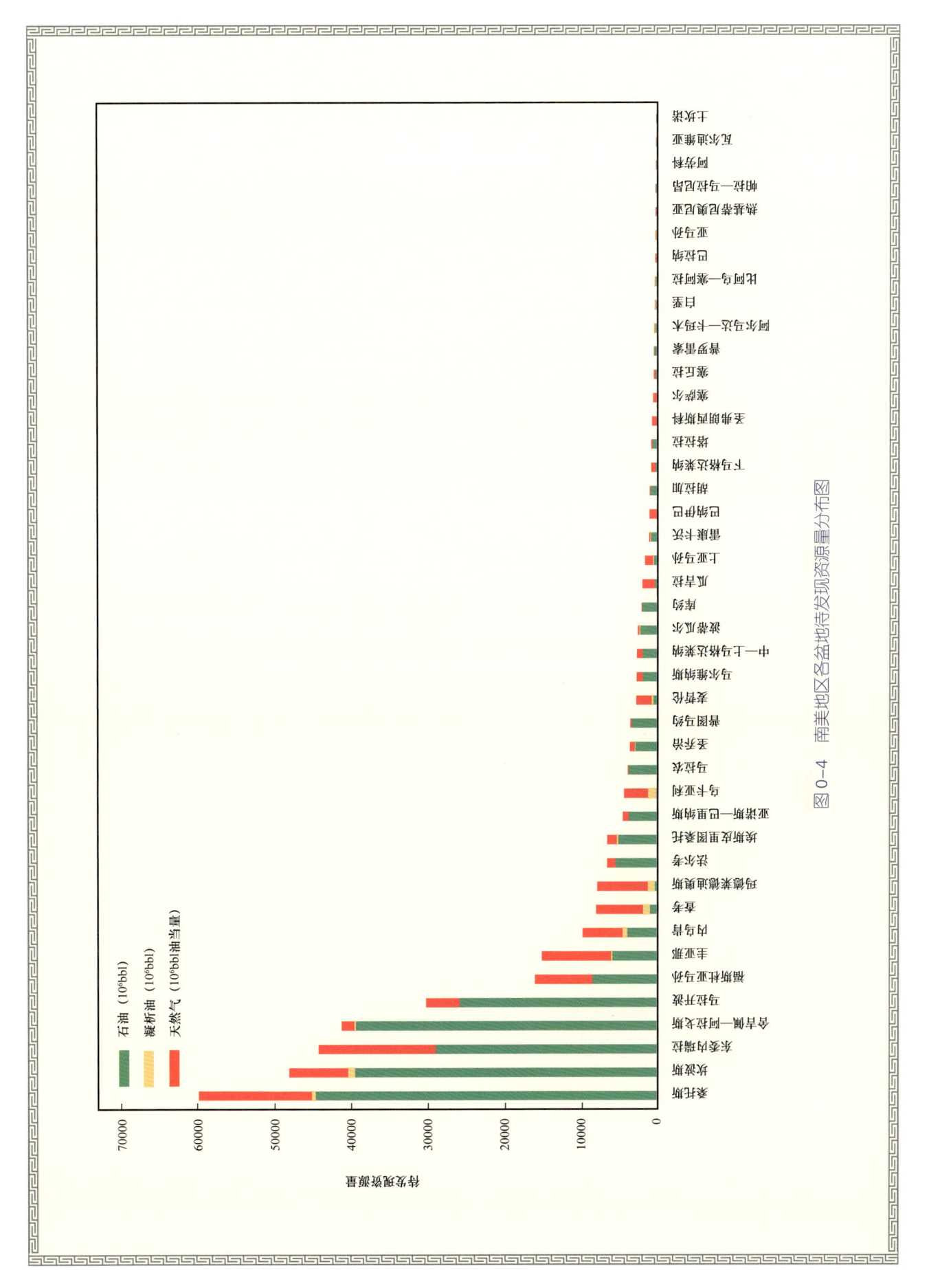

图 0-4 南美地区各盆地待发现资源量分布图

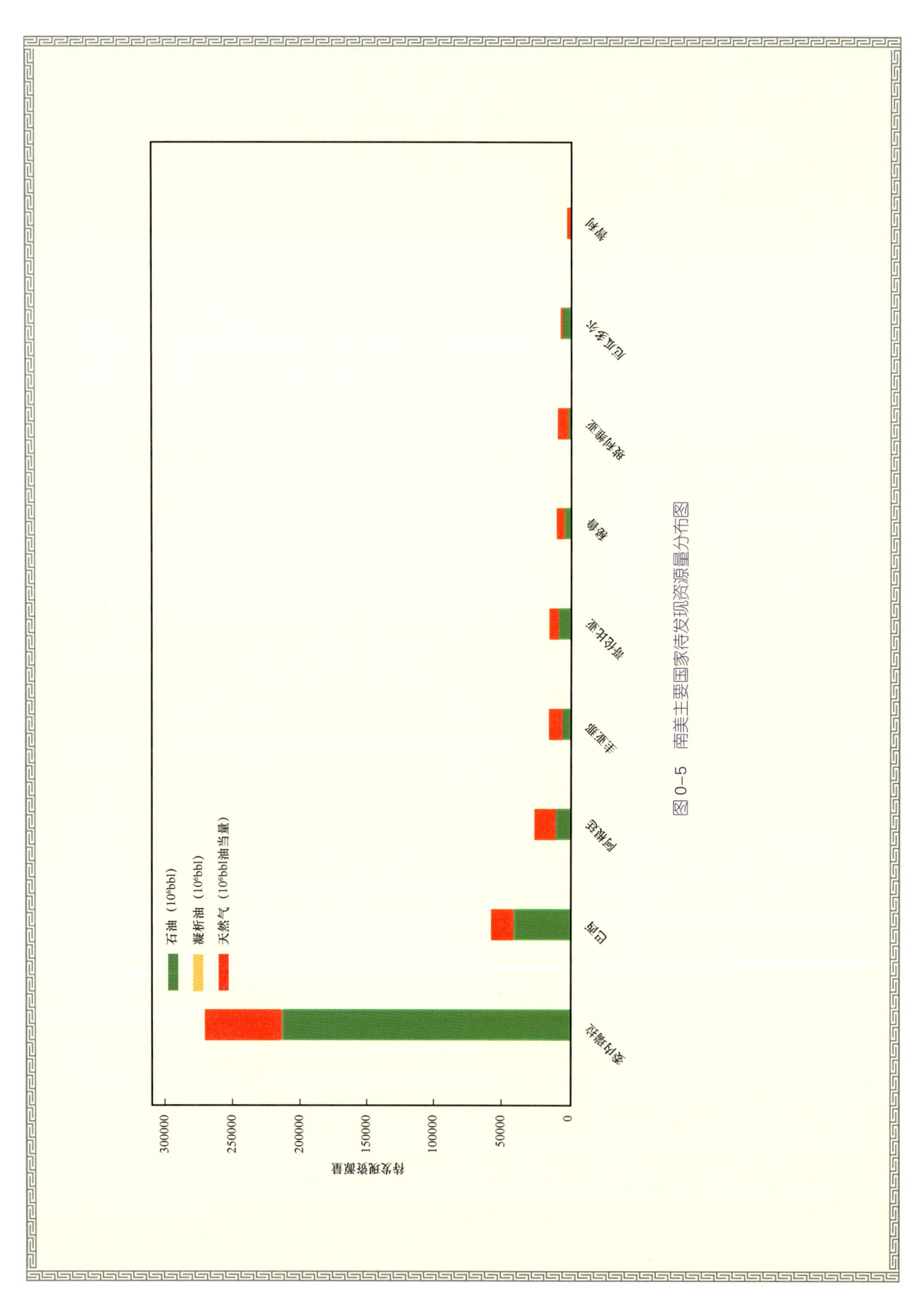

图 0-5 南美主要国家待发现资源量分布图

▶第一部分

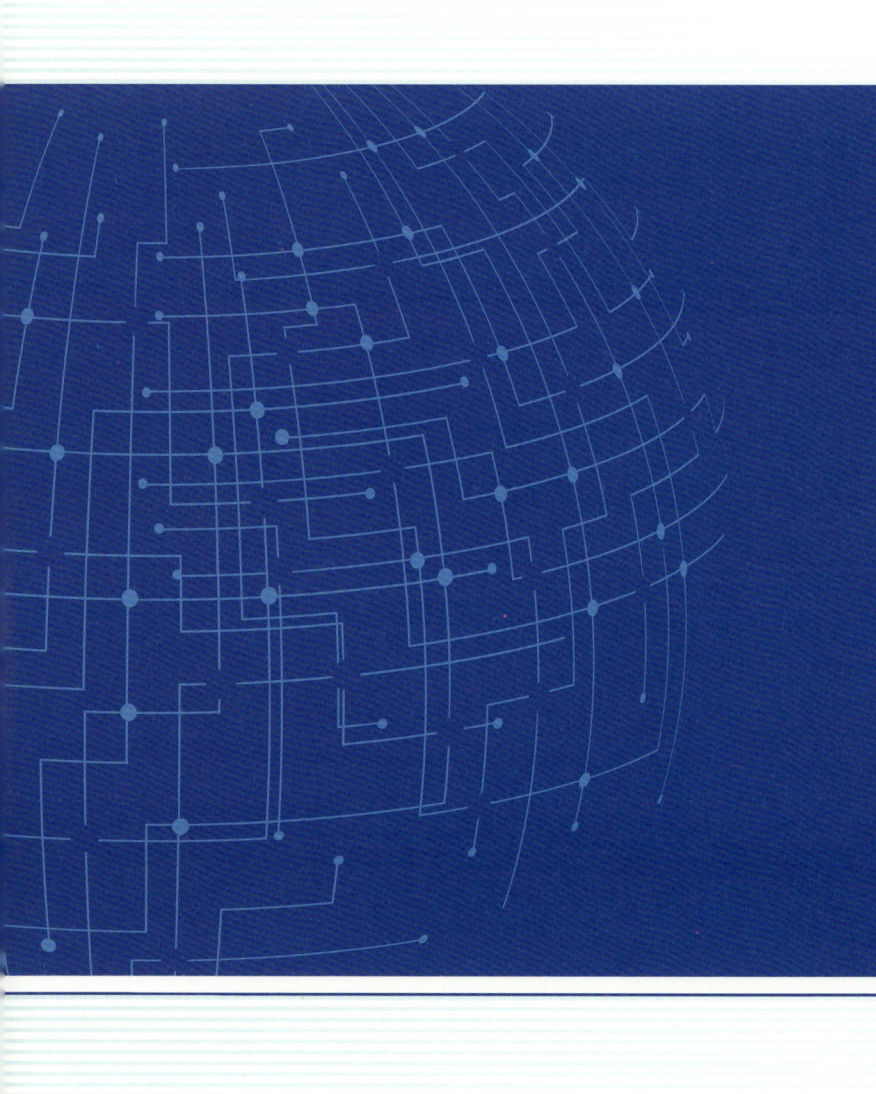

巴西

一、国家概况

巴西位于南美洲东部，北邻法属圭亚那、苏里南、圭亚那、委内瑞拉和哥伦比亚，西界秘鲁、玻利维亚，南接巴拉圭、阿根廷和乌拉圭，东濒大西洋。海岸线长约7400km。国土面积851.49×10⁴km²。国土的80%位于热带地区，最南端属亚热带气候，北部亚马孙平原属赤道（热带）雨林气候，中部高原属热带草原气候，南部地区年平均气温16～19℃。

全国共分26个州和1个联邦区，州下设市，全国共有5564个市。首都是巴西利亚，官方语言葡萄牙语。流通货币为雷亚尔。2017年全国人口为2.086亿。国会是国家最高权力机构。

巴西的矿产、工业和农业都比较发达，2018年，巴西GDP18677.68亿美元，人均GDP为8958美元。巴西的矿产、土地、森林和水力资源十分丰富，铌、锰、钛、铝矾土、铅、锡、铁、铀等29种矿物储量位居世界前列。铌矿储量已探明455.9×10⁴t，产量占世界总产量的90%以上。已经探明铁矿储量333×10⁸t，占世界9.8%，居世界第五位，产量居世界第二位。石油探明储量266×10⁸bbl，居世界第15位，南美地区第二位（仅次于委内瑞拉）。2007年底以来，在沿海陆续发现多个特大盐下油气田，预期储量500×10⁸～1500×10⁸bbl，有望进入世界十大储油国之列。国家工业体系较完备，工业基础较雄厚，实力居拉美地区首位。

巴西同192个国家建有外交关系，是联合国、世界贸易组织、美洲国家组织、拉美和加勒比国家共同体、南美国家联盟、南方共同市场等国际和地区组织以及金砖国家、二十国集团、七十七国集团等多边机制成员，不结盟运动观察员。1974年8月15日中国与巴西建立外交关系，1993年，两国建立战略伙伴关系，2012年，两国关系提升为全面战略伙伴关系。

二、油气勘探开发现状

巴西境内涉及桑托斯（Santos）盆地、坎波斯（Campos）盆地、埃斯皮里图桑托（Espirito Santo）盆地、热基蒂尼奥尼亚（Jequitinhonha）盆地、阿尔马达—卡玛木（Almada-Camamu）盆地、土坎诺（Tucano）盆地、舍吉佩—阿拉戈斯（Sergipe-Alagoas）盆地、波蒂瓜尔（Potiguar）盆地、比阿乌塞阿拉（Piaui-Ceara）盆地、帕拉—马拉尼昂（Para-Maranhao）盆地、福斯杜亚马孙（Foz do Amazonas）盆地、雷康卡沃（Reconcavo）盆地、亚马孙（Amazonas）盆地、上亚马孙（Upper Amazonas）盆地、巴纳伊巴（Parnaiba）盆地、帕雷西斯（Parecis）盆地、圣弗朗西斯科（Sao Francisco）盆地、巴拉纳（Parana）盆地、佩罗塔斯（Pelotas）盆地等19个沉积盆地（图1-2-1），目前已在前17个盆地中发现工业油气流，前9个盆地正在进行工业化开采。

截至2018年，巴西累计发现2P可采储量96757.95×10⁶bbl油当量（图1-2-2），其中石油74574.48×10⁶bbl，凝析油1132.64×10⁶bbl，天然气126.31×10¹²ft³，占全球的1.23%。共发现大油气田31个，其中大油田30个，总储量63469.5×10⁶bbl油当量；发现大气田1个，总储量1071.7×10⁶bbl油当量。

2018年，巴西石油、天然气年产量分别为 1076.05×10^6 bbl 油当量、139.85×10^6 bbl 油当量，油气产量占全球的 2.21%。截至 2018 年，累计生产油、气分别为 17884.99×10^6 bbl 油当量、1840.57×10^6 bbl 油当量（图 1-2-3），2025 年基本达到了产量高峰期，预计可稳定到 2033 年。

巴西常规油气资源勘探开发潜力依然很大。常规油气剩余 2P 可采储量 76248.84×10^6 bbl 油当量，其中石油 56895.51×10^6 bbl，凝析油 1072.05×10^6 bbl，天然气 106.0×10^{12} ft^3。CNPC2018 年最新评价结果，常规待发现油气资源量 57192.74×10^6 bbl 油当量，其中石油 40556.32×10^6 bbl，凝析油 1611.79×10^6 bbl，天然气 87142.86×10^9 ft^3。

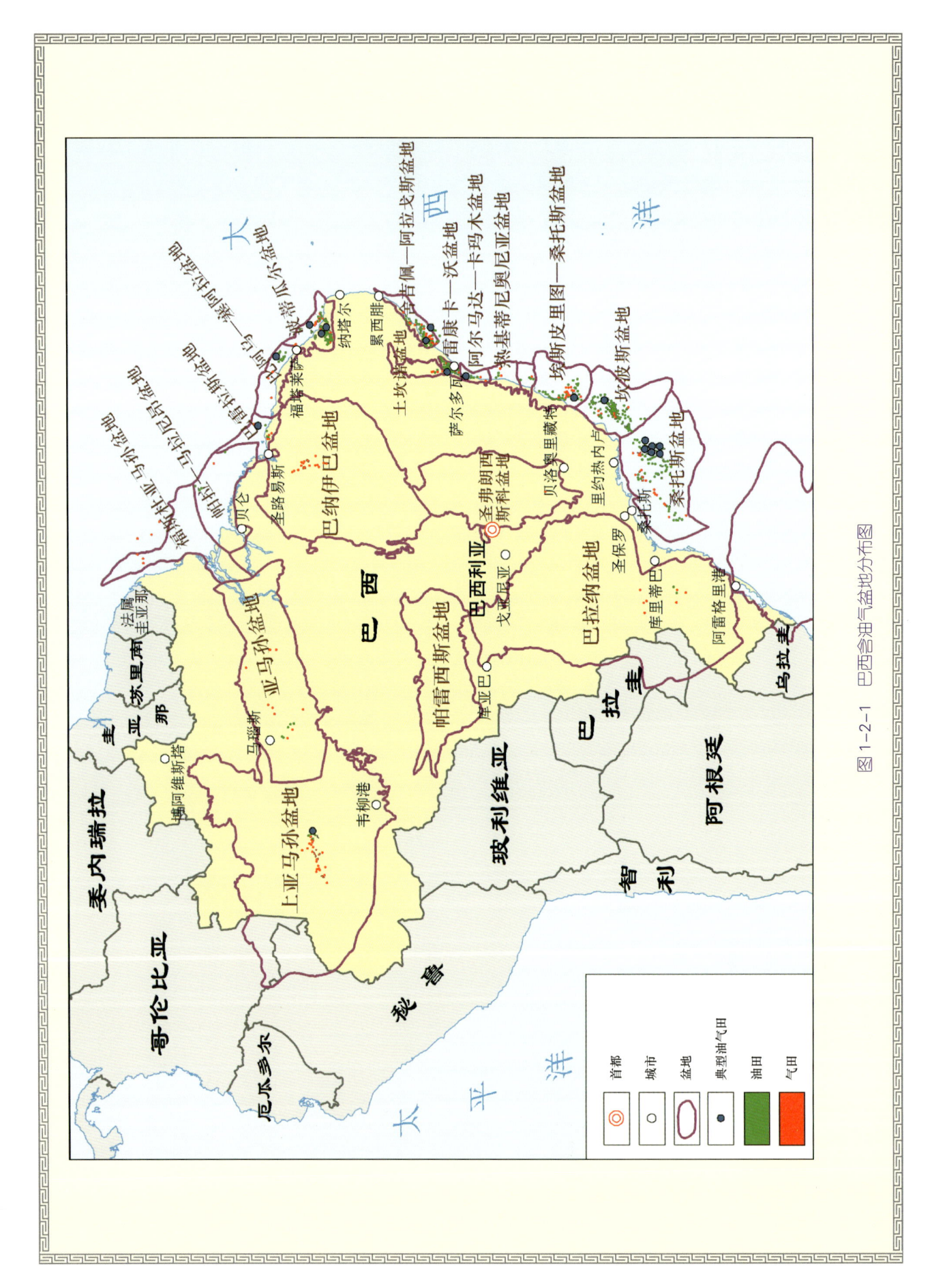

南美地区 South America

图 1-2-1 巴西含油气盆地分布图

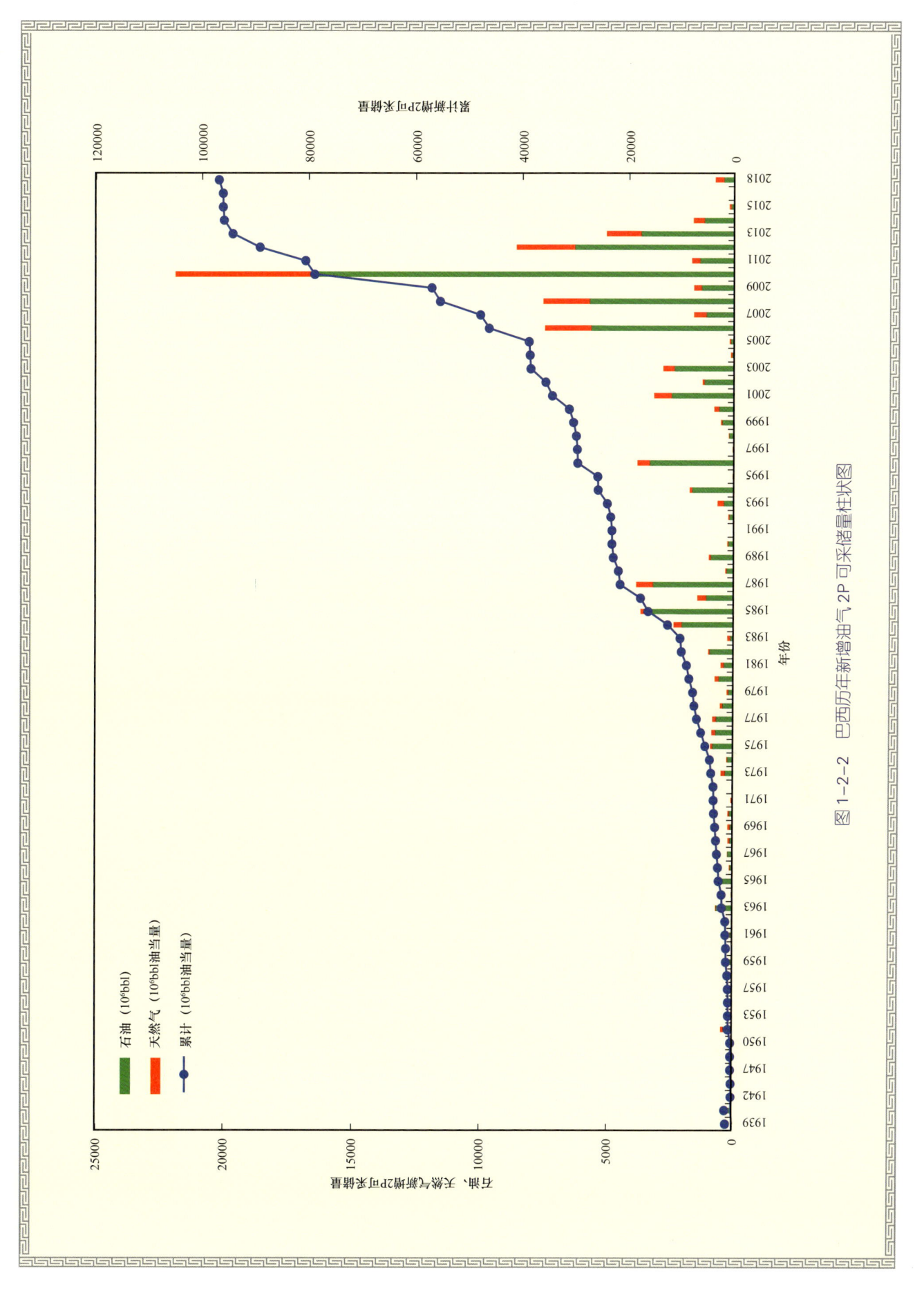

图 1-2-2 巴西历年新增油气 2P 可采储量柱状图

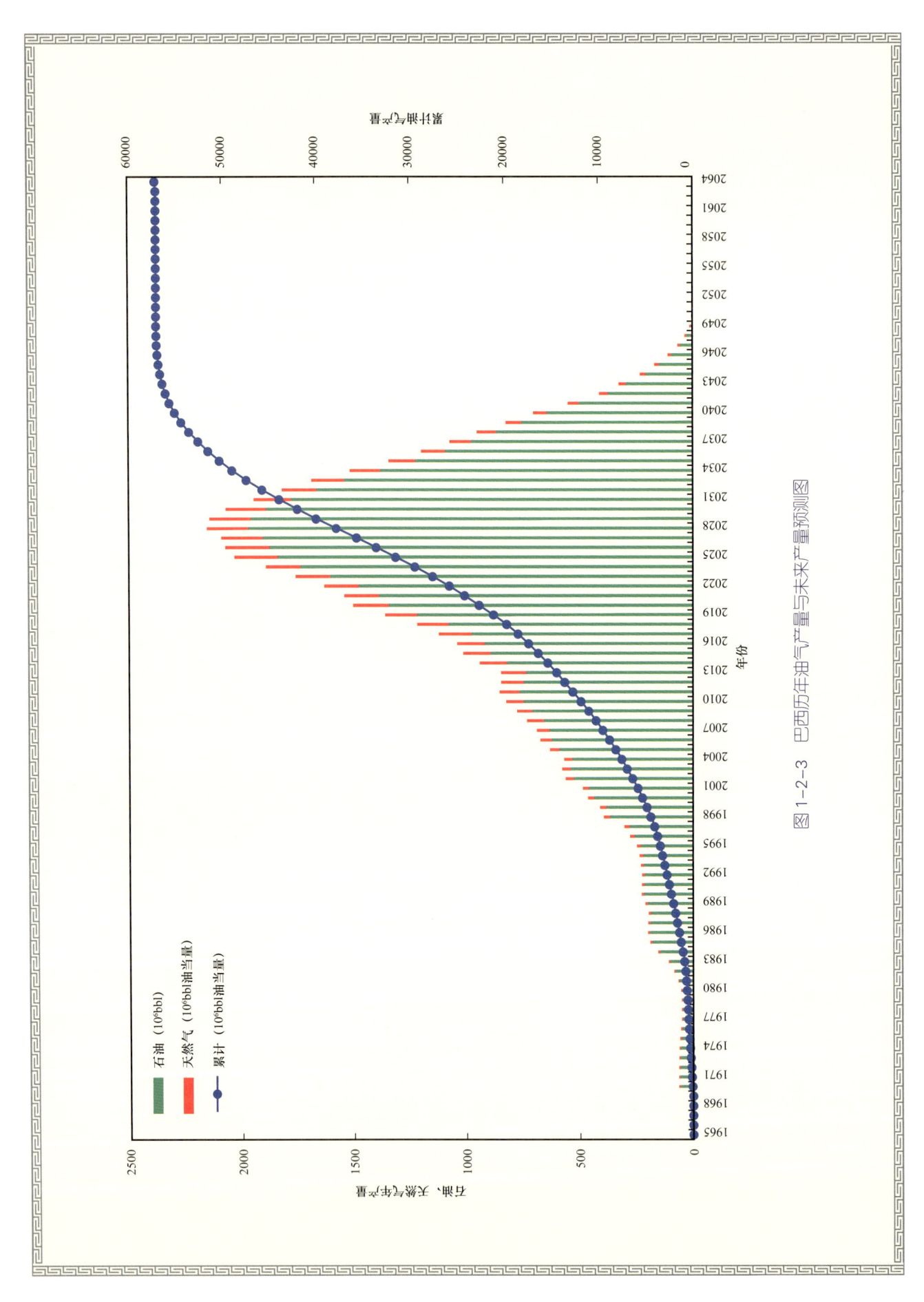

图 1-2-3 巴西历年油气产量与未来产量预测图

三、石油地质特征和勘探开发潜力

（一）桑托斯盆地

桑托斯（Santos）盆地位于巴西东南海域的大陆架区（图1-3-1-1），临近圣卡塔林娜、巴拉纳、圣保罗和里约热内卢州，为巴西最大的海岸盆地之一。走向北东—南西，长约800km，宽约600km，面积32.62×10⁴km²，全部位于海上，最大水深超过4000m。

1. 勘探开发历程

桑托斯盆地的油气勘探，经历了早期勘探、勘探发现、快速增储和稳定发展4个阶段（图1-3-1-2）。

早期勘探阶段（1930—1978年）：勘探始于20世纪30年代，勘探由CNP独家控制。1954年，勘探和生产权转交到新成立的巴西石油（Petrobras）公司。主要进行地震勘探二维采集，到1969年，采集测线长度3000km。1971年开始钻井，此阶段没有发现油气田。

勘探发现阶段（1979—2005年）：1979年发现了两个油气田，位于水深100m处。1980—1985年间，发现中等规模的图巴朗（Tubarao）凝析气田。1990年开始了三维地震勘探，三维成果加速了油气田的发现。1990—1996年间，在白垩系发现了4个碳酸盐岩油气藏，其中卡拉威拉（Caravela）油田油气2P可采储量25.04×10⁶bbl油当量。1999年发现了储量为310×10⁶bbl油当量大型轻质油田，油气产量为1300bbl/d。2000—2004年，新发现11个油气田。其间，巴西石油公司发现4个大型天然气田，位于水深400～1500m的区块。El Paso公司在默鲁扎（Merluza）油田东面发现拉哥斯塔（Lagosta）油田。

快速增储阶段（2006—2014年）：2007—2008年在盆地深水斜坡带先后发现两个超大型油田，包括最大的卢拉（Lula）油田（石油2P可采储量5527.00×10⁶bbl）和卡里奥卡（Carioca）油田（石油2P可采储量5500×10⁶bbl）；2010年，在盆地深水已发现两个盐下超大型油田里贝拉（Libra）油田和布兹沃斯（Buzios）油田，使盆地的油气储量和产量大幅度提高。此后，继续获得勘探发现，主要是储量规模较小的油气藏。

稳定发展阶段（2015年至今）：2015年后，储量处于稳定增长阶段，除2018年发现了一个大型油田——Guanxuma A气田外，其余均为中小型油田。

截至2018年，盆地已发现油气田86个，累计发现石油38190.27×10⁶bbl、天然气76817.72×10⁹ft³、凝析油储量511.32×10⁶bbl。该盆地总储量占全球0.65%。共发现大油气田15个，储量前10的大油田为：布兹沃斯（Buzios）、卢拉（Lula）、里贝拉（Libra）、苏鲁鲁（Sururu）、阿塔普（Atapu）、贝尔比奥油田（Berbigao）、朱比特（Jupiter）、卡拉拉（Carcara）、塞维亚（Sepia）油田、萨克塔里奥（Sagitario）油田，15个大油气田总储量为44792.0×10⁶bbl油当量，占总发现量的87%。

2018年，盆地石油年产量523.47×10⁶bbl，天然气66.62×10⁶bbl油当量。截至2018年底，盆地石油和天然气累产分别为1783.49×10⁶bbl、337.82×10⁶bbl油当量。

2. 区域地质

桑托斯盆地属于南美板块东缘系列被动陆缘盆地之一，东北部与坎波斯盆地以 Cabochon Frio 隆起为界，西南部以弗洛里亚诺波利斯高地与佩罗塔斯盆地相隔，向海方向以圣保罗（Sao Paulo）隆起和夏科特（Charcot）海底山脉为界，向陆方向以海岸线为界（图 1-3-1-3）。基底为前寒武系火山变质岩，盆地经历了裂谷期、过渡期和漂移期三个演化阶段，沉积地层由下至上依次为白垩系、古近系和新近系及第四系。盆地沉积中心位于盆地中部，最大沉积厚度约 8000m，向陆和向圣保罗台地方向变薄（图 1-3-1-4）。

桑托斯盆地整体呈现出"东西分带、南北分区"的坳隆相间构造格局，东西方向上依次发育西部坳陷带、西部隆起带、中央坳陷带、东部隆起带和东部坳陷带 5 个 NE 走向的构造带，呈现出三坳夹两隆的构造特征。南北方向上盆地受 NW 向基底走滑断裂切割，表现出南北分区的特征（图 1-3-1-4）。盆地内有两个隆起，为圣塞巴斯蒂奥（Sao Sebastiao）隆起和圣保罗隆起。圣塞巴斯蒂奥隆起位于盆地西北部浅水区，呈三角状，沉积地层厚度较薄。圣保罗隆起位于盆地东南部水深 2000～3000m 的地区，发育厚层盐岩和盐构造。

3. 石油地质特征

1）烃源岩

盆地烃源岩为下白垩统的页岩，已证实为两套（图 1-3-1-5）：下白垩统巴雷姆—下阿普特阶 Guaratiba 群 Picarras（PIC）组和 Itapema（ITP）组湖相页岩与上白垩统 Itajai-Acu 组海相页岩。

Guaratiba 群黑色钙质页岩是主要烃源岩，为 I 型干酪根，总有机碳含量为 2%～4%。

Itajai-Acu 组为次要烃源岩，沉积富含有机质的钙质泥岩和黑色页岩，为 II 型和 III 型混合型干酪根，总有机碳含量 1%～2.5%。

2）储层

盆地内从下白垩统到始新统含有多套已证实的储层，其中最主要的储层有两套（图 1-3-1-5）。

一是，下白垩统 Guaratiba 群 Barravelha（BVE）组和 ITP 组碳酸盐岩储层为断陷湖盆水下古隆起上的微生物灰岩、生物碎屑滩坝成因的碳酸盐岩，厚度大于 300m，最大厚度超过 1000m。储集空间为粒间孔隙、粒内孔隙、溶孔和溶洞等。孔隙度 5%～25%，渗透率 1～2000mD，平均 120mD，为一套优质的碳酸盐岩储层。

二是，上白垩统 Itajai-Acu 组浊积砂岩储层，岩性为细—粗粒、中等—差分选的块状砂岩，为高密度浊积岩。储层为多个浊积扇复合体，厚度达 60m。孔隙度一般为 16%～21%，渗透率为 1.5～15mD。

此外，下白垩统 Guaruja 组台地碳酸盐岩是主要潜在储层，平均厚度达 30m，孔隙度 5%～25%，渗透率 1～1300mD。主要孔隙类型是原生和次生粒间孔隙。

3）盖层

桑托斯盆地有三套盖层（图 1-3-1-5）：区域盖层为上白垩统 Ariri 组蒸发盐岩，封堵下伏的同裂谷期储层。半区域盖层为上白垩统 Itanhaem 组页岩和灰泥岩。层间盖层为新近系页岩灰泥岩和上白垩统 Jureia 组页岩。

4）圈闭类型

桑托斯盆地主要圈闭类型包括岩性圈闭、地层—构造复合型圈闭。岩性圈闭主要为上白垩统和古近系—新近系浊积砂岩透镜体圈闭；地层—构造复合型圈闭主要位于盐下碳酸盐岩。

4. 常规油气成藏组合

盆地包括三套成藏组合（图1-3-1-5）：盐下下白垩统碳酸盐岩、盐上下白垩统碳酸盐岩、盐上上白垩统—新近系砂岩成藏组合。

盐下下白垩统碳酸盐岩成藏组合：为盐下组合，主要分布在盆地中部，储层为湖相碳酸盐岩和浊积砂岩，盖层为蒸发盐岩，烃源岩为页岩，属自生自储型生储盖组合。

盐上上白垩统碳酸盐岩成藏组合：为盐上组合，主要分布在盆地中部和圣保罗隆起的西部。储层为下白垩统台地碳酸盐岩，盖层为层间页岩、灰质泥岩和泥页岩，烃源岩为湖相页岩和上白垩统的深水页岩。

盐上上白垩统—新近系成藏组合：为盐上组合，主要分布在盆地中部。储层主要为上白垩统和新近系的浊积砂岩，盖层主要为上白垩统和古近系深海相泥页岩，烃源岩主要为上白垩统深水页岩（图1-3-1-5）。

5. 典型油气田

1）里贝拉（Libra）油田

属于盐下下白垩统碳酸盐岩成藏组合。位于盆地东北部深水区（图1-3-1-6），油田长34.26km，宽21.9km，油田面积348.75km^2，于2010年发现，截至2018年底，石油和天然气2P可采储量分别为4650×10^6bbl和9.47×10^{12}ft^3（表1-3-1-1）。

储层为盐下下白垩统的巴雷姆阶—下阿普特阶的非均质层状介壳灰岩和微生物灰岩，储层最大总厚度950m，有效厚度410m，油层最大总厚度为329m，有效厚度为277.9m，储层构造顶部海拔为-5210m，碳酸盐岩物性好，平均孔隙度14%，平均渗透率120mD，最大含水饱和度3%。油藏类型为地层—构造复合型。

2017年投入生产，2018年石油年产量为9.12×10^6bbl。截至2018年，累计生产石油10.94×10^6bbl。

2）卡卡拉（Carcara）油田

属于盐下下白垩统碳酸盐岩成藏组合。位于Sao Sebastiao高地南部中间位置，为一长26.92km、宽9.49km的背斜构造，面积123.44km^2（图1-3-1-7）。其内被断裂分割成独立的断块，目的层顶部海拔为-5742m，最低的油藏海拔为-6205m，该油田于2012年发现。截至2018年底，2P石油可采储量为1050×10^6bbl，2P天然气可采储量为3.6×10^{12}ft^3，2P总可采储量为1650×10^6bbl油当量（表1-3-1-1）。

主要储层为Barra Velha（BVE）组和Itapema（ITP）组的非均质层状微生物灰岩，下伏毕卡拉斯组储层厚度变化较大，厚度可达2000m。主要储层平均孔隙度18%，平均渗透率100mD。油藏类型为地层—构造复合型。

该油田尚未投入生产。

3）拉帕（Lapa）油田

属于盐下下白垩统碳酸盐岩成藏组合，位于Sao Paulo隆起北部深水区，卢拉油田西北部，油田长24.47km，宽7.74km，油田面积126.68km^2（图1-3-1-8），于2007年发现，截至2018年底，石油和天然气2P可采储量分别为620×10^6bbl和1.26×10^{12}ft^3（表1-3-1-1）。

储层为盐下下白垩统巴雷姆阶—下阿普特阶的碳酸盐岩，储层最大总厚度250m，有效厚度100m，储层构造顶部海拔为-5200m，碳酸盐岩物性好，平均孔隙度7%，平均渗透率120mD，最大含水饱和度30%。

2011年投入生产，2017年石油和天然气年产量分别为13×10^6bbl、12.3×10^9ft^3。截至2018年，累计生产石油15.49×10^6bbl，天然气14.55×10^9ft^3。

4）卢拉（Lula）油田

属于盐下下白垩统 Guaratiba 群碳酸盐岩成藏组合，位于圣保罗隆起北部中间深水区，最大水深 2126m，西南邻近朱庇特油田，油田长 34.26km，宽 21.9km，油田面积 348.75km²（图 1-3-1-9），发现于 2010 年截至 2018 年底，石油和天然气 2P 可采储量分别为 $5527×10^6$bbl 和 $10.76×10^{12}$ft³（表 1-3-1-1）。

储层为盐下下白垩统的巴雷姆阶到下阿普特阶的非均质层状碳酸盐岩，储层的最大总厚度为 150m，有效厚度为 90m，储层的构造顶部海拔为 -5200m，碳酸盐岩物性好，平均孔隙度 11%，平均渗透率 120mD，最大含水饱和度 13%。

2009 年投入生产，2017 年石油和天然气年产量分别为 $270.3×10^6$bbl、$407.95×10^9$ft³。截至 2018 年，累计生产石油和天然气 $736.24×10^6$bbl 和 $1.13×10^{12}$ft³。

6. 油气勘探开发潜力

桑托斯盆地常规油气勘探前景广阔。中国石油 2018 年评价认为，待发现常规可采油气资源石油 $43826.00×10^6$bbl、凝析油 $418.00×10^6$bbl、天然气 $83568.00×10^9$ft³。盆地最有利勘探区位于东南部海上，即盆地中心区位置，该区域是盆地裂谷期沉积与沉降中心，裂谷期湖相烃源岩已经达到成熟阶段，目前处于生烃高峰期，勘探有利区紧邻生烃中心，有利于白垩系和古近—新近系浊积砂岩体近距离成藏。盆地目前勘探程度不高，但近年深水区（尤其是水深 200～2000m）陆续发现多个大型油气藏，勘探潜力巨大。盆地中心基本上三套成藏组合都发育，纵向上勘探目的层系多，盐下成藏组合是盆地下步最重要的勘探领域。

表 1-3-1-1 桑托斯盆地主要油气田属性表

序号	油气田名称	油气田类型	地理位置	发现年份	主要成藏组合	主要储层岩性	2P 可采储量 石油 (10^6bbl)	2P 可采储量 天然气 (10^9ft³)	2P 可采储量 凝析油 (10^6bbl)	油气总和 (10^6bbl 油当量)
1	里贝拉（Libra）	油田	海上	2010	下白垩统	介壳灰岩、生物灰岩	4650.00	9470.00	0	6228.33
2	卡卡拉（Carcara）	油田	海上	2012	上白垩统	碳酸盐岩	1050.00	3600.00	0	1650.00
3	朱比特（Jupiter）	油田	海上	2008	下白垩统	碳酸盐岩	915.00	2556.00	340.00	1679.00
4	拉帕（Lapa）	油田	海上	2007	下白垩统	碳酸盐岩	620.00	1260.00	0	829.33
5	卢拉（Lula）	油田	海上	2010	下白垩统	碳酸盐岩	5527.00	10757.00	0	7319.83

巴西

图 1-3-1-1 桑托斯盆地油气田分布图

油气田名称：1. 里贝拉 (Libra)；2. 卡卡拉 (Carcara)；3. 朱比特 (Jupiter)；4. 拉帕 (Lapa)；5. 卢拉 (Lula)

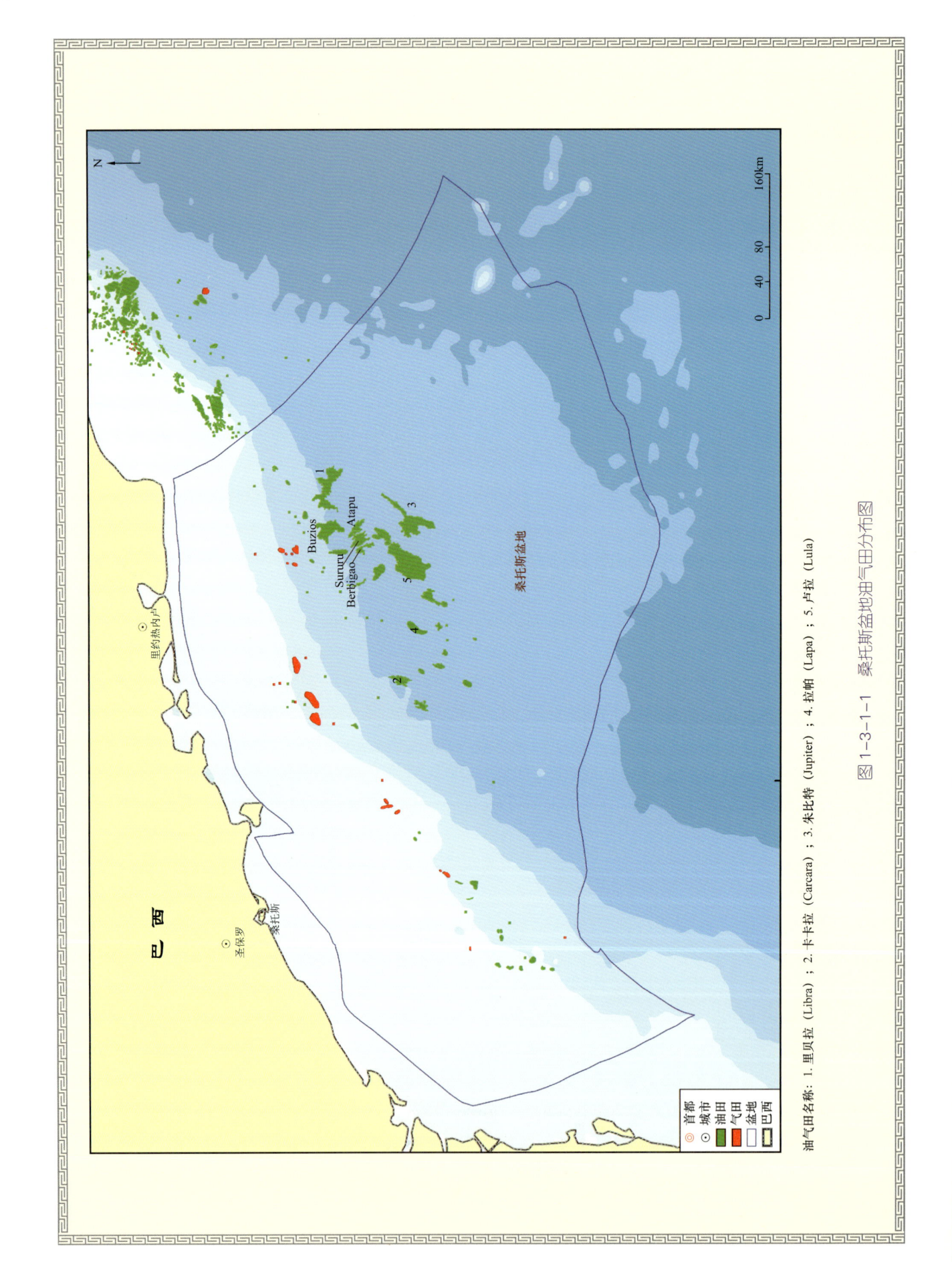

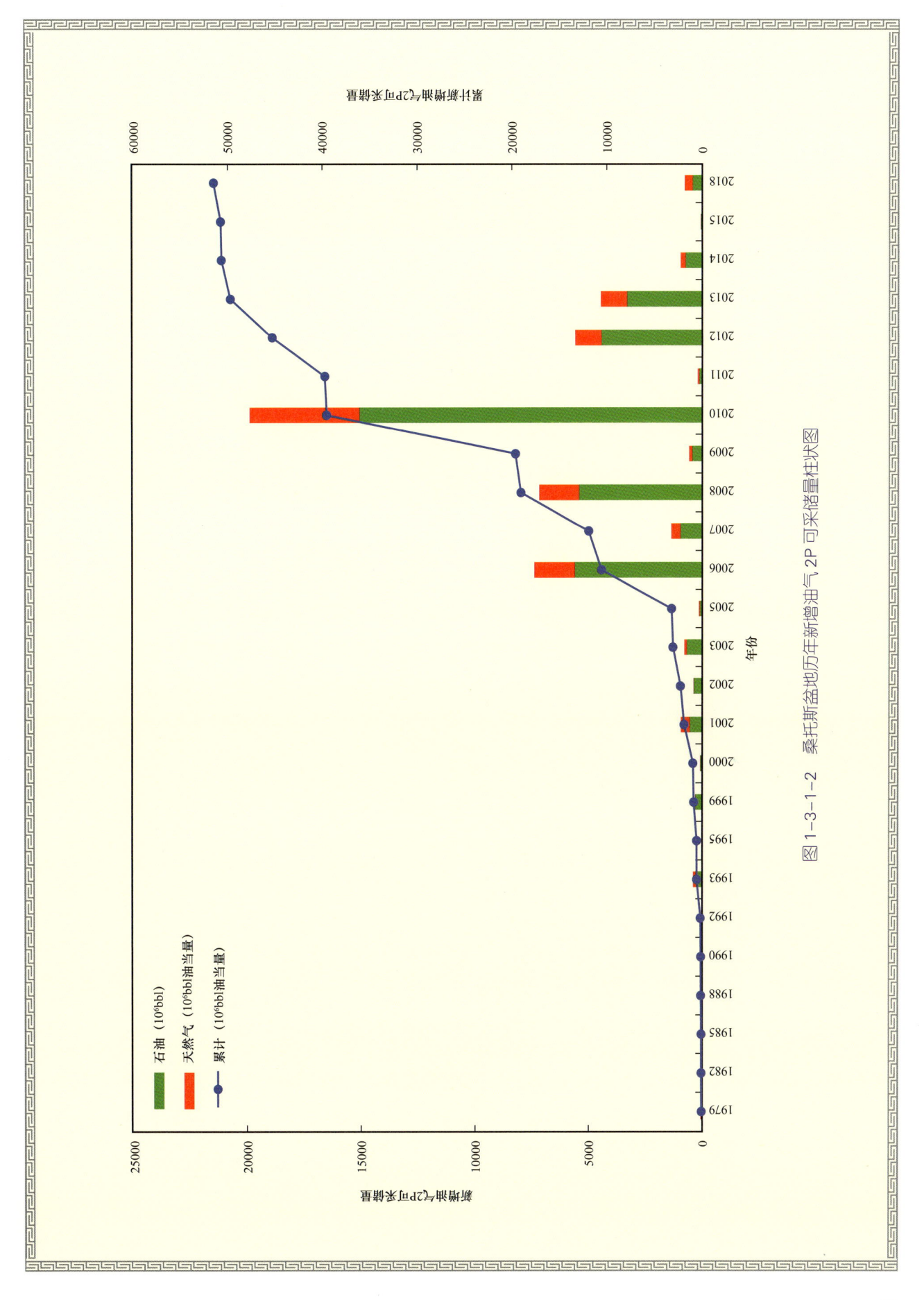

图 1-3-1-2 桑托斯盆地历年新增油气 2P 可采储量柱状图

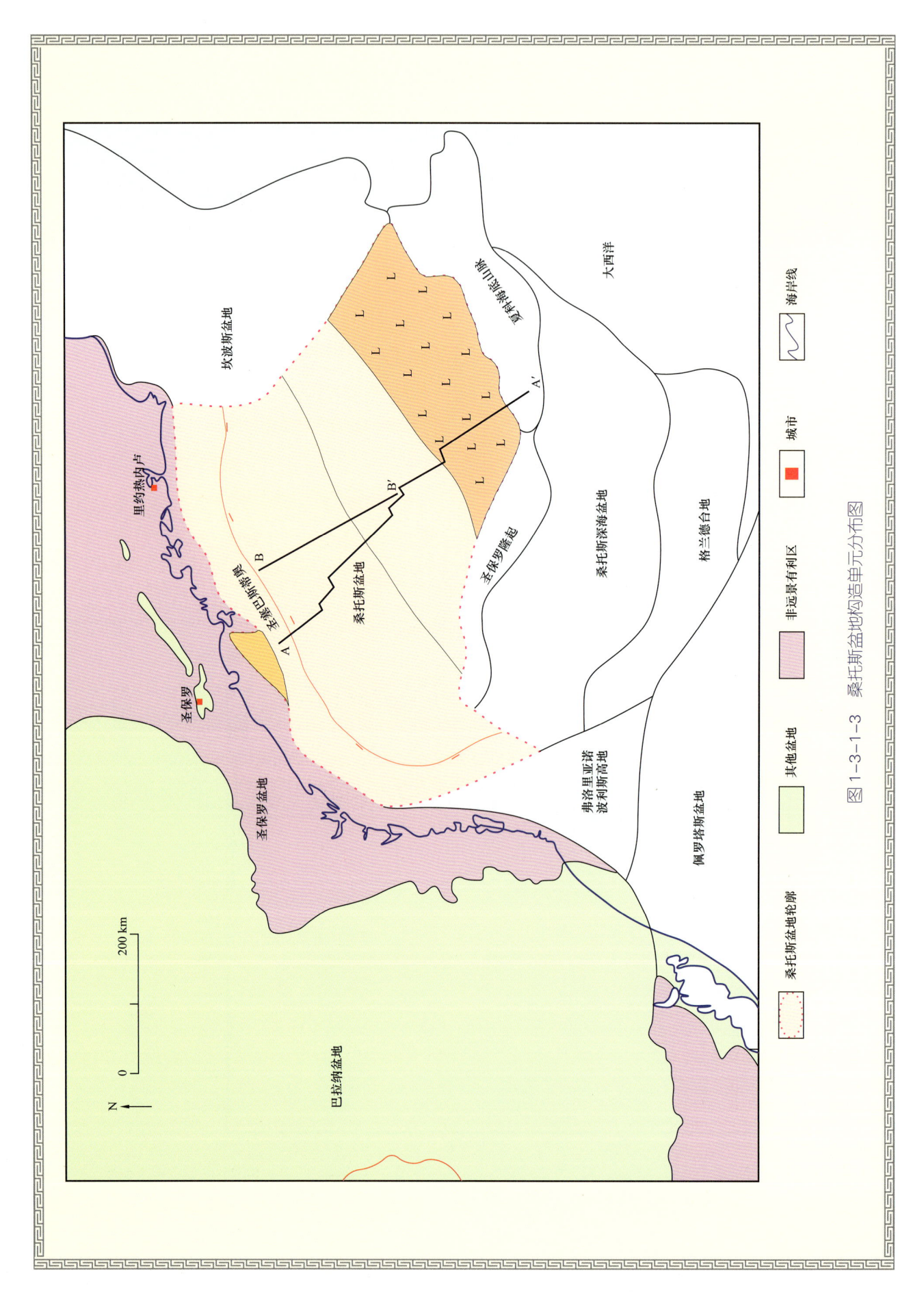

图 1-3-1-3 桑托斯盆地构造单元分布图

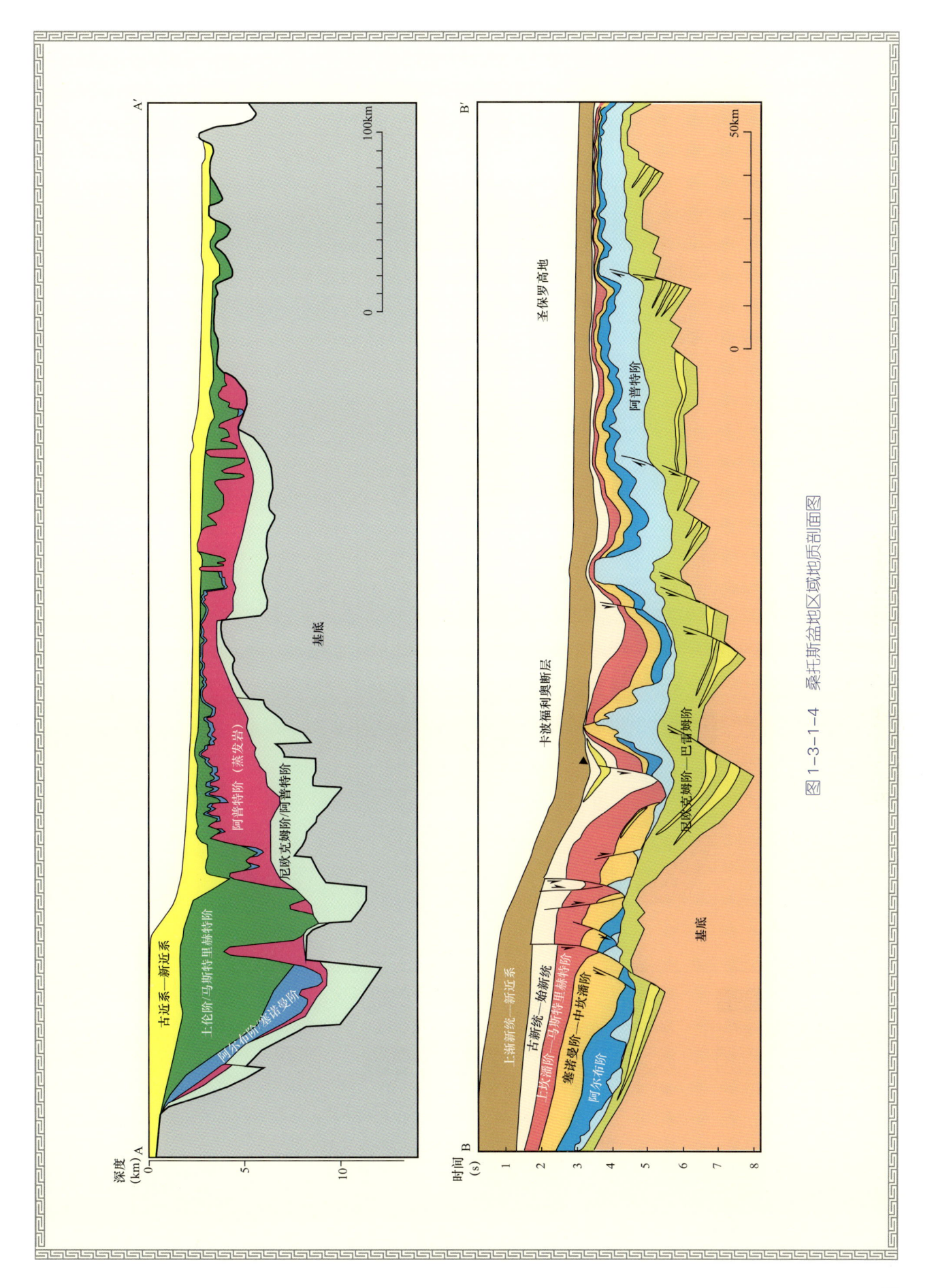

图 1-3-1-4 桑托斯盆地区域地质剖面图

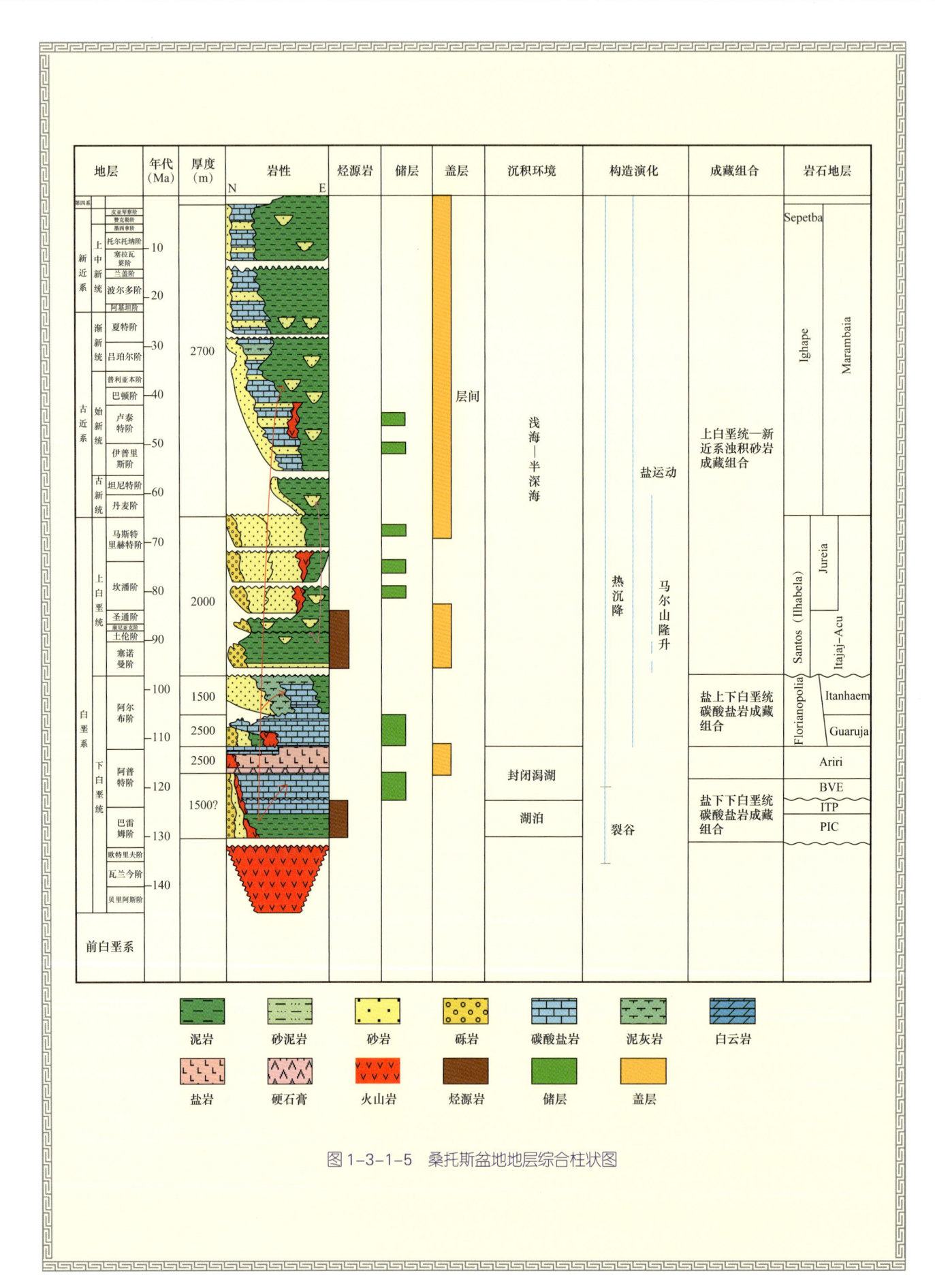

图 1-3-1-5 桑托斯盆地地层综合柱状图

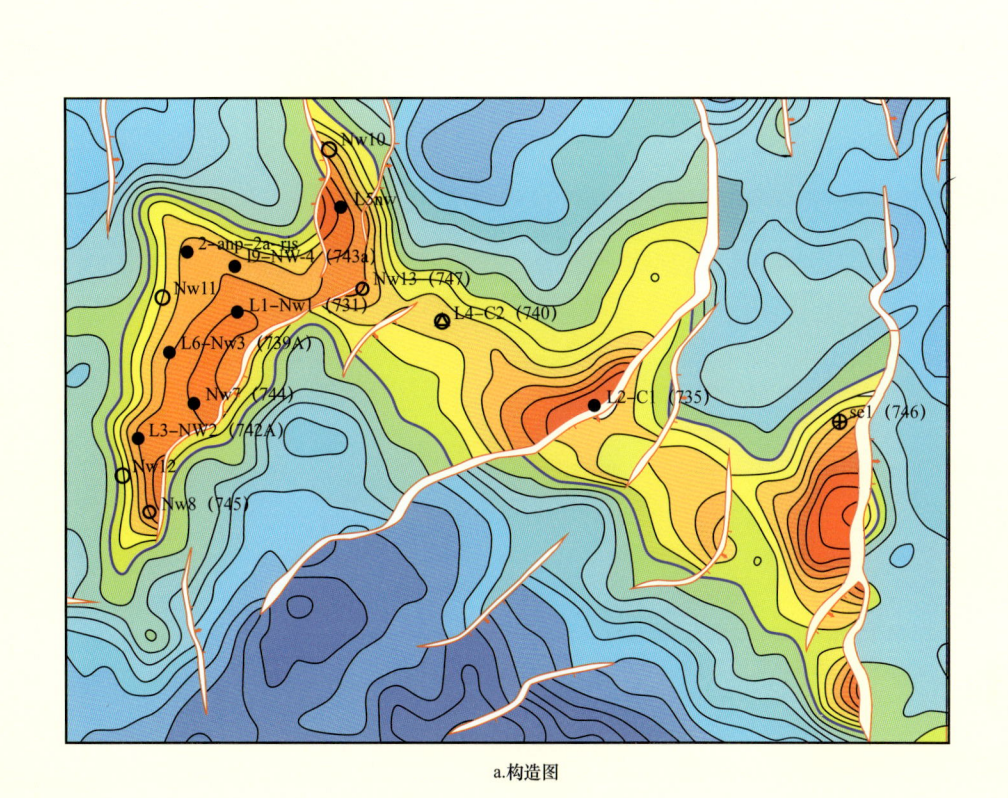

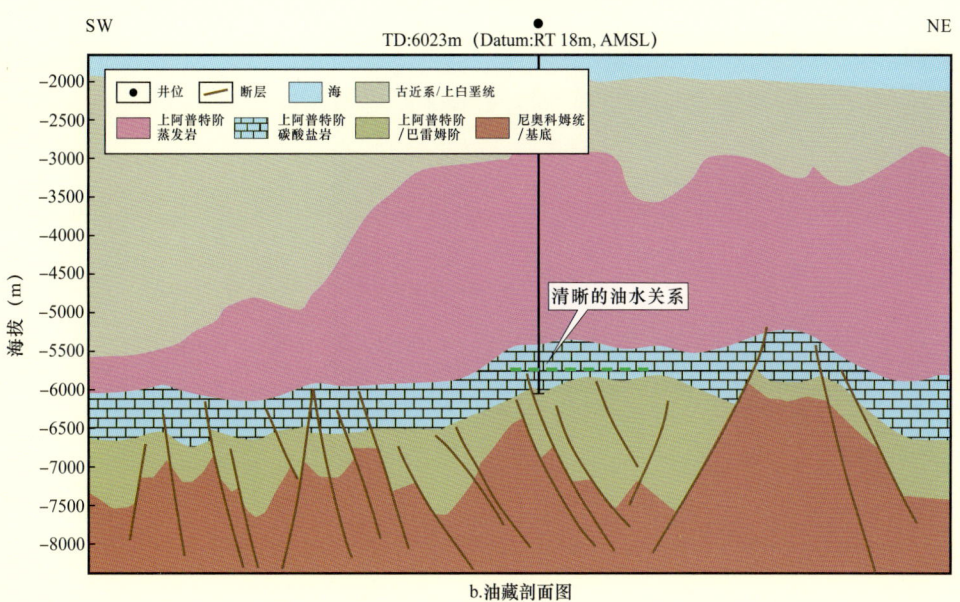

图 1-3-1-6 里贝拉油田构造与油藏剖面图

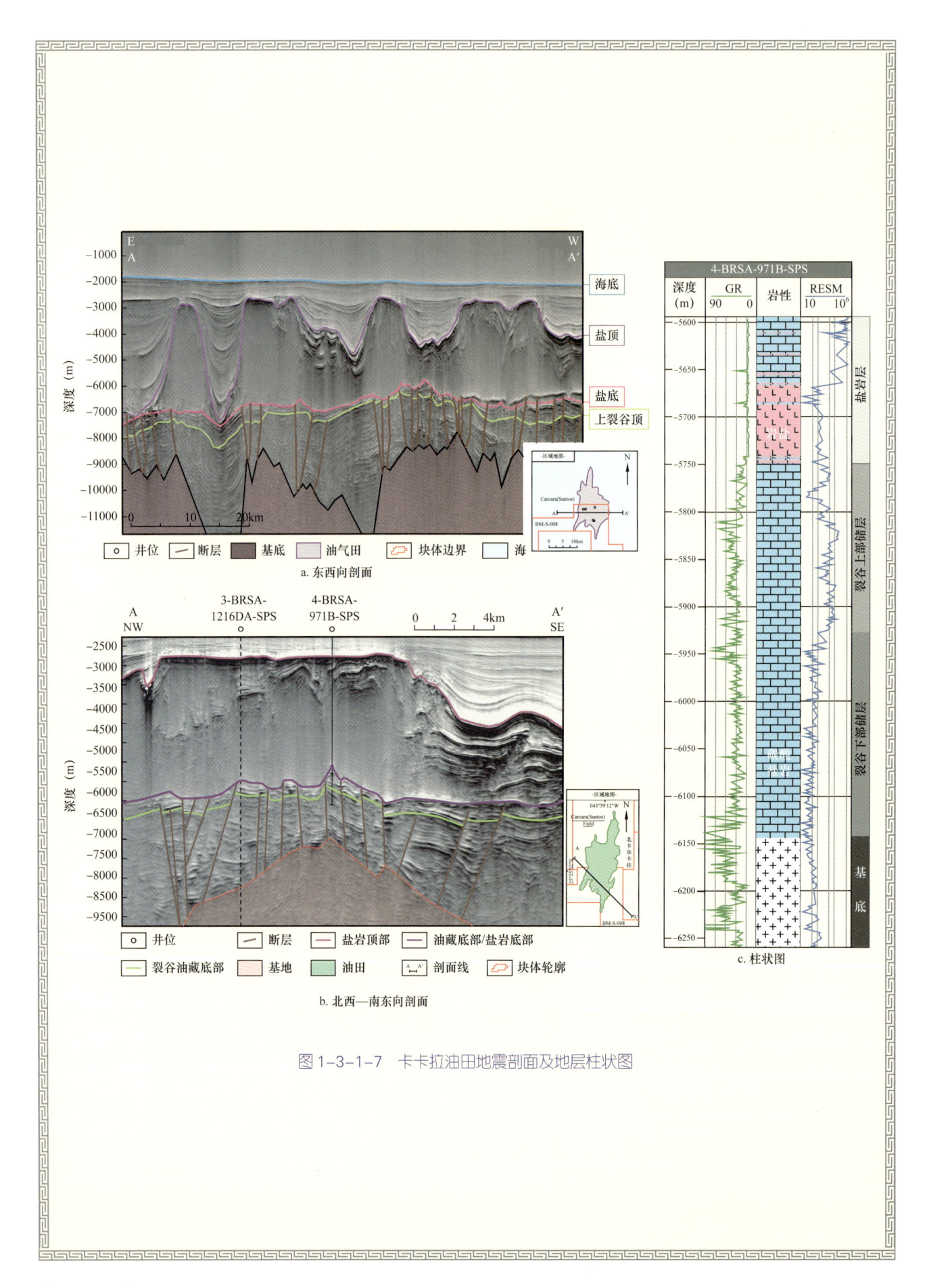

图 1-3-1-7 卡卡拉油田地震剖面及地层柱状图

图 1-3-1-8　拉帕油田地震剖面图

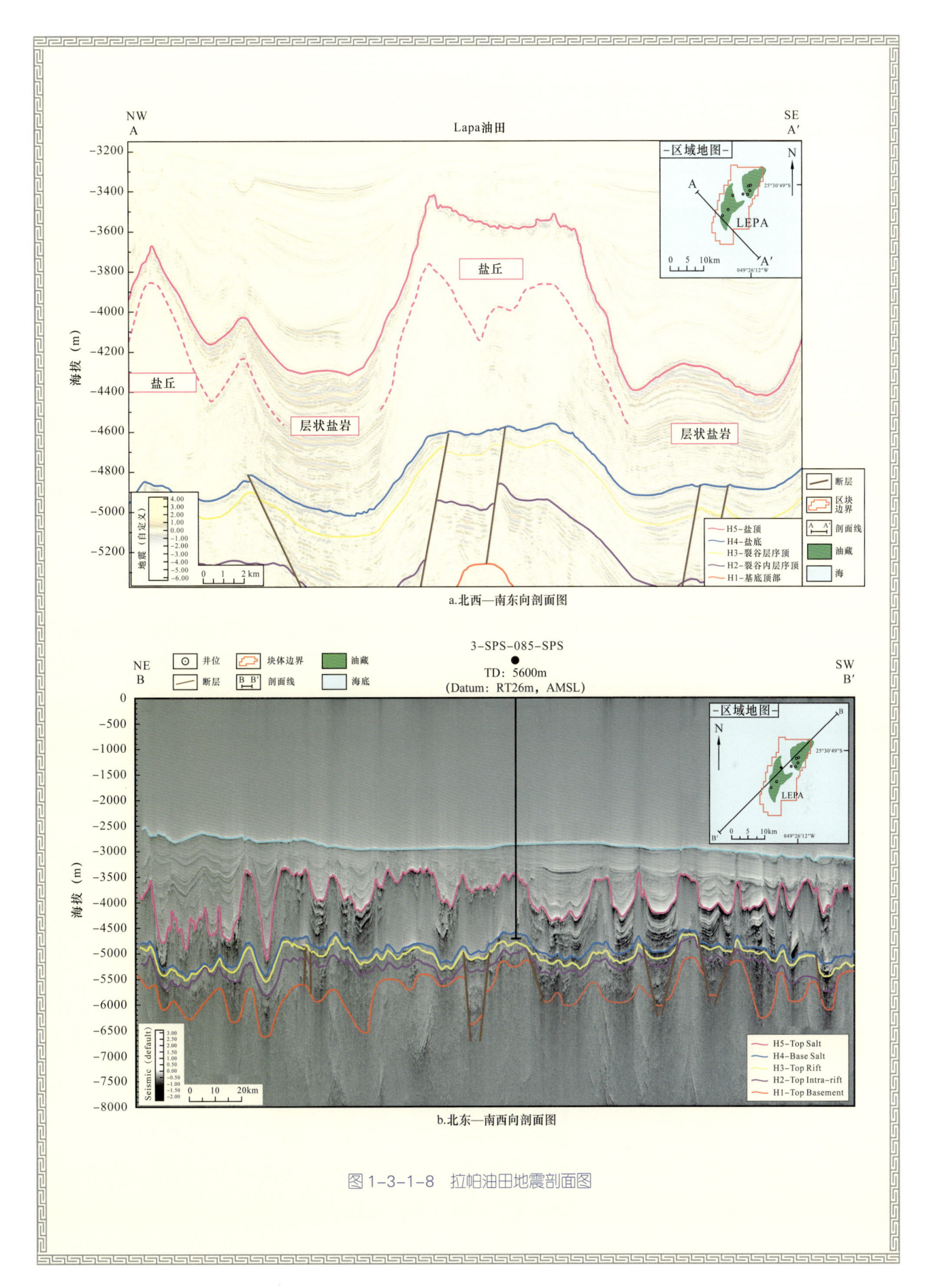

图 1-3-1-9 卢拉油田地震剖面图

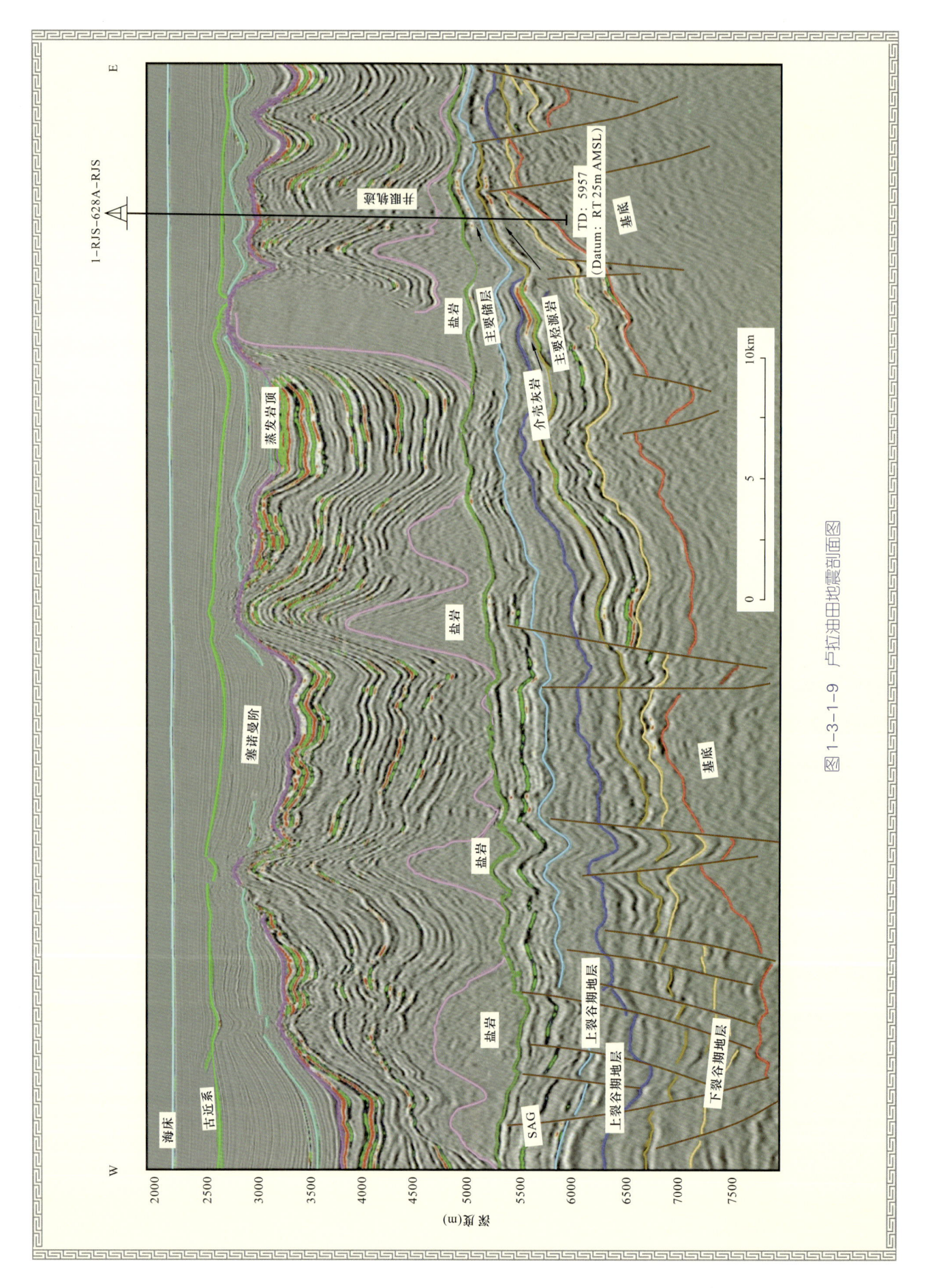

（二）坎波斯盆地

坎波斯盆地（Campos Basin）位于巴西东南部（图1-3-2-1）。盆地范围从陆上直到3400m的海水等深线，盆地长约500km，宽约150km，总面积15.59×10⁴km²，其中陆上面积6539km²，海上面积14.93×10⁴km²。盆地可划分为两个次级单元：西坎波斯盆地和东坎波斯盆地。西坎波斯盆地总面积21712km²，其中陆上面积6539km²，海上面积15173km²。东坎波斯盆地总面积134150km²，均位于海上。

1. 勘探开发历程

坎波斯盆地勘探经历了早期缓慢发展、快速增长和稳定发展等3个阶段（图1-3-2-2）。

早期缓慢发展阶段（1968—1983年）：1974年12月，在前期区域勘探基础上首次发现加鲁帕（Garoupa）油田。1977年发现帕姆波（Pampo）油田，在浅层始新统发现厚达38m浊积砂岩重油带。1977年恩车洼（Enchova）油田投产，接着相继开发了加鲁帕油田、巴德珠（Badejo）油田，原油产量稳步增加。1978年首次在白垩系发现170m厚的轻质油藏。该阶段勘探的主要目的层为盐上白垩系—新近系浊积砂岩。

快速增长阶段（1984—2012年）：1984—1985年开始采集的三维地震，推动了阿尔巴克拉（Albacora）和马利姆（Marlim）深水油田的发现。20世纪80年代开发井工作量平稳增加，并在80年代中期达到高峰。期间林瓜多（Linguado）、帕姆波—帕姆潘波苏尔（Pampo-Pampo Sul）、加鲁皮哈（Garoupinha）和车尔尼（Cherne）、巴格利（Bagre）和帕戈（Pargo）等油田投入开发。80年代后期，皮拉乌那（Pirauna）油田投入开发。1986年，盆地产量稳定在380×10⁶bbl油当量，90年代主要开发区集中在阿尔巴克拉和马利姆深水油田。从1995年开始盆地又进入产量稳步增长期。到2008年，盆地日产量达到169×10⁴bbl油当量。巴西石油公司之后开发了比库多（Bicudo）、卡尔威纳（Corvina）和波尼托（Bonito）油田。

稳定发展阶段（2013年至今）：三维地震的大规模应用指导了深水区的油气勘探，发现深水巴拉库达（Barracuda）等深水巨型油田。

截至2018年，盆地已发现油气田209个，累计发现石油2P可采储量26781.49×10⁶bbl、天然气2P可采储量22617.778×10⁹ft³、凝析油2P可采储量405.55×10⁶bbl（图1-3-2-2）。该盆地油气总储量占全球的0.39%。共一个大气田和12个大油田，储量前十大油气田为：龙卡多（Roncador）、马利姆（Marlim）、马利姆苏尔（Marlim Sul）、朱巴尔特（Jubarte）、阿尔巴克拉（Albacora）、马利姆莱斯特（Marlim Leste）、1-PAODEACUCAR-RJS、巴拉库达（Barracuda）、佩列格里诺（Peregrino）、阿尔巴克拉莱斯特（Albacora Leste），这十大油气田总储量为61913.34×10⁶bbl油当量，占总发现量的59.6%。

2018年，盆地石油年产量494.08×10⁶bbl，天然气33.8×10⁶bbl油当量。截至2018年底，盆地石油和天然气累产分别为128.7×10⁸bbl、7.2×10¹²ft³油当量。

2. 区域地质

坎波斯盆地是典型的被动大陆边缘盆地（图1-3-2-3），位于巴西被动大陆边缘东南部，是沿大西洋西缘分布的十多个被动陆缘盆地之一。盆地西部发育一条平行于边缘的大断层——坎波斯断层。该断层将盆地分为东西两部分，西部沉积盖层薄，东部盖层厚，东部构成盆地主体。坎波斯盆地的形成和演化与冈瓦纳大陆的解体有关，基底为前寒武系火山岩，盆地经历了前裂期、同裂谷期、过渡期和裂后漂移期4个阶段，盆地由四个隆起、两个坳陷和一个地堑组成：北部的维多利亚隆起、巴德霍隆起、中央隆起、外部隆起、科尔维纳—帕拉蒂坳陷、圣约阿达巴拉坳陷和东部地堑（图1-3-2-3）。

盆地在前寒武系火山岩基底上发育白垩系、古近系、新近系。沉积过程经历了湖相、过渡相到海相三个阶段，形成了裂谷期的湖相沉积、过渡期的陆相和局限海沉积以及被动陆缘期的海相沉积三套巨厚地层（图1-3-2-4），基底地形控制了盆地的沉积，沉积地层最大厚度超过9km。

3. 石油地质特征

1）烃源岩

盆地有两套主要烃源岩：分别为下白垩统Lagoa Feia群湖相黑色钙质页岩。

盆地已证实的主要烃源岩为巴雷姆阶—下阿尔布阶为Atafona组—Goitacas组页岩和钙质页岩，为咸水湖相沉积，分布在地堑中，厚度100~300m。该烃源岩为Ⅰ型干酪根，总有机碳含量为2%~6%，局部地区高达9%。其次，上白垩统钙质泥岩、页岩（图1-3-2-5）也为较好的烃源岩。

2）储层

盆地主要存在四套储层：基底裂缝玄武岩、巴雷姆—下阿尔布阶石灰岩、上阿尔布—塞诺曼阶砂岩、土伦阶—中新统浊积砂岩（图1-3-2-5）。

巴雷姆阶—下阿尔布阶灰岩为渗透性储层。成岩作用已经把这套储层变成一套非均质储层，垂向上储层物性相差很大。另一方面，该套储层也发育连续性很好层段，净厚度可达20m，孔隙度通常可达到12%，最大可达20%。然而目前产油层的孔隙度一般很低，介于4%~6%之间。

上阿尔布阶—塞诺曼阶Goitacas组砂岩主要为河流—三角洲相沉积，以砾岩、砂岩为主，具有河道和滞留沉积。具有交错层理的砂岩主要由石英、长石和岩屑颗粒组成，胶结物为白云石。Quissama组浅海相碳酸盐岩储层的渗透率介于50~2400mD之间，孔隙度最高可达33%。

土伦阶—中新统Carapebus组砂岩是坎波斯盆地最重要的储层，主要由三套浊积砂岩组成（上白垩统、上古新统—始新统、渐新统—中新统），三套砂岩中间夹杂细粒盆地边缘沉积物（Ubatuba群）。

下白垩统欧特里夫阶Cabiunas组玄武岩，由于早先填充的方解石溶解，可形成开放裂缝、溶孔而具有储集性能。

3）盖层

坎波斯盆地存在两套区域盖层：下白垩统Lagao Feia群湖相页岩和上白垩统Ubatuba组页岩，局部盖层为下白垩统阿普特阶蒸发盐岩（图1-3-2-5）。

4）圈闭类型

坎波斯盆地主要圈闭类型包括岩性圈闭、地层圈闭和构造圈闭（图1-3-2-5），其中，岩性圈闭主要为浊积砂岩透镜体圈闭，油气储量占盆地总储量的66.8%；隐伏不整合的地层圈闭油气储量占盆地总储量的29.1%；构造圈闭包括断块、滚动背斜以及与盐底辟有关的构造，主要分布在盆地中南部地垒和地堑发育区。

4. 常规油气成藏组合

盆地共可划分为4套成藏组合（图1-3-2-5）：下白垩统Cabiunas组裂缝玄武岩、下白垩统Lagoa Feia群灰岩、下白垩统Macae群石灰岩、上白垩统—中新统Carapebus组砂岩成藏组合。

下白垩统Cabiunas组裂缝玄武岩成藏组合分布在盆地坎波斯断层东部地区，储层为裂缝型玄武岩、盖层和烃源岩为湖相页岩，生储盖组合为上生下储型。

下白垩统 Lagoa Feia 群灰岩成藏组合为盐下组合，为自生自储型成藏组合，烃源岩为下白垩统 Lagoa Feia 群湖相黑色钙质页岩，储层为下白垩统 Lagoa Feia 群鲕粒灰岩，盖层为下白垩统 Lagoa Feia 群层间泥页岩和阿普特阶蒸发盐岩层。

下白垩统 Macae 群砂岩成藏组合为盐上组合，分布在盆地中西部地区，储层为砂岩，盖层主要为层间泥岩，烃源岩为湖相页岩。

上白垩统—中新统 Carapebus 组砂岩成藏组合分布在盆地中东部地区，储层是浊积砂岩，盖层为层间泥岩，烃源岩为海相页岩。

5. 典型油气田

1）龙卡多（Roncador）油田

属于上白垩统—中新统 Carapebus 群砂岩成藏组合。位于坎波斯盆地北部，距海岸 130km，水深 1845m（图 1-3-2-6）。龙卡多油田属坎波斯盆地内离岸较远的深水油田。龙卡多油田圈闭类型为近东倾单斜上的一个巨型盐下构造，长 15.14km、宽 13.13km，含油面积 128.9km^2，发现于 1996 年。截至 2017 年，2P 石油储量 2915×10^6bbl，2P 天然气可采储量 2403.00×10^9ft^3。

储层为上白垩统马斯特里赫特阶长石砂岩，储层最大厚度 300m，有效厚度 153.5m，平均孔隙度 29%，渗透率可高达 700mD，最大含水饱和度 18%。顶面构造 -3215m，最大水深 1853m，圈闭类型为构造和岩性圈闭。

1999 年投入试生产，2017 年石油年产量为 89.25×10^6bbl，天然气年产量为 80.22×10^9ft^3。截至 2018 年，累计生产油、气分别为 1230.03×10^6bbl、874.341×10^9ft^3。

2）马利姆油田（Marlim Field）

属于上白垩统—中新统 Carapebus 群砂岩成藏组合。油田位于东坎波斯坳陷深水区，水深在 390~968m 之间。油田长 18.8km、宽 12.5km，油田面积 143.4km^2（图 1-3-2-7），发现于 1985 年。截至 2018 年，2P 石油储量 2987.92×10^6bbl，2P 天然气可采储量 1285.39×10^9ft^3。

主要储层为渐新统浊积砂岩，早期在宽广的凹槽中沉积，后期大面积连片分布。储层最大厚度为 210m，有效厚度 100m，岩性主要为块状长石砂岩，局部含有砾石，平均孔隙度 30%，渗透率可高达 3800mD，最大含水饱和度 18%。圈闭为构造—岩性复合圈闭。

1991 年投入试生产，2017 年石油年产量为 51.61×10^6bbl，天然气年产量为 25.3×10^9ft^3。截至 2018 年，累计生产油、气分别为 2513×10^6bbl、1.21×10^{12}ft^3。

3）朱巴尔特（Jubarte）油田

包括上白垩统—中新统 Carapebus 群砂岩和下白垩统 Lagoa Feia 群灰岩成藏组合，油田位于坎波斯盆地东北部（图 1-3-2-8）。顶面构造为 NE 走向的断裂背斜，油田长 13.03km、宽 7.66km，面积 20.48km^2，发现于 2001 年。截至 2018 年，2P 石油可采储量 1710×10^6bbl；2P 天然气可采储量 625×10^9ft^3。

该油田主要的产油层为下白垩统 Lagoa Feia 群灰岩，最大厚度 600m，有效厚度 300m，平均孔隙度 12%。圈闭类型主要为背斜圈闭、断块遮挡圈闭以及浊积砂岩体等岩性圈闭。次要产层为 Carapebus 组砂岩，岩心孔隙度为 21%~38%（平均 28%），渗透率为 10~2500mD（平均 340mD）。

2002年投入生产，2017年石油产量71.88×10⁶bbl，天然气产量60.0×10¹²ft³。截至2018年，累计生产油、气分别为510.37×10⁶bbl、318×10⁹ft³。

4）阿尔巴克拉（Albacora）油田

属于上白垩统—中新统Carapebus群砂岩成藏组合。位于东坎波斯坳陷北部，水深327~2000m。阿尔巴科拉油田是一个西南—东北走向的含盐背斜穹隆构造（图1-3-2-9）。油田长为28km、宽19km，含油面积455km²，发现于1984年。截至2017年，2P石油可采储量1518×10⁶bbl，2P天然气可采储量1.465×10¹²ft³。

Carapebus组砂岩储层最大厚度130m，有效厚度16.6m，主要为块状长石砂岩，局部含有砾石，平均孔隙度27.8%，最大含水饱和度22.8%。

1987年投入生产，2017年石油产量1835×10⁶bbl，天然气产量10.54×10⁹ft³。截至2017年，累计生产油、气分别为899.6×10⁶bbl、579.39×10⁹ft³。

5）佩列格里诺（Peregrino）油田

属于上白垩统砂岩成藏组合。位于东坎波斯坳陷西北部深海区。油田长41.85km、宽7.25km，面积161.08km²。构造顶面为-2309m，最大水深为131m，圈闭主要为构造—地层复合圈闭（图1-3-2-10），发现于1994年。截至2018年，2P石油储量833.00×10⁶bbl，2P天然气储量145×10⁹ft³（表1-3-2-1）。

储层为上白垩统土伦阶到马斯特里赫特阶长石砂岩，顶部埋深2300m，储层最大总厚度60m，有效厚度58m，储层平均孔隙度30%，渗透率可高达7000mD，最大含水饱和度为18%。

2011年投入生产，2017年石油年产量为24.4×10⁶bbl，天然气年产量为1.28×10⁹ft³。截至2018年，累计生产油、气分别为159.05×10⁶bbl、7.981×10⁹ft³。

6）卡拉廷加（Caratinga）油气田

属于上白垩统—中新统Carapebus群砂岩成藏组合，位于东坎波斯坳陷北部深海区。油田长22.1km、宽11km，面积107.9km²。构造为北东向背斜，顶面构造深度为2510m，最大水深923m，构造面积为35km²（图1-3-2-11），有两个构造高点，发现于1994年。截至2018年，2P石油储量475.00×10⁶bbl，2P天然气储量265.85×10⁹ft³（表1-3-2-1）。

油田主要储层是下渐新统Carapebus组砂岩，储层最大厚度为60m，有效厚度为45m，储层平均孔隙度为33%。

1997年投入生产，2017年石油年产量为10.7×10⁶bbl，天然气年产量为5.625×10⁹ft³。截至2018年，累计生产油、气分别为295.85×10⁶bbl、144.3×10⁹ft³。

7）巴德珠（Badejo）油田

包括下白垩统Cabunas组裂缝玄武岩和Lagoa Feia群灰岩成藏组合，位于东坎波斯坳陷西部深海区（图1-3-2-12），发现于1975年。截至2018年，2P石油可采储量207.00×10⁶bbl，2P天然气可采储量56.52×10⁹ft³（表1-3-2-1）。

油田储层主要为下白垩统Cabunas组裂缝型玄武岩、Lagoa Feia群灰岩和渐新统到中新统的海相碳酸盐岩。其中下白垩统Cabunas组玄武岩，有效孔隙度很低，玄武岩被流体溶蚀形成溶洞，溶洞之间通过裂缝沟通，形成裂缝型储层。Lagoa Feia群灰岩孔隙度3%~20%，渗透率2~1000mD。RJS-13发现井的平均孔隙度为10%~15%，初始含水饱和度为15%~40%。储层孔隙类型包括粒间孔隙、不规则孔隙和微孔隙。平均孔隙度

范围10%～15%。粒状灰岩相渗透率>1mD，胶结灰岩相渗透率为100mD。

1981年投入生产，目前处于关停状态。截至2018年，累计生产油、气分别为37.24×10^6bbl、30.25×10^9ft³。

8）纳莫拉多（Namorado）油田

属于下白垩统Macae群砂岩成藏组合，位于东坎波斯坳陷深水区的一个高构造带上，Marlim油田西侧。油田长7.57km、宽4.32km，油田面积24.41km²（图1-3-2-13），发现于1975年。截至2018年，2P石油可采储量448.34×10^6bbl，2P天然气可采储量357.7×10^9ft³。

储层为下白垩统Macae群长石砂岩，储层最大厚度为160m，有效厚度为115m，砂岩储层孔隙度20%～30%，平均26%。渗透率100～2000mD，平均300mD。初始含水饱和度一般较低，为10%～20%。压力为4565psi，温度为64℃。构造顶面为-2980m，圈闭类型主要为构造—岩性复合圈闭。

1979年投入生产，2017年石油年产量为7.32×10^6bbl，天然气年产量为6.4×10^9ft³。截至2018年，累计生产油、气分别为423.77×10^6bbl、341.98×10^9ft³。

9）马林巴（Marimba）油田

属于上白垩统—中新统Carapebus群砂岩成藏组合，油田位于坎波斯盆地深海区，水深约700m，呈不规则似椭圆形。油田长约8.4km，宽约4.84km，面积为24.69km²（图1-3-2-14），发现于1984年。石油和天然气2P可采储量分别为431×10^6bbl、185.75×10^9ft³（表1-3-2-1）。

储层为上白垩统Carapebus群浊积岩，孔隙度最高达24.4%，含油饱和度为85.2%。圈闭类型为地层圈闭和构造圈闭。构造圈闭为倾斜断块，具有同沉积构造特征，上白垩统浊积砂岩尖灭形成地层圈闭。

1985年投入生产并持续至今，1994年达到产量高峰，年产石油23.2×10^6bbl，年产天然气9288×10^6ft³。2002年采用注水开采方式提高采收率。截至2018年，石油和天然气累积产量分别为388.2×10^6bbl和172.24×10^9ft³。

10）帕姆波（Pampo）油田

包括了四个成藏组合：下白垩统Cabunas组裂缝玄武岩、下白垩统Lagoa Feia群灰岩、下白垩统Macae群碳酸盐岩、上白垩统—中新统Carapebus组砂岩成藏组合。油田位于坎波斯盆地浅水区，长11.71km、宽6.93km，面积约26.8km²（图1-3-2-15），发现于1977年。截至2018年，石油和天然气2P可采储量分别为385.65×10^6bbl、347.56×10^9ft³（表1-3-2-1）。

油田包含下白垩统阿尔布阶Macae群Quissama组、始新统Carapebus群、土伦阶Namorado组和阿普特阶Coqueiros组等4个油藏。主力储层为阿尔布阶Quissama组钙屑灰岩，储层厚约190m，平均孔隙度25%，渗透率20～4000mD。沉积环境为浅海相台地边缘，发育鲕粒灰岩和核形石泥粒灰岩。阿普特阶Coqueiros组储层为湖相介壳灰岩，发育地层圈闭和岩性尖灭圈闭，储层非均质性较强，孔隙度4%～21%，原生孔隙具有较好的连通性。始新统Carapebus群储层为浊积砂岩，发育构造和砂岩尖灭圈闭，原油重度13～15°API。

1980年投入生产，持续至今。1986年产量达到高峰，年产石油和天然气分别为28.1×10^6bbl和12.81×10^9ft³，随后产量逐渐降低。截至2018年，石油和天然气累积产量分别为339.07×10^6bbl和168.55×10^9ft³。

11）韦尔梅（Vermelho）油田

属于始新统砂岩成藏组合，位于坎波斯盆地浅水区，水深大约80m。油田长约6.7km、宽约4.6km，面积为21.9km²（图1-3-2-16），发现于1982年。截至2018年，石油和天然气2P可采储量分别为175×10⁶bbl和28700×10⁶ft³（表1-3-2-1）。

该油田为背斜构造，由北东—南西向垒块构成，西部和西北部断层是封闭性的，而东部和东北部断层不封闭。地层倾角约2°，背斜构造两翼倾角为6°~7°。油田包含了上下两个砂岩油藏，都位于始新统—渐新统Carapebus群，其中92%的油气储集在下部油藏中。上部油藏顶部埋深2700m，与下部油藏以40m厚的页岩相隔，两个油藏油水界面分别为-2752m和-2785m。Carapebus群储层沉积于富泥的陆坡和外陆架环境，下部主力储层为浊流河道沉积，平均孔隙度24.4%，渗透率700mD。

1989年投入生产，持续至今。1990年达到产量高峰，石油和天然气年产量分别为16×10⁶bbl和2277×10⁶ft³，随后产量持续降低。1997年，采用注水开采方式提高采收率。截至2018年，石油和天然气累计产量分别为169.26×10⁶bbl和27719.6×10⁶ft³。

6. 勘探开发潜力

中国石油2018年评价认为，坎波斯盆地常规待发现油气资源量47136.38×10⁶bbl油当量，其中石油38768.00×10⁶bbl、凝析油807.00×10⁶bbl、天然气43856.00×10⁹ft³。坎波斯盆地最有利的勘探区是深水盐下碳酸盐岩成藏组合，其次是盆地南部两侧的陆坡带，水深介于100~2000m，是盆地浊积砂岩最发育的区域，距离盆地裂谷期主烃源岩近，是油气运移的有利指向区。

表 1-3-2-1 坎波斯盆地主要油气田属性表

序号	油气田名称	油气田类型	地理位置	发现年份	主成藏组合	主要储层岩性	2P可采储量 石油 (10⁶bbl)	2P可采储量 天然气 (10⁹ft³)	2P可采储量 凝析油 (10⁶bbl)	油气总和 (10⁶bbl油当量)
1	龙卡多（Roncador）	油田	海上	1996	上白垩统—中新统	砂岩	2915.00	2403.00	0	3315.50
2	马利姆（Marlim）	油田	海上	1985	上白垩统—中新统	砂岩	2987.92	1285.39	0	3302.15
3	朱巴尔特（Jubarte）	油田	海上	2001	上白垩统—中新统、下白垩统	砂岩、灰岩	1710.00	625.00	0	1814.17
4	阿尔巴克拉（Albacora）	油田	海上	1984	上白垩统—中新统	砂岩	1518.00	1465.00	0	1762.17
5	佩列格里诺（Peregrino）	油田	海上	1994	上白垩统	砂岩	883.00	145.00	0	857.16
6	卡拉廷加（Caratinga）	油气田	海上	1994	上白垩统—中新统	砂岩	475.00	265.85	0	519.31
7	巴德珠（Badejo）	油田	海上	1975	下白垩统、渐新统—中新统	裂缝火山岩、灰岩	207.00	56.52	0	216.42
8	纳莫拉多（Namorado）	油田	海上	1975	下白垩统	砂岩	484.34	357.70	0	507.96
9	马林巴（Marimba）	油田	海上	1984	上白垩统—中新统	沉积砂岩	431.00	240.60	0	471.10
10	帕姆波（Pampo）	油田	海上	1977	下白垩统、上白垩统—中新统	裂缝火山岩、灰岩、砂岩	385.65	347.56	0	443.58
11	韦尔梅（Vermelho）	油田	海上	1982	始新统	砂岩	175.00	28.70	0	179.78

南美地区 South America

油气田名称：1.龙卡多（Roncador）；2.马利姆（Martim）；3.朱巴尔特（Jubarte）；4.阿尔巴拉克（Albacora）；5.佩列格里诺（Peregrino）；6.卡拉廷加（Caratinga）；7.巴德珠（Badejo）；8.纳英拉多（Namorado）；9.马棱巴（Marimba）；10.帕姆波（Pampo）；11.韦尔梅（Vermelho）

图1-3-2-1 坎波斯盆地油气田分布图

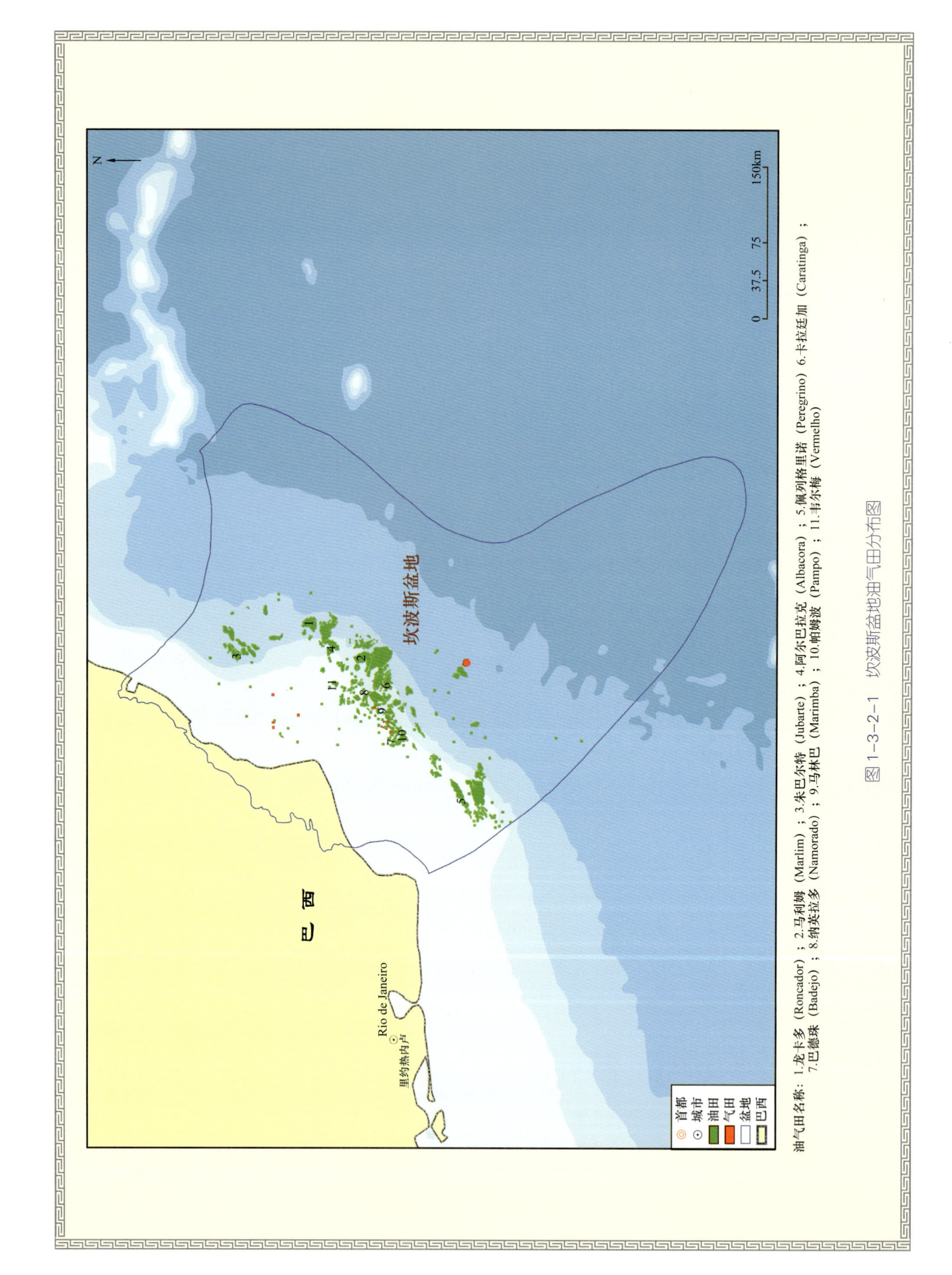

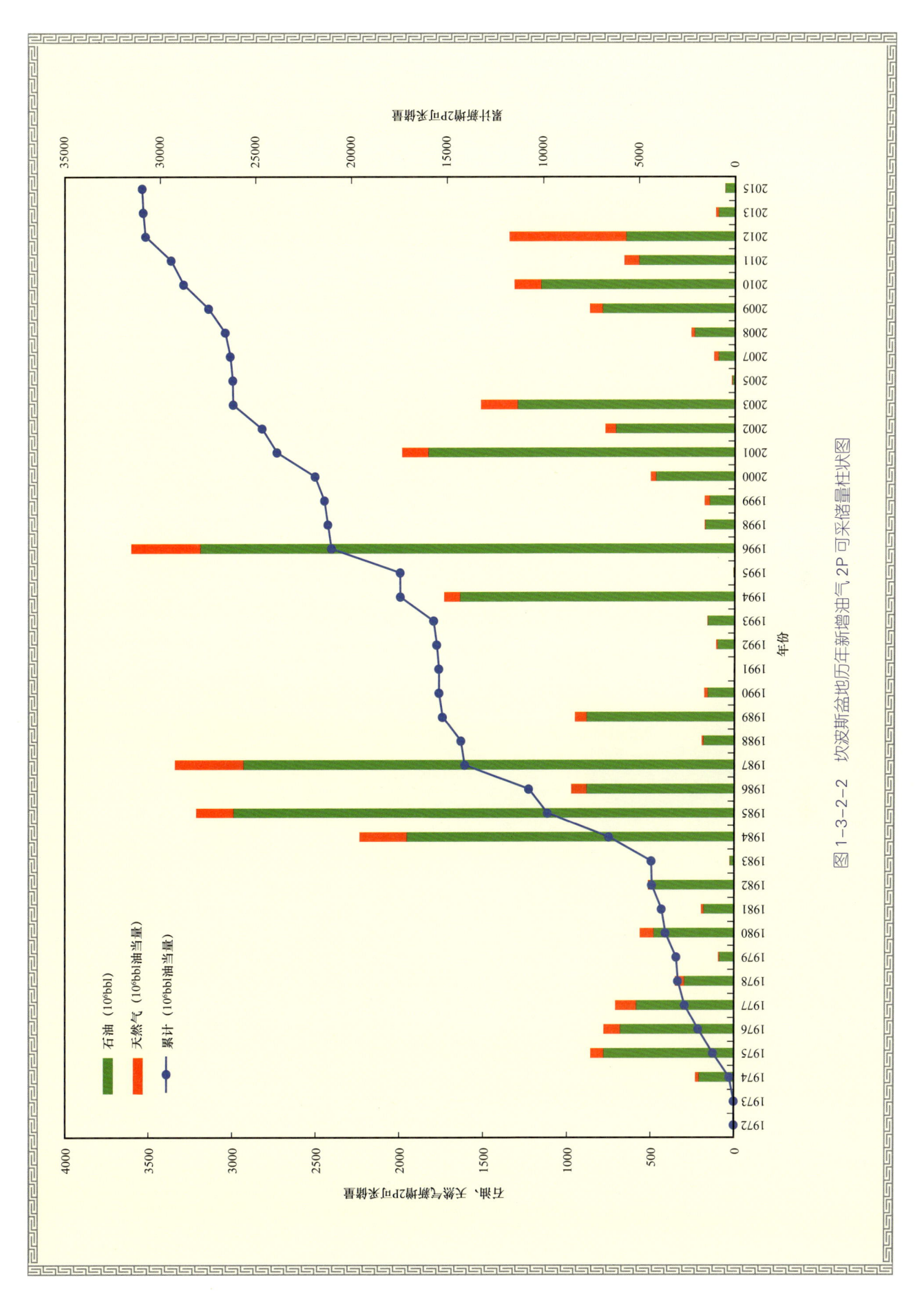

图 1-3-2-2 坎波斯盆地历年新增油气 2P 可采储量柱状图

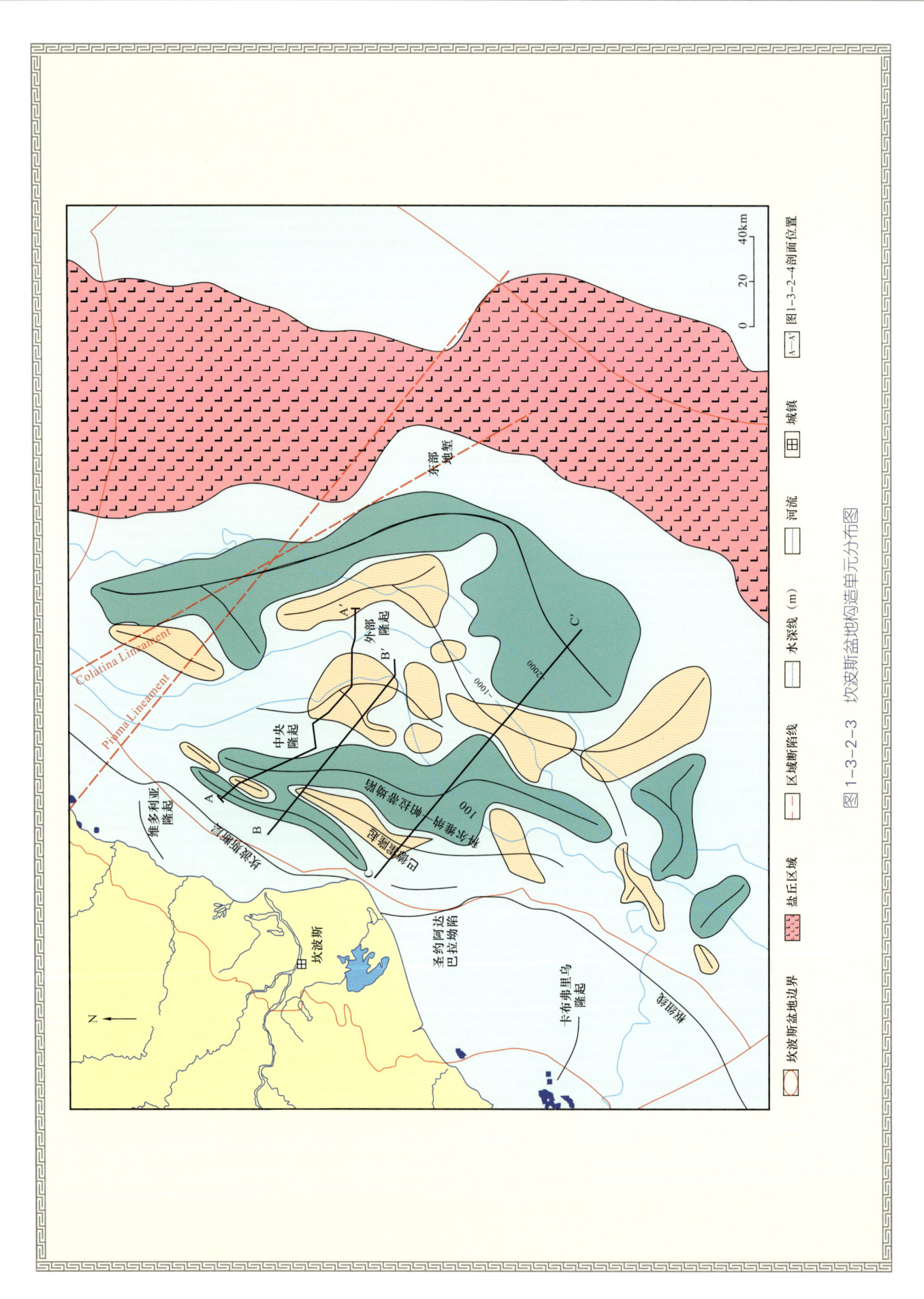

世界油气勘探开发与合作形势图集 | 南美地区 South America

图1-3-2-3 坎波斯盆地构造单元分布图

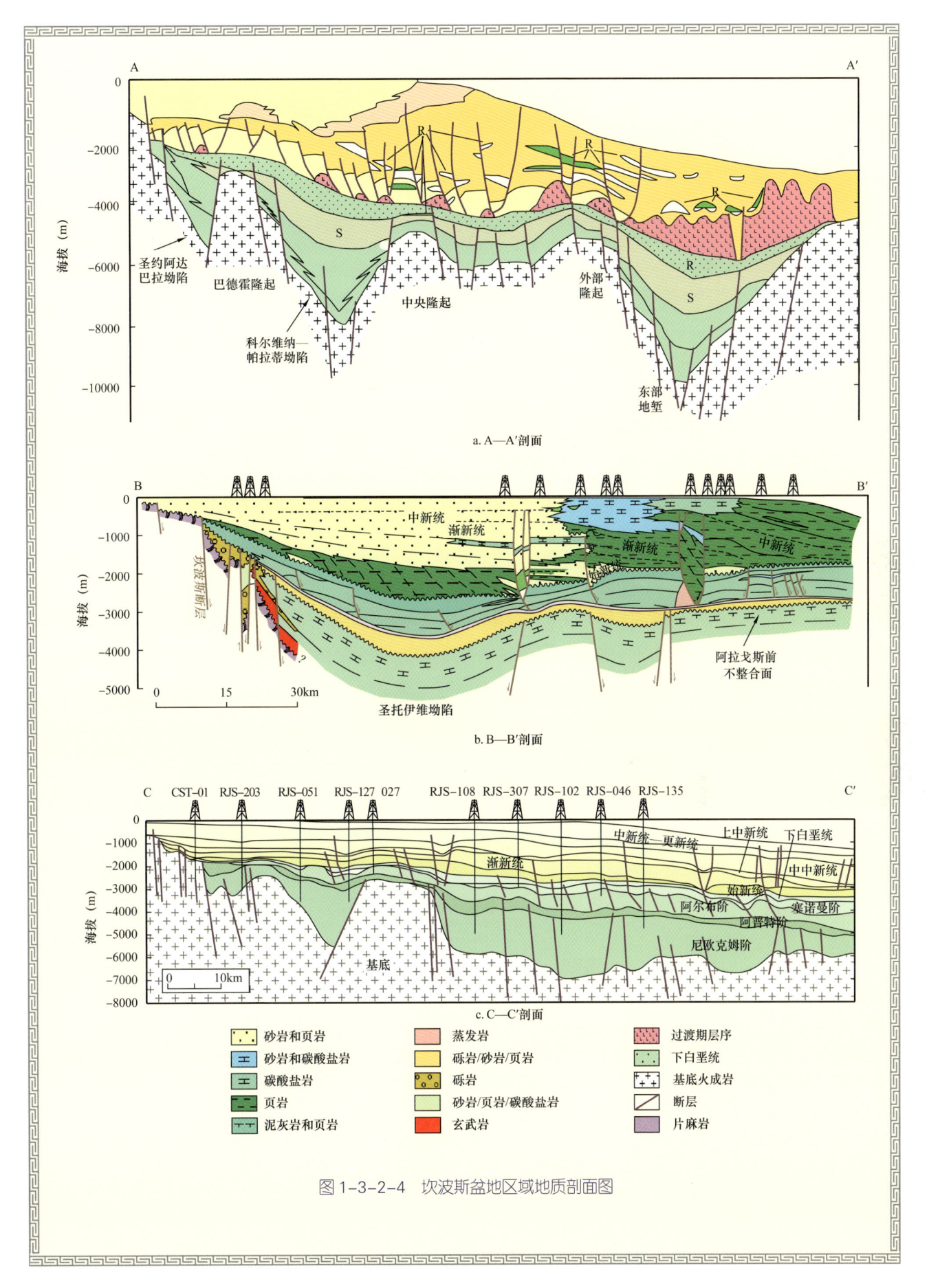

图 1-3-2-4 坎波斯盆地区域地质剖面图

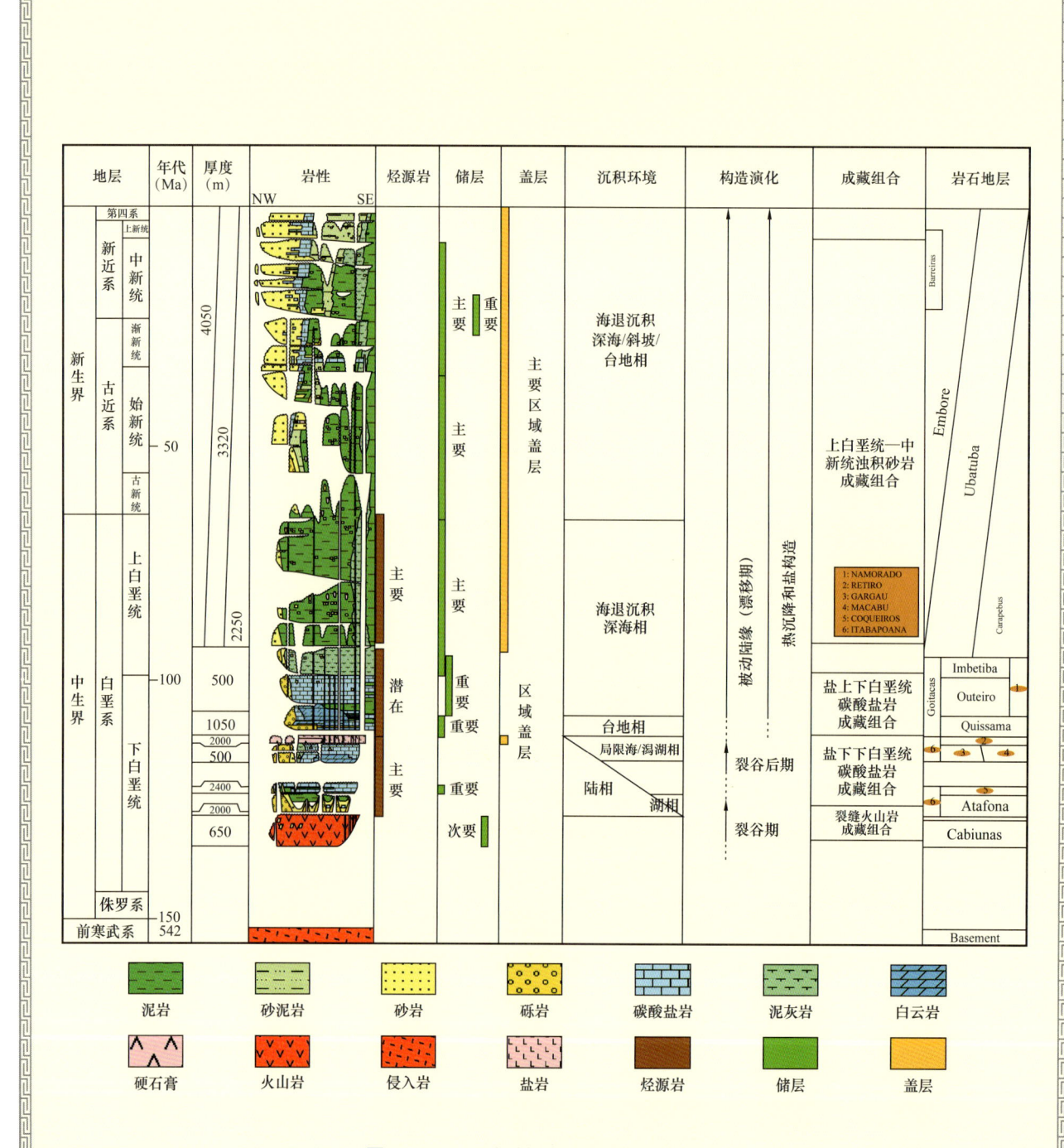

图 1-3-2-5 坎波斯盆地地层综合柱状图

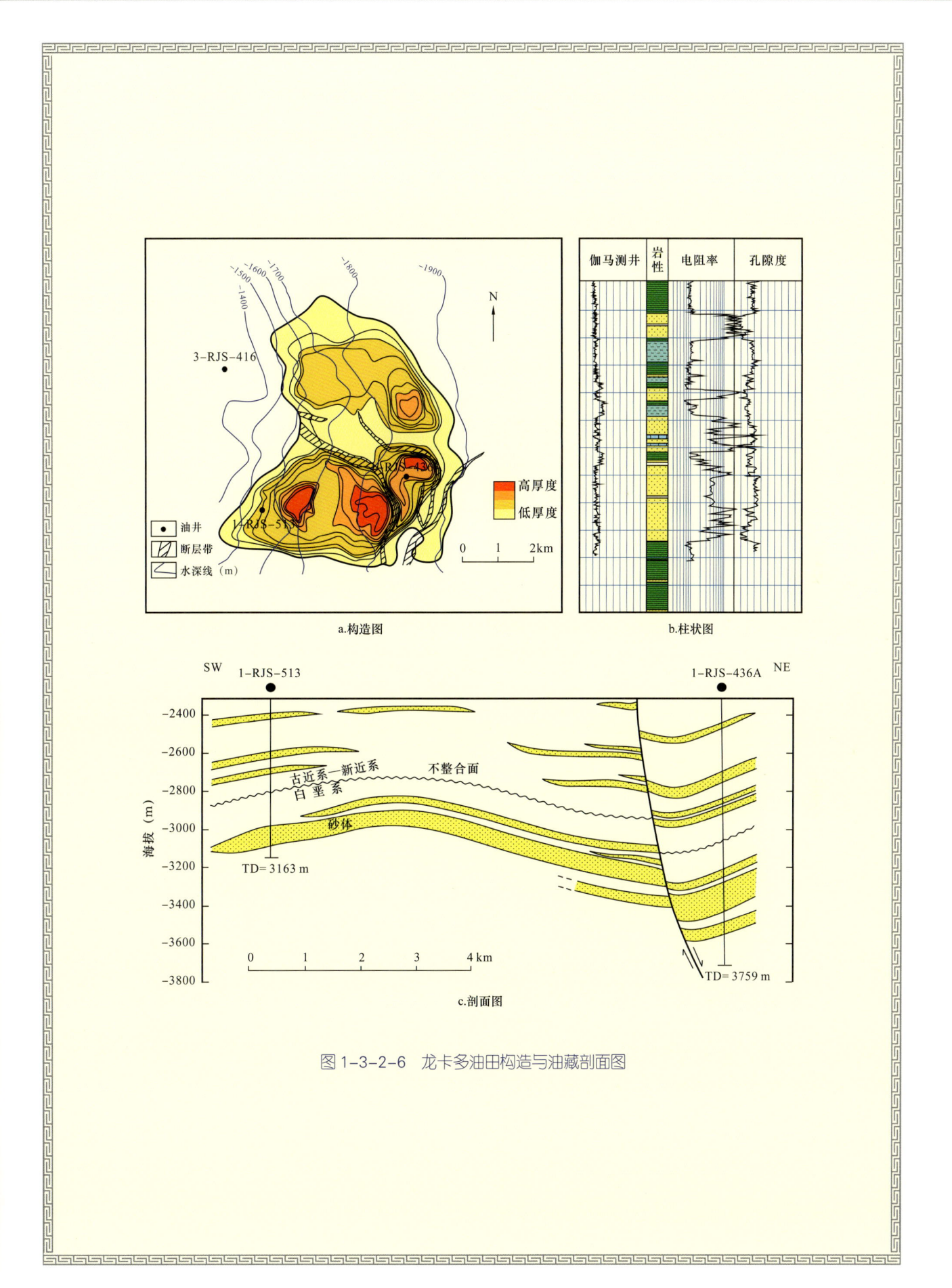

图 1-3-2-6 龙卡多油田构造与油藏剖面图

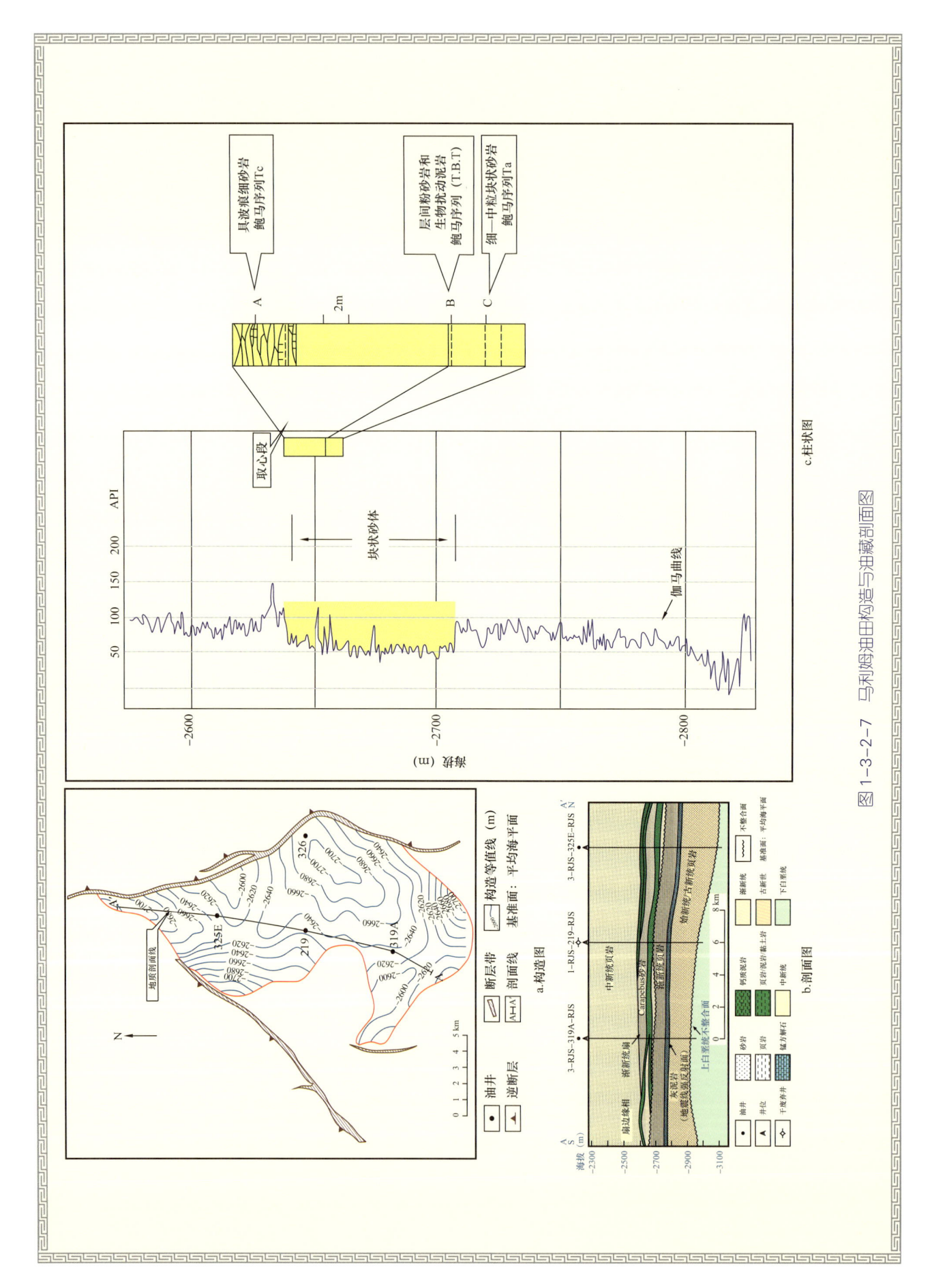

图 1-3-2-7 马利姆油田构造与油藏剖面图

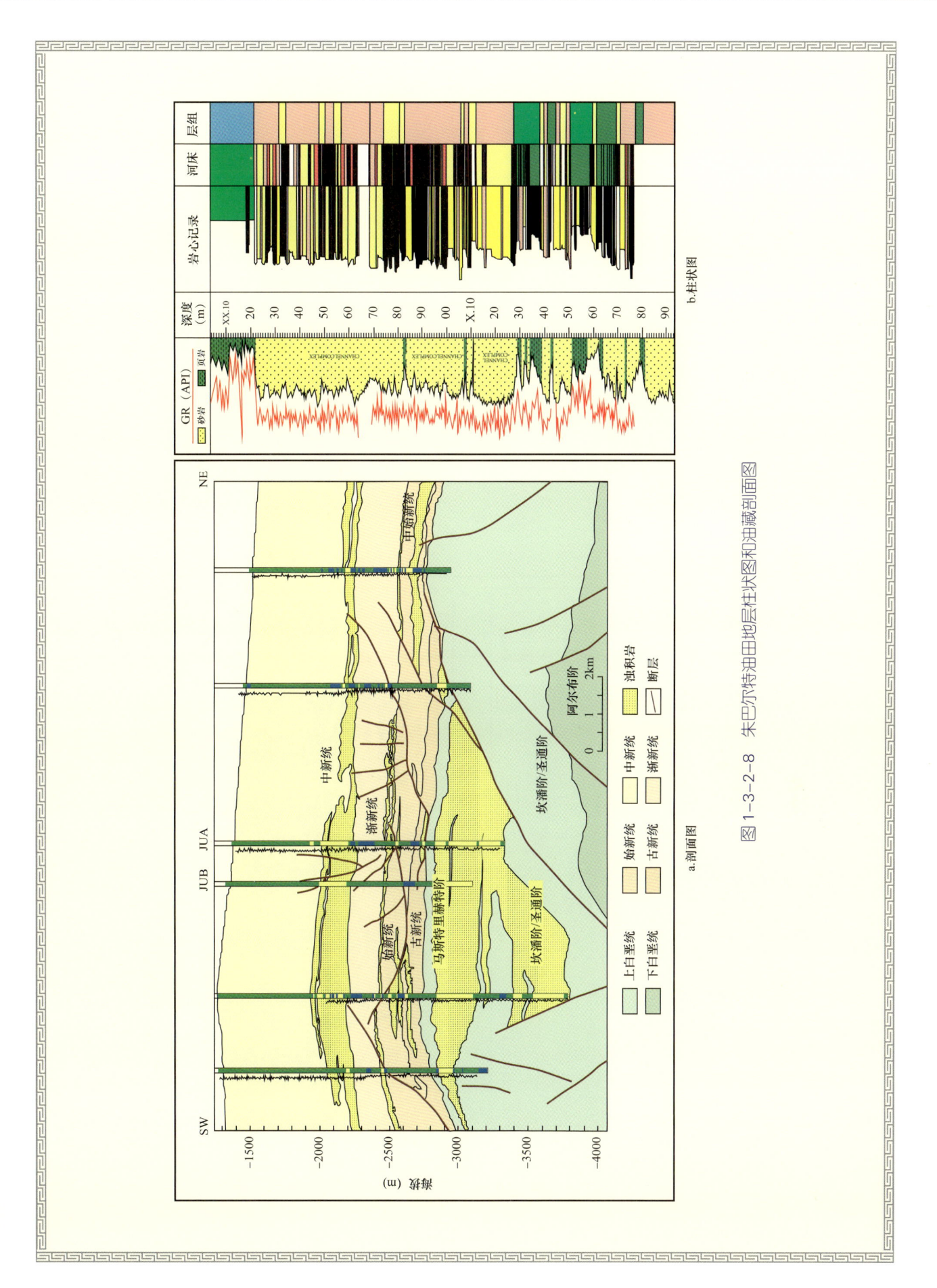

图1-3-2-8 朱巴尔特油田地层柱状图和油藏剖面图

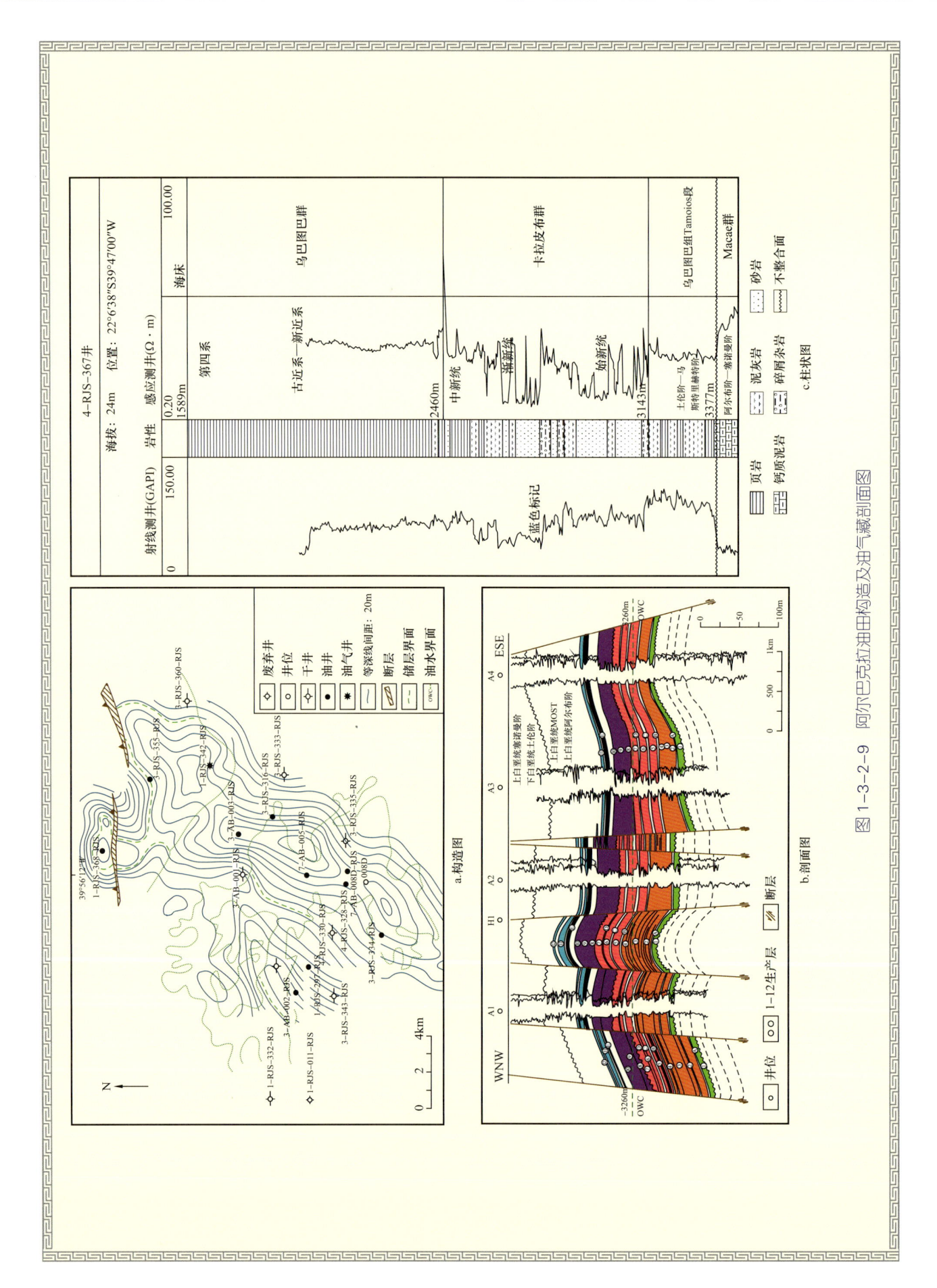

图 1-3-2-9 阿尔巴克拉油田构造及油气藏剖面图

图1-3-2-10 佩列格里诺油田构造顶面及地层综合柱状图

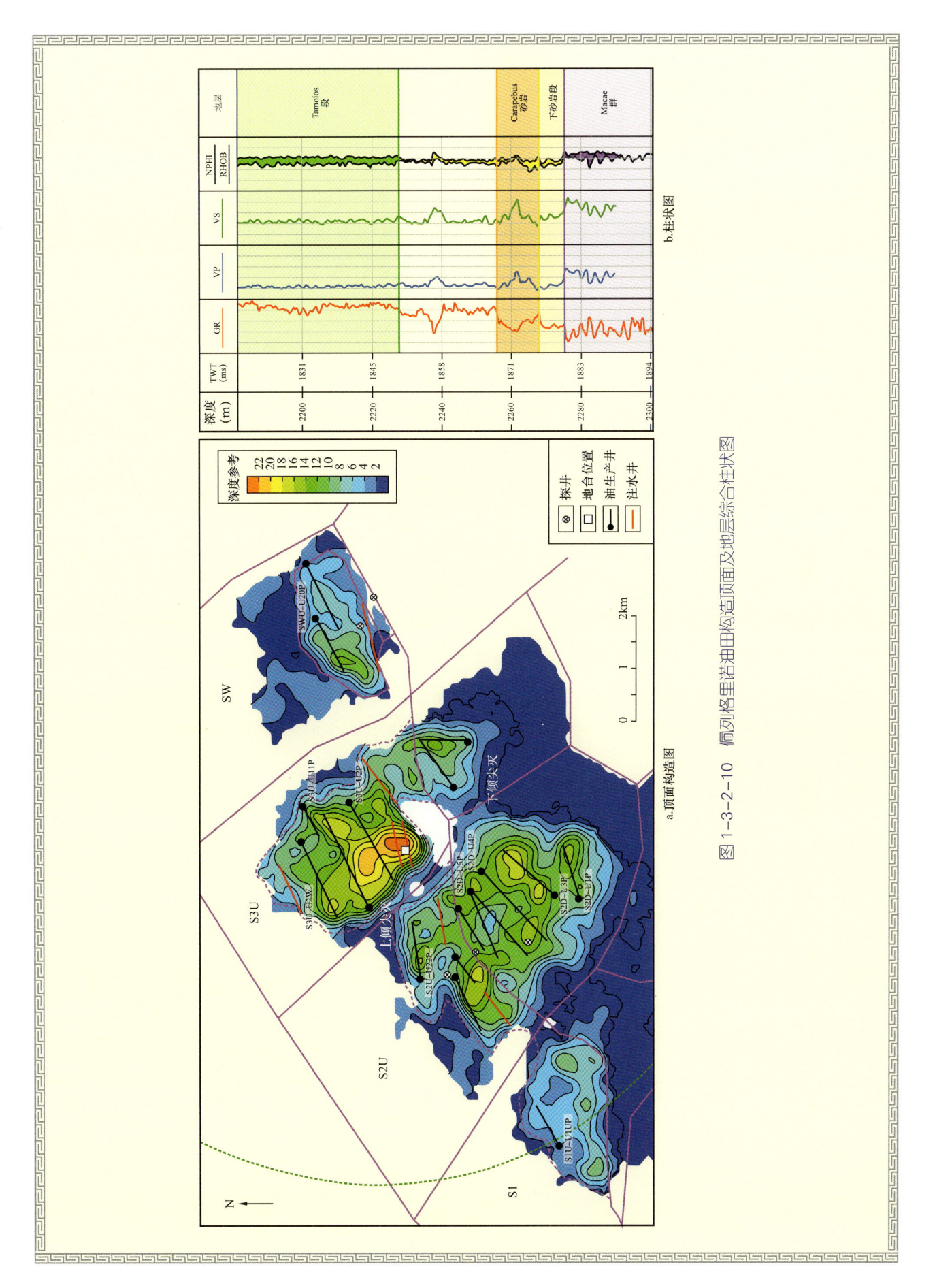

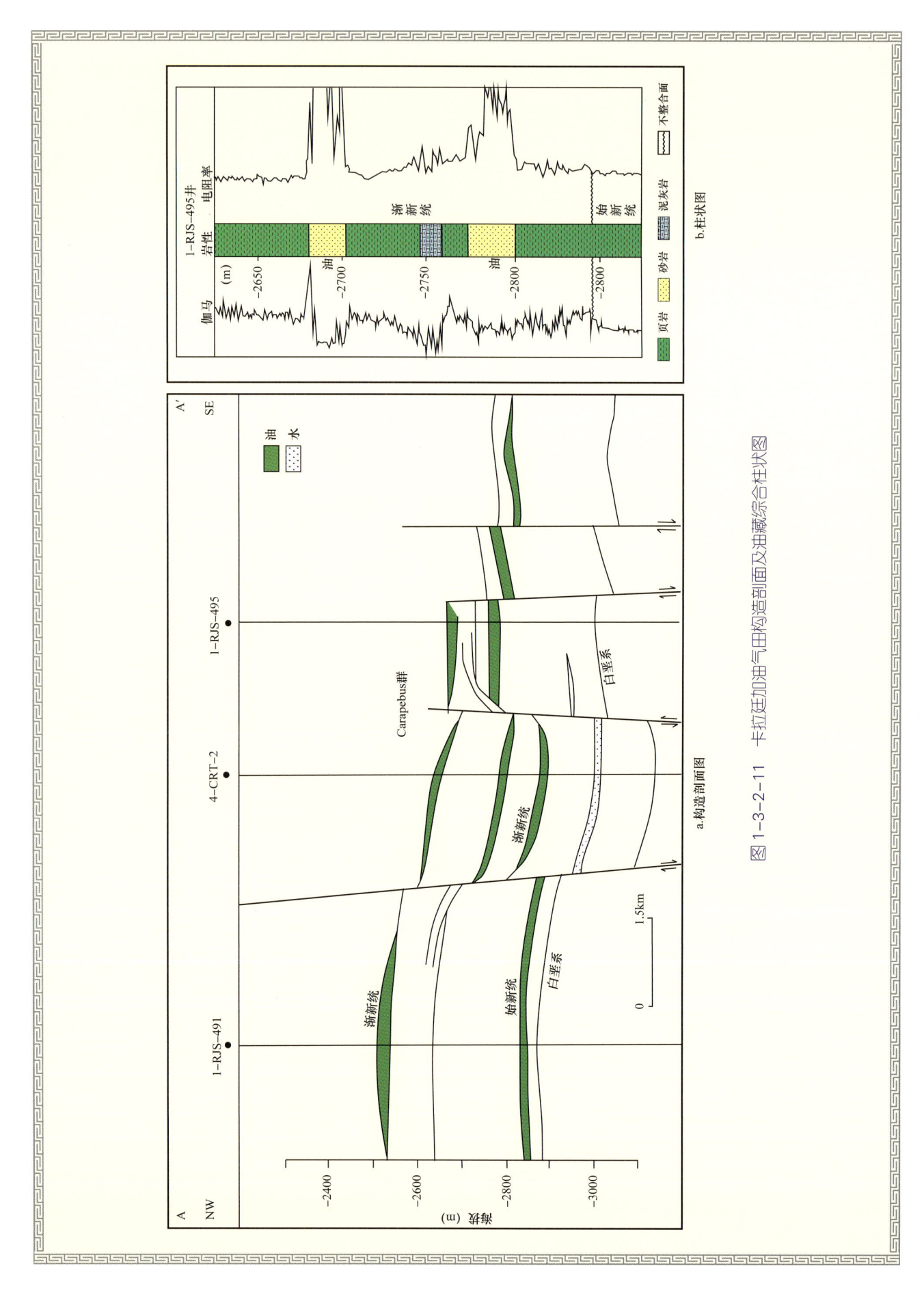

图 1-3-2-11 卡拉廷加油气田构造剖面及油藏综合柱状图

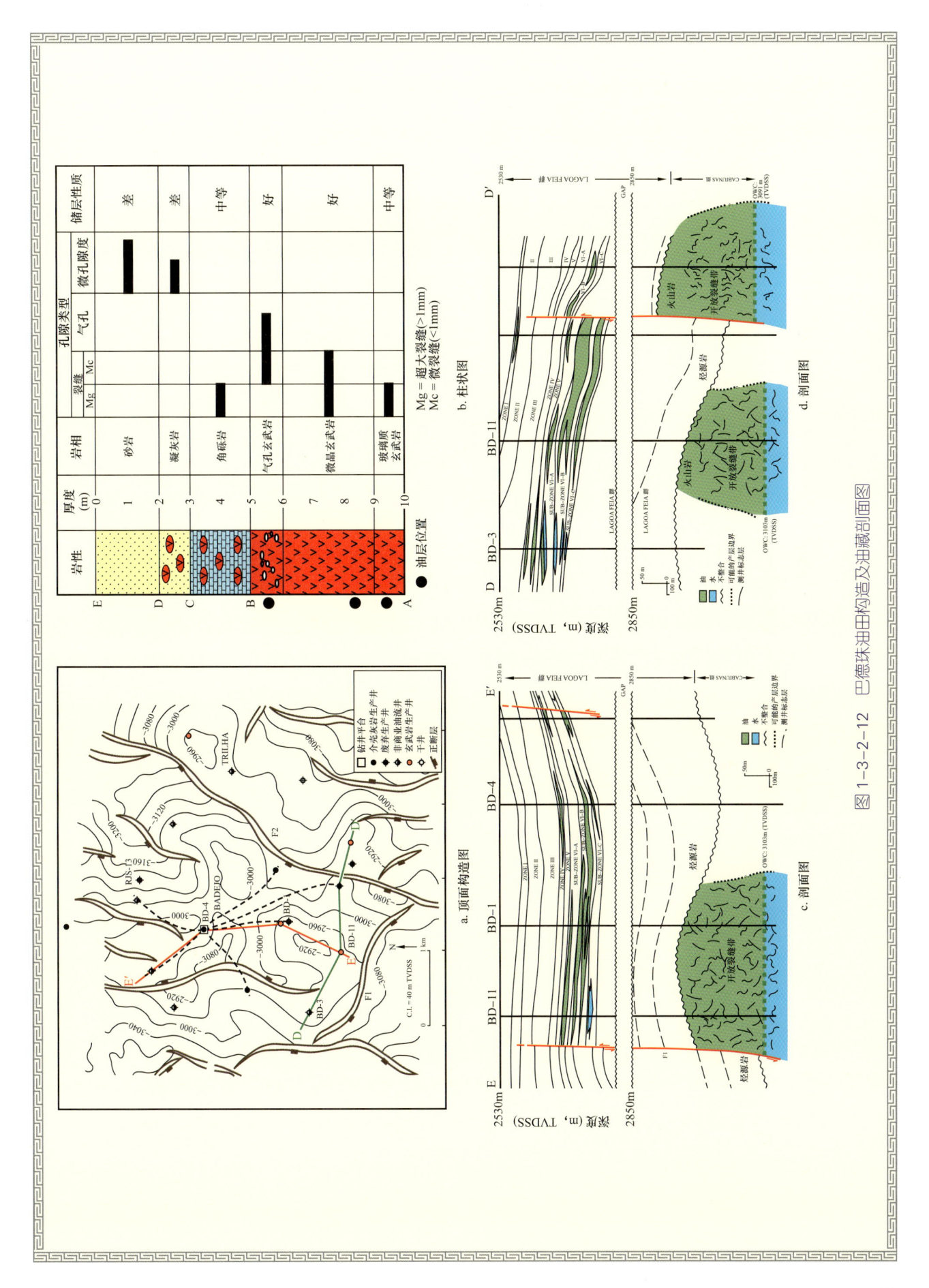

图 1-3-2-12 巴德珠油田构造及油藏剖面图

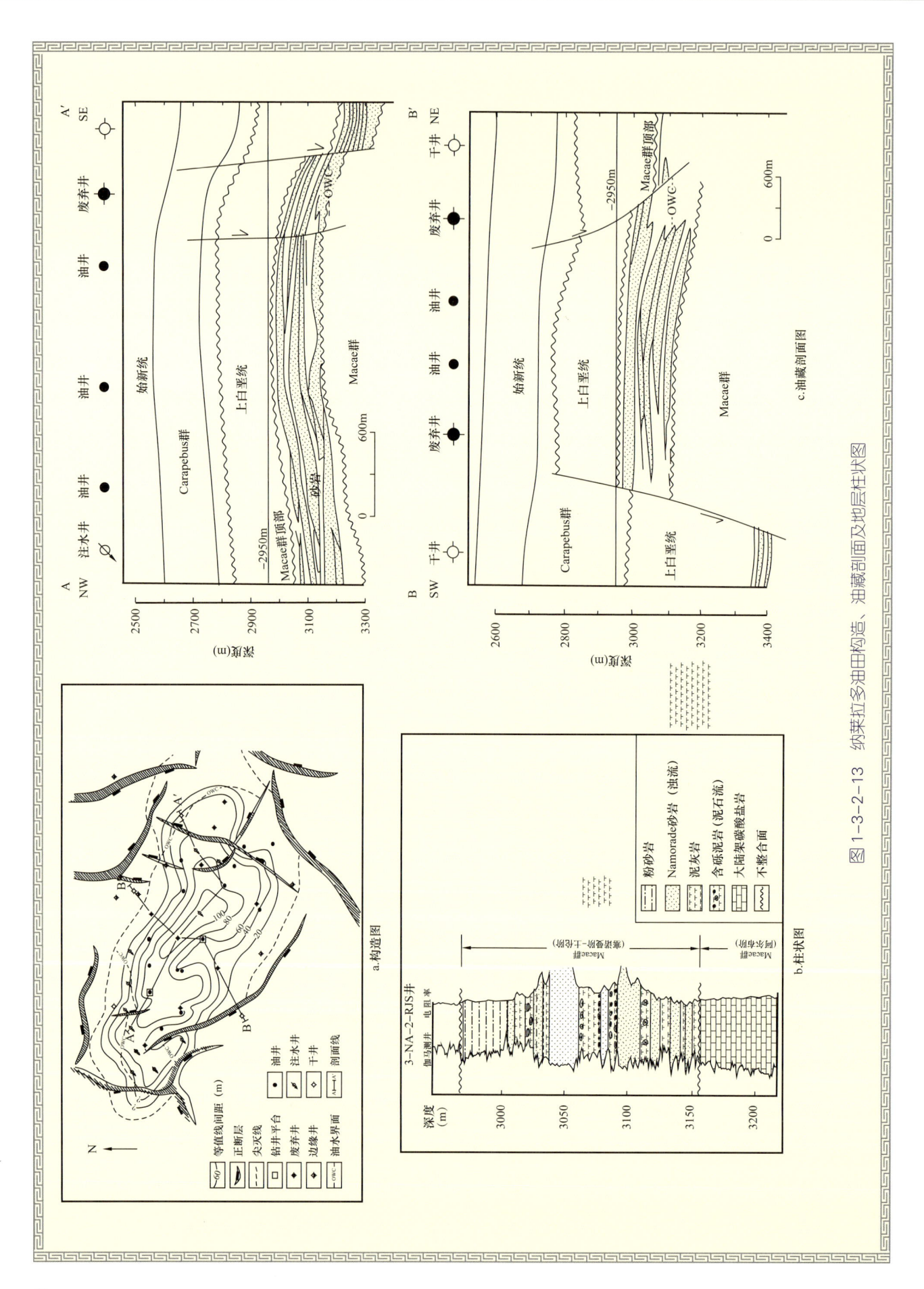

图 1-3-2-13 纳莱拉多油田构造、油藏剖面及地层柱状图

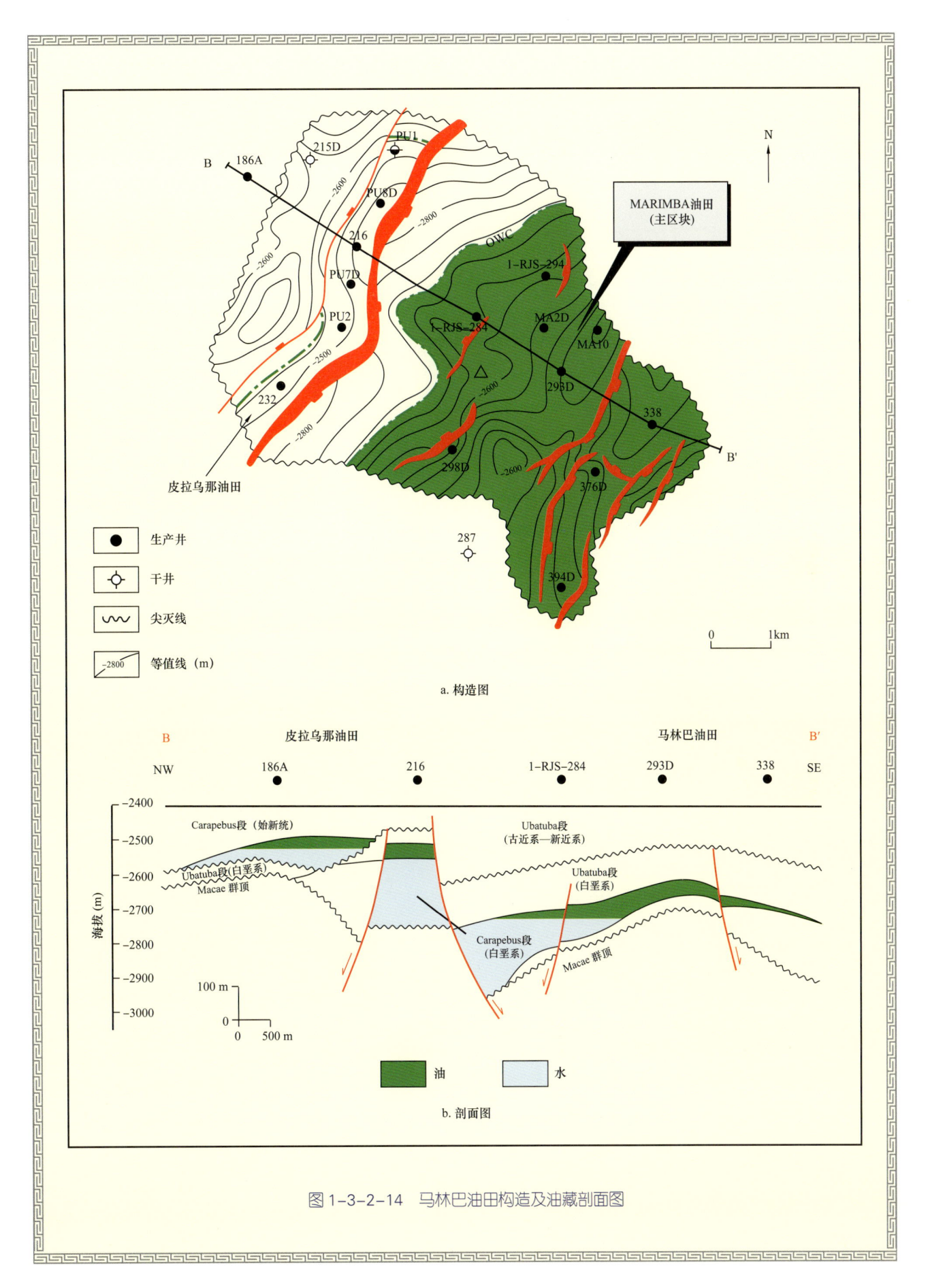

图 1-3-2-14 马林巴油田构造及油藏剖面图

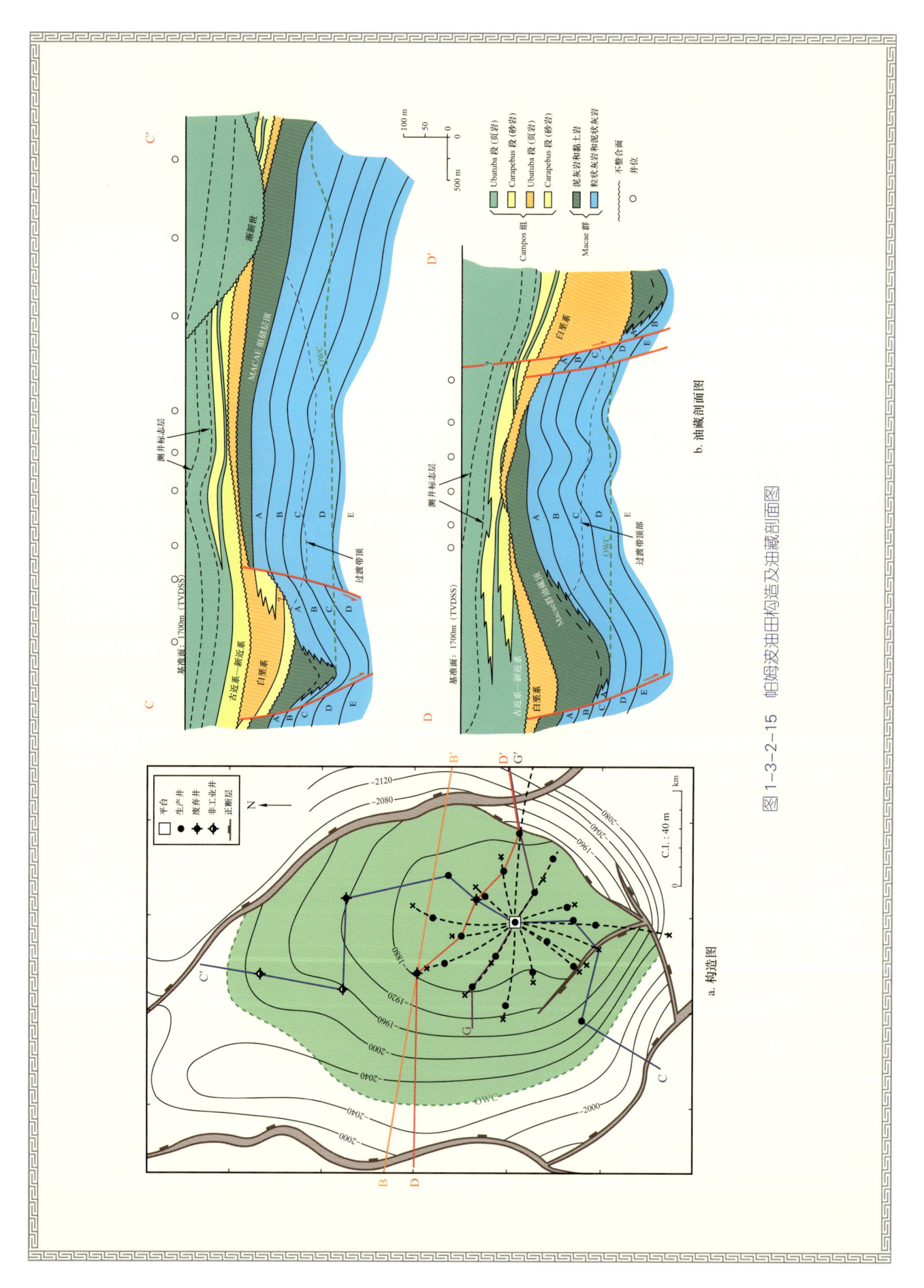

图 1-3-2-15 帕姆波油田构造及油藏剖面图

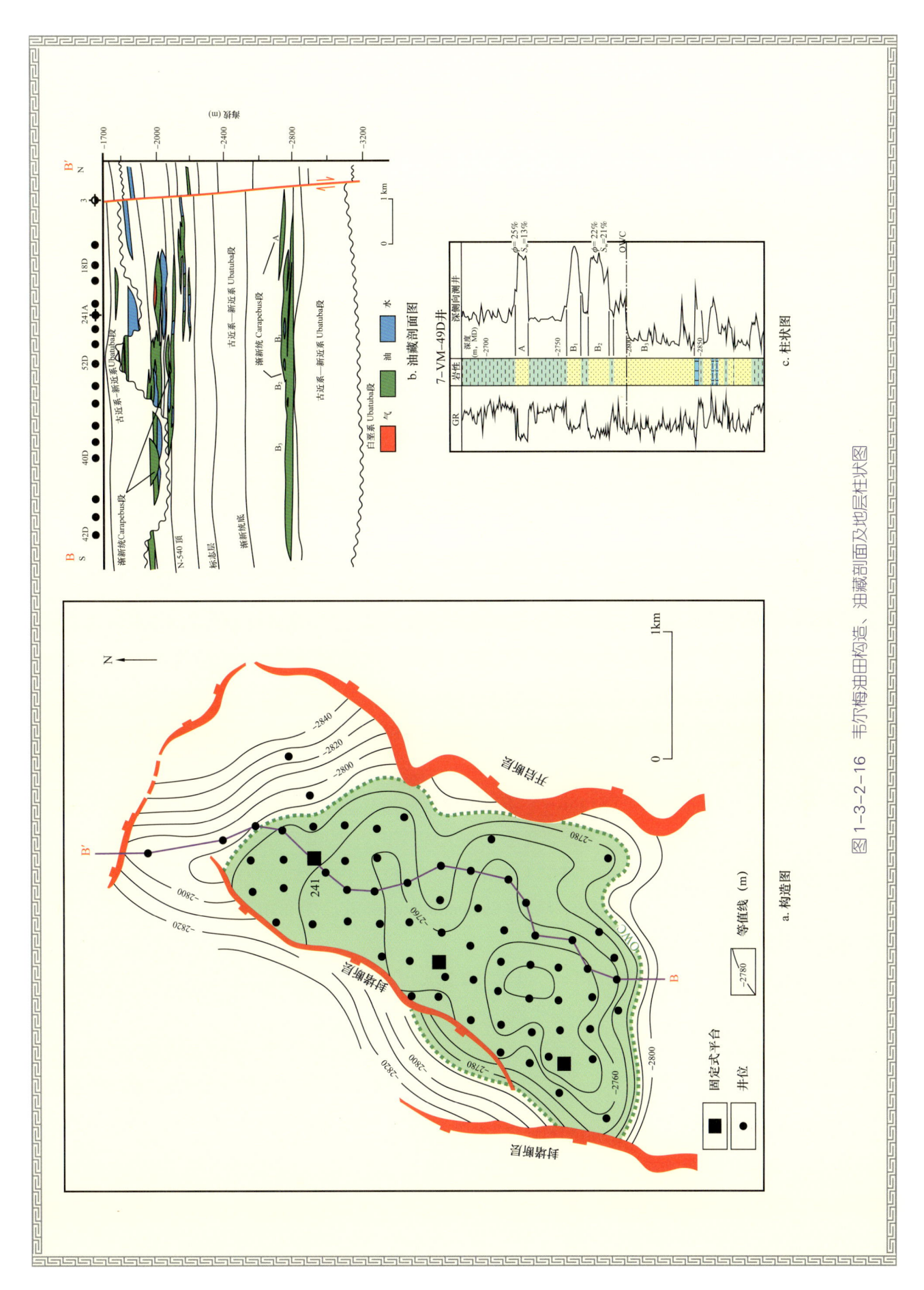

图 1-3-2-16 韦尔梅油田构造、油藏剖面及地层柱状图

（三）埃斯皮里图桑托盆地

埃斯皮里图桑托盆地（Espirito Santo Basin）北部与库木鲁夏蒂巴（Cumuruxatiba）盆地以 Rio das Ostras 隆起为界（图 1-3-3-1），盆地南部与坎波斯盆地以 Vitoria 隆起相隔；西部以巴西地盾的前寒武系结晶基底为界；东部海上地区以阿布罗霍斯（Abrolhos）深海盆地（东北部）和巴西深海盆地（东南部）为界。盆地总面积 $10.40 \times 10^4 km^2$，其中陆地面积 $20446.8 km^2$，海域面积 $83576 km^2$。

1. 勘探开发历程

埃斯皮里图桑托盆地勘探经历了早期勘探、缓慢发展、快速增长三个阶段（图 1-3-3-2）。

早期勘探阶段（1950—1968年）：盆地勘探始于 1950 年的区域地质调查，发现一系列小型陆上油气藏。

缓慢发展阶段（1969—1998年）：20 世纪 70 年代，发现第一个海上油气藏——可可（Cacao）油田。巴西石油公司在陆上地区钻探开发井 33 口，主要位于 Fazenda CedroNorte 油藏（17 口）、Rio Itaunas 油藏（7 口）和 Rio Sao Mateus 油藏（4 口）。80 年代共钻开发井 540 口，主要位于盆地陆上地区，海上在可可油田共钻开发井 8 口。盆地原油产量由 1973 年的 0.63×10^6 bbl/d 上升到 1984 年的 21.7×10^6 bbl/d。90 年代，盆地勘探开发陷入低谷，只钻探开发井 66 口，盆地原油产量降至 8.6×10^6 bbl/d。1996 年发现了法率达阿莱格里（Fazenda Alegre）油田，2P 可采储量 91.69×10^6 bbl 油当量。

快速增长阶段（1999—2015年）：2000—2008 年期间，盆地深水地区油气勘探取得突破，钻探开发井增至 287 口。2001 年发现了科雷古塞德鲁苏尔（Corrego Cedro Sul）油田，2P 可采储量 63.33×10^6 bbl 油当量。2002 年发现了 1-ESS-091-ESS 油田，2P 可采储量为 98×10^6 bbl 油当量。2003 年分别发现了银霍湾（Golfinho）和 1-ESS-120-ESS 油田，2P 可采储量分别为 244×10^6 bbl 油当量、185×10^6 bbl 油当量，此后，在 2011 年发现了 1-ESS-195-ESS、1-ESS-197-ESS、1-ESS-205D-ESS、1-ESS-199-ESS、1-ESS-200D-ESS5 等油田，总 2P 可采储量 734×10^6 bbl 油当量。2013 年发现了 1-ESS-216D-ESS 油田，2P 可采储量 108.33×10^6 bbl 油当量。

截至 2018 年，盆地已发现油气田 146 个，累计发现石油 1891.5×10^6 bbl、天然气 $3936.7 \times 10^9 ft^3$、凝析油储量 56.8×10^6 bbl（图 1-3-3-2）。盆地储量前 10 的大油气田为：银霍湾（Golfinho）、1-ESS-195-ESS、1-ESS-120-ESS、1-ESS-197-ESS、1-ESS-205D-ESS、1-ESS-199-ESS、1-ESS-200D-ESS、1-ESS-216D-ESS、1-ESS-091-ESS、法辛达阿莱格里（Fa Zenda Alegre）总储量 1370.167×10^6 bbl 油当量，占盆地总发现量的 52.6%。

2018 年，盆地石油年产量 12.17×10^6 bbl，天然气 4.79×10^6 bbl 油当量。截至 2018 年底，石油和天然气累产分别为 353.95×10^6 bbl、139.07×10^6 bbl 油当量。

2. 区域地质

埃斯皮里图桑托盆地属于被动大陆边缘盆地（图 1-3-3-3），基底为前寒武系火山岩，上覆白垩系、古近系和新近系（图 1-3-3-4）。盆地地层基本向海呈北东方向倾斜，除下白垩统较厚外，其余地层厚度比较均一。盆地经历了裂谷期、过渡期和被动大陆边缘期三个构造演化阶段。盆地边缘为近南北走向的正断层发育区，断层形成于盆地前裂谷期，控制盆地裂谷期的沉积地层，形成两个近南北走向的地堑区和一个近南北走向的地垒区。盆地深水区发育近南北走向的铲式断层，形成于被动大陆边缘期。盆地可划分为 6 个次级构造单元

(图1-3-3-3)；穆库里—埃斯皮里图桑托（Mucuri-Espirito Santo）台地（9722km²）、埃斯皮里图桑托（Espirito Santo）台地（11860km²）、穆库里（Mucuri）地堑（1909km²）、阿布罗霍斯（Abrolhos）坳陷（35625km²）、贝纳德（Besnard）坳陷（9369km²）和埃斯皮里图桑托（Espirito Santo）含盐坳陷（35512km²）。

3. 石油地质特征

1）烃源岩

盆地发育三套主要的烃源岩（图1-3-3-5）：白垩系Regencia组海相页岩、同裂谷期Cricare组湖相页岩与上白垩统—古近系Urucutuca组的海相页岩。

同裂谷期Cricare组湖相页岩有机质类型为Ⅰ/Ⅱ型，烃源岩TOC含量高于4%，具有极高的生烃潜力。氢指数一般高过400mg/g，生烃潜力超过5kg/t。盆地南部井中有机质中无定形碳含量90%～100%。陆岸边缘地区部分镜质组反射率值0.6%～1.4%，已成熟，Cricare组湖相烃源岩大部分地区已进入生油窗，海上地区可能为成熟—过成熟阶段。

Urucutuca组页岩有机质类型为Ⅱ型，TOC含量1%～2%，主要为塞诺曼阶—马斯特里赫特阶和古新统—始新统浊积砂岩储层提供油气来源。

2）储层

盆地主要包含四套储层（图1-3-3-5）：上白垩统—古近系Urucutuca组浊积砂岩储层、阿普特阶—阿尔布阶Marivia组和Sao Mateus组浅海—陆相砂岩储层、阿尔布阶Regencia组浅海相灰岩储层。

上白垩统—古近系Urucutuca组浊积砂岩是盆地主要的储层，主要展布在始新世和渐新世时期盐底辟活动的沟槽中，岩性为细—粗粒砂岩。层间夹杂少量泥岩，储层垂向连续性较好。

阿普特阶—阿尔布阶Mariricu组Mucuri段和Sao Mateus组浅海—陆相砂岩也是盆地主要储层。在Rio Itaunas油田，该储层平均厚度14m，孔隙度15%～20%，最大可达30%，渗透率10～400mD，最高可达2250mD。

在Cacao油田Sao Mateus组储层，岩性主要为海相沉积的细—粗粒长石砂岩，具有高岭石杂基和方解石胶结物。最厚可达74m，孔隙度值8%～23%（平均16.6%），渗透率值500～600mD。

阿尔布阶Regencia组浅海相灰岩是盆地次要储层，岩性为中—粗粒鲕粒灰岩以及生物碎屑灰岩。

3）盖层

盆地主要有四套盖层（图1-3-3-5）：下白垩统Mariricu组Itaunas段盐岩、土伦阶—古新统Urucutuca组页岩、Sao Mateus段和Mariricu段页岩、塞诺曼阶—圣通阶的页岩和泥岩。

Mariricu组Itaunas段蒸发盐岩是下伏Mariricu组Mucuri段碎屑岩储层的主要盖层。土伦阶—古新统Urucutuca组层内页岩为层内砂岩储层提供封堵，并封堵下伏Sao Mateus组碎屑岩和Regencia组灰岩储层。Sao Mateus组和Mariricu组层内页岩为层内储层提供封盖条件。塞诺曼阶—圣通阶页岩和泥岩为层内局部盖层。

4）圈闭类型

盆地主要圈闭类型为地层圈闭、岩性圈闭和构造型圈闭。

地层圈闭主要与地层不整合面和古地形有关。Regencia等几个古峡谷为此类圈闭的形成提供了有利的沉积环境。Fazenda Cedro古峡谷东缘高地受剥蚀后形成地层圈闭。

岩性圈闭主要为砂岩透镜体、地层尖灭或储层物性变化形成的圈闭，层间深海相页岩为此类圈闭提供封盖条件。

构造型圈闭主要是与断层相关的圈闭，此类断层多与上白垩统和古近系—新近系地层重力滑塌和盐岩构造运动有关。

4. 常规油气成藏组合

盆地可划分为下白垩统和上白垩统—古近系两套成藏组合（图 1-3-3-5），其中下白垩统成藏组合又可分为下白垩统砂岩和下白垩统碳酸盐岩成藏组合。

下白垩统 Mucuri 段砂岩成藏组合主要沿盆地现今海岸线，呈近南北走向的条带状展布。烃源岩为同裂谷期 Cricare 组湖相页岩，储层为下白垩统 Mucuri 砂岩，盖层为下白垩统 Itaunas 段蒸发盐岩。

下白垩统碳酸盐岩成藏组合主要分布在现今陆架边缘，呈北东—南西走向的窄条带状展布。烃源岩主要为阿尔布期 Regencia 组海相碳酸盐，储层为下白垩统 Regencia 组碳酸盐岩，盖层主要为土伦阶—古新统 Urucutuca 组层内页岩。

下白垩统砂岩成藏组合主要分布在现今陆架边缘，呈北东—南西走向北宽南窄的带状展布。烃源岩主要为阿尔布期 Regencia 组海相碳酸盐岩，储层为下白垩统 Sao Meteus 组砂岩，盖层主要为 Sao Mateus 组层内页岩。

上白垩统—古近系浊积砂岩成藏组合主要分布在现今海上地区，呈北东—南西走向，S 型宽条带分布。烃源岩主要为 Urucutuca 组海相页岩，储层是上白垩统和古近系 Urucutuca 组浊积砂岩，盖层为 Urucutuca 组层间泥页岩。

5. 典型油气田

1）拉戈阿帕尔达（Lagoa Parda）油田

属于上白垩统—古近系 Urucutuca 组浊积砂岩成藏组合，位于埃斯皮里图桑托台地东南部，为穹隆背斜构造（图 1-3-3-6），砂体向西部和北部尖灭，为地层圈闭。油田面积 2.7km²，构造顶部埋深 1470 m，气油界面和油水界面分别为 1506 m TVDSS 和 1559 m TVDSS，发现于 1978 年。截至 2018 年，石油、天然气 2P 储量分别为 34.55×10^6 bbl、19.8×10^9 ft³（表 1-3-3-1）。

主要储层为下渐新统细—粗粒砂岩，砂岩最大总厚度 90m，有效厚度 53m，平均孔隙度 25%，渗透率 400mD。地层压力 2247psi，地温 74.4℃，主要为地层圈闭。

1978 年投入生产，2018 年石油年产量为 95.3kbbl，天然气年产量为 54×10^6 ft³。截至 2018 年，累计生产油、气分别为 33.85×10^6 bbl、19.58×10^9 ft³。

2）1-ESS-195-ESS 油气田

属于上白垩统—古近系 Urucutuca 组浊积砂岩成藏组合，位于埃斯皮里图桑托含盐坳陷（图 1-3-3-7），发现于 2011 年。截至 2018 年，石油、天然气可采储量分别为 180×10^6 bbl、110×10^9 ft³（表 1-3-3-1）。

主要储层为上白垩统马斯特里赫特阶砂岩，最大厚度 100m，有效厚度 70m，平均渗透率 850mD，最大含水饱和度 27%。构造顶面埋深 3279m，主要为背斜构造圈闭。

该油田目前处于评价阶段。

3）法辛达阿莱格里（Fazenda Alegre）气田

属于上白垩统—古近系 Urucutuca 组浊积砂岩成藏组合，油田位于埃斯皮里图桑托台地。油田长 4.3km、宽 1.7km，油田面积 4.3km²，发现于 1996 年。截至 2018 年，石油、天然气 2P 可采储量分别为 90.0×10^6 bbl、

表 1-3-3-1 埃斯皮里图桑托盆地主要油气田属性表

序号	油气田名称	油气田类型	地理位置	发现年份	主要成藏组合	主要储层岩性	2P 可采储量			油气总和（10⁶bbl 油当量）
							石油（10⁶bbl）	天然气（10⁹ft³）	凝析油（10⁶bbl）	
1	拉戈阿帕尔达（Lagoa Parda）	油田	陆上	1978	上白垩统—古近系	砂岩	34.55	19.80	0	37.85
2	1-ESS-195-ESS	油气田	海上	2011	上白垩统—古近系	砂岩	180.00	110.00	0	198.33
3	法辛达阿莱格里（Fazenda Alegre）	气田	陆上	1996	上白垩统—古近系	砂岩	90.00	10.16	0	91.69
4	银霍湾（Golfinho）	油气田	海上	2003	上白垩统—古近系	砂岩	150.00	530.00	6.00	244.33

$10.16\times10^9\text{ft}^3$（表1-3-3-1）。

主要储层为上白垩统马斯特里赫特阶—始新统砂岩，储层最大总厚度50m，有效厚度15m，岩性为细—粗粒砂岩，层间夹杂少量泥岩，平均孔隙度27%，最大含水饱和度76%，最高地下温度为46.11℃。构造顶面构造深度750m，圈闭主要为构造型和岩性—地层圈闭。

1996年投入生产，2017年石油年产量为$1.08\times10^6\text{bbl}$，天然气年产量为$506.7\times10^6\text{ft}^3$。截至2018年，累计生产油、气分别为$51.80\times10^6\text{bbl}$、$6.88\times10^9\text{ft}^3$。

4）银霍湾（Golfinho）油气田

属于上白垩统—古近系Urucutuca组浊积砂岩成藏组合，位于埃斯皮里图桑托含盐坳陷。油田长32.23km、宽15.27km，面积126.64km²，发现于2003年。截至2018年，石油、天然气、凝析油2P可采储量分别为$150\times10^6\text{bbl}$、$530\times10^{12}\text{ft}^3$、$6\times10^6\text{bbl}$（表1-3-3-1）。

上白垩统包括三套储层：马斯特里赫特阶、坎潘阶和圣通阶砂岩，其中主要储层为马斯特里赫特阶砂岩，最大总厚度90m，有效厚度56m，储层平均孔隙度12%～28%，平均渗透率1～700mD，最大含水饱和度27%，原始地层压力597psi。构造顶面位于-3246m，最大水深为1440m，主要为地层圈闭。

2006年投入试生产，2017年石油年产量为$6.9\times10^6\text{bbl}$，天然气年产量为$17\times10^9\text{ft}^3$。截至2018年，累计生产石油、天然气和凝析油分别为$132.53\times10^6\text{bbl}$、$104.87\times10^9\text{ft}^3$和$3.54\times10^6\text{bbl}$。

6. 油气勘探开发潜力

中国石油2018年评价认为，常规待发现油气资源量$6404.22\times10^6\text{bbl}$油当量，其中石油$5039.84\times10^6\text{bbl}$、凝析油$130.58\times10^6\text{bbl}$、天然气$7165.85\times10^9\text{ft}^3$。盆地最有利勘探区位于目前盆地海陆交互处，呈近南北走向的两个条带。南部海上有利勘探区与坎波斯盆地有利区相连，紧邻坎波斯盆地和埃斯皮里图桑托盆地同裂谷期湖相生烃中心，新近系、古近系和上白垩统浊积砂岩储层发育。北部有利勘探区断层发育，南部裂谷期湖相烃源岩生成的油气沿断层向上部和北部运移，在浊积砂岩储层中聚集成藏，这两个有利勘探区基本上都发育三套以上的成藏组合，纵向上勘探目的层系多，是下步最重要的勘探目标区。

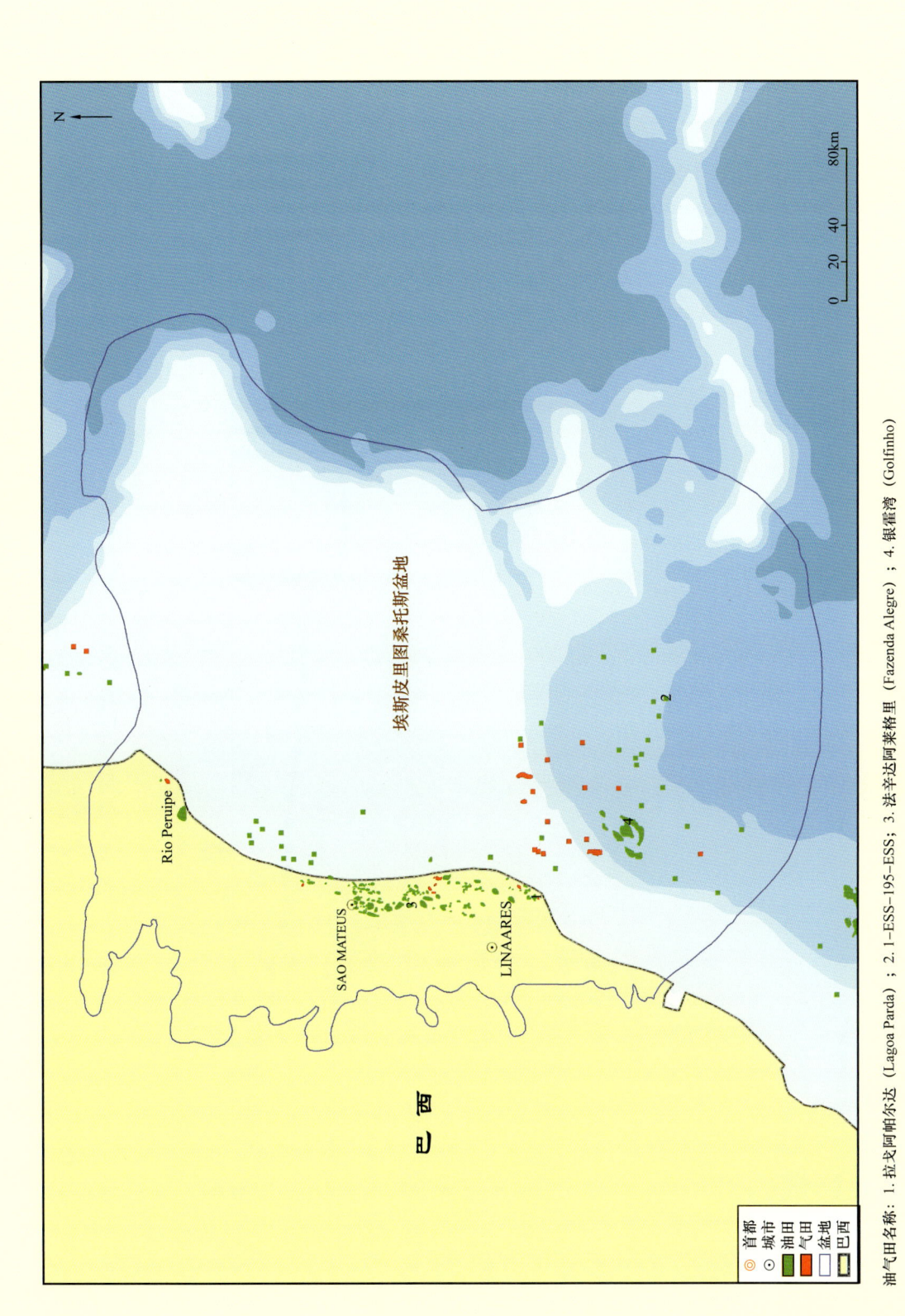

图1-3-3-1 埃斯皮里图桑托斯盆地油气田分布图

油气田名称：1. 拉戈阿帕尔达（Lagoa Parda）；2. 1-ESS-195-ESS；3. 法辛达阿莱格里（Fazenda Alegre）；4. 银霍湾（Golfinho）

图 1-3-3-2 埃斯皮里图桑托盆地历年新增油气 2P 可采储量柱状图

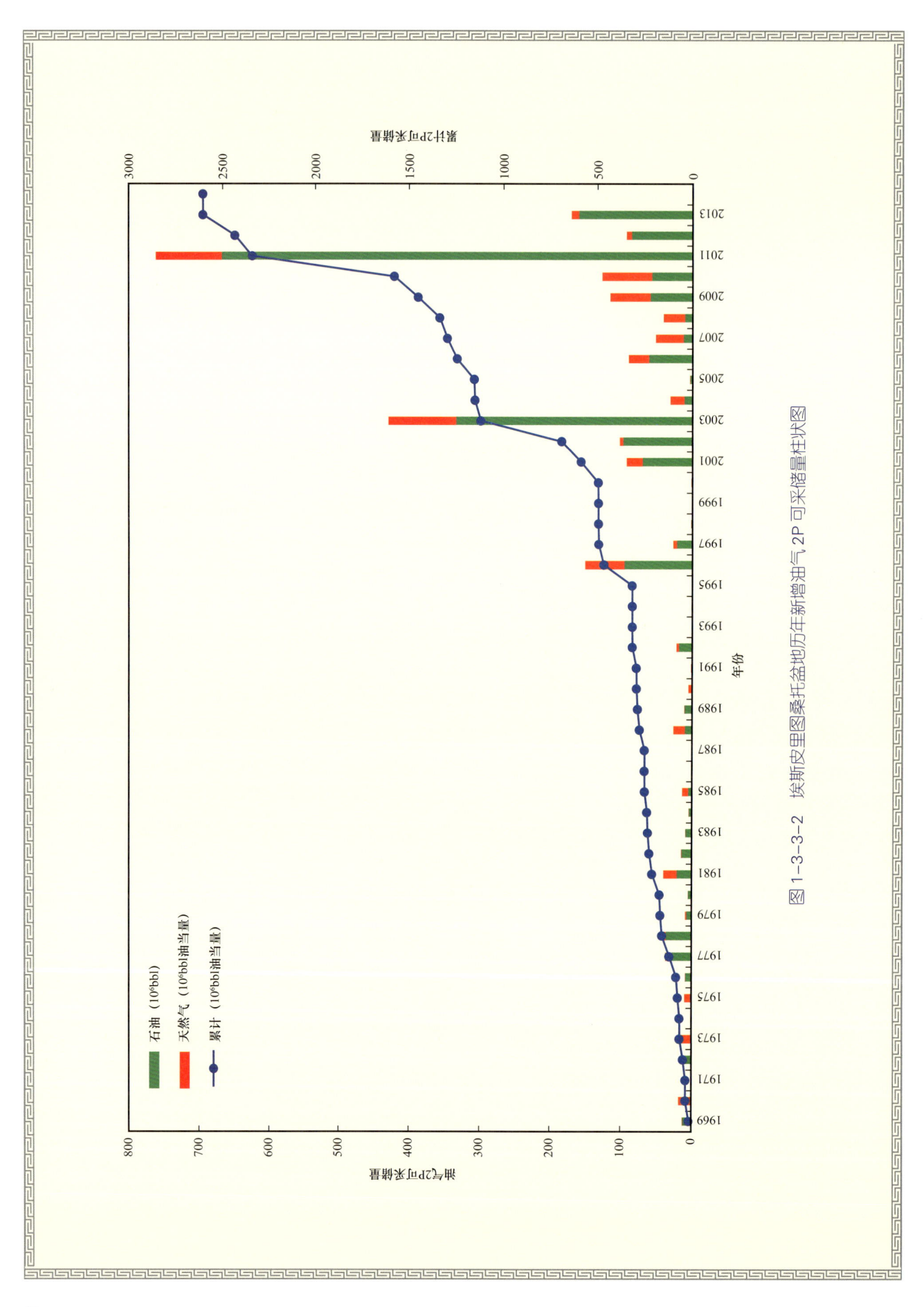

图 1-3-3-3 埃斯皮里图桑托盆地构造单元划分图

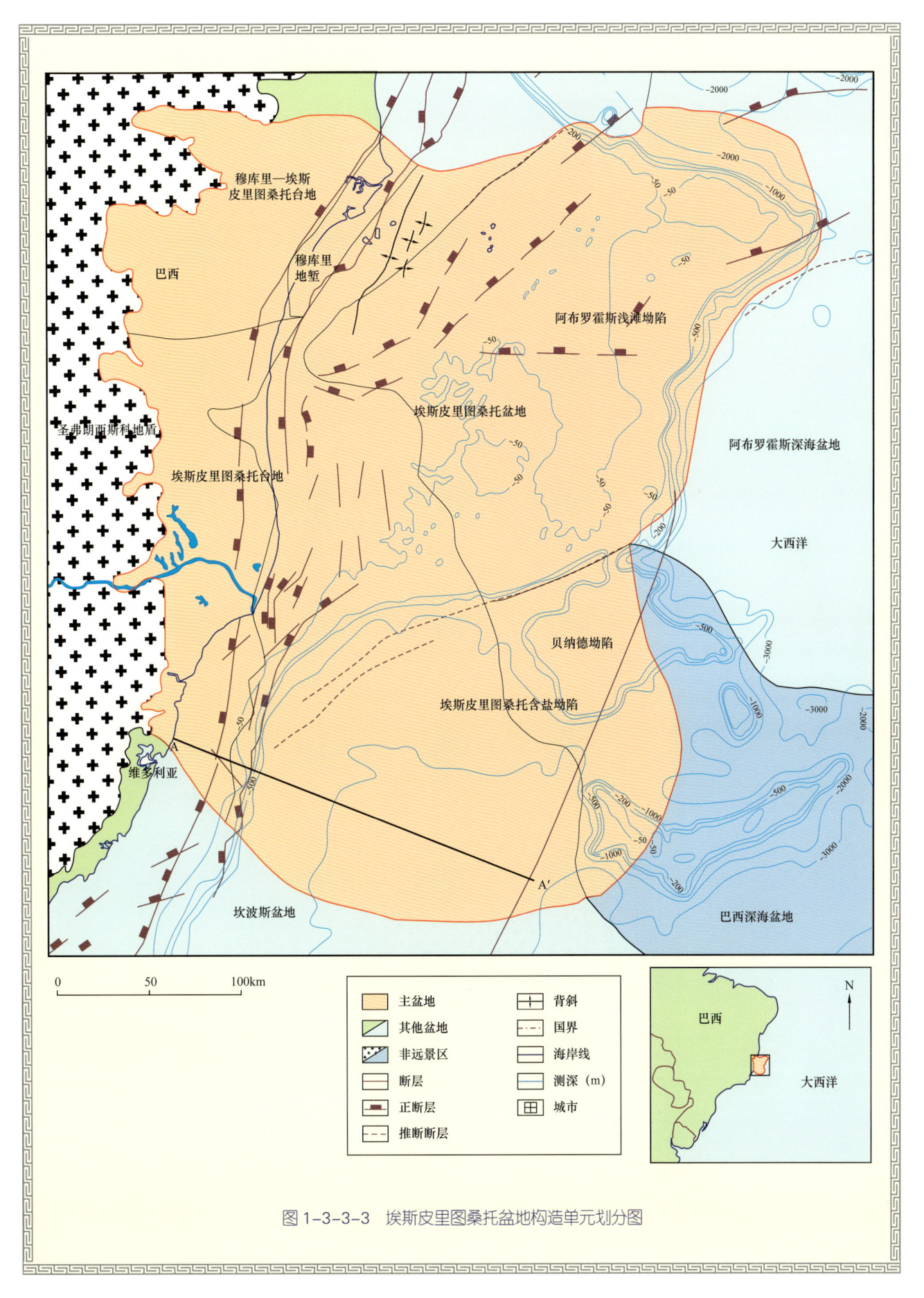

图 1-3-3-4 埃斯皮里图桑托盆地区域地质剖面图

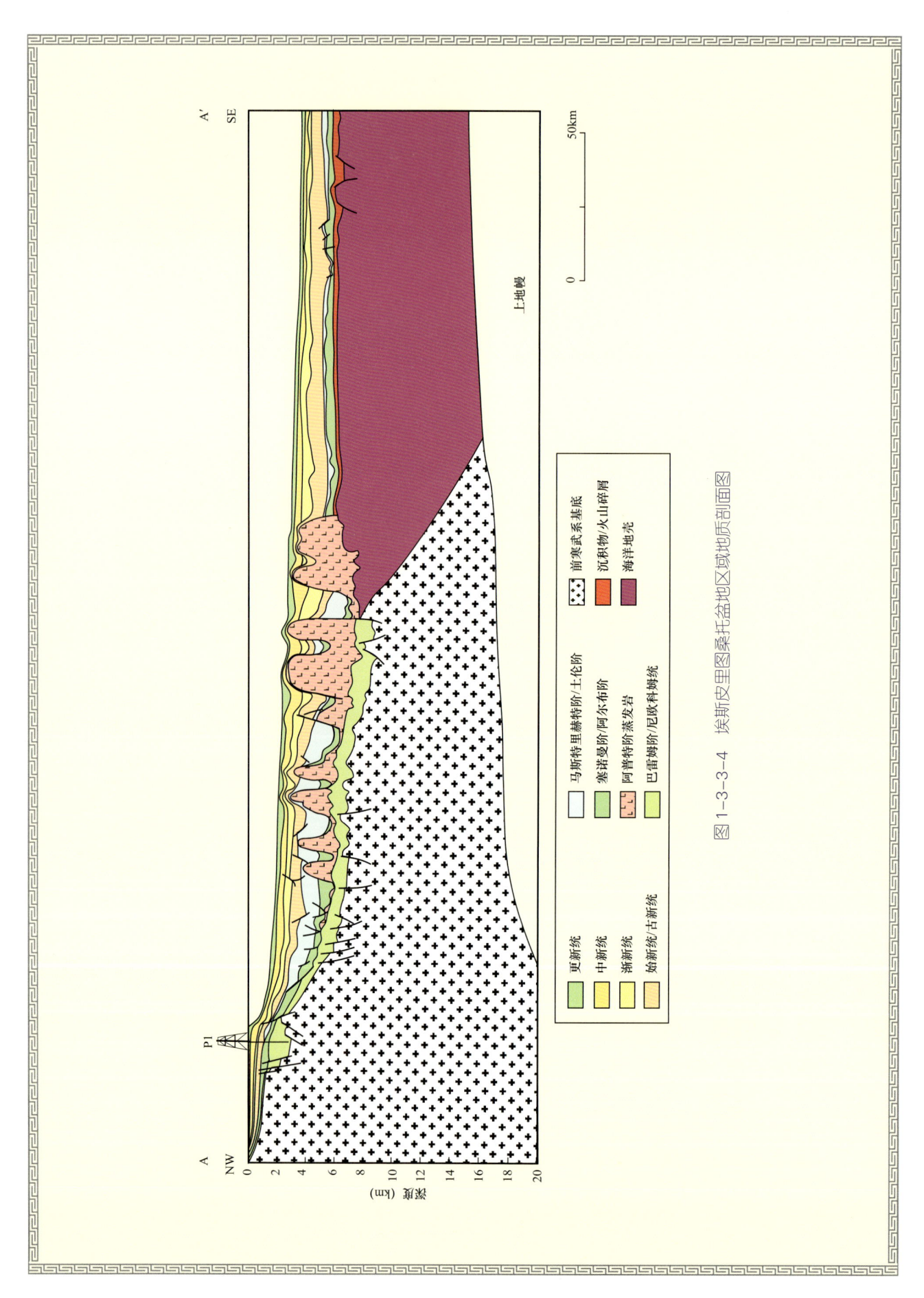

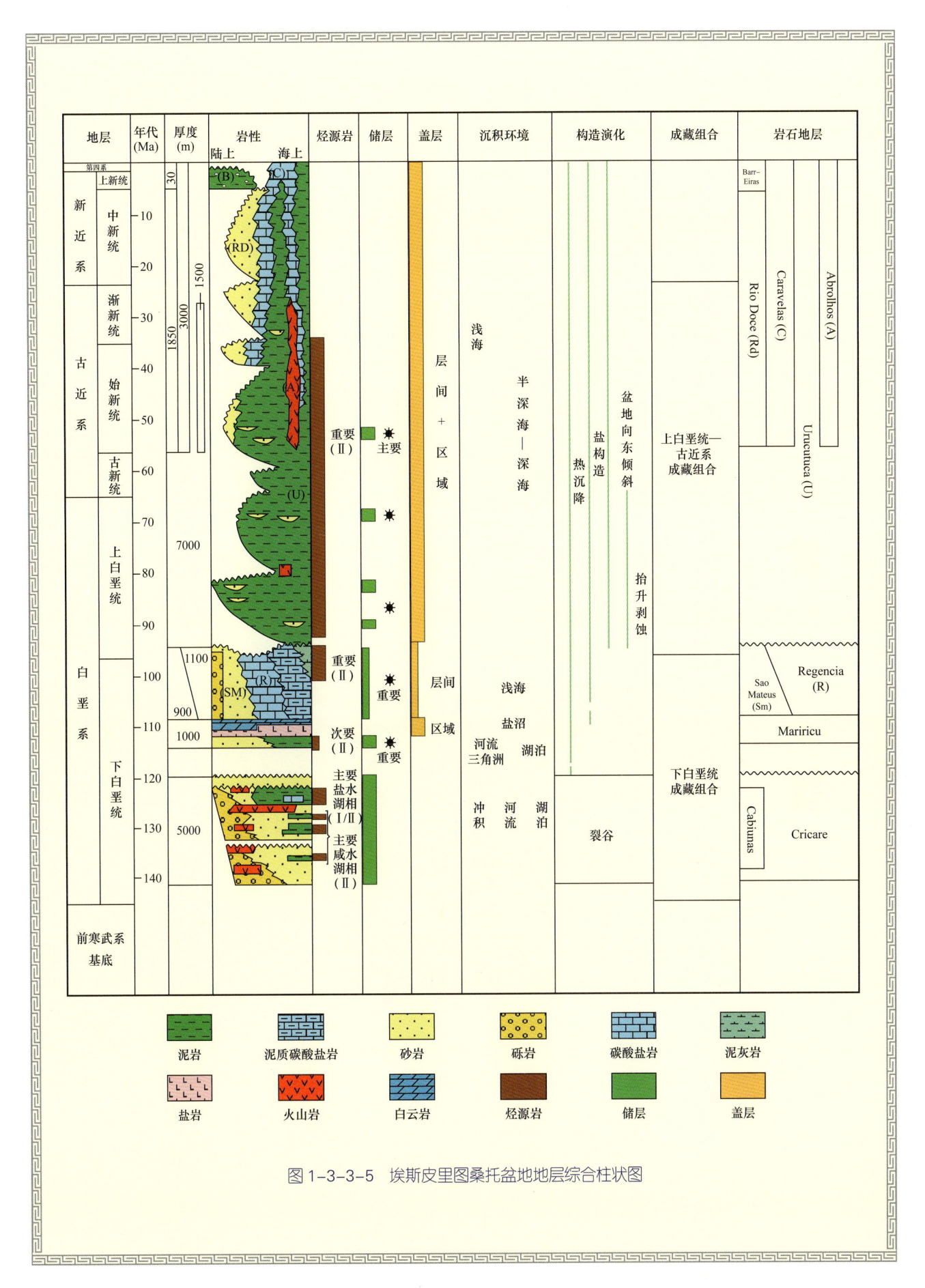

图 1-3-3-5 埃斯皮里图桑托盆地地层综合柱状图

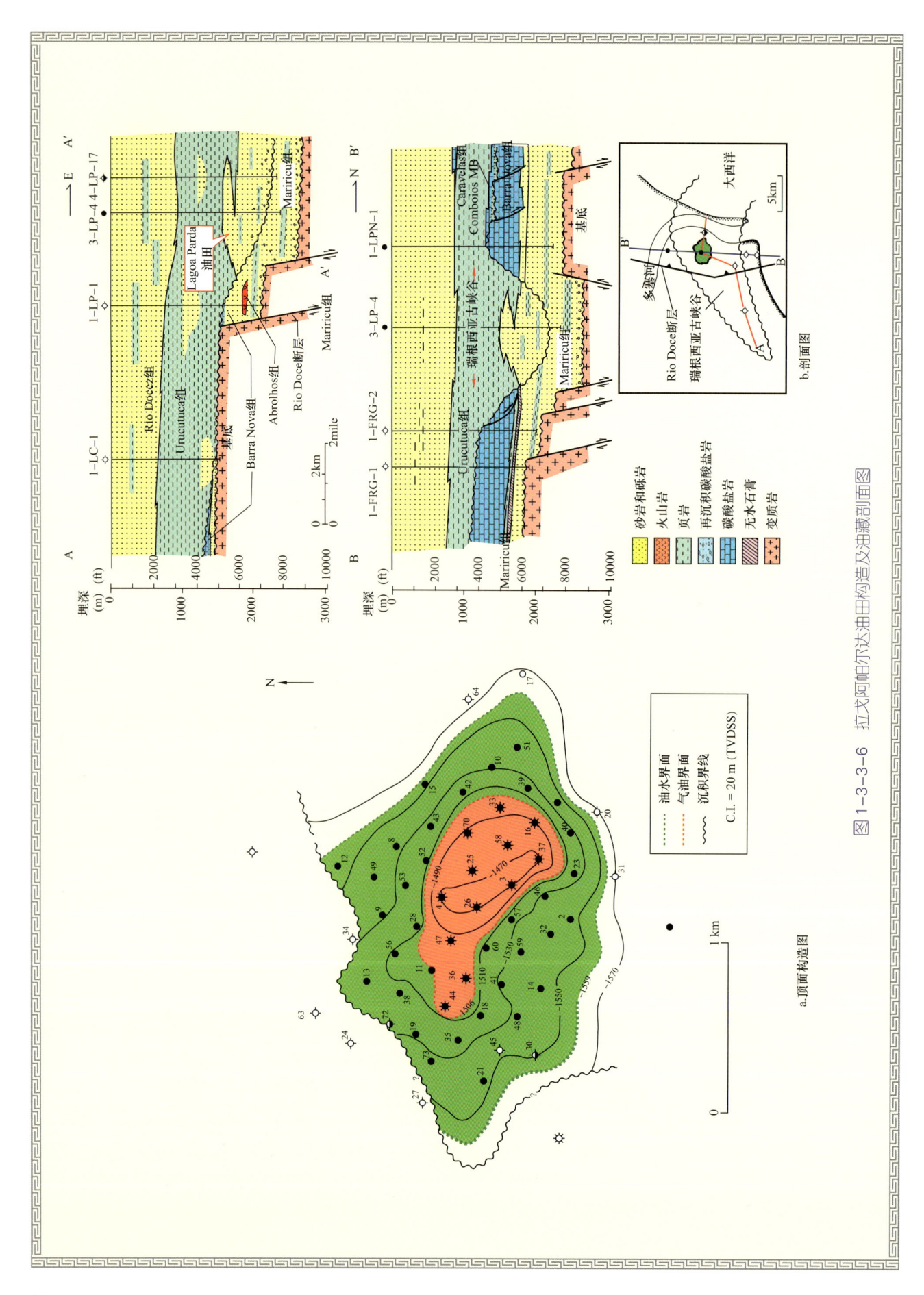

图 1-3-3-6 拉戈阿帕尔达油田构造及油藏剖面图

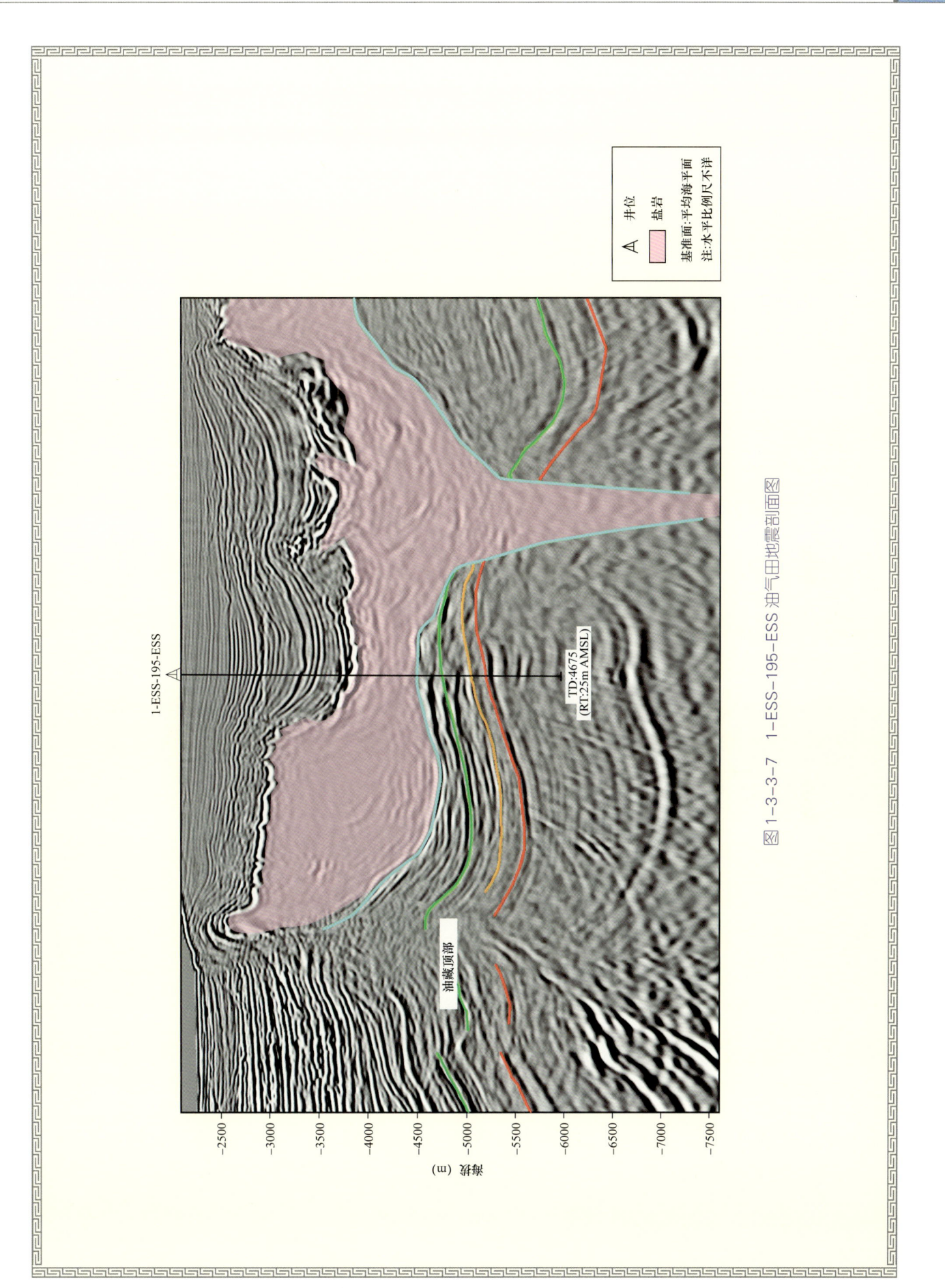

图1-3-3-7 1-ESS-195-ESS 油气田地震剖面图

（四）热基蒂尼奥尼亚盆地

热基蒂尼奥尼亚盆地（Jequitinhonha Basin）位于巴西东部巴伊亚州的陆上和近海地区（图1-3-4-1），阿尔马达—卡玛木盆地和库鲁木夏蒂巴盆地之间。西部与地盾相接，东部延伸至大西洋深水处。盆地总面积28113km²，其中陆上部分8185km²，海上19928km²。

1. 勘探开发历程

热基蒂尼奥尼亚盆地勘探经历了早期勘探、缓慢发展和断续发现等3个阶段（图1-3-4-2）。

早期勘探阶段（1960—1972年）：盆地的钻探活动始于20世纪60年代末，已完成钻两口地层参数井。其中Campinho1井钻于1970年，总井深达4638m。

缓慢发展阶段（1973—2008年）：在20世纪70年代，共钻探井16口。1973年发现了第一个气田——1-BAS-018A-BAS气田，天然气2P可采储量 $50 \times 10^9 ft^3$。1979年发现盆地第一个油田——Ilheus油田，发现井为1-BAS-037井，该井在阿普特阶Mariricu组约1600m处获得油气发现，日产石油1630bbl/d，并有706ft³的伴生气。从1980年起，盆地钻井速度急剧下降，部分归因于原油价格暴跌。1987年在水深978m处钻探了1-BAS-080井，总深度达3513m，结果为干井，后废弃。20世纪90年代只钻探两口井，1997年在位于990m水深处钻探了1-BAS-120井，完钻井深2702m，1998年，巴西国家石油公司钻探了1-BAS-121井，完钻井深3536m，均无发现。到1998年底，盆地共有6口预探井完钻，仅有Bahia Submarino068井有油气显示。

断续发现阶段（2009—2013年）：2009年发现了1-BAS-147-BAS气田和1-BAS-149-BAS油田，2P可采储量分别为 $12.92 \times 10^6 bbl$ 油当量和 $10.64 \times 10^6 bbl$ 油当量，2013年发现了1-QG-005A-BAS气田，2P可采储量 $93.3 \times 10^6 bbl$ 油当量，为盆地迄今为止发现的最大气田。

截至2018年，盆地已发现油气田7个，累计发现石油 $12.69 \times 10^6 ft^3$、凝析油 $11.26 \times 10^6 ft^3$、天然气 $625.29 \times 10^9 ft^3$（图1-3-4-2）。发现的油田储量由大到小的顺序依次为：1-QG-005A-BAS气田、1-BAS-147-BAS气田、1-BAS-149-BAS油田、1-BAS-018A-BAS气田、1-BAS-121-BAS油田、Ilheus油田、1-BAS-052-BAS油田。

截至2018年，热基蒂尼奥尼亚盆地剩余2P可采储量 $131.75 \times 10^6 bbl$ 油当量。

2. 区域地质

热基蒂尼奥尼亚盆地是典型的被动大陆边缘盆地（图1-3-4-3），盆地基底为前寒武系火山岩（图1-3-4-4），盆地的构造演化经过了裂谷期、过渡期和被动大陆边缘漂移期。同裂谷期下白垩统主要由河流相和湖相碎屑岩组成。同裂谷期碎屑岩之上发育标志海侵的盐沼相。晚阿普特—塞诺曼期，盆地发展成为一个狭窄的、沿陆缘分布的碳酸盐台地。塞诺曼期，大陆进一步延展，盆地进一步向海倾斜，沉积了厚层的陆架—陆坡沉积楔形体。在古新世—始新世时期在大陆架发生火山侵入活动。位于阿普特阶蒸发岩上的晚白垩世沉积物发生向东的重力滑动作用，产生了铲式张性断层，发育了盐枕构造和底辟构造。

3. 石油地质特征

1）烃源岩

盆地已证实的主要烃源岩包括（图1-3-4-5）：（1）同裂谷期下白垩统Cricare组湖相页岩；（2）下白垩统Regencia组海相泥岩；（3）上白垩统—古近系Urucutuca组钙质泥岩和黑色页岩。

同裂谷期 Cricare 组湖相页岩为厚层暗灰色/黑色，以Ⅰ型和Ⅱ型干酪根为主，总有机碳值高达 13%，硫含量（0.1%）和 $CaCO_3$ 含量（<7%）较低。含有大量与富脂质（主要是藻类）有机物（45%～60%）相关的高等植物（25%～35%），具有极好的生烃潜能（氢氧化合物高达 40kg/t 岩石）。

Regencia 组海相泥岩总有机碳约为 2%，主要由远端低能沉积环境形成的泥灰岩和灰泥岩组成。在南部的埃斯皮里图桑托盆地，该套烃源岩以海藻类无定型有机物为特征。

Urucutuca 组浅灰到暗灰色硅钙质泥岩（10%～40% 碳酸盐），有机碳含量高达 5%，低—中等的硫含量（达 0.6%）。HI 值达 500 mg HC/gTOC，主要为Ⅱ型干酪根。Urucutuca 组黑色页岩（碳酸盐最高达 15%），有机碳含量达 3%，硫含量略低（达 0.3%）。

2）储层

已证实储层为下白垩统阿普特阶 Mariricu 组 Mucuri 段砂岩（图 1-3-4-5）。

潜在储层有四套，分别为：（1）瓦兰今阶—下阿普特阶 Cricare 组砂岩；（2）阿尔布阶—塞诺曼阶 Sao Mateus 组长石砂岩；（3）阿尔布阶—塞诺曼阶 Regencia 组石灰岩；（4）塞诺曼阶—新近系 Urucutuca 组砂岩。

3）盖层

阿普特阶 Mariricu 组 Itaunas 段蒸发岩是盆地主要区域盖层（图 1-3-4-5），是下伏的 Mucuri 段储层的主要盖层。Urucutuca 页岩也是盆地区域性和层间盖层，为下伏潜在的 Regencia 组和 Sao Mateus 组储层提供封闭条件。

4）圈闭类型

盆地主要圈闭类型有早白垩世同裂谷期构造圈闭、阿尔布阶—全新统与盐相关的构造圈闭和塞诺曼阶—新近系的构造圈闭。

4. 常规油气成藏组合

盆地共可划分为 3 套成藏组合（图 1-3-4-5），由下至上依次为：盐下下白垩统砂岩成藏组合、盐上下白垩统—上白垩统砂岩和灰岩成藏组合以及上白垩统—古近系 Urucutuca 组成藏组合。

其中，盐下下白垩统砂岩成藏组合包括阿普特阶 Mariricu 组砂岩和瓦兰今阶—下阿普特阶 Cricare 组砂岩成藏组合。盐上下白垩统—上白垩统砂岩和灰岩成藏组合包含阿尔布阶—塞诺曼阶 Sao Mateus 组长石砂岩和阿尔布阶—塞诺曼阶 Regencia 组灰岩。

5. 典型油气田

1）1-QG-005A-BAS 气田

属于盐下下白垩统 Mariricu 组砂岩成藏组合，发现于 2013 年。截至 2018 年，天然气、凝析油 2P 可采储量分别为 $500 \times 10^9 ft^3$、$10 \times 10^6 bbl$（表 1-3-4-1）。

储层为下白垩统阿普特阶 Mariricu 组 Mucuri 段砂岩，岩性为粗—细粒的厚层砂岩。砂岩间有少量泥质夹层，具有良好的垂向连续性。储层最大厚度 200m，平均孔隙度 18%。储层顶面构造 -2200m，最大水深为 44.3m，主要为构造圈闭。

该油田尚处于评价阶段。

表 1-3-4-1 热基蒂尼奥尼亚盆地主要油气田属性表

序号	油气田名称	油气田类型	地理位置	发现年份	主要成藏组合	主要储层岩性	2P 可采储量			
							石油 (10^6bbl)	天然气 (10^9ft³)	凝析油 (10^6bbl)	油气总和 (10^6bbl 油当量)
1	1-QG-005A-BAS	气田	海上	2013	盐下下白垩统	砂岩	0	500.00	10.00	93.33
2	1-BAS-147-BAS	气田	海上	2009	上白垩统—新近系	砂岩	0	70.00	1.25	12.91

2）1-BAS-147-BAS 气田

属于上白垩统—新近系 Urucutuca 组砂岩成藏组合，发现于 2009 年。截至 2018 年，天然气、凝析油 2P 可采储量分别为 $70 \times 10^9 ft^3$、$1.25 \times 10^6 bbl$（表 1-3-4-1）。

主要储层是上白垩统—新近系 Urucutuca 组粗—细粒的厚层砂岩。砂岩间有泥质夹层，具有良好的垂向连续性。浊积河道宽度 30～380m，长度 250～1650m。顶面构造 -3630m，最大水深为 2336m，主要为地层圈闭。该油田尚处于发现阶段。

6. 油气勘探开发潜力

中国石油 2018 年评价认为，该盆地常规待发现油气资源 $116.38 \times 10^6 bbl$ 油当量，其中石油 $0.20 \times 10^6 bbl$、天然气 $673.84 \times 10^9 ft^3$。与相似的北部和南部的其他盆地相比，该盆地勘探发现较少，且以气为主，未来勘探潜力一般。

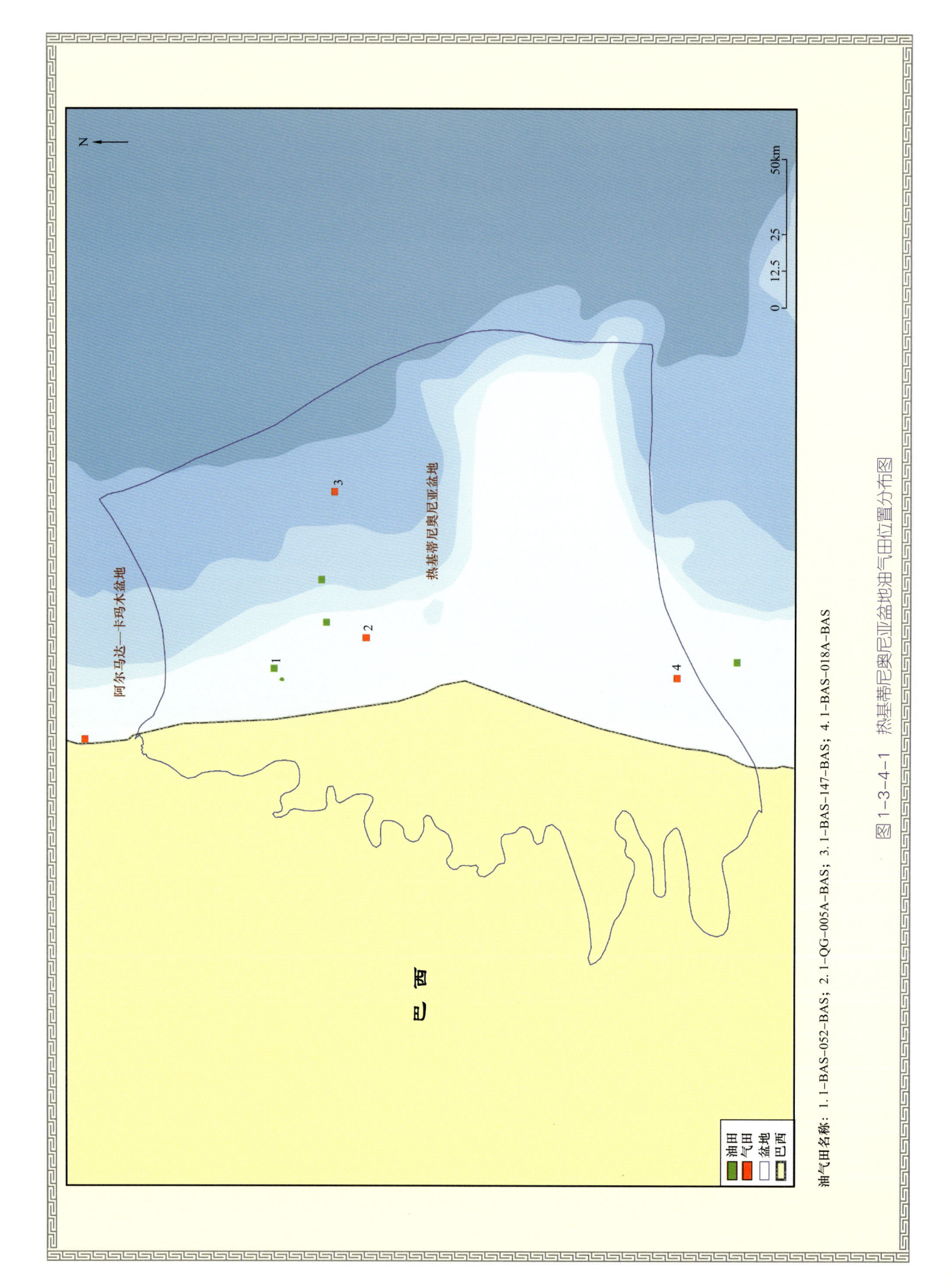

| 世界油气勘探开发与合作形势图集 | 南美地区 South America |

图 1-3-4-1 热基蒂奥尼亚盆地油气田位置分布图

油气田名称：1. 1-BAS-052-BAS；2. 1-QG-005A-BAS；3. 1-BAS-147-BAS；4. 1-BAS-018A-BAS

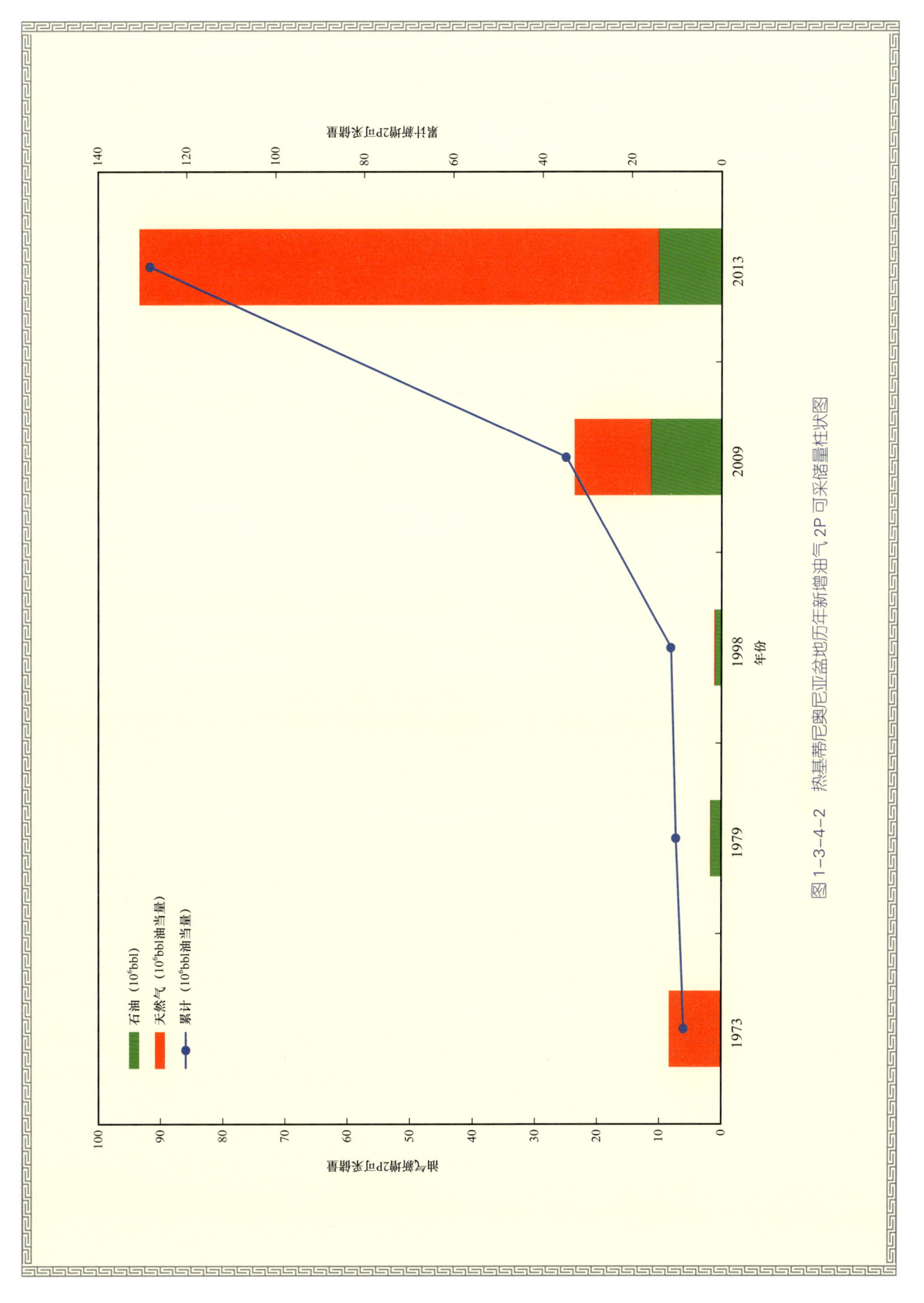

图 1-3-4-2 热基蒂尼奥尼亚盆地历年新增油气 2P 可采储量柱状图

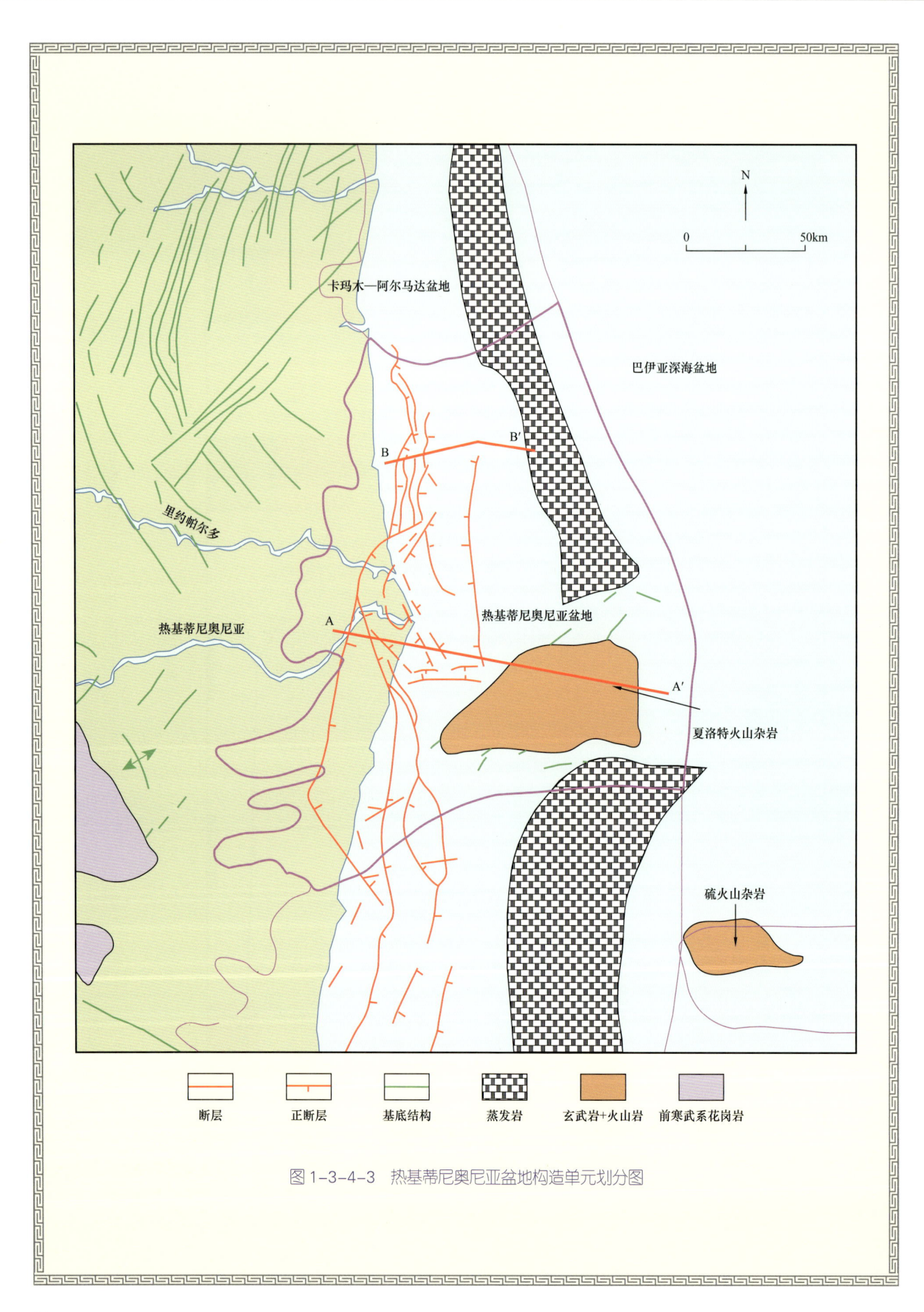

图 1-3-4-3　热基蒂尼奥尼亚盆地构造单元划分图

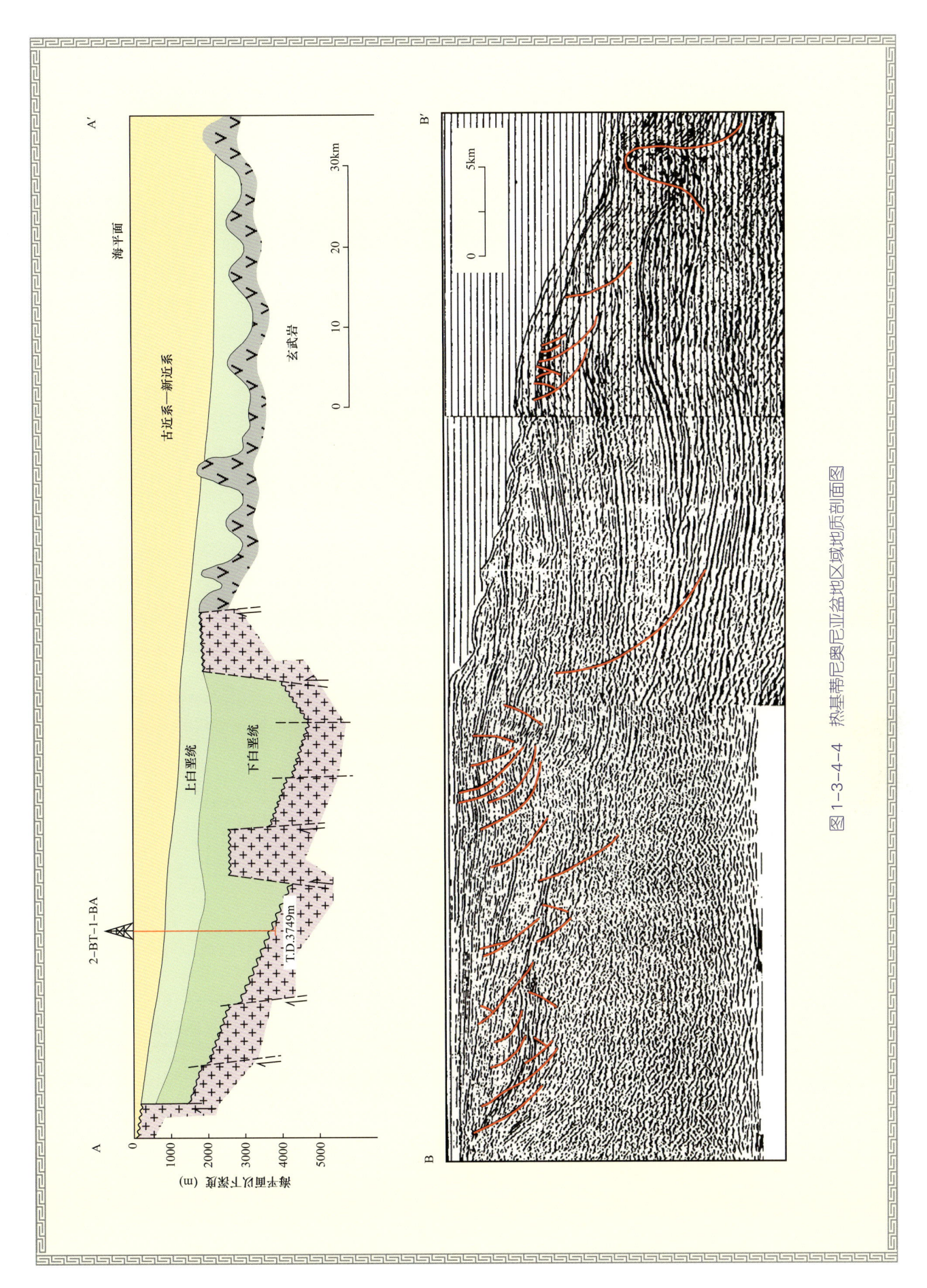

图 1-3-4-4 热基蒂尼奥尼亚盆地区域地质剖面图

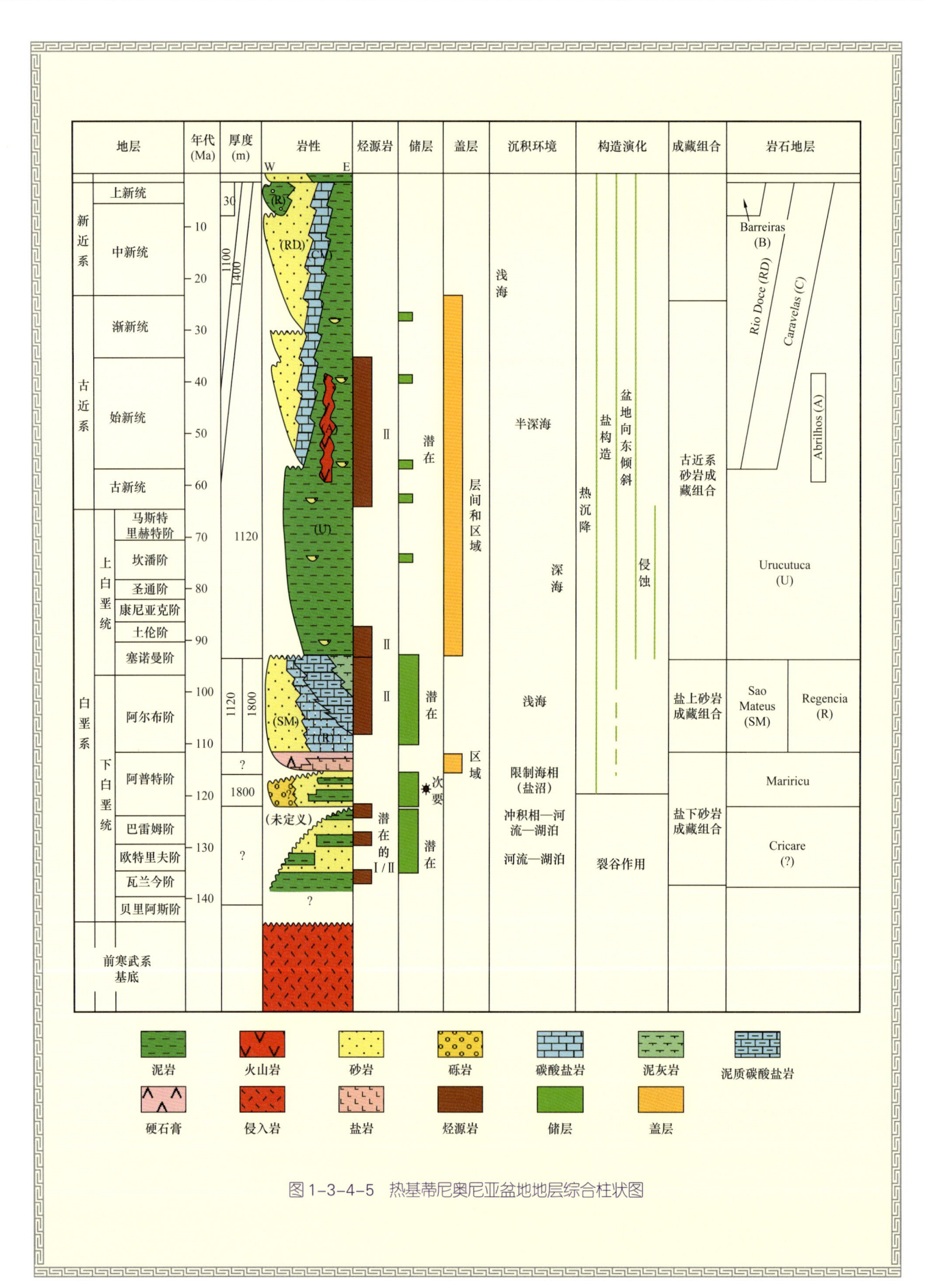

图 1-3-4-5 热基蒂尼奥尼亚盆地地层综合柱状图

（五）阿尔马达—卡玛木盆地

阿尔马达—卡玛木盆地（Almada-Camamu Basin）位于巴西东北部（图1-3-5-1），巴伊亚州远海，临近南部城市萨尔瓦多，介于雷康卡沃盆地和热基蒂尼奥尼亚盆地之间，盆地总面积15470.2km²。

1. 勘探开发历程

阿尔马达—卡玛木盆地勘探经历了早期勘探、快速增长和稳定发展3个阶段（图1-3-5-2）。

早期勘探阶段（1954—1999年）：盆地的勘探工作始于1954年，20世纪60—80年代是盆地勘探的高峰期，先后获得几个较小的油气发现。进入90年代后，勘探工作逐渐减少。

快速增长阶段（2000—2009年）：2000年发现马纳蒂（Manati）气田，是迄今为止阿尔马达—卡玛木盆地发现的储量最大的气田，2P可采储量173.75×10^6bbl油当量，占盆地总储量的43%。2003年发现卡马拉奥（Camarao）油田，2P可采储量56.7×10^6bbl油当量，2008年发现了科派巴（Copaiba）油田，2P可采储量41.97×10^6bbl油当量。

截至2018年，盆地已发现油气田15个，累计发现石油147.23×10^6bbl、天然气1475.750×10^9ft³、凝析油储量4.63×10^6bbl（图1-3-5-2）。盆地储量前10的油气田为：马纳蒂（Manati）气田、卡马拉奥（Camarao）油田、科派巴（Copaiba）油田、皮那乌纳（Pinauna）油田、萨丁哈（Sardinha）油田、卡马拉奥诺尔特（Camarao Norte）气田、1-BAS-005-BAS气田、卡库（Cacau）油田、卡拉穆卢（Caramuru）气田、1-BAS-036-BAS气田，2P可采储量384.8×10^6bbl油当量，占总发现量的96.7%。

2. 区域地质

阿尔马达—卡玛木盆地属于被动大陆边缘盆地（图1-3-5-3），位于巴西被动大陆边缘东北部。基底为前寒武系火成岩，从下至上依次发育二叠系、三叠系、侏罗系、白垩系和新近系地层。

阿尔马达—卡玛木盆经历了四个主要演化阶段（图1-3-5-4）：前裂谷期、同裂谷期、过渡期和被动大陆边缘期。盆地的主要构造特征是发育走向为北北东的正断层和走向为北西向的横断层，形成于早白垩世冈瓦纳大陆裂解初期。阿尔布期的断裂主要集中在东部沿海地区，并且从阿尔布期持续发育到现在。盆地经历了热沉降滨岸区发育，由盐丘构造形成的穹隆状蒸发岩结构。沿着海岸线，盆地发育三个构造隆起：（1）伊利乌斯南部的Olivencia隆起；（2）伊利乌斯北部的Itacare隆起，此隆起形成于晚白垩世和古新世，控制了Urucutuca组的沉积；（3）位于盆地北部的Velha Boipeba隆起，为Urucutuca组沉积后的重要隆起。

3. 石油地质特征

1）烃源岩

盆地已证实的烃源岩为下白垩统同裂谷期湖相页岩（图1-3-5-5），其中主要的烃源岩为贝里阿斯—瓦兰今阶莫鲁巴洛组湖相泥页岩，次要烃源岩为贝里阿斯阶Itaipe湖相泥页岩。

主要烃源岩贝里阿斯—瓦兰今阶莫鲁巴洛页岩总有机碳含量2%～10%，连续厚可达800m，氢指数（HI）600～800mg/g，低硫（0.1%），低碳酸钙含量（<7%）。富含Ⅰ型和Ⅱ型干酪根，由大量高等植物（25%～35%的草木，主要是花粉和孢子）和藻类有机质（45%～60%）组成。

次要烃源岩为贝里阿斯阶的伊塔普（Itaipe）组湖相页岩，总有机碳含量通常为0.5%～1%，局部地区可以超过4%。氢指数（HI）为250～400mg/g。

潜在烃源岩是欧特里夫阶—阿普特阶里奥迪孔塔斯（Rio de Contas）组湖相页岩。

2）储层

已证实储层有三套（图 1-3-5-5）：主要储层为上侏罗统塞尔吉组（Sergi）河道砂岩和下白垩统莫鲁巴洛组（Morro do Barro）的湖相浊积岩，潜在储层为里奥迪孔塔斯组湖相浊积砂岩。

塞尔吉储层由粗粒砂岩和砾岩组成，属于冲积扇—扇三角洲沉积，储层平均渗透率 75mD，存在薄且不连续的页岩层与碳酸盐胶结层水平夹层，其对垂向渗透率具有重大影响，有效渗透率为 30.5mD。在塞尔吉组下部，页岩与碳酸盐胶结的共生降低了有效渗透率为 5.7mD，比由岩心测定得到的砂岩垂向渗透率低 10%。

莫鲁巴洛组湖泊浊流相砂岩为阿尔马达—卡玛木盆地的一个重要储层。1-BAS-097 井储层平均孔隙度为 26%，平均渗透率为 2400mD。

3）盖层

盆地的区域盖层为贝里阿斯阶河流—湖泊相页岩。同裂谷期湖相砂岩储层以湖相页岩作为层间盖层。阿普特阶 Taipns-Mirim 组蒸发岩为潜在区域性盖层。

4）圈闭类型

圈闭类型主要为构造型圈闭。

4. 常规油气成藏组合

盆地已经证实两套成藏组合（图 1-3-5-5）：上侏罗统 Sergi 组砂岩成藏组合和下白垩统砂岩成藏组合。

盆地存在三套潜在的成藏组合：盐下下白垩统砂岩成藏组合、盐上上白垩统—下白垩统碳酸盐成藏组合和上白垩统—新近系浊积砂岩成藏组合

5. 典型油气田

1）马纳蒂（Manati）气田

包含上侏罗统、下白垩统砂岩成藏组合，油田位于卡玛木台地（图 1-3-5-6），油田长 8.2km、宽 4.1km，油田面积 23km²，发现于 2000 年。截至 2018 年，天然气、凝析油 2P 可采储量分别为 $1.02\times10^9 ft^3$、$3.08\times10^6 bbl$。

储层包括上侏罗统 Sergi 组砂岩和下白垩统 Itaipe 组和 Rio de Contas 组砂岩，主要储层为上侏罗统 Sergi 组砂岩，砂岩最大厚度 418m，有效厚度 187m，平均孔隙度 21.5%，最大含水饱和度 26%。储层顶面构造为 -1410m，最大水深为 43m，主要为构造圈闭。

2007 年投入生产，2017 年天然气年产量为 $62.8\times10^9 ft^3$，凝析油年产量为 $0.152\times10^6 bbl$。截至 2018 年，累计生产天然气、凝析油分别为 $744.66\times10^9 ft^3$、$2.07\times10^6 bbl$。

2）皮那乌纳（Pinauna）油气田

油田位于卡玛木台地，长 5km、宽 3.7km，面积为 13km²，发现于 1981 年。截至 2018 年，石油、天然气 2P 可采储量分别为 $30\times10^6 bbl$、$15\times10^9 ft^3$（表 1-3-5-1）。

主要储层为上侏罗统 Sergi 组砂岩（图 1-3-5-7），砂岩最大厚度 120m，有效厚度 10m。储层构造顶面 -2247m，最大水深 25m，圈闭主要为构造圈闭。

油田处于开发前准备状态。

3）萨丁哈（Sardinha）油气田

油田位于卡玛木台地，长 5km、宽 1.7km，面积为 5.5km^2。构造南北走向，西侧较高，东侧较缓（图 1–3–5–8），发现于 1992 年。截至 2018 年，石油、天然气 2P 可采储量分别为 5.4×10^{6}bbl、72×10^{9}ft^3。

储层为下白垩统 Morro do Barro 组砂岩，储层平均孔隙度 26%，顶面构造为 –789m，最大水深为 25m，主要为构造圈闭。

2007 年投入生产，2017 年天然气年产量为 62.8×10^{9}ft^3，凝析油年产量为 0.152×10^{6}bbl。截至 2018 年，累计生产天然气 27.87×10^{9}ft^3 和石油 4.3×10^{6}bbl。

6. 油气勘探开发潜力

阿尔马达—卡玛木盆地仍具有一定的油气勘探潜力。中国石油 2018 年评价认为，常规待发现油气资源量 279.34×10^{6}bbl 油当量，其中石油 234.04×10^{6}bbl、凝析油 7.05×10^{6}bbl、天然气 221.87×10^{9}ft^3。

表 1-3-5-1 阿尔马达—卡玛木盆地主要油气田属性表

序号	油气田名称	油气田类型	地理位置	发现年份	主要成藏组合	主要储层岩性	2P 可采储量			
							石油（10⁶bbl）	天然气（10⁹ft³）	凝析油（10⁶bbl）	油气总和（10⁶bbl油当量）
1	马纳蒂（Manati）	气田	海上	2000	上侏罗统、下白垩统	砂岩	0	1.02	3.08	173.75
2	皮那乌纳（Pinauna）	油气田	海上	1981	上侏罗统	砂岩	30.00	15.00	0	32.50
3	萨丁哈（Sardinha）	油田	海上	1992	下白垩统	砂岩	5.4	72.00	0	22.63

巴西

油气田名称：1. 马纳蒂（Manati）；2. 皮那乌纳（Pinauna）；3. 萨丁哈（Sardinha）

图1-3-5-1 阿尔马达—卡玛木盆地油气田分布图

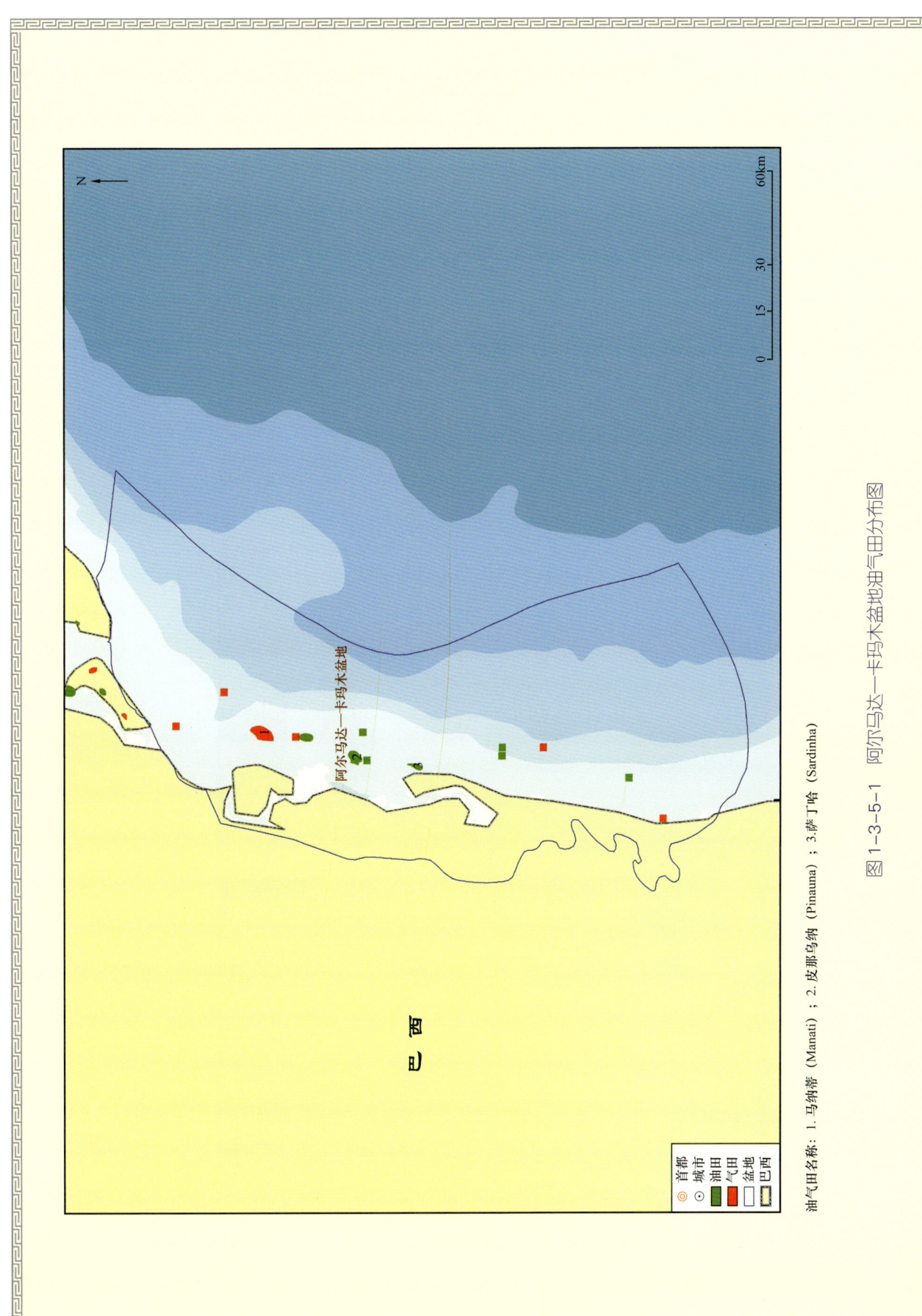

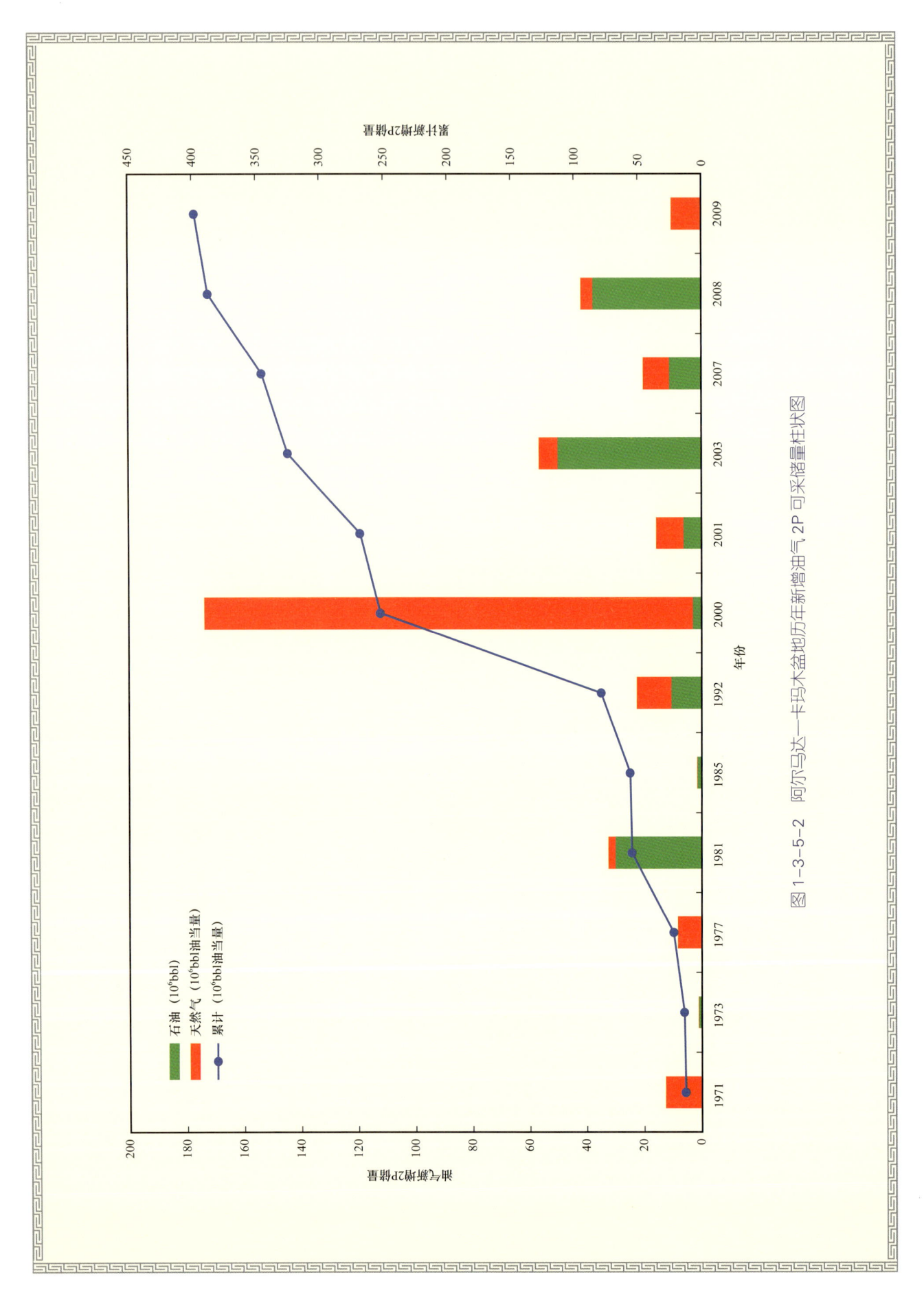

图 1-3-5-2 阿尔马达—卡玛木盆地历年新增油气 2P 可采储量柱状图

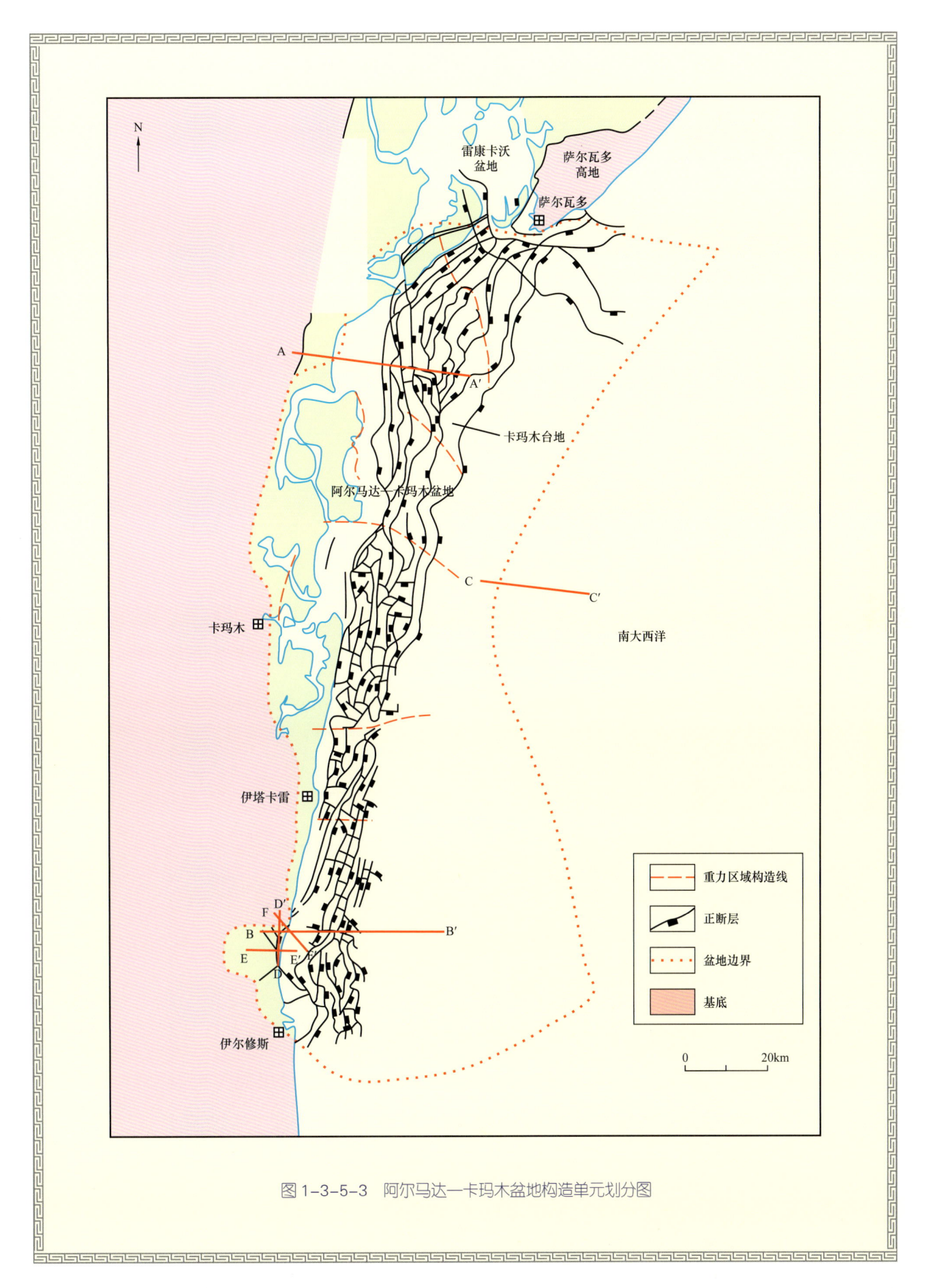

图 1-3-5-3 阿尔马达—卡玛木盆地构造单元划分图

a. 区域地质剖面 A—A'

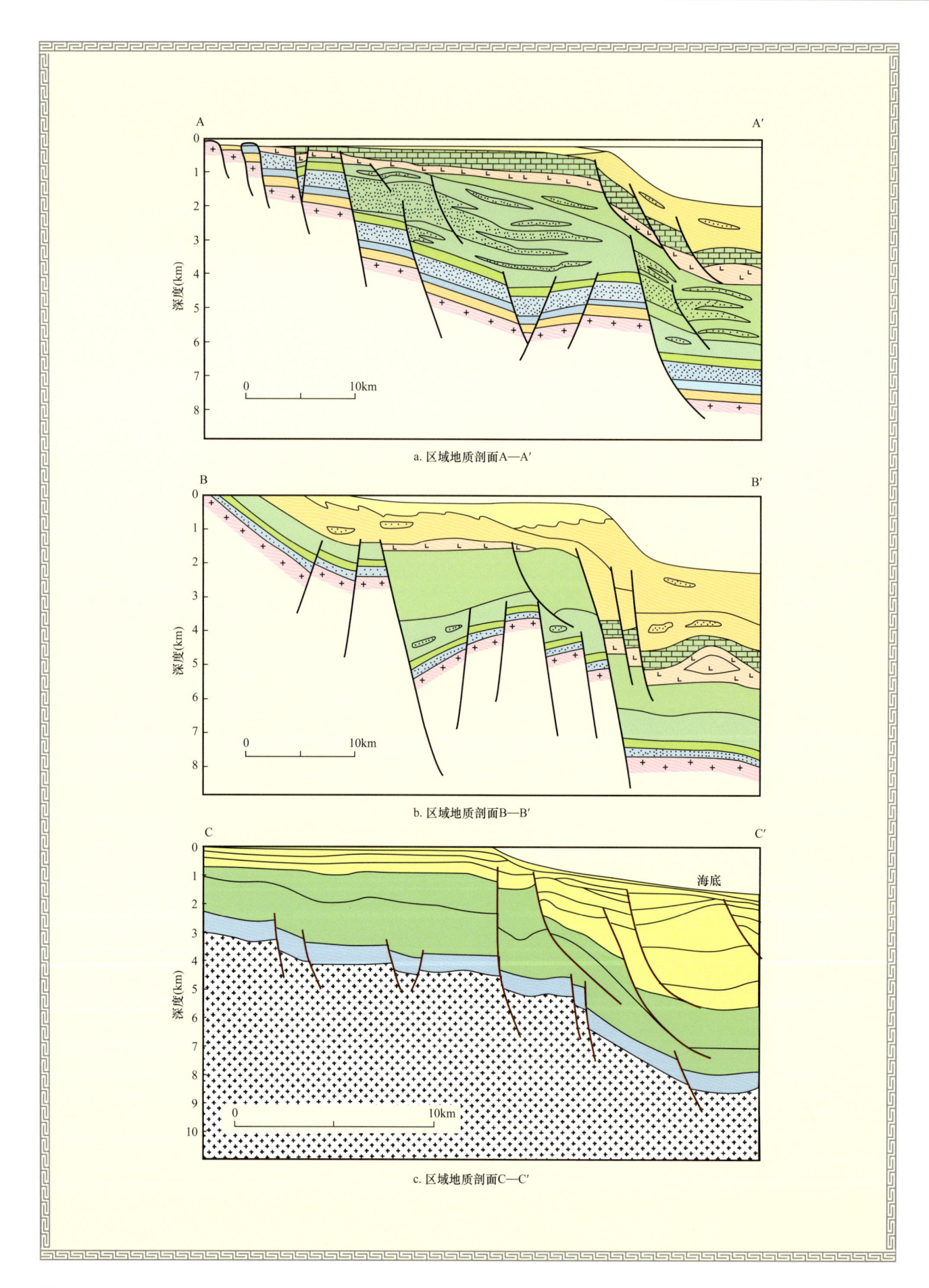

b. 区域地质剖面 B—B'

c. 区域地质剖面 C—C'

d. 区域地质剖面D—D′

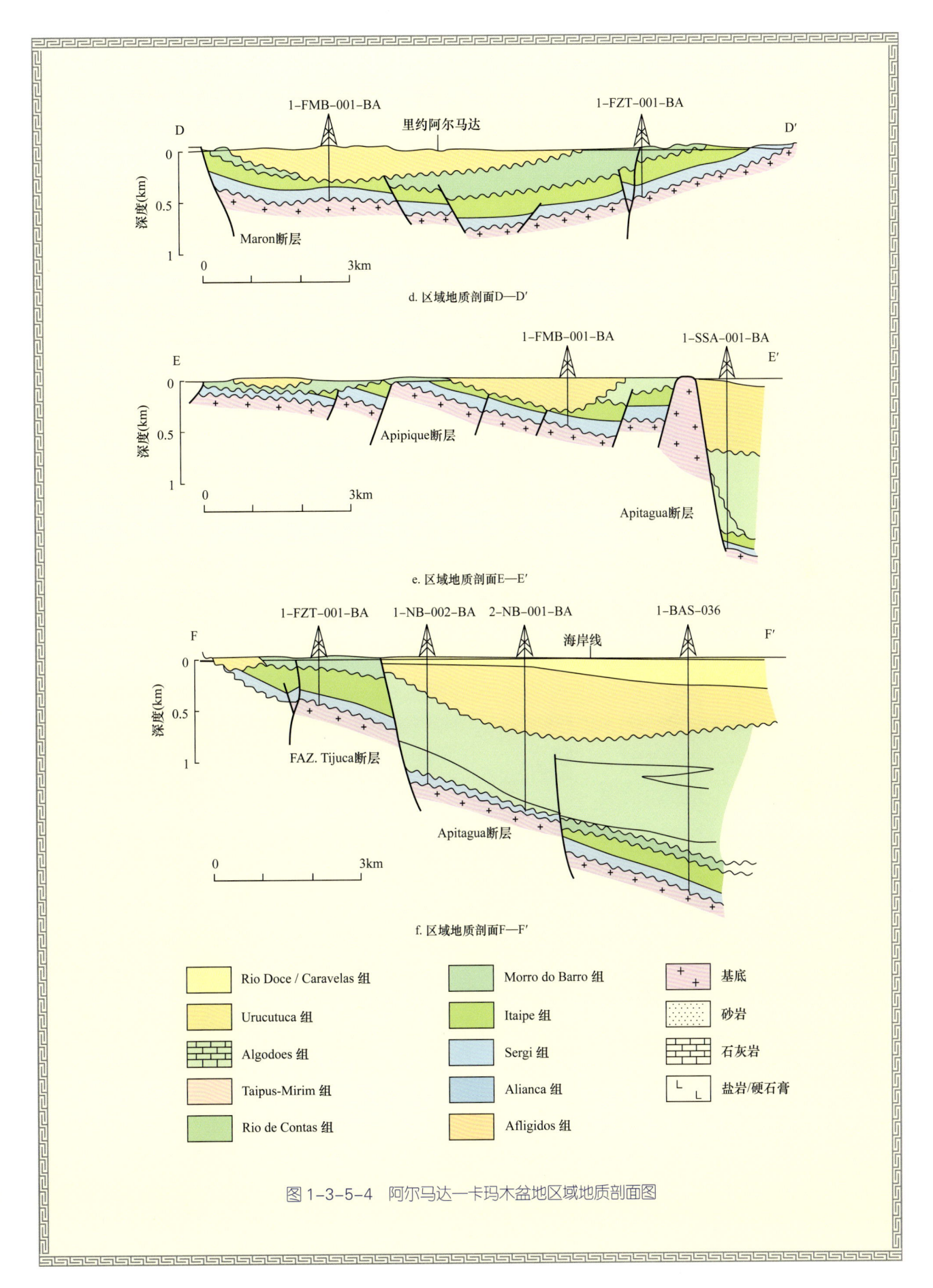

e. 区域地质剖面E—E′

f. 区域地质剖面F—F′

图例	
Rio Doce / Caravelas 组	Morro do Barro 组
Urucutuca 组	Itaipe 组
Algodoes 组	Sergi 组
Taipus-Mirim 组	Alianca 组
Rio de Contas 组	Afligidos 组
基底	砂岩
石灰岩	盐岩/硬石膏

图 1-3-5-4　阿尔马达—卡玛木盆地区域地质剖面图

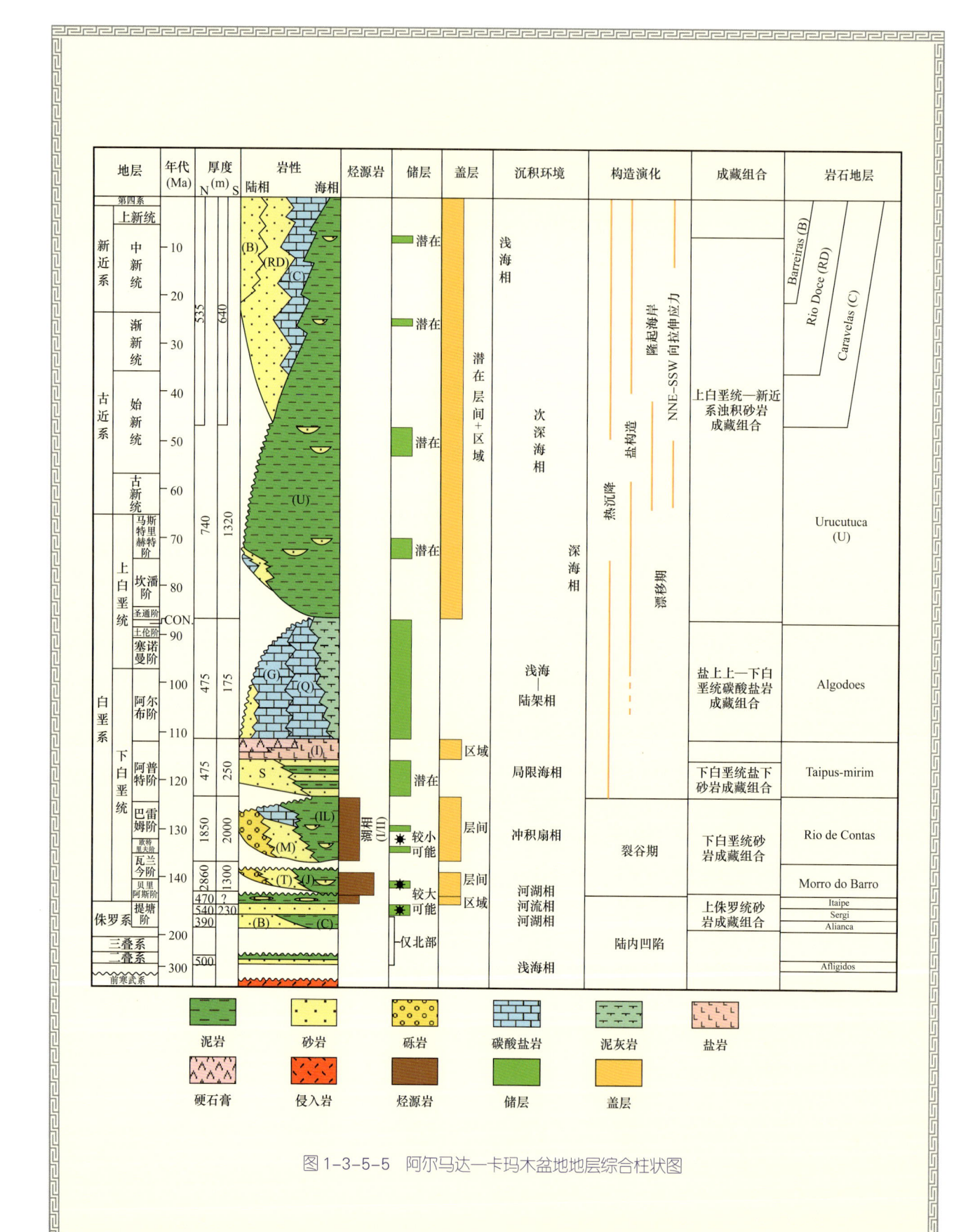

南美地区 South America

图 1-3-5-5 阿尔马达—卡玛木盆地地层综合柱状图

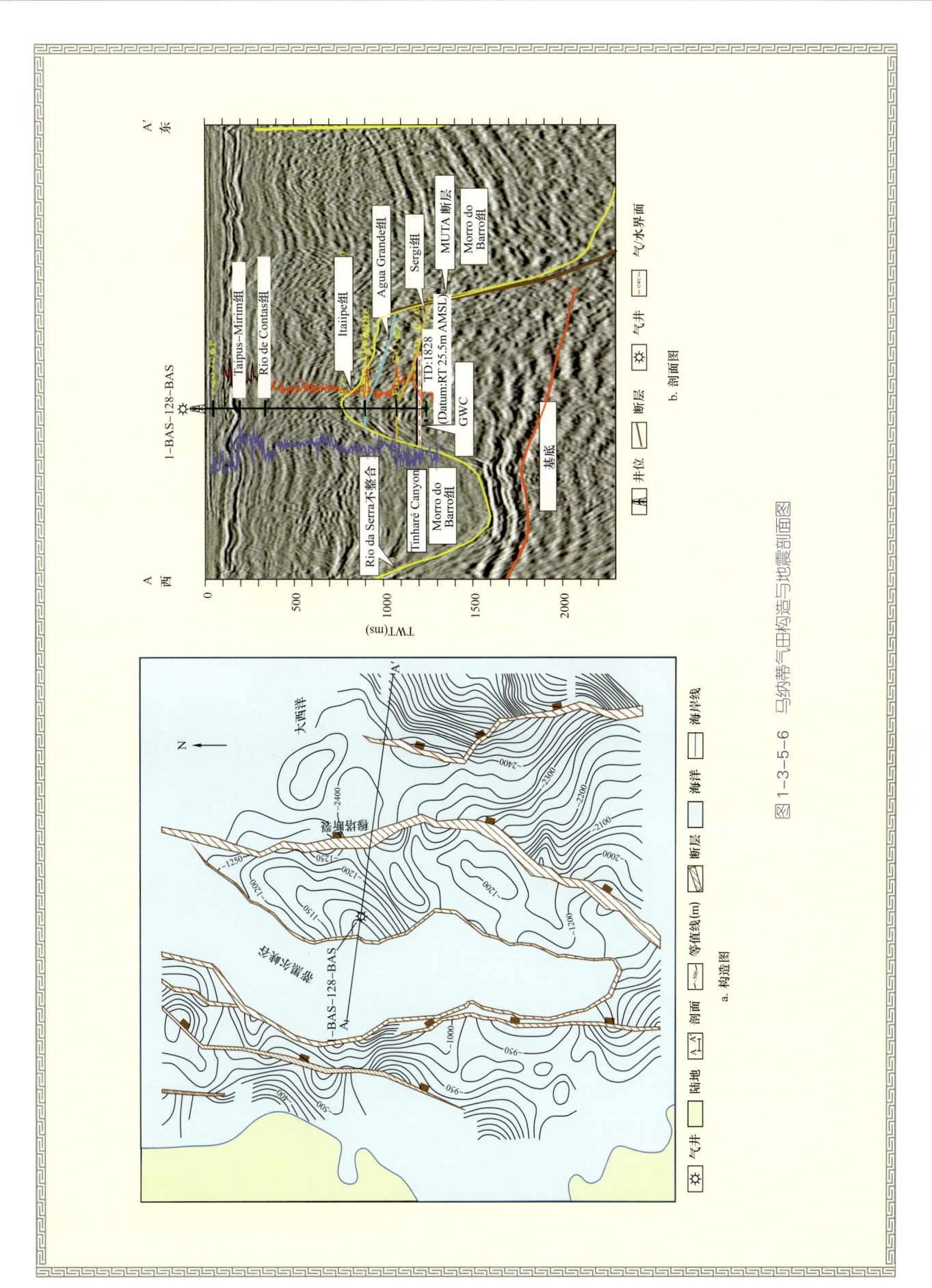

图1-3-5-6 马纳蒂气田构造与地震剖面图

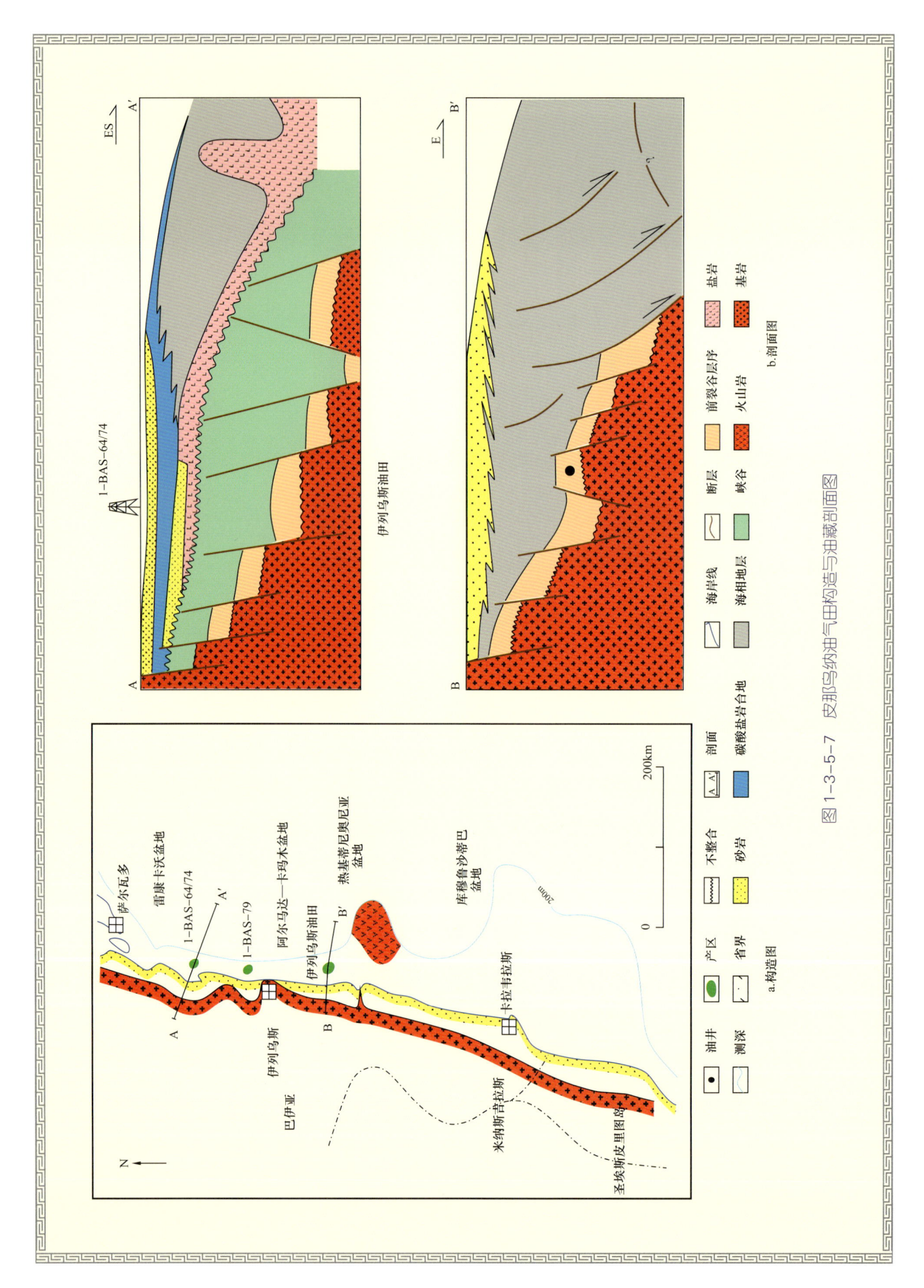

图 1-3-5-7 皮那乌纳油气田构造与油藏剖面图

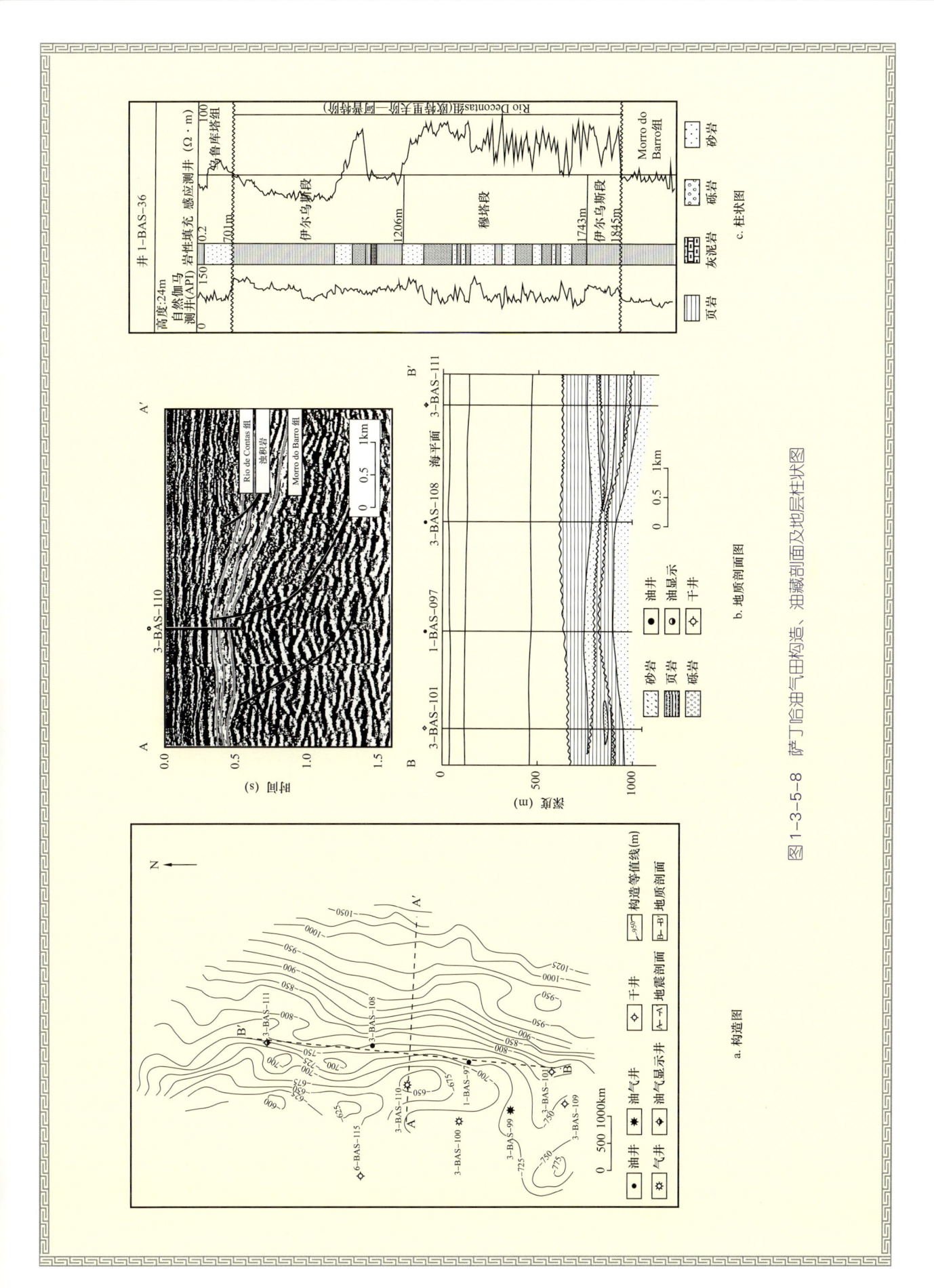

图1-3-5-8 萨丁哈油气田构造、油藏剖面及地层柱状图

（六）土坎诺盆地

土坎诺盆地（Tucano Basin）是巴西东北部全陆上盆地（图1-3-6-1），位于雷康卡沃盆地和舍吉佩—阿拉戈斯盆地之间，呈南北向分布，盆地总面积34542.9km²。

1. 勘探开发历程

土坎诺盆地勘探经历了早期勘探发现和较快增长等两个阶段。

早期勘探发现阶段（1940—1966年）：盆地的第一个钻井出现在20世纪40年代，政府在当时钻探了一系列浅层参数井。预探井钻探始于1946年，第一个发现井出现在1962年，当年发现了克雷拉（Querera）油田，储量规模仅 1.83×10^6 bbl 油当量。1963—1964年又分别发现了一个油田和一个气田，储量规模均较小。

较快增长阶段（1967—1996年）：1967年发现康塞桑（Conceicao）气田，是迄今为止盆地储量最大的油气田，2P可采储量为 11.69×10^6 bbl 油当量，占盆地总储量的73%。随后1968—1969年分别发现了一个油田和一个气田，1986—1996年发现了三个气田，均为小型油气田。

截至2018年，盆地已发现油气田10个，累计发现石油 0.65×10^6 bbl、天然气 89.12×10^9 ft³、凝析油储量 0.47×10^6 bbl（图1-3-6-2）。盆地储量前10的油气田为：康塞桑（Conceicao）气田、克雷拉（Querera）油田、1-LB-001-BA气田、法率达桑塔罗萨（Fazenda Santa Rosa）气田、埃斯塔考伊拉伊—伊拉伊诺尔特（Estacao de Irai-Irai Norte）气田、法辛达马丁哈（Fazenda Matinha）气田、森普雷维哇（Sempre Viva）油田、1-FCB-001-BA气田、卡拉尔弗拉（Curral de Fora）气田、Subauma Mirim油田，总2P可采储量 15.98×10^6 bbl 油当量。

2. 区域地质

土坎诺盆地属于裂谷盆地（图1-3-6-3）。盆地西部发育一条平行于边界的大断层——土坎诺断层。该断层将盆地分为东西两部分，西部沉积盖层薄，东部盖层厚，构成盆地主体。土坎诺盆地的形成和演化与冈瓦纳大陆的解体有关，盆地构造演化经历了前裂谷、同裂谷、后期反转3个阶段（图1-3-6-4）：

前裂谷期：盆地未发育沉积岩，为花岗岩层系；同裂谷期：白垩纪早期，随着冈瓦纳大陆的破裂，盆地发生了区域性玄武岩喷发，发育了一个北东—南西向展布的裂谷沉积体系，主要构造是以北—北东向的正断层为边界的半地堑、地堑和地垒，形成凸凹相间的构造格局；之后热隆升反转，遭受一定程度的剥蚀。

3. 石油地质特征

1）烃源岩

盆地发育两套烃源岩，下白垩统欧特里夫阶湖相页岩和瓦兰今阶湖相页岩。

2）储层

盆地储层包括上侏罗统Sergi组储层、下白垩统尼欧克姆阶湖相Candeias组浊积砂岩和纽康姆阶Pojuca组浊积砂岩（图1-3-6-5）。

上侏罗统Sergi组储层为河流相、湖泊三角洲相和浊积相沉积。砂岩粒度向上变粗，发育中—大规模的交错层理，具有红色和浅绿色页岩夹层，砂岩厚度通常小于1m，孔隙度10%～25%，渗透率20～1200mD。

下白垩统—Candeias组储层：岩性为石英砂岩，沉积于河道和扇中沉积。

下白垩统—Pojuca组储层：岩性为白色、绿灰色灰质砂岩，细—中粒，分选良好。

3）盖层

主要发育上侏罗统和下白垩统两套层间盖层，岩性都为页岩（图1-3-6-5）。

下白垩统贝里亚斯阶Itaparica组页岩构成裂谷前储层的盖层。

下白垩统Candeias组和Ilhas段页岩形成共生裂缝储层的盖层。

4）圈闭类型

主要发育构造圈闭和地层—构造圈闭。

构造圈闭由倾斜或非倾斜地垒断块构成。Candeias组下降盘烃源岩中的油气进入相邻上升盘储层中。Candeias和Marfim组浊积岩储层，这些储层与烃源岩直接接触，或者越过断层与烃源岩接触，形成地层或复合圈闭。

4. 常规油气成藏组合

由下到上发育上侏罗统Sergi组砂岩成藏组合、下白垩统Candeias组砂岩成藏组合和下白垩统砂岩三套成藏组合（图1-3-6-5）。

5. 典型油气田

康塞桑（Conceicao）气田

位于南土坎诺地堑，长3.63km、宽2.7km，面积为9.8km^2（图1-3-6-6），发现于1967年。截至2018年，石油、天然气和凝析油2P可采储量分别为0.5×10^6bbl、65×10^9ft^3、0.35×10^6bbl（表1-3-6-1）。

主要储层为下白垩统Candeias组砂岩，最大厚度21m，有效厚度4m，储层平均孔隙度15%，平均渗透率10mD，最大含水饱和度35%。储层构造顶面深度2490m，主要为构造—地层圈闭。

1970年投入生产，2017年天然气年产量为235.7×10^9ft^3，凝析油年产量为247bbl。截至2018年，累计生产天然气、凝析油分别为60.210^9ft^3、0.32×10^6bbl。

6. 油气勘探开发潜力

土坎诺盆地油气勘探潜力一般。中国石油2018年评价认为，常规待发现油气资源量1.54×10^6bbl油当量，其中石油1.54×10^6bbl、天然气15.43×10^6ft^3。北土坎诺地堑和Jatoba地堑虽还未进行勘探，但是由于烃源岩较少、聚集量不足，勘探潜力不大。土坎诺地堑南部的天然气勘探潜力可能更大一些，特别是与同生断层有关的构造圈闭。

表 1-3-6-1 土库诺盆地主要油气田属性表

序号	油气田名称	油气田类型	地理位置	发现年份	主要成藏组合	主要储层岩性	2P 可采储量			
							石油（10⁶bbl）	天然气（10⁹ft³）	凝析油（10⁶bbl）	油气总和（10⁶bbl 油当量）
1	康塞桑（Conceicao）	气田	陆上	1967	下白垩统	砂岩	0.50	65.00	0.35	11.68

图1-3-6-1 土坎诺盆地油气田位置分布图

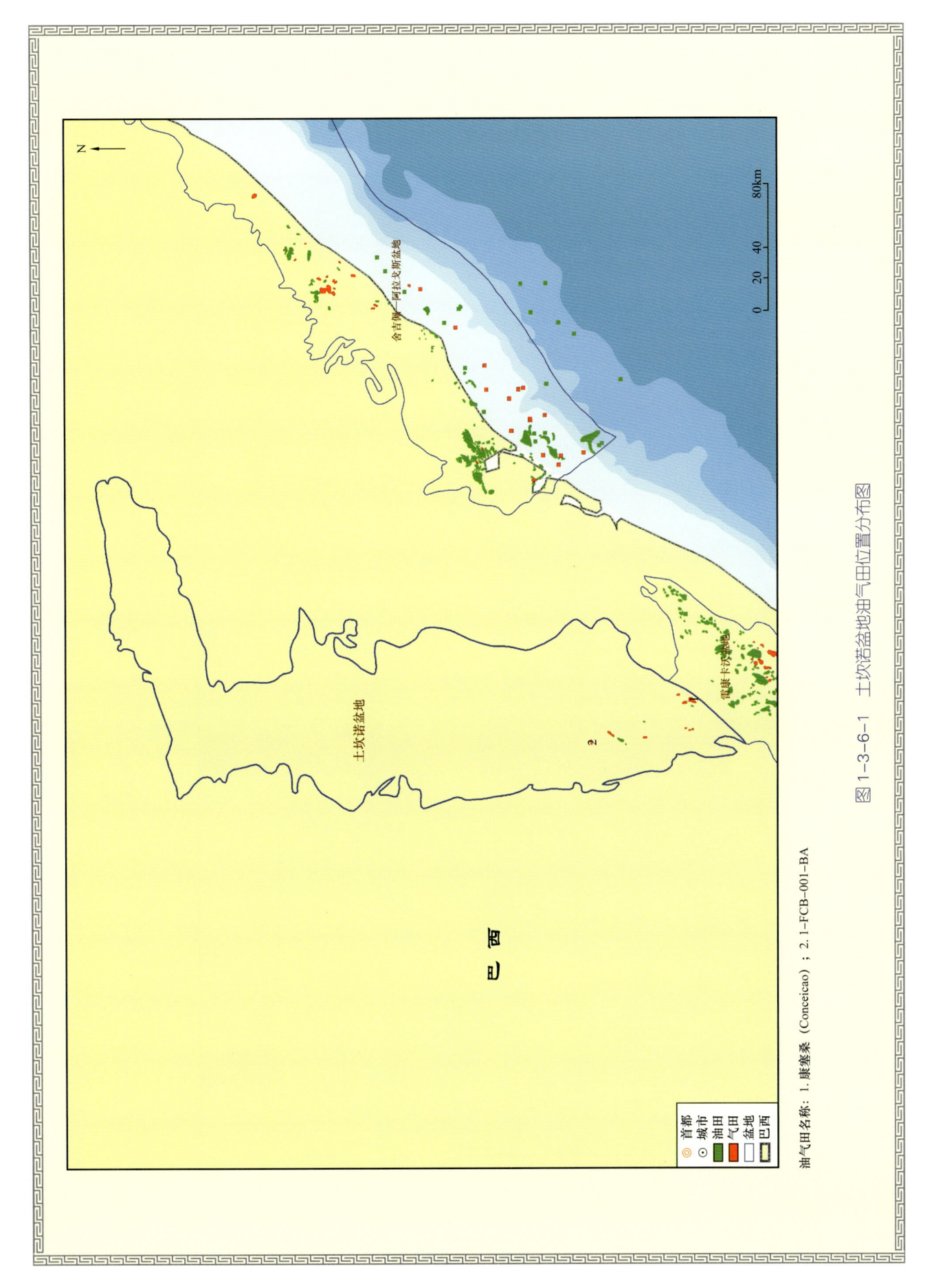

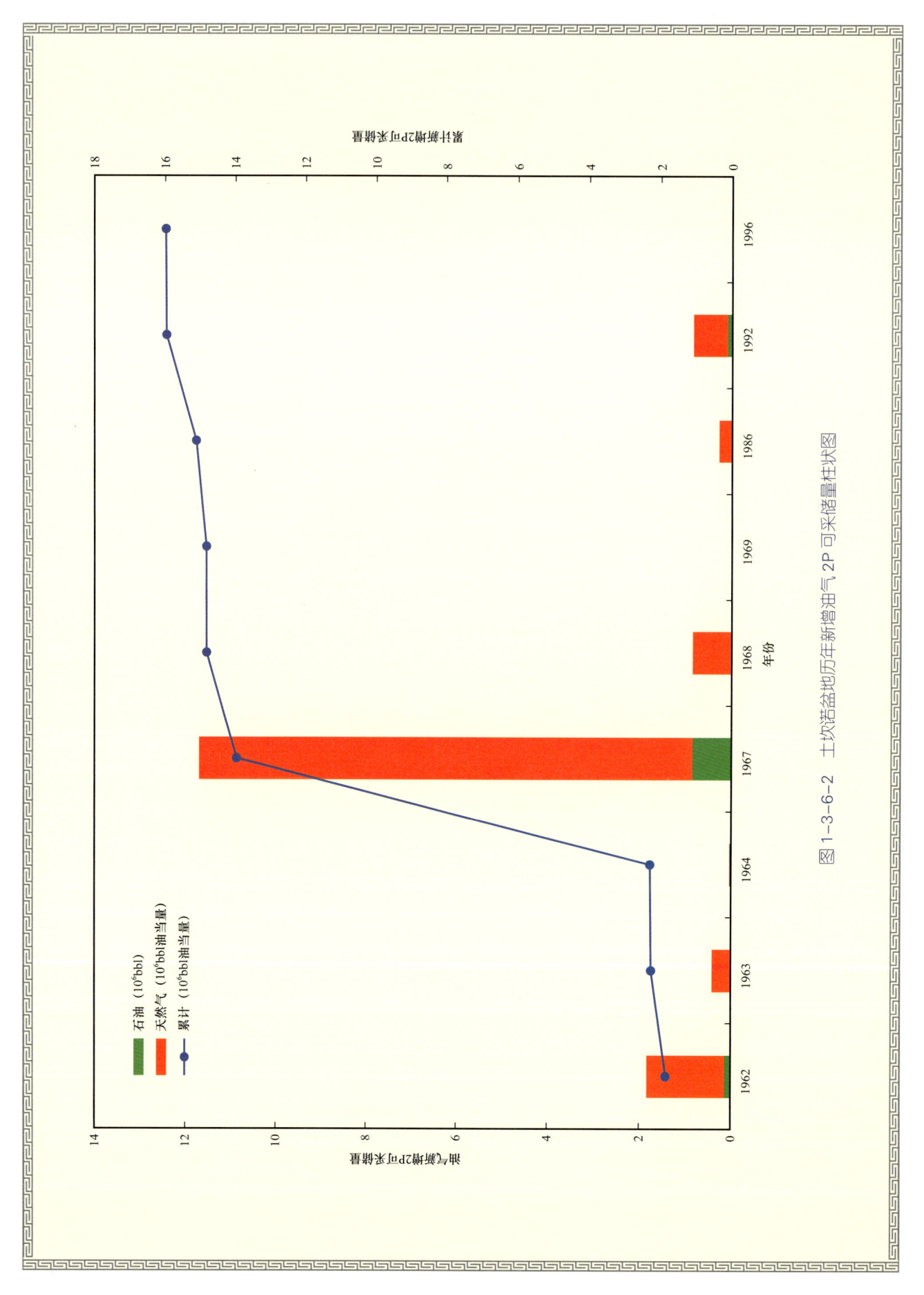

| 世界油气勘探开发与合作形势图集 | 南美地区 South America |

图1-3-6-2 土坎诺盆地历年新增油气2P可采储量柱状图

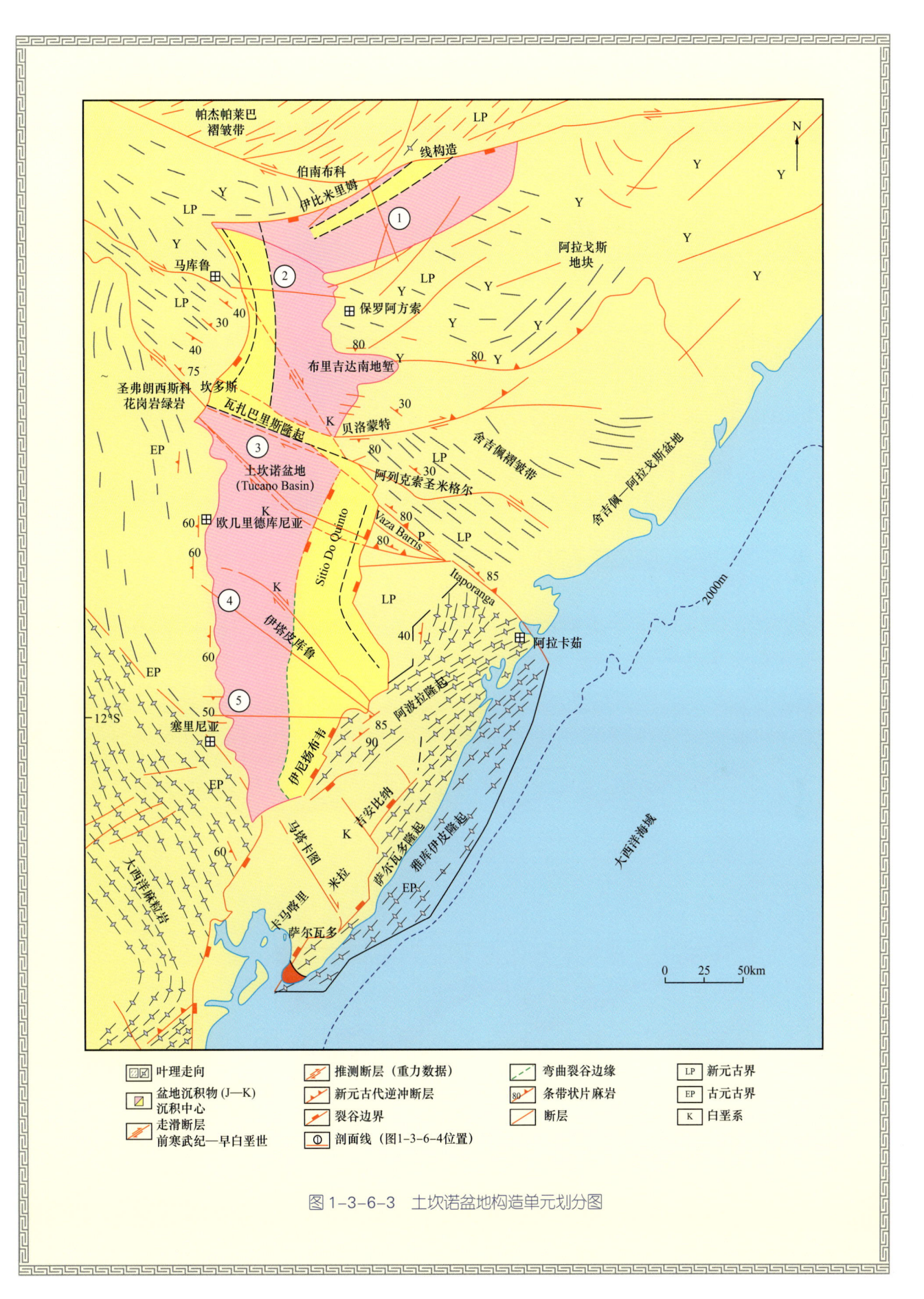

图 1-3-6-3　土坎诺盆地构造单元划分图

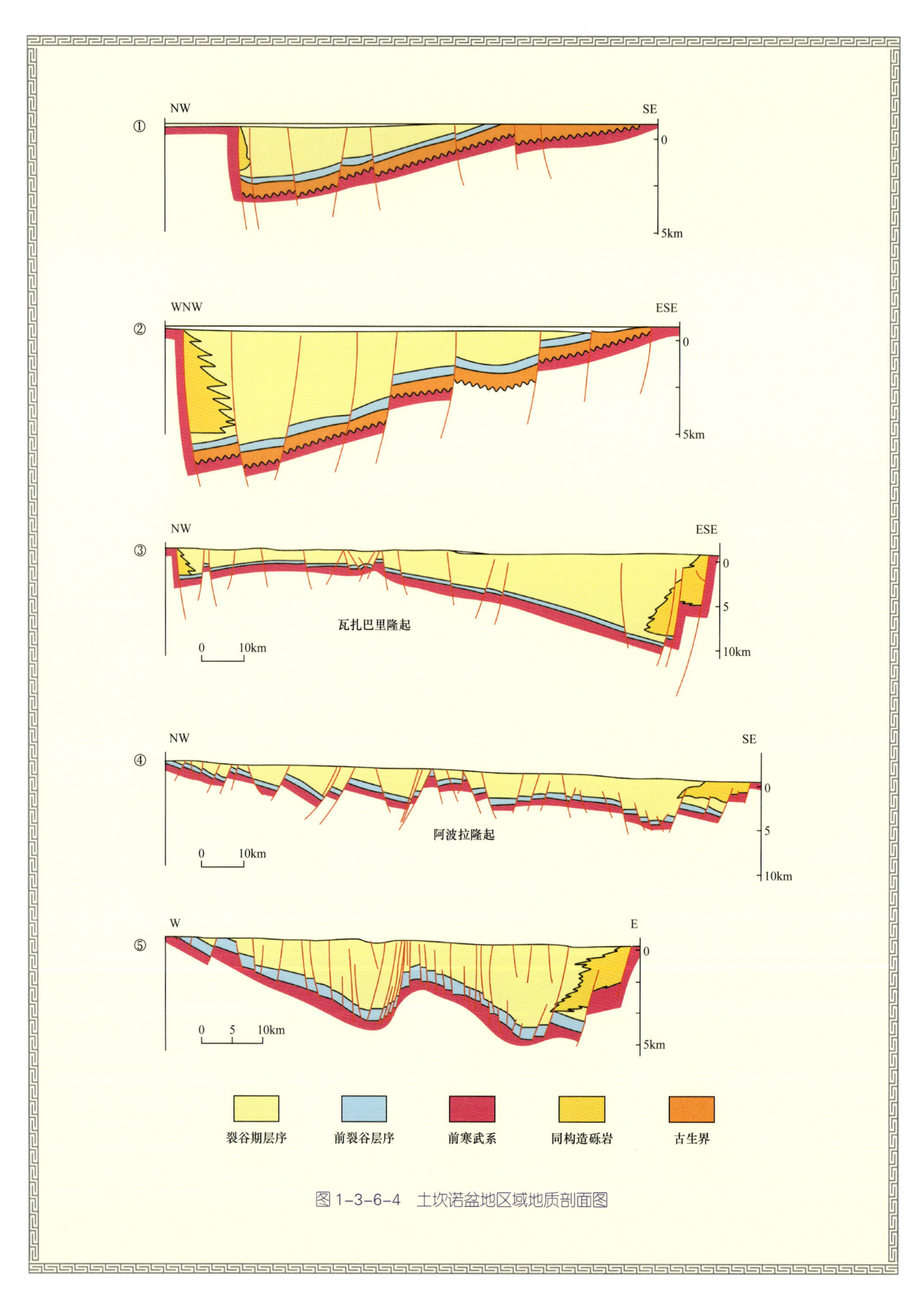

图 1-3-6-4　土坎诺盆地区域地质剖面图

图例：裂谷期层序　前裂谷层序　前寒武系　同构造砾岩　古生界

剖面③标注：瓦扎巴里隆起
剖面④标注：阿波拉隆起

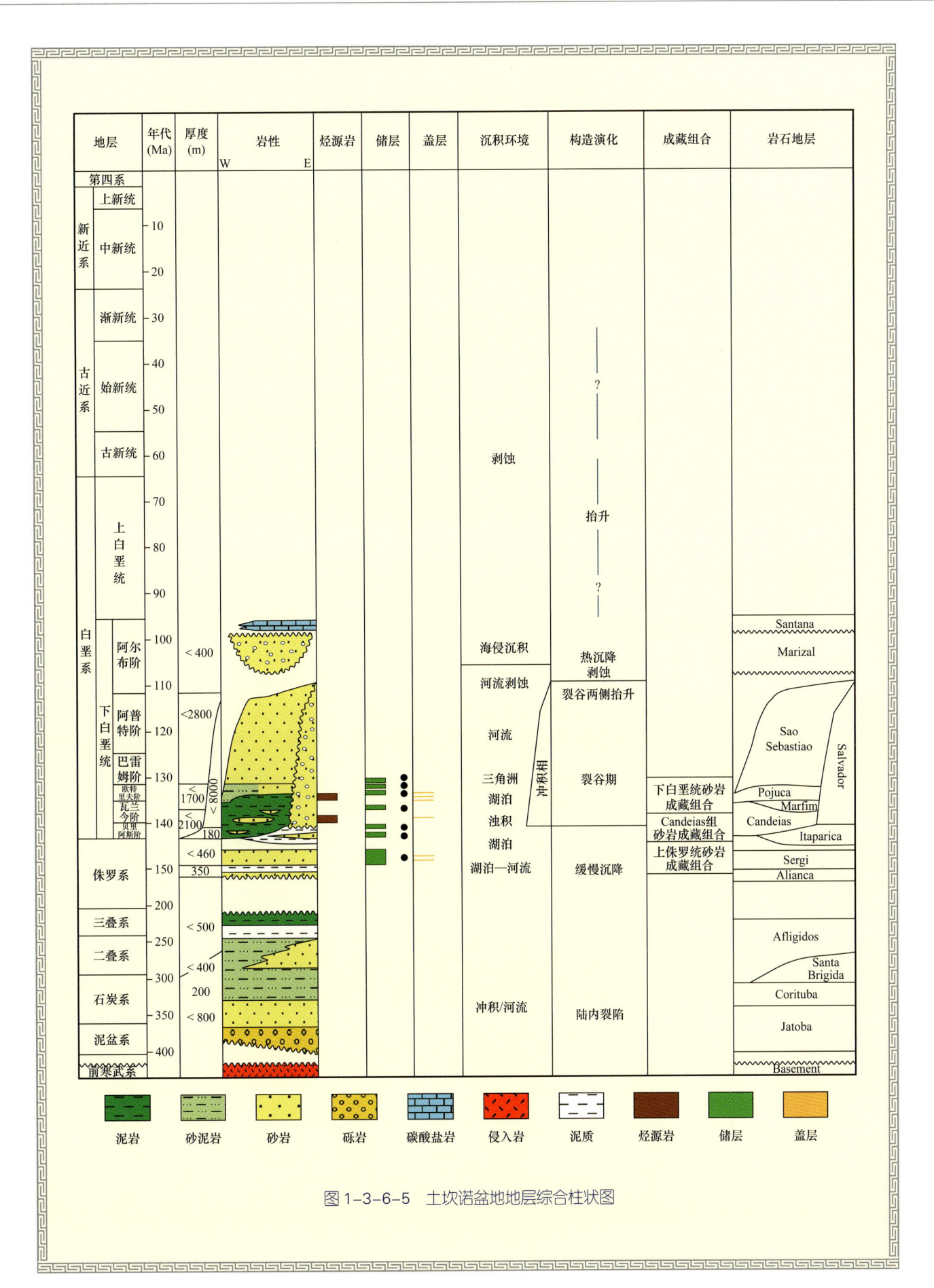

图 1-3-6-5　土坎诺盆地地层综合柱状图

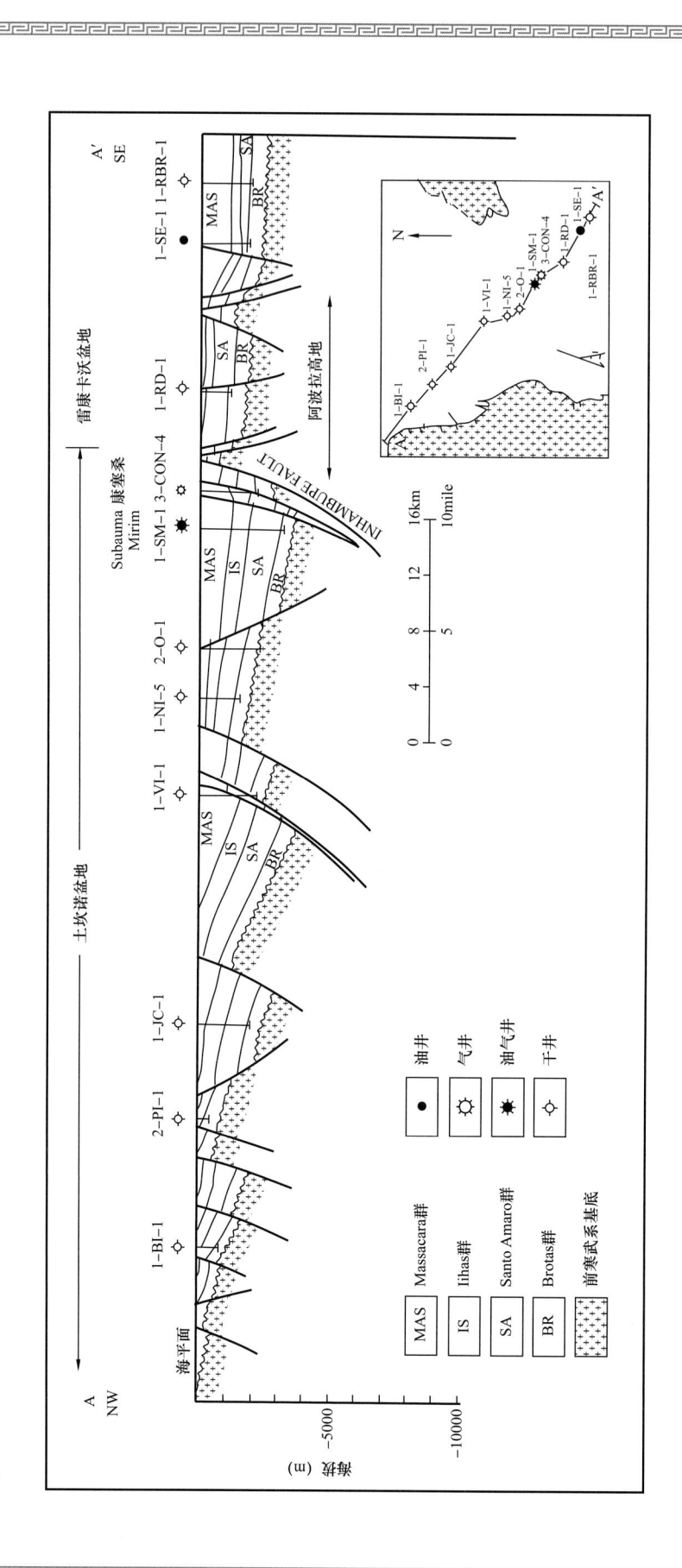

图 1-3-6-6 康塞桑气田构造剖面图

（七）舍吉佩—阿拉戈斯盆地

舍吉佩—阿拉戈斯（Sergipe-Alagoas）盆地位于巴西东海岸（图 1-3-7-1），呈北东—南西走向条带状展布。盆地南邻雷康卡沃盆地，北部临近波蒂瓜尔盆地，盆地总面积为 47092km^2，其中陆上部分 12591km^2，海上 34502km^2。

1. 勘探开发历程

舍吉佩—阿拉戈斯盆地勘探经历了早期缓慢发展、快速增长、稳定发展和再次增长等 4 个阶段。

早期缓慢发展阶段（1890—1961 年）：19 世纪末，该盆地第一个勘探许可证的颁发开启了舍吉佩—阿拉戈斯盆地勘探序幕。1920 年在加尔卡托塔附近钻探了第一口探井，1935 年进行了第一次地球物理调查，1940 年第一口野猫井（1-AL-1）钻到 2144m 深度，无油气显示而废弃。1957 年发现了第一个油田 Tabuleiro dos Martins，2P 可采储量为 8.1×10^{6}bbl 油当量，1959 年发现了里奥圣弗朗西斯科（Rio Sao Francisco）油田，1960 年发现了哈皮亚（Harpia）油田，2P 可采储量 10.4×10^{6}bbl 油当量，1961 年分别发现了里亚楚埃罗（Riachuelo）、皮亚卡布库（Piacabucu）和 1-MO-002-SE 油田，其中里亚楚埃罗是储量最大油田，2P 可采储量 78.14×10^{6}bbl 油当量。

快速增长阶段（1962—1970 年）：20 世纪 60 年代，盆地获得一系列较大油田发现。1963 年发现了第一个大油气田卡尔穆波利斯（Carmopolis）油田，2P 可采储量 661.17×10^{6}bbl 油当量，是迄今为止盆地内发现的最大的油田。1967 年发现的斯里里辛霍（Siririzinho）油田，2P 可采储量 138.83×10^{6}bbl 油当量，1968 年发现第一个海上油田瓜里科马（Guaricema）油田，总 2P 可采储量为 129.05×10^{6}bbl 油当量，1969 年发现盖奥巴（Caioba）油田，2P 可采储量为 125.2×10^{6}bbl 油当量，1970 年发现卡莫里穆（Camorim）油田，2P 可采储量为 157.94×10^{6}bbl 油当量，此后的 30 多年，油田一直处于平稳发展期。

稳定发展阶段（1971—2009 年）：20 世纪 70 年代后，巴西石油公司钻井主要集中在卡尔穆波利斯、里亚楚埃罗、斯里里辛霍等油田。期间，发现的较大油田分别为：1981 年发现皮拉尔油田，2P 可采储量为 117.5×10^{6}bbl 油当量，1983 年发现帕鲁（Paru）油田，2P 可采储量为 20.57×10^{6}bbl 油当量，1993 年发现皮兰埃马（Piranema）油田，2P 可采储量为 65×10^{6}bbl 油当量，2001 年发现皮兰埃马 B 油田，2P 可采储量 40.13×10^{6}bbl 油当量，2003 年发现皮兰埃马 C 油田，2P 可采储量 31.25×10^{6}bbl 油当量，2004 年发现皮兰埃马 D 油田，2P 可采储量 59.33×10^{6}bbl 油当量。

再次增长阶段（2010 年至今）：2010 年发现了 1-SES-158-SES 油田，2P 可采储量为 447.33×10^{6}bbl 油当量，此油田的发现为盆地的二次发展提供了动力。2012 年发现了 1-SES-167-SES 油田，2P 可采储量 338.33×10^{6}bbl 油当量。

截至 2018 年，盆地已发现油气田 125 个，累计发现石油 2P 可采储量 2089.25×10^{6}bbl、天然气 2P 可采储量 4900.88×10^{9}ft^3、凝析油 2P 可采储量 55.12×10^{6}bbl（图 1-3-7-2）。盆地储量前 10 的油气田为：卡尔穆波利斯、1-SES-158-SES、1-SES-167-SES、卡莫里穆、斯里里辛霍、瓜里科马、盖奥巴、皮拉尔、1-SES-159-SES、里亚楚埃罗，总储量 2280.5×10^{6}bbl 油当量，占总发现的 77%。

2018 年，盆地石油年产量 8.34×10^{6}bbl 油当量，天然气 0.76×10^{6}bbl 油当量。截至 2018 年底，盆地石油和天然气累产分别为 641.76×10^{6}bbl、76.04×10^{6}bbl 油当量。

2. 区域地质

舍吉佩—阿拉戈斯盆地是被动大陆边缘盆地（图1-3-7-3），位于巴西被动大陆边缘东北部，是沿大西洋西缘分布的10多个被动陆缘盆地的一部分。盆地西部发育两条断层：（1）早白垩世裂谷期发育的铲式断层，走向北—东北向（2）早裂谷期发育的东—东北向的走滑断裂与北—东北向断裂相连的断层体系。

舍吉佩—阿拉戈斯盆地为东北走向，呈阶梯状展布。盆地可划分为7个凹陷、2个凸起和1个台地。7个凹陷为迪维纳帕斯托拉（Divina Pastora）、莫斯却埃罗（Mosqueiro）、雅帕拉图巴（Japaratuba）、利哈达斯弗洛雷斯（Ilha das Flores）、圣弗朗西斯科（Sao Francisco）、科鲁里佩（Coruripe）和阿拉戈斯（Alagoas lows），两凸起为阿拉卡如（Aracaju）和Japoata-Penedo隆起，台地为圣米盖伊和坎波斯（Sao Miguel Dos Campos）台地。

在前寒武系盆地基底上发育了侏罗系、白垩系、古近系、新近系。沉积过程经历了裂谷期、过渡期和漂移期三个阶段，形成了裂谷期的湖相沉积、过渡期的潟湖相沉积以及被动陆缘期的海相沉积等三套巨厚地层（图1-3-7-4）。

3. 石油地质特征

1）烃源岩

盆地发育下白垩统Barra de Itiuba组页岩、Morro do Chaves组页岩、Muribeca组页岩和Riachuelo组页岩4套烃源岩（图1-3-7-5）。

下白垩统Barra De Itiuba组页岩总有机碳平均值为2%，局部可达4%。氢指数（HI）在200~400mg HC/g TOC，有机质主要为Ⅱ型。

下白垩统阿普特阶Morro do Chaves组黑色页岩是盆地重要的烃源岩，总有机碳2%~6%。以Ⅰ型干酪根为主，总有机碳平均值为3%。

下白垩统阿普特阶Muribeca组黑色页岩平均厚度约为200m，总有机碳高达12%，平均为3.5%。TOC大于9mgHC/g岩石，HI平均300mgHC/gTOC，HI值最高达970mgHC/gTOC，为Ⅰ型—Ⅱ型干酪根。

下白垩统阿普特阶Riachuelo组页岩总有机碳高达12%，主要为Ⅱ型干酪根，HI可达709mgHC/g TOC。

潜在烃源岩为上白垩统Cotinguiba组富含有机质页岩，镜质组反射率0.27%~0.3%，在盆地近海地区可能成熟。

2）储层

盆地主要储层有四套（图1-3-7-5）：（1）侏罗系Serraria组砂岩；（2）下白垩统贝里阿斯—瓦兰今阶Barra de Itiuba组砂岩；（3）阿普特阶Muribeca组砾砂岩；（4）上白垩统—新近系Calumbi组砂岩。

侏罗纪Serraria组砂岩孔隙度3%~24%，平均为14%；渗透率37~1445mD。下白垩统Barra de Itiuba组砂岩平均孔隙度25%，平均渗透率300mD，Muribeca组砾岩和含砾砂岩的颗粒大小和黏土含量导致储层孔隙度、渗透率变化较大，孔隙度5%~33%，平均为15%，渗透率0.1~1000mD。上白垩统—新近系Calumbi砂岩孔隙度最大值为36%，平均为19%，渗透率60~1000mD。

3）盖层

盆地主要发育上白垩统—全新统Calumbi组页岩、下白垩统阿普特阶Muribeca组页岩、下白垩统Barra de Itiuba组湖相页岩、下白垩统Feliz Deserto组湖相页岩（图1-3-7-5）4套盖层。

4）圈闭类型

主要发育构造、岩性等两种类型的圈闭（图 1-3-7-5）。

4. 常规油气成藏组合

可将盆地成藏组合划分为：侏罗系 Serraria 组砂岩成藏组合、下白垩统巴雷姆阶—瓦兰今阶 Barra de Itiuba 组砂岩成藏组合、下白垩统阿普特阶 Muribeca 组砾砂岩成藏组合和上白垩统—古近系 Calumbi 组砂岩成藏组合（图 1-3-7-5）。

5. 典型油气田

1）1-SES-158-SES 油田

属于上白垩统—古近系 Calumbi 组砂岩成藏组合，油田位于盆地西南部（图 1-3-7-6），发现于 2010 年。截至 2018 年，石油、天然气、凝析油 2P 可采储量分别为 230×10^6 bbl、1.13×10^9 ft^3、29×10^6 bbl（表 1-3-7-1）。

主要储层为上白垩统 Calumbi 组砂岩，砂岩最大有效厚度 34m，储层平均孔隙度 25%。储层顶面构造为 -3500m，最大水深为 2328m，主要为构造—地层圈闭。

此油田尚处于评价阶段。

2）盖奥巴（Caioba）油田

属于侏罗系 Serraria 组砂岩成藏组合，油田位于盆地西部。油田长 6.56km、宽 2.87km，面积为 9.68km^2（图 1-3-7-7），发现于 1969 年。截至 2018 年，石油、天然气、凝析油 2P 可采储量分别为 40×10^6 bbl、487.2×10^6 ft^3、4×10^6 bbl（表 1-3-7-1）。

主要储层为侏罗系 Serraria 组砂岩，最大厚度 135m，有效厚度 69m，平均孔隙度 18.7%，最大含水饱和度 12%。储层顶面构造为 -2050m，最大水深为 28m 为构造—地层圈闭。

1971 年投入生产，目前处于产量恢复阶段，2017 年天然气年产量为 5.07×10^9 ft^3，石油年产量为 24.5kbbl。截至 2018 年，累计生产石油、天然气分别为 35.67×10^6 bbl、419.4×10^9 ft^3。

3）卡尔穆波利斯（Carmopolis）油田

属于阿普特阶 Muribeca 组含砾砂岩成藏组合，油田位于盆地西部，长 6.56km、宽 2.87km，面积 9.68km^2（图 1-3-7-8），发现于 1963 年。截至 2018 年，石油、天然气 2P 可采储量分别为 641×10^6 bbl、121×10^9 ft^3（表 1-3-7-1）。

主要储层为阿普特阶 Muribeca 组含砾砂岩，最大厚度 125m，有效厚度 106m。储层孔隙度 5%~33%，物性从下向上变好，平均孔隙度 15%，平均渗透率 40~80mD 之间，局部渗透率超过 1000mD，最大含水饱和度 38.2%。储层顶面构造埋深 600m，主要为构造圈闭和构造—地层圈闭。

1963 年投入生产，2017 年天然气年产量为 1.47×10^9 ft^3，石油年产量为 6.7×10^6 bbl。截至 2018 年，累计生产石油、天然气分别为 390.19×10^6 bbl 和 83.6×10^9 ft^3。

4）瓜里科马（Guaricema）油田

属于上白垩统—古近系 Calumbi 组砂岩成藏组合，油田位于盆地西部。油田长 13.8km、宽 4.6km，面积 28.6km^2（图 1-3-7-9）。发现于 1968 年，截至 2018 年，2P 石油储量 85.67×10^6 bbl，2P 天然气储量 260×10^9 ft^3，2P 凝析油储量 0.05×10^6 bbl（表 1-3-7-1）。

表1-3-7-1 舍吉佩—阿拉戈斯盆地主要油气田属性表

序号	油气田名称	油气田类型	地理位置	发现年份	主要成藏组合	主要储层岩性	2P可采储量 石油（10⁶bbl）	天然气（10⁹ft³）	凝析油（10⁶bbl）	油气总和（10⁶bbl油当量）
1	1-SES-158-SES	油田	海上	2010	上白垩统—古近系	砂岩	230.00	1.13	29.00	447.33
2	盖奥巴（Caioba）	油田	海上	1969	侏罗系	砂岩	40.00	487.20	4.00	125.20
3	卡尔穆波利斯（Carmopolis）	油田	陆上	1963	下白垩统	砂岩	641.00	121.00	0	661.17
4	瓜里科马（Guaricema）	油田	海上	1968	上白垩统—古近系	砂岩	85.67	260.00	0.05	129.05
5	皮拉尔（Pilar）	油田	陆上	1981	下白垩统	砂岩	50	402.00	0.50	117.50

主要储层为古新统砂岩，最大有效厚度为15m，最大含水饱和度为28%。储层的顶面构造为−1074m，最大水深为33m，圈闭主要类型为构造—地层圈闭。

1968年投入生产，2017年石油年产量为44.6kbbl、天然气年产量为$270.76 \times 10^9 ft^3$，截至2018年，累计生产石油、天然气分别为$72.2 \times 10^6 bbl$、$229.7 \times 10^9 ft^3$。

5）皮拉尔（Pilar）油田

属于下白垩统巴雷姆阶砂岩成藏组合，油田位于盆地中部陆上，长5.7km、宽4.28km、面积$24.3km^2$（图1-3-7-10），发现于1981年。截至2018年，石油、天然气、凝析油2P可采储量分别为$50 \times 10^6 bbl$、$402 \times 10^9 ft^3$、$0.5 \times 10^6 bbl$（表1-3-7-1）。

共发育三套储层，主要储层为下白垩统巴雷姆阶皮拉尔组含砾砂岩，砂岩最大厚度105m，平均孔隙度10%～25%（平均20%），渗透率100mD（最大>2500mD）。初始含水饱和度10%～25%。储层顶面构造为−1356m，主要为构造圈闭。

1981年投入生产，2017年石油年产量为402kbbl，天然气年产量为$5.4 \times 10^9 ft^3$，凝析油年产量为307kbbl。截至2018年，累计生产石油、天然气和凝析油分别为$47.89 \times 10^6 bbl$、$353.1 \times 10^9 ft^3$和$0.432 \times 10^6 bbl$。

6. 油气勘探开发潜力

舍吉佩—阿拉戈斯盆地仍具有一定的油气勘探潜力。中国石油2018年评价认为，常规待发现油气资源量$40414.93 \times 10^6 bbl$油当量，其中石油$38655.00 \times 10^6 bbl$、凝析油$122.00 \times 10^6 bbl$、天然气$9500.00 \times 10^9 ft^3$。盆地的勘探已进入成熟期，勘探的方向集中在盆地近海部分，勘探目标为古近系和新近系海相浊积岩（Calumbi组）和下白垩统河流相和三角洲相砂岩。

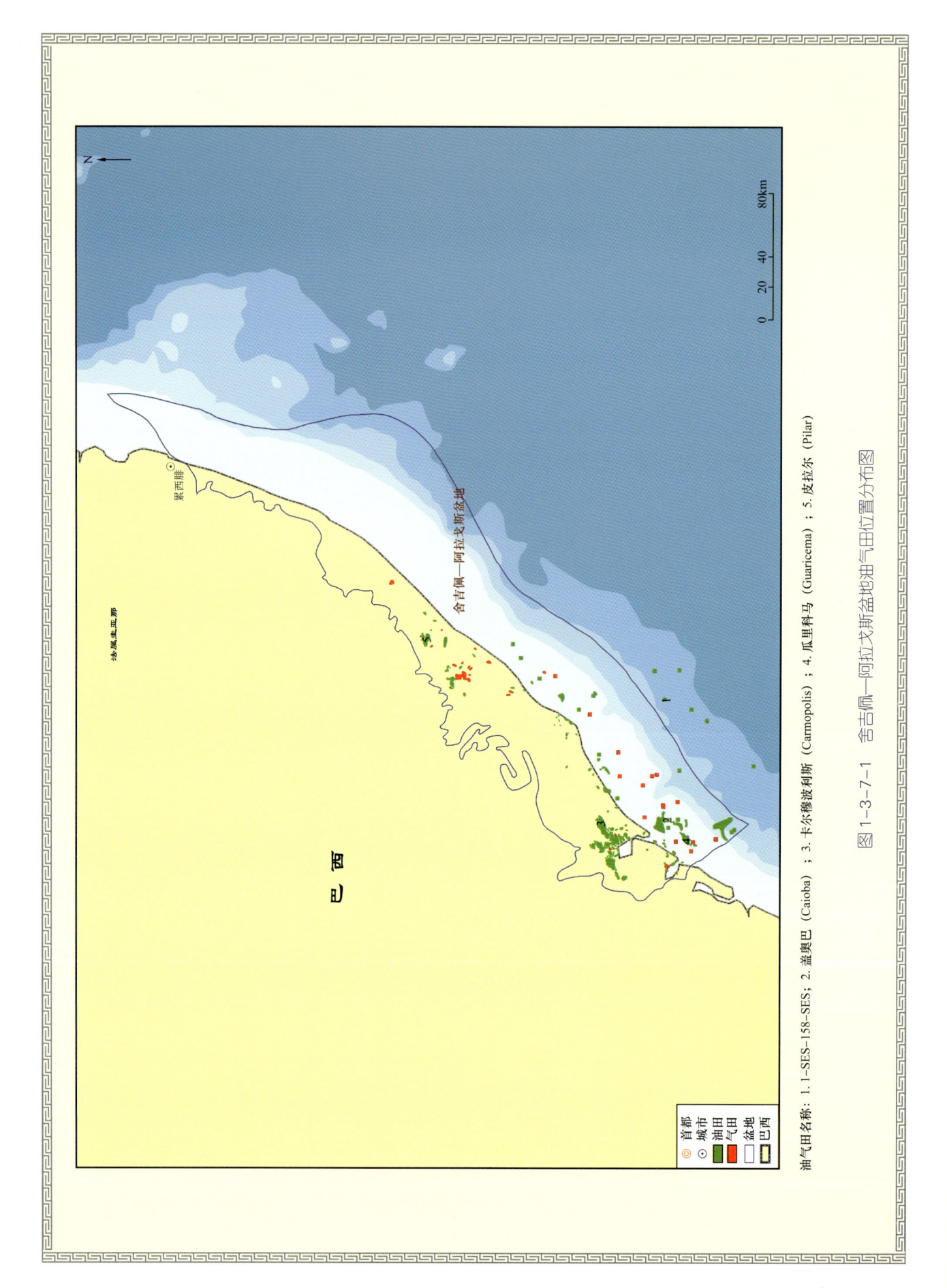

南美地区 South America

图 1-3-7-1 舍吉佩—阿拉戈斯盆地油气田位置分布图

油气田名称：1. 1-SES-158-SES；2. 盖奥巴（Caioba）；3. 卡尔穆波利斯（Carmopolis）；4. 瓜里科马（Guaricema）；5. 皮拉尔（Pilar）

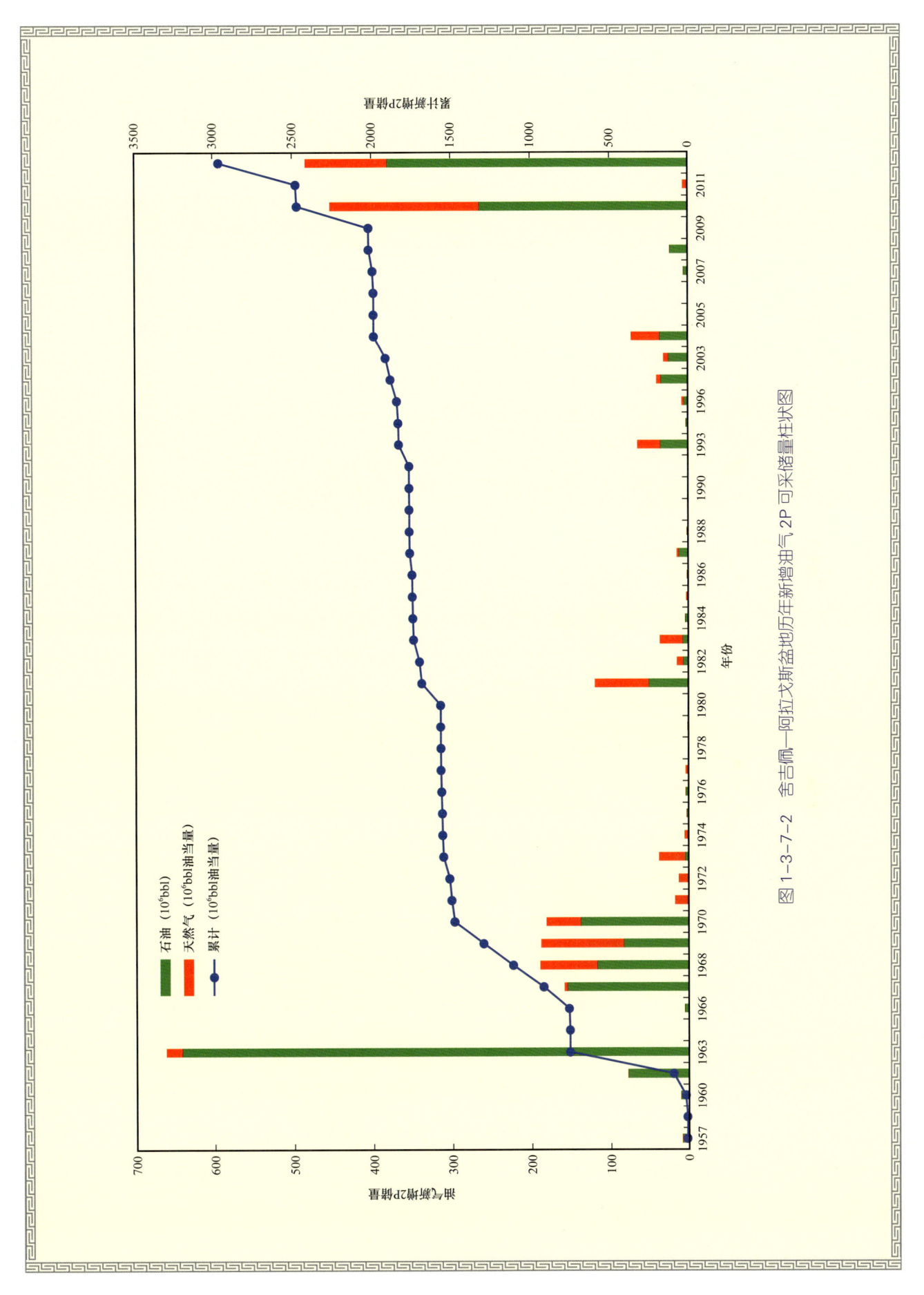

图 1-3-7-2 舍吉佩—阿拉戈斯盆地历年新增油气 2P 可采储量柱状图

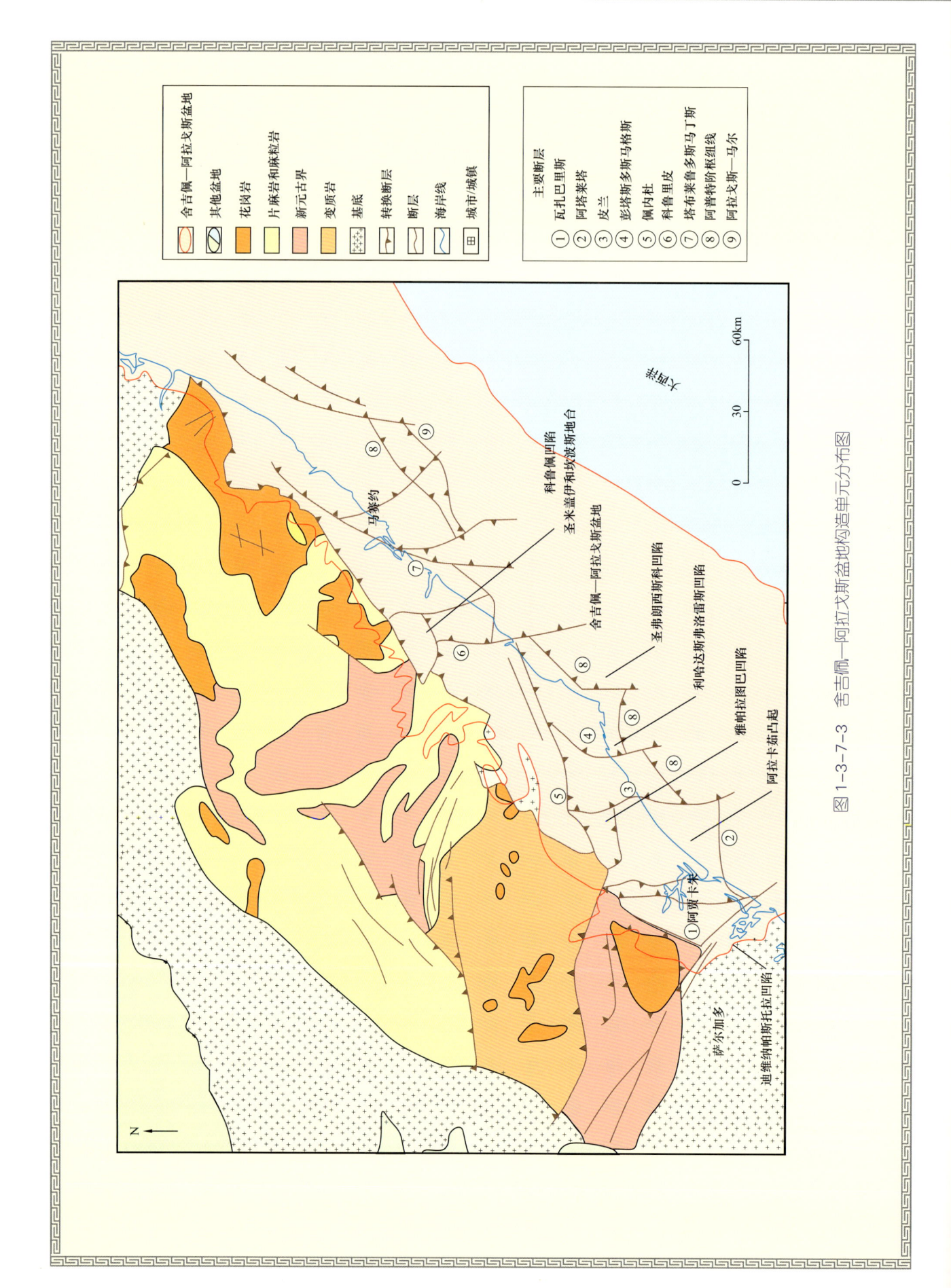

图 1-3-7-3 舍吉佩—阿拉戈斯盆地构造单元分布图

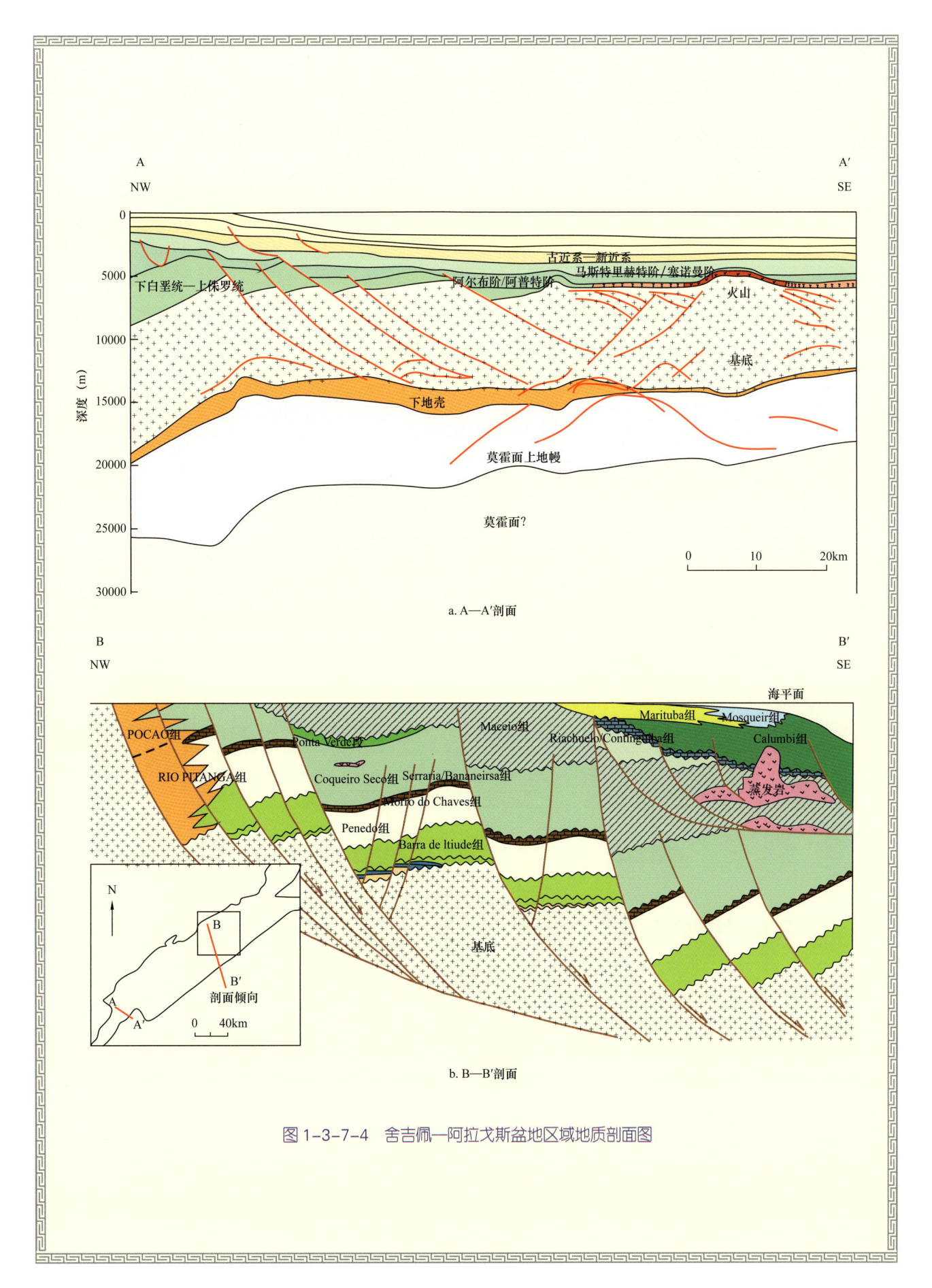

图 1-3-7-4 舍吉佩—阿拉戈斯盆地区域地质剖面图

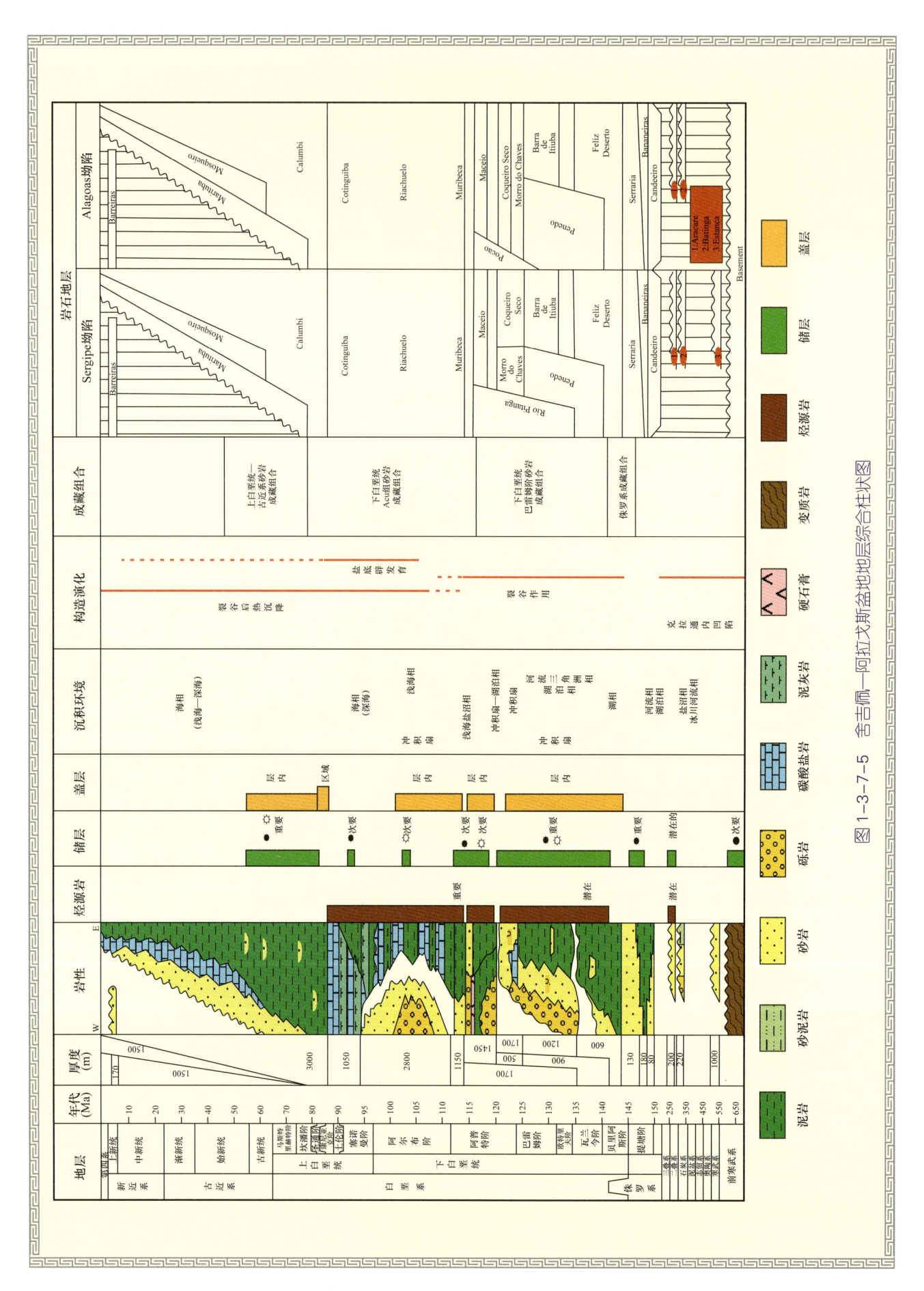

图1-3-7-5 舍吉佩—阿拉戈斯盆地地层综合柱状图

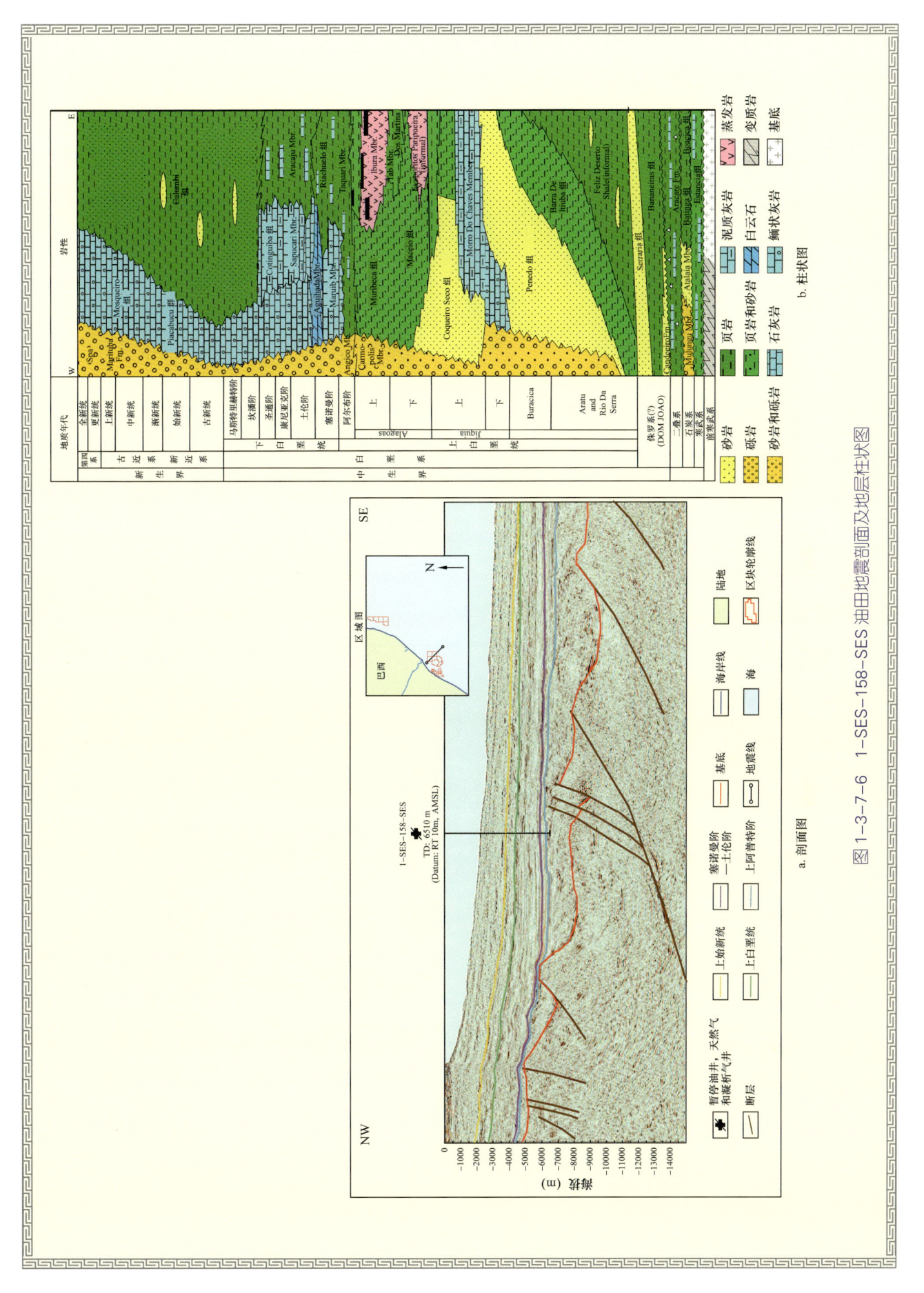

图1-3-7-6 1-SES-158-SES油田地震剖面及地层柱状图

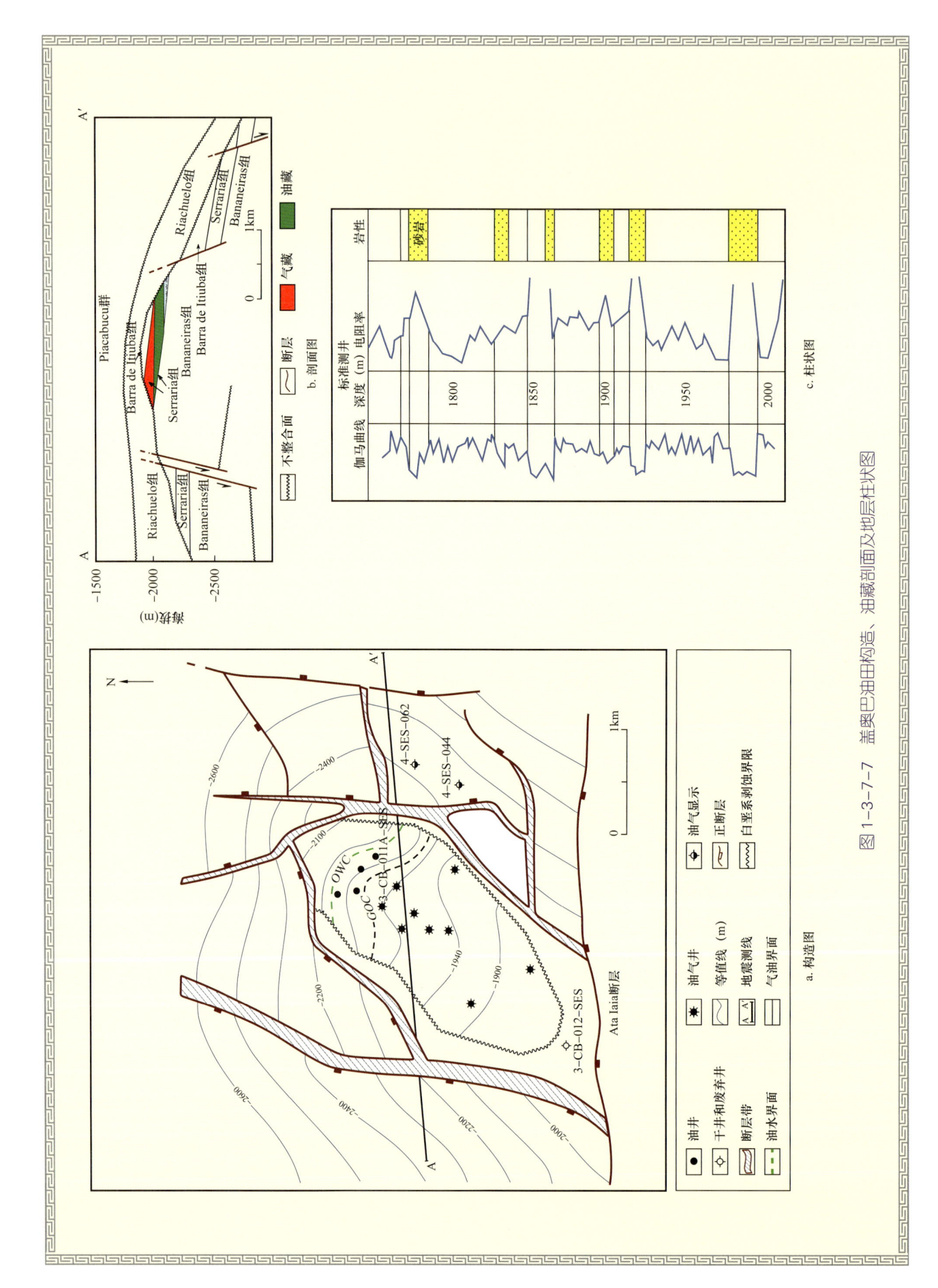

图1-3-7-7 盖奥巴油田构造、油藏剖面及地层柱状图

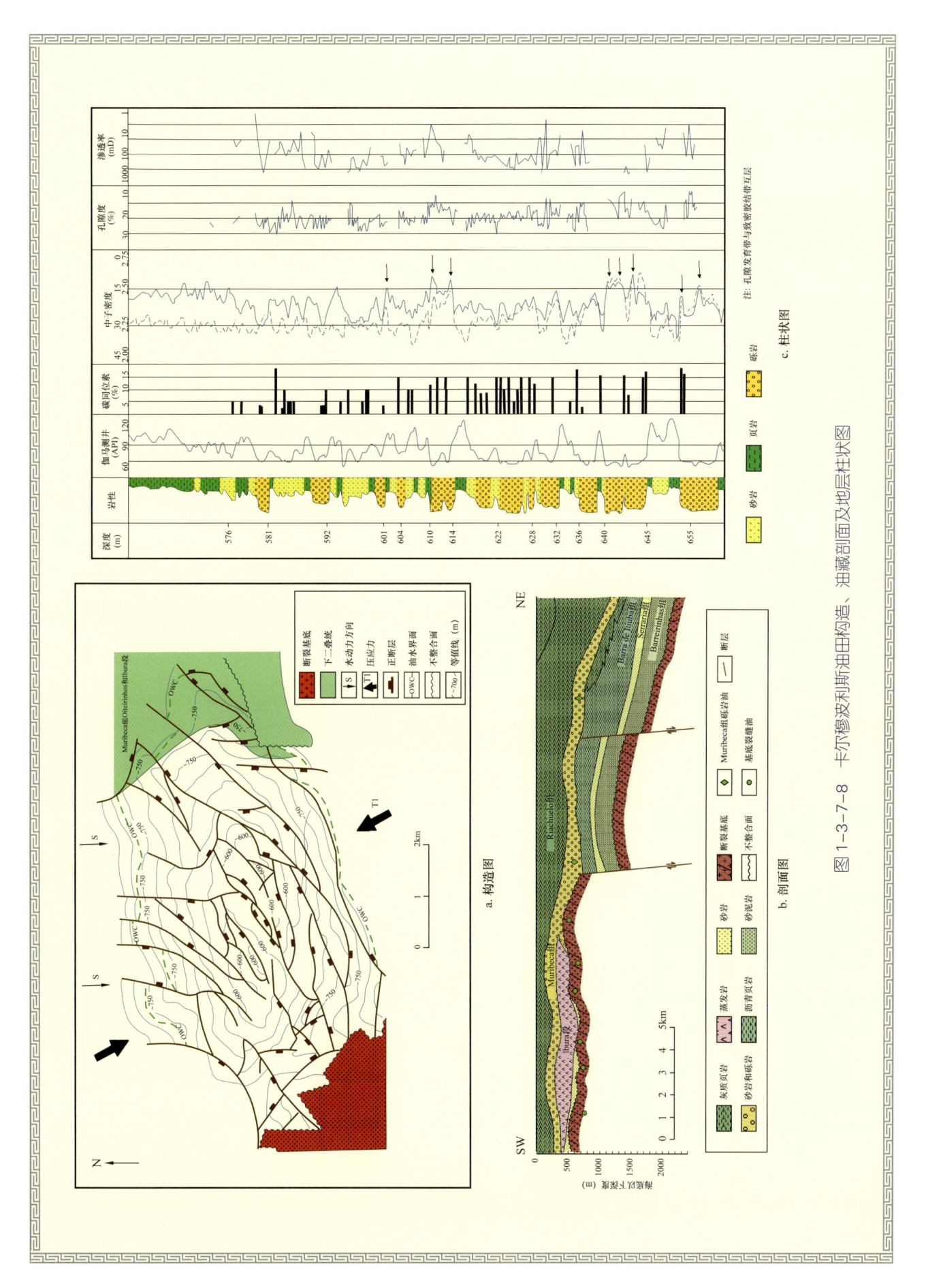

图1-3-7-8 卡尔穆波利斯油田构造、油藏剖面及地层柱状图

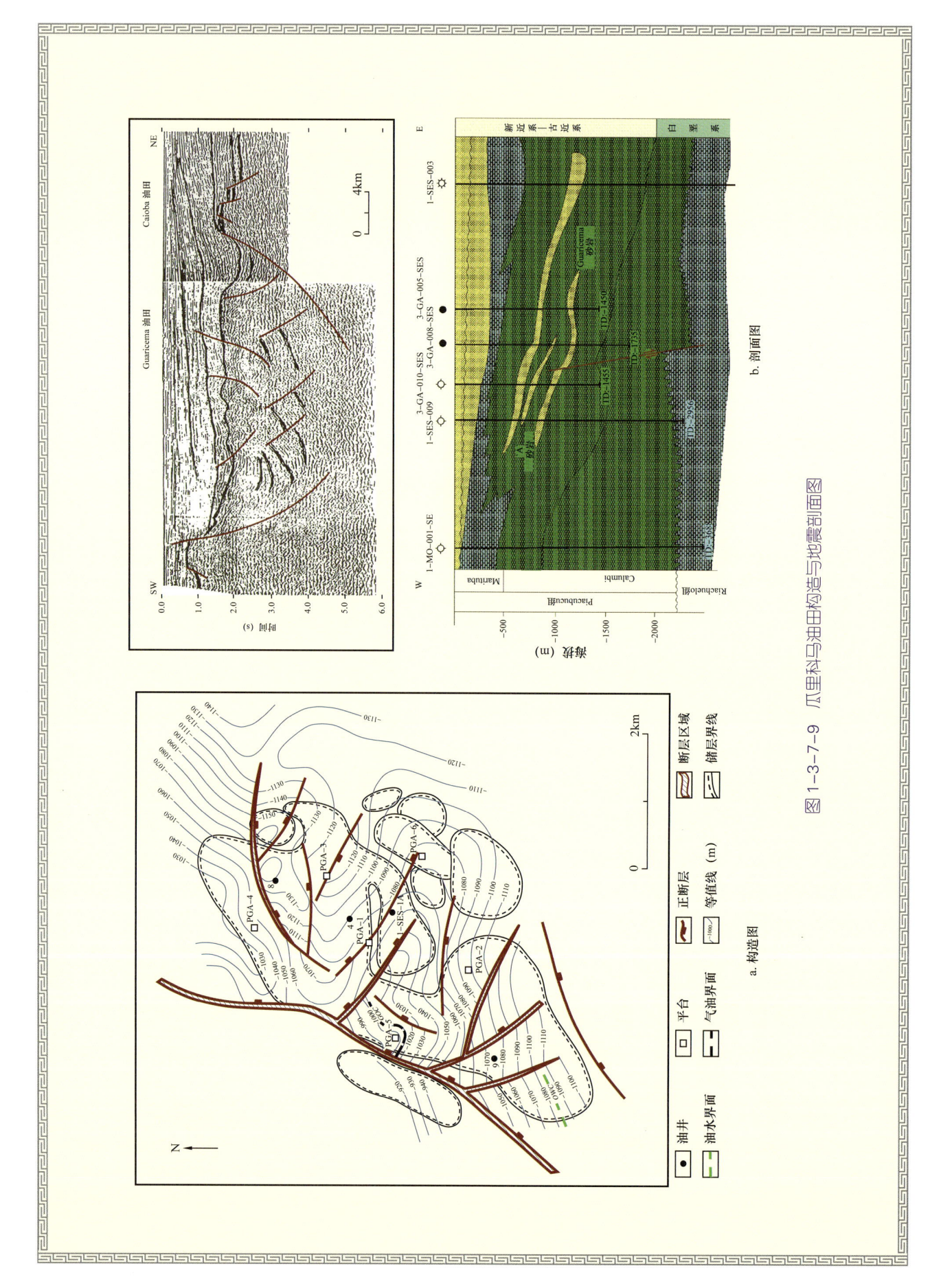

图1-3-7-9 瓜里科马油田构造与地震剖面图

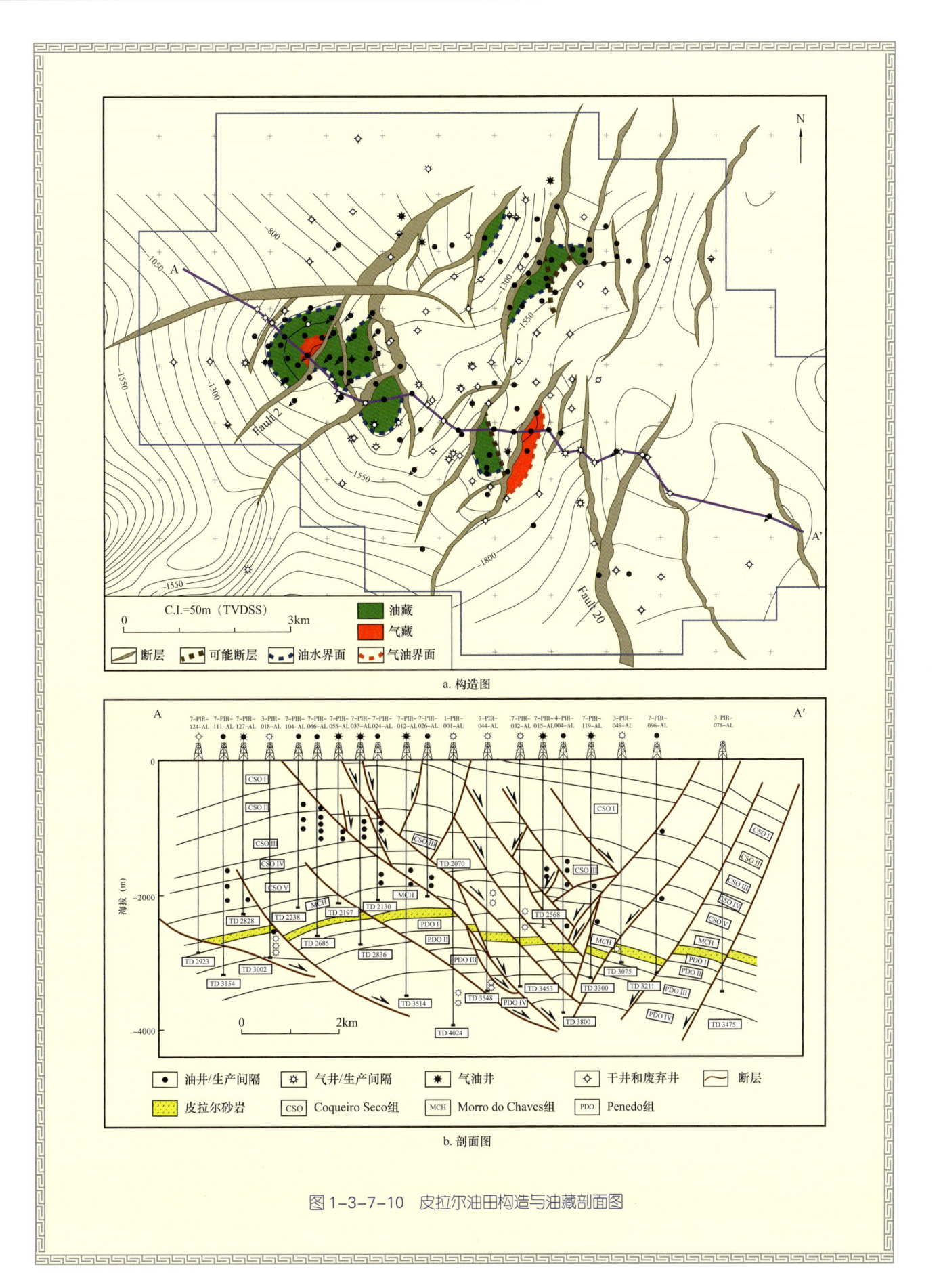

图 1-3-7-10 皮拉尔油田构造与油藏剖面图

（八）波蒂瓜尔盆地

波蒂瓜尔盆地（Potiguar Basin）位于巴西东北部海岸地区（图1-3-8-1），西南部以Pernambuco褶皱带为界，东南部为帕拉伊巴—伯南布哥（Paraiba-Pernambuco）盆地。向西部内陆延伸120km，向东延伸到现今大陆架以下水深2000m处。盆地总面积58225km²，其中陆地面积27033km²，海上面积31151.7km²。

1. 勘探开发历程

波蒂瓜尔盆地油气勘探经历了早期勘探阶段、快速发展阶段、稳定发展和二次快速发展等4个阶段。

早期勘探阶段（1930—1969年）：20世纪30年代至50年代，开展了早期钻探活动。50—60年代，共钻了46口探井，多数在浅水区，勘探效果较差。

快速发展阶段（1970—1988年）：1973年分别在海上发现了1-RNS-001-RNS气田和乌巴拉那（Ubarana）油田。1974—1979年，完成二维地震测线8460km。共钻探井51口，开发井40口，陆域莫索罗（Mossoro）油田、海域乌巴拉那（Ubarana）油田和阿古尔哈（Agulha）油田投入开发。1979年，海上地区钻探井26口，发现一个大型油气藏和一个中型油气藏。海域、陆域共采集二维地震43285km，三维地震32000km²。80年代共钻探井903口，发现多个油气田。共钻开发井2389口，佩斯卡达（Pescada）油田、阿拉图姆（Aratum）油田投入开发。

稳定发展阶段（1989—2013年），1995—2008年，分别在海上、陆上地堑区采集二维117923.9km，采集三维46310km²，期间共钻探井243口。截至2008年底，共发现94个油气田，2P可采储量超过800×10⁶bbl。盆地最大的油田为陆上的坎图阿马罗（Canto do Amaro）油田，2P可采储量为410.08×10⁶bbl油当量。

二次快速发展（2014年至今）：截至2018年，盆地已发现油气田190个，累计发现石油2P可采储量2161.13×10⁶bbl，凝析油2P可采储量26.93×10⁶bbl，天然气2P可采储量3484.13×10⁹ft³（图1-3-8-2）。共发现大油田1个——皮图（Pitu）油田，2P可采储量2175×10⁶bbl油当量，占盆地总发现量的23%。

2017年，波蒂瓜尔盆地石油年产量14.23×10⁶bbl，天然气1.4×10⁶bbl油当量。截至2018年底，盆地石油和天然气累产分别为751.32×10⁶bbl、68.29×10⁶bbl油当量。

2. 区域地质

波蒂瓜尔盆地为被动大陆边缘盆地（图1-3-8-3），前寒武系基底由火山岩和变质岩组成。盆地在基底上发育白垩系和新近系。沉积经历了陆相、过渡相到海相三个演化阶段，相应形成了三套巨厚沉积地层。

盆地构造单元由福萨莱萨、梅塞亚纳、雅典娜、阿拉卡蒂、阿波迪、博阿维斯塔岛和温布泽鲁等7个地堑，莫索罗高地、塞洛多卡莫、澳门、托鲁斯等4个高地和阿拉卡蒂、托鲁斯等两个台地组成（图1-3-8-3、图1-3-8-4）。盆地共经历两期裂谷阶段，分别为同裂谷早期和同裂谷晚期。早期形成了北东—南西走向的正断层和北西—南东走向的转换断层。晚期形成北西—南东走向的断层，主要分布在海上地区。从早白垩世中阿普特期至新近纪，盆地进入被动大陆边缘演化阶段，沉积主要受热沉降作用和长期的海平面升降变化控制。

下白垩统为冲积扇、扇三角洲、河流—湖泊相泥页岩夹砂砾岩沉积，中上白垩统为河流—湖泊三角洲和浅海相泥岩、钙质泥岩夹砂岩。新近系中新统由浅海—深海相、河流相泥岩、灰岩和砂岩组成；上新统由滨浅海—深海相的泥岩、灰岩和砂岩组成。地层主要向北东方向倾斜，除第四系和中新统厚度向海方向变化较大外，其余地层厚度比较均一。

3. 石油地质特征

1）烃源岩

已证实两套烃源岩（图 1-3-8-5）：

下白垩统贝利阿斯阶—巴雷姆阶 Pendencia 组湖相页岩，为淡水到微咸水湖相环境形成的深灰色—黑色页岩，为Ⅰ型、Ⅱ型干酪根，总有机碳含量达 5%，生烃潜力 S2 达 35kg HC/t，硫含量中等（约 0.6%），氢指数 100~700mg HC/g TOC，氧指数小于 100mg CO_2/g TOC，该烃源岩是盆地陆上最主要的烃源岩。在盆地东部深海地区，烃源岩指标变差。

中—上阿普特阶 Alagamar 组（PT 层和 Galinhos 段）海相页岩和泥灰岩，干酪根以Ⅰ型为主，少量Ⅱ型，总有机碳含量可达 6%，生烃潜力可达 40kg HC/t。

2）储层

盆地从白垩系—新近系发育多套砂岩储层（图 1-3-8-5），主要储层为贝利阿斯阶—巴雷姆阶 Pendencia 砂岩、阿普特阶 Alagamar 组砂岩储层、阿尔布阶 Acu 组砂岩和上白垩统—古新统 Ubarana 群页岩和粉砂岩。

Pendencia 组砂岩储层：中部发育浊积砂岩，上部为三角洲沉积，岩性为细—粗粒、中等分选的长石石英砂岩，孔隙度一般为 6%~17%，渗透率 1.5~21mD，埋深 700~4000m。

Alagamar 组砂岩储层：由冲积扇和河流相砂岩组成，其中河流相砂岩物性最好。平均孔隙度 11%，平均渗透率 50mD，是盆地最主要的储层。

Acu 组砂岩储层：下部为冲积—河流—三角洲相细—粗粒砂砾岩，上部由三角洲—边缘海相细粒砂岩组成，平均孔隙度 25%~27%；平均渗透率 2000~7000mD。为盆地最重要的储油层，储量占整个盆地的 50%。

Ubarana 群砂岩储层：为海相沉积，主要分布在盆地海上地区。岩性为粉砂岩夹部分薄层、粗—细粒的砂岩层和细粒灰屑岩。

3）盖层

波蒂瓜尔盆地区域盖层为下白垩统 Pendencia 组层间湖相页岩（图 1-3-8-5），为盆地大部分地区提供封堵条件。局部盖层主要包括 Alagamar 组、Acu 组和 Ubarana 群层间的厚层泥页岩。

4）圈闭类型

波蒂瓜尔盆地主要圈闭类型为构造圈闭和岩性圈闭（图 1-3-8-5）。其中构造型圈闭包括断块、背斜和断鼻等，主要分布在盆地中南部地垒和地堑发育区，形成于早白垩世的贝里阿斯期和阿普特期。岩性型圈闭主要为上白垩统和古近系—新近系砂岩透镜体圈闭。

4. 常规油气成藏组合

波蒂瓜尔盆地已证实 4 套成藏组合（图 1-3-8-5）。

下白垩统 Pendencia 组砂岩成藏组合：主要分布在盆地南部地堑中。储层主要为 Pendencia 组三角洲相砂岩和湖相浊积砂岩，盖层为层间页岩，烃源岩为 Pendencia 组黑色页岩，生储盖组合为自生自储型，储量占盆地的 42.2%。

下白垩统 Alagamar 组砂岩成藏组合：主要分布在盆地南部地堑中。储层为 Alagamar 组冲积扇和河流相砂岩，盖层为组内钙质泥岩和泥页岩夹层。烃源岩为 Alagamar 组黑色页岩和泥灰岩，生储盖组合为下生上储型，储量占盆地的 49.4%。

白垩系 Acu 组砂岩成藏组合：分布在盆地中西部广大地区。储层为 Acu 组砂岩，盖层为层间泥岩夹层，烃源岩为 Alagamar 组和 Pendencia 组暗色页岩，生储盖组合为下生上储型，储量占盆地的 7%。

上白垩统—古新统 Ubarana 群页岩和粉砂岩成藏组合：分布在盆地东部海上地区。储层是 Ubarana 群浅海到深海相浊积砂岩，盖层为层间泥岩夹层，烃源岩主要为 Alagamar 组页岩和泥灰岩，生储盖组合为下生上储型，占盆地的 1.4%。

5. 典型油气田

1）坎图阿马罗（Canto do Amaro）油田

包括下白垩统 Pendencia 组砂岩成藏组合和白垩系 Acu 组砂岩成藏组合，油田位于波蒂瓜尔盆地莫索罗隆起，长 23.49km，宽 10.74km，面积 99.6km^2（图 1-3-8-6），发现于 1985 年。截至 2018 年，石油、天然气 2P 可采储量分别为 409×10^6bbl、6500×10^6ft^3（表 1-3-8-1）。

发育 Acu 组砂岩和 Pendencia 组砂岩储层，主要储层为 Acu 组长石石英岩、粗砂岩、砾岩，最大厚度 650m。储层顶面构造为 -460m，压力 705psi，主要为背斜构造圈闭。

1986 年投入试生产，2017 年石油年产量 4.36×10^6bbl，天然气年产量 369.33×10^9ft^3。截至 2017 年，累计生产油、气分别为 280.29×10^6bbl、7.93×10^9ft^3。

2）埃斯特雷图（Estreito）油田

包括下白垩统 Alagamar 组砂岩成藏组合和白垩系 Acu 组砂岩成藏组合，油田位于波蒂瓜尔盆地托鲁斯隆起。油田长 25.9km、宽 2.8m，油田面积 39.3km^2。（图 1-3-8-7），发现于 1982 年。截至 2018 年，石油、天然气 2P 可采储量分别为 200×10^6bbl、4×10^9ft^3（表 1-3-8-1）。

主要储层为 Acu 组长石石英岩、粗砂岩、砾岩等。储层有效厚度 34m，平均孔隙度 25%，平均渗透率 4000mD，最大含水饱和度 38%。1982 年测试储层压力为 285psi，温度为 38℃，储层顶面构造为 -350m，主要为背斜构造圈闭。

1982 年投入生产，2017 年天然气年产量为 78.3×10^6ft^3，石油产量为 3.35×10^6bbl。截至 2018 年，累计生产天然气、石油分别为 2.25×10^9ft^3、99.1×10^6bbl。

3）乌帕奈马（Upanema）气田

为下白垩统 Pendencia 组砂岩成藏组合，油田位于波蒂瓜尔盆地温布泽鲁地堑，油田长 3.6km、宽 2.4km，油田面积 6.4km^2（图 1-3-8-8），发现于 1984 年。截至 2018 年，石油、天然气 2P 可采储量分别为 8.9×10^6bbl、11.9×10^9ft^3（表 1-3-8-1）。

下白垩统 Pendencia 组砂岩最大厚度 75m，孔隙度 6%～30%（平均值 18%），渗透率 <1～90mD（平均值 30mD）。储层压力 2090psi。储层顶面构造为 -1380m，主要为构造圈闭。

1985 年投入生产，2018 石油年产量 7.68kbbl，天然气年产量 246×10^6ft^3。截至 2018 年，累计生产石油、天然气分别为 8.81×10^6bbl、11.14×10^9ft^3。

6. 勘探开发潜力

波蒂瓜尔盆地具有较大的油气勘探潜力。中国石油 2018 年评价认为，常规待发现油气资源量

表1-3-8-1 波蒂瓜尔盆地主要油气田属性表

序号	油气田名称	油气田类型	地理位置	发现年份	主要成藏组合	主要储层岩性	2P可采储量			
							石油 (10⁶bbl)	天然气 (10⁹ft³)	凝析油 (10⁶bbl)	油气总和 (10⁶bbl油当量)
1	坎图阿马罗 (Canto do Amaro)	油田	陆上	1985	下白垩统	砂岩	409.00	6.50	0	410.08
2	埃斯特雷图 (Estreito)	油田	陆上	1982	下白垩统	砂岩	200.00	4.00	0	200.67
3	乌帕奈马 (Upanema)	气田	陆上	1984	下白垩统	砂岩	8.90	11.90	0	10.89

2445.92×10^6 bbl 油当量，其中石油 2204.74×10^6 bbl、凝析油 8.28×10^6 bbl、天然气 1350.08×10^9 ft^3，盆地最有利勘探区位于盆地中部地垒—地堑区，也是目前油气最富集的区域。地堑区湖相烃源岩已经成熟，地垒区紧邻生油洼陷，为油气最有利的运移指向区，同时该区四套成藏组合都发育，勘探层系多，是下步滚动勘探挖潜的重点目标区。

巴西

图 1-3-8-1 波蒂瓜尔盆地油气田分布图

油气田名称：1. 坎图阿马罗（Canto do Amaro）；2. 埃斯特雷图（Estreito）；3. 乌帕奈马（Upanema）

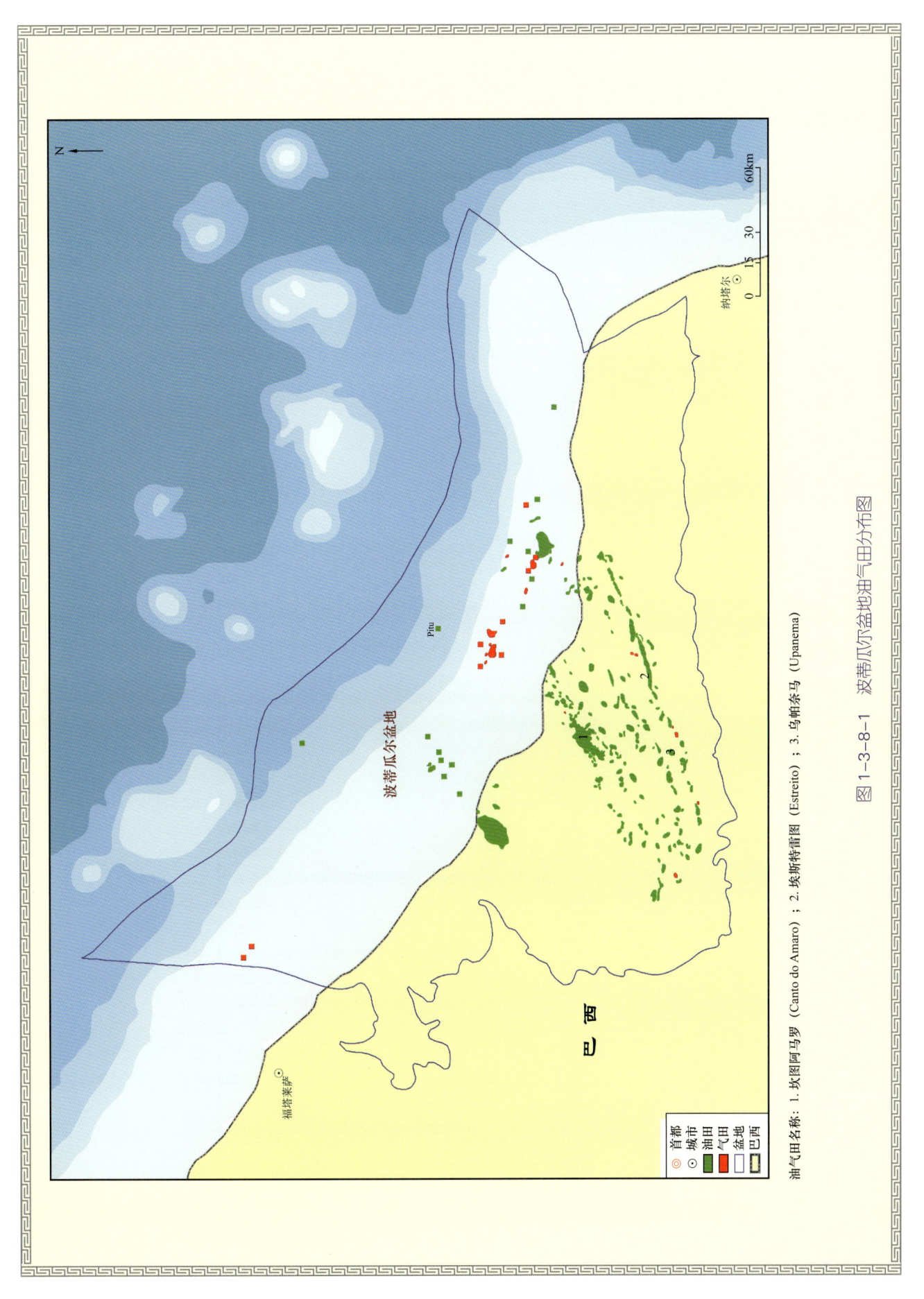

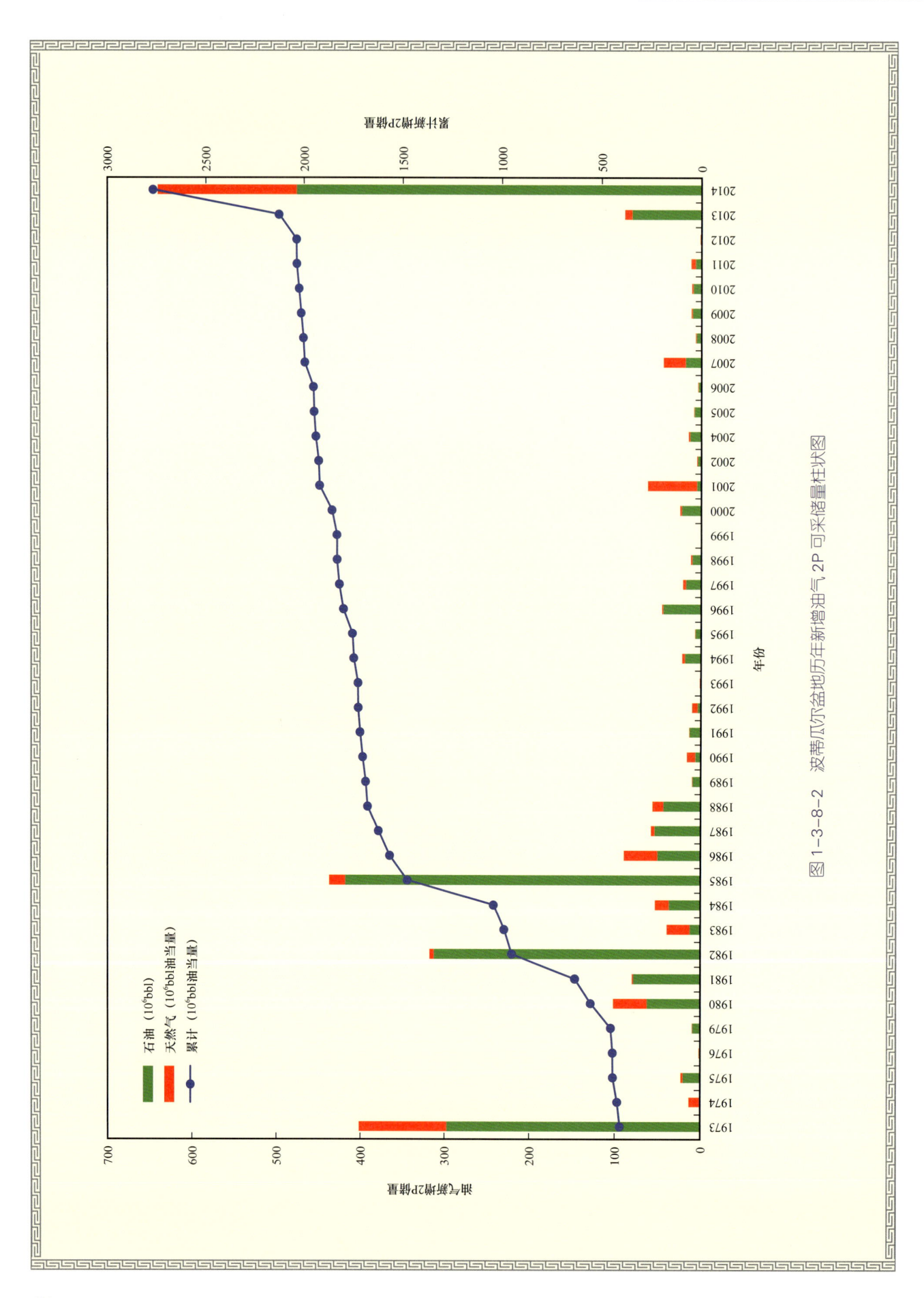

世界油气勘探开发与合作形势图集 | 南美地区 South America

图 1-3-8-2 波蒂瓜尔盆地历年新增油气 2P 可采储量柱状图

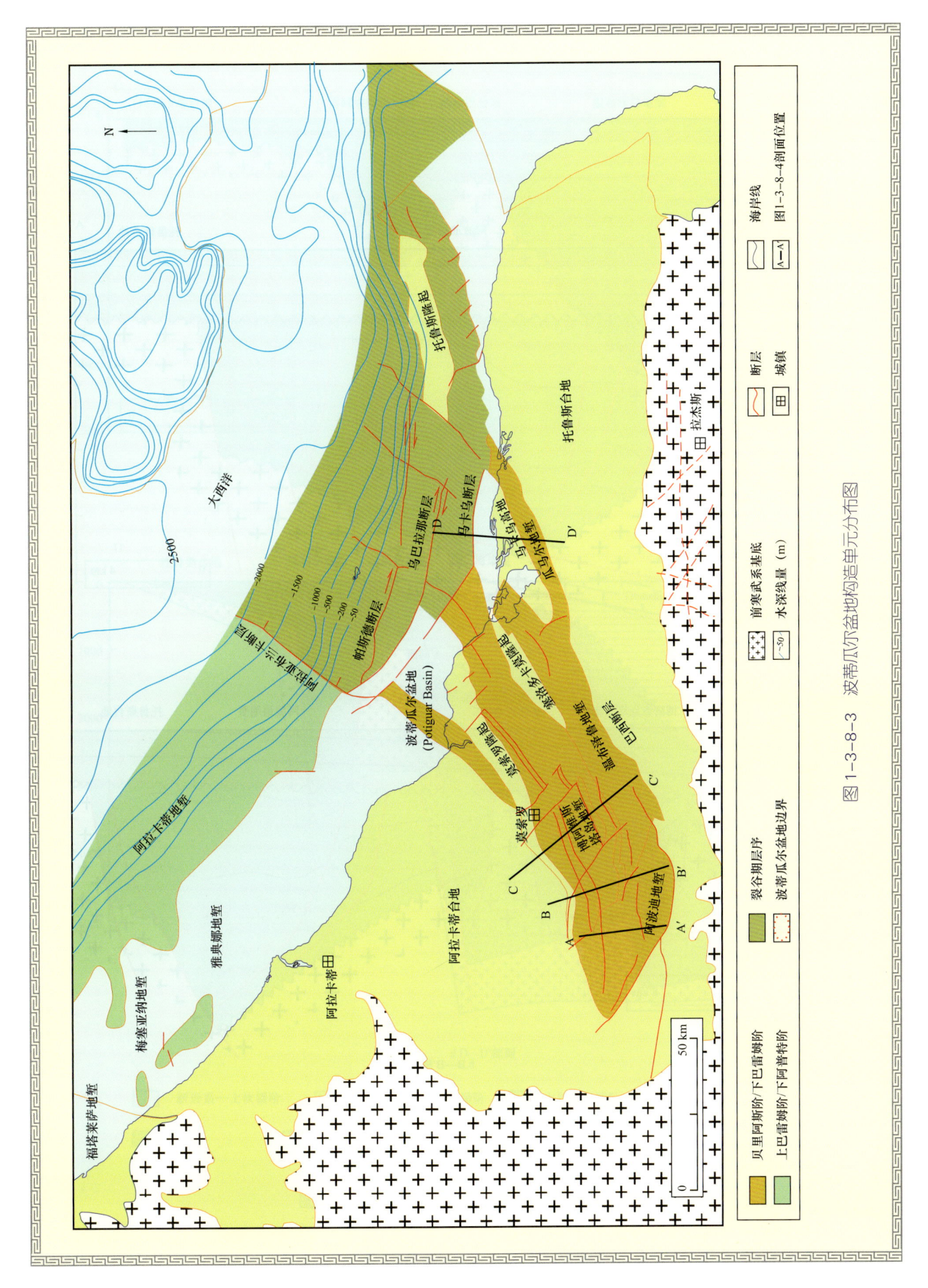

图1-3-8-3 波蒂瓜尔盆地构造单元分布图

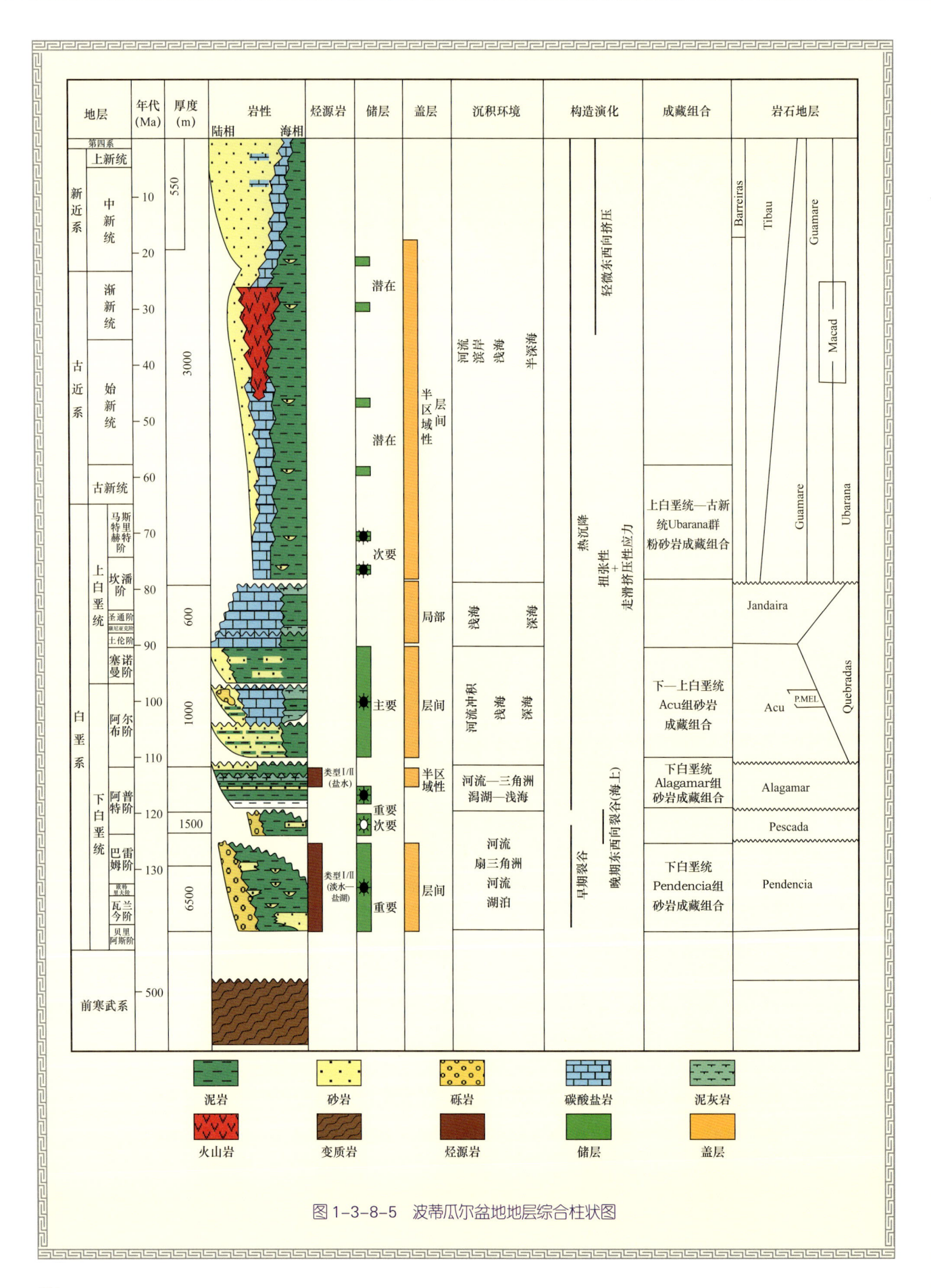

图 1-3-8-5 波蒂瓜尔盆地地层综合柱状图

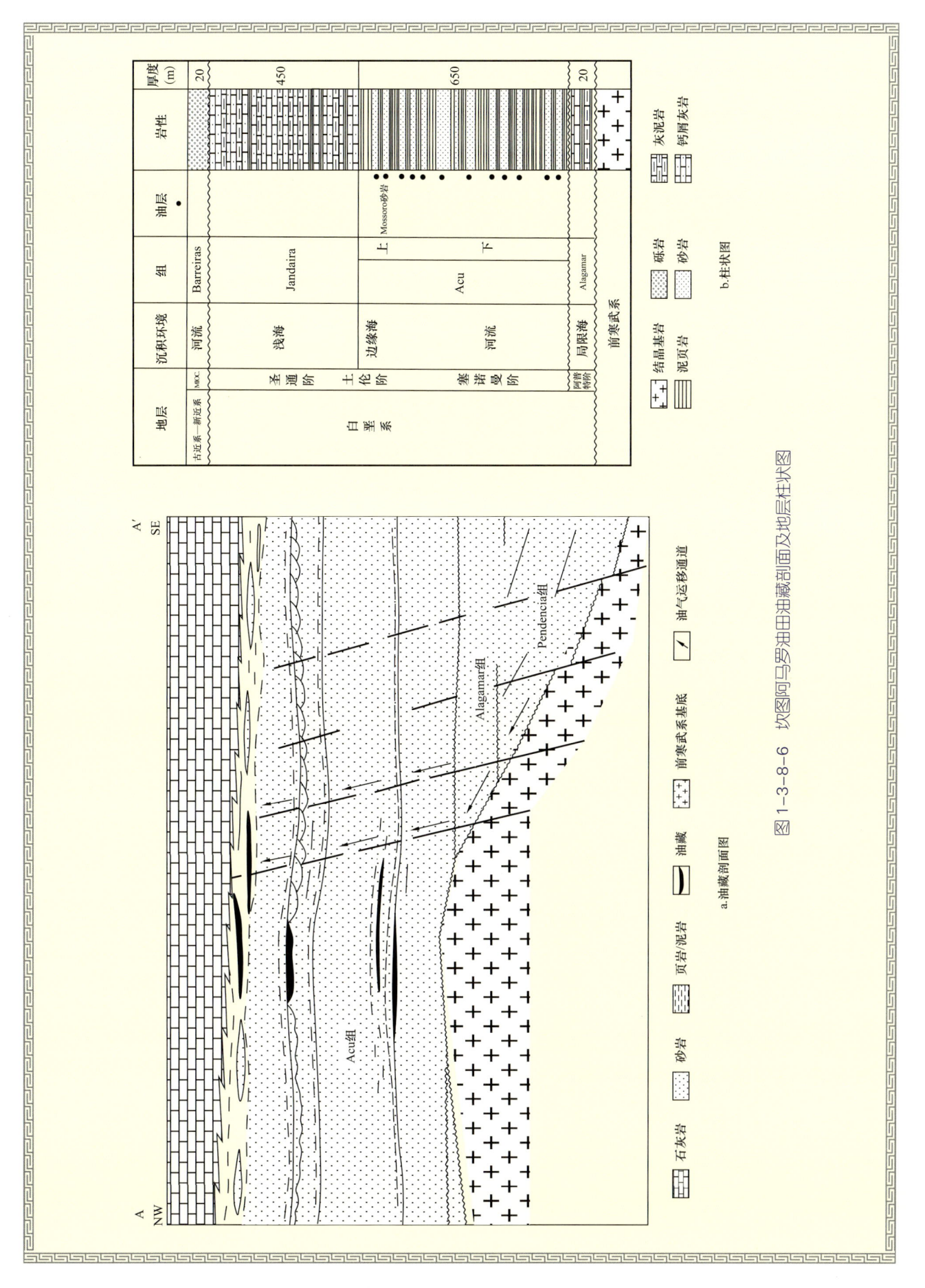

图 1-3-8-6 坎图阿马罗油田油藏剖面及地层柱状图

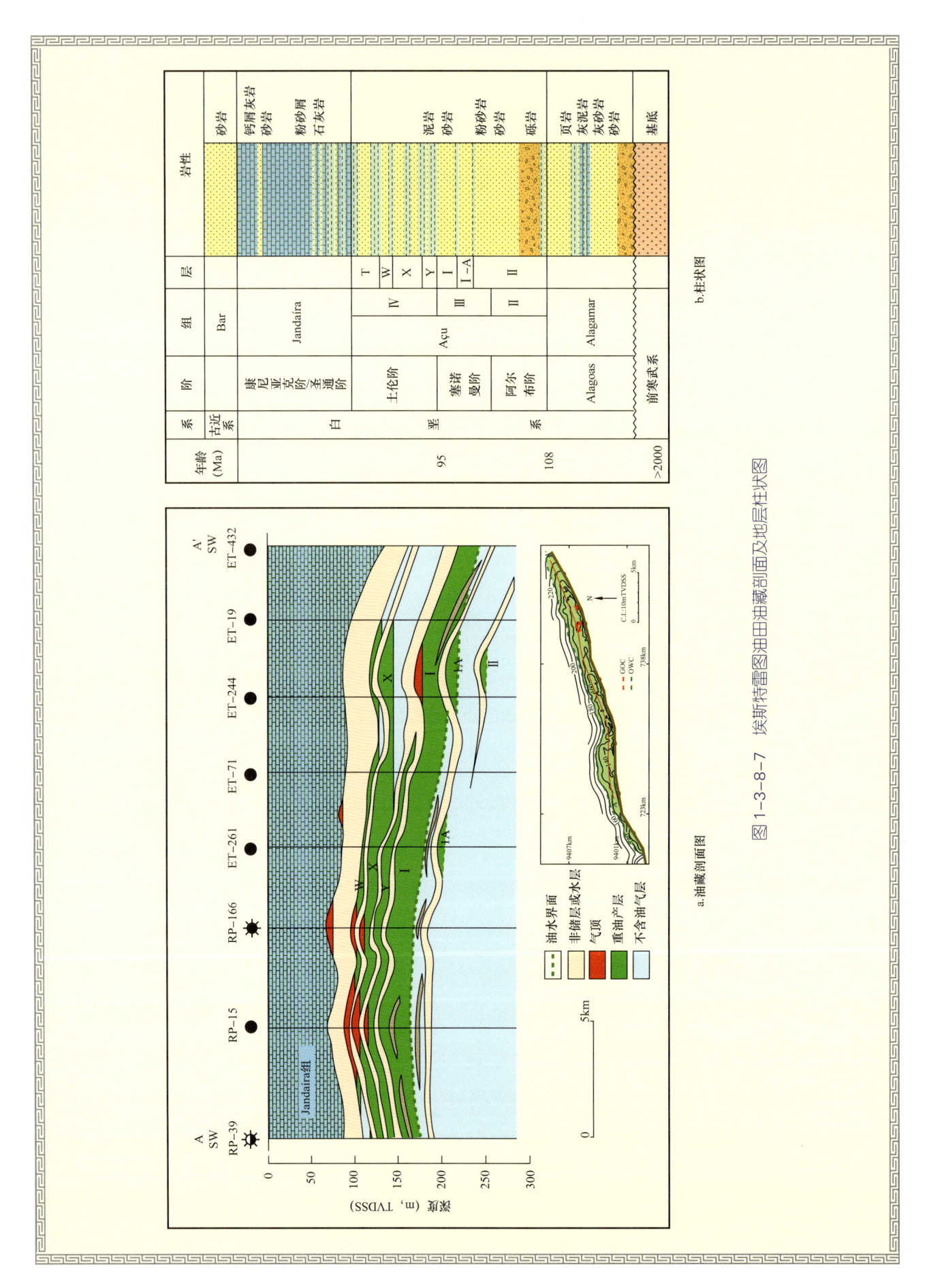

图 1-3-8-7 埃斯特雷图油田油藏剖面及地层柱状图

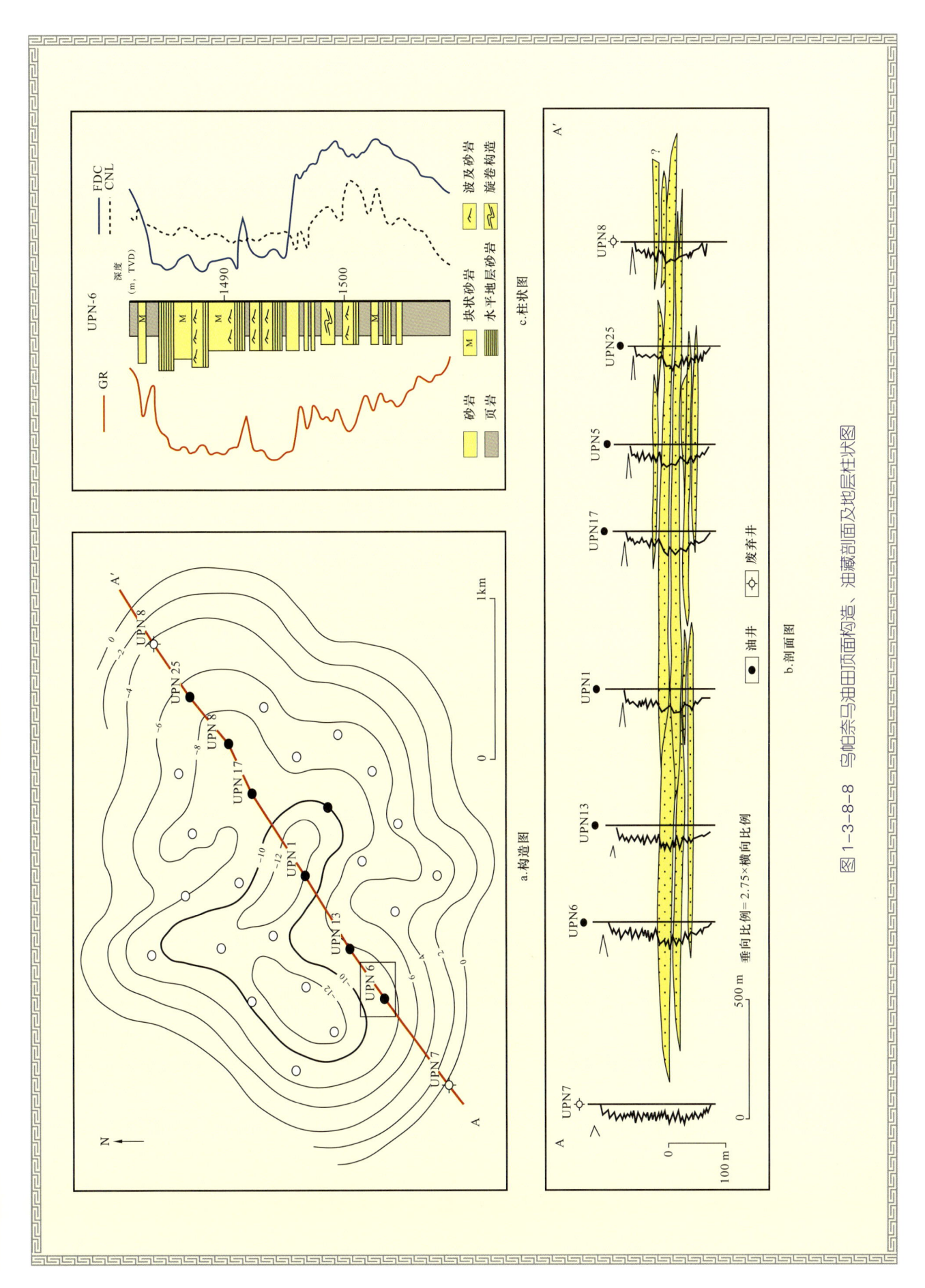

图1-3-8-8 乌帕奈乌油田顶面构造、油藏剖面及地层柱状图

（九）比阿乌—塞阿拉盆地

比阿乌—塞阿拉盆地（Piaui-Ceara Basin）位于巴西赤道的大西洋边缘（图1-3-9-1），北部和塞阿拉断层相接，南部和前寒武系结晶基底露头接壤。盆地面积64680km²，其中海上面积51878km²，陆上面积12802km²。

1. 勘探开发历程

比阿乌—塞阿拉盆地勘探经历了早期缓慢发展、快速增长、休整和再次发现4个阶段。

早期缓慢发展阶段（1963—1976年）：1963年开钻第一口井ADST-001-MA井，井深2159 m，完钻层位位为下白垩统，仅见黄光显示。20世纪70年代早期，巴西国油钻了三口探井，其中两口井分别在3857m和2978m发现含气层。1971—1972年分别发现了规模较小的1-Ces-001-Ces气田和1-Ces-002-Ces油田，2P可采储量8.43×10⁶bbl油当量。1972—1976年间，Pertrobras是唯一的作业者，在阿凯劳（Acarau）坳陷和皮奥伊—卡莫辛（Piaui-Camocin）坳陷钻了五口探井。

快速增长阶段（1977—1985年）：1977年发现了沙里乌（Xareu）油田，2P可采储量8.43×10⁶bbl油当量。1978年发现了库里马（Curima）和埃斯帕达（Espada）两个油田，2P可采储量90.75×10⁶bbl油当量。1979年发现了阿图穆（Atum）和1-CES-033A油田。其中库里马油田2P可采储量为61.26×10⁶bbl油当量。1980年石油产量开始迅速增长，1981—1985年，共钻探井45口，不断有新的油气发现。勘探在1981—1982年达到巅峰，完钻25口井，钻井进尺100000m。

休整阶段（1986—2011年）：从1986年开始，勘探活动逐年减少，直到1988年勘探活动停滞，所有的井都因为是干井而废弃。1990—1991年，3口探井见油迹。1995年，NFW Ceara Submarino128井见油气，完钻井深2788m。

再次发现阶段（2012年至今）：2012年发现了1-CES-158-CES油田，2P可采储量108.33×10⁶bbl油当量，是迄今为止该盆地最大的油田。

截至2018年，盆地已发现油气田27个，累计发现石油、天然气、凝析油2P可采储量分别为293.645×10⁶bbl、288.34×10⁹ft³、0.243×10⁶bbl（图1-3-9-2）。盆地储量前10的油气田为：1-CES-158-CES油田、库里马油田、沙里乌油田、阿图穆油田、埃斯帕达油田、1-CES-001-CES气田、1-CES-048A-CES气田、1-CES-002-CES气田、1-CES-068-CES油田、1-CES-074-CES油田，储量占总发现量的96.4%。

2. 区域地质

比阿乌—塞阿拉盆地属于被动大陆边缘盆地（图1-3-9-3），位于巴西赤道的大西洋边缘，基底为前寒武系火山岩，由下至上发育白垩系和新近系。比阿乌—塞阿拉盆地的构造沉积演化经历了四个阶段（图1-3-9-4、图1-3-9-5）：裂陷阶段、热沉降与板块漂移、走滑运动和盆地反转、热沉降。早阿普特期，南大西洋张开形成大西洋裂谷，盆地发育河流和湖泊等陆相沉积。在裂谷发育晚期，为海陆过渡沉积。随后发育热沉降事件，主要发育海相沉积，以海侵或海退旋回为特征。

比阿乌—塞阿拉盆地由四个坳陷构成（图1-3-9-4），从西到东分别是：皮奥伊—卡莫辛（Piaui-Camocim）、阿凯劳（Acarau）、伊卡拉伊（Icarai）和蒙达乌（Mundau）坳陷。

3. 石油地质特征

1）烃源岩

盆地已证实的主要烃源岩阿普特阶—下阿尔布阶 Paracuru 组页岩（图 1-3-9-5），该烃源岩在蒙达乌坳陷广泛分布，总有机碳含量高达 13%，生烃潜力大于 10kg HC/t，且氢指数达 750mgHC/gTOC，干酪根主要为 Ⅱ 型。

潜在烃源岩位于皮奥伊—卡莫辛坳陷和阿凯劳坳陷：

（1）土伦阶烃源岩：沉积于中白垩世海侵时期，是阿凯劳坳陷中最主要的烃源岩。只在盆地近海区域成熟，总有机碳含量 1.9%～4.1%。

（2）阿普特阶中上部湖相烃源岩：在阿凯劳坳陷东部边缘和比阿乌—塞阿拉坳陷的中央地带发育很好。烃源岩总有机碳含量 1%～3.6% 之间。

（3）阿尔布阶过渡相烃源岩：烃源岩质量较差，为含气页岩和煤系，沉积于三角洲环境。总有机碳含量可达 2%，可能产生少量的油。

（4）坎潘阶过渡相烃源岩：为浅海相页岩或外陆架/斜坡的泥灰岩、页岩，总有机碳含量 1%～1.9%，分布广泛。

2）储层

已证实主要储层（图 1-3-9-5）：Paracuru 组三角洲相砂岩，其间夹有最好的烃源岩，并在沙里乌、阿图穆和库里马油田产出。包含沉积于三角洲、障壁坝和潮汐水道环境的粗砂岩，这些砂岩形成了最好的储层。在库里马油田发育四个产层（C、D、E 和 F），孔隙度和渗透率分别是 21%～23% 和 150mD。

次要储层为 Mundau 组砂岩，河流相砂岩分成三个层（A 以下部分，A 和 B），平面变化较大。

潜在储层为 Ubarana 组深海浊积砂岩，具有很好的孔隙度和渗透率（例如埃斯帕达油田），这些储层在深水中发育很好。

3）盖层

盆地存在三套盖层（图 1-3-9-5）分别为：白垩系阿普特阶 Mundau 组页岩，阿普特—阿尔布阶 Paracuru 组页岩和白垩系 Ubarana 组。

4）圈闭类型

圈闭类型主要为构造圈闭和地层圈闭。

4. 常规油气成藏组合

盆地包括两套成藏组合（图 1-3-9-5）：下白垩统浊积砂岩成藏组合和上白垩统—古近系浊积砂岩成藏组合。

下白垩统浊积砂岩成藏组合包括下白垩统 Mundau 和 Paracuru 组成藏组合。

上白垩统—古近系浊积砂岩成藏组合主要是 Ubarana 群砂岩成藏组合。

5. 典型油气田

1）1-CES-158-CES 油田

属于下白垩统 Paracuru 组浊积砂岩成藏组合，位于蒙达乌坳陷，长 8.5km、宽 4.5km，面积为 20.63km²，发现于 2012 年。截至 2018 年，石油、天然气 2P 可采储量分别为 100×10^6bbl、50×10^9ft³（表 1-3-9-1）。

主要储层为下白垩统 Paracuru 组浊积砂岩，最大厚度 290m，有效厚度 140m，储层平均孔隙度 18%。储层顶面构造为 -2600m，最大水深 2130m，主要为构造—地层圈闭。

2）库里马（Curima）油田

属于下白垩统 Paracuru 组浊积砂岩成藏组合，位于蒙达鸟坳陷，长 2.7km、宽 2km，油田面积为 3.5km²（图 1-3-9-6），发现于 1978 年。截至 2018 年，石油、天然气 2P 可采储量分别为 50.79×10^6bbl、62.79×10^9ft³。

主要储层为 Paracuru 组浊积砂，砂岩最大厚度 250m，最大含水饱和度 23%。1978 年测试储层压力为 3128psi，构造顶面深度 1975m，最大水深 25m，主要为地层不整合—构造复合圈闭。

1980 年投入生产，2017 年石油年产量为 316.55×10^3bbl，天然气年产量为 518.44×10^6ft³。截至 2018 年，累计生产石油、天然气分别为 44.58×10^6bbl、50×10^9ft³。

3）沙里鸟（Xareu）油田

属于下白垩统 Paracuru 组浊积砂岩成藏组合，位于蒙达鸟坳陷，长 5.1km、宽 3.1km，面积为 11.5km²（图 1-3-9-7），发现于 1977 年。截至 2018 年，石油、天然气 2P 可采储量分别为 53.04×10^6bbl、29.75×10^9ft³（表 1-3-9-1）。

主要储层为 Paracuru 组浊积砂岩，最大厚度为 19m，平均孔隙度 20%，最大含水饱和度 43%。顶面构造埋深 1969m，最大水深 30m，主要为构造圈闭。

1981 年投入生产，2017 年石油年产量为 383.82×10^3bbl，天然气年产量为 91.7×10^6ft³。截至 2018 年，累计生产石油、天然气分别为 39.4×10^6bbl、23.9×10^9ft³。

6. 油气勘探开发潜力

比阿鸟—塞阿拉盆地具有一定油气勘探潜力。中国石油 2018 年评价认为，常规待发现油气资源量 193.72×10^6bbl 油当量，其中石油 165.22×10^6bbl、凝析油 0.01×10^6bbl、天然气 165.22×10^9ft³。

表 1-3-9-1 比阿乌—塞阿拉盆地主要油气田属性表

| 序号 | 油气田名称 | 油气田类型 | 地理位置 | 发现年份 | 主要成藏组合 | 主要储层岩性 | 2P 可采储量 ||| 油气总和 (10^6bbl 油当量) |
							石油 (10^6bbl)	天然气 (10^9ft^3)	凝析油 (10^6bbl)	
1	1-CES-158-CES	油田	海上	2012	下白垩统	砂岩	100.00	50	0	108.33
2	库里马（Curima）	油田	海上	1978	下白垩统	砂岩	50.79	62.79	0	61.25
3	沙里乌（Xareu）	油田	海上	1977	下白垩统	砂岩	53.04	29.75	0	58.00

世界油气勘探开发与合作形势图集 | 南美地区 South America

油气田名称：1. 1-CES-158-CES；2. 库里马（Curima）；3. 沙里乌（Xareu）；4. 1-CES-097；5. 1-CES-48A-CES；6. 1-CES-001-CES

图 1-3-9-1 比阿乌—塞阿拉盆地油气田位置分布图

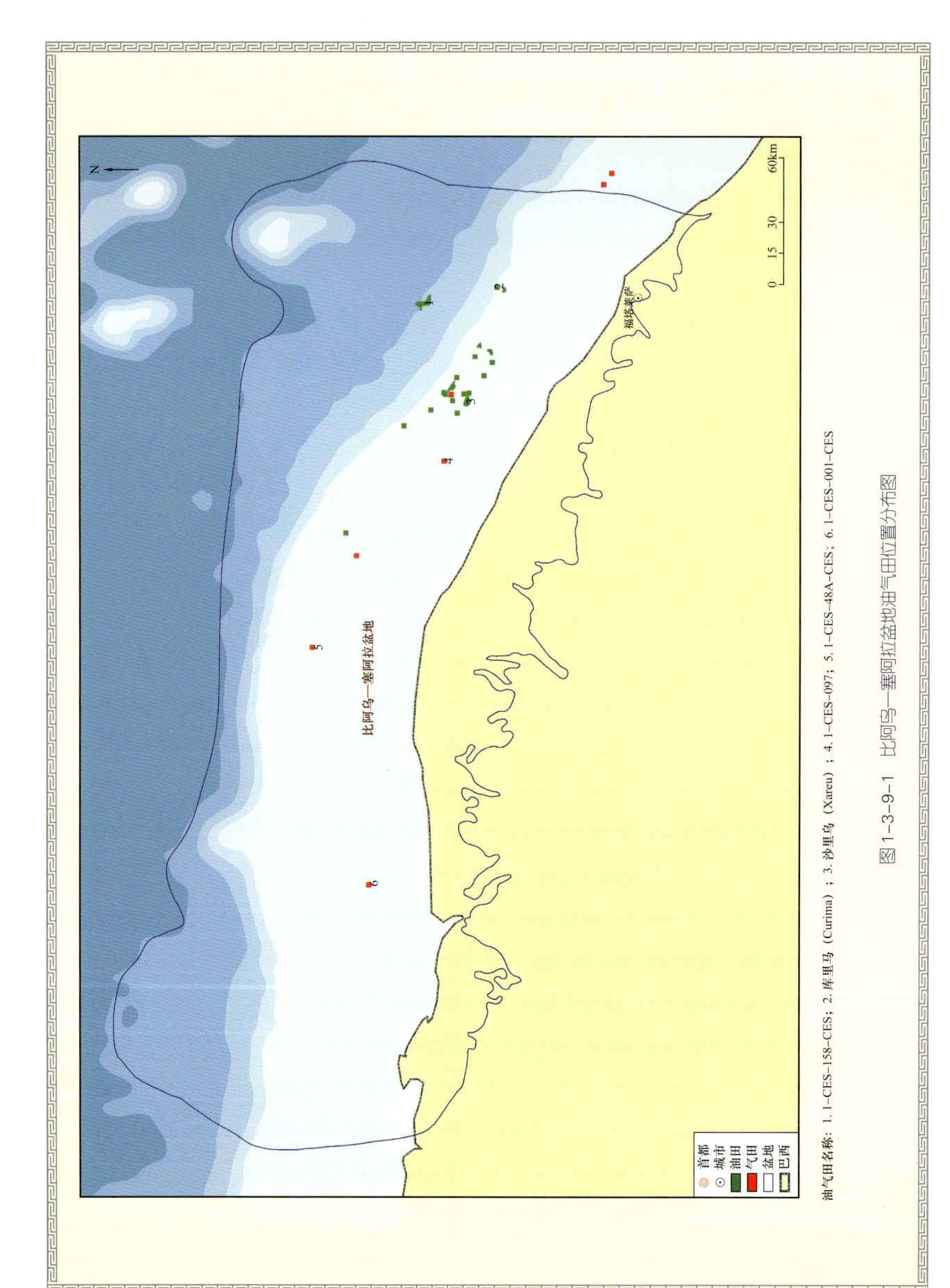

图 1-3-9-2 比阿乌—塞阿拉盆地历年新增油气 2P 可采储量柱状图

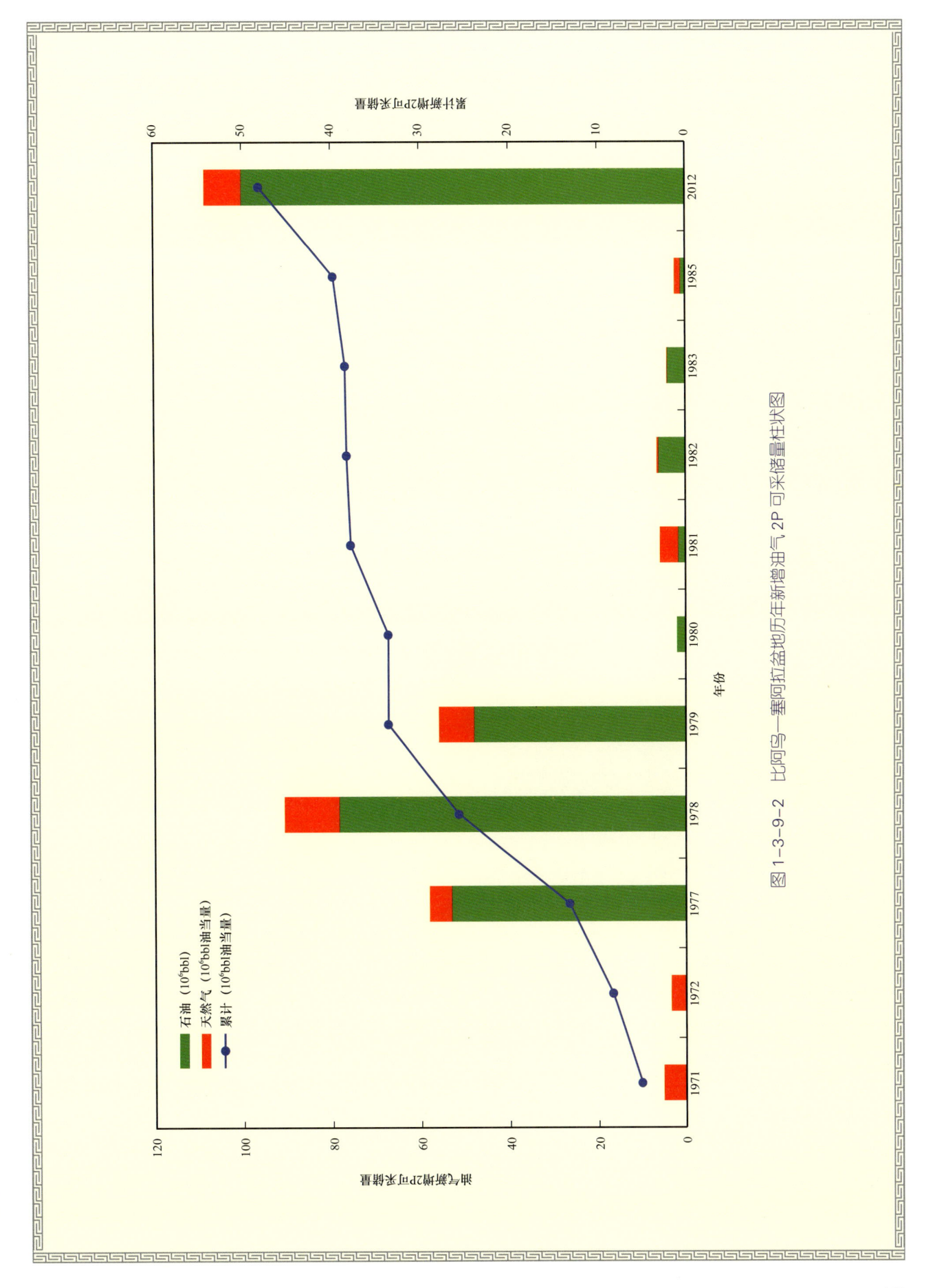

图 1-3-9-3 比阿乌—塞阿拉盆地构造单元划分图

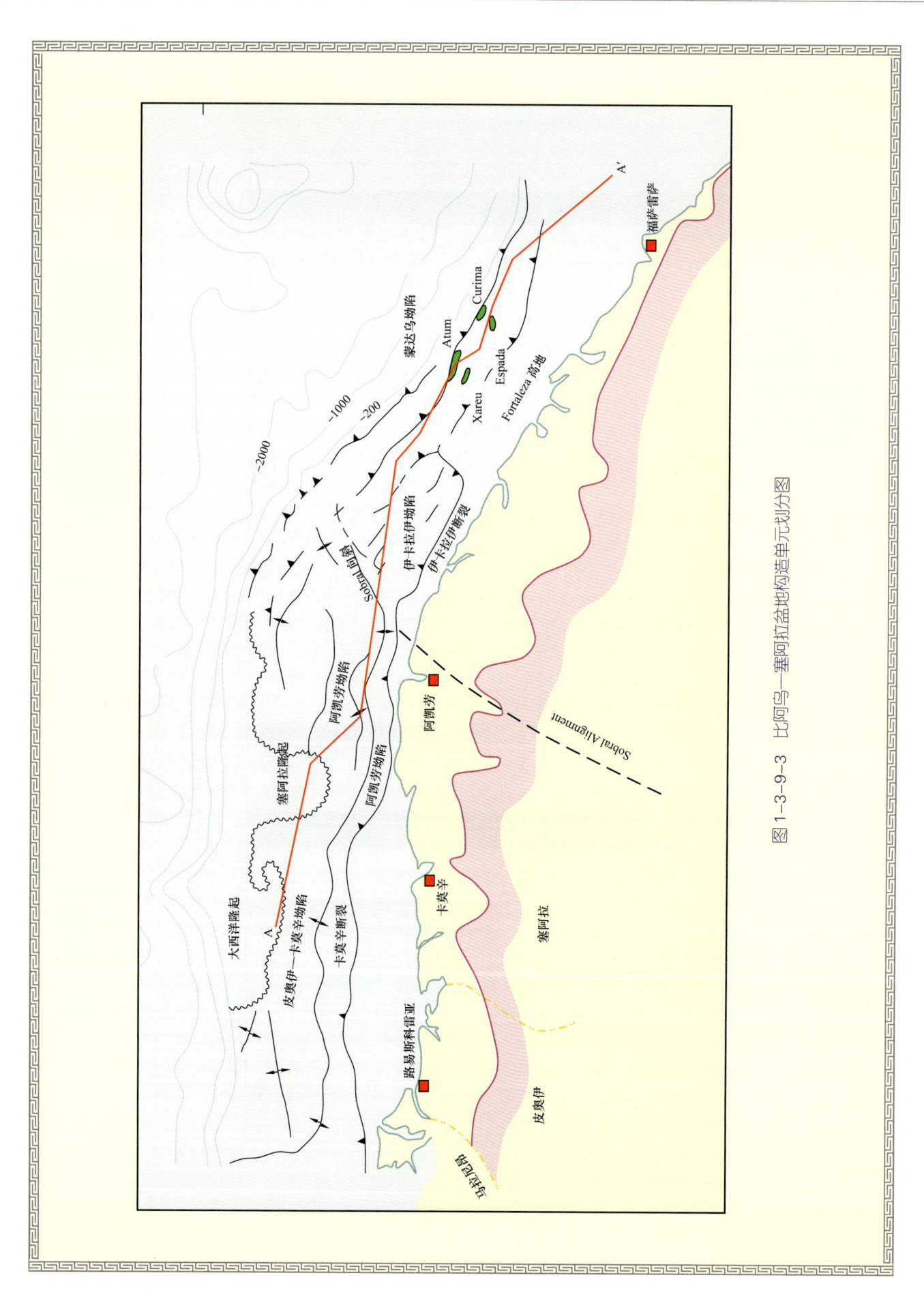

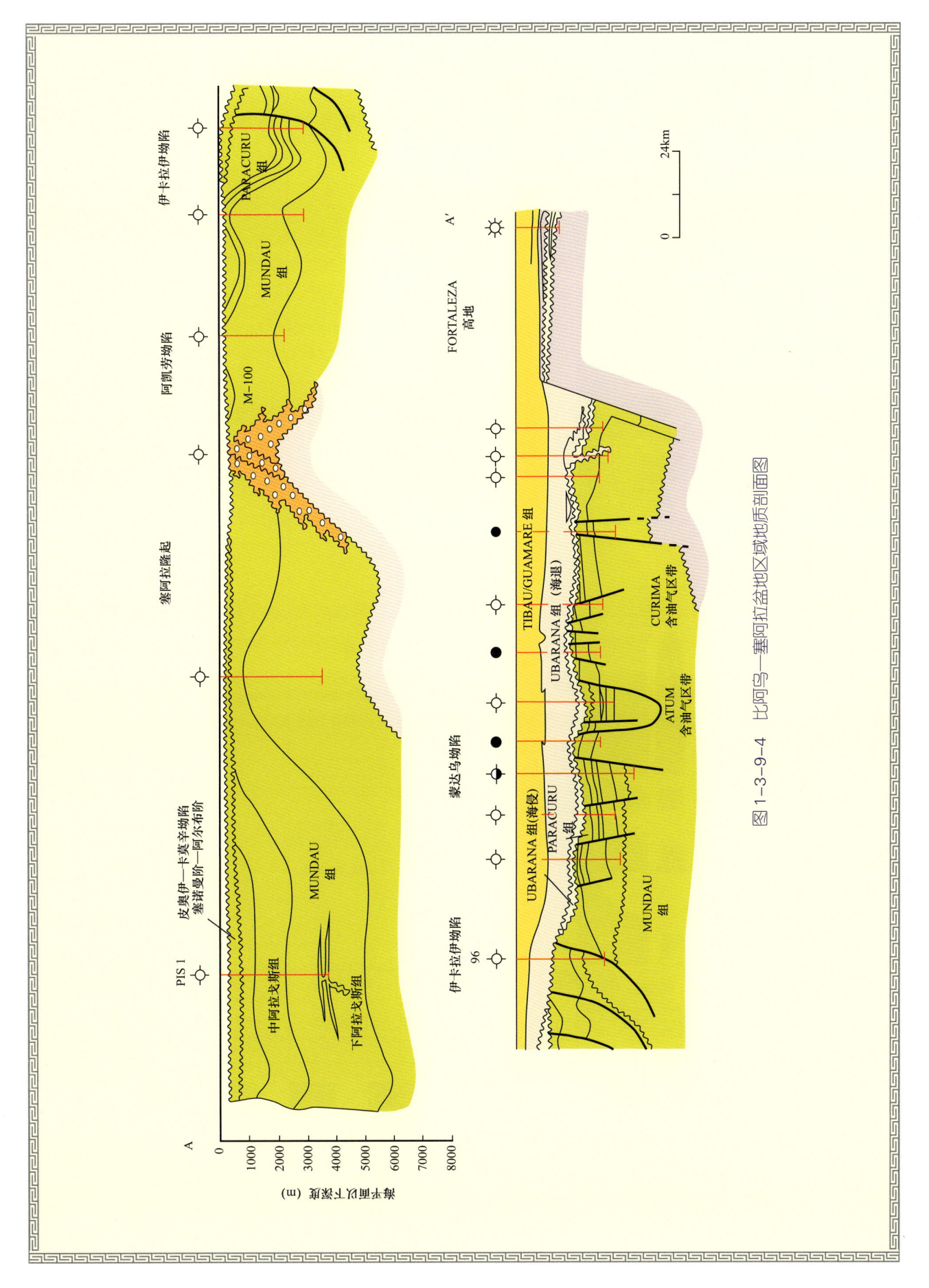

图 1-3-9-4 比阿马—塞阿拉盆地区域地质剖面图

图 1-3-9-5 比阿乌—塞阿拉盆地地层综合柱状图

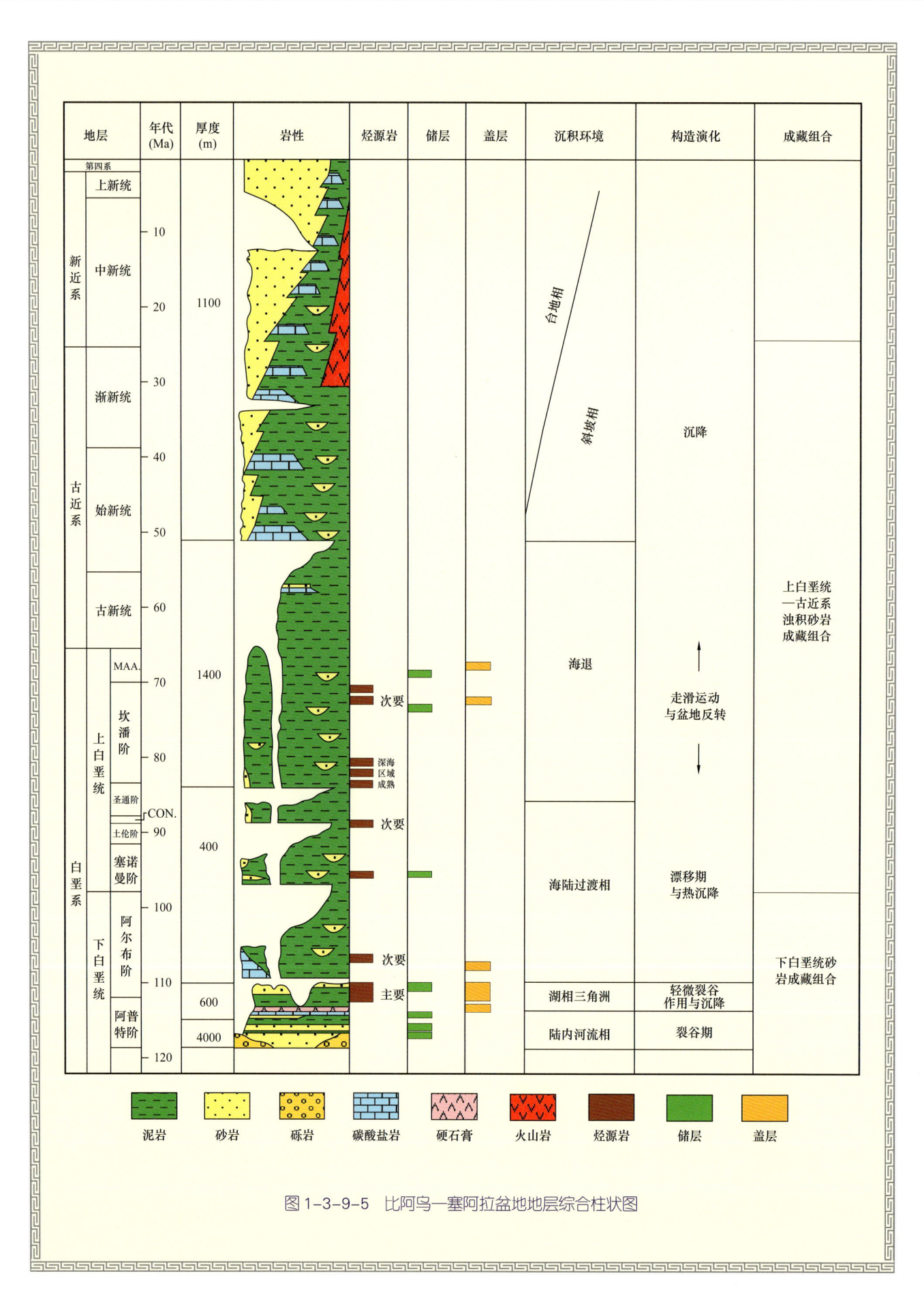

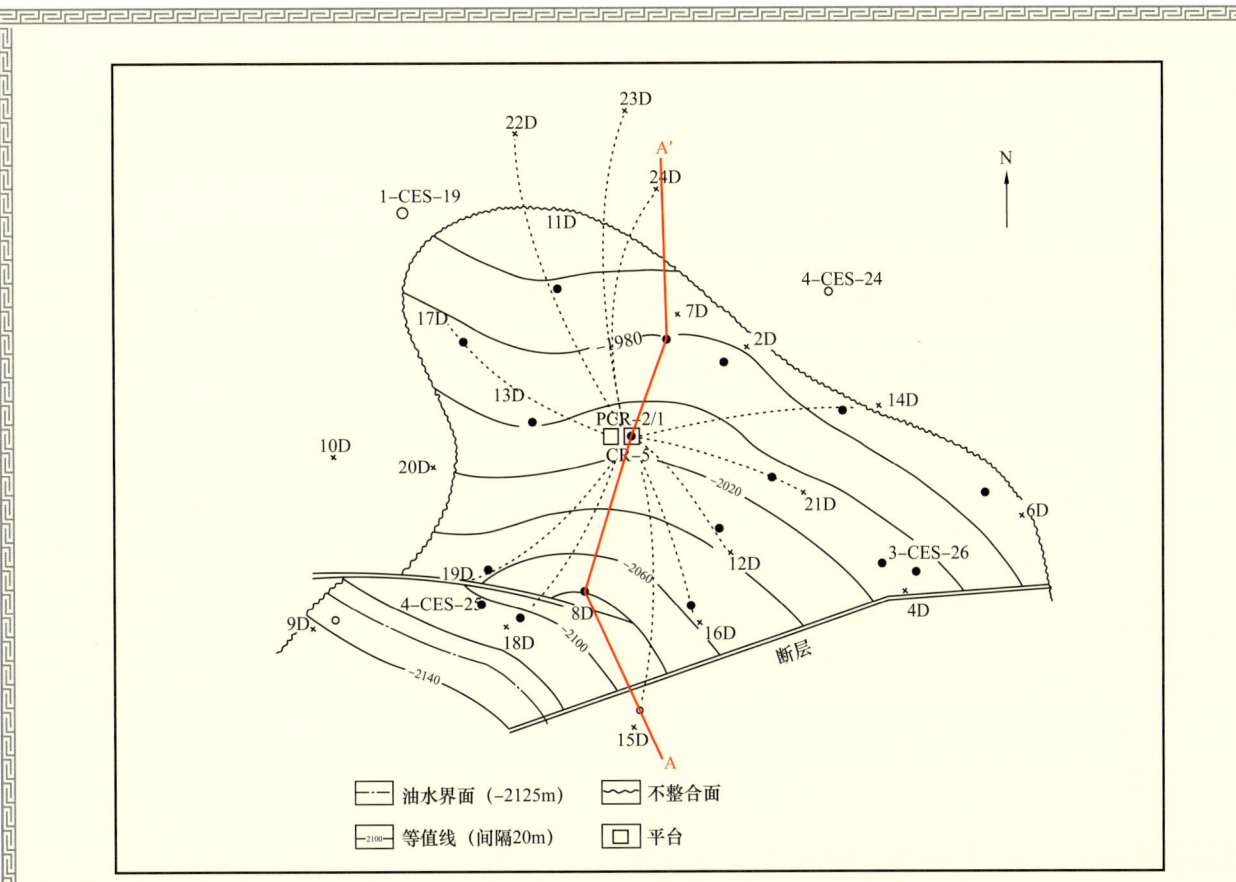

a. Paracuru组顶面构造图

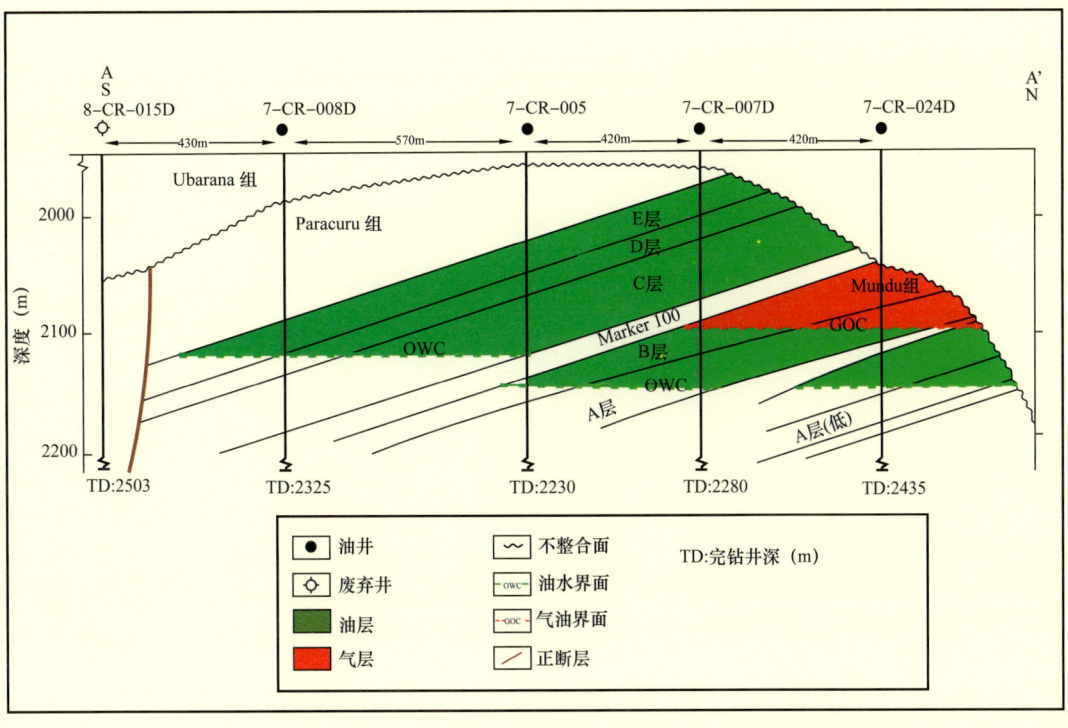

b. 剖面图

图 1-3-9-6　库里马油田构造及油藏剖面图

南美地区 South America

a. 构造图

b. 油藏剖面图

图 1-3-9-7 沙里鸟油田构造及油藏剖面图

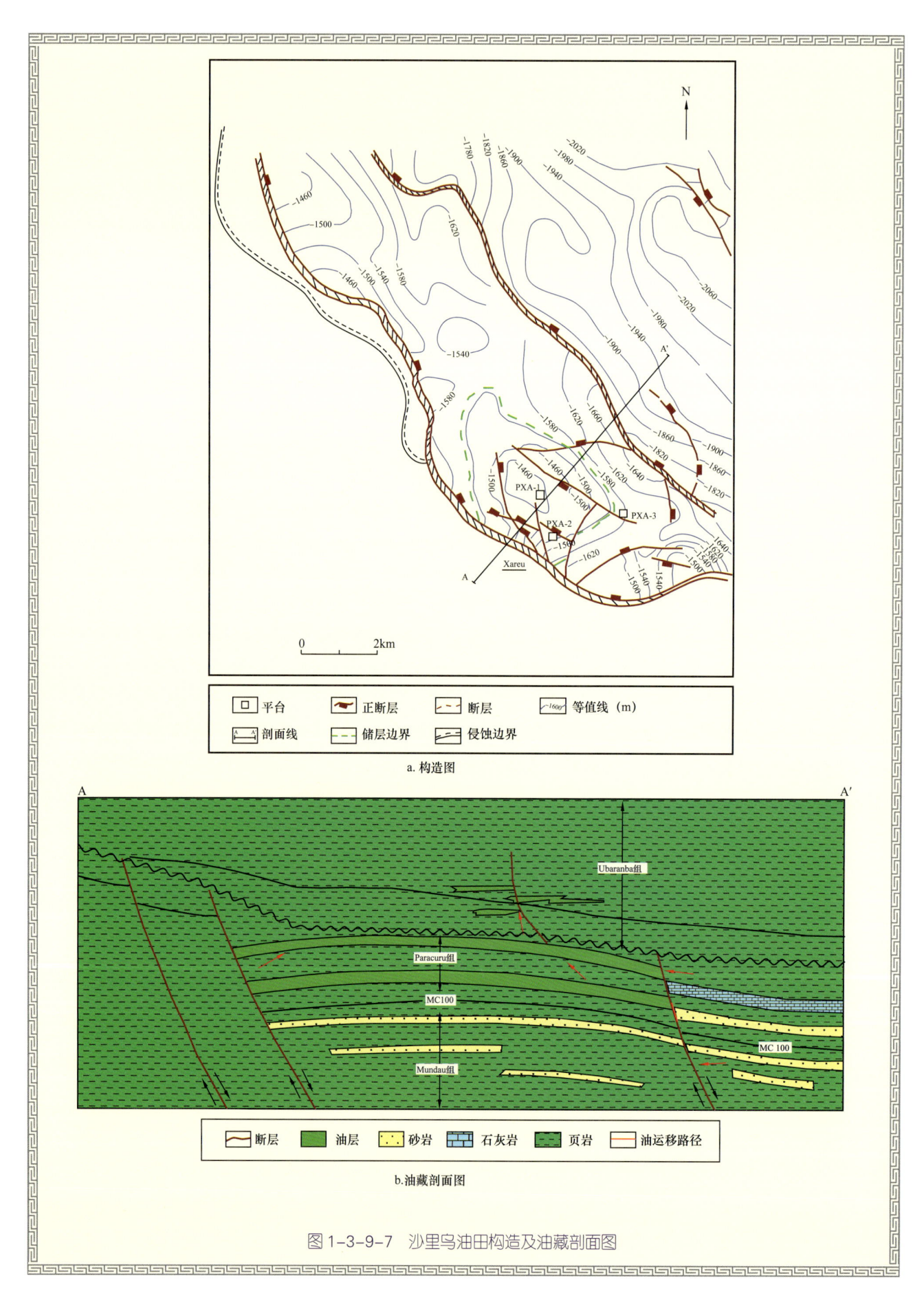

（十）帕拉—马拉尼昂盆地

帕拉—马拉尼昂盆地（Para-Maranhao Basin）位于巴西东北部沿海区域（图1-3-10-1）。盆地南部以基底隆起为界，北部则以分隔圣保罗深海盆地和塞阿拉深海平原的北巴西中脊为界，盆地面积14600.0km²。

1. 勘探开发历程

帕拉—马拉尼昂盆地勘探经历了早期发现、储量增长、休整、再发现4个阶段。

早期发现阶段（1950—1978年）：20世纪50年代的两口参数井见到了油气之后，投入了大量的勘探工作，60年代至少钻探井40口，70年代开始探索海域，1978年，在1-MAS-005井白垩系Ilha de Santana组碳酸盐岩首次获得油气发现。

储量增长阶段（1979—1982年）：20世纪80年代，在外大陆架开展大量勘探工作，完钻探井25口。在1980年1月完钻1-MAS-9井，是巴西国家石油公司最重要的石油发现。1982年，1-PAS-11井取得了更好的成果。

休整阶段（1983—2011年）：此阶段无储量发现。

再次发现阶段（2012年至今）：2012年发现了1-PAS-027-PAS油田，2P可采储量$55×10^6$bbl油当量，为迄今为止帕拉—马拉尼昂盆地最大的油田。

截至2018年，盆地已发现油气田5个，累计发现石油$83.75×10^6$bbl、天然气$132.1×10^9$ft³（图1-3-10-2），油气总储量$105.77×10^6$bbl油当量。

2. 区域地质

帕拉—马拉尼昂盆地是典型的被动大陆边缘盆地（图1-3-10-3），基底为元古宇变质岩，上覆地层为白垩系、古近系和新近系，盆地的构造演化经历了三个阶段：（1）裂陷期（阿普特期）（2）转换走滑构造期（晚阿尔布期—塞诺曼期）（3）热沉降期（塞诺曼期—新近纪）。

盆地由于早白垩世的裂谷倾斜和随后赤道大西洋的裂开，形成了北西—南东走向的雁列式裂谷盆地，西边发育同向（向盆倾）基底断层，东边发育反向（向陆倾）基底断层。盆地的深水部分，重力滑动构造紧邻火山隆起，形成了大型挤压构造（图1-3-10-4）。帕拉—马拉尼昂盆地构造单元由帕拉—马拉尼昂深海坳陷、帕拉—马拉尼昂（Para-Maranhao）台地和桑塔纳（Santana）台地和马拉若（Marajo）区块组成。

3. 石油地质特征

1）烃源岩

盆地已证实的主要烃源岩（图1-3-10-4）为阿尔布阶页岩，局部有机碳含量高达4%，Ⅱ型干酪根。1-MAS-008井2310～2395m平均总有机碳含量为5%，Ⅰ型和Ⅱ型干酪根，生烃潜力30kgHC/t岩石。

潜在烃源岩为古近系海相页岩，局部有机碳达7%，生烃潜力高达26kgHC/t岩石，Ⅱ型/Ⅲ型干酪根。

2）储层

已证实储层（图1-3-10-4）为上白垩统碳酸盐岩和砂岩透镜体。

上白垩统—全新统（Travosas组和Ilha de Santana组）碳酸盐岩孔隙度为3%～6%，孔渗特性主要和裂缝有关，储层厚度15～30m。

潜在储层是下白垩统裂陷层序砂岩和古近系深海浊积砂岩体。

3）盖层

区域盖层为马斯特里赫特阶—弗西尔阶 Ilha de Santana 组泥屑灰岩、砂屑灰岩（图 1-3-10-4）。

4）圈闭类型

圈闭类型主要为构造圈闭和岩性圈闭。

4. 常规油气成藏组合

盆地已证实的成藏组合为上白垩统 Ilha de Santana 组碳酸盐岩和砂岩透镜体成藏组合（图 1-3-10-4）。潜在的成藏组合为下白垩统河流三角洲相砂岩成藏组合及古近系深海浊积砂体成藏组合。

5. 典型油气田

1-PAS-009-PAS 油田

属于上白垩统 Ilha de Santana 组碳酸盐岩和砂岩透镜体成藏组合。油田位于帕拉—马拉尼昂深海坳陷。发现于 1980 年，截至 2018 年，石油 2P 可采储量 15×10^6 bbl，天然气 2P 可采储量 15×10^9 ft³。

主要储层为 Ilha de Santana 组碳酸盐岩，储层最大厚度 15m，平均孔隙度 3%，物性主要和裂缝有关。储层顶面构造深度 4376m，最大水深为 70m，主要为构造圈闭。

该油田目前处于评价待开发阶段。

6. 油气勘探开发潜力

帕拉—马拉尼昂盆地油气勘探潜力一般。中国石油 2018 年评价认为，常规待发现油气资源量 97.48×10^6 bbl 油当量，其中石油 97.19×10^6 bbl、天然气 1.69×10^9 ft³，待发现资源量为石油和天然气。

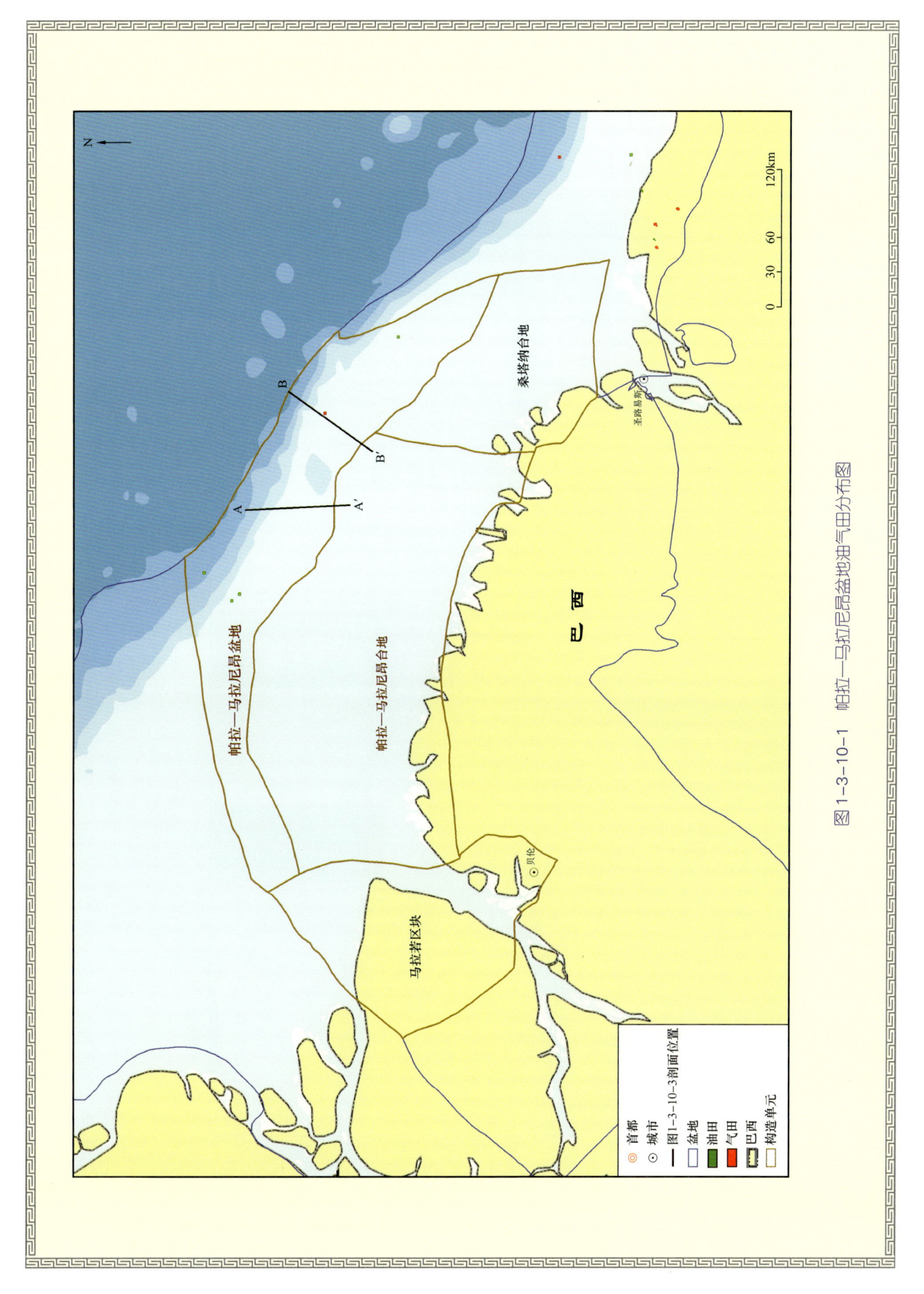

图1-3-10-1 帕拉—马拉尼昂盆地油气田分布图

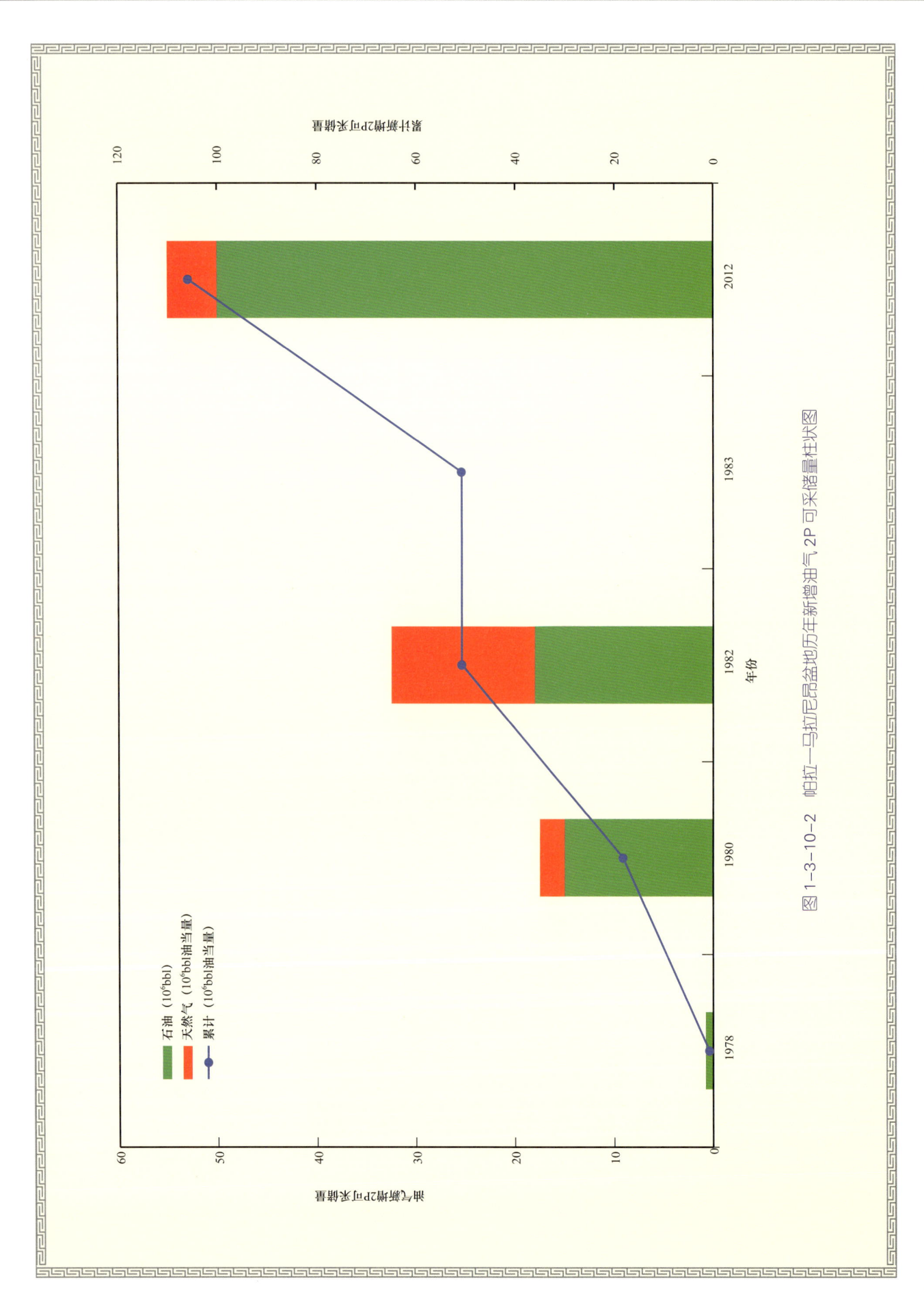

| 世界油气勘探开发与合作形势图集 | 南美地区 South America

图 1-3-10-2 帕拉—马拉尼昂盆地历年新增油气 2P 可采储量柱状图

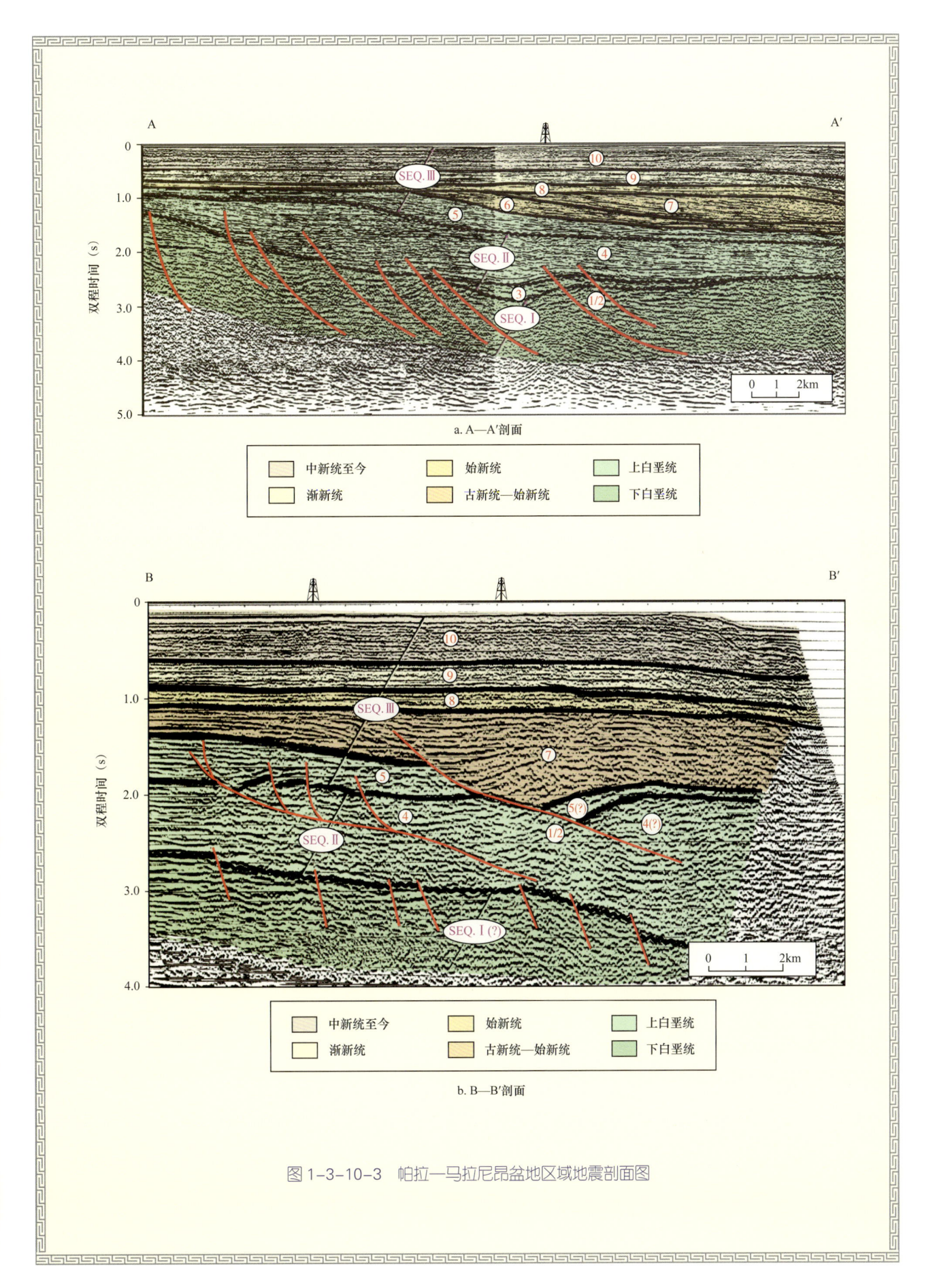

图 1-3-10-3　帕拉—马拉尼昂盆地区域地震剖面图

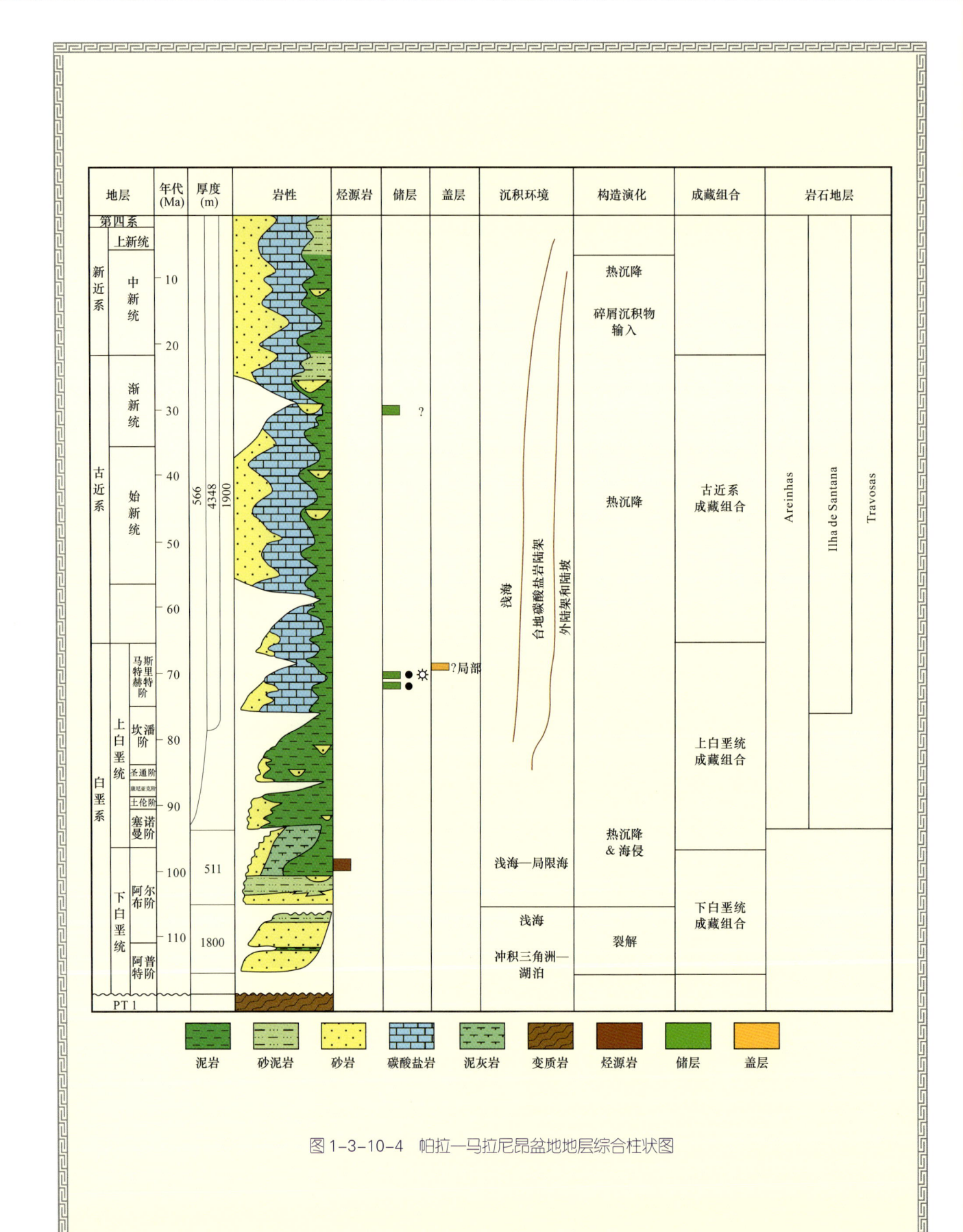

图 1-3-10-4 帕拉—马拉尼昂盆地地层综合柱状图

（十一）福斯杜亚马孙盆地

福斯杜亚马孙盆地（Foz do Amazonas Basin）位于巴西东北海岸，处于亚马孙河的入海口处（图1-3-11-1），占据巴西大西洋西北边缘的广大地区，面积147115km²，其中陆上面积16702km²，海上面积$13.04×10^4$km²。

1. 勘探开发历程

福斯杜亚马孙盆地的油气勘探，经历了早期探索、勘探零星发现和较大发现等3个阶段（图1-3-11-2）。

早期探索阶段（1930—1975年）：20世纪30年代，CNP公司负责巴西油气勘探工作。1954—1967年，陆上共钻井4口，均未发现油气，之后勘探重点逐渐转移至海上。

勘探零星发现阶段（1970—2011年）：20世纪70年代，在海域共钻探井32口，1976年发现了1-APS-018-APS和1-APS-021-APS气田，1978年发现了1-APS-029-APS气田。80年代早期，盆地引入了地震勘探技术，共采集二维地震121980km、三维地震575km²，钻探井12口，1980—1981年发现了两个油田。至2008年底，盆地共钻探井55口，共发现油田3个，累计发现2P石油可采储量$1.08×10^6$bbl。

较大发现阶段（2011年至今）：2011年发现了扎伊杜斯（Zaedyus）油田，石油2P可采储量$150×10^6$bbl天然气为$40×10^9$ft³，为福斯杜亚马孙盆地勘探开辟了新领域。

截至2018年，共发现油气田6个：1-APS-018-APS、1-APS-021-APS、1-APS-031A-APS、1-APS-029-APS、1-APS-045B-APS、扎伊杜斯。累计2P可采储量$160.94×10^6$bbl油当量，其中石油$150.5×10^6$bbl，凝析油$0.27×10^6$bbl，天然气$61×10^9$ft³。

福斯杜亚马孙盆地还处于勘探阶段，至今尚未投入开发。

2. 区域地质

福斯杜亚马孙盆地属被动陆缘盆地（图1-3-11-3），东北部以Amazone Cone相邻，以大陆架边缘的突出陡坡为分界；西部与Amapa台地相接；东南部与马拉若地堑和帕拉—马拉尼昂盆地相邻；西南部与亚马孙盆地相邻。基底为新元古界火山岩，向上发育三叠系、侏罗系、白垩系、古近系和新近系。三叠纪—早白垩世主要以陆相沉积为主，晚白垩世—新近纪海相与陆相沉积均发育。盆地主要发育湖相、河流—三角洲和碳酸盐岩台地相沉积。

盆地构造沉积演化可以划分为五个阶段（图1-3-11-4）：前裂谷阶段，主要为火山变质岩，形成盆地基底；同裂谷早期阶段，沉积下三叠统和上侏罗统，以张性构造运动为主，发育铲状断层、正断层、高角度走滑断层、局部沟槽—地堑；同裂谷晚期阶段，以张性构造运动为主，发育铲状断层、正断层、高角度走滑断层；后裂谷阶段，为被动大陆边缘盆地发育期，沉积环境为热带潮湿气候。从晚白垩世到全新世，盆地进入热沉降阶段，中新世—全新世为扇体发育时期，安第斯山脉的隆升为盆地提供了大量碎屑物质，形成现今的亚马孙河体系。陆源碎屑物质的供给，中断了原有的海相碳酸盐岩沉积体系，沉积一套厚层三角洲—斜坡扇沉积层序。

3. 石油地质特征

1）烃源岩

已证实上白垩统和古近系两套潜力烃源岩（图1-3-11-5）。上白垩统Limoeiro组海相页岩总有机碳含量1%~5%；古新统Amapa组泥岩较上白垩统烃源岩生油能力稍差，总有机碳含量1%~5%；始新统—渐新统

Travosas 组为富含有机质灰色灰泥岩，为Ⅱ型、Ⅲ型干酪根，总有机碳含量达 5%。

土伦阶 Limoeiro 组烃源岩主要分布在外陆架，陆架边缘埋深 6~7km，烃源岩可能过成熟。古新统 Amapa 组烃源岩位于碳酸盐岩台地边缘向陆方向，可能在新近纪时部分成熟生烃。此外，Pirarucu 组烃源岩在盆地大陆架区域局部成熟，主要受控于上覆上中新统—全新统厚度。

2）储层

已证实两套储层：一是古近系—新近系 Amapa 组碳酸盐岩（图 1-3-11-5），储层孔隙主要为碳酸盐岩溶蚀形成的次生孔隙，孔隙度可达 20%；二是上白垩统浊积砂体。潜在储层是下白垩统河流—三角洲相砂岩和海相碳酸盐岩。

3）盖层

新近系 Pirarucu 组三角洲环境沉积的页岩为半区域或层间盖层，是下伏 Amapa 组碳酸盐岩储层的良好盖层。其他盖层主要为海侵期形成的页岩。

4）圈闭类型

古近系—新近系 Amapa 组油气藏类型为复合型油气藏，上白垩统、古近系—新近系发育因浊积砂岩横向变化形成的岩性圈闭。

4. 常规油气成藏组合

盆地可划分为三套成藏组合（图 1-3-11-5）。

上白垩统浊积砂岩成藏组合：烃源岩为上白垩统 Limoeiro 组海相页岩，储层为上白垩统浊积砂岩，盖层主要为上白垩统 Limoeiro 组海相页岩。

古近系—新近系碳酸盐岩和浊积砂体成藏组合：前者主要分布在盆地中部地区，储层为古近系—新近系碳酸盐岩，盖层主要为古近系—新近系层间泥岩，后者分布于深水区域。

5. 典型油气田

扎伊杜斯（Zaedyus）油田

属于上白垩统浊积砂岩成藏组合。位于福斯杜亚马孙盆地北部，长 13.66km，宽 5.96km，面积为 32.52km²，发现于 2011 年。截至 2018 年，石油、天然气 2P 可采储量分别为 150×10^6 bbl、40000×10^6 ft³（表 1-3-11-1）。

储层为白垩系浊积砂岩，沉积中心位于西南部，扇体呈北东向展布。储层最大有效厚度 72m。顶部埋深 5000m，最大水深 2048m。为地层圈闭，分为透镜体岩性圈闭和地层圈闭。

该油田处于评价待开发阶段。

6. 勘探开发潜力

福斯杜亚马孙盆地油气勘探潜力大。中国石油 2018 年评价认为，常规待发现油气资源量 15786.72×10^6 bbl 油当量，其中石油 8325.00×10^6 bbl、天然气 43278.00×10^9 ft³，待发现资源量为石油和天然气。最有利勘探区位于盆地中陆坡带，陆坡是盆地海上生油中心有利的油气运移指向区，同时该区域又是古近系新近系碳酸盐岩、上白垩统浊积砂岩和下白垩统碳酸盐岩有利储层的发育区。

表 1-3-11-1　福斯杜亚马孙盆地主要油气田属性表

序号	油气田名称	油气田类型	地理位置	发现年份	主要成藏组合	主要储层岩性	2P 可采储量			
							石油（10⁶bbl）	天然气（10⁹ft³）	凝析油（10⁶bbl）	油气总和（10⁶bbl 油当量）
1	扎伊杜斯（Zaedyus）	油田	海上	2011	上白垩统	浊积砂岩	150.00	40.00	0	156.67

南美地区 South America

图 1-3-11-1 福斯杜亚马孙盆地油气田位置分布图

油气田名称：1. 扎伊杜斯 (Zaedyus)；2. 1-APS-029-APS；3. 1-APS-018-APS；4. 1-APS-031A-APS

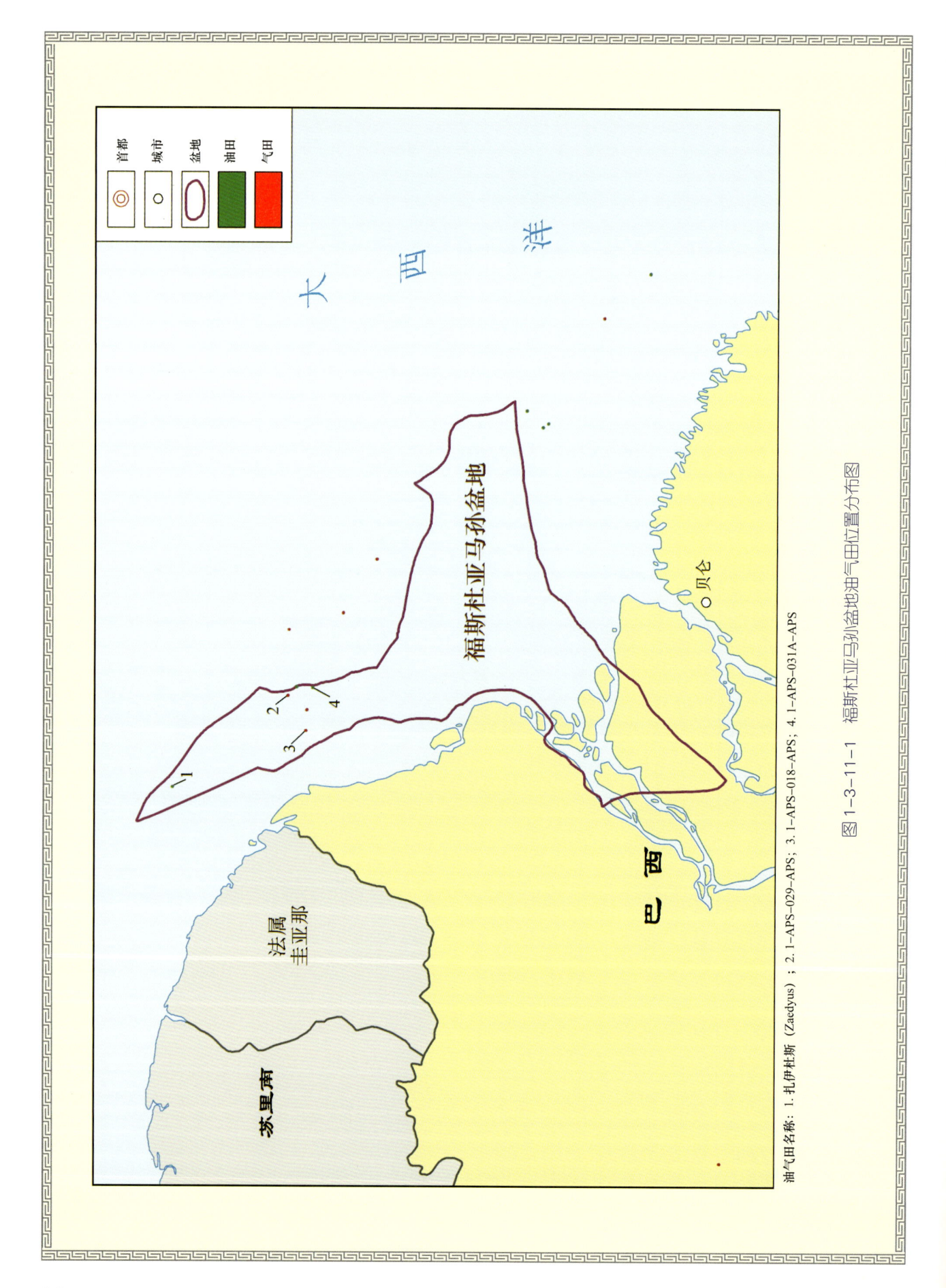

图1-3-11-2 福斯杜亚马孙盆地历年新增油气2P可采储量柱状图

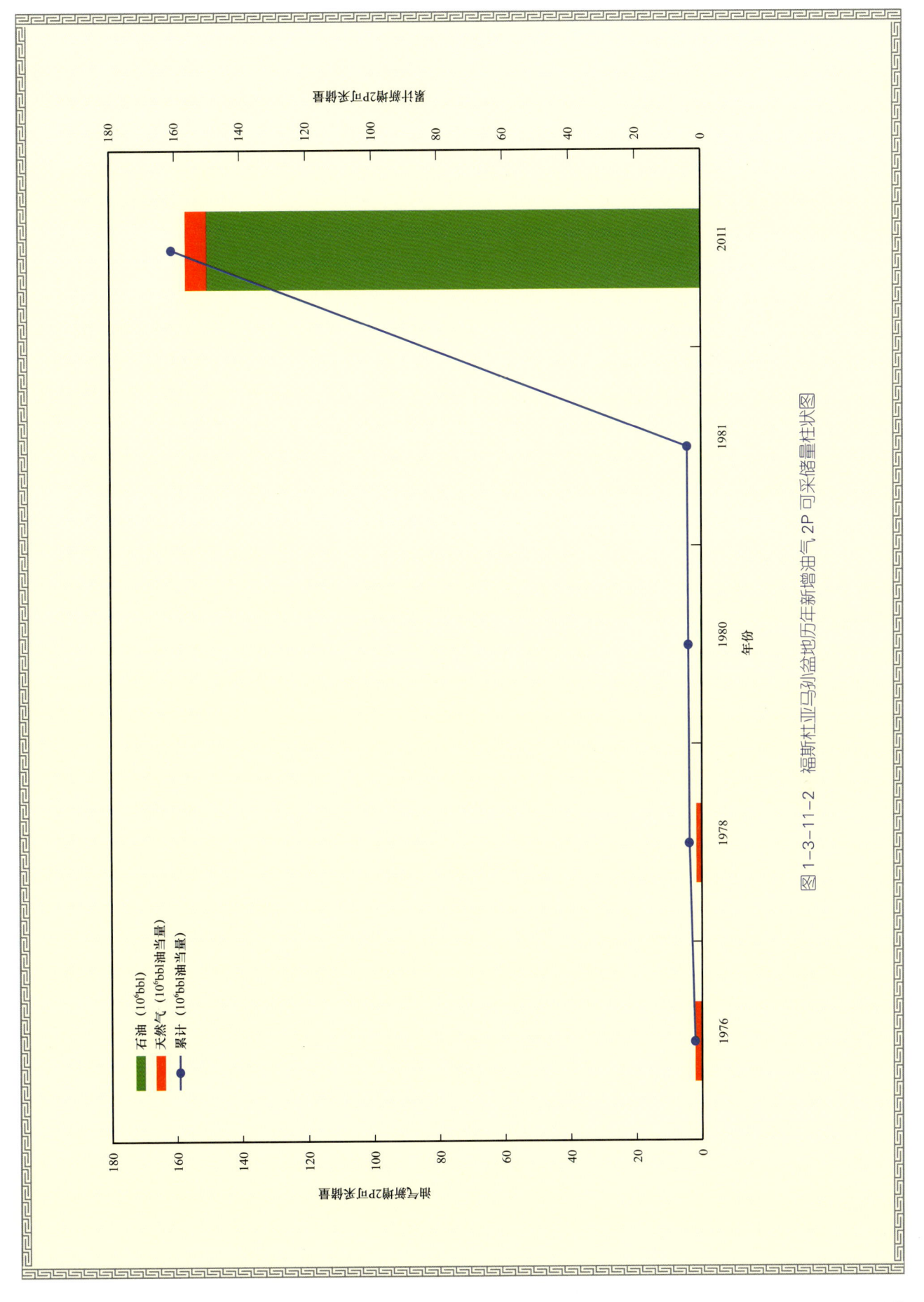

图 1-3-11-3 福斯杜亚马孙盆地构造单元分布图

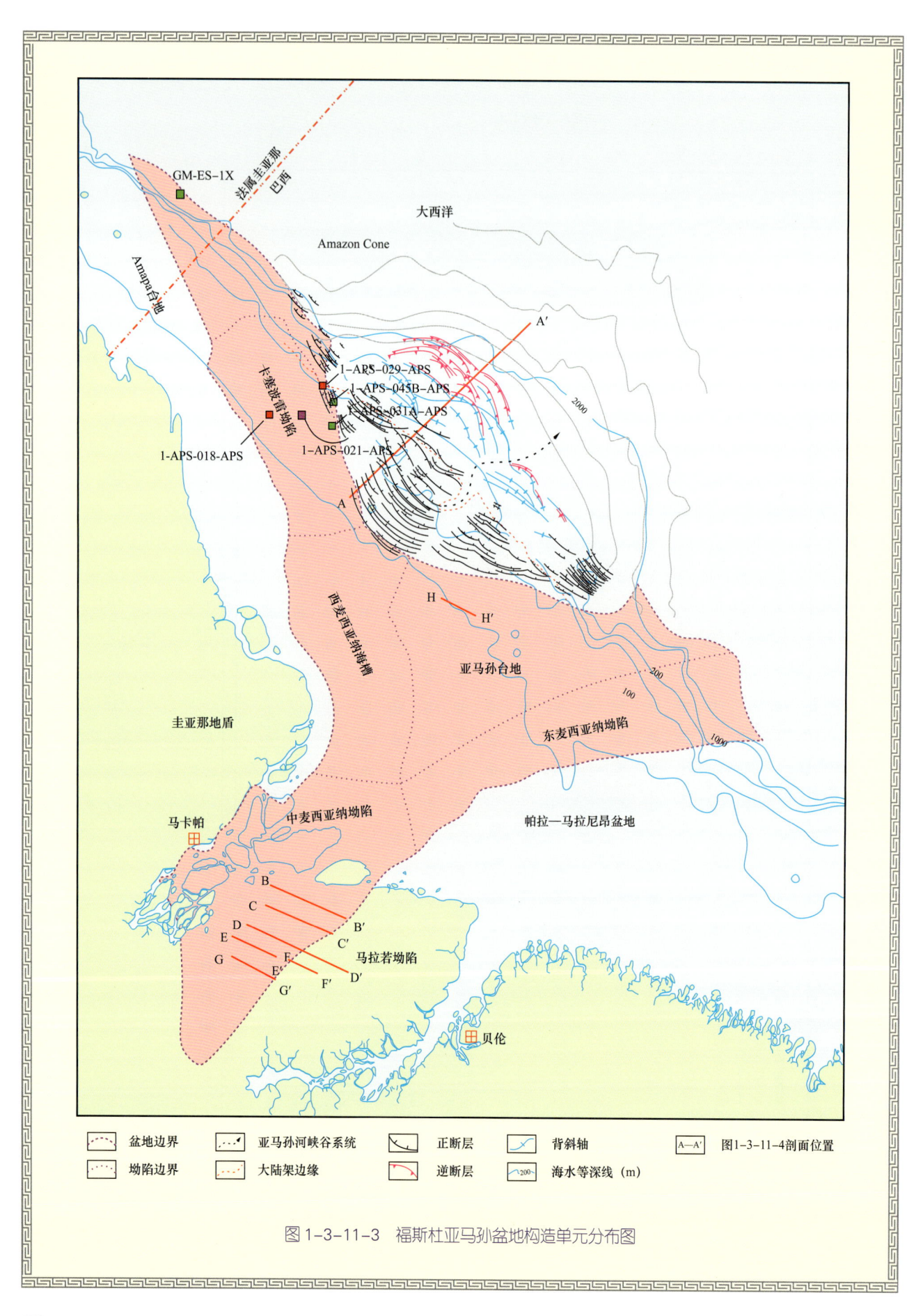

图 1-3-11-4 福斯杜亚马孙盆地区域地质剖面图

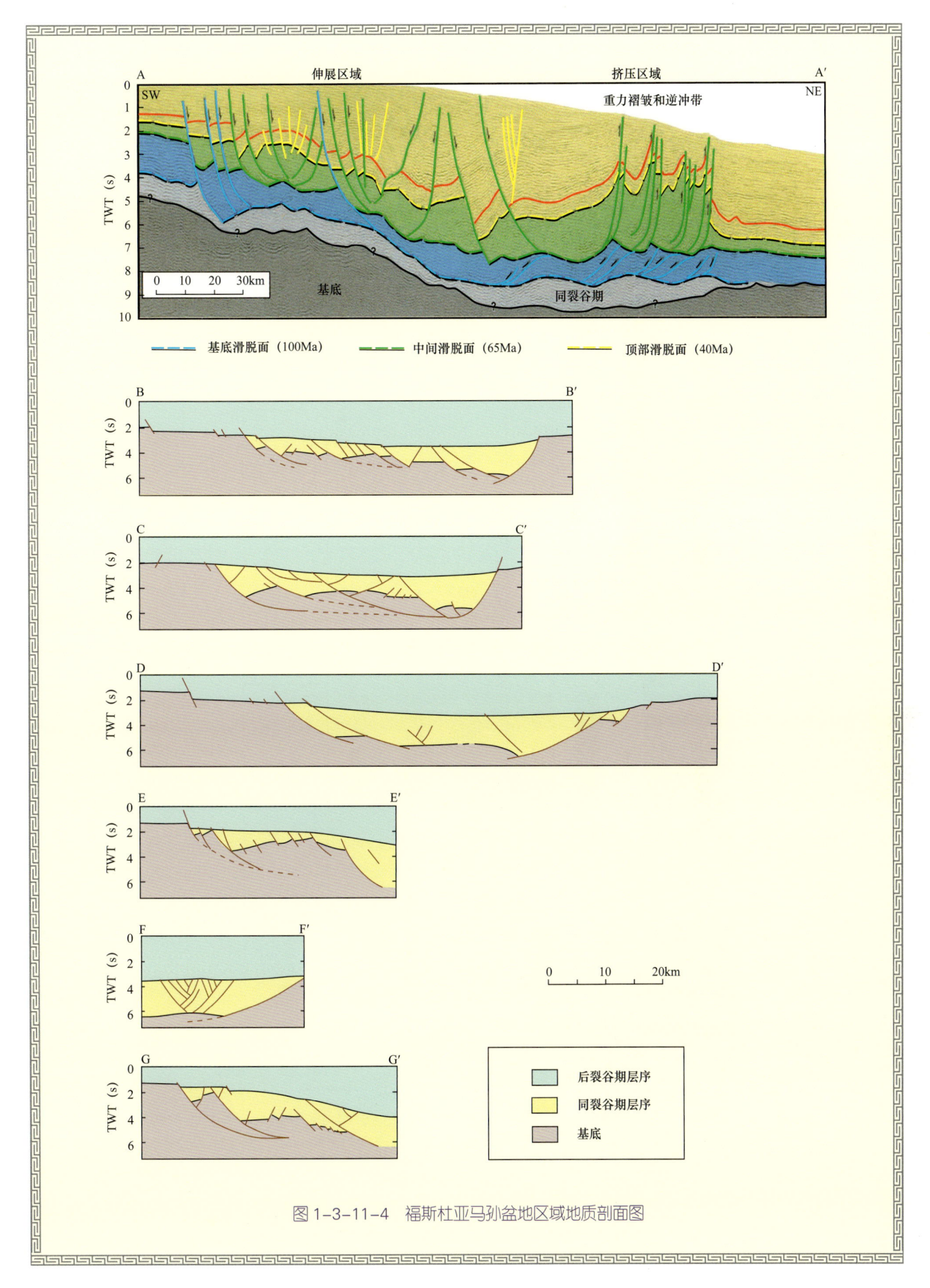

图 1-3-11-5 福斯杜亚马孙盆地地层综合柱状图

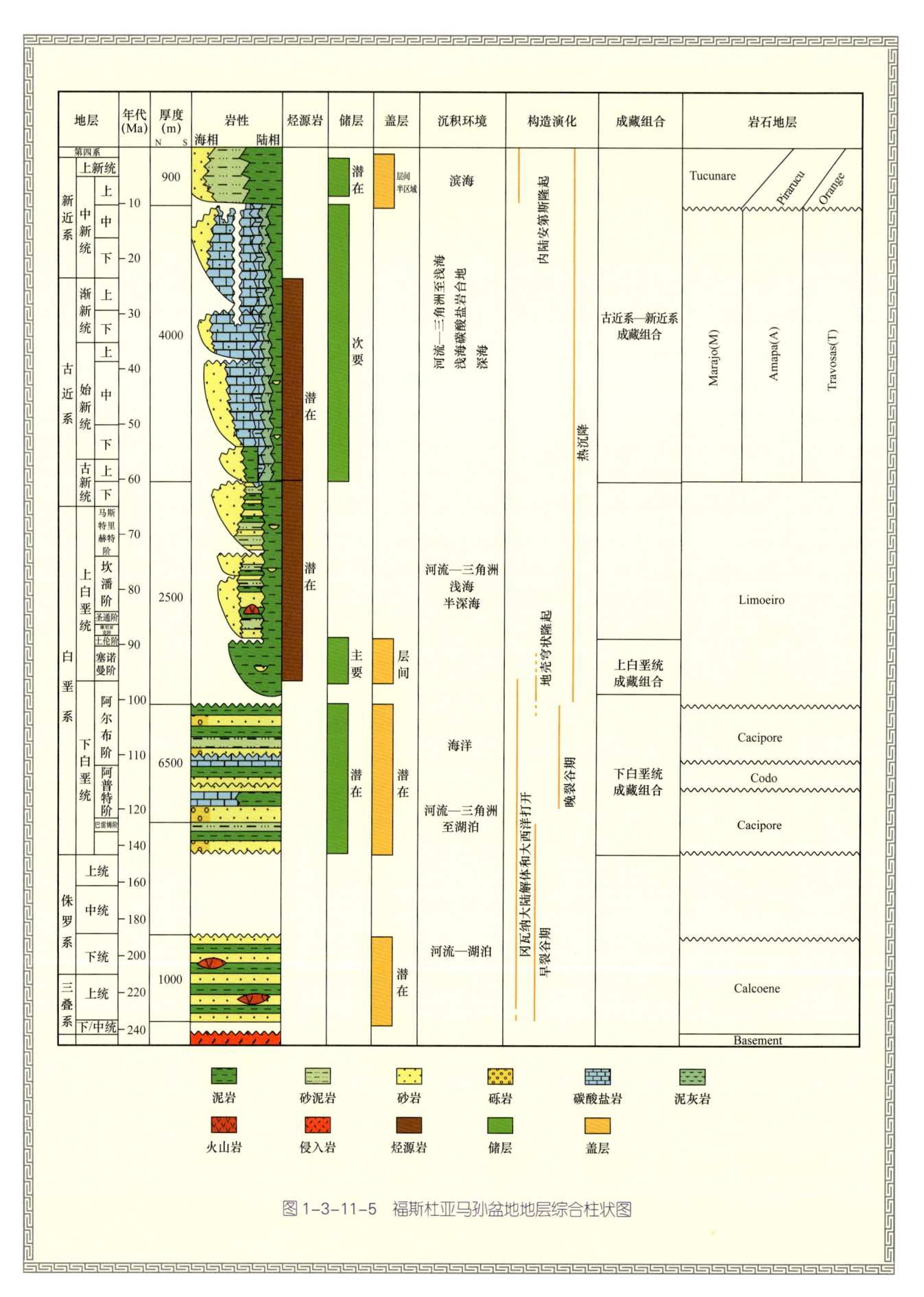

（十二）雷康卡沃盆地

雷康卡沃盆地（Reconcavo Basin）位于巴西东海岸（图1-3-12-1），整体呈北东—南西向的菱形展布。总面积9648km²，其中陆上面积8358km²，海上面积1291km²。北部与土坎诺盆地以阿波拉（Apora）隆起为界；西部与圣弗朗西斯科（Sao Francisco）地盾以玛拉果吉佩（Maragogipe）断层为界；东部海上与加库伊佩（Jacuipe）盆地以Salvador断块毗邻；南部与阿尔马达—卡玛木盆地以北东—南西走向的Itacare高地为界。

1. 勘探开发历程

雷康卡沃盆地的油气勘探，经历了早期发现、快速发展和稳定发展等3个阶段（图1-3-12-2）：

早期发现阶段（1930—1939年）：1933年在盆地Lobato地区发现油苗。1937年和1938年钻探了最初的两口井，1939年首次发现罗巴图（Lobato）油藏（0.1×10⁶bbl油当量），是巴西发现的第一个油藏。

快速发展阶段（1940—1969年）：20世纪40年代首次采集二维地震资料。1941—1947年，发现5个油气藏。首次开始商业开采罗巴图油田，随后坎迪亚斯（Candeias）油田和阿瓜格兰德（Agua Grande）等油田投入开发。20世纪50年代，发现11个油气藏，包括Large Agua Grande、Buracica和Taquipe油藏，2P石油可采储量达到629×10⁶bbl油当量，天然气可采储量达到956×10⁹ft³，占盆地总可采储量的40%。60年代，发现两个大油气田——米兰加—米兰加普罗方多（Miranga-Miranga Profundo）和阿拉克斯（Aracas）油气田。

稳定发展阶段（1970年至今）：从20世纪70年代到2008年，地震勘探共采集二维19580km，三维1185km²，共钻井247口，发现了60个规模不大的油气田。

截至2018年，盆地已发现油气田162个，累计发现石油、天然气、凝析油2P可采储量分别为1888.10×10⁶bbl、2995.16×10⁹ft³、20.93×10⁶bbl。储量规模前10的油气田为：阿瓜格兰德、米兰加—米兰加普罗方多、布拉奇卡（Buracica）、阿拉克斯（Aracas）、坎迪亚斯（Candeias）、塔曲伊佩（Taquipe）、多姆若昂（Dom Joao/Dom Joao Mar）、法辛达鲍尔萨莫（Fazenda Balsamo）、塞克伊斯（Cexis）、法辛达博阿埃斯佩兰卡（Fazenda Boa Esperanca），2P可采储量1765.875×10⁶bbl油当量，占总发现的73%。

20世纪60—80年代，为盆地开发活动高峰期。1969年达到产量高峰，日产油143×10³bbl。2018年，雷康卡沃盆地石油年产量10.58×10⁶bbl，天然气2.16×10⁶bbl油当量。截至2018年，盆地石油和天然气累产分别为1153.04×10⁶bbl、236.58×10⁶bbl油当量（图1-3-12-2）。

2. 区域地质

雷康卡沃盆地属于裂谷盆地，主要发育两组断层：一组为北东—南西走向的控坳正断层，另一组为三条南东—北西走向的走滑断层。这两组断层将盆地分隔成东北的吉安比纳（Quiambina）、中部的米兰加（Miranga）和西南的卡马萨里（Camacari）三个坳陷（图1-3-12-3）。盆地构造经历了早三叠世基底形成、基底抬升剥蚀、晚侏罗世前裂谷、早白垩世裂谷和晚白垩世—古近纪的隆起剥蚀作用等四个构造演化阶段。前裂谷期主要为湖相沉积；同裂谷期发育一组北东—南西走向的控凹正断层（图1-3-12-4），发育倾斜断块、反转背斜、生长断层等构造；更新世后裂谷阶段，盆地裂谷轴部转移至目前大陆边缘的位置，裂谷盆地停止扩张。

盆地主要充填了巨厚上侏罗统和下白垩统陆相沉积地层，浊积砂岩十分发育。上侏罗统为湖相砂岩和粉砂岩沉积；下白垩统为湖相泥页岩、钙质泥岩、砂岩及浊积岩沉积；上中新统为陆相冲积扇相砂岩。

3. 石油地质特征

1）烃源岩

已证实烃源岩为下白垩统贝里阿斯阶 Candeias 组湖相页岩（图 1-3-12-5），目前处于成熟生油阶段。黑色页岩厚度可达 400m，干酪根类型以 II 型为主，含少量 I 型。总有机碳含量达到 10%。

潜在烃源岩为下白垩统巴雷姆阶—下阿普特阶 Pojuca 组页岩，具有较高的总有机碳含量和生烃潜力指数，但大部分未成熟。

2）储层

主要发育上侏罗统 Sergi 组、Agua Grande 组和下白垩统 Candeias 组、河流—三角洲砂岩（图 1-3-12-5）。

Sergi 组冲积扇、三角洲及浊积砂岩为盆地的主要储层，孔隙度 10%～25%，渗透率 20～1200mD，具有良好的储集性能，分布在地堑中部，主要为河道砂岩和朵叶状砂体；Candeias 组储量主要为中等朵叶状河道砂体，孔隙度 21%～27%，渗透率 500～2000mD。

Agua Grande 组储层（贝利阿斯阶）主要在 Aracas 油田发育，有风成沙丘和河流相两种沉积类型。风成砂岩中等分选、中—粗粒砂岩（0～20m 厚），孔隙度达 21%，渗透率通常小于 500mD。河流相砂岩分选差，细—粗粒砂岩，沉积韵律成正旋回，孔隙度可以达到 27%，渗透率可达 2000mD。

3）盖层

主要发育贝里阿斯阶湖相页岩区域盖层（图 1-3-12-5）和同裂谷期层间湖相页岩局部差层。

4）圈闭类型

盆地主要圈闭类型为构造圈闭和岩性圈闭，构造圈闭多为背斜、断背斜和断块，圈闭与主控生长断层有关，岩性圈闭主要由浊积砂岩透镜体形成。

4. 常规油气成藏组合

盆地共划分出侏罗系 Sergi 组和下白垩统成藏组合（细分为 Sergi 组、Agua Grande 组、Ilhas 群和 Sao Sebastiao 组成藏组合），共两套成藏组合（图 1-3-12-5）。

5. 典型油气田

1）坎迪亚斯（Candeias）油田

属于下白垩统成藏组合，主要位于盆地局部坳陷。长 16.07km、宽 7.71km，含油面积为 113.24km²（图 1-3-12-6），发现于 1941 年。截至 2018 年，石油、天然气、凝析油 2P 可采储量分别为 131.44×10^6 bbl、111×10^9 ft³、0.1×10^6 bbl（表 1-3-12-1）。

储层为下白垩统贝利阿斯阶 Gomo 段湖相砾岩，厚度 50～350m，平均厚度 450m，净厚度 0～120m。该储层孔隙类型以原生粒间孔为主，次生孔隙为晶间或晶内孔，平均孔隙度 5%，最大孔隙度 15%，平均渗透率 60mD，最大可达 200mD，主要是地层圈闭。

1941 年投入试生产，2018 年石油年产量为 315×10^3 bbl，天然气年产量为 1.62×10^9 ft³，凝析油产量为 1.69×10^3 bbl。截至 2018 年，累计生产油、天然气和凝析油气分别为 109.84×10^6 bbl、179×10^9 ft³ 和 $0.1 \times$

10^6bbl。

2）米兰加（Miranga）油田

属于下白垩统成藏组合，位于盆地中部米兰加坳陷，面积为25km²（图1-3-12-7），包括4个轻质油藏，发现于1965年。截至2018年，石油、天然气、凝析油2P可采储量分别为230×10⁶bbl、751.5×10⁹ft³、11.25×10⁶bbl（表1-3-12-1）。

储层为下白垩统巴雷姆阶—欧特里夫阶湖相砂岩储层。总厚度100m，孔隙度18%～25%，渗透率30mD，主要是背斜圈闭。

1965年投入生产，2018年石油年产量366.2×10³bbl，天然气年产量5.03×10⁹ft³，凝析油年产量9.54×10³bbl。截至2018年，累计生产油、天然气和凝析油气分别为222.45×10⁶bbl、741×10⁹ft³和1.32×10⁶bbl。

3）里奥多布（Rio Do Bu）油田

属于下白垩统成藏组合，位于盆地东北部，长2.56km、宽1.8km，面积为4.6km²（图1-3-12-8），该油田发现于1984年。截至2018年，石油、天然气2P可采储量分别为31.5×10⁶bbl、7.94×10⁹ft³（表1-3-12-1）。

主要储层为下白垩统贝里阿斯阶Gomo段砂岩，含有变质岩碎片。孔隙类型主要为原生晶间孔隙和次生晶间孔隙，平均孔隙度为12%～15%，渗透率为100～300mD，北部断层裂隙发育地区孔隙度达15%～18%。渗透率高达2000mD，1984年7月投入生产，2017年石油年产量384.3×10³bbl，天然气年产量36.68×10⁶ft³。截至2017年，累计生产油、气分别为29.33×10⁶bbl、7.4×10⁹ft³。

6. 勘探开发潜力

中国石油2018年评价认为，雷康卡沃盆地具有一定的油气勘探潜力，常规待发现油气资源量967.06×10⁶bbl油当量，其中石油812.74×10⁶bbl、凝析油0.96×10⁶bbl、天然气889.51×10⁶bbl油当量。最有利勘探区位于盆地中部地区，呈北东—南西条带状展布，该条带横跨盆地三个主要生油洼陷，是主要的油气运移指向区，该区发育多套成藏组合，勘探目的层系多，是盆地最有利的滚动勘探区。

表 1-3-12-1 雷康卡沃盆地主要油气田属性表

序号	油气田名称	油气田类型	地理位置	发现年份	主要成藏组合	主要储层岩性	2P 可采储量			
							石油 (10^6bbl)	天然气 (10^9ft^3)	凝析油 (10^6bbl)	油气总和 (10^6bbl 油当量)
1	坎迪亚斯（Candeias）	油田	海/陆	1941	下白垩统	砂岩	131.44	111.00	0.10	150.04
2	米兰加（Miranga）	油田	陆上	1965	下白垩统	砂岩	230.00	751.50	11.25	366.50
3	里奥多布（Rio do Bu）	油田	陆上	1984	下白垩统	砂岩	31.50	7.94	0	32.82

图1-3-12-1 雷康卡沃盆地油气田分布图

油气田名称：1. 坎迪亚斯（Candeias）；2. 米兰加（Miranga）；3. 里奥多布（Rio do Bu）

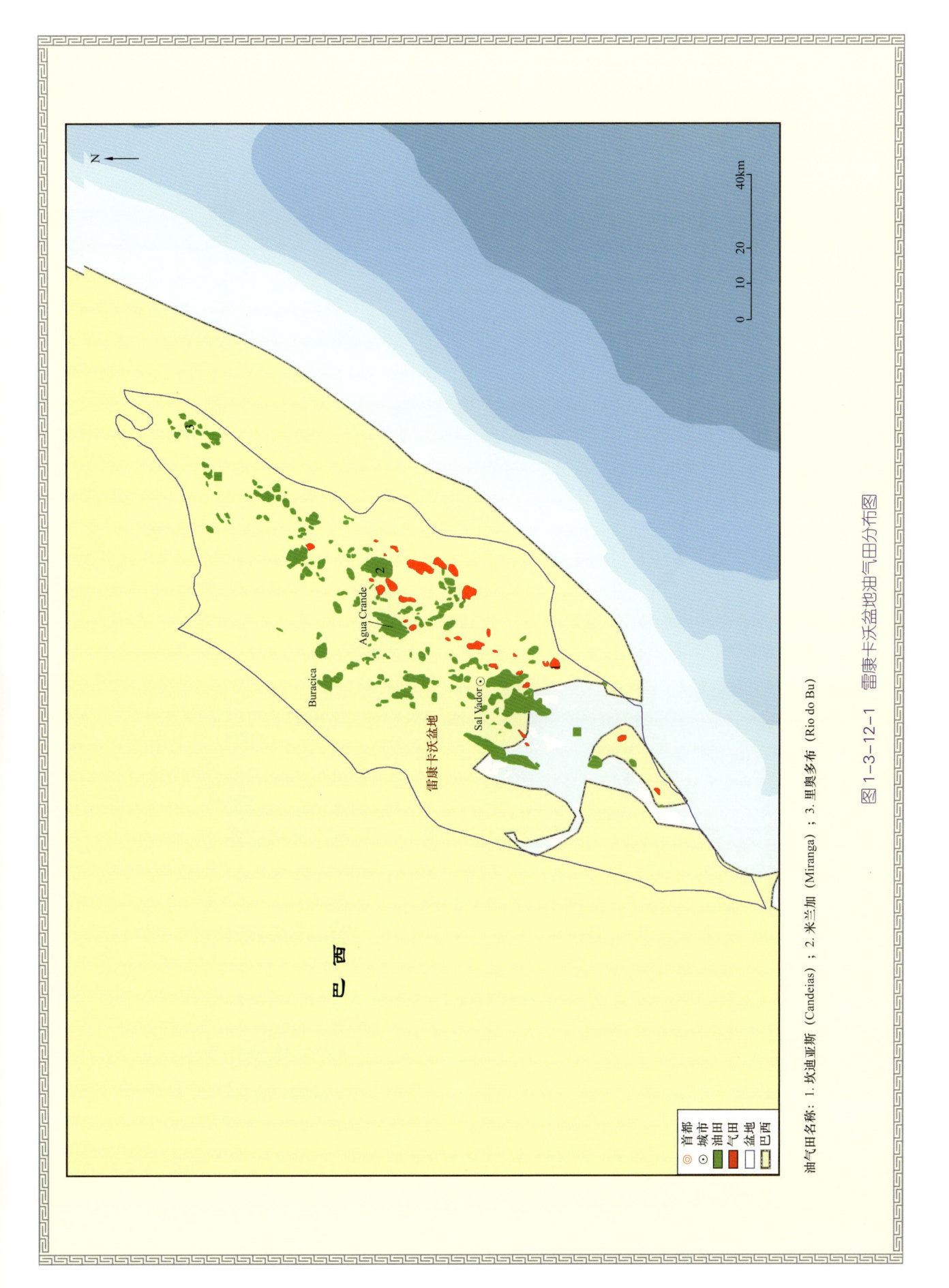

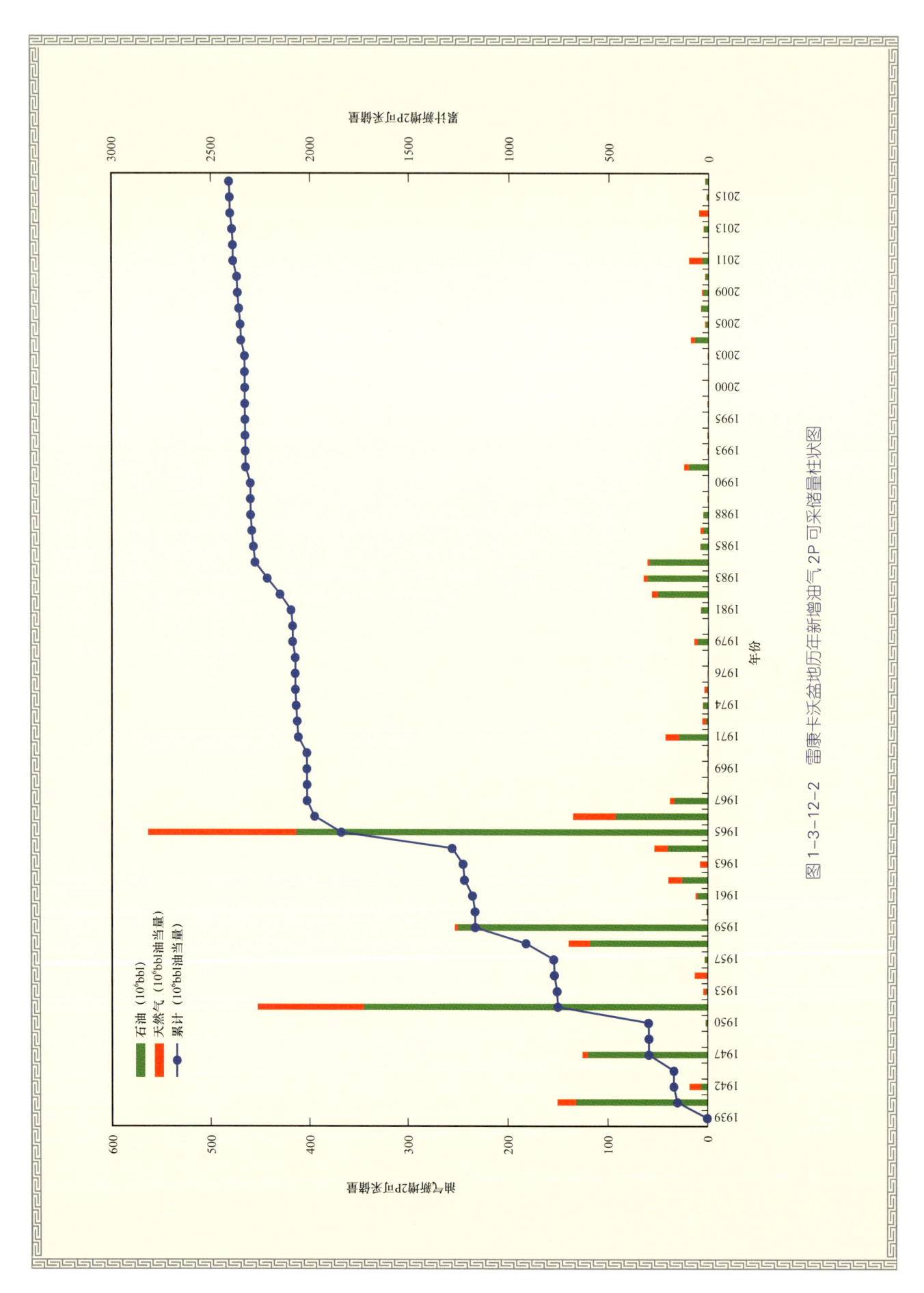

世界油气勘探开发与合作形势图集 | 南美地区 South America

图 1-3-12-2 雷康卡沃盆地历年新增油气 2P 可采储量柱状图

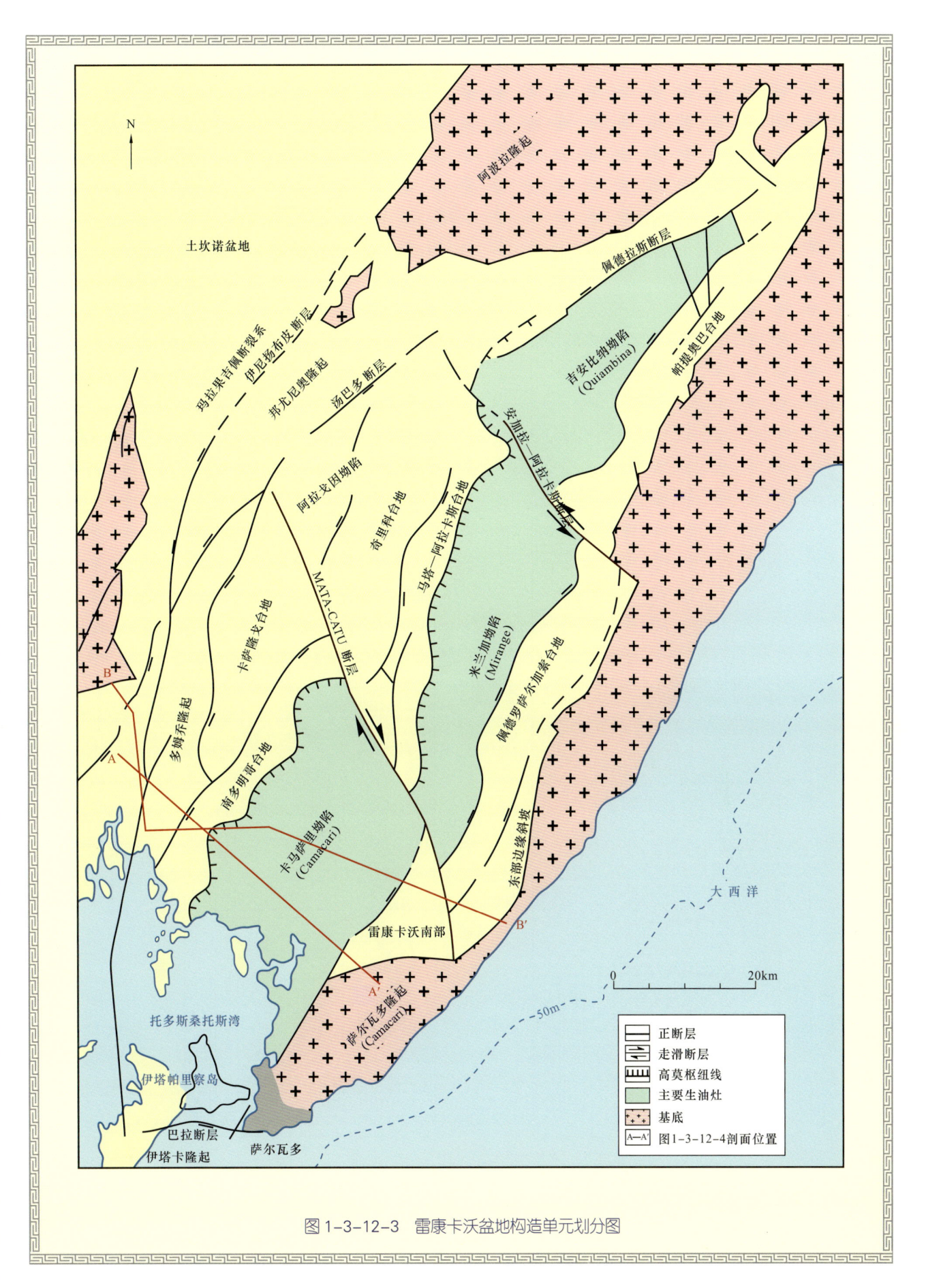

图1-3-12-3 雷康卡沃盆地构造单元划分图

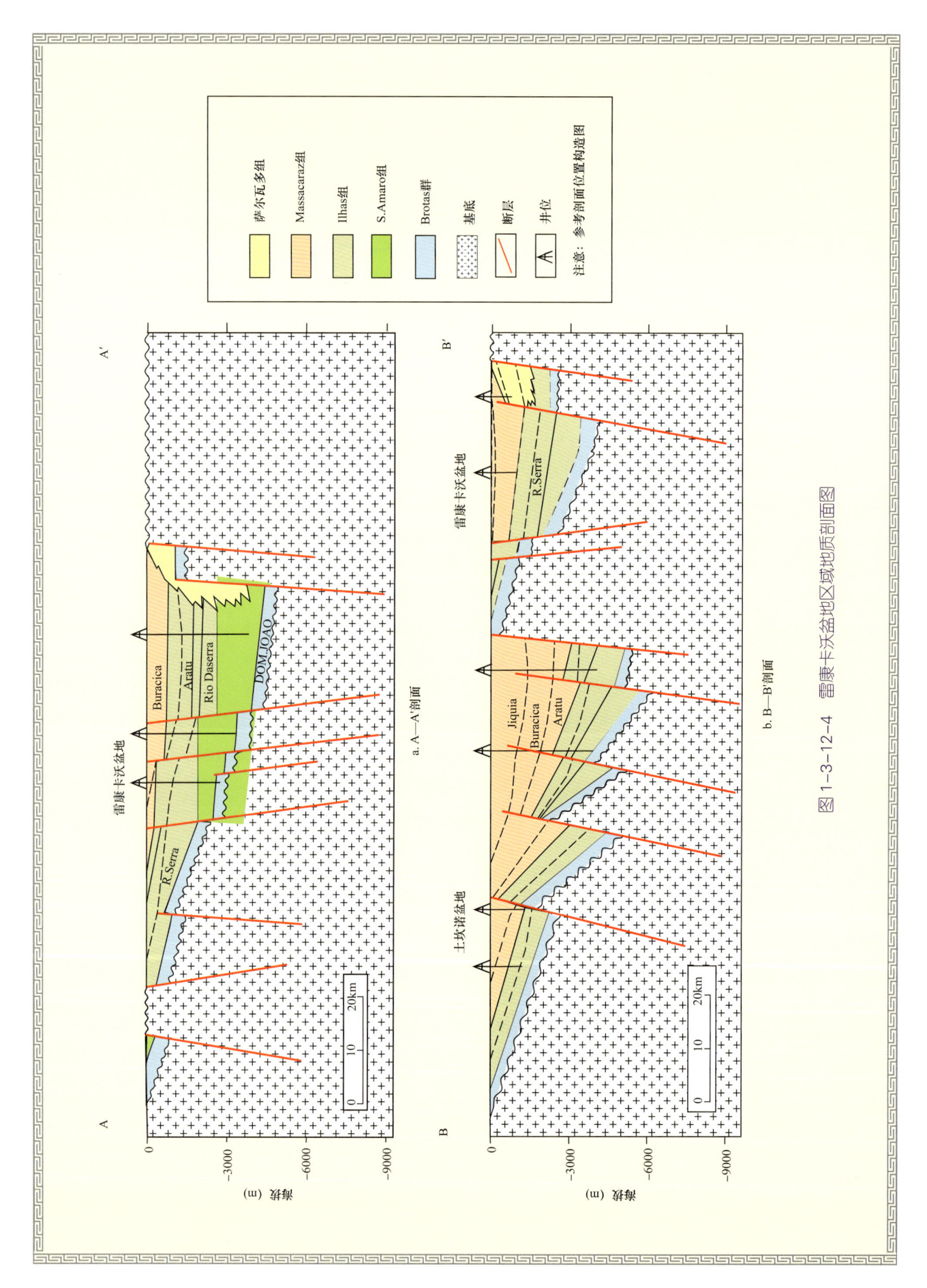

图 1-3-12-4 雷康卡沃盆地区域地质剖面图

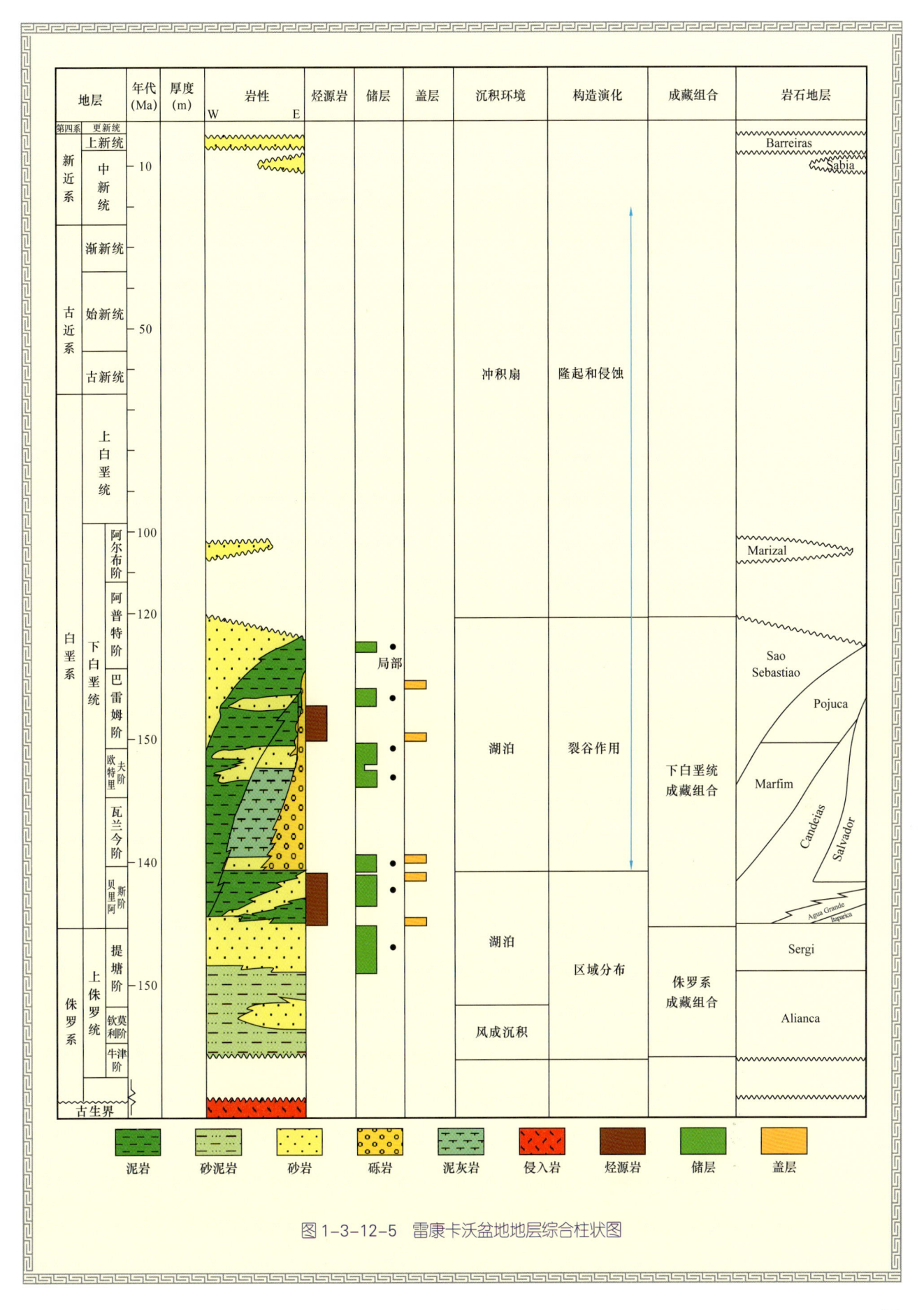

图 1-3-12-5 雷康卡沃盆地地层综合柱状图

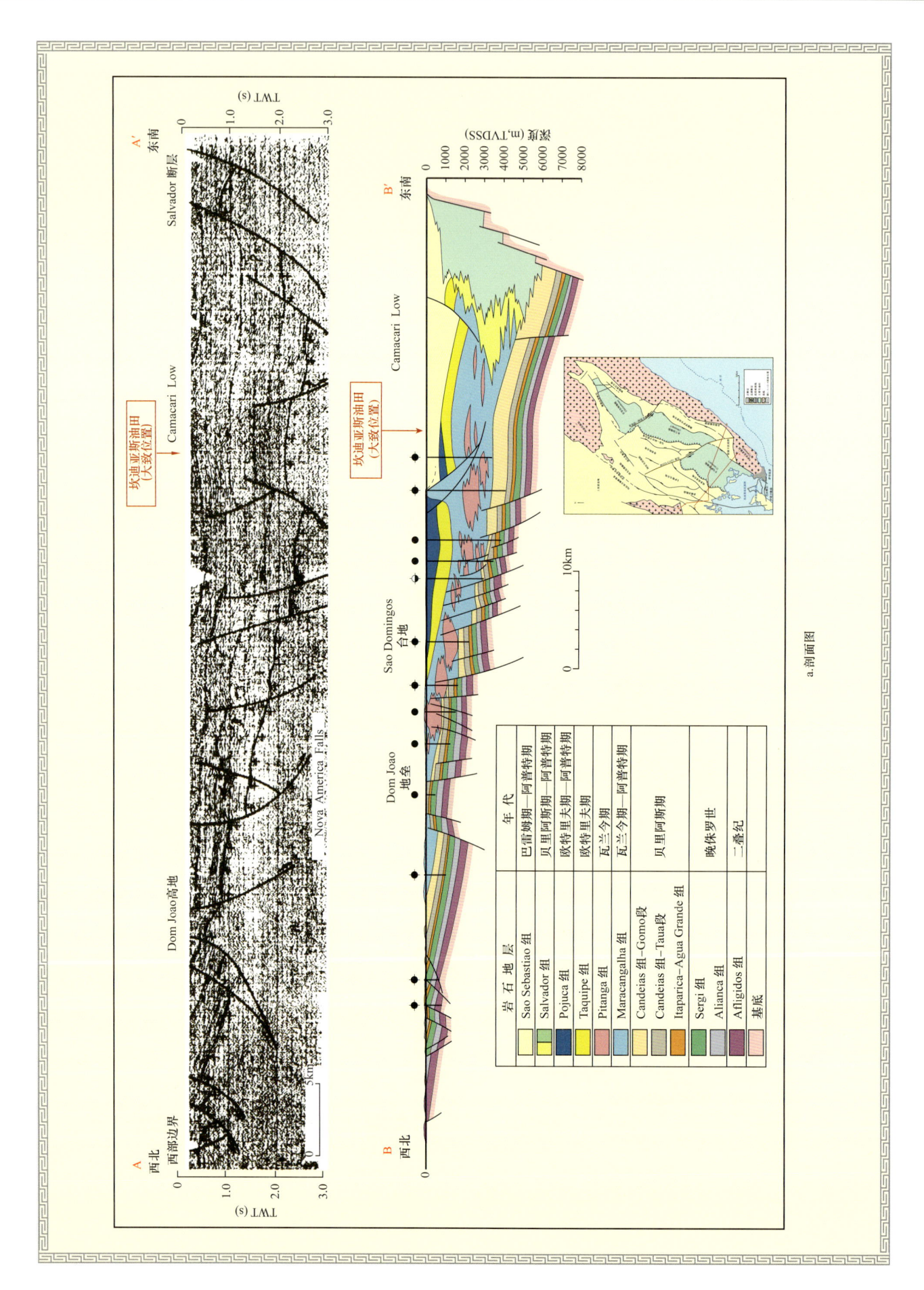

世界油气勘探开发与合作形势图集　　南美地区　South America

a. 剖面图

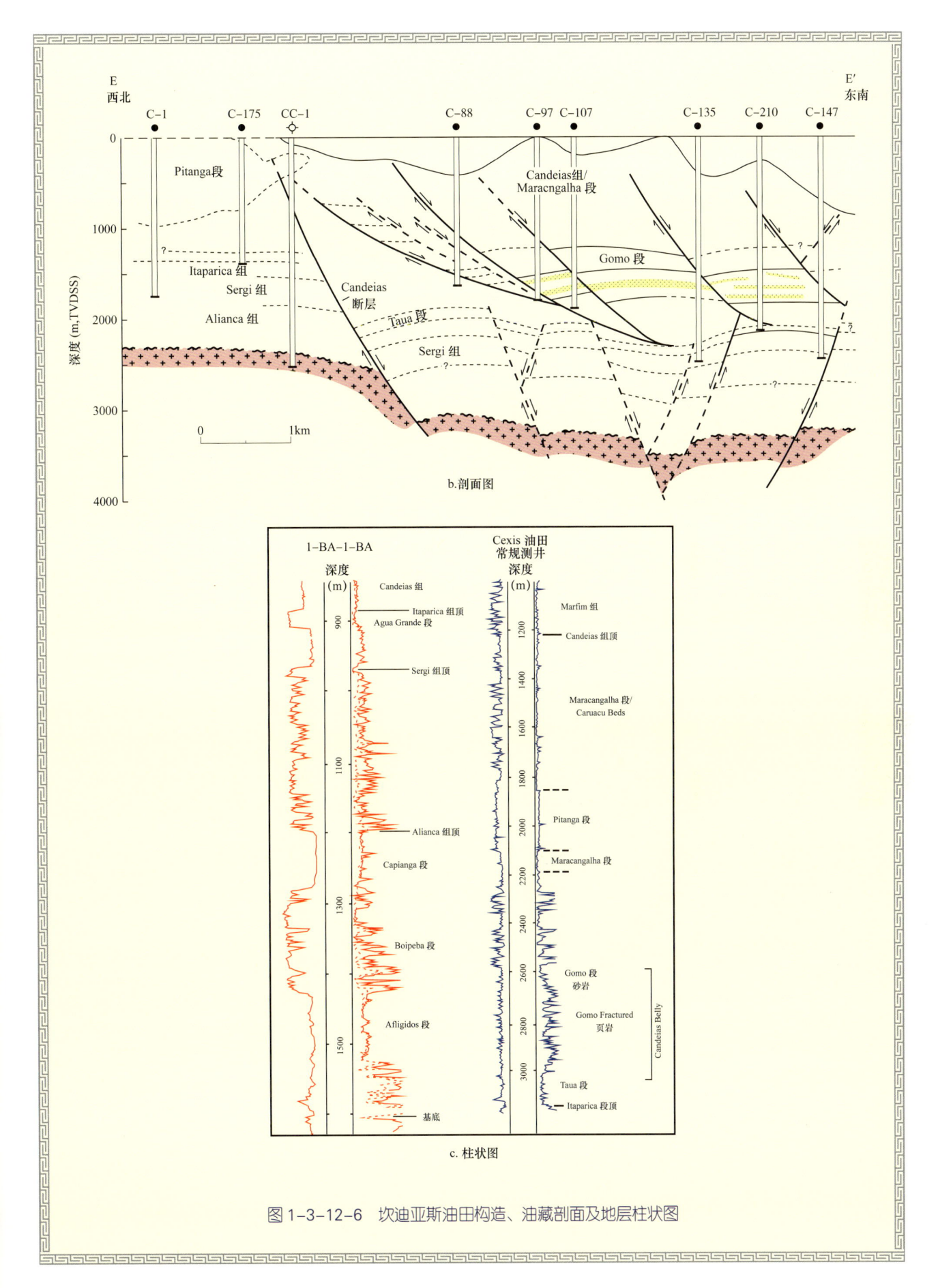

图 1-3-12-6 坎迪亚斯油田构造、油藏剖面及地层柱状图

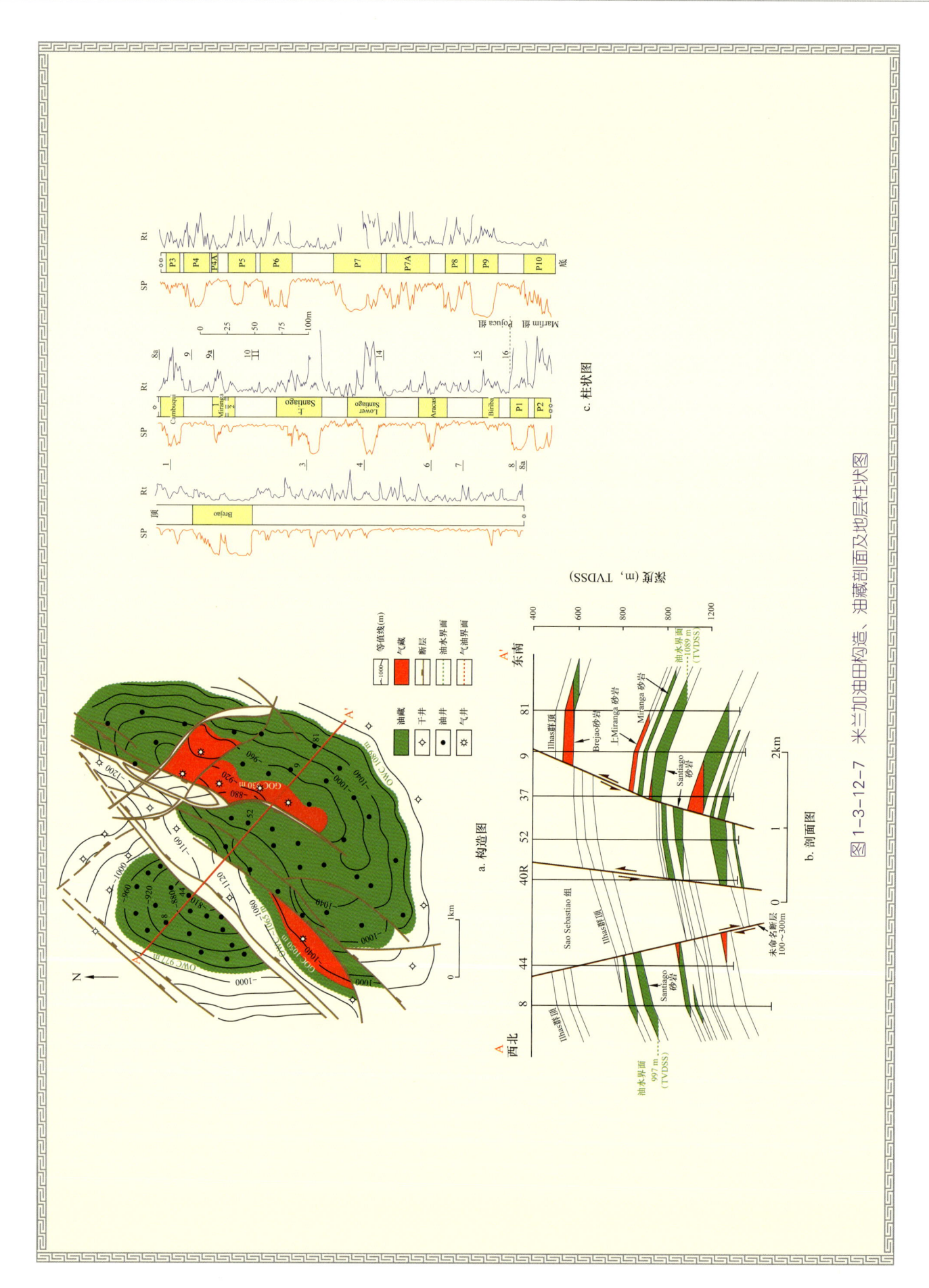

南美地区 South America

图1-3-12-7 米兰加油田构造、油藏剖面及地层柱状图

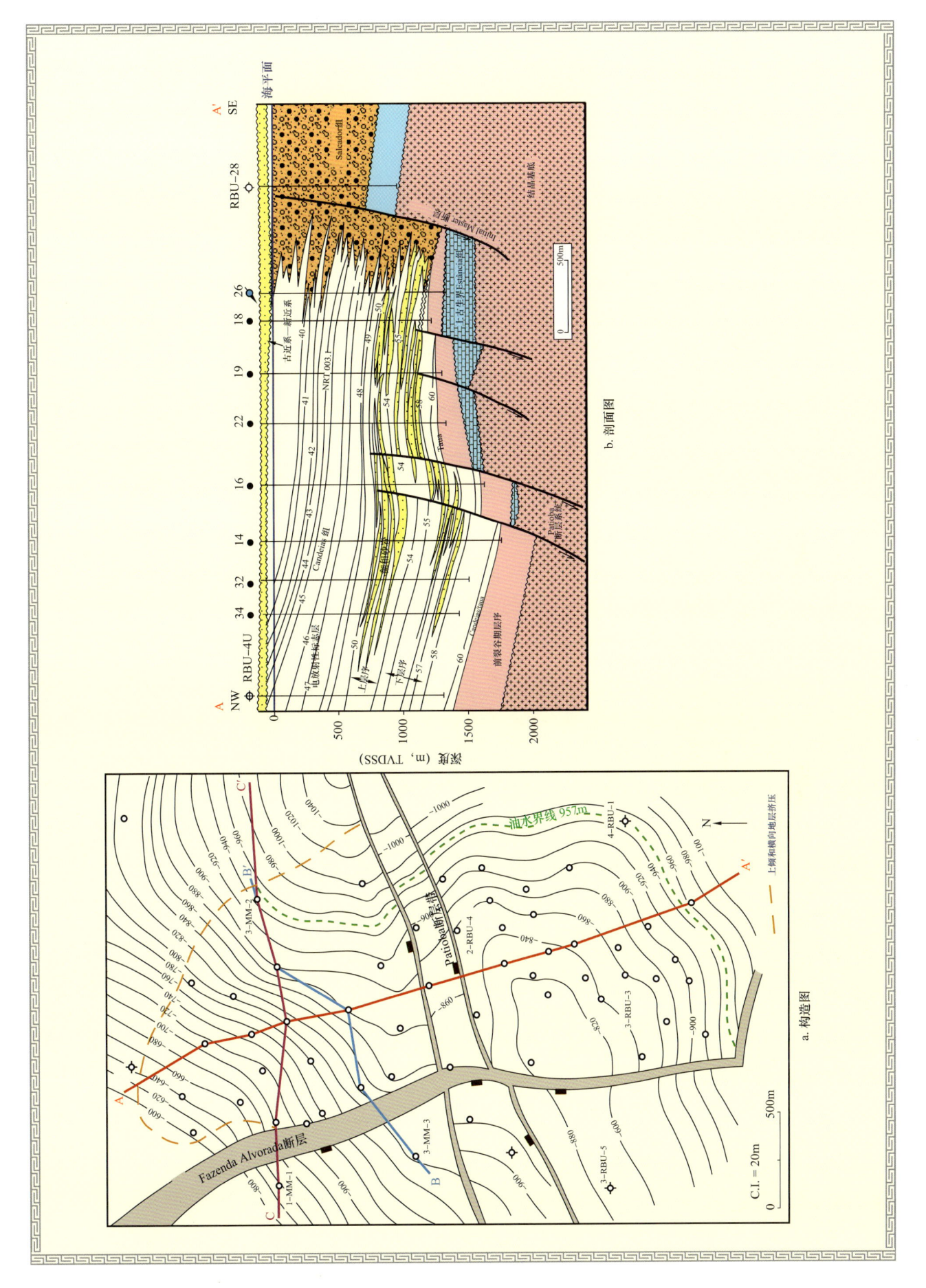

b. 剖面图

a. 构造图

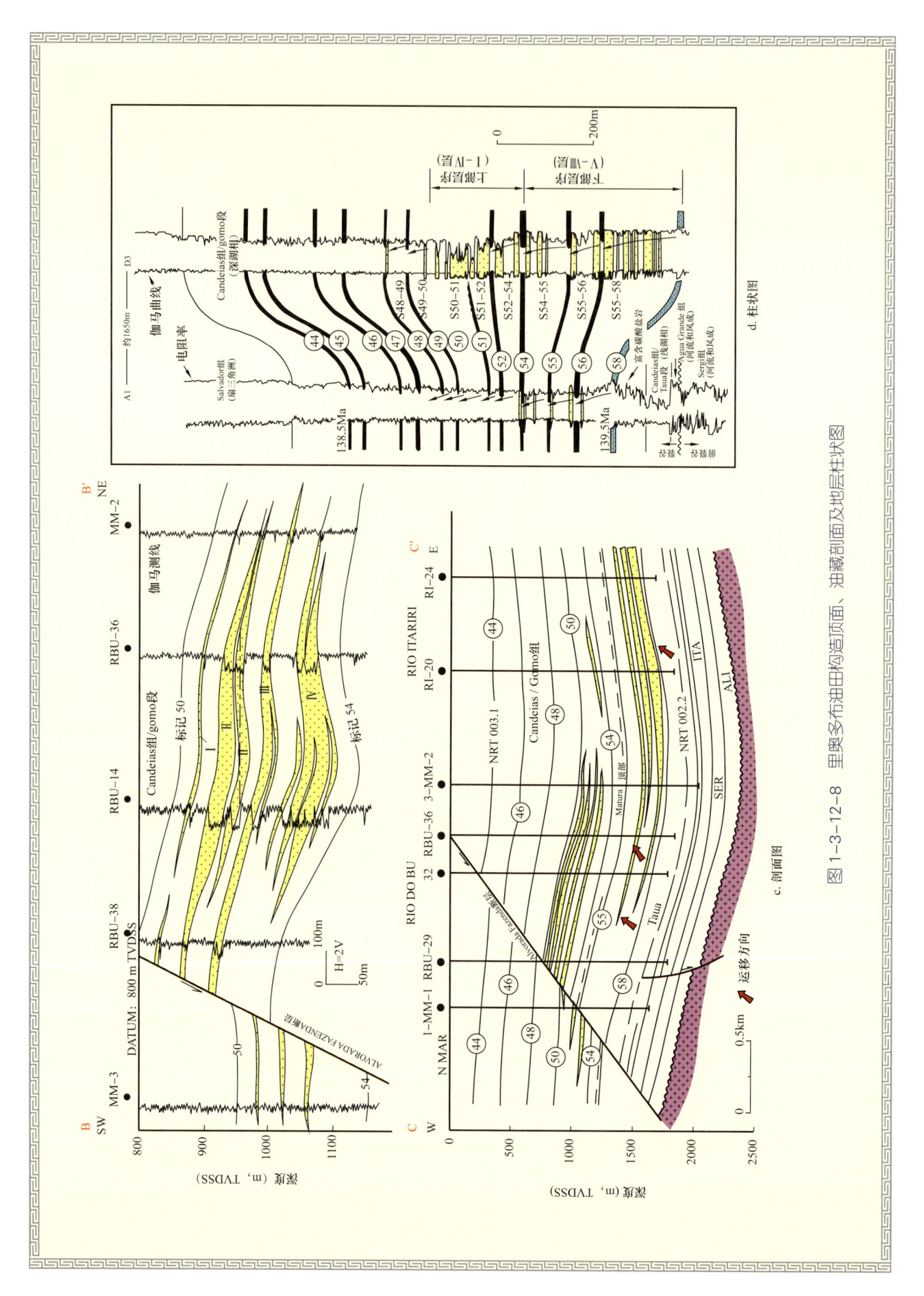

图1-3-12-8 里奥多布油田构造顶面、油藏剖面及地层柱状图

（十三）亚马孙盆地

亚马孙盆地（Amazon Basin）位于巴西东北部内陆地区（图1-3-13-1）。盆地横跨亚马孙河流域，盆地西部Purus隆起将其与Solimoes盆地分隔，东部紧邻Gurupa隆起。盆地面积$47.30×10^4 km^2$，沉积物总厚度超过7000m。

1. 勘探开发历程

亚马孙盆地的油气勘探经历了早期发现、勘探停滞和储量较快增长等3个阶段（图1-3-13-2）：

早期发现阶段（1950—1986年）：1952年钻探第一口井，1954年巴西国家石油公司在亚马孙地区第一次发现油气，1957年发现了第一个油田——新奥林达1（Nova Olinda 1）。20世纪60—80年代，先后发现了几个小型油气田，其中1975年发现了巴拉那奥塔斯米林1（Parana Autas Mirim 1）油田，1985年发现了1-LT-001-AM气田，1986年发现了1-TR-001-PA1气田等两个气田和一个油田，截至1986年，共发现了12个小型油气田，累计油气2P可采储量$4.12×10^6$bbl油当量。

勘探停滞阶段（1987—1998年）：20世纪80年代末至90年代后期，勘探工作逐渐减少，未发现油气田。

储量较快增长阶段（1999—2015年）：1999年发现了阿祖劳（Azulao）气田，2P可采储量为$27.37×10^6$bbl油当量，2001年发现了雅皮伊姆（Japiim）气田，总的2P可采储量为$2.73×10^6$bbl油当量，此后勘探工作逐渐减少。2015年发现了1-JAN-001-AM气田，2P储量$60.83×10^6$bbl油当量，为目前亚马孙盆地最大的气田。

截至2018年，盆地共发现油气田15个，累计发现石油$0.40×10^6$bbl、天然气$548.21×10^9 ft^3$、凝析油储量$3.28×10^6$bbl（图1-3-13-2）。盆地储量前10大油气田为：1-JAN-001-AM、阿祖劳、雅皮伊姆、1-LT-001-AM、1-TR-001-PA、巴拉那奥塔斯米林1、1-RPP-001-AM、里奥阿巴卡希斯（Rio Abacaxis 3）、新奥林达1、伊加拉佩库亚（Igarape da Cuia），2P可采储量$94.98×10^6$bbl油当量，占总发现量的99%。

2. 区域地质

亚马孙盆地属于克拉通盆地（图1-3-13-3），前寒武纪造山运动形成了西北—东南走向的基底构造。盆地有奥陶系—志留系，泥盆系—石炭系白垩系—古近系—新近系三个主要沉积旋回，沉积厚度超过7000m。

盆地呈北东东—南西西向展布，内部发育正断层、逆断层和走滑断层。盆地中发育三个基底隆起，即加塔普隆起、库米纳隆起和马蒂孺隆起；还发育五个半地堑，即尔利西米娜半地堑、马瑙斯半地堑、阿巴卡克斯半地堑、蒙托阿勒格力半地堑和图卡玛半地堑。

3. 石油地质特征

1）烃源岩

已证实烃源岩包括志留系皮廷加组（Pitinga）和泥盆系巴莱林亚组（Barreirinha）海相黑色页岩（图1-3-13-5）。烃源岩生成油气。皮廷加组烃源岩为I型、II型干酪根，总有机碳含量为2.0%。巴莱林亚组烃源岩为I型干酪根，总有机碳含量为5.0%。

2）储层

主要储层包括上石炭统Monte Alegre组碎屑岩和Nova Olinda组粗粒玄武岩（图1-3-13-5）。Monte Alegre组孔隙度12.0%，渗透率为100~300mD。Nova Olinda组孔隙度16.0%，渗透率300mD。

次要储层为泥盆系Curiri组粗碎屑岩。

3）盖层

石炭系 Monte Alegre 组页岩是该组砂岩储层的层间盖层，石炭系 Itaituba 组蒸发岩、碳酸盐岩和泥页岩为 Monte Alegre 储层的盖层，石炭系 Oriximina 组泥页岩可能是下伏 Curiri 砂岩储层的盖层（图 1-3-13-5）。

4）圈闭类型

主要为背斜和反转背斜构造。

4. 常规油气成藏组合

盆地已证实发育上古生界成藏组合（图 1-3-13-5）。

5. 典型油气田

1）JAN-001-AM 油气田

为上古生界成藏组合，长 6.39km，宽 2.47km，面积 11.41km²，发现于 2015 年。截至 2018 年底，凝析油和天然气 2P 可采储量分别为 2.5×10^6 bbl 和 350×10^9 ft³，总 2P 可采储量为 60.83×10^6 bbl 油当量（表 1-3-13-1）。

圈闭为早白垩世逆断层控制下的不对称背斜，主要储层为上石炭统碎屑岩、粗粒玄武岩。储层孔隙度为 12.0%，储层渗透率为 100~300mD，盖层为页岩。主要产天然气及凝析油。

2）阿祖劳（Azulao）油气田

为上古生界成藏组合，长 7.86km，宽 3.81km，面积为 21.06km²。油田发现于 1999 年，截至 2018 年底，凝析油和天然气 2P 可采储量分别为 0.7×10^6 bbl 和 160×10^9 ft³，总 2P 可采储量为 27.37×10^6 bbl 油当量（表 1-3-13-1）。

圈闭类型为早白垩世逆断层控制下的不对称背斜。主要储层为上石炭统碎屑岩、粗粒玄武岩，孔隙度为 20.0%，平均渗透率 300mD，盖层为页岩。

6. 勘探开发潜力

亚马孙盆地油气勘探潜力一般。中国石油 2018 年评价结果：常规待发现油气资源量 121.26×10^6 bbl 油当量，其中石油 26.97×10^6 bbl、凝析油 4.19×10^6 bbl、天然气 522.56×10^9 ft³。亚马孙盆地的油气勘探仍处于初步阶段，已发现一些储量规模不大的油气田，发育优质烃源岩，三套储层和两套盖层，但后期构造活动可能破坏油气运移和聚焦。总体上，具有一定勘探潜力。

表 1-3-13-1 亚马孙盆地主要油气田属性表

序号	油气田名称	油气田类型	地理位置	发现年份	主要成藏组合	主要储层岩性	2P 可采储量			
							石油 (10^6bbl)	天然气 (10^9ft^3)	凝析油 (10^6bbl)	油气总和 (10^6bbl 油当量)
1	JAN-001-AM	气田	陆上	2015	上古生界	玄武岩/碎屑岩	2.50	350.00	2.50	60.83
2	阿祖劳（Azulao）	气田	陆上	1999	上古生界	玄武岩/碎屑岩	0	160.00	0.70	27.37

世界油气勘探开发与合作形势图集 | 南美地区 South America

图 1-3-13-1 亚马孙盆地油气田位置分布图

油气田名称：1. JAN-001-AM；2. 阿祖芳（Azulao）；3. 库米那米林（Cumina Miriml）；4. 里奥阿巴卡希斯（Rio Abacaxis3）

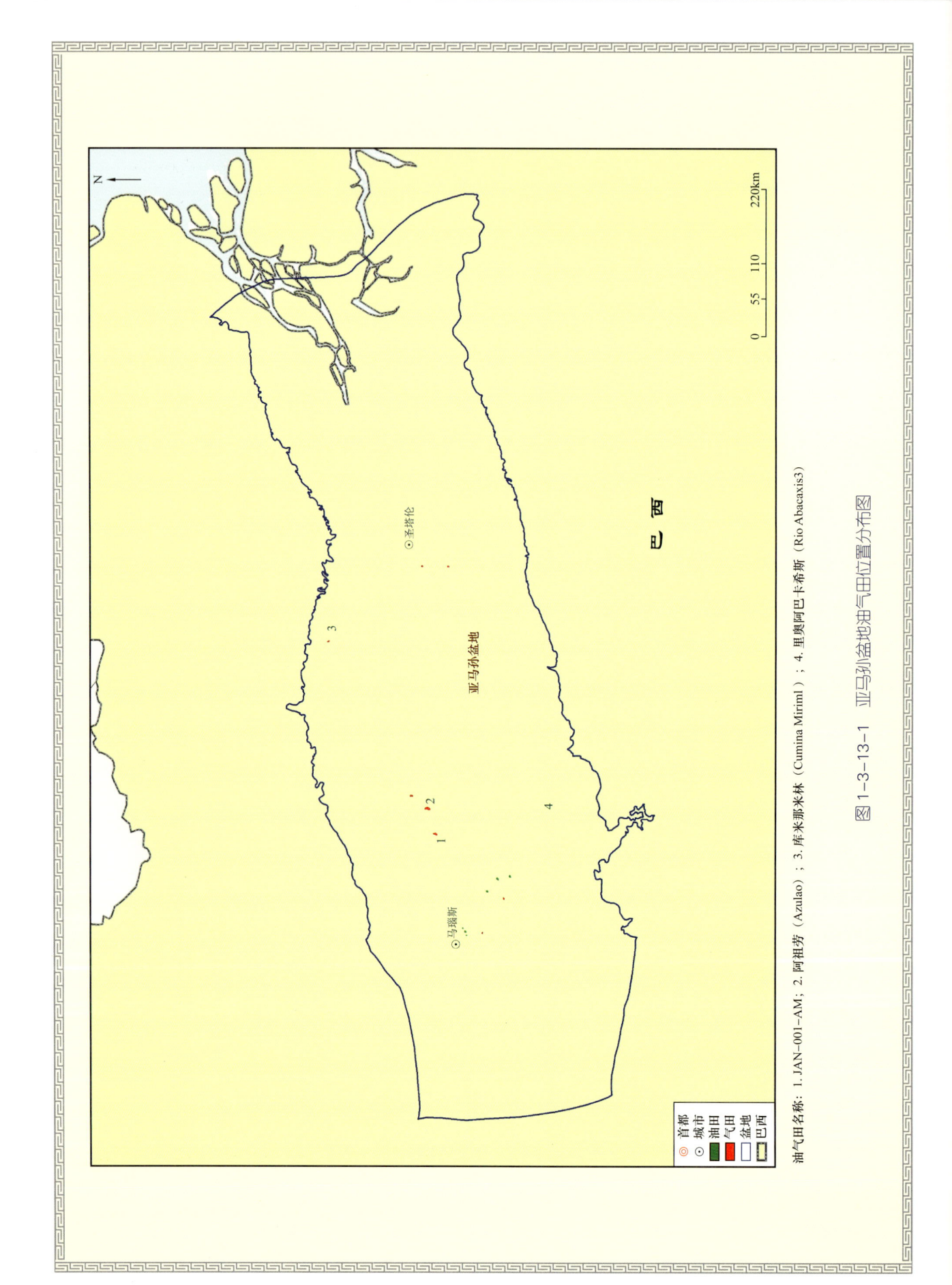

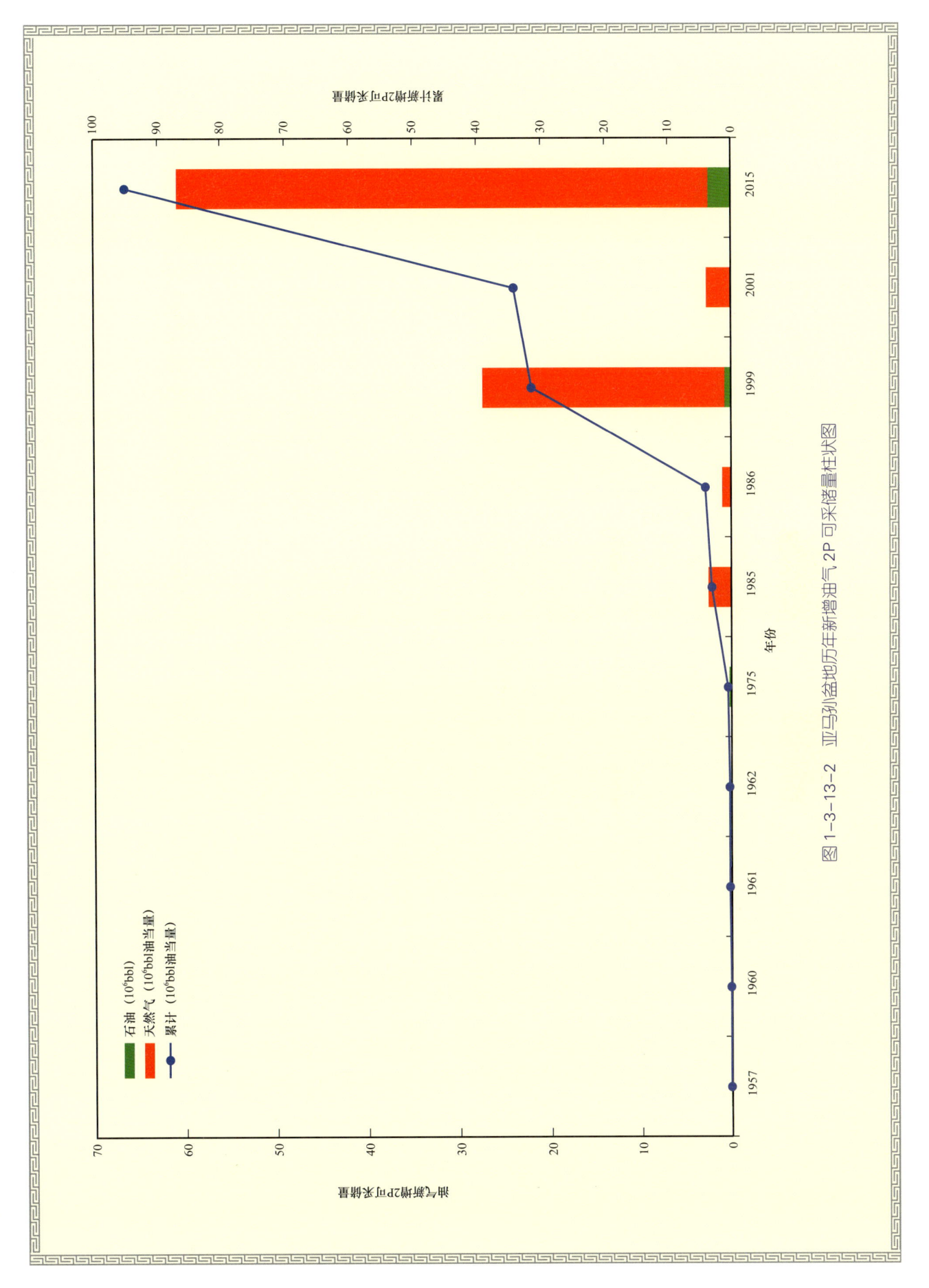

图 1-3-13-2 亚马孙盆地历年新增油气 2P 可采储量柱状图

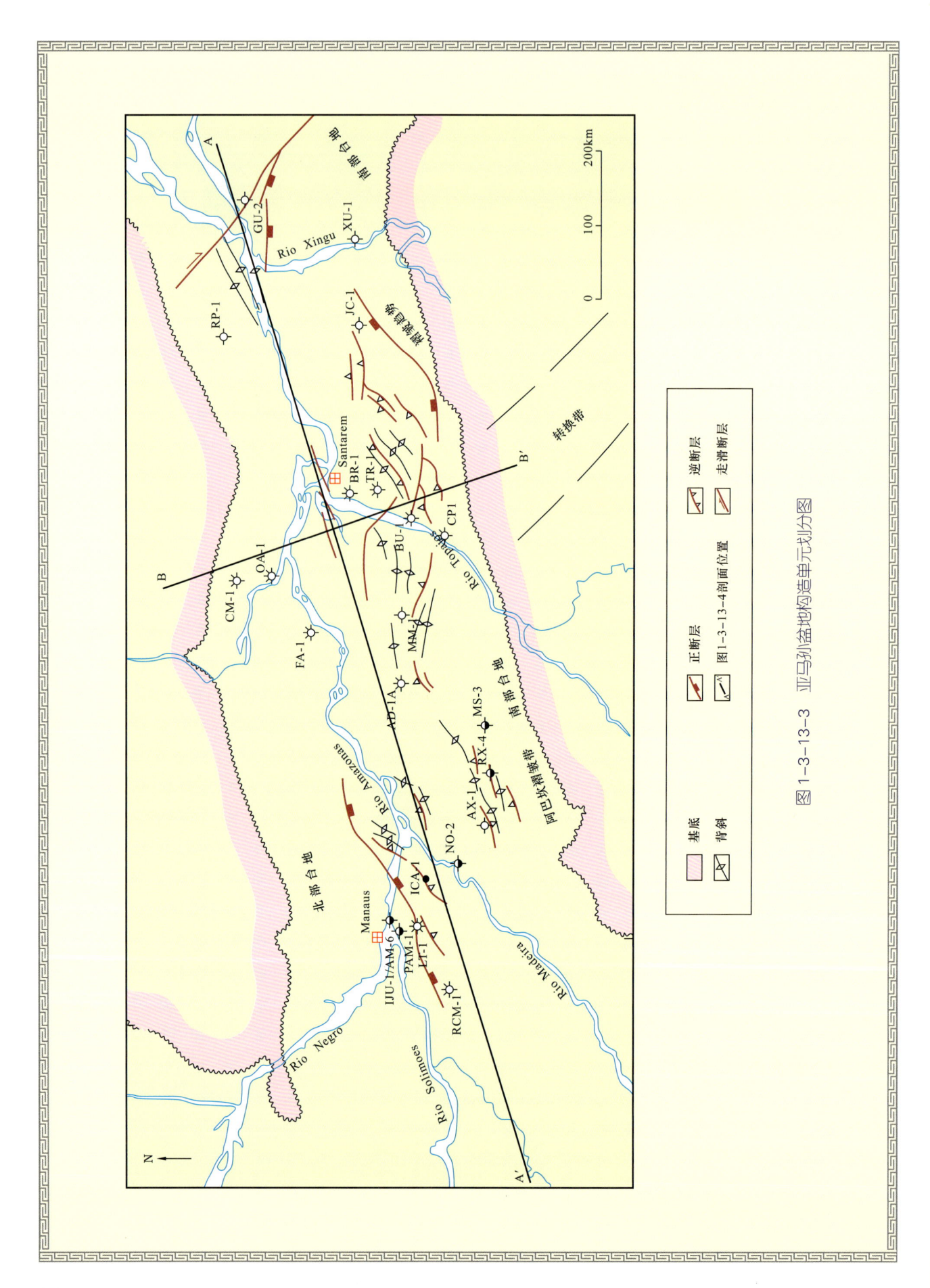

图 1-3-13-3 亚马孙盆地构造单元划分图

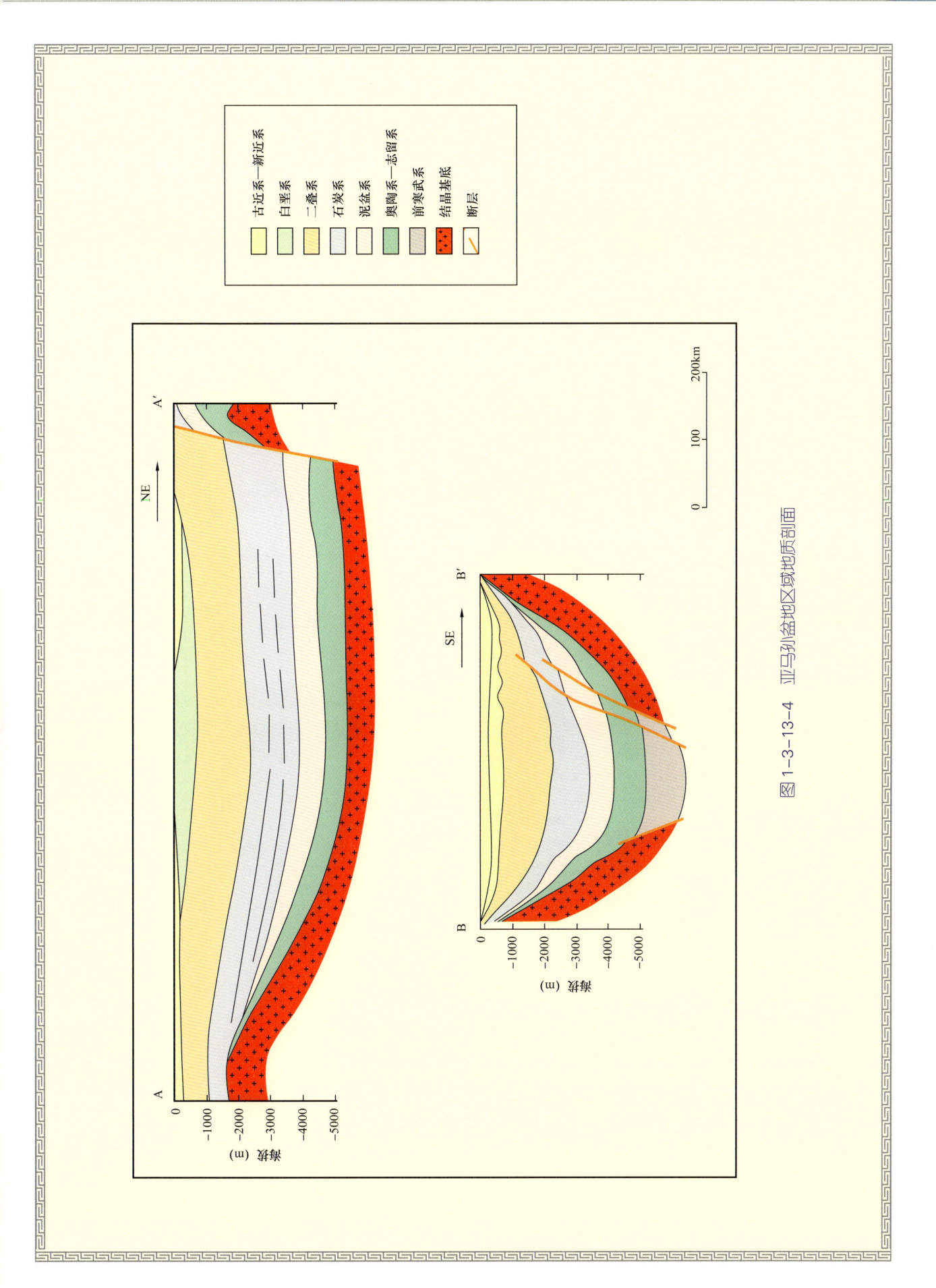

图1-3-13-4 亚马孙盆地区域地质剖面

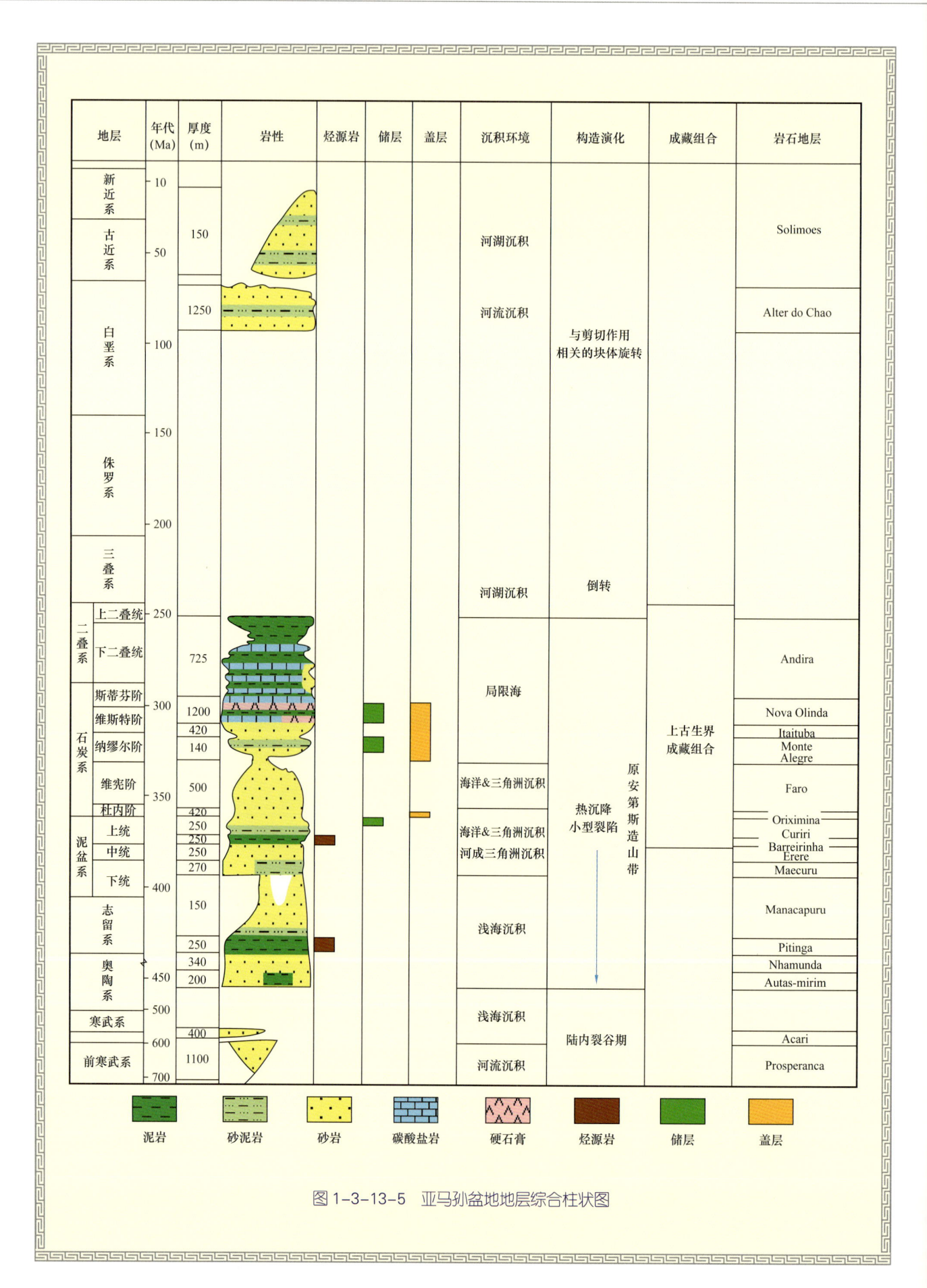

地层	年代(Ma)	厚度(m)	岩性	烃源岩	储层	盖层	沉积环境	构造演化	成藏组合	岩石地层
新近系	10	150					河湖沉积			Solimoes
古近系	50									
白垩系	100	1250					河流沉积	与剪切作用相关的块体旋转		Alter do Chao
侏罗系	150 / 200									
三叠系							河湖沉积	倒转		
二叠系 上二叠统 / 下二叠统	250	725					局限海			Andira
石炭系 斯蒂芬阶	300	1200			■	■			上古生界成藏组合	Nova Olinda
维斯特阶		420								Itaituba
纳缪尔阶		140			■	■				Monte Alegre
维宪阶	350	500					海洋&三角洲沉积	原安第斯造山带 热沉降 小型裂陷		Faro
杜内阶		420				■				Orixmina
泥盆系 上统		250		■			海洋&三角洲沉积			Curiri
中统		250					河成三角洲沉积			Barreirinha / Erere
下统	400	270								Maecuru
志留系		150					浅海沉积			Manacapuru
		250		■						Pitinga
奥陶系	450	340 / 200								Nhamunda / Autas-mirim
寒武系	500						浅海沉积	陆内裂谷期		
前寒武系	600 / 700	400 / 1100					河流沉积			Acari / Prosperanca

图例：泥岩　砂泥岩　砂岩　碳酸盐岩　硬石膏　烃源岩　储层　盖层

图 1-3-13-5　亚马孙盆地地层综合柱状图

（十四）上亚马孙盆地

上亚马孙盆地（Upper-Amazon Basin）位于南美巴西西北部亚马孙州西部（图1-3-14-1），延伸至秘鲁最东端和哥伦比亚东南角，总面积 $110.2\times10^4\mathrm{km}^2$，全部位于陆上。

1. 勘探开发历程

上亚马孙盆地的油气勘探，经历了早期勘探、勘探突破和稳定发展3个阶段（图1-3-14-2）。

早期勘探阶段（1930—1977年）：1957年进行了早期的二维地震采集，之后在巴西境内完成了60000km二维地震勘探工作。1975年在玛瑙斯台地打出了第一口油井，尽管发现的是油井，但是这个区块被认为是一个天然气资源丰富的地区。

勘探突破阶段（1978—1987年）：1978年在Jurua坳陷钻探井1-JR-001-AM，发现了第一个商业气田茹鲁阿（Jurua），2P可采储量 $184.25\times10^9\mathrm{ft}^3$。1979—1985年陆续在该坳陷发现了21个规模不等的气田。1986年、1987年分别发现了里奥乌鲁库（Rio Urucu）油田和莱斯特乌鲁库（Leste do Urucu）大气田，2P可采储量达 $813.36\times10^6\mathrm{bbl}$ 油当量，增储效果显著。1988年里奥乌鲁库油田投入生产，日产量达3000bbl。

稳定发展阶段（1988年至今）：盆地油气储量小幅增加。1992年，随着莱斯特乌鲁库油田投产，盆地石油日产量达到9598bbl。1994年5月，伊加拉佩马尔塔（Igarape Marta）气田投产，使得盆地石油日产量增加了1515bbl。

截至2018年，盆地已发现油气田44个，累计发现石油 $368.6\times10^6\mathrm{bbl}$、凝析油 $32.07\times10^6\mathrm{bbl}$、天然气 $4542.23\times10^9\mathrm{ft}^3$（图1-3-14-2）。盆地中储量前10大油气田为莱斯特乌鲁库、里奥乌鲁库、伊加拉佩马尔塔1、茹鲁阿、阿拉拉康佳、茹鲁阿苏多埃斯特1-HRT-191/03-AM、苏多埃斯特茹鲁阿、1-RBB-001-AM、1-JI-001-AM，总储量为 $998.31\times10^6\mathrm{bbl}$ 油当量，占总发现的86%。

2018年，上亚马孙盆地石油年产量 $13\times10^6\mathrm{bbl}$，天然气 $9.96\times10^6\mathrm{bbl}$ 油当量。截至2018年，盆地石油和天然气累计产量分别为 $329.5\times10^6\mathrm{bbl}$、$62.06\times10^6\mathrm{bbl}$ 油当量。

2. 区域地质

上亚马孙盆地属于内克拉通盆地（图1-3-14-3），盆地北部以前寒武纪圭亚那地盾为界，南部以Guapore地盾为界，西与伊基托斯（Iquitos）隆起为界，东与亚马孙盆地以Purus隆起为界。基底为前寒武纪晚期陆相砂砾岩，基底之上发育奥陶系—志留系、泥盆系—石炭系、白垩系和新近系。

前寒武纪晚期拉张阶段，在巴西中西部形成了东北向地堑，为亚马孙盆地雏形；奥陶纪沉降阶段，在南美洲西部形成弧后盆地，在泥盆纪早期盆地发生继承性的沉降；泥盆纪—石炭纪古安第斯山隆起阶段，西部的伊基托斯隆起抬升使得下古生界的巨厚地层向南美洲大陆的西部迁移，逐渐演化形成稳定的克拉通层序（图1-3-14-4）；石炭纪拉张阶段，在泥盆纪—石炭纪发生的弧后扩张作用形成了一系列地堑；三叠纪—早中侏罗世隆起阶段，盆地发生反转，广泛分布拉斑玄武岩；晚侏罗世—白垩纪压扭阶段，形成了雁行状褶皱以及右旋剪切的走滑断层；古近纪—新近纪挠曲坳陷阶段，盆地发生区域性沉降，形成现今盆地形状。

3. 石油地质特征

1）烃源岩

已证实烃源岩为盐下两套（图1-3-14-5）：泥盆系Curua组和Barreirinhas组泥页岩。Curua组烃源岩为

Ⅰ型、Ⅱ型干酪根，泥页岩总有机碳含量1.41%～3.07%。在Jandiatuba含油气区，泥盆系泥页岩厚度达70m，平均有机碳含量5%，最高达到8%。这些烃源岩主要生成天然气以及凝析油。

潜在烃源岩为Itaituba组泥页岩。

2）储层

下石炭统Monte Alegre组砂岩为盆地主要的储层（图1-3-14-5），孔隙度一般为9%～27%，平均为17.8%；平均渗透率441mD；次要储层为上石炭统砂岩和裂缝灰岩，平均孔隙度一般为17.4%；平均渗透率为129mD。

3）盖层

上亚马孙盆地盖层主要为：石炭系Monte Alegre组泥页岩和Itaituba组蒸发岩以及碳酸盐岩。

4）圈闭类型

上亚马孙盆地发育的圈闭类型主要是背斜圈闭和断层遮挡圈闭。

4. 常规油气成藏组合

盆地共可划分为两套成藏组合（图1-3-14-5）：中、上泥盆统—下中石炭统Monte Alegre组砂岩和石炭系Itaituba组碳酸盐岩成藏组合。

这两套成藏组合烃源岩都为泥盆系泥页岩，盖层都为上石炭统上部页岩。

5. 典型油气田

1）莱斯特乌鲁库（Leste do Urucu）油田

属于中上泥盆统—下中石炭统Monte Alegre组砂岩成藏组合，是上亚马孙盆地最大油田，长21.62km、宽3.83km，面积为45.93km²（图1-3-14-6），发现于1987年。截至2018年，石油、天然气2P可采储量分别为188×10^6bbl、1.456×10^{12}ft³（表1-3-14-1）。

该油田圈闭类型为背斜圈闭和断层遮挡圈闭，圈闭形成于晚侏罗世早期和早白垩世晚期。

1992年投入试生产，2017年石油年产量为3.66×10^6bbl，天然气年产量为78.16×10^9ft³。截至2017年，累计生产油、气分别为152.85×10^6bbl、1.164×10^{12}ft³。

2）里奥乌鲁库（Rio Urucu）油气田

为石炭系Itaituba组成藏组合，长19.6km，宽6.5km，含油面积61.4km²（图1-3-14-7），包括3个油藏，发现于1986年。截至2018年，石油、天然气2P可采储量分别为140×10^6bbl、1350.00×10^9ft³（表1-3-14-1）。

油田圈闭为东北—西南走向的被断层切割的背斜圈闭，形成于晚侏罗世早期—早白垩世晚期。

里奥乌鲁库油气田于1986年发现，1988年投入试生产，2017年石油年产量为2.436×10^6bbl，天然气年产量为2435560×10^6ft³。截至2017年，累计生产油、气分别为140×10^6bbl、1.35×10^{12}ft³。

3）苏多斯特乌鲁库（Sudoeste Urucu）油田

为石炭系Itaituba组成藏组合，长3.62km，宽1.3km，含油面积4.7km²，共两个油藏，发现于1988年，截至2018年，石油、天然气2P可采储量分别为5.4×10^6bbl、72.00×10^9ft³（表1-3-14-1）。

1988年投入试生产，2017年石油年产量为252714bbl，天然气年产量为1.6×10^9ft³。截至2017年，累计生产油、气分别为5.4×10^6bbl、72×10^9ft³。

6. 勘探开发潜力

中国石油2018年评价认为，盆地常规待发现油气资源量1512.39×10⁶bbl油当量，其中石油436.00×10⁶bbl、凝析油5.36×10⁶bbl、天然气6212.00×10⁹ft³。其中待发现原油资源的89.4%属于石炭系成藏组合、10.6%位于泥盆系成藏组合。盆地的勘探处于未成熟阶段，Jandiatuba坳陷西部和北部广大地区尚未进行地震勘探，Jurua坳陷只有一小部分区域进行了地震勘探，钻了少量的参数井。上亚马孙盆地仍具有一定的油气勘探潜力。

表 1-3-14-1 上亚马孙盆地主要油气田属性表

序号	油气田名称	油气田类型	地理位置	发现年份	主要成藏组合	主要储层岩性	2P 可采储量			
							石油（10^6bbl）	天然气（10^9ft^3）	凝析油（10^6bbl）	油气总和（10^6bbl 油当量）
1	莱斯特乌鲁库（Leste do Urucu）	气田	陆上	1987	中上泥盆统、下石炭统	砂岩	188.00	1456.00	6.00	436.61
2	里奥乌鲁库（Rio Urucu）	油田	陆上	1986	石炭系	碳酸盐岩	140.00	1350.00	11.75	376.75
3	苏多斯特乌鲁库（Sudoeste Urucu）	气田	陆上、海上	1988	石炭系	碳酸盐岩	5.40	72.00	0.40	17.80

图1-3-14-1 上亚马孙盆地油气田位置分布图

油气田名称：1. 莱斯特乌鲁库 (Leste do Urucu)；2. 里奥乌鲁库 (Rio Urucu)；3. 苏多斯特乌鲁库 (Sudoeste Urucu)

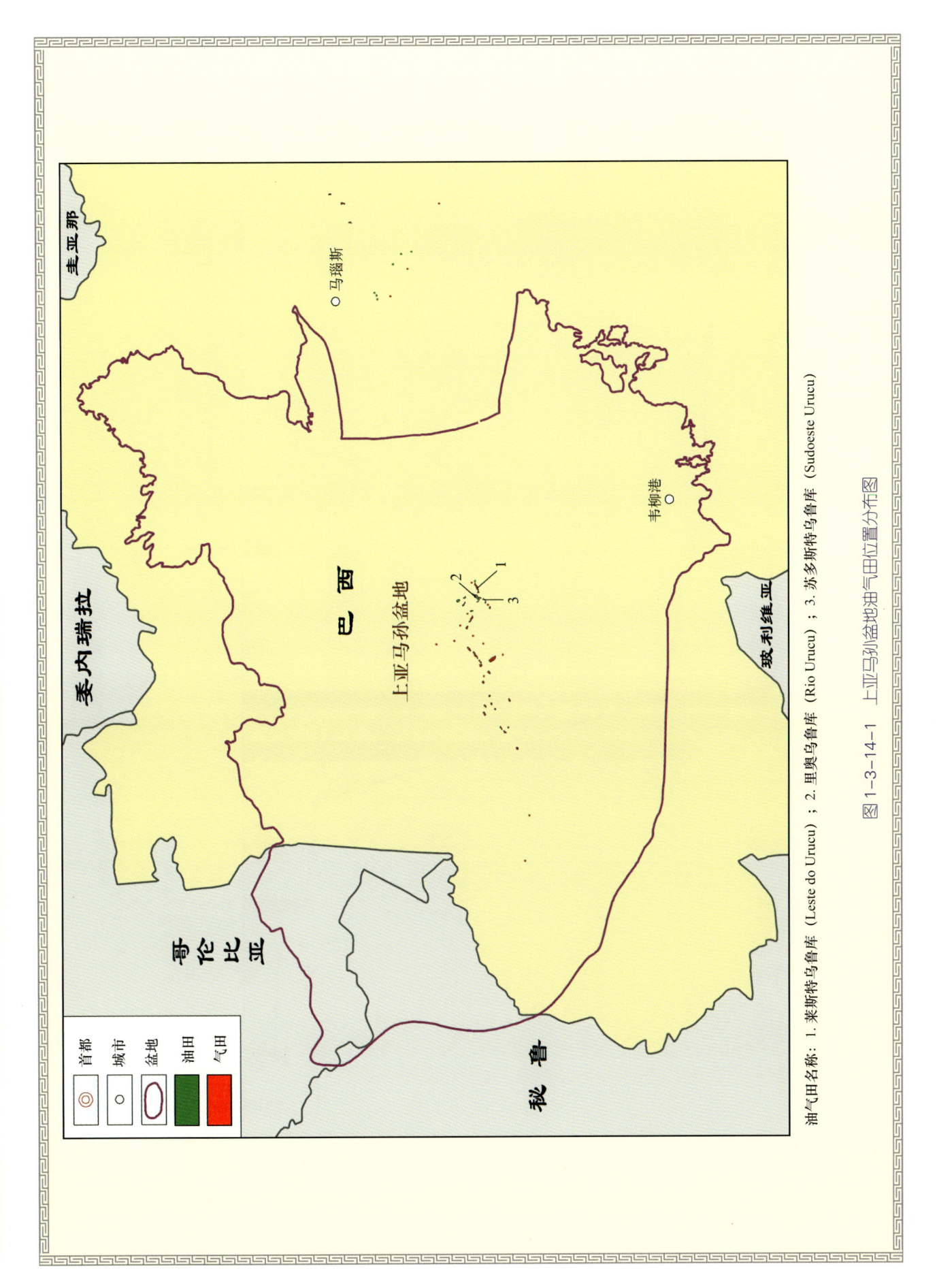

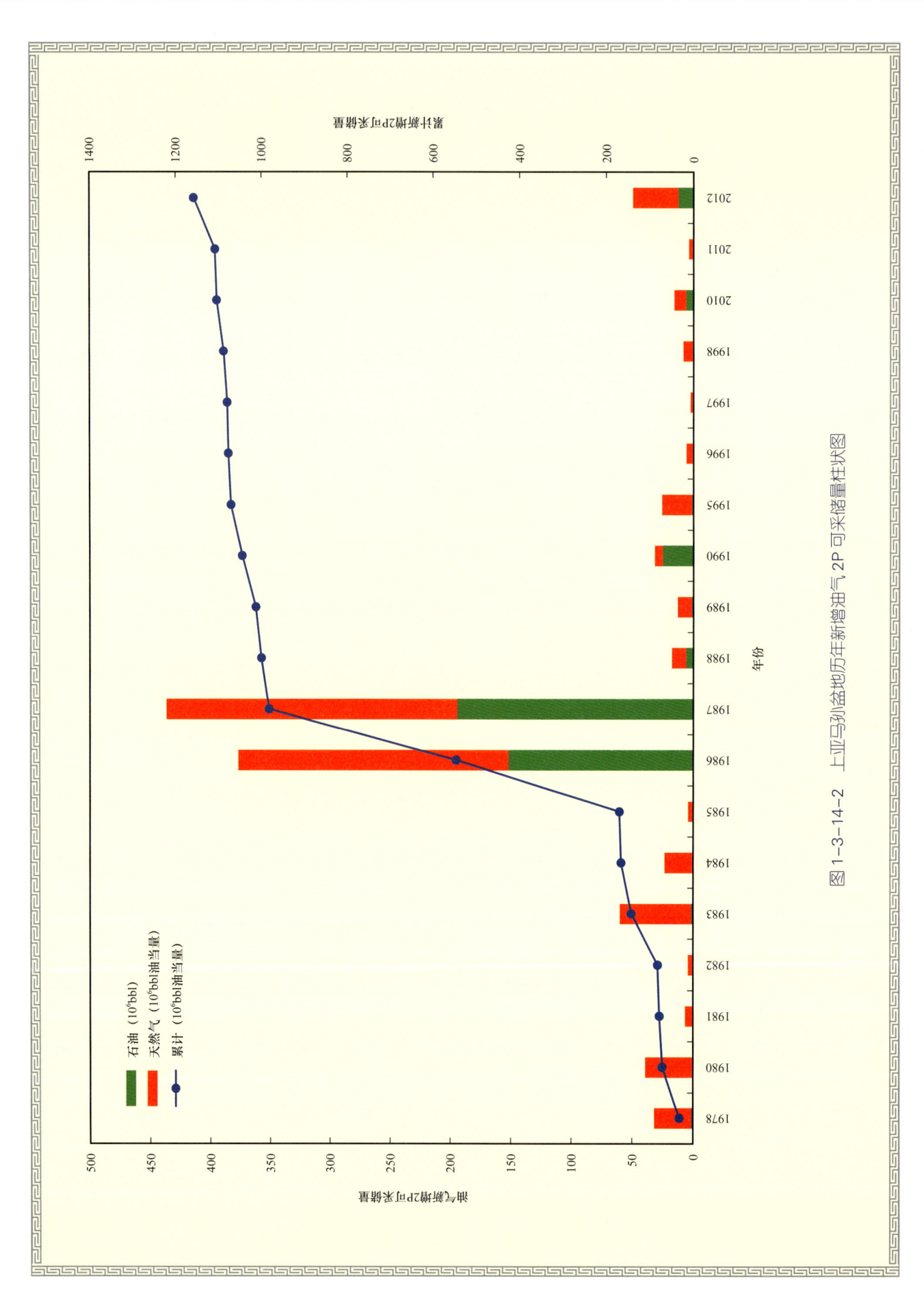

世界油气勘探开发与合作形势图集 | 南美地区 South America

图 1-3-14-2 上亚马孙盆地历年新增油气 2P 可采储量柱状图

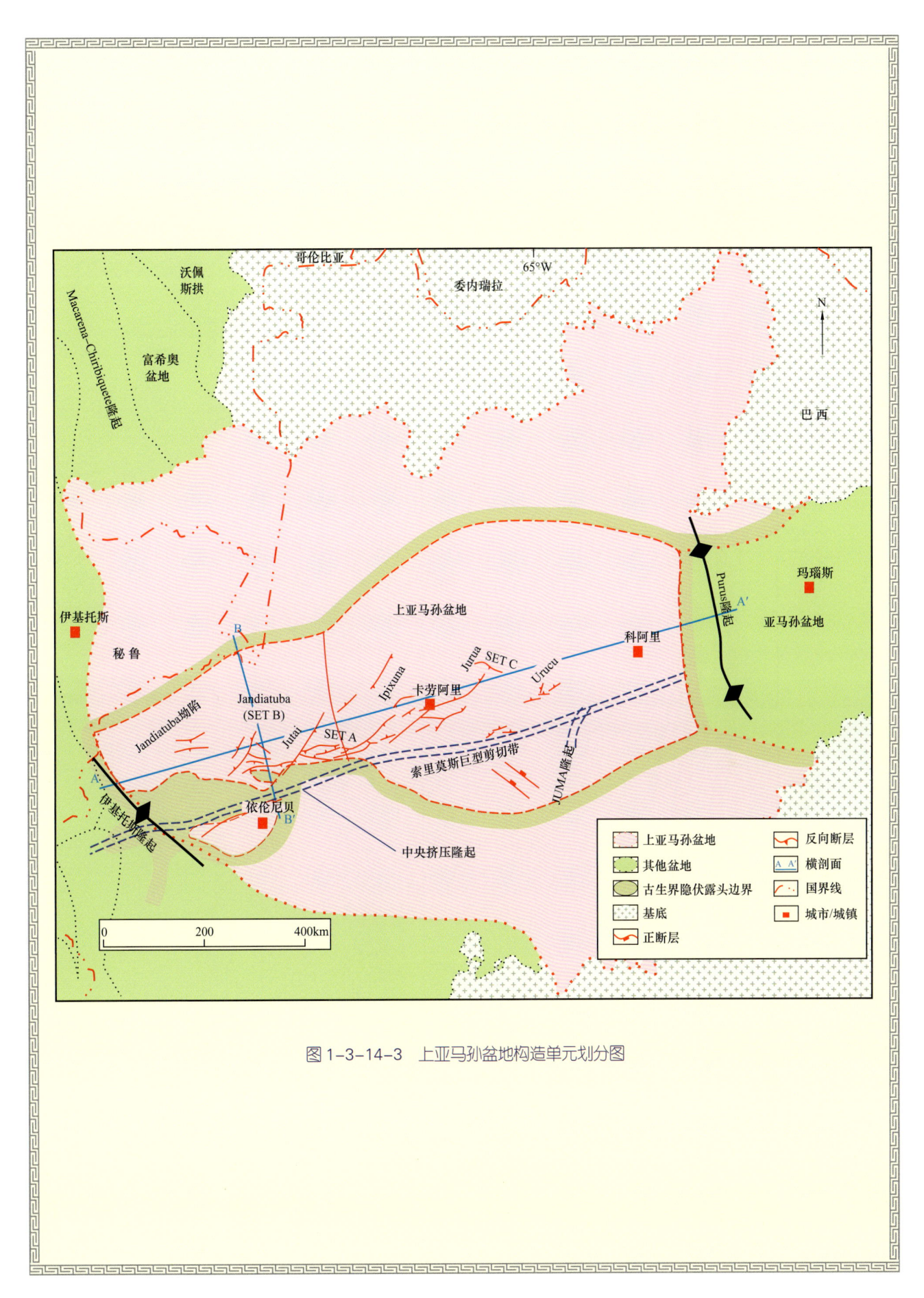

图 1-3-14-3 上亚马孙盆地构造单元划分图

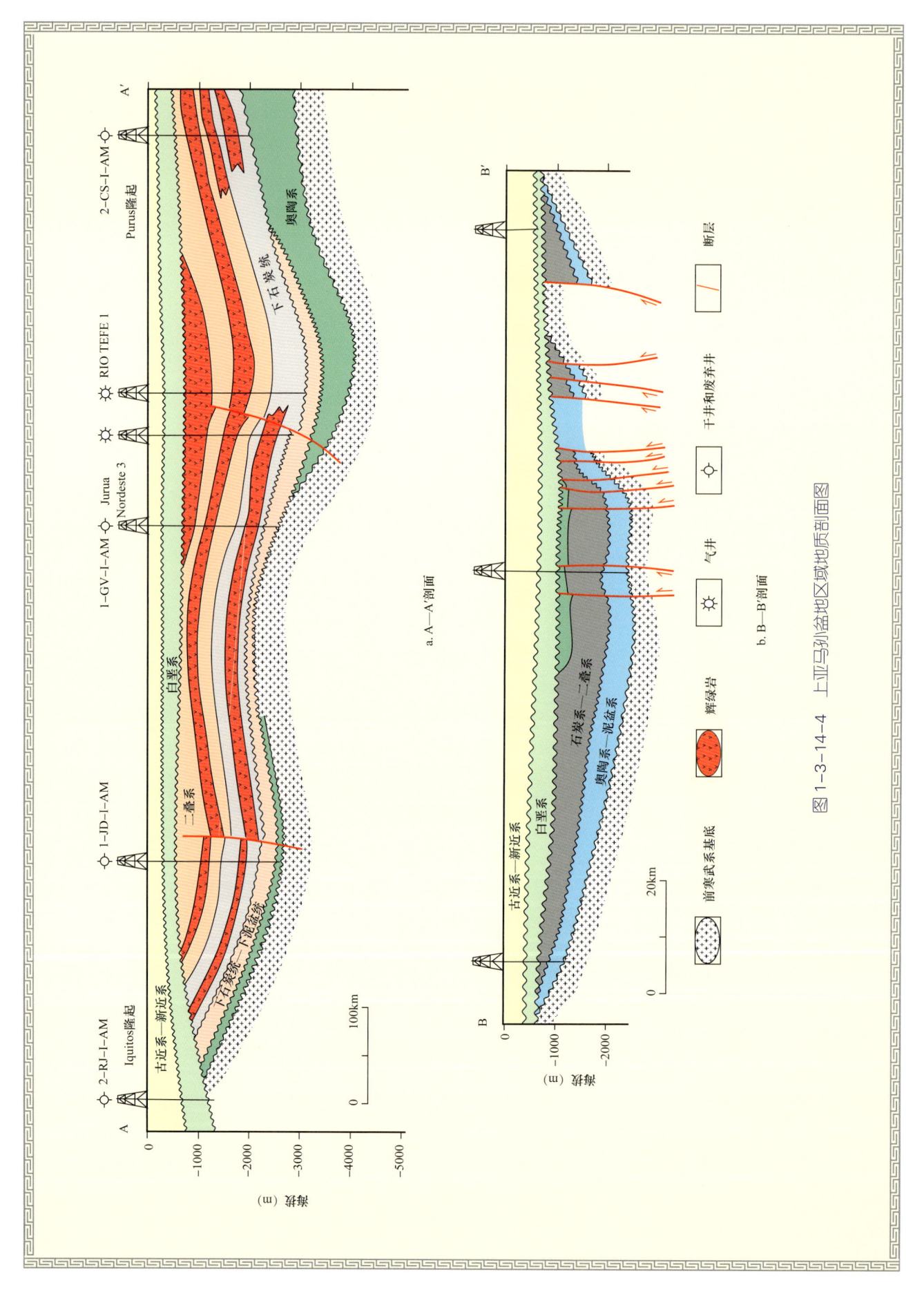

图1-3-14-4 上亚马孙盆地区域地质剖面图

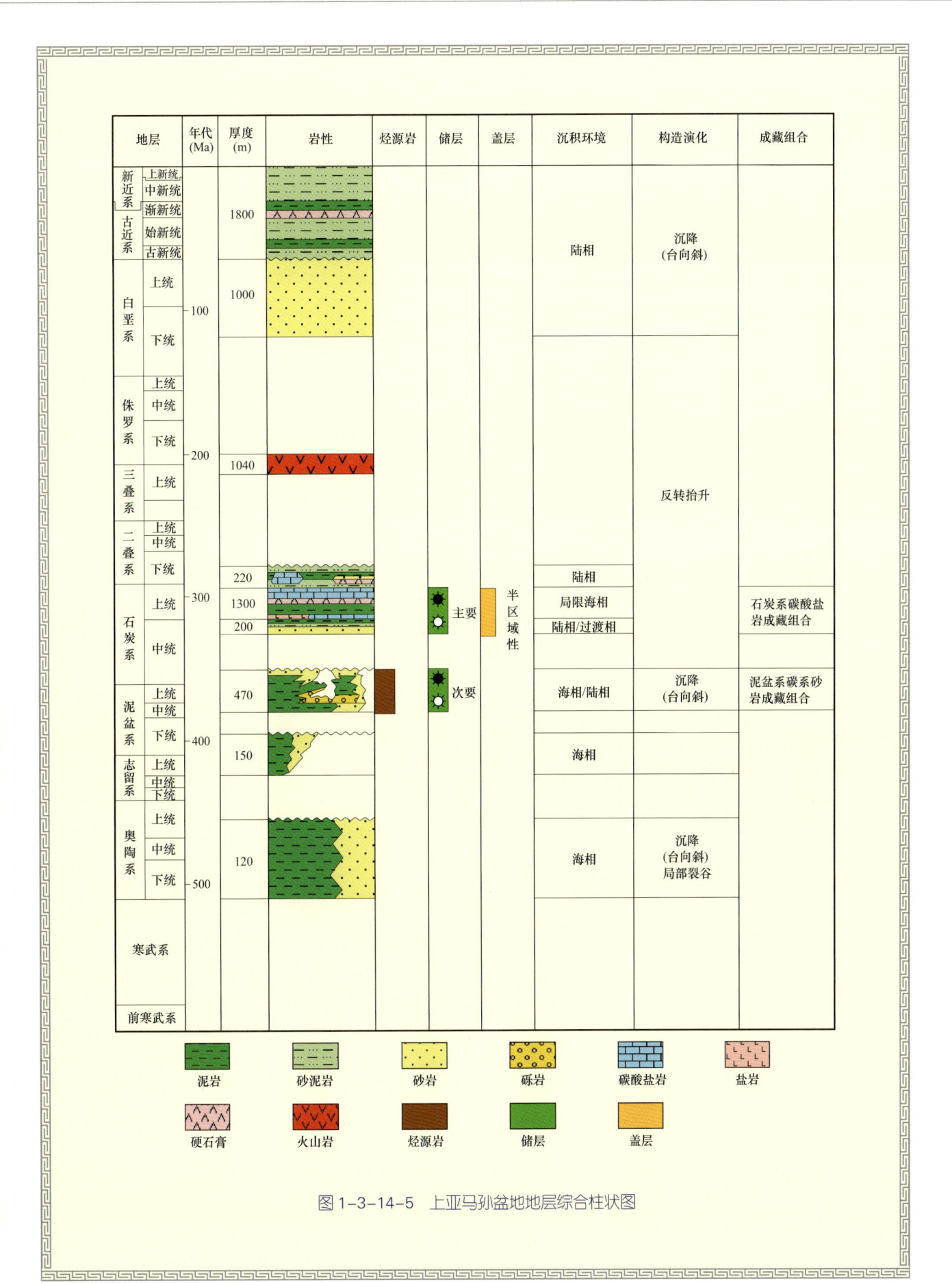

图 1-3-14-5 上亚马孙盆地地层综合柱状图

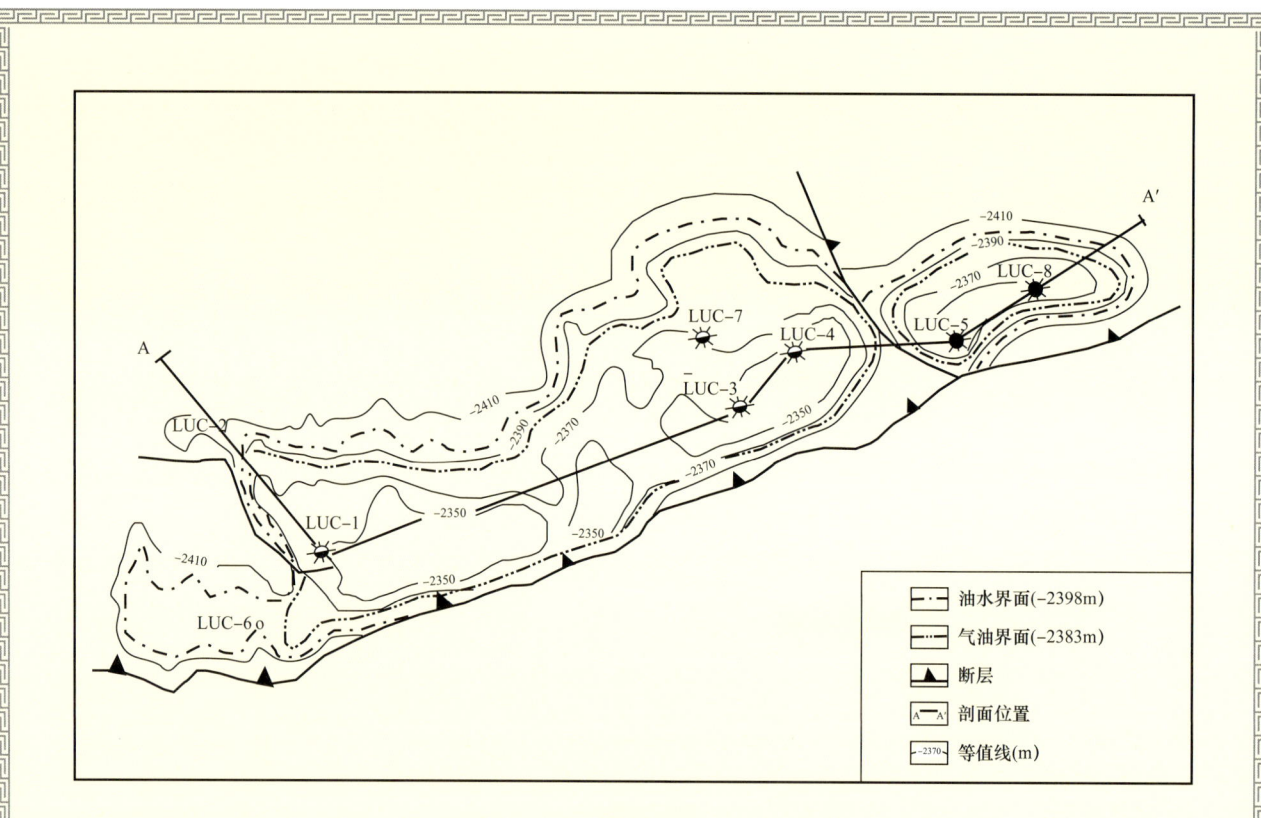

a. 平面图

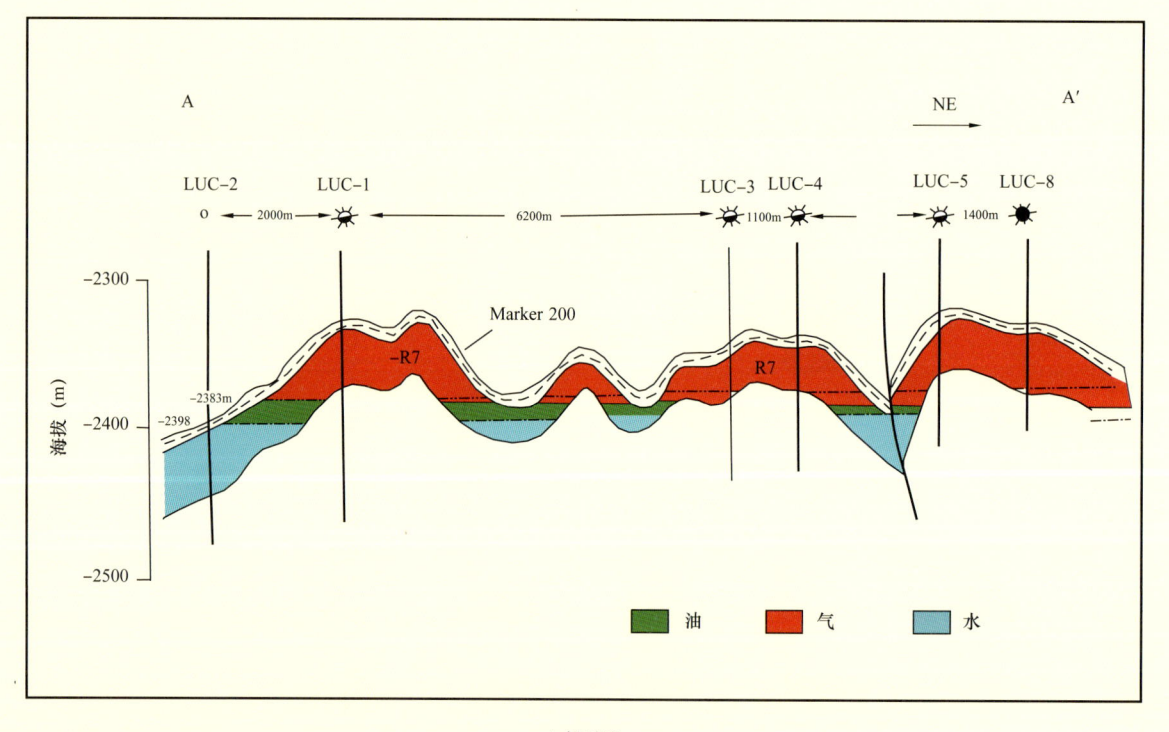

图例：
- 油水界面(-2398m)
- 气油界面(-2383m)
- 断层
- 剖面位置
- 等值线(m)

b. 剖面图

图 1-3-14-6 莱斯特乌鲁库油田 R-7 储层构造平面及剖面图

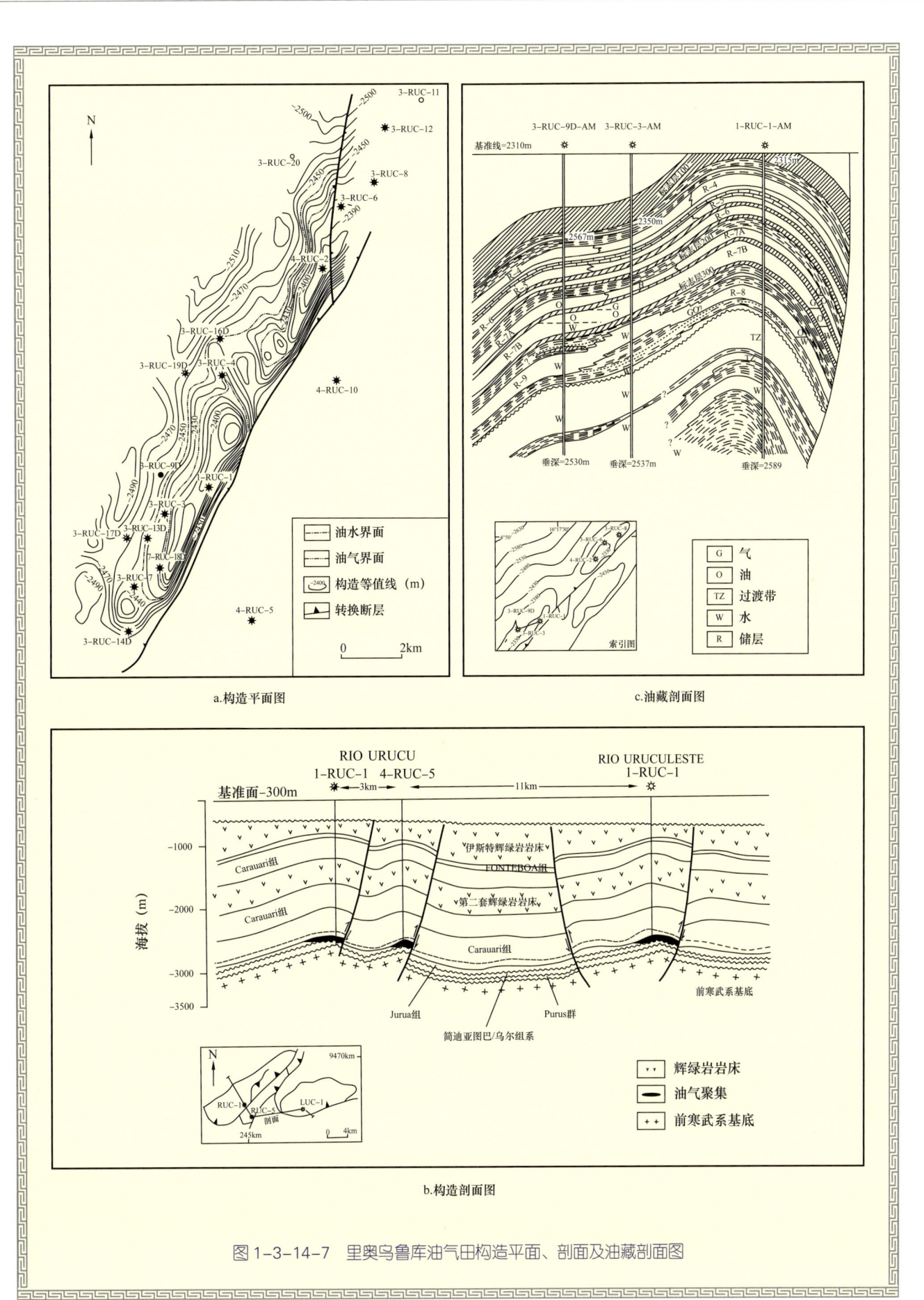

图1-3-14-7 里奥乌鲁库油气田构造平面、剖面及油藏剖面图

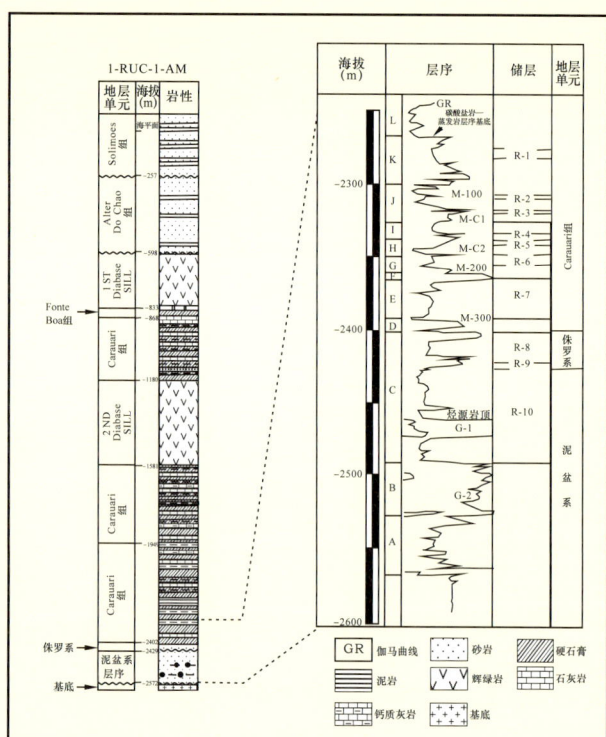

南美地区 South America

a. 构造平面图

c. 柱状图

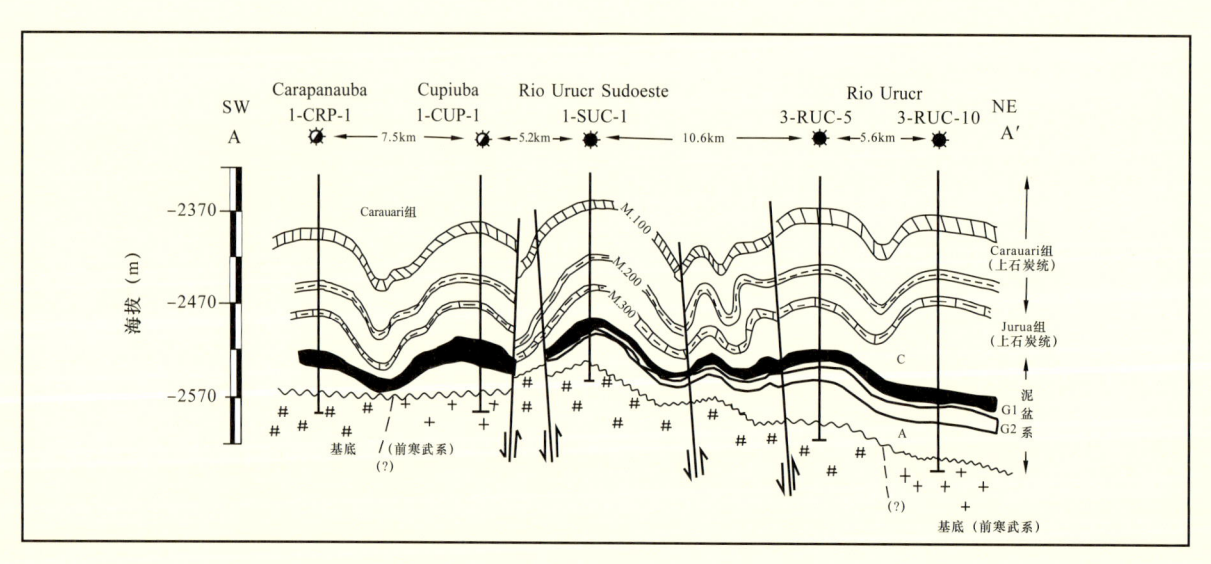

b. 剖面图

图 1-3-14-8 苏多斯特乌鲁库油田构造平面、油藏剖面及地层柱状图

(十五)巴纳伊巴盆地

巴纳伊巴盆地(Parnaiba Basin)位于巴西东北部(图1-3-15-1),呈近似圆形状。盆地南邻圣弗朗西斯科盆地,北接巴雷拉斯盆地,盆地总面积 $67.31\times10^4km^2$,其中海上 $1884km^2$,陆上 $67.13\times10^4km^2$。

1. 勘探开发历程

巴纳伊巴盆地油气勘探,经历了早期探索、持续勘探、勘探突破3个阶段(图1-3-15-2)。

早期探索阶段(1950—1979年):20世纪50年代开展重力、地磁和地震调查。1951年在巴纳伊巴盆地钻探了第一口探井。此外,巴西国家石油公司开始了参数井钻探。1964年,完成首次地震勘探工作。60年代累计完成98个地震勘探项目,共钻探17口探井及27口参数井,发现了油气苗。70年代,盆地钻井陷入低谷,仅钻探井9口,未发现商业油气。

持续勘探阶段(1980—2009年):20世纪80年代,盆地开始重新投入更多勘探工作量,完成26个地震工区共计二维地震测线3813km,钻14口探井和3口参数井,未发现油气。90年代,勘探继续以地震工作为先导,在1996年9月完成854km二维地震采集。截至1999年,共钻探井46口,发现多处油气苗。

勘探突破阶段(2010年至今):2010年发现加维奥阿祖尔(Gaviao Azul)气田、加维奥里尔(Gaviao Real)气田,2P可采储量共计 $280.00\times10^9ft^3$。2011—2015年,每年均有气田被发现。其中2014年发现的Gaviao Real气田是迄今为止盆地最大的气田,2P可采储量为 41.88×10^6bbl 油当量。

截至2018年,盆地已发现气田19个,累计发现凝析油 1.29×10^6bbl,天然气 $1353.7\times10^9ft^3$(图1-3-15-2)。盆地中储量前7大气田为加维奥里尔、加维奥布兰科(Gaviao Branco)、加维奥卡波洛(Gaviao Caboclo)、1-LDM-001-MA、加维奥普雷图(Gaviao Preto)、加维奥布兰科苏德斯特(Gaviao Branco Sudeste)、加维奥韦尔梅霍(Gaviao Vermelho),总储量 153.7×10^6bbl 油当量,占盆地总发现量的67.7%。

2018年,巴纳伊巴盆地凝析油年产量 0.03×10^6bbl,天然气 10.11×10^6bbl 油当量。截至2018年,盆地石油和天然气累产分别为 0.13×10^6bbl,天然气 62.17×10^6bbl 油当量。

2. 区域地质

巴纳伊巴盆地属大型克拉通盆地(图1-3-15-3),托坎廷斯拱隆起盆地与西北部的亚马孙盆地分隔,北部通过费雷尔隆起和区域正断层与帕拉—马拉霍盆地、圣路易斯盆地和巴雷里尼亚斯盆地相邻,南部由圣弗朗西斯科隆起与圣弗朗西斯科盆地相接。向东为巴西滨岸克拉通盆地,向西为中巴西克拉通盆地。

基底为新太古界—中元古界的花岗片麻岩。元古宙和寒武纪—奥陶纪的构造活动形成盆地南北走向到北东—南西走向为主的构造基底(图1-3-15-4)。盆地由下至上依次为盆地基底、裂谷期寒武系、坳陷期古生界、抬升期中生界。

3. 石油地质特征

1)烃源岩

盆地最主要的烃源岩是泥盆系Pimenteiras组高伽马页岩(图1-3-15-5),为Ⅰ型、Ⅱ型干酪根,总有机碳含量为1%~6%,烃源岩厚达60m。志留系Tianguá组和Longa组页岩为潜在烃源岩。

2)储层

主要发育泥盆系Itaim组、Pimenteiras组和Cabecas组砂岩(图1-3-15-5)。以浅海和三角洲沉积环境为主，孔渗特性较好，呈叠瓦状、透镜状砂体展布。

3）盖层

主要发育泥盆系和石炭系泥、页岩盖层，主要为层间盖层。

4）圈闭类型

圈闭类型以地层圈闭为主，含部分构造圈闭。地层圈闭形成于泥盆纪，构造圈闭伴随盆地石炭系的构造反转形成。

4. 常规油气成藏组合

盆地主要发育泥盆系 Itaim 组砂岩成藏组合和 Cabecas 组砂岩成藏组合（图 1-3-15-5）。

泥盆系 Itaim 组砂岩成藏组合分布在盆地大部分地区，烃源岩为泥盆系 Pimenteiras 组页岩，储层为泥盆系 Itaim 组砂岩，盖层为泥盆系 Pimenteiras 组页岩。Cabecas 组砂岩成藏组合分布范围大体与 Itaim 组砂岩成藏组合一致，烃源岩为 Pimenteiras 组页岩，储层为 Cabecas 组砂岩，盖层为二叠系页岩。

潜在的成藏组合包括二叠系—三叠系砂岩成藏组合和志留系砂岩成藏组合。

5. 典型油气田

1）加维奥布兰科苏德斯特（Gaviao Branco Sudeste）气田

属于石炭系砂岩成藏组合，长 3.98km、宽 2.3km，面积为 7.11km^2，发现于 2013 年。截至 2018 年，天然气、凝析油 2P 可采储量分别为 $75.00 \times 10^9 ft^3$、$0.08 \times 10^6 bbl$（表 1-3-15-1）。

储层为下石炭统 Poti 组浅海相砂岩，最大厚度 40m，最大气层厚度 20m，平均孔隙度 15%，平均渗透率为 106.2mD，储层构造顶面构造深度 1300m，主要为地层圈闭。

油田目前处于评价开发阶段。

2）加维奥布兰科（Gaviao Branco）气田

为泥盆系砂岩成藏组合，位于巴西马拉若省，部分位于格拉斯兰草原，部分区域为海域。长 11.46km，宽 8.06km，面积 46.53km^2，发现于 2011 年。截至 2018 年，天然气 2P 可采储量 $155000 \times 10^6 ft^3$（表 1-3-15-1）。

储层为泥盆系砂岩，盖层为页岩。圈闭为地层圈闭，高点埋深 1273m，包含两个气藏。

该气田处于评价开发阶段。

3）加维奥卡波洛（Gaviao Caboclo）气田

为泥盆系砂岩成藏组合，位于巴西马拉若省。长 7.31km，宽 1.55km，面积为 9.24km^2，发现于 2013 年，2P 天然气可采储量 $136.8 \times 10^9 ft^3$，2P 凝析油可采储量 $0.147 \times 10^6 bbl$（表 1-3-15-1）。

主要储层为上泥盆统 Cabecas 组砂岩，沉积环境为三角洲平原相，平均孔隙度 16.8%，平均渗透率 150mD，盖层为页岩。

圈闭为背斜构造圈闭，形成于早三叠世早期至三叠纪晚期，构造高点埋深 1500m，包含两个气藏。

2013 年投入生产。2017 年，天然气年产量为 $155 \times 10^9 ft^3$。截至 2017 年，累计生产气和凝析油分别为 $136.81 \times 10^9 ft^3$ 和 $0.147 \times 10^6 bbl$。

4）加维奥里尔（Gaviao Real）气田

为泥盆系砂岩成藏组合，位于巴西马拉若省，长 14.7km，宽 12.23km，面积为 97.33km^2，发现于 2010

年。截至 2017 年 2P 天然气可采储量 250×10^{9}ft^3，总 2P 可采储量为 41.88×10^{6}bbl 油当量（表 1-3-15-1）。

该油田为断背斜圈闭，储层为上泥盆统 Cabecas 组砂岩，最大厚度 80m，包含两个油藏，孔隙度平均为 15.7%，渗透率平均为 118mD。

2012 年投入生产，2017 年天然气年产量 15.95×10^{9}ft^3、凝析油产量 5185 bbl。截至 2017 年，累计生产天然气、凝析油分别为 250.00×10^{9}ft^3、0.21×10^{6}bbl。

6. 勘探开发潜力

中国石油 2018 年评价认为，常规待发现油气资源量 908.44×10^{6}bbl 油当量，其中凝析油 5.68×10^{6}bbl、天然气 5236.00×10^{9}ft^3。盆地泥盆系烃源岩质量高，发育多套潜在储层，盖层较为发育。盆地北西部的岩性尖灭圈闭和构造圈闭发育区是盆地最有利的勘探地区。此外，预测页岩气可采储量 6.46×10^{8}t、煤层气可采储量 0.02×10^{8}t。总体上，巴纳伊巴盆地具有一定的勘探潜力。

表 1-3-15-1 巴纳伊巴盆地主要油气田属性表

序号	油气田名称	油气田类型	地理位置	发现年份	主要成藏组合	主要储层岩性	2P 可采储量 石油 (10^6bbl)	天然气 (10^9ft³)	凝析油 (10^6bbl)	油气总和 油气总当量 (10^6bbl 油当量)
1	加维奥布兰科苏德斯特（Gaviao Branco Sudeste）	气田	陆上	2013	石炭系	砂岩	0	75.00	0.08	12.58
2	加维奥布兰科（Gaviao Branco）	气田	陆上、海上	2011	泥盆系	砂岩	0	155	0.17	27.67
3	加维奥卡波洛（Gaviao Caboclo）	气田	陆上、海上	2013	泥盆系	砂岩	0	136.8	0.15	24.68
4	加维奥里尔（Gaviao Real）	气田	陆上、海上	2010	泥盆系	砂岩	0	250	0.21	41.88

图1-3-15-1 巴纳伊巴盆地油气田位置分布图

油气田名称：1. 加维奥希兰科苏德斯特（Gaviao Branco Sudeste）；2. 加维奥希兰科（Gaviao Branco）；3. 加维奥卡波洛（Gaviao Caboclo）；4. 加维奥里尔（Gaviao Real）

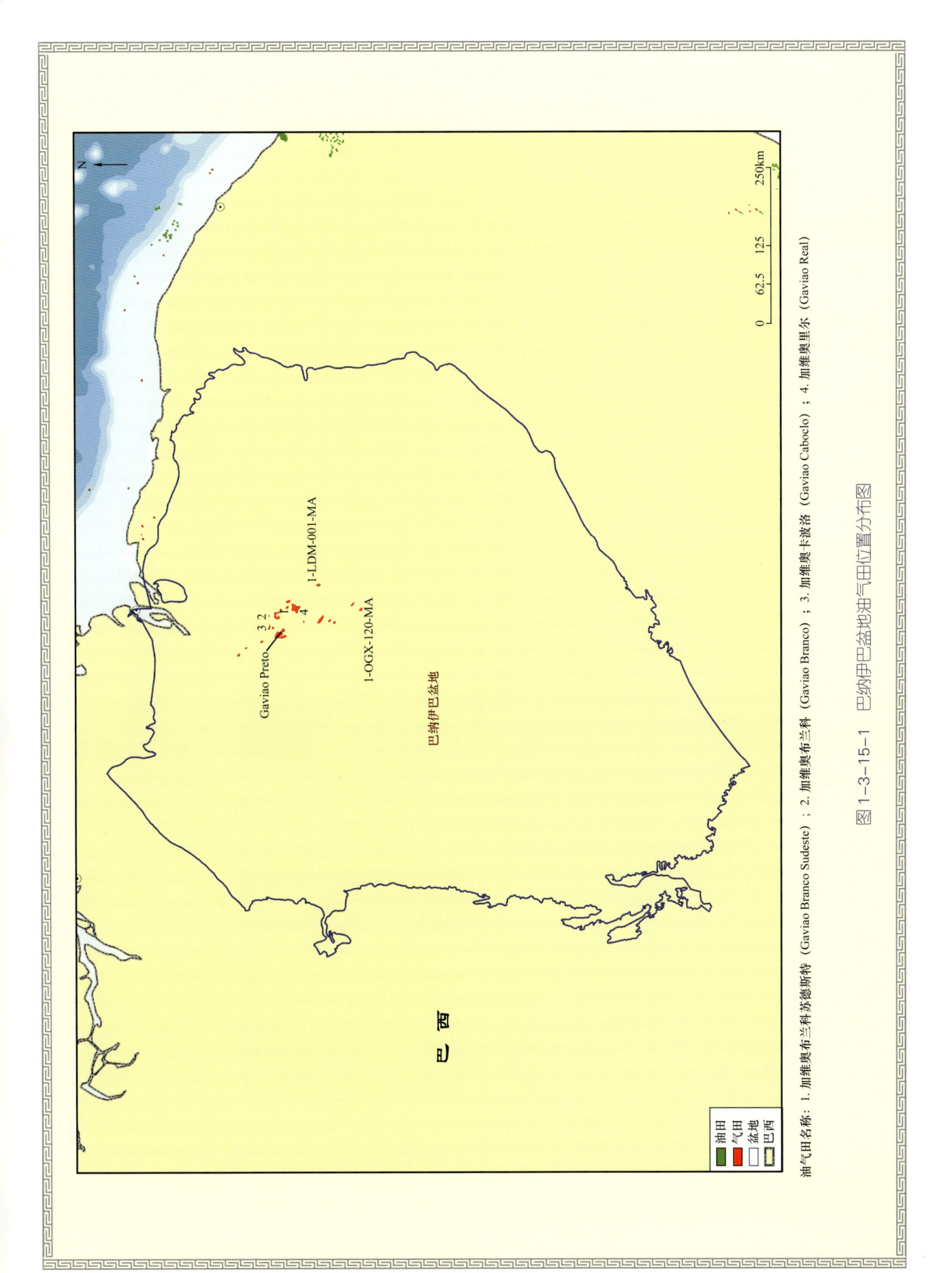

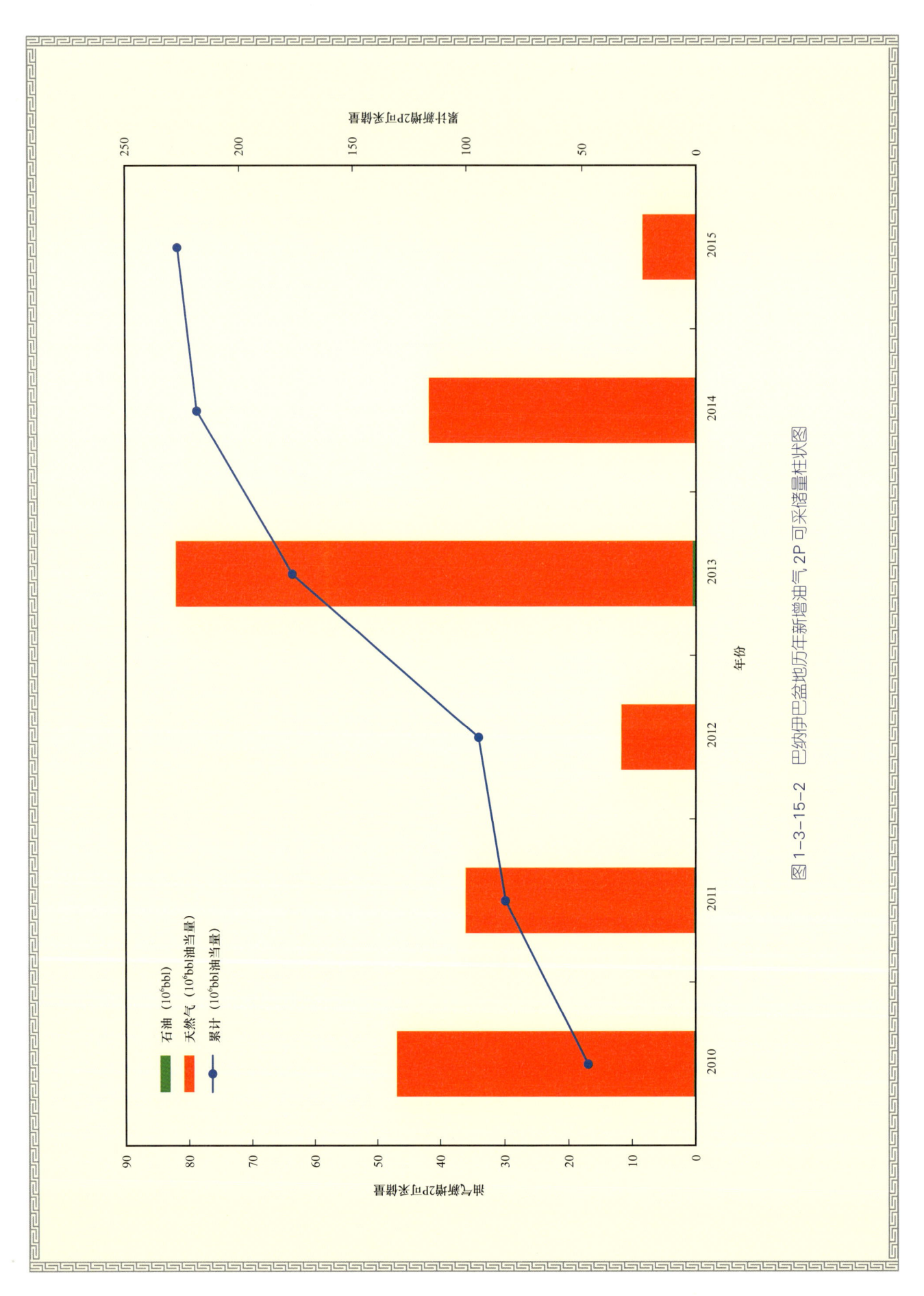

| 世界油气勘探开发与合作形势图集 | 南美地区 South America |

图 1-3-15-2 巴纳伊巴盆地历年新增油气 2P 可采储量柱状图

图例：
- 石油 (10^6 bbl)
- 天然气 (10^6 bbl 油当量)
- 累计 (10^6 bbl 油当量)

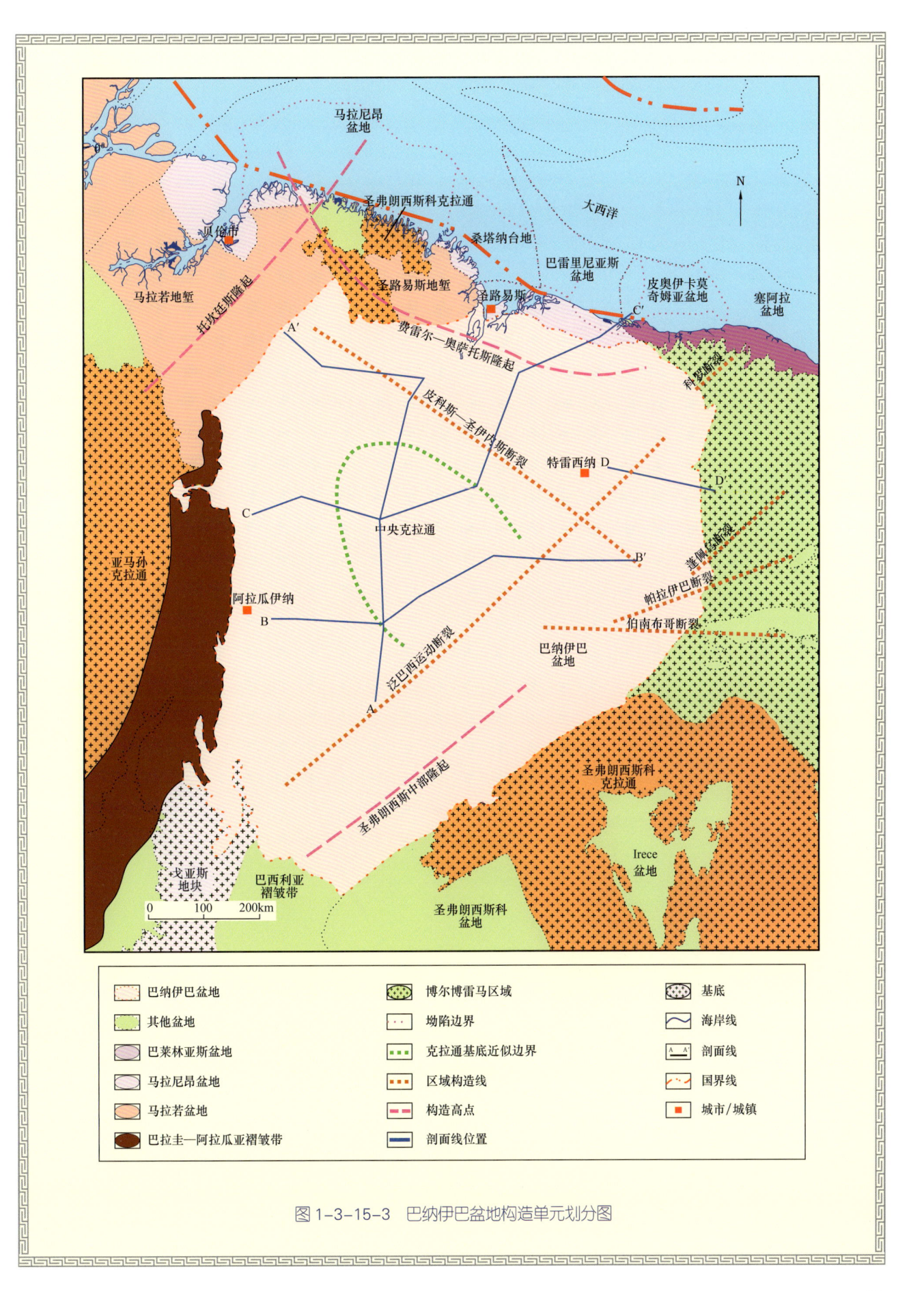

图 1-3-15-3 巴纳伊巴盆地构造单元划分图

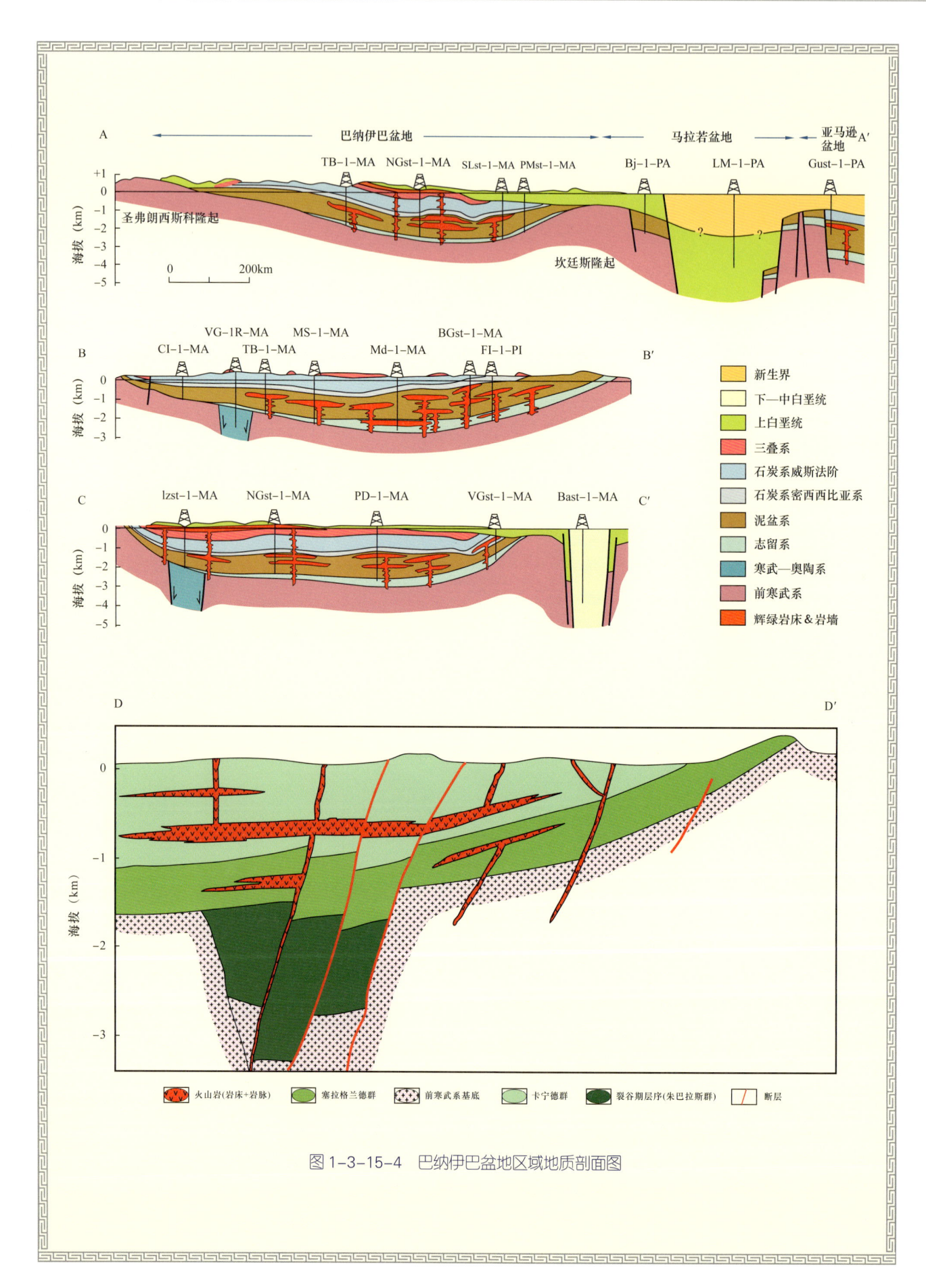

图 1-3-15-4 巴纳伊巴盆地区域地质剖面图

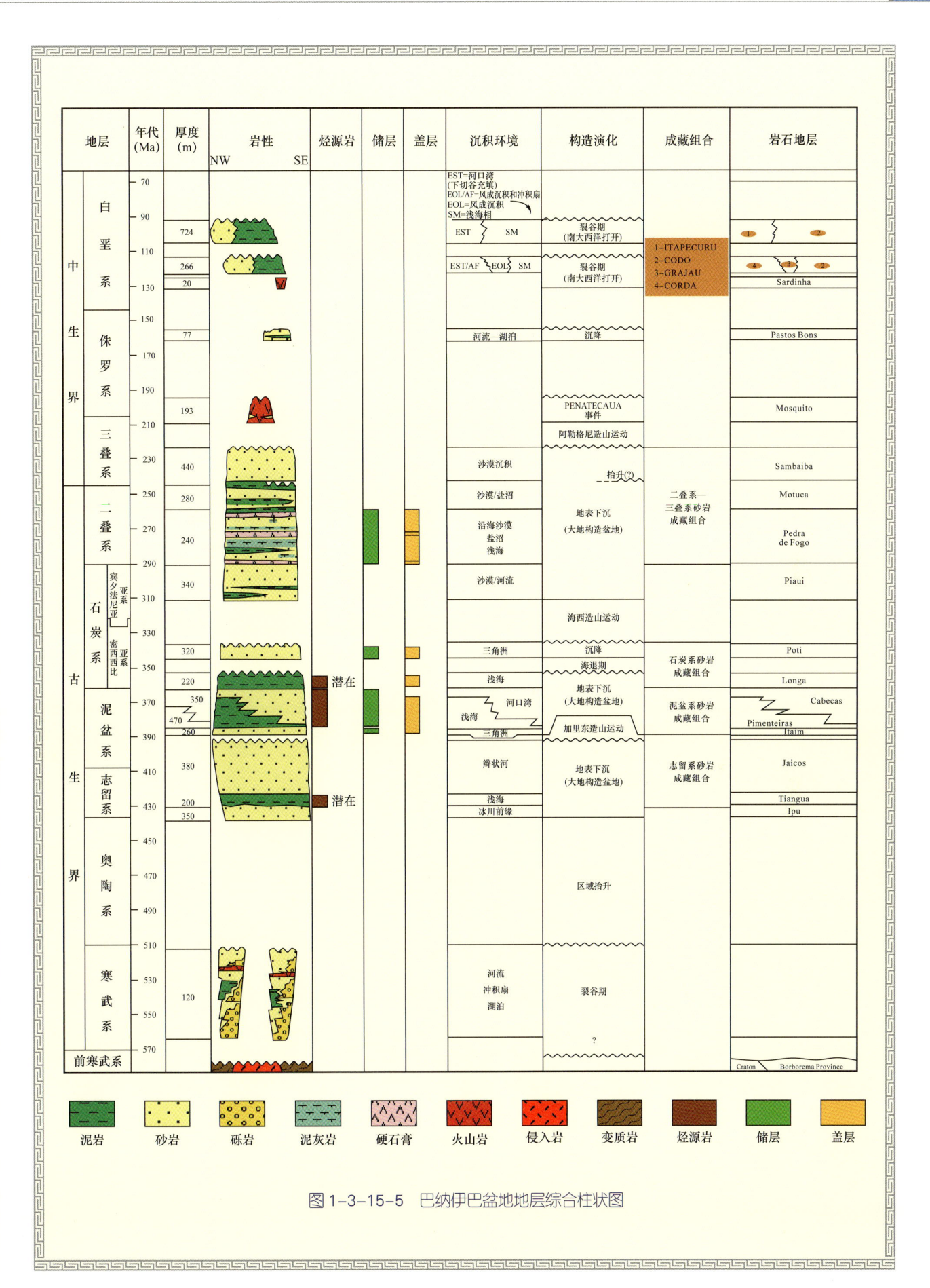

图 1-3-15-5 巴纳伊巴盆地地层综合柱状图

（十六）圣弗朗西斯科盆地

圣弗朗西斯科盆地（Sao Francisco Basin）位于巴西中部（图1-3-16-1），面积为 $38.06\times10^4km^2$。

1. 勘探开发历程

圣弗朗西斯科盆地勘探经历了早期缓慢发展、勘探停滞和勘探发现3个阶段。

早期缓慢发展阶段（1960—1997年）：20世纪60年代，巴西国家石油公司开始油气勘探活动。1970年在DNOCS井里发现天然气显示，在米纳斯吉拉斯州地表发现了气苗。CPRM钻了三口浅的参数井。1988—1989年，巴西国家石油公司钻三口探井。其中1-RF-1-MG井完钻于1848m，未发现有商业价值的天然气而被废弃。巴西国家石油公司最后一次在盆地钻井是在1997年，1-FLU-1-BA井在1020m见到油气显示，但最终废弃。

勘探停滞阶段（1998—2009年）：此阶段未发现新的油气田。

勘探发现阶段（2010年至今）：2010年发现了因达亚（Indaia）气田，天然气、凝析油2P可采储量分别为 $185.4\times10^9ft^3$、0.19×10^6bbl，此气田为圣弗朗西斯科盆地第一个可开采的商业气田。

2. 区域地质

圣弗朗西斯科盆地属于克拉通盆地（图1-3-16-2），基底为古元古界侵入岩，向上发育古生界、中生界沉积地层。盆地的构造演化分为三个阶段：裂谷前、裂谷、坳陷，每一个阶段是以一个区域不整合面为标志（图1-3-16-3）。盆地的演化主要受构造运动控制，海平面的变化在坳陷阶段也起到重要作用。

3. 石油地质特征

1）烃源岩

主要烃源岩为新元古界富含有机质的黑色页岩（图1-3-16-4），总有机碳含量4%～6%，最大可达15%。

2）储层

主要储层为新元古界裂缝碳酸盐岩以及砂岩（图1-3-16-4）。潜在储层为中生界砂岩和中元古界风成砂岩。

3）盖层

新元古界Serra da Saudade组、Lagoa do Jacare组以及Serra de Santa Helena组的浅海相厚层页岩是主要的区域盖层（图1-3-16-4）。

局部盖层为Sete Lagoas组等泥灰岩、泥岩和蒸发岩。

4）圈闭类型

圈闭的类型主要是构造圈闭和地层圈闭。

4. 常规油气成藏组合

主要成藏组合：新元古界砂岩和碳酸盐岩成藏组合（图1-3-16-4）。

次要成藏组合：中元古界Espinhaco组裂缝砂岩成藏组合。

潜在成藏组合：中元古界Paranoa组风成砂岩成藏组合。

5. 典型油气田

因达亚（Indaia）气田

属于新元古界Bambui群砂砾岩和裂缝碳酸盐岩成藏组合，长5.2km、宽2.6km，油田面积为 $11.06km^2$，发现

于 2010 年，截至 2018 年，天然气、凝析油 2P 可采储量分别为 $185.4×10^9ft^3$、$0.19×10^6bbl$（表 1–3–16–1）。

主要储层为 Jequitai 砂岩和砾岩，最大厚度 235m，有效厚为 70m，储层顶面构造为 –1965m，主要为构造圈闭。

该油田处于评价待开发阶段。

6. 油气勘探开发潜力

2018 年圣弗朗西斯科盆地剩余 2P 可采储量 $32.15×10^6bbl$ 油当量，其中凝析油 $0.19×10^6bbl$，剩余天然气 $185.4×10^9ft^3$，天然气占比 99.4%。中国石油 2018 年评价认为，常规待发现油气资源量 $585.89×10^6bbl$ 油当量，其中石油 $6.58×10^6bbl$、天然气 $3360.00×10^9ft^3$。圣弗朗西斯科盆地具有一定的油气勘探潜力。

表1-3-16-1 圣弗朗西斯科盆地主要油气田属性表

序号	油气田名称	油气田类型	地理位置	发现年份	主要成藏组合	主要储层岩性	2P可采储量			
							石油 (10^6bbl)	天然气 (10^9ft^3)	凝析油 (10^6bbl)	油气总和 (10^6bbl油当量)
1	因达亚（Indaia）	气田	陆上	2010	新元古界	砂岩、灰岩	0	185.40	0.19	31.09

图1-3-16-1 圣弗朗西斯科盆地油气田位置分布图

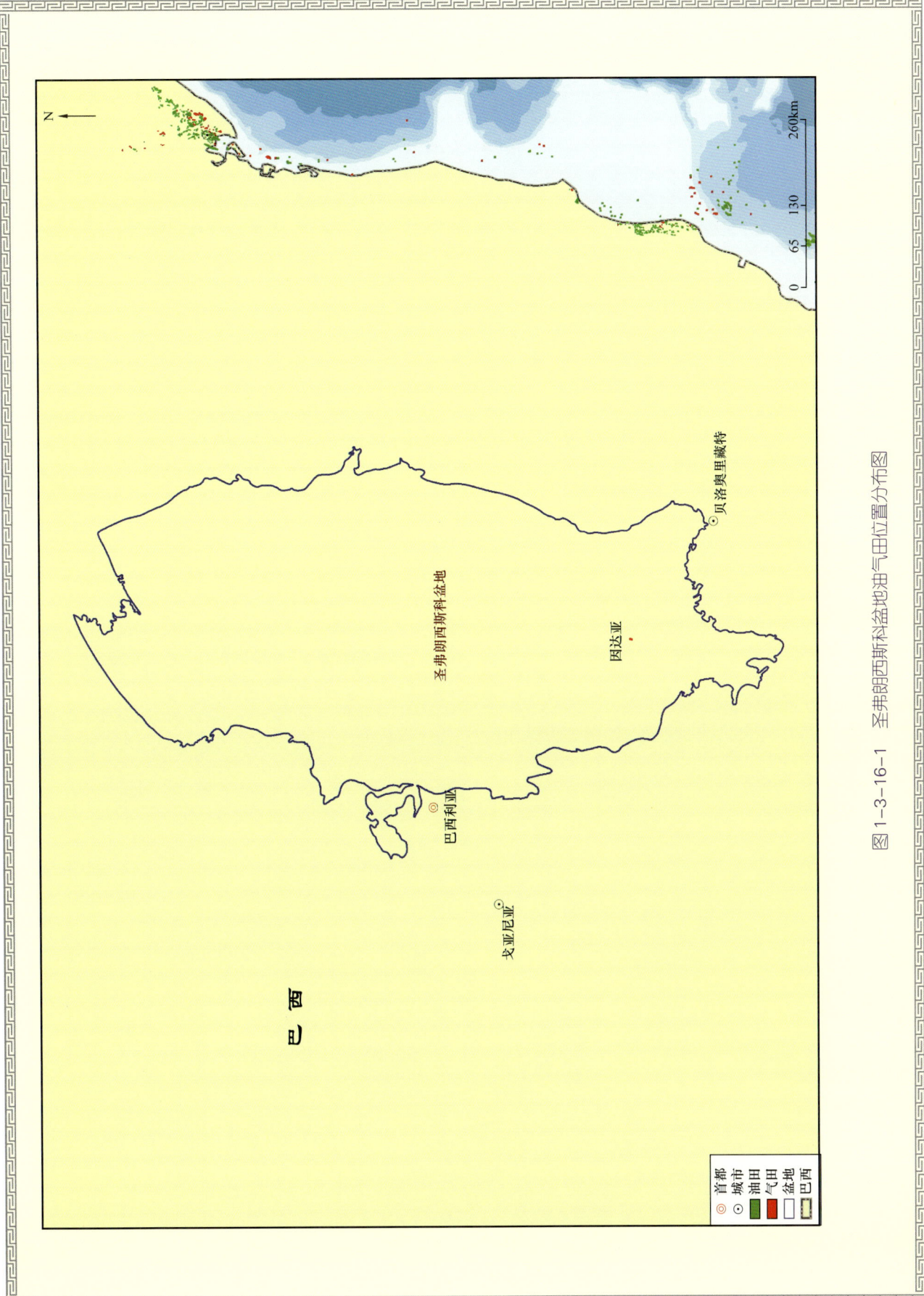

世界油气勘探开发与合作形势图集 | 南美地区 South America

图1-3-16-2 圣弗朗西斯科盆地构造单元划分图

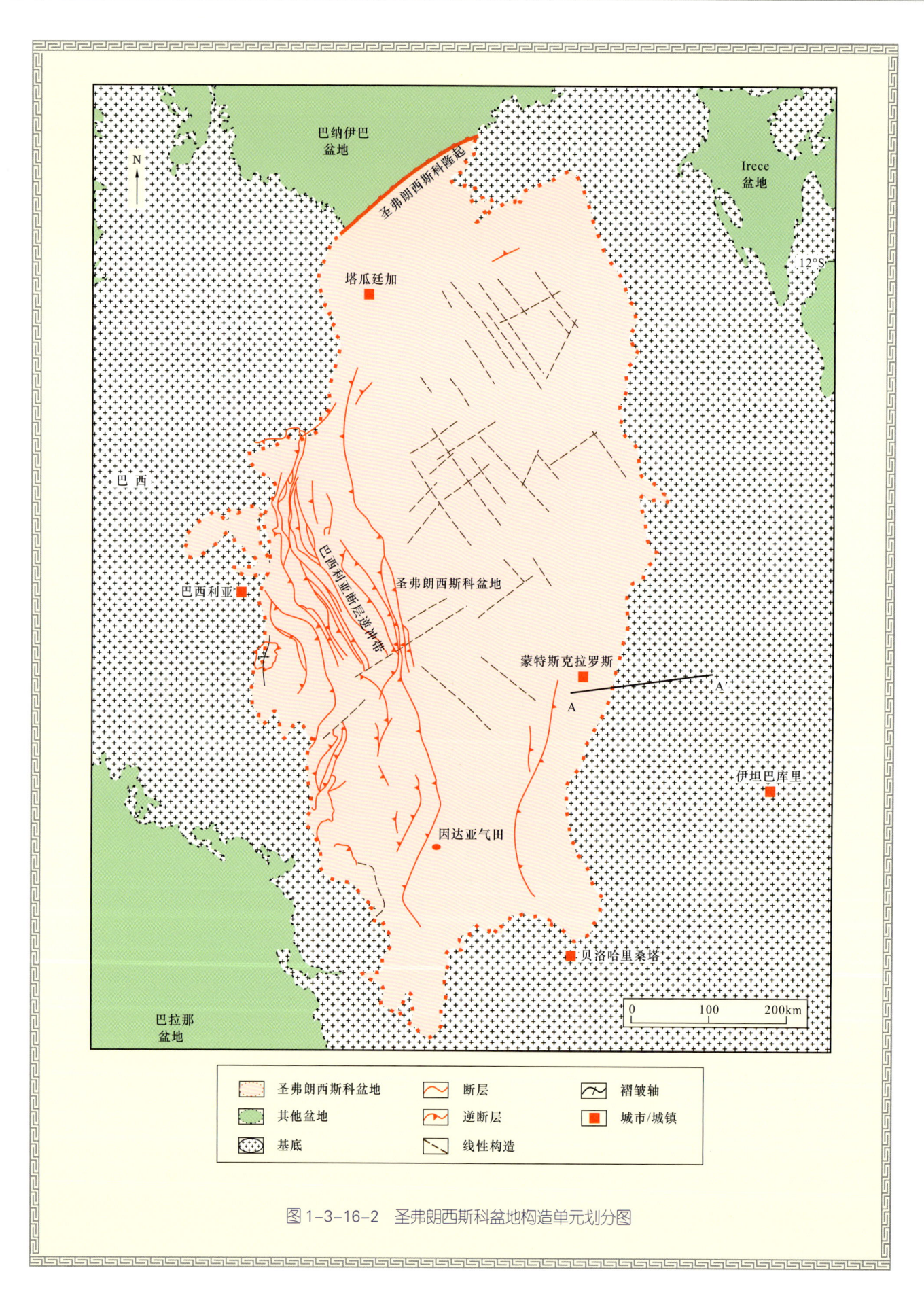

图 1-3-16-3 圣弗朗西斯科盆地区域地质剖面图

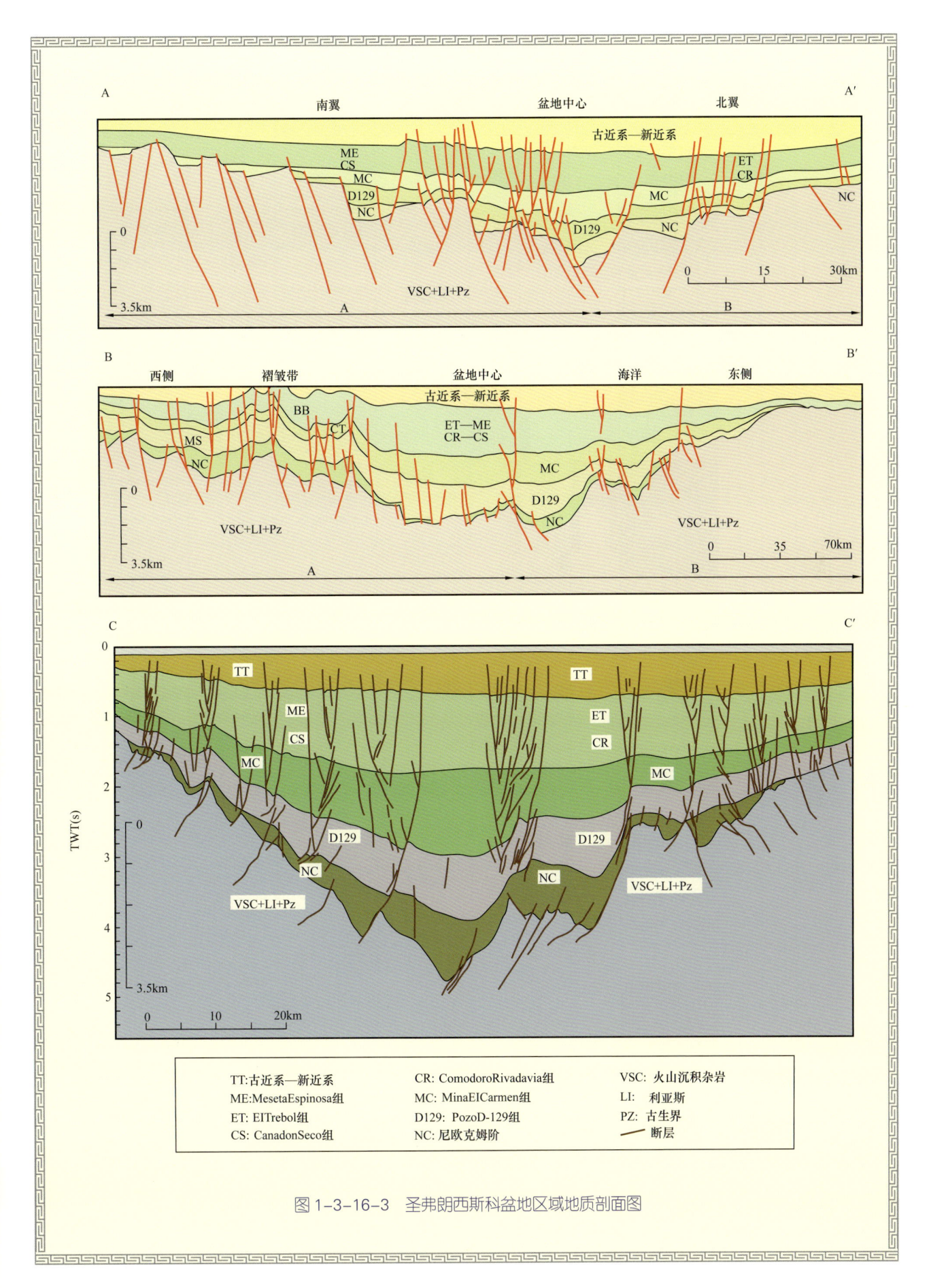

世界油气勘探开发与合作形势图集　南美地区 South America

图 1-3-16-4　圣弗朗西斯科盆地地层综合柱状图

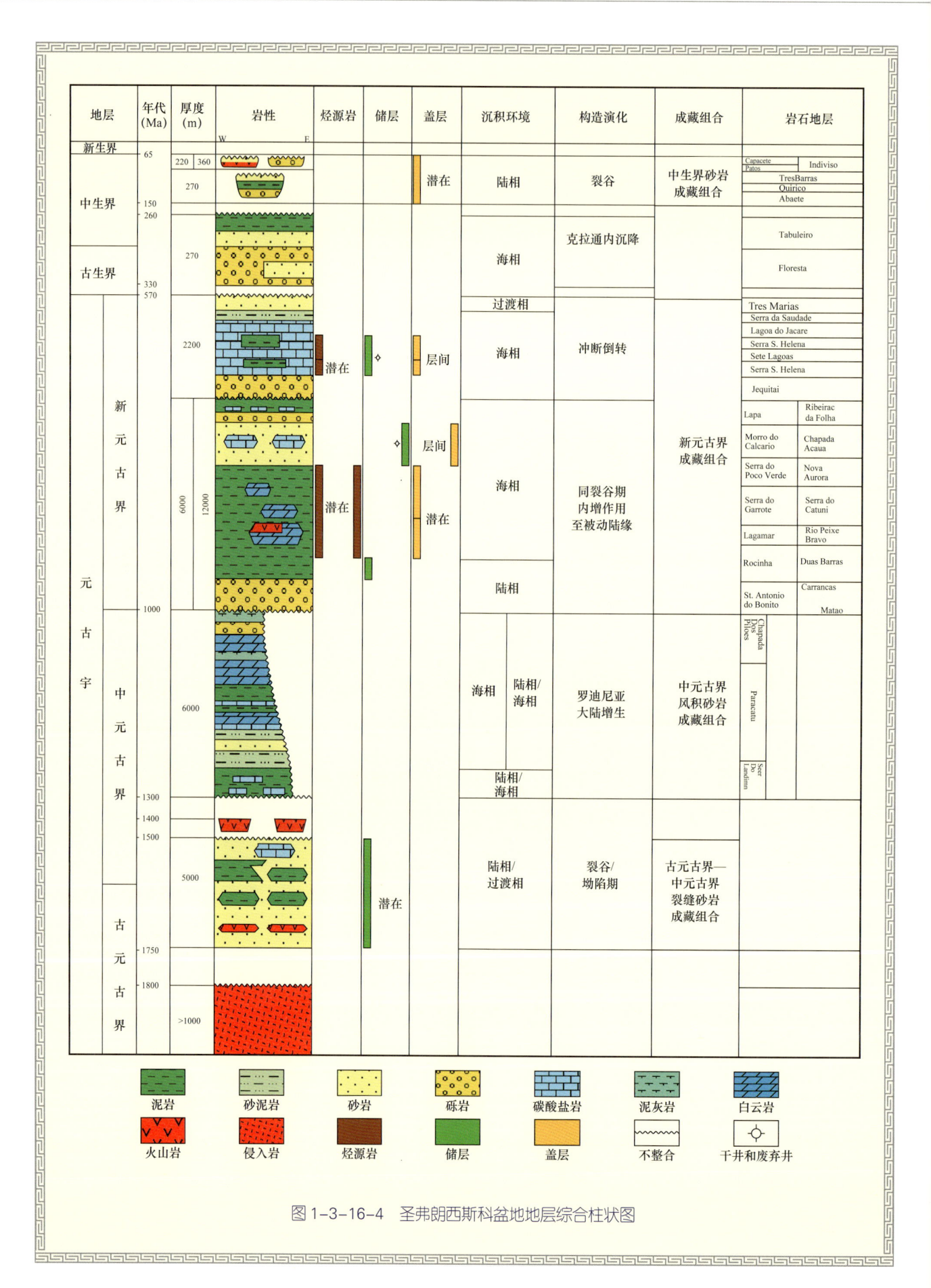

（十七）巴拉纳盆地

巴拉纳盆地（Parana Basin）位于巴西南部巴拉圭和阿根廷境内，呈北北东—南南西向的椭圆状（图1-3-17-1），为巨大的陆内克拉通盆地，盆地面积118.8×10^{4}km^2。

1. 勘探开发历程

巴拉纳盆地的油气勘探，经历了早期勘探、勘探发现、较快增储3个阶段。

早期勘探阶段（1930—1960年）：自20世纪30年代开始，Conselho Nacional do Petroleo（CNP）控制巴西的所有勘探活动。1954年盆地的勘探和生产权转至巴西国家石油公司。1960年开展首次二维地震资料采集。

勘探发现阶段（1961—1983年）：1961年首次发现了2-TV-001-SC气田，天然气2P可采储量100×10^{6}ft^3，储量规模很小。1967—1983年陆续发现了8个小型油气田，其中油田2个，气田6个。

较快增储阶段（1990—2003年）：1990年以后，外国石油公司开始介入盆地勘探开发。1996年、1998年分别发现了规模相对较大的巴拉博尼塔（Barra Bonita）气田和1-MR-01-PR气田，天然气2P可采储量25000×10^{6}ft^{3}和10000×10^{6}ft^3。1999年，巴西国家石油公司，开展3个区块的三维地震资料采集。在Mato Rico构造上完成100km^{2}的三维地震采集。截至2003年，盆地总共采集二维地震资料26902km和三维地震资料171km^2。盆地位于巴西部分已钻探井123口，巴拉圭部分钻探井3口。

截至2018年，盆地已发现油气田13个，累计发现石油、天然气、凝析油2P可采储量分别为0.04×10^{6}bbl、48.3×10^{9}ft^3、0.023×10^{6}bbl。盆地发现储量前10的气田为：巴拉博尼塔、1-MR-001-PR、1-RV-002P-PR、2-CP-001-SP、1-CS-002-PR、2-RP-001-PR、1-CA-003-PR、1-RCH-001-SC、1-CP-001-PR和1-HV-001-SC气田，总储量8.06×10^{6}bbl油当量，占总发现量的99%。

该盆地勘探历史悠久，但从2015年才开始进行开发生产，至目前还未形成规模化产能。

2. 区域地质

巴拉纳盆地属于陆内克拉通盆地（图1-3-17-2），盆地可划分为Alto Garcas、Apucarana和East Paraguay三个坳陷。盆地表面约2/3被中生界火成侵入岩覆盖。中生界—新生界沉积地层露头延伸约5500km，盆地中心沉积地层厚度超过7000m。盆地整体呈拉长的碟状，由早古生代、石炭纪—二叠纪和中生代的沉降作用而形成。

盆地基底为前寒武系—寒武系变质岩（图1-3-17-3、图1-3-17-4），下奥陶统为陆相砾岩沉积，上奥陶统—志留系主要为冰川—浅海相沉积为主。下石炭统—二叠系，主要为陆相向浅海相过渡沉积，岩性以砂岩、泥岩、泥质粉砂岩与碳酸盐岩为主；三叠系—新近系以陆相沉积为主，岩性主要为砂岩。下侏罗统—白垩系，受火成岩侵入与溢流玄武岩影响，发育陆相红层。

3. 石油地质特征

1）烃源岩

已证实烃源岩有两套（图1-3-17-4）：上二叠统Irati组浅海相泥岩，平均厚度130m，为Ⅰ型、Ⅱ型干酪根；总有机碳含量为0.01%～2.9%，平均为0.4%，主要分布于盆地中部。中—上泥盆统Ponta Grossa组烃源岩，为海相（局限海）泥岩，平均厚度350m，为Ⅰ型、Ⅱ型干酪根；总有机碳（TOC）含量为0.1%～23%，平均2%，主要分布于盆地中南部。

潜在烃源岩包括下志留统Vila Maria和Vargas Pena组，下二叠统Palermo组、泥盆系Lima组和石炭系—

二叠系 Itarare 群和 Independencia 群。

2）储层

已证实的储层有三套（图 1-3-17-4）。石炭系—二叠系 Itarare 群砂岩为孔隙度一般为 6.0%～9.0%，渗透率 1.5～330mD；下二叠统 Rio Bonito 组石英砂岩，盆地中部平均总厚度约 100m，砂岩净厚度 60m，孔隙度一般为 8.0%～20.0%，渗透率为 8～320mD；三叠系 Piramboia 组砂岩，岩性为河流和风成砂岩，含有大量沥青，砂岩孔隙度平均 12%。

3）盖层

盆地缺乏区域性的厚层盖层，层内泥岩层和未破碎的火山侵入岩构成局部盖层。主要盖层为下二叠统 Palermo 组泥岩和 Piramboia 组海相、三角洲相泥岩，分布于盆地中部等地区（图 1-3-17-4）。

4）圈闭类型

巴拉纳盆地圈闭类型主要以背斜圈闭、断块圈闭为主。

4. 常规油气成藏组合

盆地内已识别出 4 套成藏组合（图 1-3-17-4）。二叠系—三叠系成藏组合：主要分布于盆地中南部，主要储层是上三叠统 Piramboia 组砂岩；石炭系—二叠系成藏组合：是盆地中最重要的成藏组合，主要分布于盆地中部，主要储层是石炭—二叠系 Iarare 群和 Passa Dois 群，以三角洲—海相砂岩、灰岩为主；泥盆系成藏组合：主要分布于盆地中北部，主要储层是泥盆系 Parana 群，以河流、三角洲、浅海相砂岩和水下砂体为主；志留系成藏组合：主要分布于盆地中北部，主要储层是志留系 Vila Maria 组，以冰川、河流、冲积扇、浅海相砂岩和水下砂体为主。

5. 典型油气田

巴拉博尼塔（Barra Bonita）气田

属于二叠—三叠系砂岩成藏组合，长 3.05km，宽 1.5km，面积为 3.74km²，发现于 1996 年（图 1-3-17-5）。截至 2018 年，2P 天然气、凝析油 2P 可采储量分别为 $25.00 \times 10^9 ft^3$、$0.01 \times 10^6 bbl$（表 1-3-17-1）。

油田主要储层为上二叠统 Campo Mourao 组砂岩、石英砂岩及河流和风成砂岩，最大有效厚度 15m，油层最大厚度 12m，平均孔隙度 7.0%，渗透率为 8～320mD。顶面构造为 -3439m，为断背斜圈闭。

该油田目前处于评价开发阶段。

6. 勘探开发潜力

2018 年盆地剩余 2P 可采储量 $8.37 \times 10^6 bbl$ 油当量，其中石油 $0.02 \times 10^6 bbl$，凝析油 $0.02 \times 10^6 bbl$，天然气 $48.3 \times 10^9 ft^3$，天然气占比 99.5%。中国石油 2018 年评价认为，常规待发现油气资源量 $182.94 \times 10^6 bbl$ 油当量，其中石油 $4.48 \times 10^6 bbl$、天然气 $1035.07 \times 10^9 ft^3$。巴拉纳盆地油气勘探潜力一般。

表1-3-17-1 巴拉纳盆地主要油气田属性表

序号	油气田名称	油气田类型	地理位置	发现年份	主要成藏组合	主要储层岩性	2P 可采储量			
							石油(10^6bbl)	天然气(10^9ft^3)	凝析油(10^6bbl)	油气总和(10^6bbl 油当量)
1	巴拉博尼塔（Barra Bonita）	气田	陆上	1996	二叠系—三叠系	砂岩	0	25.00	0.01	4.17

图1-3-17-1 巴拉纳盆地油气田位置分布图

油气田名称：1. 巴拉博尼塔（Barra Bonita）；2. 1-HV-001-SC

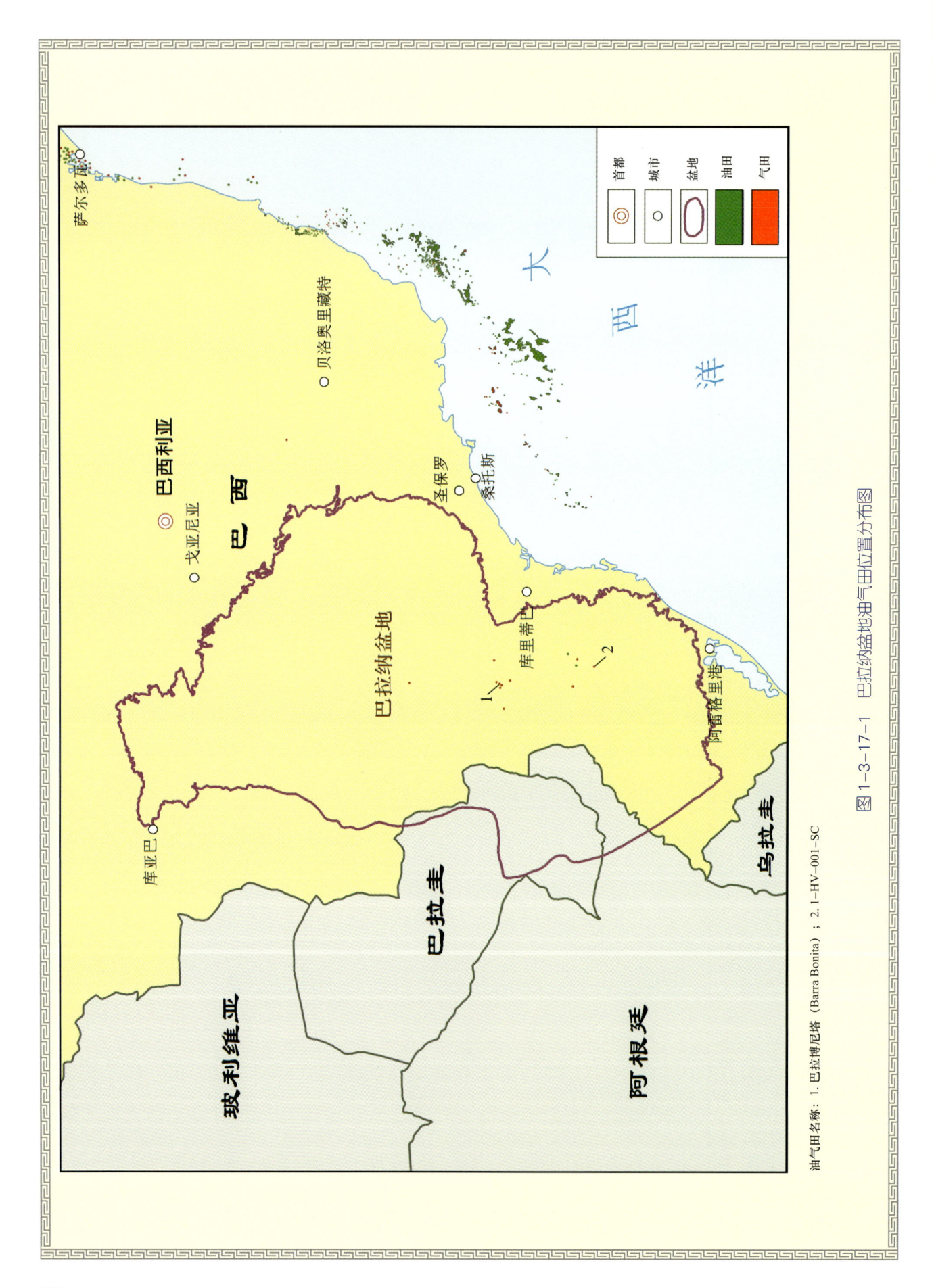

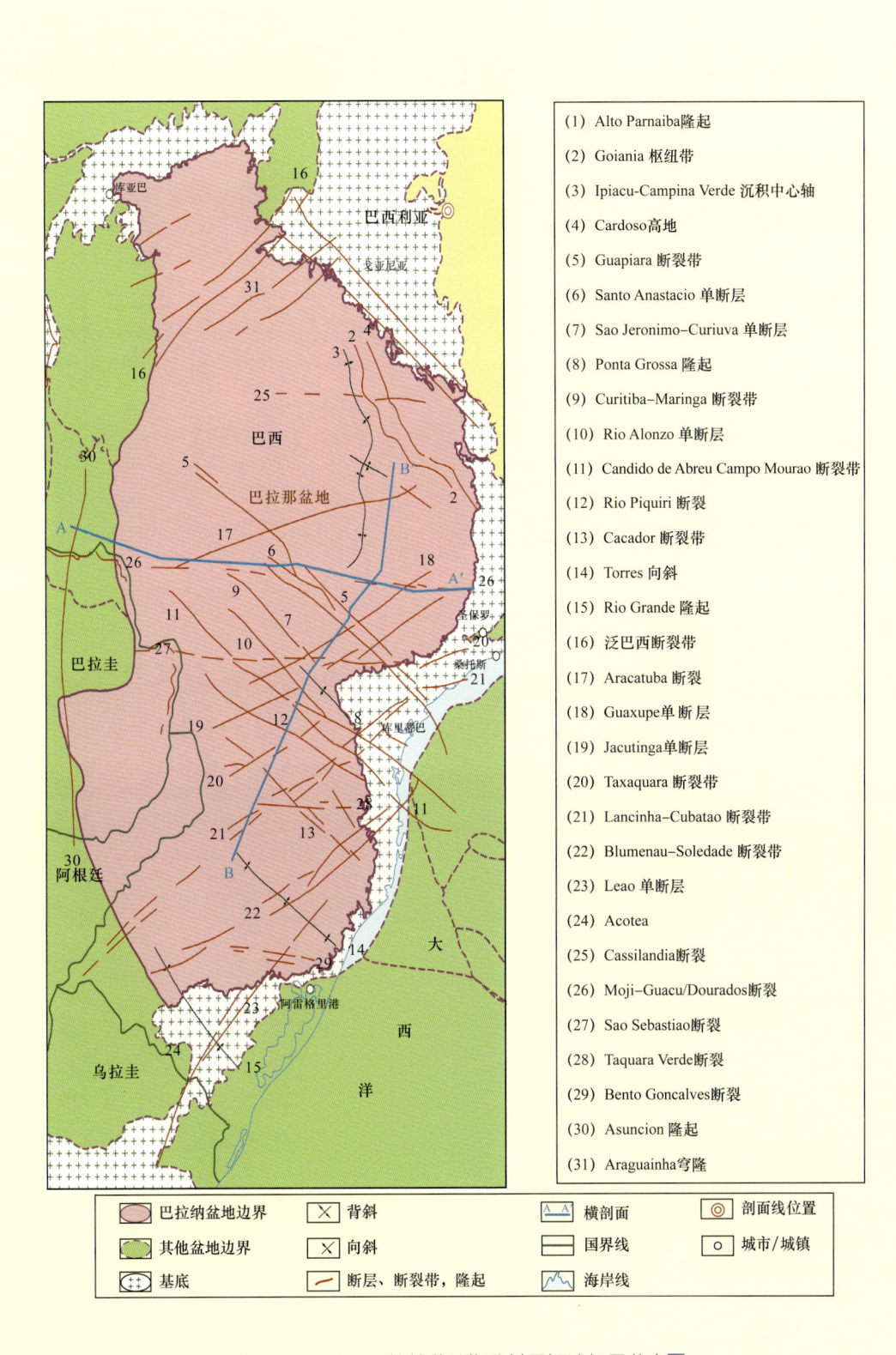

图 1-3-17-2 巴拉纳盆地构造单元与油气田分布图

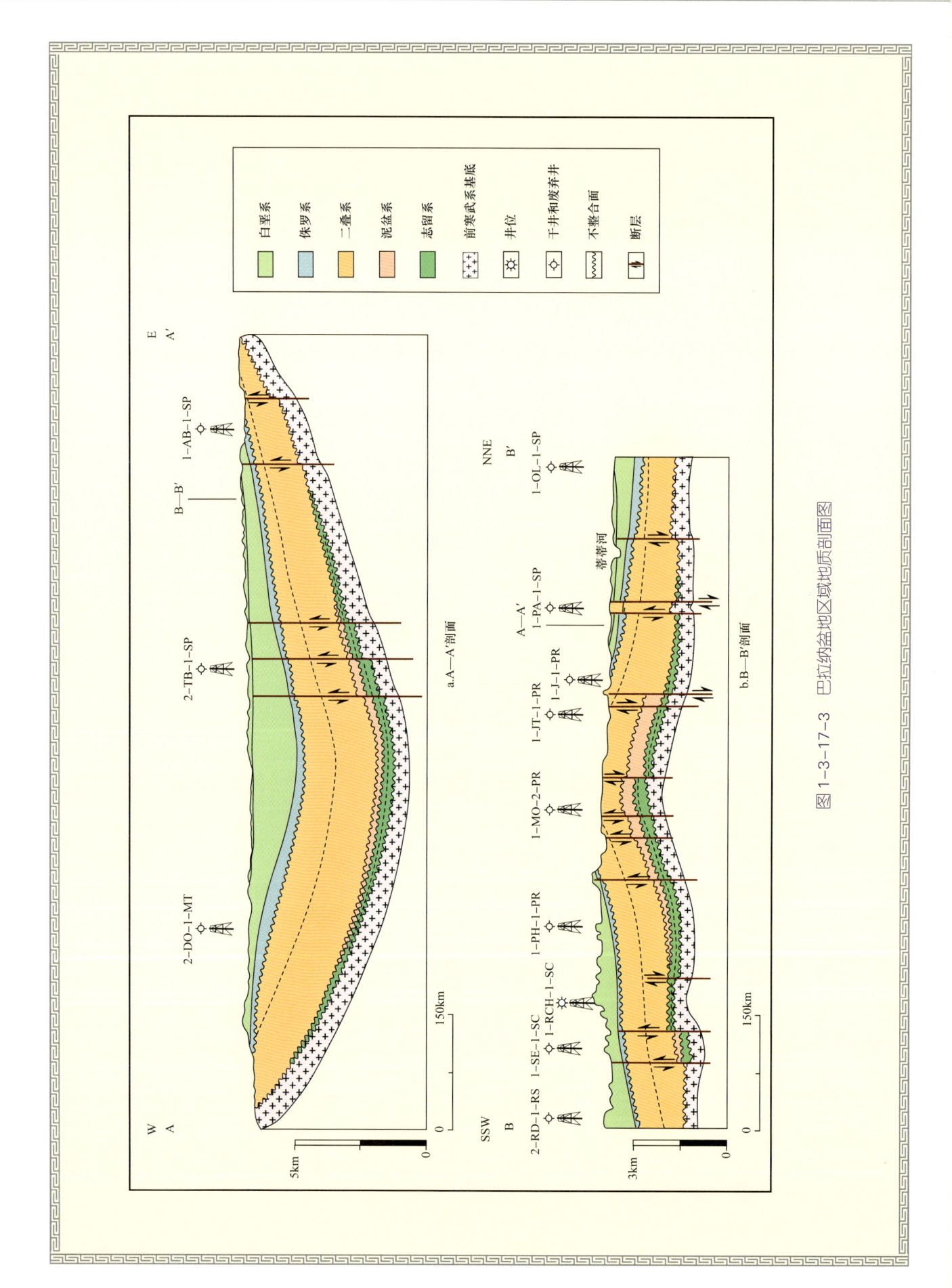

南美地区 South America

图1-3-17-3 巴拉纳盆地区域地质剖面图

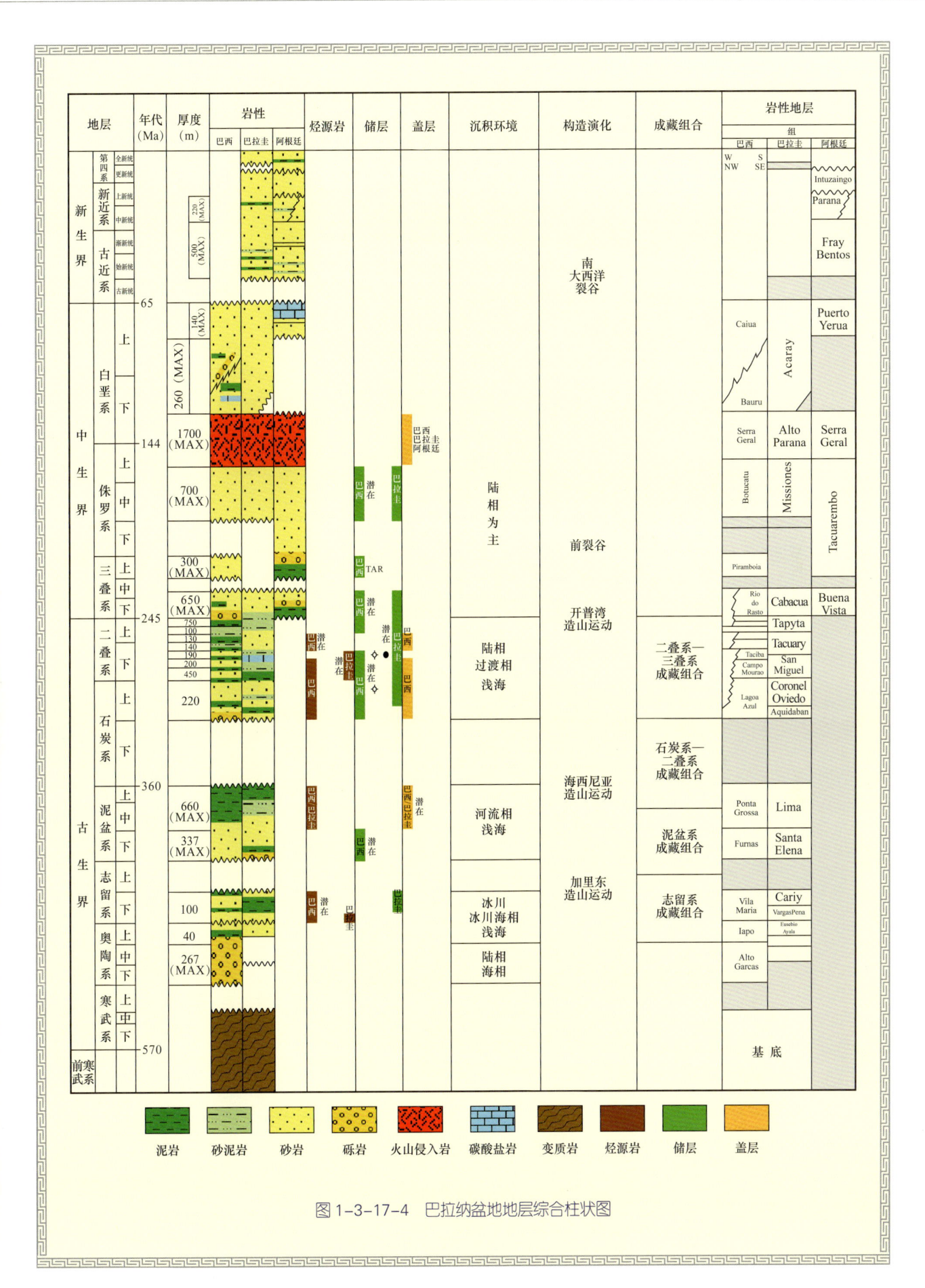

图 1-3-17-4 巴拉纳盆地地层综合柱状图

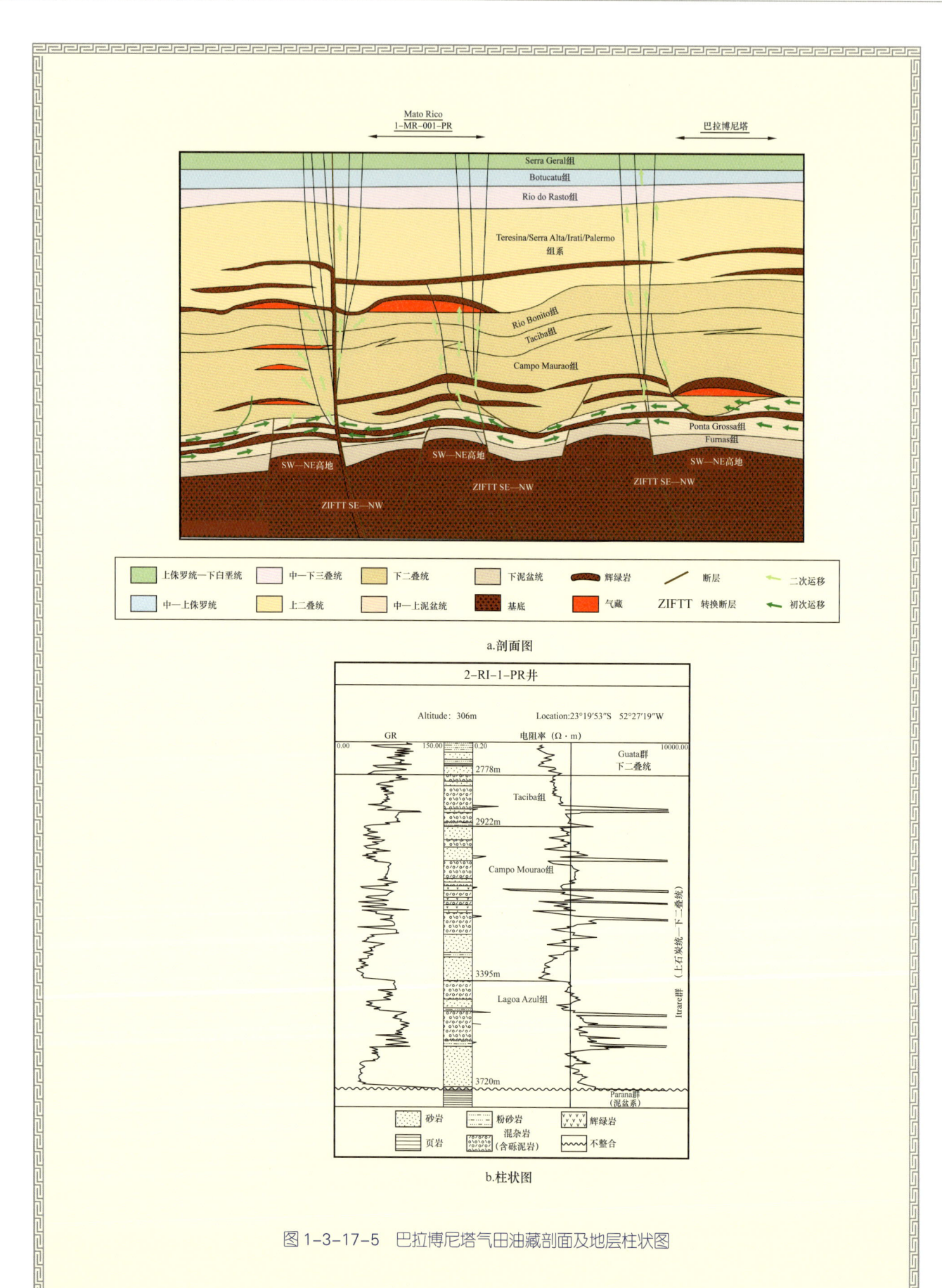

图 1-3-17-5 巴拉博尼塔气田油藏剖面及地层柱状图

（十八）佩罗塔斯盆地

佩罗塔斯盆地（Pelotas Basin）位于巴西大西洋沿岸最南端、大部分处于 Rio Grande do Sul 州东南的海上地区（图 1-3-18-1），盆地面积 $61.88\times10^4 km^2$，其中陆上面积 $3.54\times10^4 km^2$，海上面积 $58.30\times10^4 km^2$。

1. 勘探开发历程

盆地钻井始于 1958 年，钻井工作量非常小，平均每年不到一口井，1961 年钻了 3 口井，之后钻井工作基本上保持为几年一口（图 1-3-18-2）。

盆地二维地震采集始于 1969 年。1969—1970 年，共采集了 8152km 的二维地震，随后在 1974—1977 年，采集了 9805km 的二维地震，之后二维采集陷入停滞，直到 1987 年盆地又采集了 4303km 的二维地震。1989 年、1990 年、1998 年和 2000 年分别采集了 7299km、5623km、548km 和 7754km 的二维地震。截至 2008 年底，盆地共采集二维地震 43484km，钻 15 口探井，均未发现油气藏。

2. 区域地质

佩罗塔斯盆地属于被动大陆边缘盆地，盆地东北部与桑托斯盆地以 Florianopolis 高地为界；盆地西南部边缘以 Polonio 高地为界；西北部以 Rivera 克拉通为界。

盆地的演化经历了前裂谷期、同裂谷期、后裂谷沉降期，可划分为 Lagoa Dos Patos 台地、Rio Grande 隆起、Porto Alegre 坳陷和 Rio Grande 扇体等四个次级构造单元。

盆地沉积环境经历了陆相、过渡相到海相三个演化阶段，相应的形成了三套巨厚沉积地层：陆相（二叠系—巴雷姆阶）、过渡相（阿普特阶—阿尔布阶）和海相（阿尔布阶—新近系）。

盆地由下至上主要发育新元古界火山岩基底、前裂谷期二叠系—三叠系 Guata 群、Passa Dios 群、同裂谷期侏罗系 Botucatu 组、白垩系 Imbituba 组和 Cassino 组、后裂谷期白垩系 Curumim 组、Ariri 组、Tramandai 组、Portobelo 组、Atlantida 组、被动大陆边缘上白垩统—新近系的 Cidreira 组和 Imbe 组。

3. 石油地质特征

1）烃源岩

目前佩罗塔斯盆地中没有证实的烃源岩存在（图 1-3-18-3）。二叠系页岩对应巴拉纳盆地中的 Irati 页岩，在佩罗塔斯盆地北部地区发育，为盆地潜在烃源岩。

2）储层

白垩系海相砂岩和中新统浊积砂岩为潜在储层（图 1-3-19-3）。

3）盖层

海侵期页岩层为砂岩储层提供优良的封盖条件。

4）圈闭类型

以构造圈闭为主。

4. 常规油气成藏组合

盆地发育 1 套预测成藏组合（图 1-3-18-3）：新近系—白垩系浊积砂岩成藏组合。

5. 油气勘探开发潜力

中国石油 2018 年评价认为，盆地常规待发现油气资源量 4987.93×10^6 bbl 油当量，其中石油 850.00×10^6 bbl、天然气 24000.00×10^9 ft^3。佩罗塔斯盆地最有利勘探区位于盆地东南部海上陆坡带上，生烃中心位于盆地中北部，该区域紧邻生油中心，是盆地海上生油中心有利的油气运移指向区，同时该区域又是新近系浊积砂岩的有利发育区。佩罗塔斯盆地有一定油气勘探潜力。

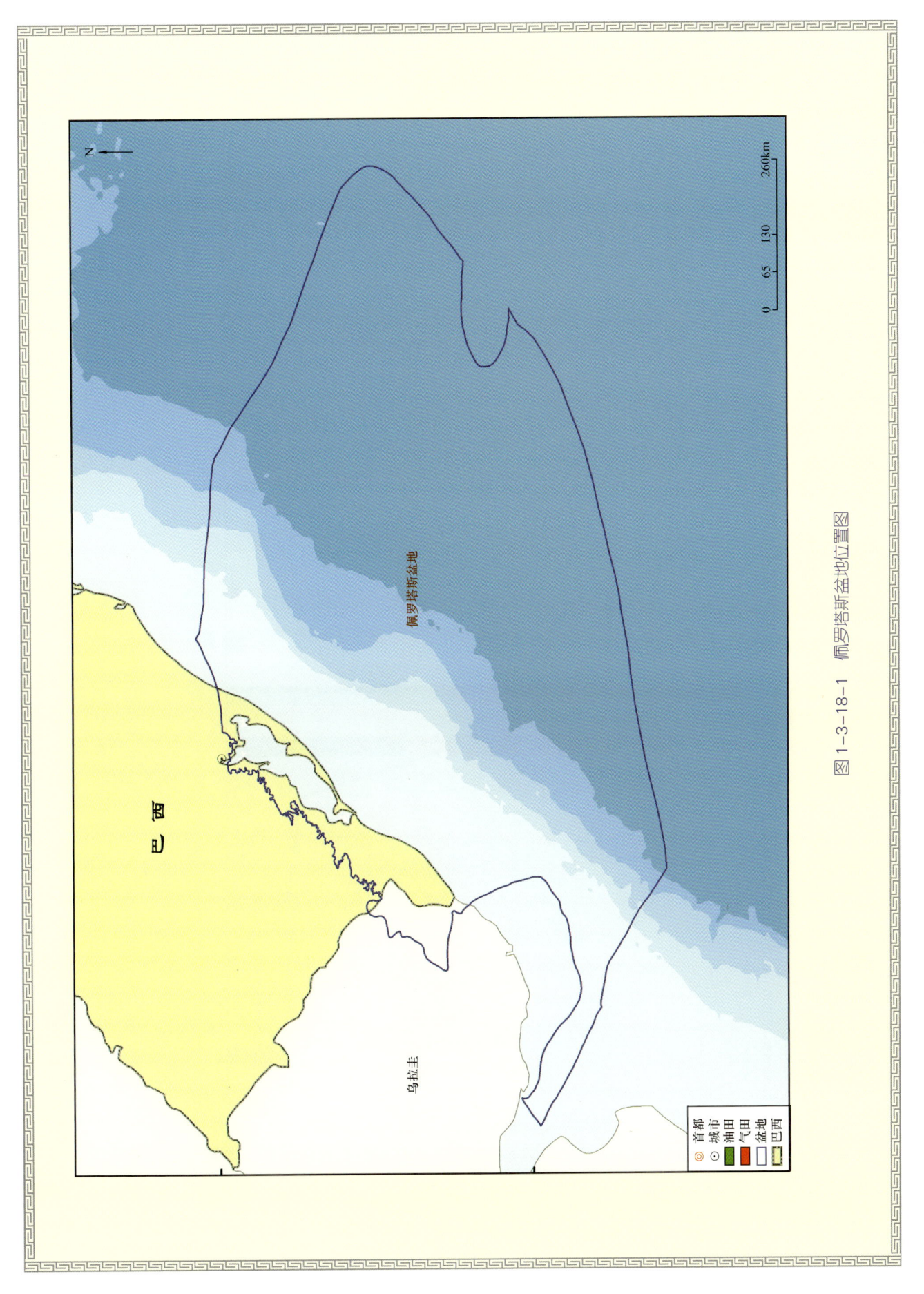

图 1-3-18-1 佩罗塔斯盆地位置图

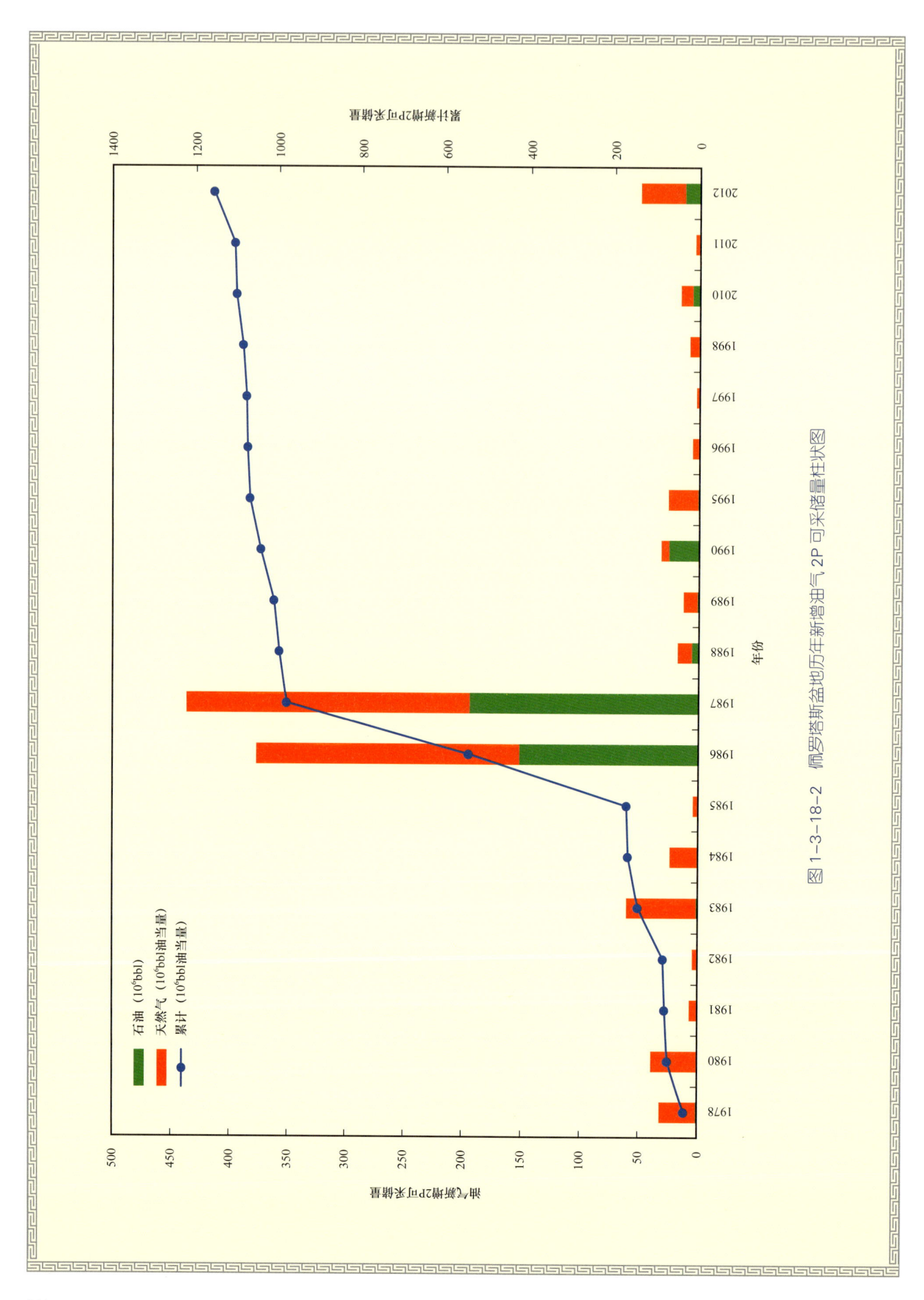

南美地区 South America

图 1-3-18-2 佩罗塔斯盆地历年新增油气 2P 可采储量柱状图

图例：
- 石油（10⁶bbl）
- 天然气（10⁶bbl 油当量）
- 累计（10⁶bbl 油当量）

214

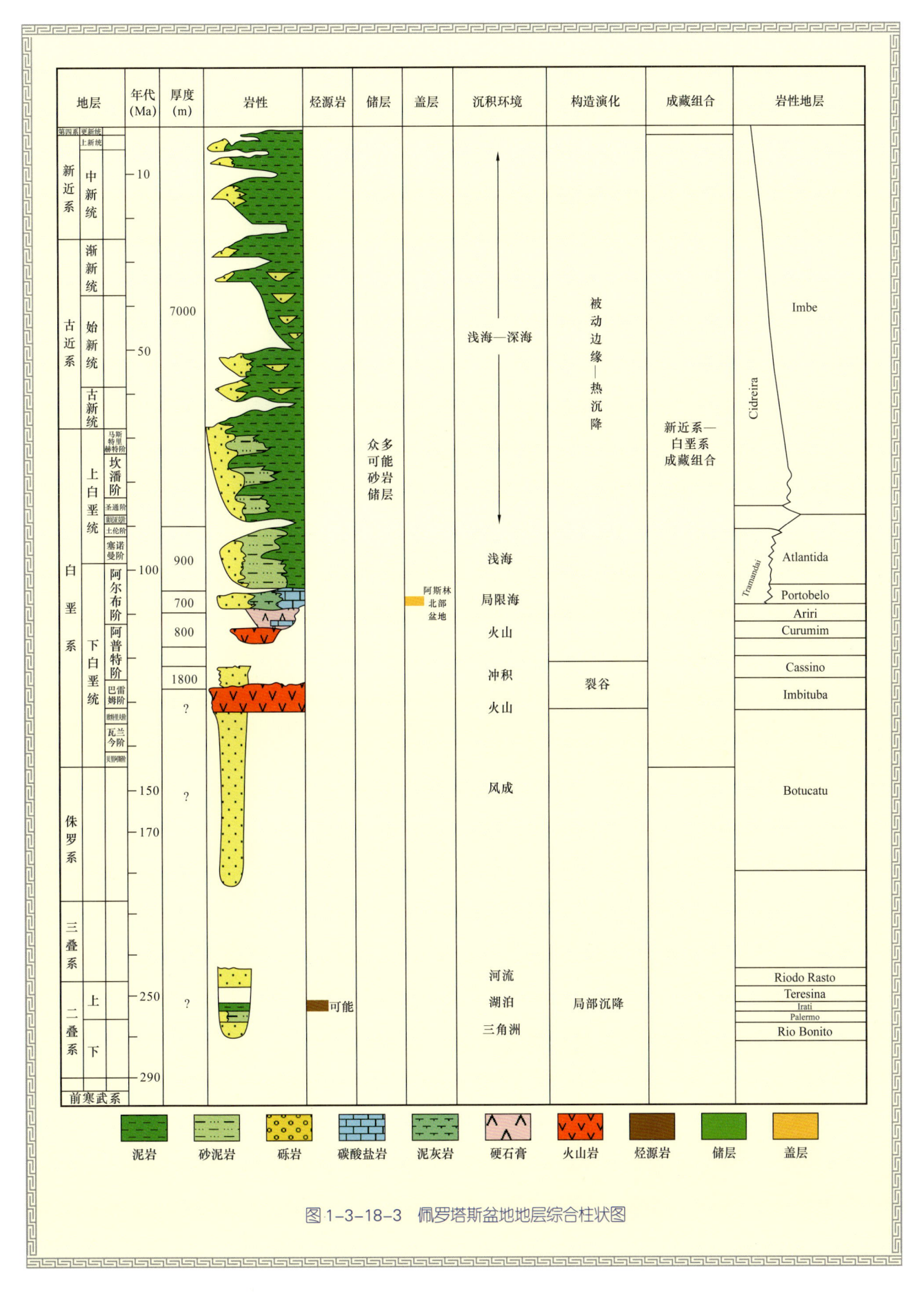

图 1-3-18-3 佩罗塔斯盆地地层综合柱状图

四、油气管道

（一）输油管道

巴西的石油基础设施的范围相对有限，该国大部分海上生产的石油，特别是深海的石油，都是由油轮装载出口（图1-4-1）。

（1）REDUC—Sao Paulo：起点为里约热内卢州（Rio de Janeiro）杜克卡西亚斯（Duque de Caxias）市炼油厂，终点为圣保罗（Sao Paulo），管道全长380km。

（2）REDUC—REGAP（ORBEL I）：起点为里约热内卢州（Rio de Janeiro）杜克卡西亚斯（Duque de Caxias）市炼油厂，终点为米纳斯吉拉斯州（Minas Gerais）贝廷（Betim）市炼油厂，于1980年投入运营，管道全长360km，输油能力164×10^4t/a。

（3）Rio Urucu-Coari：起点为上亚马孙盆地的Rio Urucu油田，终点为科阿里（Coari），于2009年投入运营，管道全长285km，输油能力300×10^4t/a。

（二）输气管道

尽管巴西天然气管道网正在进行大规模的扩建，仍然相对欠发达。整个天然气网络跨越17000多公里，包括巴西境内跨境的天然气管道系统（图1-4-1）。然而，该管道网络仅覆盖该国的一小部分地区，主要服务于南部圣保罗和里约热内卢以及东北部沿海国家的人口中心。

（1）BBPL Paulinia—Porto Alegre：起点为圣保罗州保利尼亚Paulinia（REPLAN）炼油厂，终点为阿雷格里港（Porto Alegre），管道全长1080km。

（2）BBPL（Brazil）：起点为玻利维亚苏亚雷斯港（Puerto Suarez），终点为巴西的圣保罗州保利尼亚Paulinia（REPLAN）炼油厂，管道全长1010km。

（3）Cacimbas—Catu（GASCAC）：起点为帕拉伊巴州卡辛巴斯（Cacimbas），终点为巴伊亚州卡图（Catu），于2010年投入运营，管道全长954km，输气能力73×10^8m^3/a。

（4）Guamare—Cabo：起点为北里奥格兰德州瓜马雷（Guamare），终点为帕拉伊巴州卡布（Cabo），管道全长660km。

（5）Gasducto—Centro Norte：起点为戈亚尼亚—巴西利亚（Goiania-Brasilia spur），终点为Centro Norte，该管道还在计划建设中。

（6）Urucu—Porto Velho（TNG）：起点为上亚马孙盆地的Urucu油区，终点为韦柳港（Porto Velho），该管道还在计划建设中，管道全长522km，输气能力8.4×10^8m^3/a。

（7）TGM：起点为阿根廷内乌肯盆地的Entre Ríos，终点为巴西南里奥格兰德州乌鲁瓜亚纳（Uruguiana），管道全长440km，输气能力55×10^8m^3/a。

（8）Marabá—Faro：起点为帕拉州马拉巴（Marabá），终点为帕拉州法罗镇（Faro），该管道还在计划建设中。

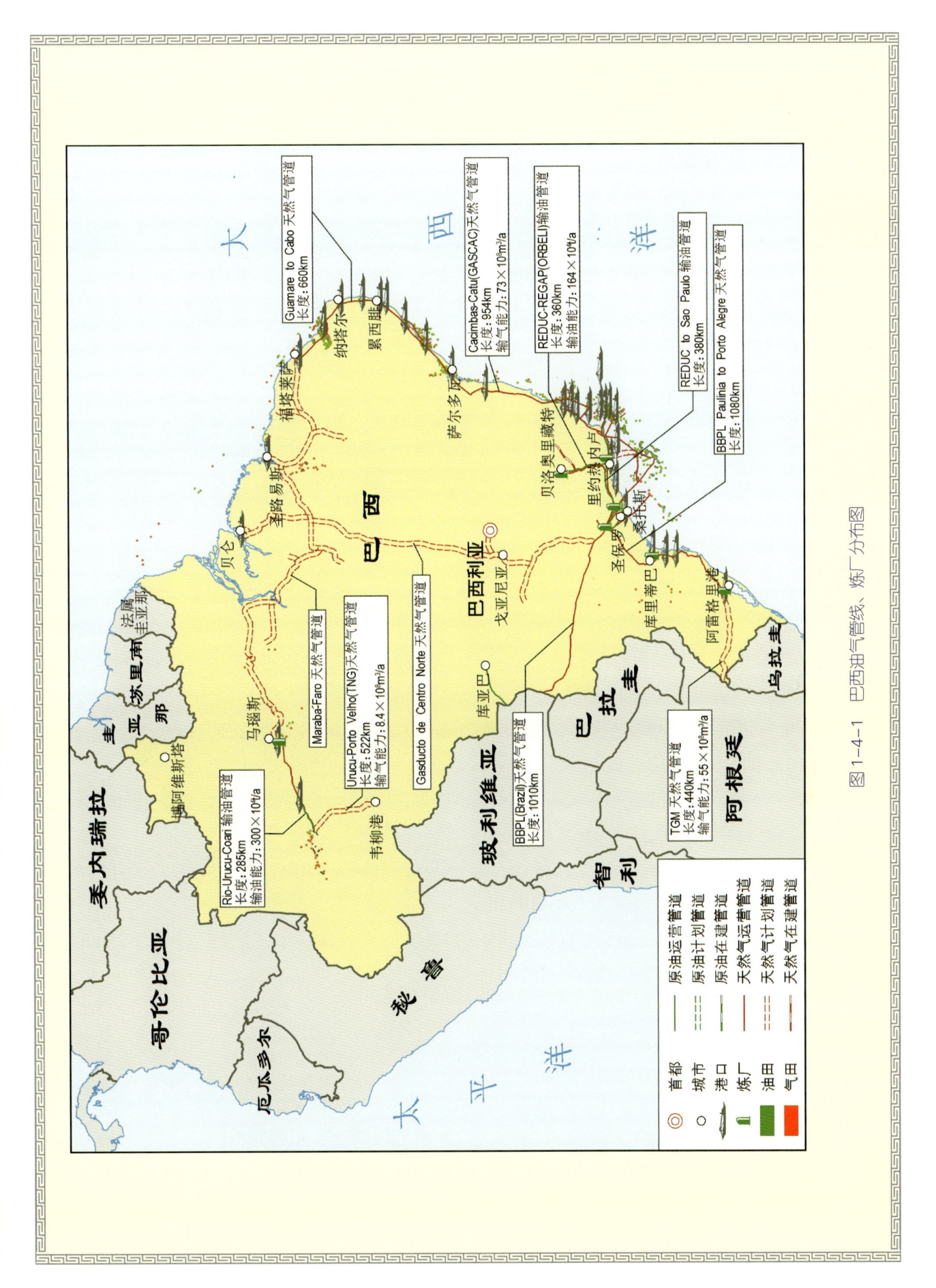

图 1-4-1 巴西油气管线、炼厂分布图

五、石油加工

巴西主要有以下 11 个炼油厂。

（1）REPLAN 炼油厂：位于圣保罗州（Sao Paulo）保利尼亚（Paulinia），由巴西石油公司（Petrobras）运营，于 1972 年建成投产，处理能力为 2075×10^4 t/a。

（2）RLAM 炼油厂：位于巴伊亚州（Bahia）马塔里皮（Mataripe）市，由巴西石油公司（Petrobras）运营，于 1950 年建成投产，处理能力为 1576×10^4 t/a。

（3）REVAP 炼油厂：位于圣保罗州（Sao Paulo）圣若泽多斯坎波斯（Sao Jose Dos Campos）市，由巴西石油公司（Petrobras）运营，于 1980 年建成投产，处理能力为 1261×10^4 t/a。

（4）REDUC 炼油厂：位于里约热内卢州（Rio de Janeiro）杜克卡西亚斯（Duque de Caxias）市，由巴西石油公司（Petrobras）运营，于 1961 年建成投产，处理能力为 1258×10^4 t/a。

（5）REFAP 炼油厂：南里奥格兰德州（Rio Grande do Sul）卡诺阿斯（Canoas），由巴西石油公司（Refap）运营，于 1980 年建成投产，处理能力为 1100×10^4 t/a。

（6）REPAR 炼油厂：巴拉那州（Parana）阿劳卡里亚（Araucaria），由巴西石油公司（Petrobras）运营，于 2004 年建成投产，处理能力为 1070×10^4 t/a。

（7）RPBC 炼油厂：位于圣保罗州（Sao Paulo）库巴唐（Cubatao），由巴西石油公司（Petrobras）运营，于 1955 年建成投产，处理能力为 890×10^4 t/a。

（8）REGAP 炼油厂：位于米纳斯吉拉斯州（Minas Gerais）贝廷（Betim）市，由巴西石油公司（Petrobras）运营，于 1968 年建成投产，由巴西石油公司（Petrobras）运营，处理能力为 785×10^4 t/a。

（9）RECAP 炼油厂：位于圣保罗州（Sao Paulo）卡普阿瓦（Capuava），由巴西石油公司（Petrobras）运营，于 1954 年建成投产，处理能力为 315×10^4 t/a。

（10）REMAN 炼油厂：位于亚马孙州（Amazonas）马瑙斯（Manaus）市，由巴西石油公司（Petrobras）运营，于 1957 年建成投产，处理能力为 230×10^4 t/a。

（11）LUBNOR 炼油厂：位于塞阿拉州（Ceara）福塔莱萨（Fortaleza）市，由巴西石油公司（Petrobras）运营，于 1966 年建成投产，处理能力为 45×10^4 t/a。

六、对外合作

综合油气资源潜力、财税条款、政治经济、环境及安全等因素，将全球主要资源国合作环境划分为 10 个等级（图 0-3），巴西处于 6～7 级，合作环境较好。

自 1822 年独立以来，巴西政局稳定，针对本国油气资源制订了相应的法律法规来实现油气资源的开发利用。1953 年的第 2004 号法律确立了巴西石油公司的垄断地位，1997 年颁布了《石油法》，2009 年制订了《气体法》。

2009年以来政府陆续制订出台了相关的优惠政策以及配套的法律法规。目前巴西国家石油公司和巴西国家石油监管机构（PPSA）主导整个油气行业。巴西目前正在执行的勘探开发区块802个，其中393个区块（图1-6-1）的作业者为巴西国家石油公司，控制了已发现2P可采储量的51%（图1-6-2），其次为PPSA，控制了已发现2P可采储量的19%。

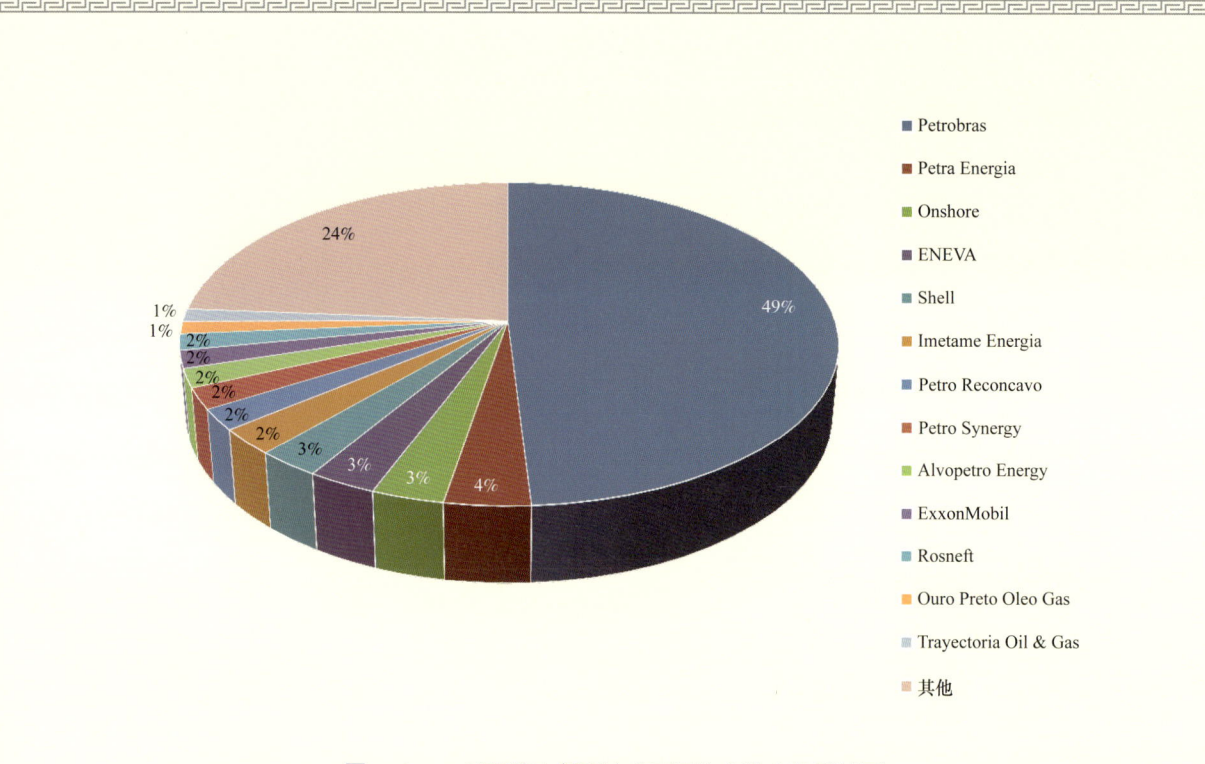

世界油气勘探开发与合作形势图集 | 南美地区 South America

图 1-6-1 巴西境内各石油公司区块个数占比饼状图

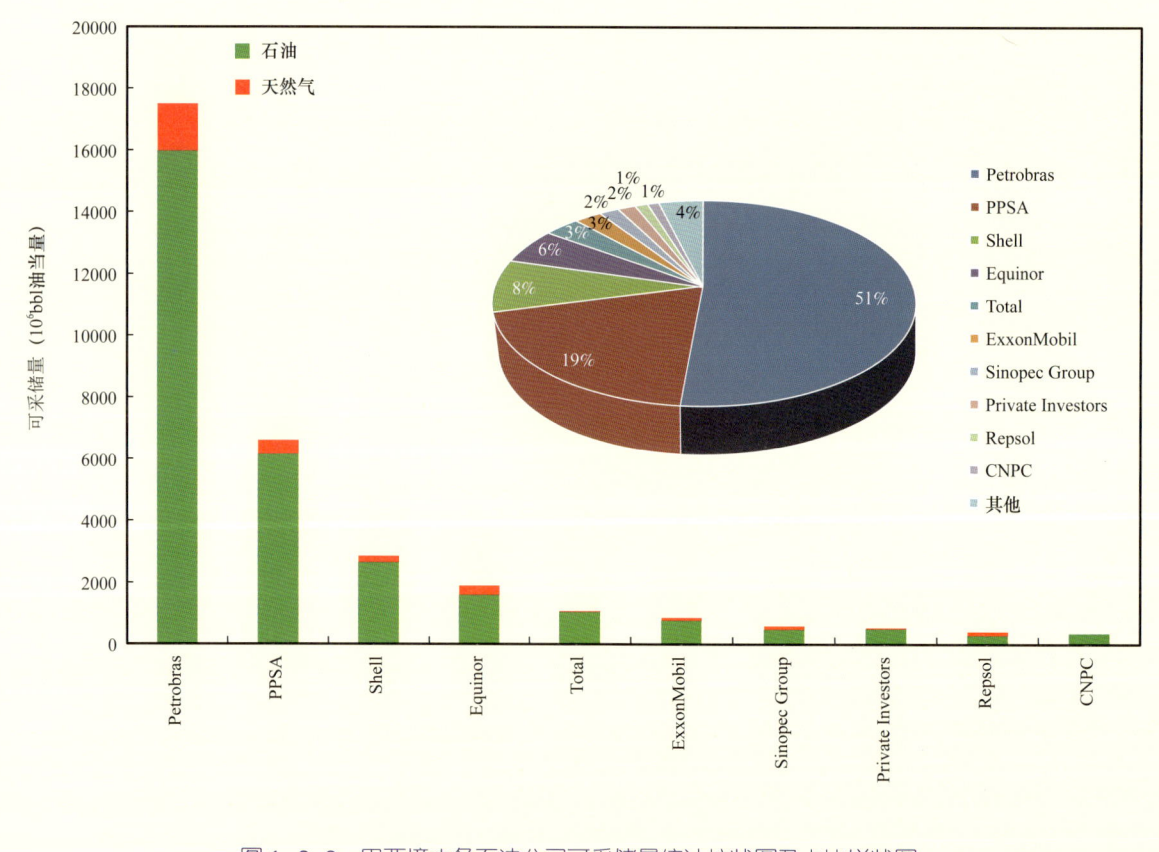

图 1-6-2 巴西境内各石油公司可采储量统计柱状图及占比饼状图

220

▶ 第二部分
委内瑞拉

一、国家概况

委内瑞拉位于南美洲北部，北临加勒比海，西与哥伦比亚相邻，南与巴西交界，东与圭亚那接壤。国土面积 $91.6\times10^4 km^2$，海岸线长 2813km。全境除山地外基本属热带草原气候。首都加拉加斯，官方语言为西班牙语。2018 年全国人口 3111 万人。

委内瑞拉自然禀赋优越，能源资源丰富，主要工业部门有石油、铁矿、建筑、炼钢、炼铝、电力、汽车装配、食品加工、纺织等。石油工业为委内瑞拉国民经济命脉，是南美洲油气可采储量最多的国家。

1990 年 9 月，委内瑞拉加入"关税和贸易总协定"，现与世界 100 多个国家和地区有贸易关系。主要出口原油、石油化工产品、铝锭、钢材、铁矿砂、金属制品等，进口机电设备、化工和五金产品、汽车配件、建筑材料及农产品等。主要贸易对象为美国、中国、哥伦比亚、巴西和墨西哥等。

委内瑞拉同 160 多个国家保持外交关系，是不结盟运动、七十七国集团、石油输出国组织、世界贸易组织、美洲国家组织、拉美和加勒比国家共同体、拉美经济体系、拉美开发银行、美洲玻利瓦尔联盟、南美国家联盟、加勒比石油计划等国际和地区组织成员。拉美经济体系、加勒比石油计划总部设在加拉加斯。

1974 年 6 月 28 日，中华人民共和国与委内瑞拉共和国正式建立外交关系；2004 年 12 月，委内瑞拉宣布承认中国完全市场经济地位。

二、油气勘探开发现状

委内瑞拉境内涉及马拉开波、法尔考、亚诺斯—巴里纳斯和东委内瑞拉 4 个沉积盆地（图 2-2-1），共发现油气田 489 个，其中大油气田 65 个。

至 2018 年底，委内瑞拉累计发现 2P 可采储量 407063.65×10^6 bbl 油当量（图 2-2-2），其中石油 360387.32×10^6 bbl，凝析油 3578.87×10^6 bbl，天然气 $258.58\times10^{12}ft^3$，占全球的 5.17%。发现大油田 57 个，总储量 359858.84×10^6 bbl 油当量；发现大气田 8 个，总储量 13398.19×10^6 bbl 油当量。

2018 年委内瑞拉石油、天然气年产量分别为 517.34×10^6 bbl、93.74×10^6 bbl 油当量，油气产量占全球的 1.11%。截至 2018 年，累计生产油、气分别为 27996.56×10^6 bbl、1492.23×10^6 bbl 油当量（图 2-2-3），基本达到了产量高峰期。

委内瑞拉常规油气资源勘探开发潜力依然很大。2018 年常规油气剩余 2P 可采储量 319550.02×10^6 bbl 油当量，其中石油 288731.89×10^6 bbl，凝析油 3116.25×10^6 bbl，天然气 $160670.88\times10^9 ft^3$。目前待开发资源量占南美第一。

中国石油 2018 年评价认为，常规待发现油气资源量 270158.86×10^6 bbl 油当量，其中石油 212384.34×10^6 bbl，凝析油 2306.42×10^6 bbl，天然气 $32174.97\times10^9 ft^3$；非常规石油可采资源量 $307.3\times10^8 t$，占 49%，包括重油 $302.5\times10^8 t$、致密油 $4.8\times10^8 t$。

委内瑞拉

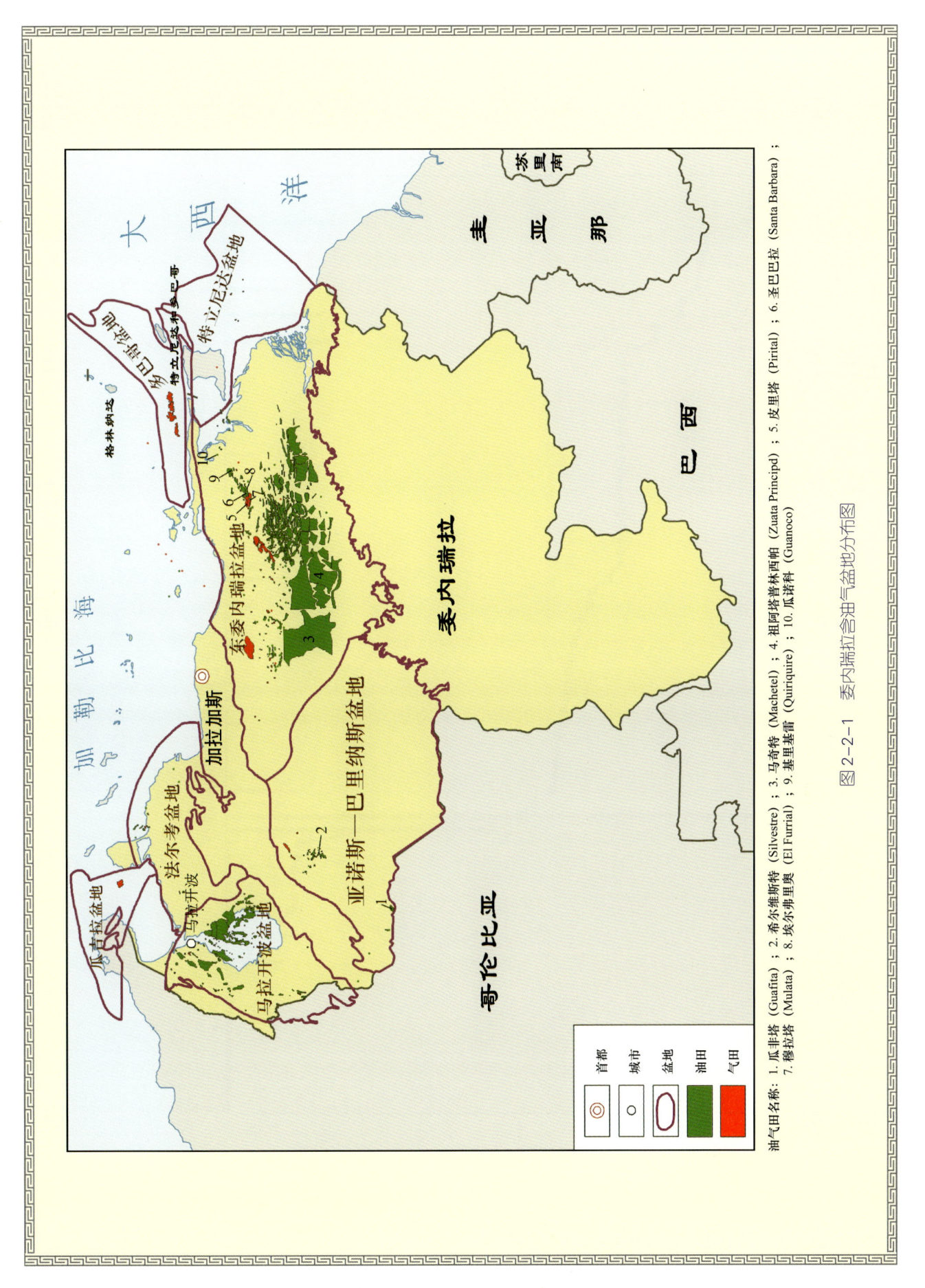

图 2-2-1 委内瑞拉含油气盆地分布图

油气田名称：1. 瓜非塔 (Guafita)；2. 希尔维斯特 (Silvestre)；3. 马奇特 (Machetel)；4. 祖阿塔普林西帕 (Zuata Principd)；5. 皮里塔 (Pirital)；6. 圣巴巴拉 (Santa Barbara)；7. 穆拉塔 (Mulata)；8. 埃尔弗里奥 (El Furrial)；9. 基里基雷 (Quiriquire)；10. 瓜诺科 (Guanoco)

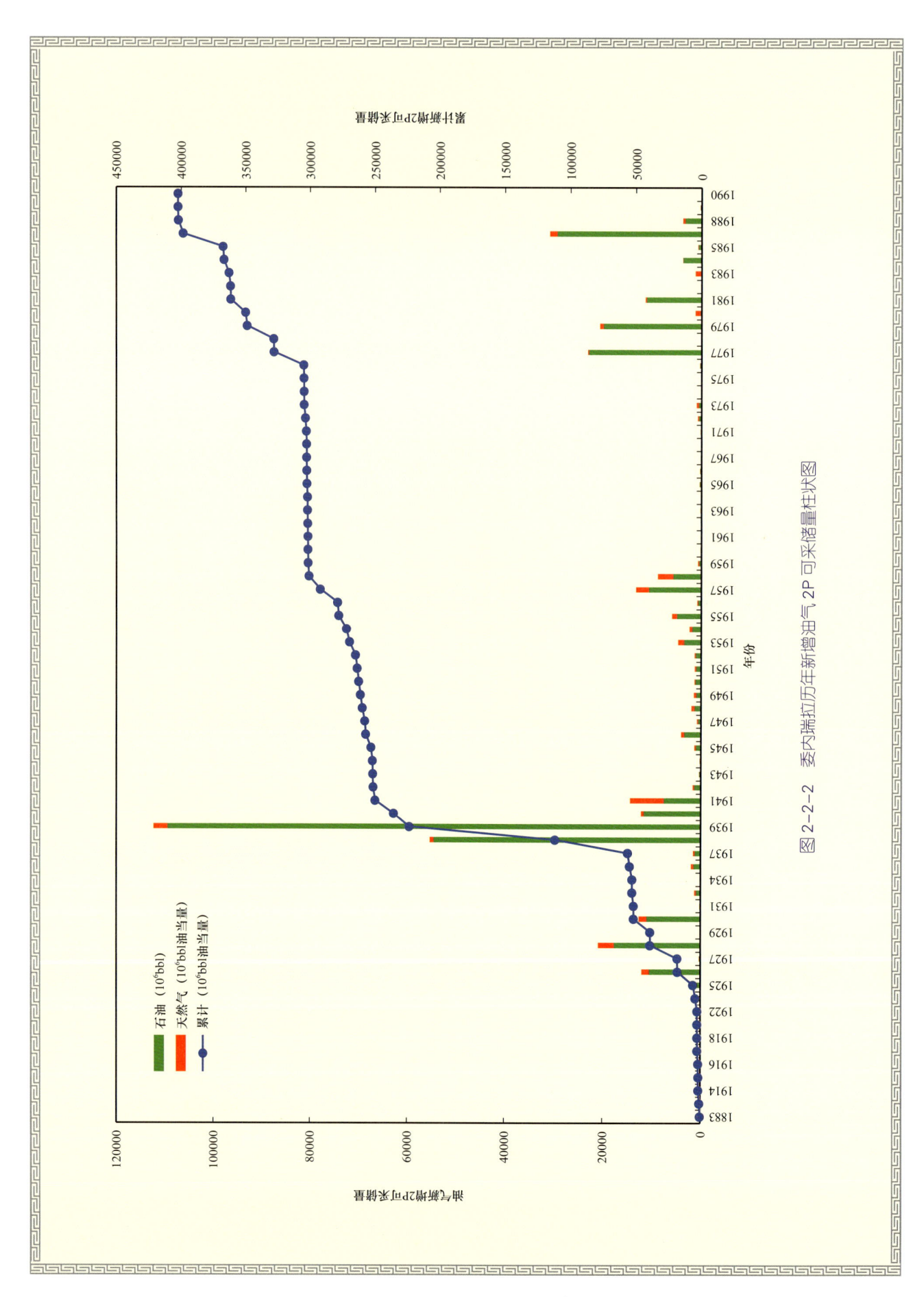

世界油气勘探开发与合作形势图集 | 南美地区 South America

图 2-2-2 委内瑞拉历年新增油气 2P 可采储量柱状图

石油（10⁶bbl）
天然气（10⁶bbl油当量）
累计（10⁶bbl油当量）

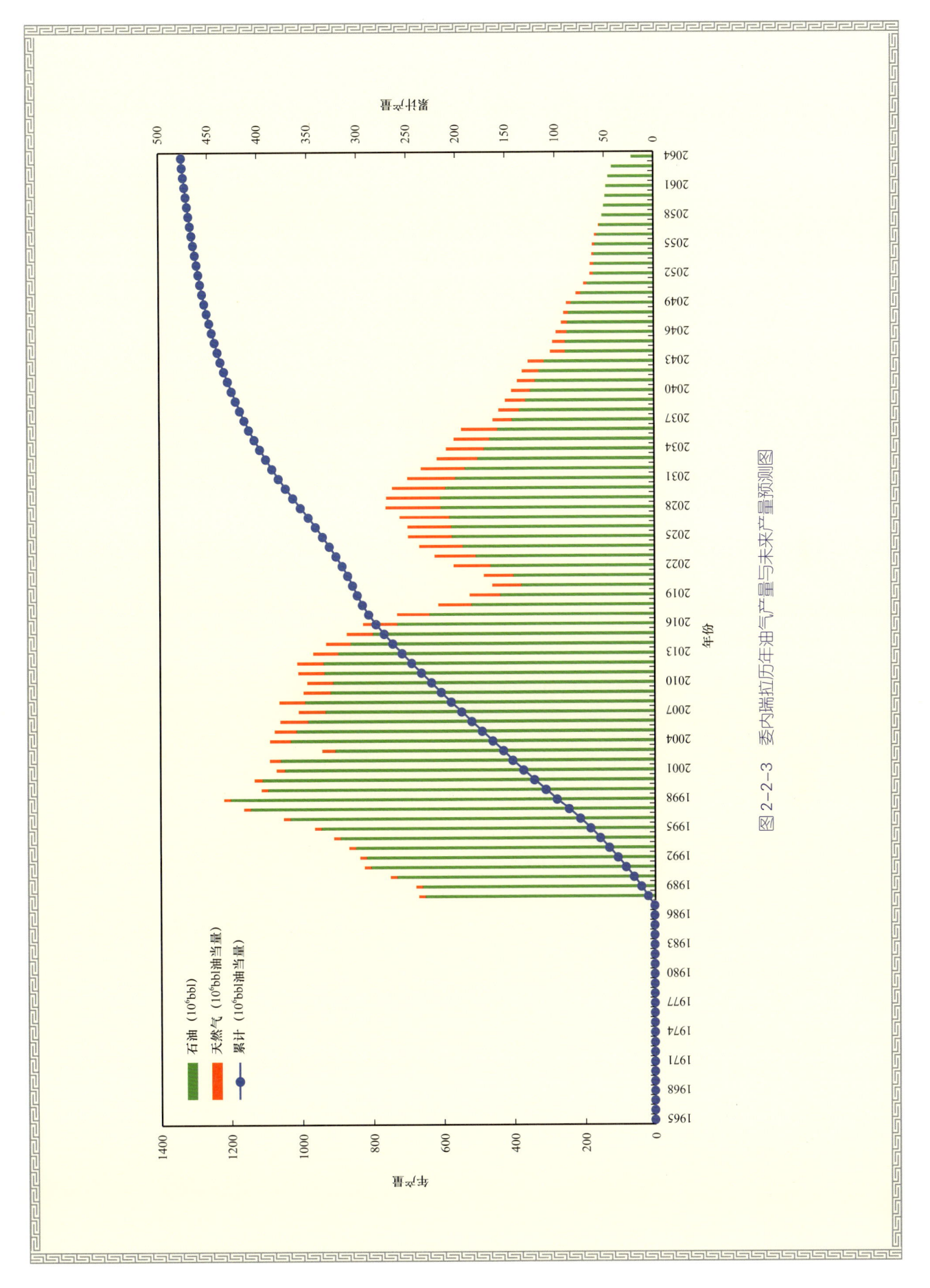

图 2-2-3 委内瑞拉历年油气产量与未来产量预测图

三、石油地质特征和勘探开发潜力

（一）马拉开波盆地

马拉开波盆地（Maracaibo Basin）位于委内瑞拉西北部（图 2-3-1-1），西南缘延伸到哥伦比亚东部，包括马拉开波湖以及周围的平原和丘陵地区。盆地面积 $6.15 \times 10^4 km^2$，其中委内瑞拉占 $5.5 \times 10^4 km^2$（海上 $1.2 \times 10^4 km^2$，陆上 $4.3 \times 10^4 km^2$），哥伦比亚占 $0.6 \times 10^4 km^2$。

1. 勘探开发历程

马拉开波盆地的油气勘探，经历了早期发现发展、勘探重大发现、稳定增长、再次发现和持续稳定增长等 5 个阶段（图 2-3-1-2）。

早期发现阶段（1910—1925 年）：1910 年在马拉开波湖东南 120km 处发现第一个油田——大梅内（Mene Grande）油田，2P 可采储量 $838 \times 10^6 bbl$ 油当量。1914 年壳牌首次在始新统砂岩中发现油气，1916 年壳牌又发现了拉斯克鲁塞斯（Las Cruces）气田，1917 年 VOC 公司发现了卡维马斯（Cabimas）油气田，1923 年又发现了拉巴斯（La Paz）油田。

勘探重大发现阶段（1926—1930 年）：1926 年发现了拉古尼亚斯（Lagunillas）大油田，油气 2P 可采储量 $11929.92 \times 10^6 bbl$ 油当量，1928 年又发现蒂亚胡安娜（Tia Juana）大油田，油气 2P 可采储量 $20772.73 \times 10^6 bbl$ 油当量，成为迄今为止盆地最大的油田。1930 年又发现巴查克罗（Bachaquero）大油田，油气 2P 可采储量 $12502.68 \times 10^6 bbl$ 油当量。

稳定增长阶段（1931—1954 年）：经历了重大发现阶段后，马拉开波盆地从 1931—1954 年进入了稳定增长阶段，1944 年的深部探井 P-62 证实白垩系储层在拉巴斯油田范围内的存在，揭开盆地白垩系勘探领域。1945 年发现了马拉（Mara）油田，2P 可采储量 $652.98 \times 10^6 bbl$ 油当量。

再次发现阶段（1955—1958 年）：1955 年发现乌尔达奈塔厄斯特（Urdaneta Oeste）油田，2P 可采储量为 $2771.7125 \times 10^6 bbl$ 油当量。1957 年先后发现拉马（Lama）、休达（Ceuta）和森托（Centro）油田，2P 可采储量分别为 $5000.13 \times 10^6 bbl$ 油当量、$3306.07 \times 10^6 bbl$ 油当量和 $2722.45 \times 10^6 bbl$ 油当量。1958 年发现了拉马尔（Lamar）油田，2P 可采储量 $2877.72 \times 10^6 bbl$ 油当量，储量增长再上台阶。

持续稳定增长阶段（1959 年至今）：1973—1975 年发现了苏尔拉戈 C（Sur Lago C）和苏尔拉戈 E 两个油田。1980 年起勘探活动重新升温，1980 年发现了阿尔普（Alpuf）油田和圣朱利安（San Julian）油田，1985 年发现了休达（Ceuta）油田，1986 年发现了休达—托莫波罗（Ceuta-Tomoporo）油田，1987 年发现苏尔拉戈 B 油田。自 1990 年起探井稳步增加，其中 2000 年 1 月至 2007 年 4 月期间，共钻探井 51 口，其中 14 口见油、5 口见油气、2 口见气和凝析气。

截至 2018 年，盆地共发现油气田 84 个，累计发现石油、凝析油和天然气 2P 可采储量分别为 $64555.40 \times 10^6 bbl$、$512.61 \times 10^6 bbl$ 和 $72806.8 \times 10^9 ft^3$。其中储量前 10 大油田为：蒂亚胡安娜、巴查克罗、拉古尼亚斯、

拉马、休达、拉马尔、博斯坎、乌尔达奈塔厄斯特、森托、拉巴斯，总储量 66140.85×10⁶bbl 油当量，占总发现的 85.7%。

2018 年，盆地石油年产量 134.32×10⁶bbl 油当量，天然气 2.17×10⁶bbl 油当量。截至 2018 年底，盆地石油和天然气年累产分别为 12768.92×10⁶bbl 和 69.55×10⁶bbl 油当量。

2. 区域地质

马拉开波盆地属于前陆盆地（图 2-3-1-3），基底由前寒武系变质岩和部分变质的下古生界组成，上覆白垩系、古近系和新近系。盆地可分为马拉开波和卡塔通博（Catatumbo）两个坳陷，分别位于委内瑞拉和哥伦比亚境内。油气田主要分布于马拉开波湖岸区。

马拉开波盆地形成于早期裂谷背景（图 2-3-1-4），经历了 6 个构造演化阶段：（1）侏罗纪—白垩纪早期裂陷阶段；（2）白垩纪被动大陆边缘阶段；（3）晚白垩世—古新世早期被动大陆边缘向活动边缘转化阶段；（4）晚古新世—中始新世由于加勒比板块与南美北部的被动边缘碰撞引起的前陆阶段；（5）晚始新世—早中新世前陆盆地沉降充填阶段；（6）中中新世—更新世安第斯山隆起形成的次安第斯前陆阶段。

3. 石油地质特征

1）烃源岩

已知证实三套白垩系烃源岩（图 2-3-1-5）：La Luna 组、Capacho 组和 Apop 组。其中上白垩统 La Luna 组富含有机质的深灰—黑色钙质页岩为盆地的主要烃源岩，为 Ⅱ 型干酪根，总有机碳平均含量为 5.6%，局部高达 16.7%，厚达 610m。

次要烃源岩为盆地西南部古新统 Orocue 群泥岩，Ⅲ 型干酪根，总有机碳含量 7.6%～39.4%。另外始新统和中新统泥岩也可能具备生烃条件，为潜在烃源岩。

2）储层

盆地发育古生界、中生界和古近系三套储层。包括古生界 La Quinta 组和下伏变质岩，为裂缝性储层（图 2-3-1-5）；中生界白垩系储层由灰岩组成，发育裂缝和溶蚀孔隙；古近系下—中始新统砂岩（尤其是 Misoa 组）为盆地最重要的储层。

3）盖层

盆地上白垩统 Colon 组泥岩上覆于 La Luna 组烃源岩和储层之上，为盆地的区域性盖层（图 2-3-1-5）。始新统储层被层内和上覆渐新统泥岩所封盖，中新统储层被半区域性泥岩所封盖，其中一些盖层受断层破坏导致部分原油溢散。

4）圈闭类型

盆地以构造型圈闭为主，大多为背斜、断背斜、断块圈闭，在深层和凹陷斜坡带发育岩性地层圈闭（岩性尖灭、不整合和基岩），但占比较小。

4. 常规油气成藏组合

盆地内已证实 6 套成藏组合（图 2-3-1-5）：前白垩系、白垩系、古新统、始新统、渐新统和中新统成藏组合，其中始新统和中新统成藏组合最为重要。

5. 典型油气田

1）巴查克罗（Bachaquero）油田

包括中新统、始新统砂岩成藏组合，面积115km²，发现于1957年。油田构造呈北西—南东向，西北高南东低（图2-3-1-6）。

中新统发育Isnotu组、Lagunillas组、La Rosa组、Misoa B和C段五套砂岩储层，最大厚度71m，平均孔隙度20%~26%，平均渗透率1100~2300mD。始新统储层为中—细粒，中—极细粒块状的砂岩，平均孔隙度为18%~23%，平均渗透率为450mD。

1957年投入生产，2018年石油年产量6.41×10^6bbl。截至2018年，累计生产石油603.44×10^6bbl。

2）博斯坎（Boscan）油田

包括渐新统、中新统砂岩成藏组合，位于马拉开波盆地西部，面积660km²，呈北东—南西向展布（图2-3-1-7），发现于1946年。截至2018年底，石油、天然气2P可采储量分别为2763.604×10^6bbl、456.911×10^9ft³（表2-3-1-1）。

主要储层为中新统、渐新统砂岩。储层平均孔隙度24.6%，渗透率10~4000mD，平均渗透率470mD，为构造—岩性圈闭。

油田于1948年投入生产。2018年石油年产量为26.1×10^6bbl。截至2018年，累计生产石油804.54×10^6bbl。

3）休达（Ceuta）油田

为中新统、始新统砂岩成藏组合，位于马拉开波湖近岸和马拉开波盆地东部平原（图2-3-1-8）。由至少9个独立的断块组成，面积320km²，1957年发现。截至2018年底，2P石油、天然气2P可采储量分别为2600.363×10^6bbl、4234.276×10^9ft³（表2-3-1-1）。

中新统、始新统砂岩孔隙度主要在12%~17%之间，渗透率主要在10~1000mD范围内。

1958年投入生产，2018年石油年产量为26.48×10^6bbl。截至2018年，累计生产石油1206.54×10^6bbl。

4）拉古尼亚斯（Lagunillas）油田

为中新统、始新统砂岩成藏组合，位于马拉开波湖东海岸约7km处，面积1000km²（图2-3-1-9），发现于1926年。截至2018年底，石油和天然气2P可采储量分别为10374.41×10^6bbl和9.33×10^{12}ft³（表2-3-1-1）。

主要储层中新统Lagunillas组砂岩平均孔隙度33.5%，平均渗透率3000mD，初始含水饱和度为20%~25%。1926年投入生产，2018年石油年产量为13.9×10^6bbl。截至2018年，累计生产石油813.6×10^6bbl。

5）拉马（Lama）油气田

包括中新统、始新统砂岩和下白垩统碳酸盐岩成藏组合，面积419.8km²（图2-3-1-10），发现于1957年。截至2018年底，石油和天然气2P可采储量分别为5527×10^6bbl和10.76×10^{12}ft³（表2-3-1-1）。

始新统Misoa组储层孔隙度25%，最大渗透率600mD。其他储层孔隙度为23%，渗透率300mD。

6）拉巴斯（La Paz）气田

位于盆地西北部，面积100km²（图2-3-1-11），发现于1923年。截至2018年底，石油和天然气2P可采储量分别为1084.653×10^6bbl和1.998×10^{12}ft³。2P总可采储量为1417.68×10^6bbl油当量（表2-3-1-1）。

表 2-3-1-1 马拉开波盆地主要油气田属性表

序号	油气田名称	油气田类型	地理位置	发现年份	主要成藏组合	主要储层岩性	2P 可采储量 石油（10⁶bbl）	2P 可采储量 天然气（10⁹ft³）	2P 可采储量 凝析油（10⁶bbl）	油气总和 油当量（10⁶bbl 油当量）
1	巴查克罗（Bachaquero）	油田	陆上	1957	中新统、始新统	砂岩	10899.93	9616.49	0	12502.68
2	博斯坎（Boscan）	油田	陆上	1946	中新统、渐新统	砂岩	2763.60	456.91	0	2839.76
3	休达（Ceuta）	油田	陆上	1957	中新统、始新统	砂岩	2600.36	4234.28	0	3306.07
4	拉古尼亚斯（Lagunillas）	油田	陆上	1926	中新统、始新统	砂岩	10374.41	9333.07	0	11929.92
5	拉马（Lama）	油气田	陆上	1957	中新统、始新统、下白垩统	砂岩、碳酸盐岩	5527	10761	0.01	5000.13
6	拉巴斯（La Paz）	气田	陆上	1923	前白垩系	裂缝灰岩	1084.65	1998.15	0	1417.68
7	马拉（Mara）	油田	陆上	1944	前白垩系	裂缝灰岩	491.34	969.86	0	652.98
8	大梅内（Mene Grand）	油田	陆上	1914	中新统	砂岩	780.00	325.26	0	834.21
9	蒂亚胡安娜（Tia Juana）	油田	陆上	1928	中新统	砂岩	17530.08	1945.58	0	20772.73

该气田圈闭为走滑断层控制的一个断背斜。储层包括上侏罗统基底和下白垩统裂缝储层。下白垩统 La Luna/Cogollo 组灰岩储层以原生孔隙为主，平均孔隙度为 0.68%，渗透率为 0.03~150mD；基底储层孔隙度为 0.58%，渗透率为 0.06~30mD。内部的裂缝与主断裂走向平行，属于白垩系裂缝灰岩和基底火成岩成藏组合。

7）马拉（Mara）油田

位于盆地西北部（图 2-3-1-12），发现于 1944 年。截至 2018 年底，石油和天然气 2P 可采储量分别为 491.34×10^6 bbl 和 $969.86 \times 10^9 \text{ft}^3$）（表 2-3-1-1）

白垩系裂缝灰岩储层渗透率平均 <0.1mD，孔隙度为 0.1%~9.3%，平均为 2%。基底风化花岗岩储层孔隙度在 1%~2% 之间，大部分裂缝垂直于亚应力方向。

8）大梅内（Mene Grande）油田

属于中新统砂岩成藏组合，为背斜构造圈闭（图 2-3-1-13），发现于 1914 年，面积 42km²。截至 2018 年底，石油和天然气 2P 可采储量分别为 780×10^6 bbl 和 $325.26 \times 10^9 \text{ft}^3$。

主要储层为中新统 Isnotu 组砂岩，平均孔隙度为 30%，渗透率为 280mD。岩心分析渗透率为 100~6900mD，平均 1000mD。孔隙以原生粒间孔为主，粒内孔隙次之，平均含水饱和度为 20%。

1914 年投入生产，2018 年石油年产量为 2.52×10^6 bbl。截至 2018 年，累计生产石油 92.75×10^6 bbl。

9）蒂亚胡安娜（Tia Juana）油田

属于中新统砂岩成藏组合（图 2-3-1-14），面积 700km²，于 1928 年发现。截至 2018 年底，石油和天然气 2P 可采储量分别为 17530.08×10^6 bbl 和 $19.46 \times 10^{12} \text{ft}^3$。

主要储层为中新统砂岩，孔隙度主要为原生粒间孔隙，也存在少量次生孔隙。平均孔隙度 31%~38%，渗透率 700~2900mD，含油饱和度 15%~28%。

1928 年投入生产，2018 年石油年产量为 13.69×10^6 bbl。截至 2018 年，累计生产石油 907.78×10^6 bbl。

6. 油气勘探开发潜力

中国石油 2018 年评价认为，马拉开波盆地常规待发现油气资源量 29594.48×10^6 bbl 油当量，其中液态石油 25360.00×10^6 bbl、天然气 $24560.00 \times 10^9 \text{ft}^3$。盆地南部处于早期勘探阶段，以基底和白垩系目的层为主。盆地西南部古新统成藏组合勘探前景较好，主要勘探目标为逆冲断层下盘，以始新统成藏组合和渐新统成藏组合为主，马拉开波盆地具有一定勘探潜力。

委内瑞拉

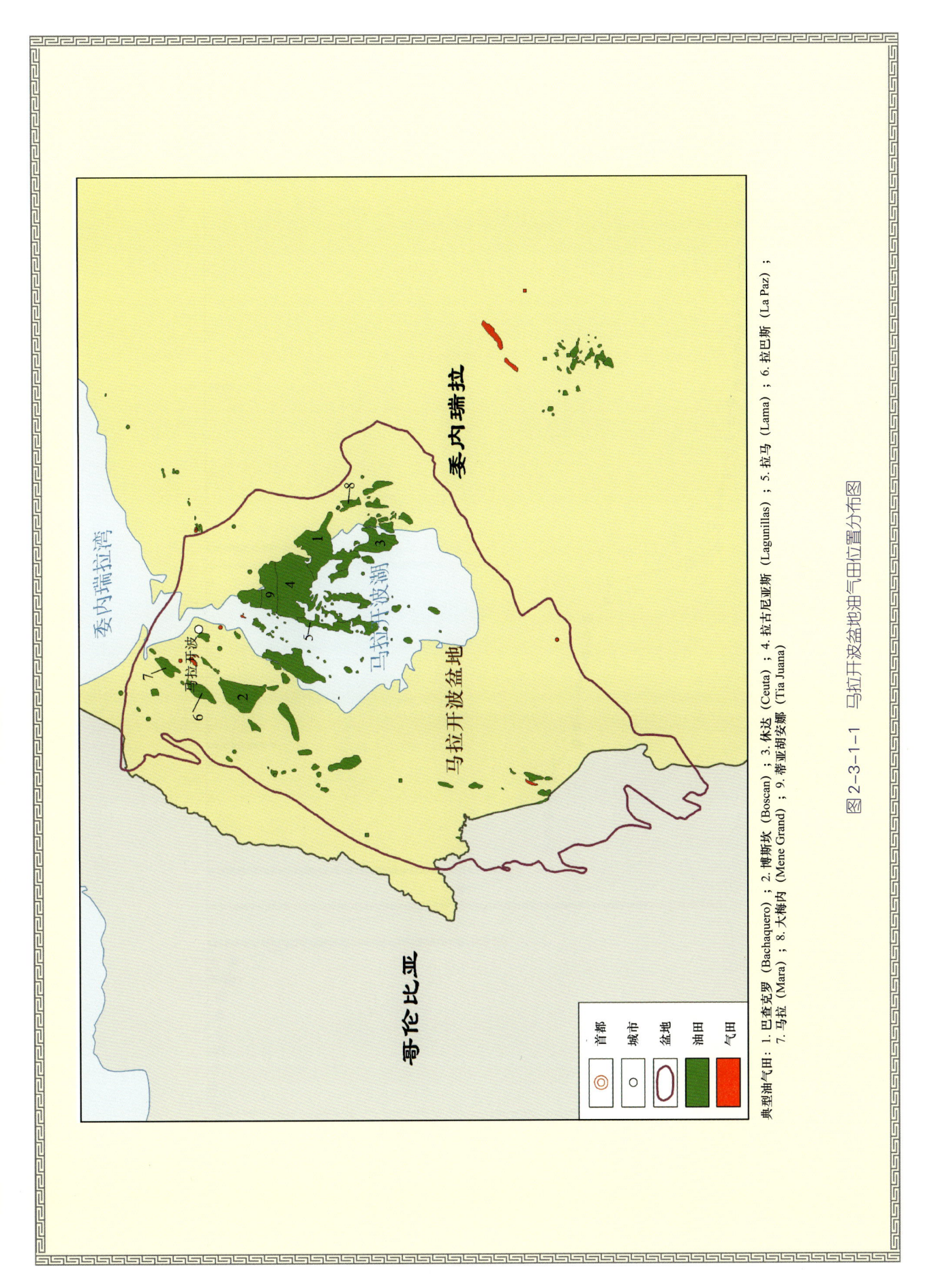

图 2-3-1-1 马拉开波盆地油气田位置分布图

典型油气田：1. 巴查克罗（Bachaquero）；2. 博斯坎（Boscan）；3. 休达（Ceuta）；4. 拉古尼亚斯（Lagunillas）；5. 拉马（Lama）；6. 拉巴斯（La Paz）；7. 马拉（Mara）；8. 大梅内（Mene Grand）；9. 蒂亚胡安娜（Tia Juana）

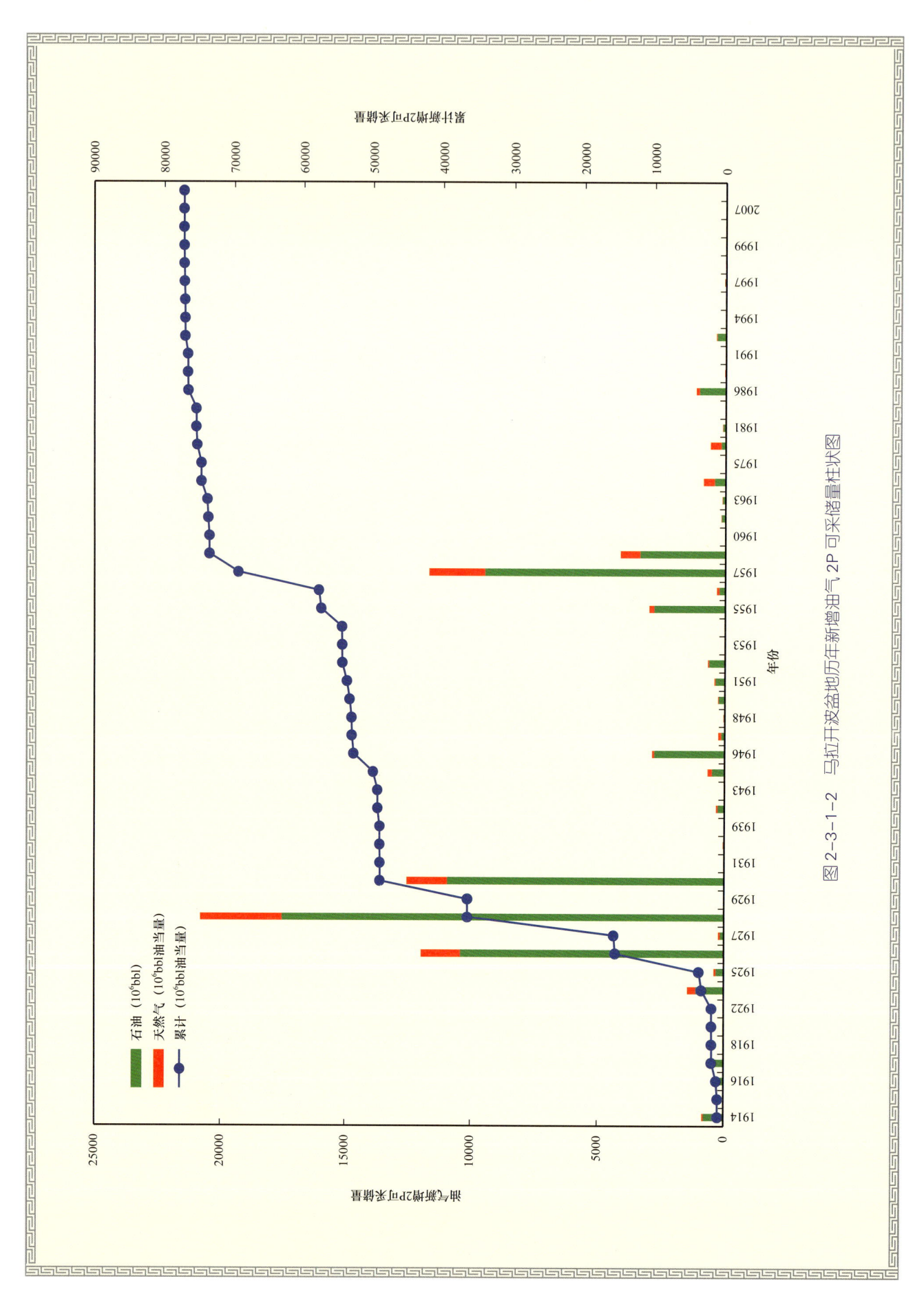

南美地区 South America

图 2-3-1-2 马拉开波盆地历年新增油气 2P 可采储量柱状图

委内瑞拉

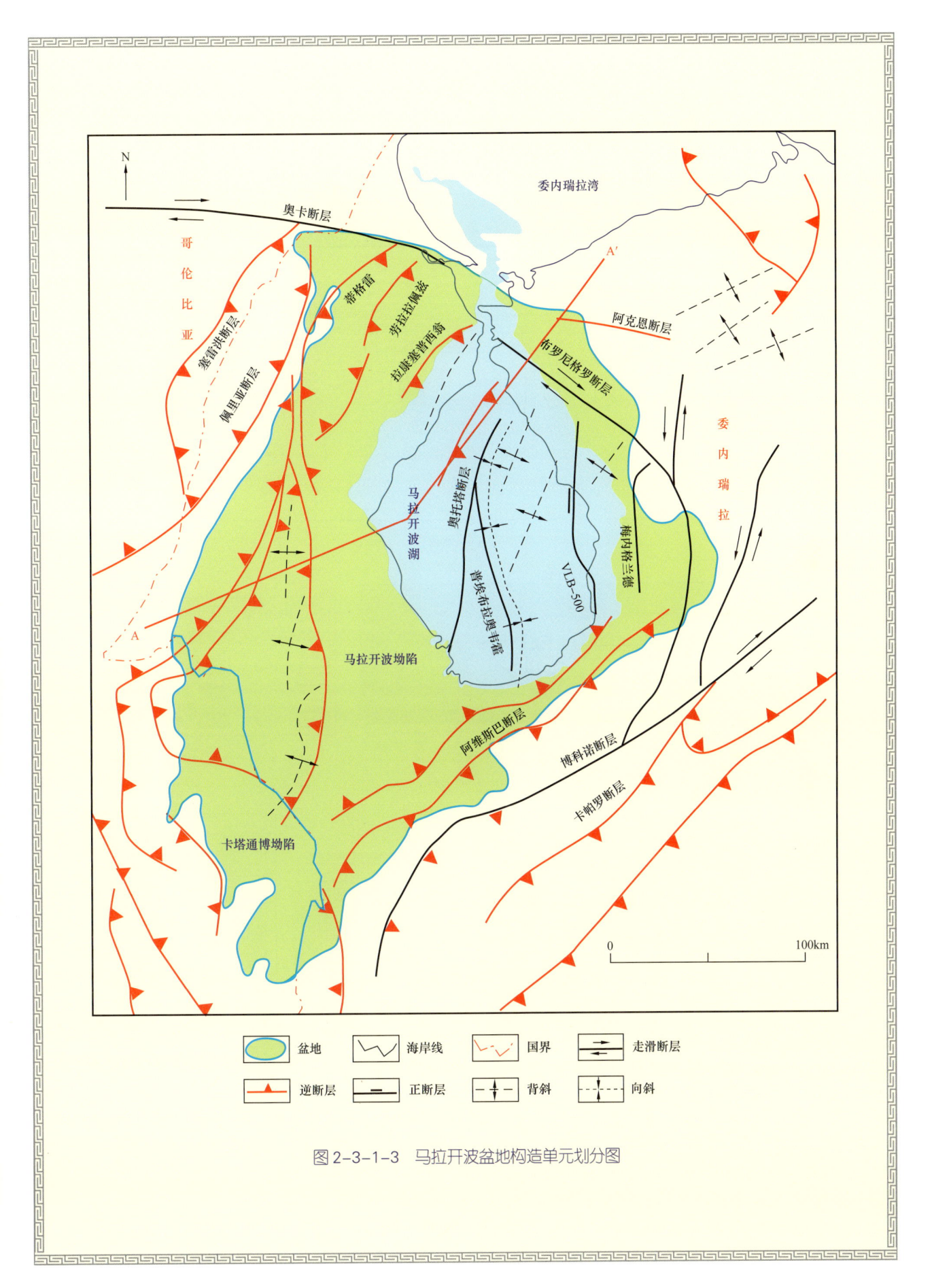

图 2-3-1-3　马拉开波盆地构造单元划分图

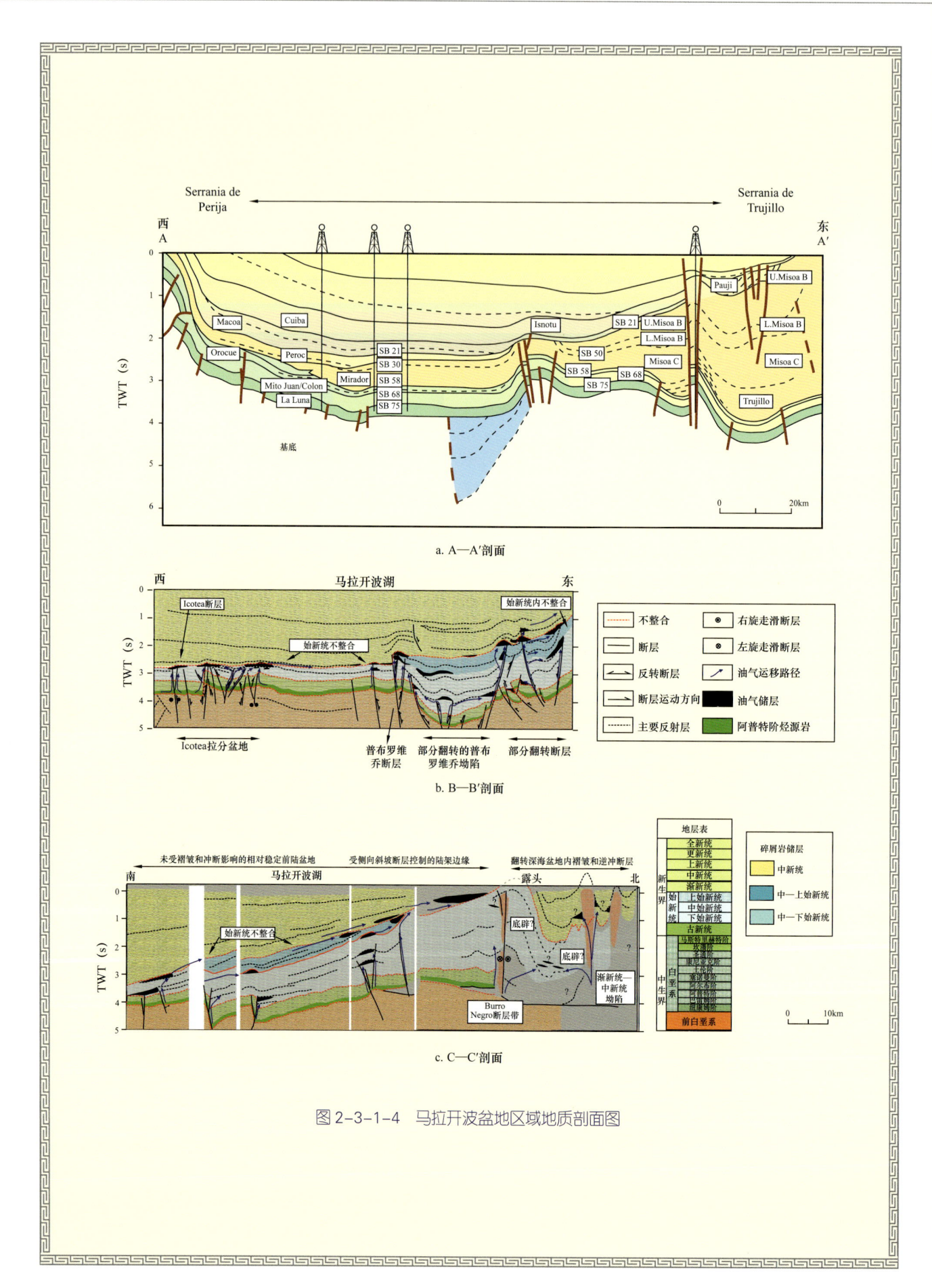

图 2-3-1-4 马拉开波盆地区域地质剖面图

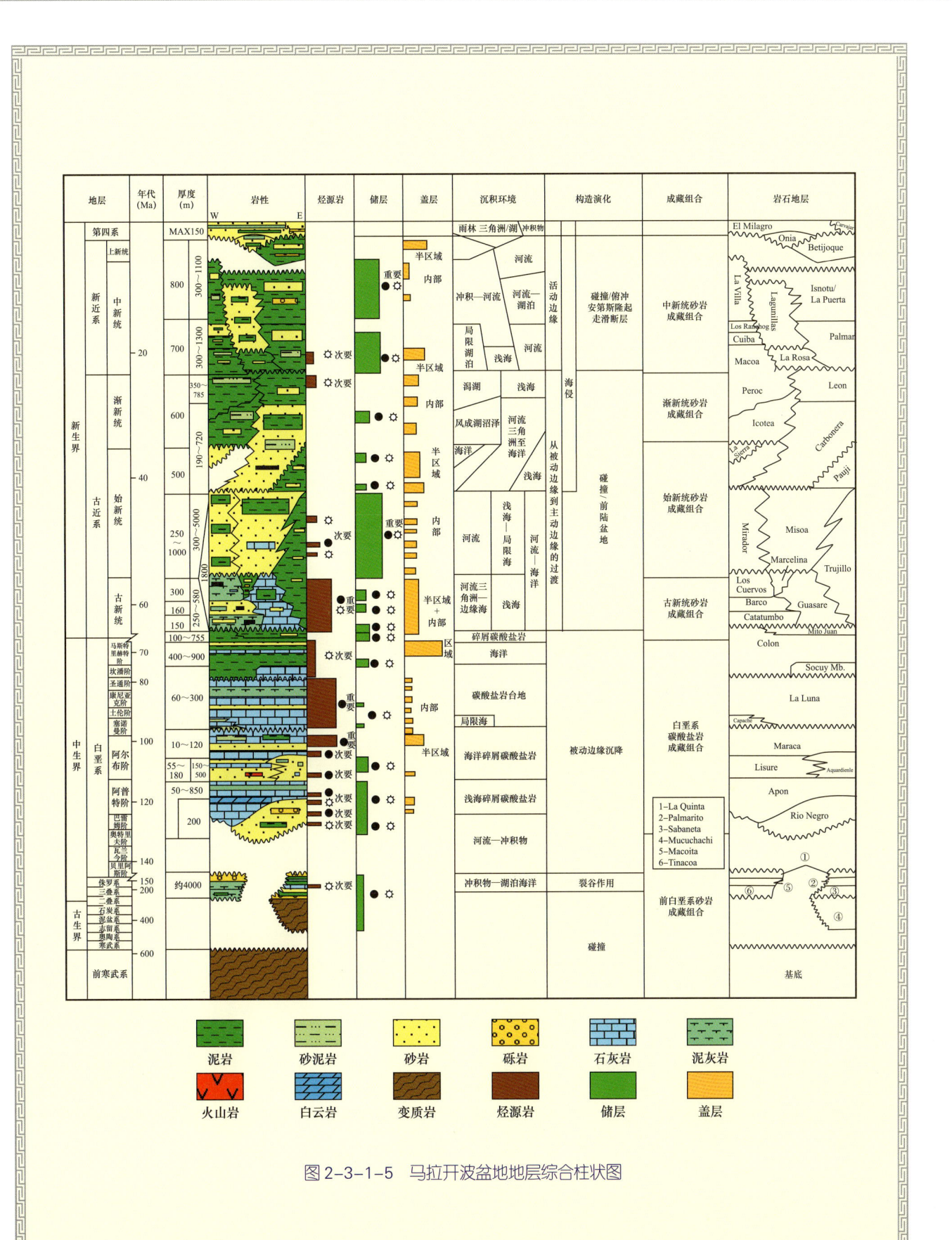

图 2-3-1-5 马拉开波盆地地层综合柱状图

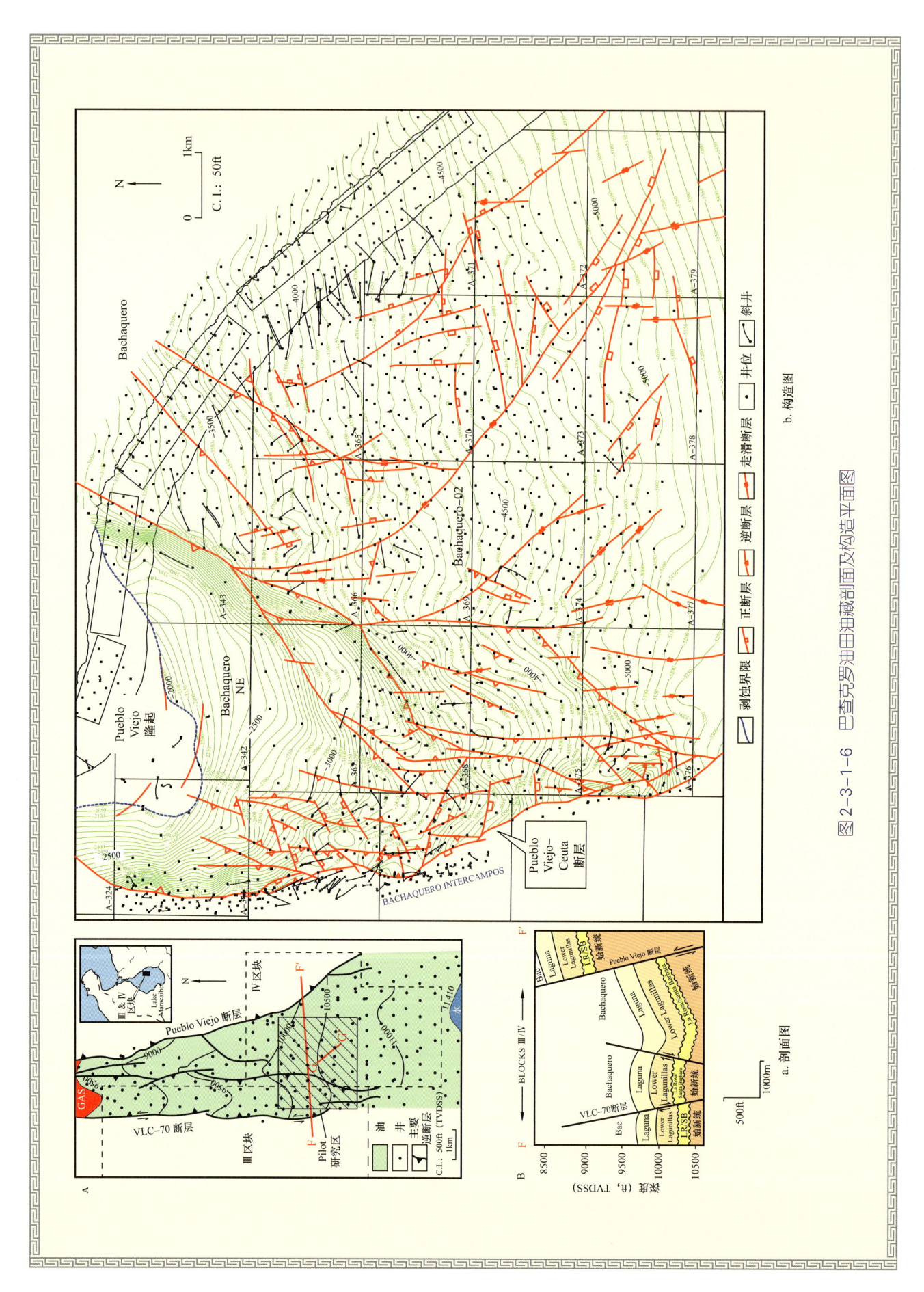

图 2-3-1-6 巴查克罗油田油藏剖面及构造平面图

委内瑞拉

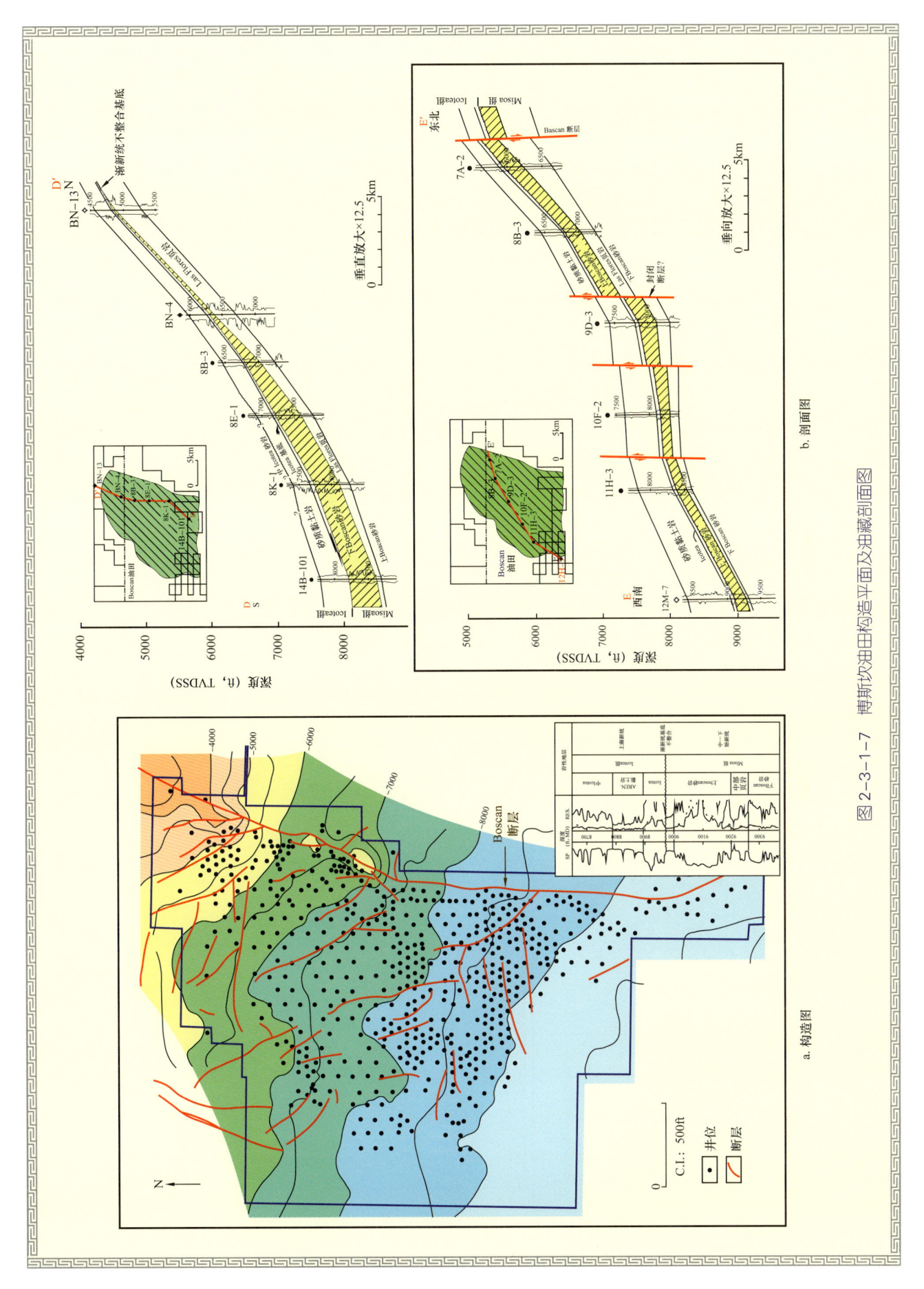

图 2-3-1-7 博斯坎油田构造平面及油藏剖面图

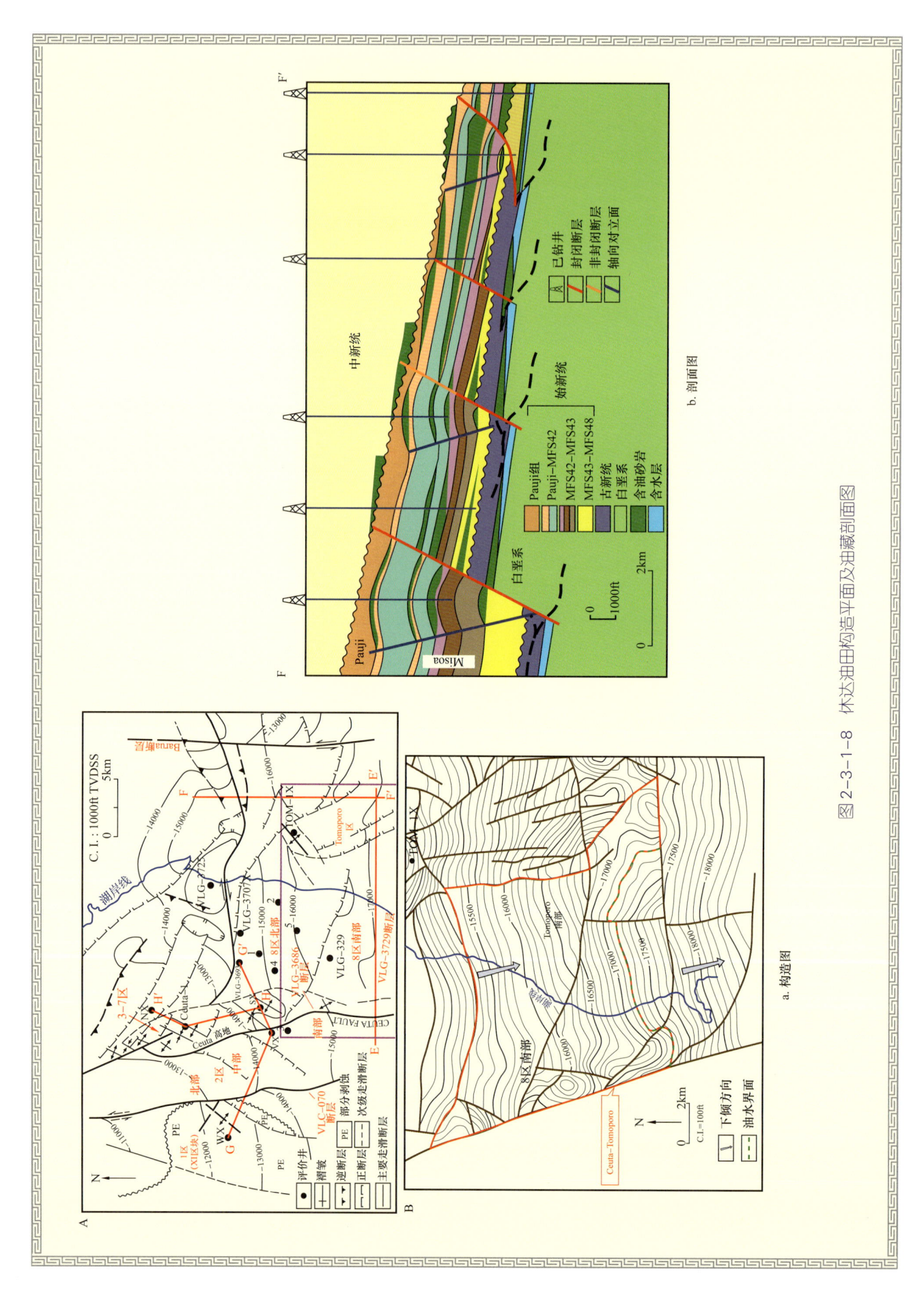

图 2-3-1-8 休达油田构造平面及油藏剖面图

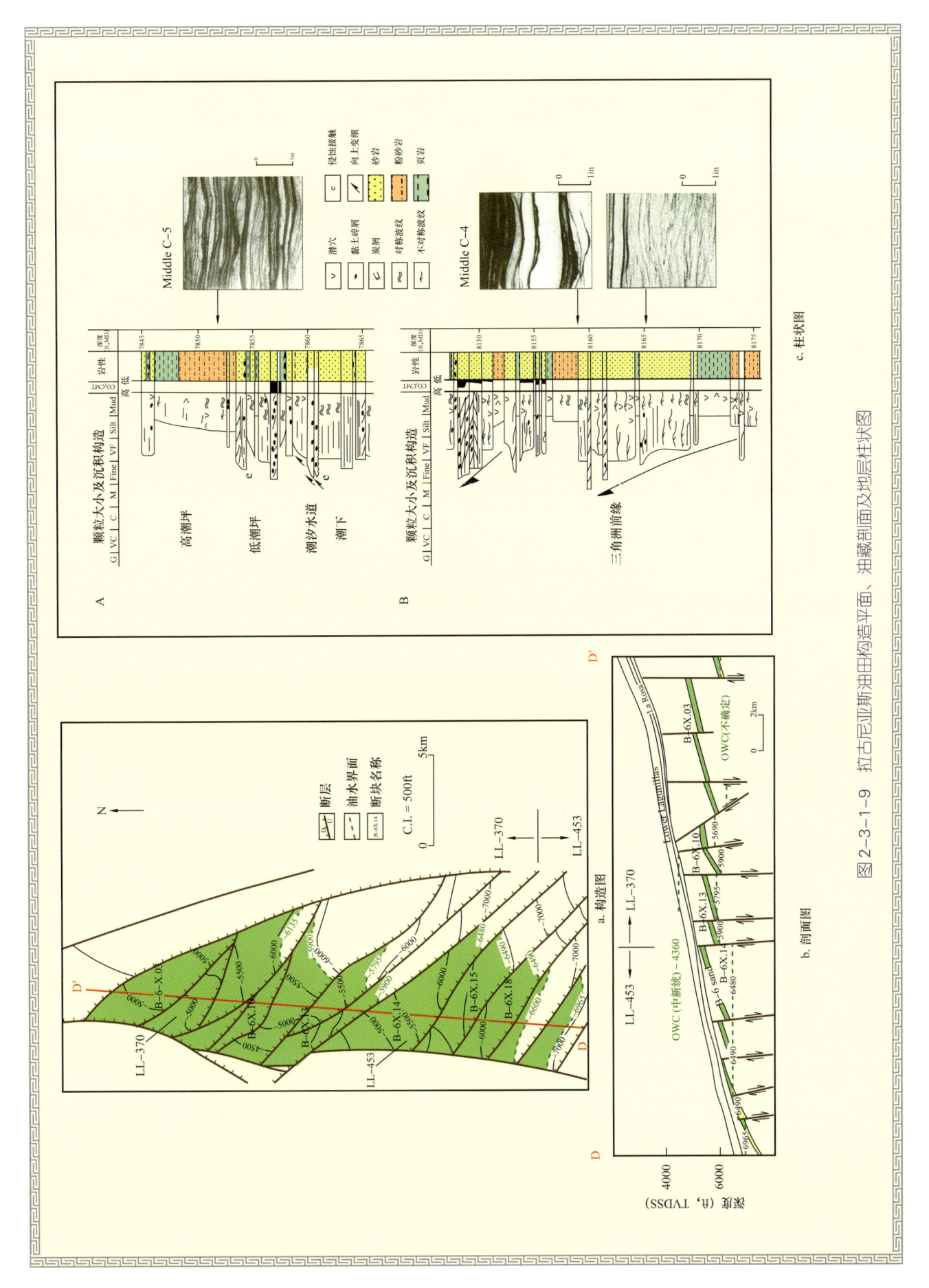

图2-3-1-9 拉古尼亚斯油田构造平面、油藏剖面及地层柱状图

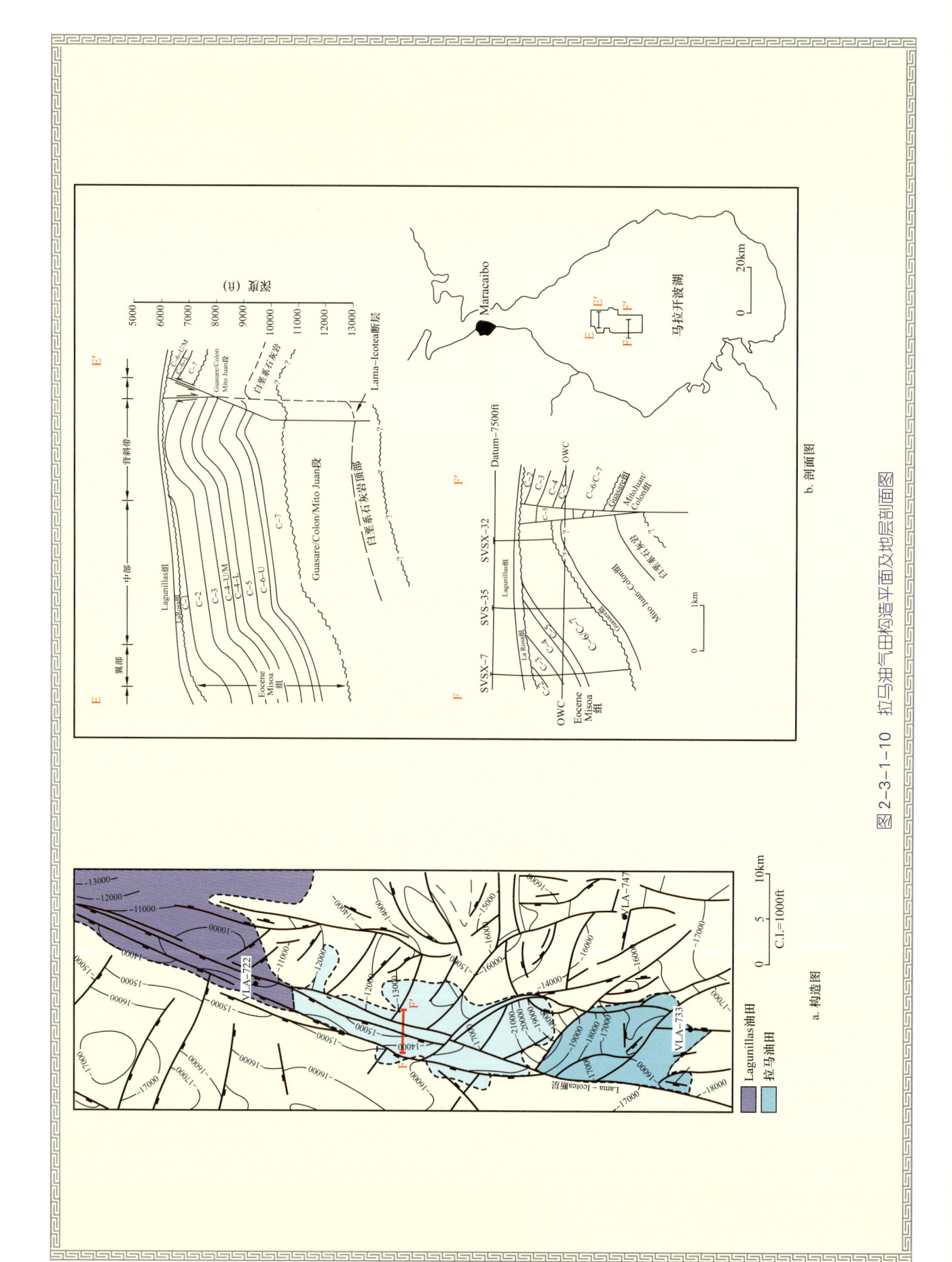

图 2-3-1-10 拉马油气田构造平面及地层剖面图

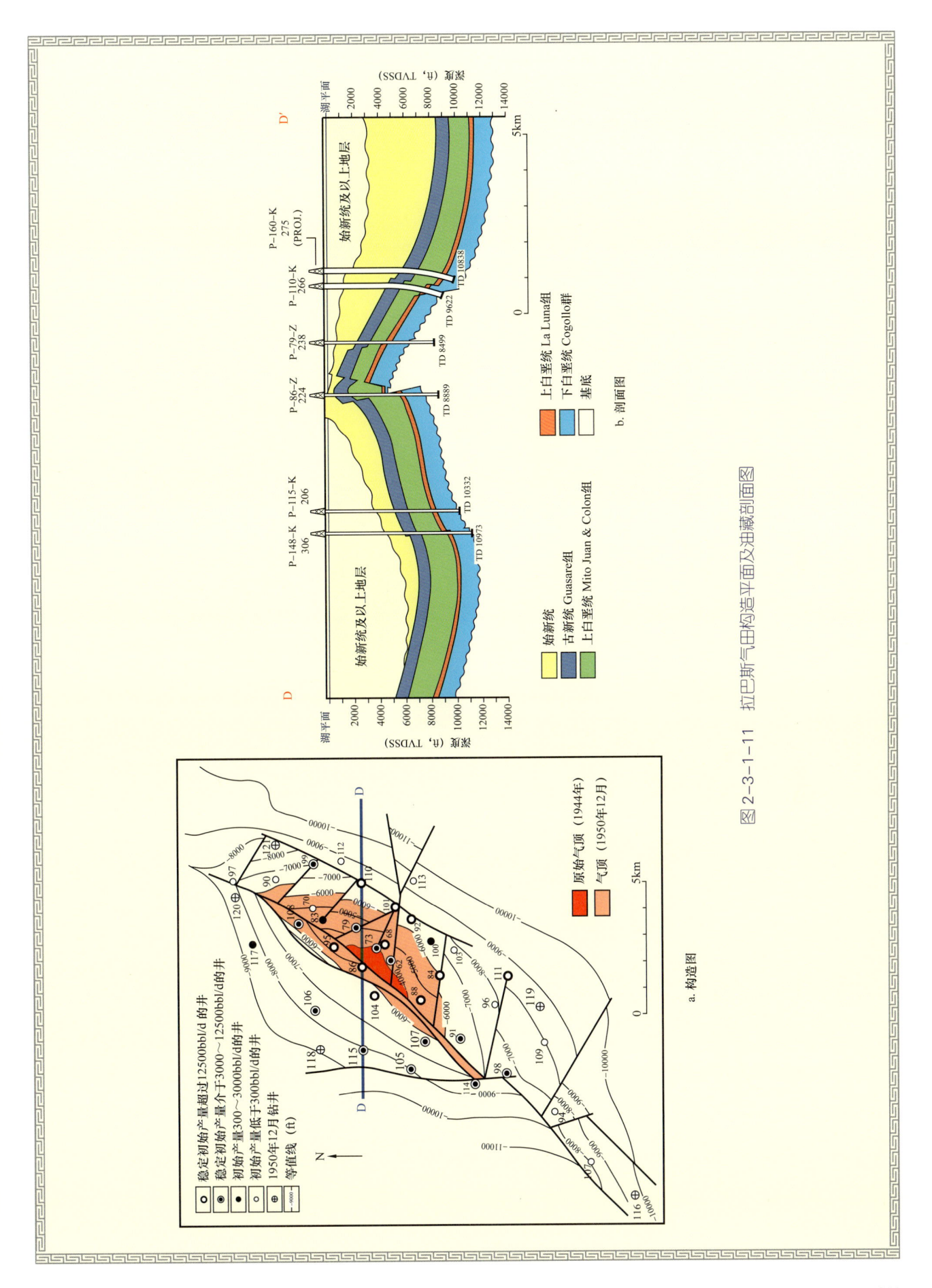

图 2-3-1-11 拉巴斯气田构造平面及油藏剖面图

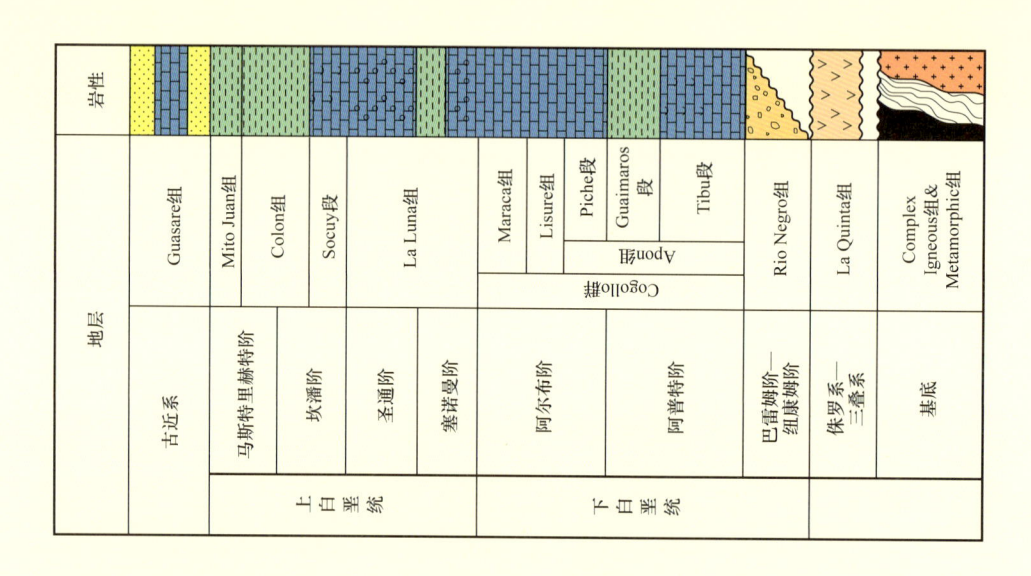

图 2-3-1-12 马拉油田构造平面、油藏剖面及地层柱状图

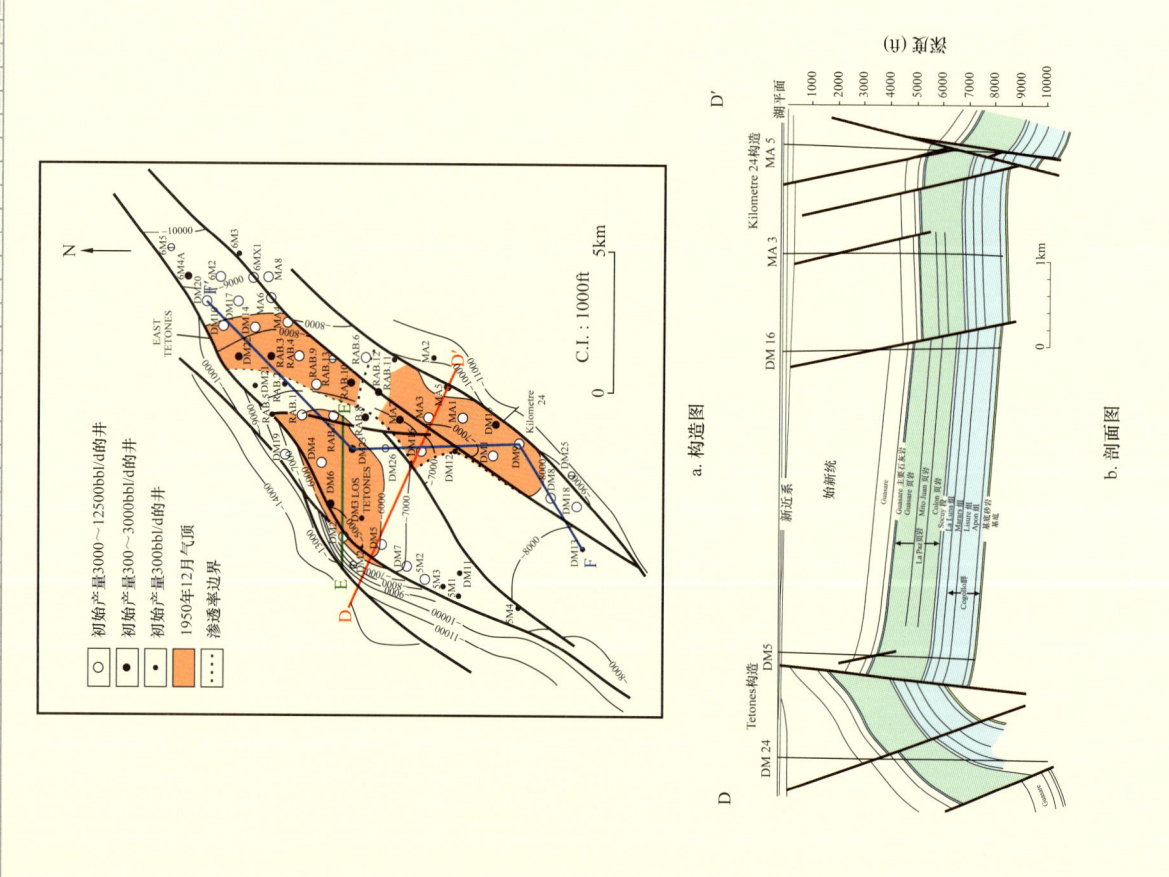

图 2-3-1-13 大梅内油田构造平面、油藏剖面及地层柱状图

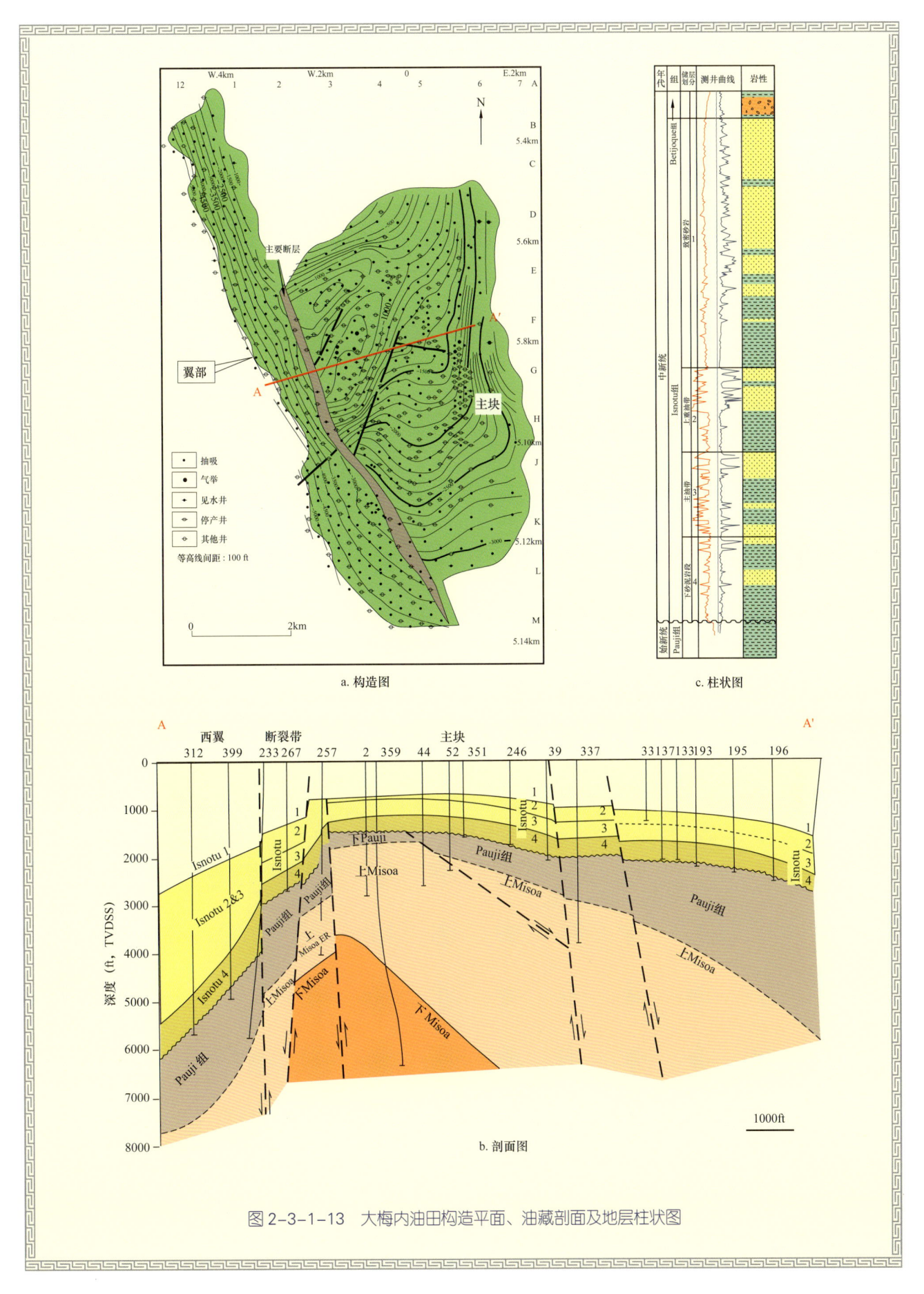

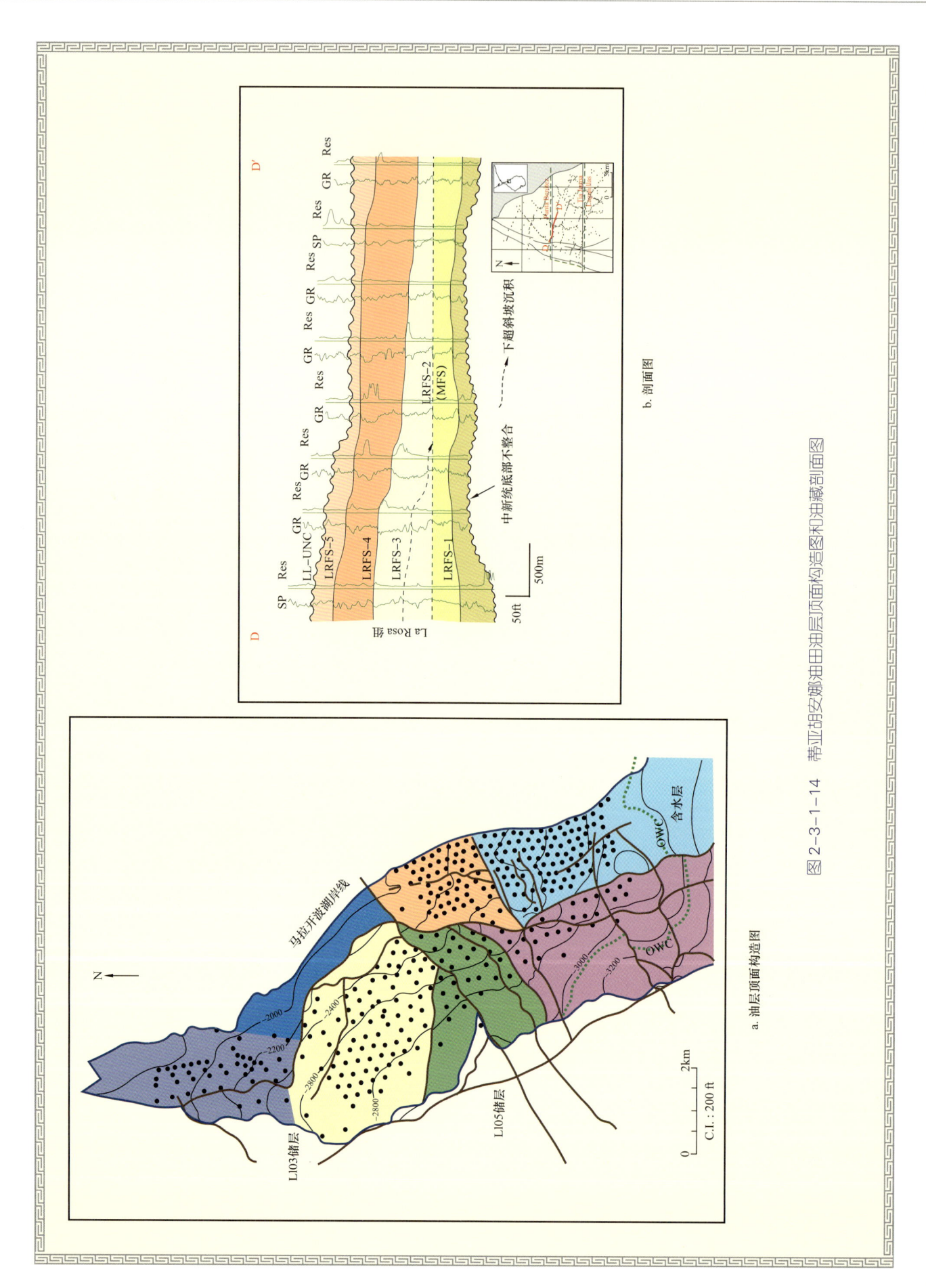

图 2-3-1-14 蒂亚胡安娜油田油层顶面构造图和油藏剖面图

（二）法尔考盆地

法尔考盆地（Falcon Basin）位于委内瑞拉西北部（图2-3-2-1），呈东西向，长400km，宽200km，盆地面积$4.54\times10^4km^2$，其中海上面积$1.183\times10^4km^2$，陆上面积$3.36\times10^4km^2$。

1. 勘探开发历程

法尔考盆地的油气勘探，经历了早期起步、重大发现、稳定增长3个阶段（图2-3-2-2）。

早期起步阶段（1920—1929年）：20世纪20年代共钻井75口，其中55口为探井，共取得7个油气发现。1921年，首次在西法尔考坳陷发现了埃尔梅内（El Mene）油田，2P可采储量为28.88×10^6bbl油当量。1926—1929年陆续又发现了6个油田，总2P可采储量为17.60×10^6bbl油当量。

重大发现阶段（1931—1985年）：20世纪30年代钻井46口，其中34口为探井，发现了两个油气田。1931年在东法尔考坳陷发现了库马里波（Cumarebo）油田，总2P可采储量为74.84×10^6bbl油当量，为迄今法尔考盆地最大的油田。1933年发现了拉威拉（La Vela）（陆上）油田，2P可采储量为22.85×10^6bbl油当量。50年代钻井103口，其中探井25口。发现了提瓜耶（Tiguaje）油田和博卡里卡-1（Boca Ricoa-1）油田。70年代，开始在海上开展钻探，完钻11口探井和16口评价井，发现了两个中等规模的油气田［1972年的拉威拉（La Vela）2X和1973年的（La Vela 5X）］和一个海上小油气田（1972年的La Vela 12X）。1980—1985年完钻8口探井，10口评价井，发现了中等规模的La Vela 4X油田和拉斯纳瓦斯（Las Navas 1）小型气田。

稳定增长阶段（1984年至今）：20世纪80年代末钻井活动停滞，直到1996年钻探活动重启，在陆上发现了两个小型油气田［Las Navas-3X气田和洛斯莫洛奇斯（Los Moroches）2X油田］。

截至2018年，盆地共发现油气田20个，累计发现石油、天然气2P可采储量分别为217.10×10^6bbl、$791.27\times10^9ft^3$（图2-3-2-2）。盆地前10大油田分别为库马里波、拉威拉5X、拉威拉4X、拉威拉2X、埃尔梅内、拉威拉（陆上）、提瓜耶、拉威拉6X、洪布里平塔多（Hombre Pintado）和拉威拉12X，总储量338.14×10^6bbl油当量，占总发现量的97%（表3-0-1）。

2018年，盆地石油年产量134.32×10^6bbl，天然气2.17×10^6bbl油当量。截至2018年底，盆地石油、天然气累产分别为127.7×10^6bbl和69.55×10^6bbl油当量。

2. 区域地质

法尔考盆地属于前陆盆地，呈东西走向。盆地北部发育北西走向的正断层，形成了一系列地垒和地堑构造。盆地中部发育一系列东—北东向由挤压作用形成的背斜构造（图2-3-2-3）。

法尔考盆地基底为三叠系变质岩，盆地的构造演化经历了中生代裂谷（晚侏罗世—早白垩世）、古新世—中始新世构造挤压、始新世—早上新世走滑拉分和上新世—全新世构造反转四个阶段（图2-3-2-4）。基底之上沉积了侏罗系、白垩系和古近系，厚度达5000m。

3. 石油地质特征

1）烃源岩

主要烃源岩位于渐新统和下中新统的海相层序（Agua Salada群Pecaya组和Agua Clara组）（图2-3-2-5）。

中新统Agua Salada群海相页岩为盆地东部的主要烃源岩。干酪根类型为Ⅱ—Ⅲ型，有机质丰度较高，总有机碳含量6%，产烃率为5kg/t。

次要烃源岩包括上白垩统 La Luna 组、始新统 Jarillal 组和 Misoa 组。

La Luna 组是整个南美洲北部的主要区域性烃源岩，在马拉开波盆地总有机碳含量达到 1.5%～9.6%，平均值为 3.8%，有机质类型为 II 型，氢指数为 650 mg HC/g TOC。Jarillal 组和 Misoa 组为西法尔考坳陷的烃源岩，干酪根类型为 II/III 型，总有机碳含量 7%～12%，可能在晚中新世成熟。

2）储层

盆地储层包括下中新统 Agua Clara 组砂岩和石灰岩、中中新统 Socorro 组砂岩、始新统砂岩和三叠系基底（图 2-3-2-5）。

三叠系基底发育辉长岩和条带状片麻岩裂缝性储层。

中新统 Agua Clara 组砂岩和灰岩为盆地的主要储层，有效厚度 50m，孔隙度 18%，渗透率 31～370mD。石灰岩大部分原生孔隙被次生方解石充填，储层物性由于胶结作用和重结晶作用变差。中中新统 Socorro 组细粒—中粒浅海相砂岩是库马里波油田和海上地区重要的储层，平均有效厚度 12.2m，孔隙度 15%～22%，渗透率 250～1150mD。

始新统 Trujillo 组砂岩最大有效厚度 150m，平均孔隙度 10%，渗透率为 102mD。

3）盖层

区域盖层为下中新统 Agua Clara 组泥岩（图 2-3-2-5）。

中新统 Cerro Pelado 组、Caujarao 组和 La Puerta 群页岩为半区域盖层和层间盖层。局部和层间盖层为 Castillo 组、La Vela 组、La Victoria 组、San Lorenzo 组、Socorro 组和 Urumaco 组页岩和泥岩。

4）圈闭类型

盆地圈闭以构造型为主，大多为背斜、断背斜和断块圈闭。在盆地深层和南部斜坡带可能发育岩性地层圈闭。

4. 常规油气成藏组合

已经证实的成藏组合有 3 套（图 2-3-2-5）：基岩成藏组合、中新统成藏组合和始新统成藏组合。

5. 油气勘探开发潜力

中国石油 2018 年评价认为，常规待发现油气资源量 6448.69×10^{6}bbl 油当量，其中石油 5328.00×10^{6}bbl、天然气 6500.00×10^{9}ft^3。法尔考盆地常规油气具有一定的勘探开发潜力。

委内瑞拉

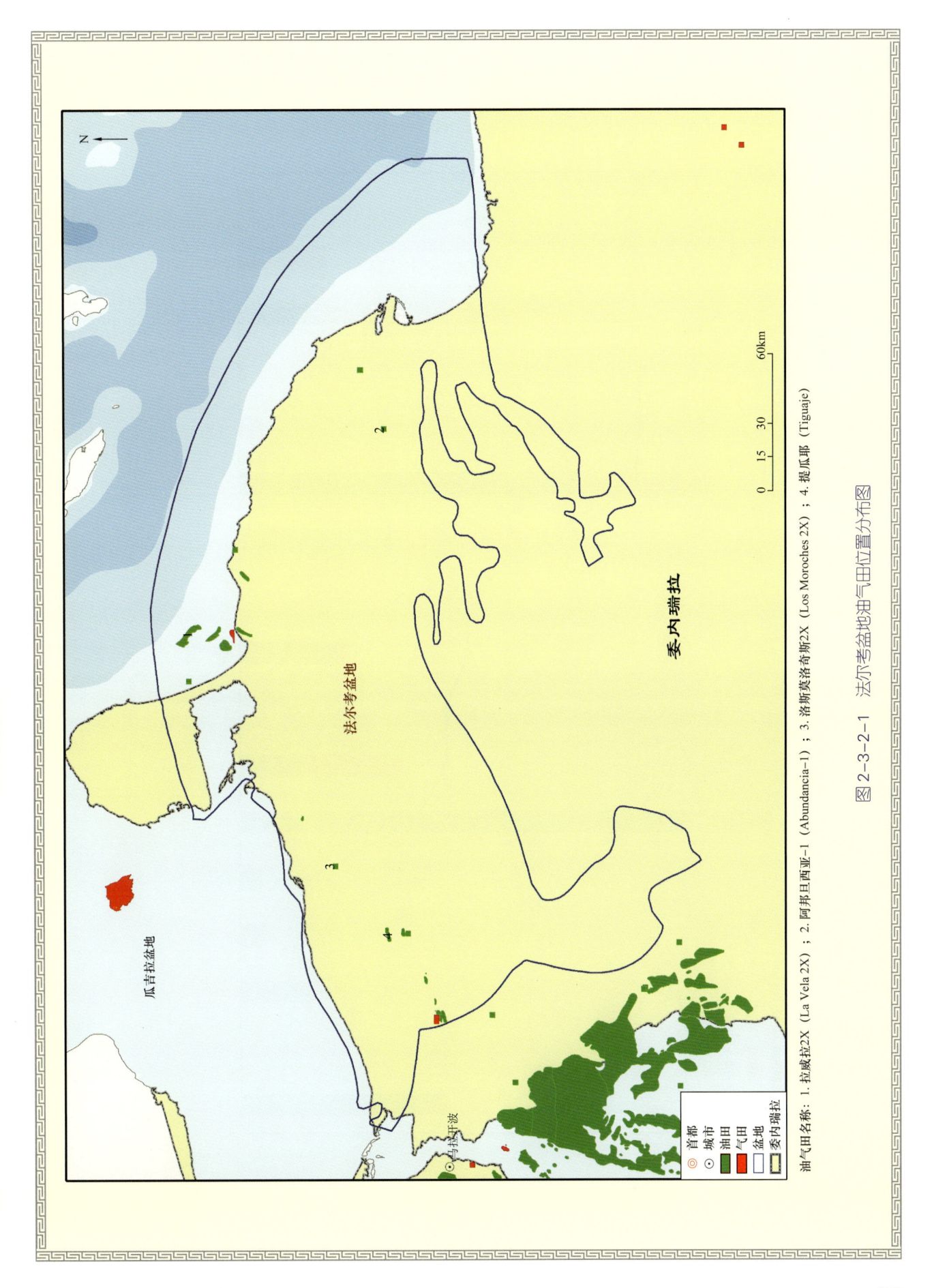

图 2-3-2-1 法尔考盆地油气田位置分布图

油气田名称：1. 拉威拉2X（La Vela 2X）；2. 阿邦旦西亚-1（Abundancia-1）；3. 洛斯莫洛奇斯2X（Los Moroches 2X）；4. 提瓜耶（Tiguaje）

247

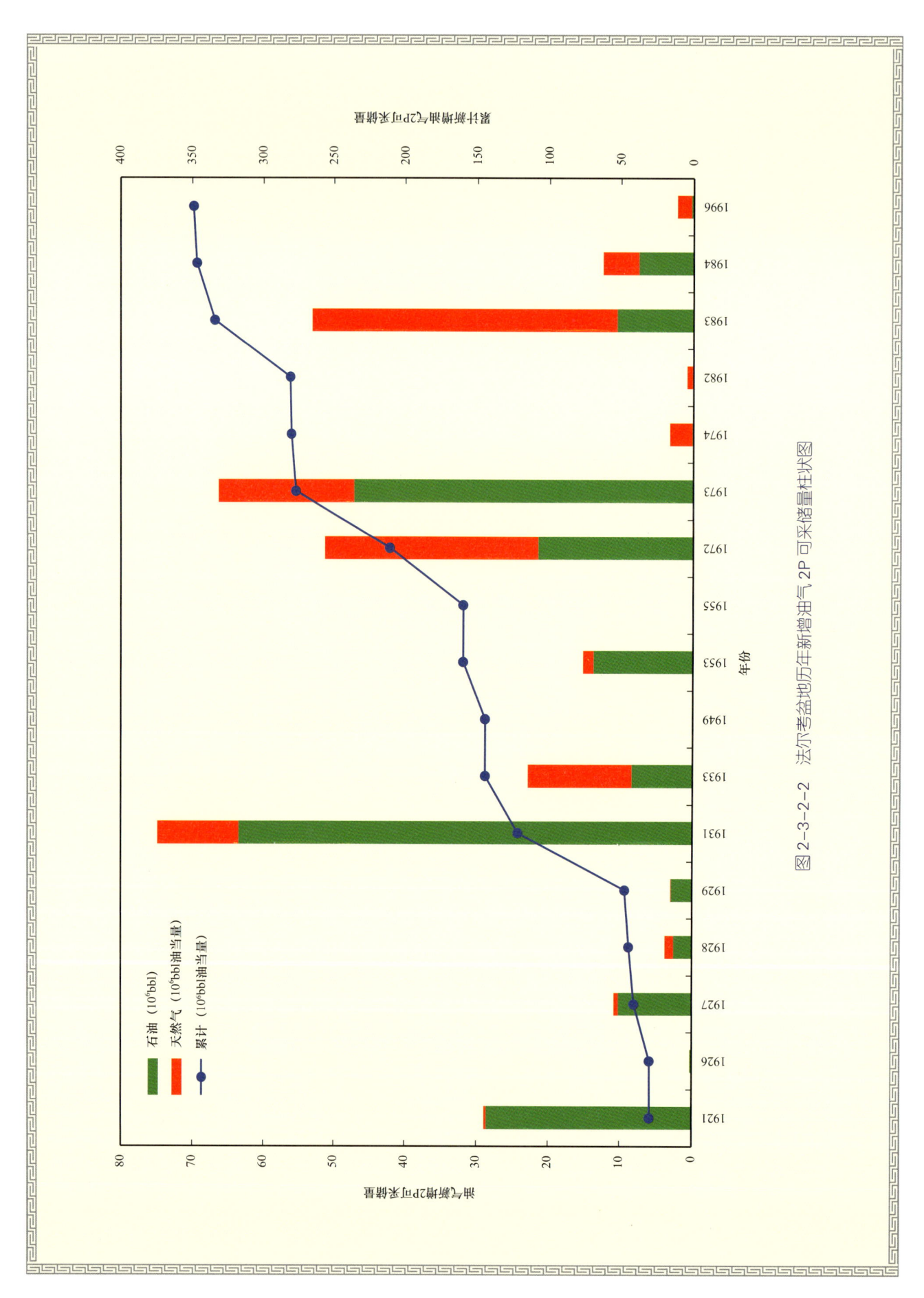

世界油气勘探开发与合作形势图集 | 南美地区 South America

图 2-3-2-2 法尔考盆地历年新增油气 2P 可采储量柱状图

248

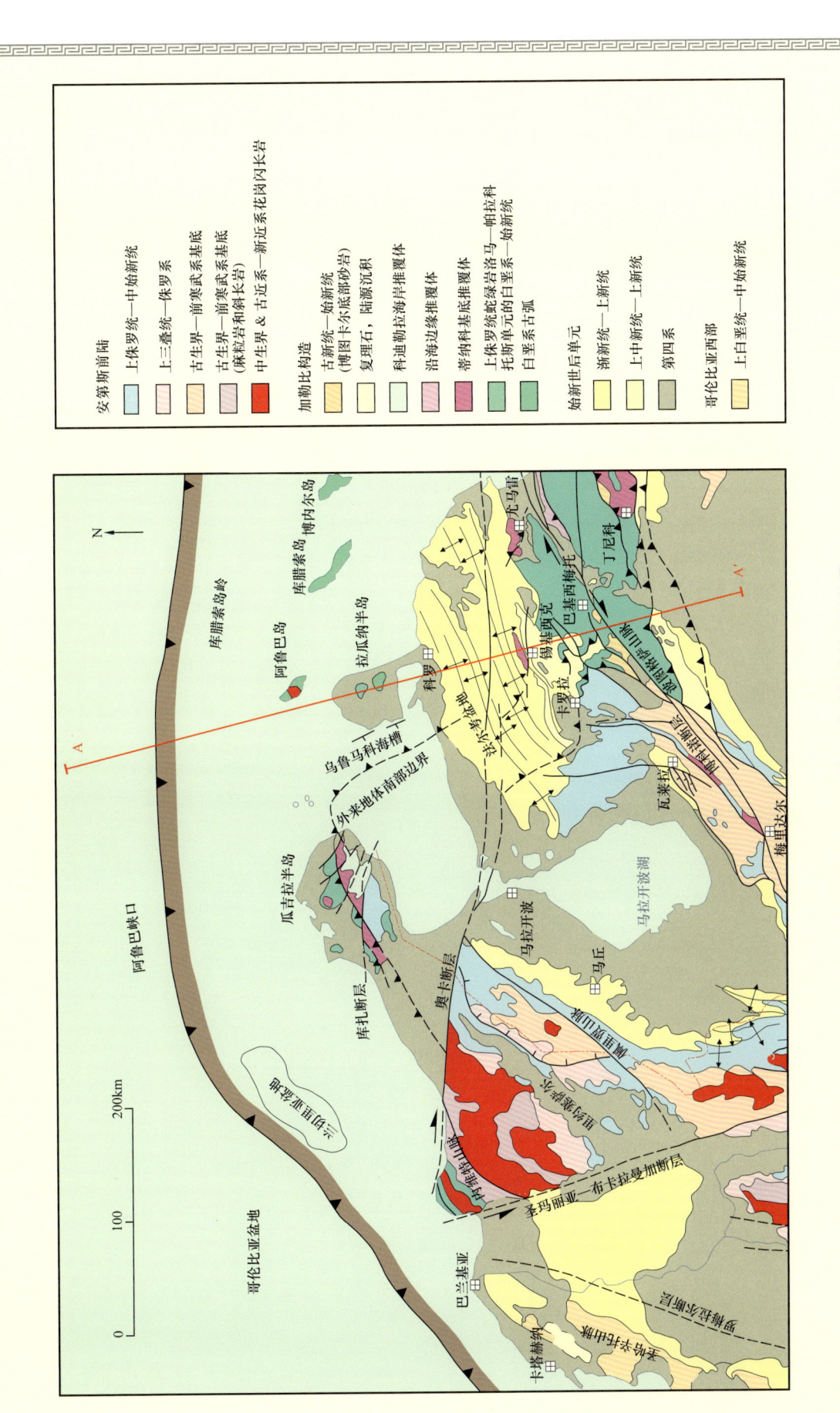

图 2-3-2-3 法尔考盆地构造单元划分图

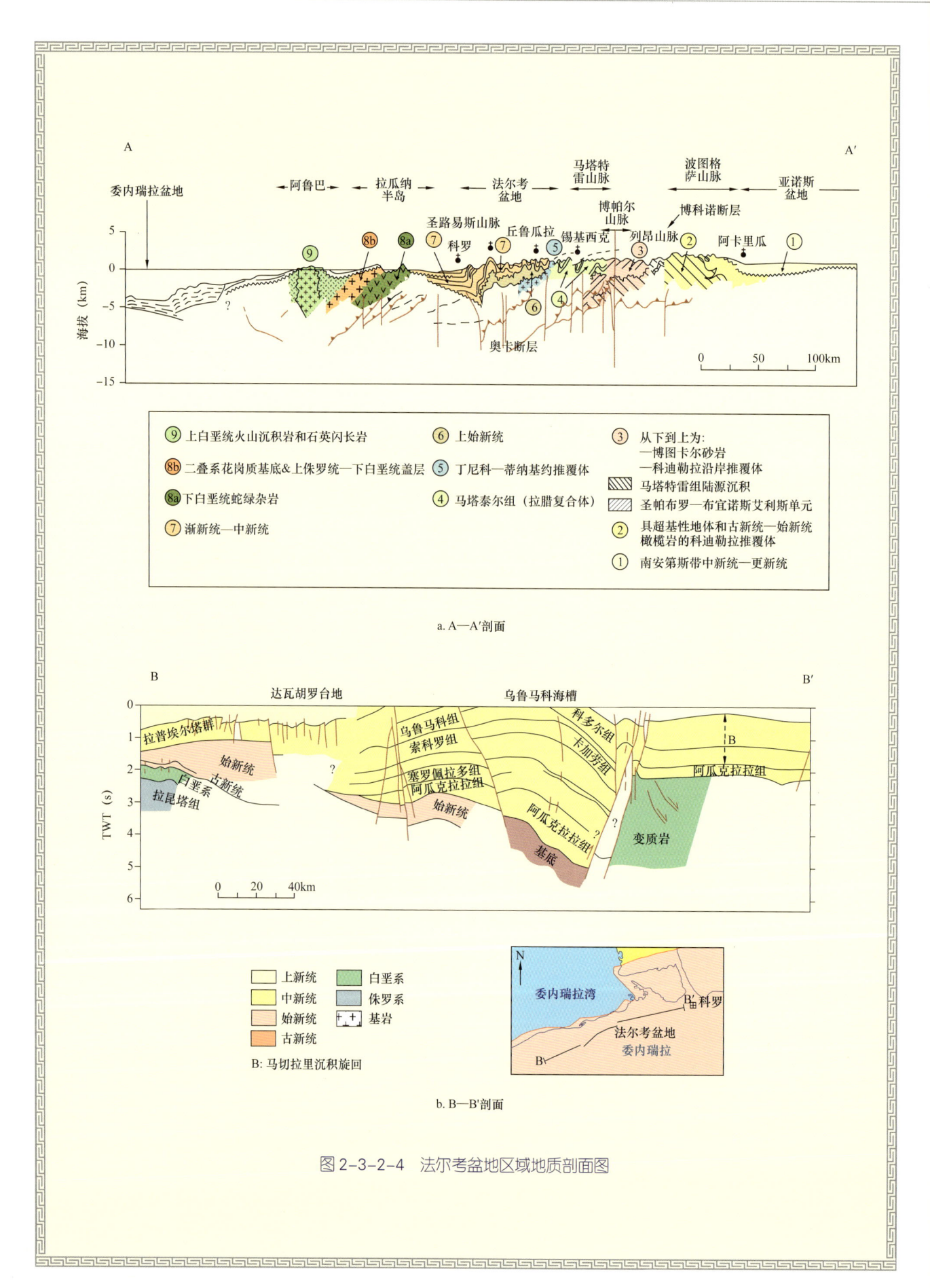

南美地区 South America

a. A—A′剖面

图例：
- ⑨ 上白垩统火山沉积岩和石英闪长岩
- ⑧b 二叠系花岗质基底 & 上侏罗统—下白垩统盖层
- ⑧a 下白垩统蛇绿杂岩
- ⑦ 渐新统—中新统
- ⑥ 上始新统
- ⑤ 丁尼科—蒂纳基约推覆体
- ④ 马塔泰尔组（拉腊复合体）
- ③ 从下到上为：
  —博图卡尔砂岩
  —科迪勒拉沿岸推覆体
  马塔特雷组陆源沉积
  圣帕布罗—布宜诺斯艾利斯单元
- ② 具超基性地体和古新统—始新统橄榄岩的科迪勒拉推覆体
- ① 南安第斯带中新统—更新统

b. B—B′剖面

图例：
- 上新统
- 中新统
- 始新统
- 古新统
- 白垩系
- 侏罗系
- 基岩

B：马切拉里沉积旋回

图 2-3-2-4 法尔考盆地区域地质剖面图

委内瑞拉

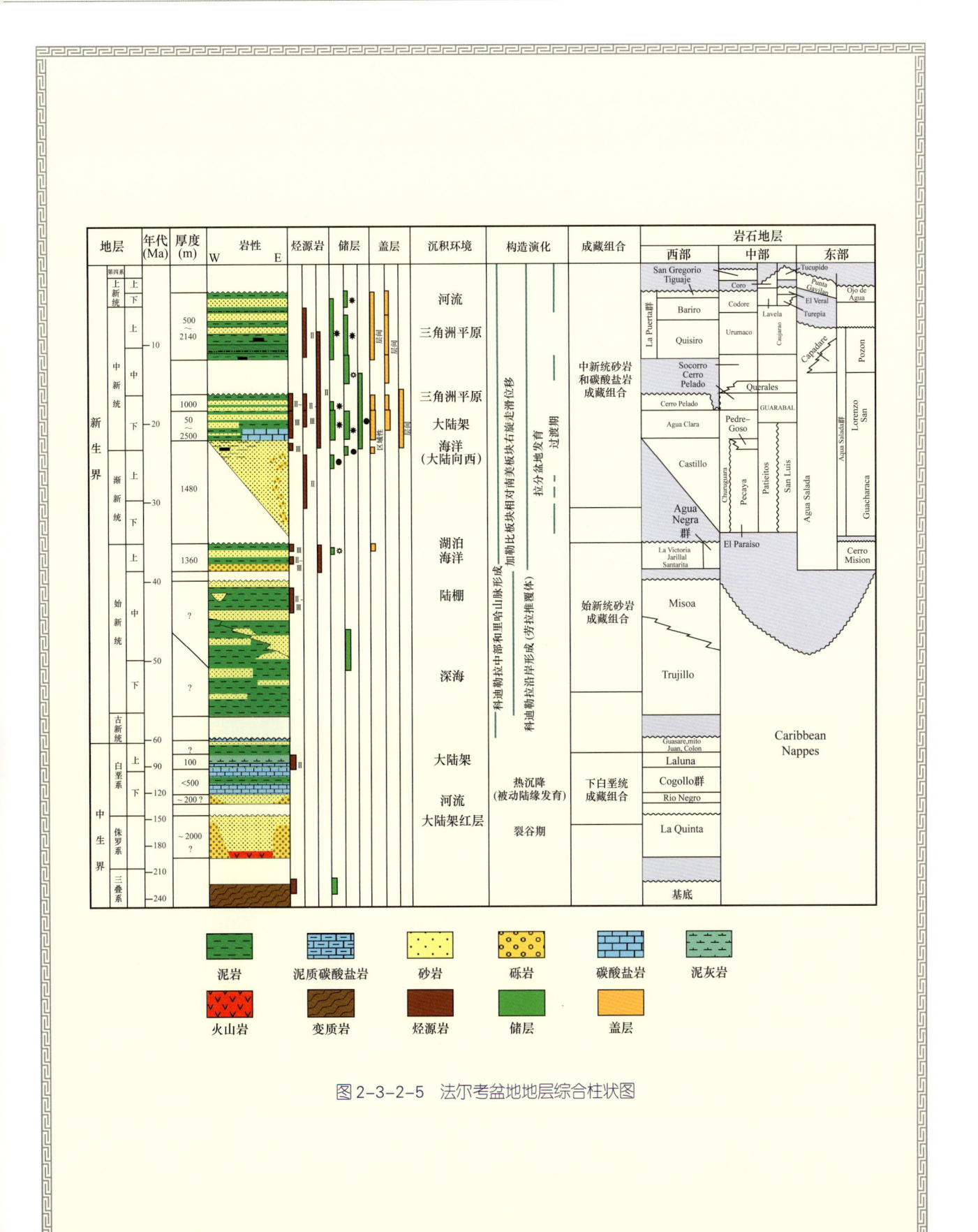

图 2-3-2-5 法尔考盆地地层综合柱状图

（三）亚诺斯—巴里纳斯盆地

亚诺斯—巴里纳斯盆地（Llanos-Barinas Basin）位于南美洲西北部（图 2-3-3-1），由哥伦比亚东部的亚诺斯坳陷和委内瑞拉西北部的巴里纳斯坳陷组成，盆地面积 $37.3466 \times 10^4 \text{km}^2$。

1. 勘探开发历程

亚诺斯—巴里纳斯盆地的油气勘探经历了快速发展和稳定增长两个阶段（图 2-3-3-2）。

快速发展阶段（1948—1988年）：1948年壳牌在亚诺斯坳陷发现了沃拉金奈（Voragine）1油田，是盆地首次发现。1960年，发现了麦迪那（Medina）油田。1969年发现了卡斯蒂利亚（Castilla）和奇奇梅内（Chichimene）油田，2P可采储量为 $670 \times 10^6 \text{bbl}$ 油当量。1973年发现了库皮阿瓜—利里亚（Cupiagua-Liria）气田，2P可采储量为 $1000 \times 10^6 \text{bbl}$ 油当量。80年代，盆地的钻探活动达到顶峰（共钻探井 172 口）。1981年发现了鲁必阿莱斯（Rubiales）和阿皮亚伊（Apiay）油田，2P可采储量 $1228.47 \times 10^6 \text{bbl}$ 油当量。1983年发现了卡诺利蒙（Cano Limon）油田，2P可采储量 $1214.93 \times 10^6 \text{bbl}$ 油当量，是目前亚诺斯—巴里纳斯盆地最大的油田。1984年发现了瓜非塔（Guafita）油田和拉威克托里亚（La Victoria）油田，总2P可采储量 $1960.60 \times 10^6 \text{bbl}$ 油当量。1988年发现了库西亚那（Cusiana）油田和卡斯蒂利亚诺特（Castilla Norte）油田，总2P可采储量 $1420.67 \times 10^6 \text{bbl}$ 油当量。

稳定增长阶段（1989年至今）：20世纪90年代以后，钻探井数较少，但储量仍保持稳定增长。其中1995年发现了保托苏尔（Pauto Sur）油田，2P可采储量 $393.33 \times 10^6 \text{bbl}$ 油当量。2010年发现了阿卡西亚斯（Akacias）油田，2P可采储量 $250.67 \times 10^6 \text{bbl}$ 油当量。

截至 2018 年，盆地共发现油气田 363 个，累计发现石油、天然气 2P 可采储量分别为 $11610.31 \times 10^6 \text{bbl}$、$11764.34 \times 10^9 \text{ft}^3$。共发现大油气田 5 个：卡诺利蒙油田、库西亚那油田、库皮阿瓜—利里亚气田、鲁必阿莱斯油田、瓜非塔油田，占总发现量的 44%。

2018年，盆地石油年产量 $6.13 \times 10^6 \text{bbl}$，天然气产量 $32.18 \times 10^6 \text{bbl}$ 油当量，截至 2018 年，石油和天然气的总产量分别为 $11614.3 \times 10^6 \text{bbl}$ 和 $108.83 \times 10^6 \text{bbl}$ 油当量。

2. 区域地质

亚诺斯—巴里纳斯盆地属于前陆盆地。盆地的西北缘为东安第斯山脉和梅里达安第斯山脉，东北部为 El Baul Machete 隆起，东部和东南为圭亚那地盾，南部是 Vaupes 隆起（图 2-3-3-3）。

盆地西北缘逆冲带褶皱为轻度变形的不对称前陆楔状体，以大型叠瓦状逆冲构造和基底卷入为特征（图 2-3-3-4）。

盆地从西到北可划分为亚诺斯山前带、亚诺斯次安第斯带和亚诺斯前陆区。油气主要聚集于亚诺斯山前带和靠近安第斯山的前陆区。

3. 石油地质特征

1）烃源岩

主要烃源岩为白垩系海相泥灰岩（图 2-3-3-5），次要烃源岩为古近系海相页岩。

2）储层

盆地主要储层为上白垩统—中新统砂岩（图 2-3-3-5），在挤压褶皱部位发育裂缝，储层渗透率较高。上白亚统砂岩主要是浅海相和河流—三角洲相，始新统和渐新统砂岩主要为河流相和湖相。

上白垩统 Gacheta 组和 Guadalupe 组砂岩，孔隙度为 15%～22%，渗透率为 50～2000mD，为次生孔隙。

3）盖层

上白垩统到下中新统砂泥互层和层间泥岩形成了盆地局部和区域性盖层（图 2-3-3-5）。这些区域性封堵层促进了油气的侧向运移，油气源于西北部 100km 以外的生烃中心。其中，Guadalupe 组、Barco 组和 Carbonera 组层间页岩为局部盖层，而中新统到上新统 Leon 组页岩为主要的区域盖层。

4）圈闭类型

盆地圈闭类型以构造圈闭为主，多为断背斜，以亚诺斯山前带最为富集。

4. 常规油气成藏组合

盆地已证实 3 套成藏组合（图 2-3-3-5）：上白垩统、古新统和始新统—渐新统成藏组合。

5. 典型油气田

瓜非塔（Guafita）油气田

包括渐新统和上白垩统砂岩成藏组合，位于委内瑞拉西南部的巴里纳斯坳陷南缘，毗邻哥伦比亚边境和卡诺利蒙油田，面积 50km²（图 2-3-3-6），发现于 1946 年。截至 2018 年底，石油和天然气 2P 可采储量分别为 600.55×10⁶bbl 和 9.10×10⁹ft³，总 2P 可采储量 602.10×10⁶bbl 油当量。

圈闭类型为断背斜，上白垩统 Quevedo 段砂岩平均孔隙度 17%，最大孔隙度 28%，孔隙为原生粒间孔隙，平均渗透率 200mD。渐新统 Arauca 段平均孔隙度为 27%，渗透率 1500～3400mD 之间，平均渗透率 1700mD。其中，G-10 砂组孔隙度 22%～27%，平均孔隙度 25%，渗透率 1500～12000mD。

6. 油气勘探开发潜力

中国石油 2018 年评价认为，该盆地常规待发现油气资源量 4399.07×10⁶bbl 油当量，其中石油 3617.00×10⁶bbl、天然气 4536.00×10⁹ft³。有利勘探区带分为三类：第一类是西部褶皱带和前渊带，为 4 个成藏组合叠合区，目前勘探程度较高，但仍具有较大的勘探潜力；第二类是中部斜坡带和西部褶皱带山前，为古新统和始新统成藏组合叠合区，目前勘探程度较低，为较有利的勘探区域；第三类是东部斜坡带，为渐新统成藏组合分布区，勘探程度低。亚诺斯—巴里纳斯盆地具一定的油气勘探开发潜力。

表 2-3-3-1 亚诺斯—巴里纳斯盆地主要油气田属性表

序号	油气田名称	油气田类型	地理位置	发现年份	主要成藏组合	主要储层岩性	2P 可采储量			油气总和（10⁶bbl油当量）
							石油（10⁶bbl）	天然气（10⁹ft³）	凝析油（10⁶bbl）	
1	瓜非塔（Guafita）	油气田	陆上	1946	渐新统、上白垩统	砂岩	600.55	9.10	0	602.07

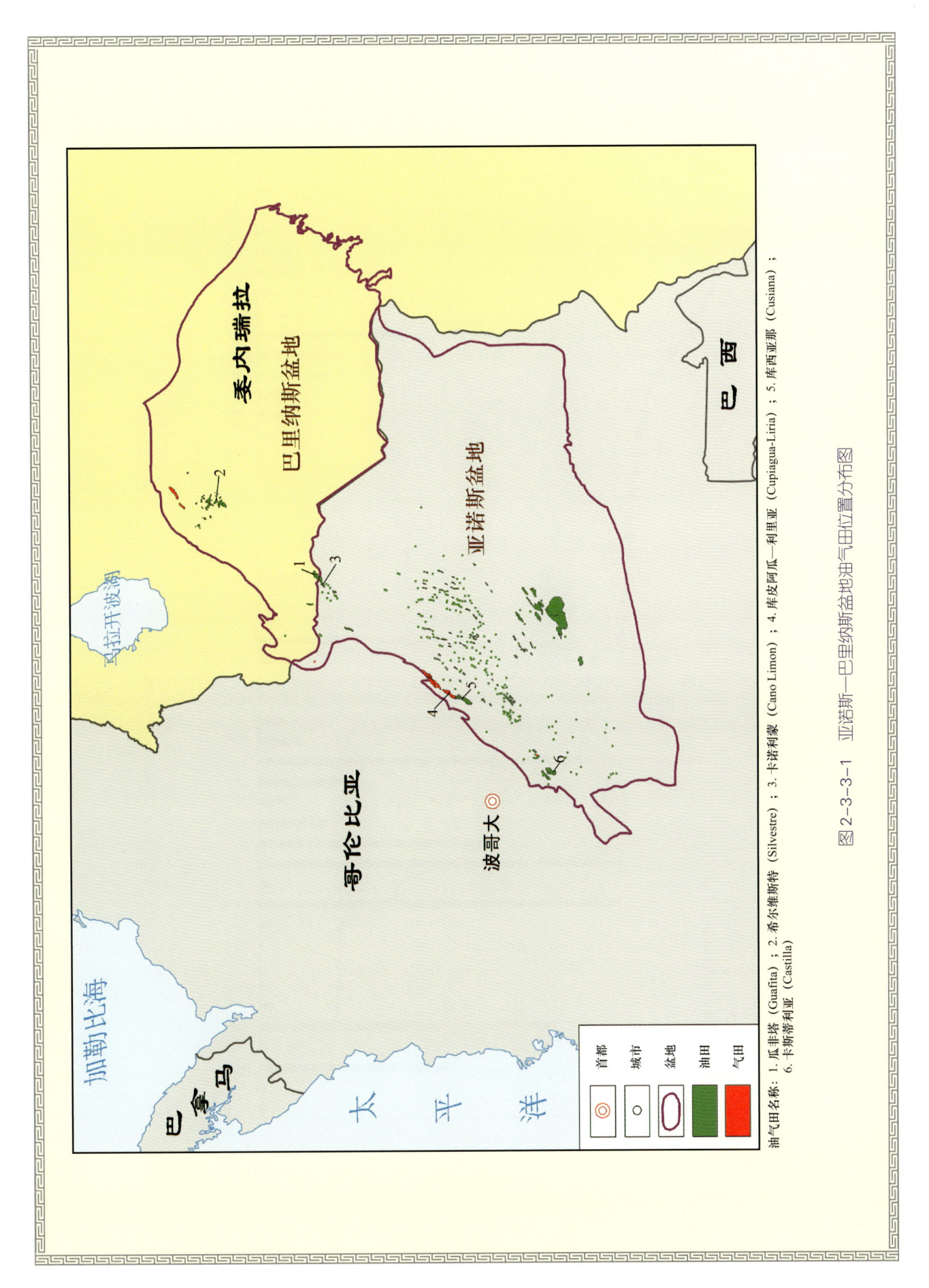

图 2-3-3-1 亚诺斯—巴里纳斯盆地油气田位置分布图

油气田名称：1. 瓜菲塔（Guafita）；2. 希尔维斯特（Silvestre）；3. 卡诺利蒙（Cano Limon）；4. 库皮阿瓜—利里亚（Cupiagua-Liria）；5. 库西亚那（Cusiana）；6. 卡斯蒂利亚（Castilla）

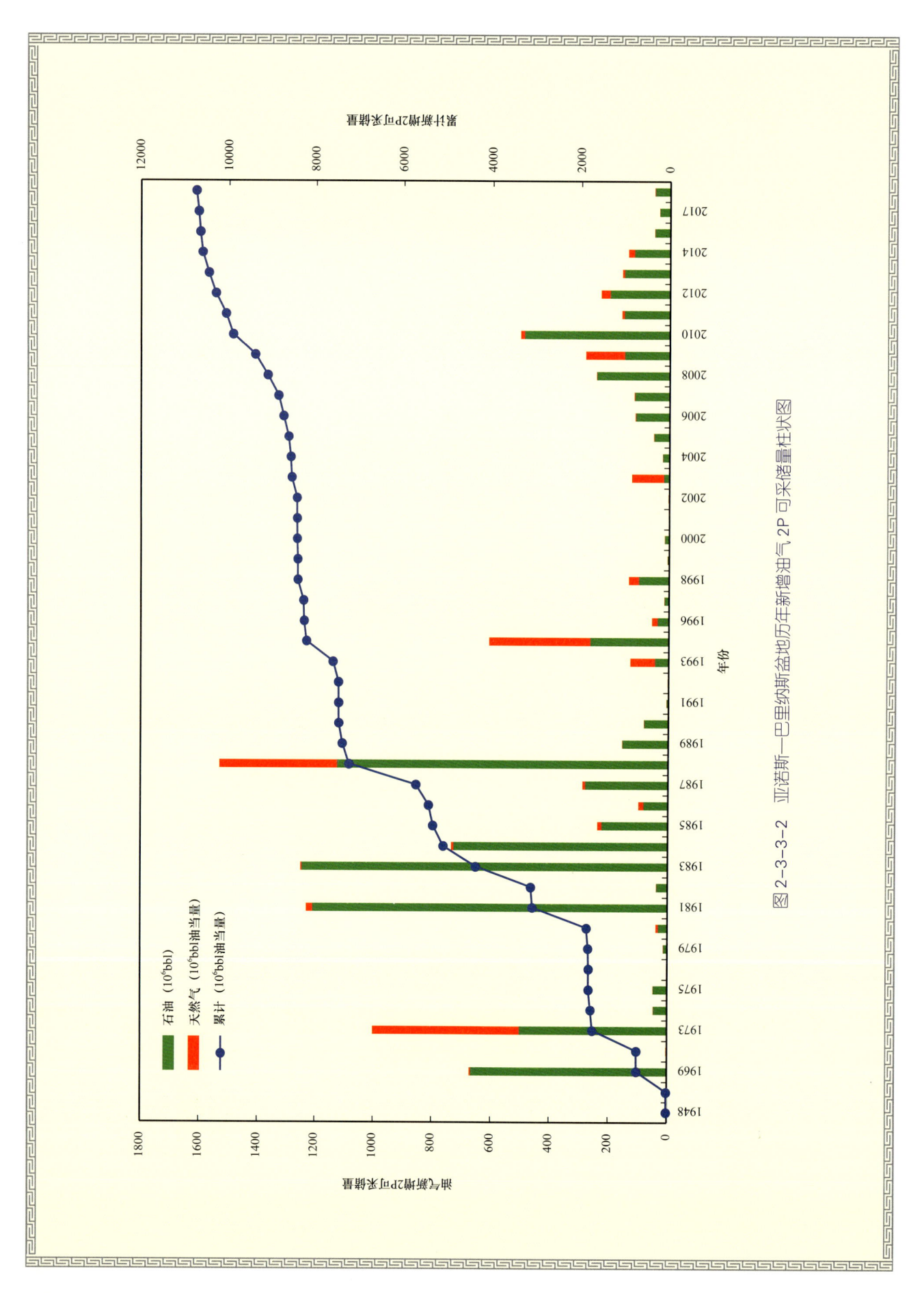

图 2-3-3-2 亚诺斯—巴里纳斯盆地历年新增油气 2P 可采储量柱状图

委内瑞拉

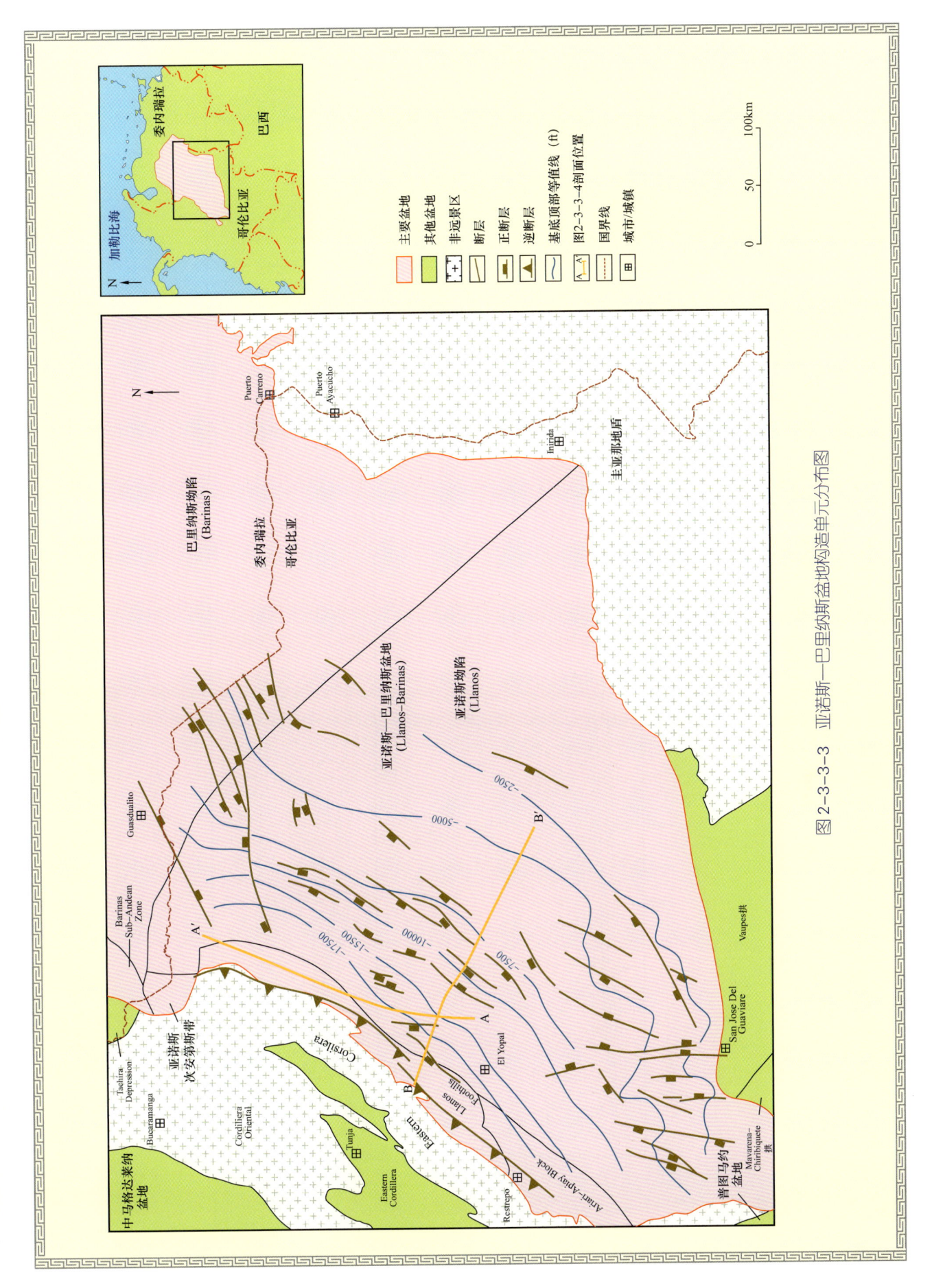

图 2-3-3-3 亚诺斯—巴里纳斯盆地构造单元分布图

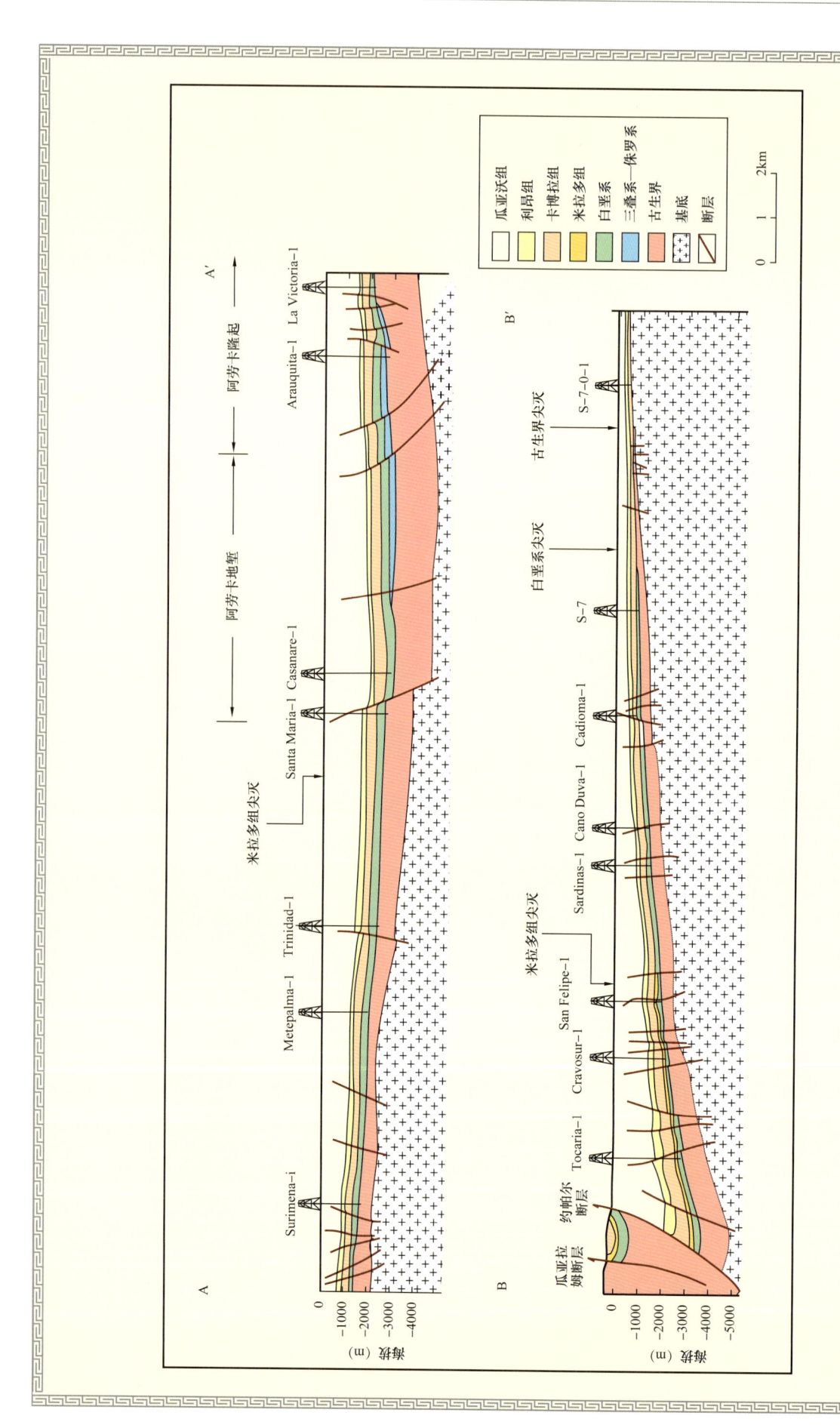

图 2-3-3-4 亚诺斯—巴里纳斯盆地区域地质剖面图

委内瑞拉

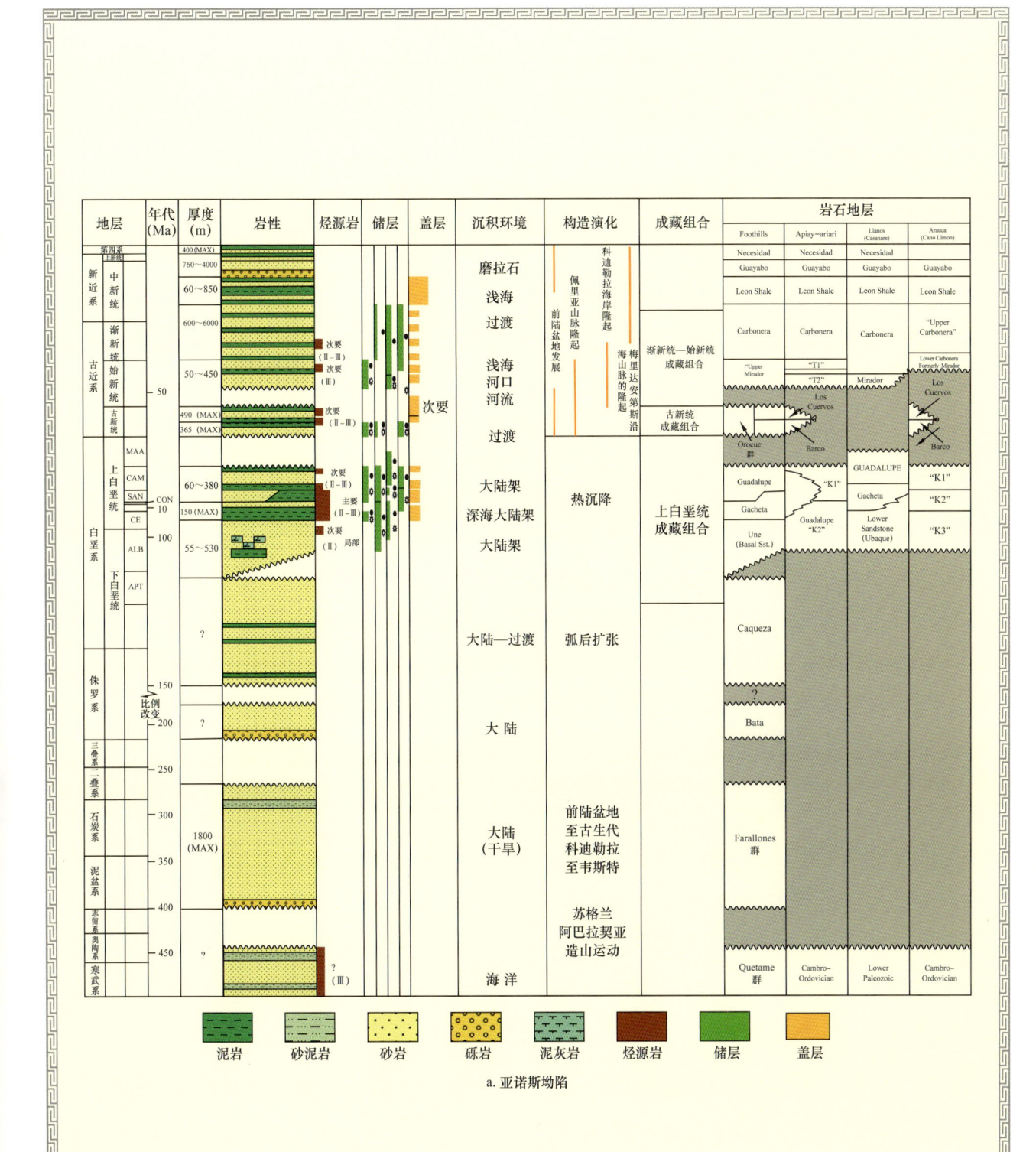

地层	年代(Ma)	厚度(m)	岩性	烃源岩	储层	盖层	沉积环境	构造演化	成藏组合	岩石地层			
										Foothills	Apiay–ariari	Llanos (Casanare)	Arauca (Cano Limon)
第四系 上新统		400 (MAX)					磨拉石			Necesidad	Necesidad	Necesidad	Necesidad
新近系 中新统		760~4000						佩里亚山脉隆起		Guayabo	Guayabo	Guayabo	Guayabo
		60~850					浅海 过渡	科迪勒拉海岸隆起		Leon Shale	Leon Shale	Leon Shale	Leon Shale
古近系 渐新统 始新统	50	600~6000		次要(II–III)			浅海 河口 河流 过渡	前陆盆地发展 梅里达安第斯沿 海山脉的隆起	渐新统—始新统 成藏组合	Carbonera	Carbonera	Carbonera	"Upper Carbonera"
		50~450		次要(III)		次要				"Upper Mirador"	"T1" "T2"	Mirador	Lower Carbonera Formerly Mirador Los Cuervos
古新统		490 (MAX) 365 (MAX)		次要(II–III)					古新统 成藏组合	Orocue 群	Los Cuervos Barco		Barco
上白垩统 MAA CAM SAN CON	10	60~380		次要(II–III)			大陆架	热沉降	上白垩统 成藏组合	Guadalupe	"K1" Guadalupe "K2"	GUADALUPE Gacheta	"K1" "K2"
白垩系 CE	100	150 (MAX)		主要(II–III)			深海大陆架			Gacheta Une (Basal Sst.)	Lower Sandstone (Ubaque)		"K3"
下白垩统 ALB APT		55~530		次要(II) 局部			大陆架						
侏罗系	150 比例 改变 200	?					大陆—过渡	弧后扩张		Caqueza			
		?					大陆			Bata	?		
三叠系 二叠系	250												
石炭系	300	1800 (MAX)					大陆 (干旱)	前陆盆地 至古生代 科迪勒拉 至韦斯特		Farallones 群			
泥盆系	350 400												
志留系 奥陶系 寒武系	450	?		?(III)			海洋	苏格兰 阿巴拉契亚 造山运动		Quetame 群	Cambro–Ordovician	Lower Paleozoic	Cambro–Ordovician

泥岩　砂泥岩　砂岩　砾岩　泥灰岩　烃源岩　储层　盖层

a. 亚诺斯坳陷

图 2-3-3-5 亚诺斯—巴里纳斯盆地地层综合柱状图

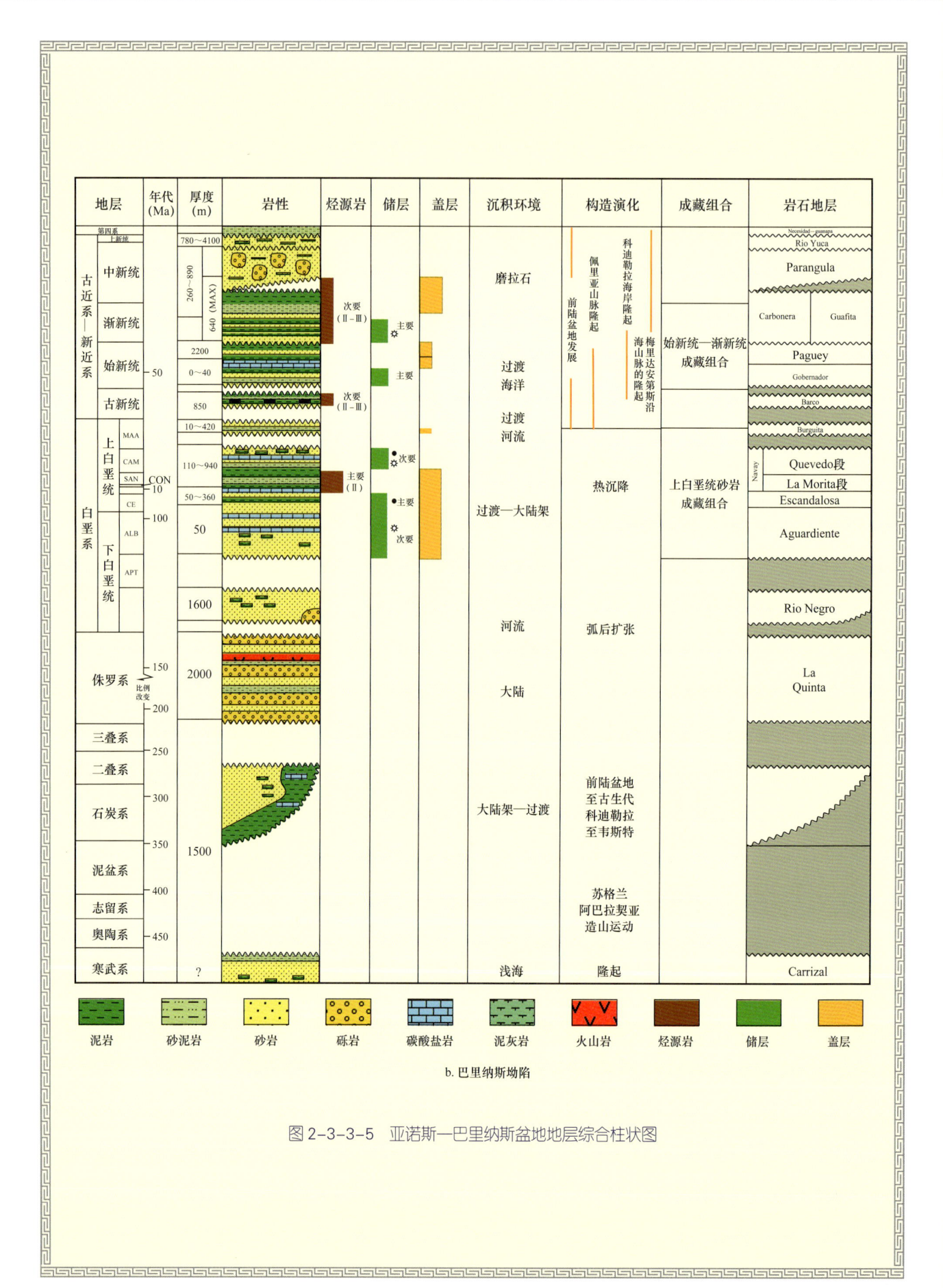

b. 巴里纳斯坳陷

委内瑞拉

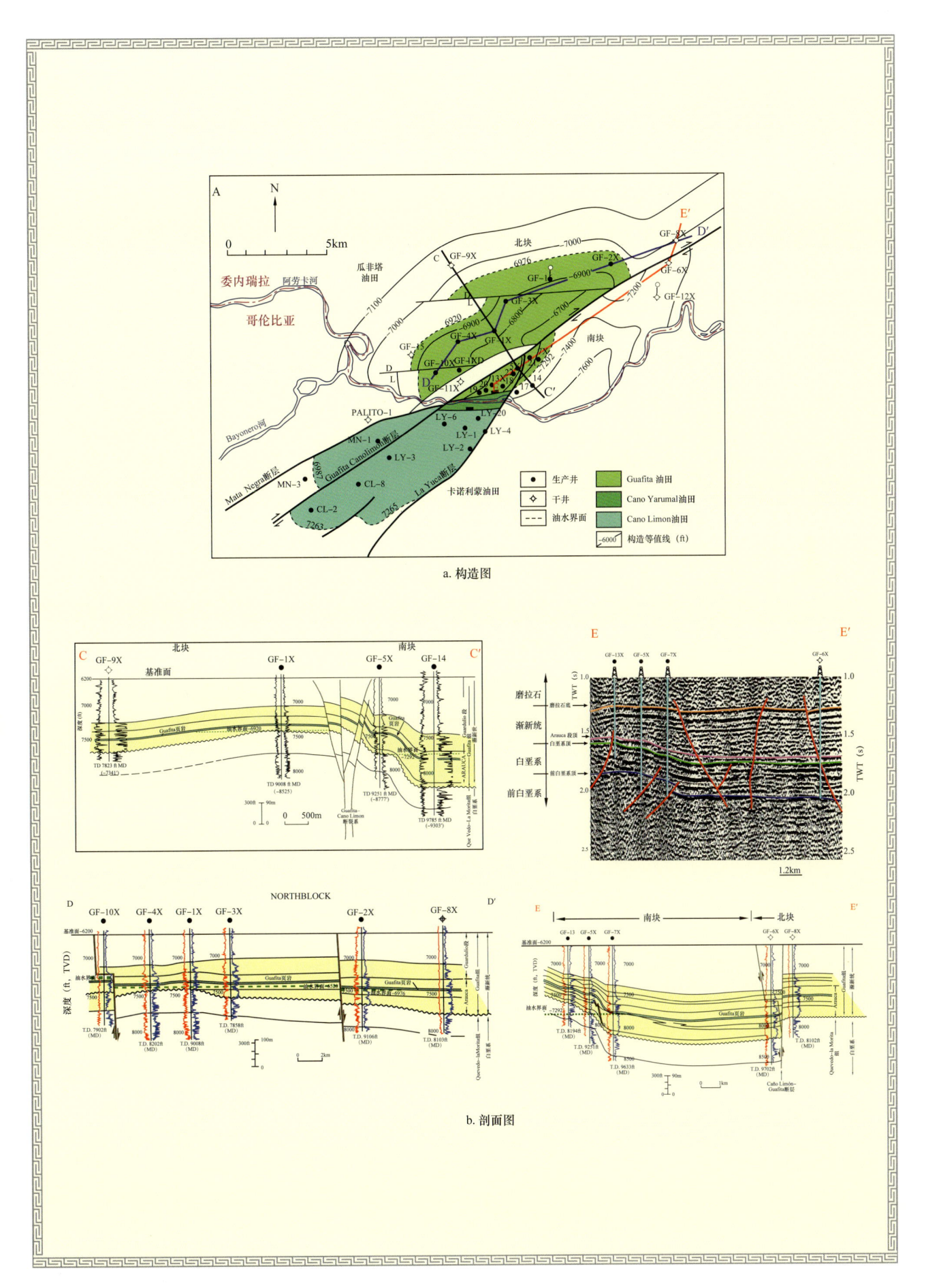

a. 构造图

b. 剖面图

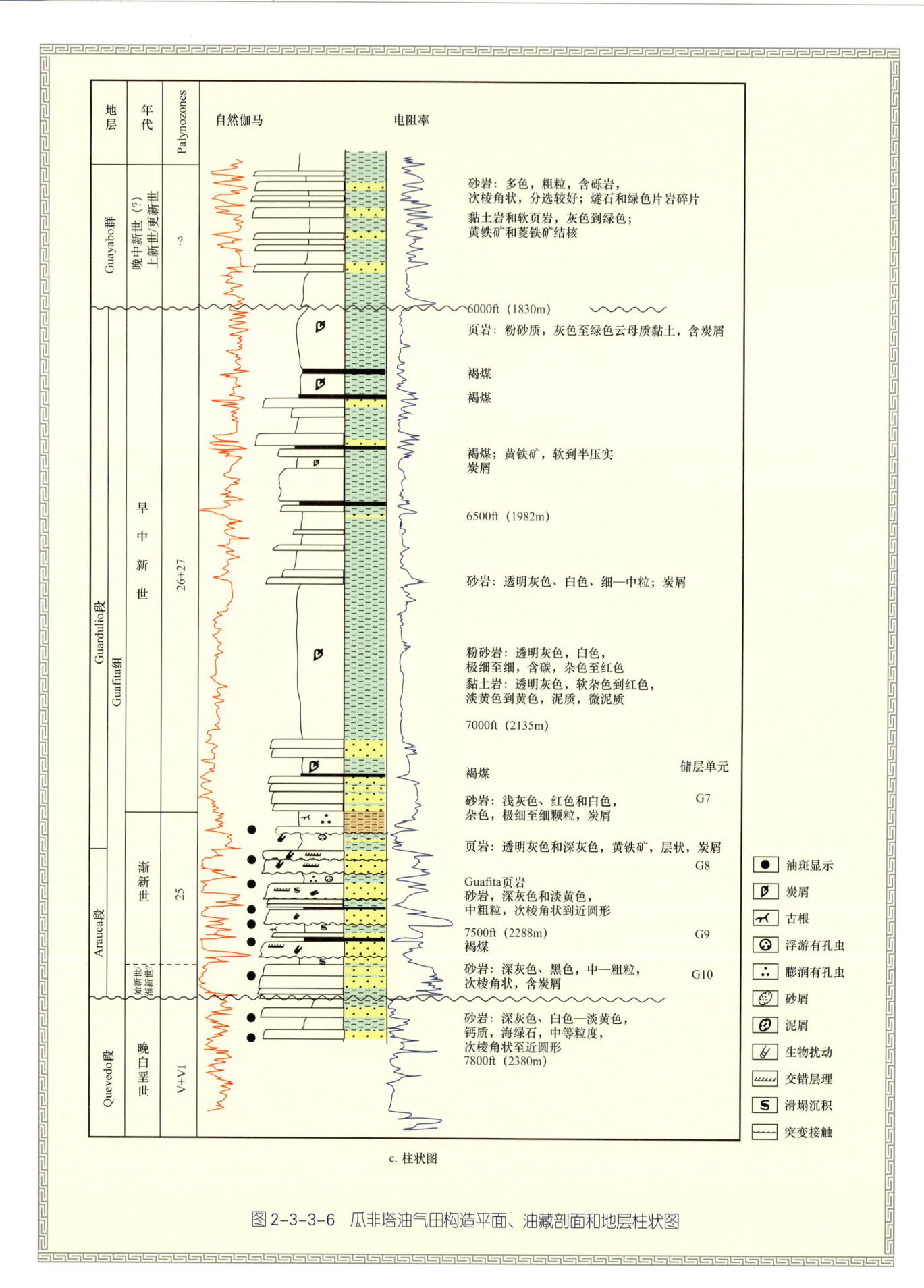

南美地区 South America

图 2-3-3-6 瓜非塔油气田构造平面、油藏剖面和地层柱状图

c. 柱状图

地层	年代	Palynozones	岩性描述	储层单元
Guayabo群	晚中新世(?)上新世/更新世	?	砂岩：多色，粗粒，含砾岩，次棱角状，分选较好；燧石和绿色片岩碎片 黏土岩和软页岩，灰色到绿色；黄铁矿和菱铁矿结核	
			6000ft (1830m)	
Guardulio段 / Guafita组	早中新世	26+27	页岩：粉砂质，灰色至绿色云母质黏土，含炭屑 褐煤 褐煤 褐煤；黄铁矿，软到半压实 炭屑 6500ft (1982m) 砂岩：透明灰色、白色、细—中粒；炭屑 粉砂岩：透明灰色，白色，极细至细，含碳，杂色至红色 黏土岩：透明灰色，软杂色到红色，淡黄色到黄色，泥质，微泥质 7000ft (2135m)	
Arauca段	渐新世	25	褐煤 砂岩：浅灰色、红色和白色，杂色，极细至细颗粒，炭屑 页岩：透明灰色和深灰色，黄铁矿，层状，炭屑 Guafita页岩 砂岩，深灰色和淡黄色，中粗粒，次棱角状到近圆形 7500ft (2288m) 褐煤 砂岩：深灰色、黑色、中—粗粒，次棱角状，含炭屑	G7 G8 G9 G10
	始新世/渐新世			
Quevedo段	晚白垩世	V+VI	砂岩：深灰色、白色—淡黄色，钙质，海绿石，中等粒度，次棱角状至近圆形 7800ft (2380m)	

图例：
- ● 油斑显示
- 炭屑
- 古根
- 浮游有孔虫
- 膨润有孔虫
- 砂屑
- 泥屑
- 生物扰动
- 交错层理
- S 滑塌沉积
- 突变接触

(四)东委内瑞拉盆地

东委内瑞拉盆地(East Venezuela Basin)属于前陆盆地(图2-3-4-1),位于委内瑞拉东北部,面积 $21.9\times10^4 km^2$,盆地70%位于陆上,海上面积 $4.9\times10^4 km^2$。

1. 勘探开发历程

东委内瑞拉盆地的油气勘探,经历了早期起步、勘探重大发现、平稳增长、再次发现和缓慢增长5个阶段(图2-3-4-2)。

早期起步阶段(1913—1937年):1913年,在上白垩统发现盆地第一个油田——瓜诺科(Guanoco)油田,2P可采储量为 437×10^6bbl油当量。1925年在上新统发现了基里基雷(Quiriquire)油田,2P可采储量 902.9×10^6bbl油当量,1933年又在上新统发现了奥罗库尔(Orocual)油田,2P可采储量为 704.17×10^6bbl油当量。1936年分别在上新统和中新统发现了圣塔安那(Santa Ana)和皮隆(Pilon)油田,2P可采储量为 1224.3×10^6bbl油当量,1937年发现中奥菲辛那(Oficina Central)、约帕莱斯(Yopales)、中乌拉科(Central Uracoa)、梅里伊(Merey)和奥雷斯(Oleos),总2P可采储量为 752.95×10^6bbl油当量。

勘探重大发现阶段(1938—1941年):1938年在中新统发现了奥利诺科重油带苏阿塔普林西帕尔(Zuata Principal)超巨型油气田,2P可采储量为 54113.75×10^6bbl油当量,是迄今储量最大的油田。1939年发现了马奇特(Machete)1、伊瓜纳苏阿塔(Iguana Zuata)、塞罗内格罗(Cerro Negro)B、圣华金(San Joaquin)和埃尔罗夫莱(El Roble)5个油田,总2P可采储量达 110233.44×10^6bbl油当量。1940年发现6个油田,其中大油田为苏阿塔诺特(Zuata Norte)油田,总2P可采储量为 11111.82×10^6bbl油当量。1941年发现圣巴巴拉(Santa Barbara)、穆拉塔(Mulata)、圣罗莎(Santa Rosa)、特里科(Trico)、梅塞德斯(Mercedes)和奥拉斯(Las Ollas)6个油田,总2P可采储量为 3789.78×10^6bbl油当量。

平稳增长阶段(1942—1976年):期间共发现257个油田,包括大油气田8个,其中1950年发现了达辛(Dacion)油田,2P可采储量为 627×10^6bbl油当量;1953年发现了霍沃(Jobo)气田和塔卡特(Tacat)油田,2P可采储量为分别为 1696.98×10^6bbl油当量和 536.88×10^6bbl油当量;1954年发现了埃尔萨尔托(El Salto)油田,2P可采储量为 606.64×10^6bbl油当量;1955年发现了梅洛内斯(Melones)和扎帕托斯(Zapatos)油田,2P可采储量分别为 1315.90×10^6bbl油当量和 657.78×10^6bbl油当量;1958年发现了皮里塔(Pirital)气田和莫里扎尔(Morichal)油田,2P可采储量分别为 3047.84×10^6bbl油当量和 1270.49×10^6bbl油当量。

再次发现阶段(1977—1987年):期间共发现油气田38个,2P可采储量为 87876.70×10^6bbl油当量,其中大油气田14个,1977年发现了何塞本特(Jose Pent)油田,2P可采储量为 23148.19×10^6bbl油当量;1979年发现了阿莱库纳(Arecuna)、胡亚帕里(Huyapari)和巴莱(Bare)3个大油田,2P可采储量分别为 13729.94×10^6bbl油当量、4234.93×10^6bbl油当量和 1972.33×10^6bbl油当量;1981年发现了马莫(Mamo)B和何塞纳法塔(Jose Nafta)两个油田,2P可采储量分别为 7879.65×10^6bbl油当量和 2761.89×10^6bbl油当量。1986年发现了马基里塔莱(Makiritare)、拉奇(Lache)、里奥内格里诺(Rio Negrino)、埃尔福里奥(El Furrial)、库里帕科(Kuripaco)、皮亚罗(Piaroa)和伊拉帕(Irapa)7个大油田,2P可采储量共为 29135.97×10^6bbl油当量。

缓慢增长阶段(1988年至今):1988年以后盆地进入了缓慢增长阶段,到2009年共发现油田24个,其中大油田4个。

截至2018年，盆地共发现油气田355个，累计发现石油、凝析油和天然气地质储量分别为 292581.03×10^6 bbl、2796.49×10^6 bbl 和 159070.68×10^9 ft³，总量占全球4.1%。共发现大油气田42个（图2-3-2-3），其中前10个大油田分别为：苏阿塔普林西帕尔、马奇特1、伊瓜纳苏阿塔、塞罗内格罗、何塞本特、阿莱库纳、苏阿塔诺特、马莫B、马基里塔莱和拉奇油田，总储量 234628.48×10^6 bbl 油当量，占总发现量的73%。

2018年，盆地石油年产量 371.19×10^6 bbl，天然气 56.82×10^6 bbl 油当量。截至2018年底，盆地石油、天然气年累计产量分别为 14125.44×10^6 bbl、1281.34×10^6 bbl 油当量。

2. 区域地质

东委内瑞拉盆地属于前陆盆地（图2-3-4-3），盆地南部边界为圭亚那地盾，北部边界为埃尔—皮拉尔（El Pilar）大型走滑断层，该断层是南美板块与加勒比板块间的边界，西部的亚诺斯—巴里纳斯穹隆把东委内瑞拉盆地与亚诺斯—巴里纳斯盆地分隔开来。

东委内瑞拉盆地基底为前侏罗系变质岩，沉积盖层主要由侏罗系、白垩系和古近系—新近系被动大陆边缘和前陆盆地沉积组成。盆地北部主要为叠瓦状逆冲带，中部地层平缓，南部紧邻圭亚那地盾，多为地层超覆尖灭（图2-3-4-4）。构造格局为西高东低，北高南低，马图林坳陷为沉积中心，也是全盆地最重要的烃源岩发育区。

3. 石油地质特征

1）烃源岩

主要烃源岩为上白垩统 Guayuta 群 Querecual 和 San Antonio 组，为Ⅱ型和Ⅲ型干酪根，总有机碳含量为2.0%～6.0%，生烃潜力 >5mg HC/g。

古近系 Carapita 组是次要烃源岩，总有机碳含量平均值为2.0%；生烃潜力为2～5mg HC/g。

2）储层

盆地主要储层为中新统三角洲—滨浅海相砂岩，次要储层为渐新统—中新统和下白垩统灰岩。渐新统—中新统储层以 Merecure 组和 Oficina 组河流—三角洲相砂岩为主，孔隙度9%～30%，渗透率20～5000mD。

3）盖层

盆地区域性盖层、半区域性盖层和局部盖层与储层交互发育，形成了良好的储盖组合（图2-3-4-5）。大多数砂岩的盖层是层间泥岩、褐煤。在重油带，沥青塞和焦油席也是一个重要的封盖因素。

区域性盖层：渐新统—中新统 Freites 组、Las Piedras 组、Chaguaramas 组和 Roblecito 组泥岩、褐煤和黏土等。

局部盖层：层间泥岩、褐煤和沥青。

4）圈闭类型

盆地圈闭以构造型为主，大多为背斜、断背斜，其次为构造—岩性地层复合圈闭。在深层和南部斜坡带发育岩性地层圈闭，在东南部的奥利诺科重油带，地层尖灭和沥青封堵为关键控藏要素。

4. 常规油气成藏组合

盆地内已证实的成藏组合有3套（图2-3-4-5）：上新统和更新统成藏组合、渐新统—中新统成藏组合和上白垩统成藏组合。其中最重要的成藏组合是渐新统—中新统成藏组合。

盆地潜在成藏组合为古新统—始新统成藏组合，储层为古新统—始新统浅海相砂岩，主要分布于盆地北部，

具有一定勘探潜力。

5. 典型油气田

1）阿亚库乔重油带（Ayacucho）

为渐新统—中新统砂岩成藏组合，位于东委内瑞拉盆地南缘，重油带断层的走向为东西向（图2-3-4-6），局部为南北向，于1979年发现。截至2018年，阿亚库乔重油带石油和天然气2P可采储量分别为49778.39×10^{6}bbl和3.38×10^{12}ft^3（表2-3-4-1）。

储层为细粒—粗粒、分选较差—中等的河道砂岩，泥质含量为5%～10%，主要为高岭石和伊利石，孔隙度30%～36%，平均为34%，平均渗透率为1.6mD。

2）巴莱油田（Bare）

属于渐新统砂岩成藏组合。位于东委内瑞拉盆地东南缘，全区共有15个圈闭，发育北倾的同倾断层，倾角为2°，面积487km^2（图2-3-4-7），发现于1979年。截至2018年，石油、天然气2P可采储量分别为1905×10^{6}bbl、404×10^{9}ft^3（表2-3-4-1）。

储层为渐新统砂岩，原生粒间孔发育，孔隙度20%～38%，渗透率1～30mD。

表 2-3-4-1 东委内瑞拉盆地主要油气田属性表

序号	油气田名称	油气田类型	地理位置	发现年份	主要成藏组合	主要储层岩性	2P 可采储量 石油 (10⁶bbl)	2P 可采储量 天然气 (10⁹ft³)	2P 可采储量 凝析油 (10⁶bbl)	油气总和 (10⁶bbl油当量)
1	阿亚库乔 (Ayacucho) 重油带	油田	陆上	1979	渐新统、古新统	砂岩	49778.39	3380.00	0	5041.29
2	巴莱 (Bare)	油田	陆上	1979	渐新统	砂岩	1905.00	404.00	0	1972.33
3	博亚卡 (Boyaca) 重油带	油田	陆上	1939	渐新统	砂岩	42742.50	2554.4	0	42895.71
4	布达雷 (Budare)	油田	陆上	1959	渐新统、中新统	砂岩	222.33	431.58	0.16	294.42
5	卡拉波波 (Carabobo) 重油带	油田	陆上	1939	中新统	砂岩	65977.60	7093.07	0	67159.78
6	大夏 (Dacion)	油田	陆上	1950	中新统	砂岩	531.90	568.82	0.33	627.03
7	埃尔卡里托 (El Carito)	油气田	陆上	1988	中新统	砂岩	5527.00	10760.00		7320.3
8	埃尔福里奥 (El Furrial)	油田	陆上	1986	渐新统、白垩系	砂岩	4600.00	5920	0	5586.32
9	胡宁 (Junin) 重油带	油田	陆上	1938	中新统	砂岩	99384.40	6036.00		100390.4
10	奥里诺科 (Orinoco) 重油带	油田	陆上	1936	中新统、渐新统	砂岩	257612.90	19050.00		260787
11	奥罗库尔 (Orocual)	油气田	陆上	1933	中新统、古新统、上白垩统	砂岩	425.00	1675.00	0	704.17
12	基里基雷 (Quiriquire)	油气田	陆上	1925	上新统	砂岩	834.18	3325.64	31.76	1420.21
13	圣巴巴拉 (Santa Barbara)	油田	陆上	1941	中新统	砂岩	1964.65	22712.75	559.56	6309.66
14	圣罗莎 (Santa Rosa)	气田	陆上	1941	中新统、古新统、上白垩统	砂岩	405.47	7990	334.70	2089.99

3）博亚卡（Boyaca）重油带

属于渐新统砂岩成藏组合，位于东委内瑞拉盆地南缘奥利诺科重油带的 Hamaca（Ayacucho）地区（图2-3-4-8），面积487km²，发现于1939年。截至2018年，石油、天然气2P可采储量分别为42472.50×10⁶bbl、2554.40×10⁹ft³（表2-3-4-1）。

渐新统储层为细粒—粗粒砂岩。孔隙度为7%～9%。

4）埃尔卡里托（El Carito）

属于中新统砂岩成藏组合，位于盆地北部褶皱冲断带南，面积98km²，发现于1988年。截至2018年，石油和天然气2P可采储量分别为5527×10⁶bbl、10.76×10¹²ft³（表2-3-4-1）。

中新统Naricual组砂岩储层孔隙度6%～21%，平均孔隙度13%，渗透率3mD～2D。

1988年投入生产，2018年石油和天然气年产量分别为32.03×10⁶bbl和12.85×10⁶bbl油当量。截至2018年，累计生产石油、天然气分别为3462.6×10⁶bbl、22.48×10⁶bbl油当量。

5）埃尔福里奥（El Furrial）油田

包括渐新统砂岩和白垩系砂岩成藏组合，位于东委内瑞拉盆地褶皱冲断带（图2-3-4-10），面积70km²，于1986年发现。截至2018年，石油、天然气2P可采储量分别为4600×10⁶bbl、5.92×10¹²ft³（表2-3-4-1）。

渐新统Merecure组砂岩储层孔隙类型主要为次生粒间孔，平均孔隙度15%，渗透率40～1450mD。白垩系储层平均孔隙度为12%，主要为次生粒间孔，渗透率为50～100mD。

1986年投入生产，2018年石油、天然气年产量分别为32.03×10⁶bbl、12.85×10⁶bbl油当量。截至2018年，累计生产石油、天然气分别为3462.6×10⁶bbl、22.48×10⁶bbl油当量。

6）基里基雷（Quiriquire）油气田

为上新统成藏组合，位于盆地北部褶皱冲断带，面积83km²（图2-3-4-11）。石油、天然气2P可采储量分别为834.18×10⁶bbl、3.33×10¹²ft³（表2-3-4-1）。

上新统砂岩储层以粒间孔为主，平均孔隙度20%，渗透率400～500mD。

1929年投入生产，2018年石油和天然气的产量分别为2.19×10⁶bbl和2.18×10⁶bbl油当量。截至2018年，累计生产石油和天然气分别为87.57×10⁶bbl和28.69×10⁶bbl油当量。

7）圣巴巴拉（Santa Barbara）油田

包括中新统砂岩和上白垩统—古近系砂岩成藏组合，位于盆地北部的褶皱冲断带（图2-3-4-12），面积243km²，发现于1988年。截至2018年，石油、天然气2P可采储量分别为1964.647×10⁶bbl和22.71×10¹²ft³（表2-3-4-1）。

中新统砂岩储层孔隙类型主要为原生晶间孔，孔隙度1%～16%，平均为12%，渗透率为1～2800mD，平均为300mD。上白垩统—古近系砂岩储层渗透率较低，以粒间孔为主。

1988年投入生产，2018年石油和凝析油的产量分别为20.75×10⁶bbl和11.22×10⁶bbl油当量。截至2018年，累计生产石油和凝析油的分别为982.49×10⁶bbl和451.15×10⁶bbl油当量。

8）圣罗莎（Santa Rosa）气田

属于渐新统、中新统、上白垩统—古新统砂岩成藏组合，位于东委内瑞拉盆地瓜里科坳陷，面积207.85km²（图2-3-4-13），发现于1941年。截至2018年，石油、天然气2P可采储量分别为405.47×10⁶bbl、

$7.99\times10^{12}\text{ft}^3$（表2-3-4-1）。

渐新统Merecure组储层孔隙度9%～25%，平均13%，渗透率20～1000mD，平均150mD，中新统Oficina组砂岩孔隙类型主要为原生粒间孔，其次为长石和岩屑溶解形成的次生孔隙，孔隙度为9%～25%，平均孔隙度19%，渗透率2000～1000D，平均渗透率286mD。上白垩统—古新统圣胡安组储层平均孔隙度为8.5%，上段平均渗透率为40mD。整个储层平均渗透率为100mD。

1941年投入生产，2018年石油和天然气的产量分别为$0.28\times10^6\text{bbl}$和$17.07\times10^6\text{bbl}$油当量。截至2018年，累计生产石油和天然气的分别为$46.26\times10^6\text{bbl}$和$707.17\times10^6\text{bbl}$油当量。

6. 油气勘探开发潜力

东委内瑞拉盆地仍具有很大的油气勘探潜力，中国石油2018年评价认为：常规待发现油气资源量$43363.03\times10^6\text{bbl}$油当量，其中石油$28382.00\times10^6\text{bbl}$、天然气$86890.00\times10^9\text{ft}^3$。东委内瑞拉盆地可以分为以下几个潜力气区：北部冲断带、西部瓜里科坳陷、东部埃尔富里尔—基里基雷区、东南部奥里诺科重油带和海域。尤其是东部海域勘探程度低、面积大，天然气勘探潜力大。

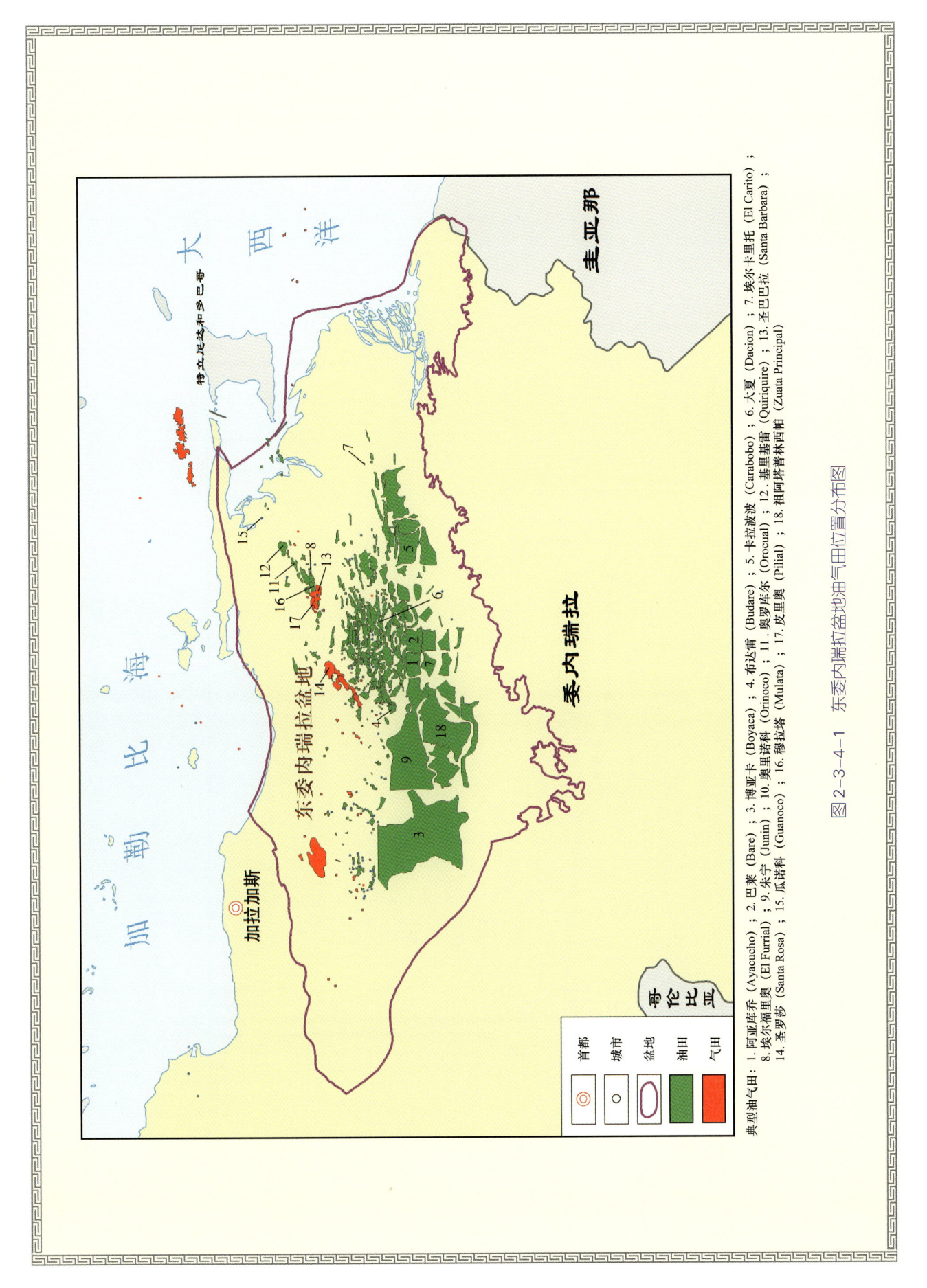

图 2-3-4-1 东委内瑞拉盆地油气田位置分布图

典型油气田：1. 阿亚库乔（Ayacucho）；2. 巴莱（Bare）；3. 博亚卡（Boyaca）；4. 布达雷（Budare）；5. 卡拉波波（Carabobo）；6. 大夏（Dacion）；7. 埃尔卡里托（El Carito）；8. 埃尔福里奥（El Furrial）；9. 朱宁（Junin）；10. 奥里诺科（Orocual）；12. 基里基雷（Quiriquire）；13. 圣巴巴拉（Santa Barbara）；14. 圣罗莎（Santa Rosa）；15. 瓜诺科（Guanoco）；16. 穆拉塔（Mulata）；17. 皮里奥（Pilial）；18. 祖阿塔普林西帕（Zuata Principal）

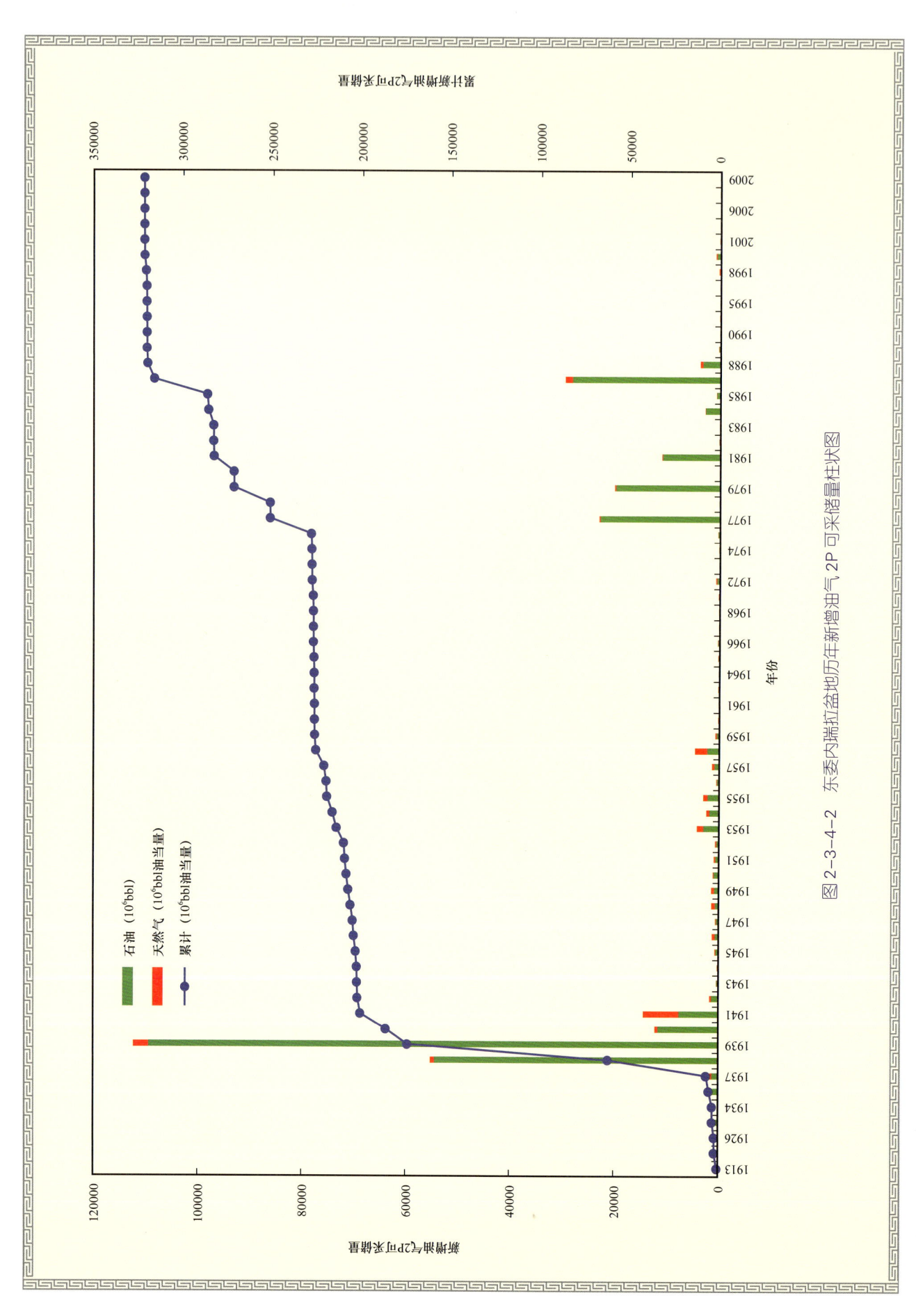

南美地区 South America

图 2-3-4-2 东委内瑞拉盆地历年新增油气 2P 可采储量柱状图

委内瑞拉

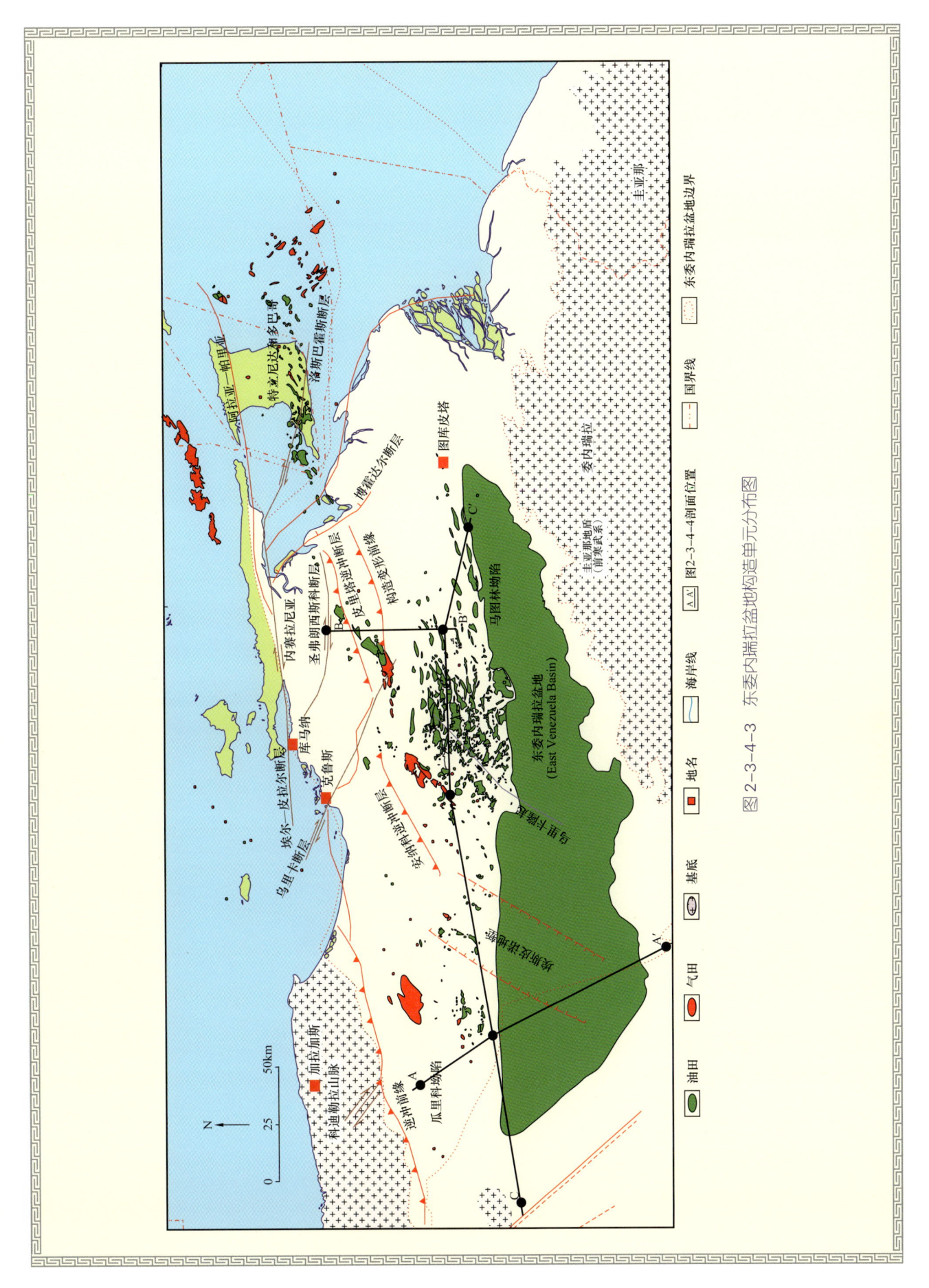

图2-3-4-3 东委内瑞拉盆地构造单元分布图

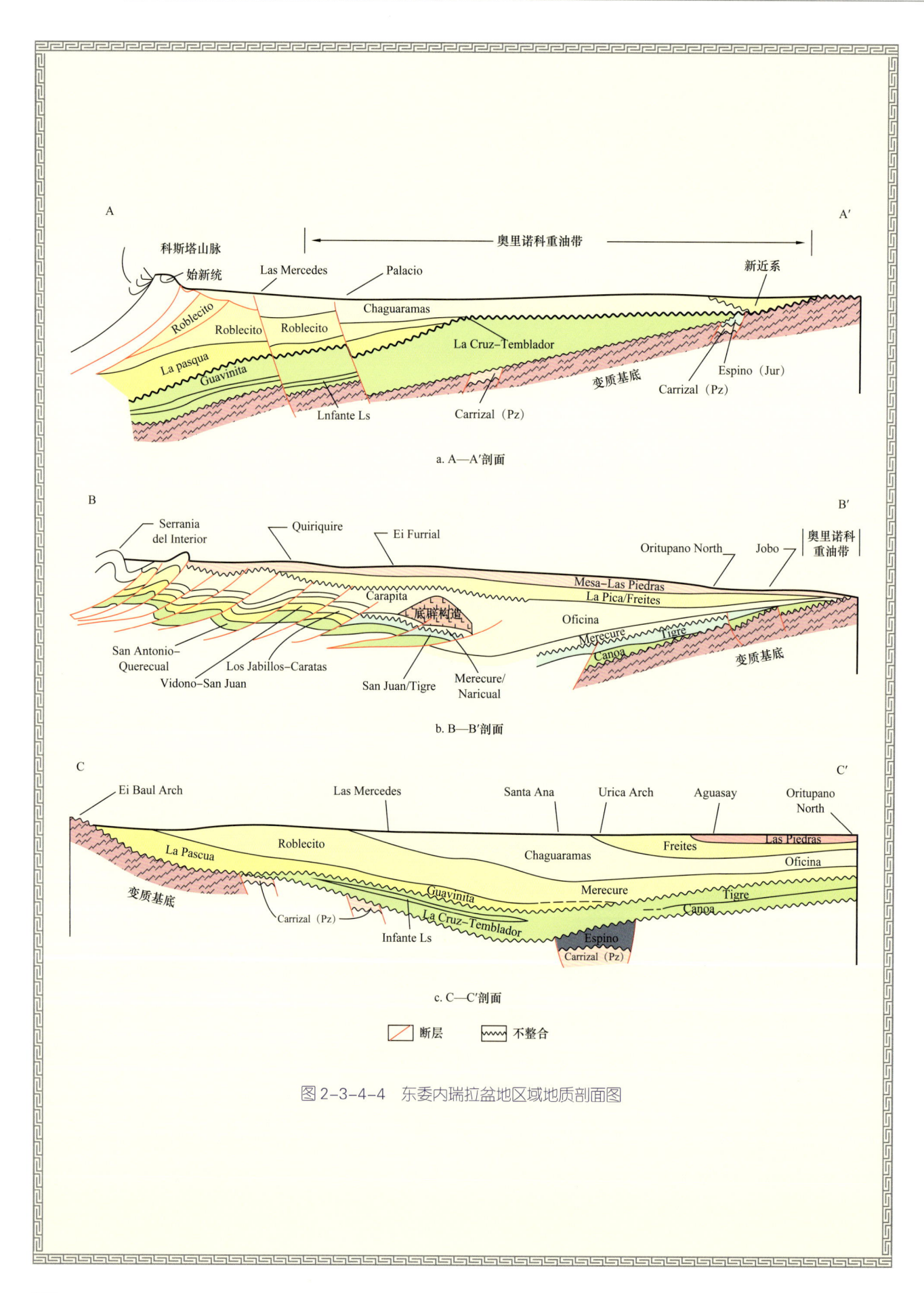

图 2-3-4-4 东委内瑞拉盆地区域地质剖面图

委内瑞拉

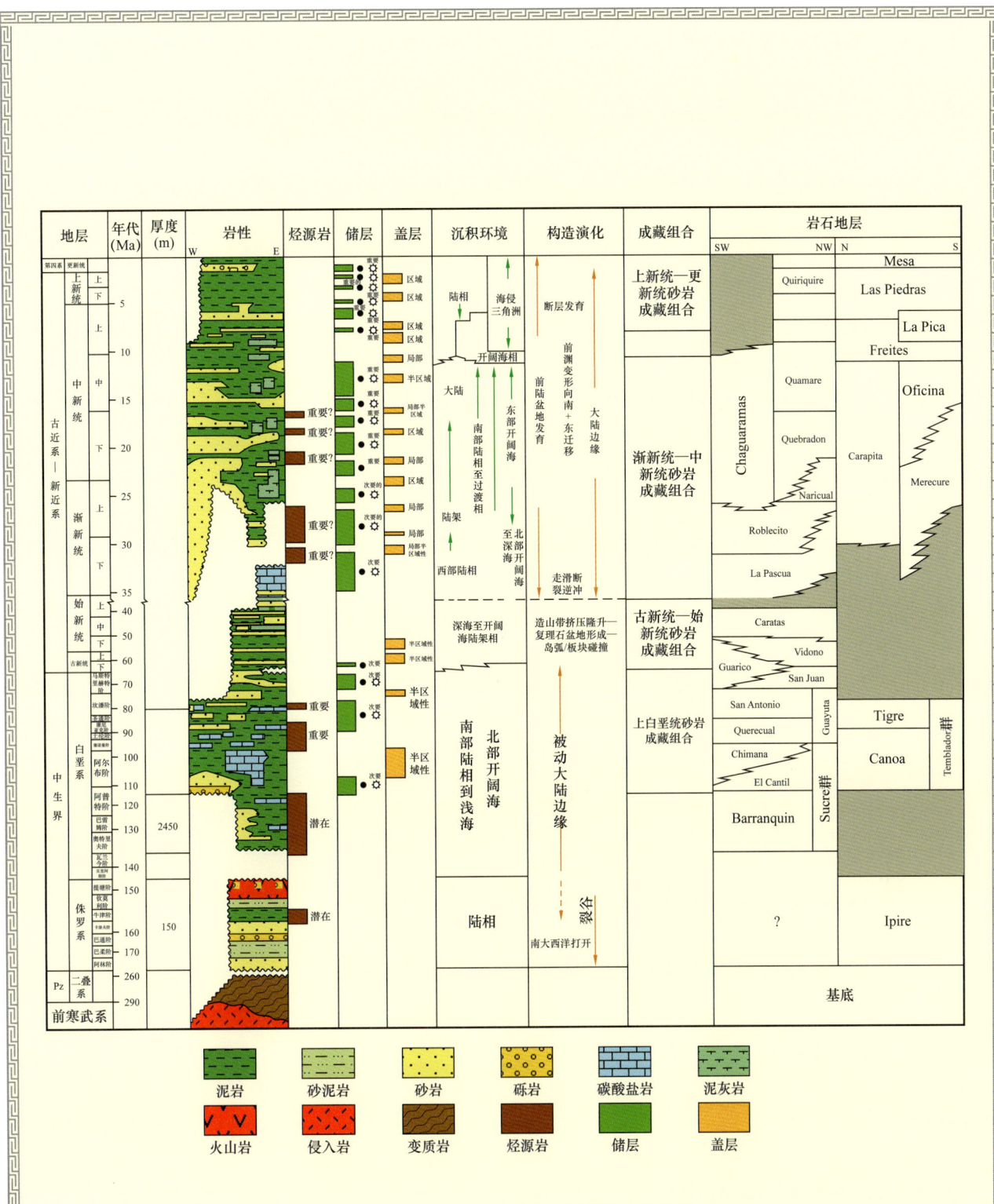

图 2-3-4-5　东委内瑞拉盆地地层综合柱状图

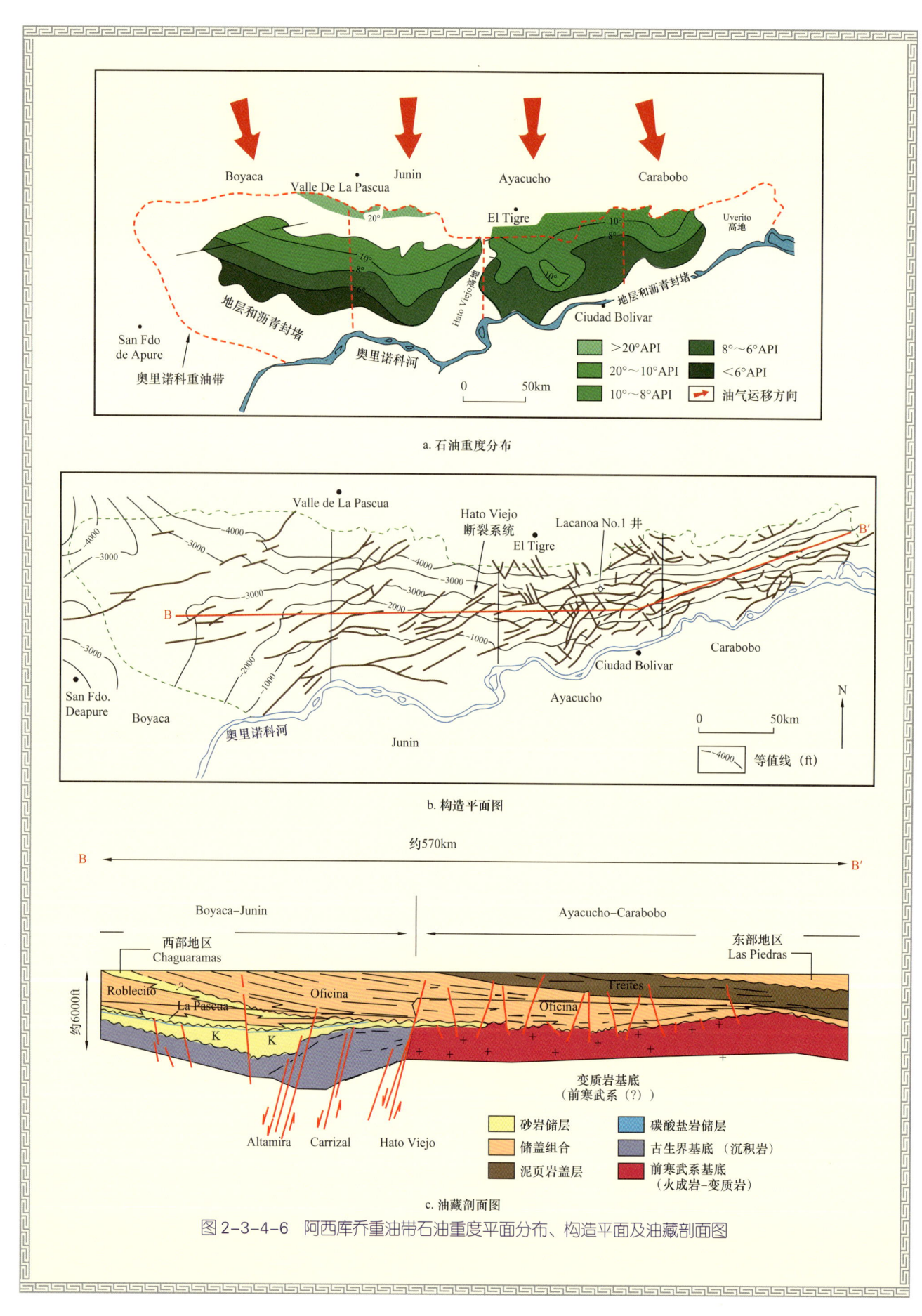

世界油气勘探开发与合作形势图集 | 南美地区 South America

a. 石油重度分布

b. 构造平面图

c. 油藏剖面图

图 2-3-4-6 阿西库乔重油带石油重度平面分布、构造平面及油藏剖面图

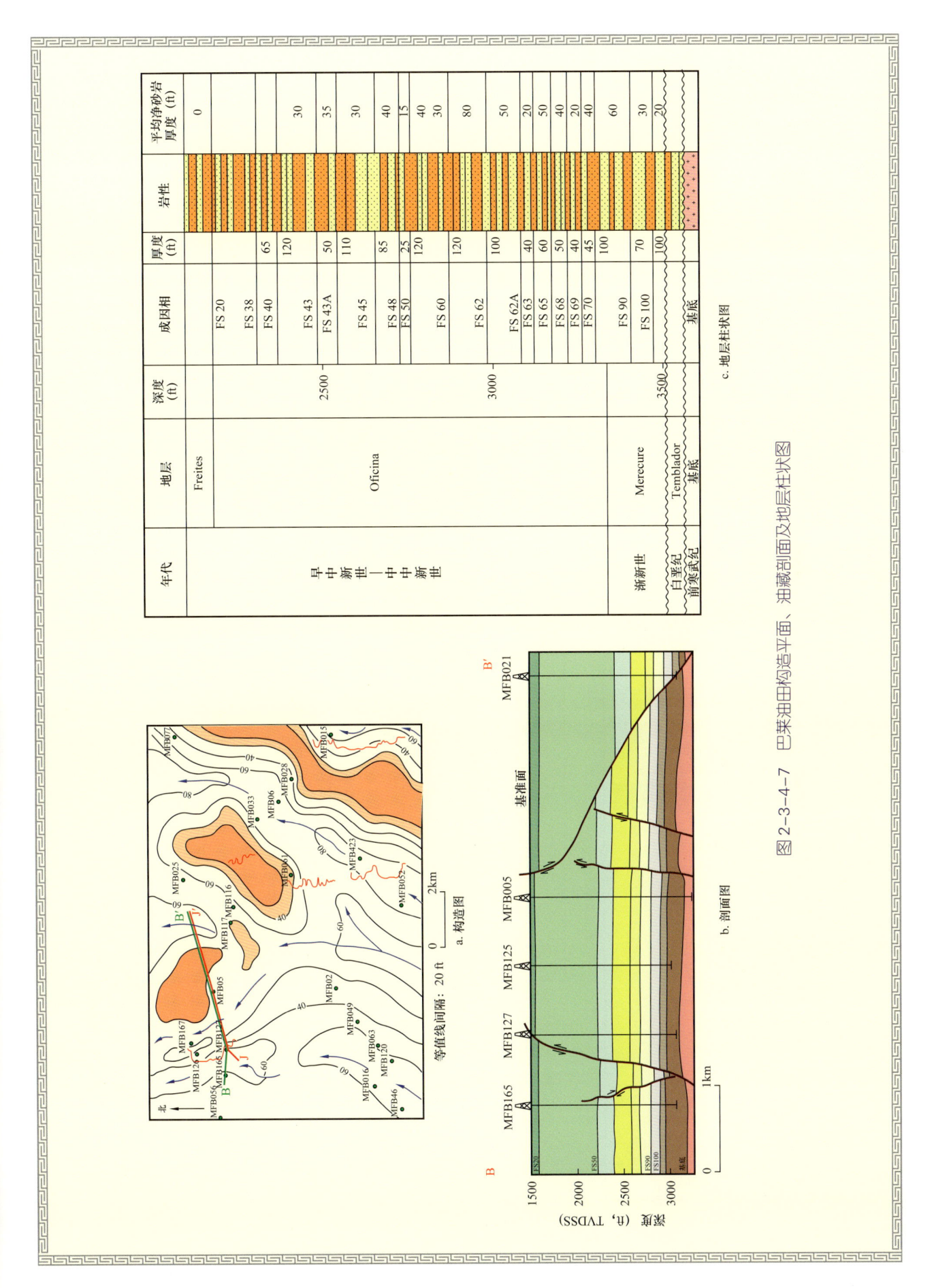

图 2-3-4-7 巴莱油田构造平面、油藏剖面及地层柱状图

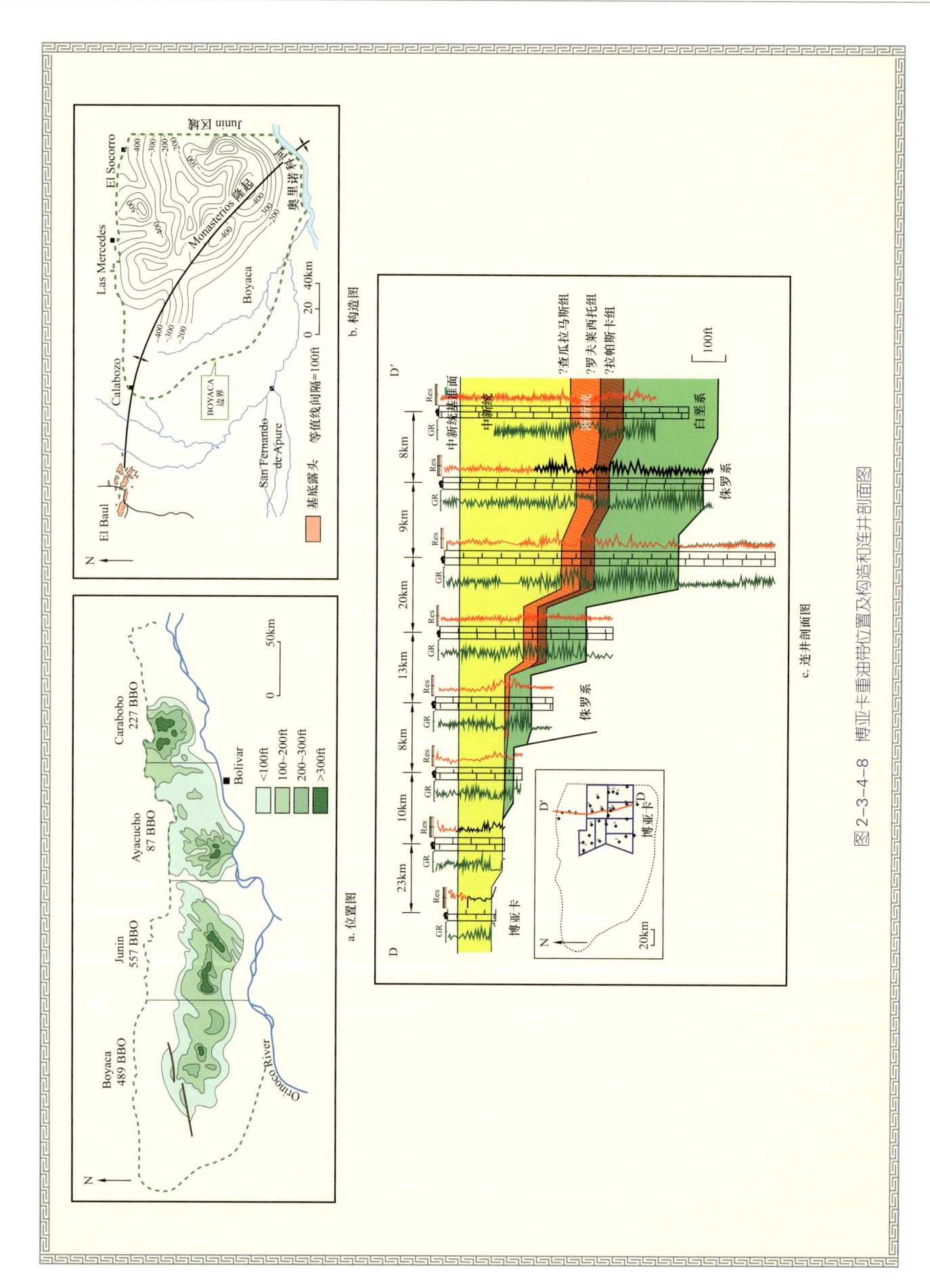

南美地区 South America

图 2-3-4-8 博亚卡重油带位置及构造和连井剖面图

a. 位置图
b. 构造图
c. 连井剖面图

委内瑞拉

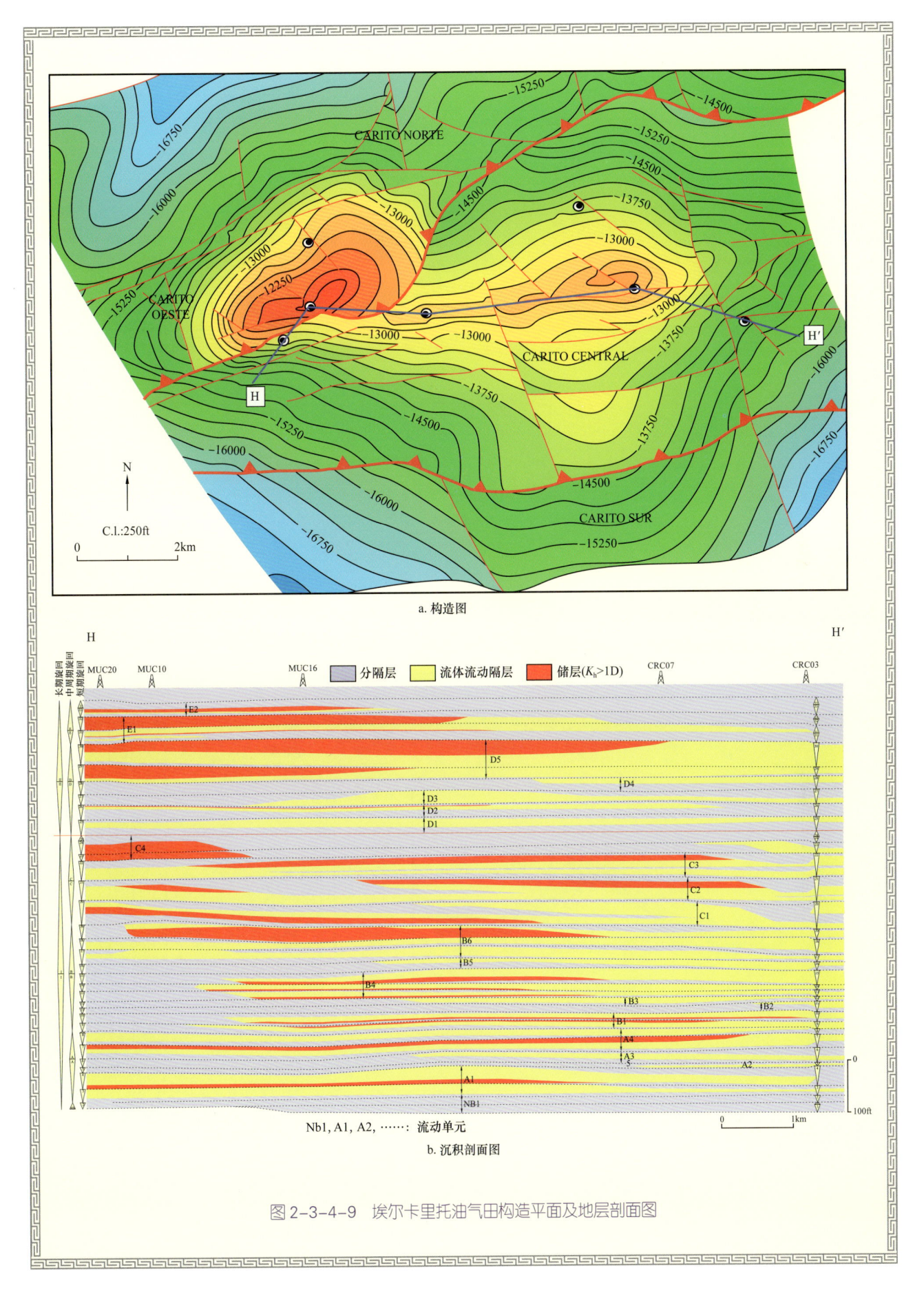

a. 构造图

Nb1, A1, A2, ……：流动单元

b. 沉积剖面图

图 2-3-4-9　埃尔卡里托油气田构造平面及地层剖面图

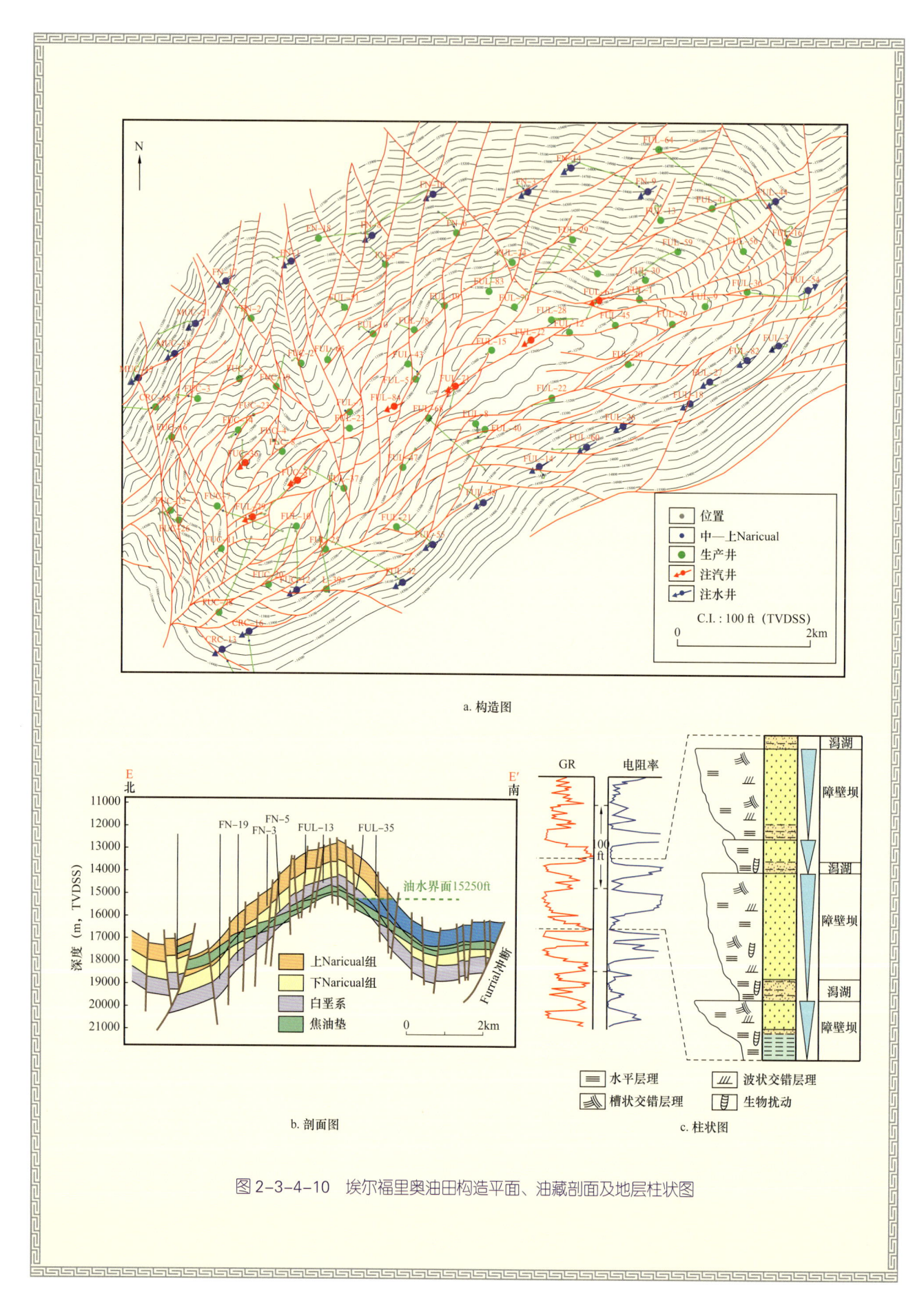

图 2-3-4-10 埃尔福里奥油田构造平面、油藏剖面及地层柱状图

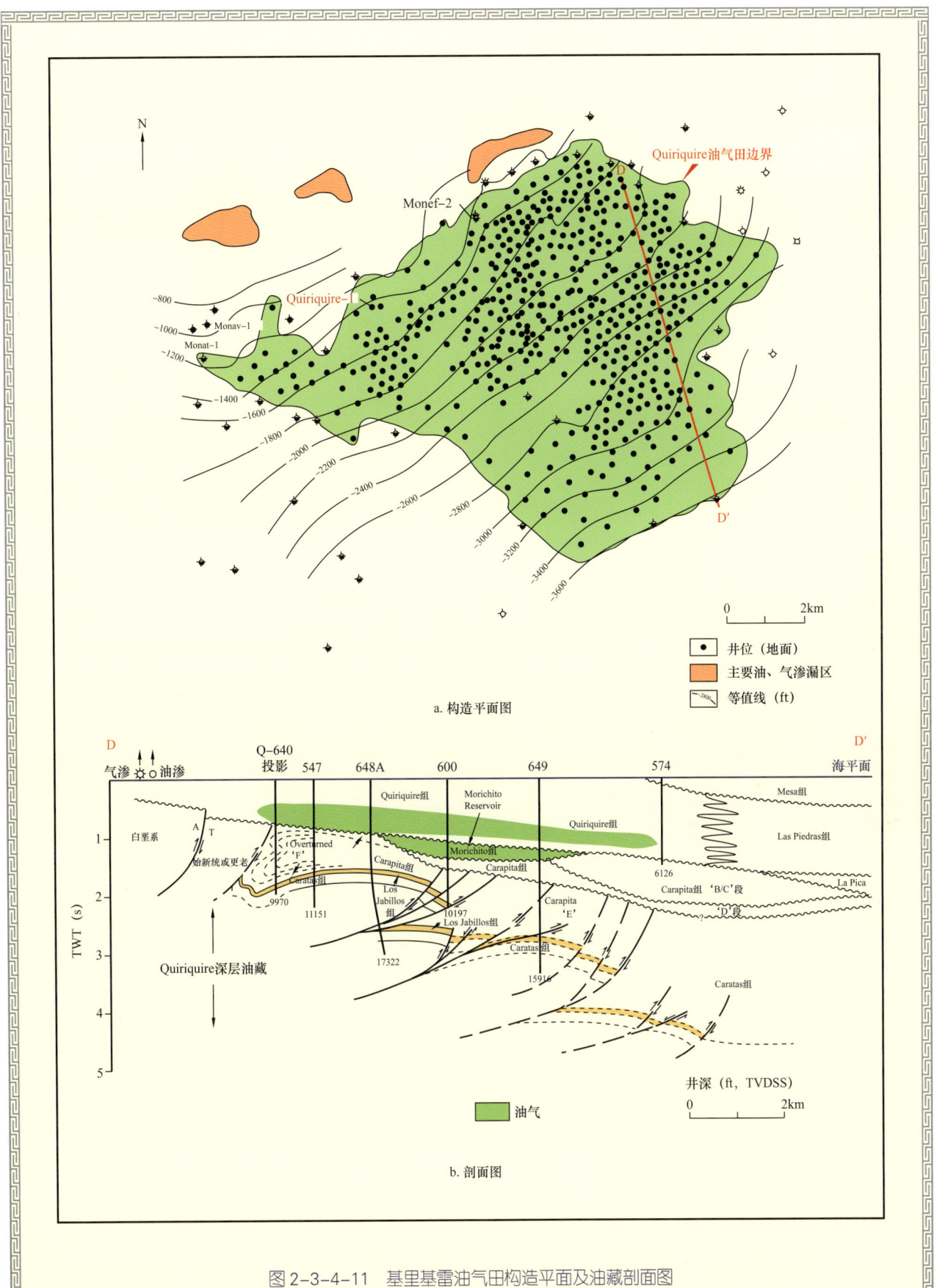

图 2-3-4-11 基里基雷油气田构造平面及油藏剖面图

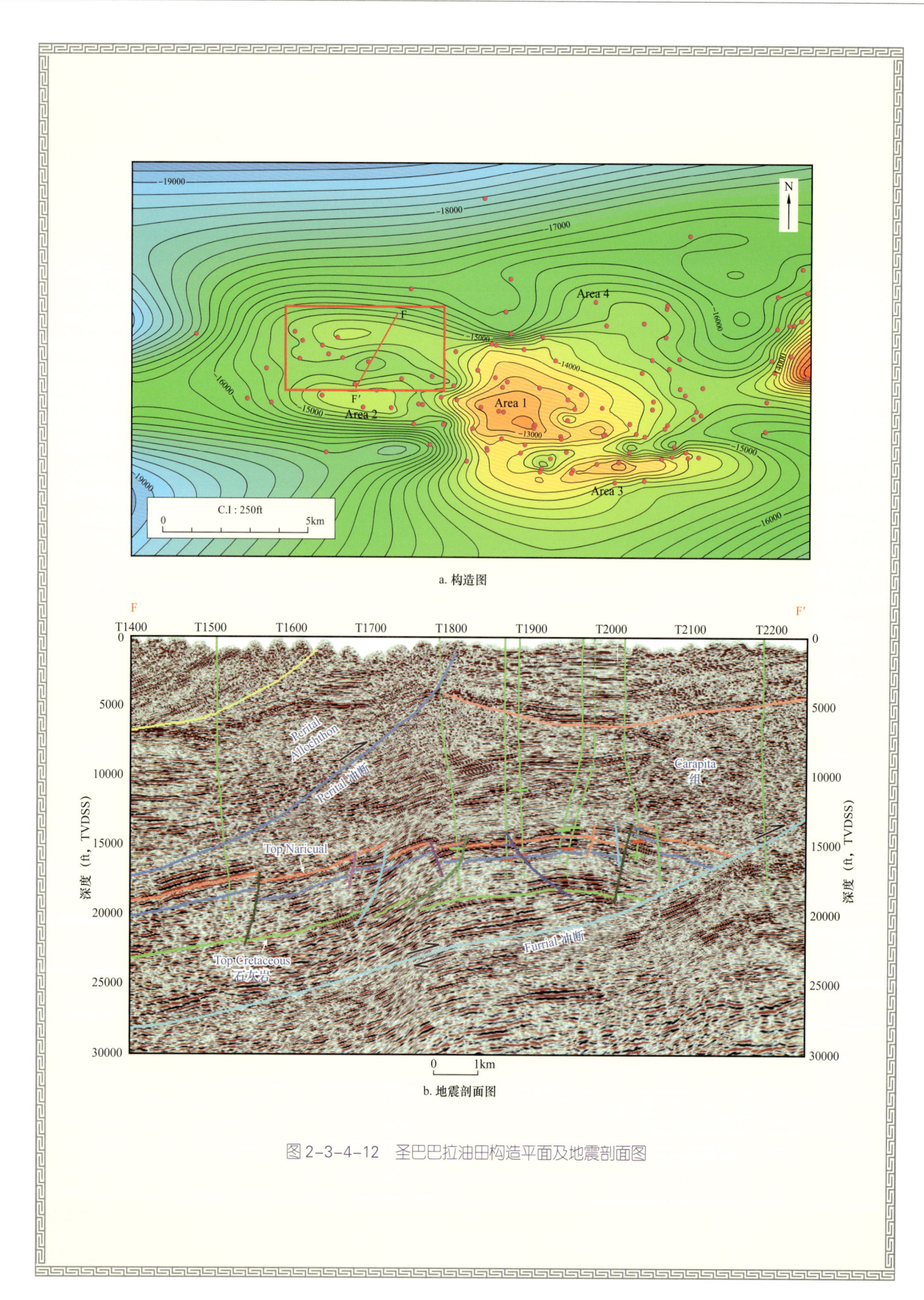

世界油气勘探开发与合作形势图集 | 南美地区 South America

a. 构造图

b. 地震剖面图

图 2-3-4-12 圣巴巴拉油田构造平面及地震剖面图

a. 构造平面图

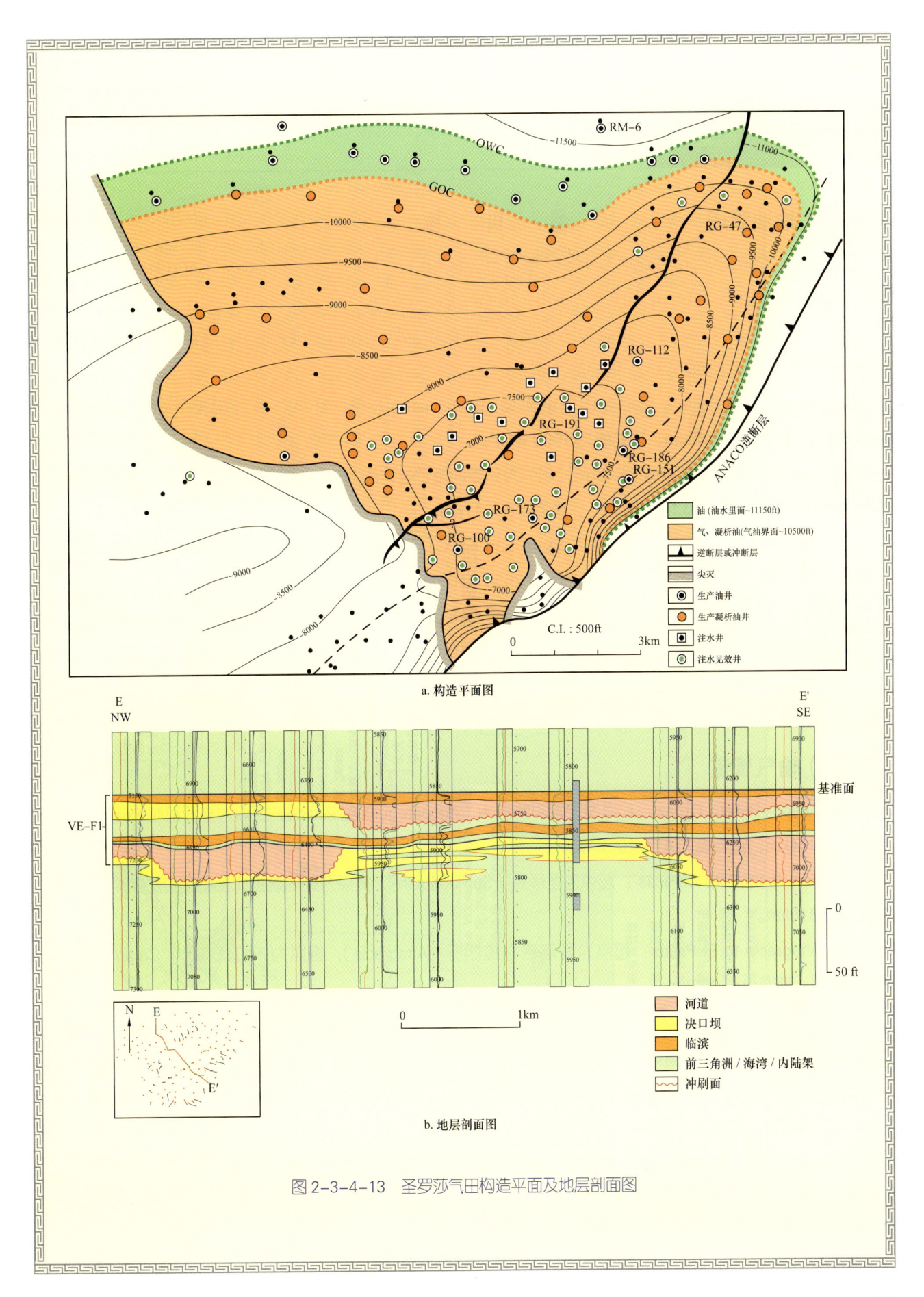

b. 地层剖面图

图 2-3-4-13　圣罗莎气田构造平面及地层剖面图

五、石油加工

委内瑞拉主要有以下 9 个炼油厂。

（1）Paraguana 炼油厂：位于法尔孔州（Falcon）蓬塔卡尔东（Punta Cardon），由帕拉瓜纳（Paraguana）运营，于 1949 年建成投产，处理能力 4700×10^4 t/a。

（2）Cabruta 炼油厂：委内瑞拉中部瓜里科州（Guarico），由委内瑞拉国家石油公司（PDVSA）运营，设计处理能力为 1000×10^4 t/a。

（3）Puerto La Cruz（El Chaure）炼油厂：位于安索阿特吉州（Anzoategui）拉克鲁斯港（Puerto La Cruz），由委内瑞拉国家石油公司（Pdvsa）运营，于 1950 年建成投产，处理能力为 976×10^4 t/a。

（4）Petropiar/Hamaca（Syncrude）炼油厂：位于安索阿特吉州（Anzoategui）Jose，由 PetroPiar SA（Ref）公司运营，处理能力为 950×10^4 t/a。

（5）El Palito 炼油厂：位于卡拉沃沃州（Carabobo）的卡贝略港（Puerto Cabello），由委内瑞拉国家石油公司（Pdvsa）运营，于 1960 年建成投产，处理能力为 665×10^4 t/a。

（6）Barinas 炼油厂：位于委内瑞拉西部巴里纳斯州（Barinas），由委内瑞拉国家石油公司（PDVSA）运营，设计处理能力为 500×10^4 t/a。

（7）Bajo Grande（Centro de refinacion Paraguana）炼油厂：位于苏利亚州（Zulia）巴霍格兰德（Bajo Grande），由委内瑞拉国家石油公司（Pdvsa）运营，于 1956 年建成投产。

（8）Caripito 炼油厂：位于莫纳加斯州（Monagas）卡里皮托（Caripito），由委内瑞拉国家石油公司（PDVSA）运营，设计处理能力为 250×10^4 t/a。

（9）San Roque 炼油厂：位于安索阿特吉州（Anzoategui），由圣罗克（San Roque）运营，于 1952 年建成投产，处理能力为 26×10^4 t/a。

六、对外合作

综合油气资源潜力、财税条款、政治经济、环境及安全等因素，将全球主要资源国合作环境划分为 10 个等级（图 0-3），委内瑞拉处于 2～3 级，合作环境一般。

自委内瑞拉独立以来，委内瑞拉就确立了"油气大国"的经济发展战略，一直执行对外开放的政策并广泛吸引外资。1943 制订了《碳氢化合物法》，1971 年颁布了《天然气国有化法》，1975 年的《总统法令》。委内瑞拉新宪法（1999 年）第 12 条规定，国家领土内现有的矿物和油气储量属于国家。然而，这并不妨碍政府允许私人公司勘探和生产油气。2001 年出版的《碳氢化合物法》于 2002 年 1 月生效。该法取代了过去所有的关键立法，鼓励外国和国内对该行业的投资。目前，委内瑞拉国家石油公司（PDVSA）主导整个油气行业。目前委内瑞拉正在执行的勘探开发区块 91 个，其中 31 个区块（图 2-6-1）的作业者为 PDVSA 石油公司，控制了已发现 2P 可采储量的 63%（图 2-6-2）。

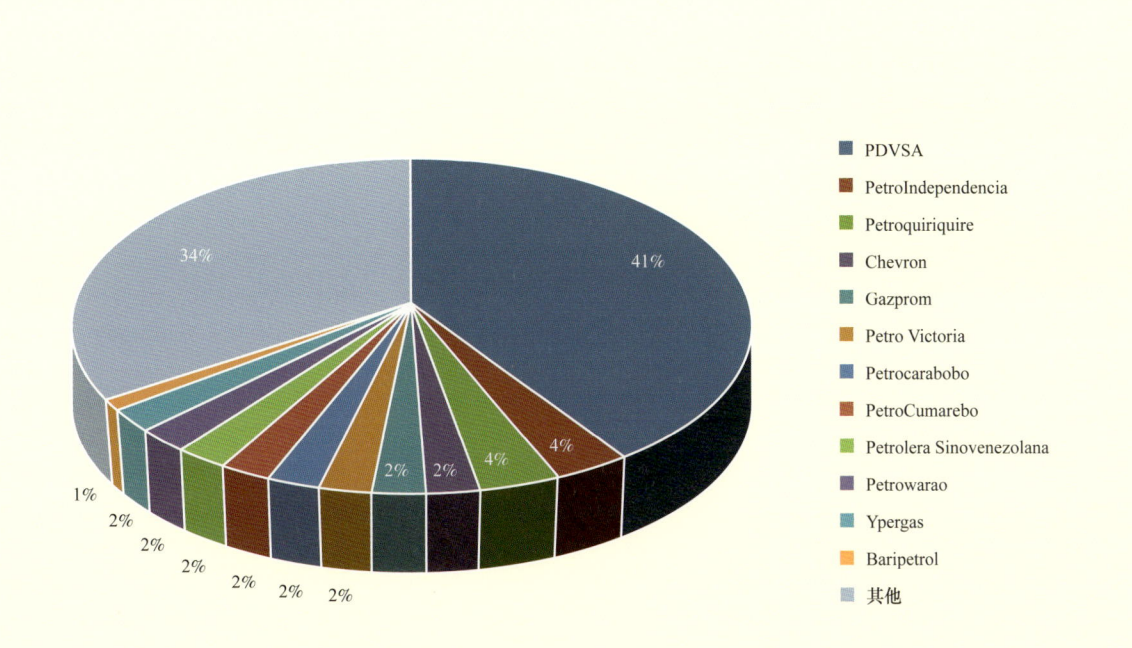

图 2-6-1 委内瑞拉境内各石油公司区块个数占比饼状图

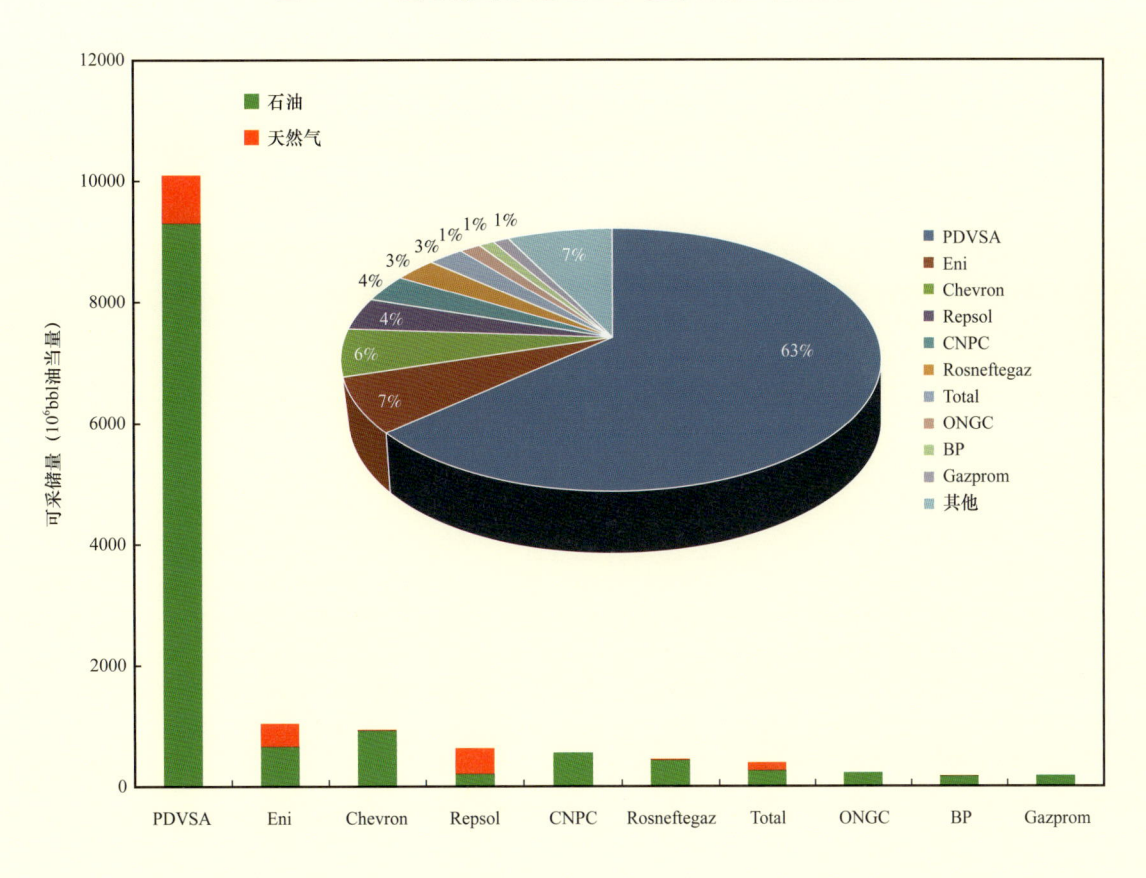

图 2-6-2 委内瑞拉境内各石油公司可采储量统计柱状图及占比饼状图

第三部分
哥伦比亚

一、国家概况

哥伦比亚位于南美洲西北部，东邻委内瑞拉、巴西，南接厄瓜多尔、秘鲁，西北与巴拿马相连，北临加勒比海，西濒太平洋，国土面积 $114.175\times10^4 km^2$。其境内分为东部平原区和西部山地区，分别属热带雨林气候和热带草原气候。首都波哥大，官方语言为西班牙语，现有人口约 4550 万，多数居民信奉天主教。

哥伦比亚属中等发展水平，近 10 余年经济保持连年增长，市场化程度较高，国际社会普遍看好哥伦比亚经济长期发展前景。主要出口石油和石油产品、化工产品、煤炭、咖啡、农副产品和纺织品等，主要进口机械设备、化工产品、农副产品、纺织品和金属材料等。主要贸易对象为美国、中国、墨西哥和日本等，2017 年哥伦比亚贸易总额 838.42 亿美元，同比增长 9.4%。

1980 年 2 月 7 日，中华人民共和国和哥伦比亚共和国建立外交关系。同年 6 月和 9 月，中哥互设大使馆。哥伦比亚在上海、广州、香港设有总领事馆。建交以来，两国关系稳步发展，各领域交流与合作不断扩大，在国际事务中保持良好合作。中国是哥伦比亚第二大贸易伙伴，中哥经济合作主要涉及石油勘探开发、电信等领域。

二、油气勘探开发现状

哥伦比亚境内涉及下马格达莱纳、塞萨尔、瓜吉拉、中—上马格达莱纳、亚诺斯—巴里纳斯盆地和普图马约 6 个沉积盆地（图 3-2-1），共发现油气田 210 个。

截至 2018 年底，哥伦比亚累计发现 2P 可采储量 $20477.80\times10^6 bbl$ 油当量（图 3-2-2），其中石油 $13440.79\times10^6 bbl$，凝析油 $975.38\times10^6 bbl$，天然气 $36.37\times10^{12} ft^3$，占全球的 0.26%。发现大油气田 7 个，总储量 $7035.07\times10^6 bbl$ 油当量，其中 4 个大油田，总储量 $4249\times10^6 bbl$ 油当量，大气田 3 个，总储量 $2786\times10^6 bbl$ 油当量。

2018 年，哥伦比亚石油、天然气年产量分别为 $322.99\times10^6 bbl$、$61.74\times10^6 bbl$ 油当量，油气产量占全球的 0.70%。截至 2018 年底，累计生产油、气分别为 $7000.76\times10^6 bbl$、$1409.7\times10^6 bbl$ 油当量（图 3-2-3），基本达到了产量高峰期。

哥伦比亚常规油气资源勘探开发潜力依然很大。常规油气剩余 2P 可采储量 $8247.10\times10^6 bbl$ 油当量，其中石油 $4106.68\times10^6 bbl$，天然气 $21706.21\times10^9 ft^3$。

中国石油 2018 年评价认为，常规待发现油气资源量 $14635.31\times10^6 bbl$ 油当量，其中石油 $8140.66\times10^6 bbl$，凝析油 $675.44\times10^6 bbl$，天然气 $33752.64\times10^9 ft^3$。

哥伦比亚非常规油气勘探开发尚未开始，也有较好发展前景。非常规石油以重油和油砂资源为主，重油可采资源量 $3.4\times10^8 t$，油砂可采资源量 $1.4\times10^8 t$。非常规天然气主要为页岩气，可采资源量为 $1.9\times10^{12} m^3$，占全球的 1%。

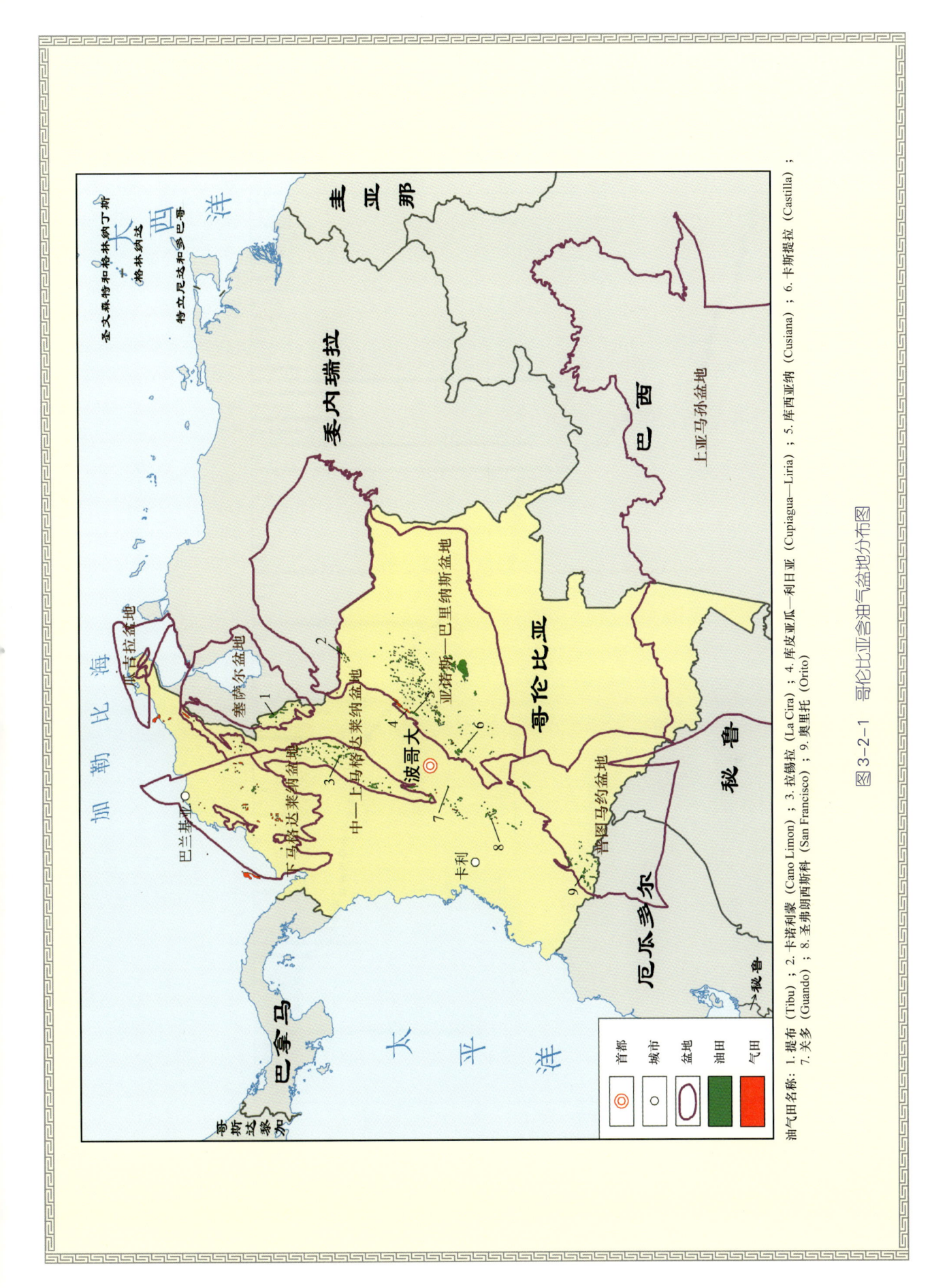

图 3-2-1 哥伦比亚含油气盆地分布图

油气田名称：1. 提布 (Tibu)；2. 卡诺利蒙 (Cano Limon)；3. 拉穆拉 (La Cira)；4. 库皮亚瓜—利日亚 (Cupiagua—Liria)；5. 库西亚纳 (Cusiana)；6. 卡斯提拉 (Castilla)；7. 关多 (Guando)；8. 圣弗朗西斯科 (San Francisco)；9. 奥里托 (Orito)

South America

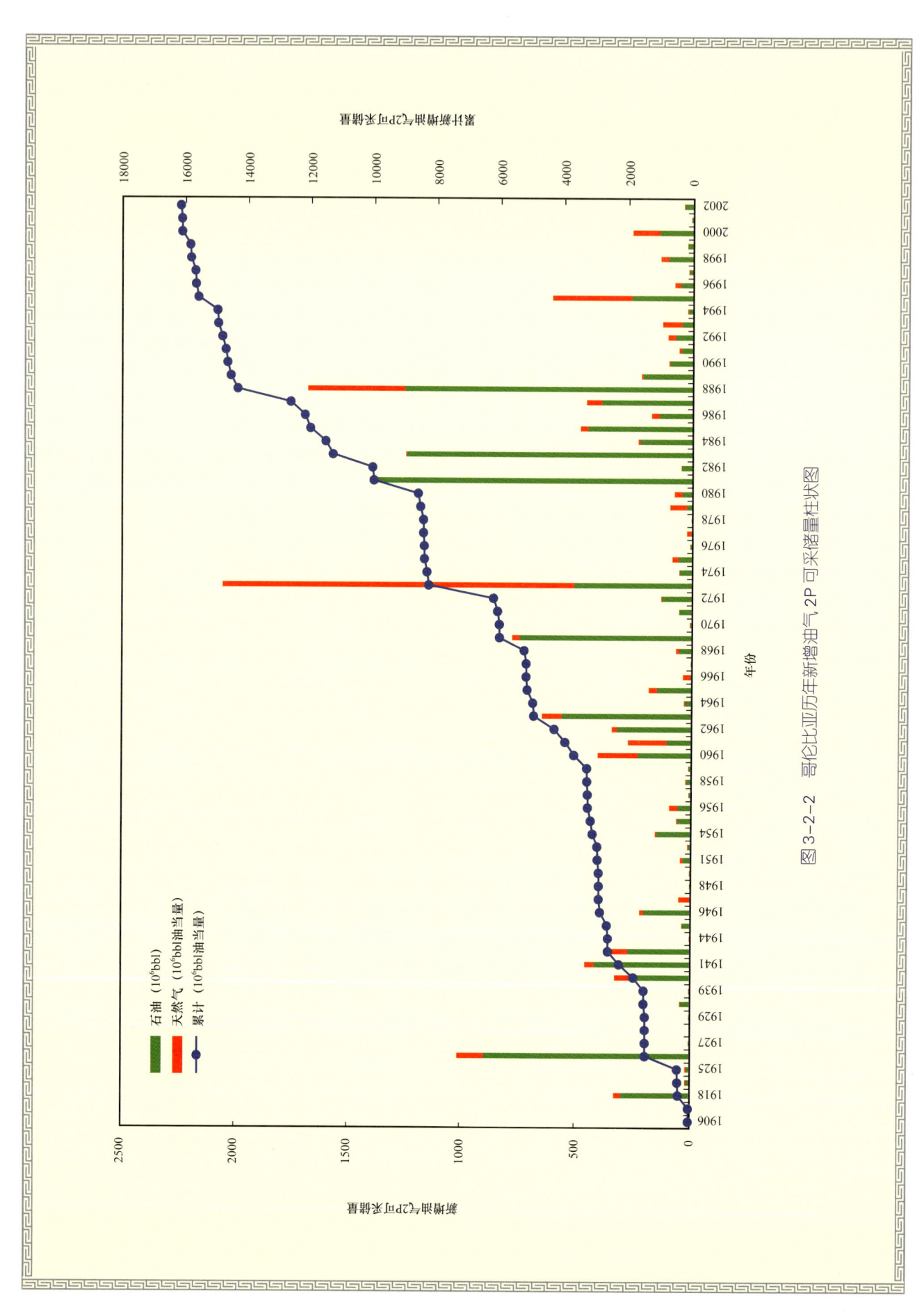

图3-2-2 哥伦比亚历年新增油气2P可采储量柱状图

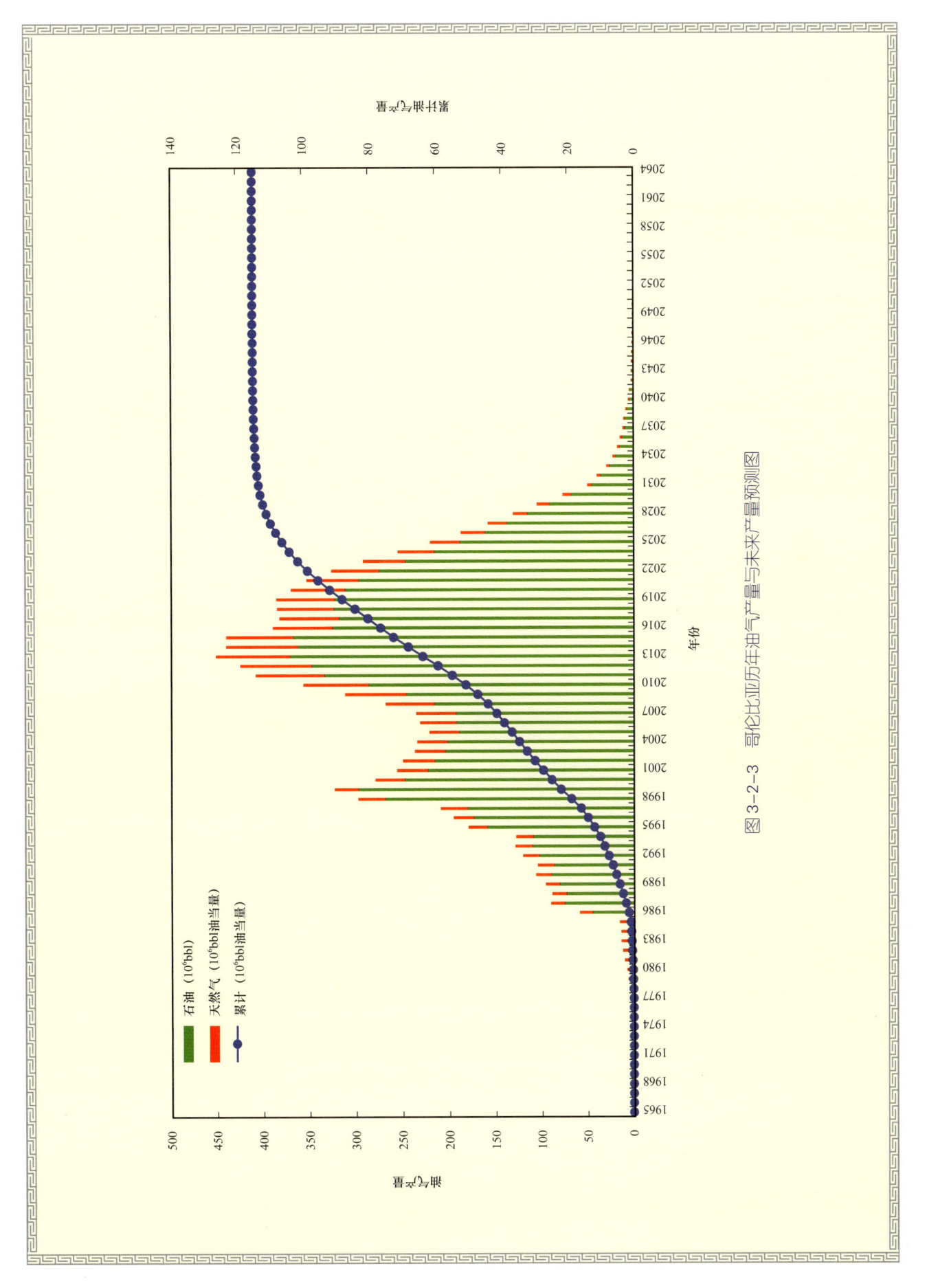

图 3-2-3 哥伦比亚历年油气产量与未来产量预测图

三、石油地质特征和勘探开发潜力

（一）下马格达莱纳盆地

下马格达莱纳盆地（Lower Magdalena Basin）位于哥伦比亚中西部（图 3-3-1-1），属科迪勒拉山间盆地。盆地东部以 Santa Marta 断层为界，南部以中、西科迪勒拉山为界，盆地总面积 96184km²。

1. 勘探开发历程

下马格达莱纳盆地的油气勘探经历了早期发现、持续发展、缓慢增长和再次发现共 4 个阶段（图 3-3-1-2）。

早期发现阶段（1906—1942 年）：1906 年发现了盆地第一个油田——拉斯佩迪斯（Las Perdices）油田，2P 可采储量为 0.13×10⁶bbl 油当量，1915 年发现了圣锡巴斯琴（San Sebastian）1 油田，1928 年发现了雷佩隆（Repelon）1 油田，20 世纪 30 年代末有钻井报告。

持续发展阶段（1943—1961 年）：期间共发现 13 个油气田，其中 1956 年发现的西库科（Cicuco）油田 2P 可采储量为 88.33×10⁶bbl 油当量，为目前盆地最大的油田。

缓慢增长阶段（1962—2005 年）：期间共发现 19 个油气田，其中 1977 年发现了科勒尔（Coral）、苏克雷（Sucre）和卡塔赫纳（Cartagena）三个气田，三个气田 2P 可采储量为 18.44×10⁶bbl 油当量。1992 年发现的盖帕耶—阿约姆必（Guepaje-Ayombe）气田，2P 可采储量为 16.72×10⁶bbl 油当量。

再次发现阶段（2006 年至今）：共发现 16 个油田，其中 2006 年发现拉克辛特（La Creciente）气田，2P 可采储量为 84.5×10⁶bbl 油当量；2011 年发现了尼尔森（Nelson）气田，2P 可采储量为 48.49×10⁶bbl 油当量；2015 年发现了克拉里内特—奥博（Clarinete-Oboe）气田，2P 可采储量为 27.36×10⁶bbl 油当量；2017 年发现了潘德莱塔（Pandereta）1 气田，总 2P 可采储量为 44.15×10⁶bbl 油当量。

截至 2018 年底，盆地共发现油气田 51 个，累计发现石油、天然气和凝析油 2P 可采储量分别为 90.22×10⁶bbl、2953.57×10⁹ft³ 和 9.65×10⁶bbl，可采储量前 10 大油气田为：西库科（Cicuco）油田、拉克辛特气田、埃尔迪菲西尔油田、霍沃（Jobo）、阿尔霍纳油田、尼尔森气田、潘德莱塔气田、克拉里内特—奥博气田、博克特气田和阿巴马特油田，总可采储量 456.88×10⁶bbl 油当量，占总发现量的 77%。

2018 年，盆地天然气年产量 9.46×10⁶bbl 油当量，截至 2018 年，天然气总产量为 56.24×10⁶bbl 油当量。

2. 区域地质

下马格达莱纳盆地属于前陆盆地，基底为前寒武系变质岩和侵入岩，盆地整体上呈西北低、东北高的格局（图 3-3-1-3、图 3-3-1-4）。

受东科迪勒拉造山作用影响，下马格达莱纳盆地地壳增厚导致弯曲沉降，沉积了较厚的古近系—新近系，向西和向北变薄。在盆地西部，基底断层在古近纪—新近纪再次活动，形成逆冲断层。盆地中部，在强烈褶皱和隆起断块之上发育陡倾断层（图 3-3-1-4）。在盆地东部，反转作用强烈，在逆断层上盘发育了褶皱。在东科迪勒拉边缘，为陡倾的单斜层。

3. 石油地质特征

1）烃源岩

盆地主要烃源岩为上白垩统 Cansona 组海相泥岩和古近系—新近系 Cienaga de Oro 组海相泥岩（图3-3-1-5），总沉积厚度245~610m，干酪根类型为Ⅲ型，成熟度高，主要分布于盆地西北部。在盆地东部，向斜中的白垩系泥岩已处于成熟阶段。

2）储层

始新统—渐新统 Cicuco 组海陆过渡相砂岩和砾岩为盆地的主要储层（图3-3-1-5）。古近系—新近系 Corpa 组、Tubara-Pajuil 组、Porquero/Floresanto 组和 La Risa 组砂岩为次要储层。

3）盖层

主要盖层为古近系和新近系泥岩（图3-3-1-5），以海相环境为主，局部发育泥质灰岩，在盆地大部分地区均有分布。

4）圈闭类型

主要为构造圈闭和地层圈闭。

4. 常规油气成藏组合

盆地内已经识别出的成藏组合有两套：古近系和新近系成藏组合（图3-3-1-5）。潜在成藏组合为白垩系成藏组合。

5. 油气勘探开发潜力

中国石油2018年评价认为，常规待发现油气资源量 695.53×10^6 bbl 油当量，其中石油 118.88×10^6 bbl、天然气 3344.58×10^9 ft^3。未来勘探潜力主要存在于盆地的低勘探程度区，特别是盆地东部的次逆冲构造带和西部的压扭构造带具有勘探潜力。古近系和新近系仍然有一定的油气勘探潜力，白垩系潜在成藏组合有待于进一步勘探。主要圈闭类型是反转断层和次级逆冲作用派生的背斜、地层圈闭。

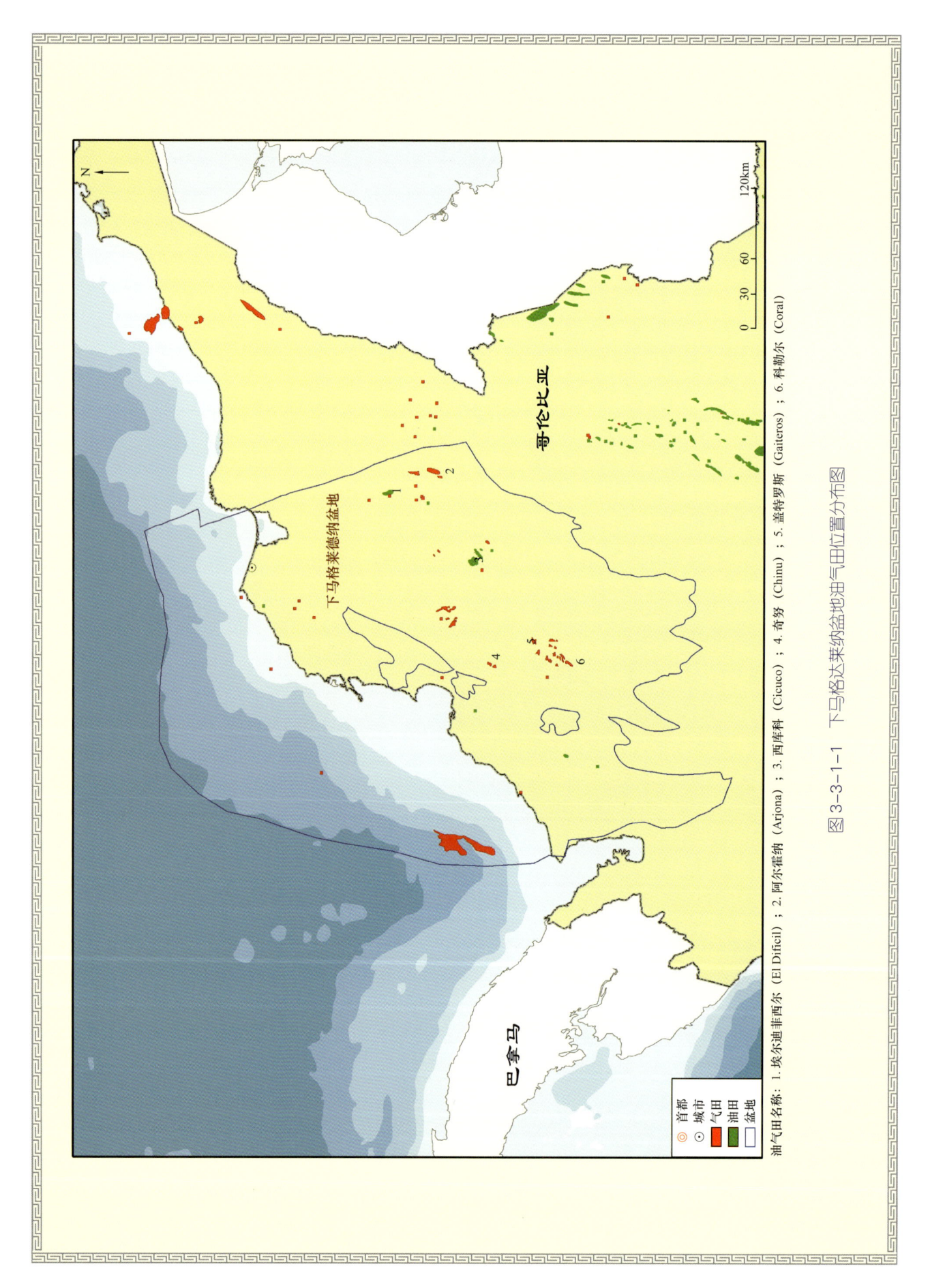

世界油气勘探开发与合作形势图集　南美地区　South America

图 3-3-1-1　下马格达莱纳盆地油气田位置分布图

油气田名称：1.埃尔迪菲西尔（El Dificil）；2.阿尔霍纳（Arjona）；3.西库科（Cicuco）；4.奇努（Chinu）；5.盖特罗斯（Gaiteros）；6.科勒尔（Coral）

哥伦比亚

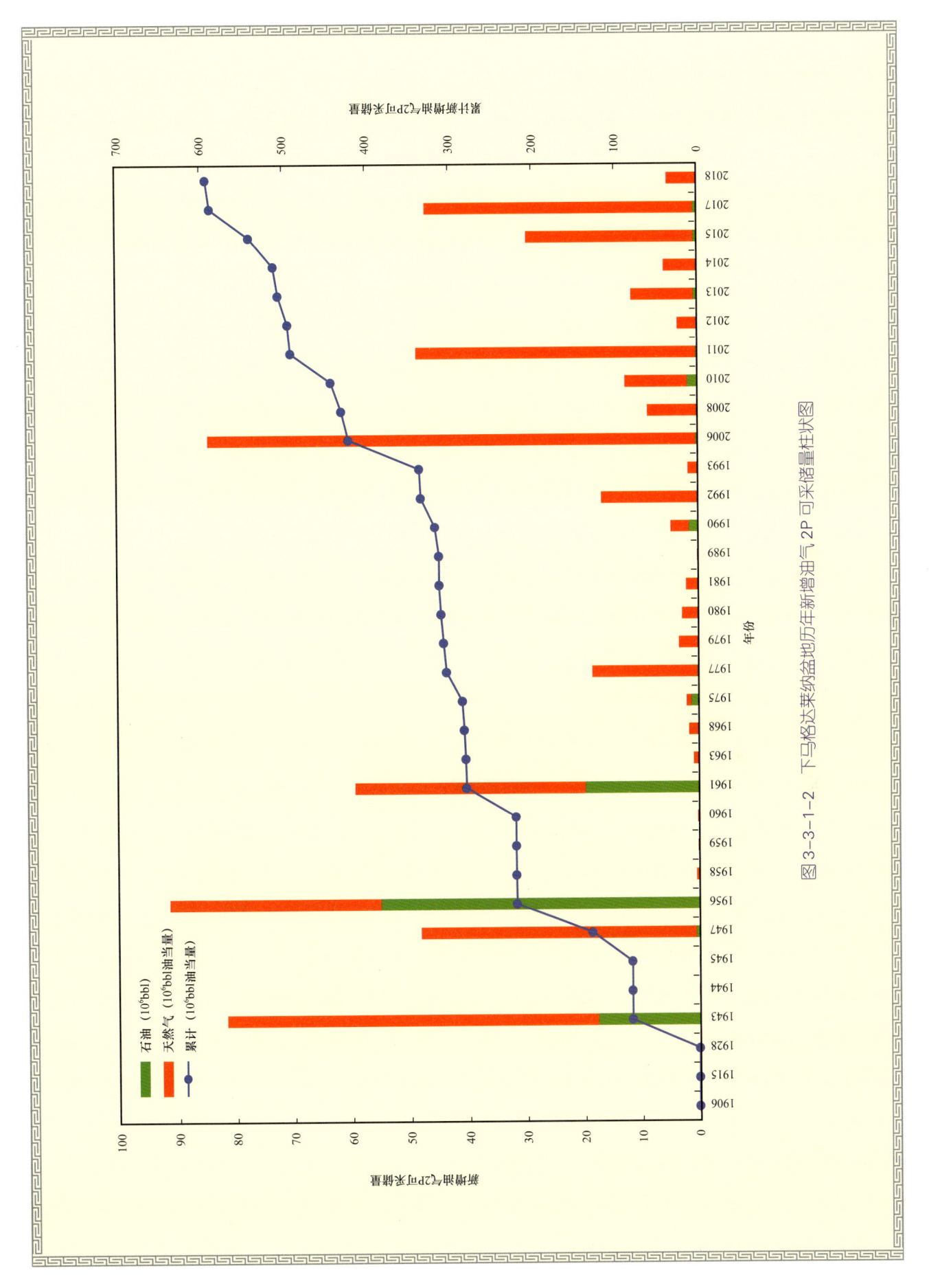

图 3-3-1-2　下马格达莱纳盆地历年新增油气 2P 可采储量柱状图

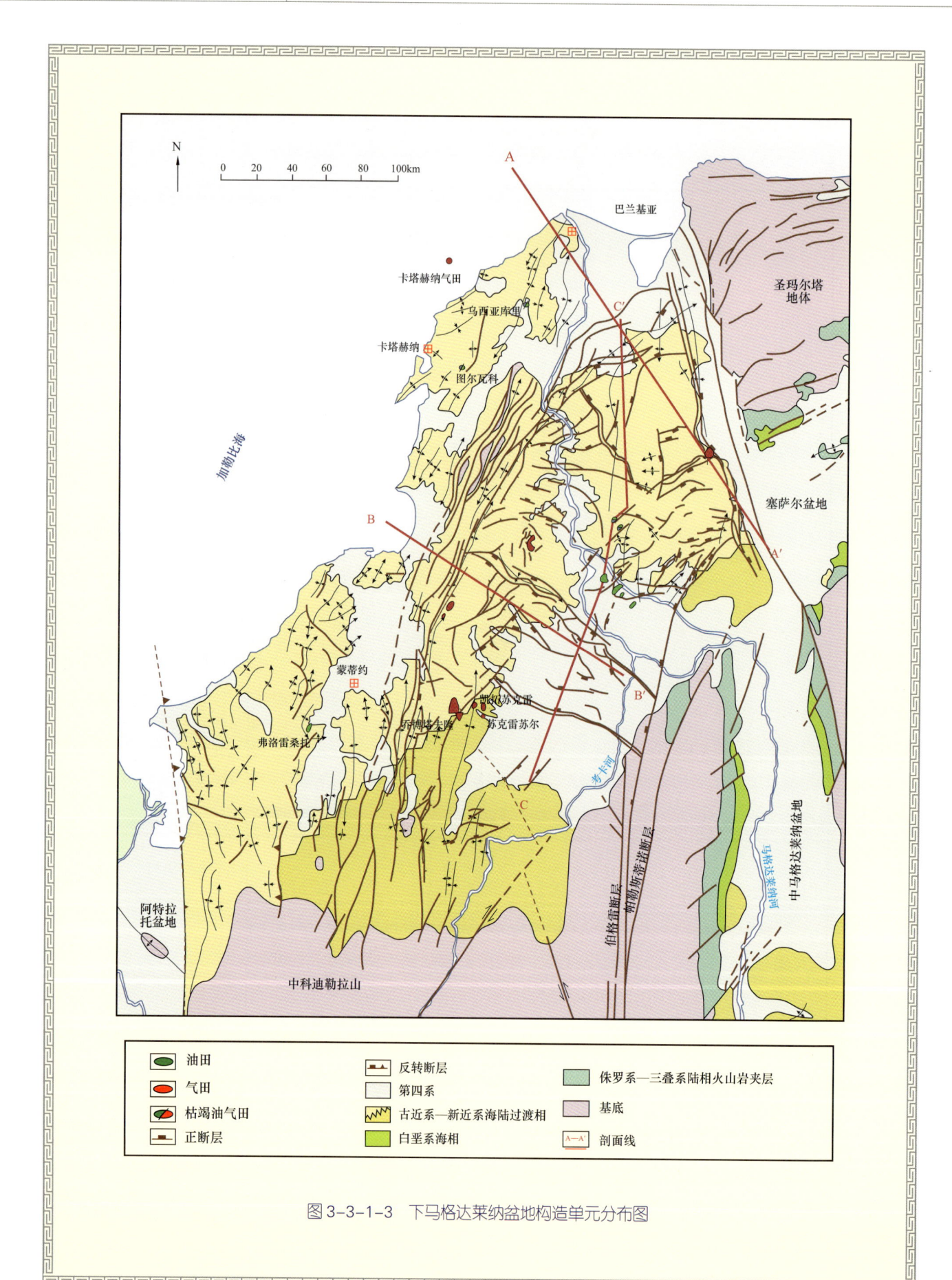

图 3-3-1-3　下马格达莱纳盆地构造单元分布图

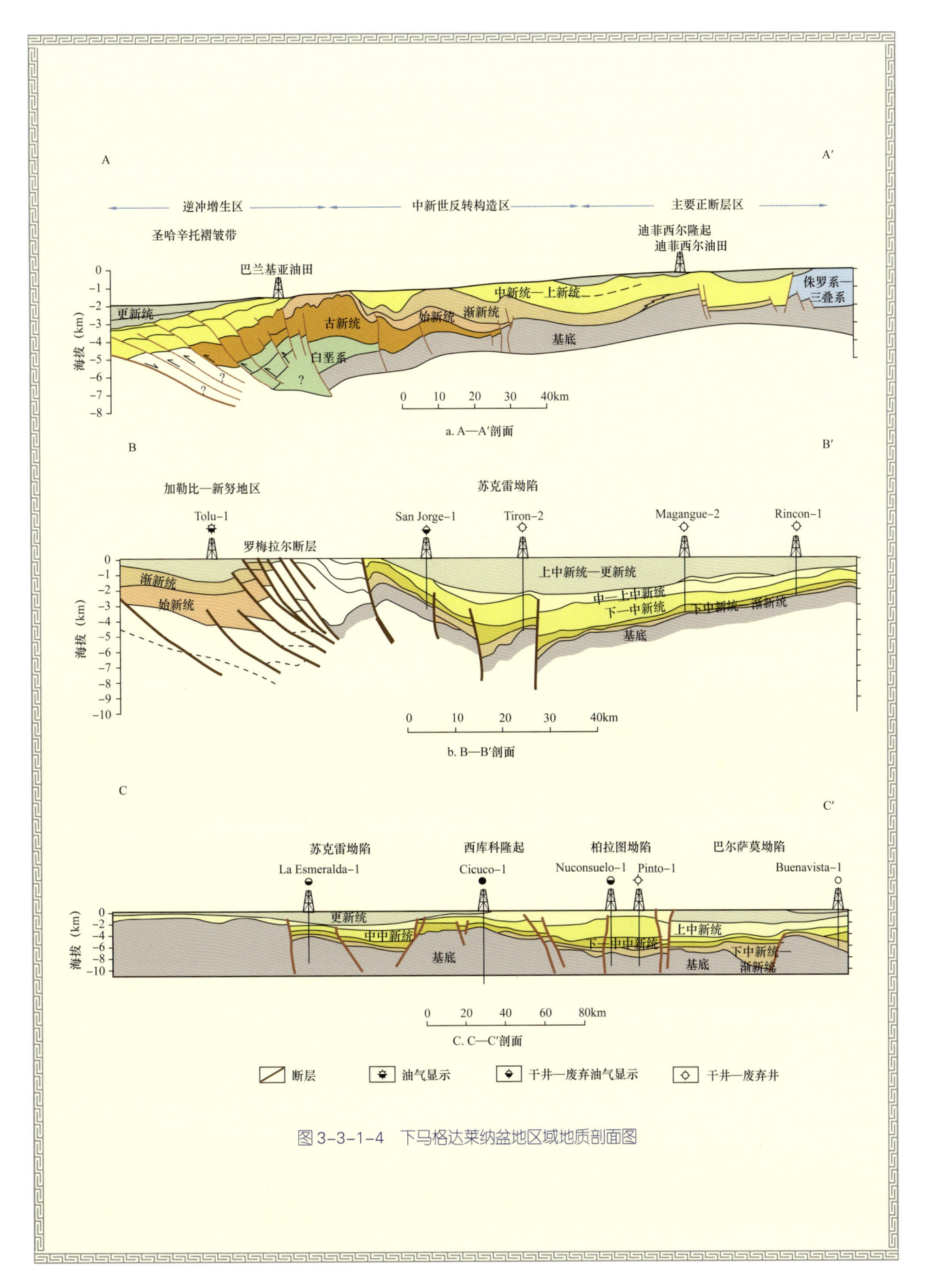

图 3-3-1-4 下马格达莱纳盆地区域地质剖面图

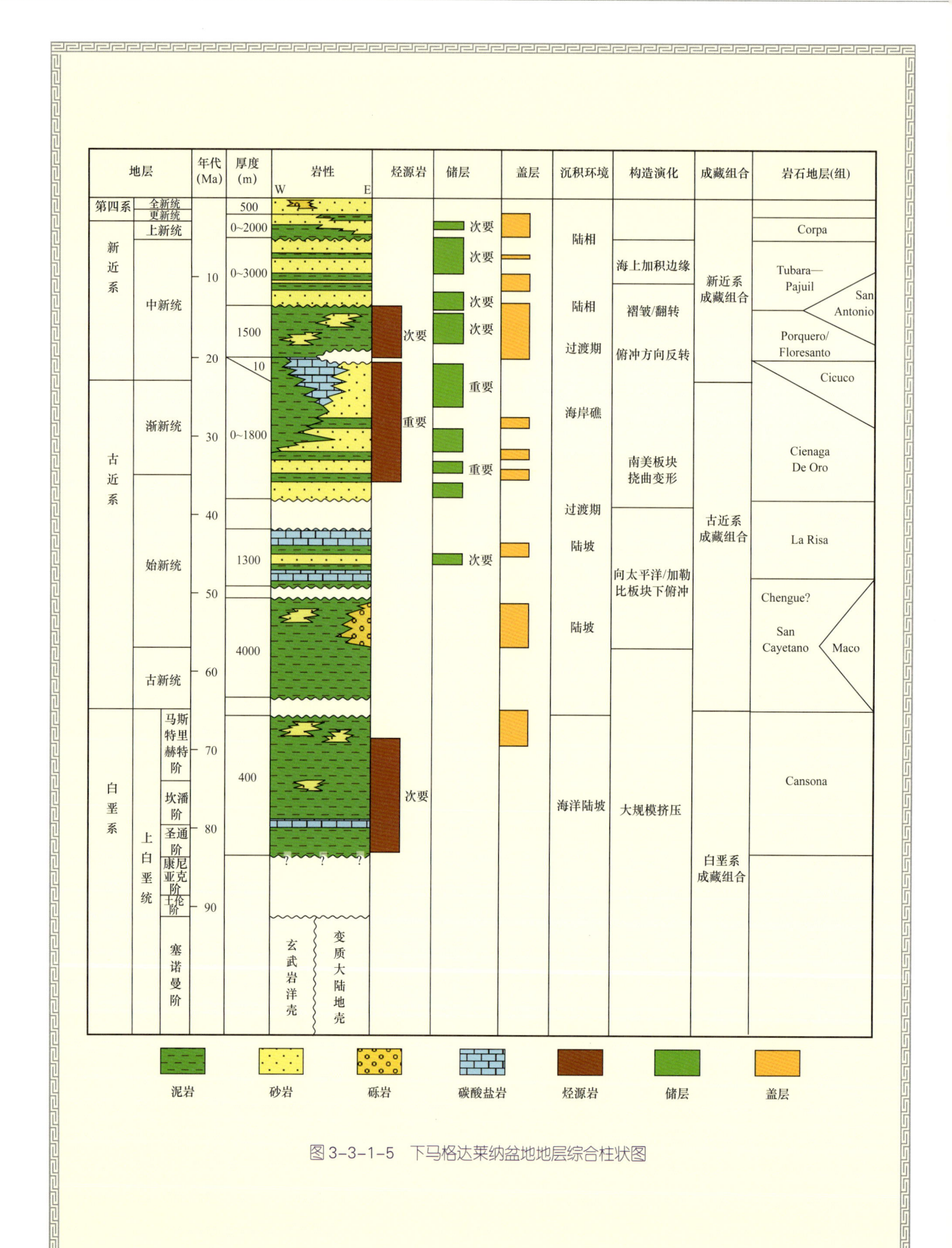

图 3-3-1-5　下马格达莱纳盆地地层综合柱状图

（二）塞萨尔盆地

塞萨尔盆地（Cesar Basin）位于哥伦比亚北部（图3-3-2-1），北西部以圣玛尔塔山（Santa marta）为界，西南部以桑塔玛塔断层为界，东、东南部以佩里亚山脉山中新统—上新统沉积尖灭为界，北部以奥卡断层为界，盆地面积8127km²，全部位于陆上。

1. 勘探开发历程

塞萨尔盆地的油气勘探经历了长期探索和初步发现两个阶段（图3-3-2-2）。

长期探索阶段（1900—2002年）：盆地勘探始于1900年，当年完钻一口探井，井深约600m，结果为干井，随后勘探停滞。在1948—1956年，年均钻井1口，其中3口井见油气显示。1981年钻探井3口，1982年钻探井2口，其中1口井有少量天然气发现。1989—1991年共采集二维地震450km，1999年采集二维地震80km。

初步发现阶段（2003年至今）：2003年发现了伊拉卡（Iraca）B-1XST气田，2P可采储量为30.18×10⁶bbl油当量，为目前塞萨尔盆地最大的气田。2005年和2006年共采集二维地震60km。2006年发现了韦尔德西亚（Verdesia）1和卡波罗（Caporo）气田，总2P可采储量为9.67×10⁶bbl油当量。2008年发现了伊瓜纳（Iguana）气田，2P可采储量为5×10⁶bbl油当量。2009年发现了海科特（Hicotea）和帕乌吉尔（Paujil）气田，2P可采储量为9×10⁶bbl油当量。

截至2018年底，盆地共发现油气田11个，分别为：塞萨尔（Cesar）F-1气田、卡莱塔里托（Carretalito）气田、埃尔帕索（El Paso）3油田、帕提拉（Patilla）气田、科姆帕伊（Compae）气田、海科特气田、韦尔德西亚1气田、伊瓜纳气田、帕乌吉尔气田、卡波罗气田和伊拉卡B-1XST气田。累计发现石油、天然气和凝析油2P可采储量分别为0.95×10⁶bbl、351.10×10⁹ft³、0.19×10⁶bbl（图3-3-2-2）。

2. 区域地质

塞萨尔盆地属于前陆盆地（图3-3-2-3），基底为前寒武系变质岩，向上发育侏罗系、白垩系、古近系和新近系。塞萨尔盆地在三叠纪—白垩纪是中马格达莱纳盆地的延伸部分，充填了裂谷期沉积物，包括陆相、浅海相和深海相沉积。在古近纪安第斯造山期，随着圣玛尔塔山抬升和圣玛尔塔走滑断层的形成，逐渐发展为现今的前陆盆地（图3-3-2-4）。

3. 石油地质特征

1）烃源岩

上白垩统La Luna与Molino组和古新统Cerrejon组是盆地的主要烃源岩（图3-3-2-5）。这两套烃源岩在盆地西部局部成熟，在东部逆冲带已成熟。油气生成始于古近纪，早于新近纪的区域抬升。

La Luna组页岩有机质极其丰富，Cerrejon组以产煤层气为主。在盆地内油苗丰富"活跃"，同时伴有沥青。从露头样品测出R_o值在0.46%～0.74%，东部逆冲带有机质成熟度较高。

2）储层

白垩系碳酸盐岩是唯一被证实的储层，古近系河流—冲积扇相砂岩为潜在储层（图3-3-2-5）。

3）盖层

主要盖层是白垩系La Luna组层间页岩以及古近系的层间泥岩和页岩（图3-3-2-5）。

4）圈闭类型

盆地主要发育构造圈闭和地层圈闭。

4. 常规油气成藏组合

盆地共可划分为两套成藏组合（图 3-3-2-5），由下至上依次为：白垩系碳酸盐岩成藏组合和古近系砂岩成藏组合。

5. 油气勘探开发潜力

中国石油 2018 年评价认为，塞萨尔盆地常规待发现天然气资源量 $2560.00 \times 10^9 ft^3$，盆地东部存在很多构造圈闭和地层圈闭，存在一套与中马格达莱纳盆地北部相似的潜在储层，仍具有一定的油气勘探潜力。

哥伦比亚

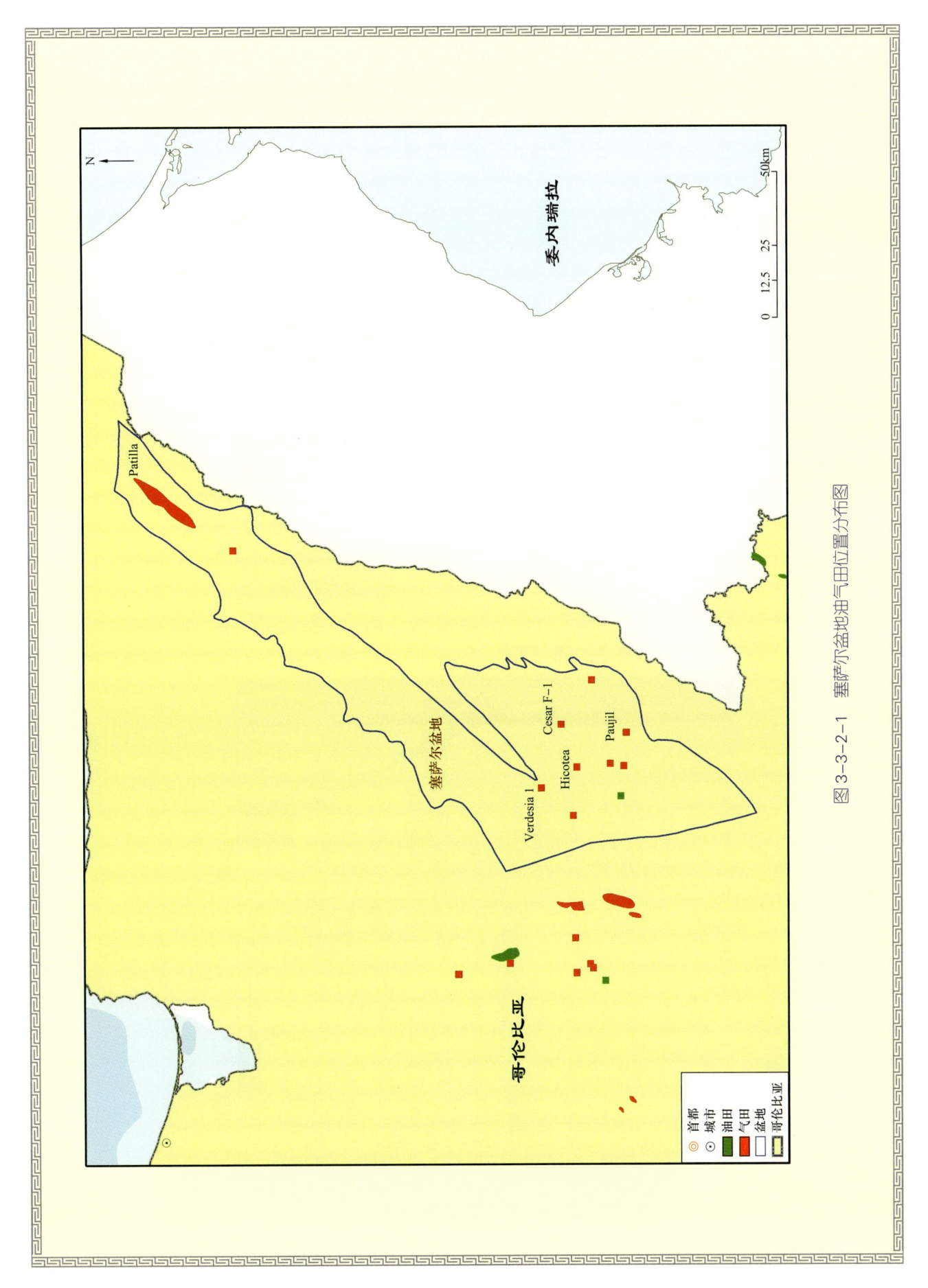

图 3-3-2-1 塞萨尔盆地油气田位置分布图

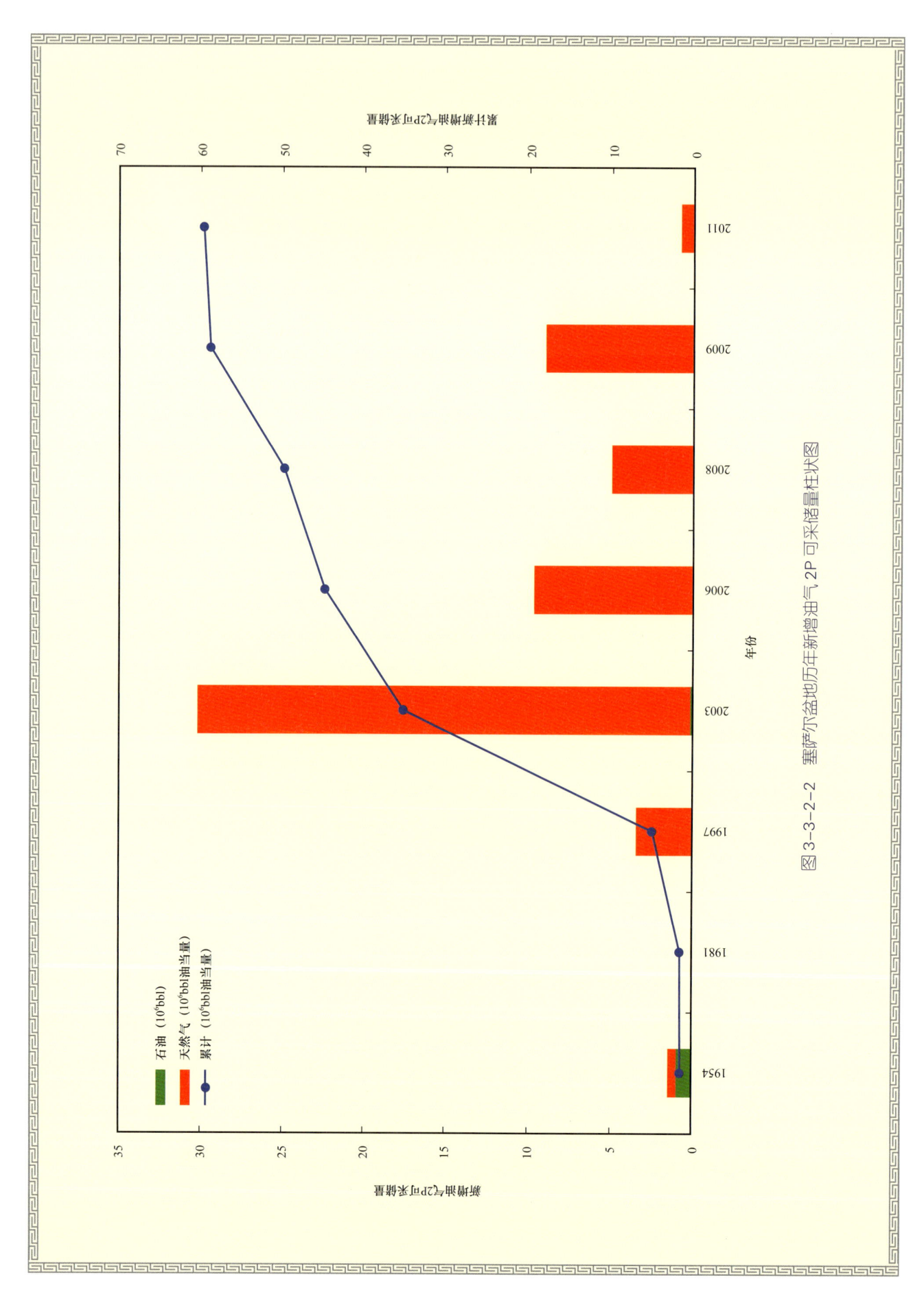

世界油气勘探开发与合作形势图集 | 南美地区 South America

图 3-3-2-2 塞萨尔盆地历年新增油气 2P 可采储量柱状图

石油（10⁶bbl）
天然气（10⁶bbl油当量）
累计（10⁶bbl油当量）

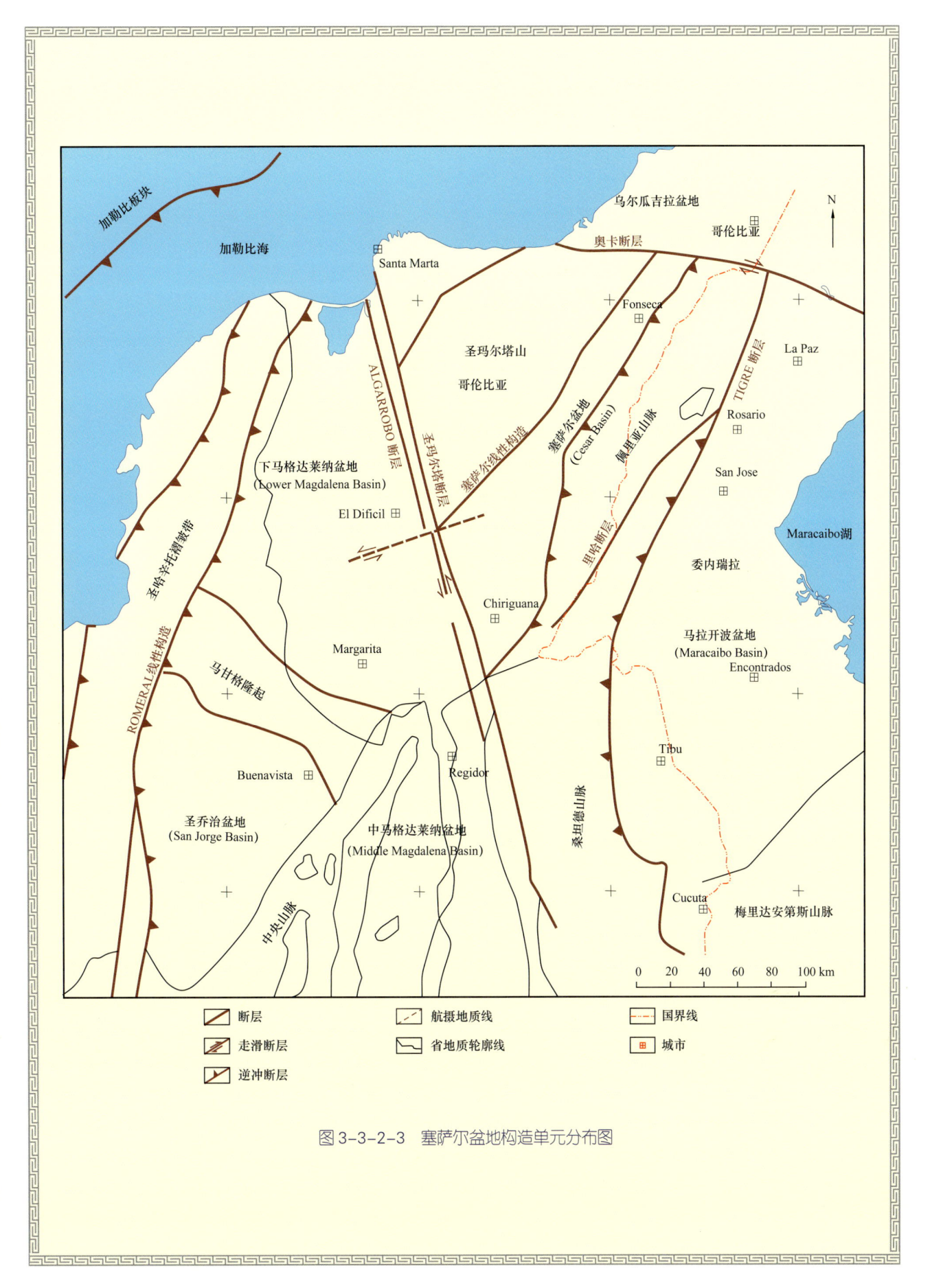

图 3-3-2-3 塞萨尔盆地构造单元分布图

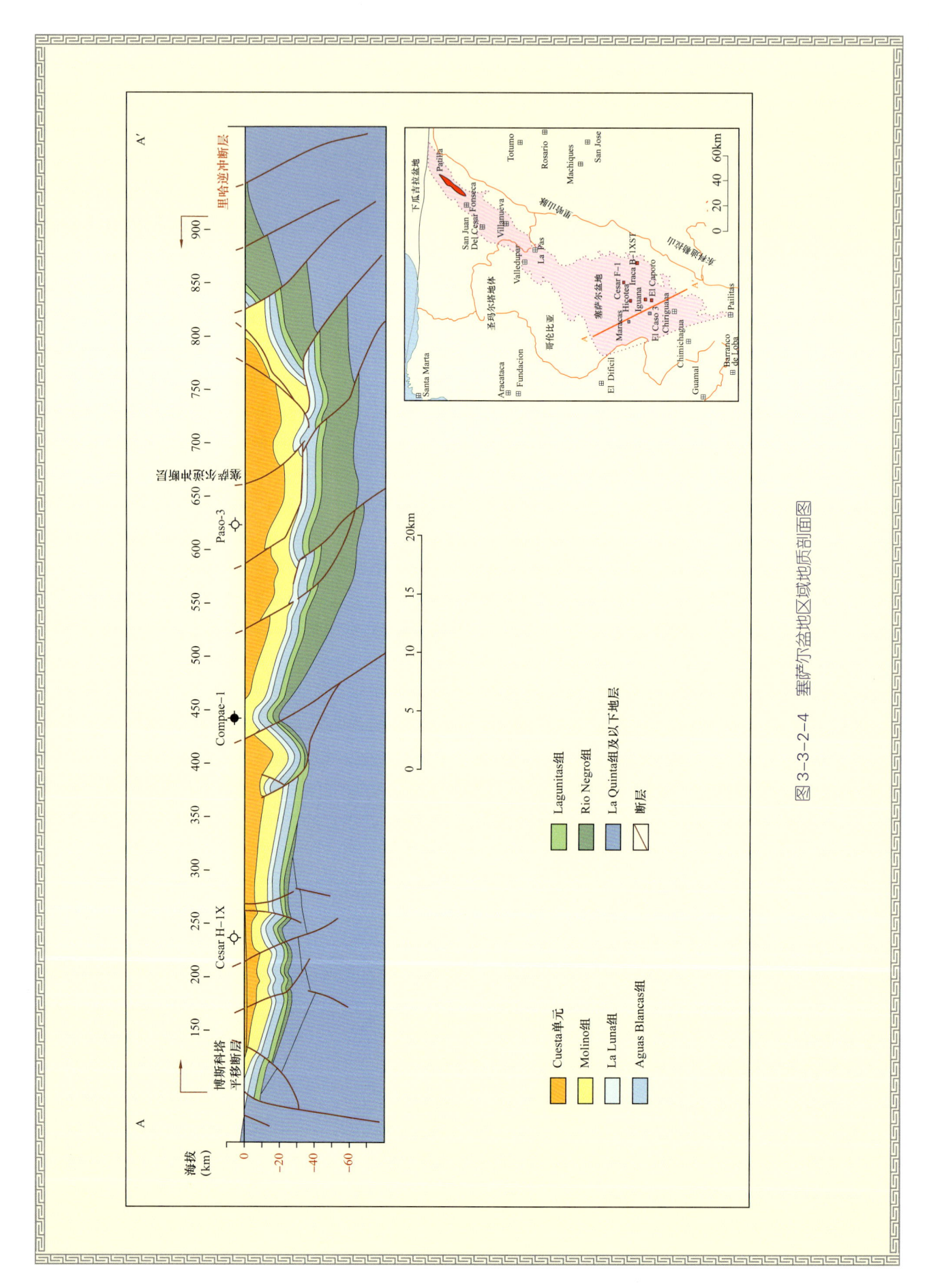

图 3-3-2-4 塞萨尔盆地区域地质剖面图

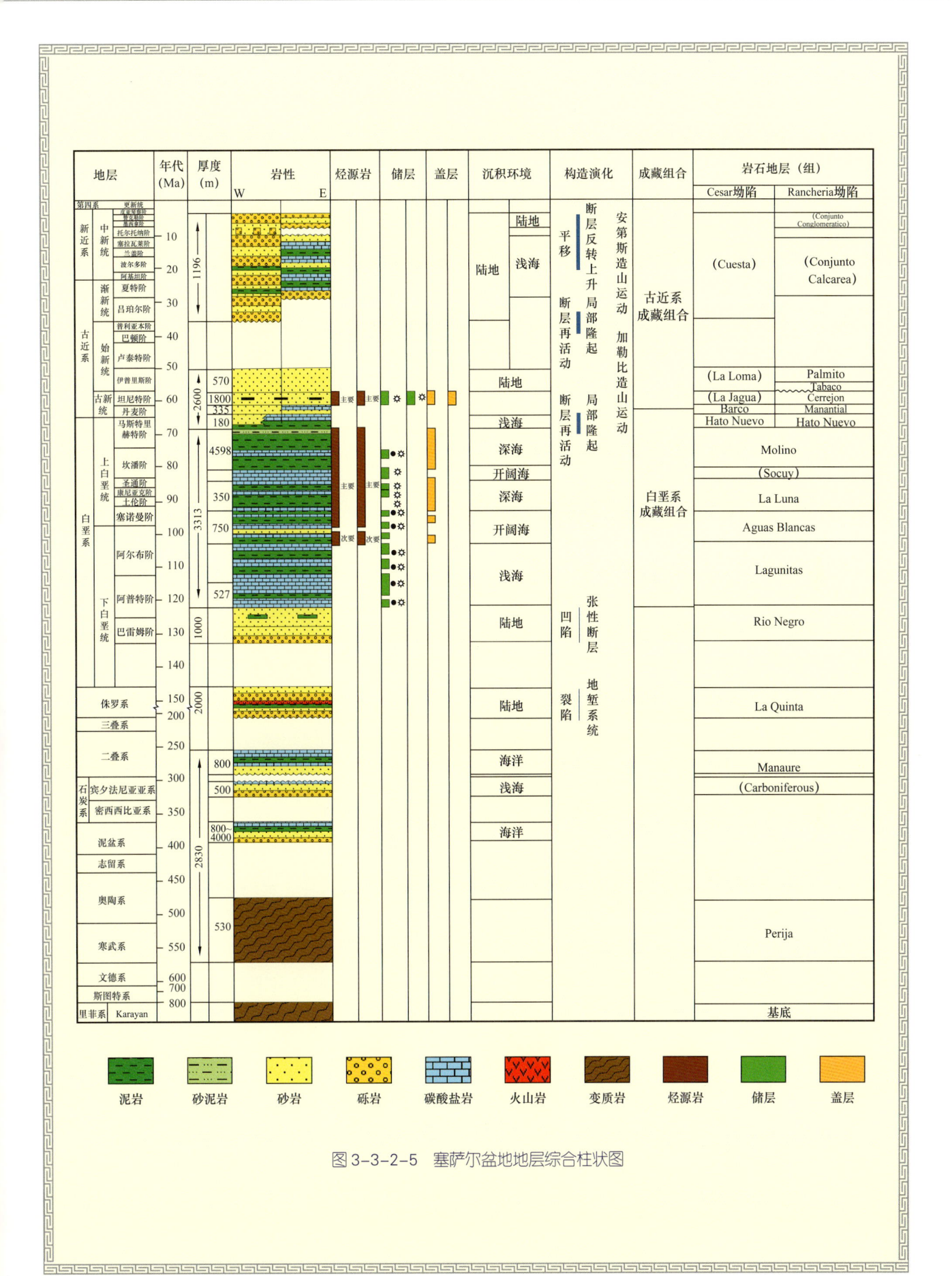

图 3-3-2-5 塞萨尔盆地地层综合柱状图

（三）瓜吉拉盆地

瓜吉拉盆地（Guajira Basin）位于哥伦比亚北部（图3-3-3-1）。面积23634km^2，其中陆地面积3557km^2，海上面积20077km^2。盆地东部位于委内瑞拉湾（委内瑞拉西北部），即乌鲁马科海槽；盆地西部覆盖哥伦比亚瓜吉拉半岛北部与加勒比海的西部。

1. 勘探开发历程

瓜吉拉盆地的油气勘探经历了早期发现、增储停滞和勘探再发现3个阶段。

早期发现阶段（1947—1979年）：油气勘探始于1947年的委内瑞拉湾地磁勘探，壳牌公司于20世纪40年代末钻Rancheria 1和Rancheria 2两口井，首次发现天然气。1973年，在盆地外不远处海上发现楚楚帕（Chuchupa）气田；1976年，在海上发现了阿尔麦加（Almeja）1气田，2P可采储量为$1.67×10^6$bbl油当量；1979年发现了圣安娜（Santa Ana）1气田，2P可采储量为$67.07×10^6$bbl油当量。

增储停滞阶段（1980—2008年）：1980年，美孚石油公司在波特坳陷钻探了两口页岩气井（San Jose 1井和Jarara 1井）。1989年Ecopetrol公司钻探井Cocinetas 1，均告失利。

勘探再发现阶段（2009年至今）：2009年在深水区发现了佩拉（Perla）气田，2P可采储量为$1960.0×10^6$bbl油当量，为目前该盆地发现的最大气田。

截至2018年底，盆地共发现油气田3个，分别为圣安娜1气田、阿尔麦加1气田和佩拉气田，累计发现天然气和凝析油2P可采储量分别为$10910.00×10^9$ft^3、$210.40×10^6$bbl。

2018年，盆地天然气年产量$15.62×10^6$bbl油当量，截至2018年，累计生产天然气$957.59×10^6$bbl油当量。

2. 区域地质

瓜吉拉盆地（图3-3-3-2）经历了同裂谷、后裂谷、挤压和拉分4个构造演化阶段。同裂谷期始于三叠纪—侏罗纪，并形成了近东北—西南走向由红层充填的地堑（图3-3-3-3）。白垩纪中晚期发生热沉降和海侵。晚古新世，由于区域斜向挤压作用，在南美洲北部边缘盆地形成了第一个逆冲断裂带。在古近纪加勒比海板块持续右旋走滑，形成北北西向走滑拉分地堑。

3. 石油地质特征

1）烃源岩

盆地主要烃源岩为上白垩统土伦阶—圣通阶La Luna组沥青灰岩；其次为渐新统—中新统页岩（图3-3-3-4）。

（1）上白垩统La Luna组沥青灰岩，总有机碳含量1.5%～9.6%，整个盆地平均值为3.8%，干酪根类型为Ⅱ型，氢指数（HI）最大值可达700mg/g。

（2）渐新统Pecaya组页岩上部总有机碳含量24%，下部总有机碳含量9.8%。生烃潜量分别为54.6kg/t和16.6～83kg/t。

（3）中新统Agua Clara组泥岩，总有机碳含量可达6%，生烃潜量可达5kg/t，具有Ⅱ型和Ⅲ型的混合特性。岩石热解最高温度455～495℃，镜质组反射率0.9%～1.9%。

（4）中新统Cerro Pelado组页岩为乌鲁马科海槽重要的烃源岩，具有丰富的镜质体和高挥发分烟煤，为生气烃源岩。

2）储层

主要储层为渐新统砂岩和中新统砂岩（图3-3-3-4）。

渐新统砂岩形成于海侵环境，在盆地外楚楚帕气田区域，中新统Uitpa组砂岩平均有效厚度40m，平均孔隙度22%，平均渗透率210mD。

潜在储层包括：(1)上白垩统裂缝性碳酸盐岩；(2)中新统砂岩。

3）盖层

主要盖层为Uitpa组层间页岩和泥灰岩。

4）圈闭类型

主要的圈闭类型为构造圈闭。

4. 常规油气成藏组合

盆地发育古近系—新近系砂岩成藏组合（图3-3-3-4）。

5. 典型油气田

楚楚帕（Chuchupa）气田

属于中新统砂岩成藏组合，位于瓜吉拉盆地外海上，发育基底隆起背景上的逆掩背斜构造，面积113km²（图3-3-3-5），于1973年发现。截至2018年底，天然气2P可采储量为$4.68\times10^{12}ft^3$。

储层为中新统Uitpa组钙质岩屑砂岩和长石岩屑砂岩，中等分选，含有海绿石颗粒。B2和A砂组砂岩孔隙度20%～30%，渗透率100～10000mD，含水饱和度为24.8%。

6. 油气勘探开发潜力

中国石油2018年评价认为，该盆地常规待发现油气资源量1844.90×10^6bbl油当量，其中石油188.00×10^6bbl、天然气$9610.00\times10^9ft^3$。在乌鲁马科海槽，中新统Agua Clara组泥岩具有良好的生烃潜力。瓜吉拉半岛西北缘古近系—新近系浊积砂体，加勒比海区域都有较大的勘探潜力。

表 3-3-3-1 瓜吉拉盆地主要油气田属性表

序号	油气田名称	油气田类型	地理位置	发现年份	主要成藏组合	主要储层岩性	2P可采储量			
							石油 (10^6bbl)	天然气 (10^9ft^3)	凝析油 (10^6bbl)	油气总和 (10^6bbl 油当量)
1	楚楚帕（Chuchupa）	气田	海上	1973	中新统	砂岩	0	4680.00	0	786.00

哥伦比亚

图 3-3-3-1 瓜吉拉盆地油气田位置分布图

油气田名称：1. 楚楚帕（Chuchupa）；2. 阿尔麦加（Almeja）1；3. 圣安娜（Santa Ana）1

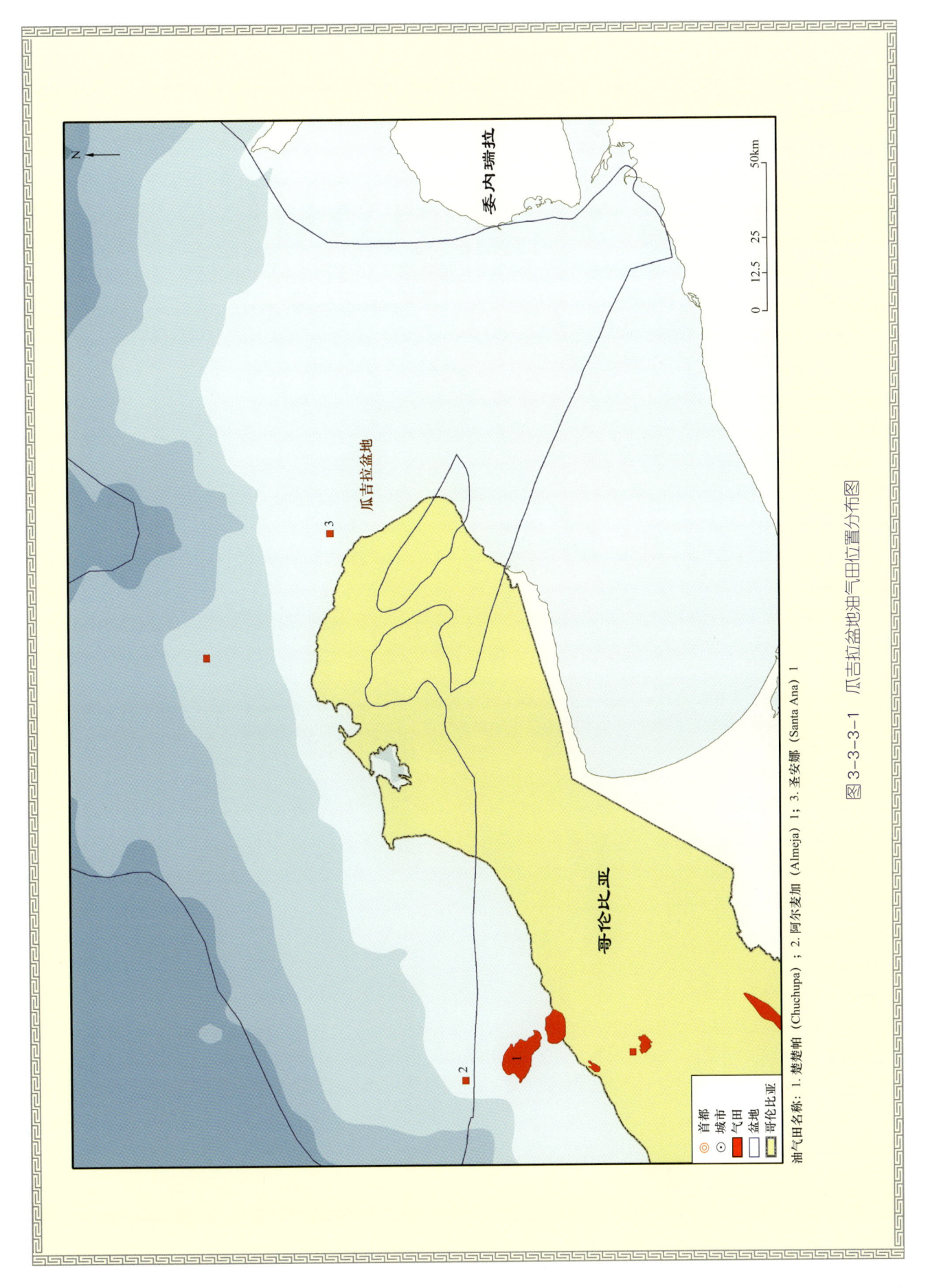

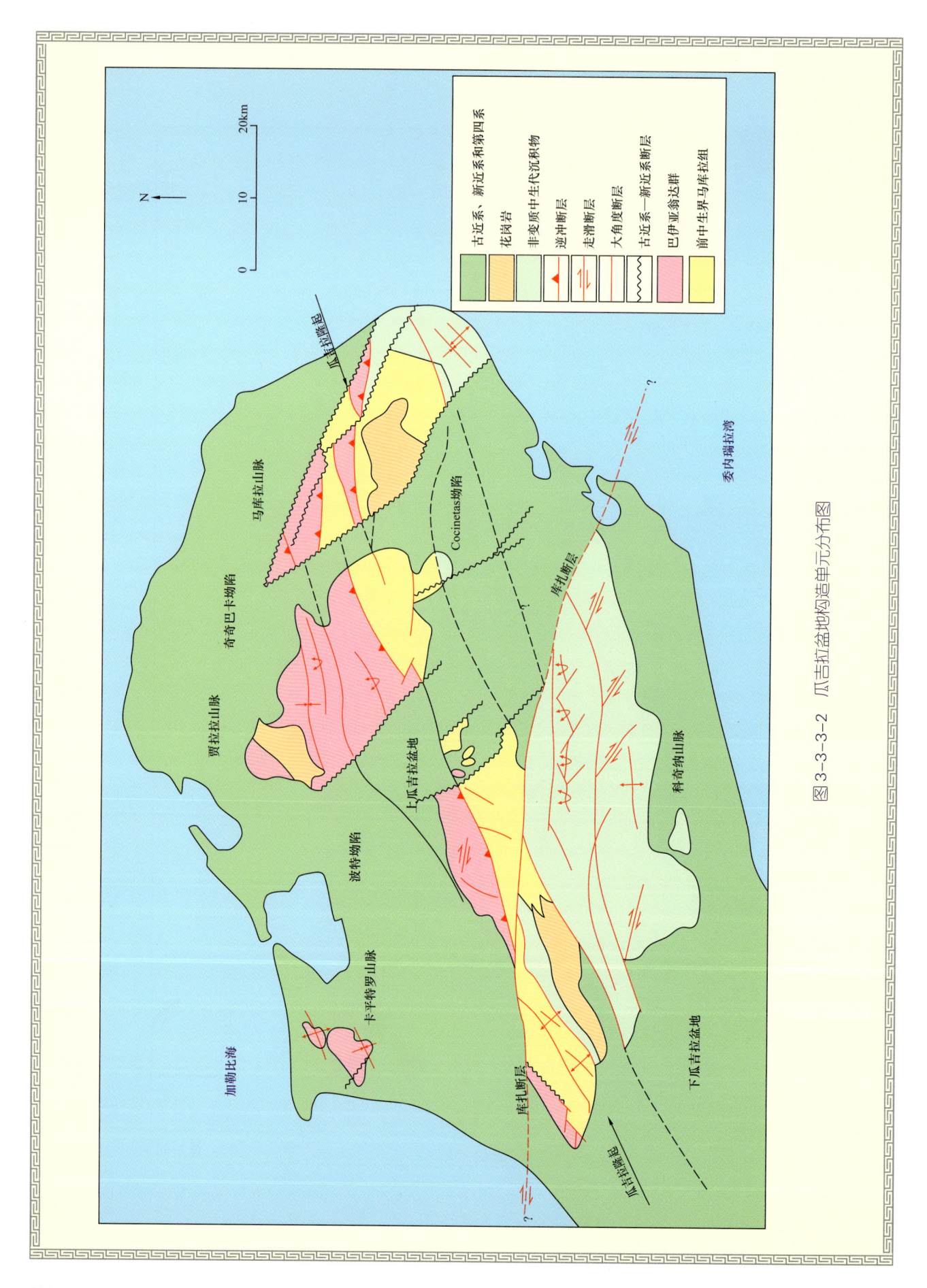

图 3-3-3-2 瓜吉拉盆地构造单元分布图

哥伦比亚

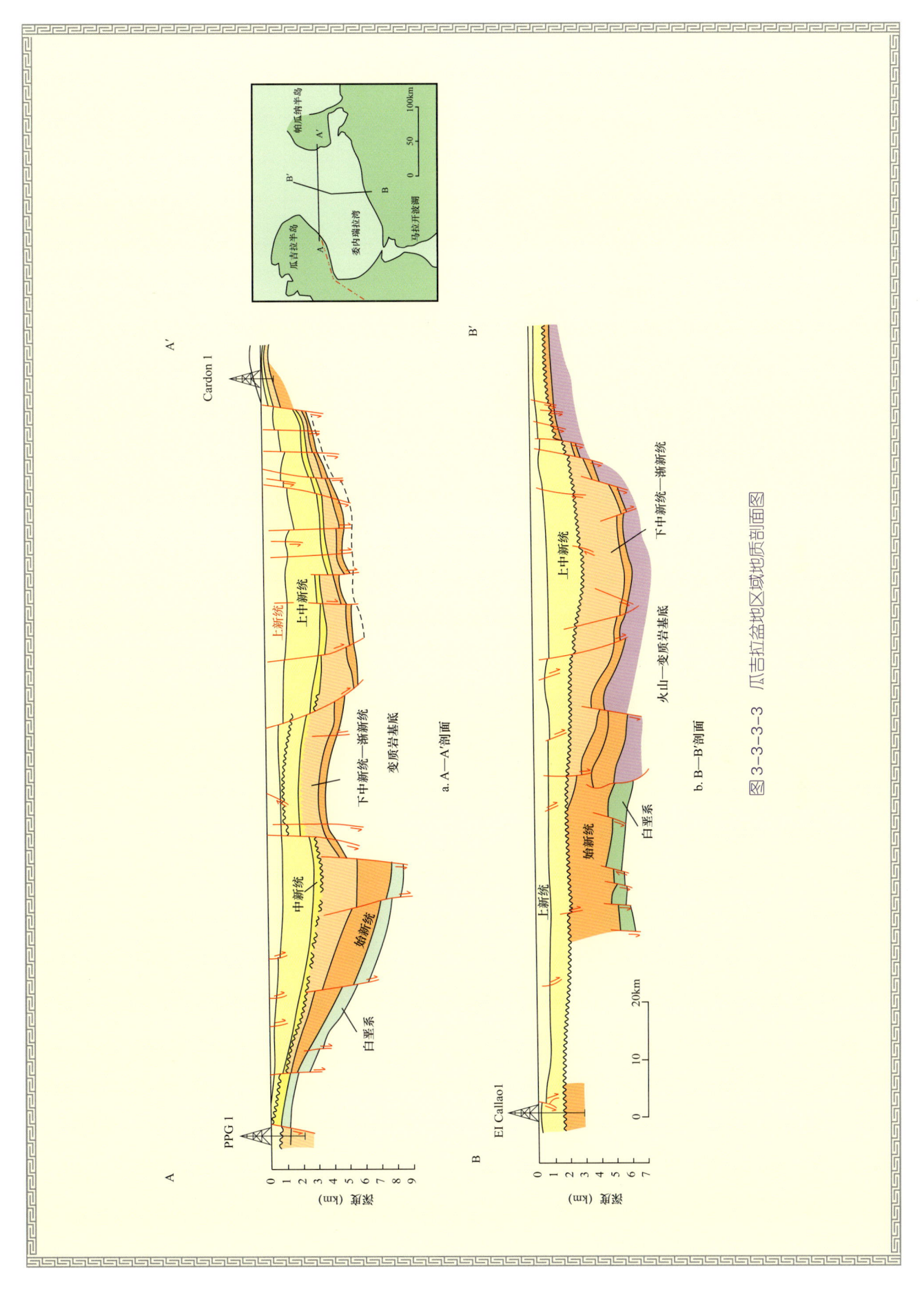

图 3-3-3-3 瓜吉拉盆地区域地质剖面图

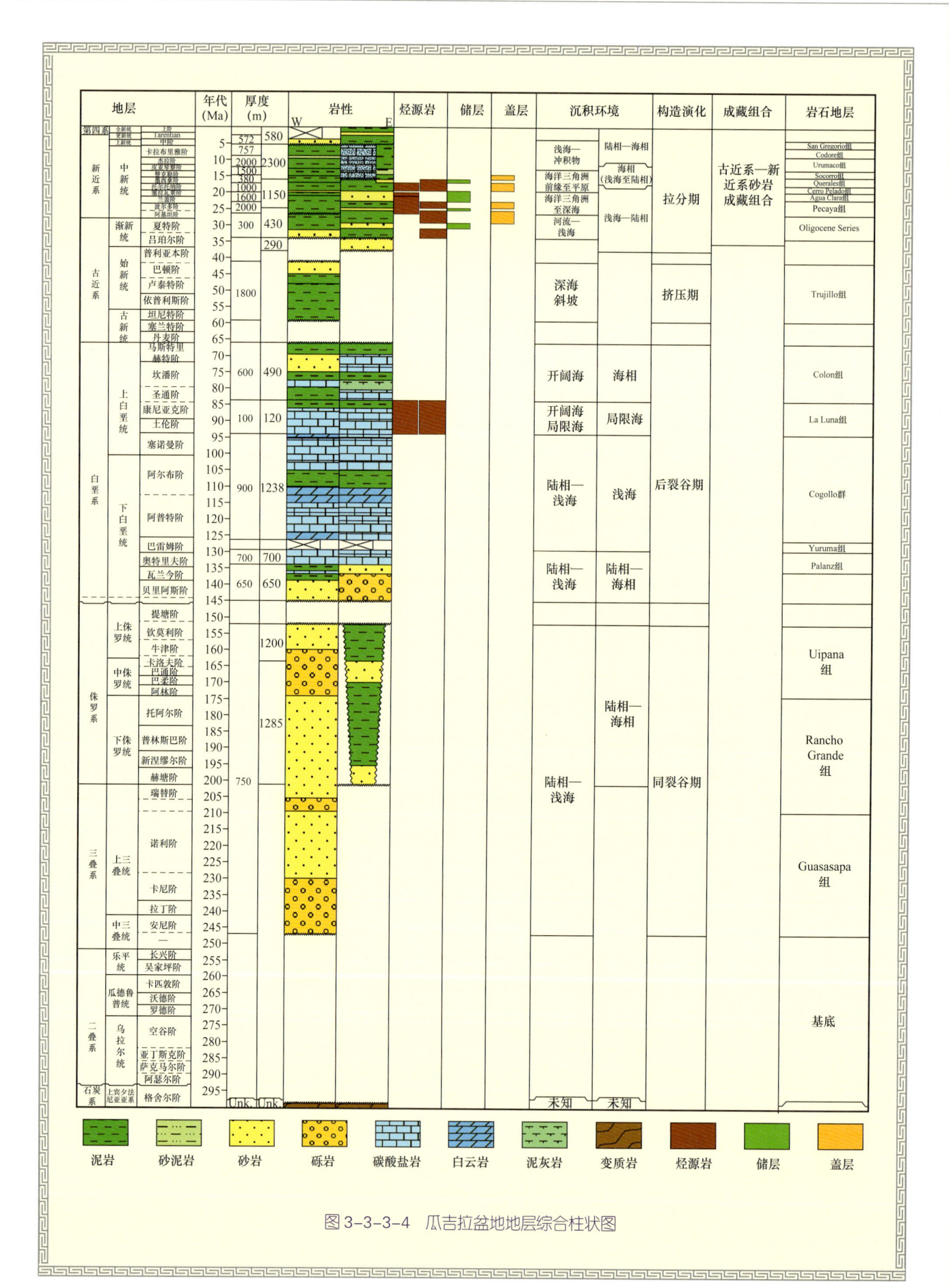

南美地区 South America

图 3-3-3-4 瓜吉拉盆地地层综合柱状图

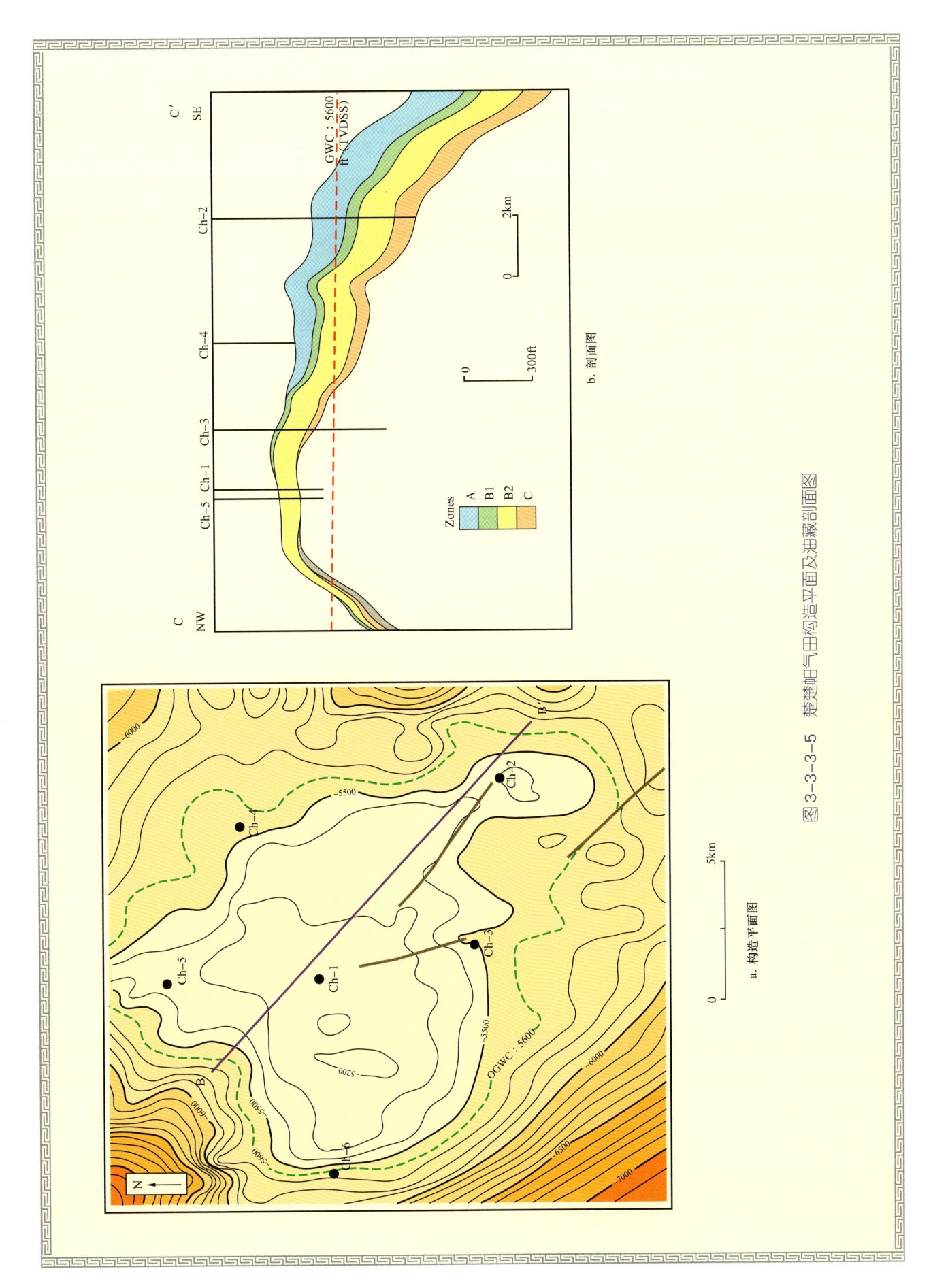

图 3-3-3-5 楚楚帕气田构造平面及油藏剖面图

4）拉锡拉（La Cira）油田

属于渐新统—中新统成藏组合，面积 77km²，发现于 1918 年（图 3-3-4-9），截至 2018 年底，石油、天然气 2P 可采储量分别为 850×10⁶bbl、620×10⁹ft³。

圈闭为一个受东侧逆断层控制的北倾断背斜，发育两个局部构造高点，北部为 La Cira 构造、南部为 Infantas 构造。A 砂组平均孔隙度为 25.9%，B 砂组为 27.2%，C 砂组为 27.9%。渗透率为 1500mD，平均为 500mD，孔隙主要为原生孔，也发育次生粒间孔和晶内孔。

1921 年投入生产，2018 年石油年产量为 16.35×10⁶bbl。截至 2018 年，累计生产石油 158.54×10⁶bbl。

5）利萨玛（Lisama）油田

属于渐新统—中新统成藏组合，面积 17km²，发现于 1965 年（图 3-3-4-10）。截至 2018 年，石油和天然气 2P 可采储量分别为 88×10⁶bbl 和 185×10⁹ft³，2P 总可采储量为 118.83×10⁶bbl 油当量。

圈闭为一个细长的不对称断背斜构造，主要储层为上渐新统—下中新统科罗拉多组和下渐新统莫格罗萨组砂岩，孔隙度在 15%～22%，渗透率一般在 10～40mD，最高达 220mD。储层主要发育原生孔隙，由于长石溶解作用，存在一些次生粒间孔和晶内孔。

6）兰尼托（Llanito）油田

属于渐新统—中新统成藏组合和始新统—上白垩统成藏组合，面积 30km²，发现于 1955 年（图 3-3-4-11）。截至 2018 年底，石油和天然气 2P 可采储量分别为 47.5×10⁶bbl 和 27.00×10⁹ft³。

圈闭为长轴断背斜构造和地层复合圈闭，长约 11km。储层为上渐新统—下中新统科罗拉多组、下渐新统 Mugrosa 组砂岩和始新统 Esmeralda-La Paz 裂缝砂岩。Mugrosa 组 B 和 C 砂组，平均孔隙度分别为 21% 和 20%，渗透率分别为 340mD 和 240mD。

6. 油气勘探开发潜力

中国石油 2018 年评价认为，该盆地常规待发现油气资源量 2564.83×10⁶bbl 油当量，其中石油 1820.00×10⁶bbl、天然气 4320.00×10⁹ft³。未来勘探潜力主要位于盆地的低勘探程度区，特别是盆地南部。盆地东部的次逆冲构造带、西部的压扭构造带、深层的次逆冲构造、古近系—新近系地层圈闭和白垩系碳酸盐岩成藏组合也有勘探潜力。

表 3-3-4-1 中—上马格达莱纳盆地主要油气田属性表

序号	油气田名称	油气田类型	地理位置	发现年份	主要成藏组合	主要储层岩性	2P 可采储量 石油（10⁶bbl）	2P 可采储量 天然气（10⁹ft³）	2P 可采储量 凝析油（10⁶bbl）	油气总和（10⁶bbl 油当量）
1	巴尔康（Balcon）	油田	陆上	2010	始新统、上白垩统	砂岩	39.00	25.00	0	43.16
2	卡萨毕（Casabe）	油田	陆上	1941	渐新统、中新统、始新统、上白垩统	砂岩	415.00	244000	0	455.67
3	关多（Guando）	油田	陆上	2000	始新统、上白垩统	砂岩	130.00	702.50	0.68	247.76
4	拉锡拉（LaCira）	油田	陆上	1918	渐新统、中新统	砂岩	850.00	620.00	0	953.33
5	利萨玛（Lisama）	油田	陆上	1965	渐新统、中新统	砂岩	88.00	185.00	0	118.83
6	兰尼托（Llanito）	油田	陆上	1955	渐新统、中新统	砂岩	47.50	27.00	0	52.00

世界油气勘探开发与合作形势图集 | 南美地区 South America

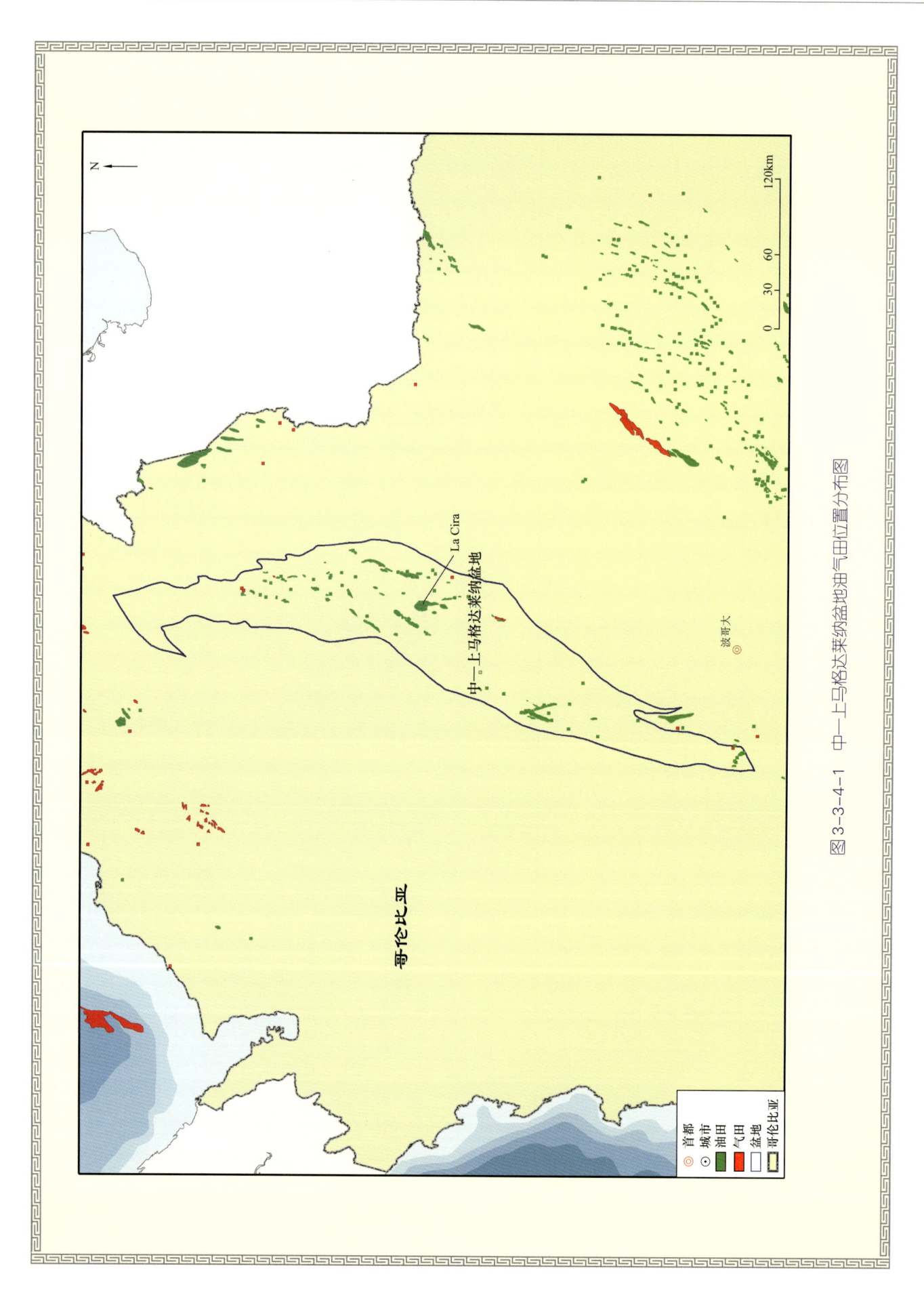

图 3-3-4-1 中—上马格达莱纳盆地油气田位置分布图

哥伦比亚

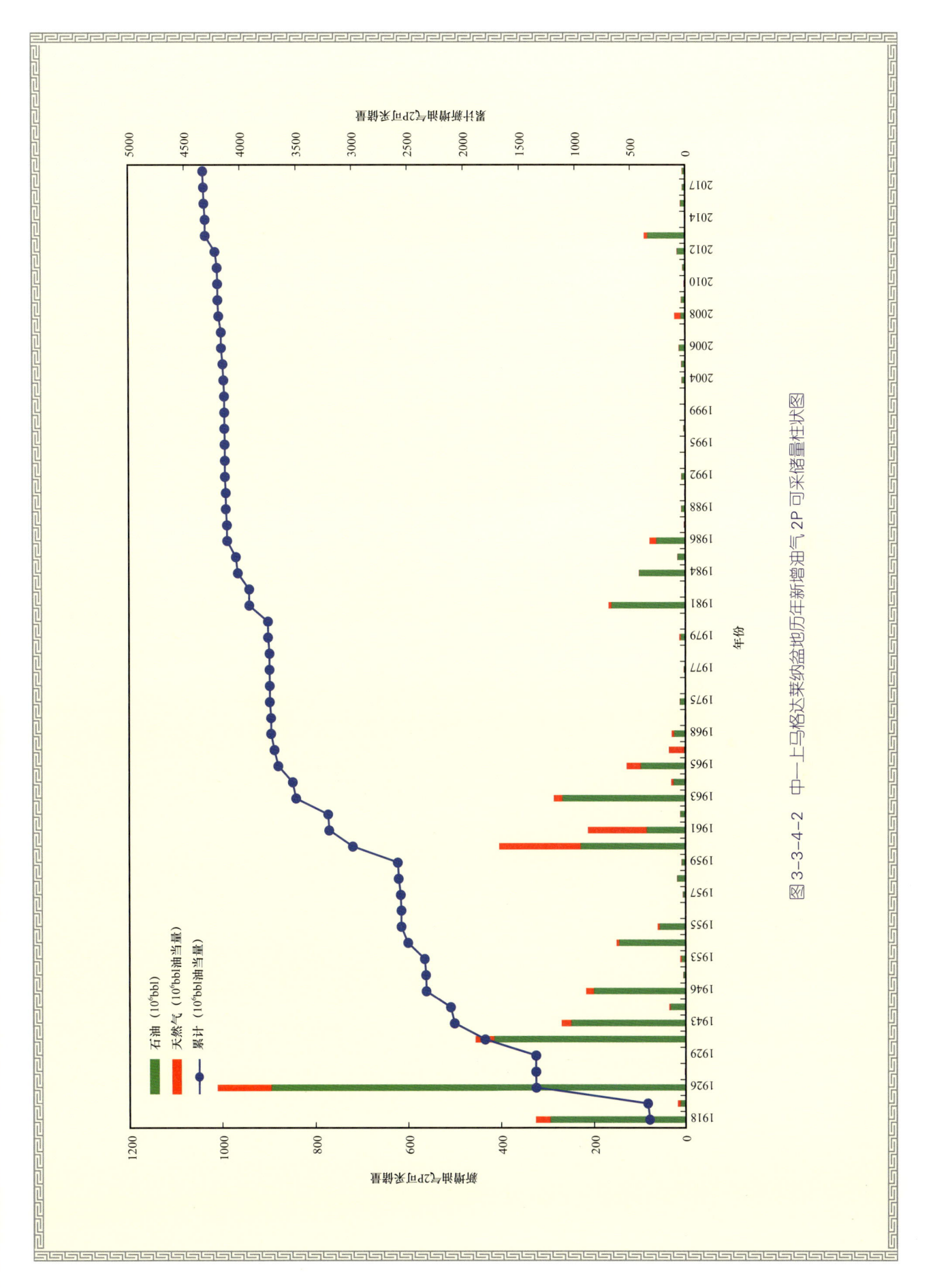

图 3-3-4-2 中—上马格达莱纳盆地历年新增油气 2P 可采储量柱状图

319

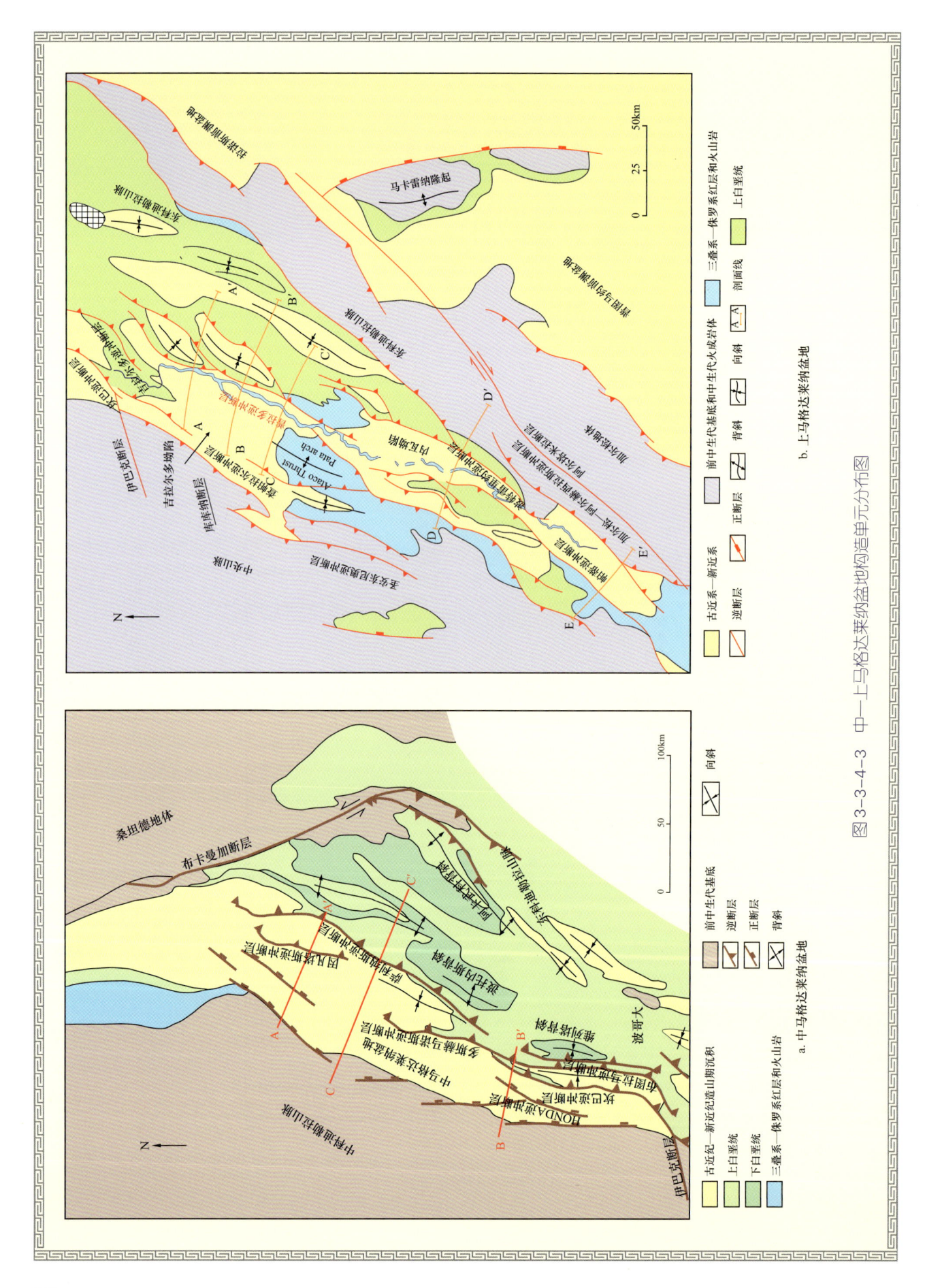

图 3-3-4-3 中—上马格达莱纳盆地构造单元分布图

哥伦比亚

各剖面标注：

剖面 A–A'： 吉拉尔多特坳陷；普拉多逆冲断层；再次活动的古近系薄皮逆冲推覆构造；0 2.5 5km

剖面 B–B'： 查帕拉尔—库库纳逆冲断层；吉拉尔多特坳陷；普拉多逆冲断层；白垩系；侏罗系；中新统；古近系；0 2.5 5km

剖面 C–C'： 圣安东尼奥逆冲断层；帕塔隆起；丘斯马逆冲断层；古近系厚皮逆冲断层；古近系薄皮逆冲断层被始新统削截；0 2.5 5km

剖面 D–D'： 丘斯马逆冲断层；帕蒂逆冲断层；波特雷洛逆冲断层；阿尔赫西拉斯逆冲断层；丘斯马薄皮构造；迪娜逆冲断层；古近系薄皮逆冲断层；古近系厚皮构造；加尔松逆冲断层；0 2.5 5km

剖面 E–E'： 马格达莱纳河；Tarqui-1；Guacharos-1；Altamira-1；加尔松地体；古生界；班杰辛托断层；阿尔塔米拉断层；苏亚萨断层；0 2.5 5km

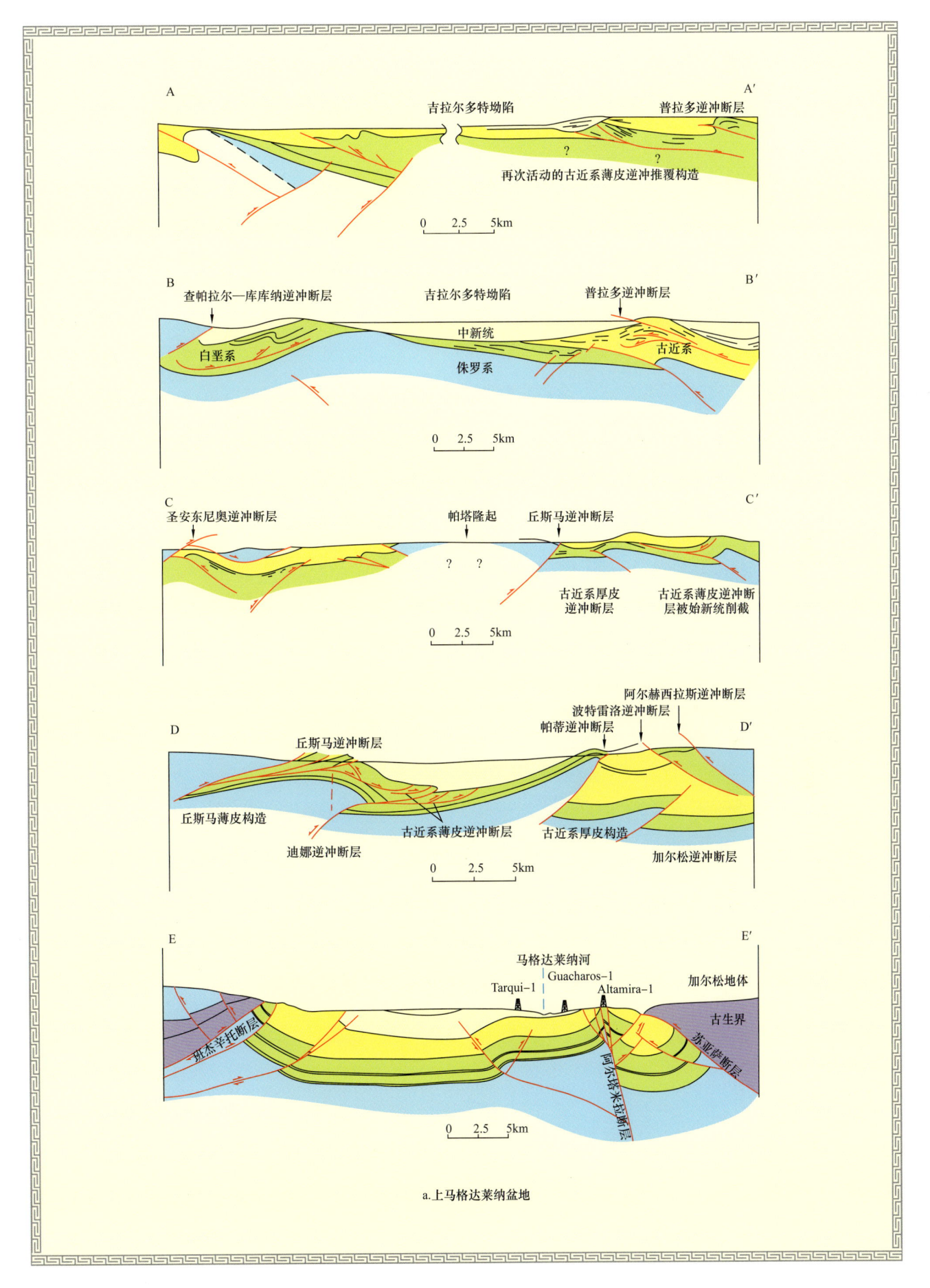

a. 上马格达莱纳盆地

321

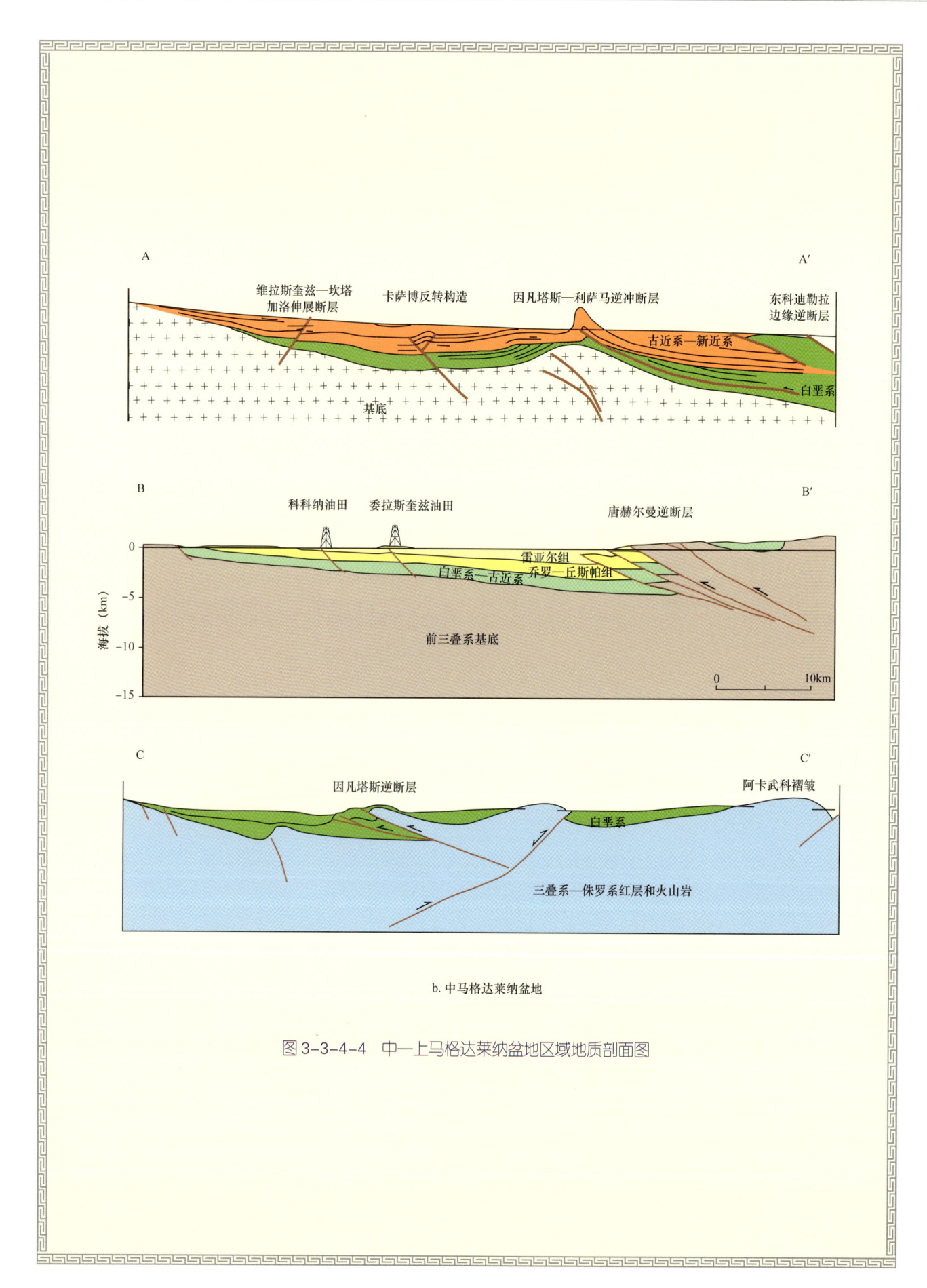

b. 中马格达莱纳盆地

图 3-3-4-4 中—上马格达莱纳盆地区域地质剖面图

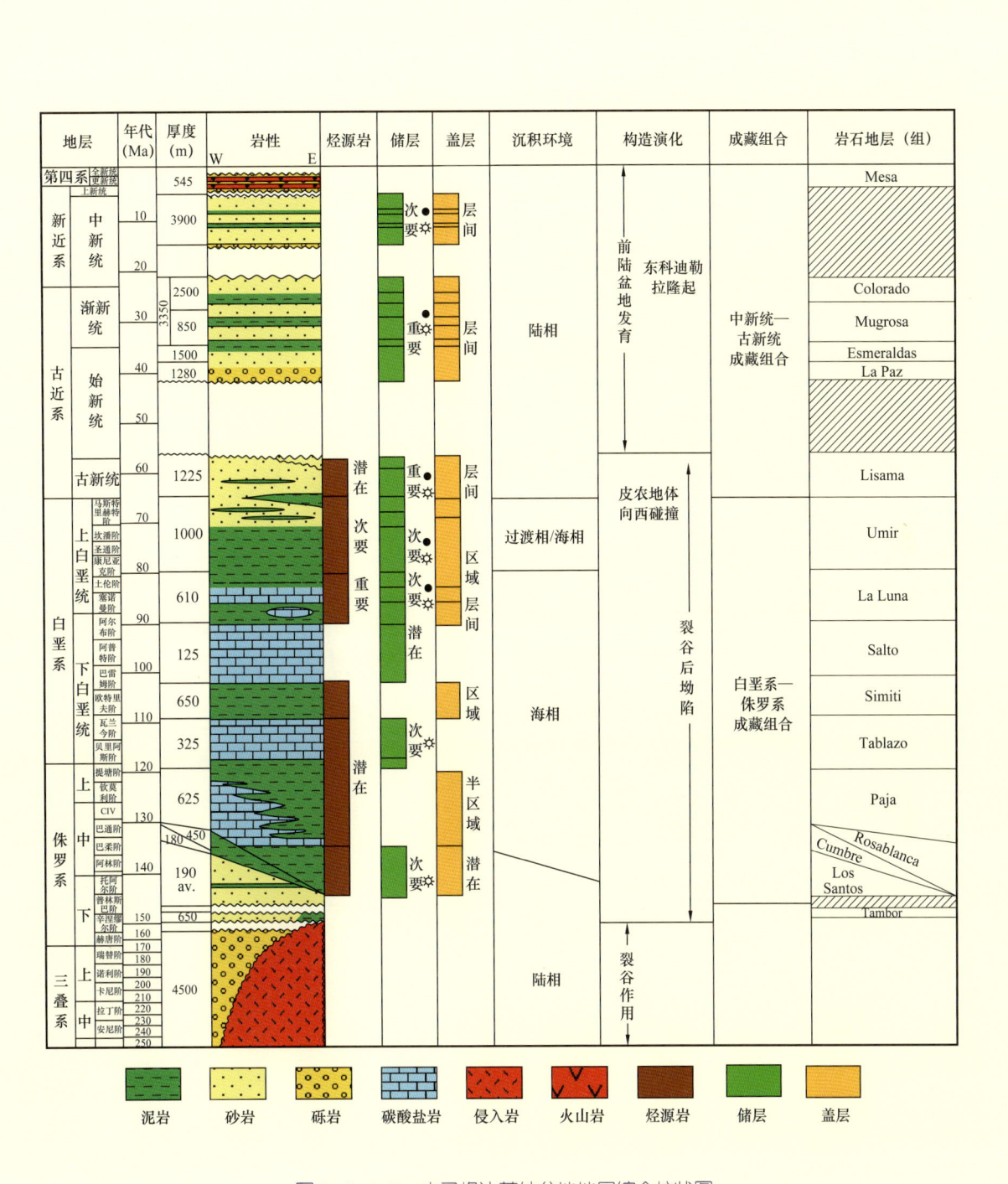

图 3-3-4-5 中马格达莱纳盆地地层综合柱状图

a. 构造图

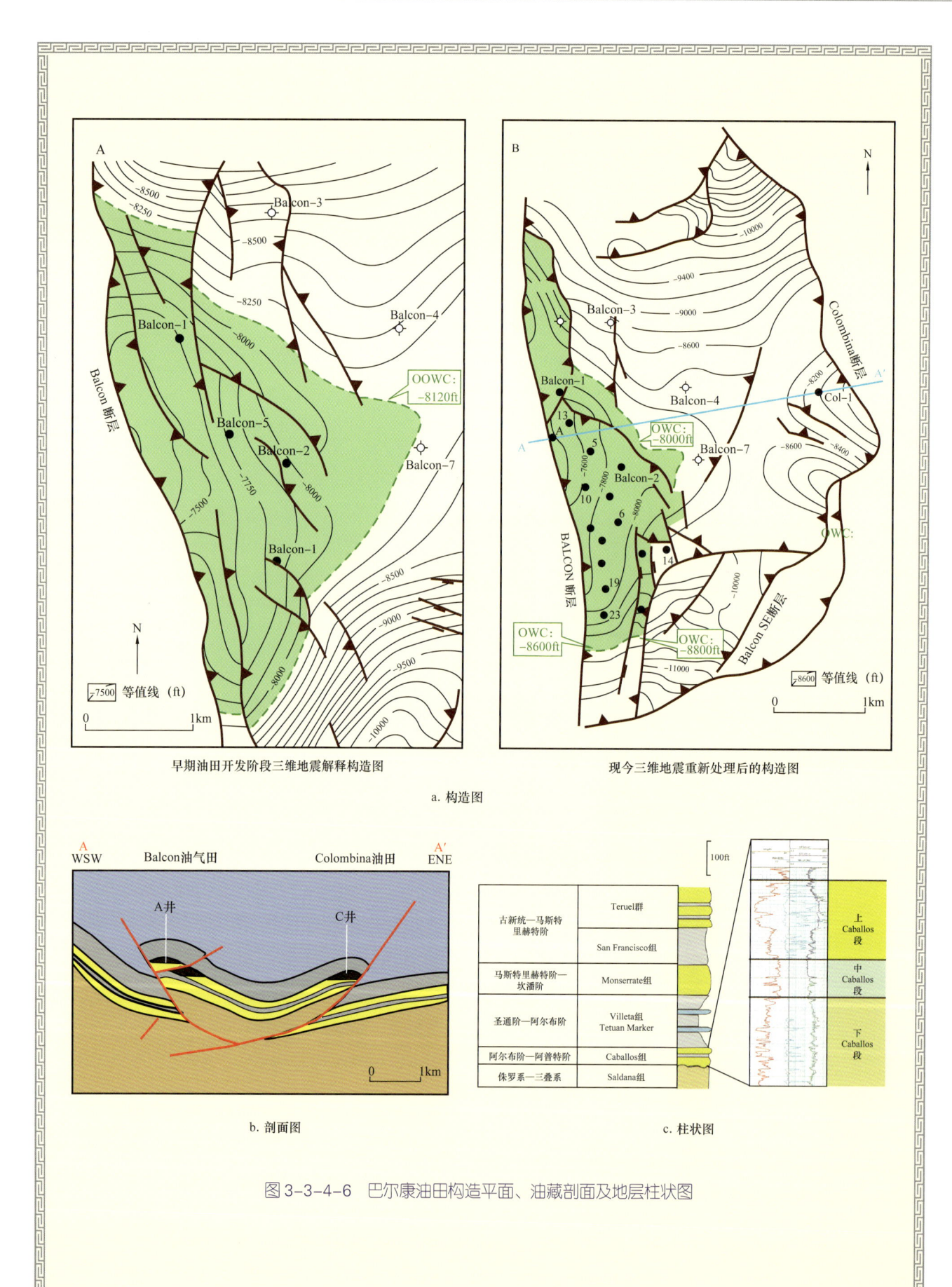

早期油田开发阶段三维地震解释构造图　　　现今三维地震重新处理后的构造图

b. 剖面图

c. 柱状图

古新统—马斯特里赫特阶	Teruel群
	San Francisco组
马斯特里赫特阶—坎潘阶	Monserrate组
圣通阶—阿尔布阶	Villeta组 Tetuan Marker
阿尔布阶—阿普特阶	Caballos组
侏罗系—三叠系	Saldana组

图 3-3-4-6　巴尔康油田构造平面、油藏剖面及地层柱状图

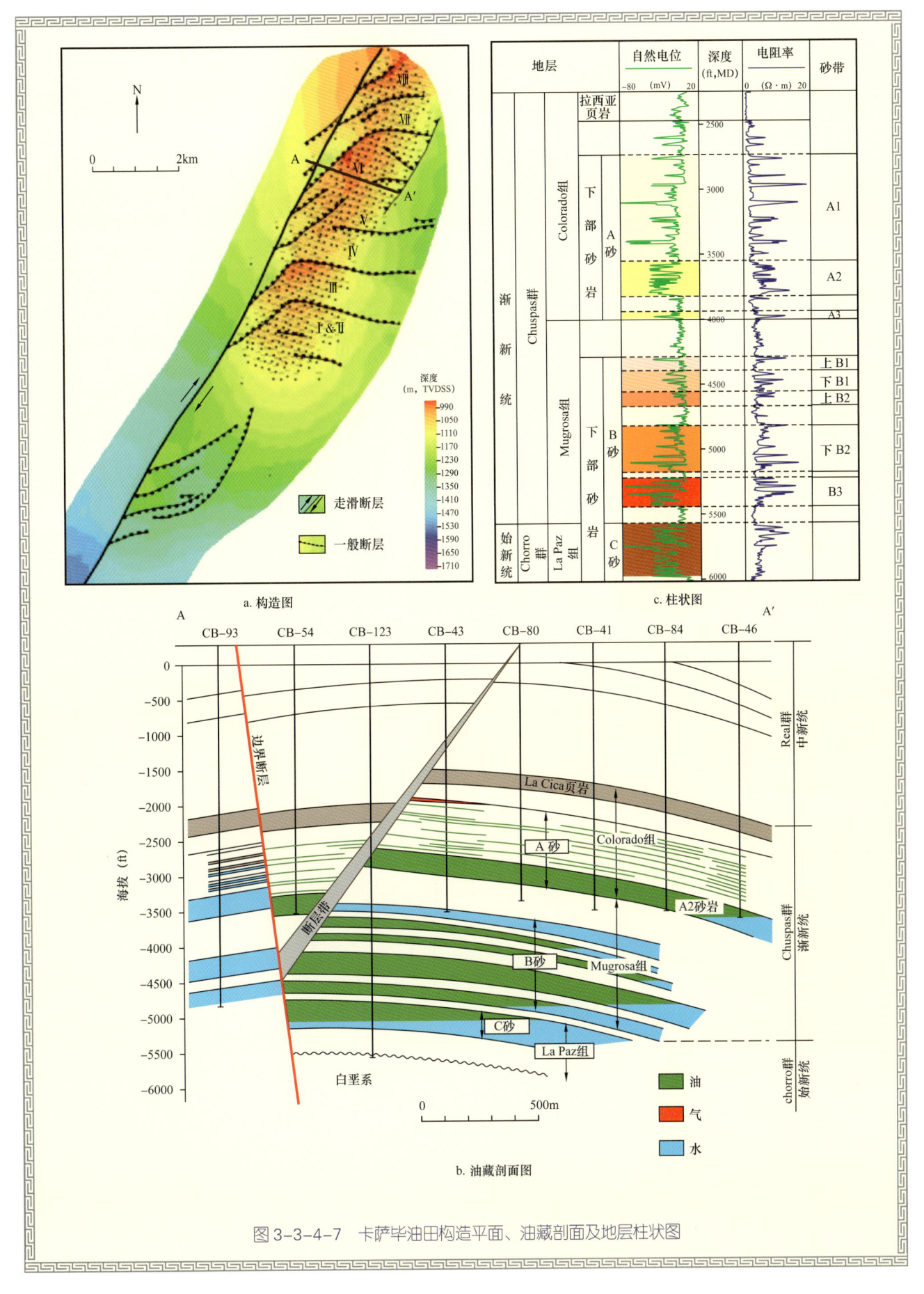

图 3-3-4-7 卡萨毕油田构造平面、油藏剖面及地层柱状图

a. 构造图

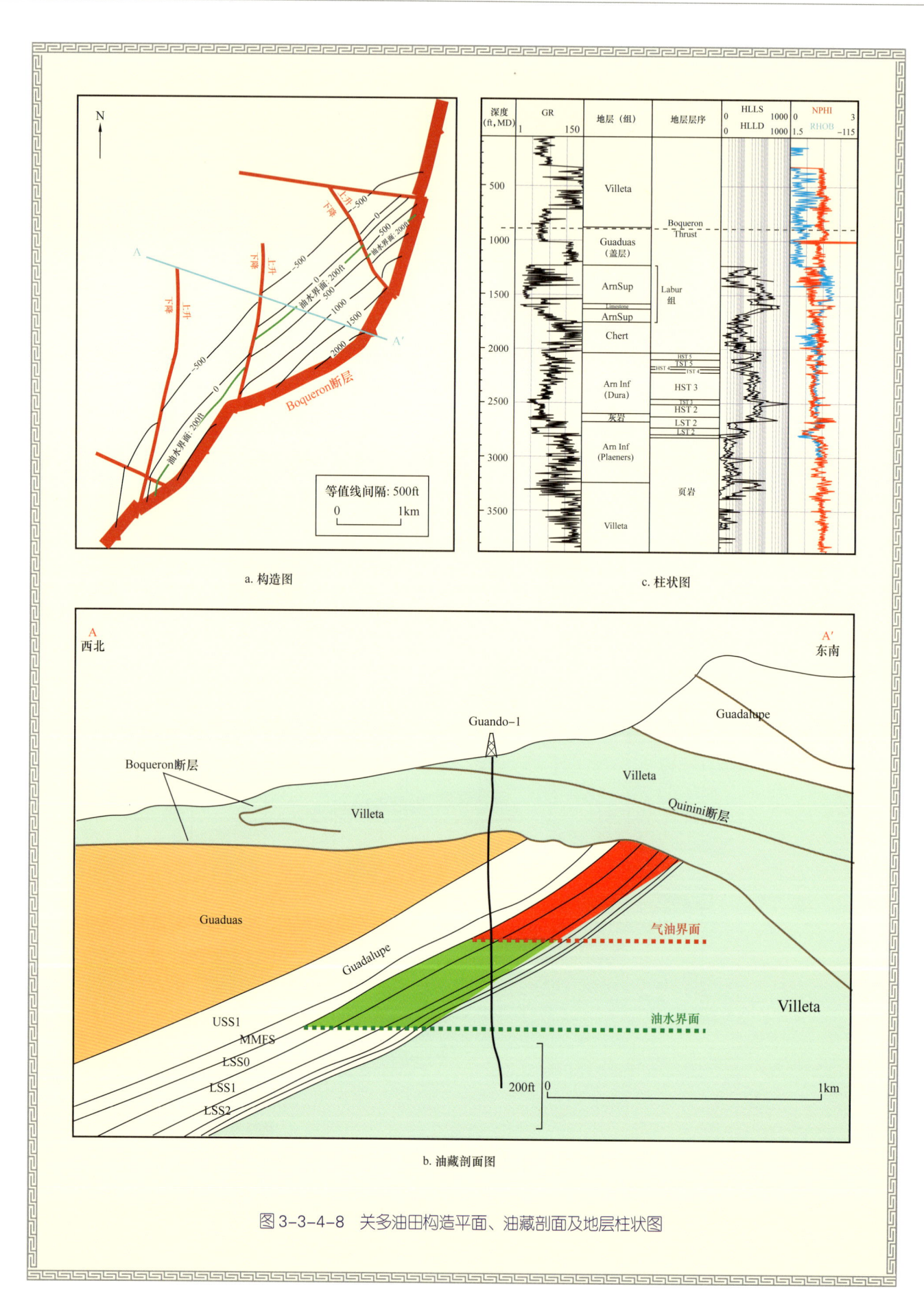

c. 柱状图

b. 油藏剖面图

图 3-3-4-8 关多油田构造平面、油藏剖面及地层柱状图

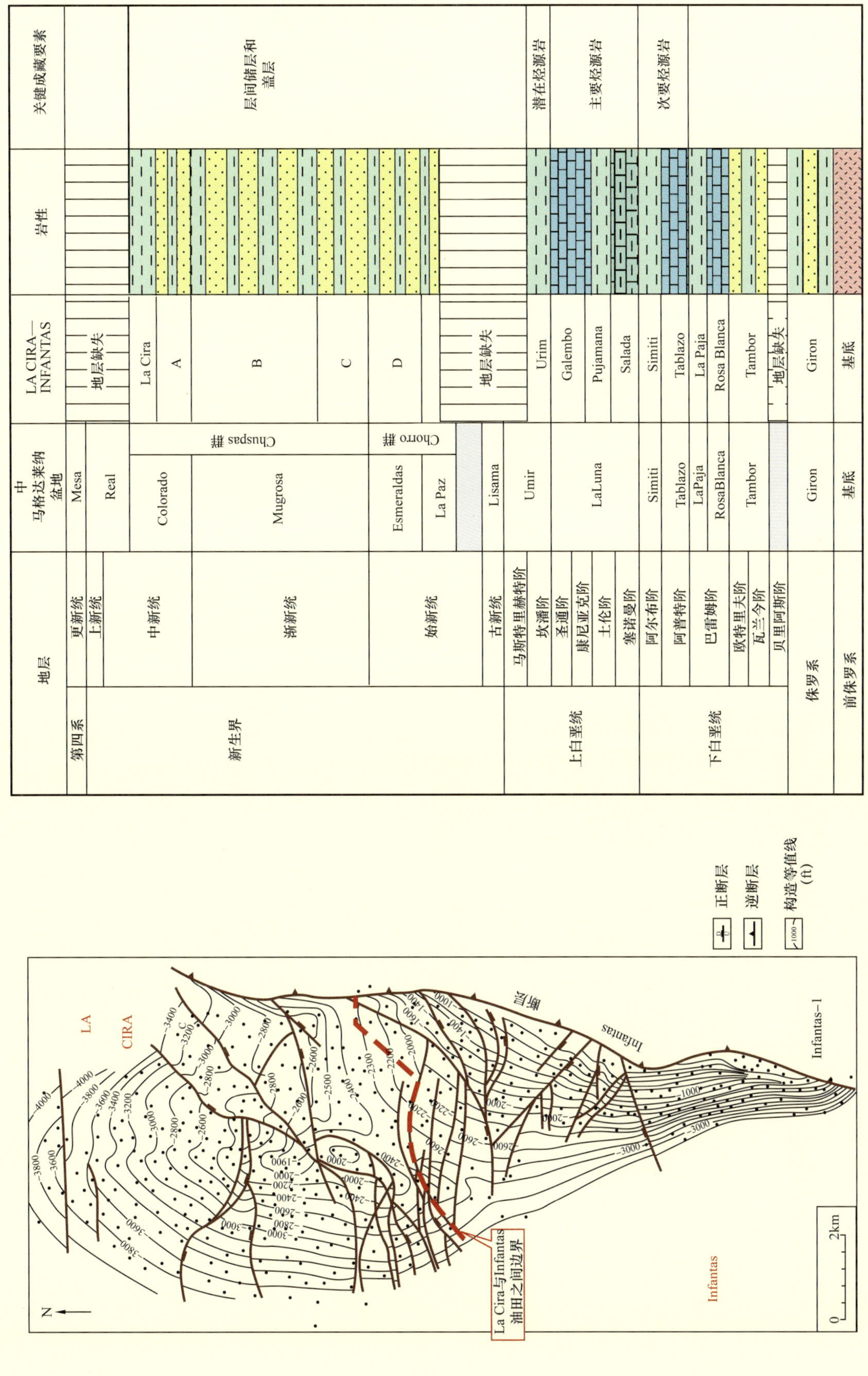
地层
第四系
新生界
上白垩统
下白垩统
侏罗系
前侏罗系
更新统
上新统
中新统
渐新统
始新统
古新统
马斯特里赫特阶
坎潘阶
圣通阶
康尼亚克阶
土伦阶
塞诺曼阶
阿尔布阶
阿普特阶
巴雷姆阶
欧特里夫阶
瓦兰今阶
贝里阿斯阶
中马格达莱纳盆地
Mesa
Real
Colorado
Mugrosa
Esmeraldas
La Paz
Lisama
Umir
LaLuna
Simiti
Tablazo
LaPaja
RosaBlanca
Tambor
Giron
基底
Chuspas 群
Chorro 群
LA CIRA—INFANTAS
地层缺失
La Cira
A
B
C
D
Urim
Galembo
Pujamana
Salada
Simiti
Tablazo
La Paja
Rosa Blanca
Tambor
地层缺失
Giron
基底
岩性
关键成藏要素
层间储层和盖层
潜在烃源岩
主要烃源岩
次要烃源岩
b. 柱状图
LA CIRA
Infantas
Infantas-1
La Cira与Infantas油田之间边界
正断层
逆断层
构造等值线(ft)
0
2km
N
a. 构造图

图3-3-4-9　拉锡拉油田构造平面及地层柱状图

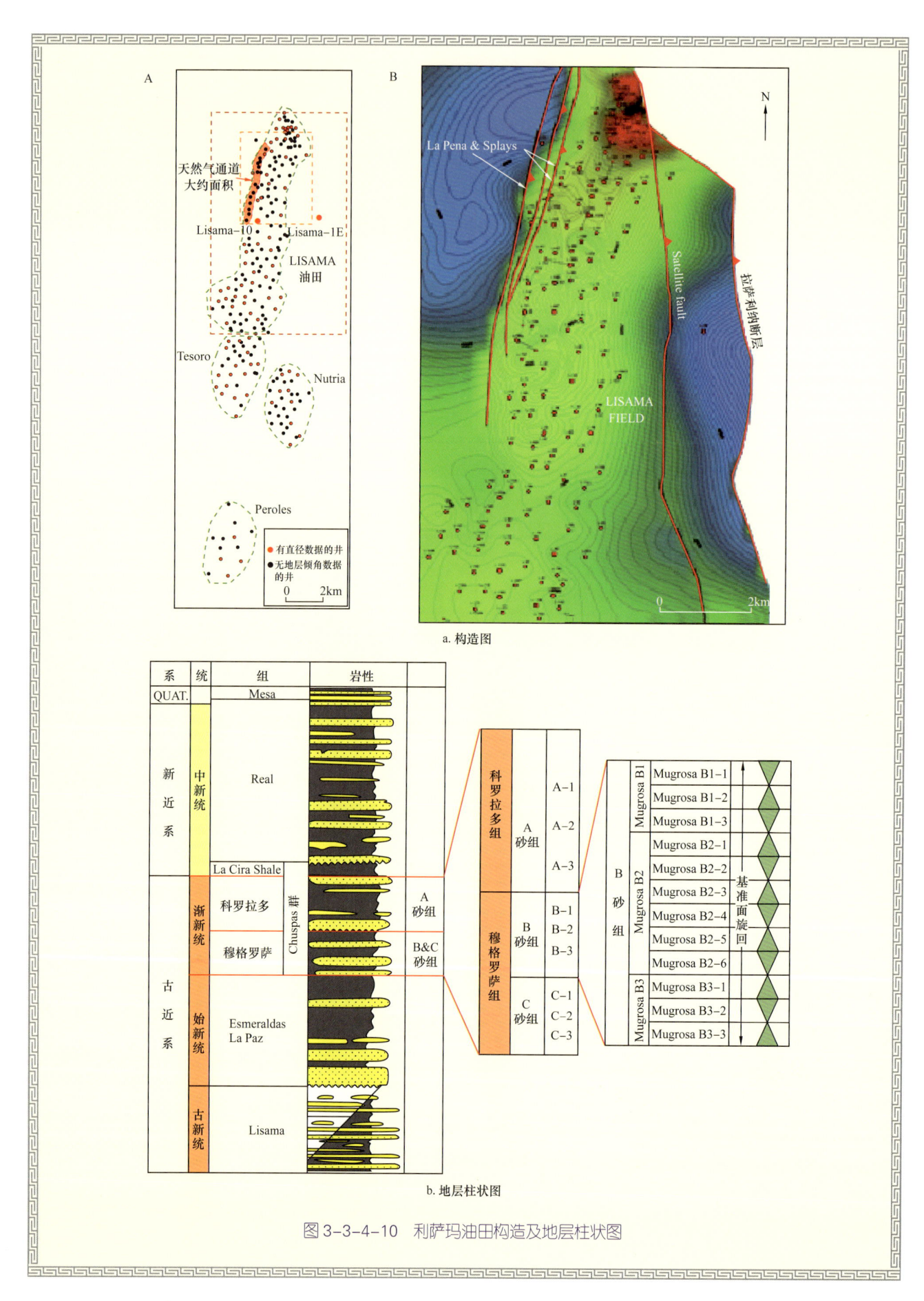

图 3-3-4-10 利萨玛油田构造及地层柱状图

哥伦比亚

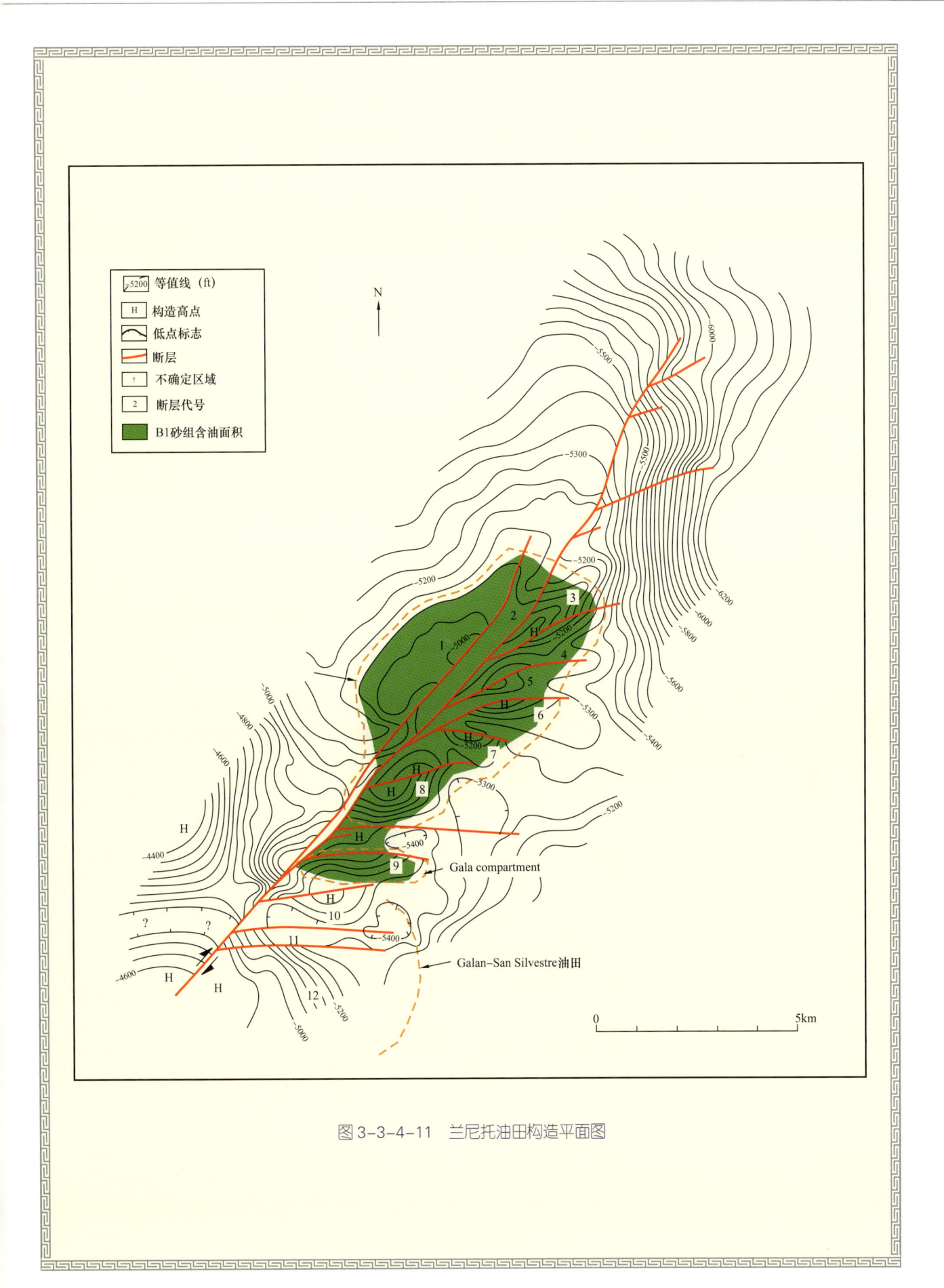

图 3-3-4-11 兰尼托油田构造平面图

（五）亚诺斯—巴里纳斯盆地

亚诺斯—巴里纳斯盆地的勘探开发历程、区域地质、石油地质特征、常规油气成藏组合等信息参考委内瑞拉部分，哥伦比亚境内为亚诺斯盆地。

1. 典型油气田

1）阿皮亚伊（Apiay）油田

属于上白垩统成藏组合，位于亚诺斯盆地西南部，面积24km²，于1991年发现（图3-3-5-1）。截至2018年底，石油、天然气2P可采储量分别为4650×10^6bbl和9.47×10^{12}ft³。

储层为上塞诺曼阶—坎潘阶Chipaque组砂岩，发育粒间孔，平均孔隙度为22%，平均渗透率约50mD。

2）卡诺利蒙（Cano limo）油田

包括渐新统、中新统和上白垩统成藏组合，面积36.7km²，于1983年发现（图3-3-5-2），截至2018年，石油、天然气2P可采储量分别为1213×10^6bbl、11.58×10^9ft³。

圈闭为右旋走滑运动相关的正花状构造，储层为渐新统—中中新统砂岩和上白垩统砂岩。储层孔隙度为12%~32%（平均24%），渗透率为10~8000mD。其中河流相储层质量最佳，渗透率一般超过1000mD。

3）库皮亚瓜（Cupiagua）油气田

属于始新统成藏组合，油田西界为Guaicaramo断裂系，东界为Yopal-Borde Llanero断裂系，面积75km²，于1983年发现（图3-3-5-3）。

始新统砂岩储层孔隙度大，基质渗透率>0.1mD，岩心和成像测井可见少量裂缝。

1996年投入生产，2018年石油和天然气年产量分别为2.3×10^6bbl、8.72×10^6bbl油当量。

4）库西亚纳（Cusiana）油气田

为上白垩统—始新统成藏组合，位于Cusiana断层上盘，面积125km²，于1988年发现（图3-3-5-4）。截至2018年底，石油、天然气2P可采储量分为700×10^6bbl、2.4×10^{12}ft³。

圈闭为逆冲背斜，具有断弯褶皱特征。主要储层为始新统、古新统和上白垩统砂岩。储层主要为原生粒间孔，次生孔隙度仅占总孔隙度的10%。Guadalupe组储层略好，孔隙度5%~20%（平均10.9%），渗透率1~1000mD（平均88mD）。Barco组孔隙度4%~15%（平均7.7%），渗透率0.1~1000mD（平均73mD）。Mirador组孔隙度4%~12%（平均8.5%），BA-1井和Cus2-ast井测试结果渗透率分别为1320mD和108mD。

5）鲁比亚莱斯（Rubiales）油田

为渐新统—下中新统成藏组合，位于亚诺斯盆地中南部，面积560km²，发现于1981年。截至2018年，石油天然气2P可采储量分别为930×10^6bbl、5×10^9ft³。

储层为渐新统—下中新统砂岩，孔隙度21%~38%，平均为28%，渗透率500~13000mD。

1982年投入生产，截至2018年，累计生产石油562.95×10^6bbl。

2. 油气勘探开发潜力

中国石油2018年评价认为，盆地常规待发现油气资源量5988.96×10^6bbl油当量，其中石油4844.72×10^6bbl，天然气6636.58×10^9ft³。盆地属勘探开发较成熟地区，但勘探程度差异较大。盆地北部、西部、东部边缘地带、构造隆起带勘探程度高，而坳陷区和海域勘探程度较低，是今后勘探的主要目标。

表3-3-5-1 亚诺斯盆地（哥伦比亚境内）主要油气田属性表

序号	油气田名称	油气田类型	地理位置	发现年份	主要成藏组合	主要储层岩性	2P可采储量 石油（10⁶bbl）	2P可采储量 天然气（10⁹ft³）	2P可采储量 凝析油（10⁶bbl）	油气总和（10⁶bbl油当量）
1	阿皮亚伊（Apiay）	油田	陆上	1981	上白垩统	砂岩	272.00	131.00	3.80	297.63
2	卡诺利蒙（Cano Limo）	油田	陆上	1983	渐新统、中新统、上白垩统	砂岩	1213.00	11.58	0	1214.00
3	库皮亚瓜（Cupiagua）	油气田	陆上	1992	始新统	砂岩	100.00	210.00	0	1000.00
4	库西亚纳（Cusiana）	油气田	陆上	1988	下白垩统	砂岩	700.00	2400.00	0	1150.00
5	鲁比亚莱斯（Rubiales）	油田	陆上	1981	渐新统、下中新统	砂岩	930.00	5.00	0	930.83

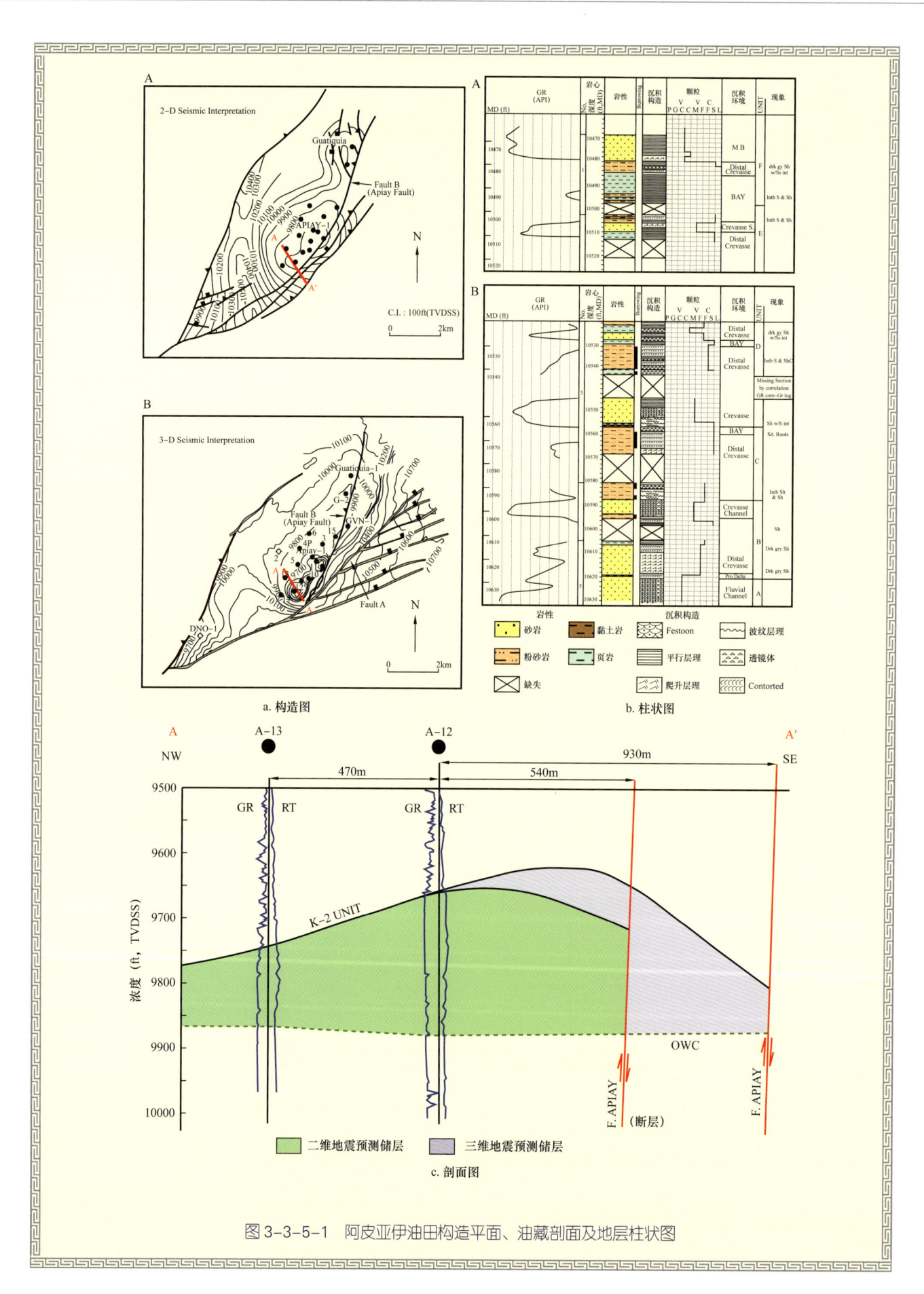

图 3-3-5-1 阿皮亚伊油田构造平面、油藏剖面及地层柱状图

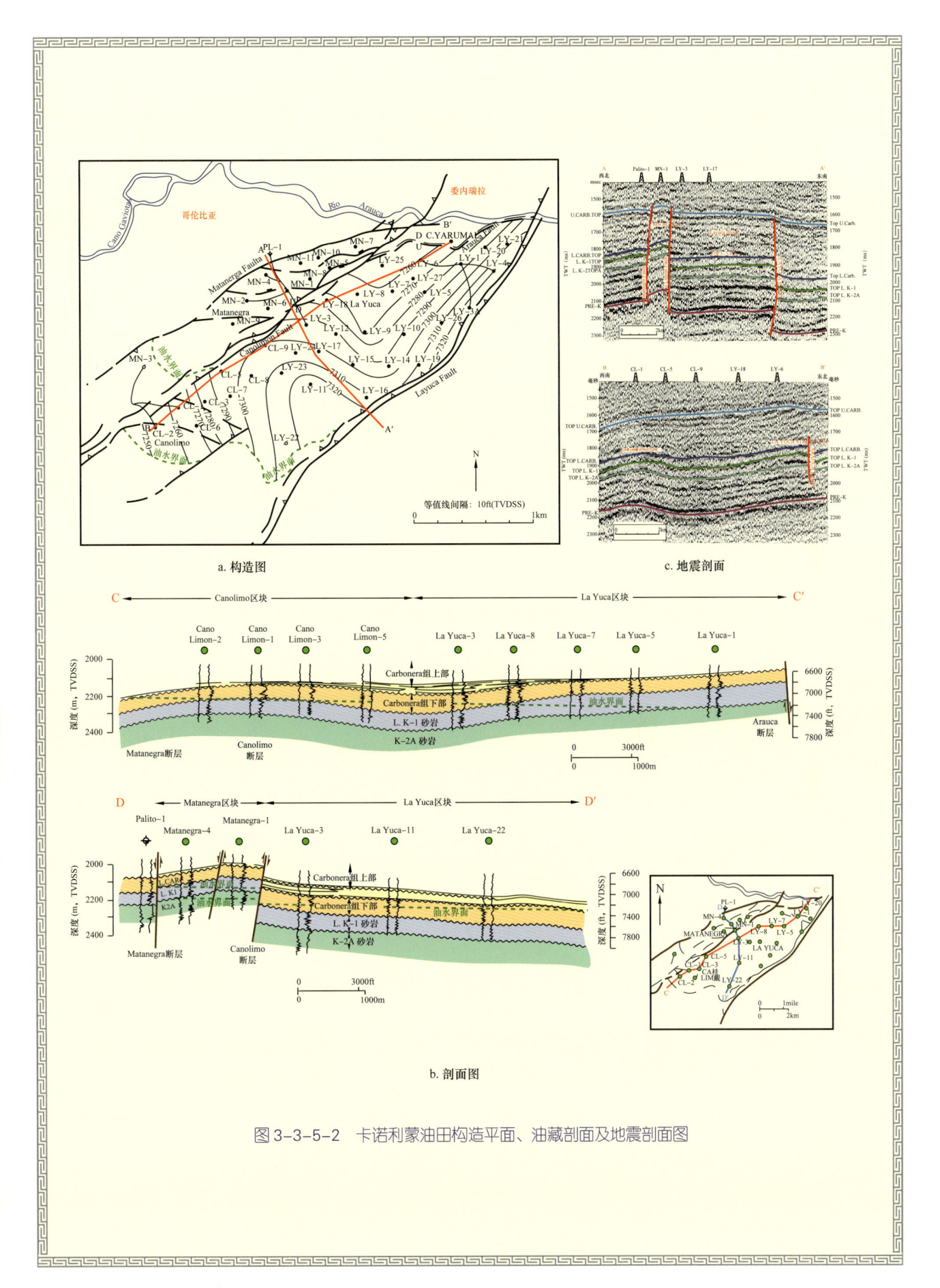

图 3-3-5-2　卡诺利蒙油田构造平面、油藏剖面及地震剖面图

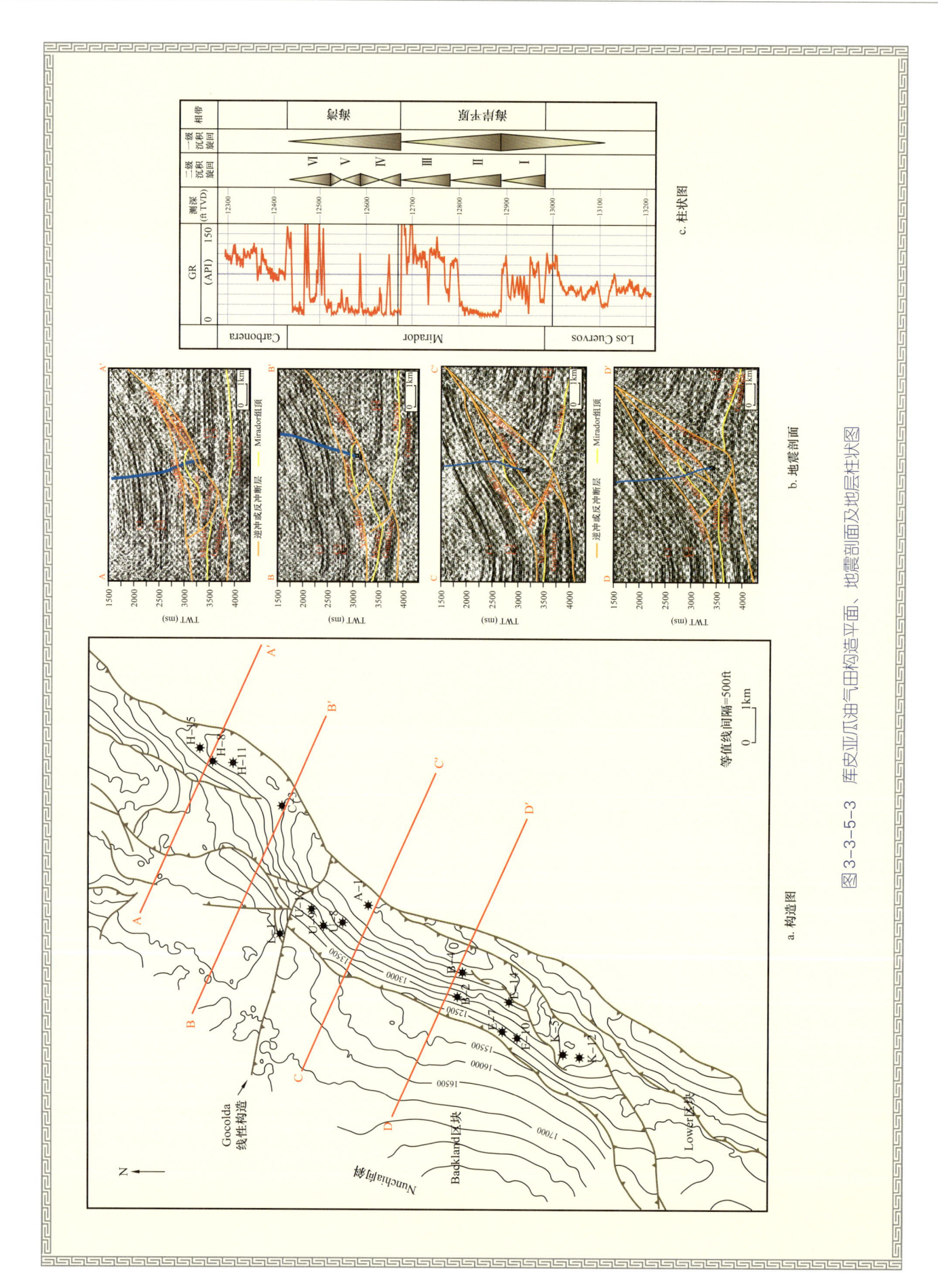

世界油气勘探开发与合作形势图集　南美地区　South America

图3-3-5-3　库皮亚瓜油气田构造平面、地震剖面及地层柱状图

a. 构造图

b. 地震剖面

c. 柱状图

哥伦比亚

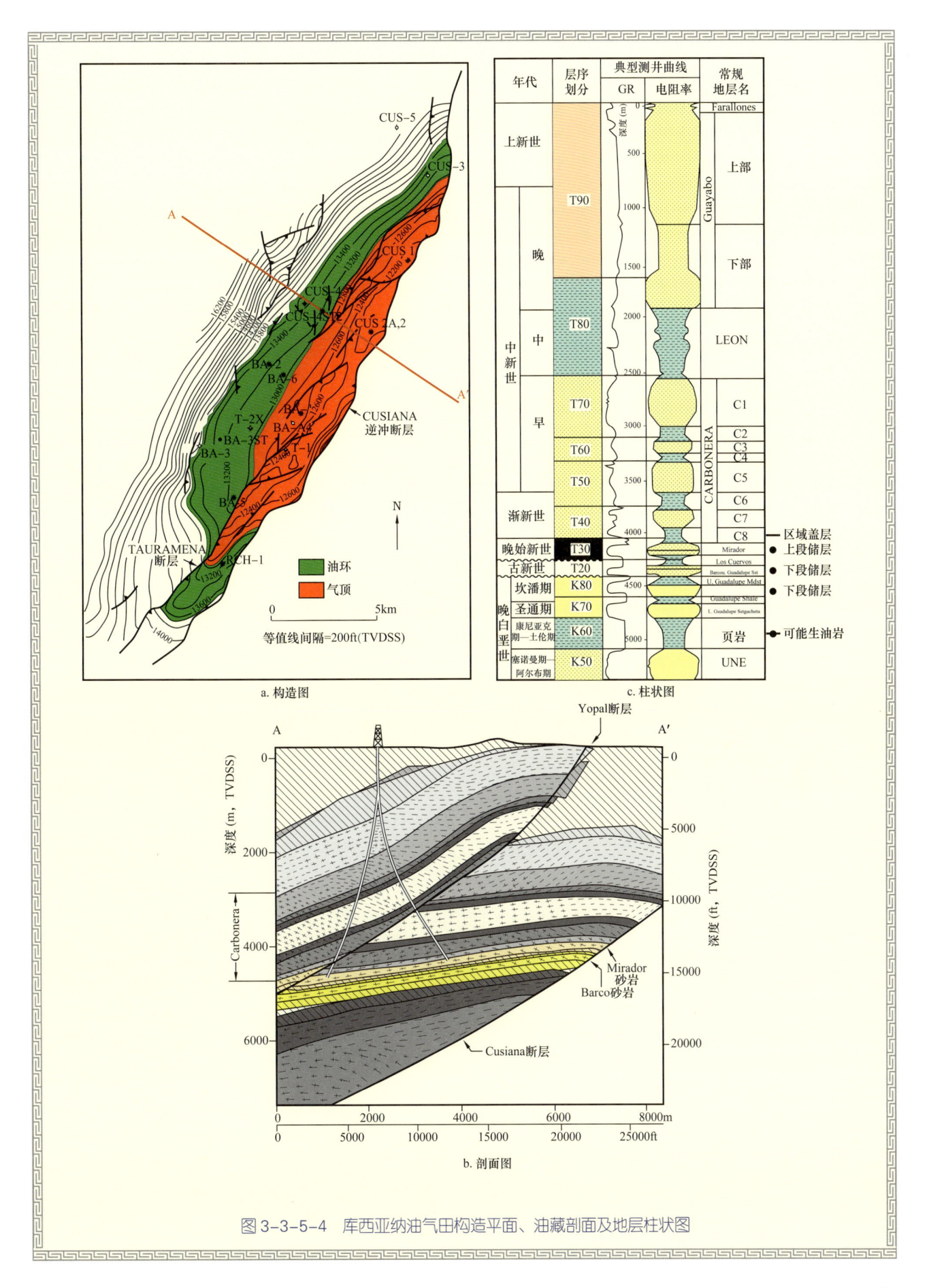

图 3-3-5-4 库西亚纳油气田构造平面、油藏剖面及地层柱状图

（六）普图马约盆地

普图马约（Putumayo）盆地位于安第斯山脉东部，是安第斯系列前陆盆地的一部分，面积 $15.03\times10^4\text{km}^2$（图 3-3-6-1）。主体位于厄瓜多尔境内（又被称作 Napo 或奥连特盆地），部分位于哥伦比亚和秘鲁境内。

1. 勘探开发历程

普图马约盆地的油气勘探经历了早期勘探、重大发现和稳定增长 3 个阶段（图 3-3-6-2）。

早期勘探阶段（1858—1968 年）：1858 年 Manuel Villavicencio 在 Hollin 河发现油苗。盆地在厄瓜多尔境内的第一口井 Vuano 1 钻于 1944 年，没有获得发现。1948 年 7 月，La Rastra 1 探井见油气显示。1963 年，在哥伦比亚境内发现了第一个油田奥里托（Orito）油田，2P 可采储量为 $359.2\times10^6\text{bbl}$ 油当量，1965—1966 年又陆续发现了 3 个油田。1967 年在厄瓜多尔境内发现了 3 个油田，此后新的油田不断被发现，储量持续小幅增长。

重大发现阶段（1969—1972 年）：1969 年在厄瓜多尔境内发现了舒舒芬迪—阿瓜里科（Shushufindi-Aguarico）和萨扎（Sacha）油田，总 2P 可采储量分别为 $1602.48\times10^6\text{bbl}$ 和 $1403.74\times10^6\text{bbl}$ 油当量，其中舒舒芬迪—阿瓜里科油田是目前普图马约盆地储量最大的油田。1970—1972 年，厄瓜多尔境内和哥伦比亚境内新发现油田 20 个，其中 17 个位于厄瓜多尔。

稳定增长阶段（1973—2018 年）：期间共发现油田 191 个，盆地储量持续稳定增长，其中 1992 年发现了伊什平戈（Ishpingo）1 油田，总 2P 可采储量为 $1001.86\times10^6\text{bbl}$ 油当量。

截至 2018 年底，盆地共发现油气田 233 个，累计发现石油、天然气 2P 可采储量分别为 $10654.20\times10^6\text{bbl}$、$3332.74\times10^9\text{ft}^3$。共发现大气田 4 个，即舒舒芬迪—阿瓜里科、萨扎、伊什平戈 1 和提普提尼，总储量 $4550.17\times10^6\text{bbl}$ 油当量，占总发现量的 41%。

2017 年，盆地石油年产量 $699.25\times10^6\text{bbl}$ 油当量，天然气 $3766.02\times10^6\text{bbl}$ 油当量。截至 2018 年底，盆地剩余 2P 可采储量 $4743.01\times10^6\text{bbl}$ 油当量，其中石油 $4469.66\times10^6\text{bbl}$，天然气 $1585.41\times10^9\text{ft}^3$。

2. 区域地质

普图马约盆地为前陆盆地（图 3-3-6-3），基底为寒武系变质岩，白垩系—新生界厚达 5000m 以上。盆地主要构造呈近南北向条带状分布，自西向东依次为西部逆冲前渊带、中部裂陷反转带和东部斜坡带。西部逆冲和前渊带构造活动强烈，逆冲断层发育；东部斜坡带构造平缓，以正断层为主。盆地的构造演化可分为三期：裂谷期、后裂谷期和前陆期，其中前陆期又进一步划分为安第斯构造初期和安第斯构造中后期。

盆地包括亚里（Yari）坳陷、普图马约坳陷和奥连特坳陷三个次级单元。西陡东缓，西翼地层倾角达 $5°\sim10°$，而东翼不到 $2°$。

盆地在中侏罗世到早白垩世为裂谷，在南北向的狭窄地堑中沉积了陆相红层和酸性侵入岩，上覆后裂谷期热沉降阶段欧特里夫阶—马斯特里赫特阶，包括 Hollin 组（在哥伦比亚则称 Caballos 组）河流相和河成三角洲相砂岩及 Napo（Villeta）组浅海碎屑岩和碳酸盐岩（图 3-3-6-4）。

3. 石油地质特征

1）烃源岩

主要烃源岩（图 3-3-6-5）为上白垩统塞诺曼阶—坎潘阶 Napo（Villeta）组浅海泥岩和灰岩。该烃源岩有机质类型从西北向东南逐渐变化，西北部主要以 I 型 / II 型干酪根为主，东南部以 III 型干酪根为主，仅少数井见有Ⅰ型。总有机碳含量为1%～10%，平均有机碳含量在东部不到1%，在西部超过4.7%，局部达10%，R_o为0.4%～0.6%。

次要烃源岩为下白垩统Hollin组海相—三角洲相泥岩，厚度80～240m，平均125m，有机质类型为Ⅱ、Ⅲ型，主要分布在盆地西部前渊带。

2）储层

主要储层是下白垩统Hollin（Caballos）组和上白垩统Napo（Villeta）组砂岩（图3-3-6-5）。次要储层为古近系—新近系Tena（Rumiyaco）组和Tiyuyacu（Pepino）组碎屑岩和Napo组裂缝性灰岩。

上白垩统Napo组为浅海—三角洲相砂岩和石灰岩，有效厚度1～75m，平均40m，孔隙度10%～25%，平均20%，渗透率100～6000mD，平均1000mD。

下白垩统Hollin组为三角洲—河流相砂岩，有效厚度5～100m，平均50m；孔隙度12%～25%，平均20%；渗透率20～2000mD，平均650mD。

3）盖层

区域盖层包括上白垩统Napo组页岩、致密灰岩，古新统Tena组页岩和渐新统Orteguaza组泥岩（图3-3-6-5）。

4）圈闭类型

以构造圈闭为主，大多为低幅度背斜、断背斜、断块或构造—岩性地层复合圈闭。深层和东南部斜坡带发育岩性地层圈闭。

4. 常规油气成藏组合

盆地已证实3套成藏组合：渐新统—始新统、古新统—上白垩统、下白垩统成藏组合（图3-3-6-5）。

5. 典型油气田

奥里托（Orito）油气田

属下白垩统成藏组合，面积80km²，于1963年发现。截至2018年，石油、天然气2P可采储量分别为$292×10^6$bbl、$403×10^9$ft³。

圈闭为不对称逆冲断背斜（图3-3-6-6），由南、北两个构造高点组成，中间为鞍部，发育一系列北北东向逆断层。下白垩统Caballos组孔隙度为3%～21%（平均12%），渗透率从小于0.1mD至800mD。其中潮道砂岩孔隙度较高（19%），河道砂岩孔隙度为15%，而河口坝和潮坪沉积孔隙度较低（<5%）。

6. 油气勘探开发潜力

中国石油2018年评价认为，该盆地常规待发现油气资源量$3430.00×10^6$bbl油当量，其中石油$3230.00×10^6$bbl、天然气$1160.00×10^9$ft³。盆地的主要勘探潜力集中在白垩系成藏组合，该成藏组合向北延伸到普图马约和亚里坳陷北部和盆地西部复杂逆冲带。

表 3-3-6-1 普图马约盆地主要油气田属性表

序号	油气田名称	油气田类型	地理位置	发现年份	主要成藏组合	主要储层岩性	2P 可采储量			
							石油（10⁶bbl）	天然气（10⁹ft³）	凝析油（10⁶bbl）	油气总和（10⁶bbl 油当量）
1	奥里托（Orito）	油气田	陆上	1963	下白垩统	砂岩	292.00	403.00	0	359.17

哥伦比亚

图 3-3-6-1 普图马约盆地油气田位置分布图

油气田名称：1. 奥里托（Orito）；2. 舒舒芬迪—阿瓜里科（Shushufindi—Aguarico）；3. 萨扎（Sacha）；4. 艾登—余图里（Eden—Yuturi）；5. 提普提尼（Tiputini）

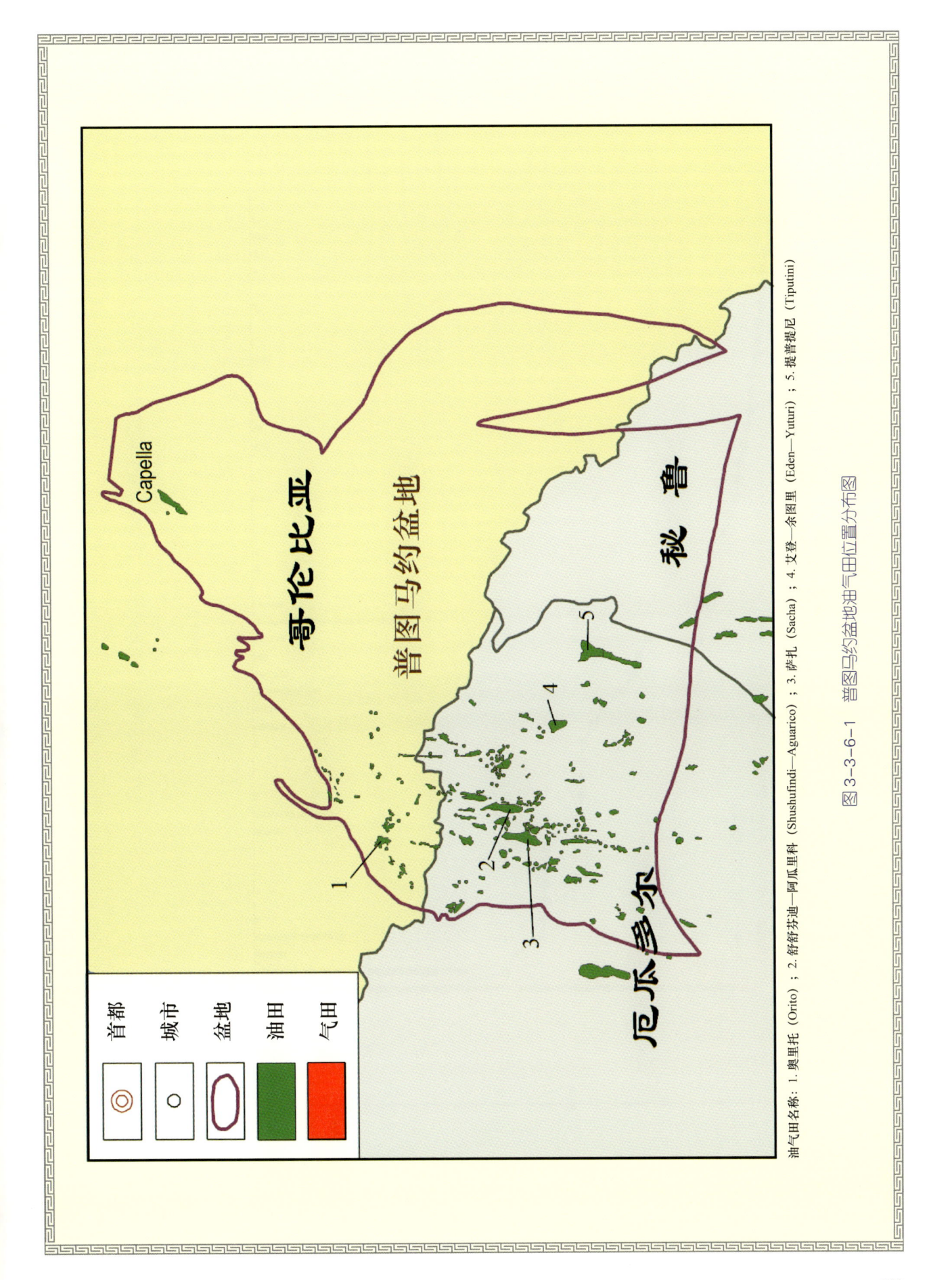

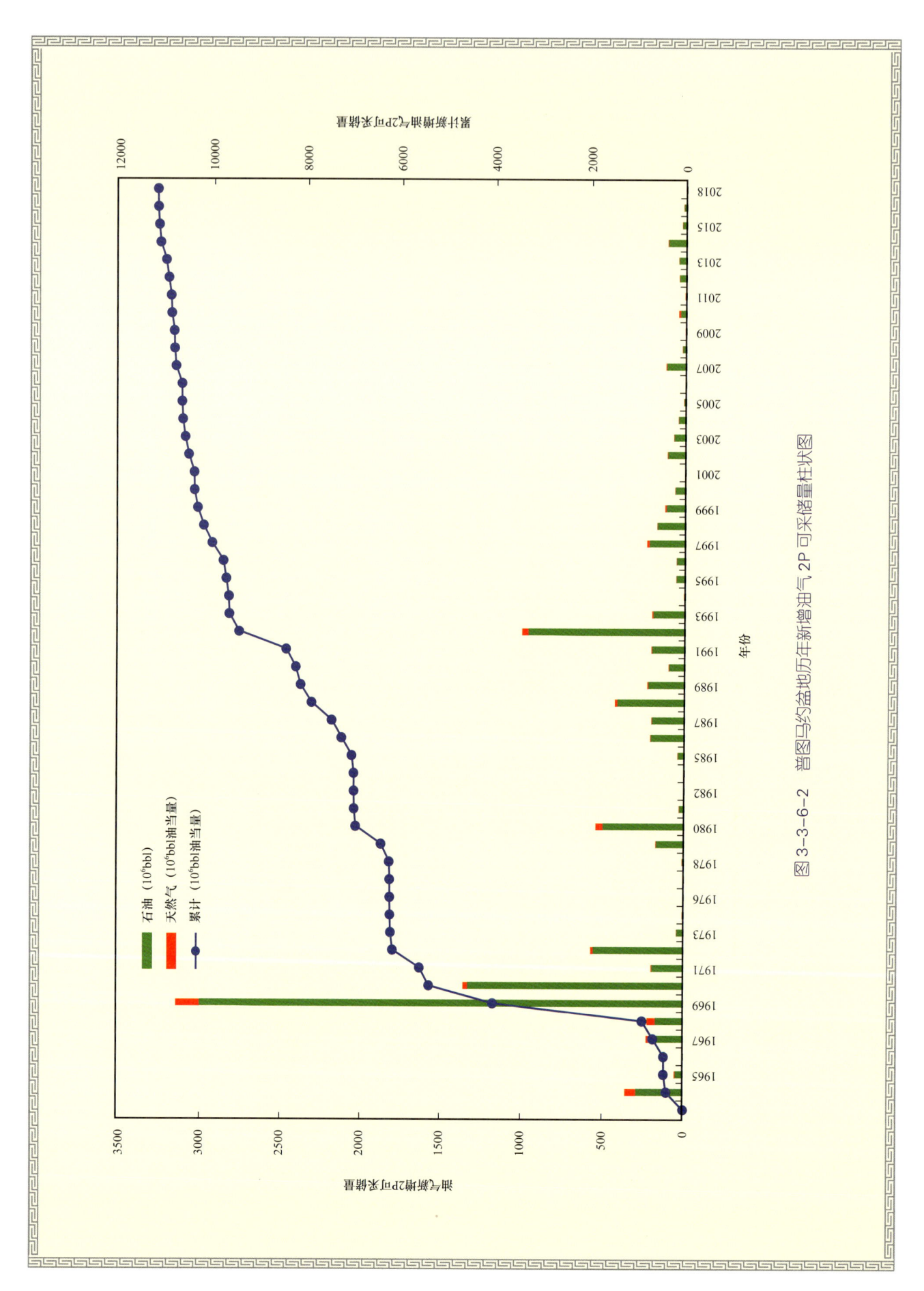

世界油气勘探开发与合作形势图集 | 南美地区 South America

图3-3-6-2 普图马约盆地历年新增油气2P可采储量柱状图

哥伦比亚

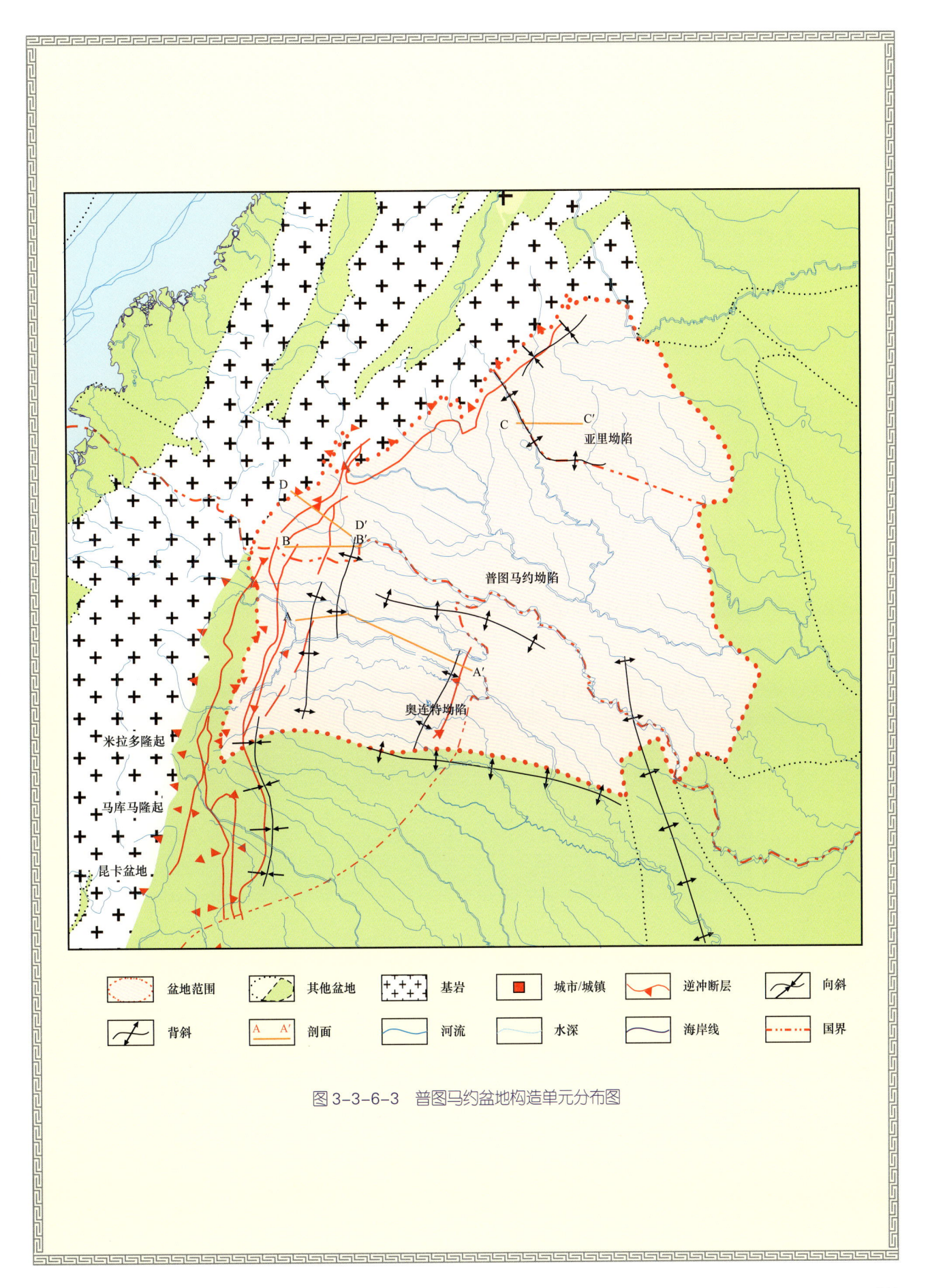

图 3-3-6-3　普图马约盆地构造单元分布图

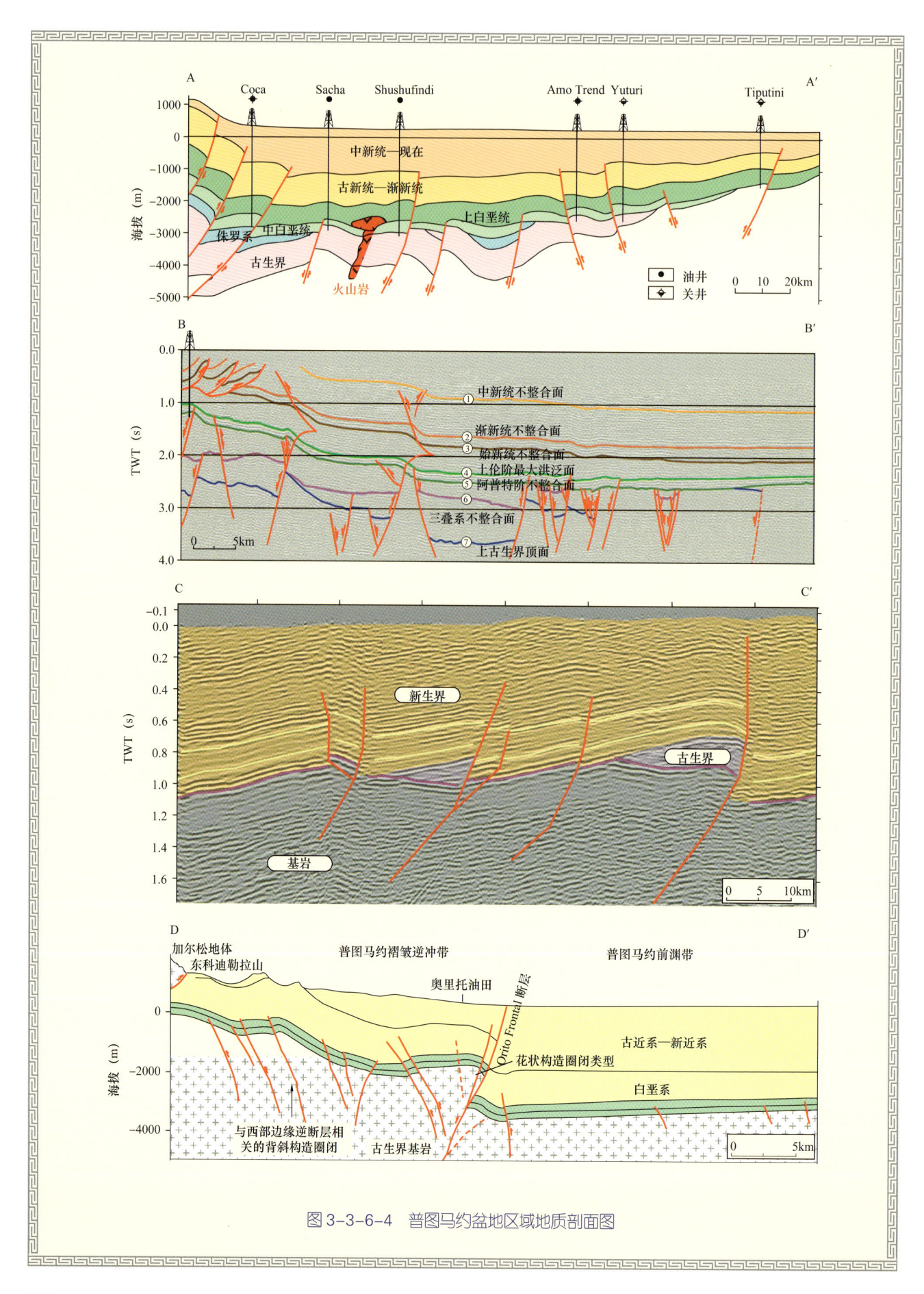

图 3-3-6-4 普图马约盆地区域地质剖面图

哥伦比亚

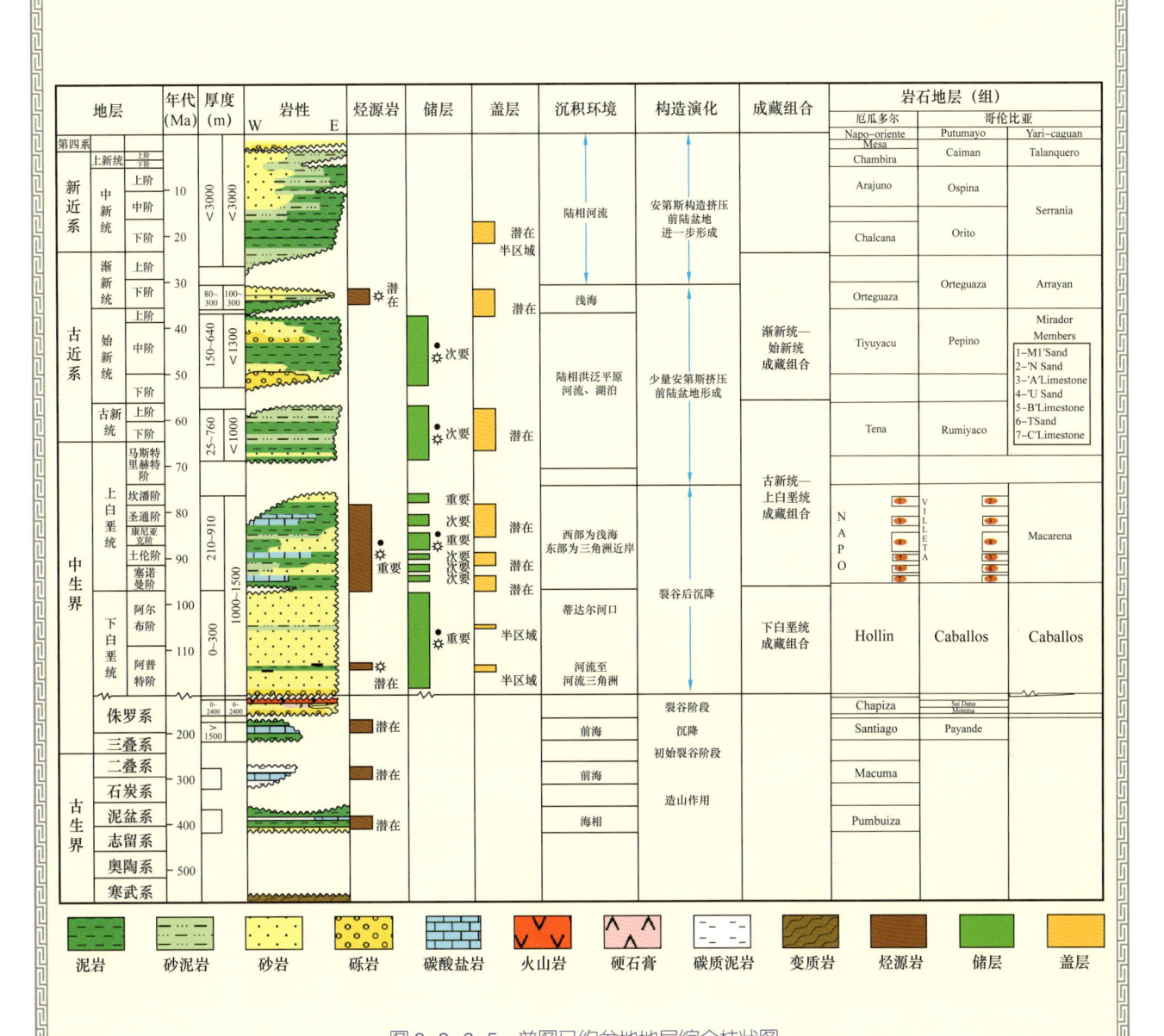

地层			年代(Ma)	厚度(m)	岩性 W E	烃源岩	储层	盖层	沉积环境	构造演化	成藏组合	岩石地层（组）		
												厄瓜多尔	哥伦比亚	
												Napo-oriente	Putumayo	Yari-caguan
第四系	上新统	上阶 下阶		<3000					陆相河流	安第斯构造挤压前陆盆地进一步形成		Mesa Chambira	Caiman	Talanquero
新近系	中新统	上阶 中阶 下阶	10 20	<3000				潜在 半区域				Arajuno Chalcana	Ospina Orito	Serrania
古近系	渐新统	上阶 下阶	30	80～300 100～300		潜在		潜在	浅海		渐新统—始新统成藏组合	Orteguaza	Orteguaza	Arrayan
	始新统	上阶 中阶 下阶	40 50	150～640 1300			次要		陆相洪泛平原河流、湖泊	少量安第斯挤压前陆盆地形成		Tiyuyacu	Pepino	Mirador Members 1-M1'Sand 2-'N Sand 3-'A'Limestone 4-'U Sand 5-B'Limestone 6-T Sand 7-'C'Limestone
	古新统	上阶 下阶	60	25～760 <1000			次要	潜在				Tena	Rumiyaco	
中生界	上白垩统	马斯特里赫特阶 坎潘阶 圣通阶 康尼亚克阶 土伦阶 塞诺曼阶	70 80 90	210～910		重要	重要 次要 次要 次要	潜在 潜在 潜在 潜在	西部为浅海东部为三角洲近岸	裂谷后沉降	古新统—上白垩统成藏组合	NAPO	VILLETA	Macarena
	下白垩统	阿尔布阶 阿普特阶	100 110	1000～1500 0～300		重要 潜在		半区域 半区域	蒂达尔河口 河流至河流三角洲		下白垩统成藏组合	Hollin	Caballos	Caballos
侏罗系				0～2400		潜在			前海	裂谷阶段沉降		Chapiza Santiago	Sai Dana Motema Payande	
三叠系			200	>1500					前海	初始裂谷阶段				
古生界	二叠系		300			潜在				造山作用		Macuma		
	石炭系													
	泥盆系		400			潜在			海相			Pumbuiza		
	志留系													
	奥陶系		500											
	寒武系													

图例：泥岩 | 砂泥岩 | 砂岩 | 砾岩 | 碳酸盐岩 | 火山岩 | 硬石膏 | 碳质泥岩 | 变质岩 | 烃源岩 | 储层 | 盖层

图 3-3-6-5 普图马约盆地地层综合柱状图

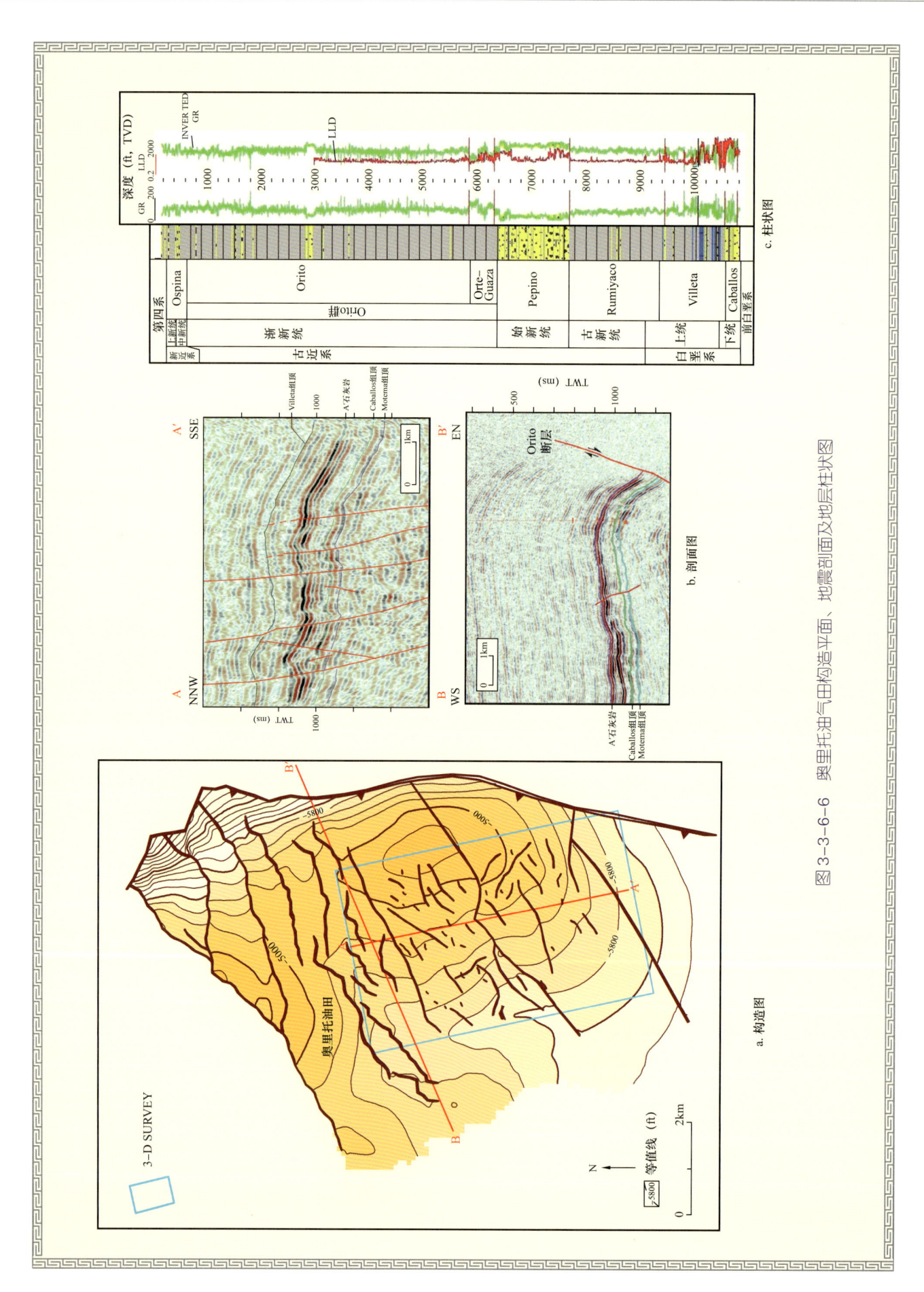

图 3-3-6-6 奥里托油气田构造平面、地震剖面及地层柱状图

四、油气管道

（一）输油管道

哥伦比亚有超过 8000km 的原油管道，主要管线是将原油从主要产油盆地（亚诺斯和马格达莱纳）中间通过瓦斯科尼亚（Vasconia）枢纽转运到加勒比海岸科韦尼亚斯（Coveñas）等出口码头。此外，在委内瑞拉边境附近的 Caño Limón 油田与科韦尼亚斯（Coveñas）之间还有一条输油管道，在南部与厄瓜多尔边界附近，Oleoducto TransAndean（OTA）管线将原油运往太平洋港口图马科（Tumaco）（图 3-4-1）。

（1）OCENSA：起点为亚诺斯盆地 Cupiagua 油田，终点为科韦尼亚斯，于 2010 年投入运营，管道全长 830km，输油能力 3250×10^4 t/a。

（2）Caño Limón-Coveñas：起点为亚诺斯盆地的 Caño Limón 油田，终点为科韦尼亚斯，于 1990 年投入运营，管道全长 770km，输油能力 1100×10^4 t/a。

（3）Oleoducto de Colombia（ODC）：起点为 Vasconia，终点为科韦尼亚斯，于 2015 年投入运营，管道全长 483km，输油能力 1150×10^4 t/a。

（4）Oleoducto TransAndean（OTA）：起点为普图马约盆地 Lago Agrio 油田，终点为太平洋港口图马科（Tumaco），于 1998 年投入运营，管道全长 306km，输油能力 500×10^4 t/a。

（5）Apiay-El Porvenir：起点为 Apiay 油田，终点为 El Porvenir，于 2012 年投入运营，管道全长 126km，输油能力 1050×10^4 t/a。

（6）ODL：起点为亚诺斯盆地 Rubiales 油田，终点为卡萨纳雷省蒙特雷（Monterrey），于 2013 年投入运营，管道全长 235km，输油能力 1650×10^4 t/a。

（7）Bicentenario de Colombia（phase1）：起点为 Araguaney 油田，终点为巴纳迪亚（Banadia），管道全长 229.3km，输油能力 1200×10^4 t/a。

（8）Oleoducto Alto Magdalena（OAM）：起点为上马格达莱纳盆地 Tenay 油田，终点为瓦斯科尼亚，于 2001 年投入运营，管道全长 398km，输油能力 515×10^4 t/a。

（9）Vasconia-Barrancabermeja：起点为瓦斯科尼亚，终点为桑坦德（Santander）省的巴兰卡韦梅哈（Barrancabermeja）炼油厂，于 2014 年投入运营，管道全长 171km，输油能力 975×10^4 t/a。

（二）输气管道

近年来哥伦比亚的天然气干线网络已合理整合，将大部分需求中心与关键供应源连接起来。最大的天然气来源是雪佛龙的瓜吉拉气田，该气田通过大西洋海岸管网（Atlantic Coast System）与哥伦比亚北部的市场相连。1996 年，Centragas 输气管线投产后将北部油气田与内部市场连接起来（图 3-4-1）。

（1）Centro Oriente：起点为桑坦德省的巴兰卡韦梅哈（Barrancabermeja）炼油厂，终点为波哥大（Bogota），于 2011 年投入运营，管道全长 779km，输气能力 10×10^8 m³/a。

（2）Atlantic Coast System：起点为哥伦比亚瓜吉拉盆地巴勒纳（Ballena）气田，终点为下马格莱德盆地的 Cartagena 气田，于 2010 年投入运营，管道全长 673km，输气能力 $35 \times 10^8 m^3/a$。

（3）Centragas system：起点为哥伦比亚瓜吉拉盆地巴勒纳气田，终点为桑坦德省的巴兰卡韦梅哈炼油厂，于 2010 年投入运营，管道全长 575km，输气能力 $27 \times 10^8 m^3/a$。

（4）Occidente：起点为马尼萨莱斯市（Marnizales），终点为考卡山谷省卡利市（Cali），管道全长 344km，输气能力 $26 \times 10^8 m^3/a$。

（5）Central Llanos：起点为亚诺斯盆地 El Porvenir 气田，终点为瓦斯科尼亚，全长 280km，输气能力 $19 \times 10^8 m^3/a$。

（6）Gasoducto Transcaribeno：起点为哥伦比亚北部瓜吉拉盆地巴勒纳（Ballena）气田，终点为委内瑞拉境内，于 2007 年竣工，管道全长 224km，输气能力 $47 \times 10^8 m^3/a$，2018 年向委内瑞拉出口天然气。

（7）Transmetano：起点为塞瓦斯托波尔市（Sebastopol），终点为安蒂奥基亚省麦德林（Medellin），管道全长 189km，输气能力 $7 \times 10^8 m^3/a$。

（8）Transoriente：起点为桑坦德省的巴兰卡韦梅哈炼油厂，终点为桑坦德省布卡拉曼加（Bucaramanga），于 1997 年投入运营，管道全长 112km，输气能力 $2.6 \times 10^8 m^3/a$。

哥伦比亚

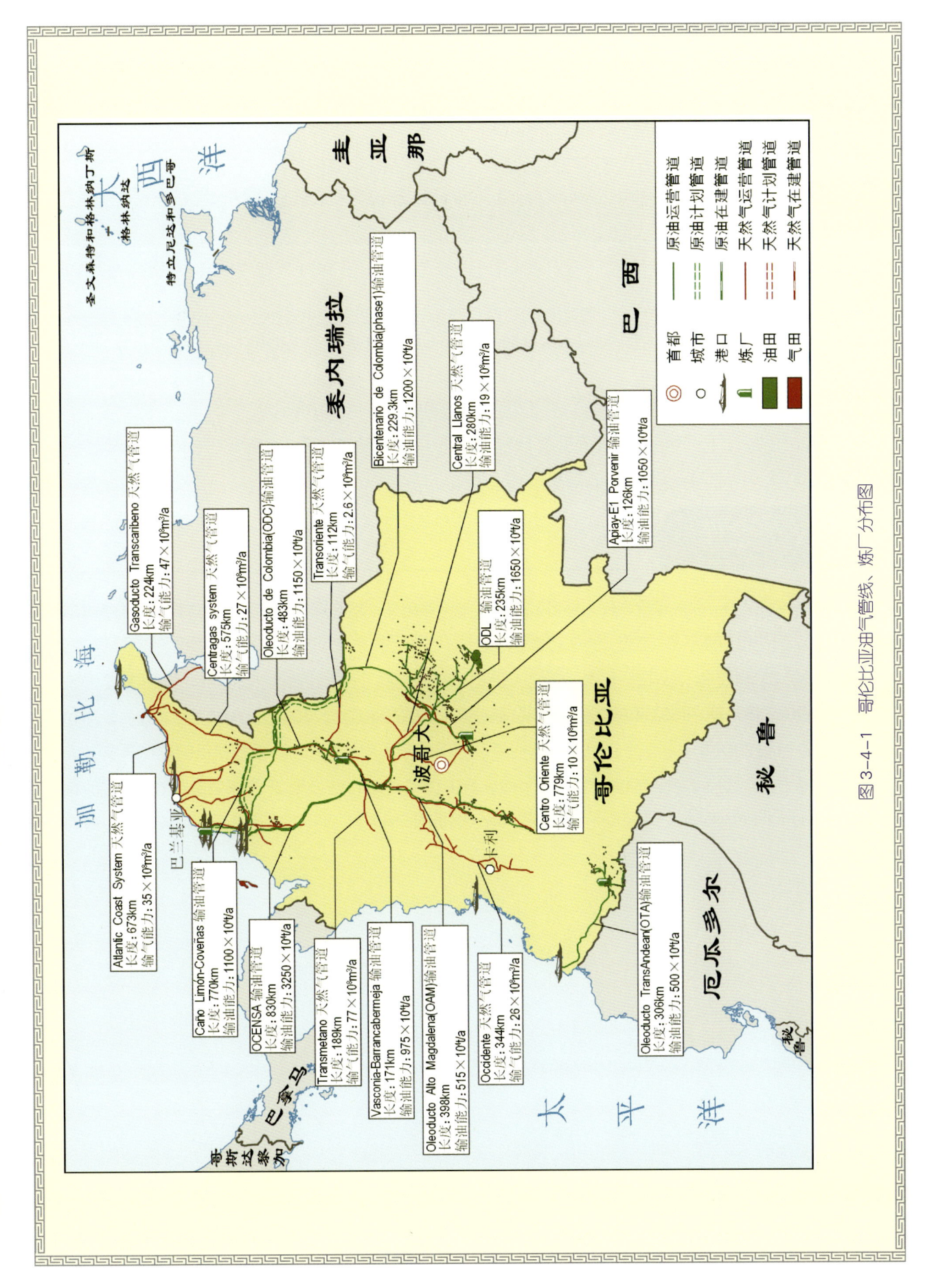

图 3-4-1 哥伦比亚油气管线、炼厂分布图

五、石油加工

哥伦比亚有四家炼油厂，全部由 EcoPetrol 运营。Barancabermeja 和 Cartagena 是主要的燃料精炼厂，另外的两个炼油厂规模小且简单。

（1）Barrancabermeja 炼油厂：位于桑坦德省的巴兰卡韦梅哈，于 1921 年建成投产，处理能力为 $1250×10^4$ t/a。

（2）Cartagena 炼油厂：位于玻利瓦尔省马莫纳尔（Mamonal），于 1956 年建成投产，处理能力为 $826×10^4$ t/a。

（3）Apiay 炼油厂：位于梅塔（Meta）省阿皮亚伊，处理能力为 $11×10^4$ t/a。

（4）Orito 炼油厂：位于普图马约省奥里托（Orito），于 1968 年建成投产，处理能力为 $13×10^4$ t/a。

六、对外合作

综合油气资源潜力、财税条款、政治经济、环境及安全等因素，将全球主要资源国合作环境划分为 10 个等级（图 0-3），哥伦比亚处于 6~7 级，合作环境较好。

从 20 世纪 20 年代开始，外国经营者在哥伦比亚进行油气勘探和开发，监管机构针对该行业不断变化的形势而制定了相应的法律法规。1931 年的 37 号法令是第一个正式的石油立法，1953 年 1056 号、1974 年 2310 号、2003 年 1760 号和 2014 年 3 号法令皆是在不同时期制订的相应条款。哥伦比亚正在执行的勘探开发区块 443 个，其中 75 个区块（图 3-6-1）的作业者为 Ecopetrol 石油公司，控制了已发现 2P 可采储量的 73%（图 3-6-2），其次为 Occidental Petroleum 公司控制了已发现 2P 可采储量的 5%。

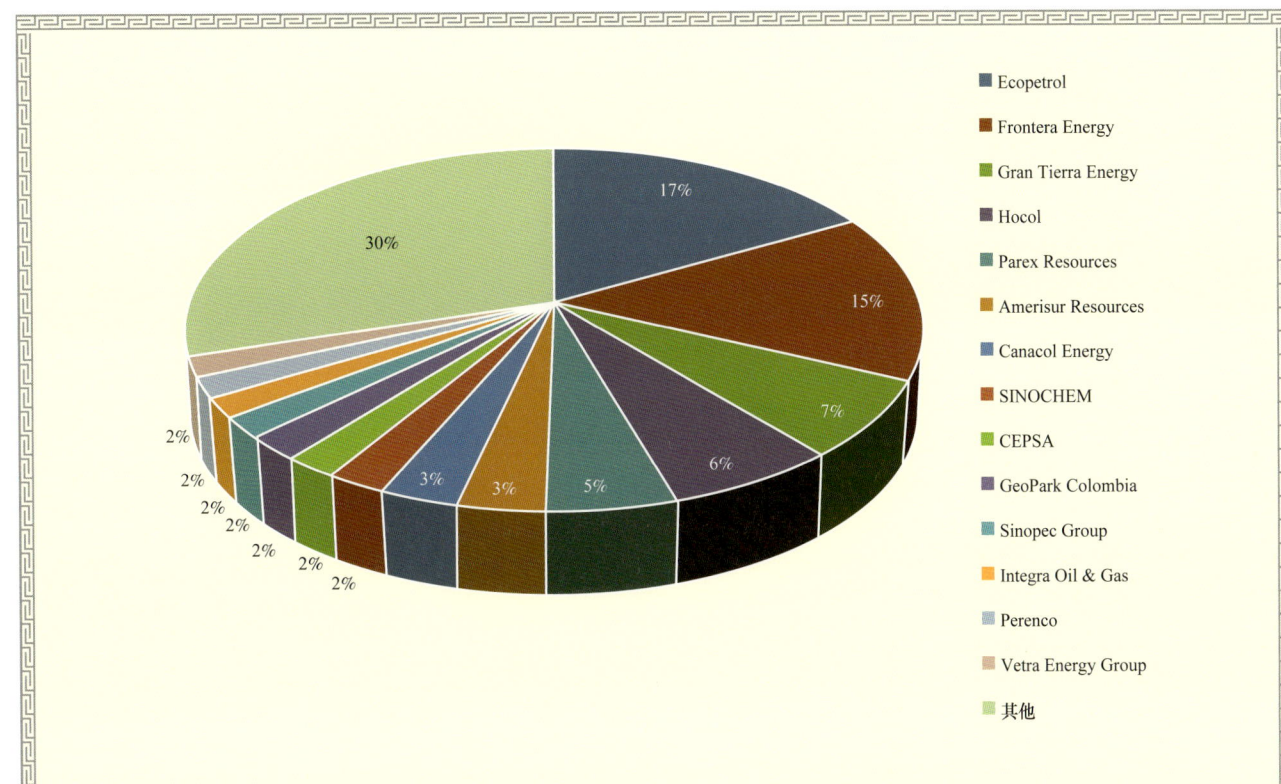

图 3-6-1　哥伦比亚境内各石油公司区块个数占比饼状图

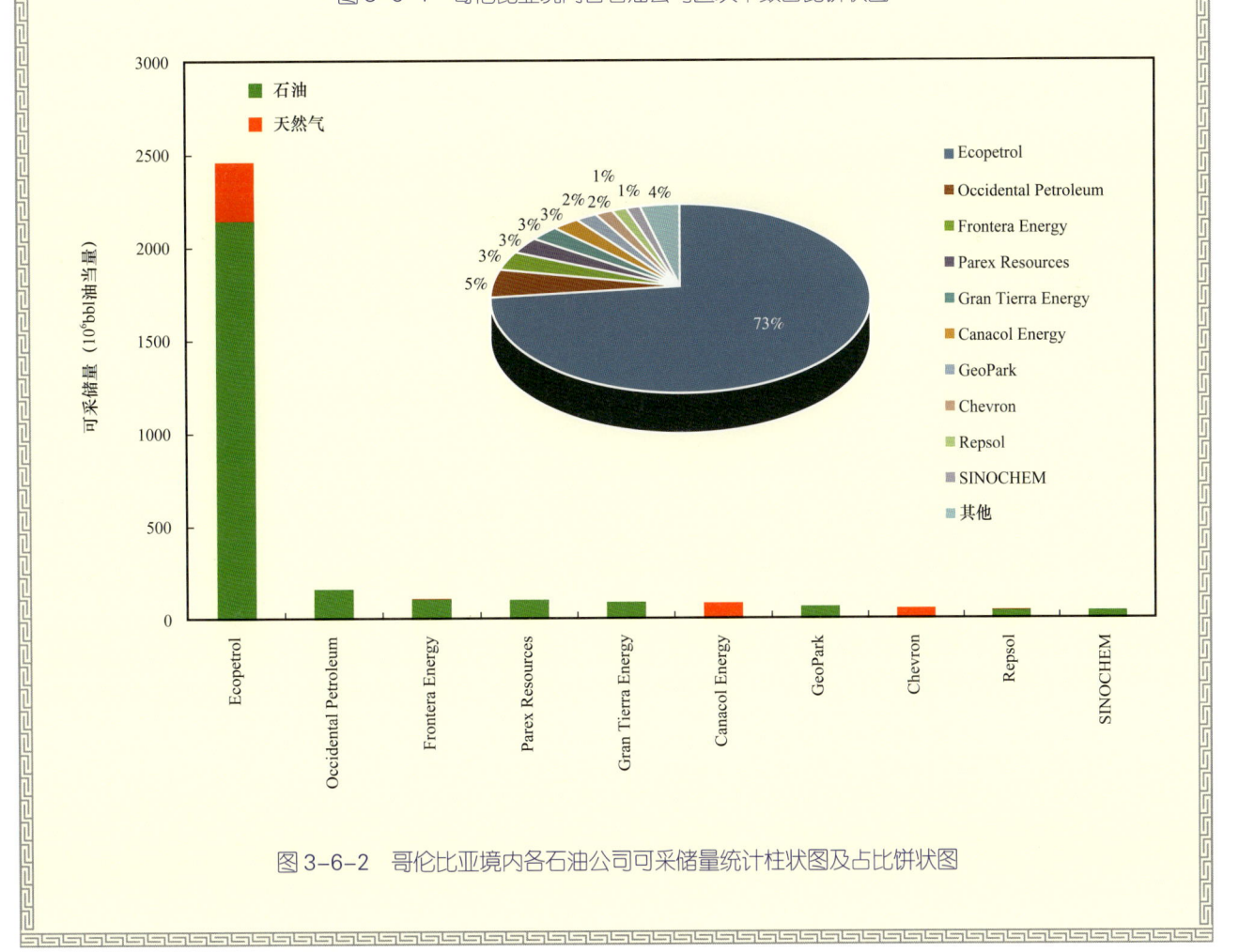

图 3-6-2　哥伦比亚境内各石油公司可采储量统计柱状图及占比饼状图

▶ 第四部分
　阿根廷

一、国家概况

阿根廷位于南美洲南部，东濒大西洋，西与智利以安第斯山脉为界，北部和东部与玻利维亚、巴拉圭、巴西、乌拉圭接壤，国土面积为 $278.04\times10^4km^2$，为拉丁美洲的第二大国，仅次于巴西。阿根廷气候多样，四季分明，除南部属寒带外，大部分为温带和亚热带。

国家由 23 个省组成，首都为布宜诺斯艾利斯，官方语言为西班牙语，货币为阿根廷比索。现有人口约 4450 万，主要民族为西班牙裔、意大利裔、马普切人。阿根廷 91.6% 的居民信奉天主教，阿根廷为联邦制国家，实行代议制民主。议会是国家最高权力机构，由参、众两院组成，拥有联邦立法权，参、众议员均由直选产生，可连选连任。

阿根廷是南美洲国家联盟、二十国集团成员和拉美第三大经济体。阿根廷是世界上综合国力较强的发展中国家，石油和天然气是阿根廷较丰富的能源矿产。2018 年阿根廷 GDP 约为 5185 亿美元，与 2017 年的 6425.5 亿美元相比减少了 1240.5 亿美元，同比下降 19.3%，人均 GDP 为 1.165 万美元。主要矿产资源有石油、天然气、铜、金、铀、铅、锌、硼酸盐、黏土等，大部分位于与智利、玻利维亚交界的安第斯山脉附近，但矿产开发水平较低，预计约有 75% 的资源尚未得到勘探开发。现已探明矿产储量：煤炭 8.25×10^8t，铁 3×10^8t，铀 7080t。森林面积 $125.3\times10^4km^2$，森林覆盖率 45.06%。

阿根廷工业较发达，主要有钢铁、汽车、石油、化工、纺织、机械、食品加工等，门类齐全。工业地理分布不均衡，主要集中在布宜诺斯艾利斯省和科尔多瓦省，内地省份工业基础薄弱。核工业发展水平居南美前列，现拥有三座运行中的核电站，正在筹建第四座核电站。食品加工业较先进，主要有肉类加工、乳制品、粮食加工、水果加工、酿酒等行业。

阿根廷奉行独立自主的多元化外交政策，主张多边主义和国际关系民主化，奉行不干涉内政、保护人权和恪守国际法等原则。

1972 年 2 月 19 日，中阿两国建交，阿根廷政府坚定奉行一个中国政策。2004 年中阿建立战略合作伙伴关系，2014 年 7 月提升为全面战略伙伴关系。中阿贸易规模突飞猛进，中国已成为阿根廷第一大农产品出口目的国、第二大贸易伙伴和第三大投资来源地。2004 年 11 月，阿根廷宣布承认中国的市场经济地位。阿根廷还是第一个和中国签署货币互换协议的拉美国家。中阿签有科技、文化、教育、新闻等合作协议，在相关领域的合作不断增强。

二、油气勘探开发现状

阿根廷境内涉及内乌肯、圣乔治、麦哲伦、库约、查考—巴拉纳、马尔维纳斯、查考、白垩以及萨拉多、科罗拉多、瓦尔德斯 11 个沉积盆地（图 4-2-1），其中前 8 个盆地发现有油气田，后 3 个盆地尚未发现油气田。

截至 2018 年，阿根廷境内共发现油气田 1260 个，累计发现油气 2P 可采储量 30424.83×10^6bbl 油当量

（图4-2-2），其中石油15400.0×10⁶bbl，凝析油1050.6×10⁶bbl，天然气83.844×10¹²ft³。占全球2P可采储量的0.386%。已发现大油气田7个，2P可采储量共计6520×10⁶bbl油当量，占全部2P可采储量的21.4%。

2018年，阿根廷石油、天然气年产量分别为186.82×10⁶bbl、242×10⁶bbl油当量，油气产量占全球的0.778%。截至2018年，累计生产油、气分别为5805.02×10⁶bbl、5717.37×10⁶bbl油当量（图4-2-3），基本达到了产量高峰期，预计可稳定到2029年。

阿根廷常规油气资源勘探开发潜力依然很大。到2018年，常规油气剩余2P可采储量10242.721×10⁶bbl油当量，其中油4931.898×10⁶bbl，天然气30.803×10¹²ft³。石油、天然气的储采比分别为26.4和21.95。

中国石油2018年全球资源评价认为，阿根廷常规油气待发现资源25310.69×10⁶bbl油当量，其中石油9571.25×10⁶bbl，凝析油为1014.01×10⁶bbl，天然气为85407.45×10⁹ft³，阿根廷非常规油气勘探开发刚刚开始，具有很好的发展前景。

世界油气勘探开发与合作形势图集 — 南美地区 South America

油气田名称：1. 坎波杜兰（Campo Duran）；2. 拉莫斯（Ramos）；3. 维查克拉斯（Vizcacheras）；4. 希韦尔德拉撒林纳（Chihuido de la Salina）；5. 埃尔特拉派（El Trapial）；6. 阿瓜达皮查纳埃斯特瓦卡穆尔塔（Aguada Pichana Este Vaca Muerta）；7. 谢拉巴罗萨—阿瓜达托莱多（Sierra Barrosa–Augada Toledo）；8. 拉玛拉塔（Loma La Lata）；9. 卡那登来恩/麦思塔埃斯皮诺萨/卡那登塞科（Canadon Leon/Meseta Espinosa/Canadon Seco）；10. 卡里那（Carina）

图 4-2-1 阿根廷含油气盆地分布图

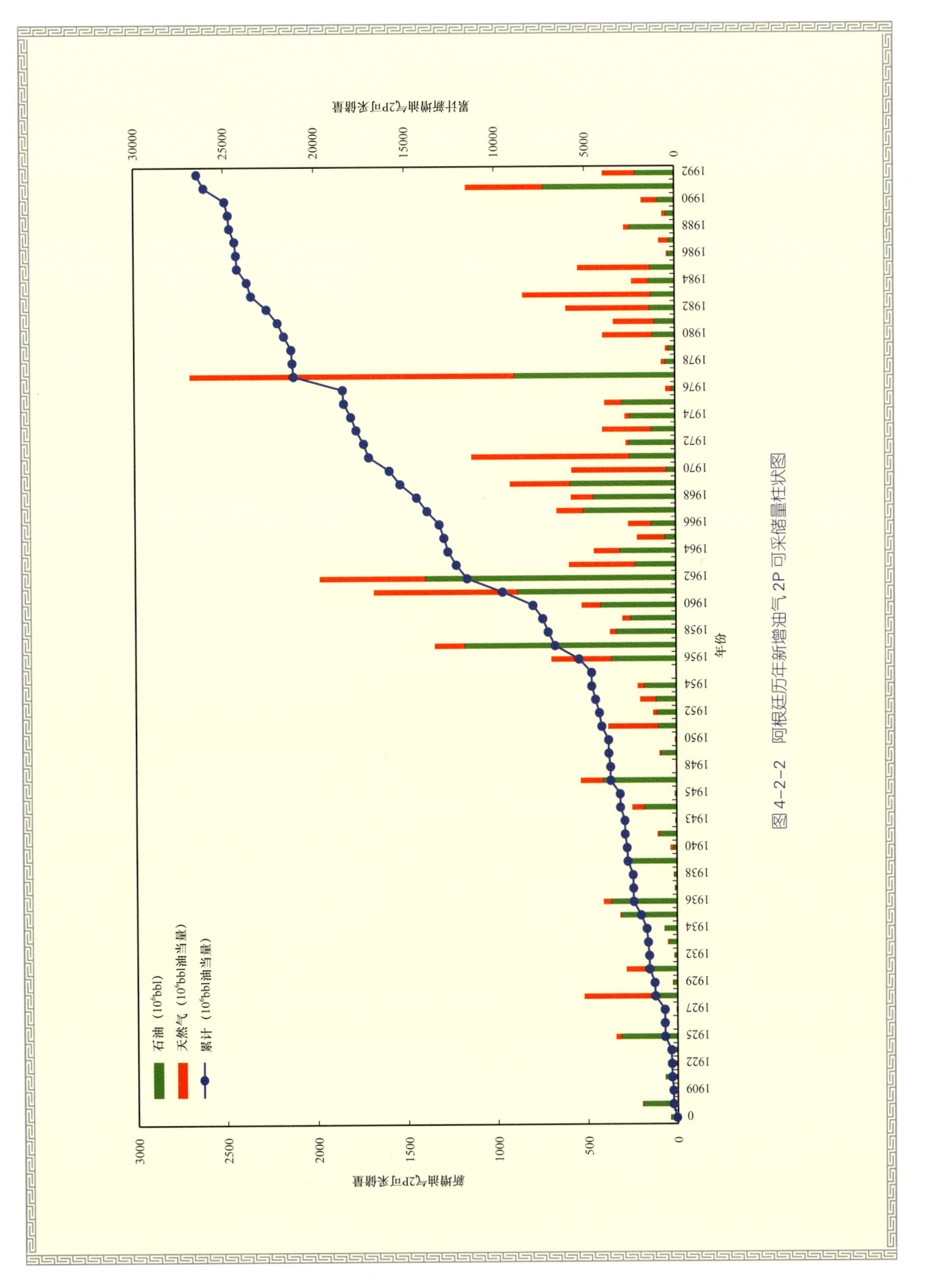

阿根廷

图 4-2-2 阿根廷历年新增油气 2P 可采储量柱状图

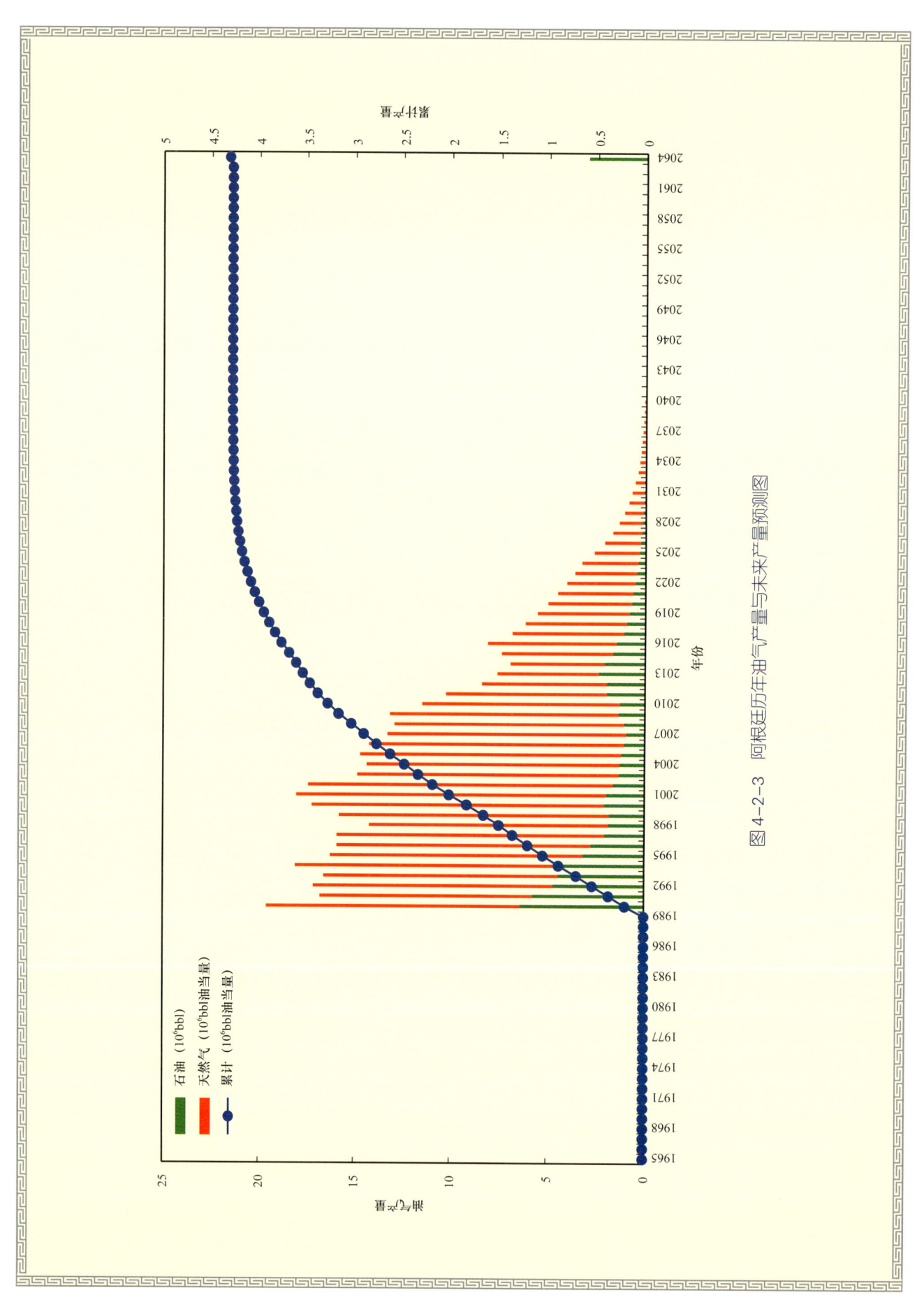

南美地区 South America

图 4-2-3 阿根廷历年油气产量与未来产量预测图

三、石油地质特征和勘探开发潜力

（一）内乌肯盆地

内乌肯（Neuquen）盆地位于阿根廷中部（图4-3-1-1），靠近智利，盆地大体上呈直角三角形，面积约 $11.48 \times 10^4 km$，盆地全部位于阿根廷陆上。

1. 勘探开发历程

内乌肯盆地的油气勘探开发经历了早期勘探、储量快速增长和储量持续增长3个阶段（图4-3-1-2）。

早期勘探阶段（1908—1960年）：内乌肯盆地勘探开始于1908年，1922年首次在Huincul隆起构造带发现了坎帕门扎乌诺（Campamento Uno）油田，油气2P可采储量 $19.2 \times 10^6 bbl$ 油当量，证明了盆地的含油气性。1923—1960年，累计发现了26个油田和7个气田。

储量快速增长阶段（1961—1999年）：1961—1970年是内乌肯盆地油田发现高峰期，其中1967年YPF公司在东北台地发现了普埃斯托赫尔南德斯（Puesto Hernandez）油田，2P可采储量为 $545.6 \times 10^6 bbl$ 油当量。盆地地震勘探工作，1961—1996年，每年完成二维地震采集2000~5000km。其中，1962年和1988年，二维地震采集分别达6300km和7000km。20世纪70年代到80年代初，盆地探井活动一直很活跃，期间年钻井总进尺在100000~180000m之间。1977年发现了拉玛拉塔（Loma La Lata）巨型气田，2P可采储量为 $2593.8 \times 10^6 bbl$ 油当量。

储量持续增长阶段（2000年至今）：从2001年以后，盆地地震勘探投入开始减少，每年钻井进尺在150000m左右，新发现储量持续稳定增长。2004年盆地产量日产液约 $31 \times 10^4 bbl$，日产气 $3 \times 10^9 ft^3$，2005年盆地的日产油约为 $19.7 \times 10^4 bbl$，占全国产量的29%。

截至2018年，该盆地共发现油气田694个，其中油田491个。累计发现油气2P可采储量 $14037.677 \times 10^6 bbl$ 油当量，其中石油 $5966.67 \times 10^6 bbl$、凝析油 $594.013 \times 10^6 bbl$、天然气 $44.862 \times 10^{12} ft^3$。共发现大油气田4个，油气2P可采储量 $4673.927 \times 10^6 bbl$ 油当量，大油气田储量占盆地总储量的33.3%。

2018年内乌肯盆地石油年产量 $80.44 \times 10^6 bbl$，天然气年产量 $153.05 \times 10^6 bbl$ 油当量。截至2018年，盆地累计生产石油、天然气分别为 $2579.78 \times 10^6 bbl$、$3170.87 \times 10^6 bbl$ 油当量。

2. 区域地质

内乌肯盆地是前陆盆地（图4-3-1-3），是次安第斯前陆盆地的一部分，由南美板块与拉斯克—太平洋板块南段碰撞形成。整个南美板块的地球动力学机制是东张西压，阿根廷东部濒临大西洋，主要为张性断陷盆地，西部靠近科迪勒拉—安第斯造山带，发育挤压性构造盆地，内乌肯盆地为典型代表。

盆地划分为6个构造单元：玛拉古—阿格里奥（Malargue Agrio）褶皱带、奇慧多斯（Chihuidos）高地、东北台地、内乌肯地槽、惠恩库尔（Huincul）隆起和皮昆—勒夫（Picun-Leufu）坳陷（图4-3-1-3）。中、东部受安第斯构造影响较弱，构造形态保存完整，是盆地油气的主要富集区。

基底是前三叠系安山岩及火山碎屑岩，盆地是在三叠纪裂谷背景上发育起来的多旋回沉积盆地，侏罗纪—白垩纪处于弧后陆架海环境，频繁的海侵与海退沉积了碎屑岩与碳酸盐岩及蒸发岩，沉积岩厚约4000m。上白垩统陆相红层沉积在盆地区域不整合面上，安第斯造山运动结束，形成了现今盆地地貌。

盆地西部构造强烈，逆冲断层发育，埋藏深。盆地东部构造相对平缓，正断层发育，地层超覆尖灭于圣拉菲尔地体（图4-3-1-4）。

3. 石油地质特征

1) 烃源岩

内乌肯盆地有三套证实烃源岩和一套潜在烃源岩（图4-3-1-5），三套证实烃源岩为中—下侏罗统Los Molles组、上侏罗统—下白垩统Vaca Muerta组、下白垩统Agrio组，潜在烃源岩为上三叠统Puestokaufmann组。

Vaca Muerta组位于Mendoza群下部，海相泥岩主要发育于盆地中西部，沉积厚度30～1200m，是一套封闭海相富含有机质的页岩，有机碳含量多为2%～5%，最高可达12%，Ⅰ型干酪根为主，部分Ⅱ型、Ⅲ型，成熟度为0.39%～1.52%。

下白垩统Agrio组为浅灰褐色钙质页岩和泥灰岩，发育于盆地西部，厚度110～1600m，平均800m，Ⅱ型、Ⅲ型干酪根，TOC为0.3%～5%，R_o为0.67%～1.16%，目前正处于生油窗内。

中下侏罗统Los Molles组为三角洲—海相泥岩，发育于盆地中西部，厚度20～2100m，Ⅱ型、Ⅲ型干酪根，TOC 0.45%～5%，R_o为0.25%～2.93%，平均0.85%。

上三叠统Puestokaufmann组湖相泥岩发育于盆地中部，厚度200～1500m，Ⅰ型干酪根，TOC为2%～8%，R_o最大为1.3%。

2) 储层

盆地内共有三套主要储层：下白垩统Agrio组、下白垩统—上侏罗统Vaca Muerta/Quintuco组和中侏罗统Lotena组（图4-3-1-5）。

Agrio组是一套浅海相石灰岩储层，发育于盆地北部。钻遇该套储层的部分井产量较高，如La Brea x-1井初产达到3300bbl/d，CDJ x-1井初产为616bbl/d，该套储层是Puesto Rojas油田的产层之一。

Vaca Muerta/Quintuco组为海陆过渡相砂岩和石灰岩，遭火成岩侵入严重，主要发育于盆地中西部。

Lotena组发育河流—过渡相—海相砂岩，中—粗粒，含砾岩透镜体，平均总厚度100m，净毛比大于30%，孔隙度6%～35%，平均15.3%，渗透率最大达4000mD，平均22mD。

次要储层包括白垩系和侏罗系其他各组内砂岩和灰岩，三叠系和新生界砂岩和火成岩等。

3) 盖层

盆地内分布着6套盖层（图4-3-1-5）：Huitrin组、Agrio组、Vaca-Muerta组、Auquilco组、Tabanos组和Los Molles/Punta Rosada组浅海—三角洲相泥岩或泥灰岩。其中上部的4套盖层对油气聚集起关键作用，下部两套可能由于储层欠发育，其下尚未有商业发现。

下白垩统Huitrin组是一套以盐岩为主的蒸发岩沉积，对Agrio组上部灰岩储层起封堵作用。

下白垩统Agrio组位于Mendoza群上部，是一套浅海相的浅灰褐色钙质页岩和泥灰岩互层的沉积，同时也是一套生油岩。该套盖层主要对其下部的Cha Chao组灰岩储层起封堵作用。

下白垩统—上侏罗统 Vaca Muerta 组位于 Mendoza 群中下部，厚 100～300m，是一套海相富含有机质的页岩。其下部缺乏良好储层，尚未有商业发现。

上侏罗统 Auquilco 组位于 Lotena 群顶部，是一套蒸发岩盖层。但因其下储层普遍较差，该套盖层下尚未有商业发现。

次要盖层有下白垩统 Rayoso 组和上白垩统内乌肯组：Rayoso 组盖层为陆相红棕色黏土岩和粉砂岩沉积，对其下部的 La Tosca 组灰岩起封堵作用。内乌肯组盖层是内乌肯旋回上部细粒的陆相沉积，为内乌肯群下部河道砂岩提供良好封闭条件。

4）圈闭类型

盆地圈闭的主要形成期是在新生代的前陆盆地演化阶段，以构造圈闭为主，多为与断层有关的背斜、断背斜，构造—岩性/地层圈闭为辅。

盆地不同构造带的构造样式有显著区别，山前冲断带构造活动剧烈，圈闭多伴随基底卷入构造；盆地中心的过渡转换带逆冲作用减弱，多发育背斜、断背斜，并有薄皮特征；盆地斜坡带主要发育低幅度构造圈闭和岩性—地层圈闭。

4. 常规油气成藏组合

盆地内已经识别出的成藏组合有 4 套（图 4-3-1-5）：古近系—新近系、白垩系、侏罗系和三叠系成藏组合，但最重要的成藏组合是白垩系和侏罗系成藏组合，两者聚集盆地 90% 以上的储量。

白垩系成藏组合：烃源岩为下白垩统 Agrio-Centenario 组，储层为 Mulichinco 组、Vaca Muerta 组、Quintuco 组、Lajas 组等，主要分布于盆地中部前渊带。该带白垩系成藏组合，占盆地石油可采储量的 46.5%。

侏罗系成藏组合：烃源岩为侏罗系 Los Molles 组，储层为 Sierras Blancas 组、Vaca Muerta 组、Lajas 组、Quintuco 组、Punta Rosada 组、Los Molles 组、Lotena 组和 Challaco 组等，主要分布于盆地中南部凹陷区。该带产气为主，占盆地石油可采储量的 48.6%。

5. 典型油气田

1）拉玛拉塔（Loma La Lata）气田

属于下白垩统和上侏罗统成藏组合，位于内乌肯盆地中南部，是一个大型陆上气田，圈闭面积 475km^2（图 4-3-1-6），于 1977 年发现。截至 2018 年，石油、天然气、凝析油 2P 可采储量分别为 625×10^{6}bbl、10505×10^{9}ft^3、218×10^{6}bbl（表 4-3-1-1）。

表 4-3-1-1 内乌肯盆地主要油气田属性表

序号	油气田名称	油气田类型	地理位置	发现年份	主要成藏组合	主要储层岩性	2P 可采储量 石油 (10⁶bbl)	2P 可采储量 天然气 (10⁹ft³)	2P 可采储量 凝析油 (10⁶bbl)	油气总和 (10⁶bbl 油当量)
1	拉玛拉塔（Loma La Lata）	气田	陆上	1977	下白垩统和上侏罗统	砂岩	625.00	10505.00	218.00	2593.83
2	埃尔特拉派（El Trapial）	油田	陆上	1991	下白垩统	砂岩	523.00	2395.50	80.00	1002.41
3	普埃斯托赫尔南德斯（Puesto Hernandez）	油田	陆上	1967	下白垩统	砂岩	490.10	333.10	0	545.62
4	森特纳里乌（Centenario）	油田	陆上	1961	下白垩统、侏罗系	砂岩	86.00	1403.60	22.75	342.68
5	希韦尔德拉谢拉内格拉（Chihuido de la Sierra Negra）	油田	陆上	1976	下白垩统、侏罗系	砂岩	420.00	310.00	1.25	472.92
6	里约诺昆（Rio Neuquen）	油田	陆上	1971	下白垩统、侏罗系	砂岩	62.00	1351.00	7.00	294.17
7	埃尔波韦尼尔（El Porvenir Field Complex）	油田	陆上	1941	侏罗系	砂岩	60.00	3.30	0	
8	查戈·巴约（Charco Bayo）、彼德拉斯布兰卡斯（Piedras Blancas）	油田	陆上	1962	侏罗系	砂岩	185.85	771.00	0.05	314.40
9	库本马胡达（Cupen Mahuida）	气田	陆上	2000	下侏罗统	砂岩	0	28.00	0.05	4.72
10	（25 de Mayo–Medanito SE）	油田	陆上	1966	白垩系、侏罗系、三叠系	砂岩	245.00	309.00	0	296.50

圈闭类型是地层—构造复合圈闭。储层由下白垩统 Quintuco 组、上侏罗统 Barrancas 组和 Lotena 组等储层组成，其中上侏罗统 Barrancas 组是主要储层，厚度 250m，有效厚度 45～90m。岩性为细—粗粒岩屑长石砂岩，孔隙度 12.4%～17.6%（平均 14%），渗透率 0.1～87mD，平均 8mD。原油重度 57°API，原油黏度 1.0mPa·s，气体相对密度 0.65，气体甲烷含量大于 90%，二氧化碳含量 4%；Lotena 组储层厚度 200m，储层有效厚度 4～10m，岩性为中粗粒砂岩和砾岩，孔隙度为 8%～11%，渗透率 0.5～10mD；Quintuco 组储层厚度 650m，储层有效厚度 1～20m，岩性为鲕粒状灰岩、泥粒灰岩，孔隙度 2%～13%，渗透率 0.01～200mD。原油重度 41～45°API，原油黏度 0.94mPa·s，气体相对密度 0.68。Quintuco 组埋深 1800m，地层温度 93.9℃。Barrancas 组深度 2300m，地层温度 110℃。

1977 年投入生产，截至 2018 年，累计生产油气 1679.5×10^6 bbl 油当量。

2）埃尔特拉派（El Trapial）油田

属于下白垩统成藏组合，位于内乌肯盆地东北部，是一个大型陆上油田，圈闭面积 80km²（图 4-3-1-7），发现于 1991 年。截至 2018 年，石油、天然气、凝析油 2P 可采储量分别为 523.16×10^6 bbl、2395.5×10^9 ft³、80.0×10^6 bbl（表 4-3-1-1）。

圈闭类型为构造圈闭和地层—构造复合圈闭。储层为下白垩统 Agrio 组。Troncoso 下段储层埋深 820m，平均厚度 30m，平均有效厚度 18m，岩性为细—中粒岩屑长石砂岩和中—极粗粒砂岩、砾岩，孔隙度 13%～27%（平均 17%），渗透率 5～1000mD（平均 75mD），原油重度 36～37°API，原油黏度 1.1mPa·s。

Avile 段埋深 1120m，储层厚度<40m，有效厚度 1～35m（平均 10m），岩性为细—中粒长石岩屑砂岩和岩屑长石砂岩，孔隙度为 10%～25%，平均 18%，渗透率 1～1000mD，平均 70mD。

油田于 1991 年投入生产，截至 2018 年，累计生产油气 391.82×10^6 bbl 油当量。

3）普埃斯托赫尔南德斯（Puesto Hernandez）油田

属于下白垩统成藏组合，位于内乌肯盆地北部，是一个大型陆上油田（图 4-3-1-8），圈闭面积 142km²，发现于 1967 年。截至 2018 年，石油、天然气 2P 可采储量分别为 490.1×10^6 bbl、333.1×10^9 ft³（表 4-3-1）。

圈闭类型为构造圈闭和地层—构造复合圈闭。储层由下白垩统 Rayoso 组、Avile 段等六套砂岩构成，主要储层是 Rayoso 组砂岩，次要储层是 Avile 段砂岩。Rayoso 组储层 2P 可采储量 245.0×10^6 bbl 油当量，埋深 600m，由 11 套砂层组成，厚度共 90m。单层平均有效厚度 6m，岩性为极细—中粒长石岩屑砂岩，孔隙度 6%～32%，平均 20%，渗透率 0.5～500mD，平均 170mD，原油平均重度 32.3°API，原油黏度 55～95mPa·s。

Avile 段砂岩是次要储层，2P 可采储量 190.3×10^6 bbl 油当量，埋深 1090m，厚度 10～30m，平均厚度 12m，岩性为细—中粒岩屑砂岩，孔隙度为 10%～24%，平均 19%，渗透率 10～80mD，平均 30mD，原油平均重度 34～38.6°API，原油黏度 1.64mPa·s。

油田于 1969 年投入生产，截至 2018 年，累计生产油气 499.6×10^6 bbl 油当量。

4）森特纳里鸟（Centenario）油田

属于下白垩统和侏罗系成藏组合，位于内乌肯盆地中南部，是一个陆上油田（图 4-3-1-9），圈闭面积 18km²，发现于 1961 年。截至 2018 年，石油、天然气、凝析油 2P 可采储量分别为 86.0×10^6 bbl、

$1403.6 \times 10^9 \text{ft}^3$、$22.7 \times 10^6 \text{bbl}$。

圈闭类型是构造圈闭和地层—构造复合圈闭。储层为下白垩统 Lotena 组和侏罗系 Cuyo 群，Los Molles 组。储层埋深 2300m，储层厚度 300～700m，平均 450m，由多达 40 层砂层组成，单层厚 5～40m，储层有效厚度 15～120m，平均 67.5m。岩性为砾岩、砂岩，孔隙度为 6%～13%（平均 9.5%），渗透率 0.008～1.97mD（平均 0.4mD）。油水界面深度 3400m，含油高度 1100m。气体平均相对密度 0.6，甲烷含量 94.5%、乙烷含量 3%、丙烷含量 0.8%、丁烷含量 0.4%、含氮量 0.9%，最大气体饱和度 85%。

1998 年投入生产，截至 2018 年，累计生产油气 $279.3 \times 10^6 \text{bbl}$ 油当量。

5）希韦尔德拉谢拉内格拉（Chihuido de la Sierra Negra）油气田

属于白垩系和侏罗系成藏组合，位于内乌肯盆地东北部，是陆上油田（图 4-3-1-10），圈闭面积 34km²，发现于 1976 年。截至 2018 年，石油、天然气、凝析油 2P 可采储量分别为 $420.0 \times 10^6 \text{bbl}$、$310.0 \times 10^9 \text{ft}^3$、$1.25 \times 10^6 \text{bbl}$。

圈闭类型为构造圈闭。储层为下白垩统和上侏罗统，共有 9 套储层，主要储层是下白垩统 Huitrin 组 Troncoso 段、Agrio 组 Avile 段砂岩。Agrio 组 Avile 段储层埋深 1250m，储层厚度＜40m，有效厚度 1～35m，平均 10m；岩性为中粒长石岩屑砂岩和岩屑长石砂岩，孔隙度为 10%～25%（平均 18%），渗透率 1～1000mD（平均 70mD）。气油界面深度 1340m，含气高度 90m，油水界面深度 1390m，含油高度 50m，含油气高度共 140m。原油重度 35～41°API，黏度 1.2mPa·s。气体成分：二氧化碳 17.5%、甲烷 72%、乙烷 5.22%、丙烷 2.75%、氮气 0.64%。

Huitrin 组 Troncoso 段储层埋深 930m，平均厚度 30m，有效厚度 2～40m，平均 18m；岩性为细—中粒岩屑长石砂岩和中—极粗粒砂岩，孔隙度 10%～27%（平均 17%），渗透率 0.5～1000mD（平均 55mD）。原油重度 35～41°API，黏度 1.0mPa·s。

1979 年投入生产，截至 2018 年，累计生产油气 $393.654 \times 10^6 \text{bbl}$ 油当量。

6）里约诺昆（Rio Neuquen）油田

属于白垩系和侏罗系成藏组合，位于内乌肯盆地东部，是一个陆上油田（图 4-3-1-11），圈闭面积 110km²，发现于 1971 年。截至 2018 年，石油、天然气、凝析油 2P 可采储量分别为 $62.0 \times 10^6 \text{bbl}$、$1351.0 \times 10^9 \text{ft}^3$、$7.0 \times 10^6 \text{bbl}$。

圈闭类型是构造圈闭和地层—构造复合圈闭。储层为下白垩统 Mulichinco 组、Quintuco 组和上侏罗统 Sierras Blancas 组、Lotena 组、中侏罗统 Punta Rosada 组、Lajas 组、下侏罗统 Los Molles 组。其中主要储层是下白垩统 Quintuco 组，分为 A、B、C、D4 层，储层顶深 2280m（TVDSS），储层平均厚度 A：45m，B：40m，C：50m，D：110m，储层平均有效厚度 A：1.8m，B：3.7m，C：4.5m，D：23m，储层净毛比 13%。岩性为鲕粒灰岩、白云质泥粒灰岩、泥灰岩，孔隙度 15%～30%（平均 15.9%），渗透率 10～230mD（平均 15mD）。原油重度 35.7～36.7°API，黏度 0.42～1.55mPa·s。气体平均相对密度 0.72，甲烷含量 90.9%、乙烷含量 1.9%、丙烷含量 1.7%、丁烷含量 0.8%、含氮量 1.4%。

上侏罗统 Sierras Blancas 组储层厚度最大 97m，平均 60m，储层有效厚度 9～14m。岩性为砂岩、砾岩，孔隙度平均 10.3%，渗透率平均 7.5mD。原油重度 33～37°API，黏度 1.26mPa·s。气体平均相对密度 0.69。

1972 年投入生产，截至 2018 年，累计生产油气 $241.6 \times 10^6 \text{bbl}$ 油当量。

7）埃尔波韦尼尔复合（El Porvenir）油田

属于侏罗系成藏组合，位于内乌肯盆地南部，是一个陆上复合油田，包括 Challaco、La Esperanza 和 El Porvinar 三个油田（图 4-3-1-12），其中 Challaco 是最大的油田，拥有该复合油田 85% 的储量，油田圈闭面积 18.6km²，发现于 1941 年。截至 2018 年，石油、天然气 2P 可采储量分别为 60.0×10^6bbl、3.3×10^9ft³。

圈闭类型为构造圈闭和地层—构造复合圈闭。储层为上侏罗统 Lotena、Tordillo 组、中侏罗统 Challaco、Chacayco、Lajas 组、下侏罗统 Los Molles 组。其中最主要储层是上侏罗统 Lotena 组，顶面埋深 905m，厚度 125~250m，平均厚度 200m，岩性主要是砂岩和砂砾岩，平均孔隙度 17%，渗透率 0.1~987.0mD（平均 14.8mD）。原油密度 0.9g/cm³，平均黏度 19mPa·s，平均含油饱和度 65%。

1941 年投入生产，截至 2018 年，累计生产油气 57.44×10^6bbl 油当量。

8）查考·巴约（Charco Bayo）—彼德拉斯布兰卡斯（Piedras Blancas）油田

属于侏罗系成藏组合，位于内乌肯盆地中东部，发育依附于北西向断层上升盘的两个构造，圈闭类型是构造圈闭和地层—构造复合圈闭（图 4-3-1-13），圈闭面积 80km²，发现于 1962 年。截至 2018 年，石油、天然气、凝析油 2P 可采储量分别为 185.85×10^6bbl、771.0×10^9ft³、0.05×10^6bbl（表 4-3-1-1）。

储层为上侏罗统 Lotena、Quintuco、Sierras Blancas、Vaca Muerta 组、中侏罗统 Punta Rosada 组、下侏罗统 Los Molles 组。其中最主要储层是上侏罗统 Sierras Blancas 组，在 Charco Bayo 构造，顶面海拔 -1680m，油水界面海拔 -1780m，含油高度 100m；在 Piedras Blancas 构造，顶面海拔 -1640m，油水界面海拔 -1760m，含油高度 120m。该组储层平均厚度 150m，有效厚度 5~50m，平均 20m，岩性细—极细的岩屑砂岩、多晶砾岩，孔隙度 10%~21%，渗透率 10~250mD。次要储层为 Quintuco 组，该组在 Charco Bayo 构造顶面海拔 -1320m，油水界面海拔 -1420m，含油高度 100m；在 Piedras Blancas 构造，储层顶海拔 -1330m，油水界面海拔 -1380m，含油高度 50m。该组储层平均厚度 140m，有效厚度 20~40m，岩性为白云质灰岩、贝壳状火山砾岩和粒状灰岩，最大孔隙度 20%，渗透率 20~100mD。原油重度 30.4~36°API，气体成分：甲烷 72%、乙烷 5.2%、丙烷 2.8%、二氧化碳 17.5%、氮气 0.6%。

1968 年投入生产，截至 2018 年，累计生产油气 279.446×10^6bbl 油当量。

6. 勘探开发潜力

中国石油 2018 年全球资源评价认为，内乌肯盆地常规待发现油气可采资源量 9613.86×10^6bbl 油当量，其中石油 3850.00×10^6bbl、凝析油 563.00×10^6bbl、天然气 30165.00×10^9ft³，仍具有较大的勘探潜力。

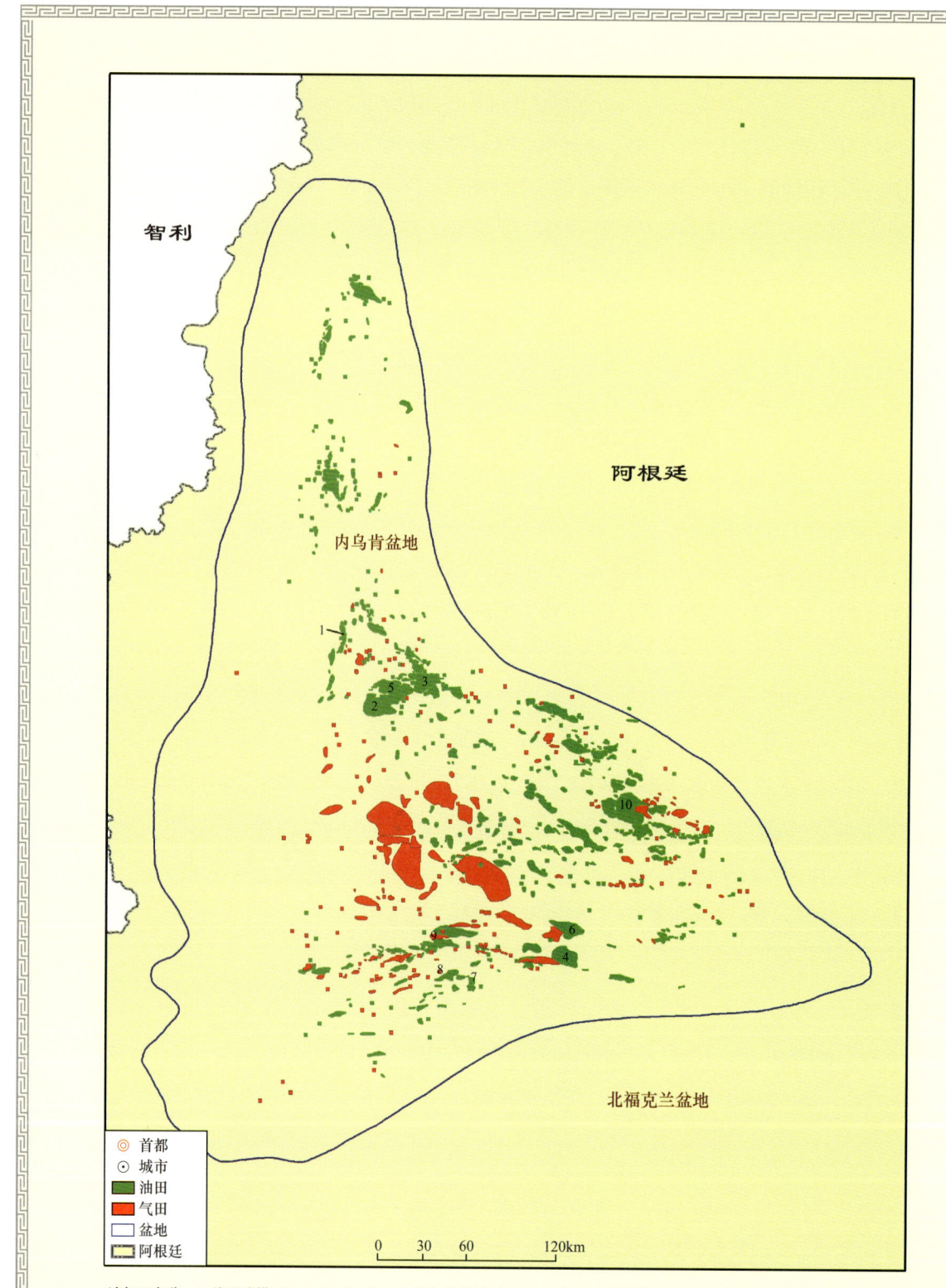

| 世界油气勘探开发与合作形势图集 | 南美地区 South America |

油气田名称：1. 拉玛拉塔（Loma La Lata）；2. 埃尔特拉派（El Trapial）；3. 普埃斯托赫尔南德斯（Puesto Hernandez）；4. 森特纳里乌（Centenario）；5. 希韦尔德谢拉内格拉（Chihuido de la Sierra Negra）；6. 里约诺昆（Rio Neuquen）；7. 埃尔波韦尼尔（El Porvenir Field Complex）；8. 查科·巴约（Charco Bayo）、彼德拉斯布兰卡斯（Piedras Blancas）；9. 库本马胡达（Cupen Mahuida）；10. 25 de Mayo-Medanito SE

图 4-3-1-1　内乌肯盆地油气田位置分布图

364

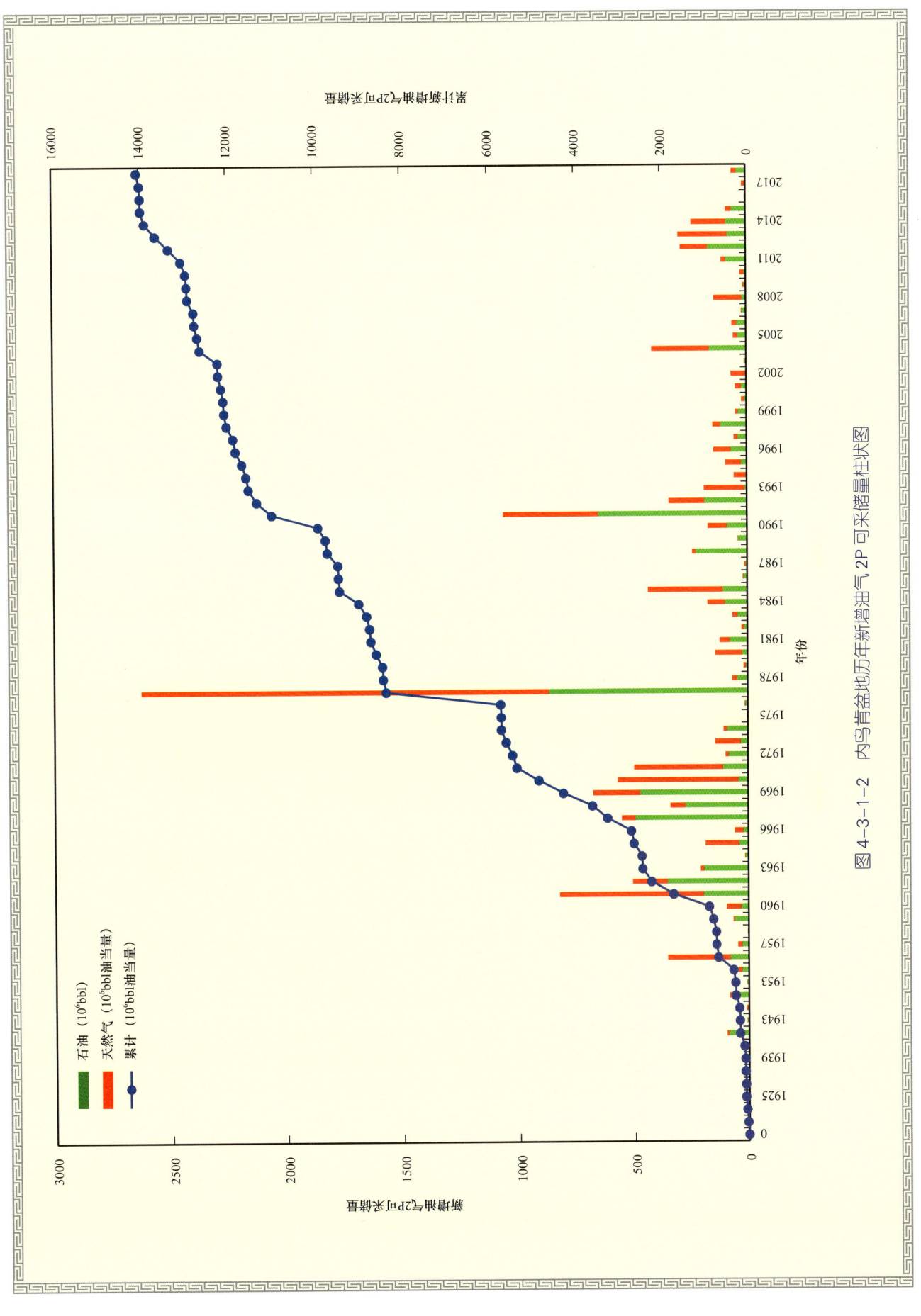

阿根廷

图 4-3-1-2 内乌肯盆地历年新增油气 2P 可采储量柱状图

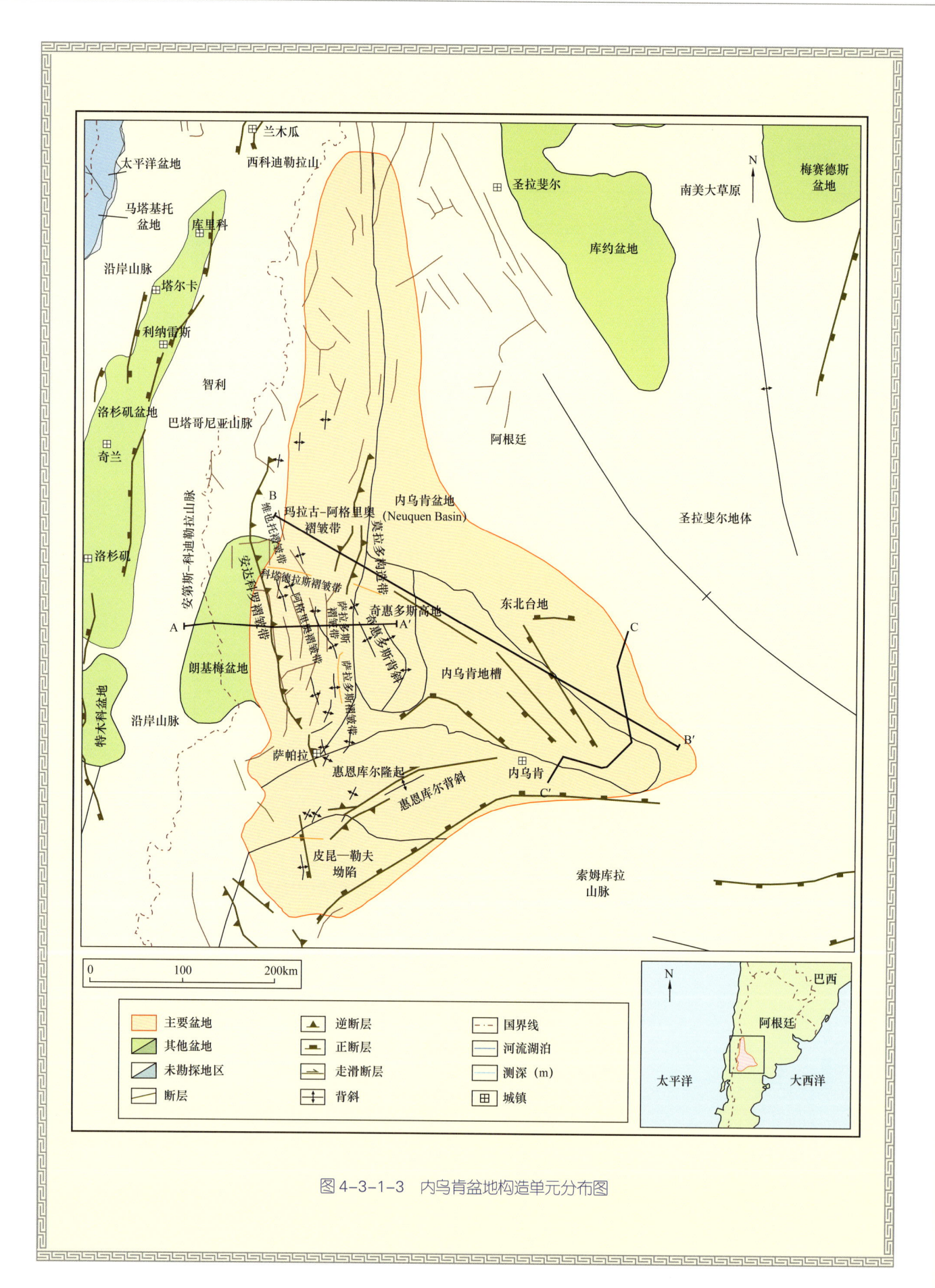

世界油气勘探开发与合作形势图集　南美地区　South America

图 4-3-1-3　内乌肯盆地构造单元分布图

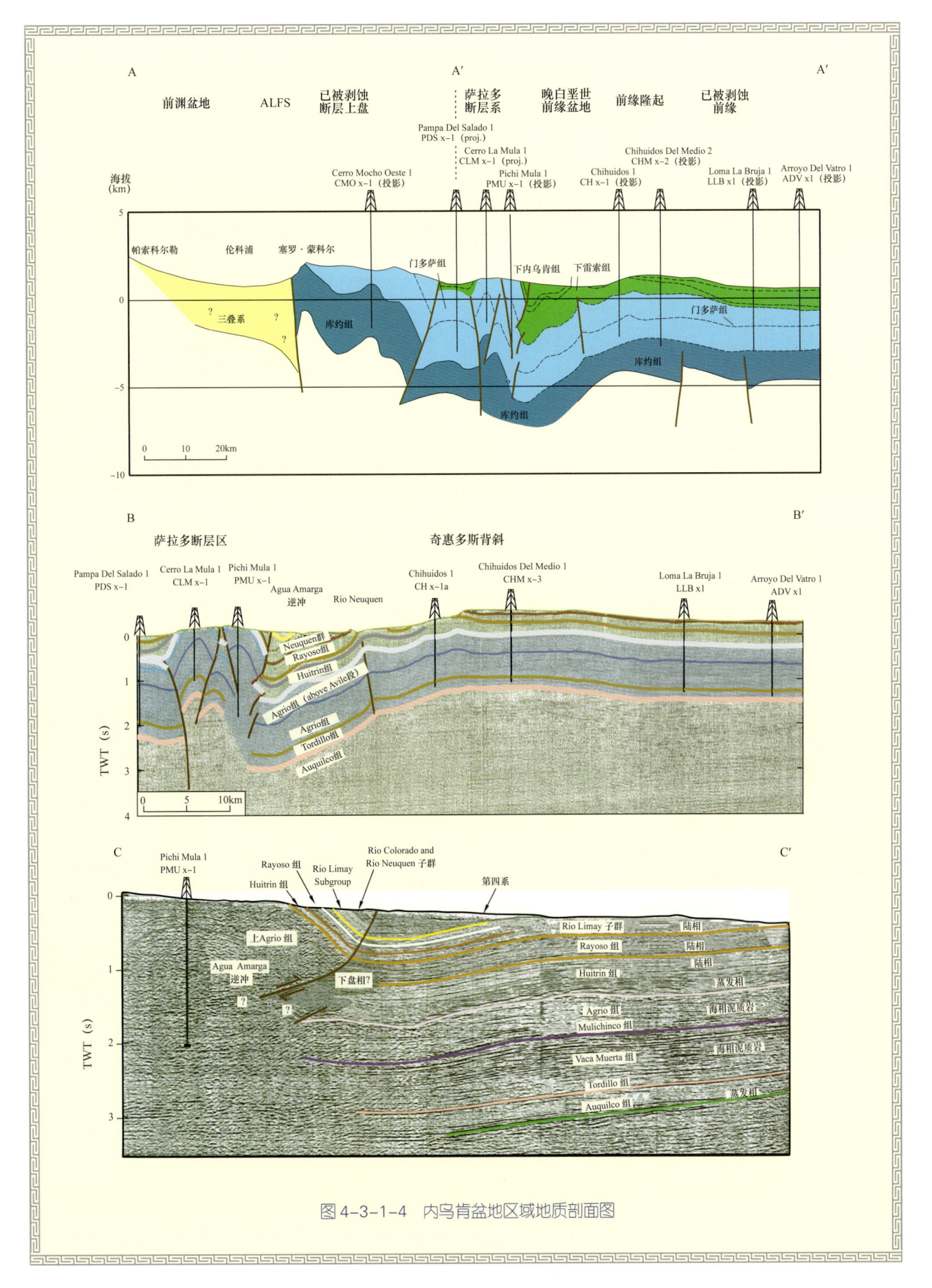

图 4-3-1-4 内乌肯盆地区域地质剖面图

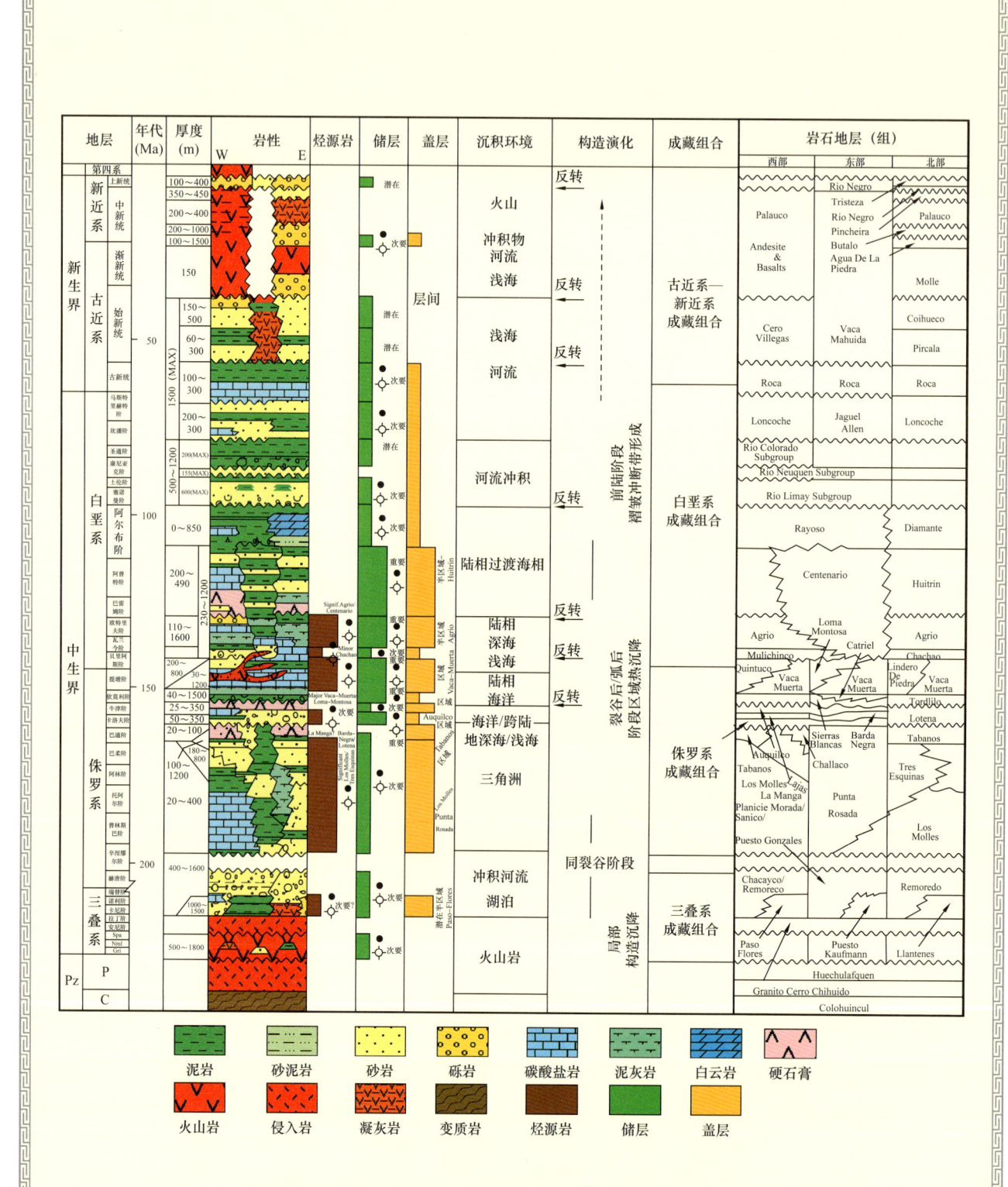

世界油气勘探开发与合作形势图集 | 南美地区 South America

图 4-3-1-5 内乌肯盆地地层综合柱状图

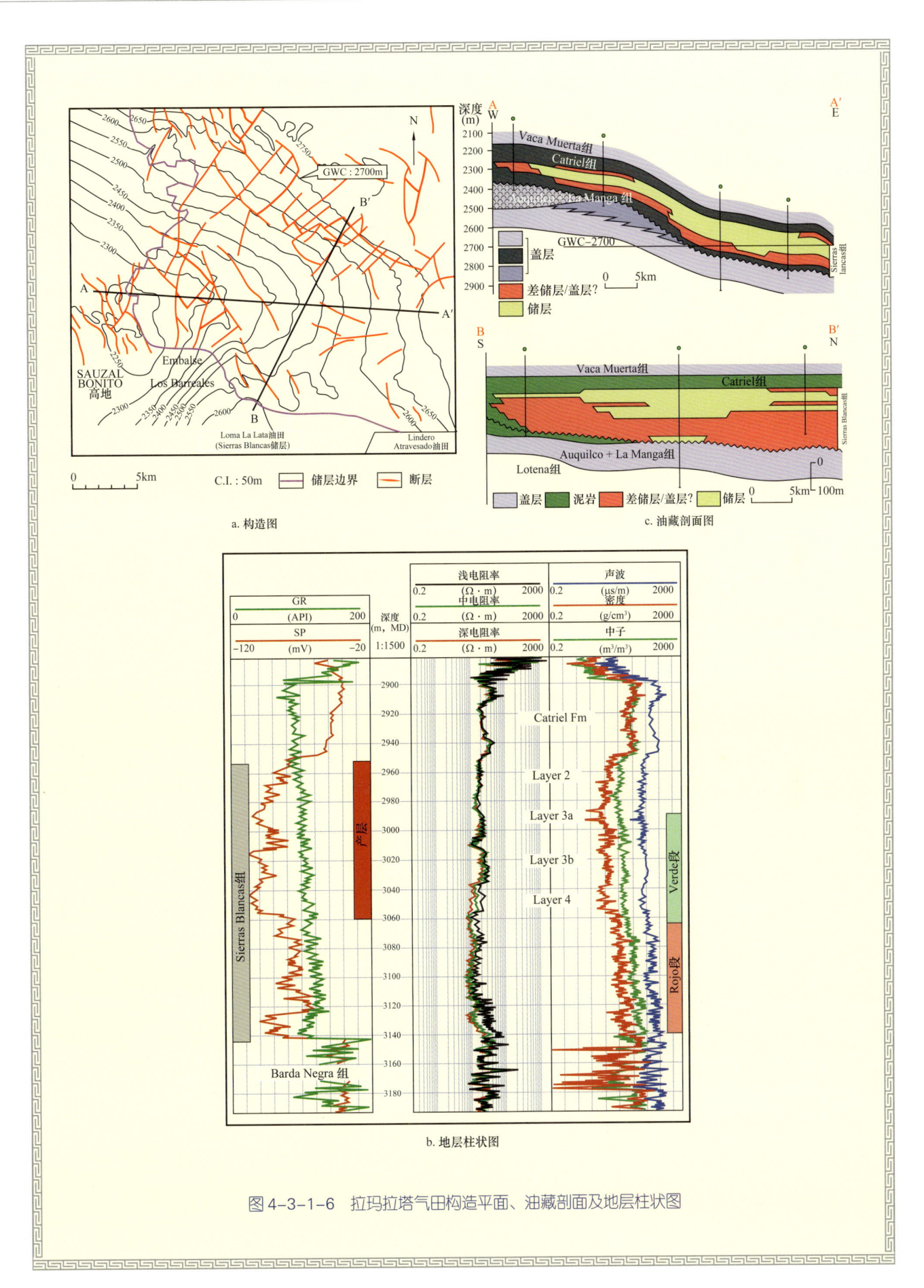

图 4-3-1-6　拉玛拉塔气田构造平面、油藏剖面及地层柱状图

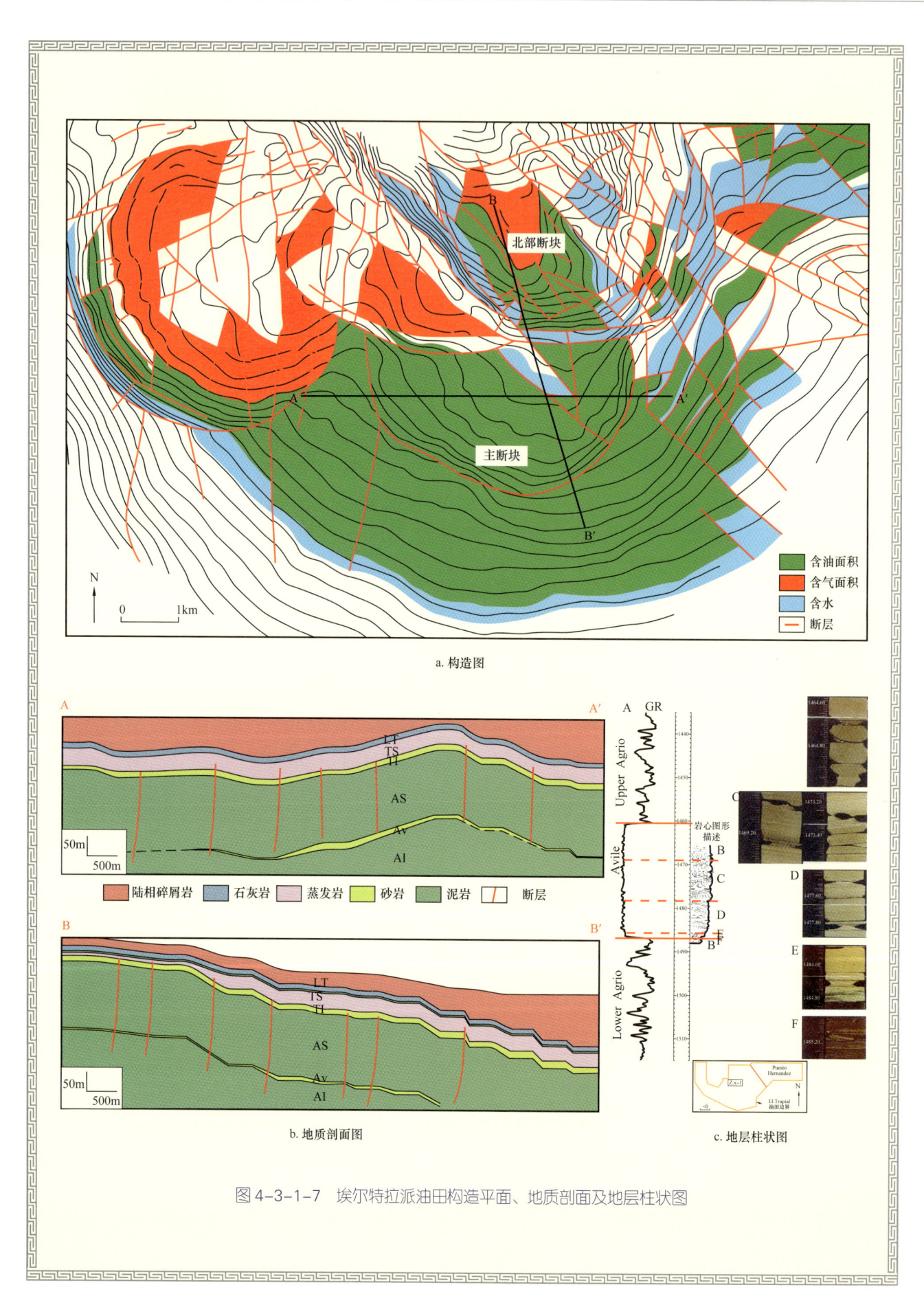

世界油气勘探开发与合作形势图集 | 南美地区 South America

a. 构造图

b. 地质剖面图

c. 地层柱状图

图 4-3-1-7 埃尔特拉派油田构造平面、地质剖面及地层柱状图

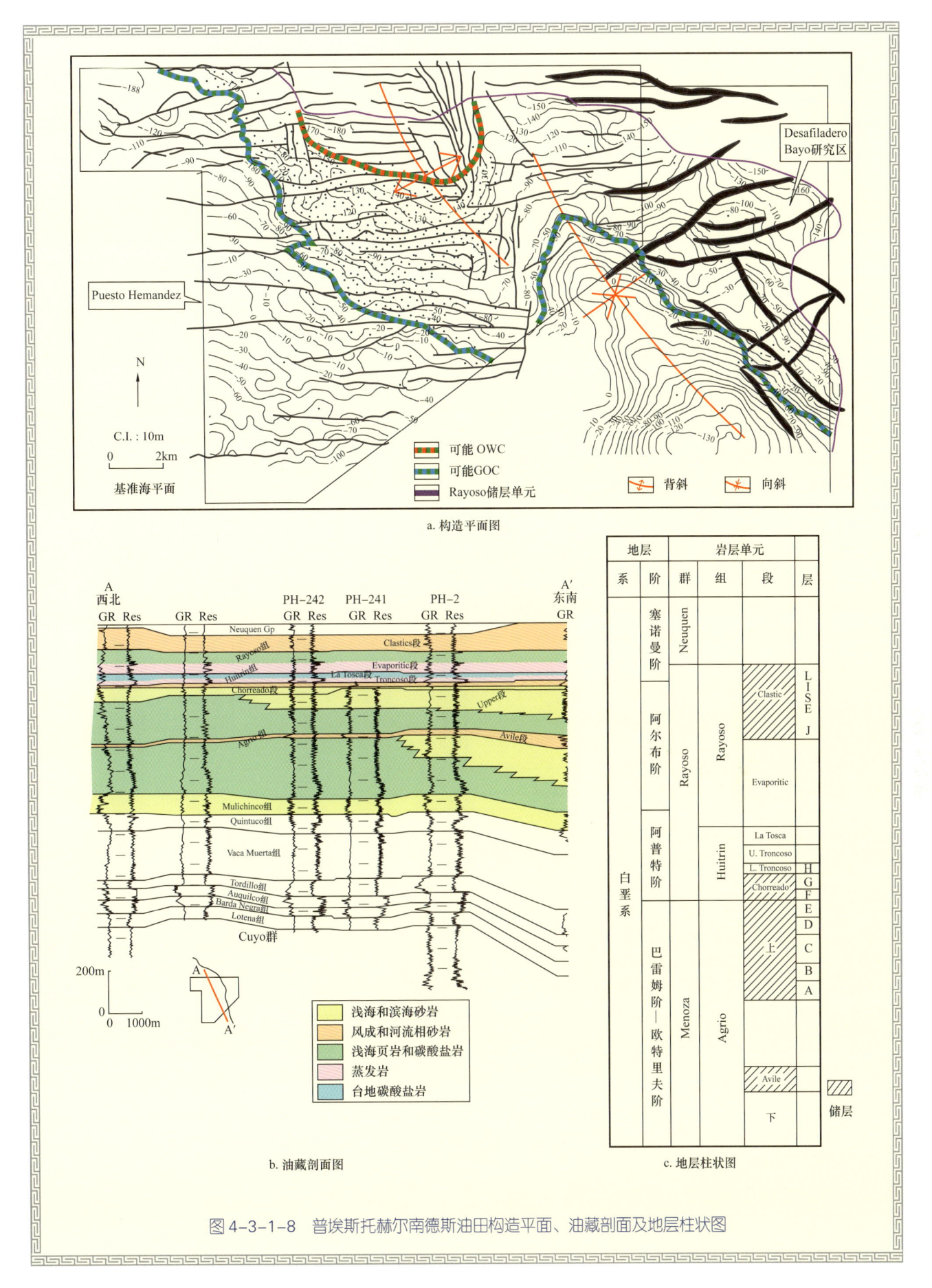

图 4-3-1-8 普埃斯托赫尔南德斯油田构造平面、油藏剖面及地层柱状图

a. 构造平面图

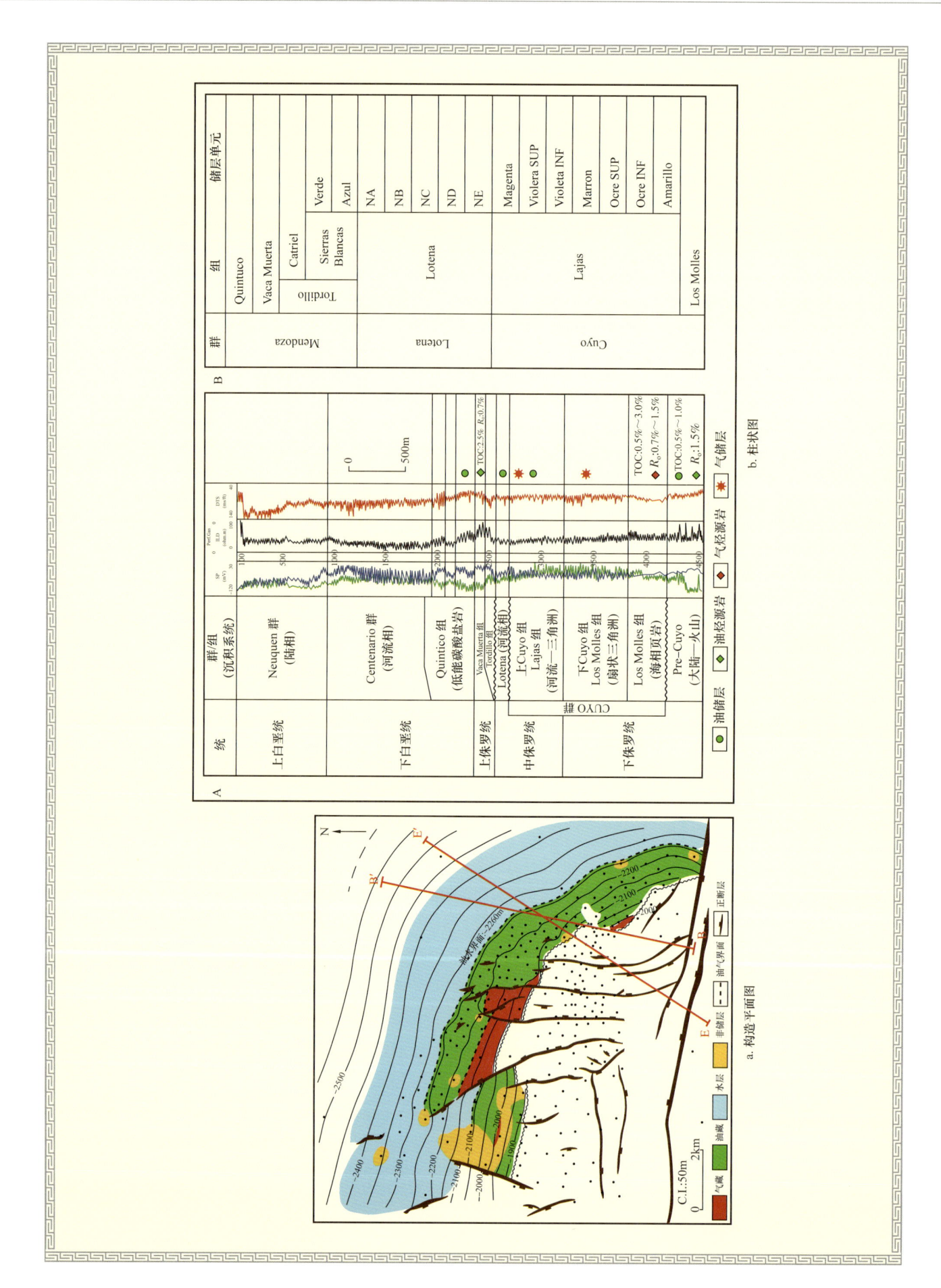

b. 柱状图

c. 油藏剖面图

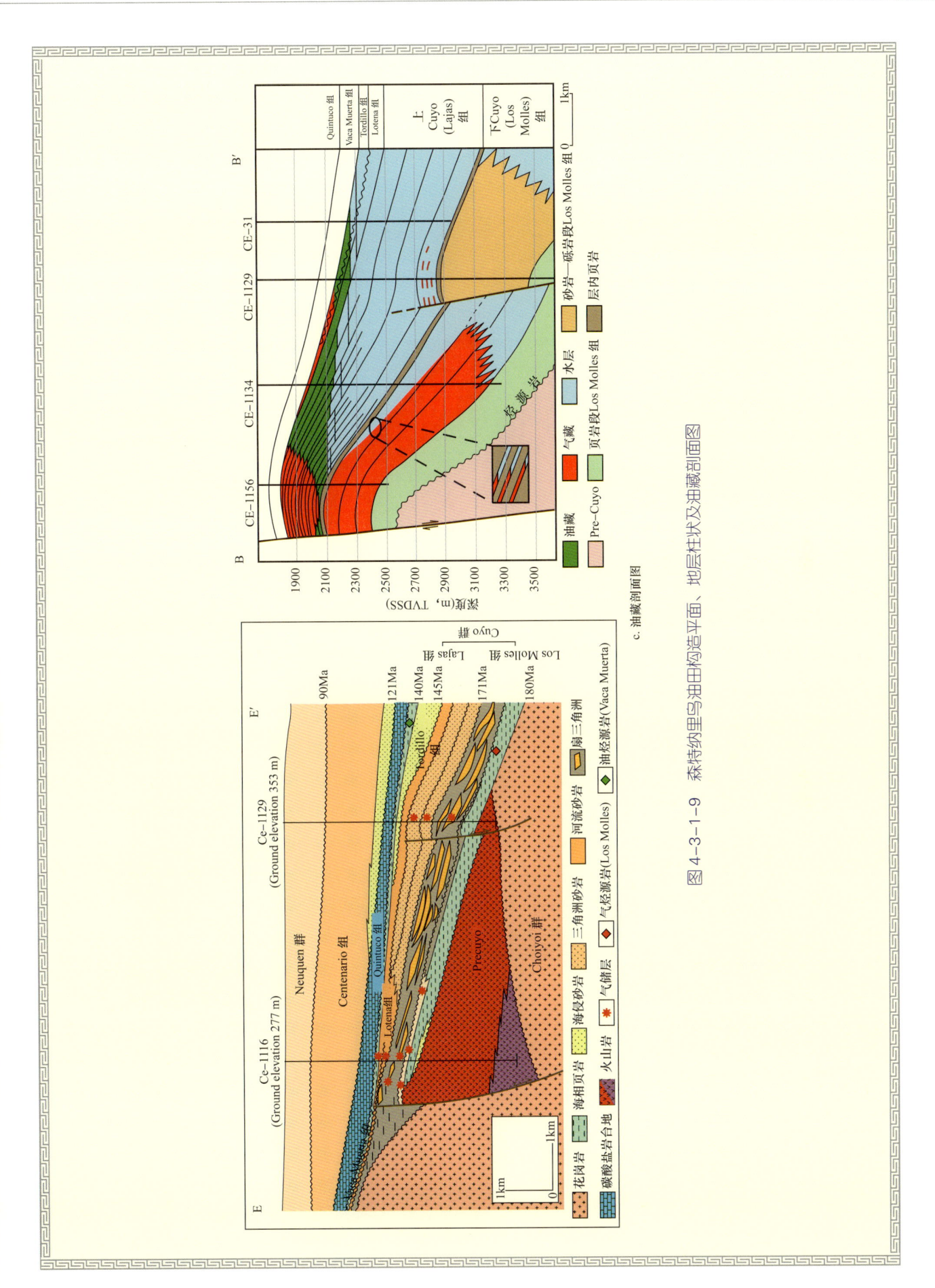

图 4-3-1-9 森特纳里鸟油田构造平面、地层柱状及油藏剖面图

a. 构造平面图

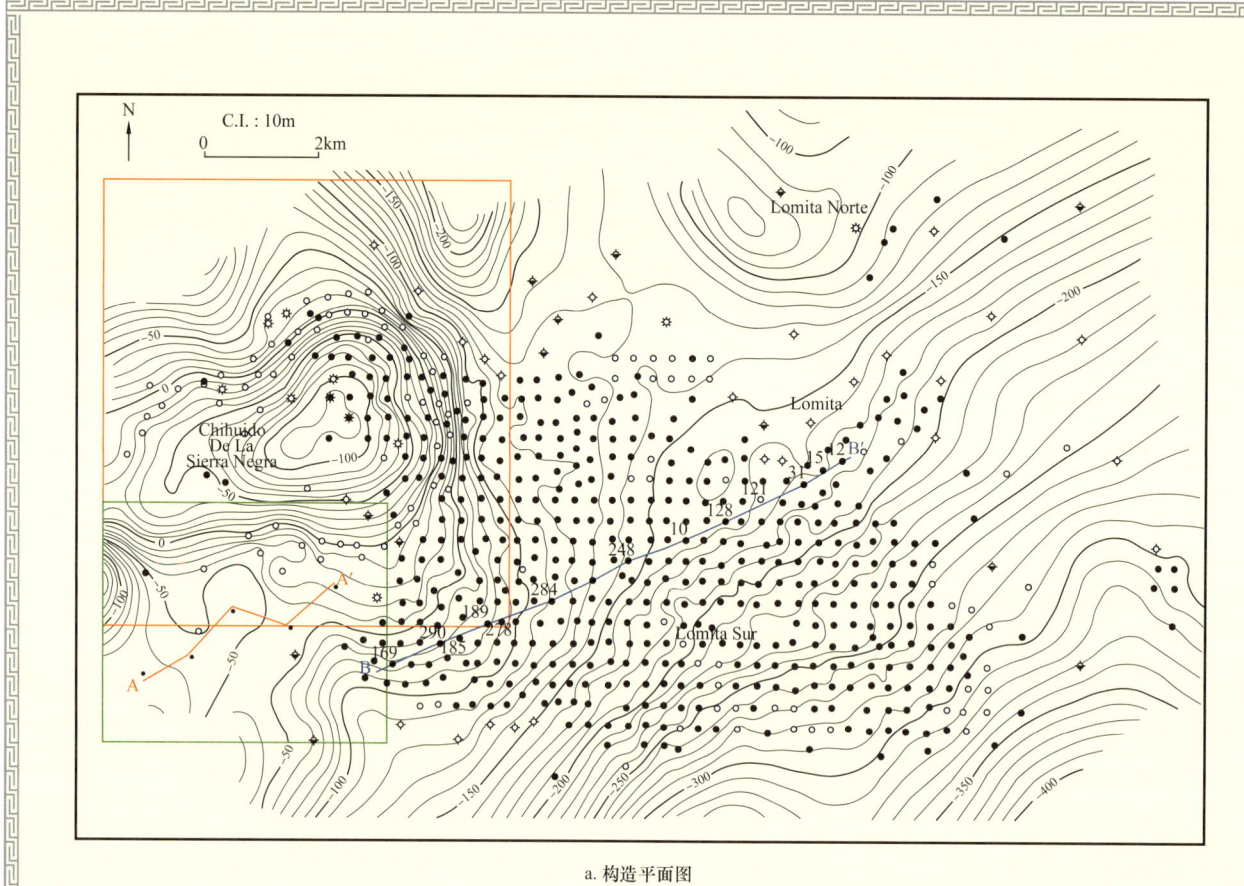

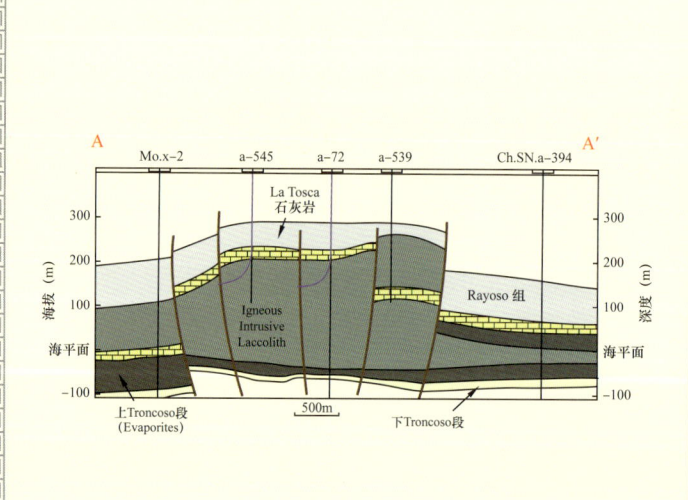

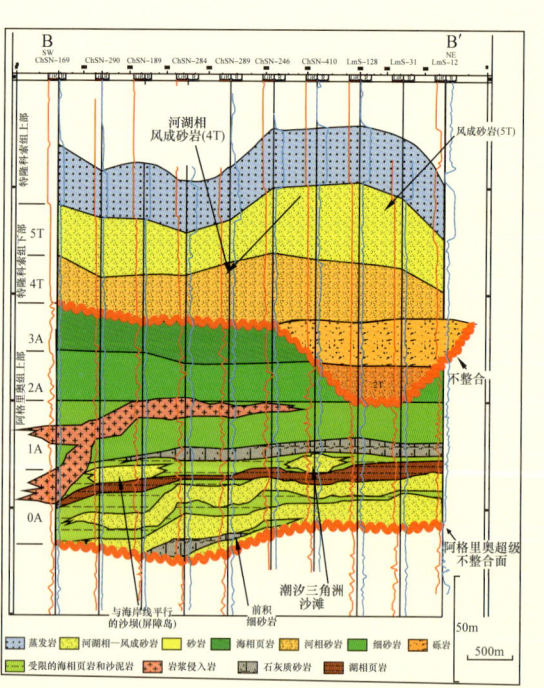

b. 地质剖面图

图 4-3-1-10　希韦尔德拉谢拉内格拉油田构造平面、地质剖面图

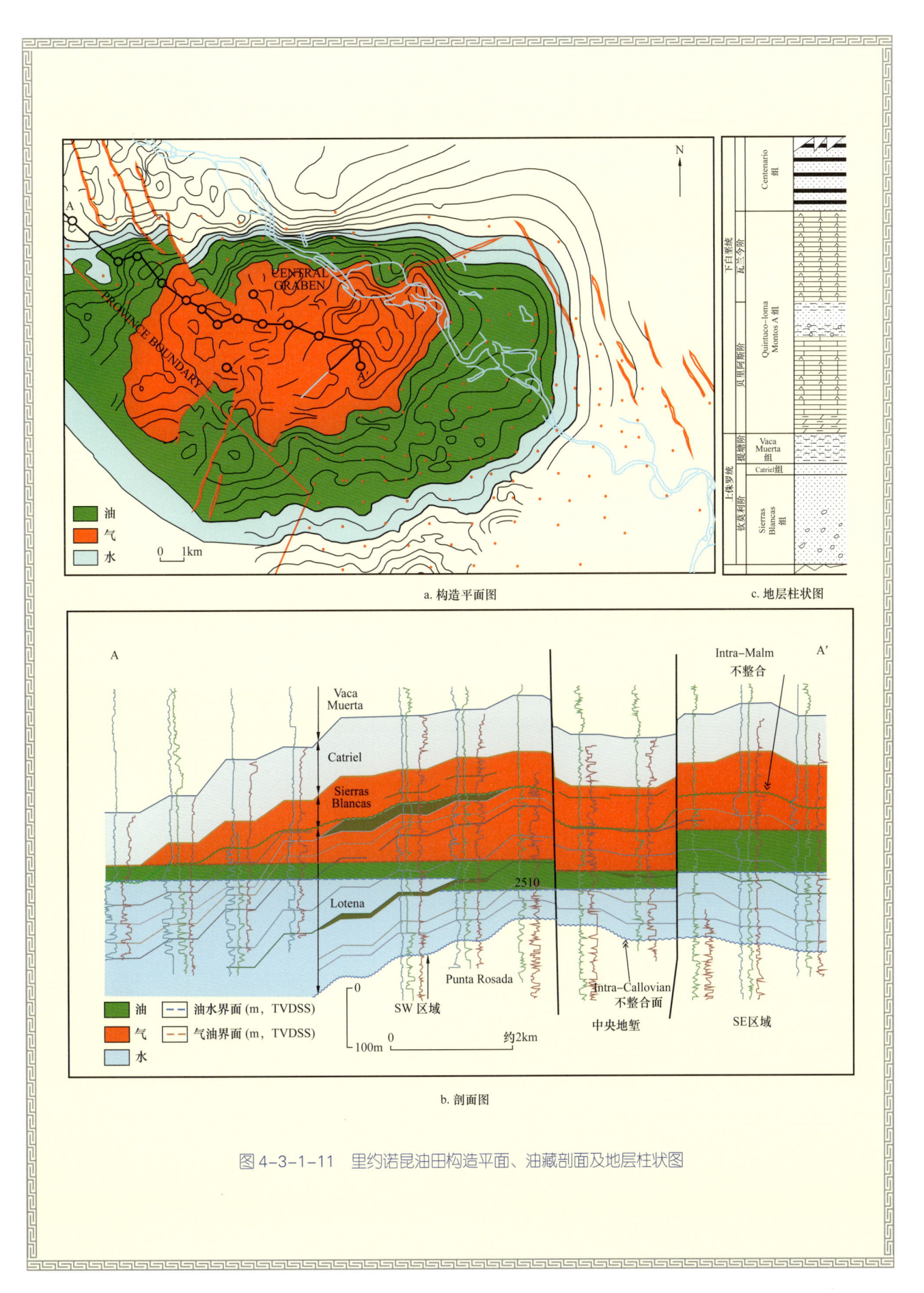

图 4-3-1-11 里约诺昆油田构造平面、油藏剖面及地层柱状图

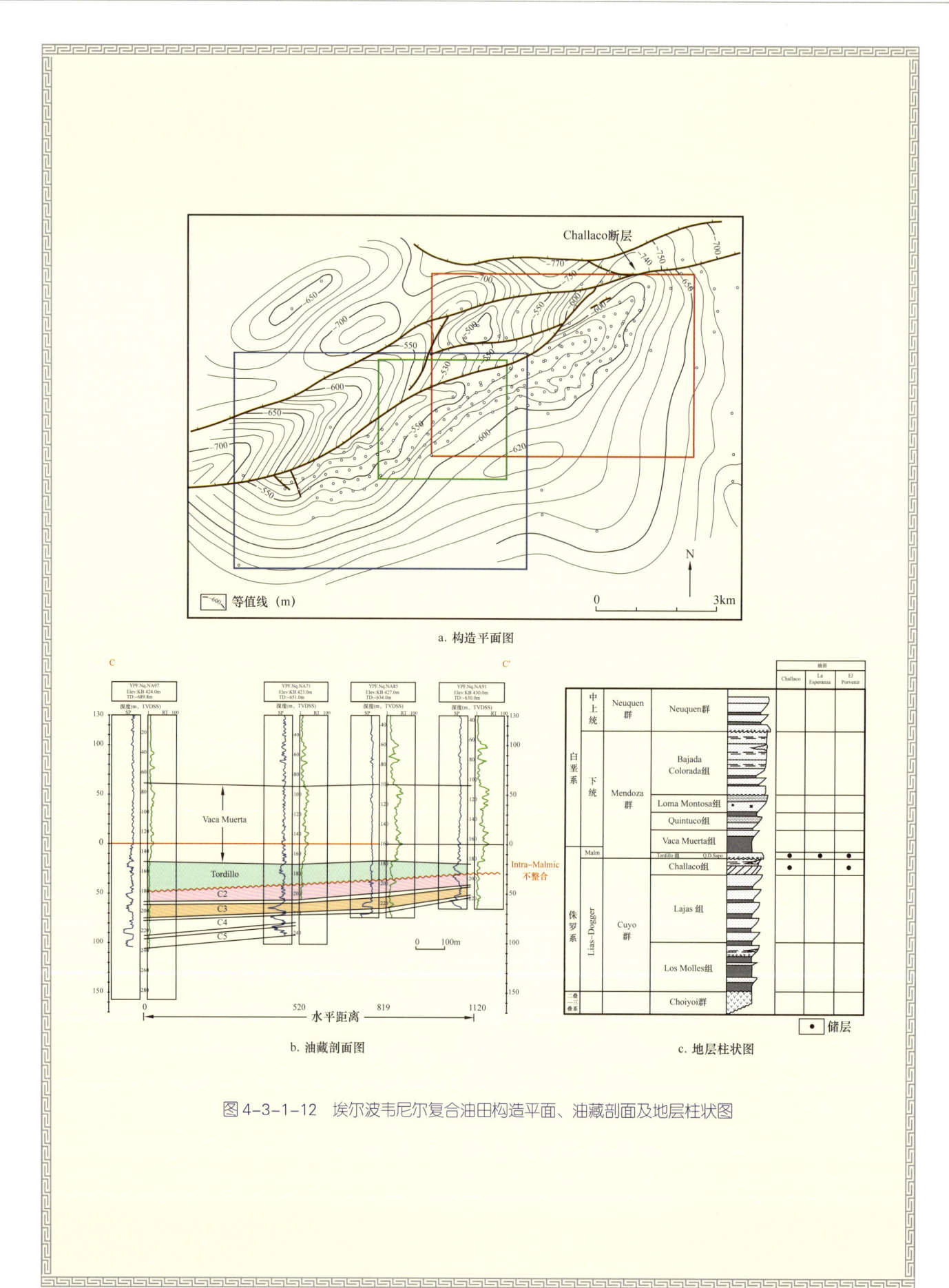

图 4-3-1-12 埃尔波韦尼尔复合油田构造平面、油藏剖面及地层柱状图

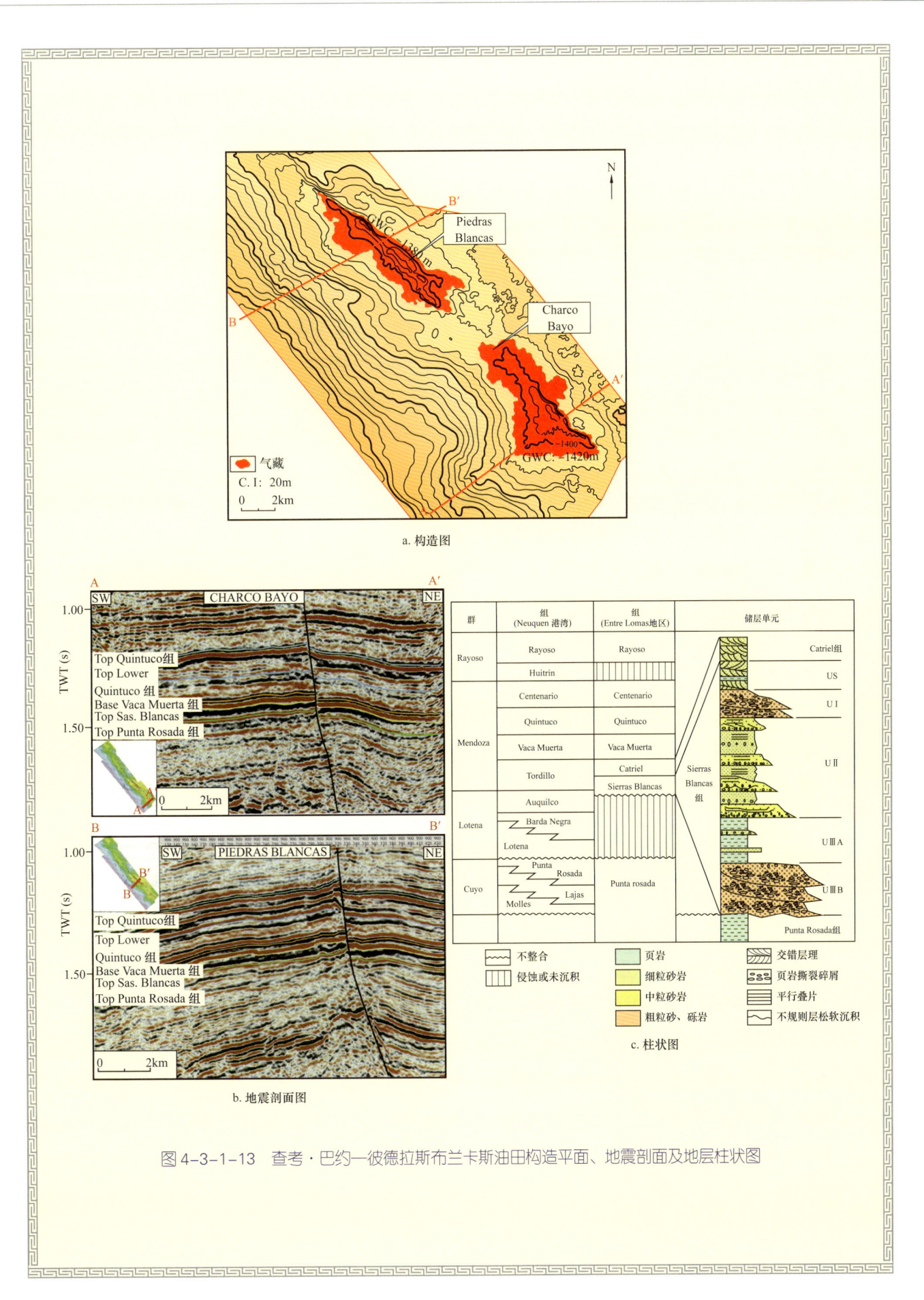

图 4-3-1-13　查考·巴约—彼德拉斯布兰卡斯油田构造平面、地震剖面及地层柱状图

属于上白垩统Chubut群成藏组合，位于圣乔治盆地陆上北部（图4-3-2-6），圈闭面积119km²，发现于1932年。截至2018年，石油、天然气2P可采储量分别为368.0×10⁶bbl、251.75×10⁹ft³（表4-3-2-1）。

圈闭类型为构造圈闭和地层—构造复合圈闭。储层由上白垩统EI Trebol组、下白垩统Comodoro Rivadavia组和Mina EI Carmen组砂岩组成，其中上白垩统EI Trebol组是主要储层，顶部埋藏深度1571m，平均厚度884m，有效厚度442m，岩性为砂岩，孔隙度7%~30%，渗透率4.9~148mD（平均44mD），地层温度101.1℃。原油密度0.9~0.93g/cm³，原油黏度10~25mPa·s，平均18mPa·s，气体平均相对密度0.65。

1932年投入试生产，截至2018年，累计生产油气364.8×10⁶bbl油当量。

6. 勘探开发潜力

盆地油气勘探潜力较大，中国石油2018年最新资源评价认为，盆地内常规待发现油气可采资源量为3470.11×10⁶bbl油当量，其中石油2840.00×10⁶bbl、凝析油0.80×10⁶bbl、3650.00×10⁹ft³。最有利勘探区位于盆地中部，该区也是盆地主要的生烃中心，沉降中心四周的圈闭是油气运移的有利指向区，同时也是古近系浊积砂岩发育区。

表 4-3-2-1 圣乔治盆地主要油气田属性表

序号	油气田名称	油气田类型	地理位置	发现年份	主要成藏组合	主要储层岩性	2P 可采储量			
							石油 (10^6bbl)	天然气 (10^9ft^3)	凝析油 (10^6bbl)	油气总和 (10^6bbl) 油当量
1	艾尔托蒂勒 (El Tordillo)	油气田	陆上	1932	上白垩统	砂岩	368.00	251.75	0	409.96

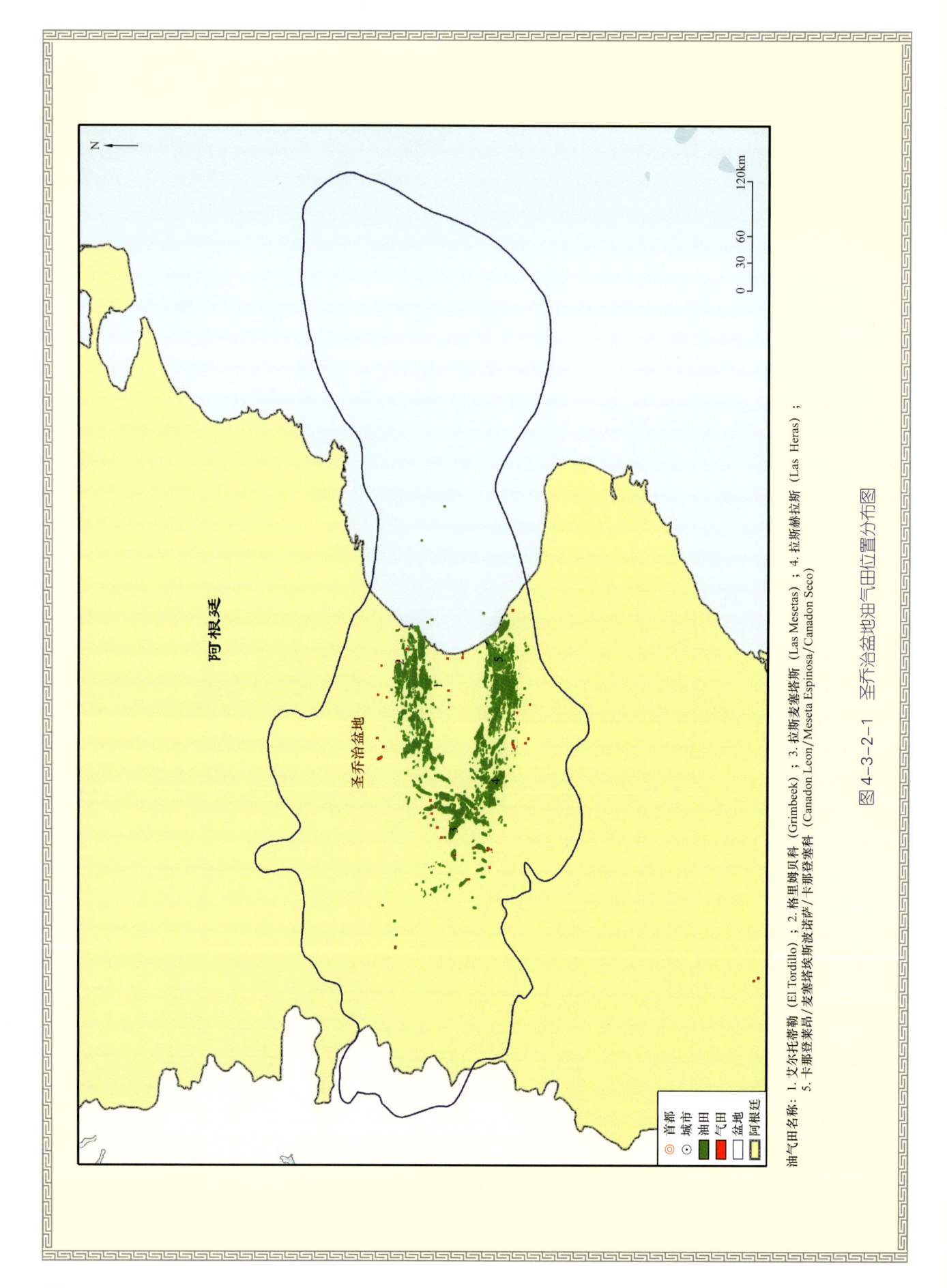

图 4-3-2-1 圣乔治盆地油气田位置分布图

油气田名称：1. 艾尔托帝勒（El Tordillo）；2. 格里姆贝科（Grimbeek）；3. 拉斯麦塞塔斯（Las Mesetas）；4. 拉斯赫拉斯（Las Heras）；5. 卡那登塞莱昂/麦塞塔埃斯波诺萨/卡那登塞科（Canadon Leon/Meseta Espinosa/Canadon Seco）

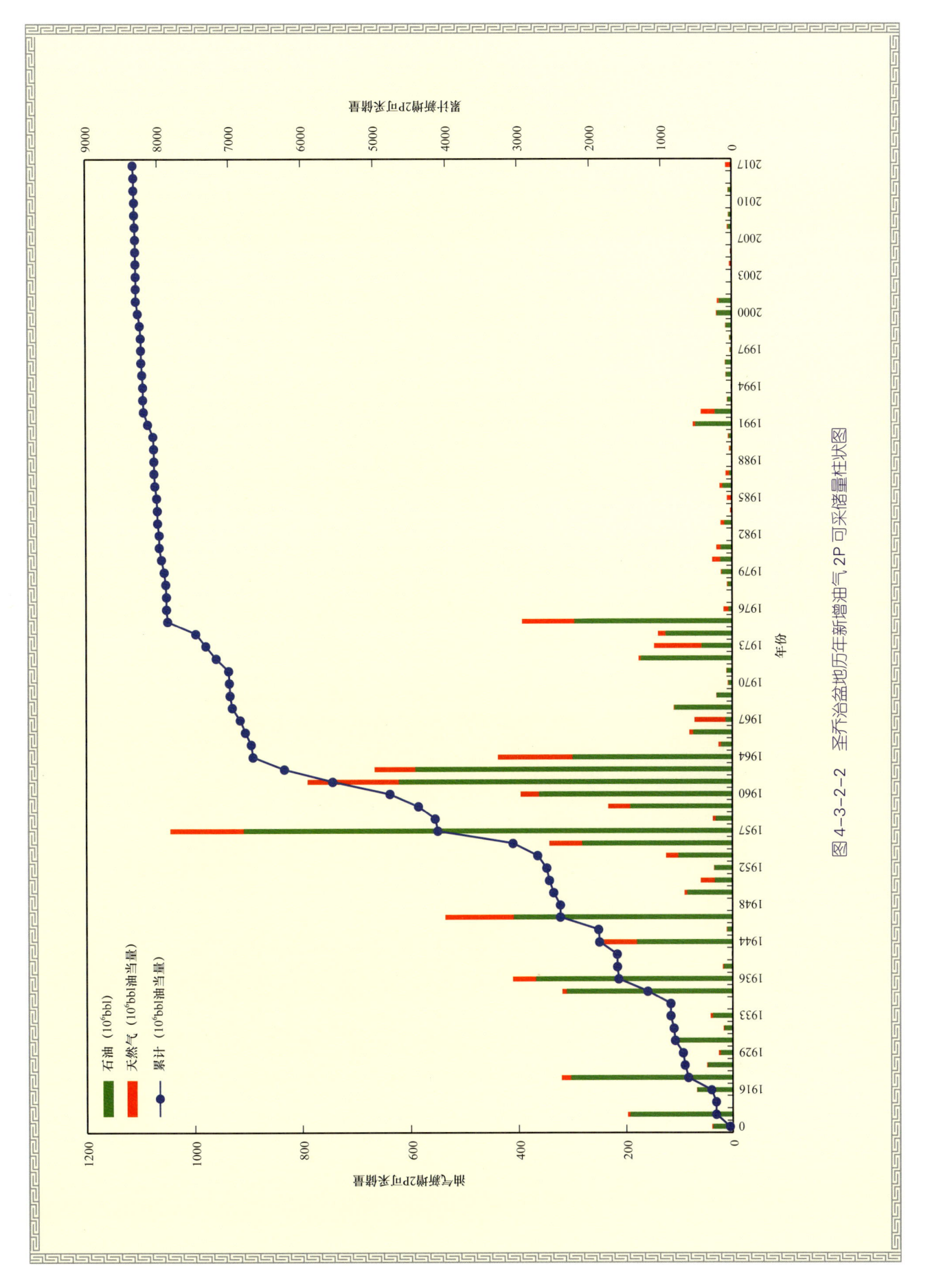

阿根廷

图 4-3-2-2 圣乔治盆地历年新增油气 2P 可采储量柱状图

世界油气勘探开发与合作形势图集　南美地区　South America

图4-3-2-3　圣乔治盆地构造单元分布图

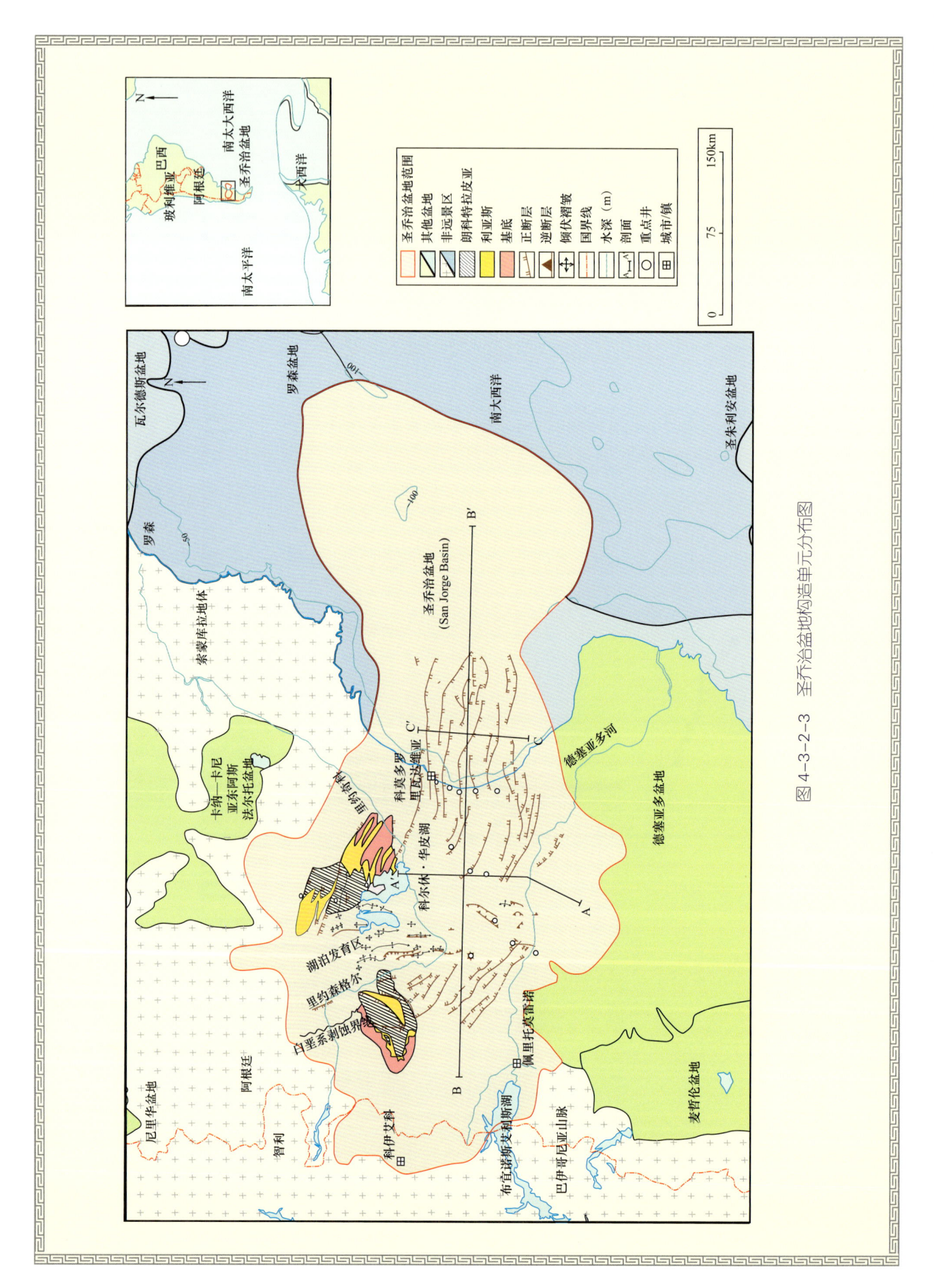

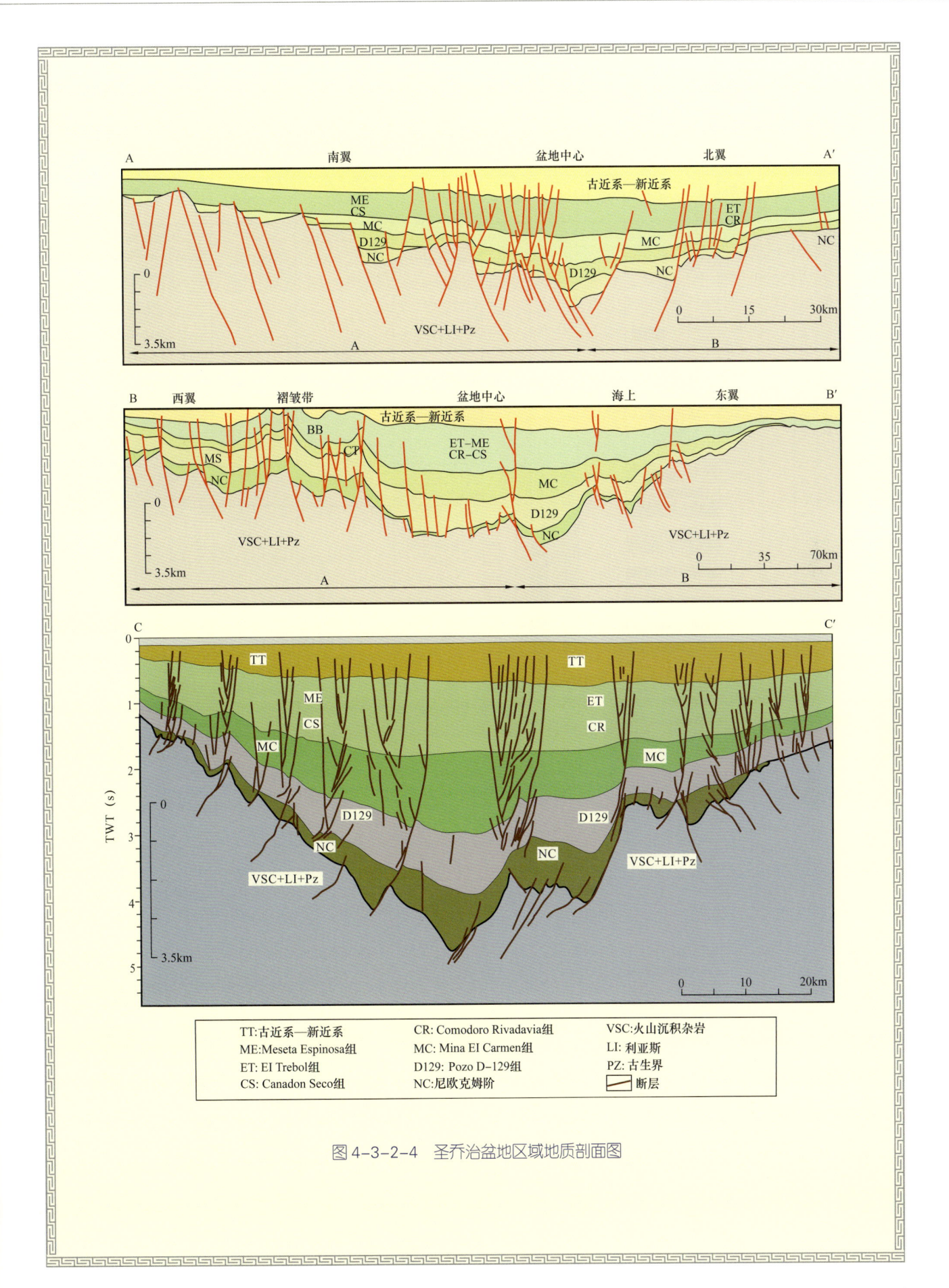

图 4-3-2-4 圣乔治盆地区域地质剖面图

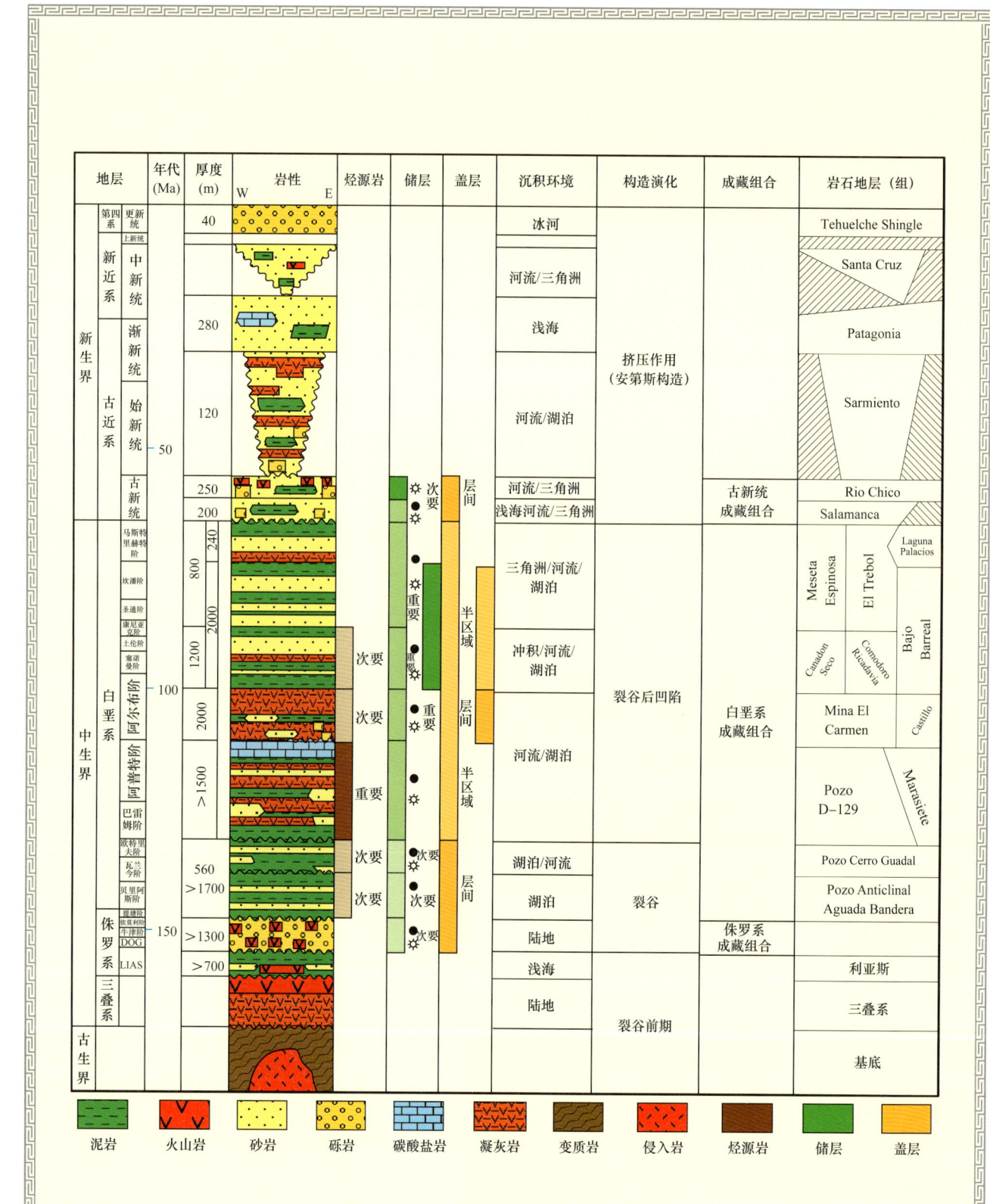

图 4-3-2-5 圣乔治盆地地层综合柱状图

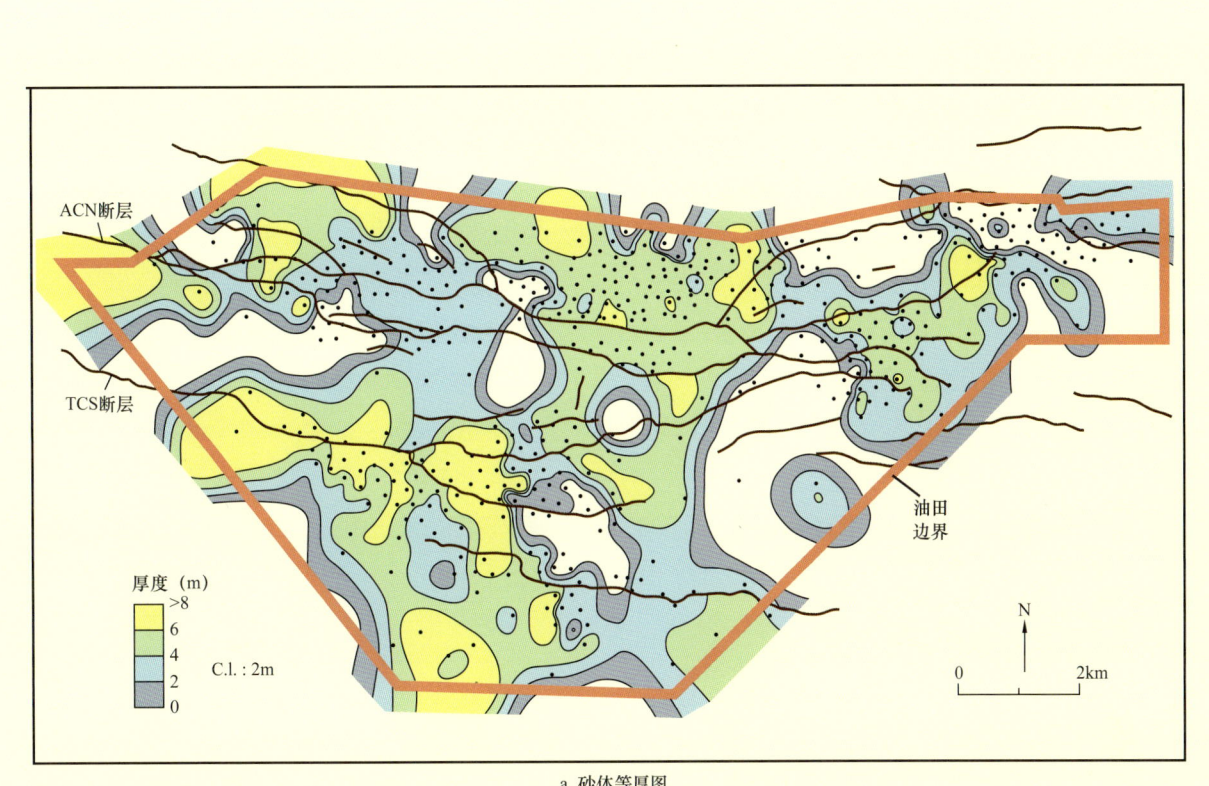

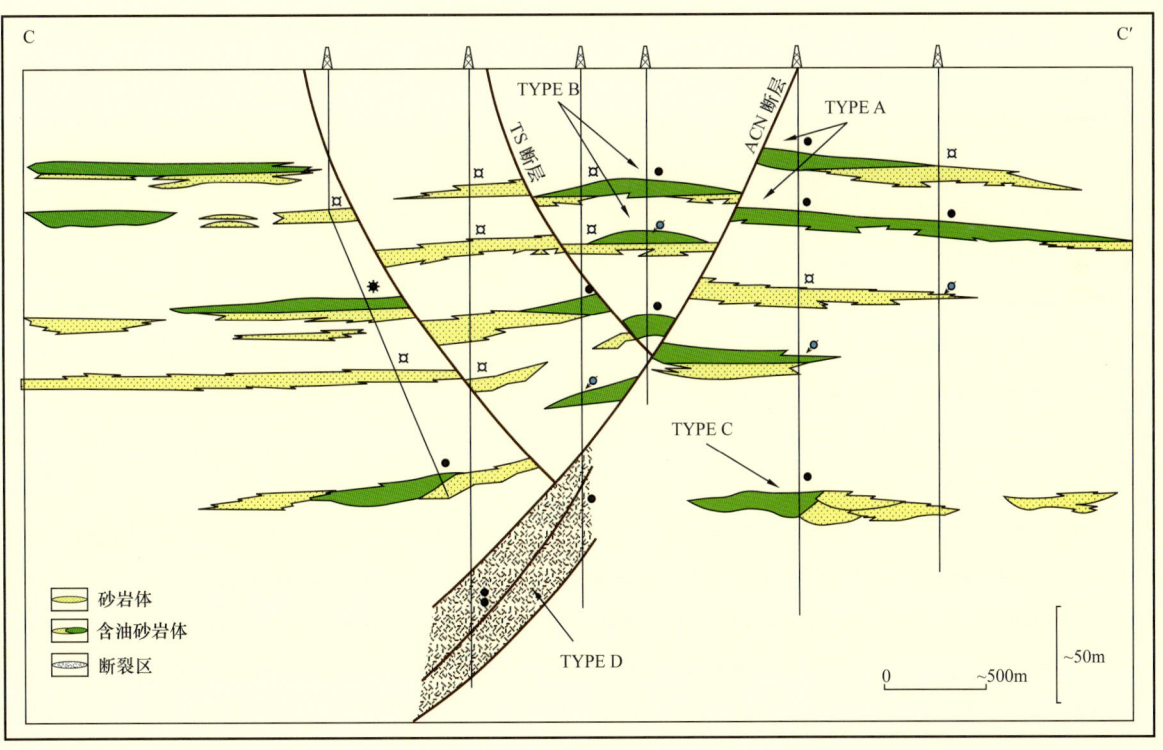

图 4-3-2-6 艾尔托蒂勒油田砂体厚度及油藏剖面图

（三）麦哲伦盆地

麦哲伦盆地（Magallanes Basin）位于阿根廷和智利境内（图4-3-3-1），在南纬47°—55°，西经63°—74°的范围内，面积 $21.85 \times 10^4 km^2$，海上部分 $5.56 \times 10^4 km^2$，陆上部分 $16.3 \times 10^4 km^2$。

1. 勘探开发历程

麦哲伦盆地的油气勘探经历了早期勘探、勘探重大发现和稳定发展3个阶段（图4-3-3-2）。

早期勘探阶段（1930—1959年）：盆地勘探始于20世纪30年代，阿根廷国家石油公司（YPF）在很长时间内为唯一的石油作业者。在智利，国家机构控制了石油工业，盆地勘探进展较慢。YPF于1937年进行了钻井工作，40年代中期钻井工作量有所加大。盆地的开发始于1949年的智利Manantiales油田。

勘探重大发现阶段（1960—1983年）：1961年盆地开始地震勘探工作，20世纪80年代是二维地震勘探高峰。该阶段连续发现油气田，储量增长较快，以天然气为主。其中，1960年智利境内发现的波塞辛（Posesion）大气田，天然气2P可采储量达 $3020.0 \times 10^9 ft^3$。1983年在阿根廷境内发现卡里纳（Carina）气田，天然气2P可采储量达 $4046.5 \times 10^9 ft^3$。

稳定发展阶段（1984年至今）：该阶段油气储量小幅增长，开发平稳。20世纪90年代开始了三维地震勘探，到2018年，累计采集了 $6000 km^2$ 的三维地震资料。

截至2018年，盆地共发现油气田411个，累计发现油气2P可采储量 $6942.17 \times 10^6 bbl$ 油当量，其中石油、凝析油、天然气2P可采储量分别为 $1126.16 \times 10^6 bbl$、$325.45 \times 10^6 bbl$、$32943.35 \times 10^9 ft^3$。共发现大气田3个，其中1个位于智利，两个位于阿根廷，总储量 $1888.92 \times 10^6 bbl$ 油当量，占总发现量的27.2%。

2018年，麦哲伦盆地石油、天然气年产量分别为 $9.02 \times 10^6 bbl$、$66.38 \times 10^6 bbl$ 油当量。截至2018年，麦哲伦盆地累计生产石油、天然气分别为 $526.13 \times 10^6 bbl$、$1582.05 \times 10^6 bbl$ 油当量。

截至2018年底，麦哲伦盆地剩余2P可采储量 $2669.75 \times 10^6 bbl$ 油当量，其中石油 $223.10 \times 10^6 bbl$、凝析油 $133.15 \times 10^6 bbl$、天然气 $13418.28 \times 10^9 ft^3$。

2. 区域地质

麦哲伦盆地属于前陆盆地（图4-3-3-3），位于大西洋与安第斯山之间，基底由前寒武系和古生界变质岩组成，被石炭系和二叠系花岗岩侵入。盆地经历了3期构造演化：同裂谷期、后裂谷期和安第斯挤压期。同裂谷期形成地堑的同时，中上侏罗统发育火山岩地层，倾斜断块和地垒主要形成于盆地的东部和东北部。在后裂谷期阶段，在同裂谷断块之上形成披覆构造。在安第斯挤压阶段，阿根廷境内安第斯山南部地区以东的隆升和逆冲，形成了一个褶皱窄带，东部和北部发育不对称的逆掩冲断背斜（图4-3-3-4）。盆地可分为前渊带和前陆区两个构造单元。盆地西部和西南部逆断层发育，中东部正断层发育，地层向东部超覆。

3. 石油地质特征

1）烃源岩

麦哲伦盆地发育4套烃源岩（图4-3-3-5），下白垩统Lower Inoceramus组海相泥岩、上侏罗统—下白垩统Springhill组海相泥岩。其中下白垩统Lower Inoceramus组和上侏罗统—下白垩统Springhill组为主要烃源岩，Estratos con Favrella、Lutitas con Ftanitas组为次要烃源岩。

下白垩统Lower Inoceramus组海相泥岩厚度为80~220m，有机质类型为Ⅱ型、Ⅲ型，总有机碳含量0.5%~7.3%，R_o 为0.3%~1.2%，主要分布于盆地西南部。

上侏罗统—下白垩统 Springhill 组海相泥岩厚度为 0~220m，有机质类型为 I 型、III 型，总有机碳含量 0.4%~0.9%，R_o 为 0.6%~4%，主要分布于盆地中西部。

2）储层

上侏罗统—下白垩统 Springhill 组为目前盆地所发现的最重要储层（图 4-3-3-5），物源来自东北部的 Dungeness 隆起。储层展布平行于 Dungeness 隆起，宽约 200km，岩性主要为滨浅海相砂岩，厚度 0~220m，孔隙度 3.7%~37.6%（平均 20%），渗透率平均 100mD，向东北超覆于 Dungeness 隆起。

次要储层为上侏罗统—下白垩统 Estratos con Favrella 组、下白垩统 Margas Verdes 组、新生界砂岩及前白垩系火成岩和基岩风化壳。

3）盖层

盆地内没有区域性盖层（图 4-3-3-5），上侏罗统—下白垩统储层的盖层均为局部层间泥岩和 Lower Inoceramus 组泥岩。新生界储层由上部泥岩作为局部盖层。

4）圈闭类型

盆地的圈闭以构造型为主，大多为背斜、断背斜、断层或构造—岩性地层复合圈闭，在深层和东部斜坡地带发育岩性圈闭。

4. 常规油气成藏组合

盆地内发育 4 套成藏组合（图 4-3-3-5）：新生界、白垩系、侏罗系和基底成藏组合，最重要的成藏组合是白垩系成藏组合。

白垩系成藏组合：盆地中约 95% 的油气储量发现于白垩系 Springhill 组中，烃源岩为下白垩统 Lower Inoceramus 组海相泥岩，储层为 Springhill 组砂岩，为三角洲—滨岸相沉积，孔隙度高达 30%。典型的圈闭类型有背斜、断背斜和地层圈闭，盖层为下 Inoceramus 组。

新生界成藏组合：占盆地油气储量的 2%，储层为始新统、渐新统和更新统浅海相砂岩和非海相磨拉石，主要分布于盆地中东部。

侏罗系成藏组合：占盆地油气储量的 2%，储层为火成岩及陆相砂岩，主要分布于盆地中部。

基底成藏组合：占盆地油气储量小于 1%，储层为基岩风化壳，主要分布于盆地中西部。

5. 典型油气田

1）坎波博莱多拉斯（Campo Boleadoras）油田

属于古近系、白垩系成藏组合，位于盆地中北部的鼻状构造带，圈闭面积 22km²（图 4-3-3-6），发现于 1985 年。截至 2018 年，石油、天然气、凝析油 2P 可采储量分别为 13.5×10^6 bbl、395×10^9 ft³、凝析油 8.0×10^6 bbl（表 4-3-3-1）。

圈闭类型为地层—构造复合圈闭，呈北北东向展布。储层包括古近系始新统和下白垩统，主要储层是古近系下麦哲伦（Lower Magallanes）组，顶部埋深 1455m，厚度 20~60m，有效厚度 6.0~17.0m，平均有效厚度 8.0m，砂地比 20%，主要岩性为滨岸相砂岩，孔隙度 20%~26%（平均 23%），渗透率 1~400mD（平均渗透率 100mD），地层温度 77.2℃。原油平均密度 0.75 g/cm³，气体相对密度 0.65，甲烷平均含量 90%，乙烷平均含量 4.6%，丙烷平均含量 2.2%，丁烷平均含量 3%，氮平均含量 1%。

1999年投入生产，截至2018年，累计生产油气75.15×10⁶bbl油当量。

2）艾斯坦卡多斯拉古纳斯（Estancia Dos Lagunas）气田

属于侏罗系—白垩系成藏组合，位于麦哲伦盆地南部构造带（图4-3-3-7）。圈闭面积23km²，发现于1999年。截至2018年，石油、天然气2P可采储量分别为1.865×10⁶bbl、87.5×10⁹ft³（表4-3-3-1）。

圈闭类型为地层—构造复合圈闭，储层为下白垩统Springhill组和侏罗系Tobifera组。主要储层是侏罗系Tobifera组，顶部埋深1640m，厚度15～100m，有效厚度8～46m，岩性为英安流纹岩—凝灰岩，孔隙度14%～26%，渗透率0.003～100mD，气水界面-1402m，含气高度72m，储层地层温度100℃。气体相对密度0.63，甲烷平均含量88.3%，乙烷平均含量4.4%，丙烷平均含量2.0%，丁烷平均含量1.0%（表4-3-3-1）。

气田于2000年投入生产，截至2018年累计生产油气10.4×10⁶bbl油当量。

3）普埃斯托彼得（Puesto Peter）油田

属于渐新统成藏组合，位于麦哲伦盆地南部构造带，平面上呈北北西向展布，圈闭面积40km²（图4-3-3-8），发现于1990年。截至2018年，石油、天然气、凝析油2P可采储量分别为6.26×10⁶bbl、55.745×10⁹ft³、3.445×10⁶bbl（表4-3-3-1）。

圈闭类型为背斜圈闭。储层为渐新统下麦哲伦（Lower Magallanes）组，顶部埋深1560m，厚度25～115m（平均85m），有效厚度65m，主要岩性为中粒长石岩屑砂岩，可进一步分为M2、M3两个储层单元，M2孔隙度18%～27%（平均21%），渗透率1～15mD（平均10mD），M3孔隙度18%～25%（24%），渗透率50～3000mD（平均269mD）。气油界面-1610m，含气高度50m，油水界面-1632m，含油高度22m。凝析油重度52°API，气体相对密度0.84，甲烷平均含量68.4%，乙烷平均含量11.5%，丙烷平均含量5.9%，丁烷平均含量1.4%。

1998年投入生产，截至2018年累计生产油气16.556×10⁶bbl油当量。

6. 勘探开发潜力

中国石油2018年资源评价认为，盆地常规待发现油气可采资源量为2641.05×10⁶bbl油当量，其中石油465.39×10⁶bbl，凝析油153.57×10⁶bbl，天然气11728.11×10⁹ft³。盆地中部前陆区及海上、西部前缘带和东部Springhill高地为有利勘探区。

阿根廷

表 4-3-3-1 麦哲伦盆地主要油气田属性表

序号	油气田名称	油气田类型	地理位置	发现年份	主要成藏组合	主要储层岩性	2P可采储量			
							石油 (10^6bbl)	天然气 (10^9ft^3)	凝析油 (10^6bbl)	油气总和 (10^6bbl)油当量
1	坎波博莱多拉斯（Campo Boleadoras）	油田	陆上	1985	始新统、上白垩统	砂岩	13.50	395.00	8.00	87.33
2	艾斯坦卡多斯拉古纳斯（Estancia Dos Lagunas）	气田	陆上	1999	白垩系—侏罗系	砂岩	0	87.50	1.87	16.44
3	普埃斯托彼得（Puesto Peter）	油田	陆上	1990	渐新统	砂岩	6.26	55.75	3.45	19.00

391

南美地区 South America

油气田名称：1. 坎波博莱多拉斯（Campo Boleadoras）；2. 艾斯坦卡多斯拉古纳斯（Estancia Dos Lagunas）；3. 普埃斯托彼得（Puesto Peter）

图 4-3-3-1　麦哲伦盆地油气田位置分布图

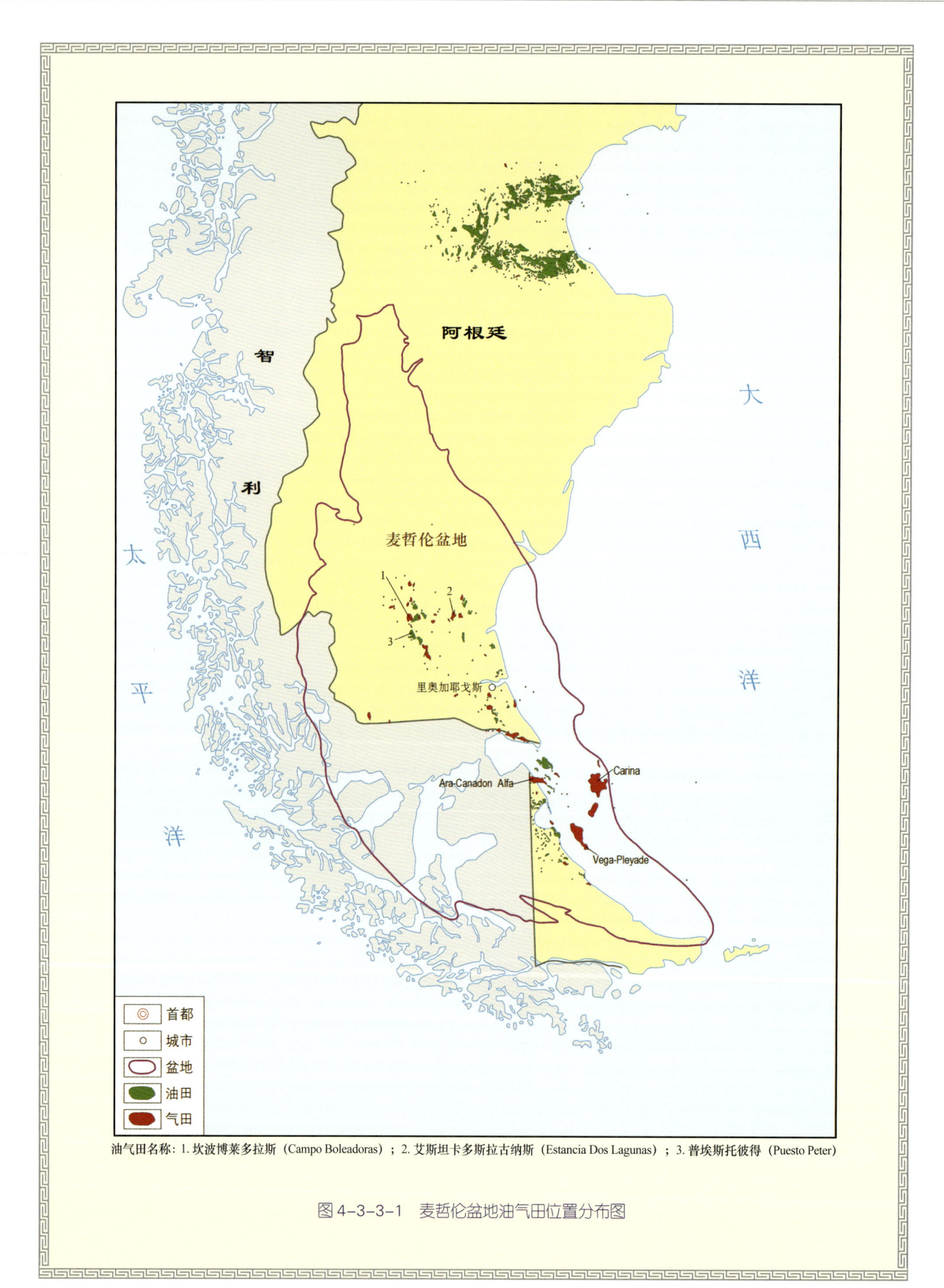

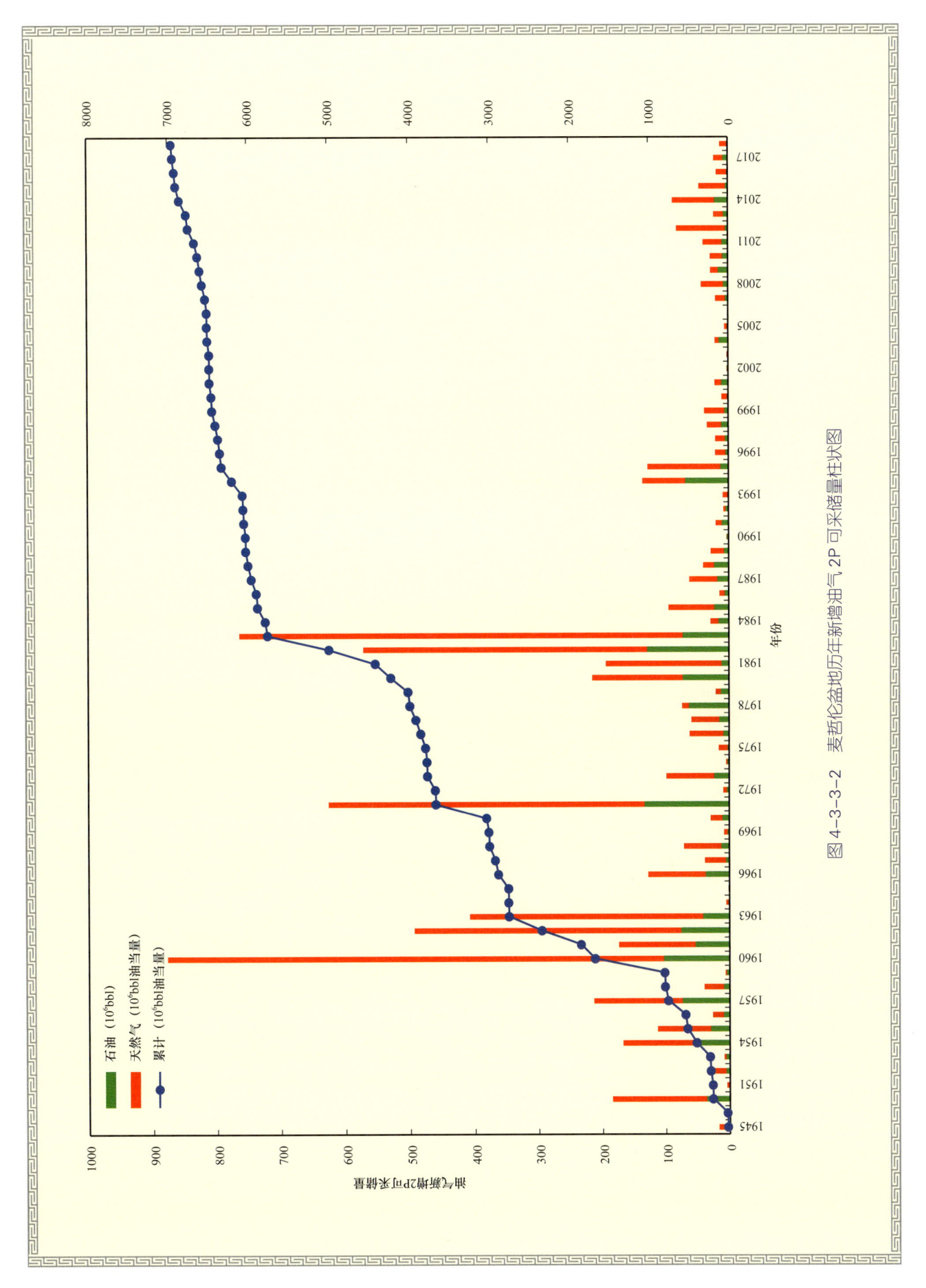

图 4-3-3-2 麦哲伦盆地历年新增油气 2P 可采储量柱状图

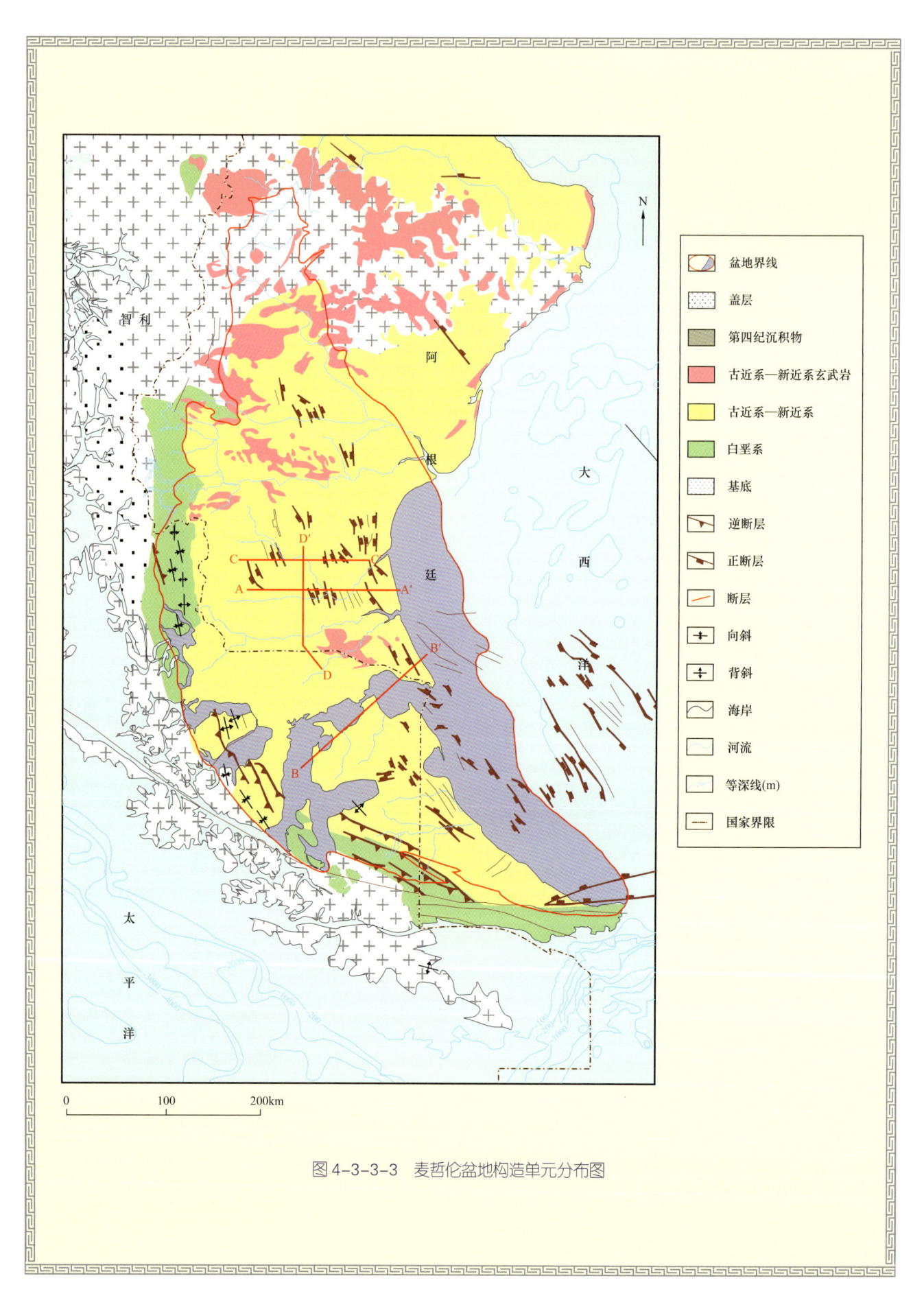

图 4-3-3-3 麦哲伦盆地构造单元分布图

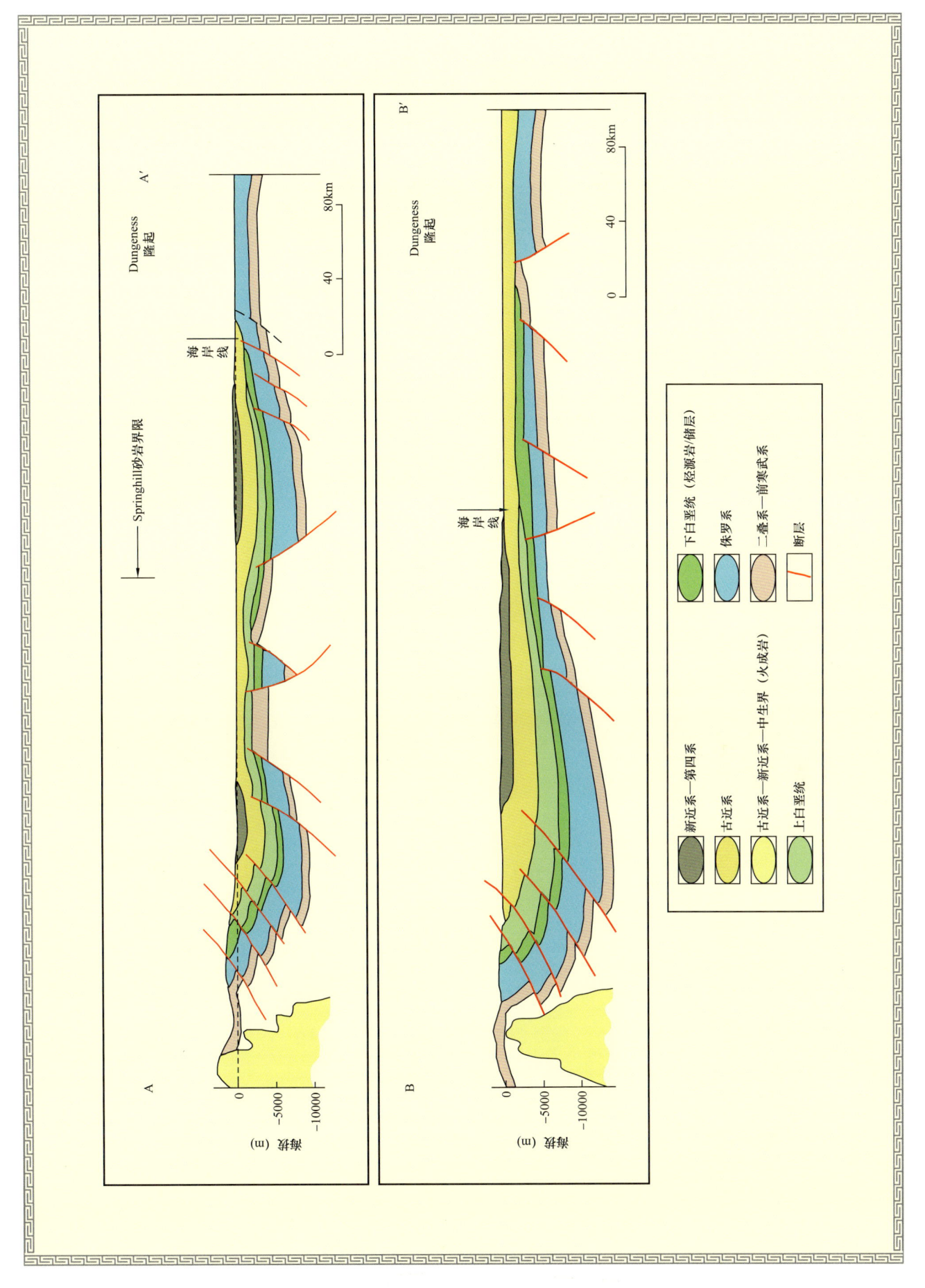

阿根廷

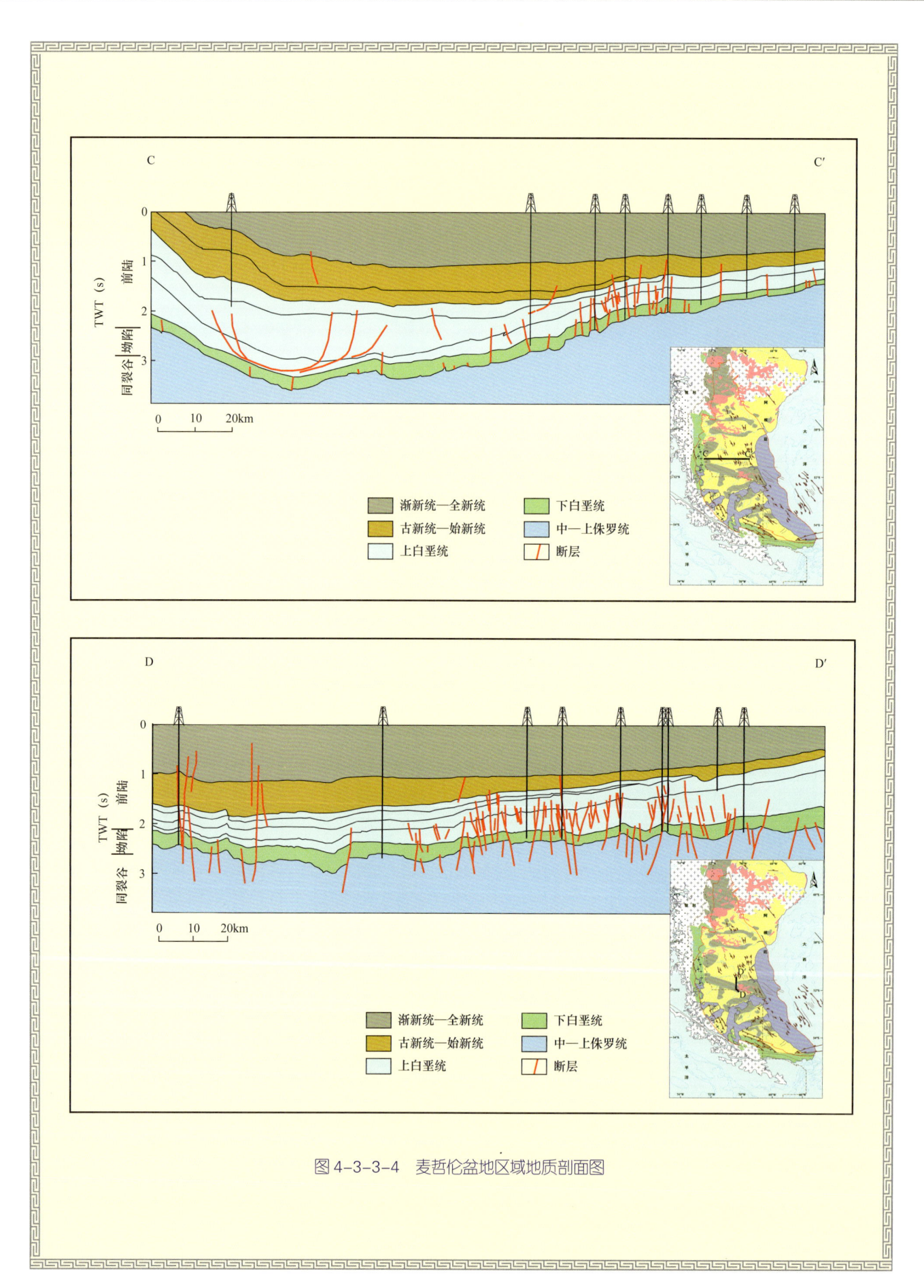

图 4-3-3-4 麦哲伦盆地区域地质剖面图

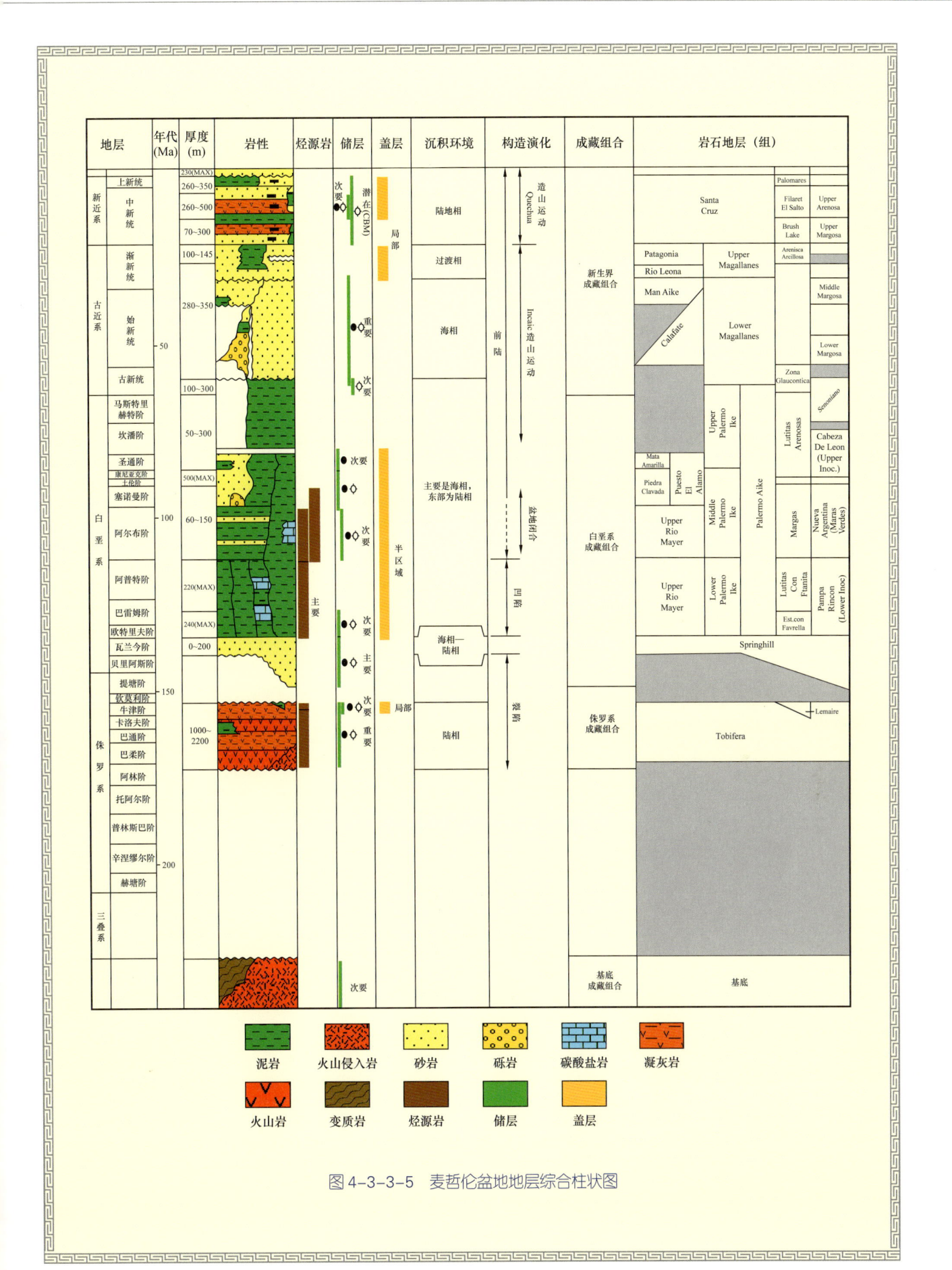

图 4-3-3-5 麦哲伦盆地地层综合柱状图

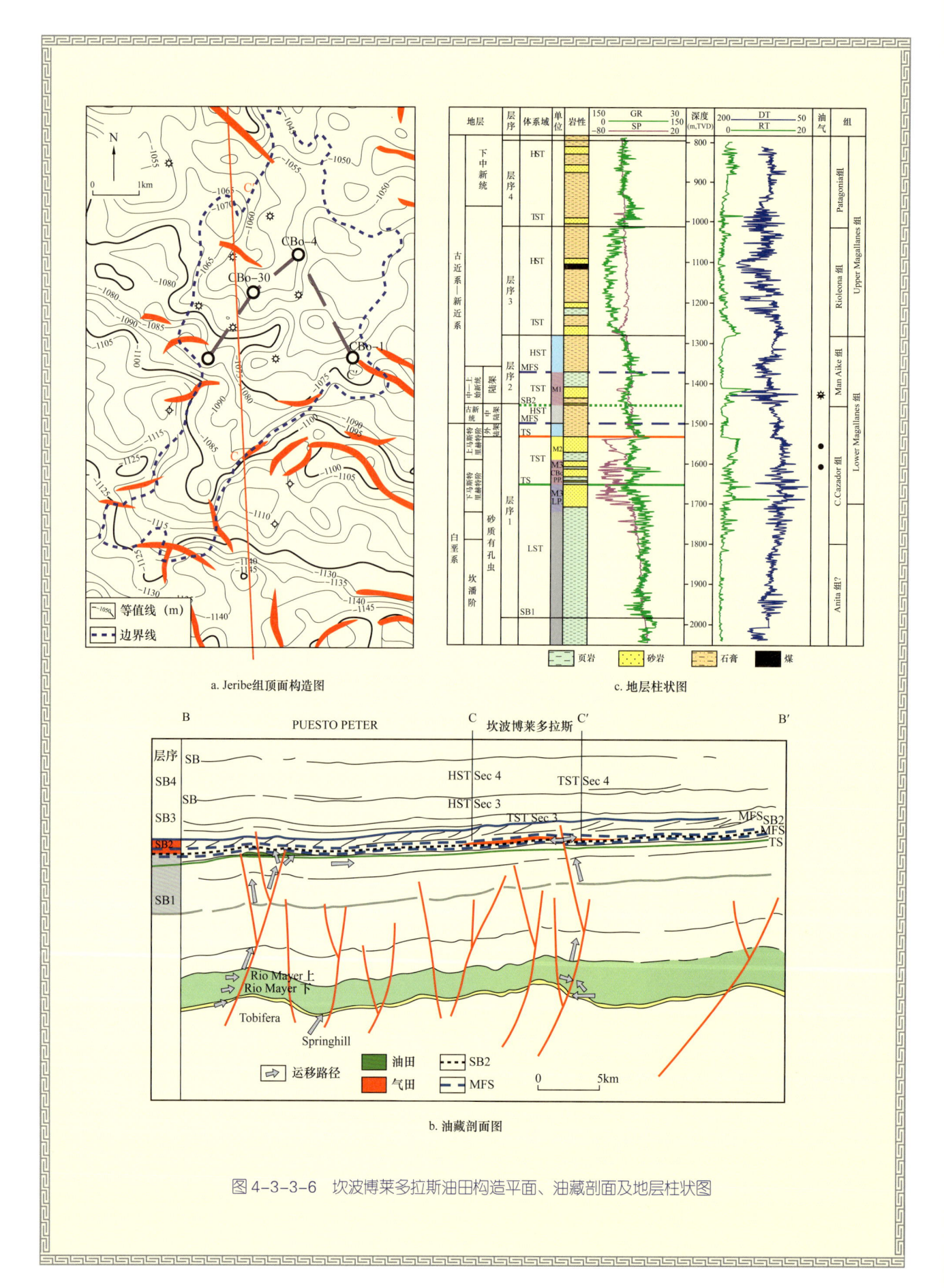

图 4-3-3-6 坎波博莱多拉斯油田构造平面、油藏剖面及地层柱状图

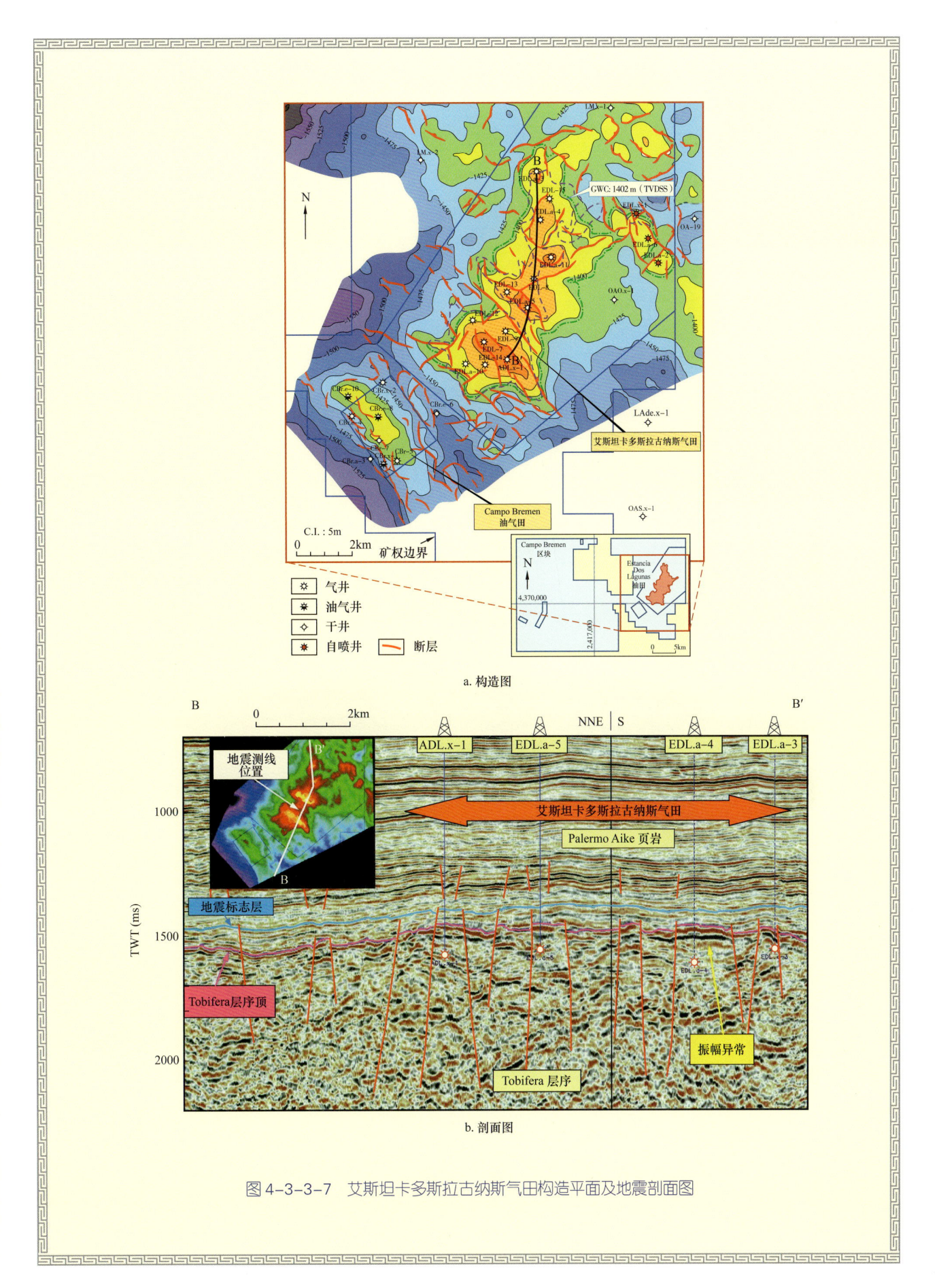

图 4-3-3-7　艾斯坦卡多斯拉古纳斯气田构造平面及地震剖面图

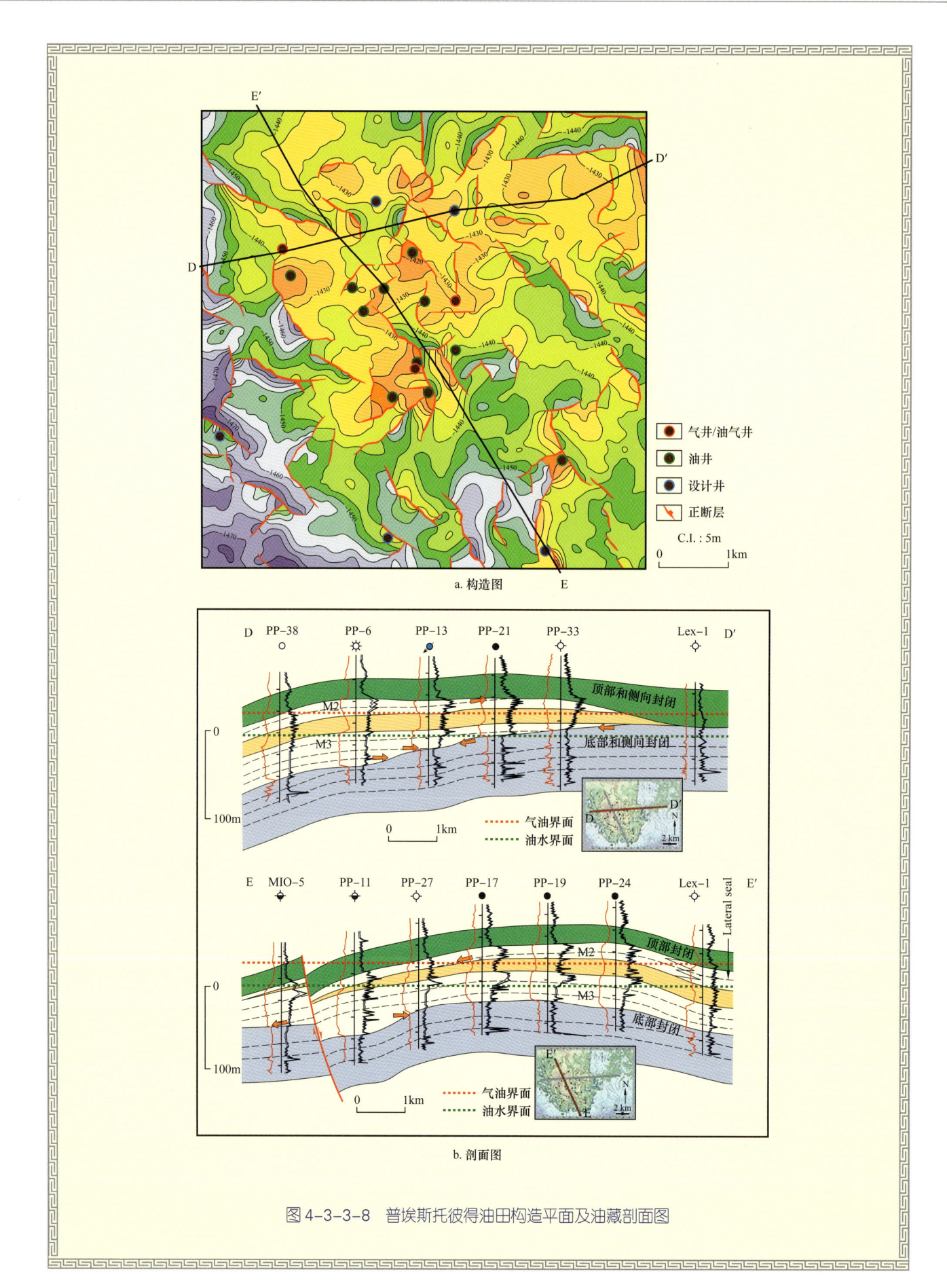

图 4-3-3-8 普埃斯托彼得油田构造平面及油藏剖面图

（四）马尔维纳斯盆地

马尔维纳斯（Malvinas）盆地位于大西洋最南端的阿根廷海上，西临麦哲伦盆地，东北与北福克兰盆地相望，盆地总面积 106189km²（图 4-3-4-1）。

1. 勘探开发历程

马尔维纳斯盆地的油气勘探经历了早期勘探和储量发现两个阶段（图 4-3-4-2）。

早期勘探阶段（1970—1979年）：20 世纪 70 年代，马尔维纳斯盆地获得勘探许可，1979 年埃克森公司和 YPF 公司取得 Tierra 山中间带的勘探许可，这部分许可中有一小部分是从麦哲伦盆地外延到马尔维纳斯盆地的。1980 年，YPF 公司陆续取得了马尔维纳斯盆地的勘探许可，主要开展了非地震区域地质调查等工作。

储量发现阶段（1980年至今）：盆地二维地震采集始于 1980 年，当年共采集二维地震 316km，随后又分别在 1985 年、1990 年、1998 年和 1999 年采集了 3740km、7094km、3079km 和 3867.5km。盆地钻井始于 1980 年，钻井主要分布在盆地西侧，分布较为零散。1981 年是盆地钻井最多的年份，共钻井 8 口，1982 年后，钻井比较少。1981 年发现了盆地第一个油气田后，1982 年、1993 年和 1999 年又有油田发现，但储量规模都不大，累计发现油气 2P 可采储量 110.42×10⁶bbl 油当量。

截至 2018 年，盆地共发现油田 1 个、气田 3 个，累计发现石油、天然气地质储量分别为 6.99×10⁶bbl、620.6×10⁹ft³。由于储量太少，又均位于海上，未进行开发。

2. 区域地质

马尔维纳斯盆地为被动陆缘盆地（图 4-3-4-3），西北部边界为里约奇科（Rio Chico）隆起，东北部上超到马尔维纳斯群岛（英称福克兰群岛，阿根、英争议）的古生界之上，南部边界为安第斯 Andean 褶皱带向东方向的延伸，盆地经历了前裂谷期、同裂谷期、后裂谷期、安第斯挤压 4 个构造演化阶段（图 4-3-4-4）。

盆地基底为三叠系—中下侏罗统火山岩和侵入岩，基底之上沉积了上侏罗统、下白垩统 Springhill 组、Inoceramus 组、Margas Verdes 组、上白垩统到古近系 Arenas Glauconitas 组以及渐新统—中新统、上新统—更新统，最大沉积厚度约 7000m。

3. 石油地质特征

1）烃源岩

盆地发育两套主要的烃源岩（图 4-3-4-5）：上侏罗统—下白垩统 Springhill 组页岩和白垩系 Inoceramus 组下部海相沥青质页岩。

Inoceramus 组下部广泛分布的海相沥青质页岩为最主要的烃源岩，总有机碳含量可达 3%～8%，有机质类型为 II 型。

Springhill 组海岸沼泽相页岩分布不均匀，其间夹杂有含黄铁矿和植物残屑细粒粉砂岩层。在盆地南部地区，这套烃源岩已经成熟。

2）储层

盆地已证实的储层是 Springhill 组（Calamar-1 井和 Salmon-2 井）（图 4-3-4-5），岩性为河流、浅海相砂岩，孔隙度14%～26%，最大可达30%，渗透率15～300mD，最大为2250mD。

储层包括上白垩统—始新统砂岩，以及侏罗系Tobifera组裂缝火山岩。

3）盖层

白垩系Inoceramus组下部泥岩为Springhill组储层的盖层（图4-3-4-5），Springhill组内部的页岩和泥岩也可作为层间盖层。

4）圈闭类型

主要包括基岩潜山、断块、披覆背斜和挤压褶皱背斜圈闭等类型。

在同裂谷期盆地整体处于张性环境，正断层发育，裂缝火山岩能够形成基岩潜山以及断块圈闭。在后裂谷期，主要发育披覆背斜以及断层相关圈闭。在安第斯构造挤压期，地层主要发育挤压褶皱背斜圈闭和断层圈闭，此外白垩系烃源岩层内可形成岩性圈闭。

4. 常规油气成藏组合

盆地可划分为古近系和白垩系两套成藏组合（图4-3-4-5）。

古近系储盖组合：烃源岩为白垩系Inoceramus组下部的海相沥青质页岩，储层为古近系Arenas Glauconitas组扇体砂砾岩，由Arenas Glauconitas组层间页岩和泥岩提供封盖条件。

白垩系储盖组合：烃源岩为Inoceramus组下部的海相沥青质页岩，储层为白垩系Springhill组砂岩，盖层为白垩系Inoceramus和Margas Verde组下部的厚层海相泥岩和页岩。油气从Inoceramus组烃源岩生成后向下直接进入下伏砂岩成藏，其余部分沿断层和不整合面向盆地北部和西部运移，在适合圈闭中聚集成藏。

5. 典型油气田

1）尤尼克尼欧（Unicornio X-1）气田

属于白垩系成藏组合，位于阿根廷南部海上，最大水深33.2m（图4-3-4-6），发现于1999年。截至2018年，天然气、凝析油2P可采储量分别为$300\times10^9 ft^3$、$0.5\times10^6 bbl$（表4-3-4-1）。

圈闭类型为背斜构造。储层为下白垩统Springhill组，顶部埋深1027m，岩性为浅海相砂岩，凝析油平均重度55°API。

2）西留斯（Sirius x-1）气田

属于白垩系成藏组合，位于阿根廷南部海上，最大水深71m（图4-3-4-7），发现于1993年。截至2018年，石油、天然气2P可采储量分别为$3.49\times10^6 bbl$、$245.5\times10^9 ft^3$（表4-3-4-1）。

圈闭类型是背斜构造圈闭。储层是下白垩统Springhill组，顶部埋深1029m，厚度76.5m，最大有效厚度21.8m，岩性为浅海相砂岩，油水界面-1081m，气油界面-1039.2m，石油平均重度39°API。

3）赛摩（Salmon x-2）气田

属于白垩系成藏组合，位于阿根廷南部海上，最大水深158m（图4-3-4-8），发现于1982年。截至2018年，天然气、凝析油2P可采储量分别为$75.0\times10^9 ft^3$、$2.0\times10^6 bbl$（表4-3-4-1）。

圈闭类型是背斜构造圈闭。储层是下白垩统Springhill组，顶部埋深2625m，厚度24m，最大有效厚度13.4m，岩性为河流相砂岩。

6. 油气勘探开发潜力

马尔维纳斯盆地已发现储量较少，勘探程度总体较低，目前发现的油气均位于盆地西部边缘带，盆地中心和南缘均没有重大发现。中国石油 2018 年评价认为，盆地常规待发现油气可采资源量 2577.18×10^6 bbl 油当量，其中石油 1783.28×10^6 bbl、天然气 4604.61×10^9 ft³。马尔维纳斯盆地有利勘探领域包括盆地西部、南部前陆阶段形成的逆冲推覆构造及断背斜圈闭；另外盆地中部发育大型的白垩系、古近系重力流砂体，可形成大规模的岩性地层圈闭。盆地整体具有较大的勘探潜力。

表 4-3-4-1 马尔维纳斯盆地主要油气田属性表

序号	油气田名称	油气田类型	地理位置	发现年份	主要成藏组合	主要储层岩性	2P可采储量 石油 (10^6bbl)	天然气 (10^9ft³)	凝析油 (10^6bbl)	油气总和油当量 (10^6bbl)
1	尤尼克尼欧（Unicornio x-1）	气田	海上	1999	白垩系	砂岩	0	300.00	0.50	50.50
2	西留斯（Sirius x-1）	气田	海上	1993	白垩系	砂岩	3.49	245.50	0	44.41
3	赛摩（Salmon x-2）	气田	海上	1982	白垩系	砂岩	0	75.00	2.00	14.50
4	卡拉马（Calamar x-1）	油田	海上	1981	白垩系	砂岩	1.00	0.10	0	1.02

阿根廷

图 4-3-4-1 马尔维纳斯盆地油气田位置分布图

油气田名称：1. 尤尼克尼欧（Unicornio x-1）；2. 西留斯（Sirius x-1）；3. 鲑鱼（Salmon x-2）；4. 卡拉马（Calamar x-1）

世界油气勘探开发与合作形势图集 | 南美地区 South America

图 4-3-4-2 马尔维纳斯盆地历年新增油气 2P 可采储量柱状图

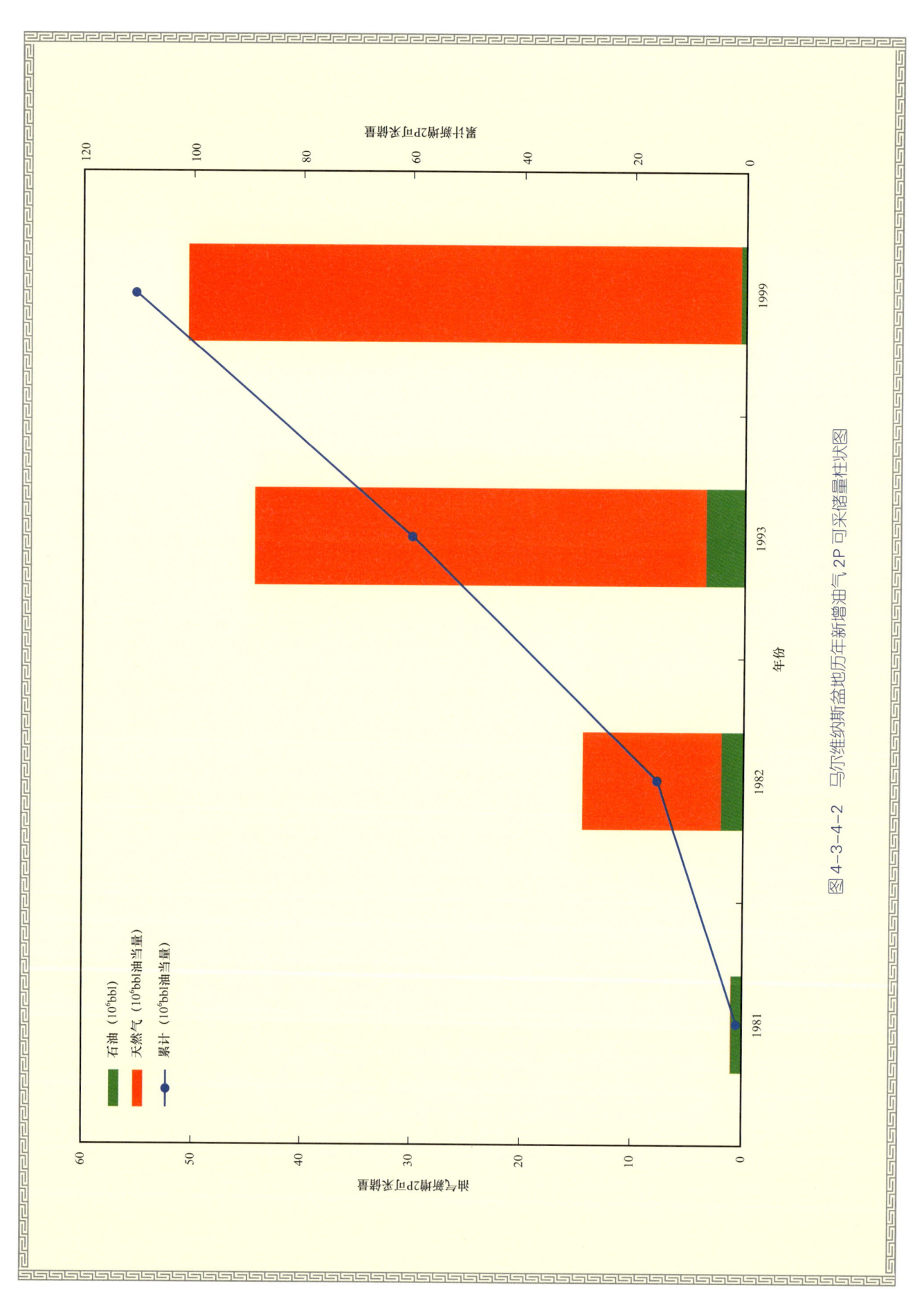

阿根廷

图 4-3-4-3 马尔维纳斯盆地地震反射等值线图

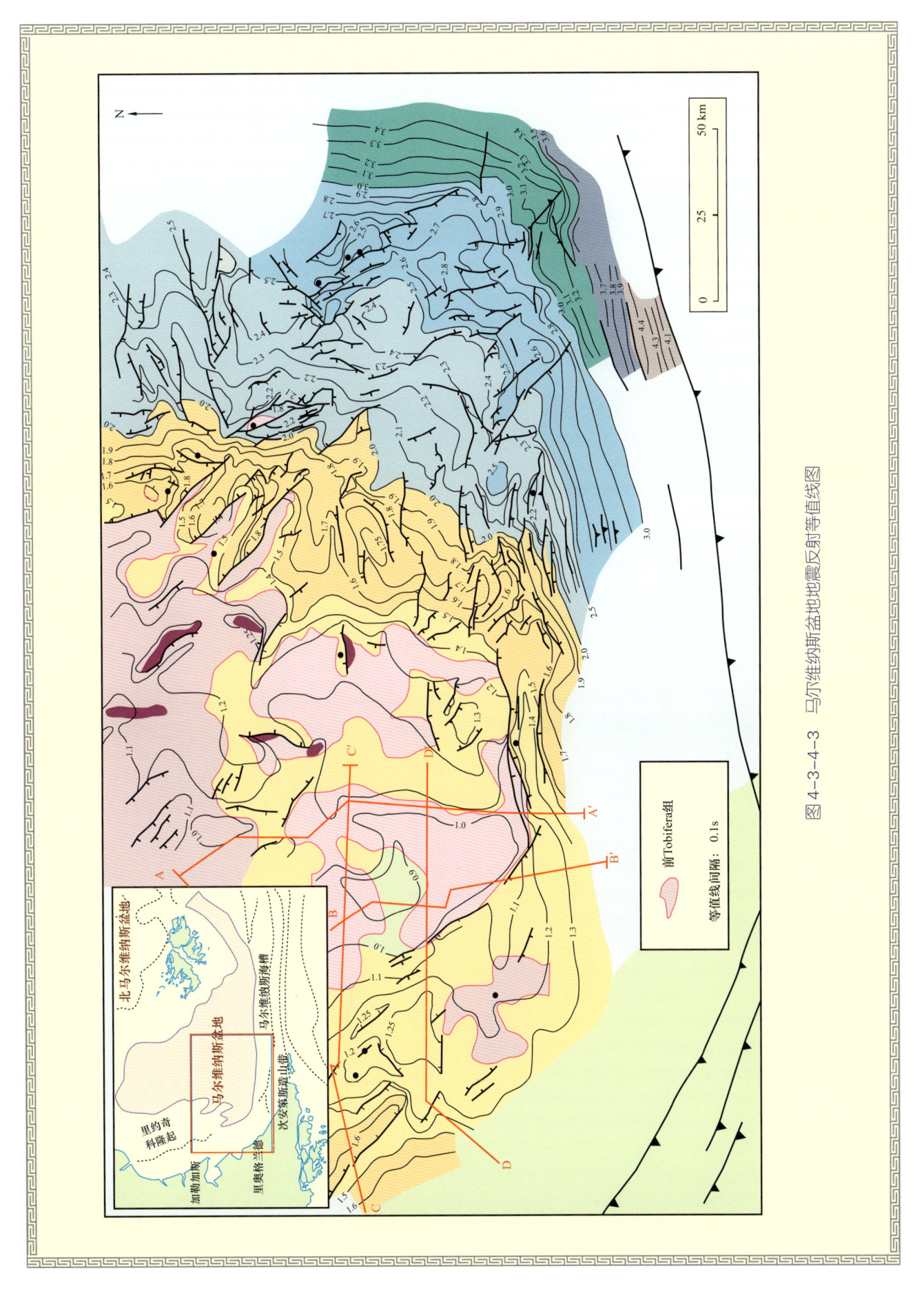

图 4-3-4-4 马尔维纳斯盆地区域地质剖面图

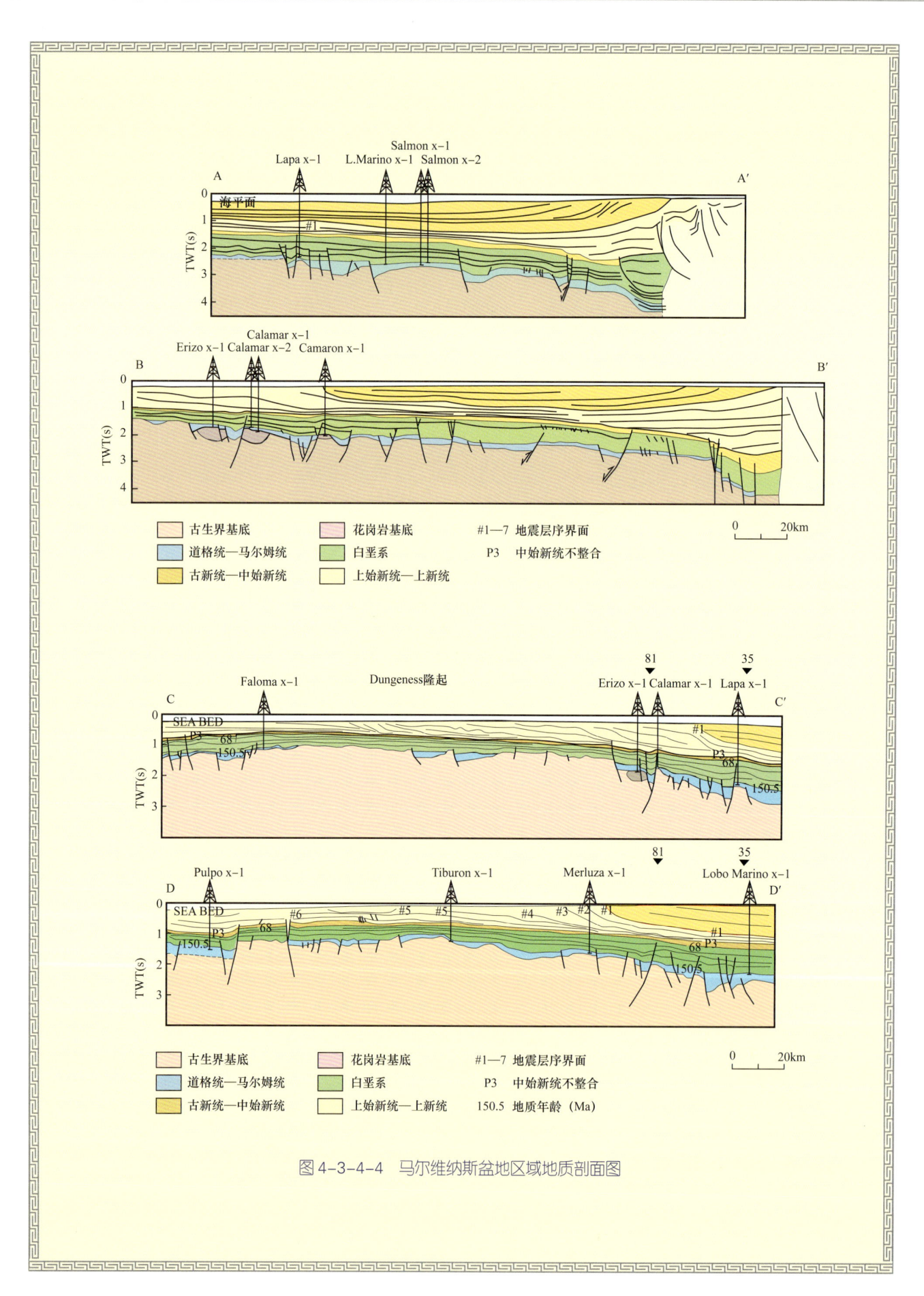

图 4-3-4-5 马尔维纳斯盆地地层综合柱状图

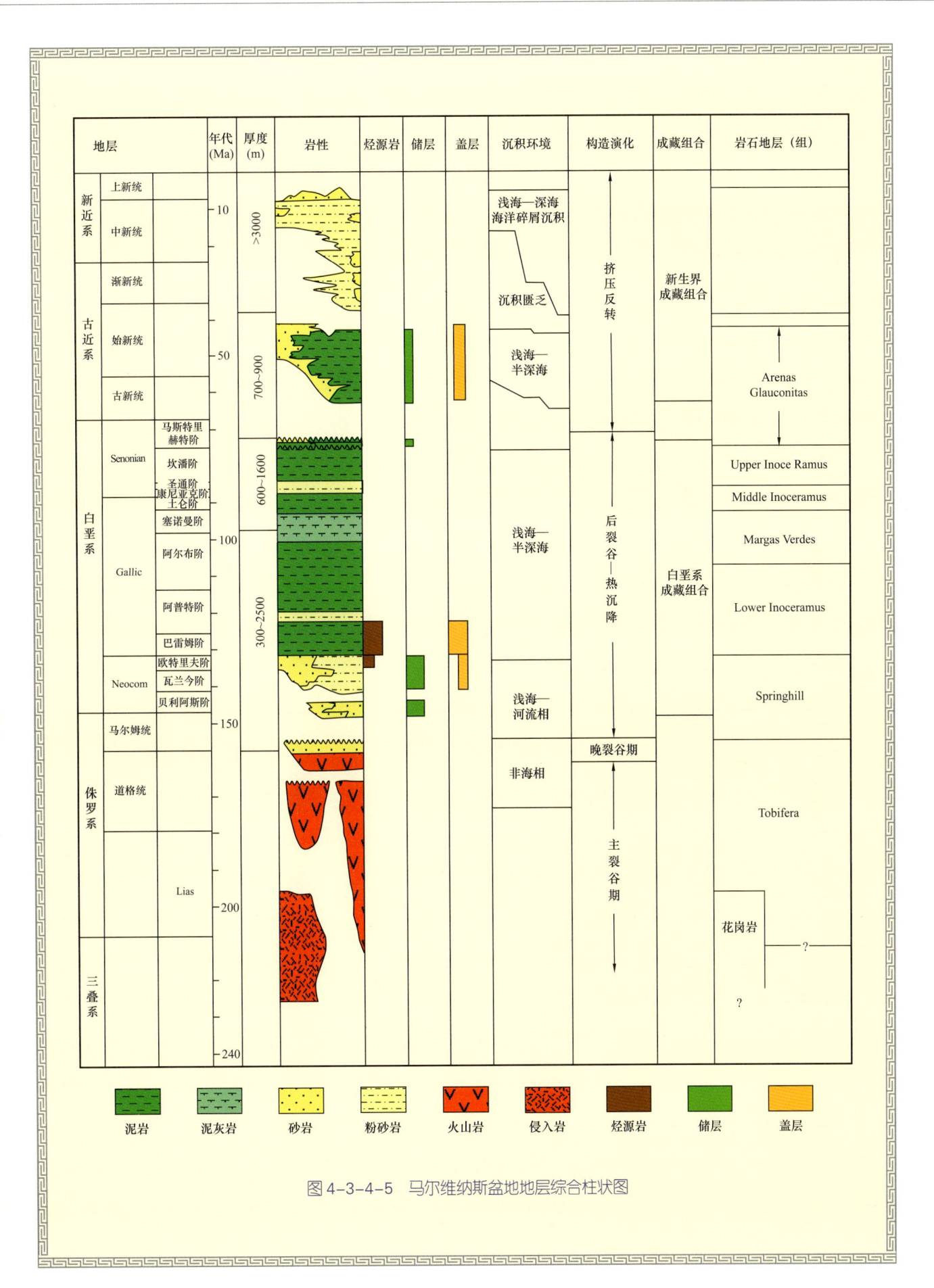

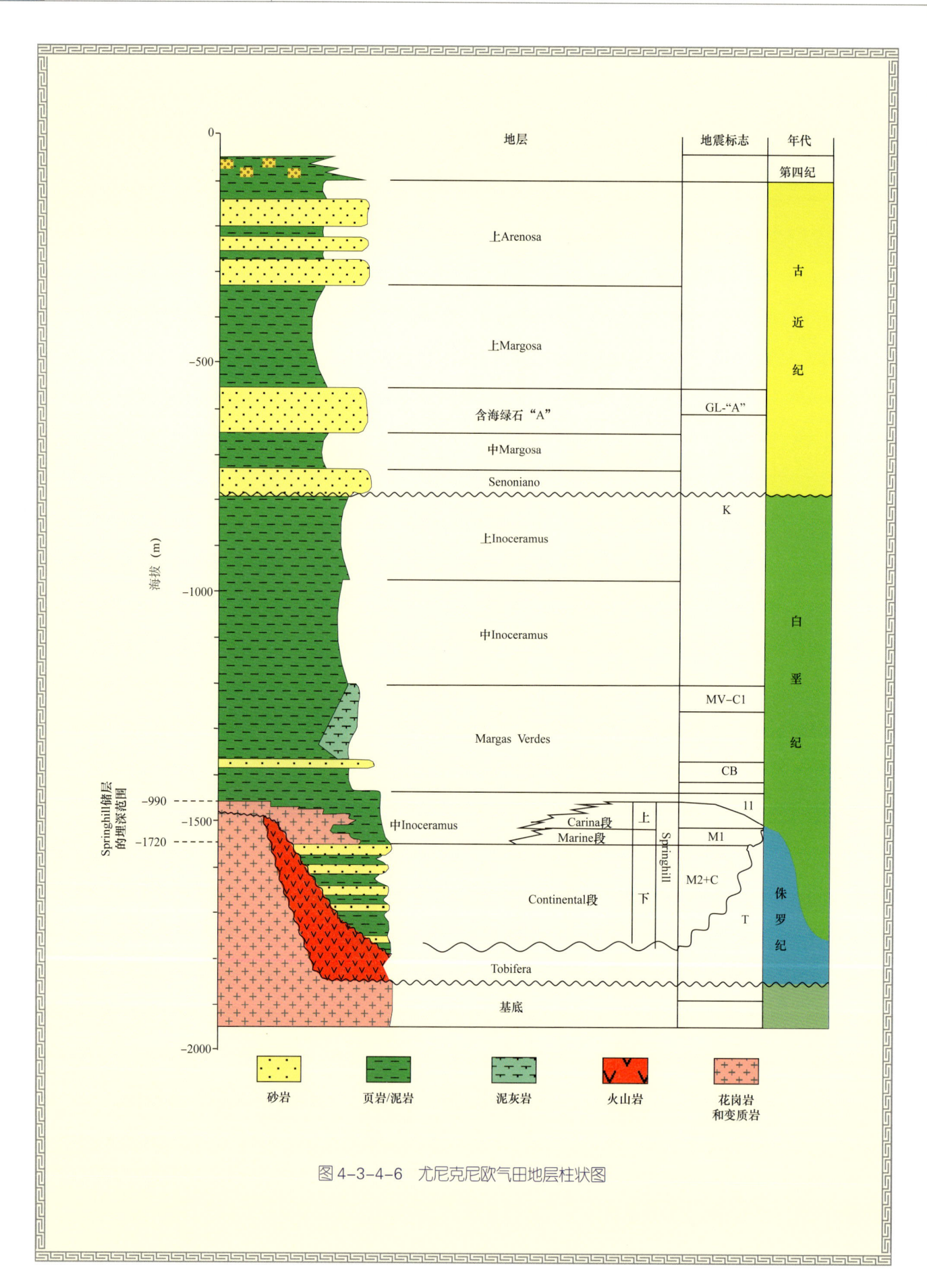

图 4-3-4-6 尤尼克尼欧气田地层柱状图

a. 东西向

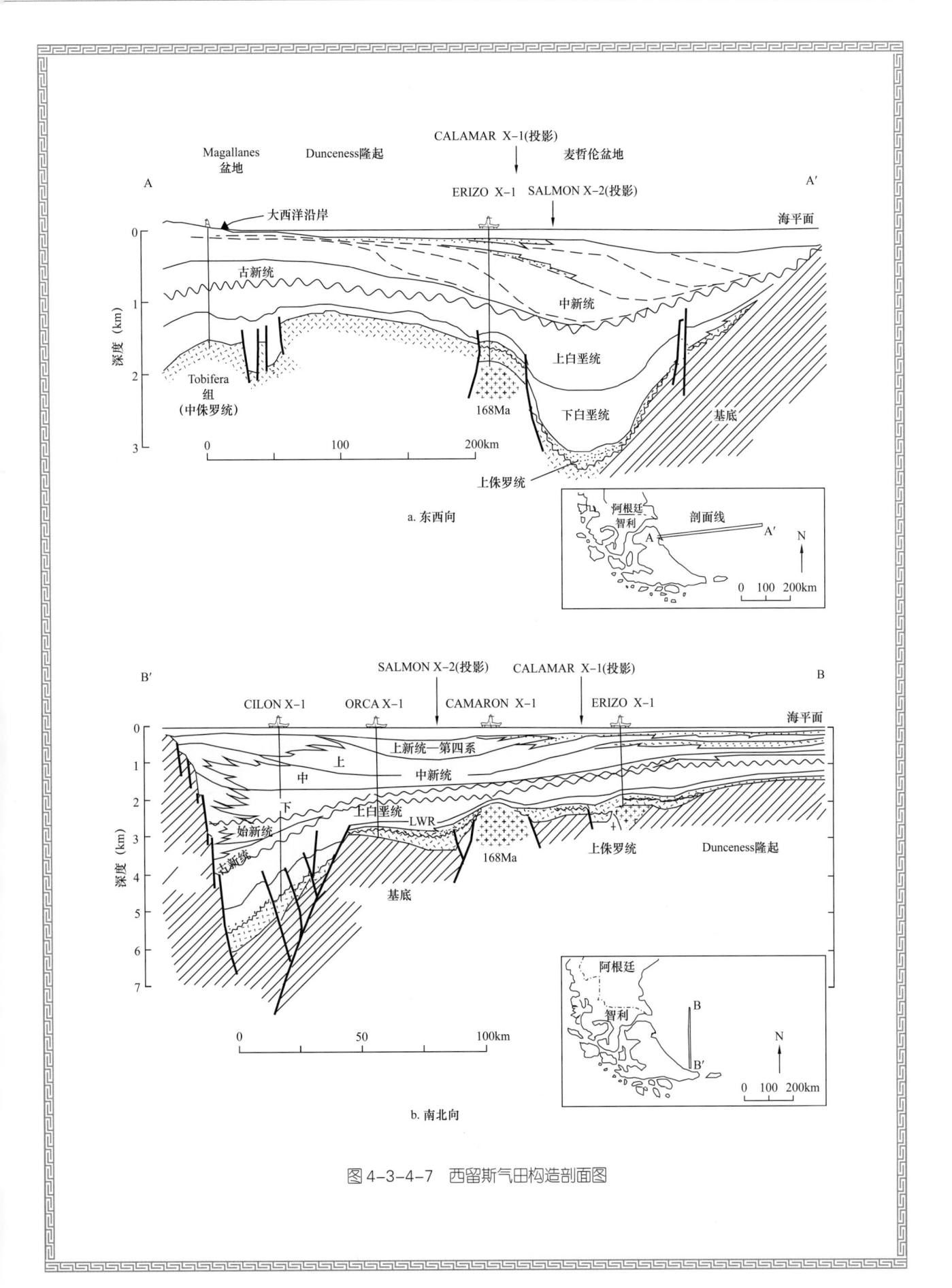

b. 南北向

图 4-3-4-7 西留斯气田构造剖面图

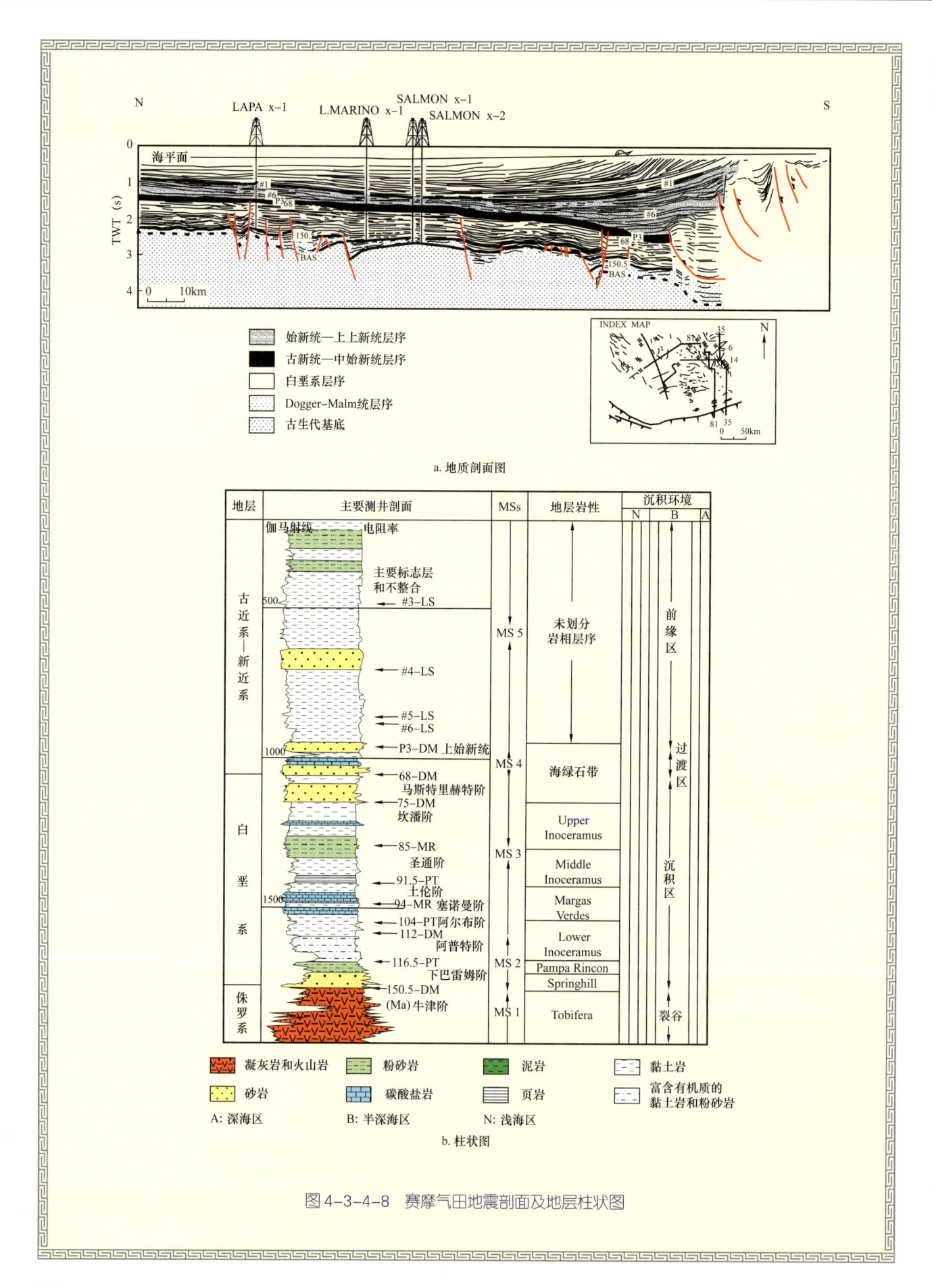

图 4-3-4-8　赛摩气田地震剖面及地层柱状图

（五）库约盆地

库约（Cuyo）盆地位于阿根廷中西部圣胡安和门多萨省（图4-3-5-1），在帕潘内亚山脉和内乌肯盆地之间，盆地呈西北—东南走向的长条形，面积约 $4.3 \times 10^4 km^2$。

1. 勘探开发历程

库约盆地的油气勘探经历了早期勘探、储量快速增长和储量平稳增长3个阶段（图4-3-5-2）。

早期勘探阶段（1920—1939年）：盆地从20世纪20年代开始地质调查和石油勘探工作。国家石油公司YPF成立于1922年，1932年开始在库约盆地西北部（卡谢乌塔坳陷）进行钻探。30年代钻了8口探井，发现了3个油田，第一个油田是1933年发现的卡谢乌塔（Cacheuta）油田，2P可采储量 4×10^6 bbl油当量，最大发现是1939年的巴兰卡斯（Barrancas）油田，油气2P可采储量 291×10^6 bbl油当量。

储量快速增长阶段（1940—1965年）：该阶段勘探效果比较明显，发现储量较多，储量增加较快。20世纪40年代发现储量较少，只发现了两个中等油田。20世纪50年代，共发现6个油气田，包括蓬塔德拉斯巴尔达斯（Punta de Las Bardas）和瓦卡斯穆埃尔塔斯（Vacas Muertas）两个较大油田。1962年，发现了盆地最大的油气田——维查克拉斯（Vizcacheras）油田，2P可采储量 385×10^6 bbl油当量。

储量平稳增长阶段（1966年至今）：此阶段油气田发现不多，80年代之后，偶尔发现小型油气田。

截至2018年，盆地共发现油气田47个，累计发现石油、天然气2P可采储量 1692.46×10^6 bbl油当量，其中石油、天然气2P可采储量分别为 1627.47×10^6 bbl、64.99×10^6 bbl油当量。

2018年库约盆地石油、天然气年产量分别为 8.98×10^6 bbl、0.14×10^6 bbl油当量。截至2018年，库约盆地累计生产石油、天然气分别为 1415.36×10^6 bbl、56.7×10^6 bbl油当量。

2. 区域地质

库约盆地为前陆盆地，从二叠纪—三叠纪开始发育。盆地基底在东部为前寒武系变质岩，在西部为泥盆系变质岩。基底之上沉积了三叠系、侏罗系、白垩系和新生界（图4-3-5-3）。库约盆地可划分为四个次级构造单元：卡谢乌塔（Cacheuta）坳陷、屯岩（Tunuyan）坳陷、阿尔韦尔（Alvear）坳陷和比兹利亚（Beazley）坳陷（图4-3-5-4）。

3. 石油地质特征

1）烃源岩

三叠系Cacheuta组富含有机质的页岩是盆地主要烃源岩（图4-3-5-5）。Cacheuta组烃源岩成熟度取决于在盆地的埋藏深度，最好的区域位于西北部卡谢乌塔坳陷。

2）储层

库约盆地最重要的储层为三叠系—侏罗系河流相砂岩（图4-3-5-5）。巴兰卡斯组和里奥布兰科（Rio Blanco）组为大多数油田的主要储层。巴兰卡斯组最大厚度160m，一般在50~100m，平均净毛比为15%，孔隙度17%，渗透率200mD。由于里奥布兰科组砂岩中火山碎屑含量较高，导致渗透率通常较低。上白垩统—古新统Papagayo组和新生界Marino组、Lapilona组各有一套次要储层。

3）盖层

库约盆地区域盖层为侏罗系—白垩系组玄武岩，是侏罗系巴兰卡斯组储层的区域性盖层。三叠系—侏罗系泥岩为三叠—侏罗系河道砂岩储层提供了局部盖层，上白垩统—新生界泥岩和火山岩也是盆地的局部盖层（图 4-3-5-5）。

4）圈闭类型

盆地的圈闭类型以构造圈闭为主。

4. 常规油气成藏组合

库约盆地可以划分出泥盆系、三叠系、侏罗系、白垩系和新生界五套成藏组合，其中侏罗系是主要成藏组合（图 4-3-5-5）。

侏罗系成藏组合主要烃源岩是三叠系卡谢乌塔组富含有机质页岩，储层是巴兰卡斯组河道砂岩。盖层是上覆 Punta de Las Bardas 组玄武岩和凝灰质泥岩，厚度达 200m，为区域性盖层。该成藏组合拥有石油 2P 可采储量 804.02×10^6 bbl，占盆地储量的 49%；天然气 2P 可采储量 $185.60 \times 10^9 \mathrm{ft}^3$，占盆地储量的 48%。

5. 典型油气田

1）巴兰卡斯油田

属于侏罗系、三叠系和泥盆系成藏组合，位于库约盆地西部褶皱冲断带，圈闭面积 50km²（图 4-3-5-6），发现于 1939 年。截至 2018 年，石油、天然气 2P 可采储量分别为 285.5×10^6 bbl、$38.035 \times 10^9 \mathrm{ft}^3$（表 4-3-5-1）。

圈闭类型为断背斜圈闭，呈北北西向展布。主要储层是上侏罗统砂岩，其次是三叠系砂岩，储层顶部埋深 2000m，储层厚度 50~100m，平均厚度 75m，由多个单砂层组成，单砂层厚度 2.0~10.0m，平均 5.0m，主要岩性为粗粒砂岩，孔隙度 6%~27%（平均 17%），渗透率 0.02~1030.0mD（平均 180.0mD）。原油密度 $0.87 \mathrm{g/cm}^3$，平均黏度 4.6mPa·s。三叠系储层分为三套，分别是上三叠统 Victor Claro 段砂岩—粉砂岩、上三叠统 Potrerillos 组砂岩—砾岩和下三叠统 Brecha Verde 段凝灰质砂岩—凝灰岩。

1951 年投入生产，到 2018 年，累计生产油气 260.83×10^6 bbl 油当量。

2）维查克拉斯油田

属于始新统和上白垩统成藏组合，以始新统成藏组合为主。位于阿根廷中西部陆上（图 4-3-5-7），圈闭面积 32.5km²，于 1962 年发现。截至 2018 年，石油、天然气 2P 可采储量分别为 382.0×10^6 bbl、$55.145 \times 10^9 \mathrm{ft}^3$。

油田圈闭类型为地层—构造复合圈闭。始新统 Papagayo 组储层是冲积扇、辫状河道和沙坝沉积环境。主要储层是 La Pena 组砂岩，顶部埋深 1785m、储层厚度平均 30m，有效厚度 20m，油水界面 -1930m，含油高度 145m；岩性为岩屑砂岩，储层孔隙度 20%~28%，平均 23%，平均渗透率 1000mD。原油重度 29°API，黏度 6.3mPa·s，含硫 0.06%。

1965 年投入生产，到 2018 年，累计生产油气 364.53×10^6 bbl 油当量。

3）拉文塔纳（La Ventana）油田

属于侏罗系、三叠系成藏组合。位于库约盆地西部褶皱冲断带，圈闭面积 64.4km²（图 4-3-5-8），发现于 1957 年。截至 2018 年，石油、天然气 2P 可采储量分别为 41.53×10^6 bbl、$6.05 \times 10^9 \mathrm{ft}^3$。

圈闭类型为地层—构造复合圈闭，北北西向展布。主要储层是上侏罗统巴兰卡斯组，次要储层是上三叠统里

奥布兰科组，巴兰卡斯组储层顶部埋深1725m，厚度550m，有效厚度25m，净毛比5%，主要岩性为河流相砂岩，平均孔隙度17.5%，平均渗透率50mD，油水界面深度2175m，含气高度450m，地层温度110℃。原油平均重度29.2°API，平均黏度9.5mPa·s。上三叠统Rio Blanco组储层顶部埋深1800m，岩性为河流相砂岩—粉砂岩，油水界面深度2175m，含气高度375m。

1958年投入生产，到2018年，累计生产油气40.48×10⁶bbl油当量。

6. 勘探开发潜力

中国石油2018年资源评价认为，库约盆地常规待发现可采资源量为1944.10×10⁶bbl油当量，其中石油1870.10×10⁶bbl，天然气430.00×10⁹ft³。库约盆地常规油气有一定的勘探潜力。

表 4-3-5-1 库约盆地主要油气田属性表

序号	油气田名称	油气田类型	地理位置	发现年份	主要成藏组合	主要储层岩性	2P 可采储量			
							石油（10⁶bbl）	天然气（10⁹ft³）	凝析油（10⁶bbl）	油气总和（10⁶bbl 油当量）
1	巴兰卡斯（Barrancas）	油田	陆上	1939	侏罗系、三叠系、泥盆系	砂岩	285.50	38.04	0	291.33
2	维查克拉斯（Vizcacheras）	油田	陆上	1962	始新统、上白垩统	砂岩	382.00	55.15	0	390.17
3	拉文塔纳（La Ventana）	油田	陆上	1957	侏罗系、三叠系	砂岩	41.53	6.05	0	42.53

阿根廷

油气田名称：1. 巴兰卡斯（Barrancas）；2. 维查克拉斯（Vizcacheras）；3. 拉文塔纳（La Ventana）

图 4-3-5-1　库约盆地油气田位置分布图

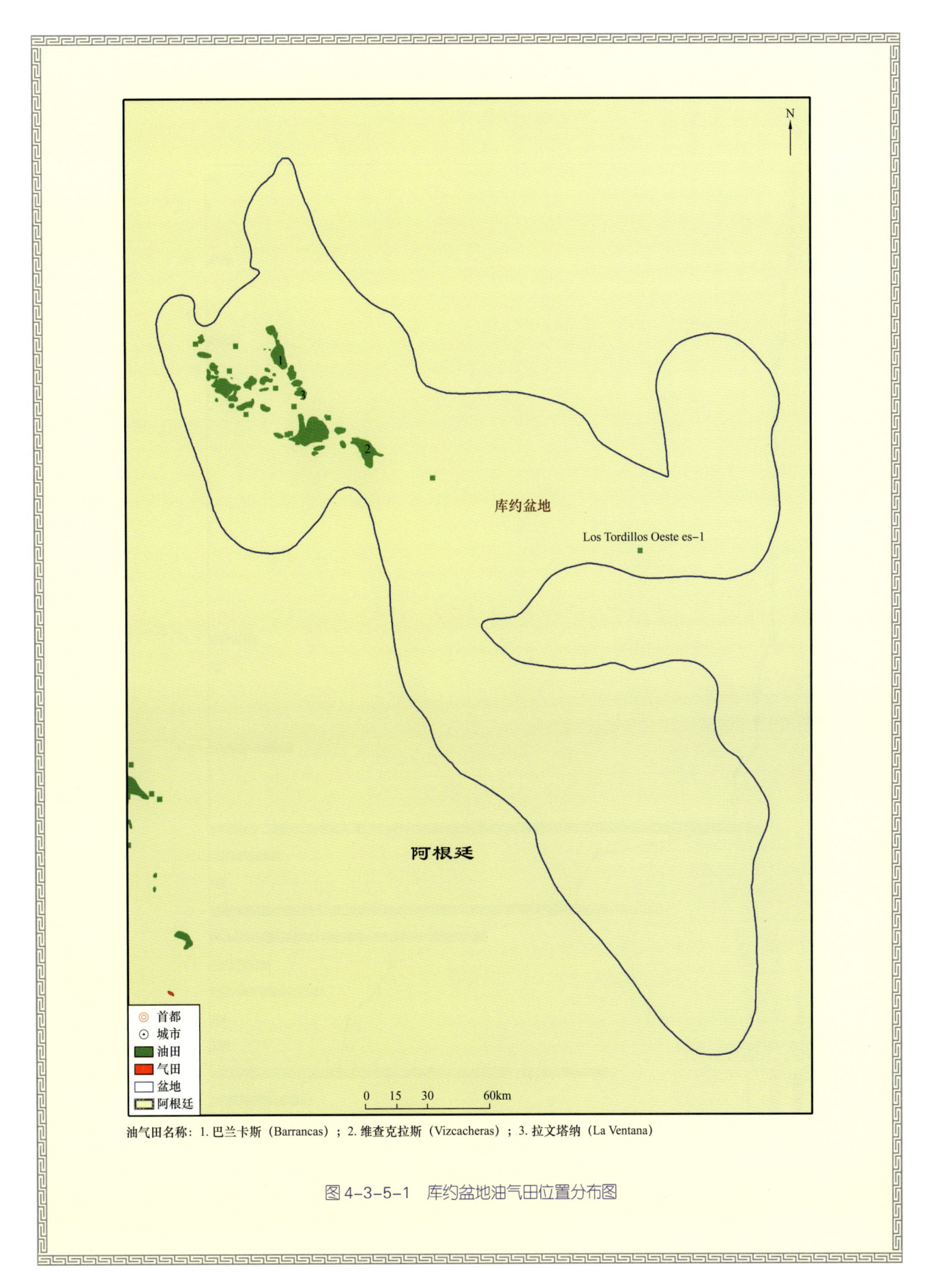

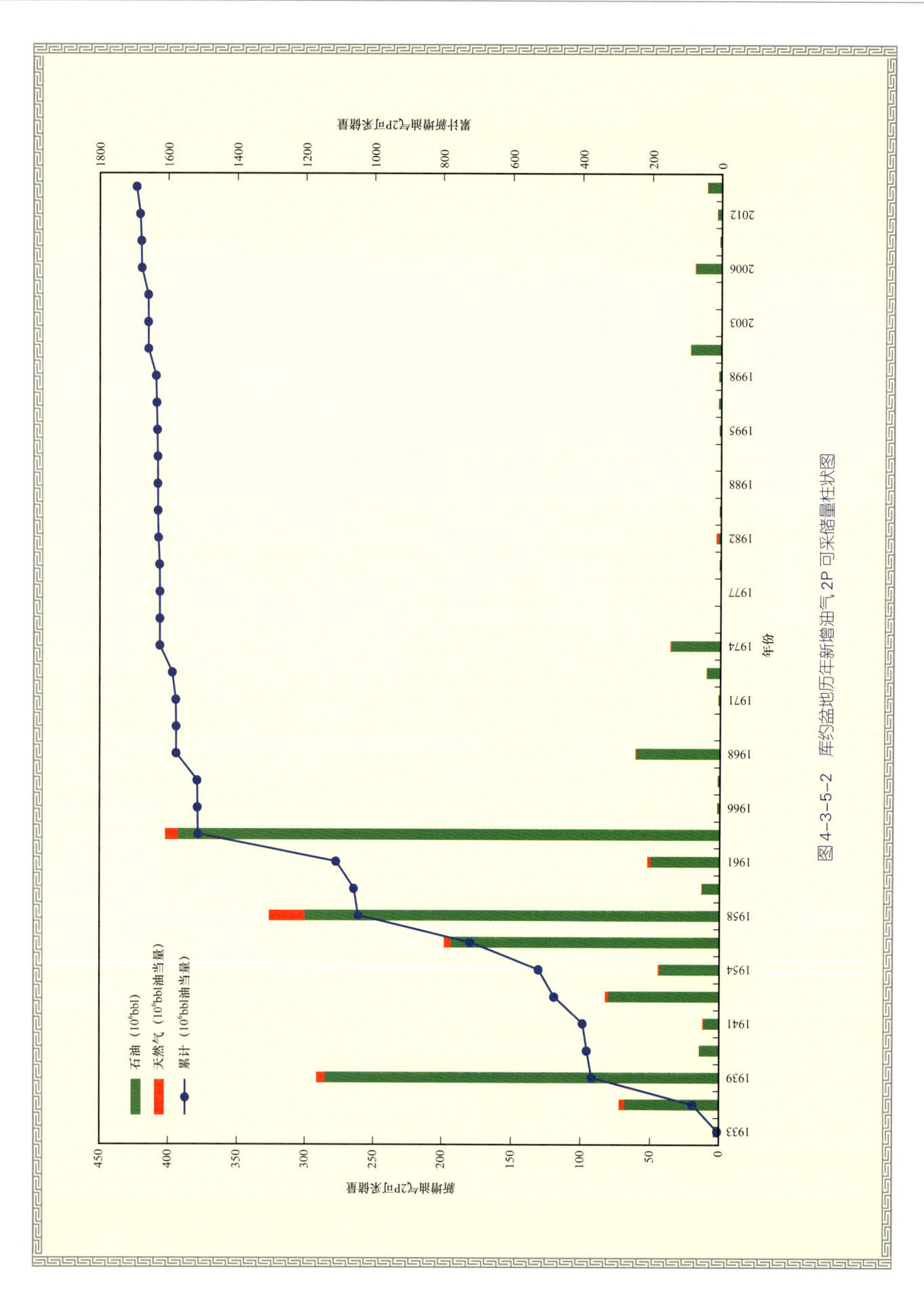

南美地区 South America

图 4-3-5-2 库约盆地历年新增油气 2P 可采储量柱状图

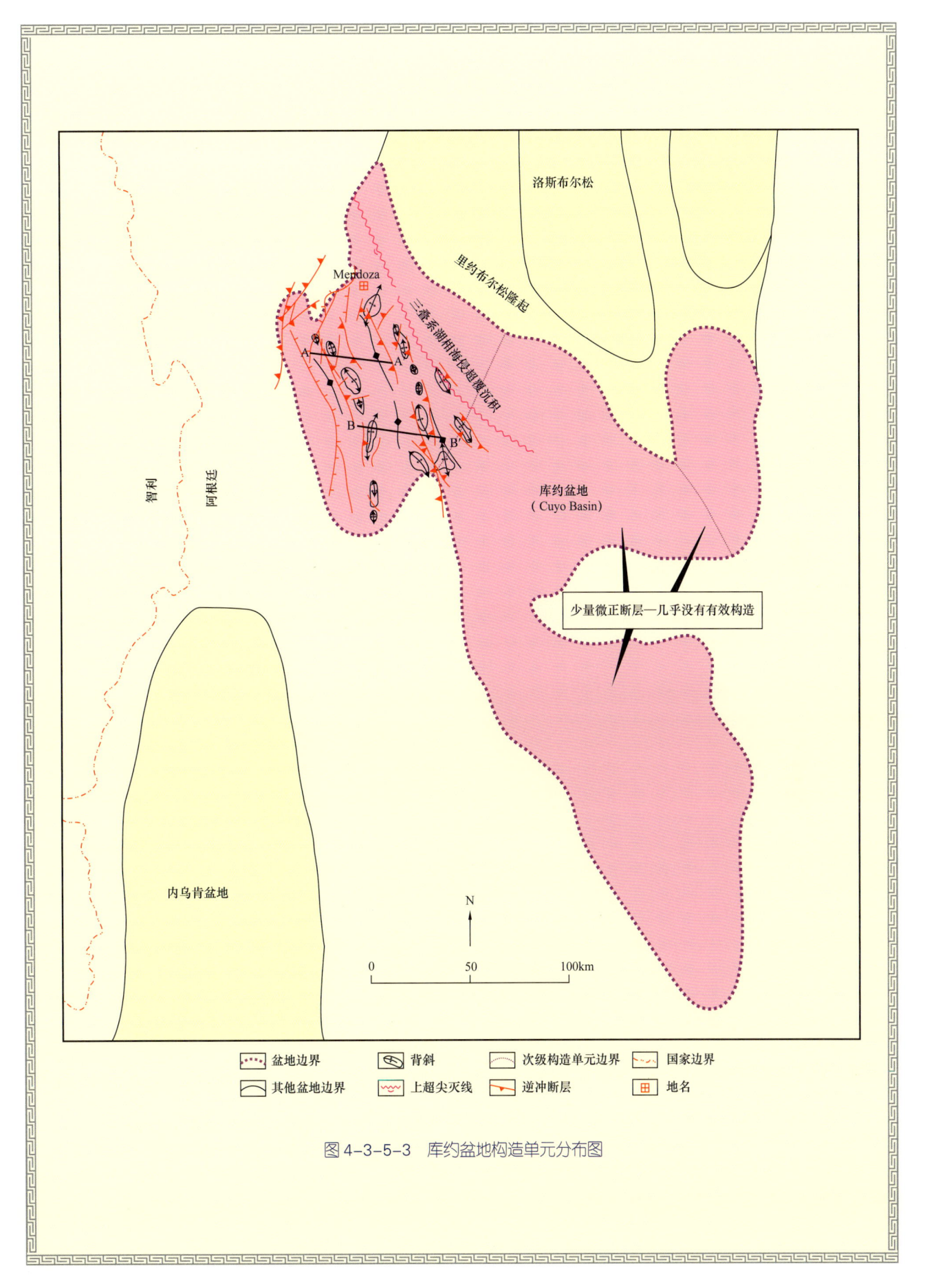

图 4-3-5-3 库约盆地构造单元分布图

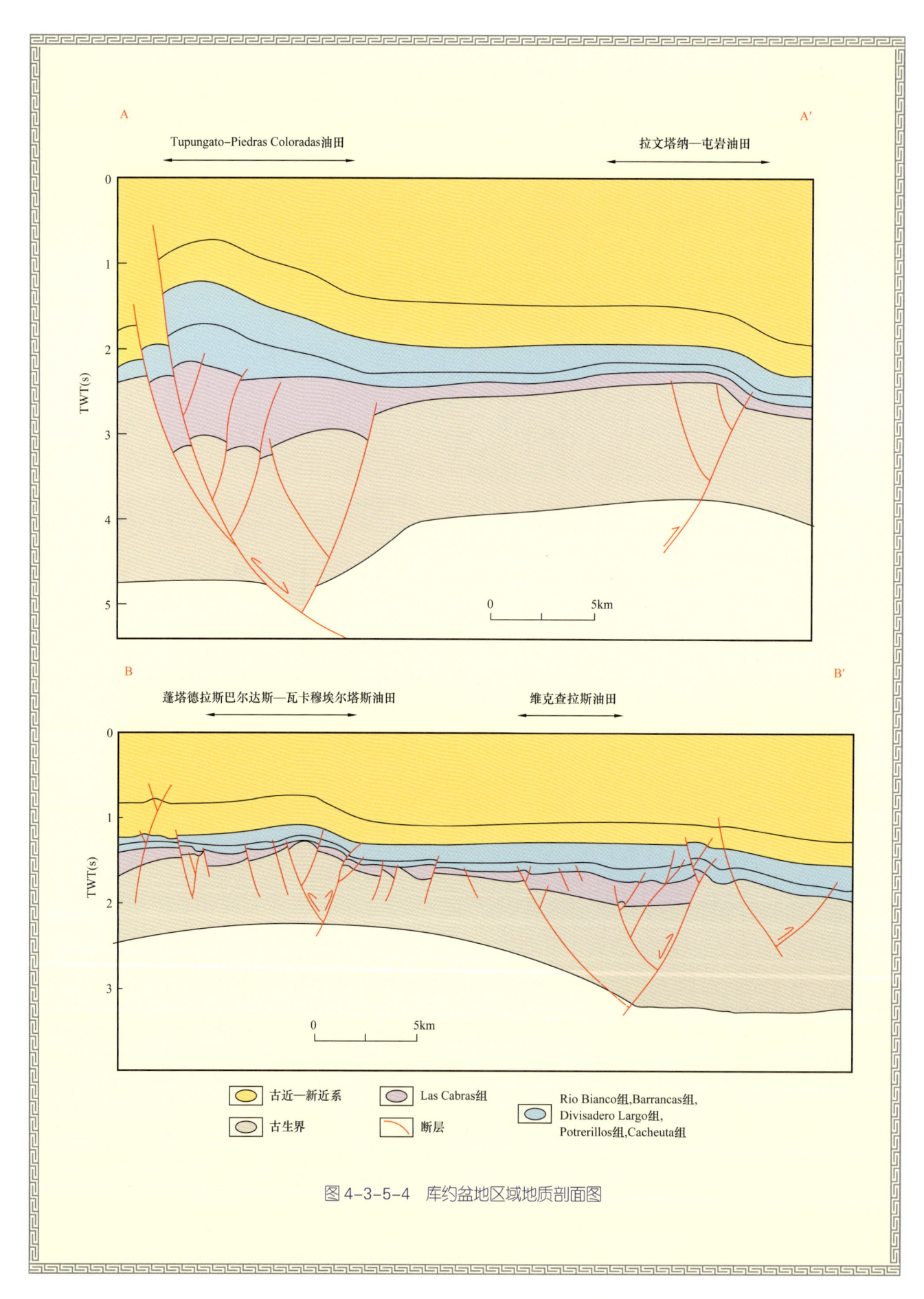

图 4-3-5-4 库约盆地区域地质剖面图

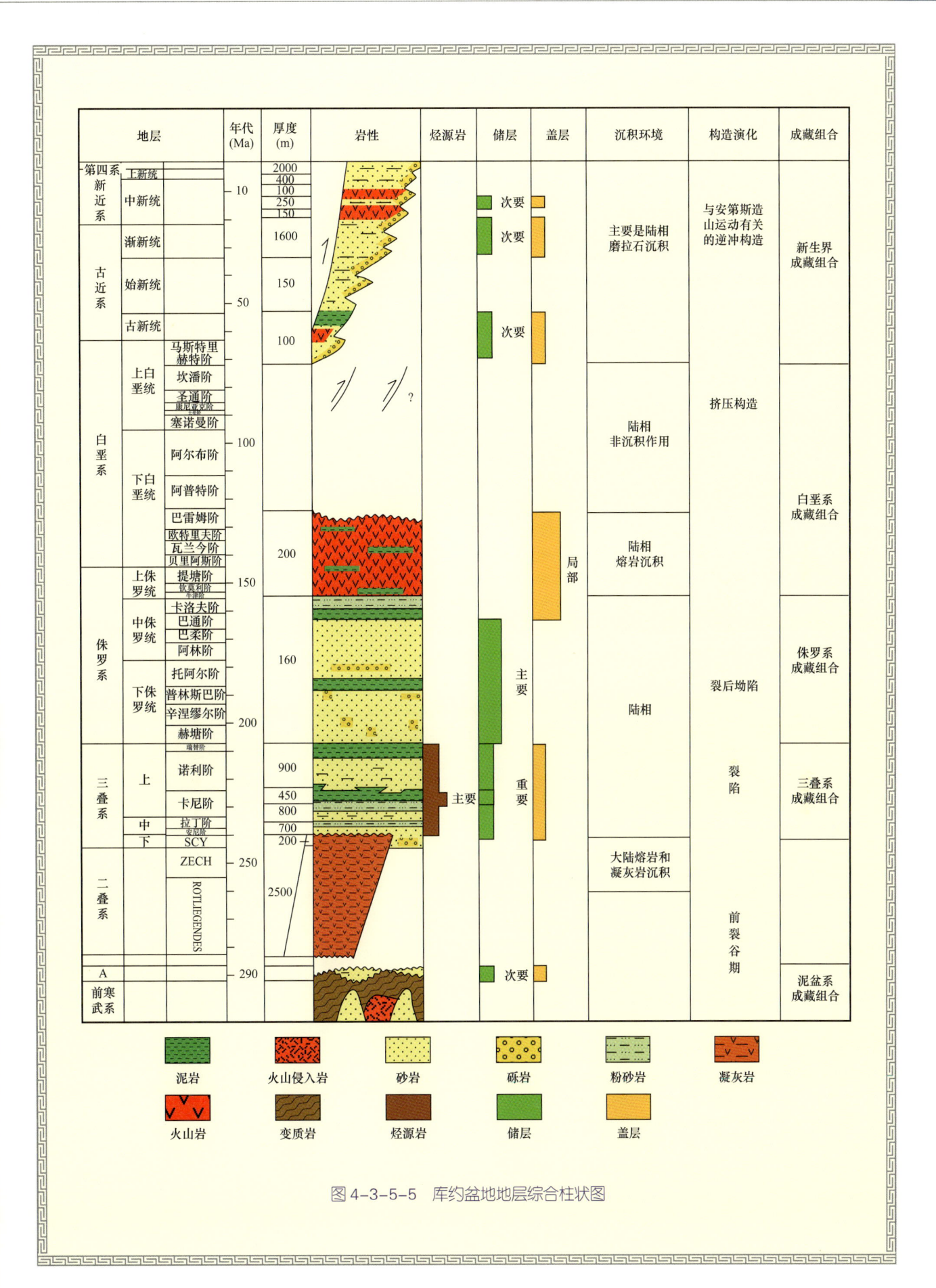

阿根廷

地层			年代(Ma)	厚度(m)	岩性	烃源岩	储层	盖层	沉积环境	构造演化	成藏组合
第四系 新近系		上新统	10	2000 400 100 250 150			次要		主要是陆相磨拉石沉积	与安第斯造山运动有关的逆冲构造	新生界成藏组合
		中新统									
古近系		渐新统		1600			次要				
		始新统	50	150							
		古新统		100			次要				
白垩系	上白垩统	马斯特里赫特阶							陆相非沉积作用	挤压构造	白垩系成藏组合
		坎潘阶									
		圣通阶									
		康尼亚克阶									
		塞诺曼阶	100								
	下白垩统	阿尔布阶									
		阿普特阶									
		巴雷姆阶									
		欧特里夫阶		200				局部	陆相熔岩沉积		
		瓦兰今阶									
		贝里阿斯阶	150								
侏罗系	上侏罗统	提塘阶									
		钦莫利阶									
		牛津阶									
	中侏罗统	卡洛夫阶									侏罗系成藏组合
		巴通阶									
		巴柔阶		160			主要		陆相	裂后坳陷	
		阿林阶									
	下侏罗统	托阿尔阶									
		普林斯巴阶	200								
		辛涅缪尔阶									
		赫塘阶									
三叠系	上	瑞替阶		900			重要			裂陷	三叠系成藏组合
		诺利阶				主要					
		卡尼阶		450							
	中	拉丁阶		800							
		安尼阶		700							
	下	SCY		200					大陆熔岩和凝灰岩沉积		
二叠系		ZECH	250							前裂谷期	
		ROTLIEGENDES		2500							
		A	290				次要				泥盆系成藏组合
前寒武系											

图例：
- 泥岩
- 火山侵入岩
- 砂岩
- 砾岩
- 粉砂岩
- 凝灰岩
- 火山岩
- 变质岩
- 烃源岩
- 储层
- 盖层

图 4-3-5-5　库约盆地地层综合柱状图

a. 构造图

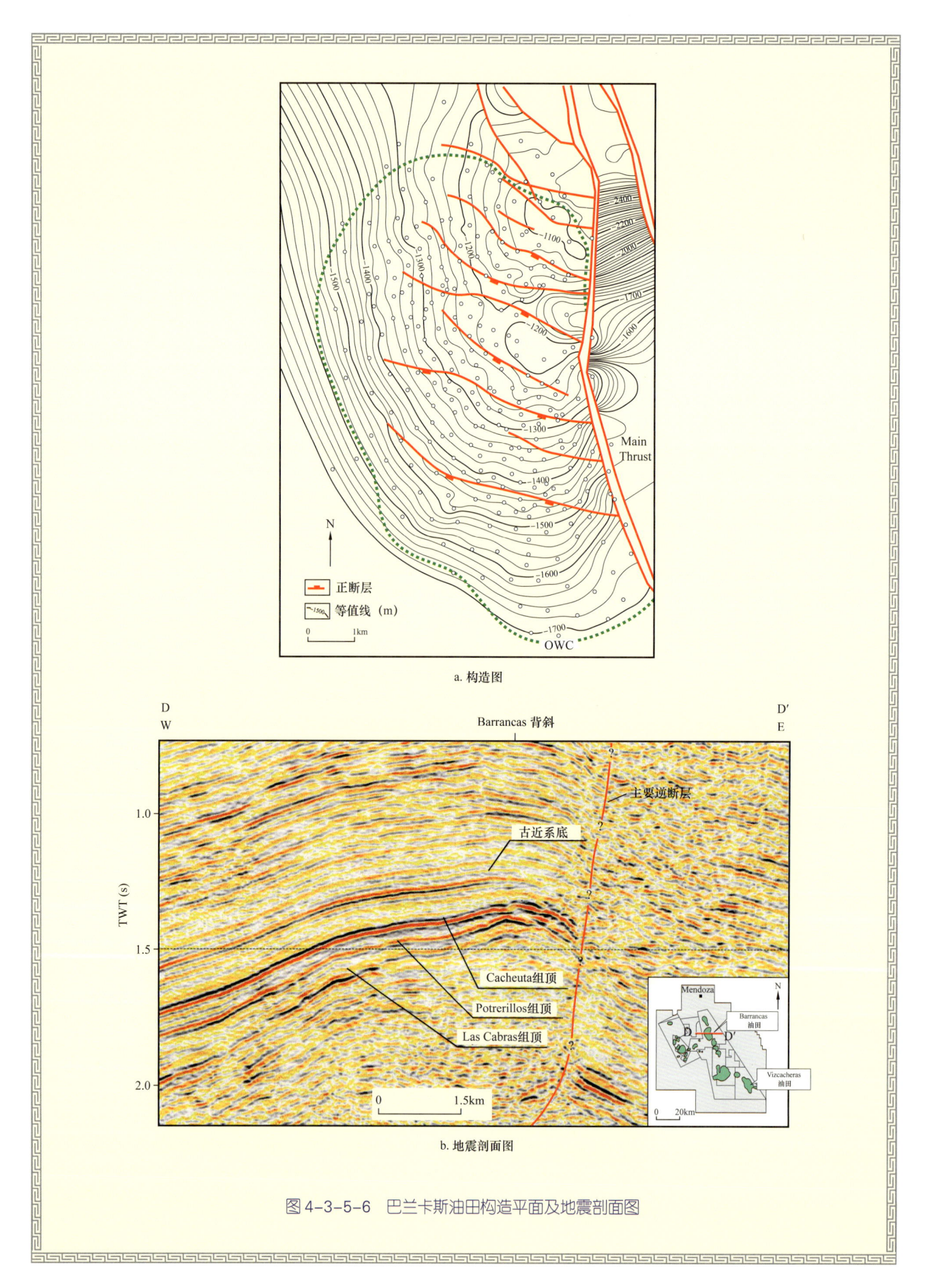

图例：正断层；等值线（m）；OWC

b. 地震剖面图

图 4-3-5-6　巴兰卡斯油田构造平面及地震剖面图

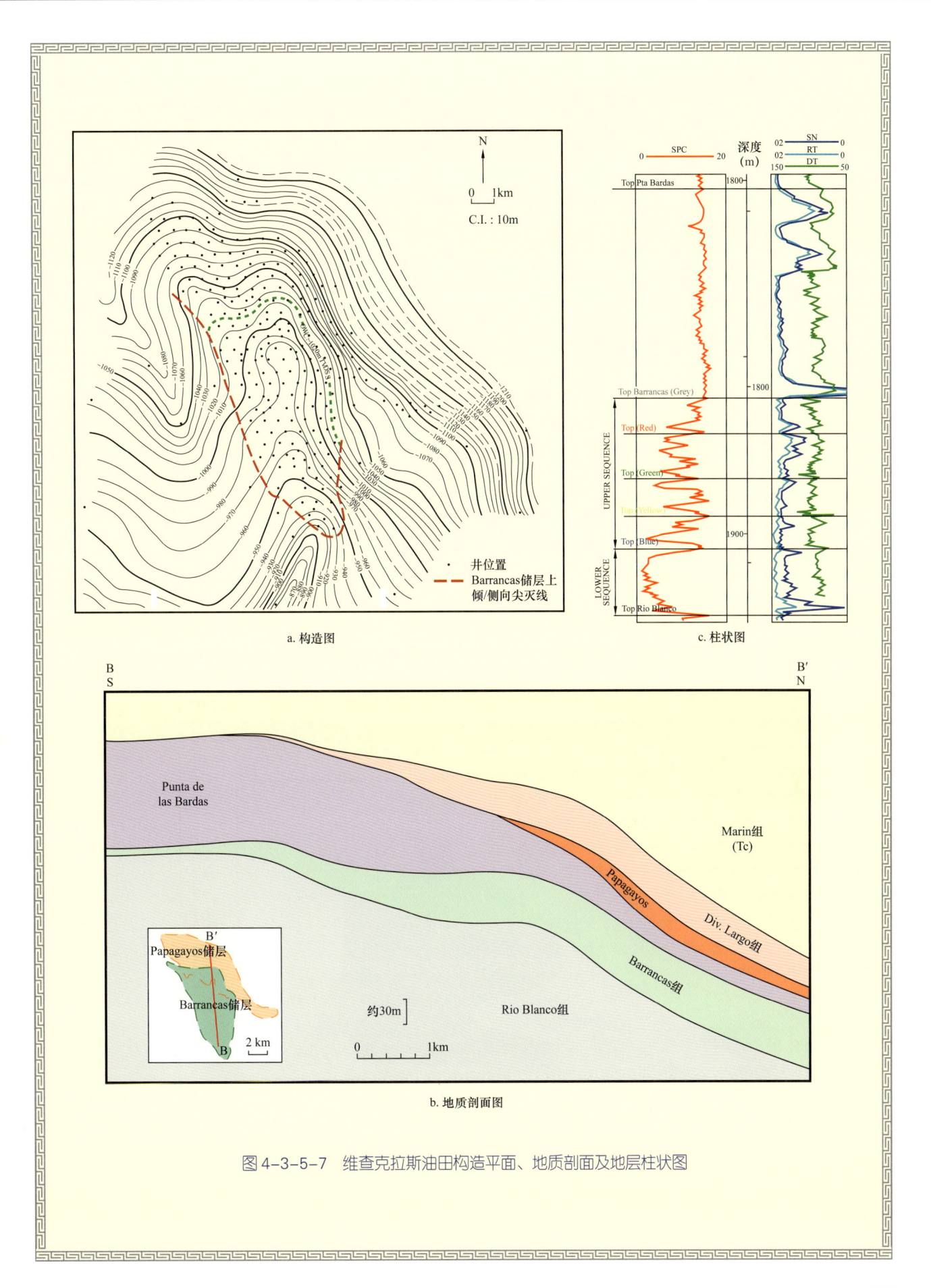

图 4-3-5-7 维查克拉斯油田构造平面、地质剖面及地层柱状图

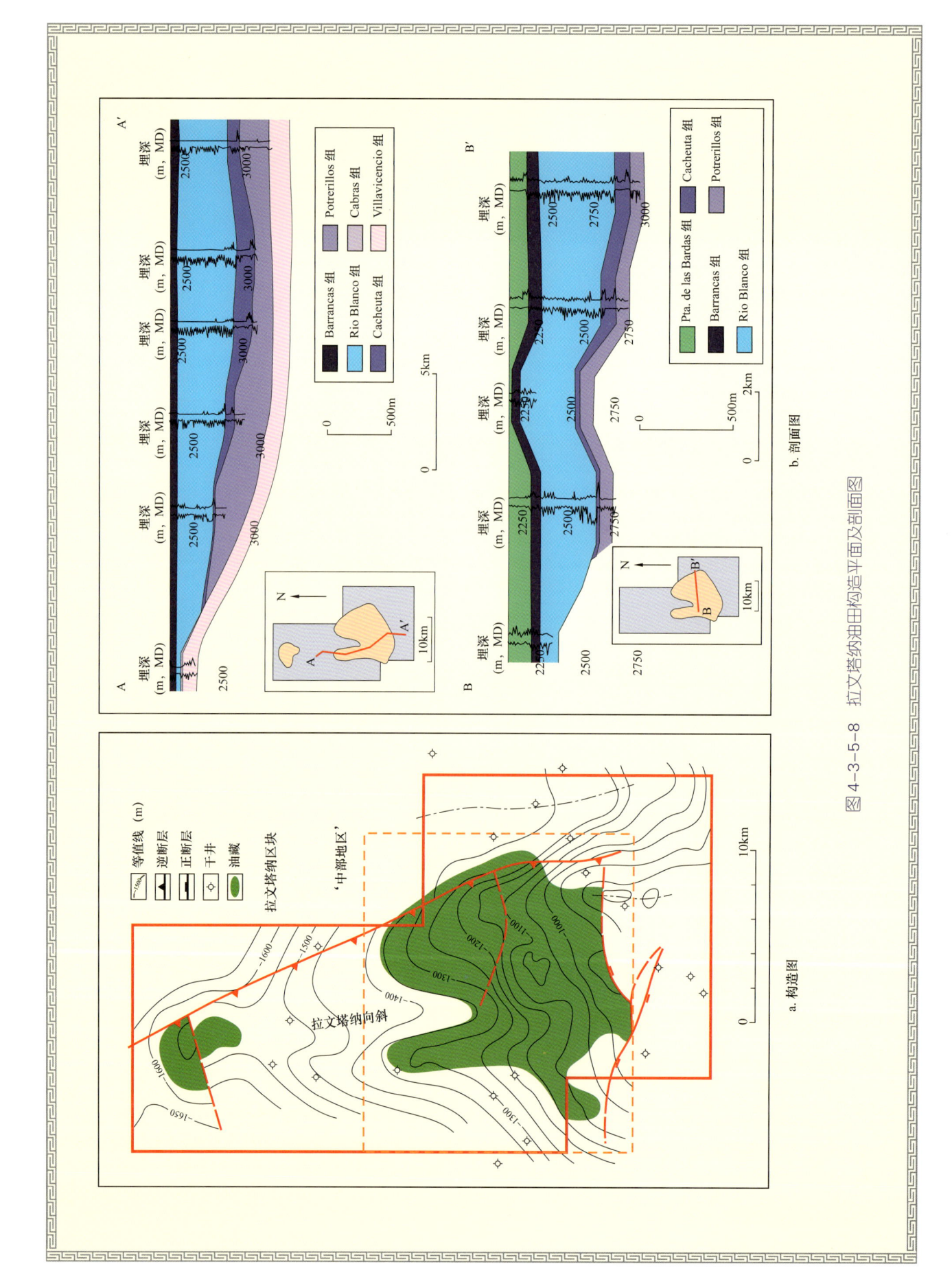

图 4-3-5-8 拉文塔纳油田构造平面及剖面图

（六）白垩盆地

白垩盆地又称诺瑞斯特盆地，位于阿根廷西北部和巴拉圭西南部的陆上（图4-3-6-1）。盆地面积96430km²，其中大约55%位于阿根廷，45%位于巴拉圭。盆地呈北东—南西向的狭长状，包括阿根廷一侧的梅坦坳陷和跨阿根廷、巴拉圭的拉莫斯德奥尔玛多坳陷或称奥尔梅多坳陷和乌拉圭境内的佩拉蒂坳陷。

1. 勘探开发历程

白垩盆地的油气勘探经历了早期勘探、储量逐渐增长和储量平稳增长3个阶段（图4-3-6-2）。

早期勘探阶段（1930—1971年）：阿根廷境内的油气勘探始于20世纪30年代，1936年发现了拉古那拉布雷背斜（Anticlinal Laguna La Brea）油田，2P可采储量0.1×10^6bbl。巴拉圭境内的油气勘探始于1944年。1945年美国加利福尼亚州联合石油公司取得第一个勘探许可证。1948年，联合石油公司钻探佩雷拉1井，仅在新生界见少量油气显示。

储量逐渐增长阶段（1972—1999年）：该阶段地震、钻井工作较多，勘探效果比较明显，储量增长较快。1974—1978年，累计采集二维地震2771km，3口钻井中有两口见油气显示。其中阿妮塔1井测试获得大约100bbl原油。1984—1985年，安舒茨公司进行二维地震112km。1986—1987年西方石油公司在佩拉蒂坳陷钻井3口。1997—1998年SA公司进行了部分地震采集工作。该阶段共发现油田34个，发现油气2P可采储量135×10^6bbl油当量。

储量平稳增长阶段（2000年至今）：此阶段发现了4个油气田。

截至2018年，盆地共发现油气田39个，累计发现石油、天然气2P可采储量179.14×10^6bbl油当量，其中石油、天然气2P可采储量分别为125.44×10^6bbl、301.04×10^9ft³。盆地没有大油气田发现。

盆地石油生产始于1977年，2018年盆地石油、天然气年产量分别为8.98×10^6bbl、0.14×10^6bbl油当量。截至2018年底，盆地剩余2P可采储量90.9×10^6bbl油当量，其中石油48.06×10^6bbl、天然气229.38×10^9ft³。

2. 区域地质

白垩盆地属于前陆盆地，基底为二叠系火山岩和前寒武系变质岩。盆地经历了两个演化阶段：裂谷期和安第斯期。裂谷期发生在白垩纪早期到白垩纪末期，主要发育北东向的张性断裂，盆地形成了垒—堑相间的构造格局（图4-3-6-4）。随后盆地进入安第斯期，发生区域沉降，发育三个东北走向的沉积中心（坳陷），北东向的主要断层和北西向的次要断层横穿坳陷，沉积地层由陆相过渡到海相（图4-3-6-4）。安第斯造山运动在白垩盆地西部产生了逆冲推覆，部分发生了剪切变形，构造变形强度向东逐渐减弱。

3. 石油地质特征

1）烃源岩

在盆地阿根廷部分，上白垩统—古新统雅克雷特组海相碳酸盐岩和黑色页岩，以及奥尔玛多组页岩，是主力烃源岩（图4-3-6-5），沉积于湖泊和浅海环境。雅克雷特组总有机碳含量0.2%～0.3%，在拉马斯德奥尔玛坳陷多东缘具有良好的生油潜力。奥尔玛多组的总有机碳含量高达3.3%。

在盆地的巴拉圭部分，白垩系—古新统的帕罗—桑托组被认为是潜在的烃源岩，总有机碳含量0.8%～1.5%之间，干酪根类型为Ⅱ型和Ⅲ型。

2）储层

盆地阿根廷部分的储层包括帕尔马拉哥组、雅克雷特组、莱科组和麦茨—古德组，其中雅克雷特组是最主要的目的层。

帕尔马拉哥组储层主要是岩浆岩和火山碎屑岩，原生孔隙度很高，但渗透率低，该组在拉莫斯德奥尔玛多坳陷的东部边缘是主要的产层。雅克雷特组储层是鲕状灰岩和钙质砂岩，孔隙度15%～20%，渗透率最高可达到300mD，沉积于浅海相和湖泊相环境，厚度12m。麦茨—古德组储层岩性是浅海相石灰岩，孔隙度和渗透率中等。

盆地巴拉圭部分的主要储层是波塔组砂岩、帕罗萨托组砂岩和圣巴巴拉组砂岩。波塔组砂岩孔隙度12%～22%；帕罗萨托组砂岩有效孔隙度7%～16%；帕罗桑托组上段砂岩孔隙度相对较低，在6%～9%之间；圣巴巴拉组砂岩孔隙度在6%～8%之间。

3）盖层

盆地区域盖层为雅克雷特组灰岩和页岩，局部盖层包括帕尔马拉哥组、帕罗—桑托组页岩、致密灰岩和火成岩（图4-3-6-5）。

4）圈闭类型

盆地圈闭以构造型为主，大多为背斜、断背斜、断块或构造—岩性地层复合圈闭，在深层和南部斜坡带发育岩性地层圈闭。

4. 常规油气成藏组合

盆地可以划分出泥盆系、白垩系和古近系三套成藏组合，其中白垩系、古近系是主要成藏组合（图4-3-6-5）。

白垩系成藏组合：主要烃源岩是古近系雅克雷特组海相碳酸盐岩和黑色页岩，以及奥尔玛多组页岩，储层为Palmar Largo砂岩和火山岩。

古近系成藏组合：主要烃源岩是古近系雅克雷特组海相碳酸盐岩和黑色页岩以及奥尔玛多组的页岩；储层为雅克雷特组浅海相灰岩；盖层是上覆Punta de Las Bardas组玄武岩和凝灰质泥岩，厚度达200 m，为区域性盖层。

5. 勘探开发潜力

中国石油2018年资源评价认为，白垩盆地常规待发现可采资源量为199.22×10^6bbl油当量，其中石油147.60×10^6bbl、凝析油0.73×10^6bbl、天然气296.29×10^9ft^3，白垩盆地常规油气勘探潜力一般。

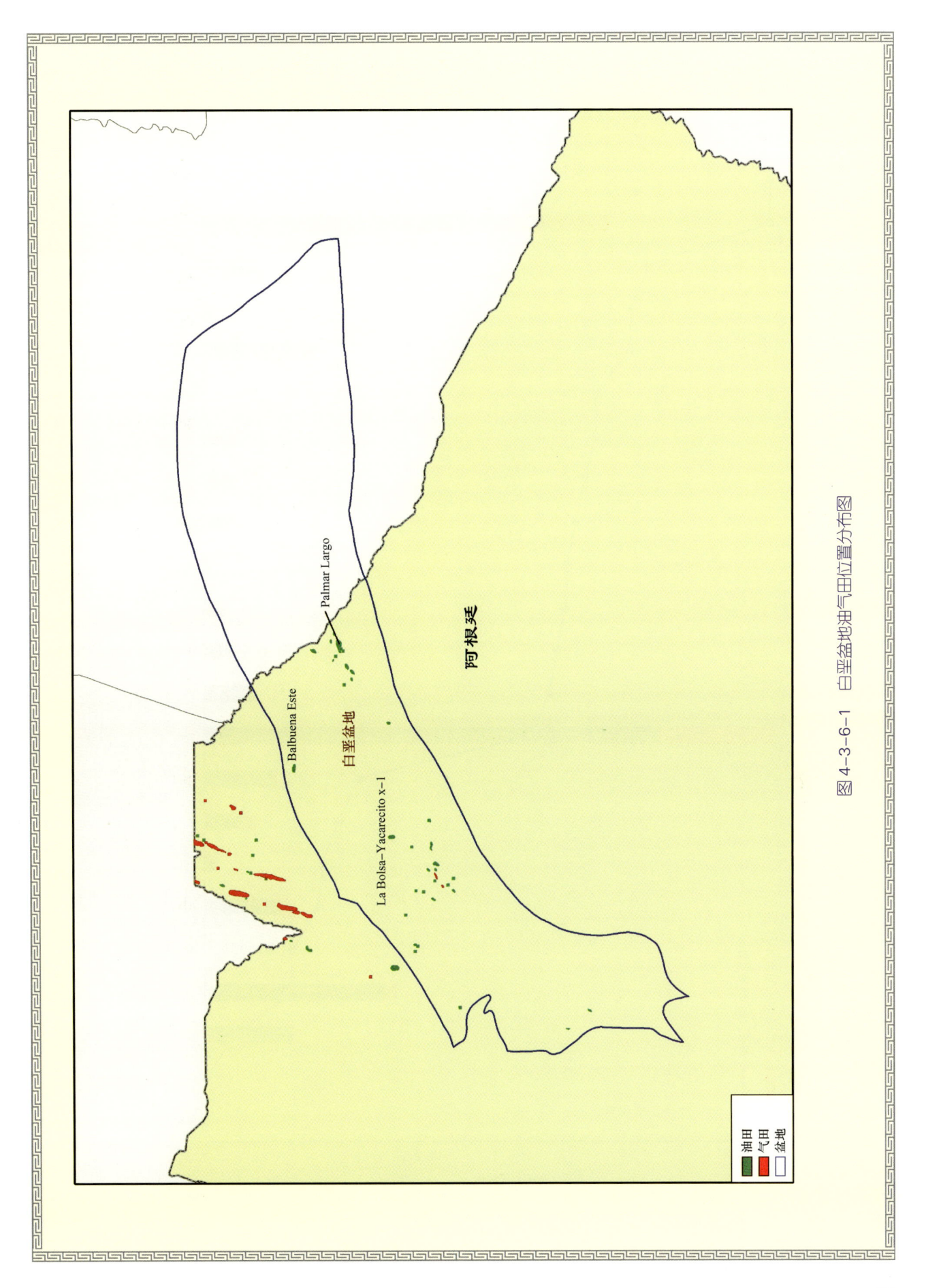

图 4-3-6-1 白垩盆地油气田应置分布图

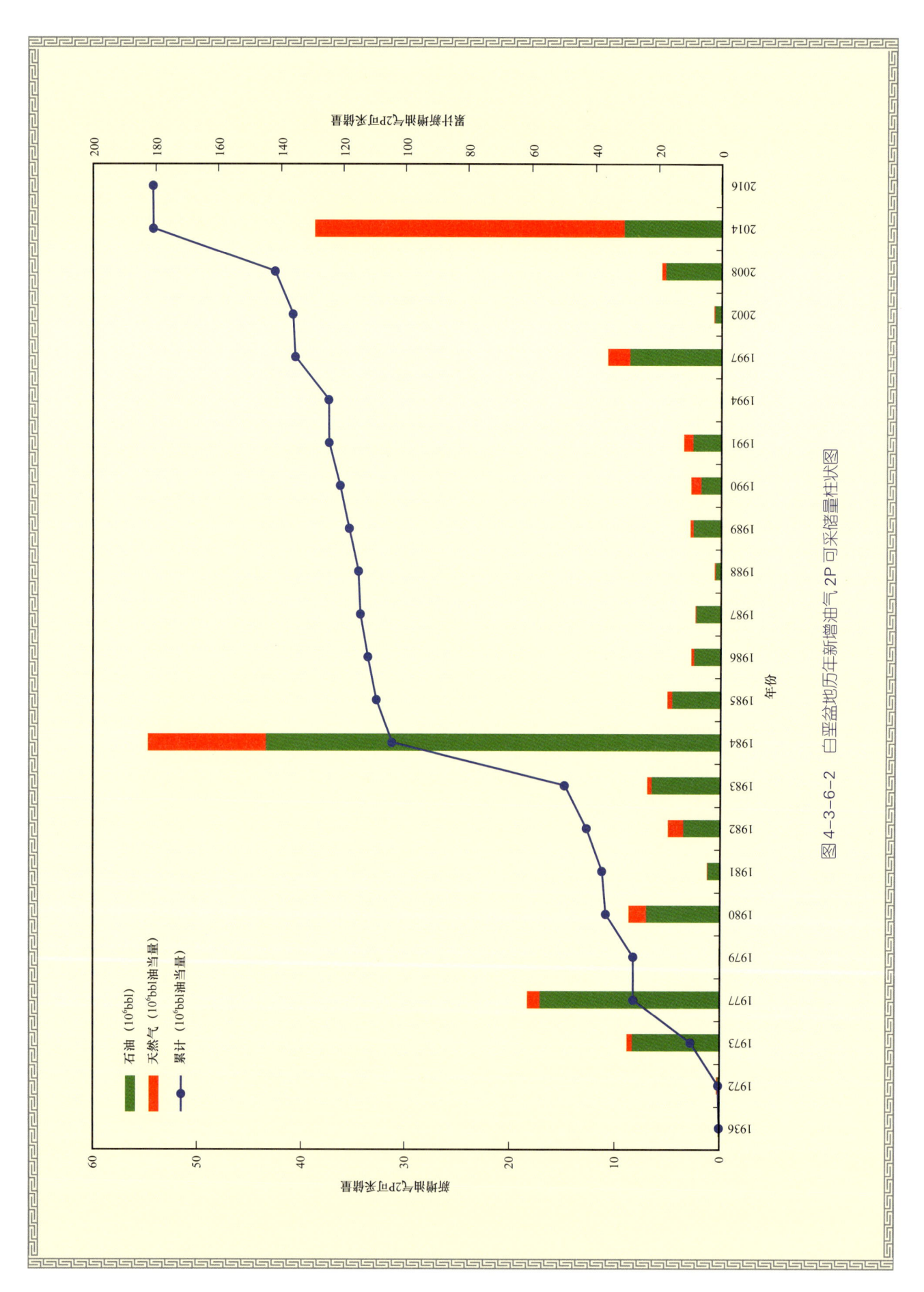

世界油气勘探开发与合作形势图集 | 南美地区 South America

图 4-3-6-2 白垩盆地历年新增油气 2P 可采储量柱状图

428

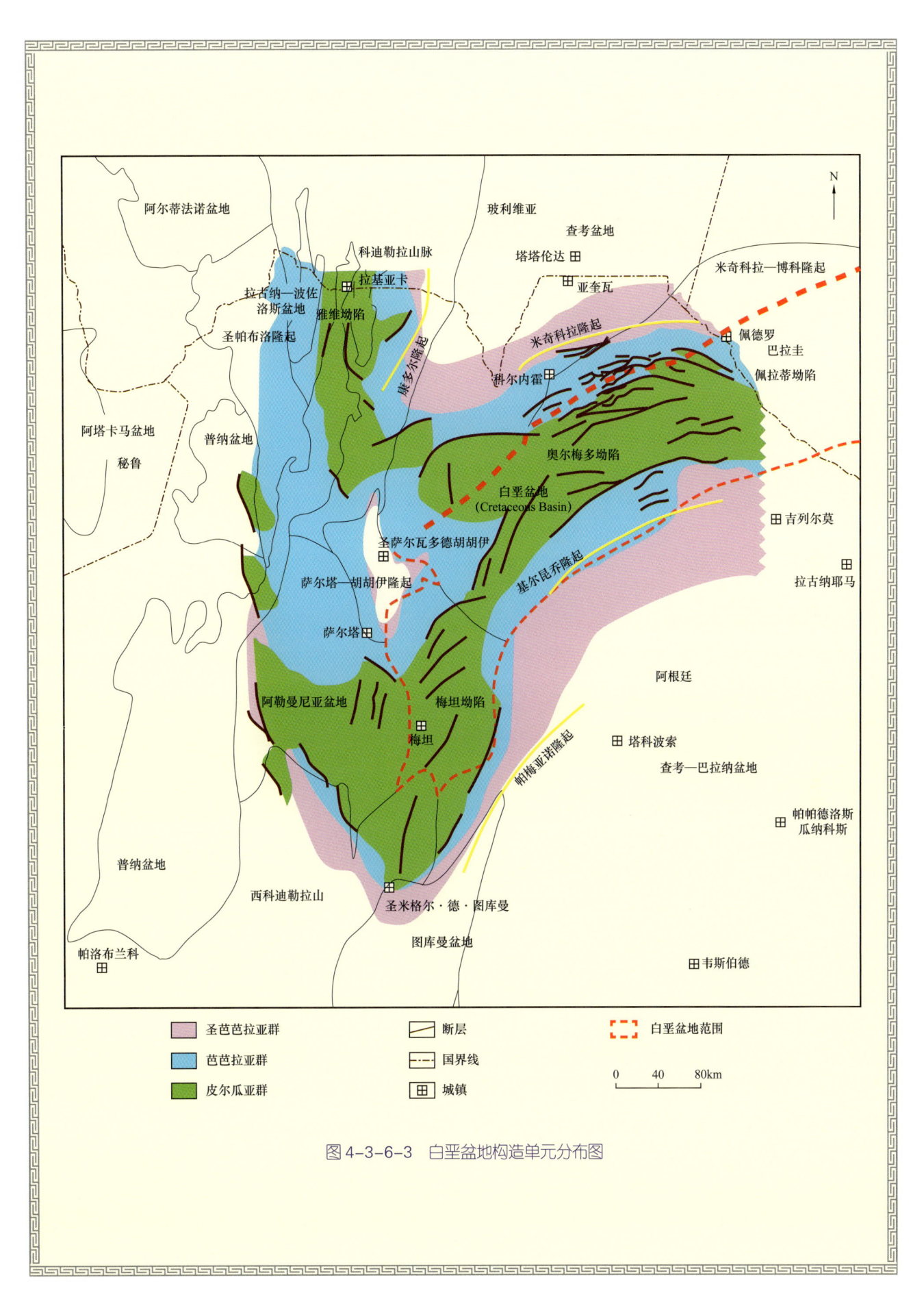

图 4-3-6-3　白垩盆地构造单元分布图

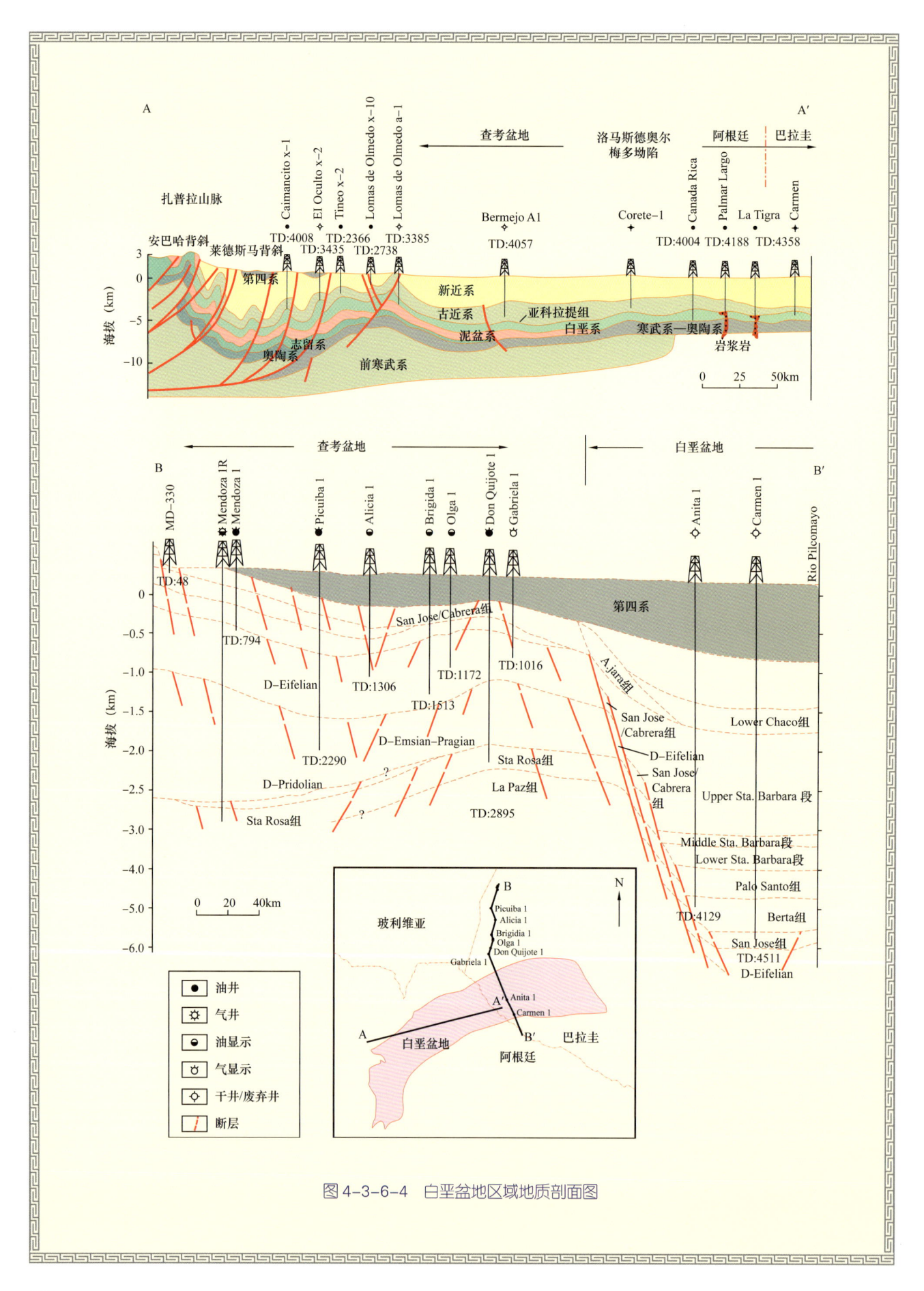

图 4-3-6-4 白垩盆地区域地质剖面图

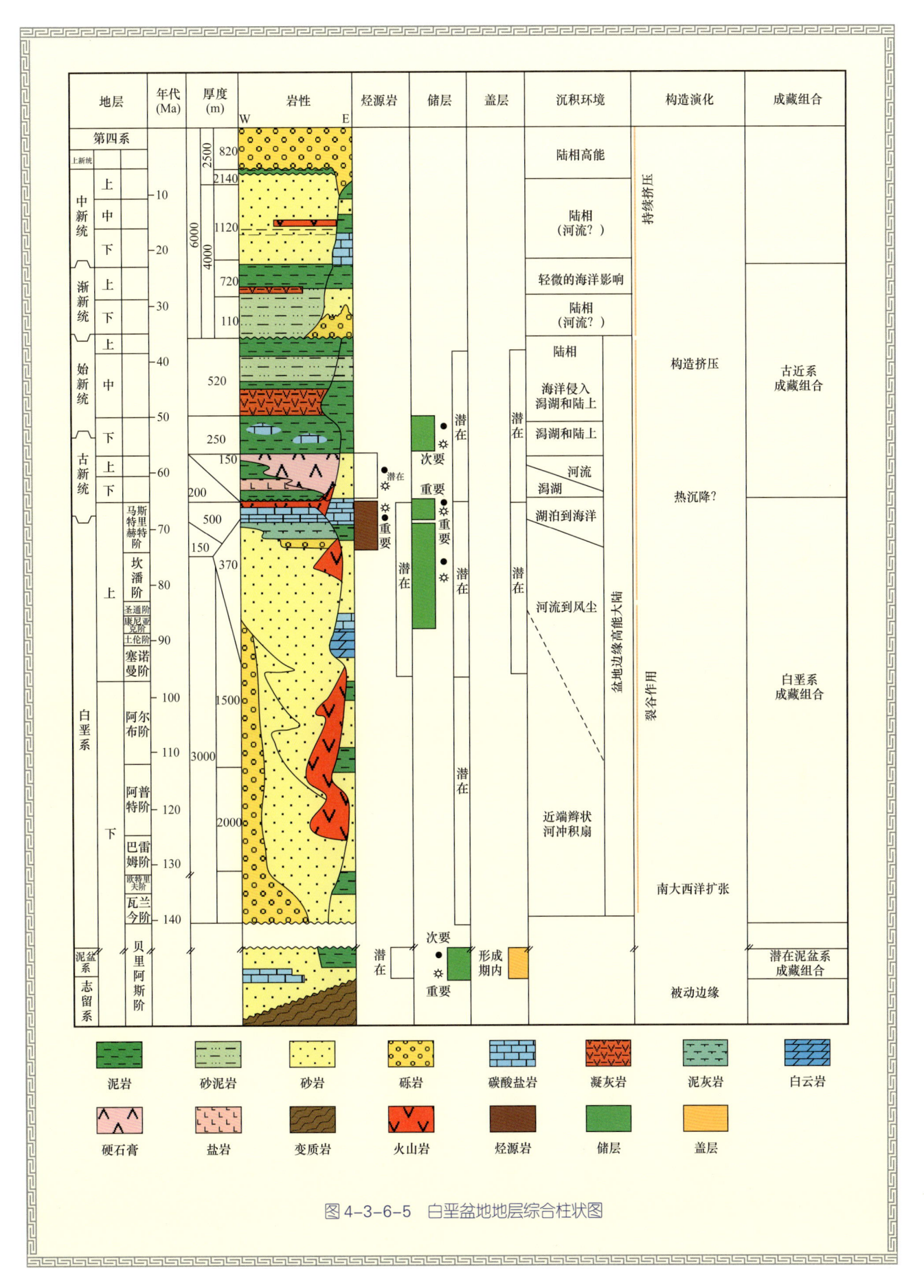

阿根廷

图 4-3-6-5 白垩盆地地层综合柱状图

（七）查考盆地

查考（Chaco）盆地处于安第斯山脉以东，大部分位于玻利维亚，少部分位于巴拉圭和阿根廷西北境内（图4-3-7-1），面积 $28.47 \times 10^4 km^2$。在阿根廷，该盆地被称为查考—塔里哈（Chaco-Tarija）盆地或塔里哈盆地。

1. 勘探开发历程

查考盆地的油气勘探开发经历了早期勘探开发、勘探快速发展、勘探开发稳定增长等3个阶段（图4-3-7-2）。

早期勘探开发阶段（1913—1950年）：盆地的玻利维亚和阿根廷部分最早发现了油苗，于1913年标准石油公司取得盆地第一个勘探许可证，其在20世纪20—30年代进行了一些勘探作业，1924年发现了盆地的第一个油田——贝尔梅霍（Bermejo）2P可采，储量为 $61 \times 10^6 bbl$ 油当量。

勘探快速发展阶段（1951—1999年）：该时期是发现油气田较多的时期。20世纪50年代至60年代，由于阿根廷境内坎波杜兰（Campo Duran）和马德莱琼斯（Madrejones）油田的发现，勘探活动大受鼓舞，因而建造了坎波杜兰—布宜诺斯艾利斯管线和坎波杜兰炼厂。在玻利维亚，1961年发现了盆地首个大油气田——大里奥（Rio Grande）大气田。20世纪70年代至80年代中期，发现了开曼奇托（Caimancito）、马库伊塔（Macueta）油田和华曼帕帕（Huamampampa）、拉莫斯（Ramos）气田。在玻利维亚境内发现了大维尔塔（Vuelta Grande）和威波拉（Vibora）油田。20世纪90年代阿根廷境内在安第斯区域发现了尚哥诺特（Chango Norte）和圣佩德里托（San Pedrito）油田。在玻利维亚，发现了马加里塔（Margarita）、萨巴罗（Sabalo X-1）和印加华斯（Incahuasi）等3个大型气田，盆地储量上升很快。

勘探开发稳定增长阶段（2000年至今）：该阶段盆地储量增长和油气产量稳定。

截至2018年，盆地共发现油气田137个，累计发现石油、天然气2P可采储量 $7724.99 \times 10^6 bbl$ 油当量，其中石油、凝析油、天然气分别为 $483.42 \times 10^6 bbl$、$873.34 \times 10^6 bbl$、$38209.40 \times 10^9 ft^3$，石油占全球0.4%，天然气占全球1.6%。共发现大气田4个，总储量 $2412.86 \times 10^6 bbl$ 油当量，占总发现量的31.2%。

截至2018年底，盆地累计油气产量 $4443.7 \times 10^6 bbl$ 油当量。

2. 区域地质

查考盆地属于前陆盆地，盆地西翼背斜构造较发育，东翼构造褶皱平缓，地表出露新生界，构造多受基底断裂所控制。沉积岩厚达6000m以上，出露地面和探井钻遇的地层有泥盆系、石炭系、二叠系、三叠系、白垩系和新生界。盆地可分为6个构造单元（图4-3-7-3）：次安第斯带、前渊带、查考坳陷区、Izozog隆起、Tarija次安第斯带和Michicola Boqueron隆起，油气主要产在次安第斯带、前渊带和查考坳陷区（图4-3-7-4）。

3. 石油地质特征

1）烃源岩

烃源岩发育在泥盆系、志留系，其中最重要的烃源岩是中—下泥盆统Los Monos组暗色泥岩（图4-3-7-5）。次要烃源岩包括下泥盆统Icla和志留系Kirusillas组，大部分是过成熟烃源岩。

在玻利维亚，上泥盆统Iquiri组页岩夹层的有机质含量与Los Monos和Limoncito组有机质含量相似。在Guanacos-1井指示，最高总有机碳含量为3.5%，最高含氢指数是416。San Juan-X2井揭示，Iquiri组下部生烃潜力最好，刚进入生油窗，S_2平均值为2.2 mg HC/g TOC。

志留系Kirusillas组和普利道利（Pridoli）统Tarabuco组页岩在Santa Cruz和东部地区有一定油气潜力。在

Pintao-1 井揭示，平均总有机碳含量为 2%。

2）储层

查考盆地储层包括下渐新统—中中新统、上白垩统、侏罗—白垩系、下三叠统、石炭系—上二叠统、下石炭统、泥盆系和下志留统（图 4-3-7-5）。

在阿根廷主要储层为 Huamampampa 组、Santa Rosa、Icla 组与 Tupambi 组砂岩。上泥盆统 Los Monos 组储层为不连续的或透镜状砂岩，石炭系 San Telmo 组储层为中等粒度的砂岩和混杂沉积岩，厚度 200～400m、孔隙度 9%～15%。

3）盖层

盆地主要盖层包括（图 4-3-7-5）：

泥盆系 Icla 和 Limoncito 组页岩，为 Santa Rosa 储层的区域盖层。Huamampampa 组页岩夹层和 Los Monos 组页岩形成局部封盖条件。

下石炭统（中密西西比亚系）Tarija 组页岩为 Tarija 组储层和 Tupambi 组储层的局部盖层；下石炭统（上密西西比亚系）San Telmo 组泥岩夹层为 San Telmo 组和 Escarpmen 组储层的局部盖。

中二叠统 Vitiacua 组泥灰岩和泥岩为 Cangapi 储层的半区域盖层。

下侏罗统 Castellón 组泥岩为 Castellón 组和 Tapecua 储层的局部盖层。

渐新统和古新统 Cajones 组泥岩为组储层的半区域盖层。

中—上中新统 Yecua 和 Tariquía 组泥岩为 Petaca 组储层的区域盖层。

4）圈闭类型

盆地圈闭以构造型为主，大多为背斜、断背斜、断层或构造—岩性地层复合圈闭。

4. 常规油气成藏组合

盆地内已发现 4 套成藏组合（图 4-3-7-5）：新生界、中生界、石炭—二叠系和志留—泥盆系成藏组合。其中最重要的成藏组合为志留—泥盆系成藏组合，占盆地总储量的 75%。大多数成藏组合与新近纪挤压构造有关，圈闭多为构造和构造—地层复合类型，油气主要集中在盆地西南部的次安第斯带。

志留—泥盆系成藏组合：烃源岩为中—下泥盆统 Los Monos 组暗色泥岩，储层以浅海相砂岩为主，占盆地储量的 75%，其中石油占 28%，凝析油总 74%、天然气占 81%，主要分布于盆地西部次安第斯带和前渊带，为盆地最重要的成藏组合。

新生界成藏组合：烃源岩为上白垩统泥岩和页岩，储层为中新统湖泊—河流相砂岩，盖层为中—上中新统 Yecua 和 Tariquía 组泥岩，主要分布于盆地中西部。

中生界成藏组合：烃源岩为中—下泥盆统 Los Monos 组暗色泥岩。储层为中上三叠统、中下侏罗统和上白垩统，以风成—河流相砂岩为主，主要分布于盆地中西部。

石炭—二叠系成藏组合：烃源岩为中—下泥盆统 Los Monos 组暗色泥岩，储层为石炭系和下二叠统，以浅海—风成—河流相砂岩为主，主要分布于盆地西部次安第斯带和前渊带。

截至 2018 年，查考盆地在阿根廷境内共发现油气田 32 个，累计 2P 油气可采储量 1703.8×10^6 bbl 油当量，其中石油 114.2×10^6 bbl、凝析油 207.9×10^6 bbl、天然气 8290.2×10^9 ft^3。

5. 典型油气田

1）阿古拉格（Aguarague）气田

属于下泥盆统成藏组合，位于查考盆地 Tarija 次安第斯褶皱带（图 4-3-7-6），发现于 1995 年。截至 2018 年，天然气、凝析油 2P 可采储量分别为 $305.90\times10^9 ft^3$、$2.75\times10^6 bbl$（表 4-3-7-1）。

圈闭类型为不对称背斜圈闭，呈北北东向展布，圈闭面积 $92.48 km^2$。气田发育下泥盆统 Huamampampa 组、Santa Rosa 组和 Icla 组三套储层，其中 Santa Rosa 组是主要储层，顶部埋深 3770m，气水界面 -4470m，含气高度 700m，厚度 400m，有效厚度 280m，主要岩性为细—中粒石英砂岩，基质平均孔隙度 5.22%，平均渗透率 4.05mD，地层温度 142.8℃。凝析油密度 $0.76\sim0.81 g/cm^3$，平均 $0.78 g/cm^3$；天然气相对密度 0.66。

1979 年投入试生产，2005 年，年产油气 $1.585\times10^6 bbl$ 油当量，其中天然气 $9.0\times10^9 ft^3$、凝析油 $0.08\times10^6 bbl$。

2）拉莫斯（Ramos）气田

属于下泥盆统成藏组合，位于查考盆地 Tarija 次安第斯褶皱带（图 4-3-7-7），发现于 1976 年。截至 2018 年，石油、天然气、凝析油 2P 可采储量分别为 $0.02\times10^6 bbl$、$2448.0\times10^9 ft^3$、$45.41\times10^6 bbl$（表 4-3-7-1）。

圈闭类型为不对称背斜，呈北北东向展布，圈闭面积 $90 km^2$。发育下泥盆统 Huamampampa 组、Santa Rosa 组和 Icla 组三套储层，其中 Huamampampa 组是主要储层，占油田储量的 94.9%，顶部埋深 2600m，气水界面 -3960m，含气高度 1360m，厚度 300m，有效厚度 240m，主要岩性为粉砂岩和极细—中等粒度的石英砂岩及裂缝页岩，平均孔隙度 4%（粒间孔占 35%，裂缝占 65%），平均渗透率 0.01mD，地层温度 100℃/2936m。气体成分：甲烷 84%、乙烷 6.8%、丙烷 2.47%、丁烷 1.29%、C_{5+} 2.9%、氮 0.6%、二氧化碳 2.5%。

1977 年投入试生产，截至 2018 年，累计生产油气 $439.45\times10^6 bbl$ 油当量。

6. 勘探开发潜力

中国石油 2018 年资源评价认为，查考盆地常规待发现可采资源量为 $7862.55\times10^6 bbl$ 油当量，其中石油 $930.00\times10^6 bbl$，凝析油 $836.00\times10^6 bbl$、天然气 $35360.00\times10^9 ft^3$。盆地的有利油气区分为三类：一类：西部前渊带；二类：西部次安第斯褶皱带；三类：东部斜坡隆起带。查考盆地常规油气有较大的勘探潜力。

表 4-3-7-1 查考盆地主要油气田属性表

序号	油气田名称	油气田类型	地理位置	发现年份	主要成藏组合	主要储层岩性	2P 可采储量			
							石油（10^6bbl）	天然气（10^9ft^3）	凝析油（10^6bbl）	油气总和（10^6bbl）油当量
1	阿古拉格（Aguarague）	气田	陆上	1995	下泥盆统	砂岩	0	305.90	2.75	53.73
2	拉莫斯（Ramos）	气田	陆上	1976	下泥盆统	砂岩	0.02	2448.00	45.41	453.43

油气田名称：1. 阿古拉格（Aguarague）；2. 拉莫斯（Ramos）；3. 坎波杜兰（Campo Duram）

图 4-3-7-1　查考盆地油气田位置分布图

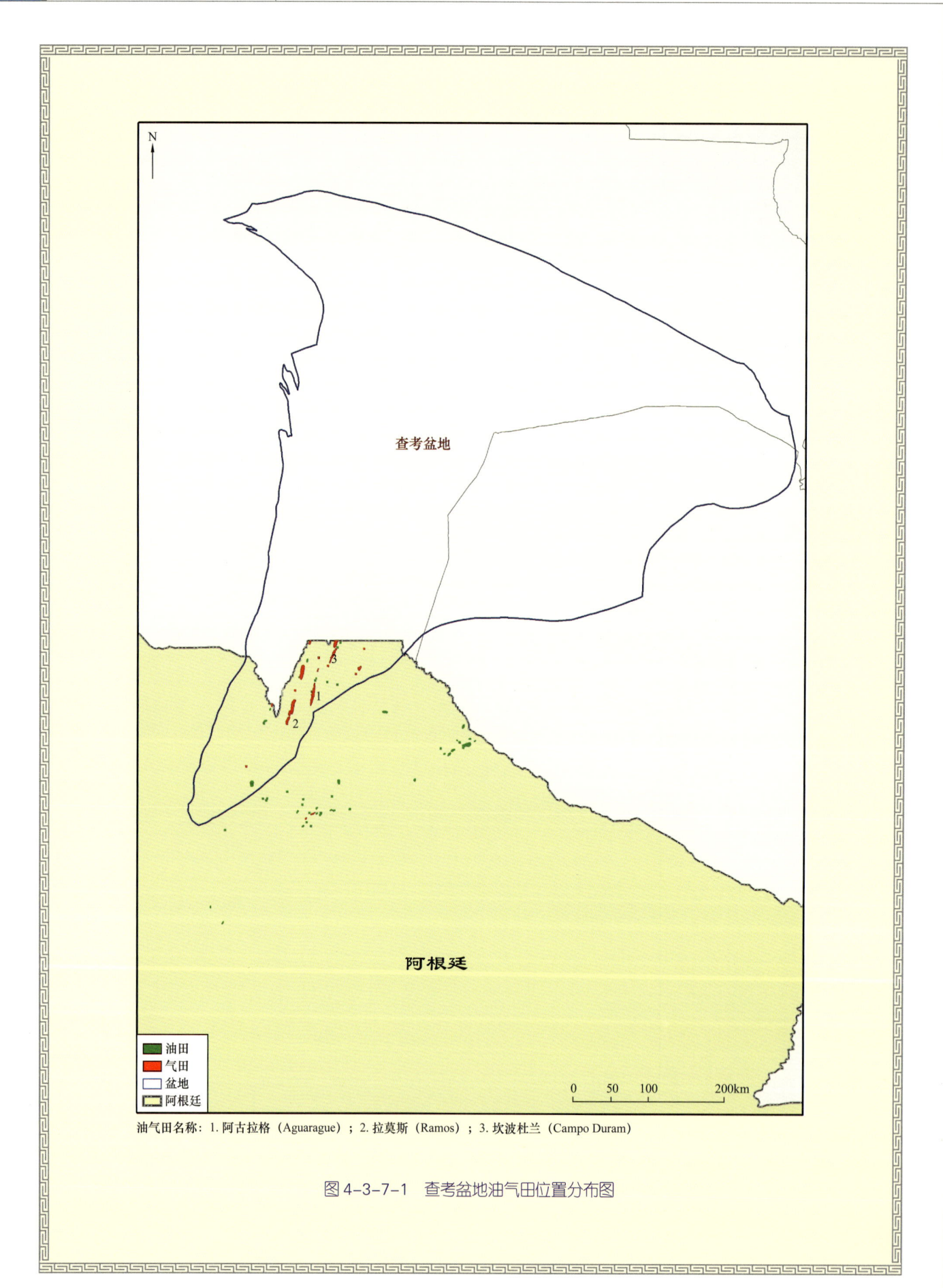

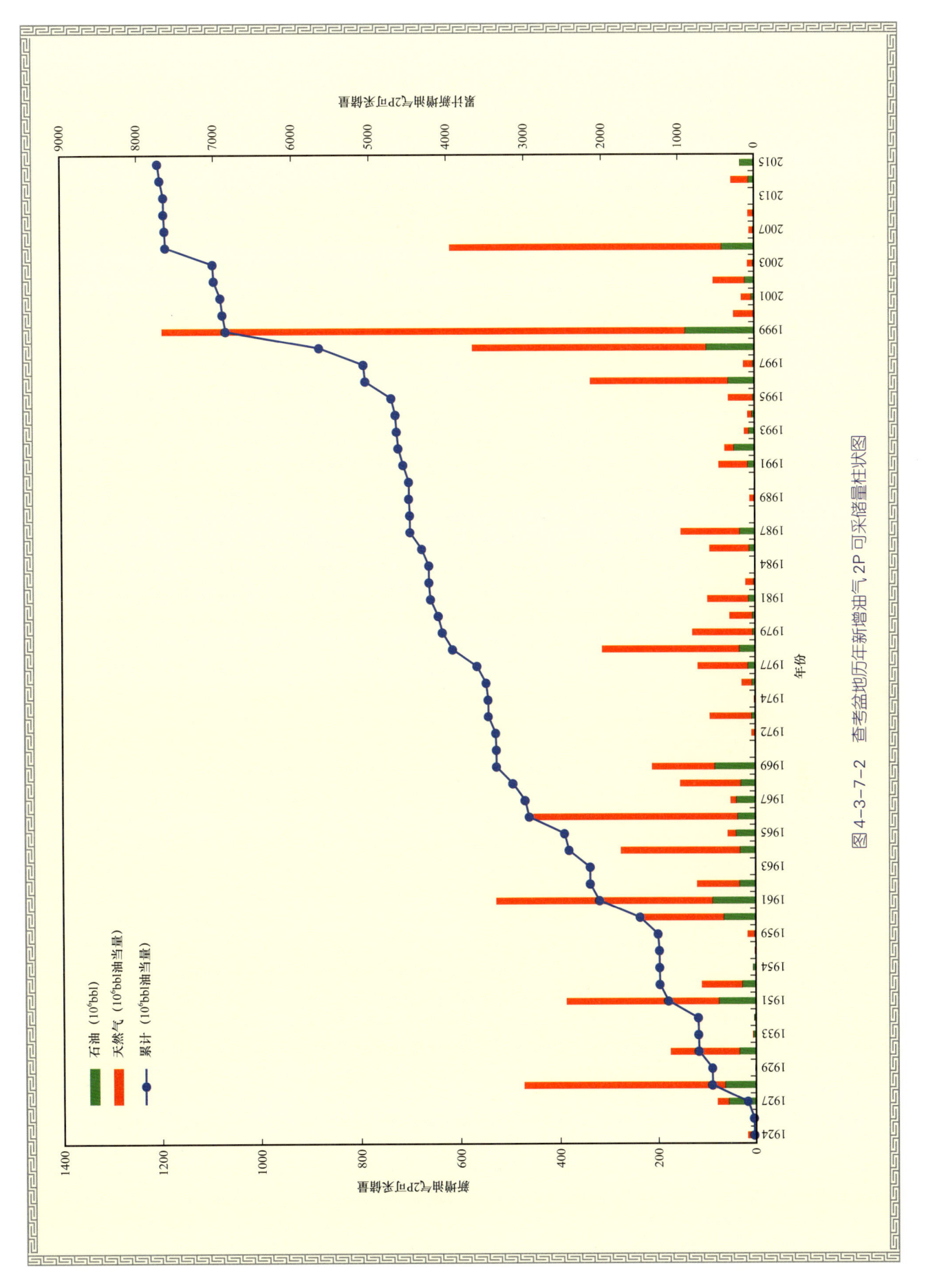

图 4-3-7-2 查考盆地历年新增油气 2P 可采储量柱状图

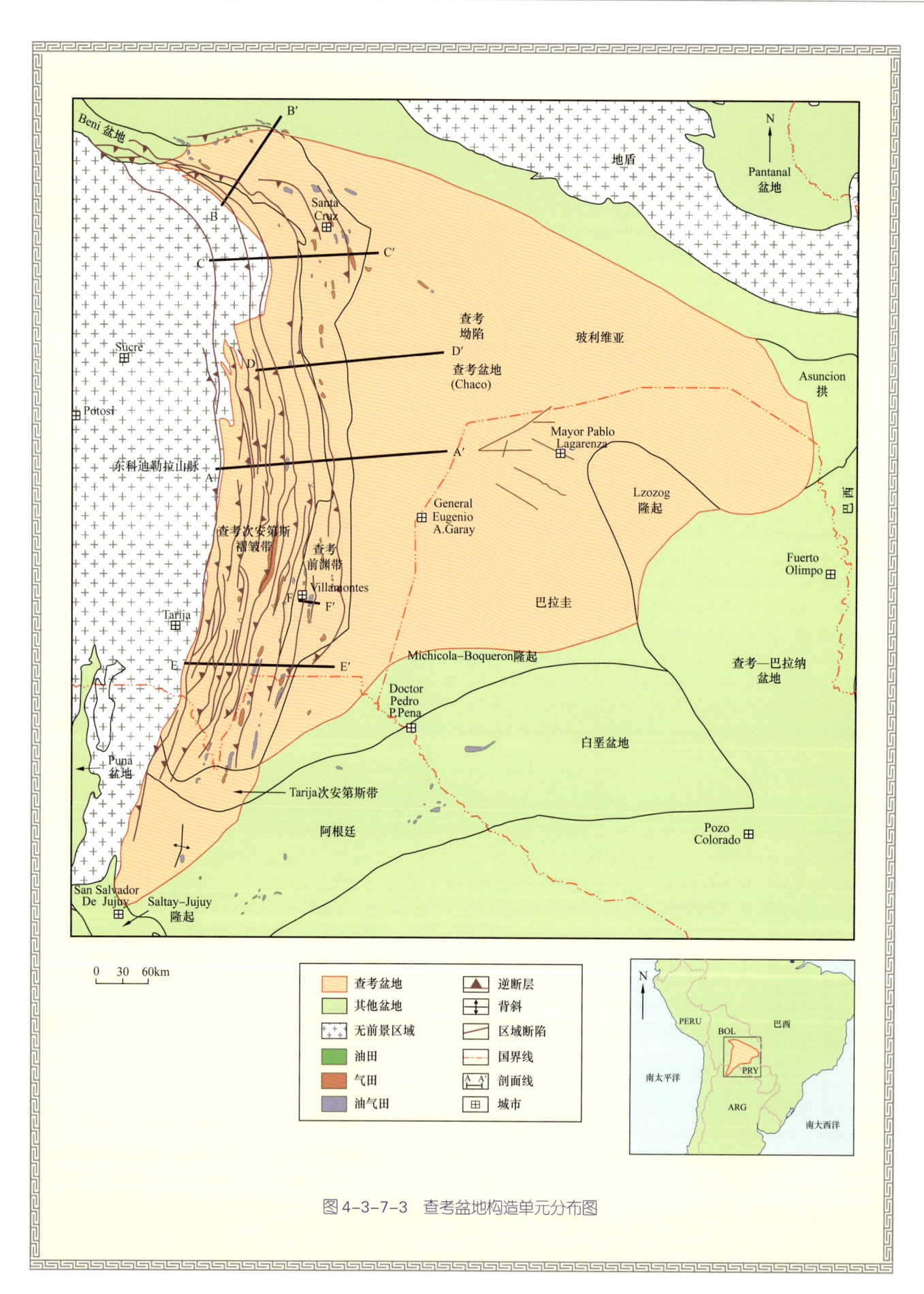

图 4-3-7-3 查考盆地构造单元分布图

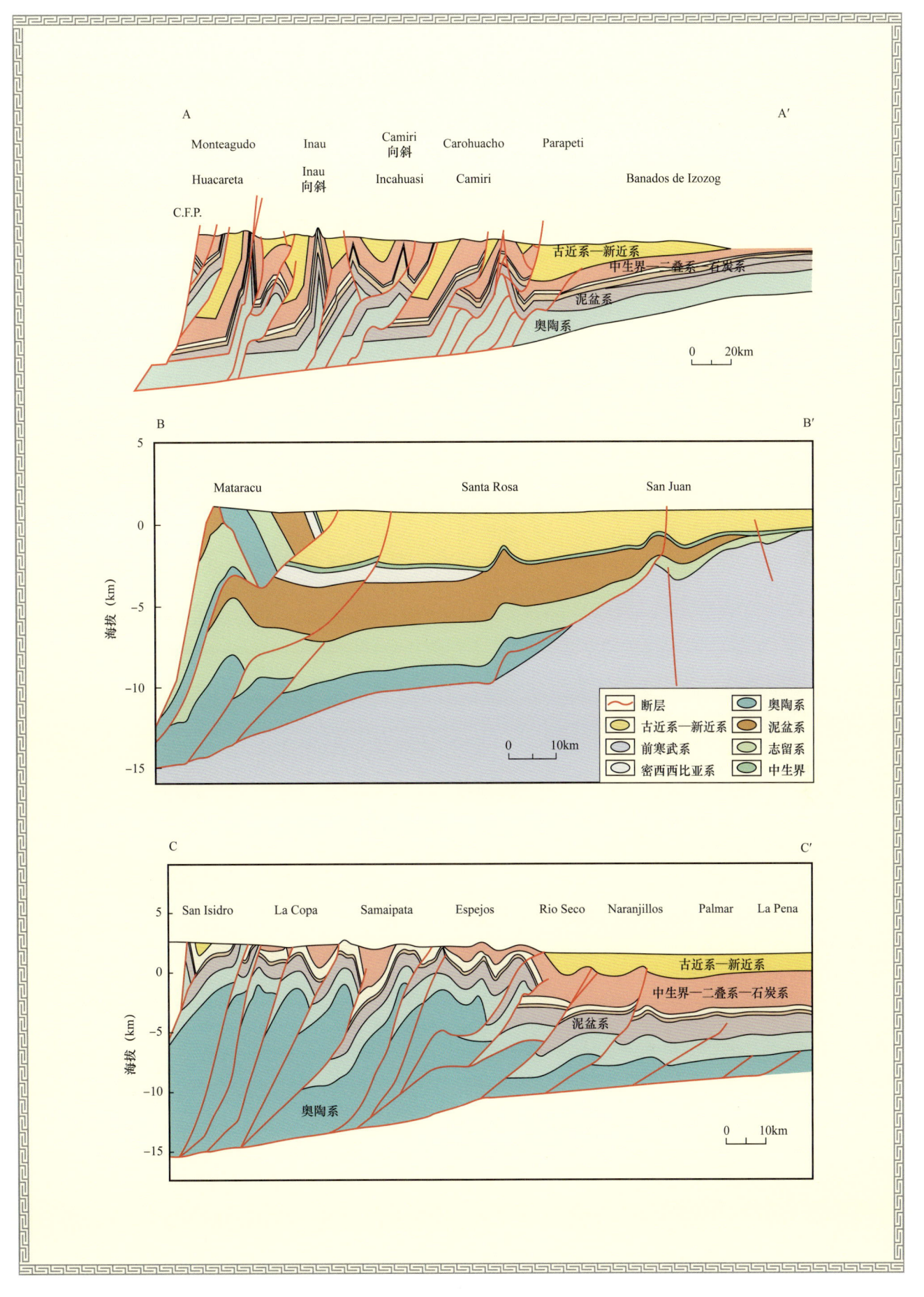

阿根廷

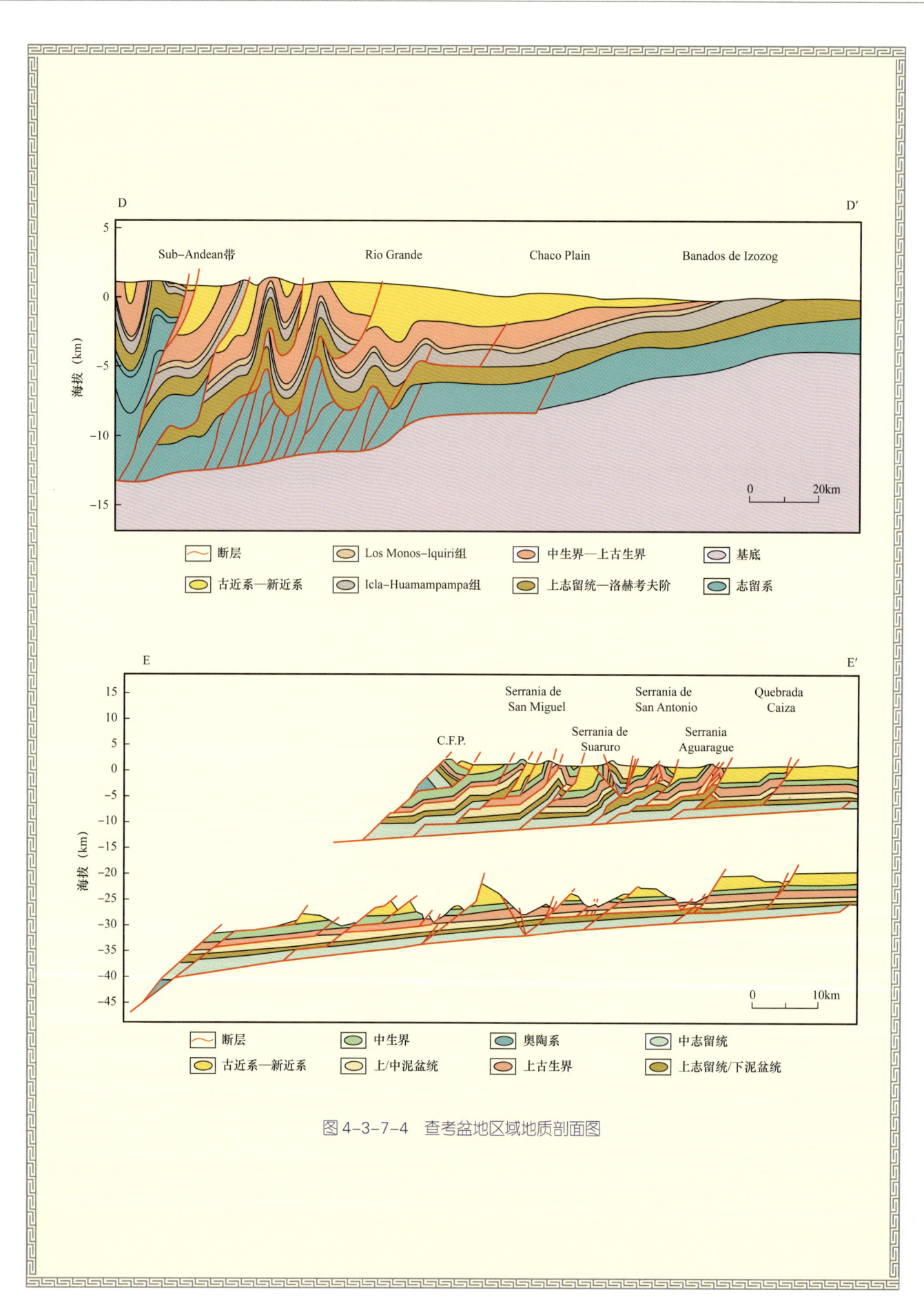

南美地区 South America

图 4-3-7-4 查考盆地区域地质剖面图

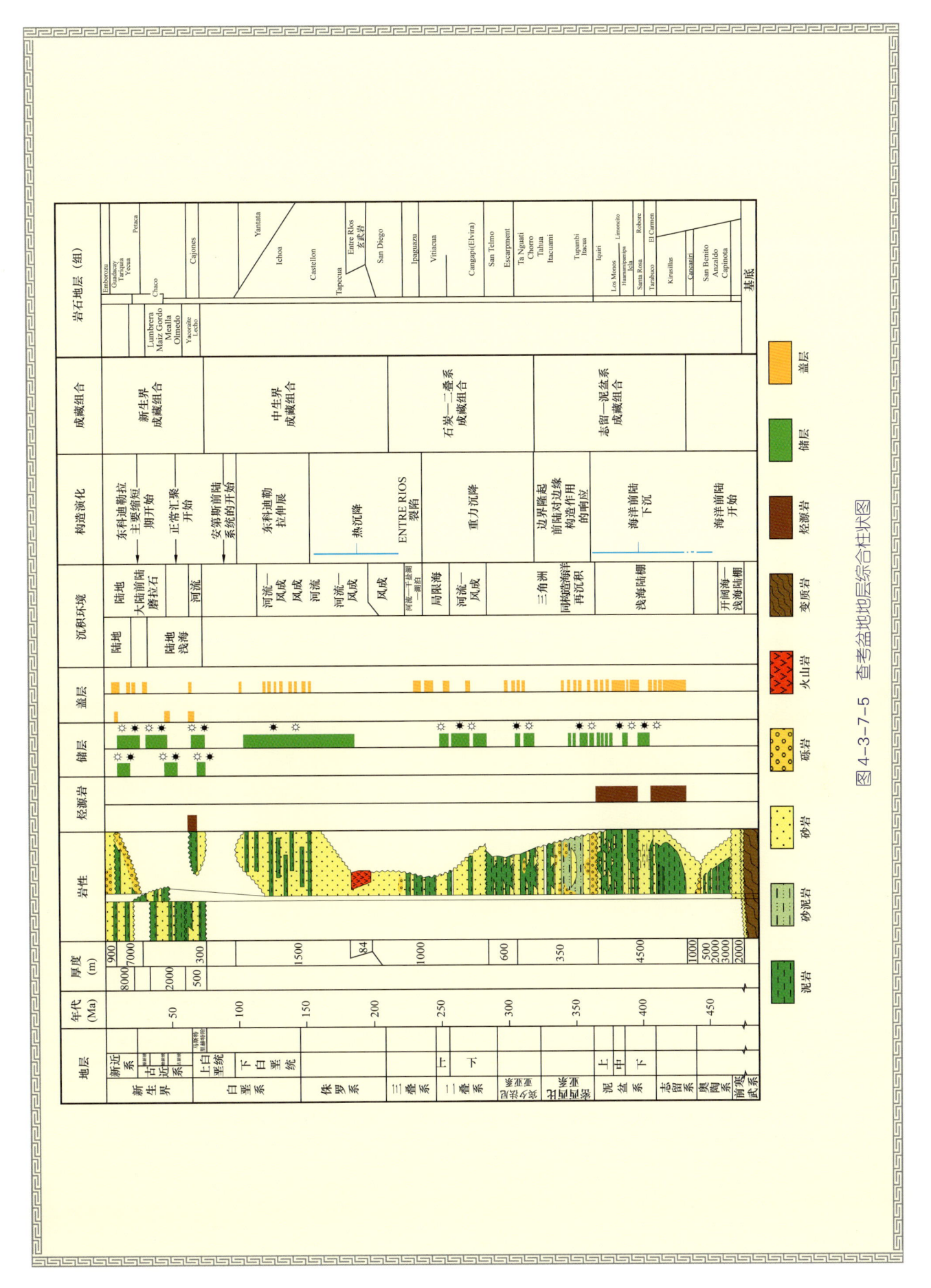

图 4-3-7-5 查科盆地地层综合柱状图

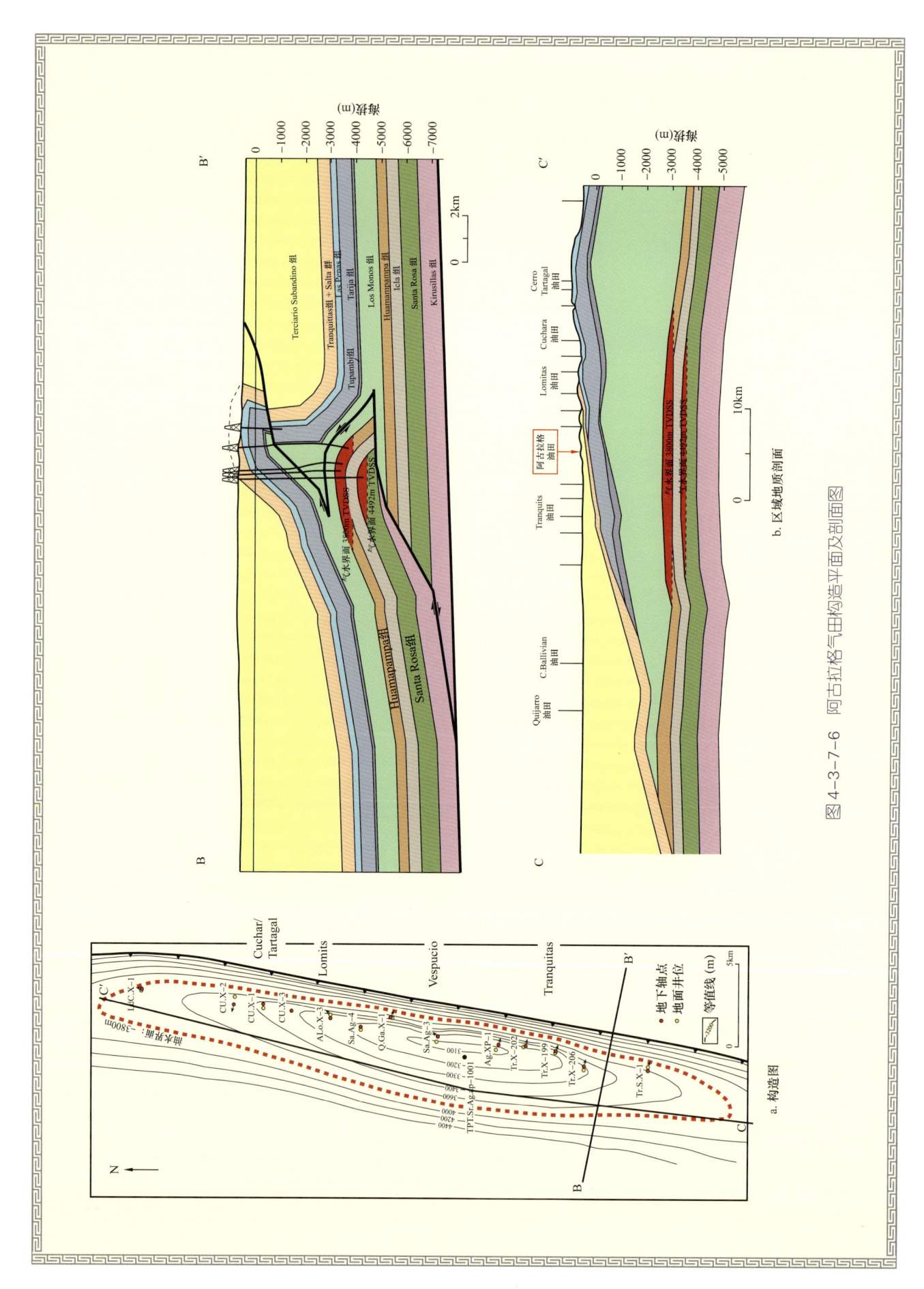

南美地区 South America

图 4-3-7-6 阿古拉格气田构造平面及剖面图

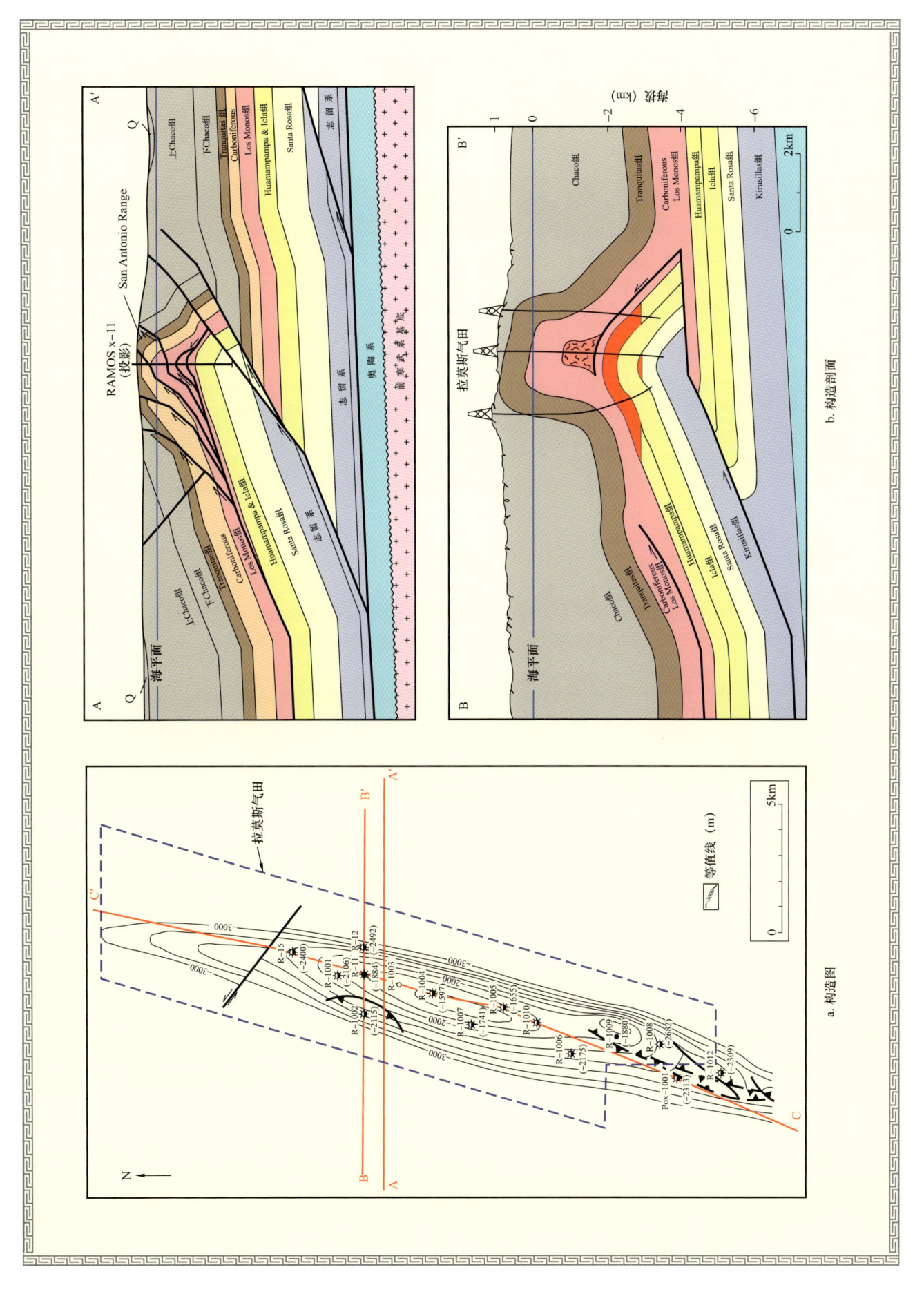

阿根廷

a. 构造图

b. 构造剖面

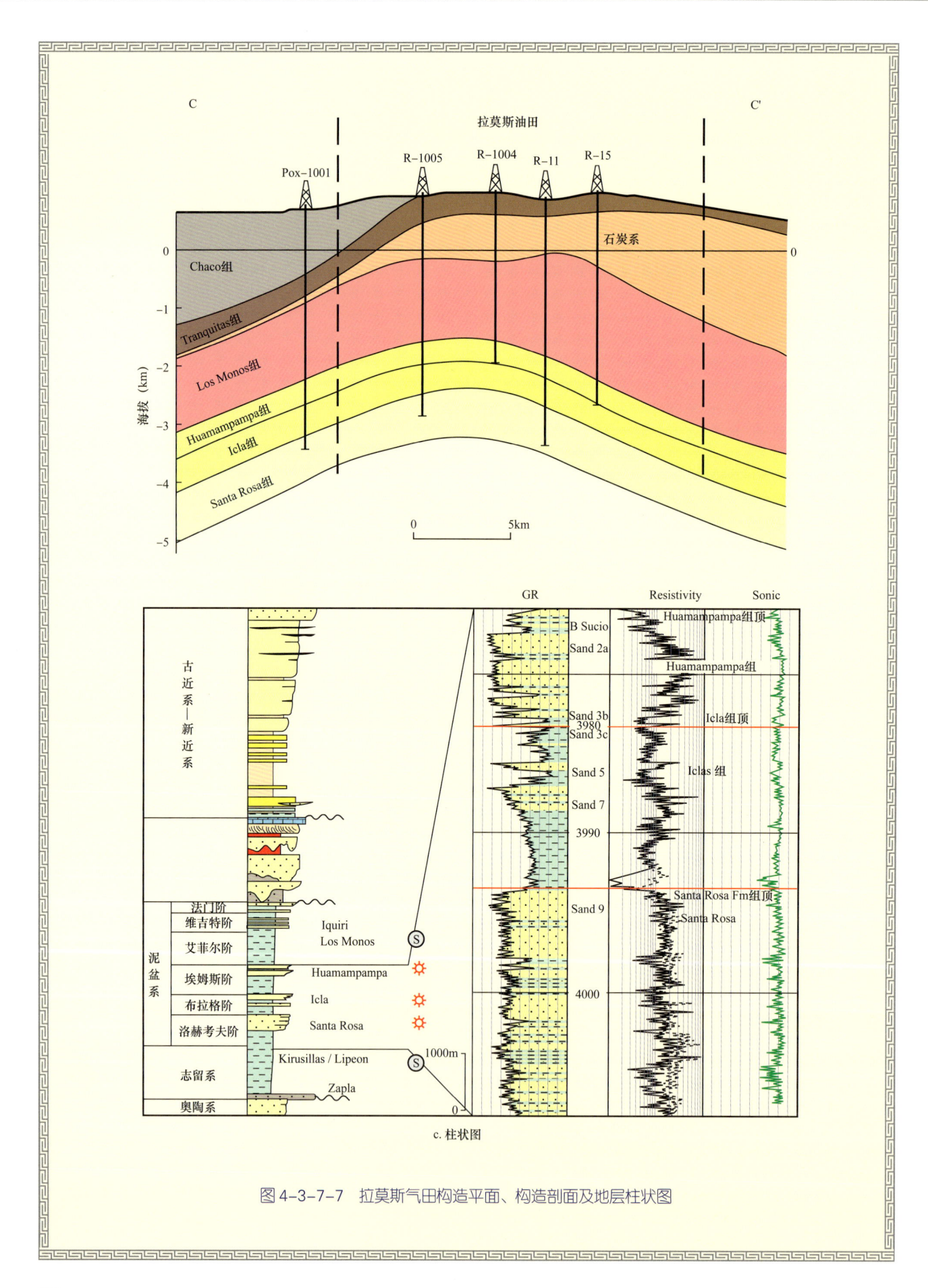

图 4-3-7-7 拉莫斯气田构造平面、构造剖面及地层柱状图

阿根廷

四、油气管道

（一）输油管道（图 4-4-1）

（1）Oleoductos del Valle：起点为内乌肯（Neuquen）Puesto Hernández 炼油厂，终点为 Dr Ricardo Elicabe，于 1999 年投入运营，管道全长 1520km，输油能力 1100×10^4 t/a。

（2）Puerto Rosales-La Plata：起点为 Puerto Rosales，终点为拉普拉塔（La Plata），管道全长 585km，输油能力 1580×10^4 t/a。

（3）Puesto Hernandez-Luján de Cuyo：起点为内乌肯的 Puesto Hernández 炼油厂，终点为门多萨（Mendoza）省的 Luján de Cuyo 炼油厂，管道全长 528km，输油能力 425×10^4 t/a。

（4）El Medanito-Allen：起点为内乌肯盆地的 El Medanito 油田，终点为内格罗河省的 Allen，管道全长 110km，输油能力 1125×10^4 t/a。

（5）Oleoducto Transandino：起点为内乌肯的 Puesto Hernández 炼油厂，终点为智利的 Concepcion，管道全长 428km，输油能力 600×10^4 t/a。

（二）输气管道（图 4-4-1）

（1）Gasoducto Noreste Argentino（GNEA）：起点为阿根廷北部坎波杜兰炼油厂，终点为圣菲省 Arijón，该管道还在建设中，管道全长 4144km。

（2）Gasoducto Norte：起点为阿根廷北部坎波杜兰炼油厂，终点为布宜诺斯艾利斯，于 2001 年投入运营，管道全长 4007km，输气能力 97×10^8 m^3/a。

（3）Gasoducto San Martin：起点为阿根廷南部麦哲伦盆地的 Cruz del Sur，终点为布宜诺斯艾利斯，于 2012 年投入运营，管道全长 3756km，输气能力 149×10^8 m^3/a。

（4）Gasoducto Neuba Ⅱ：起点为阿根廷内乌肯省 Loma la Lata，终点为布宜诺斯艾利斯，管道全长 2201km，输气能力 113×10^8 m^3/a。

（5）Gasoducto Centro-Oeste：起点为阿根廷内乌肯省 Loma la Lata，终点为布宜诺斯艾利斯，于 2004 年投入运营，管道全长 2176km，输气能力 124×10^8 m^3/a。

（6）Gasoducto Neuba Ⅰ：起点为内乌肯盆地的 Sierra Barrosa，终点为布宜诺斯艾利斯管道全长 1971km，输气能力 55×10^8 m^3/a。

（7）Gas Atacama：起点为阿根廷北部查考盆地的拉莫斯油田，终点为智利梅希约内斯（Mejillones），于 1999 年投入运营，管道全长 925km，输气能力 27×10^8 m^3/a。

（8）Gasoducto Nor Andino：起点为阿根廷北部查考盆地的阿古拉格油田，终点为智利的梅希约内斯（Mejillones），于 2001 年投入运营，管道全长 880km，输气能力 29×10^8 m^3/a。

（9）Gasoducto del Pacifico：起点为内乌肯省拉玛拉塔，终点为智利 Concepcion，于 2004 年投入运营，

管道全长537km，输气能力$35\times10^8m^3/a$。

（10）Gasoducto GasAndes：起点为内乌肯盆地的La Mora，终点为智利圣地亚哥，于2004年投入运营，管道全长459km，输气能力$36\times10^8m^3/a$。

（11）TGM：起点为内乌肯盆地的Entre Ríos，终点为巴西南里奥格兰德州乌鲁瓜亚纳（Uruguiana），管道全长440km，输气能力$55\times10^8m^3/a$。

阿根廷

图 4-4-1 阿根廷油气管线、炼厂分布图

五、石油加工

阿根廷主要有以下 11 个炼油厂。

（1）La Plata 炼油厂：位于布宜诺斯艾利斯的拉普拉塔（La Plata），由雷普索尔阿根廷国家石油公司（Repsol YPF）运营，于 1925 年建成投产，处理能力为 945×10^4 t/a。

（2）Lujan de Cuyo 炼油厂：位于门多萨（Mendoza）省的卢汉德库约（Lujan De Cuyo），由雷普索尔—阿根廷国家石油公司（Repsol YPF）公司运营，于 1940 年建成投产，处理能力为 528×10^4 t/a。

（3）Avellaneda 炼油厂：位于布宜诺斯艾利斯阿韦亚内达（Avellaneda），由壳牌集团公司运营，于 1931 年建成投产，处理能力为 500×10^4 t/a。

（4）Campana 炼油厂：位于布宜诺斯艾利斯的坎帕纳（Campana），由埃索石油公司（Esso）运营，于 1911 年建成投产，处理能力为 600×10^4 t/a。

（5）Dock Sud 炼油厂：位于布宜诺斯艾利斯的多科苏德（Dock Sud），由德斯蒂莱里亚（Destileria）公司运营，于 1931 年建成投产，处理能力为 20×10^4 t/a。

（6）San Lorenzo 炼油厂：位于圣菲（Santa Fe）省的圣洛伦索（San Lorenzo），由 Refisan 公司运营，于 1938 年建成投产，处理能力为 250×10^4 t/a。

（7）Campo Duran 炼油厂：位于萨尔塔（Salta）省的 Campo Duran，由 Refinor 公司运营，于 1992 年建成投产，处理能力为 130×10^4 t/a。

（8）Lomas de Zamora 炼油厂：位于布宜诺斯艾利斯的洛马斯－德萨莫拉（Lomas De Zamora），由德斯蒂莱里亚（Destileria）公司运营，处理能力为 40×10^4 t/a。

（9）Plaza Huincul 炼油厂：位于内乌肯的普拉萨温库尔（Plaza Huincul），由雷普索尔阿根廷国家石油公司（Repsol YPF）公司运营，于 1976 年建成投产，处理能力为 125×10^4 t/a。

（10）Ricardo D Elicabe 炼油厂：位于布兰卡港（Bahia Blanca），由巴西石油公司（Petrobras）公司运营，于 1990 年建成投产，处理能力为 155×10^4 t/a。

（11）Puerto Galvan 炼油厂：位于加尔万港（Puerto Galvan），由埃索石油公司（Esso）运营，处理能力为 95×10^4 t/a。

六、对外合作

综合油气资源潜力、财税条款、政治经济、环境及安全等因素，将全球主要资源国合作环境划分为 10 个等级（图 0-3），阿根廷处于 5～6 级，合作环境较好。

自阿根廷独立以来，政局稳定针对本国油气资源制订了相应的法律法规来实现油气资源的开发利用，1967 年制订了《碳氢化合物法》，为勘探生产确立了总法律框架。1991 年，旧的风险服务合同被税务／特许权使用费特许合同所取代，该合同赋予承包商销售原油的权利。1992年，阿根廷《碳氢化合物联邦法》将YPF公司私有化，YPF公司重新获得了许多勘探和开发许可证。2006年《Ley Corta》决议修正了《碳氢化合物法》，2007年颁发了《第599/07号决议》，2012年通过了1277号法令要求企业将投资计划提交给政府进行审核，2017年通过了第46号决议，进一步完善和加强对外合作、吸引更多外资。目前，阿根廷的YPF石油公司在整个油气行业占比较多。目前阿根廷正在执行的勘探开发区块489个，其中113个区块（图4-6-1）的作业者YPF石油公司，拥有已发现2P可采储量的28%（图4-6-2），其次为Total公司，拥有已发现2P可采储量的10%。

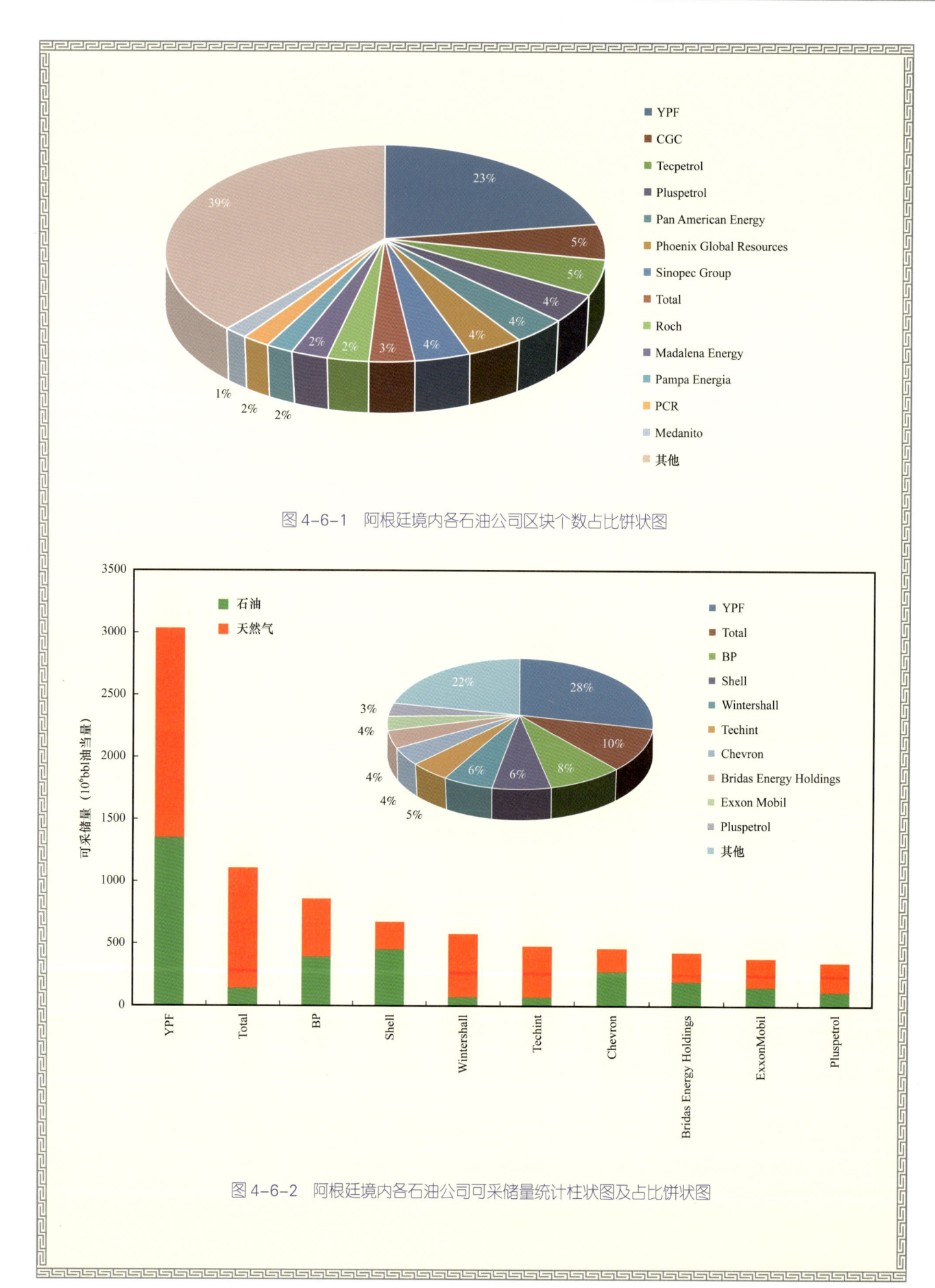

图 4-6-1　阿根廷境内各石油公司区块个数占比饼状图

图 4-6-2　阿根廷境内各石油公司可采储量统计柱状图及占比饼状图

▶ 第五部分

厄瓜多尔

一、国家概况

厄瓜多尔位于南美洲西北部。东北与哥伦比亚毗连,东南与秘鲁接壤,西临太平洋,海岸线长930km,国土面积256370km²。赤道横贯国境北部,厄瓜多尔就是西班牙语"赤道"的意思。西部沿海属热带雨林气候。中部安第斯山区为热带草原气候,东部亚马孙地区属热带雨林气候。

厄瓜多尔划分为24个省,下设215个市、1081个区,首都基多(Quito),官方语言为西班牙语,印第安人通用克丘亚语。全国人口为1669万,其中,印欧混血占77.42%,印第安人占6.83%,白人占10.46%,黑白混血占2.74%,黑人和其他人种2.55%。87.5%的居民信奉天主教。

厄瓜多尔为南美地区经济相对落后的国家,工业基础薄弱,农业发展缓慢,石油是厄瓜多尔第一大经济支柱。厄瓜多尔以"香蕉之国"闻名于世,1992年起连续多年香蕉产量和出口量均居世界第一位。厄瓜多尔主要出口石油、香蕉、大虾和鲜花,主要进口机械设备、工业原料、燃料和消费品等。主要贸易伙伴是美国、欧盟、中国、巴拿马、哥伦比亚、秘鲁。2018年,厄瓜多尔对外贸易总额为437.25亿美元,其中出口216.06亿美元,进口221.19亿美元,同比分别增长14.6%、12.99%和16.23%。2018年,厄瓜多尔经济增长1.4%。2018年国内生产总值1083.98亿美元,人均国内生产总值6368美元。

厄瓜多尔奉行独立、自主、和平的外交政策,同147个国家保持外交关系,是联合国、世贸组织、七十七国集团、石油输出国组织、美洲国家组织、拉美和加勒比共同体、安第斯共同体等国际和地区组织成员。

1809年8月10日厄瓜多尔宣布独立。1980年1月2日,中华人民共和国与厄瓜多尔共和国正式建立外交关系;同年7月,中国在厄瓜多尔设使馆;翌年7月,厄瓜多尔在华设使馆。我国在瓜亚基尔设有总领事馆,厄瓜多尔在上海、广州设有总领事馆。建交以来,中厄关系发展顺利。2015年1月,中厄建立战略伙伴关系。2016年11月,两国关系提升为全面战略伙伴关系。两国在文化、教育科技、旅游与军事等方面均有良好合作。

二、油气勘探开发现状

厄瓜多尔境内涉及普图马约(Putumayo,也称之为奥连特)、普罗雷索(Progreso)、马拉农(Maronon)和胡拉加4个沉积盆地(图5-2-1)。

截至2018年底,厄瓜多尔境内共发现油气田205个,累计发现油气2P可采储量11473.8×10⁶bbl油当量(图5-2-2),其中石油10918.21×10⁶bbl,凝析油0.06×10⁶bbl,天然气3333.44×10⁹ft³。发现大油田5个,储量总计5066.839×10⁶bbl油当量,其中石油4892.00×10⁶bbl、天然气1049.03×10⁹ft³。

2018年,厄瓜多尔石油、天然气年产量分别为203.13×10⁶bbl、4.82×10⁶bbl油当量(图5-2-3),油气产量占全球的0.377%。截至2018年,累计生产油、气分别为4545.77×10⁶bbl、39.77×10⁶bbl油当量,基本达到了产量高峰。

厄瓜多尔常规油气资源勘探开发潜力较大。常规油气剩余2P可采储量5332.33×10⁶bbl油当量,其中石油

5016.73×10^6 bbl，天然气 $1830.00 \times 10^9 ft^3$。

中国石油 2018 年最新评价认为，厄瓜多尔常规待发现油气资源量 6880.50×10^6 bbl 油当量，其中石油 6177.49×10^6 bbl、凝析油 0.02×10^6 bbl，天然气 $2917.34 \times 10^9 ft^3$。

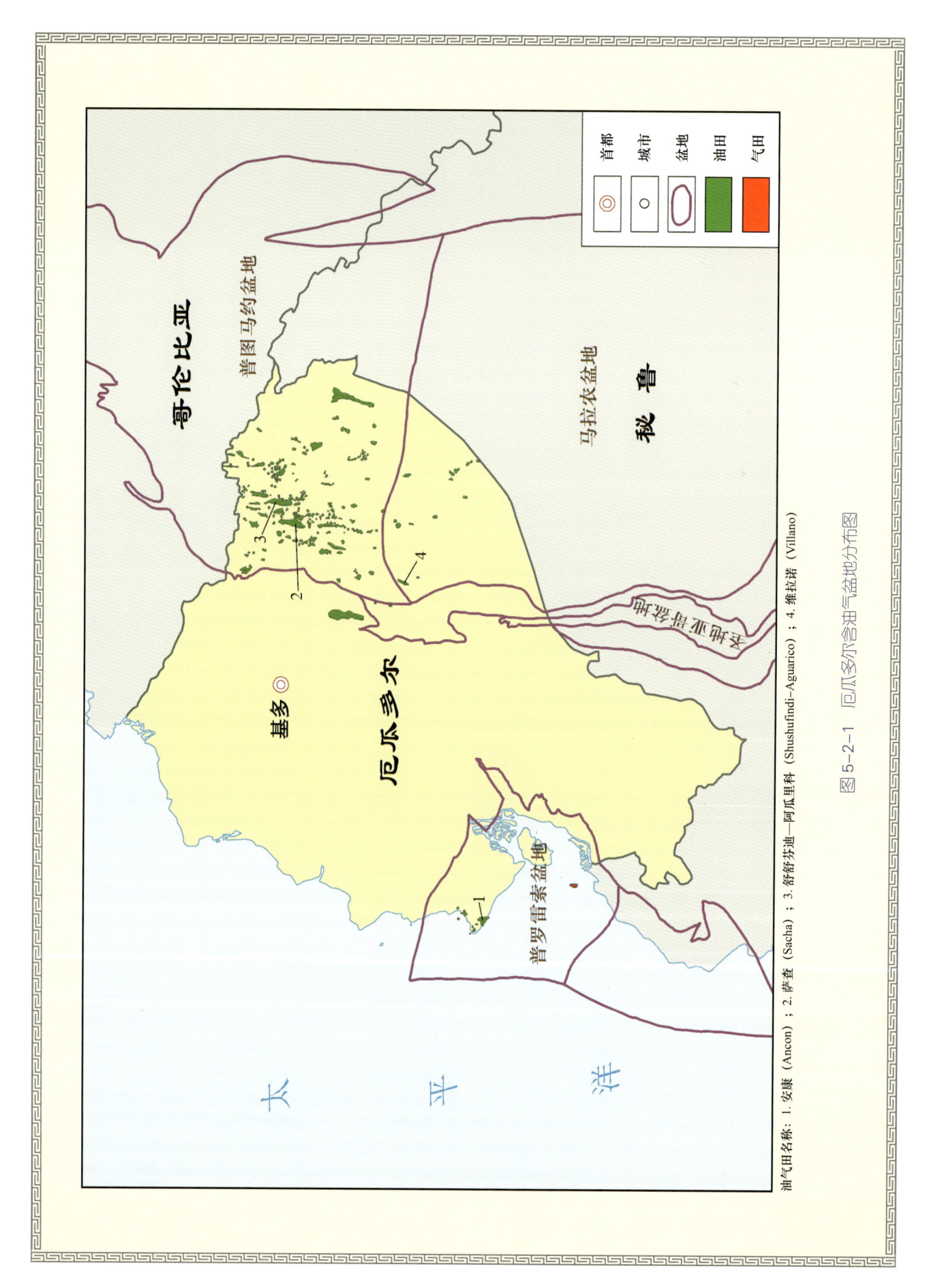

南美地区 South America

图 5-2-1 厄瓜多尔含油气盆地分布图

油气田名称：1. 安康（Ancon）；2. 萨查（Sacha）；3. 舒舒芬迪—阿瓜里科（Shushufindi-Aguarico）；4. 雏拉诺（Villano）

厄瓜多尔

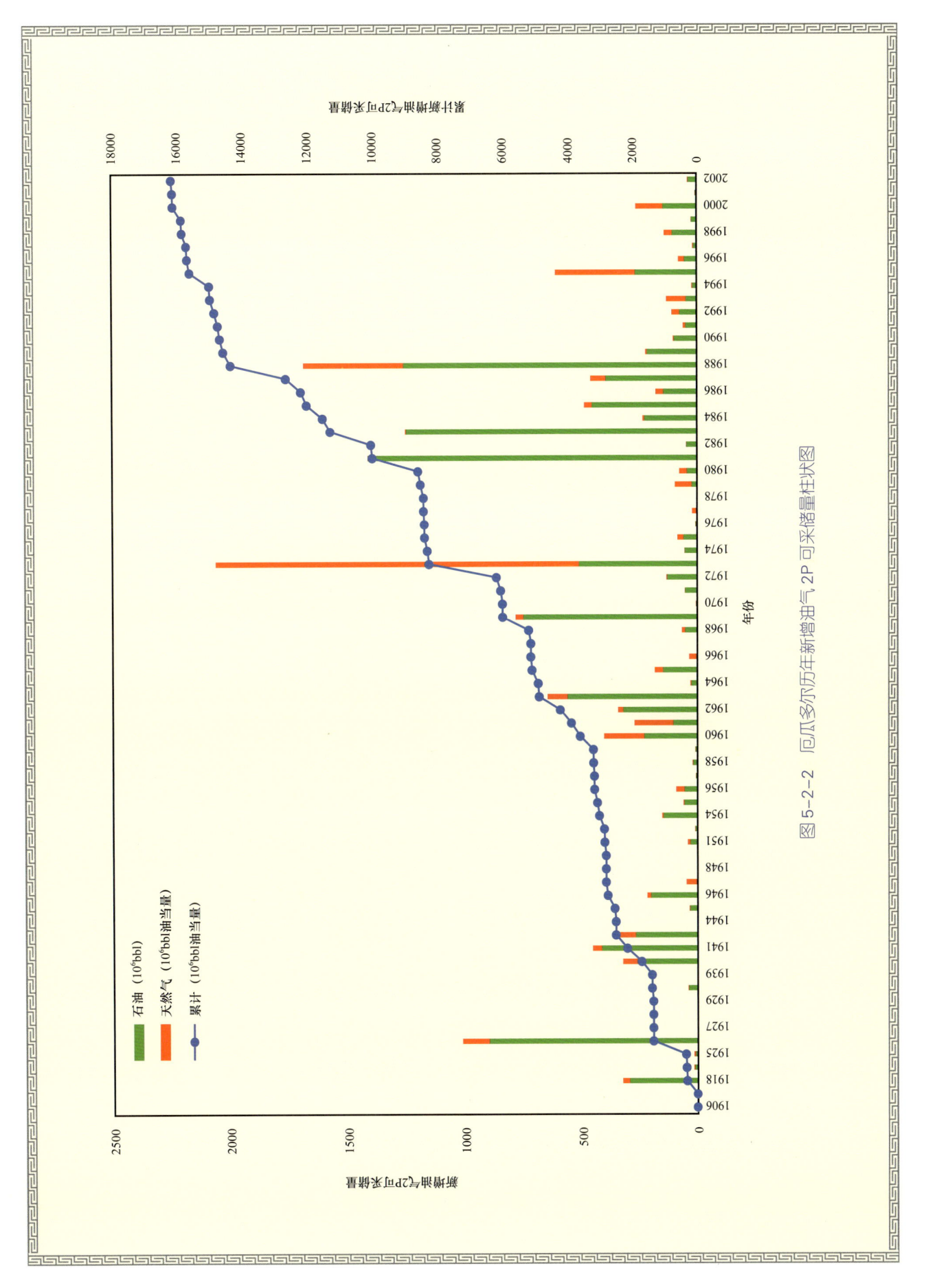

图 5-2-2 厄瓜多尔历年新增油气 2P 可采储量柱状图

世界油气勘探开发与合作形势图集 | 南美地区 South America

图 5-2-3 厄瓜多尔历年油气产量与未来产量预测图

图例：
- 石油（10⁶bbl）
- 天然气（10⁶bbl油当量）
- 累计（10⁶bbl油当量）

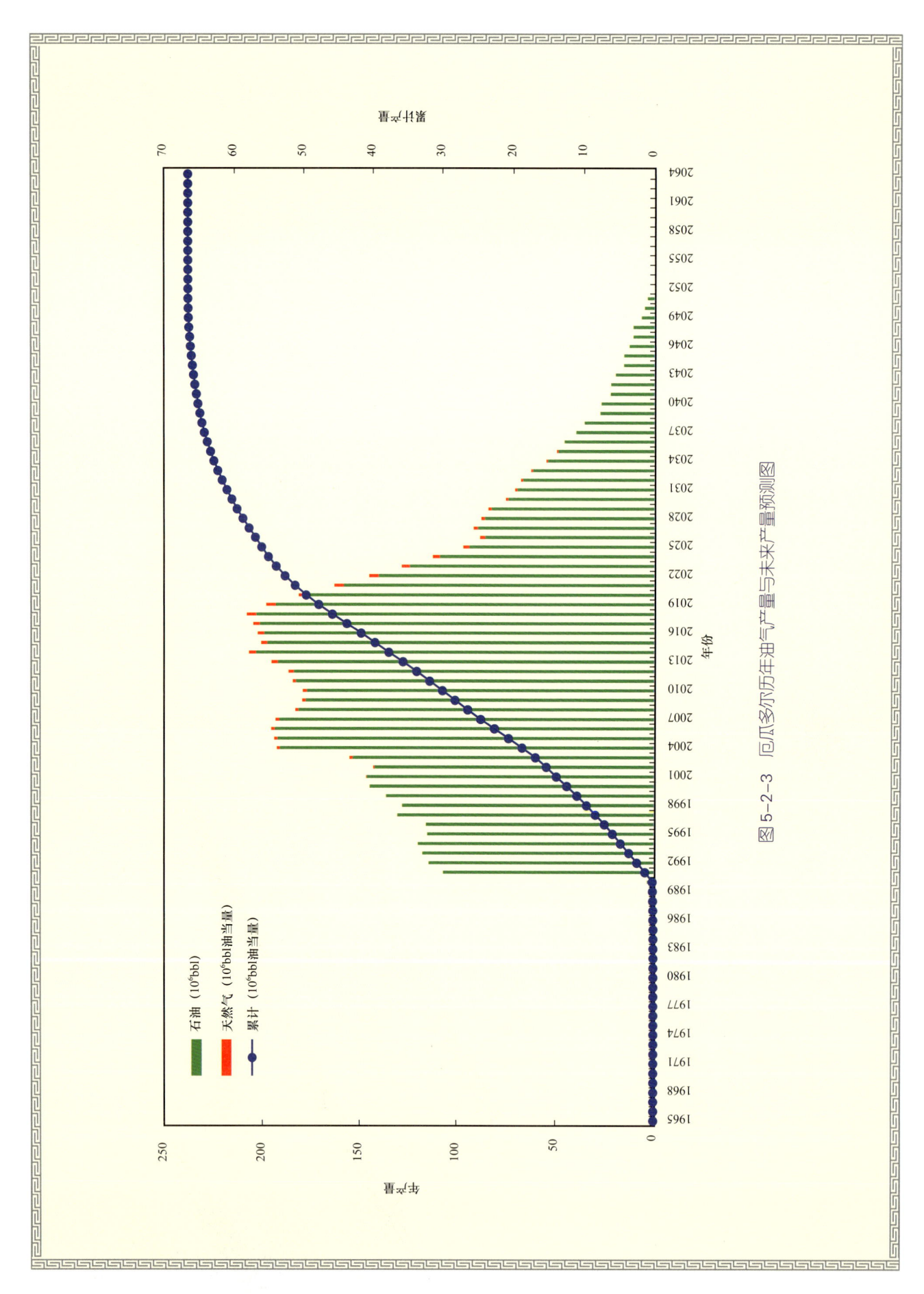

三、石油地质特征和勘探开发潜力

（一）普罗雷索盆地

普罗雷索盆地位于厄瓜多尔西南部和秘鲁西北部的瓜亚基尔湾中部（图5-3-1-1）。盆地东北部边界为西西北到东东南走向的Chongon—Colonche断裂，盆地南部与塔拉拉盆地相邻。普罗雷索盆地总面积34869km²，其中海上面积24059km²，陆上面积10810km²（表5-3-1-1）。

1. 勘探开发历程

普罗雷索盆地的油气勘探经历了早期勘探、早期储量增长、储量再次增长3个阶段（图5-3-1-2）。

早期勘探阶段（1860—1910年）：盆地于19世纪60年代开始勘探，1863年首次在盆地秘鲁境内发现了4×10⁶bbl油当量的佐尔里托斯（Zorritos）油田，此后近半个世纪没有油气田发现。

早期储量增长阶段（1911—1969年）：1911年，在厄瓜多尔境内发现了盆地最大的油田——安康（Ancon）油田，2P可采储量为149.2×10⁶bbl油当量。此后的几十年间油田发现储量规模很小，储量增长缓慢。

储量再次增长阶段（1970年至今）：1970年，在盆地厄瓜多尔境内发现了2P可采储量为89.5×10⁶bbl油当量的阿米斯塔德（Amistad）气田。1982年又在盆地秘鲁境内发现了2P可采储量为111.5×10⁶bbl油当量的科维纳（Corvina）油田，盆地储量增长上了一个台阶。

截至2018年，普罗雷索盆地共发现油气田19个，累计发现油气2P可采储量403.2×10⁶bbl油当量，其中石油、凝析油、天然气分别为233.8×10⁶bbl、1.0×10⁶bbl、1010.6×10⁹ft³，盆地没有发现大油气田。

2018年，普罗雷索盆地石油年产量0.84×10⁶bbl，天然气3.33×10⁶bbl油当量。截至2018年底，盆地石油和天然气累计产量分别为68.7×10⁶bbl、42×10⁶bbl油当量。

2. 区域地质

普罗雷索盆地为上白垩统—新生界弧前盆地（图5-3-1-3），基底为石炭系变质岩，基底之上缺失二叠系、侏罗系。下白垩统阿普特—阿尔布阶发育较厚的火山岩，之上沉积了上白垩统—上始新统海相、上始新统非海相和渐新统至现今的海相（图5-3-1-4）。

3. 石油地质特征

1）烃源岩

盆地主要发育上白垩统和新生界烃源岩（图5-3-1-5），包括上白垩统Calentura组、Guayaquil组和新生界Azucar群页岩、Ancon群页岩、Dos Bocas组和Subibaja组泥岩、页岩。上白垩统和新生界Ancon群页岩是成熟烃源岩，但是目前没有详细的地化资料；新生界Dos Bocas组、Subibaja组是潜在烃源岩。

（1）主要烃源岩为上白垩统Calentura和Guayaquil组，为厄瓜多尔境内南部海岸地区发现油气藏的证实烃源岩。新生界Ancon群（Socorro和Seca组）烃源岩总有机碳含量为0.59%，氢指数为257.6mg HC/g。

表 5-3-1-1 普罗雷索盆地主要油气田属性表

序号	油气田名称	油气田类型	地理位置	发现年份	主要成藏组合	主要储层岩性	2P 可采储量 石油（10⁶bbl）	2P 可采储量 天然气（10⁹ft³）	2P 可采储量 凝析油（10⁶bbl）	油气总和（10⁶bbl 油当量）
1	阿米斯塔德（Amistad）	气田	海上	1970	中新统	砂岩	0.00	536.40	0.06	89.46
2	安康（Ancon）	油田	陆上	1921	中新统	砂岩	120.00	175.00	0	149.17
3	卡蒂沃阿维基米（Cautivo-Ahuiquimi）	油田	陆上	1918	中新统	砂岩	12.00	6.00	0	13.00

（2）潜在烃源岩。

Dos Bocas 组页岩总有机碳含量 0.66%～2.75%，HI 值 110.6～327.6mgHC/g，推测仅在埋深较大（超过 4000m）的局部地区有生烃潜力。

Subibaja 组页岩总有机碳含量 0.38%～4.04%，推测在盆地中心成熟，可能是阿米斯达德气田的烃源岩。瓜亚基尔湾地区取样资料表明，该套烃源岩氢指数低，为 26～140mg HC/g，氧指数较高，30～180mg CO_2/g TOC。

2）储层

上古新统 Azucar 群 Atlanta 组和中始新统 Socorro 组浊积砂岩是主要储层（图 5-3-1-5）。中中新统 Heath 组、Subibaja 组和上白垩统 Guayaquil 组是盆地的次要储层。

上古新统 Azucar 群浊积砂岩平均孔隙度为 11%，平均渗透率为 11mD。

中始新统 Socorro 组浊积砂岩平均孔隙度为 24%，平均渗透率为 100mD，总厚度为 300～500m，单层浊积砂岩小于 3m。

中新统 Heath 组砂岩是秘鲁 Zorritos 油田的次要储层，孔隙度 4%～15%，平均为 10%，渗透率值最大可达 500mD，平均为 50mD。储层厚度为 10～150m，主要为透镜状砂体。

中新统 Subibaja 组滨海相砂岩是阿米斯达德油气田的储层之一，为碳酸盐胶结的细粒—粗粒砂岩，平均孔隙度 15%，砂泥比 19%～50%，单层净厚度最大 10m。

3）盖层

盆地内发育新生界层间盖层，主要分布于 Azucar 群、Ancon 群、Dos Bocas–Subibaja 组和 Tablazo 组（图 5-3-1-5）。

4）圈闭类型

盆地的主要圈闭类型为构造型圈闭和岩性复合型圈闭，其中构造型圈闭主要为倾斜断块、断层相关褶皱背斜、断块、背斜等。岩性复合型圈闭主要为新生代形成的一些被断层切割的砂岩透镜体。

4. 常规油气成藏组合

盆地共可划分为三套成藏组合，白垩系、古近系和新近系砂岩成藏组合（图 5-3-1-5）。

白垩系砂岩成藏组合：主要分布在盆地中东部地区。烃源岩为上白垩统 Calentura 组和 Guayaquil 组页岩和泥岩，储层为白垩系浊积砂岩，盖层为上白垩统 Guayaquil 组页岩和泥岩。

古近系砂岩成藏组合：主要分布在盆地北部地区。烃源岩层主要为 Azucar 和 Ancona 群页岩，储层为古近系浊积砂岩，盖层主要为 Azucar 和 Ancona 群泥页岩地层。

新近系砂岩成藏组合：主要分布在盆地中西部地区。烃源岩层主要为 Azucar 和 Ancona 群页岩，储层为新近系浊积砂岩，盖层主要为层间泥岩。

5. 典型油气田

1）阿米斯塔德（Amistad）气田

属于新近系中新统砂岩成藏组合，位于普罗雷索盆地中部、厄瓜多尔西南部海上，最大水深 40m，（图 5-3-1-6），圈闭面积 28.4km²，发现于 1970 年。截至 2018 年，共发现油气 2P 可采储量 $89.5×10^6$bbl 油当量，其中凝析油 0.05526×10^6bbl、天然气 536.4×10^9ft³。

圈闭类型为构造圈闭。储层为中新统苏比巴哈（Subibaja）和普罗雷索（Progreso）组。苏比巴哈组是主要储层，储量 88.5×10^6bbl 油当量，储层顶部埋深 2505m，厚度 268m，有效厚度 122m，岩性为河流相砂岩—泥质砂岩，平均孔隙度为 14.8%，气水界面 -3122m，凝析油重度 46°API。普罗雷索组储量 1.0×10^6bbl 油当量，顶部埋深 1326m，岩性为浅海相砂岩—粉砂岩。

2002 年投入生产，截至 2018 年，累计生产油气 30.45×10^6bbl 油当量。

2）安康（Ancon）油田

属于新近系中新统砂岩成藏组合，位于普罗雷索盆地中部、厄瓜多尔西南部陆上，最大海拔高程 40m，圈闭面积 65.5km²，发现于 1921 年。截至 2018 年，共发现油气 2P 可采储量 149.167×10^6bbl 油当量，其中石油 120.0×10^6bbl、天然气 175.0×10^9ft³（表 5-3-1-1）。

圈闭类型为构造圈闭。储层为中新统亚特兰大（Atlanta）组、索科罗（Socorro）组和圣托马斯（Santo Tomas）砂岩。亚特兰大组为主要储层，储量 90.8×10^6bbl 油当量，储层顶部埋深 600m，最大厚度 350m，平均孔隙度 11%，平均渗透率 11mD，含油高度 300m，凝析油重度 39°API。索科罗组储层储量 51.7×10^6bbl 油当量，顶部埋深 50m。圣托马斯组砂岩顶部埋深 400m，储量 6.7×10^6bbl 油当量。

1960 年投入生产，截至 2018 年，累计生产油气分别为 44.37×10^6bbl、30.179×10^9ft³。

3）卡蒂沃阿维基米（Cautivo-Ahuiquimi）油田

属于新近系中新统砂岩成藏组合，位于普罗雷索盆地中部、厄瓜多尔西南部陆上，最大海拔高程 40m（图 5-3-1-6），圈闭面积 1.24km²，发现于 1918 年。截至 2018 年，共发现油气 2P 可采储量 13.0×10^6bbl 油当量，其中石油 12.0×10^6bbl、天然气 6.0×10^9ft³（表 5-3-1-1）。

圈闭类型为构造圈闭。储层为中新统亚特兰大（Atlanta）组、索科罗（Socorro）组和圣托马斯（Santo Tomas）砂岩，亚特兰大组为主要储层，储量 90.8×10^6bbl 油当量，顶部埋深 600m，最大厚度 350m，平均孔隙度为 11%，平均渗透率 11mD，含油高度 300m，凝析油重度 39°API。索科罗组储层储量 51.7×10^6bbl 油当量，顶部埋深 50m。圣托马斯组砂岩顶部埋深 400m，储量 6.7×10^6bbl 油当量。

盆地于 1960 年投入生产，截至 2018 年，累计生产油气分别为 44.37×10^6bbl、30.179×10^9ft³。

6. 勘探开发潜力

中国石油 2018 年资源评价认为，盆地常规待发现可采资源量为 359.09×10^6bbl 油当量，其中石油 296.84×10^6bbl、天然气 361.57×10^9ft³。

厄瓜多尔

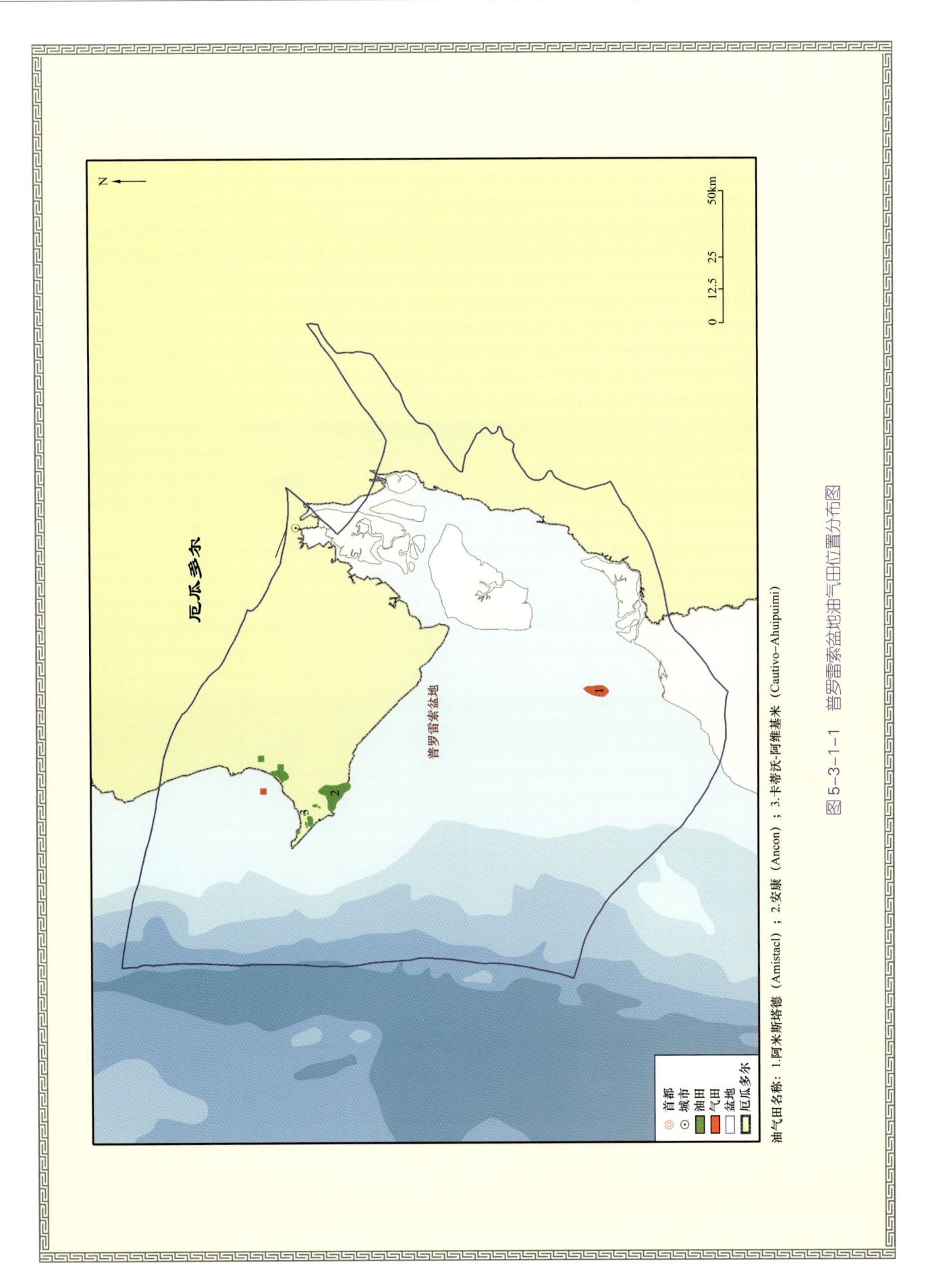

图 5-3-1-1 普罗雷索盆地油气田位置分布图

油气田名称：1.阿米斯塔德（Amistacl）；2.安康（Ancon）；3.卡蒂沃-阿维基米（Cautivo-Ahuipuimi）

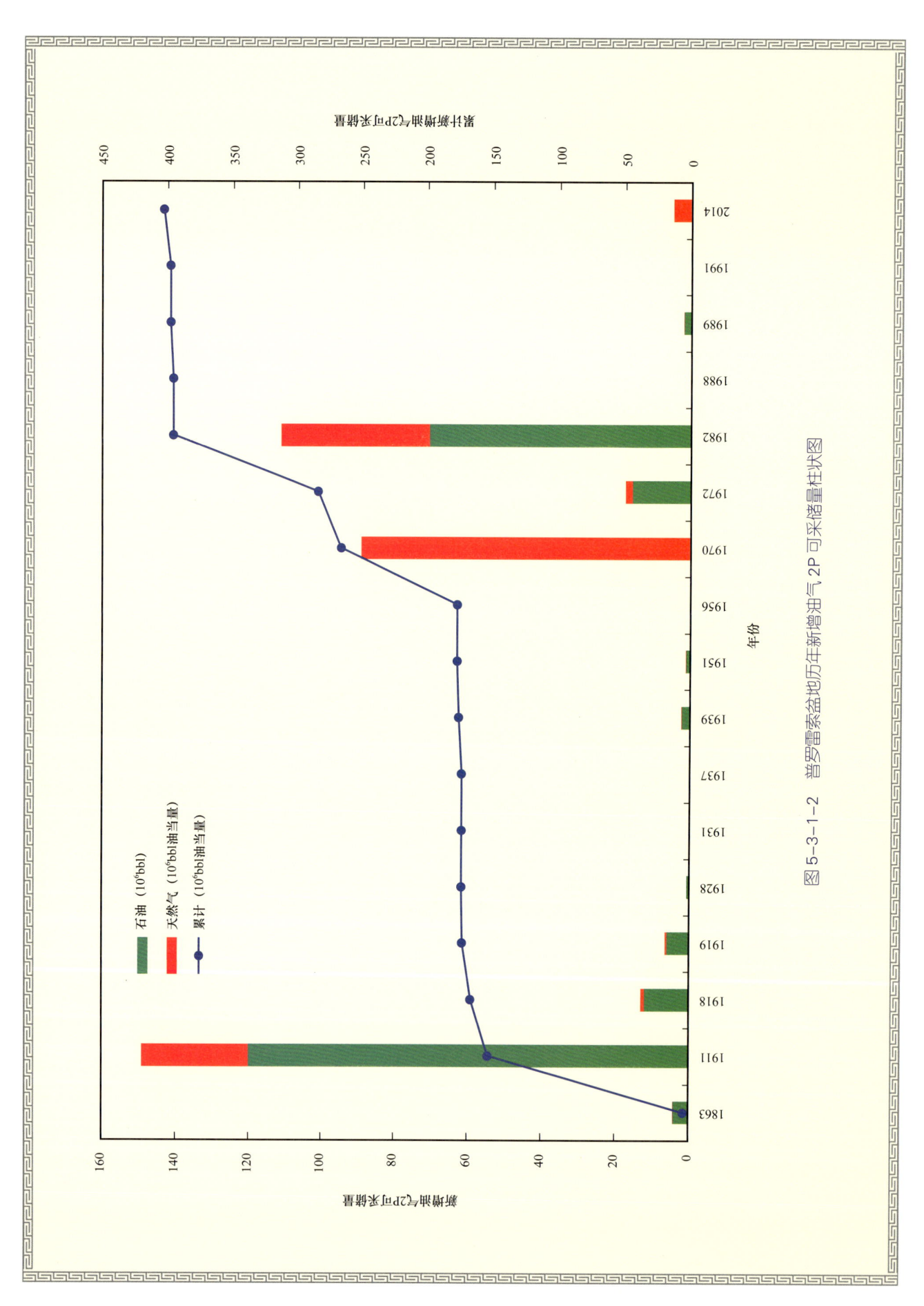

世界油气勘探开发与合作形势图集 | 南美地区 South America

图 5-3-1-2 普罗雷索盆地历年新增油气 2P 可采储量柱状图

图例：
- 石油（10⁶bbl）
- 天然气（10⁶bbl 油当量）
- 累计（10⁶bbl 油当量）

462

厄瓜多尔

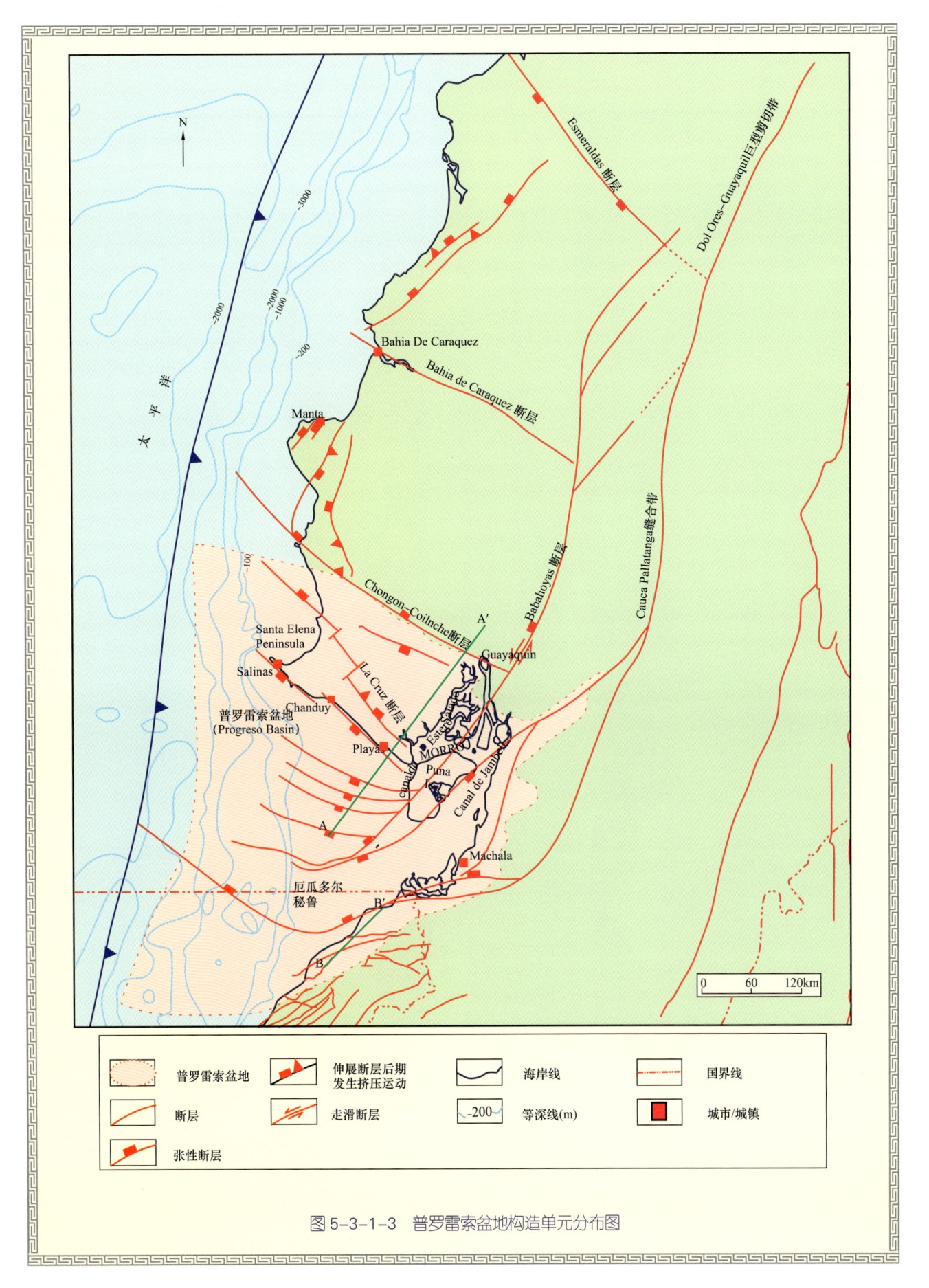

图 5-3-1-3 普罗雷索盆地构造单元分布图

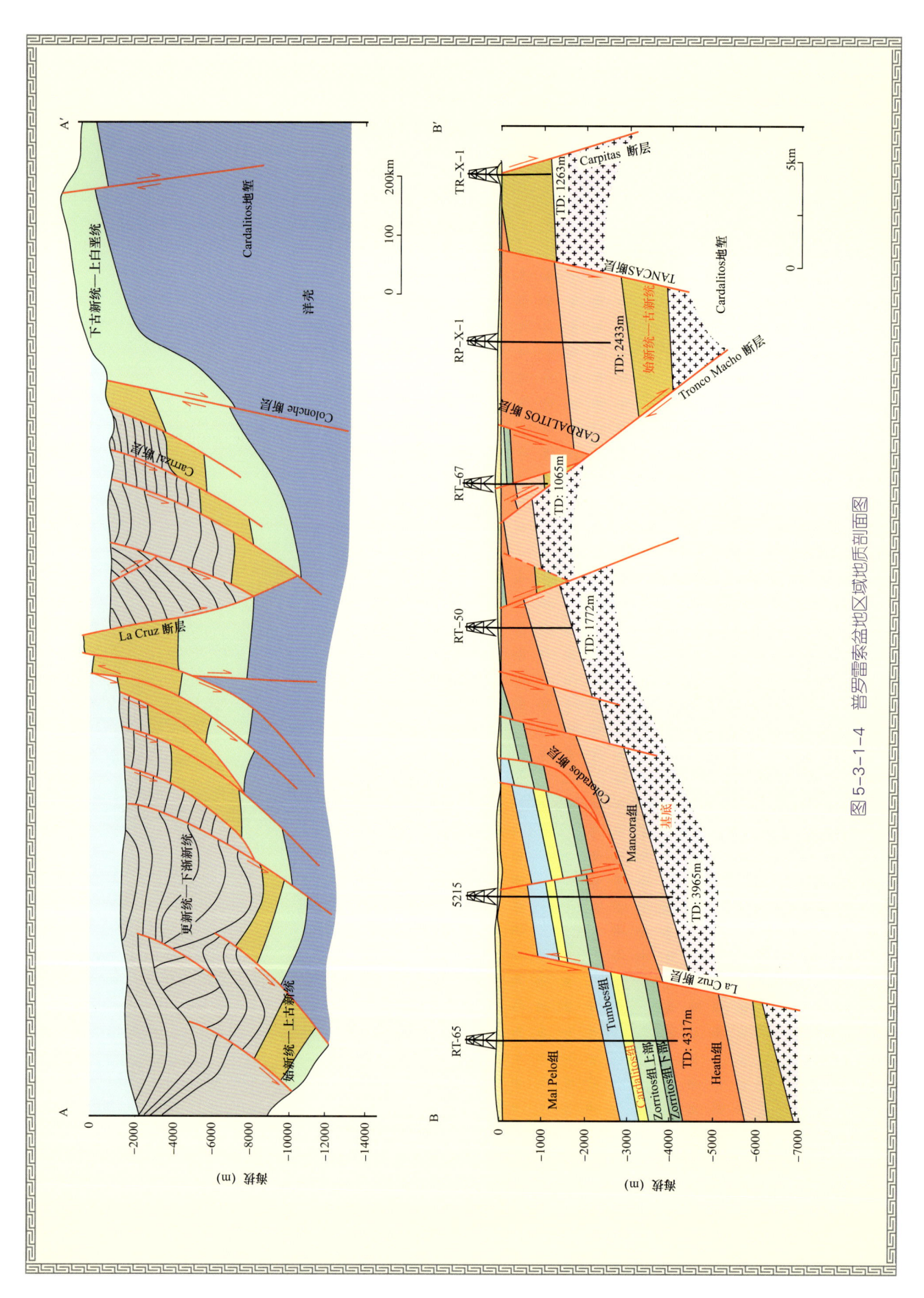

图 5-3-1-4 普罗雷索盆地区域地质剖面图

厄瓜多尔

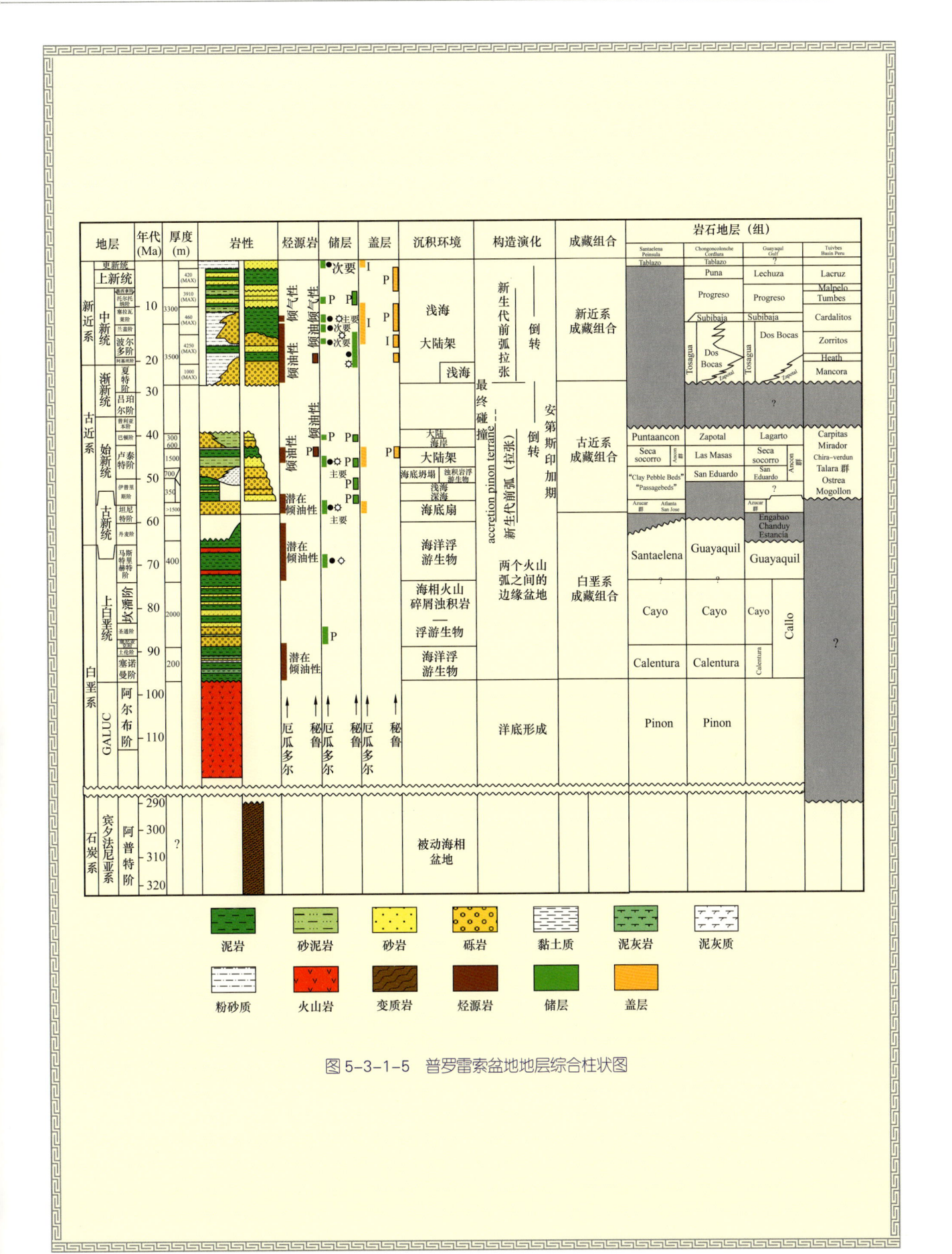

图 5-3-1-5 普罗雷索盆地地层综合柱状图

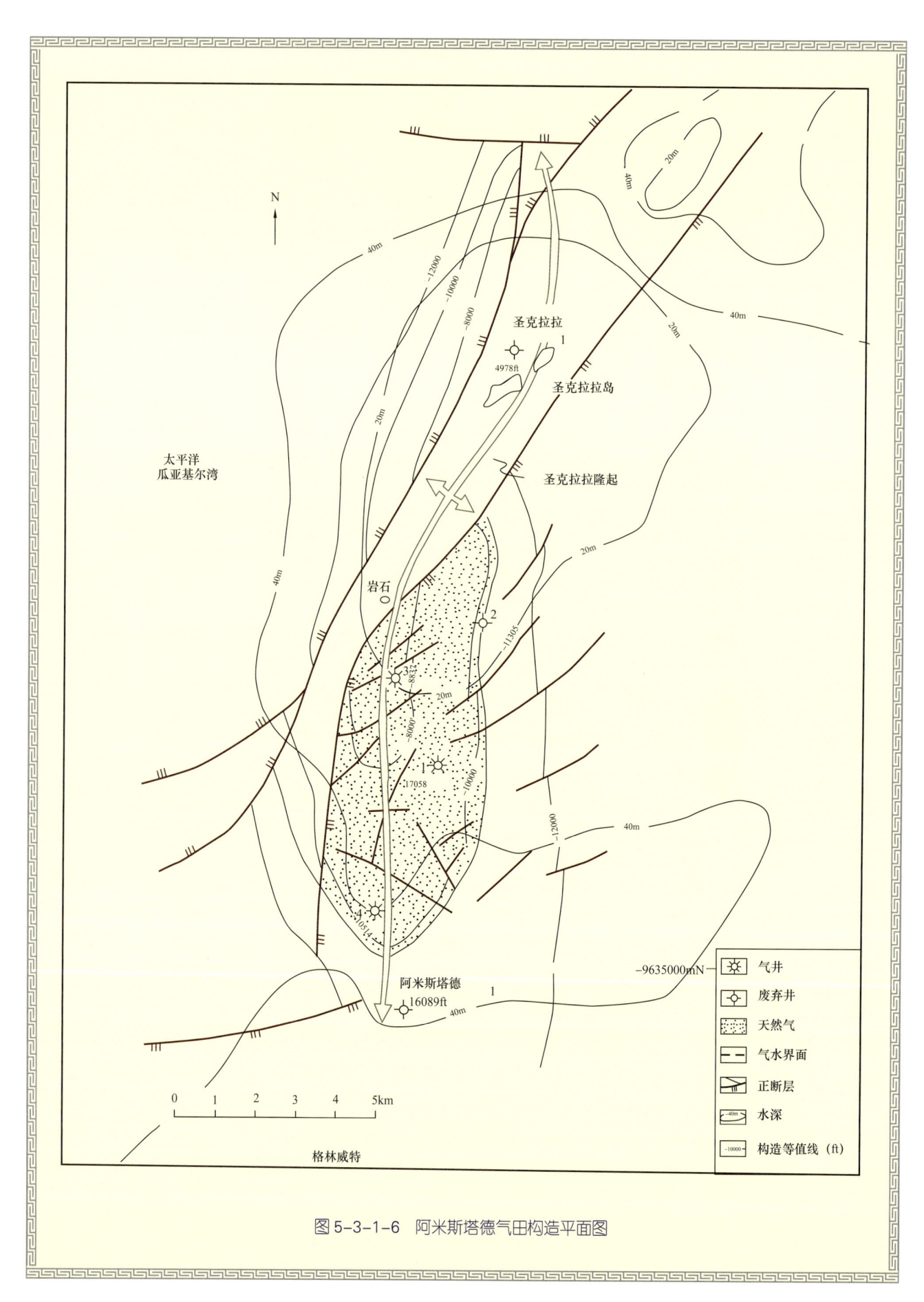

图 5-3-1-6 阿米斯塔德气田构造平面图

（二）普图马约盆地

盆地的勘探开发历程、区域地质、石油地质特征、常规油气成藏组合等信息参考哥伦比亚部分。

截至 2018 年，该盆地在厄瓜多尔境内已发现油气田 176 个，累计发现 2P 油气可采储量 10316.95×10^6 bbl 油当量，其中石油 9891.5×10^6 bbl、天然气 2552.69×10^9 ft³。共发现大油气田 4 个，2P 储量 4550.17×10^6 bbl 油当量，占总发现量的 44.1%（表 5-3-2-1）。

1. 萨查（Sacha）油田

属于下白垩统、上白垩统和古近系砂岩成藏组合，位于普图马约盆地中部、厄瓜多尔北部陆上，发育构造和地层—构造复合圈闭（图 5-3-2-1），圈闭面积 191.6km²，发现于 1969 年。截至 2018 年，共发现油气 2P 可采储量 1403.74×10^6 bbl 油当量，其中石油 1374.0×10^6 bbl、天然气 178.45×10^9 ft³（表 5-3-2-1）。

储层为下白垩统、上白垩统和古近系，自下而上为：Hollín 组、Napo 组、Tena 组，其中上白垩统 Napo 组、下白垩统 Hollín 组是主要储层。Hollín 组储层埋深 2750m，厚度 113m，产层平均厚度 12m，岩性为细一中粒，局部粗粒石英砂岩，平均孔隙度 17.1%，平均渗透率 350mD，原油重度 29.7°API，原油黏度 3.7mPa·s。Napo 组储层分为 T 段和 U 段两个单元，T 段埋深 2688m，储层最大厚度 115m，最大有效厚度 36m，产层平均厚度 6.5m，岩性为细一粗粒长石砂岩，孔隙度 12%～23%，平均 14.5%，渗透率 1.6～1500mD，平均 240mD，原油重度 30.3°API，原油黏度 1.6mPa·s。U 段储层厚度 36.5m，产层平均厚度 7m，岩性为细一中粒、局部粗粒石英砂岩，孔隙度 12.5%～26%，平均 16.7%，平均渗透率 425mD，原油重度 22.8°API，原油黏度 1.8mPa·s。

油田于 1972 年投入生产，截至 2018 年，累计生产油气 962.78×10^6 bbl 油当量。

2. 舒舒芬迪（Shushufindi）油田

属于上白垩统和古近系成藏组合，位于盆地西南部、厄瓜多尔东北部，陆上发育构造圈闭和地层—构造复合圈闭（图 5-3-2-2），圈闭面积 300km²，发现于 1969 年。截至 2018 年，共发现油气 2P 可采储量 1602.48×10^6 bbl 油当量，其中石油 1512.0×10^6 bbl、天然气 542.87×10^9 ft³（表 5-3-2-1）。

储层为上白垩统—古近系，主要储层是上白垩统 Napo 组，为潮汐/河道和潮汐坝沉积环境，Napo 组储层分为 U 段和 T 段，U 段储层顶部埋深 2420m，储层平均厚度 76m，岩性为极细一粗粒石英砂岩，孔隙度 6%～27%，平均孔隙度 18%，平均渗透率 850mD。T 段储层顶部埋深 2515m，储层平均厚度 67m，有效厚度 18～26.5m，岩性为粉砂岩—砂质粉砂岩，孔隙度 6%～27%，平均孔隙度 18%，平均渗透率 520mD。原油重度 33°API，原油黏度 1～2.4mPa·s。

1972 年投入生产，截至 2018 年，累计生产油气 1368.88×10^6 bbl 油当量。

3. 伊什平戈（Ishpingo）油田

属于上白垩统成藏组合，位于盆地中南部、厄瓜多尔东北部，陆上发育构造圈闭（图 5-3-2-3），近北北东向展布，圈闭面积 88.7km²，发现于 1992 年。截至 2018 年，共发现油气 2P 可采储量 1001.86×10^6 bbl 油当量，其中石油 961.0×10^6 bbl、天然气 245.18×10^9 ft³（表 5-3-2-1）。

储层为上白垩统 Napo 组和古近系 Tena 组。主要储层是上白垩统 Napo 组，分为 U 段和 M1 砂岩、M2 灰岩段，其中U段是最主要储层，2P储量476.7×10⁶bbl油当量，顶部埋深1567m，最大厚度52m，最大有效厚度41m，岩性为河流相砂岩，平均孔隙度18%，平均渗透率1000mD。M1砂岩段顶部埋深1425m，2P储量405.3×10⁶bbl油当量，岩性为河流相砂岩。M2石灰岩段顶部埋深1545m，2P储量39.8×10⁶bbl油当量，岩性为浅海相灰岩。Tena组储层顶部埋深1414m，已发现2P储量80.0×10⁶bbl油当量，储层岩性为河流相砂岩。

油田处于评价阶段，未投入开发。

表 5-3-2-1 普图马约盆地（厄瓜多尔境内）主要油气田属性表

序号	油气田名称	油气田类型	地理位置	发现年份	主要成藏组合	主要储层岩性	2P 可采储量 石油（10⁶bbl）	2P 可采储量 天然气（10⁹ft³）	2P 可采储量 凝析油（10⁶bbl）	油气总和（10⁶bbl油当量）
1	萨查（Sacha）	油田	陆上	1969	下白垩统、上白垩统、古近系	砂岩	1374.00	178.45	0	1403.74
2	舒舒芬迪（Shushufindi）	油田	陆上	1969	上白垩统和古近系	砂岩	1512.00	542.87	0	1602.48
3	伊什平戈（Ishpingo）	油田	陆上	1992	上白垩统	砂岩	961.00	245.18	0	1001.86

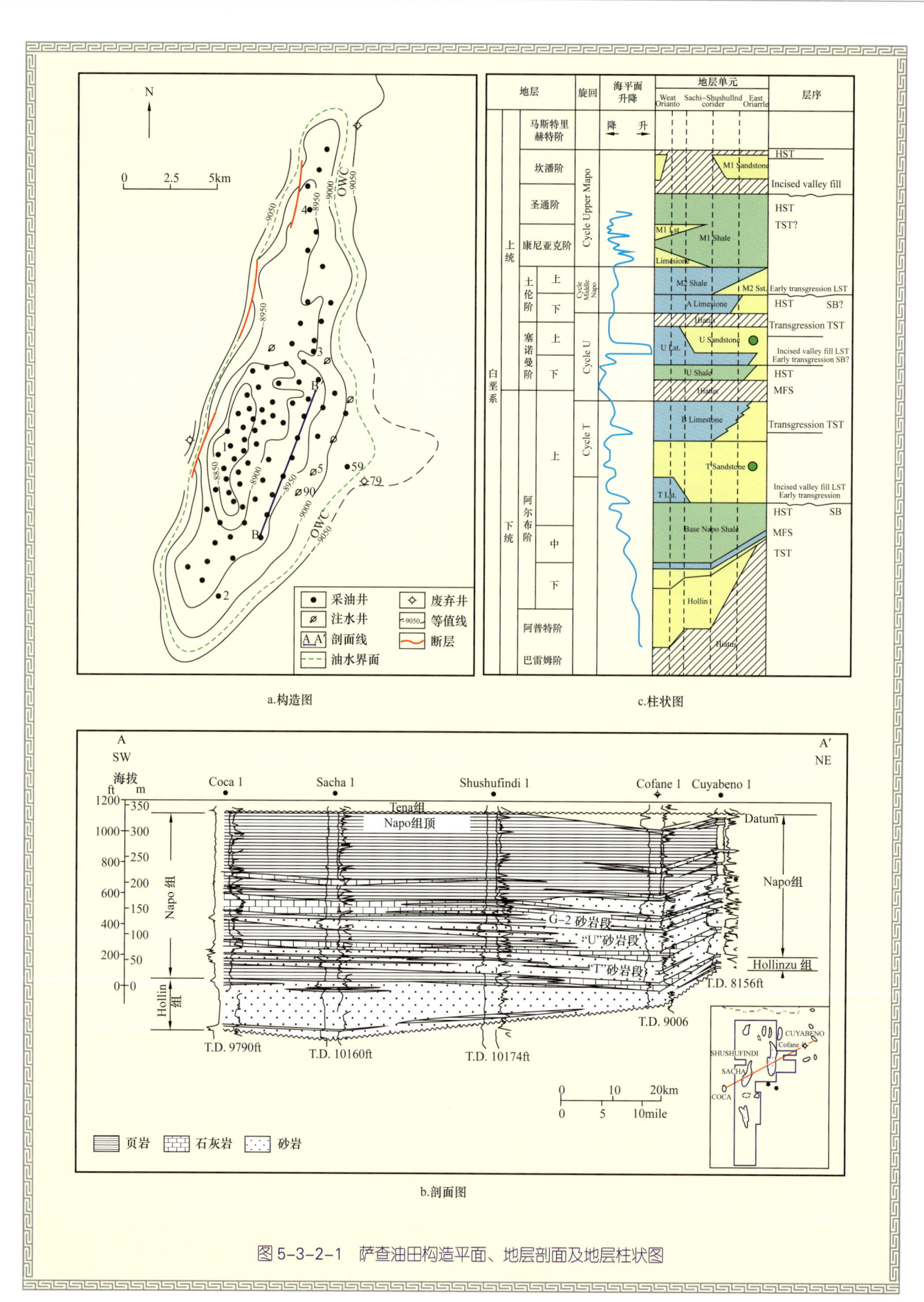

图 5-3-2-1　萨查油田构造平面、地层剖面及地层柱状图

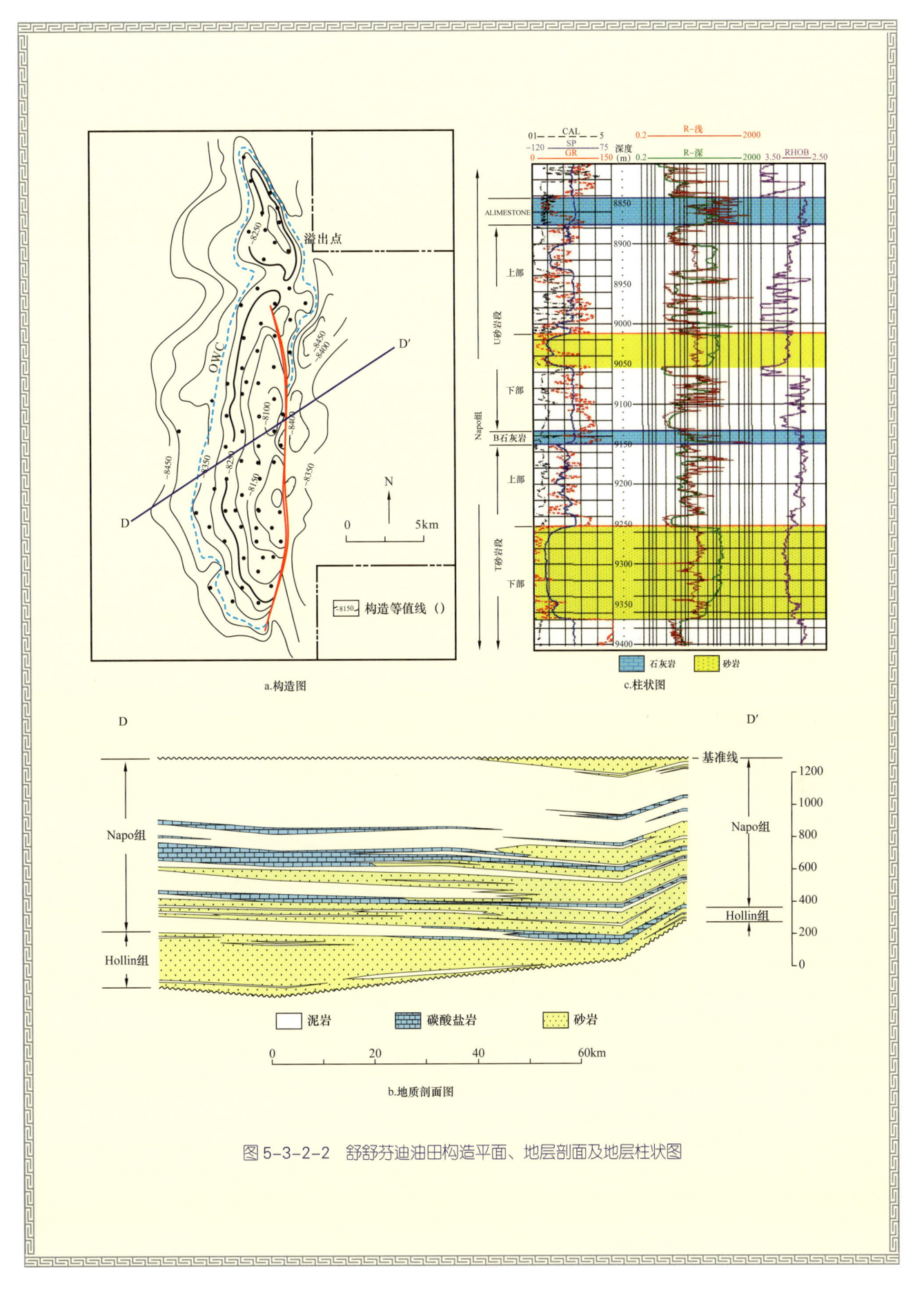

图 5-3-2-2 舒舒芬迪油田构造平面、地层剖面及地层柱状图

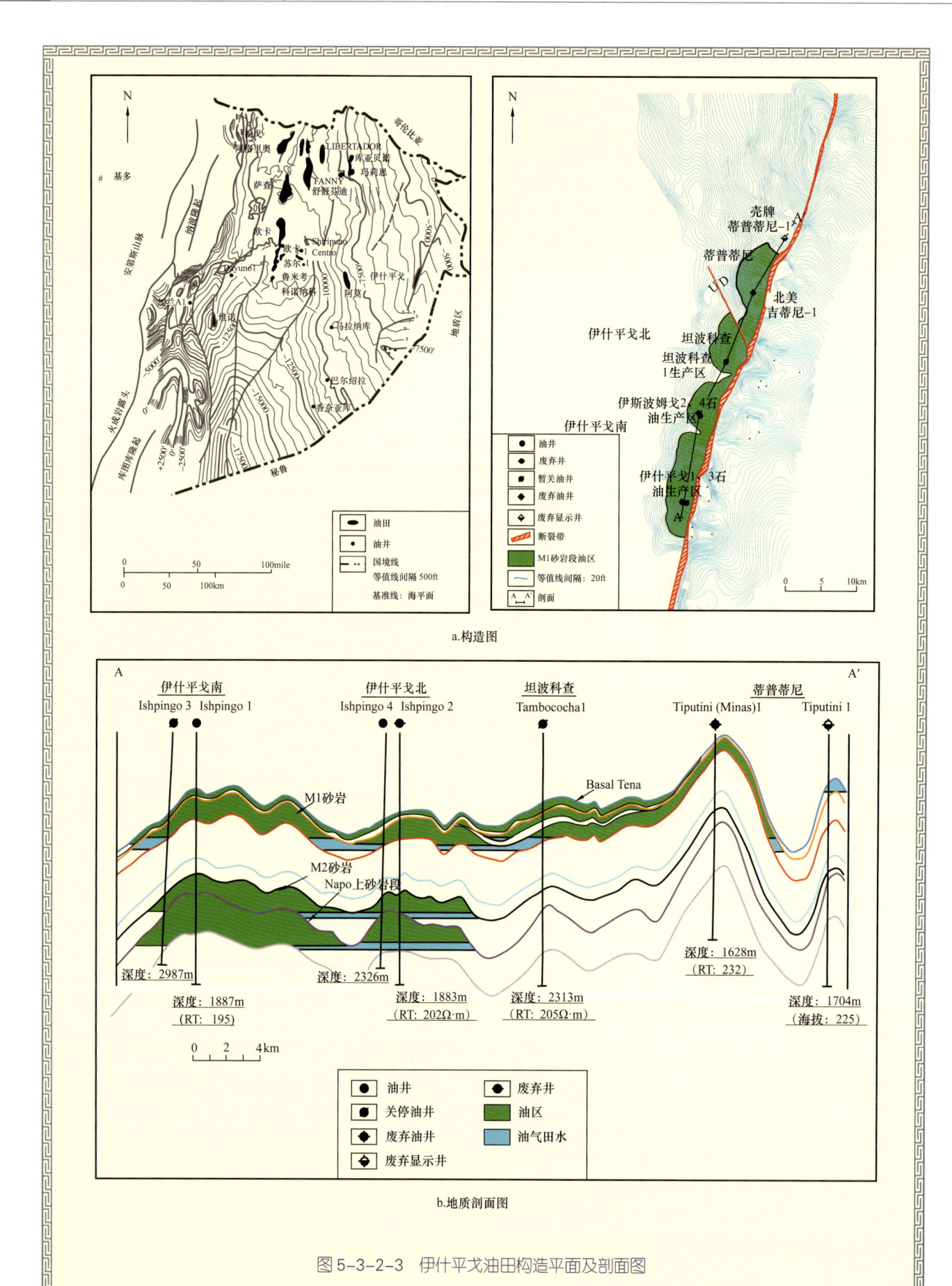

世界油气勘探开发与合作形势图集

南美地区 South America

a. 构造图

b. 地质剖面图

图 5-3-2-3 伊什平戈油田构造平面及剖面图

（三）马拉农盆地

马拉农（Maranon）盆地全部位于陆上（图5-3-3-1），面积24.38×10⁴km²。盆地的87%位于秘鲁东北部，约10%位于厄瓜多尔的东南部（亦被称作Pastaza），约3%位于巴西西部。

1. 勘探开发历程

盆地的油气勘探开发经历了早期勘探、快速增储上产和稳定发展3个阶段（图5-3-3-2）。

早期勘探阶段（1950—1969年）：盆地从20世纪50年代开始地球物理勘探，Ganso Azul、秘鲁石油和矿产公司（Peruvian Oil & Minerals）和秘鲁太平洋公司（Peru Pacific）进行了一些磁法和地震勘探。1955年，得克萨斯石油公司（Texas Petroleum）在马拉农盆地钻井两口，其中Yurimaguas 2井在白垩系见少量的石油显示。60年代，海湾石油公司（Gulf）、得克萨斯石油公司、秘鲁石油和矿产公司累计采集二维地震600km。

快速增储上产阶段（1970—1989年）：1971年，秘鲁石油公司（Petroperu）在8区块钻探Corrientes X 1井取得重要发现，该井钻在一个面积较大、幅度较小的背斜构造，测试产量3000bbl/d，总2P可采储量150×10⁶bbl油当量，随后秘鲁石油公司（Petroperu）和西方石油公司（Occidental）各进行了两次地震采集。另外一些公司在新获得的区块内进行地震采集，地震资料迅速增加。20世纪80年代，秘鲁石油公司是盆地勘探中最活跃的作业者，共采集了近5000km的地震资料。随着地震勘探工作的加大，1972年之后连续几年都有新油田发现，储量较快增长。在70年代中期开发井数增加较快，至1976年增至24口。80年代初，开发钻井一直较多，每年约20口，盆地高峰产量为1979年的12.84×10⁴bbl/d，并持续到1985年。

稳定发展阶段（1990年至今）：目前盆地的开发许可面积为120070km²，共有17个作业者。实际开发井388口，其中生产井215口（油井211口，气井4口）。2016年，共18个油田产石油，日产16.7kbbl，3个气田产天然气，日产1.5×10⁶ft³。

截至2018年，该盆地共发现油气田59个，累计发现油气2P可采储量2144.5×10⁶bbl油当量，其中石油2099.8×10⁶bbl、天然气268.186×10⁹ft³，没有发现大油气田。

2018年，盆地石油年产量8×10⁶bbl，天然气1.1×10⁹scf。截至2018年，盆地累计生产石油、天然气分别为1206.1×10⁶bbl、182×10⁹scf。

2. 区域地质

马拉农盆地是一个次安第斯前陆盆地，盆地走向与安第斯山前平行。主沉积中心位于盆地西部，沉积厚度向东逐渐变薄超覆于圭亚那地盾上（图5-3-3-3）。

马拉农盆地基底为前寒武系变质岩，在基底之上，秘鲁一侧先接受了奥陶系沉积，经过志留纪抬升后，盆地开始了泥盆—石炭系沉积，至晚二叠世—早三叠世大规模的拉张运动把下伏的古生界和基底分割成一系列西北—东南向地堑和半地堑。在马拉农盆地西部边缘形成了一些深裂陷，由同裂谷期陆相碎屑沉积物所充填，其上沉积了三叠—侏罗系海相到过渡相碳酸盐岩和蒸发岩（图5-3-3-4）。之上被侏罗系海退期陆相红层所覆盖。在盆地东部，保存下来的古生界从南向北其厚度迅速减薄直至尖灭，在尖灭处白垩系层序直接覆盖于基底之上，尖灭线接近厄瓜多尔边界。

3. 石油地质特征

1）烃源岩

秘鲁一侧主要烃源岩为下白垩统 Chonta 组页岩和灰岩以及三叠—侏罗系 Pucara 群灰岩，厄瓜多尔一侧为上白垩统 Napo 组泥岩（图 5-3-3-5）。

（1）Chonta 组：下白垩统阿尔布阶 Chonta 组含沥青质页岩和灰岩是马拉农盆地主要生油岩。发育 Ⅰ 型和 Ⅱ 型干酪根，总有机碳含量 1%～2%，东部约 1%，西部增加到 4%（局部地区达到 10%）。生烃潜量一般为 100～280mg/g，R_o 值约 0.83%，主要分布在马拉农盆地的北部和西北部。

（2）Pucara 群：为三叠—侏罗系 Pucara 群的碳酸盐岩富含有机质泥岩，有机质类型主要为 Ⅱ 型，总有机碳含量为 1%～12%，绝大部分样品的有机碳含量为 2%～5%。该组烃源岩主要分布在盆地西部，并延伸至乌卡亚利盆地的北部，具有西厚东薄的特点（图 5-3-3-3）。

（3）Napo 组：含有机质泥岩为厄瓜多尔一侧的主要烃源岩。

2）储层

盆地主要储层为上白垩统 Napo 组砂岩（图 5-3-3-5），其次为古近系储层。其中，上白垩统塞诺曼阶—马斯特里赫特阶 Vivian 组和下白垩统阿尔布阶 Chonta 组为主要储层，探明储量占盆地的 95% 以上。

Vivian 组砂岩是盆地分布最广泛的储层，厚度 20～160m 之间，为滨海相和河流相沉积，孔隙度 10%～25%，渗透率 40～8000mD，平均有效厚度约 15m。西部的 Capahua-Norte 油田储层埋藏深度为 3688m，东部的 Bartra 油田储层埋藏深度为 2225m，由西向东变浅。

Chonta 组砂岩为浅海相沉积，孔隙度 12%～22%，渗透率 20～2000mD，平均有效厚度约 10m，向东砂岩比例总体不断增大，主要原因是东部地盾为盆地的主要物源区，局部砂岩厚达 300m。

3）盖层

盆地有一套区域盖层和三套半区域—局部盖层（图 5-3-3-5）：

区域盖层：新生界底部 Cachiyacu 组是下伏上白垩统储层的区域盖层。

半区域—局部盖层：阿普特阶—塞诺曼阶 Raya 组和 Agua Caliente 组层间页岩；土伦阶—坎佩尼阶 Chonta Napo 组层间页岩和致密砂岩；坎佩尼阶—马斯特里赫特阶 Vivian 组层间页岩。

4）圈闭类型

盆地发育构造圈闭和构造—地层复合圈闭。盆地西部边缘发育了一些基底卷入型的逆断层，盆地中西部由于受到持续挤压，形成了大量中—高幅度背斜、断背斜等构造圈闭。盆地东部斜坡带的逆断层明显变缓，同时东部的地层向克拉通地台方向逐层超覆，主要发育地层圈闭。

4. 常规油气成藏组合

盆地内已经识别出的成藏组合有 3 套（图 5-3-3-5）：新生界、白垩系和侏罗系成藏组合，但最重要的成藏组合是白垩系成藏组合。

白垩系成藏组合：占盆地石油的 99% 和天然气的 99%，主要储集在白垩系 Vivian 组中，Chonta 组和 Cushabatay 组也拥有小部分储量，储层以陆相—过渡相—海相砂岩为主。以构造、地层和构造—地层为主，其中构造型油藏储量最大，占盆地的 75%，包括小型前陆背斜（55%）和次安第斯区域的逆冲背斜（20%）。

新生界成藏组合：占盆地石油的1%，天然气储量小于1%，储层以过渡相—海相砂岩为主，分布于盆地中西部。

侏罗系成藏组合：目前还无工业性发现，资源量较小，主要储集在侏罗系，储层以陆相砂岩为主，推测分布于盆地中部。

5. 典型油气田

1）维拉诺（Villano）油田

属于下白垩统砂岩成藏组合，位于厄瓜多尔东南部陆上，地表最大海拔423.06m，圈闭类型为构造，油田圈闭面积32.3km²，发现于1992年。截至2018年，共发现油气2P可采储量165.8×10⁶bbl油当量，其中石油165.0×10⁶bbl、天然气5.0×10⁹ft³。

储层为下白垩统Hollin组砂岩，顶部埋深3400m，最大厚度150m，有效厚度27m，沉积环境为河流相，平均孔隙度为15%。含油高度100m，原油重度21°API，原油黏度16.3mPa·s，含硫1.59%。

1999年投入生产，截至2018年，累计生产油气分别为144.07×10⁶bbl、2467×10⁶ft³。

2）康纳博（Conambo）1油田

属于上白垩统砂岩成藏组合，位于厄瓜多尔东南部陆上，地表最大海拔201m，圈闭类型为构造，圈闭面积4.83km²，发现于1972年。截至2018年，共发现油气2P可采储量165.8×10⁶bbl油当量，其中石油165.0×10⁶bbl、天然气5.0×10⁹ft³。

储层为上白垩统Napo组U砂岩段，顶部埋深2500m，最大厚度15m，沉积环境为河流相，平均孔隙度为16%，平均渗透率500mD。含油高度100m，原油重度14.1°API。

油田处于发现阶段，尚未投入生产。

3）惠托（Huito）油田

属于上白垩统砂岩成藏组合，位于厄瓜多尔东南部陆上，地表最大海拔201m，圈闭类型为背斜，圈闭面积15.54km²，发现于1983年。截至2018年，共发现油气2P可采储量27.2×10⁶bbl油当量，其中石油26.75×10⁶bbl、天然气2.75×10⁹ft³。

储层为上白垩统Napo组M1砂岩段，顶部埋深2400m，最大厚度30m，沉积环境为河流相，平均渗透率800mD。原油重度11.6°API。

油田处于发现阶段，没有投入生产。

6. 勘探开发潜力

中国石油2018年资源评价认为，盆地常规待发现可采资源量为359.09×10⁶bbl油当量，其中石油2925.18×10⁶bbl、天然气552.74×10⁹ft³。盆地的有利区带可分为三类：一类为中部凹陷带和斜坡带；二类为西部褶皱带和东部斜坡带；三类为东部边缘隆起带。

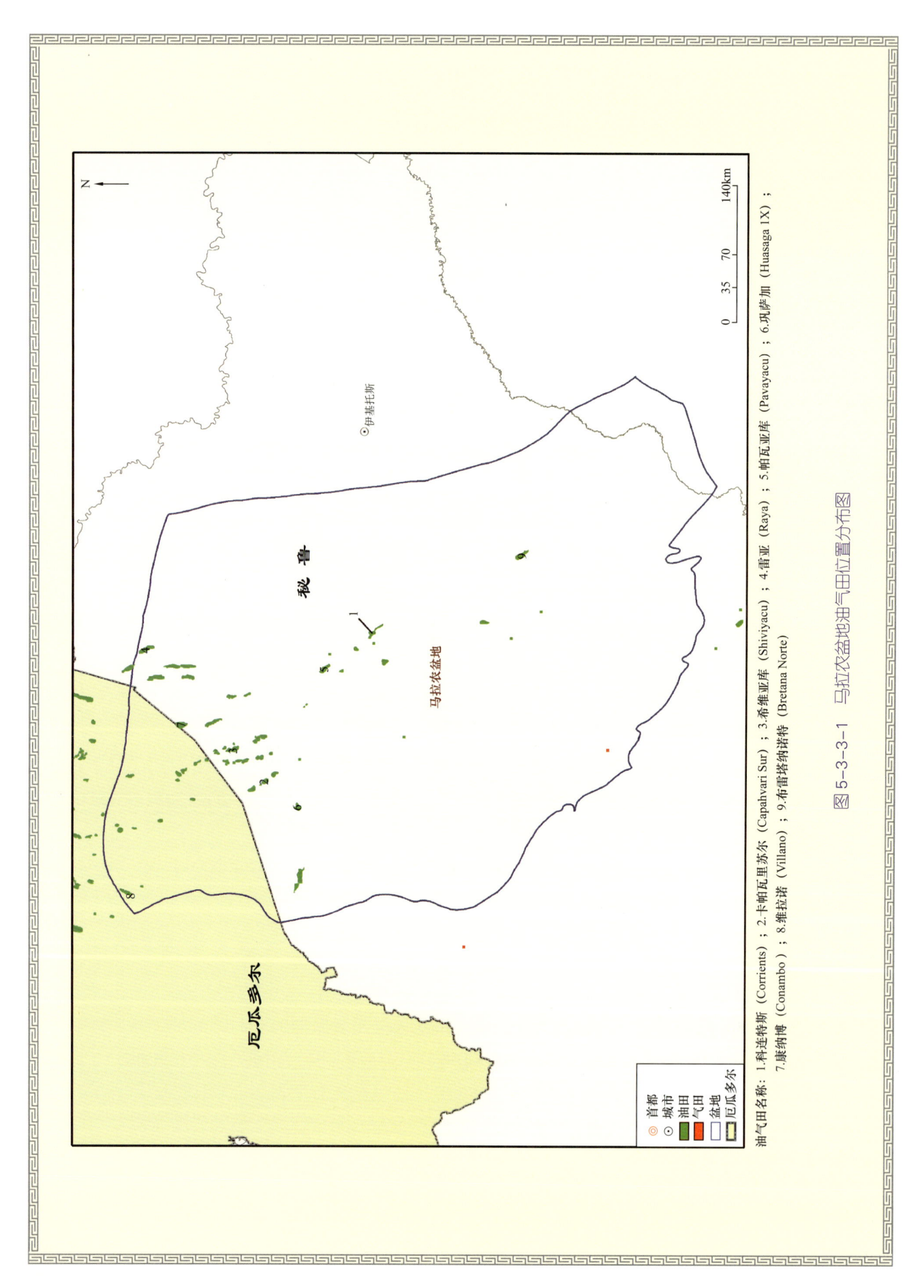

世界油气勘探开发与合作形势图集　南美地区　South America

图 5-3-3-1　马拉农盆地油气田位置分布图

油气田名称：1.科连特斯（Corrientes）；2.卡帕瓦里苏尔（Capahvari Sur）；3.希维亚库（Shiviyacu）；4.雷亚（Raya）；5.帕瓦亚库（Pavayacu）；6.瓦萨加（Huasaga 1X）；7.康纳博（Conambo）；8.维拉诺（Villano）；9.布雷塔纳诺特（Bretana Norte）

厄瓜多尔

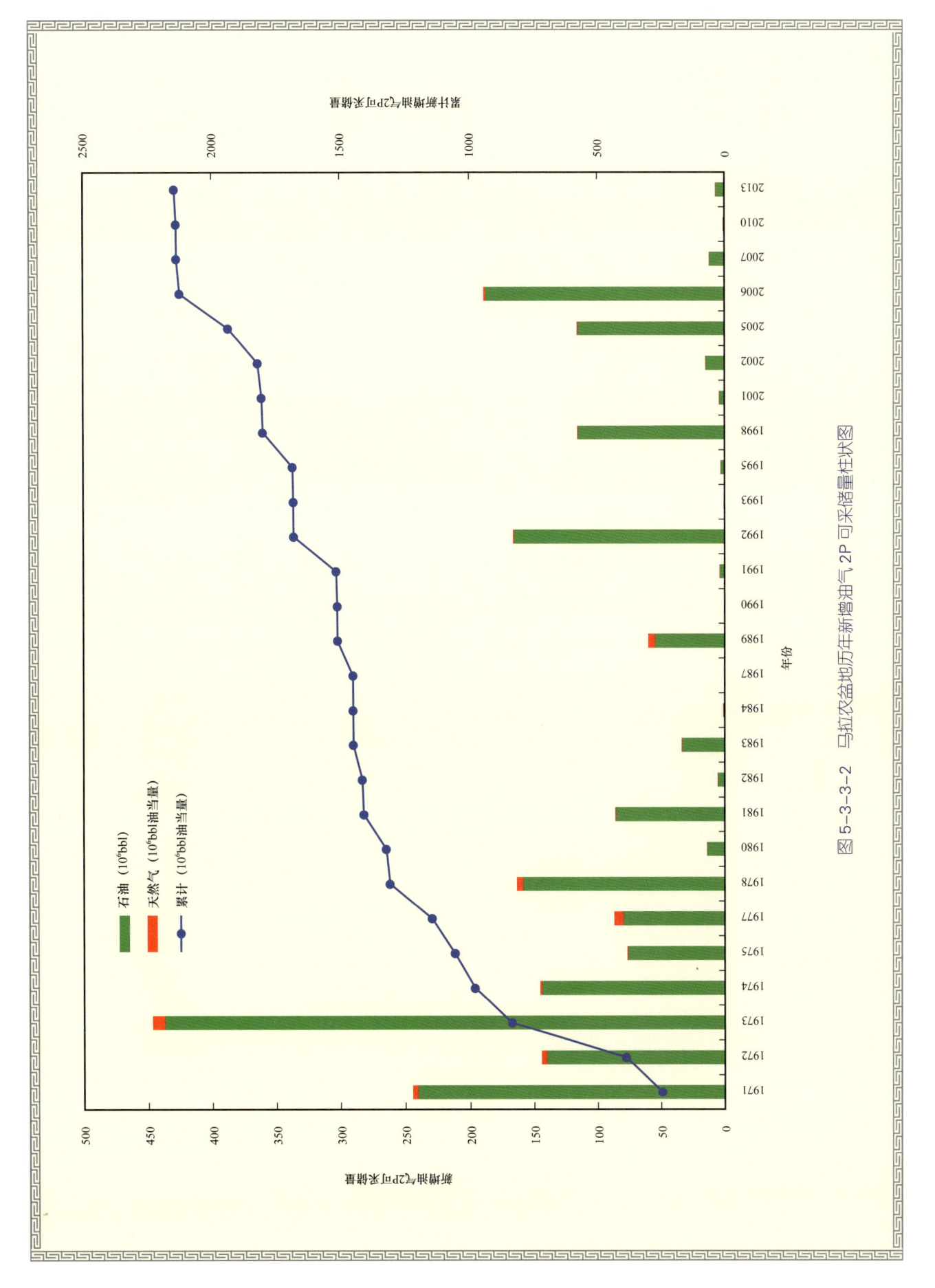

图 5-3-3-2 马拉农盆地历年新增油气 2P 可采储量柱状图

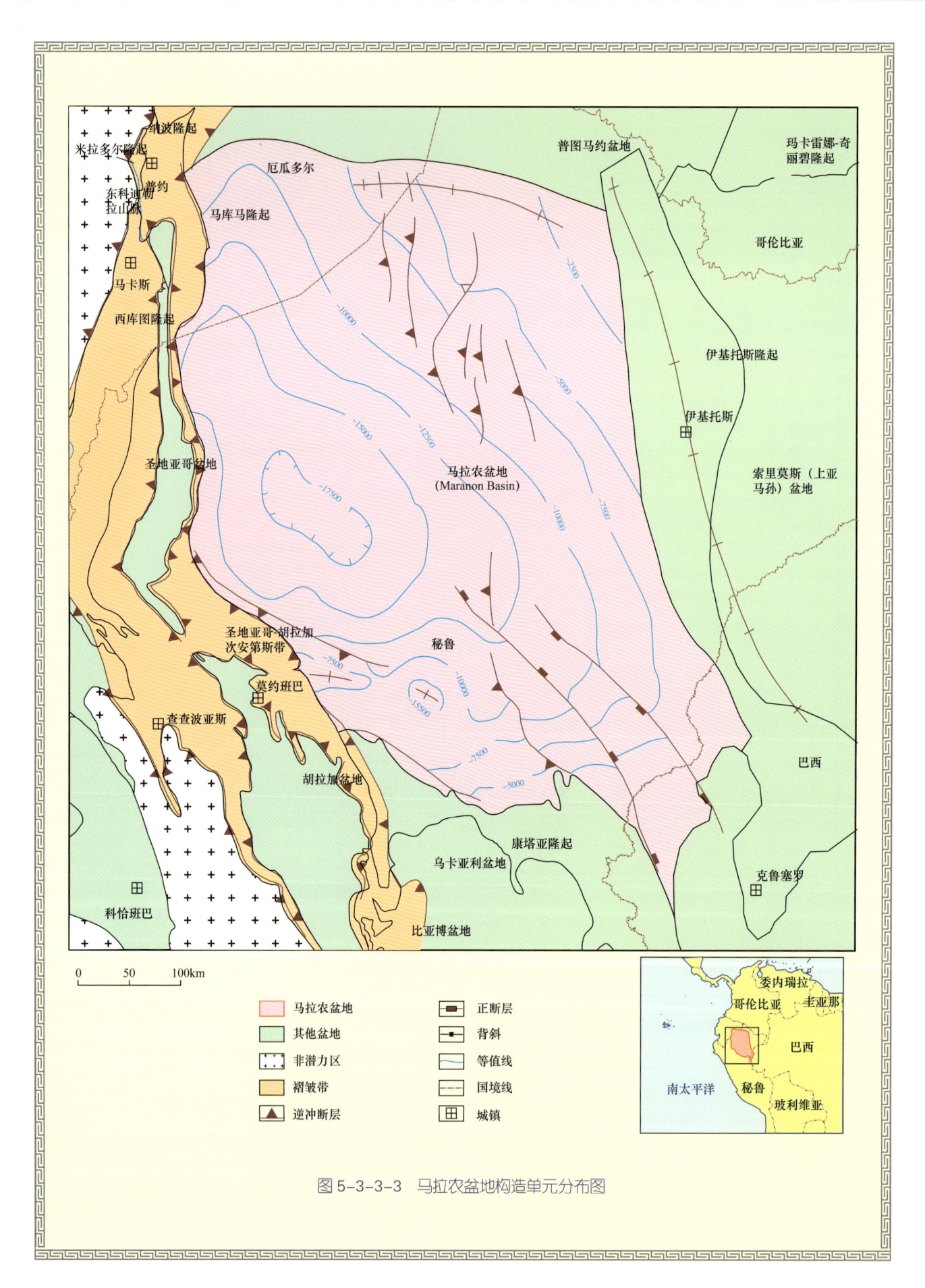

| 世界油气勘探开发与合作形势图集 | 南美地区 South America |

图 5-3-3-3　马拉农盆地构造单元分布图

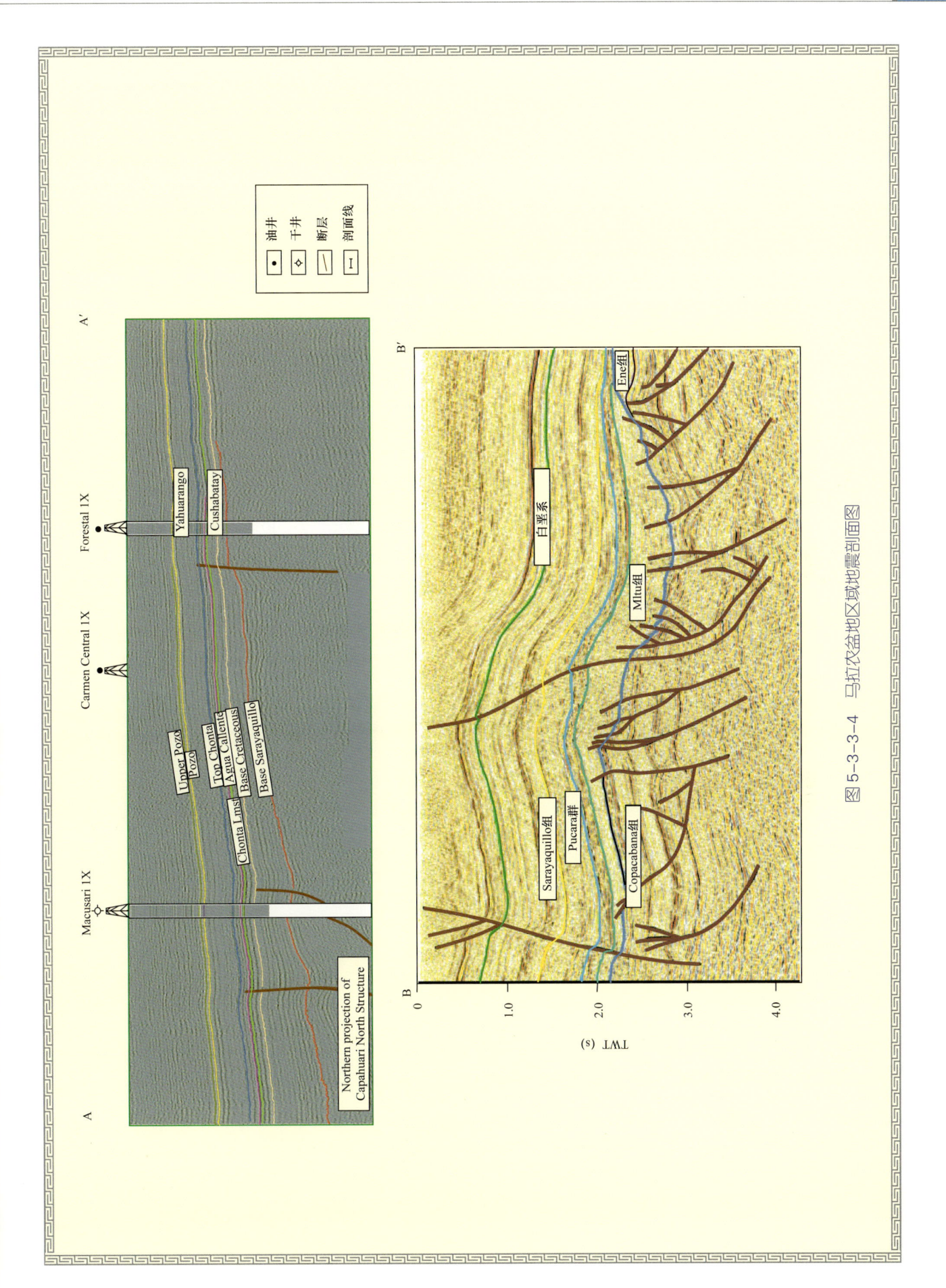

图 5-3-3-4 马拉农盆地区域地震剖面图

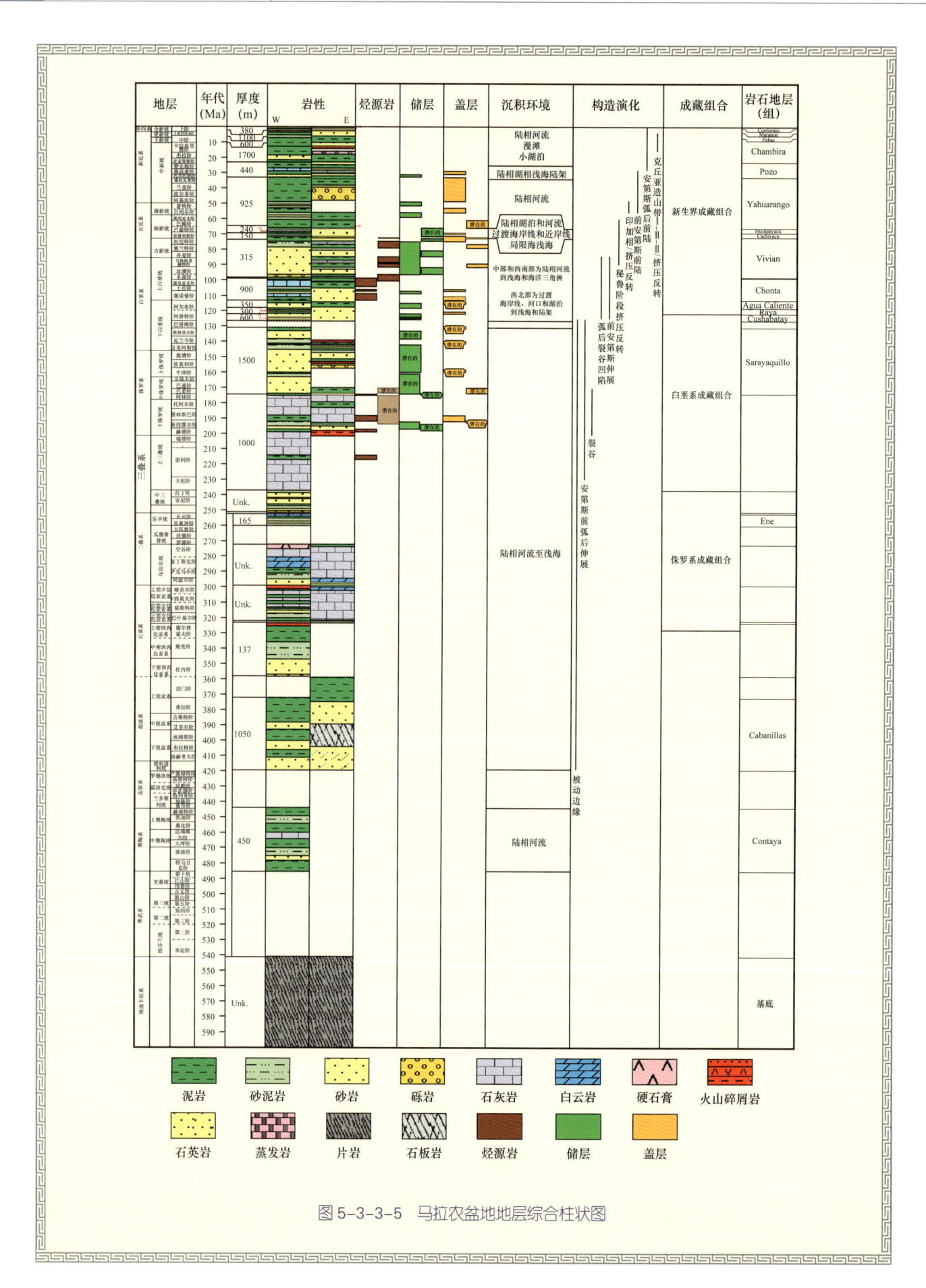

图 5-3-3-5 马拉农盆地地层综合柱状图

四、油气管道

（一）输油管道（图 5-4-1）

（1）SOTE：起点为普罗雷索盆地的 Lago Agrio 油田，终点为埃斯梅拉达斯（Esmeraldas）炼油厂，于 1972 年投入运营，管道全长 360km，输油能力 1800×10^4 t/a。

（2）OCP：起点为普罗雷索盆地的 Lago Agrio 油田，终点为埃斯梅拉达斯（Esmeraldas）炼油厂，于 2003 年投入运营，管道全长 485km，输油能力 2250×10^4 t/a。

（3）Oleoducto TransAndean（OTA）：起点为厄瓜多尔普罗雷索盆地的 Lago Agrio 油田，终点为哥伦比亚太平洋港口图马科（Tumaco），于 1998 年投入运营，管道全长 306km，输油能力 500×10^4 t/a。

（二）输气管道（图 5-4-1）

（1）Monteverde-Chorrillo（LPG）：起点为圣埃伦娜的 Monteverde，终点为瓜亚基尔的 El Chorrillo，于 2013 年投入运营，管道全长 124km。

（2）Amistad-Power Plant：起点为普罗雷索盆地的阿米斯塔德油气田，终点为 Power Plant，于 2018 年投入运营，管道全长 68km，输气能力 10×10^8 m³/a。

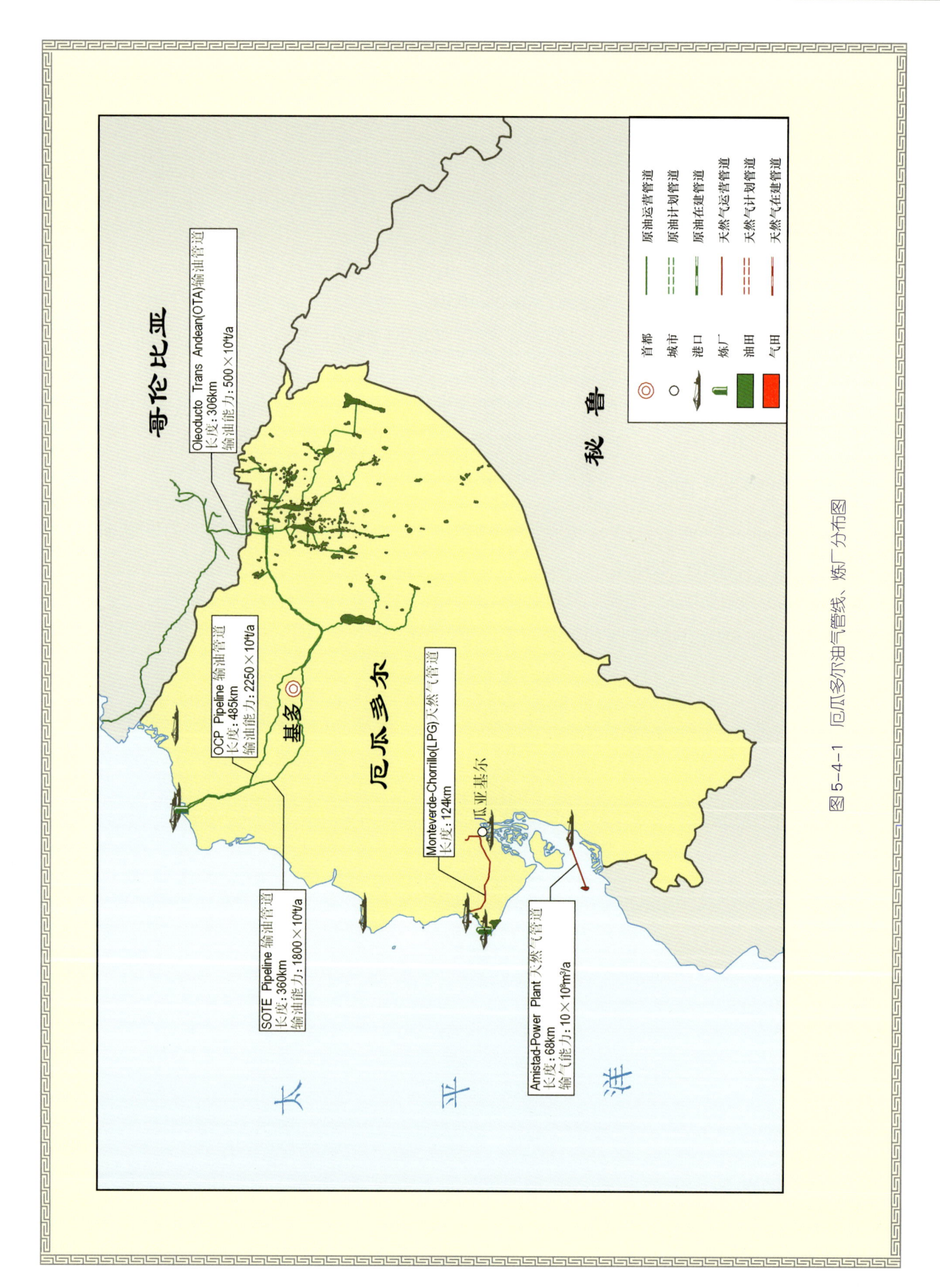

世界油气勘探开发与合作形势图集 | 南美地区 South America

图 5-4-1 厄瓜多尔油气管线、炼厂分布图

五、石油加工

厄瓜多尔主要有以下 3 个炼油厂（图 5-4-1）。

（1）Esmeraldas 炼油厂：位于太平洋海岸埃斯梅拉达斯（Esmeraldas），由厄瓜多尔国家石油公司（Petroecuador）运营，于 1977 年建成投产，处理能力为 550×10^4 t/a。

（2）Libertad 炼油厂：位于太平洋海岸圣埃伦娜省，由厄瓜多尔国家石油公司（Petroecuador）运营，于 1945 年建成投产，处理能力为 225×10^4 t/a。

（3）Amazonas 炼油厂：位于厄瓜多尔东北部苏昆比奥斯省舒舒芬迪油田附近，由厄瓜多尔国家石油公司（Petroecuador）运营，于 1987 年建成投产，处理能力为 100×10^4 t/a。

六、对外合作

综合油气资源潜力、财税条款、政治经济、环境及安全等因素，将全球主要资源国合作环境划分为 10 个等级，厄瓜多尔处于 4~5 级，合作环境一般。

厄瓜多尔开发油气资源的权利属于国家。依照法律，国家可以根据服务合同的条款，将开发资源的权利授予私营公司。最近，政府批准了新的产品分成合同（PSC）条款。历年来依据不同时期制订了不同的法律法规：1921 年颁布《石油法》，1937 年制定了第一个根据特许经营计划的合同。1971 年《石油法》被彻底修改。1972 年第 430 号最高法令要求修改所有现有的特许权，以符合 1971 年的法律。1982 年颁布了《碳氢化合物法》，为所有新的石油活动提供服务合同，吸引外国投资。1993 年第 44 号法律对现有碳氢化合物法进行了几项改革；2007 年将所有 PSC 和特许权合同改为服务合同。2011 年所有剩余合同均转换为服务合同。2018 年根据 PSC 条款启动第一轮招标。目前厄瓜多尔国家石油公司主导整个油气行业。厄瓜多尔目前正在执行的勘探开发区块 53 个，其中 24 个区块（图 5-6-1）的作业者为厄瓜多尔国家石油公司，控制了已发现 2P 可采储量的 81%（图 5-6-2），其次为斯伦贝谢（Schlumberger）服务公司控制了已发现 2P 可采储量的 7%。

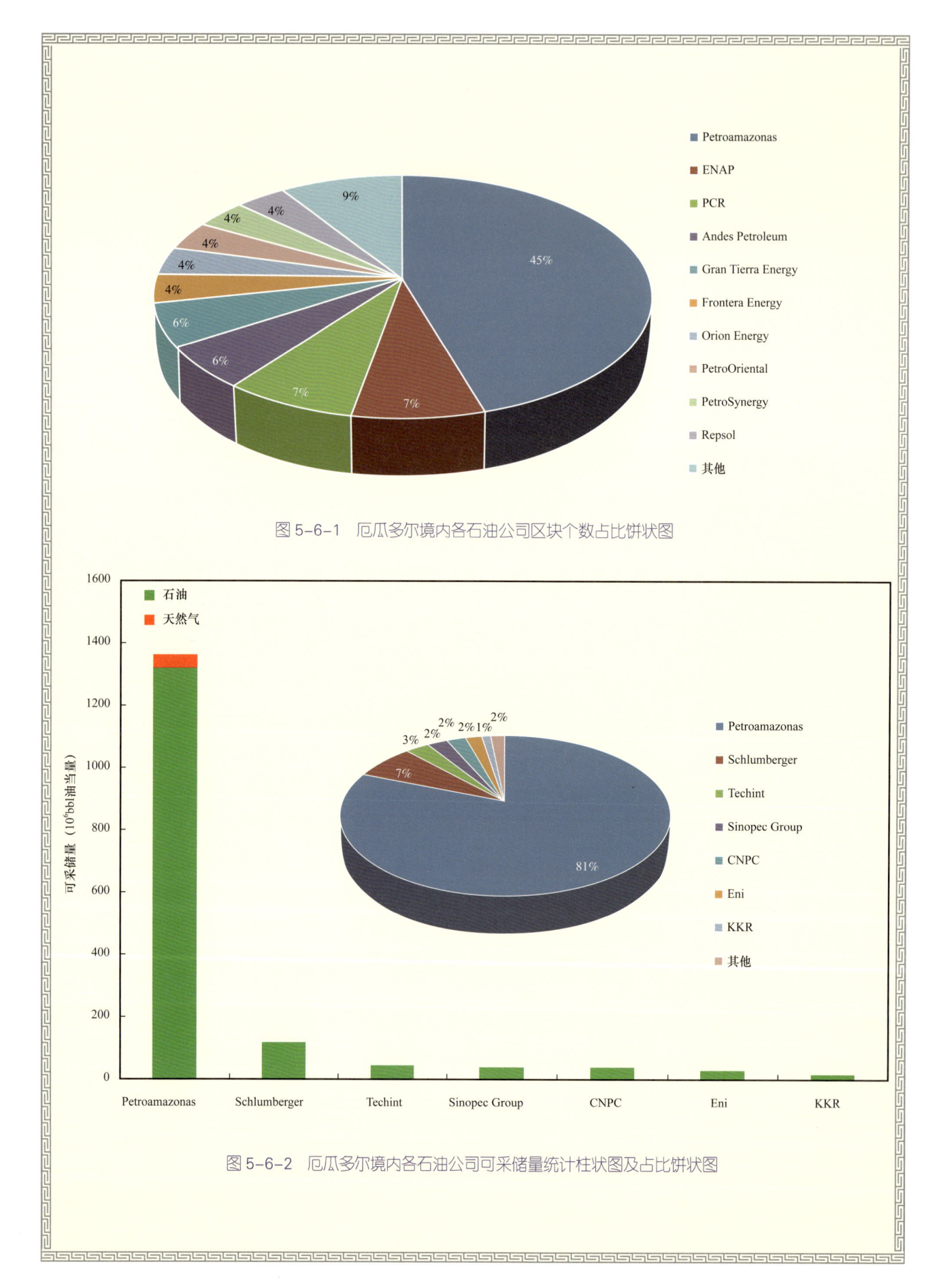

| 南美地区 | South America

图 5-6-1　厄瓜多尔境内各石油公司区块个数占比饼状图

图 5-6-2　厄瓜多尔境内各石油公司可采储量统计柱状图及占比饼状图

▶ 第六部分

秘鲁

一、国家概况

秘鲁位于南美洲西部，北邻厄瓜多尔、哥伦比亚，东接巴西，南接智利，东南与玻利维亚毗连，西濒太平洋，海岸线长 2254km；面积 1285216km²，居拉美第四位。全境从西向东分为热带沙漠、高原和热带雨林气候。年平均气温西部 12～32℃，中部 1～14℃，东部 24～35℃。2017 年人口 3123 万，居拉美第五位，其中印第安人占 45%，印欧混血占 37%，白人占 15%，其他人种占 3%。

全国划分为 26 个一级行政区，包括 24 个省（大区）、卡亚俄宪法省和利马省（首都区）。官方语言为西班牙语，一些地区通用克丘亚语、阿伊马拉语和其他 30 多种印第安语。96% 的居民信奉天主教。

秘鲁为传统农矿业国，经济在拉美国家中居于中等水平。2018 年，秘鲁经济增长率 4%，国内生产总值 2315.67 亿美元，人均国内生产总值 7198 美元，货币名称索尔（Sol）。汇率 1 美元 = 3.31 索尔，通货膨胀率 3.3%。

秘鲁实行自由贸易政策。主要出口矿产品和石油、农牧业产品、纺织品、渔产品等。2018 年，秘鲁对外贸易总额 908.35 亿美元，其中出口 489.42 亿美元，进口 418.93 亿美元，同比分别增长 8.16%、10.68% 和 5.36%。主要贸易伙伴为中国、美国、巴西、加拿大等。

1971 年 11 月 2 日，中华人民共和国与秘鲁共和国正式建立外交关系。1972 年 2 月，中国在秘鲁设使馆，同年 3 月，秘鲁在华设使馆。2002 年 5 月，秘鲁在上海设总领事馆。建交以来，双边关系长期稳定健康发展。两国高层互访频繁，经贸合作不断扩大，文化、科技、教育、旅游等领域的交流日益增多。在国际事务中，双方相互理解，密切合作。在台湾问题上，秘鲁历届政府均坚持一个中国原则。2008 年 11 月，中秘建立战略伙伴关系。2013 年 4 月，两国关系提升为全面战略伙伴关系。

二、油气勘探开发现状

秘鲁境内涉及胡拉加、圣地亚哥、马拉农、塔拉拉、塞丘拉、乌卡亚利、阿尔蒂法诺和玛德莱德迪奥斯 8 个沉积盆地（图 6-2-1）。

截至 2018 年底，秘鲁共发现油气田 164 个，累计发现油气 2P 可采储量 11225.47×10^6 bbl 油当量（图 6-2-2），其中石油 4929.37×10^6 bbl，凝析油 1126.75×10^6 bbl，天然气 30420.144×10^9 ft³，占全球的 0.14%。发现大油田 1 个，储量 1389.8×10^6 bbl；发现 3 个大气田，总储量 3721.5×10^6 bbl 油当量。

2018 年秘鲁石油、天然气年产量分别为 49.12×10^6 bbl、74.52×10^6 bbl 油当量，油气产量占全球的 0.224%。截至 2018 年，累计生产油、气分别为 1565.1×10^6 bbl、770.18×10^6 bbl 油当量（图 6-2-3），预计 2027 年达到油气产量高峰。

中国石油 2018 年评价认为，常规待发现油气资源量 9392.14×10^6 bbl 油当量，其中石油 3689.16×10^6 bbl，凝析油 833.77×10^6 bbl，28241.45×10^9 ft³。

秘鲁具有一定的勘探开发潜力，非常规油气勘探开发尚未开始，也有较好发展前景。

图6-2-1 秘鲁含油气盆地分布图

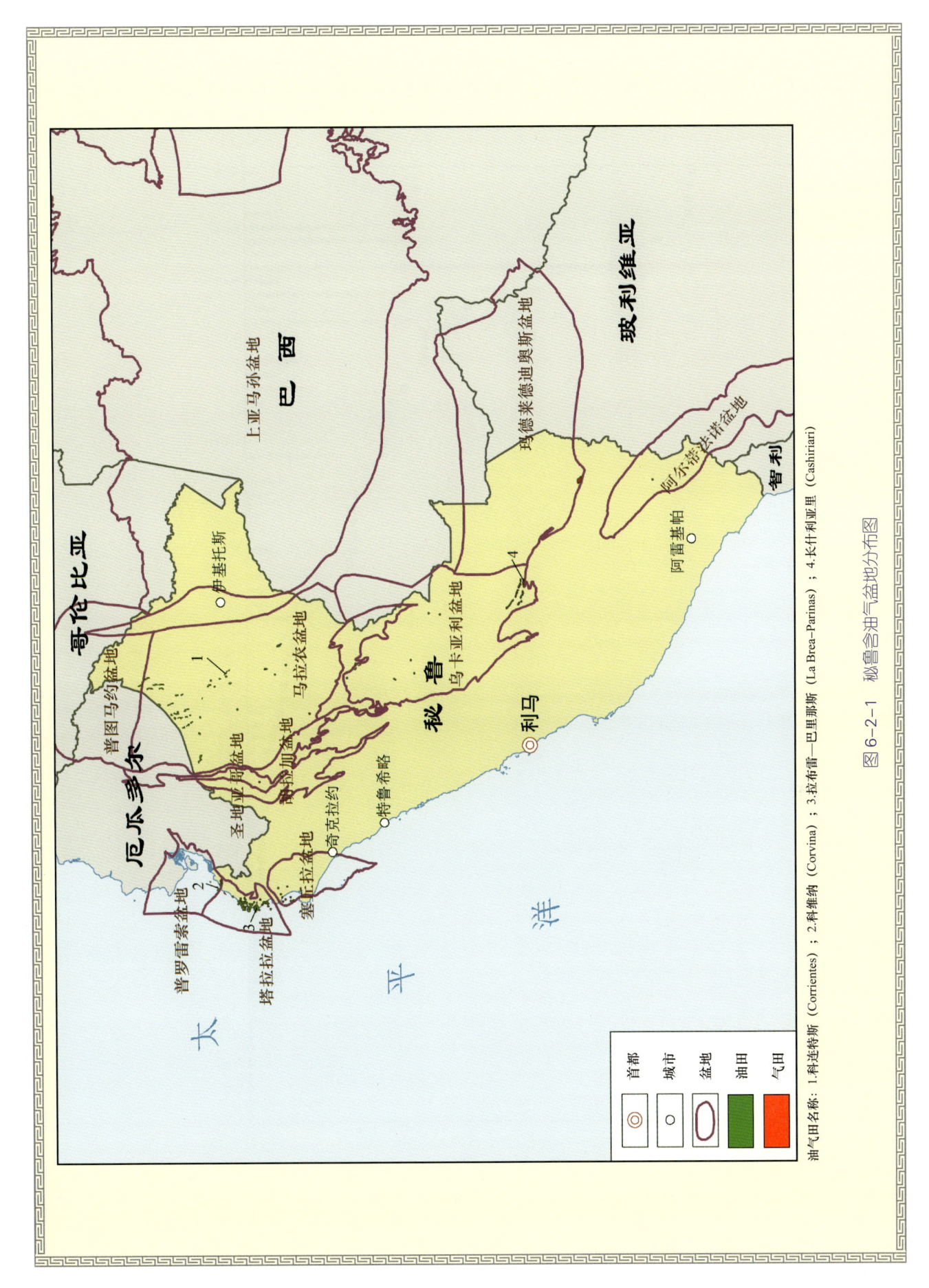

油气田名称：1.科连特斯（Corrientes）；2.科维纳（Corvina）；3.拉布雷—巴里那斯（La Brea-Parinas）；4.卡什利亚里（Cashiriari）

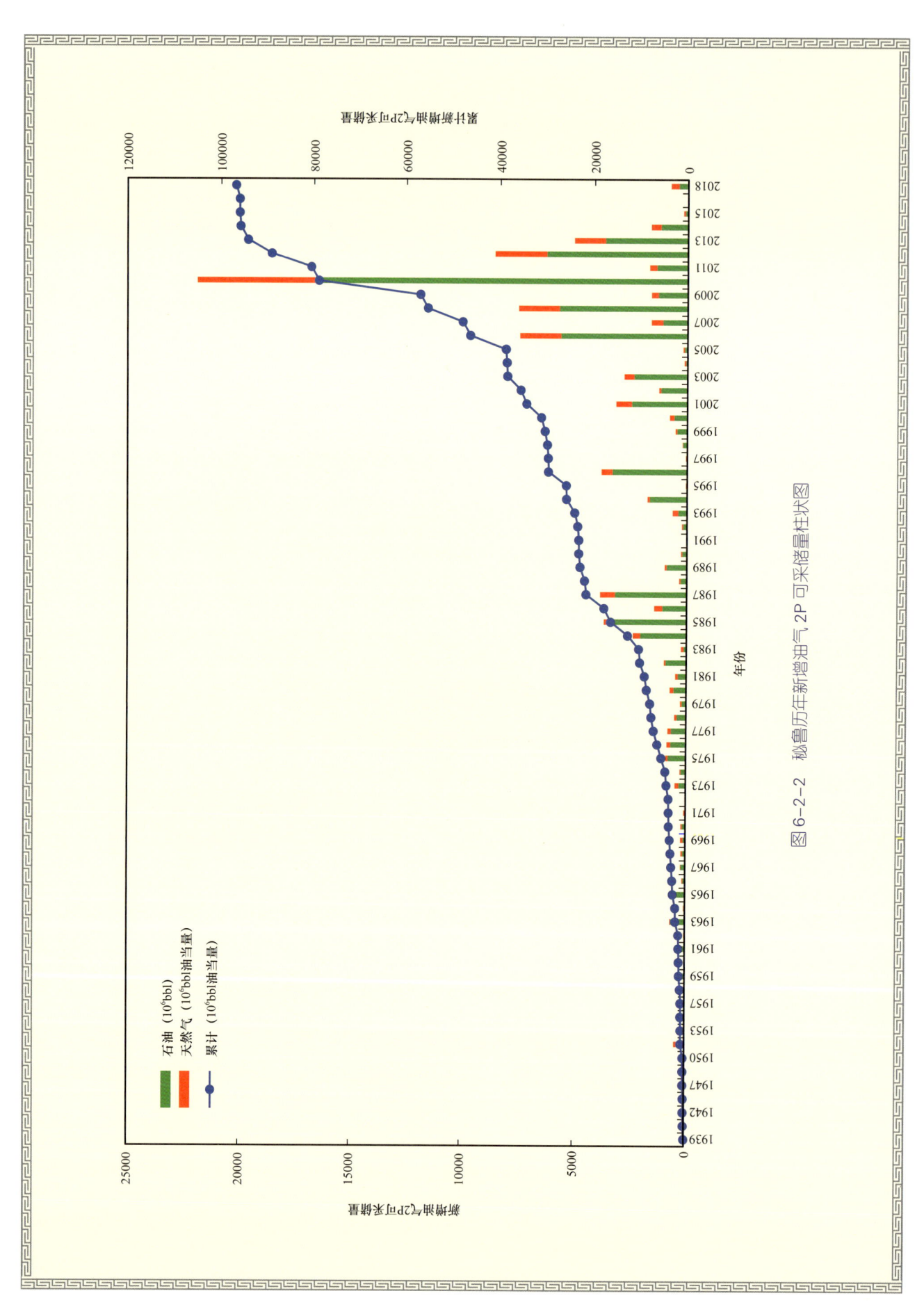

南美地区 South America

图 6-2-2 秘鲁历年新增油气 2P 可采储量柱状图

秘鲁

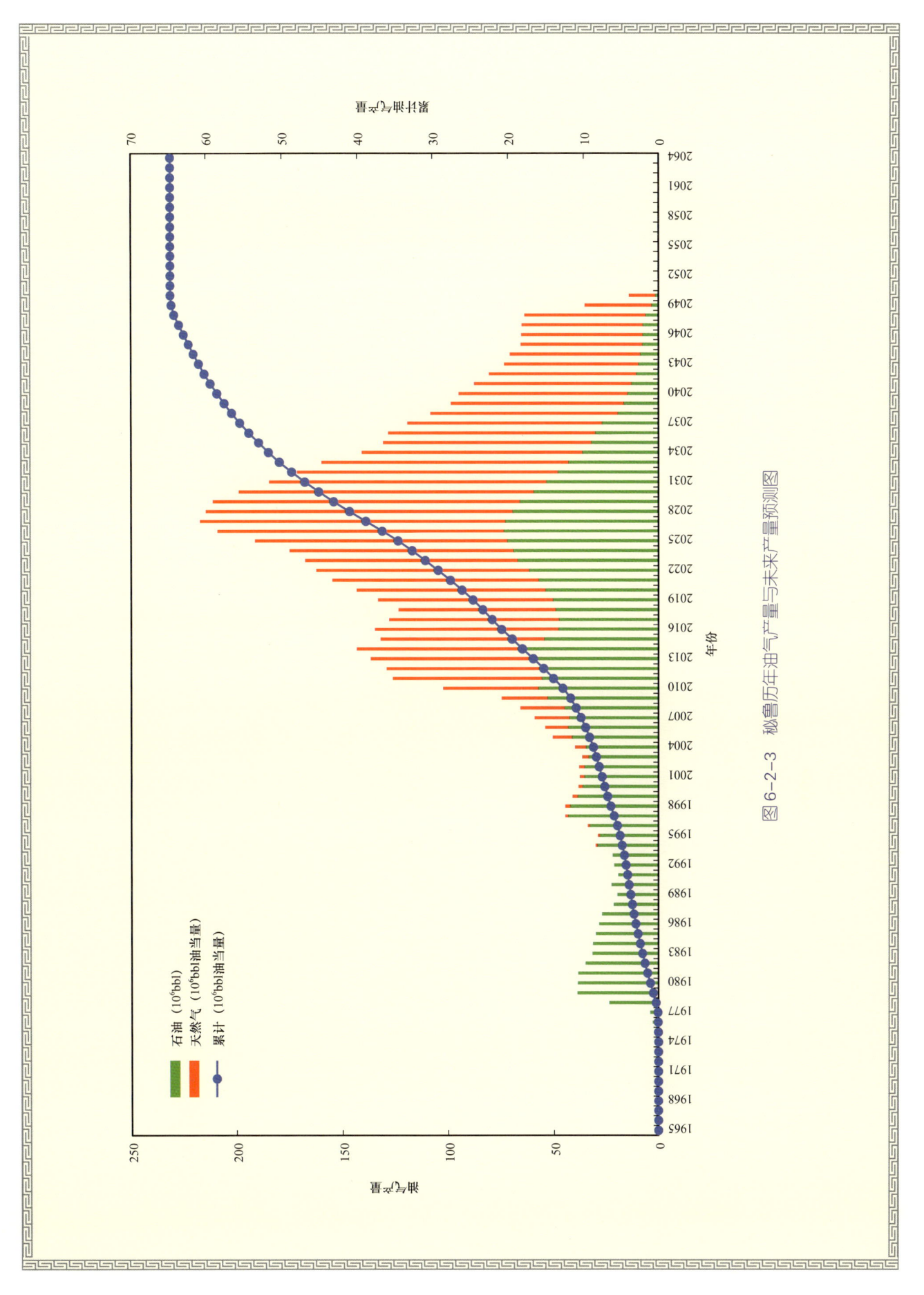

图6-2-3 秘鲁历年油气产量与未来产量预测图

三、石油地质特征和勘探开发潜力

（一）胡拉加盆地

胡拉加（Huallaga）盆地以河流命名，位于秘鲁北部，部分延伸至厄瓜多尔（图6-3-1-1），盆地在南纬5°35′—8°30′和西经75°50′—77°40′，面积为21843km²。

1. 勘探开发历程

胡拉加盆地的油气勘探经历了早期发现和后期基本停滞两个阶段。

早期发现阶段（1940—1985年）：20世纪40年代初就开始了盆地的勘探工作。在厄瓜多尔一侧于1946年发现了一个小油田，之后多年没有取得发现，一直到1972年才发现了一个小油田，这也是盆地到目前为止仅有的两个发现。

后期基本停滞阶段（1986年至今）：1987年美孚石油公司和秘鲁国家石油公司获得勘探许可。1993年，秘鲁石油管理局成立，并取代了秘鲁国家石油公司。其通过修改石油法律，为秘鲁的石油工业建立了一个灵活框架，用许可合同来替代风险服务合同，以鼓励国外投资。美孚石油公司在1989—1992年进行了地球物理采集，二维地震测线总计为1600km，1991—1992年在盆地内钻探了Ponasillo 1井，但没有见到油气显示。

截至2018年，该盆地共发现油田两个，累计油气2P可采储量89.72×10⁶bbl油当量，其中石油88.0×10⁶bbl，天然气储量10.3×10⁹ft³。

2. 区域地质

该盆地属于前陆盆地。二叠纪火山活动在秘鲁北部形成了包括胡拉加盆地在内的一系列裂谷盆地，盆地以断陷作用为主。中侏罗世晚期，胡拉加盆地早期地堑再次活动。白垩纪晚期盆地发生热沉降作用。古近纪，受安第斯山脉挤压作用，导致了盆地挠性隆起。中新世—全新世，在安第斯山脉持续的挤压作用下，盆地反转使得大部分正断层形成了陡峭的逆断层并发育盐丘和薄皮构造（图6-3-1-2）。

盆地为泥盆系基底，其上沉积了二叠系、三叠系、侏罗系、白垩系及新生界（图6-3-1-2）。

3. 石油地质特征

1）烃源岩

盆地存在两套烃源岩，一套是古生界Pucara组烃源岩，另一套是上白垩统Chonta组烃源岩。

Pucara组沥青页岩和灰岩是盆地潜在烃源岩，向西部和西北部厚度有所增加，推测在白垩纪成熟，目前已经处于过成熟阶段。

Chonta组沥青页岩和灰岩是盆地主要烃源岩，在相邻的马拉农盆地中，有机碳含量大于2%，干酪根类型为Ⅰ型和Ⅱ型。

此外，在盆地埋深最大处，渐新统Pozo组也可能成熟，可能为盆地东北边缘几处活跃油苗的烃源岩。

2）储层

已证实的储层有三套，分别是下白垩统Cushabatay（Hollin）组河流相砂岩、Agua Culiente组砂岩和Vivian组砂岩。

潜在的储层包括古生界Tarma组、Copacabana组和Mitu组。在乌卡亚利盆地，Tarma组储层向东孔隙度变好，但局部渗透率下降，主要原因是泥质含量增加。

3）盖层

已证实的盖层有3套：下白垩统Esperanza组页岩、上白垩统Chonta组灰岩和页岩，以及上白垩统Cachiyacu组海相页岩。

4）圈闭类型

盆地圈闭类型主要为构造圈闭，包括挤压背斜、断块等。

4. 常规油气成藏组合

盆地主力成藏组合为白垩系成藏组合，烃源岩为上白垩统的Chonta组沥青页岩和灰岩，储层包括白垩系Cushabatay组、Agua Caliente组和Vivian组砂岩，盖层为下白垩统Esperanza组和上白垩统Chonta组、Cachiyacu组厚层海相泥岩和页岩。油气从烃源岩生成后直接进入附近浊积砂岩体成藏，或者沿断层和不整合面运移，在合适的圈闭中中聚集成藏。

5. 勘探开发潜力

盆地仅发现了两个油田，油气开发潜力不大。

中国石油2018年资源评价认为，盆地常规待发现油气可采资源量 $890.76×10^6$ bbl油当量，其中石油 $788.00×10^6$ bbl、天然气 $596.00×10^9$ ft³。盆地油气勘探潜力较小。

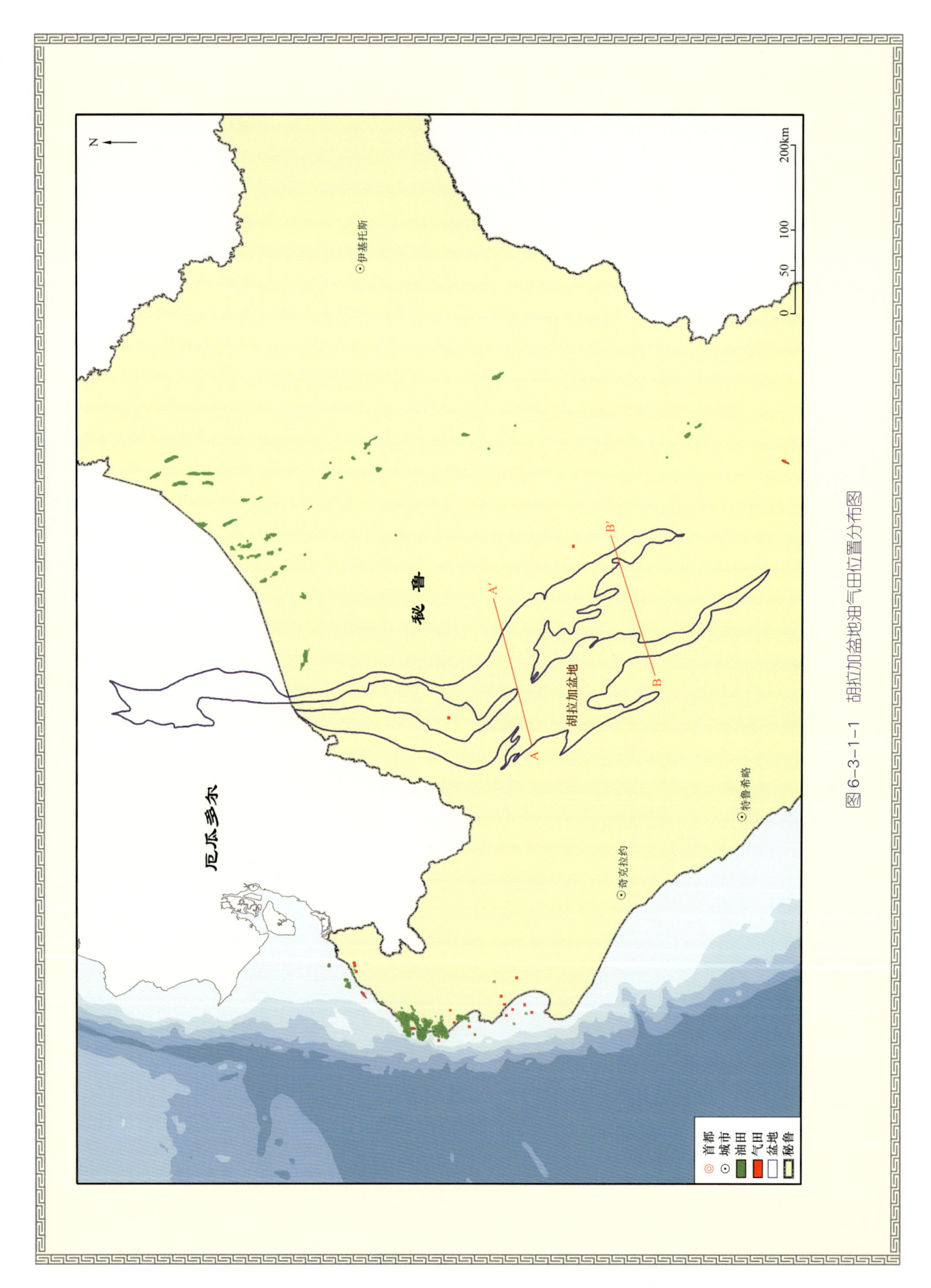

图 6-3-1-1 胡拉加盆地油气田位置分布图

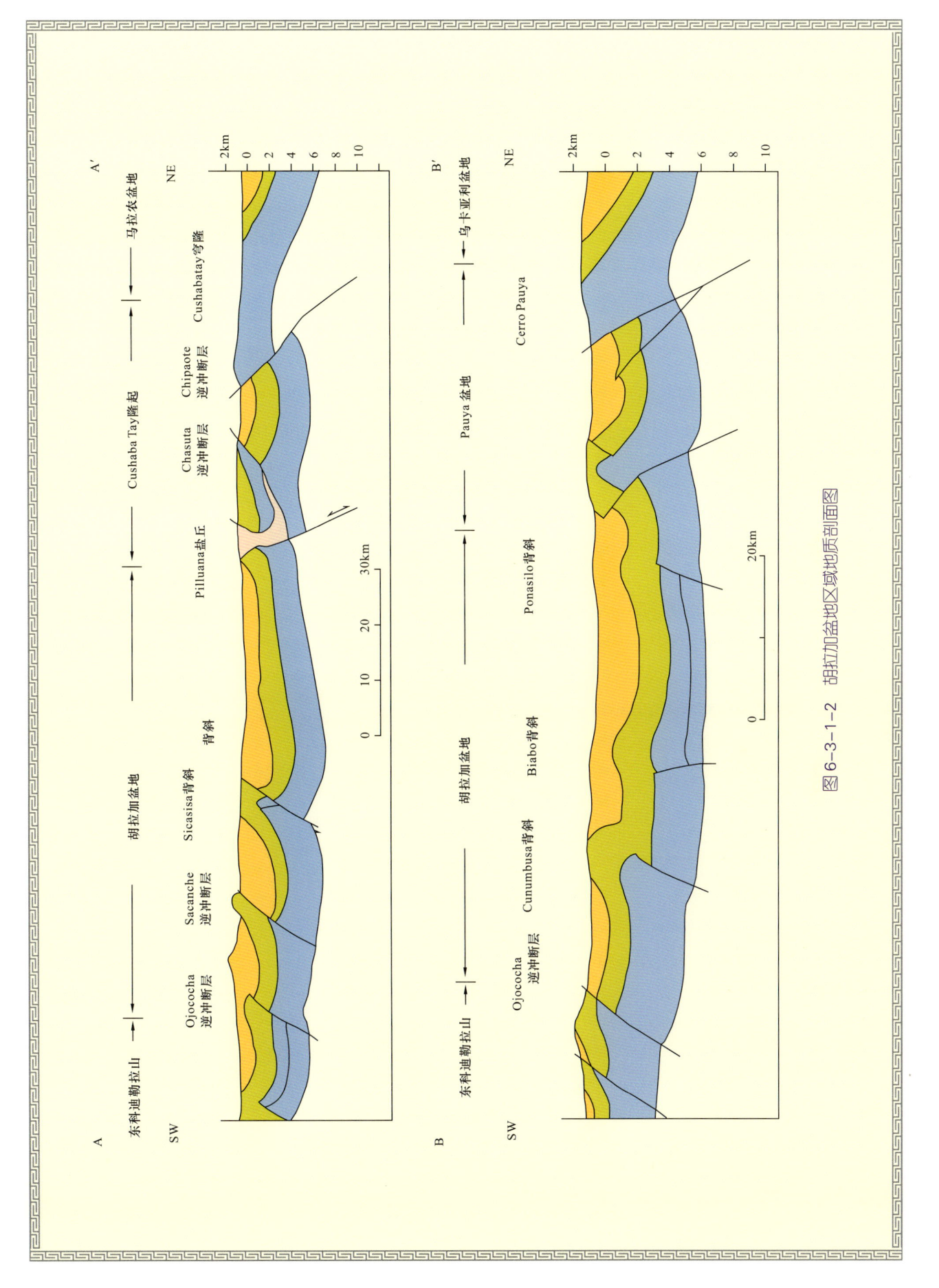

图 6-3-1-2 胡拉加盆地区域地质剖面图

（二）圣地亚哥盆地

圣地亚哥（Santiago）盆地位于秘鲁北部（图6-3-2-1），面积7449km²，在南纬3°—5°、西经77°—78°之间，向北部分延伸至厄瓜多尔南部。

1. 勘探开发历程

圣地亚哥盆地的油气勘探经历了早期勘探和勘探发现两个阶段。

早期勘探阶段（1960—1975年）：圣地亚哥盆地的勘探始于20世纪60年代，美孚石油公司在1968—1969年钻探井3口。仅Piuntza-1井在始新统和塞诺曼阶砂岩见到油气显示。

勘探发现阶段（1976年至今）：秘鲁国家石油公司在1976年和1992年进行了两次二维地震勘探，共采集近300km，发现了13个构造。经进一步勘探，于1998年发现了汤古尼察（Tanguintza 1X）气田。

2. 区域地质

圣地亚哥盆地属于前陆盆地（图6-3-2-2），是在古生界基底上发育的盆地，盆地演化经历了二叠—三叠纪和侏罗纪的裂谷作用、热沉降，晚白垩世的拉张及热沉降，安第斯挤压、反转和挠曲等阶段。

主要构造类型包括：三叠纪、侏罗纪和晚白垩世期间裂陷作用的西倾半地堑、由重力滑动和盐岩变形形成的盐枕和盐底辟以及由古近纪构造反转形成的逆断层相关构造（图6-3-2-3）。

3. 石油地质特征

1）烃源岩

盆地存在两套烃源岩，下白垩统Raya组页岩总有机碳含量一般大于2%，厚度可达170m；上白垩统Chonta组，含沥青页岩和石灰岩，总有机碳含量1%～4%，东部约1%、西部约4%，干酪根类型为Ⅰ型和Ⅱ型，为盆地主要烃源岩（图6-3-2-4）。

2）储层

盆地最有利的储层为下白垩统Cushabatay组和上白垩统Vivian、Agua Caliente组砂岩（图6-3-2-4），其中Vivian组已证实。Cushabatay组砂岩孔隙度6.4%～13.5%，平均孔隙度9.3%，渗透率5～100mD。

3）盖层

上白垩统Chonta组页岩为下伏储层提供非常好的区域或局部盖层，上白垩统Cachiyacu组海相页岩为Vivian组储层重要的盖层（图6-3-2-4）。

此外，下白垩统Raya组泥岩为潜在盖层。

4）圈闭类型

盆地圈闭以构造圈闭为主。

4. 常规油气成藏组合

盆地成藏组合为白垩系成藏组合（图6-3-2-4），储层为下白垩统Cushabatay组和上白垩统Vivian砂岩，烃源岩为上白垩统Chonta组含沥青页岩和灰岩，盖层为上白垩统Cachiyacu组海相页岩。

5. 典型油气田

汤古尼察（Tanguintza 1X）气田

属于上白垩统成藏组合，位于秘鲁西北部陆上，地表最大高程367m，圈闭类型为构造圈闭，发现于1998年。截至2018年，共发现油气2P可采储量1.178×10^6bbl油当量，其中凝析油0.345×10^6bbl、天然气$5.0\times10^9\text{ft}^3$（表6-3-2-1）。

储层为上白垩统Vivian组，储层顶部埋深4983m，单层最大厚度3.66m，平均孔隙度10%，岩性为浅海相砂岩，凝析油重度45°API。

油田尚未投入开发。

6. 勘探开发潜力

盆地目前为止仅发现一个小型凝析油气田，勘探开发潜力不大。

表 6-3-2-1 圣地亚哥盆地主要油气田属性表

序号	油气田名称	油气田类型	地理位置	发现年份	主要成藏组合	主要储层岩性	2P 可采储量			
							石油（10⁶bbl）	天然气（10⁹ft³）	凝析油（10⁶bbl）	油气总和（10⁶bbl 油当量）
1	汤古尼察（Tanguintza 1X）	气田	陆上	1998	上白垩统	砂岩	0.00	5.00	0.35	1.18

秘鲁

图6-3-2-1 圣地亚哥盆地油气田位置分布图

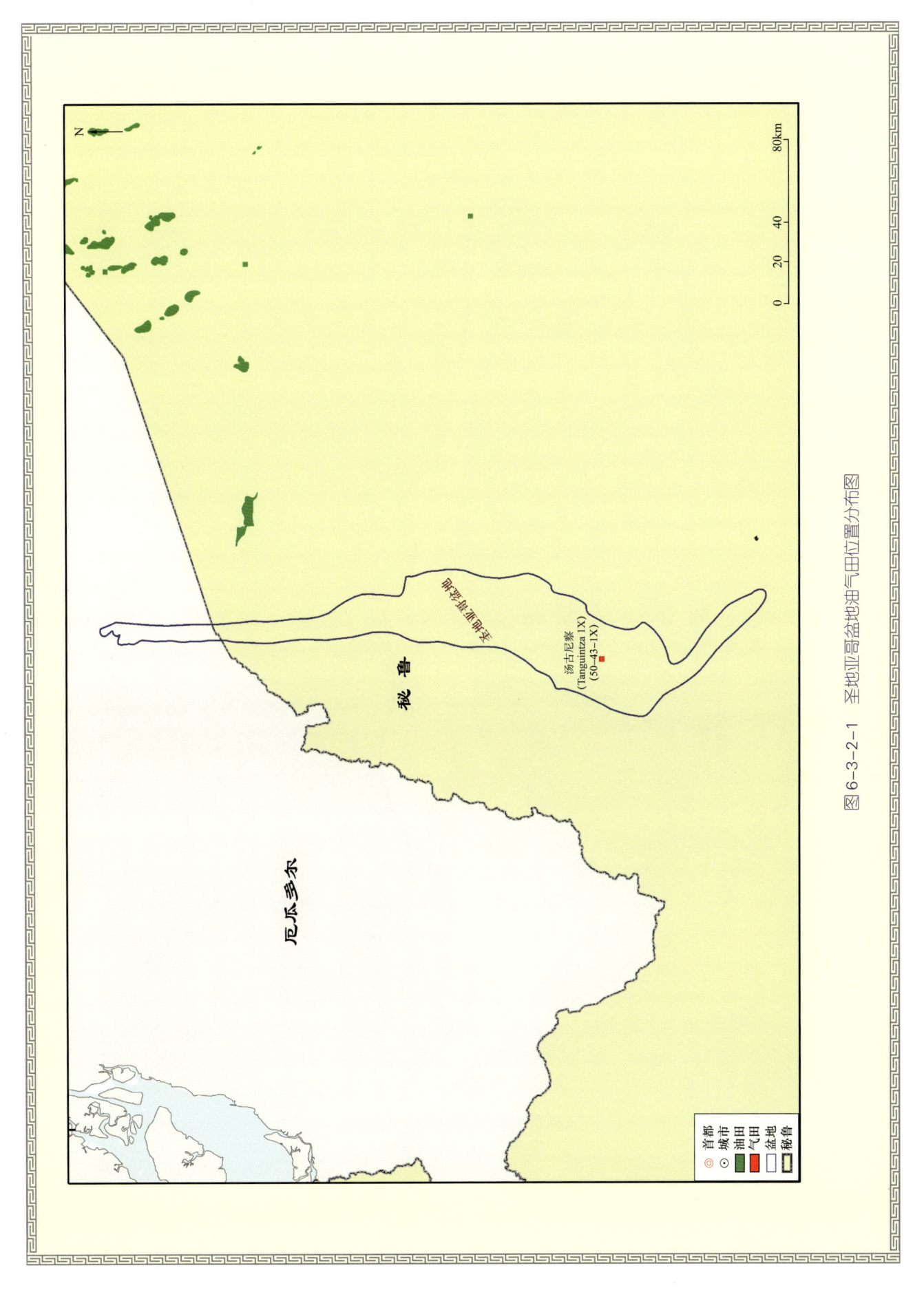

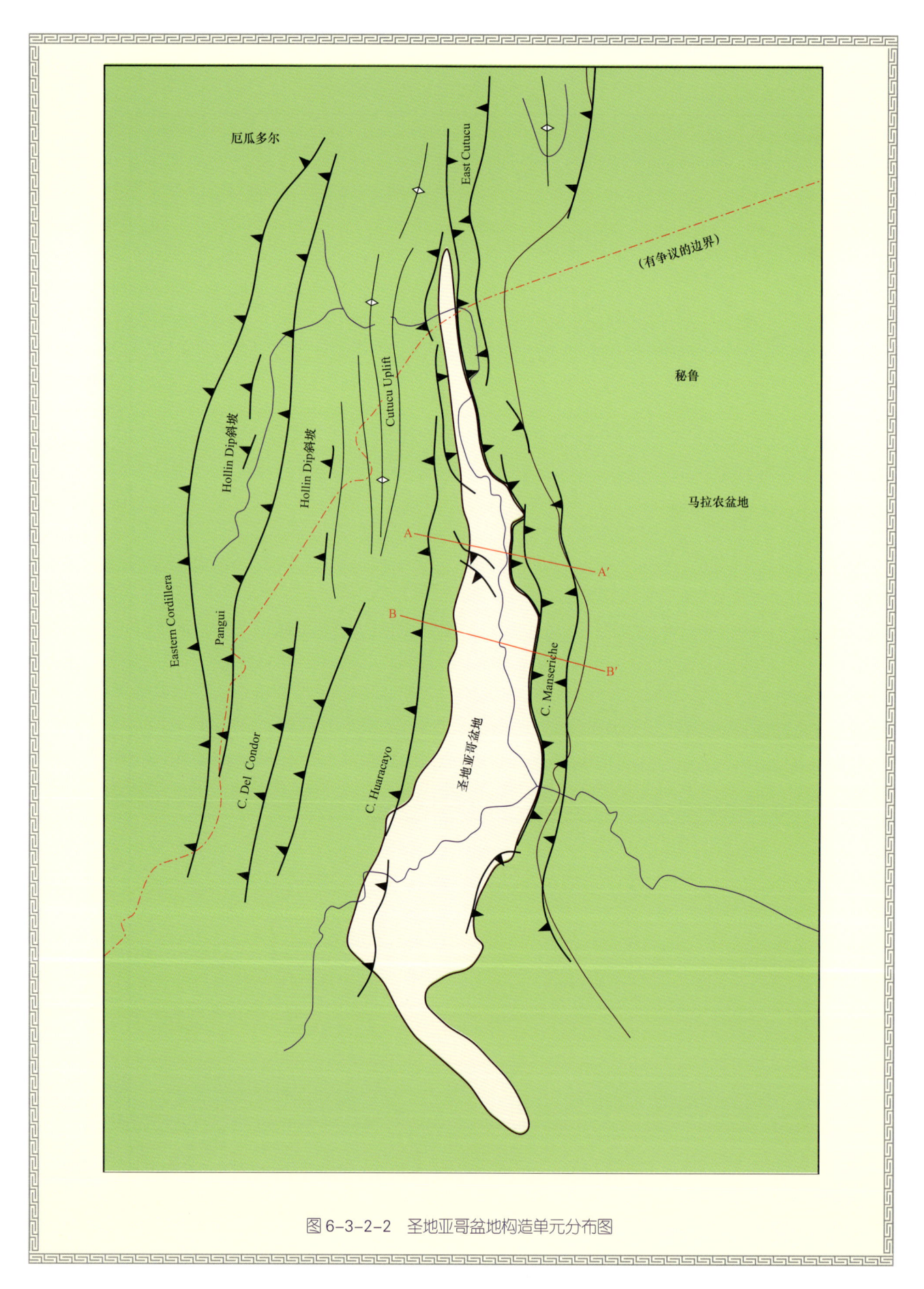

图 6-3-2-2 圣地亚哥盆地构造单元分布图

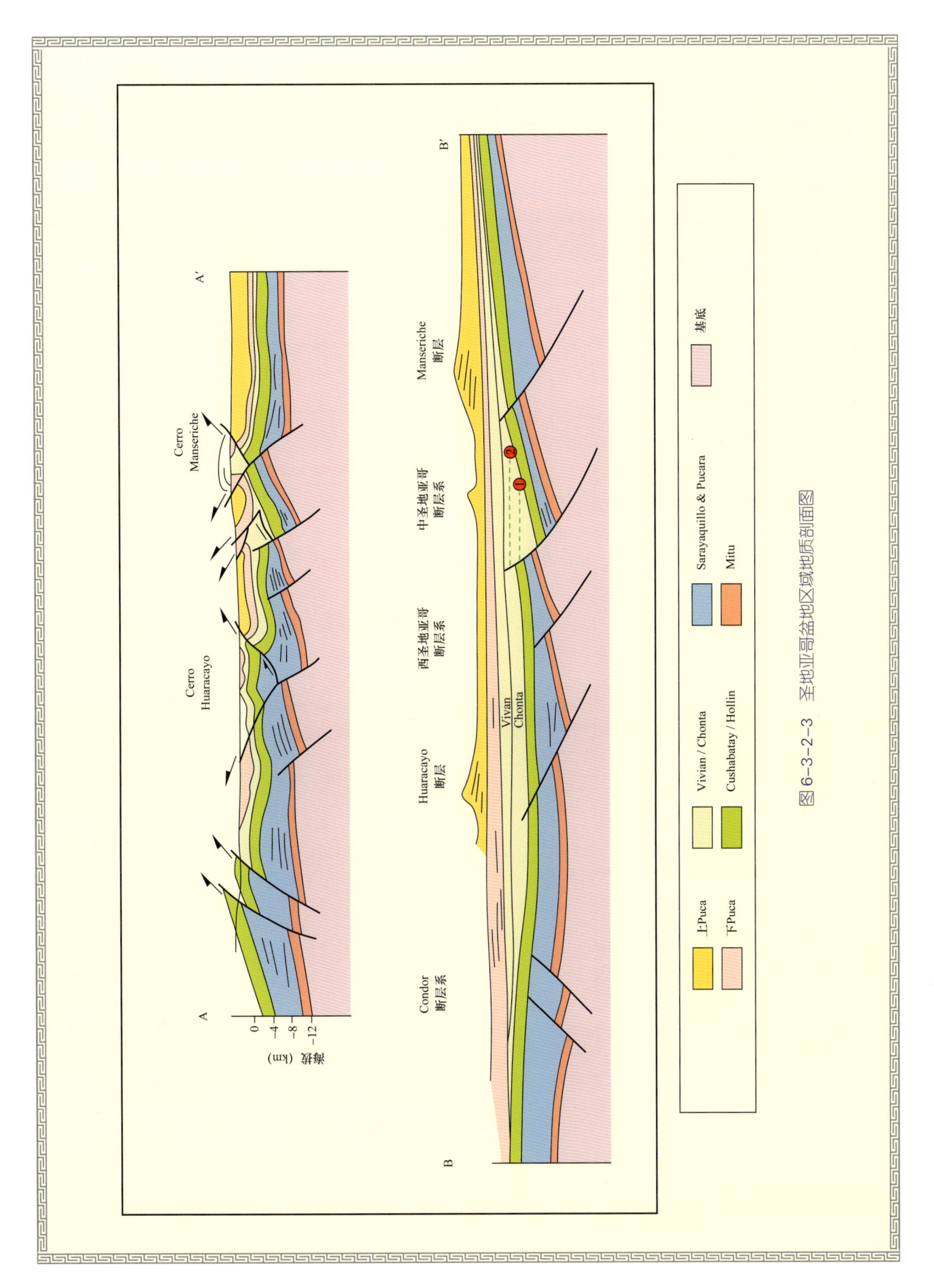

图 6-3-2-3 圣地亚哥盆地区域地质剖面图

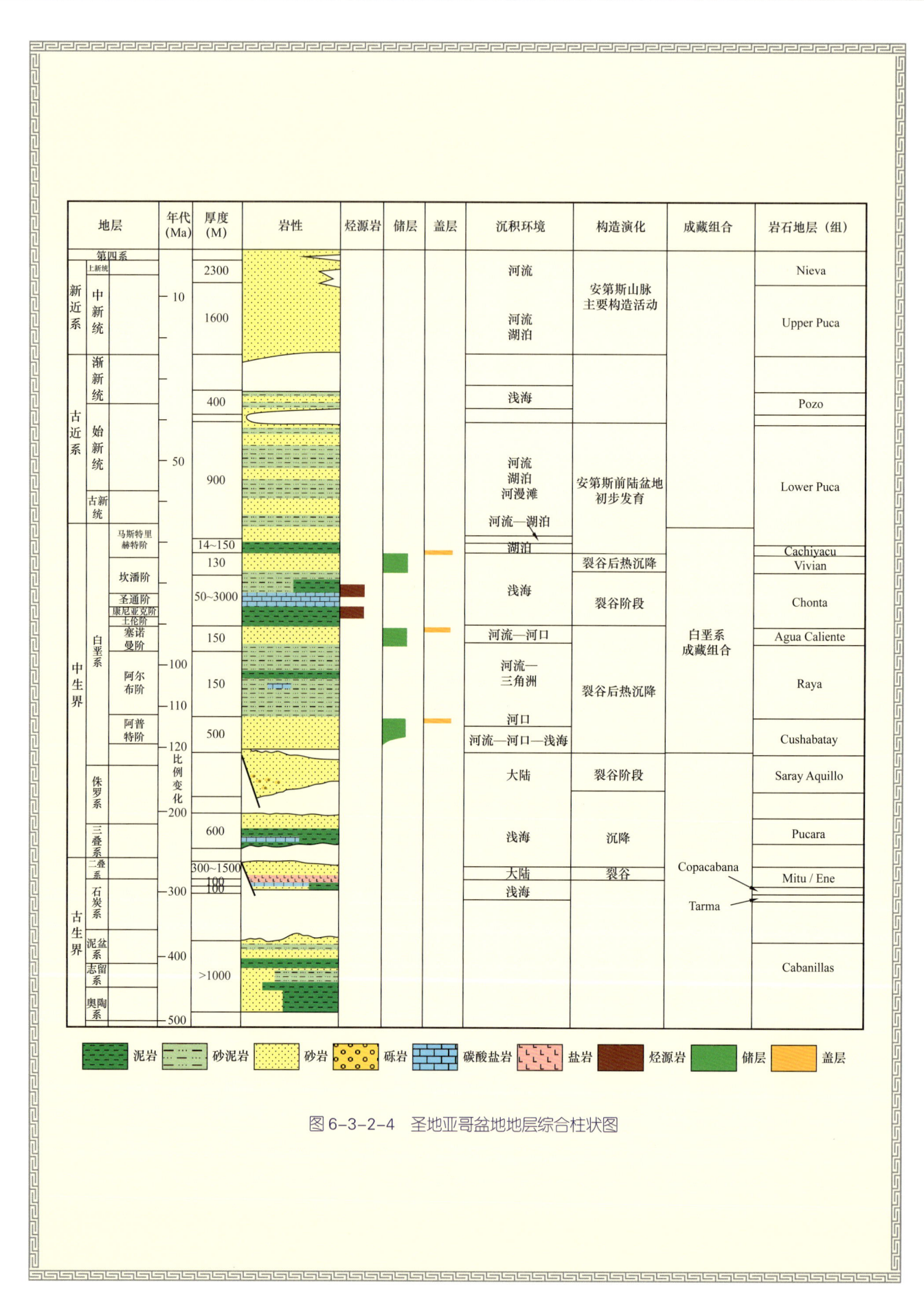

南美地区 South America

世界油气勘探开发与合作形势图集

地层	年代(Ma)	厚度(M)	岩性	烃源岩	储层	盖层	沉积环境	构造演化	成藏组合	岩石地层（组）
新近系 第四系		2300					河流	安第斯山脉主要构造活动		Nieva
新近系 上新统 中新统	10	1600					河流 湖泊			Upper Puca
古近系 渐新统 始新统 古新统	50	400 900					浅海 河流 湖泊 河漫滩 河流—湖泊	安第斯前陆盆地初步发育		Pozo Lower Puca
中生界 白垩系 马斯特里赫特阶 坎潘阶 圣通阶 康尼亚克阶 土伦阶 塞诺曼阶 阿尔布阶 阿普特阶	100 110 120	14~150 130 50~3000 150 150 500					湖泊 浅海 河流—河口 河流—三角洲 河口 河流—河口—浅海	裂谷后热沉降 裂谷阶段 裂谷后热沉降	白垩系成藏组合	Cachiyacu Vivian Chonta Agua Caliente Raya Cushabatay
侏罗系	比例变化 200						大陆	裂谷阶段		Saray Aquillo
三叠系		600					浅海	沉降		Pucara
二叠系 石炭系	300	300~1500 100					大陆 浅海	裂谷	Copacabana Tarma	Mitu / Ene
古生界 泥盆系 志留系 奥陶系	400 500	>1000								Cabanillas

图例：泥岩 砂泥岩 砂岩 砾岩 碳酸盐岩 盐岩 烃源岩 储层 盖层

图 6-3-2-4 圣地亚哥盆地地层综合柱状图

（三）马拉农盆地

盆地的勘探开发历程、区域地质、石油地质特征、常规油气成藏组合等信息参考厄瓜多尔部分。

1. 科连特斯（Corrientes）油田

属于上白垩统和古近系始新统砂岩成藏组合，位于秘鲁东北部陆上，地表平均海拔120m，最大海拔140m，发育背斜圈闭（图6-3-3-1），圈闭面积42km²，发现于1971年。截至2018年，共发现油气2P可采储量244.28×10⁶bbl油当量，其中石油240.0×10⁶bbl、天然气25.65×10⁹ft³（表6-3-3-1）。

储层位于上白垩统和始新统，上白垩统Vivian和Chonta组是主要储层，其中Chonta组储层埋深2835m，厚度220m，可划分为Cetico、Pona、Lupuna等层段，最主要的储层在Cetico段，平均厚度42m，沉积环境为海相三角洲前缘，岩性为细—粗粒次长石砂岩，孔隙度为19%～22%，渗透率100～2500mD，油水界面-2885m，原油重度25°API，原油黏度2.81mPa·s；Pona段埋深2670m，岩性为钙质砂岩，平均孔隙度为19%，平均渗透率200～1200mD，油水界面-2757m，原油重度23°API，原油黏度8.95mPa·s。

1972年投入生产，截至2018年，累计生产油气232.83×10⁶bbl油当量。

2. 卡帕瓦里苏尔（Capahuari Sur）油田

属于上白垩统砂岩成藏组合，位于秘鲁北部陆上靠近厄瓜多尔，地表最大海拔235m，发育近北西向背斜，圈闭面积26.3km²，发现于1973年。截至2018年，共发现油气2P可采储量198.33×10⁶bbl油当量，其中石油195.0×10⁶bbl、天然气20.0×10⁹ft³。

储层位于上白垩统，Vivian和Chonta组，其中Vivian组是主要储层，埋深3597m，厚度30m，有效厚度12m，沉积环境为浅海，岩性为砂岩，平均孔隙度为16%，平均渗透率1500mD，油水界面-3660m，含油高度63m，原油重度36°API。Chonta组储层埋深3870m，沉积环境为海相三角洲，岩性为砂岩。

1978年投入生产，截至2018年，累计生产油气171.29×10⁶bbl油当量。

3. 希维亚库（Shiviyacu）油田

属于上白垩统砂岩成藏组合，位于秘鲁北部陆上靠近厄瓜多尔，地表最大海拔223m（图6-3-3-2），构造发育近北北西向背斜，包括南北两个局部高点，圈闭面积48km²，发现于1973年。截至2018年，共发现油气2P可采储量167.67×10⁶bbl油当量，其中石油165.0×10⁶bbl、天然气16.0×10⁹ft³。

储层位于上白垩统Vivian和Chonta组，其中Vivian组是主要储层，埋深2590m，厚度50m，有效厚度46m，沉积环境为浅海，岩性为石英砂岩，平均孔隙度为17%，油水界面-2617m，含油高度27m，原油重度24°API。Chonta组储层埋深2804m，沉积环境为海洋三角洲，岩性为砂岩—泥质砂岩。

1975年投入生产，截至2018年，累计生产油气142.45×10⁶bbl油当量，其中石油139.95×10⁶bbl、天然气14.987×10⁹ft³。

4. 雷亚（Raya）油田

属于上白垩统砂岩成藏组合，位于秘鲁北部陆上靠近厄瓜多尔，地表最大海拔179.8m，发育近北北西向背斜，圈闭面积59.8km²，发现于2006年。截至2018年，共发现油气2P可采储量101.17×10⁶bbl油当量，其中石油100.0×10⁶bbl、天然气7.0×10⁹ft³。

表 6-3-3-1 马拉农盆地（秘鲁境内）主要油气田属性表

序号	油气田名称	油气田类型	地理位置	发现年份	主要成藏组合	主要储层岩性	2P 可采储量 石油(10⁶bbl)	2P 可采储量 天然气(10⁹ft³)	2P 可采储量 凝析油(10⁶bbl)	油气总和(10⁶bbl 油当量)
1	科连特斯（Corrientes）	油田	陆上	1971	上白垩统、始新统	砂岩	240.00	25.65	0.00	244.28
2	卡帕瓦里苏尔（Capahuari Sur）	油田	陆上	1973	上白垩统	砂岩	195.00	20.00	0.00	198.33
3	希维亚库（Shiviyacu）	油田	陆上	1973	上白垩统	砂岩	165.00	16.00	0.00	167.67
4	雷亚（Raya）	油田	陆上	2006	上白垩统	砂岩	100.00	7.00	0.00	101.17

储层位于上白垩统 Vivian 和 Chonta 组，其中 Vivian 组是主要储层，埋深 1574m，厚度 12m，有效厚度 11m，沉积环境为浅海，岩性为砂岩。原油重度 12.4°API。Chonta 组储层埋深 1645m，沉积环境为海相三角洲，岩性为砂岩。

油田处在评价阶段，尚未投入生产。

5. 勘探开发潜力

中国石油 2018 年资源评价认为，马拉农盆地常规待发现油气可采资源量 3763.10×10^6bbl 油当量，其中石油 3650.00×10^6bbl、天然气 656.00×10^9ft^3。盆地在秘鲁境内待发现油气可采资源量 3291.97×10^6bbl 油当量，其中石油 3193.75×10^6bbl、天然气 574.00×10^9ft^3。盆地常规油气勘探潜力较大。

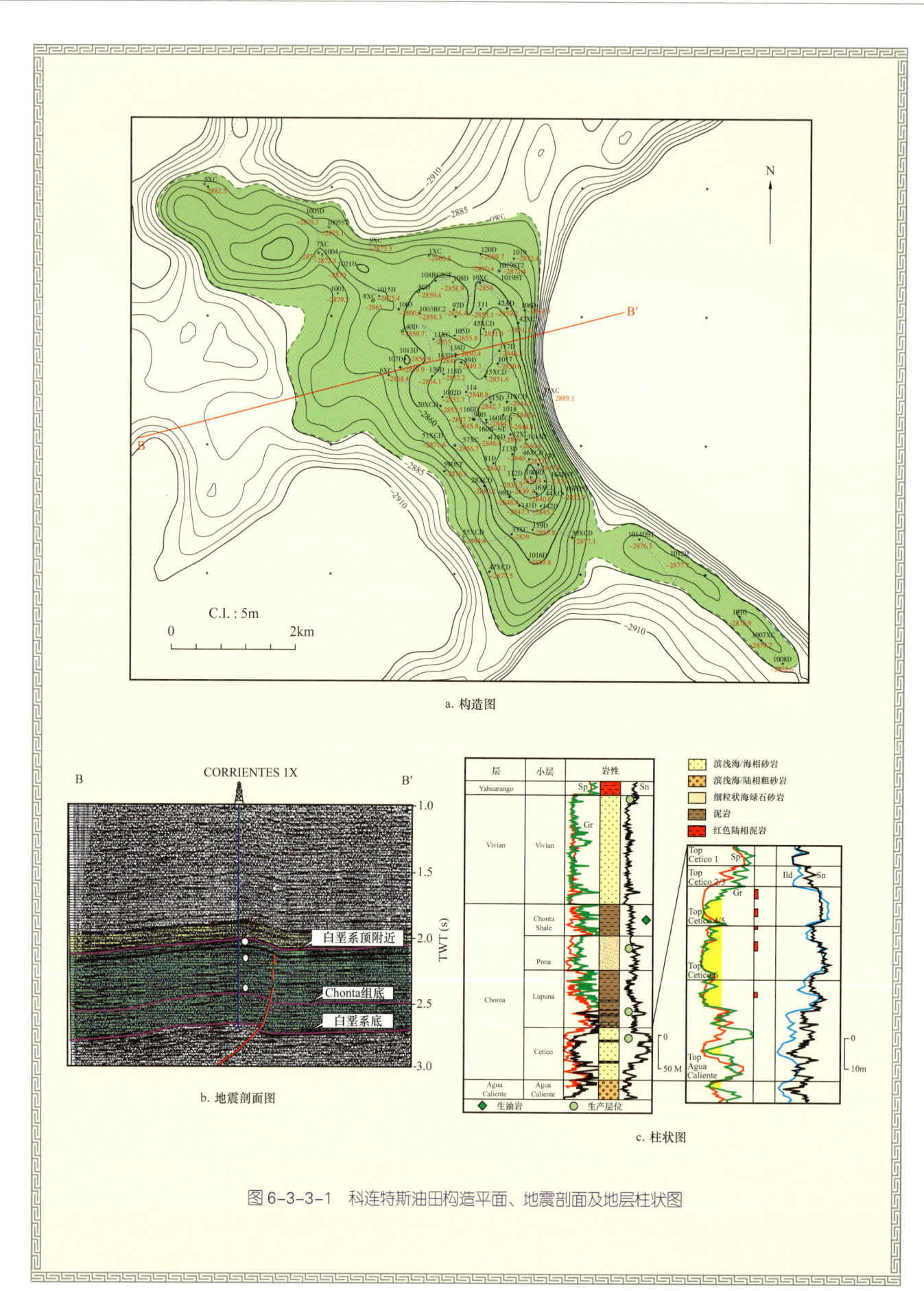

南美地区 South America

a. 构造图

b. 地震剖面图

c. 柱状图

图 6-3-3-1 科连特斯油田构造平面、地震剖面及地层柱状图

秘鲁

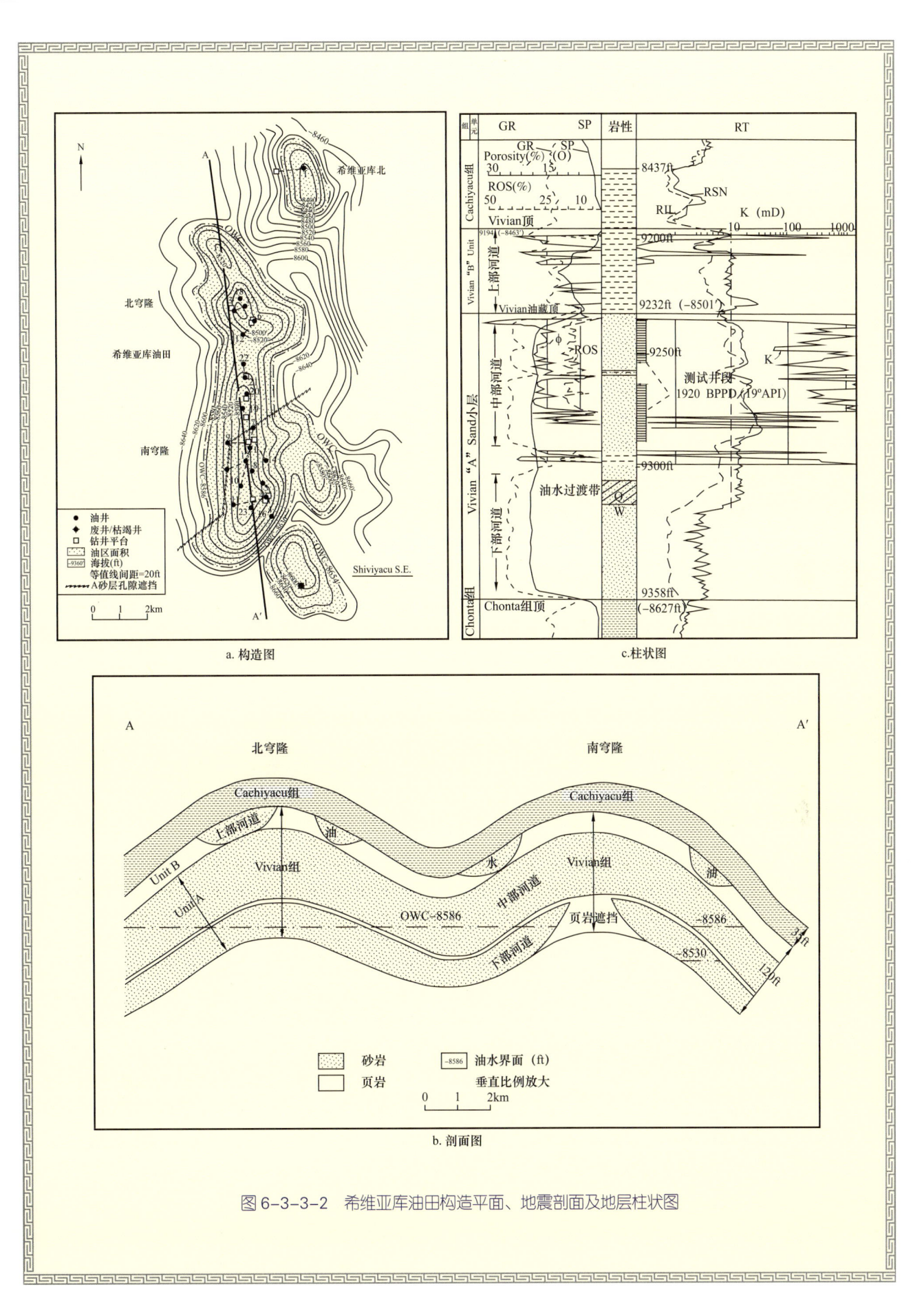

图 6-3-3-2 希维亚库油田构造平面、地震剖面及地层柱状图

（四）塔拉拉盆地

塔拉拉（Talara）盆地位于秘鲁西北海岸（图6-3-4-1），呈北东—南西走向，长约150km，宽约40km。盆地总面积25123.3km²，其中陆上面积6312.7km²，海上面积18810.6km²。

1. 勘探开发历程

盆地的油气勘探开发已有100多年历史，大致经历了早期勘探开发、勘探开发活跃和稳定发展3个阶段（图6-3-4-2）。

早期勘探开发阶段（1869—1900年）：盆地进入勘探开发期比较早，1869年就发现了盆地至今为止最大的油田，油气2P可采储量近14×10^8bbl。在1890年之前盆地共钻了28口探井，位于塔拉拉城附近的大La Brea-Parinas油区于1875年就投入开发，为之后油气勘探开发奠定了基础。

勘探开发活跃阶段（1901—1999年）：该阶段盆地探井钻探有几个高峰期。1921—1930年，盆地年平均钻井23口，最高年钻井36口（1929年）。1937—1985年，年平均钻井24口。新的油气田不断发现，但储量规模不大。20世纪80年代早期开发钻井达到最高水平，此后钻井数量平稳下降，直到20世纪90年代中期。1995—1996年，开发钻井重新活跃起来。秘鲁在第一次世界大战期间就成为一个重要的石油出口国。第一次世界大战之后，IPC（国际石油公司）主导了盆地大部分的石油勘探开发活动。盆地的地震采集始于1971年，当年仅采集了二维地震205km。随后在1972—1974年和1979—1982年有过两次二维地震采集高峰期，第一次高峰期采集了约1.5×10^4km的二维地震，第二次高峰期得到了近8000km的二维地震资料。盆地三维地震采集始于1995年，采集区域主要集中在盆地的中部，当年共采集三维地震329km²。随后在1996年又采集了100km²的三维地震资料。1998年采集183km²，2000年采集1270.4km²。

稳定发展阶段（2000年至今）：该阶段盆地储量间断发现，开发通过补充新井、提高采收率等措施保持了一定油气产量。

截至2018年，该盆地共发现油气田77个，累计发现油气2P可采储量3585.58×10^6bbl油当量，其中石油2790.85×10^6bbl、凝析油6.32×10^6bbl、天然气4730.45×10^9ft³。

盆地共发现大油气田1个，油气2P可采储量1389.785×10^6bbl油当量，占盆地总储量的38.8%。

2018年，盆地石油年产量21.43×10^6bbl，天然气6.88×10^6bbl油当量。截至2018年，盆地累计生产石油、天然气分别为554.07×10^6bbl、76.76×10^6bbl油当量。

2. 区域地质

塔拉拉盆地属于弧前盆地（图6-3-4-3），构造演化共可划分为四个阶段：（1）碰撞期：从侏罗纪到坎潘期，盆地处在弧前会聚边缘。（2）早拉张期：从晚白垩世到古新世，主要形成高角度正断层，在陆地一侧形成北东—南西走向的右旋走滑体系。（3）晚拉张期：在始新世，主要形成高角度正断层、断块和扭曲断层（图6-3-4-4），秘鲁北部的板块边界变成右旋走滑转换边界，在始新世时期形成一个完全开裂体系。（4）渐新世—更新世隆起期：主要形成断层、倾斜断块。受构造运动控制，盆地沉积了古生界、中生界和新生界。

3. 石油地质特征

1）烃源岩

盆地主要烃源岩为上白垩统Redondo组页岩（图6-3-4-5），次要烃源岩包括上白垩统Muerto组碳酸盐岩

和始新统 Chacra、Pale Greda、Talara、Monte 和 Pozo 组和渐新统 Heatla 组页岩。

上白垩统 Redondo 组页岩厚度 3～335m，在盆地南部镜质组反射率约为 0.5%，总有机碳含量为 1%。

2）储层

盆地储层包括古近系、白垩系和泥盆—石炭系砂岩（图 6-3-4-5）。其中，古近系是主要储层，其次为白垩系，泥盆—石炭系储量不足 1%。古近系始新统包括 6 套储层：

Mogollon 组砂岩，孔隙度 15%～25%，渗透率最大可达 650mD。

Basal Salinas 组砂岩平均渗透率为 20mD，最高可达 1000mD，平均孔隙度为 20%，孔隙度最高可达 25%。

Ostrea 组砂岩孔隙度 15%～20%，渗透率 20～650mD。

Parinas 组河流—三角洲相砂岩，孔隙度 15%～23%，渗透率 100～1000mD。

Echinocyamus 组砂岩孔隙度 15%～25%，渗透率最大可达 650mD。

Talara 组上部砂岩段浅海相和河流相砾岩，孔隙度 15%～20%，渗透率 50～500mD。

Verdun 组浅海相砂岩，孔隙度 15%～25%，渗透率 20～600mD。

次要储层有两套：

上白垩统顶部 Ancha 组是盆地南部 Portachuela 地区的主要产层之一，发育裂缝型砂岩，平均孔隙度约 10%，平均渗透率 4mD。

古新统底部 Mesa 组砂岩，是海上 Providencia 油田的一个产层。

3）盖层

盆地盖层集中发育在古近系（图 6-3-4-5），始新统层间页岩 Ballones 组到 Chira 组均有分布。

4）圈闭类型

盆地主要圈闭类型为构造型，受安第斯造山运动影响，盆地发育大量断层，形成大量复杂的断块圈闭。

4. 常规油气成藏组合

盆地可划分为 3 套成藏组合（图 6-3-4-5），由下至上依次为：泥盆系—石炭系 Ampotape 组砂岩成藏组合、白垩系砂岩成藏组合和古近系砂岩成藏组合。

5. 典型油气田

1）普罗维登西亚（Providencia）油田

属于古近系成藏组合，位于秘鲁西北部的海陆结合部，大部分在海上，平均水深 91.44m，陆上平均海拔 15.2m，发育断块圈闭（图 6-3-4-6），圈闭面积 24km²，发现于 1960 年。截至 2018 年，共发现油气 2P 可采储量 46.67×10⁶bbl 油当量，其中石油 30.0×10⁶bbl、天然气 100.0×10⁹ft³（表 6-3-4-1）。

产层位于 Parinas 组、Pale Greda 组、Basal Salina 组、Mogollon 组和古新统 Mesa 组，其中 Basal Salina 组是主要储层，Parinas 组是次要储层。Basal Salina 组含油面积 24km²，储层埋深 762m，储层厚度 41～79m，储层有效厚度 25～61m，岩性为中粗粒石英砂岩，孔隙度 10%～16%，平均 13%，平均渗透率 17mD；原油重度 39°API，原油黏度 0.7mPa·s。Parinas 组含油面积 4km²，储层埋深 366m，储层厚度 305m，岩性为中粗粒石英砂岩，孔隙度 12%～18%，渗透率 30～50mD。

1967 年投入生产，截至 2018 年，累计生产油气 13.49×10⁶bbl 油当量。

2）佩那内格拉（Pena Negra）油田

包括白垩系古近系成藏组合，位于秘鲁西北部海上，平均水深 91.44m，发育断背斜圈闭（图 6-3-4-7），圈闭面积 90km²，发现于 1955 年。截至 2018 年，共发现油气 2P 可采储量 283.4×10⁶bbl 油当量，其中石油 195.0×10⁶bbl、凝析油 5.0×10⁶bbl、天然气 500.0×10⁹ft³（表 6-3-4-1）。

1982 年投入生产，截至 2018 年，累计生产油 261.74×10⁶bbl。

6. 勘探开发潜力

中国石油 2018 年资源评价认为，盆地常规待发现油气可采资源量 691.40×10⁶bbl 油当量，其中石油 540.74×10⁶bbl、天然气 873.80×10⁹ft³。盆地中部海陆交互处三套成藏组合都具有一定的勘探潜力。

表 6-3-4-1 塔拉拉盆地主要油气田属性表

序号	油气田名称	油气田类型	地理位置	发现年份	主要成藏组合	主要储层岩性	2P 可采储量			
							石油（10⁶bbl）	天然气（10⁹ft³）	凝析油（10⁶bbl）	油气总和（10⁶bbl 油当量）
1	普罗维登西亚（Providencia）	油田	海上	1960	始新统、古新统	砂岩	30.00	100.00	0.00	46.67
2	佩那内格拉（Pena Negra）	油田	海上	1955	上白垩统、始新统	砂岩	195.00	500	0.00	283.33

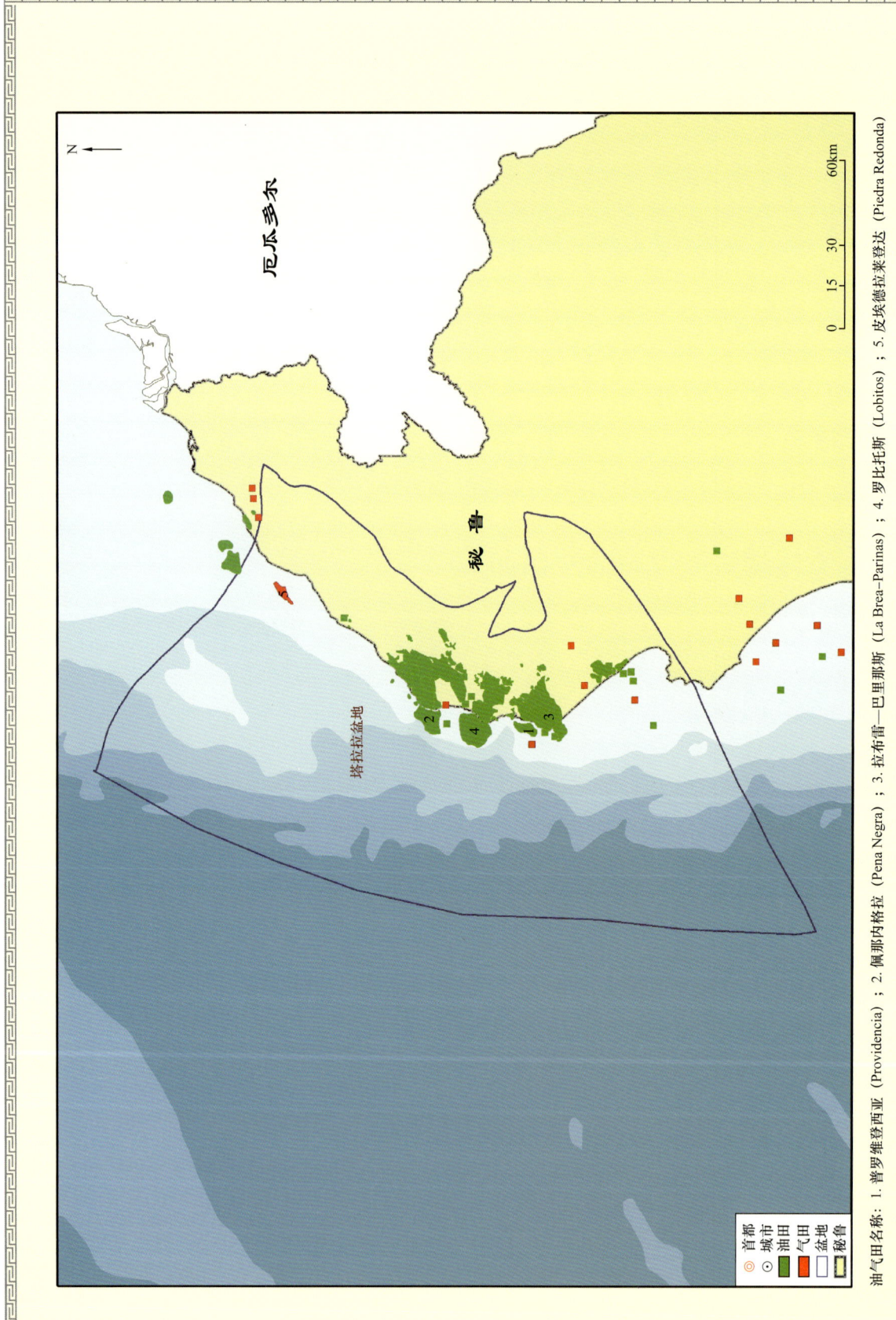

图6-3-4-1 塔拉拉盆地油气田位置分布图

油气田名称：1.普罗维登西亚（Providencia）；2.佩那内格拉（Pena Negra）；3.拉布雷—巴里那斯（La Brea-Parinas）；4.罗比托斯（Lobitos）；5.皮埃德拉莱登达（Piedra Redonda）

秘鲁

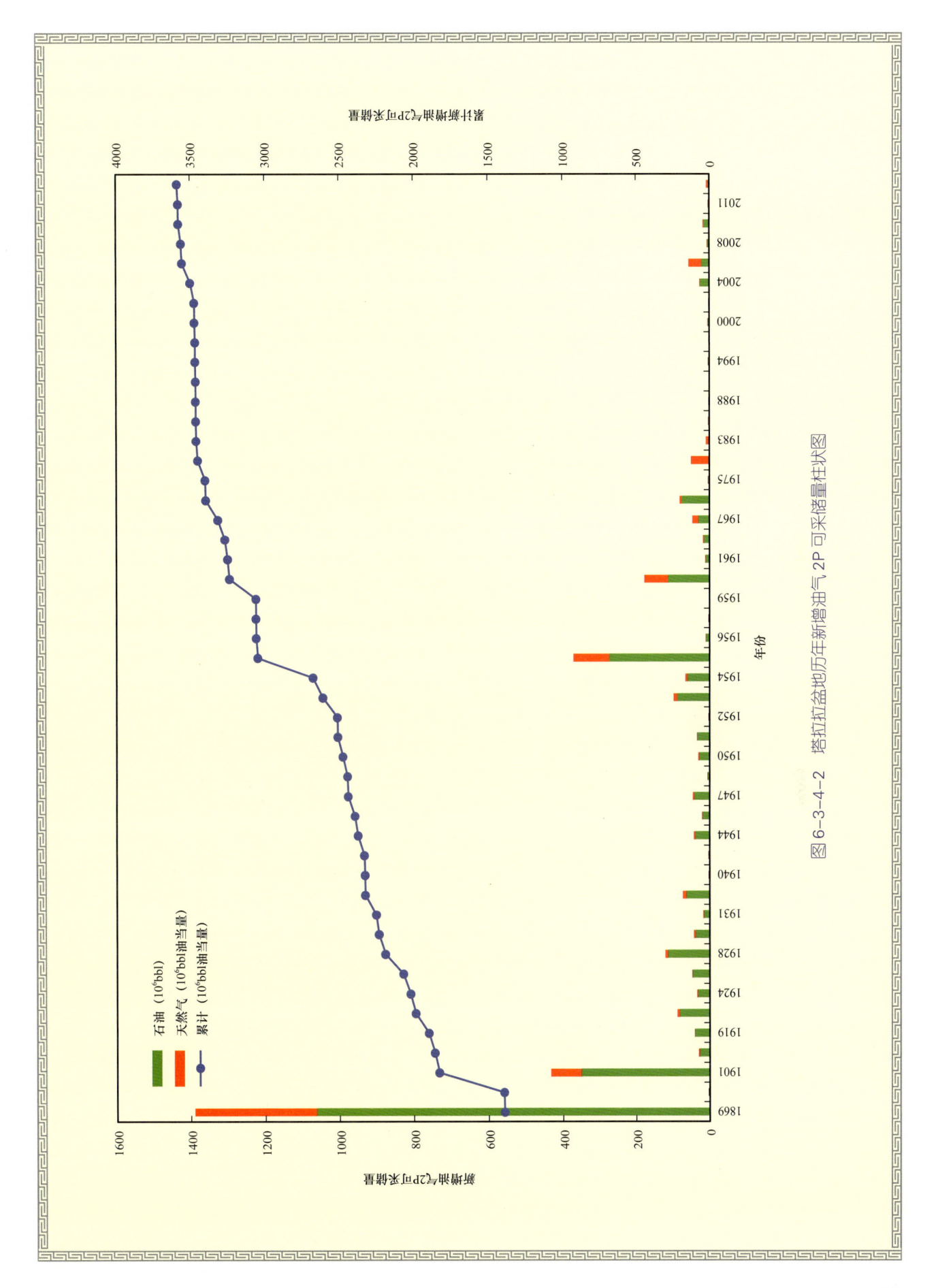

图6-3-4-2 塔拉盆地历年新增油气2P可采储量柱状图

511

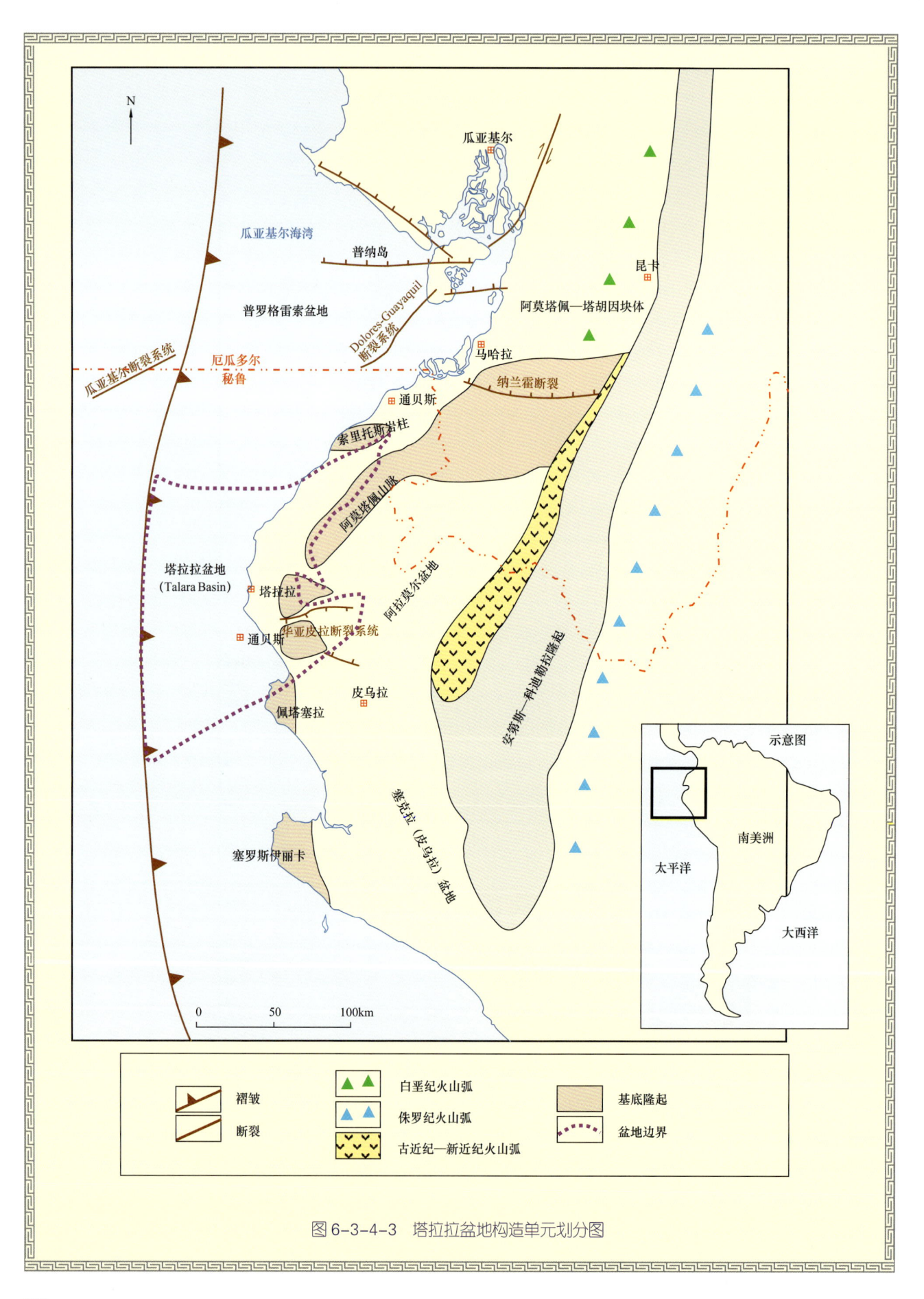

图 6-3-4-3 塔拉拉盆地构造单元划分图

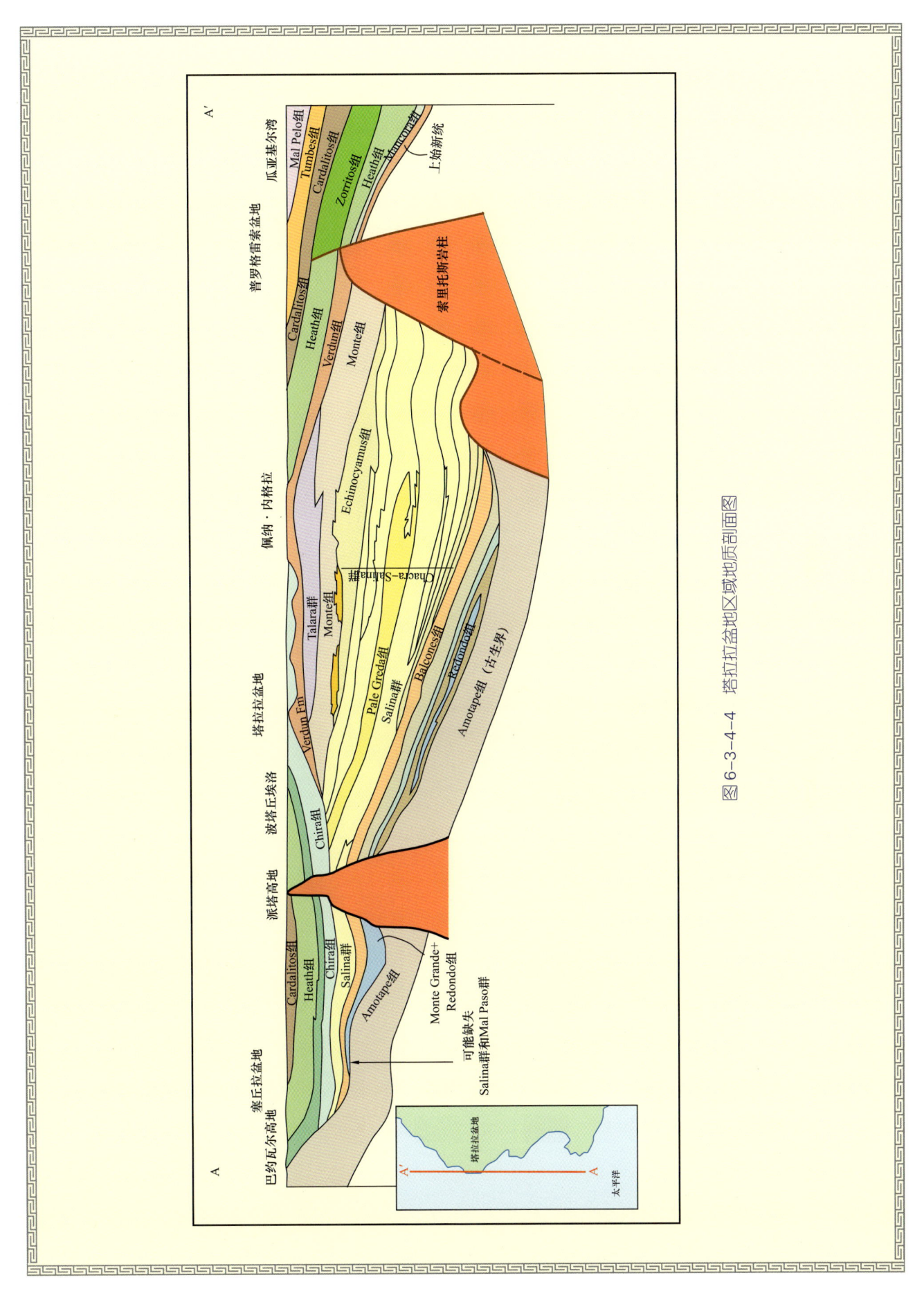

图 6-3-4-4 塔拉拉盆地区域地质剖面图

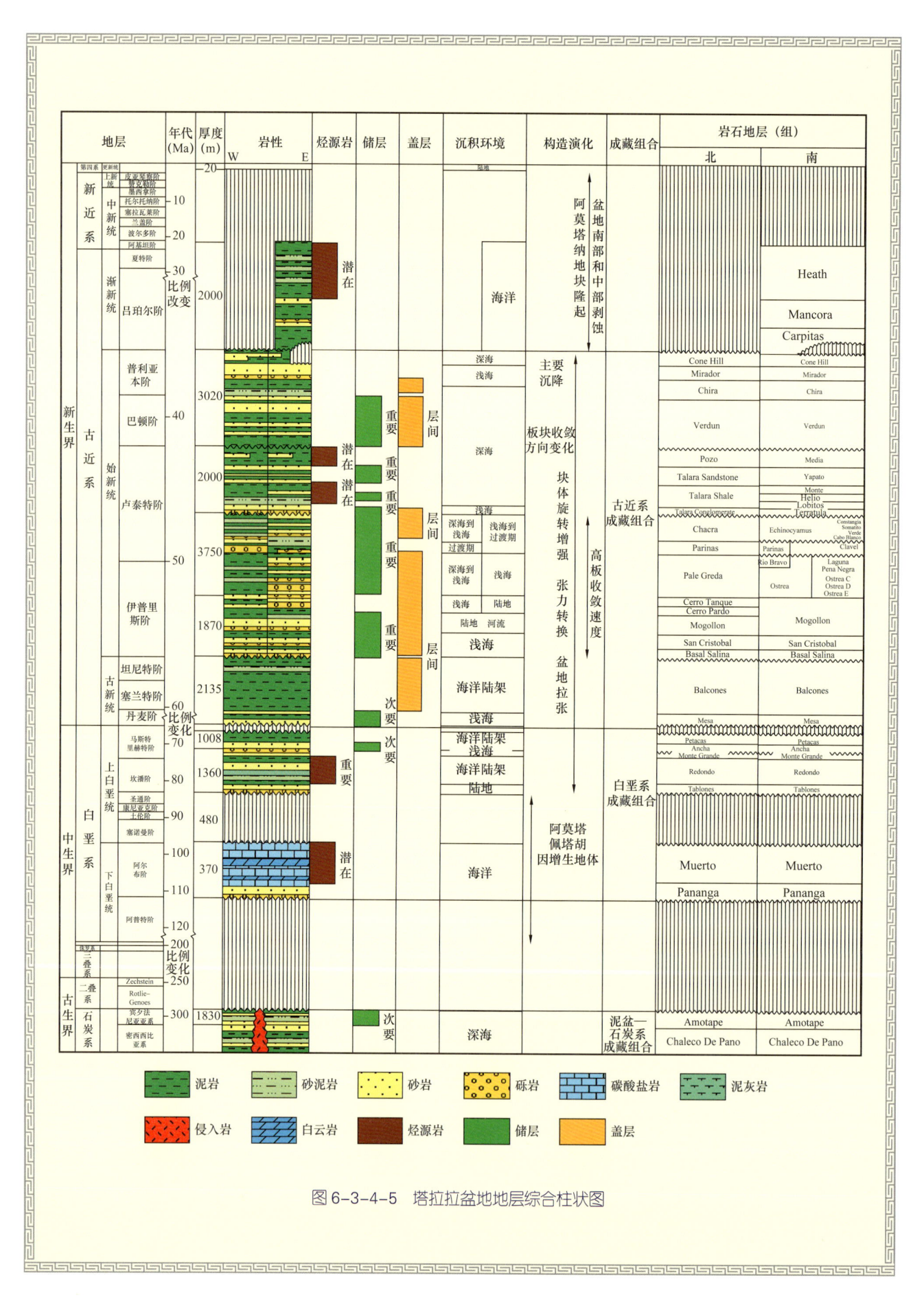

图 6-3-4-5 塔拉拉盆地地层综合柱状图

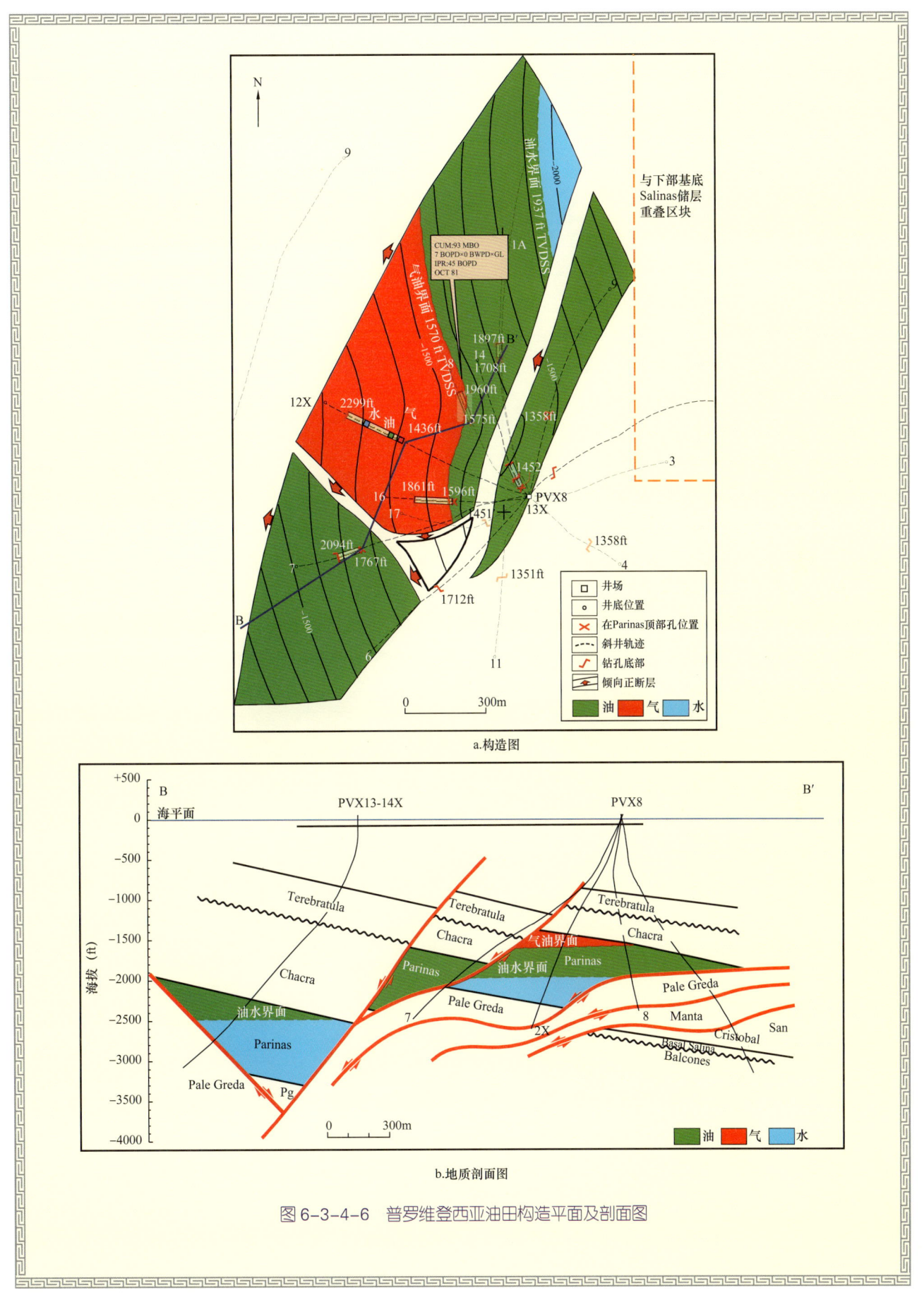

图 6-3-4-6　普罗维登西亚油田构造平面及剖面图

世界油气勘探开发与合作形势图集 | 南美地区 South America

图 6-3-4-7 佩那内格拉油田构造平面、剖面及地层柱状图（B—B'见图 6-3-4-6）

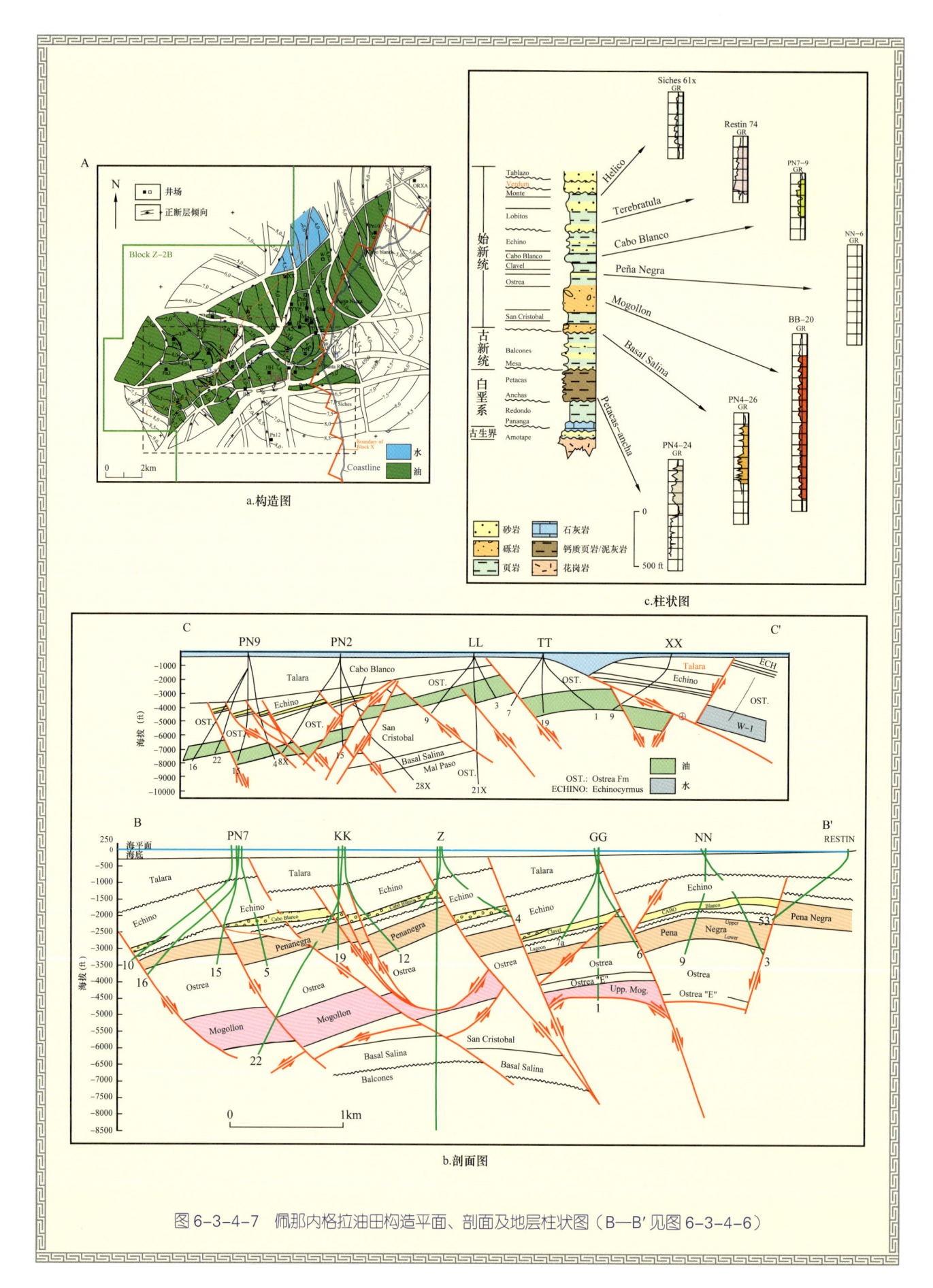

（五）塞丘拉盆地

塞丘拉（Sechura）盆地位于秘鲁西北，主体位于陆上，向南延伸到海上。盆地总面积 28846km²，其中陆上面积 18972km²，海上面积 9892km²（图 6-3-5-1）。

1. 勘探开发历程

塞丘拉盆地的油气勘探可分为早期勘探阶段、储量持续增长两个阶段（图 6-3-5-2）。

早期勘探阶段（1927—1990 年）：盆地勘探始于 20 世纪 20 年代，从地质调查开始，1927—1928 年钻探 5 口探井，1953—1956 年共钻 16 口探井，1974 年钻探井 1 口并发现了 La Casita 气田，2P 可采储量 $5.0×10^9ft^3$，系盆地首次发现。此后未发现新的油气田。

储量持续增长阶段（1991 年至今）：盆地二维地震采集始于 1997 年，当年共采集二维地震 142.5km，随后在 1999 年和 2005 年分别采集了 166km、2149km。在 2000—2001 年和 2005—2008 年间，分别采集 315km² 和 1569.6km² 的三维地震资料。1997—2008 年共钻 25 口探井。2006—2007 年在圣佩德罗（San Pedro）油田完钻 5 口开发井，均钻遇油层。该油田的产量由 2005 年的 $0.3×10^6bbl$ 上升 4 倍，达到 2006 年的 $1.3×10^6bbl$。2003 年拉卡斯塔（La Casita）气田达到生产高峰。

截至 2018 年，该盆地共发现油气田 10 个，累计发现油气 2P 可采储量 $318.85×10^6bbl$ 油当量，其中石油 $77.0×10^6bbl$、凝析油 $2.22×10^6bbl$、天然气 $1437.8×10^9ft^3$。

2018 年，盆地石油年产量 $0.18×10^6bbl$，天然气 $4.3×10^9ft^3$。截至 2018 年，盆地累计生产石油、天然气分别为 $8.1×10^6bbl$、$29×10^9ft^3$。

2. 区域地质

塞丘拉盆地是弧前盆地（图 6-3-5-3），主要发育古生界泥盆系—二叠系、中生界和新生界，古生界和中生界连续分布在整个陆架区和秘鲁斜坡上部。新生代的造山运动为会聚和俯冲运动交替进行，地层主要沉积在最近的 3 个主要的海侵旋回，包括古新世—中始新世、渐新世、中新世。始新世—渐新世印加造山运动是安第斯—科迪勒拉地区新生界最重要的挤压事件，形成了大型褶皱和地壳加厚，该造山运动以 Chirac 和中新统 Mancora 组之间连续的区域不整合为开始标志。始新世后的沉积地层主要为浅海和微咸水环境，主要沉积了一些页岩和泥质砂岩，以含有海绿石、凝灰岩物质、鱼类生物残余物硅藻土和一些具有商业开采价值的磷酸岩地层为标志。

3. 石油地质特征

1）烃源岩

塞丘拉盆地发育有石炭—泥盆系 Amotape 组、下三叠统到中侏罗统 Pucara 群、白垩系 Muerto-Pananga 组、Copa Sombrero 组和始新统 Chira 组、Verdun 组等多套烃源岩层（图 6-3-5-4）。

2）储层

石炭系—泥盆系 Amotape 组裂缝砂岩、始新统 Verdun 组砂岩是主要储层，上白垩统 Tortuga 组砂砾岩是次要储层。

3）盖层

塞丘拉盆地有四套盖层：分别为石炭—泥盆系的 Amptape 组、上白垩统 Tortuga 组、始新统 Verdun 和 Chirac 组海相页岩层（图 6-3-5-4）。

4）圈闭类型

主要为断块型圈闭。

4. 常规油气成藏组合

盆地已证实 3 套成藏组合（图 6-3-5-4）：由下至上依次为：石炭—泥盆系、白垩系和古近系成藏组合。其中石炭—泥盆系和古近系是重要的成藏组合。

石炭—泥盆系成藏组合：为自生自储型，盖层为层间页岩。

白垩系浊积砂岩成藏组合：烃源岩为下三叠统到中侏罗统 Pucara 组页岩和上白垩统 Copa Sombrero 组页岩，储层为上白垩统 Tortuga 组浊积砂岩，盖层为上白垩统 Tortuga 组页岩。

古近系河流相砂岩成藏组合：烃源岩为下三叠统到中侏罗统 Pucara 组页岩，储层为始新统 Vordun 组河流相砂岩，盖层主要为层间页岩。

5. 典型油气田

1）圣弗朗西斯科（San Francisco）气田

包括古近系和石炭—泥盆系成藏组合，位于秘鲁西北部海上，最大水深 25m，发现于 2008 年。截至 2018 年，共发现油气 2P 可采储量 91.0×10^6 bbl 油当量，其中凝析油 1.0×10^6 bbl、天然气 $540.0 \times 10^9 ft^3$（表 6-3-5-1）。

储层为始新统 Verdun 组和石炭—泥盆系 Amotape 组。Amotape 组顶部埋深 2020m，厚度 400m，有效厚度 25m，岩性为浅海相砂岩，平均孔隙度 10%，平均渗透率 1000mD。Verdun 组储层埋深 1000m，岩性为浅海相砂岩。凝析油重度 45°API。

油田处于开发准备阶段，未投产。

2）圣佩德罗埃斯特（San Pedro Este）气田

属于石炭—泥盆系成藏组合，位于秘鲁西北部海上，最大水深 30m，发现于 2007 年。截至 2018 年，共发现油气 2P 可采储量 60.7×10^6 bbl 油当量，其中凝析油 0.7×10^6 bbl、天然气 $360.0 \times 10^9 ft^3$（表 6-3-5-1）。

储层为石炭—泥盆系 Amotape 组，顶部埋深 2000m，厚度 400m，有效厚度 25m，岩性为浅海相砂岩，平均孔隙度 10%，平均渗透率 1000mD。凝析油重度 45°API。

油田处于开发准备阶段，未投产。

3）圣佩德罗（San Pedro）油田

属于石炭—泥盆系成藏组合，位于秘鲁西北部海上，最大水深 75m，发育构造圈闭和地层—构造复合圈闭，圈闭面积 $5km^2$，发现于 2005 年。截至 2018 年，共发现油气 2P 可采储量 35.2×10^6 bbl 油当量，其中石油 35.0×10^6 bbl、天然气 $1.0 \times 10^9 ft^3$（表 6-3-5-1）。

储层为石炭—泥盆系 Amotape 组，顶部埋深 1900m，厚度 400m，有效厚度 25m，岩性为浅海相砂岩，平均孔隙度 10%，平均渗透率 1000mD。凝析油重度 45°API。

2005 年投入生产，2018 年石油年产量为 0.18×10^6 bbl，截至 2018 年，累计生产石油 8.27×10^6 bbl。

6. 勘探开发潜力

中国石油 2018 年资源评价认为，盆地常规待发现油气可采资源量 372.16×10^6 bbl 油当量，其中石油 120.37×10^6 bbl、天然气 $1460.37 \times 10^9 ft^3$，有一定的勘探潜力。最有利勘探区位于盆地西北部，该区具有近源优势，三套成藏组合在该区均有发育，具有良好的生储盖匹配条件。

表 6-3-5-1 塞丘拉盆地主要油气田属性表

序号	油气田名称	油气田类型	地理位置	发现年份	主要成藏组合	主要储层岩性	2P可采储量			
							石油（10⁶bbl）	天然气（10⁹ft³）	凝析油（10⁶bbl）	油气总和（10⁶bbl油当量）
1	圣弗朗西斯科（San Francisco）	气田	海上	2008	古近系、石炭—泥盆系	砂岩	0	540	1	91
2	圣佩德罗埃斯特（San Pedro Este）	气田	海上	2007	石炭—泥盆系	砂岩	0	360	0.7	60.7
3	圣佩德罗（San Pedro）	油田	海上	2005	石炭—泥盆系	砂岩	35	1	0	35.2

图6-3-5-1 塞丘拉盆地油气田位置分布图

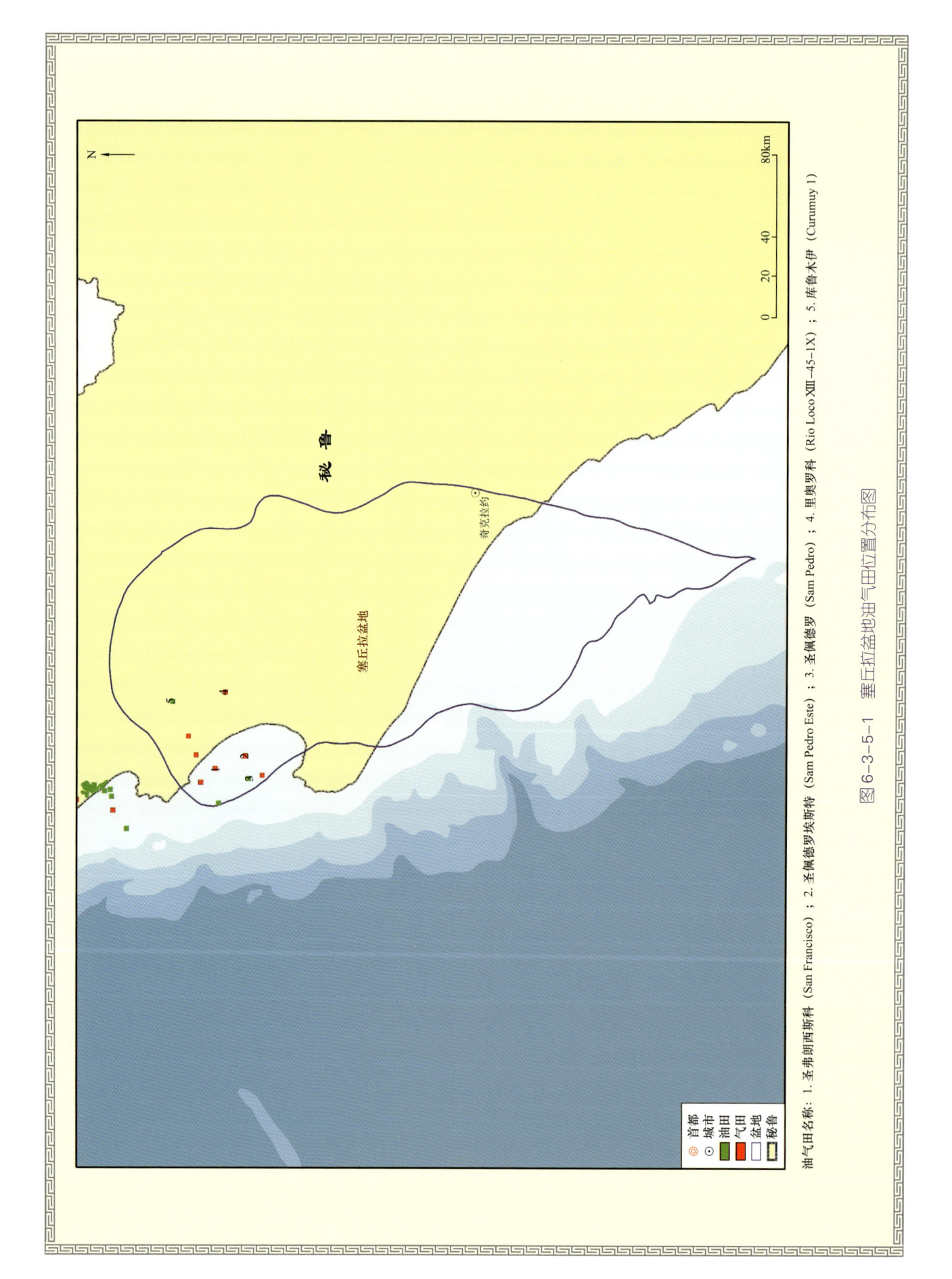

油气田名称：1. 圣弗朗西斯科（San Francisco）；2. 圣佩德罗埃斯特（Sam Pedro Este）；3. 圣佩德罗（Sam Pedro）；4. 里奥罗科（Rio Loco XIII-45-1X）；5. 库鲁木伊（Curumuy 1）

秘鲁

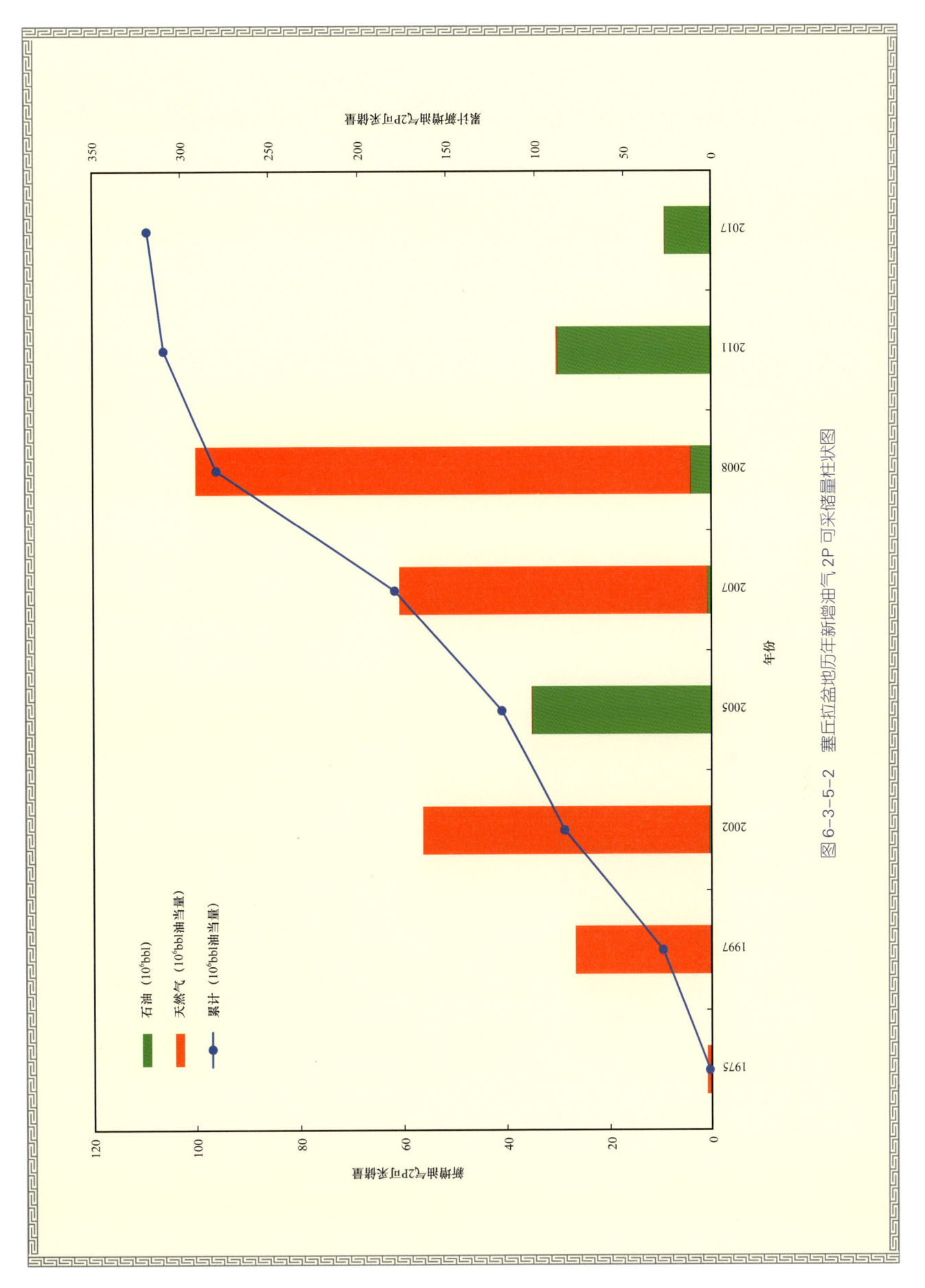

图 6-3-5-2 塞丘拉盆地历年新增油气 2P 可采储量柱状图

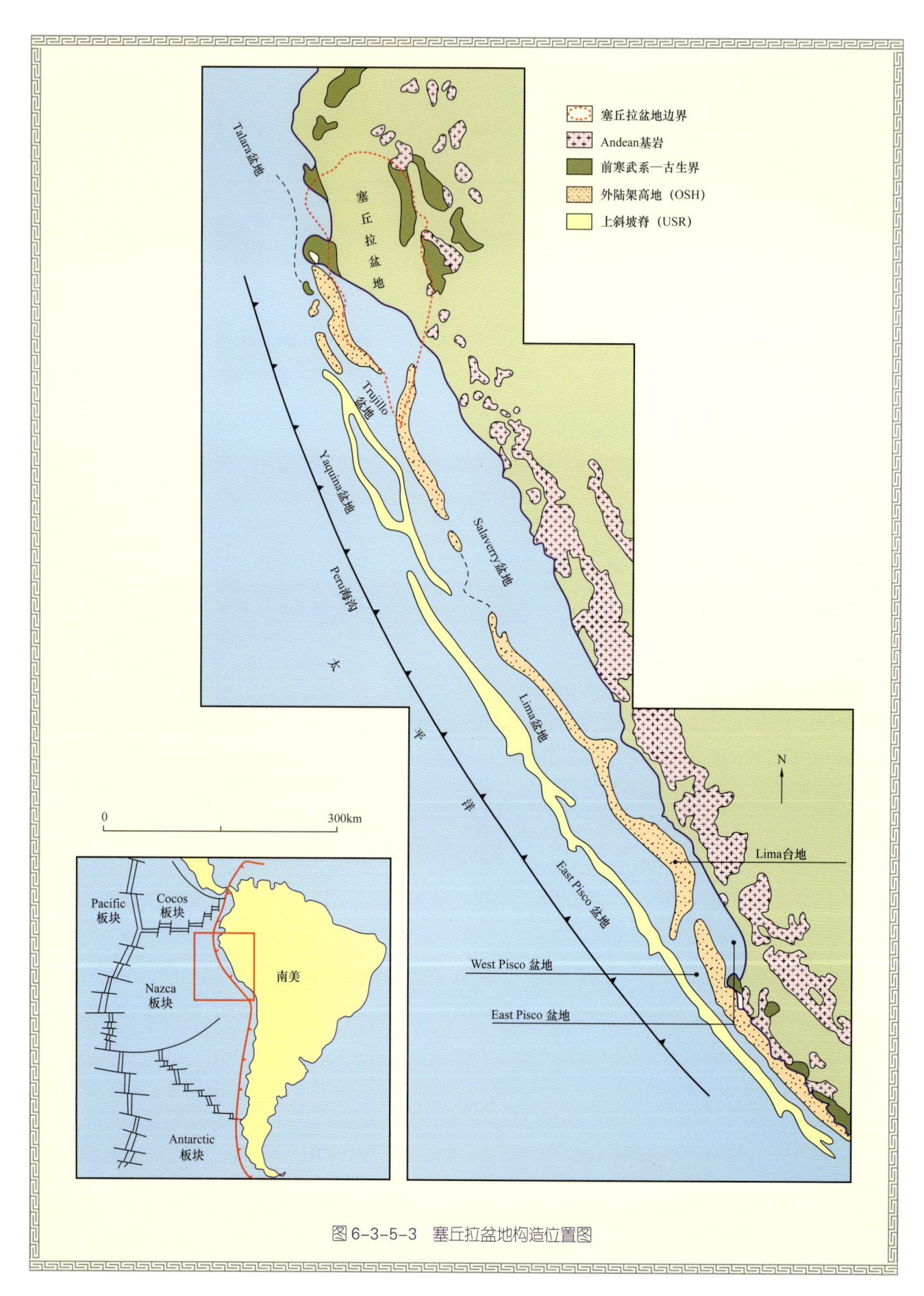

图 6-3-5-3　塞丘拉盆地构造位置图

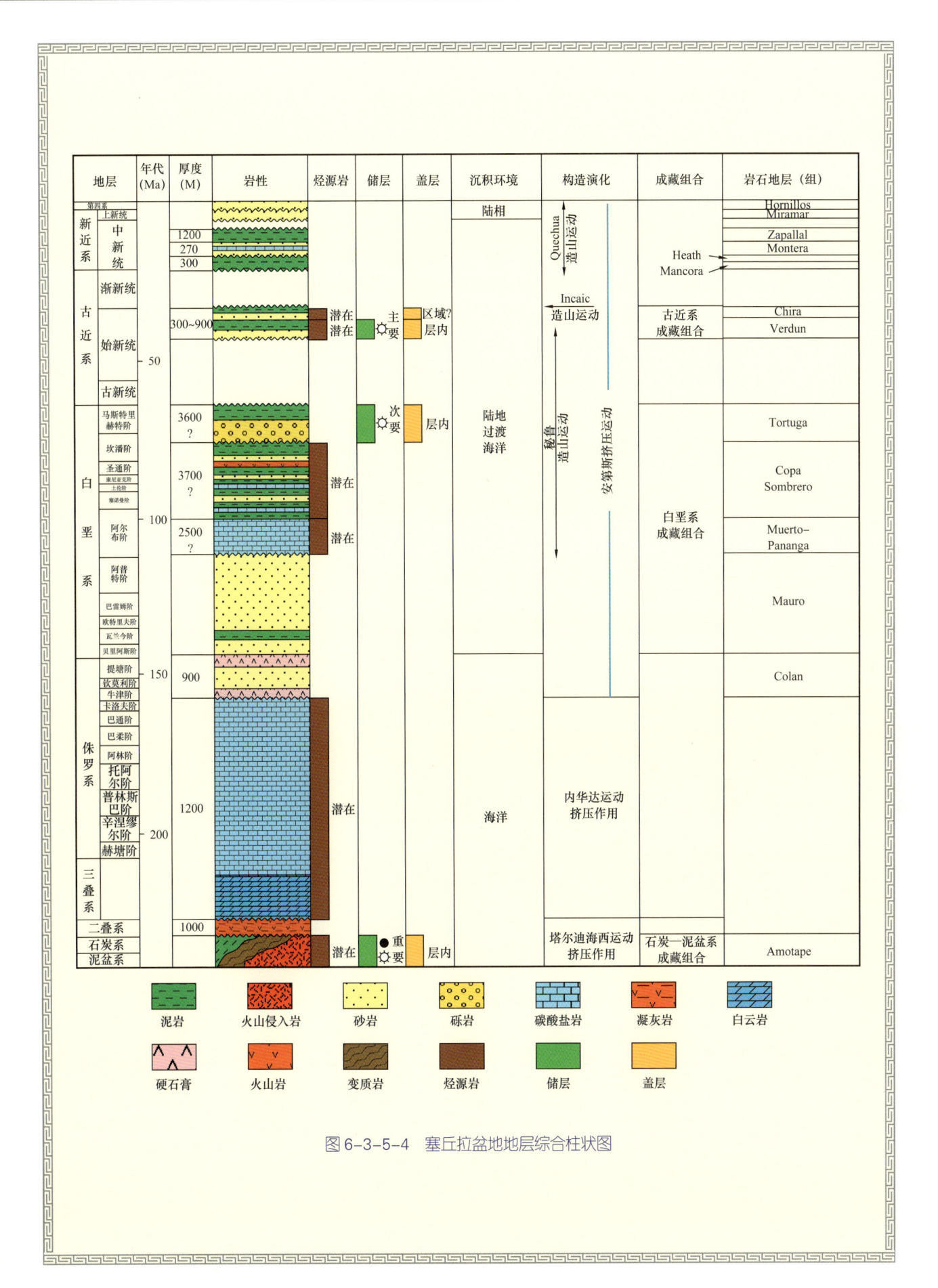

图 6-3-5-4 塞丘拉盆地地层综合柱状图

（六）乌卡亚利盆地

乌卡亚利（Ucayali）盆地地处秘鲁东部和巴西西部（图6-3-6-1），大部分位于秘鲁。乌卡亚利盆地长650km，宽250km，面积为 $10.6\times10^4km^2$。

1. 勘探开发历程

乌卡亚利盆地的油气勘探开发经历了早期勘探、快速增储上产和勘探开发稳定发展3个阶段（图6-3-6-2）。

早期勘探阶段（1930—1979年）：在盆地勘探早期，根据地表油苗和地貌进行钻探，1939年钻探的Agua Caliente A1井井深358m，在下白垩统Cushabatay组311~358m井段测试原油产量750 bbl/d，发现了Agua Caliente油田。50年代在Agua Caliente油田的北部发现两个油田，即Maquia和Pacaya油田。50年代开始了二维地震勘探，60—70年代，进行了多轮二维地震勘探，其中70年代累计采集二维地震测线12810km。

快速增储上产阶段（1980—1998年）：20世纪80年代之后，地震和钻井工作量增多，集中发现一批油田。其中1984年和1986年分别发现了2P可采储量大于 10×10^8bbl 的油气田，储量快速增长。同时秘鲁石油公司开始在帕卡亚地区进行了大规模石油开采。

勘探开发稳定发展阶段（1999年至今）：2000年以后，每年发现油气田较少，新增储量较小。

截至2018年，该盆地共发现油气田21个，累计发现油气2P可采储量 4869.79×10^6bbl 油当量，其中石油 68.35×10^6bbl、凝析油 1184.234×10^6bbl、天然气 $21703.25\times10^9ft^3$。

乌卡亚利盆地共发现大气田3个，油气2P可采储量 3721.5×10^6bbl 油当量，剩余储量 2939.13×10^6bbl 油当量，占盆地总储量的76.4%。

2018年，盆地石油年产量 32.57×10^6bbl，天然气 72.46×10^6bbl 油当量。截至2018年，盆地累计生产石油、天然气分别为 455.02×10^6bbl、733.19×10^6bbl 油当量。

2. 区域地质

乌卡亚利盆地属于前陆盆地，东侧与巴西地盾的片麻岩和变质岩接壤，东南与玛德莱德迪奥斯为邻，南侧与菲茨卡拉尔德穹隆相接，西侧与东科迪勒拉山脉为界（图6-3-6-3），北望马拉农盆地。

盆地经历了多期构造演化，主要包括古生代裂谷、早泥盆世盆地反转、晚古生代沉降、二叠纪—侏罗纪裂谷（热隆起及随后的热沉降）、晚侏罗世—早白垩世反转、晚白垩世伸展和热沉降等构造运动（图6-3-6-4）。盆地构造单元包括上乌卡亚利、下乌卡亚利、乌鲁班巴、艾尼四个坳陷，以及菲茨卡洛德隆起和希拉高地等。

盆地基底为前寒武系变质岩和侵入岩，基底之上沉积了古生界、中生界、新生界、第四系，沉积地层厚度可达6000m。

3. 石油地质特征

1）烃源岩

盆地主要烃源岩包括三叠—侏罗系和二叠系页岩，潜在烃源岩为石炭系、泥盆系和奥陶系页岩（图6-3-6-5）。

三叠—侏罗系Pucara群沥青页岩和灰岩，已被Maquia、Aguaytia和Pacaya等油田证实，总有机碳含量最大达到5%，在白垩纪已经成熟，是盆地西部的重要烃源岩。二叠系Ene组页岩平均厚度6m，富含有机物，也

是盆地重要烃源岩。

泥盆系 Cabanillas 群页岩在盆地南部可能有一定生烃潜力，总有机碳含量 0.3%～0.8%。在乌卡亚利盆地南部，石炭系 Ambo 群为证实的天然气和轻质油来源，成熟度较高（$R_o>2\%$），总有机碳含量 0.3%～5%，干酪根类型主要为Ⅲ型，少量为Ⅰ型和Ⅱ型。

2）储层

盆地内发育白垩系、二叠系和石炭系储层（图 6-3-6-5）。

白垩系储层包括上白垩统 Chonta 组、Vivian 组、Cachiyacu 组，以及下白垩统 Cushabatay、Raya 和 Agua Caliente 组。上白垩统储层最大孔隙度为 25%，平均渗透率约为 1mD。下白垩统 Cushabatay 组，为辫状河至浅海相沉积，孔隙度 13%～25%，渗透率 30～500mD。

下二叠统 Ene 组包括两个砂岩段，下段为 Ene 砂岩，上段为 Noipatsite 砂岩。两段厚度约 75～50m，紧邻 Ene 组烃源岩，孔隙度 8%～20%，渗透性好。

石炭系 Tarma 组砂岩段为浅海海绿石砂岩，在乌鲁班巴坳陷，Sepa-1 井和 Panguana 1X 井测试见油，孔隙度 5%～15%，渗透率 200～1000mD。

潜在储层包括二叠系 Copacabana 组碳酸盐岩、石炭系 Ambo 组灰岩和厚层浊积砂岩、泥盆系 Cabanillas 组浅海和河流/三角洲砂岩以及侏罗系 Sarayaquillo 组砂岩。

3）盖层

该盆地的盖层主要发育在二叠系、白垩系和古近系（图 6-3-6-5）：

二叠系 Ene 组 Shinai 段是层间盖层，同时二叠系局部的蒸发岩也可能是比较好的盖层。

白垩系盖层包括 Raya、Chonta 以及 Huchpayacu 组页岩和泥岩，向巴西地盾方向变薄，不同部位分别形成局部盖层或层间盖层。

古近系亚瓦拉戈（Yahuarango）组页岩，为上白垩统 Vivian 组次要储层的区域盖层。

4）圈闭类型

盆地的主要圈闭类型为构造型，主要由新生代构造反转形成。

4. 常规油气成藏组合

乌卡亚利盆地已证实成藏组合包括：二叠系、白垩系和古近系 3 套成藏组合，其中二叠系是最主要的成藏组合，储量占盆地的 83%（图 6-3-6-5）。潜在的成藏组合包括泥盆系、石炭系和侏罗系。

5. 典型油气田

1）卡米西亚（Camisea）气田

包括白垩系和二叠系成藏组合，位于乌卡亚利盆地南部陆上（图 6-3-6-6），由 4 个独立圈闭组成，分别为 Cashiari、San Martin、Pagoreni 和 Mipaya，均为近北西西向展布，分别发现于 1984、1986、1987 和 1998 年。截至 2018 年，共发现油气 2P 可采储量 3828.05×10^6bbl 油当量，其中凝析油 1010.0×10^6bbl、天然气 16908.3×10^9ft^3。

储层为上二叠统和上白垩统砂岩。在 Cashiari 圈闭中，Nia-Chonta 组储层顶部埋深 1478m，平均厚度 116m，有效厚度 90m，岩性为细—中粒，局部粗粒长石砂岩和石英砂岩，平均孔隙度为 14%～16%，渗透率

50～2000mD，平均 140mD，气水界面 –1831m，凝析油重度 63°API，气体成分：甲烷 80.6%，乙烷 9.8%，丙烷 3.8%，丁烷 1.7%，C_5+2.93%，氮气 0.55%，二氧化碳 0.18%。Ene-Noi 组储层顶部埋深 1650m，岩性为细—中粒次长石、长石砂岩和石英砂岩，平均孔隙度 12%，渗透率 0.1～200mD，气水界面 –1872m。

2004 年投入生产，截至 2018 年，累计生产油气 779.35×10^6bbl 油当量。

2）阿瓜迪亚（Aguaytia）气田

为白垩系成藏组合，位于乌卡亚利盆地西北部陆上，地表海拔 300m，发育背斜圈闭（图 6-3-6-7），圈闭面积 18km²，发现于 1961 年。截至 2018 年，共发现油气 2P 可采储量 67.9×10^6bbl 油当量，其中凝析油 3.21×10^6bbl、天然气 338.01×10^9ft³。

储层为下白垩统 Cushabatay 组河流相砂岩，顶部埋深 2485m，平均厚度 213m，有效厚度 145～160m，岩性为细—中粒石英砂岩，平均孔隙度为 17%，平均渗透率 500mD，气水界面 –2628m，气柱高度 143m，气体相对密度 0.52，气体成分：甲烷 75.71%，乙烷 7.64%，丙烷 2.73%，丁烷 0.85%，C_5+5.34%。

1998 年投入生产，截至 2018 年，累计生产油气 29.204×10^6bbl 油当量。

6. 勘探开发潜力

盆地常规油气勘探潜力较大，中国石油 2018 年资源评价认为，常规待发现油气可采资源量 4219.17×10^6bbl 油当量，其中石油 109.31×10^6bbl、凝析油 977.29×10^6bbl、天然气 18168.89×10^9ft³。盆地褶皱带上倾部位的低幅度圈闭和逆冲断层复背斜有一定勘探潜力。

表6-3-6-1 乌卡亚利盆地主要油气田属性表

序号	油气田名称	油气田类型	地理位置	发现年份	主要成藏组合	主要储层岩性	2P 可采储量			
							石油（10⁶bbl）	天然气（10⁹ft³）	凝析油（10⁶bbl）	油气总和（10⁶bbl油当量）
1	卡米西亚（Camisea）	气田	陆上	1984/1986/1987/1998	白垩系、二叠系	砂岩、石灰岩	0.00	16908.30	1010.00	3828.05
2	阿瓜迪亚（Aguaytia）	气田	陆上	1961	下白垩统	砂岩	0.00	338.01	3.21	67.90

图6-3-6-1 乌卡亚利盆地油气田位置分布图

油气田名称：1.卡米西亚（Camisea）；2.阿瓜迪亚（Aguaytia）；3.阿瓜卡连特（Agua Caliente）；4.萨加里（Sagari）

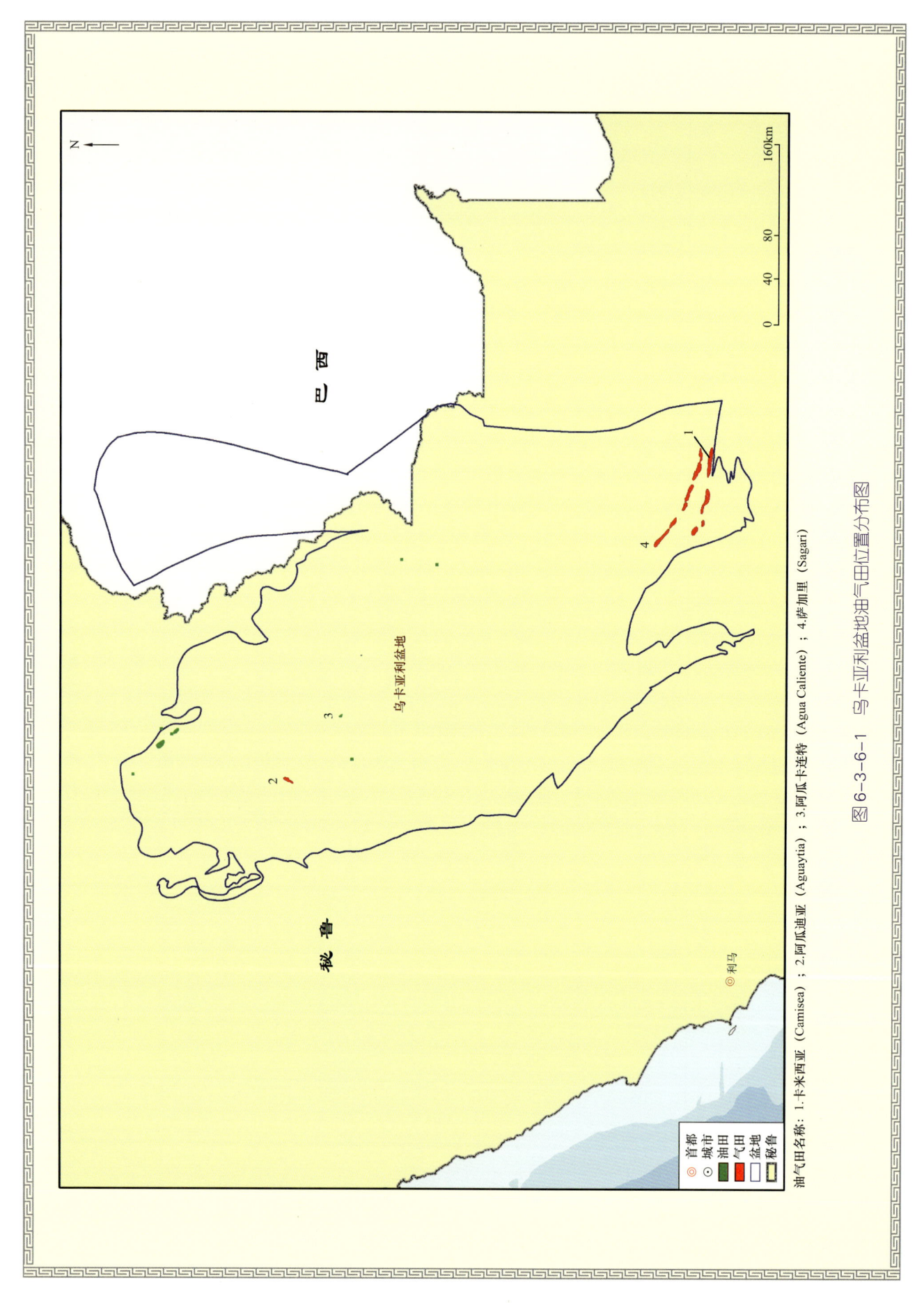

秘鲁

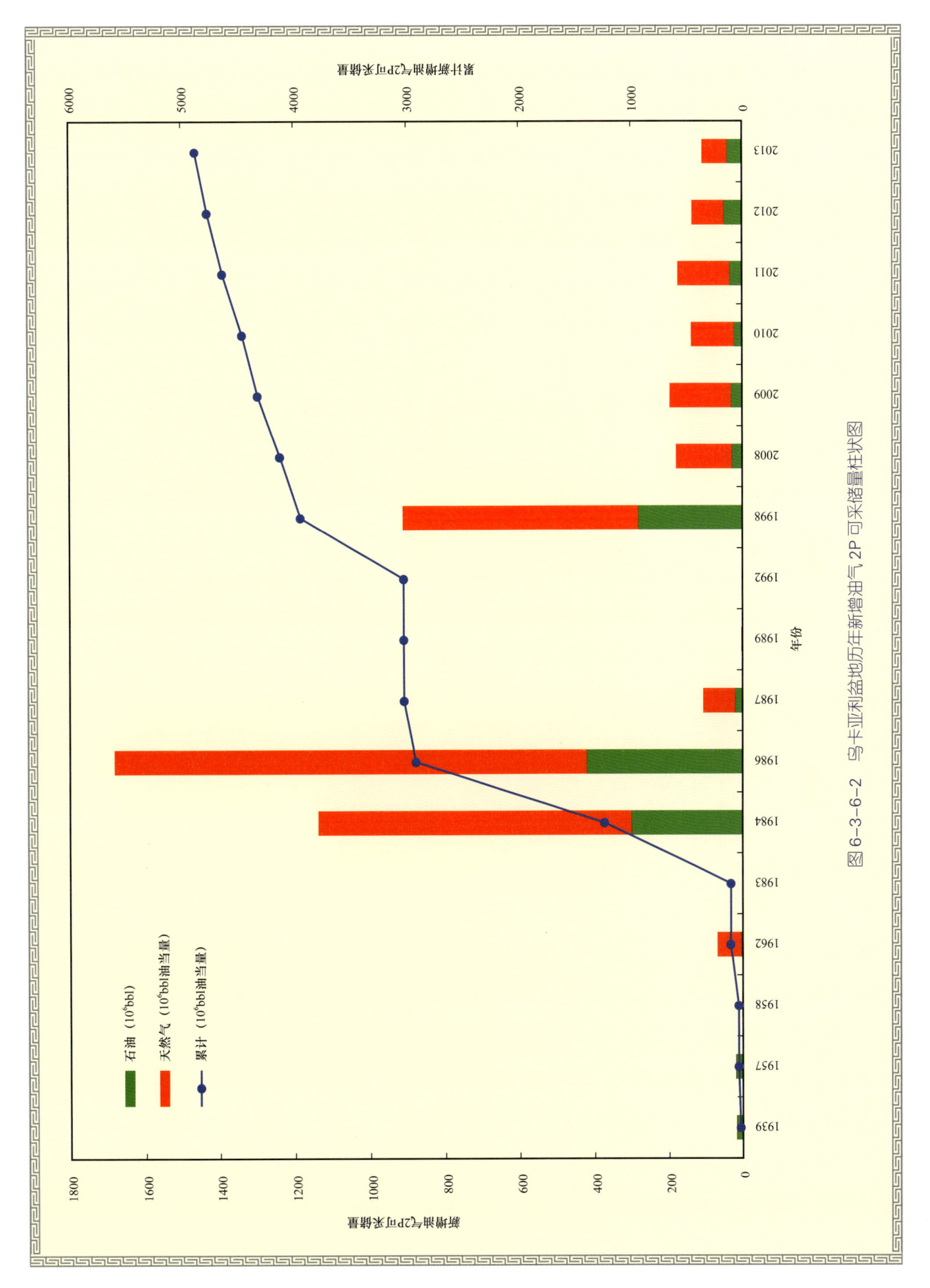

图6-3-6-2 乌卡亚利盆地历年新增油气2P可采储量柱状图

529

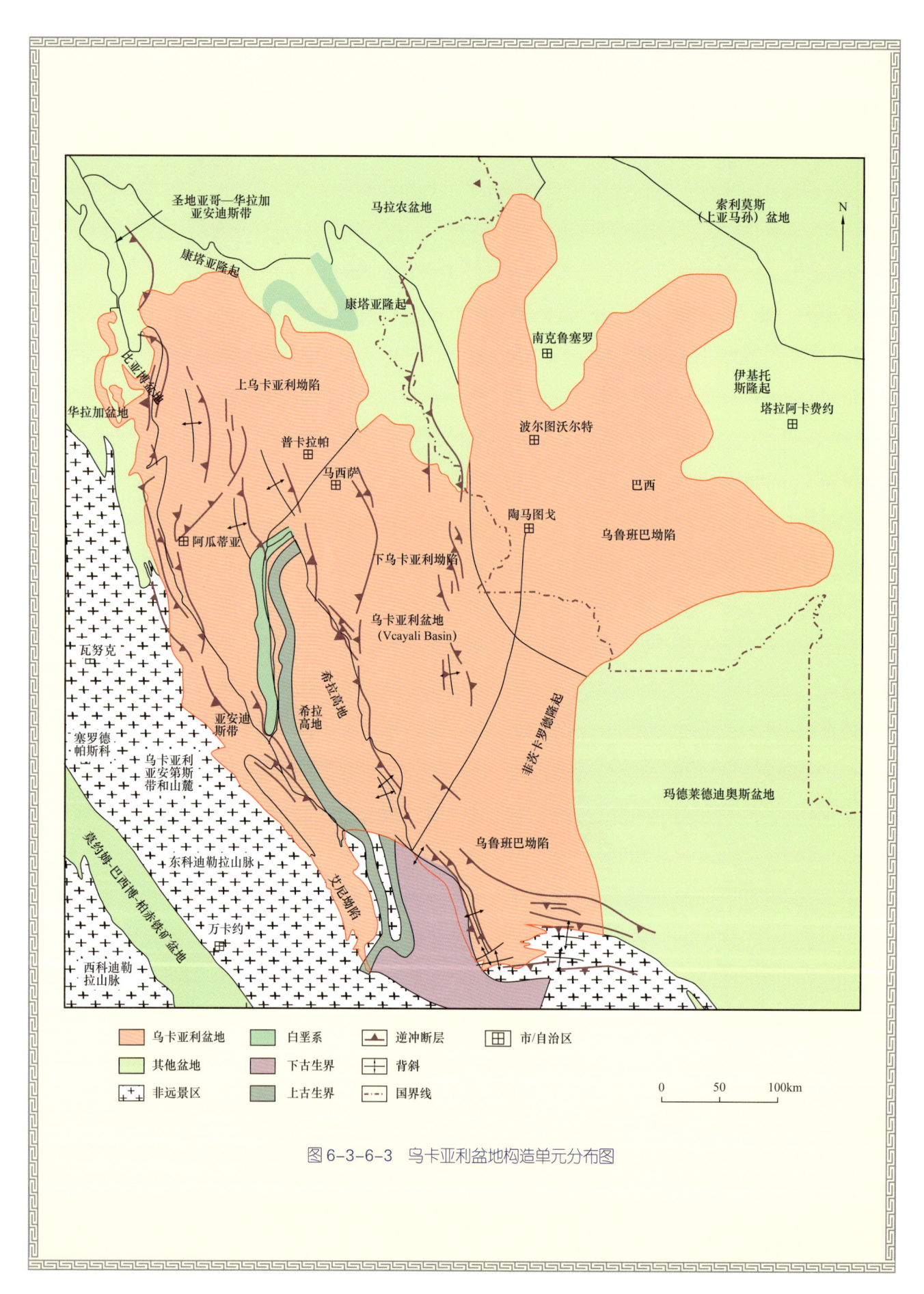

图 6-3-6-3　乌卡亚利盆地构造单元分布图

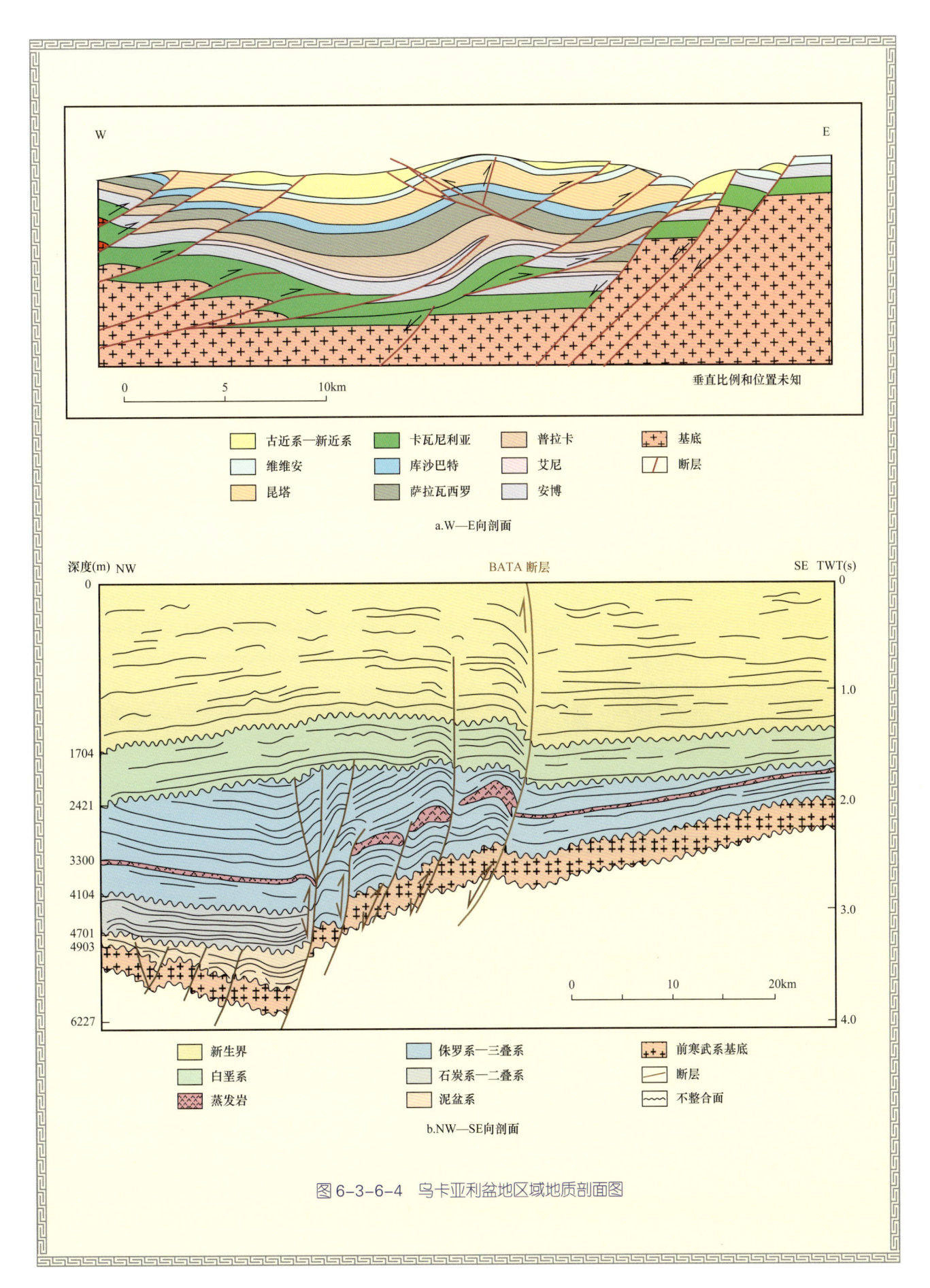

图 6-3-6-4 乌卡亚利盆地区域地质剖面图

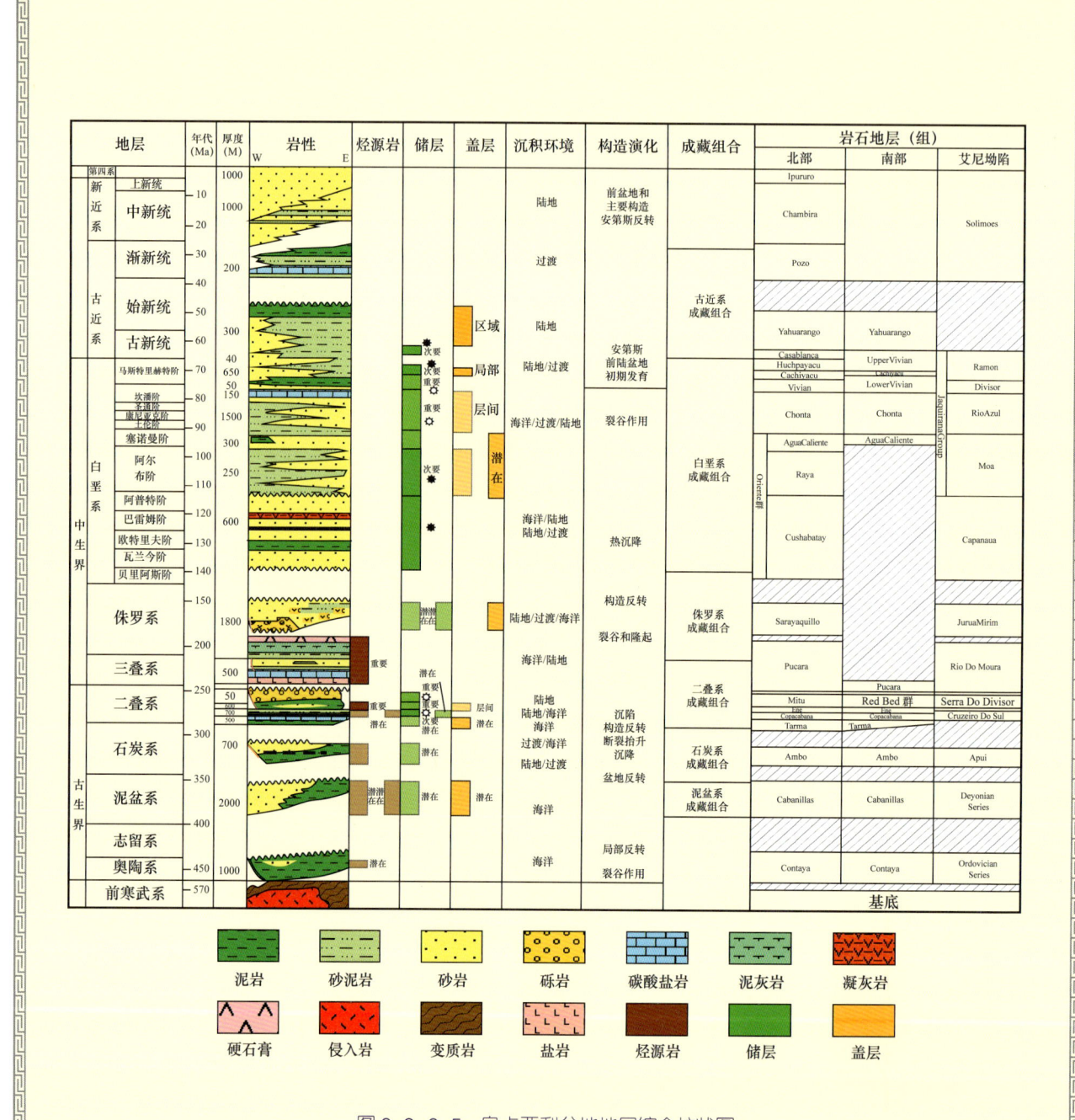

图 6-3-6-5 乌卡亚利盆地地层综合柱状图

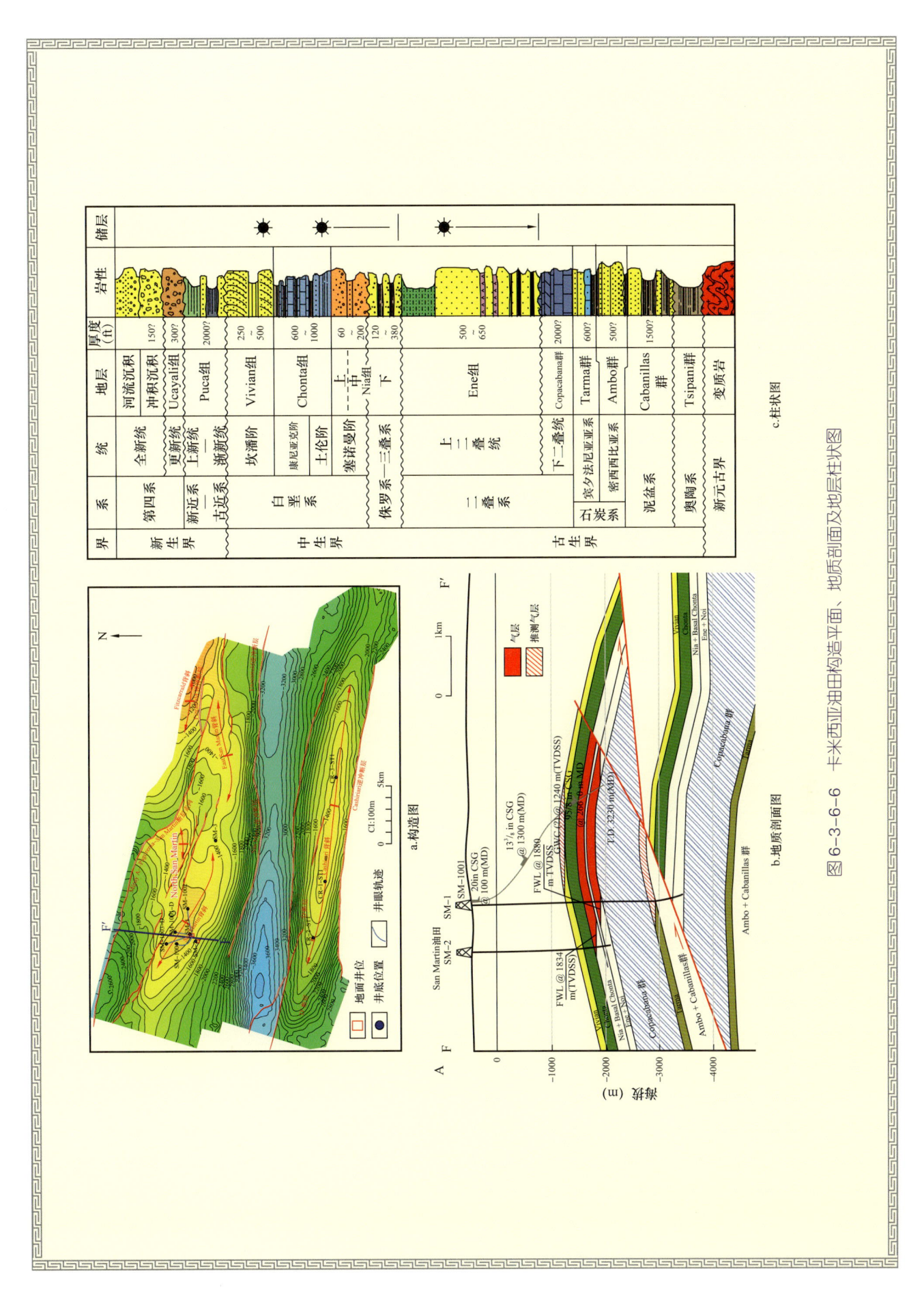

图 6-3-6-6 卡米西亚油田构造平面、地质剖面及地层柱状图

世界油气勘探开发与合作形势图集　南美地区　South America

a.构造图

b.地震剖面图

图6-3-6-7　阿瓜迪亚气田构造平面及地震剖面图

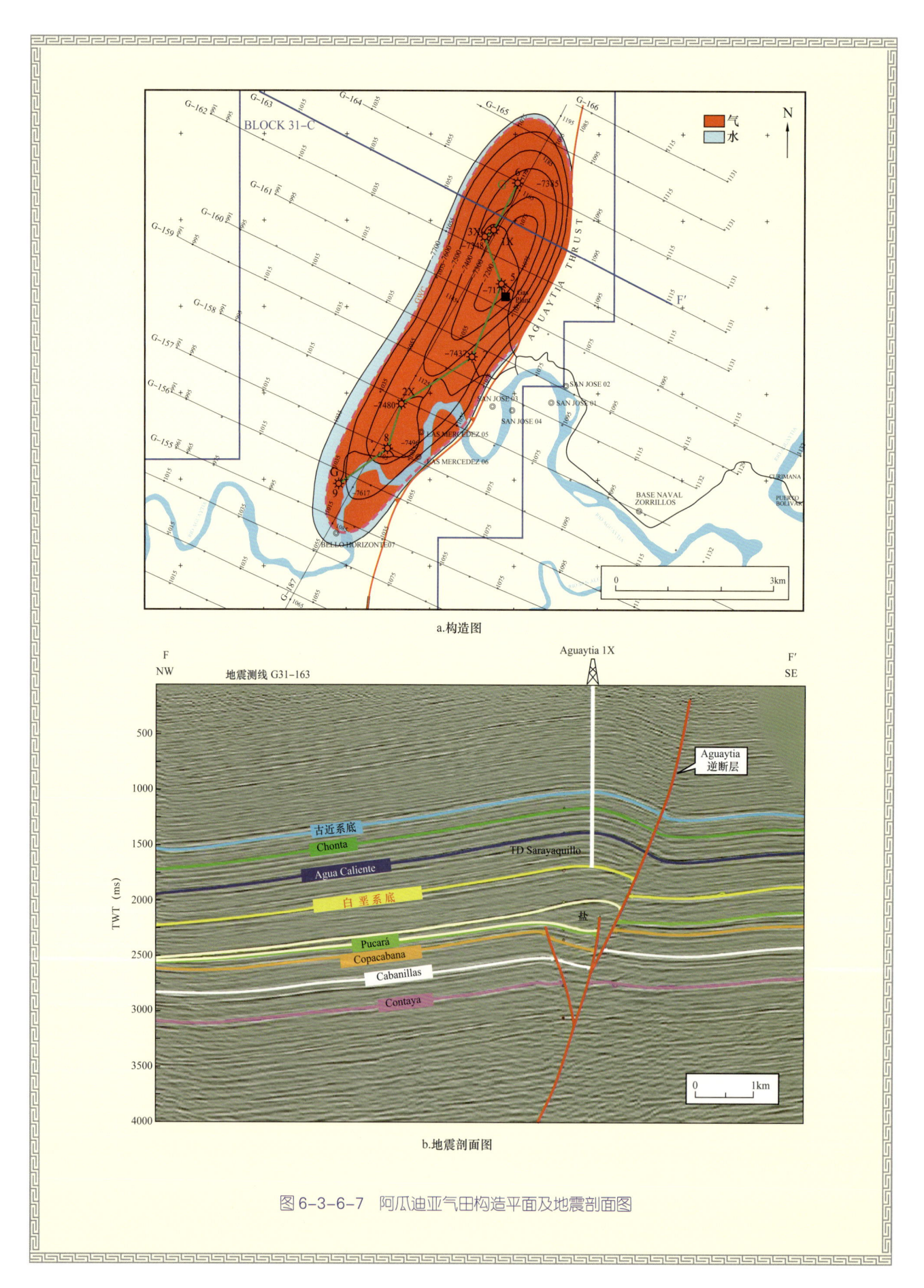

（七）玛德莱德迪奥斯盆地

玛德莱德迪奥斯盆地（Madre de Dios Basin）位于安第斯山脉以东，是众多弧后前陆盆地之一（图6-3-7-1），地跨秘鲁、玻利维亚和巴西三国，面积 $27.32\times10^4 km^2$，其中秘鲁境内 $8.9\times10^4 km^2$。

1. 勘探开发历程

玛德莱德迪奥斯盆地的油气勘探经历了早期勘探和勘探发现两个阶段。

早期勘探阶段（1960—1990年）：在20世纪60年代早期，巴西国家石油公司在盆地的巴西部分进行了重力勘探，安第斯石油公司于70年代早期在盆地的秘鲁部分进行了重力勘探。盆地主要的地震采集发生在70年代早中期，作业者包括Sun、YPFB、巴西国家石油公司、Cities Service和安第斯石油公司，采集二维地震测线超过10000km。1981—1984年，巴西部分开展了进一步的地震资料采集工作。

勘探发现阶段（1991年至今）：1991年，在盆地的玻利维亚一侧发现了潘多（Pando）油田，2P可采储量 1.03×10^6 bbl 油当量。1999年在秘鲁发现了坎达莫（Candamo）气田，2P可采储量 365.3×10^6 bbl 油当量，实现了勘探巨大突破。

2. 区域地质

玛德莱德迪奥斯盆地是弧后前陆盆地，位于东科迪勒拉山北侧，基底为前寒武系变质岩。盆地经历了中奥陶世—二叠纪的克拉通边缘拉张、断陷和沉降，及晚白垩世开始的安第斯造山运动的挤压、逆冲、推覆两个大的构造阶段，可划分为4个次级单元：Urubamba 坳陷、Puerto Heath 坳陷、Riberalta 坳陷和次安第斯山前带。

盆地充填了中奥陶统—二叠系和下白垩统—中新统，总沉积厚度达10000m，沉积厚度在西部和南部安第斯山前最大，向东、北逐步抬升变薄（图6-3-7-2）。

3. 石油地质特征

1）烃源岩

玛德莱德迪奥斯盆地内发育了4套烃源岩：泥盆系组泥岩、石炭系Ambo群煤系泥岩、二叠系Ene组和Copacabana组泥岩、白垩系Chonta组和Cachiyacu组泥岩（图6-3-7-3）。

泥盆系Cabanillas/Tamachi组泥岩：分布于上泥盆统，生油岩大多已达到成熟。烃源岩总有机碳含量从一般到非常好。

石炭系Ambo群煤系泥岩厚度大，总有机碳含量1.2%～15%，HI偏低，以Ⅲ型为主，主要分布于盆地西南部，属沼泽和泛滥平原环境的沉积。

二叠系Ene组和Copacabana组泥岩：Ene组泥岩总有机碳2.5%～5.6%，氢指数达440～795，氧指数较低，为11～21，有机质类型为Ⅰ型。Copacabana组泥岩以陆棚环境沉积为主，沉积环境变化较大，有机质含量总体偏低，局限台地或潟湖环境下沉积的泥岩，总有机碳含量可达2%～9.7%，Ⅰ型干酪根，氢指数达444～692，氧指数较低，为8～13。

白垩系Chonta组和Cachiyacu组泥岩是盆地潜在烃源岩。

2）储层

盆地范围内发育多套储层，主要位于泥盆系、石炭—二叠系和白垩系（图6-3-7-3）。

泥盆系 Cabanillas/Tamachi 组砂岩，孔隙度 14%～20%，渗透率 8～200mD。该砂岩为一套海退沉积，以指状交错覆于泥盆系烃源岩之上。在玻利维亚境内潘多油田，该储层储集性能较好，有效厚度 11m，以三角洲前缘分支河道沉积砂体为主。下石炭统砂岩也是一套良好的储层，分布广泛，有效厚度约 52m，净毛比 0.4，孔隙度 14%～21.4%，渗透率 0.1～1130mD。

上石炭统—二叠系 Tarma/Copacabana 组砂岩是最主要的储层，厚度 50～80m，净毛比 50%～70%，孔隙度 6%～27.9%，渗透率 8.4～172mD，向西减薄。在盆地局部地区，Tarma 组与 Copacabana 组较难分开。另外，该段碳酸盐岩发育，也可能具备储集条件。

白垩系 Chonta 组及 Vivian 组砂岩也是较好的储层，砂层总厚度 50～90m，孔隙度 9%～30%，渗透率 199～876mD，主要分布于盆地西侧及西南侧的逆冲带，盆地中部和东部斜坡带则部分未沉积或被剥蚀。

3）盖层

盆地范围内有多套区域性和局部盖层，主要位于有泥盆系、石炭—二叠系和白垩系（图 6-3-7-3）。

泥盆系的泥岩不但是良好的烃源岩，同时也是良好的盖层，但是构造抬升可能破坏了其封堵能力。

二叠系 Copacabana 组泥岩和蒸发岩为一套有效的区域盖层，对下伏的 Tarma 组砂岩具有良好的区域性封盖能力。

下白垩统 Chonta 组泥岩也是良好的盖层，主要分布于盆地中南部，该套地层向北和东发生相变，封盖能力逐渐下降。

4）圈闭类型

盆地圈闭类型以构造圈闭为主，可能发育地层圈闭。盆地西部和西南部发育与逆冲褶皱带有关的构造圈闭，盆地中部和斜坡带发育基底断块控制的构造圈闭，盆地北部和东部可能发育地层型圈闭。

4. 常规油气成藏组合

盆地可划分为白垩系、石炭—二叠系 Ene 组和泥盆系 Tomachi-Retama 组成藏组合，古近系为潜在成藏组合（图 6-3-7-3）。

白垩系成藏组合：以凝析油和天然气为主，主要储集在白垩系 Vivian、Chonta 和 Aqua Caliente 组中，储层以陆相—三角洲相—浅海相砂岩为主，主要分布于盆地中南部，为盆地主力成藏组合。

石炭—二叠系 Ene 组成藏组合：以凝析油和天然气为主，储层为二叠—三叠系 Ene 组三角洲相—浅海相砂岩和灰岩，主要分布于盆地中南部。

泥盆系 Tomachi-Retama 组成藏组合：以油为主，主要储集在泥盆系—石炭系的 Tomachi-Retama 组，储层为三角洲相—浅海相砂岩，主要分布于盆地中南部。

古近系成藏组合：储层为古近系 Capas Rojas 群和 Quendeque 组砂岩，主要分布于盆地中南部。

5. 典型油气田

坎德拉莫 1X（Candamo 1X）气田

属于白垩系和二叠系成藏组合，位于秘鲁东南部陆上，地表最大高程 458.7m，发育近北西走向的短轴背斜，构造长 21.35km，宽 11.36km，圈闭面积 171km^2，发现于 1999 年。截至 2018 年，共发现油气 2P 可采储量 365.33×10^{6}bbl 油当量，其中凝析油 32.0×10^{6}bbl、天然气 2000.0×10^{9}ft^3（表 6-3-7-1）。

储层为上白垩统 Agua Caliente 组和上二叠统，其中上白垩统 Agua Caliente 组砂岩是主要储层，埋深 2800m，最大有效厚度 180m，沉积环境为河流相，岩性为砂岩，平均孔隙度为 7%，凝析油重度 60°API。上二叠统砂岩为次要储层，顶部埋深 3040m，沉积环境为河流相，岩性为砂岩。

油田尚未投入开发。

6. 勘探开发潜力

盆地常规油气勘探具有很大的潜力。中国石油 2018 年评价认为，常规待发现油气可采资源量 7704.86×10^6 bbl 油当量，其中石油 284.00×10^6 bbl、凝析油 825.00×10^6 bbl、天然气 $38256.00 \times 10^9 \text{ft}^3$。区块内发育多种类型的圈闭和油气藏。盆地的有利勘探区带依次为：西南部次安第斯带和前渊带、中部斜坡带和东北部斜坡隆起带。

表 6-3-7-1 玛德雷德迪奥斯盆地主要油气田属性表

序号	油气田名称	油气田类型	地理位置	发现年份	主要成藏组合	主要储层岩性	石油(10⁶bbl)	天然气(10⁹ft³)	凝析油(10⁶bbl)	油气总和(10⁶bbl油当量)
							\multicolumn{3}{c|}{2P 可采储量}	
1	坎德拉莫 1X（Candamo 1X）	气田	陆上	1999	白垩系、二叠系	砂岩	0.00	2000.00	32.00	365.33
2	Pando X-1	油田	陆上	1991	上泥盆统	砂岩	1.00	200.00	0.00	1.03

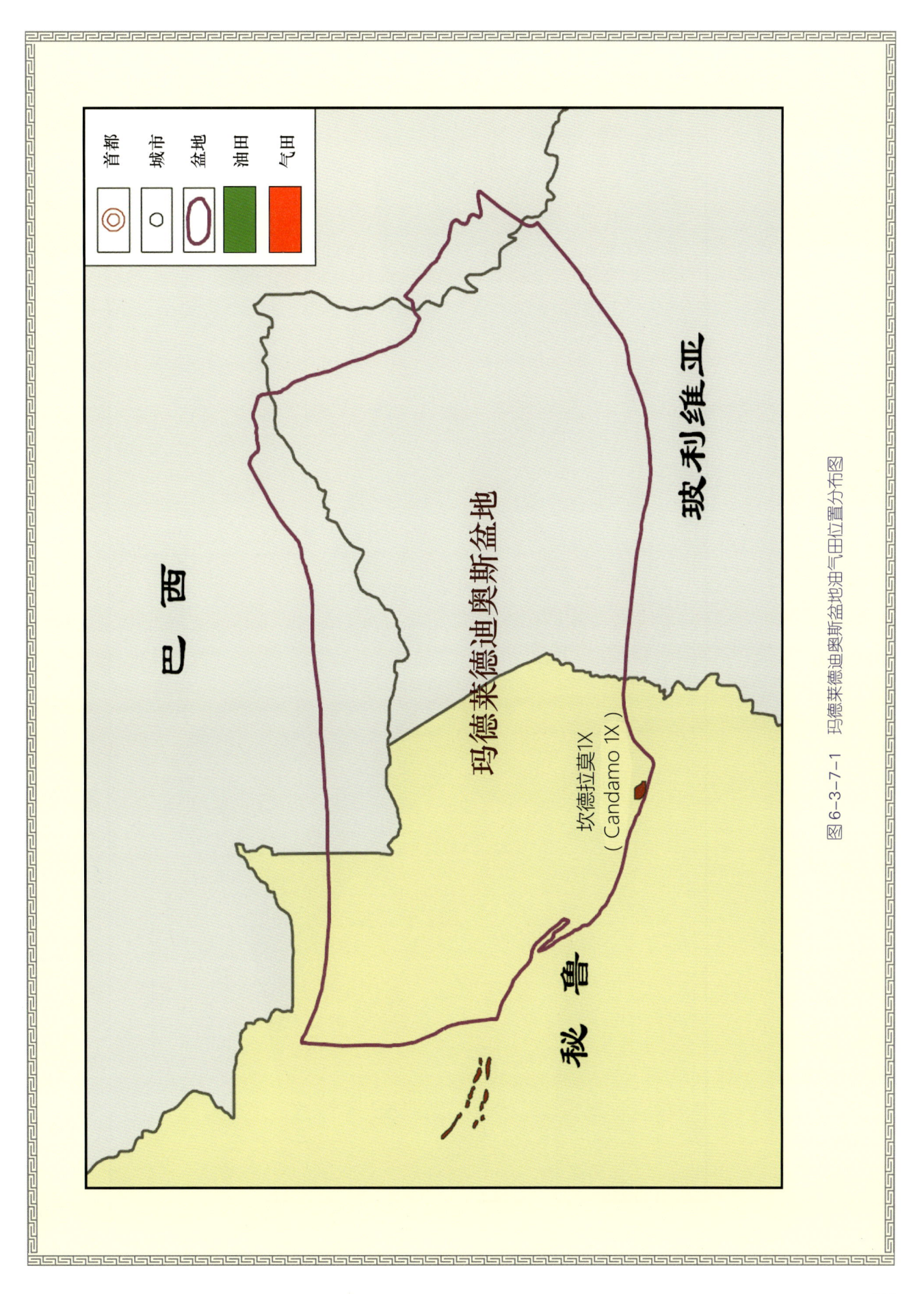

图 6-3-7-1　玛德莱德迪奥斯盆地油气位置分布图

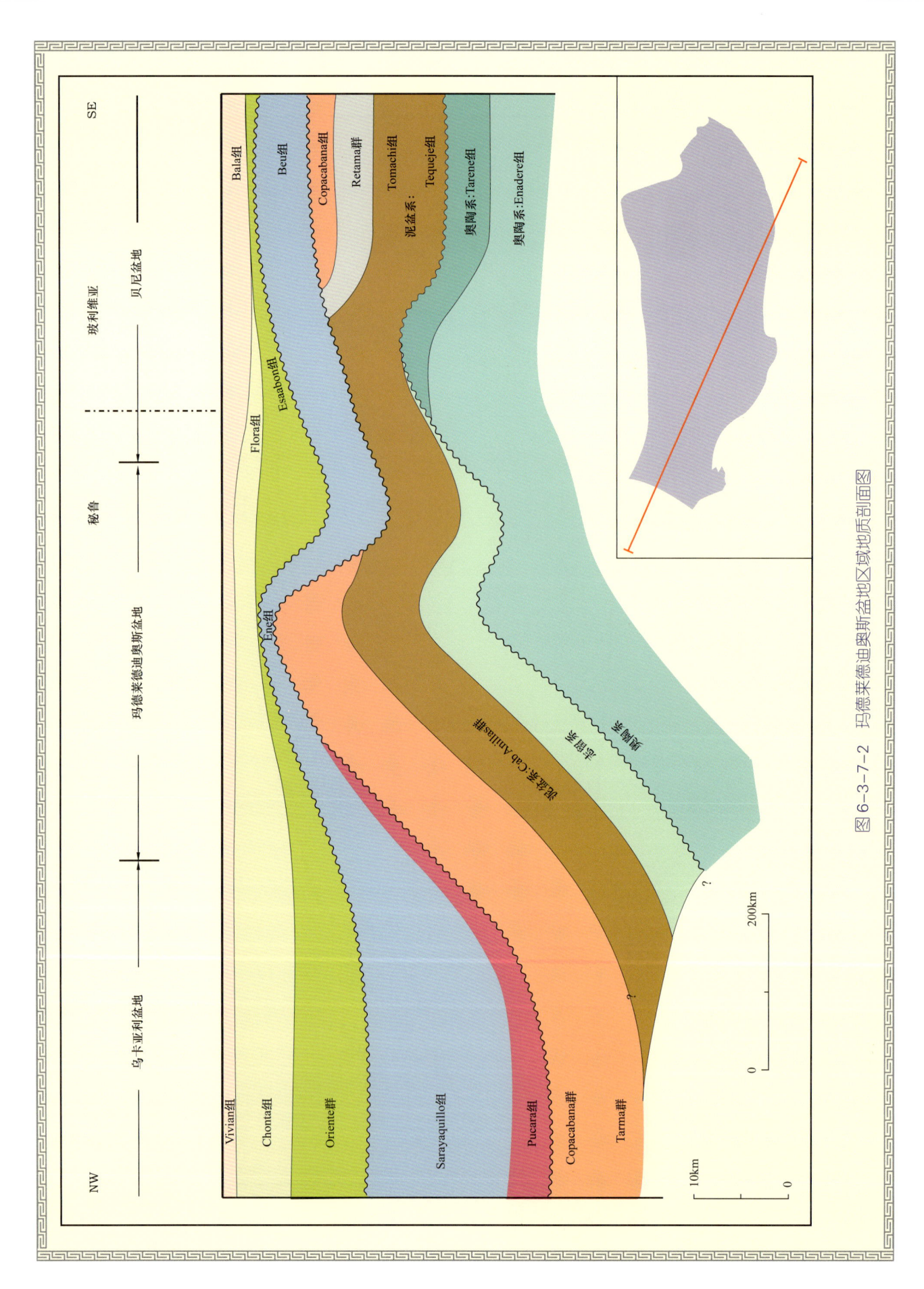

图 6-3-7-2 玛德莱德迪奥斯盆地区域地质剖面图

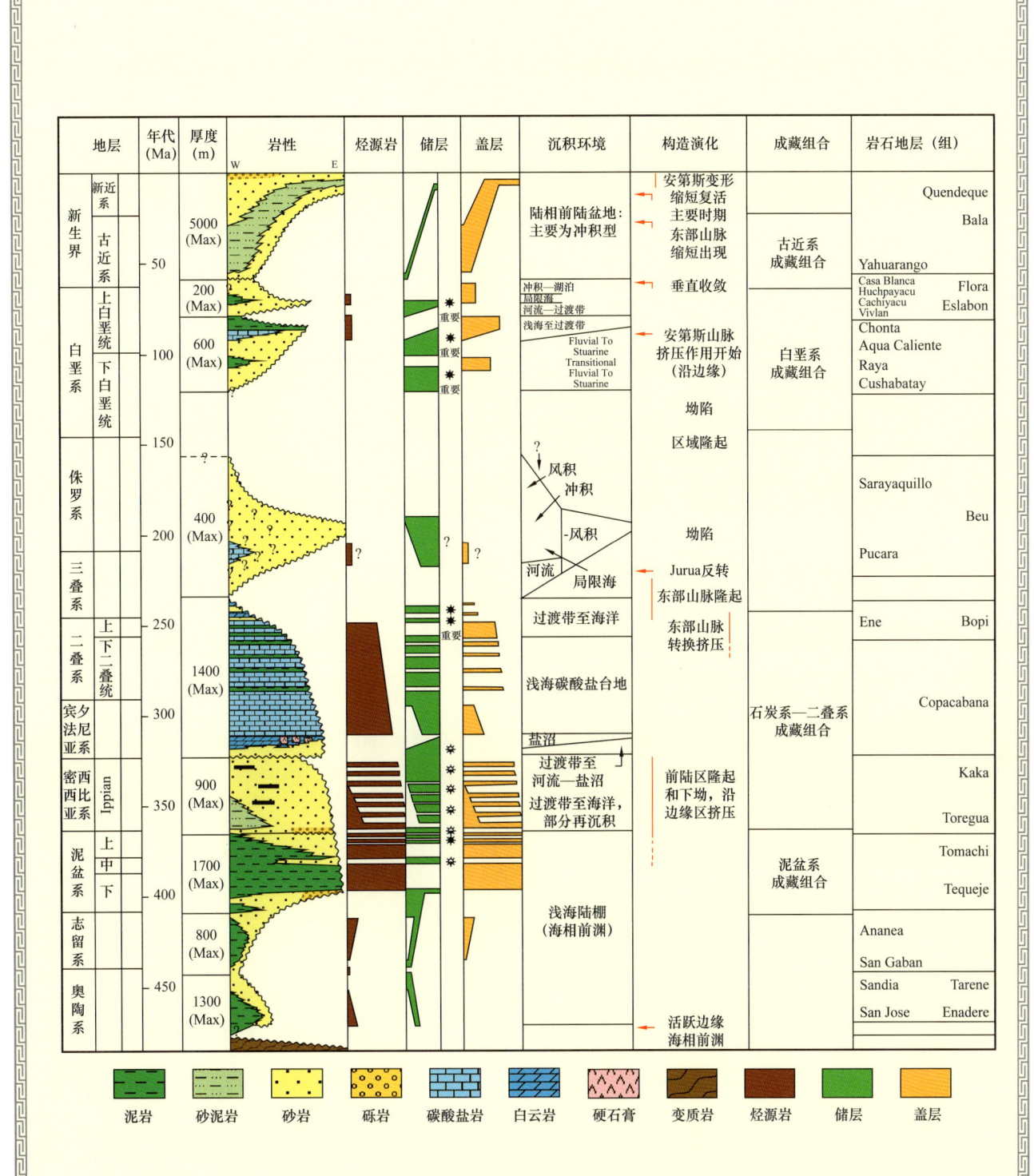

图 6-3-7-3 玛德莱德迪奥斯盆地地层综合柱状图

四、油气管道

（一）输油管道（图 6-4-1）

（1）Oleoducto Nor-Peruano-Tramo Uno：起点为 Estacion 1（San Jose de Saramuro），终点为 Estacion 5，于 1974 年投入运营，管道全长 320km，输油能力 750×10^4t/a。

（2）Oleoducto Nor-Peruano-Tramo Dos：起点为 Estacion 5，终点为巴约瓦尔（Bayover），于 1979 年投入运营，管道全长 450km，输油能力 1000×10^4t/a。

（3）Ramal Norte：起点为 Andes 集油站，终点为 Estacion 5，于 1979 年投入运营，管道全长 260km，输油能力 500×10^4t/a。

（4）TGP（Liquids）：起点为秘鲁 88 区块，终点为秘鲁西南部皮斯科港（Pisco），于 2014 年投入运营，管道全长 557km，输油能力 550×10^4t/a。

（二）输气管道（图 6-4-1）

（1）TGP（Gas）：起点为秘鲁 88 区块，终点为秘鲁西海岸线的利马市（Lima），管道全长 729km，输气能力 159×10^8m^3/a。

（2）秘鲁 LNG 和天然气管道：起点为 Chinquintirca，终点为秘鲁西南海岸线 Pampa Melchorita，PLNG 管道从 TGP 管道分支，将天然气输送至 Pampa Melchorita 的 LNG 厂。于 2013 年投入运营，管道全长 408km，输气能力 77×10^8m^3/a。

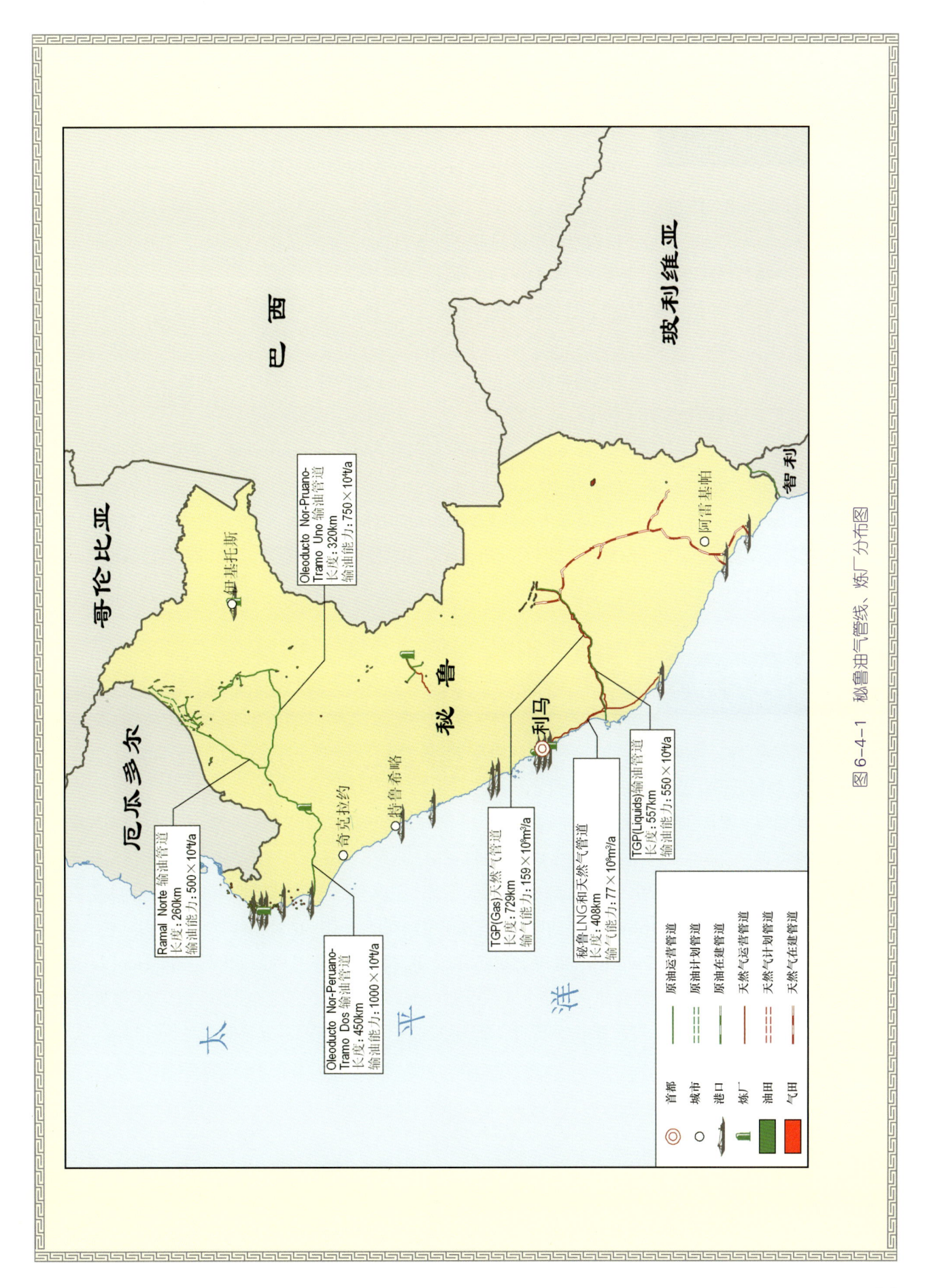

图 6-4-1 秘鲁油气管线、炼厂分布图

五、石油加工

秘鲁主要有以下 6 个炼油厂。

（1）La Pampilla 炼油厂：位于秘鲁西海岸线的中央利马（Lima）省卡亚俄（Callao），由 Refinadores del Perú 运营，于 1967 年建成投产，处理能力为 510×10^4 t/a。

（2）Talara 炼油厂：位于秘鲁的北部边境西北海岸线皮乌拉（Piura），由秘鲁石油公司运营，于 1920 年建成投产，处理能力为 310×10^4 t/a。

（3）Conchan 炼油厂：位于秘鲁西海岸线的中央利马（Lima）省卢林（Lurin），由秘鲁石油公司运营，于 1961 年建成投产，处理能力为 75×10^4 t/a。

（4）Iquitos 炼油厂：位于洛雷托（Loreto），亚马孙区北东部（northeast Amazon），由秘鲁石油公司运营，于 1955 年建成投产，处理能力为 52.5×10^4 t/a。

（5）Pucallpa 炼油厂：位于亚马孙盆地普卡尔帕（Pucallpa），由 Maple Gas 运营，处理能力为 16.5×10^4 t/a。

（6）El Milagro 炼油厂：位于秘鲁西北部巴瓜（Bagua），由秘鲁石油公司运营，于 1996 年建成投产，处理能力为 8×10^4 t/a。

六、对外合作

综合油气资源潜力、财税条款、政治经济、环境及安全等因素，将全球主要资源国合作环境划分为 10 个等级（图 0-3），秘鲁处于 6 级，合作环境较好。

秘鲁目前有两项管制石油开采和勘探的关键立法：一是 1993 年的第 26221 号石油法，为规定秘鲁勘探和开发活动的法律框架；二是 2003 年的最高法令 017-2003-EM，规定了用于计算秘鲁的特许权使用费和参与率的标准。该法令修订了最高法令 049-93-EM 第 5 条，规定了石油和天然气合同中使用费和补偿的适用规则，为新的勘探合同创造了更为宽松的财税条款。秘鲁目前正在执行的勘探开发区块 27 个，其中 16 个区块（图 6-6-1）的作业者为 Global Petroleum Peru 公司和 Repsol 石油公司。目前秘鲁的 Pluspetrol 公司、Hunt Oil 公司、SK Innovation 公司和 Repsol 石油公司主导整个油气行业。Pluspetrol 公司控制了已发现 2P 可采储量的 20%（图 6-6-2），其次为 Hunt Oil 公司和 Repsol 石油公司分别控制了已发现 2P 可采储量的 18% 和 13%。

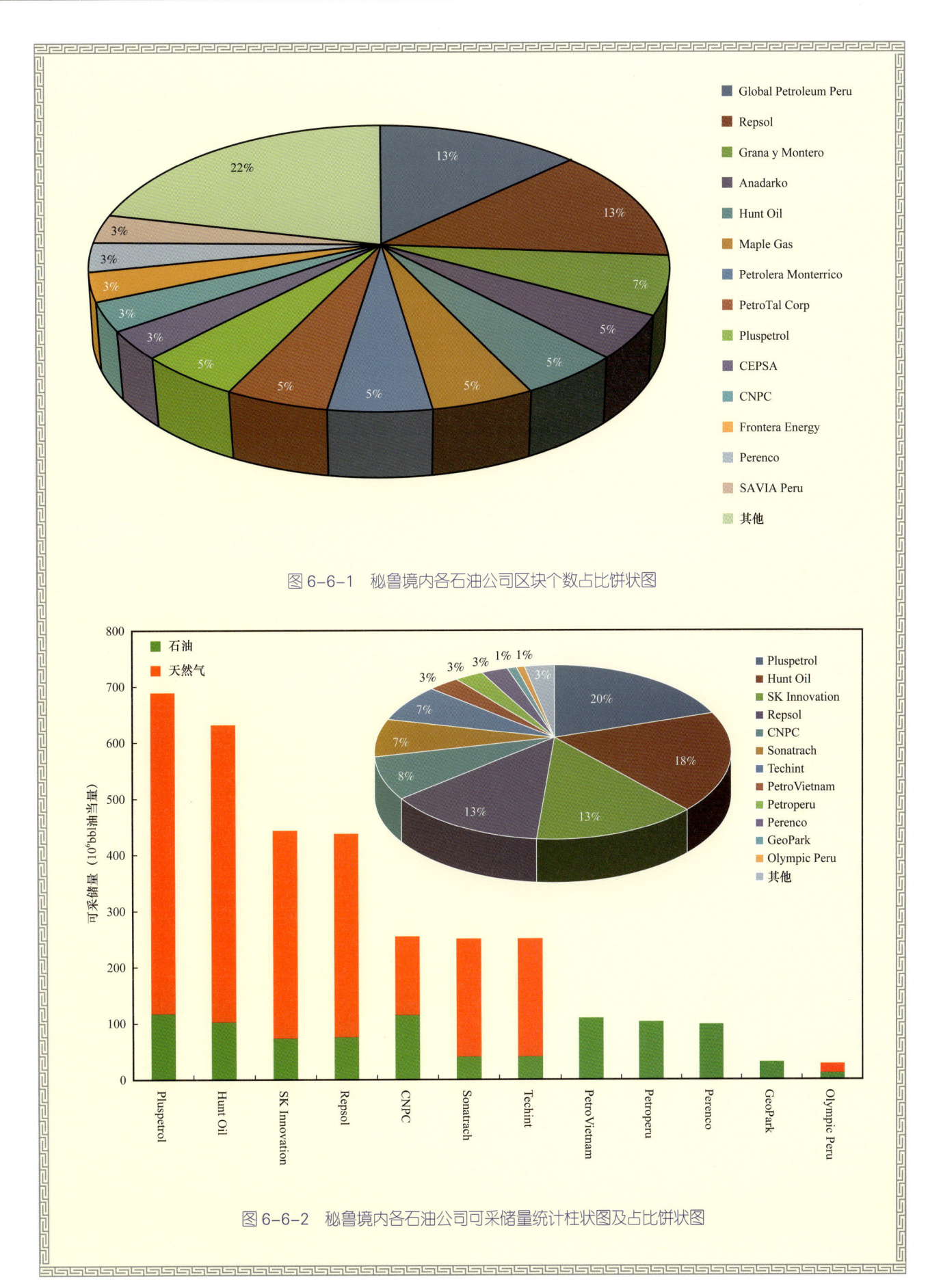

图 6-6-1 秘鲁境内各石油公司区块个数占比饼状图

图 6-6-2 秘鲁境内各石油公司可采储量统计柱状图及占比饼状图

▶ 第七部分
　　智利

一、国家概况

智利位于南美洲西南部，安第斯山脉西麓，东邻玻利维亚和阿根廷，北为秘鲁，西濒太平洋，南与南极洲隔海相望。其海岸线总长约10000km，是世界上最狭长的国家，南北长4352km，东西宽96.8～362.3km，面积756715km²。境内多火山，地震频繁。气候差异大：北部是常年无雨的热带沙漠气候；中部是冬季多雨、夏季干燥的亚热带地中海式气候；南部为多雨的温带阔叶林和寒带草原气候。年均最低和最高气温分别为8.6℃和21.8℃。

智利全国共分为16个大区，下设56个省和346个市。全国人口1805万，其中城市人口占86.9%。白人和印欧混血约占89%，印第安人约占11%。官方语言为西班牙语，首都圣地亚哥。

智利是拉美经济较发达的国家之一，矿业、林业、渔业和农业是国民经济四大支柱。1974年皮诺切特军政府执政后实行经济改革，调整产业结构，全面开放市场，拓展全方位自由贸易。此后，政府基本延续这一政策。智利经济多年保持较快增长，其综合竞争力、经济自由化程度、市场开放度、国际信用等级均为拉美之首，被视为拉美经济发展样板。但智利经济结构单一、对外依存度高、能源短缺等问题较突出。

智利经济在很大程度上依赖对外贸易，进出口总额占国内生产总值的50%左右，实行统一的低关税率（2003年起平均关税率为6%）的自由贸易政策，目前同世界上170多个国家和地区有贸易关系。智利海关数据显示，2018年智利进出口总额1455.84亿美元，其中出口额754.81亿美元，进口额701.03亿美元。2018年国内生产总值2987.9亿美元，人均国内生产总值16280美元，外贸总额1496亿美元。

该国家奉行独立自主的多元化务实外交政策，同世界上172个国家建立了外交关系，重视双边自由贸易谈判，目前智利已同绝大多数拉美国家及美国、加拿大、欧盟、中国、日本、韩国等65个国家签署了27个自由贸易协定。

中智于1970年12月15日建交。智利是第一个同中国建交的南美洲国家。建交以来，两国关系发展顺利。2004年11月，两国建立全面合作伙伴关系。2012年6月，两国建立战略伙伴关系。

二、油气勘探开发现状

智利境内涉及阿劳科、瓦尔迪维亚、马德雷德迪奥斯和麦哲伦4个沉积盆地（图7-2-1），前3个位于智利西南部海陆交互地区，主体位于海上，部分延展到陆上，盆地面积分别为34776.8km²、14632.2km²、29087.3km²，麦哲伦盆地横跨阿根廷和智利，也是智利发现油气储量最多的盆地。

截至2018年底，智利共发现油气田233个，累计发现2P可采储量2544.6×10⁶bbl油当量（图7-2-2），其中石油465.628×10⁶bbl，凝析油94.652×10⁶bbl，天然气11.9065×10¹²ft³。发现大气田1个，总储量553.3×10⁶bbl油当量。

2018年，智利石油、天然气年产量分别为 0.94×10^6 bbl、5.24×10^6 bbl 油当量。截至 2018 年，累计生产油气 389.71×10^6 bbl 油当量，其中油 66.18×10^6 bbl、气 323.53×10^6 bbl 油当量（图 7-2-3）。

中国石油 2018 年评价认为，常规待发现油气资源量 2033.70×10^6 bbl 油当量，其中石油 244.19×10^6 bbl，凝析油 52.78×10^6 bbl，天然气 10073.01×10^9 ft^3。智利非常规油气勘探开发尚未开始，推测具有较好发展前景。

| 世界油气勘探开发与合作形势图集 | 南美地区 South America |

图 7-2-1 智利含油气盆地分布图

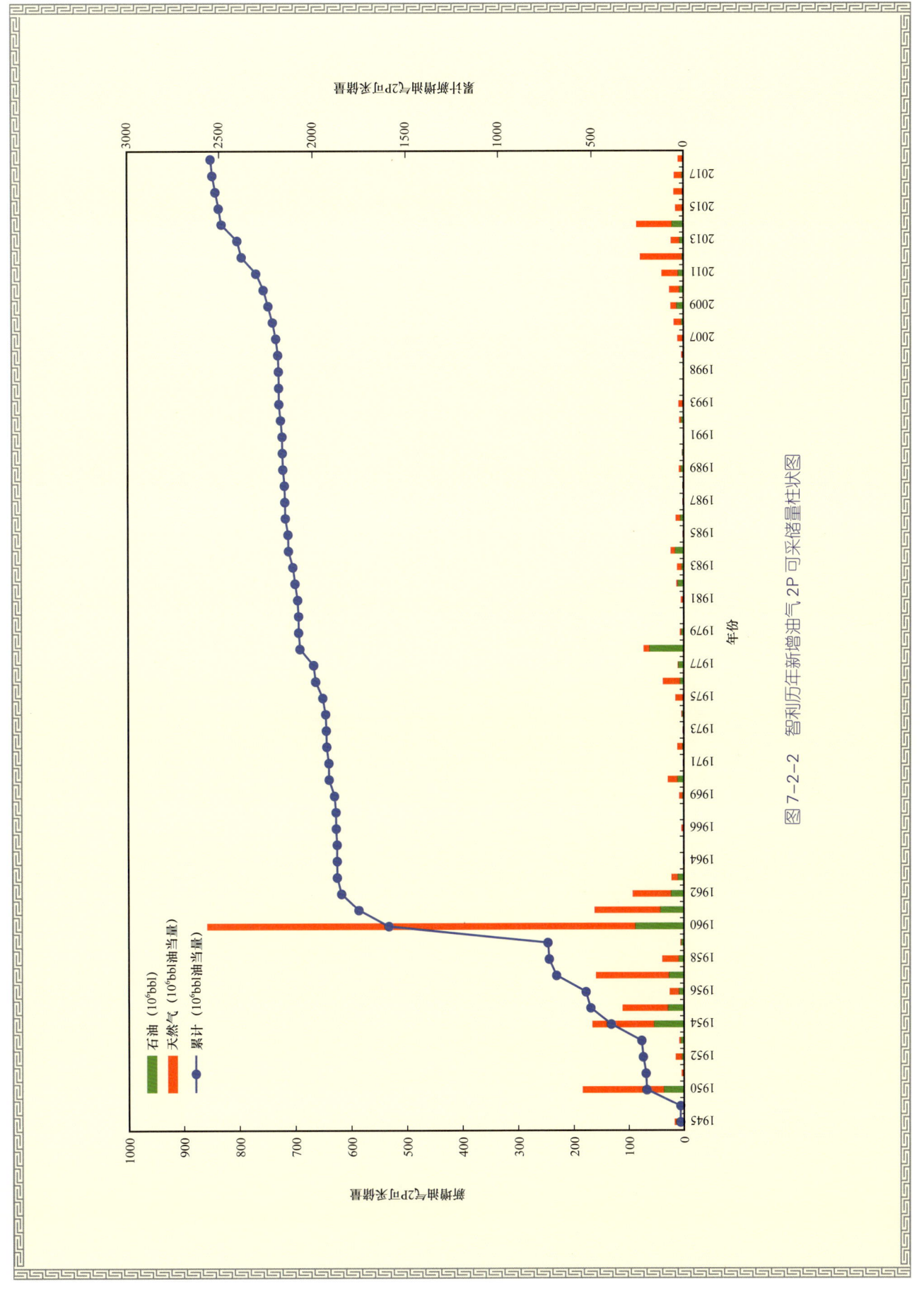

图 7-2-2 智利历年新增油气 2P 可采储量柱状图

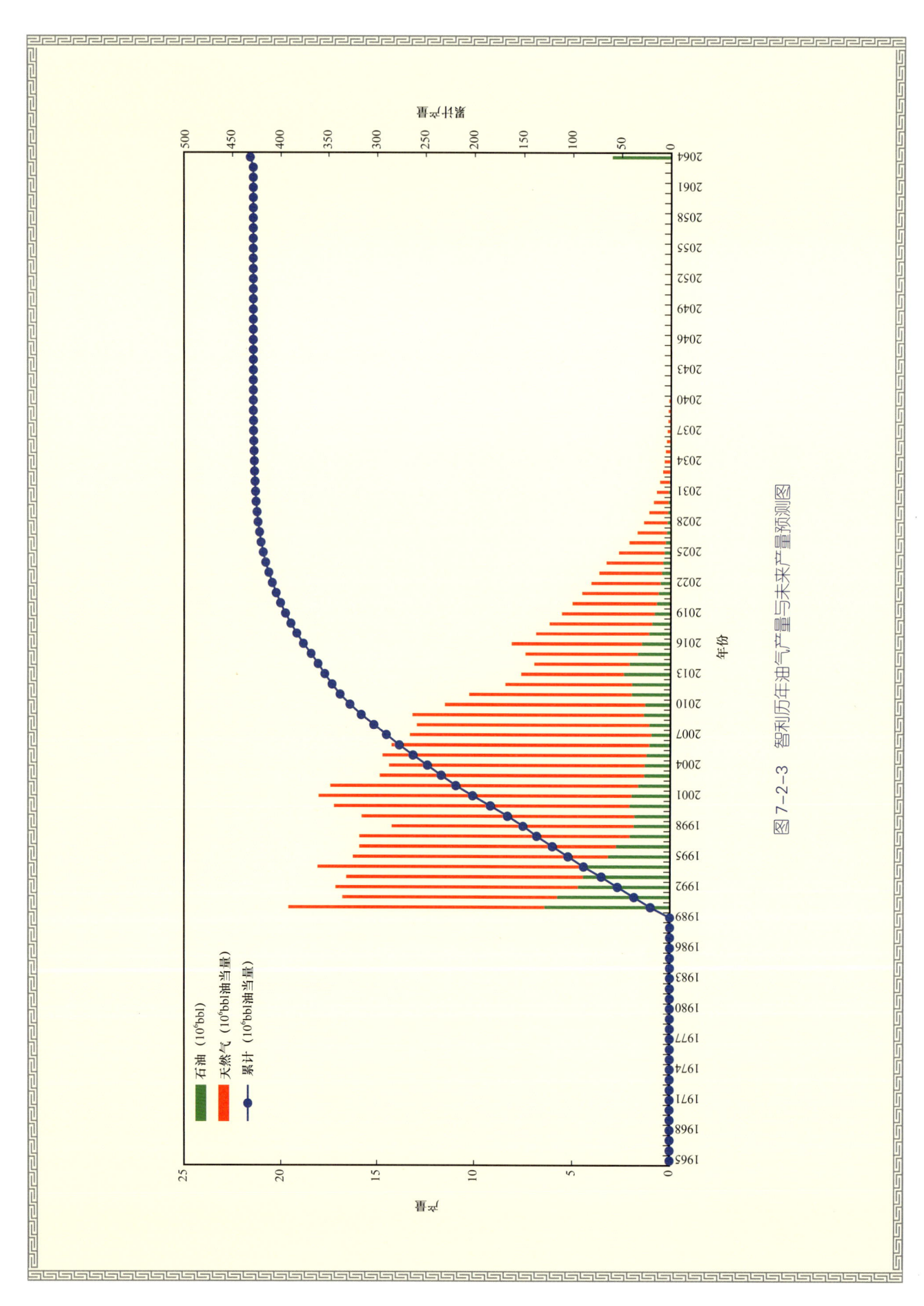

图 7-2-3 智利历年油气产量与未来产量预测图

三、石油地质特征和勘探开发潜力

（一）阿劳科盆地

阿劳科（Arauco）盆地位于智利中南部地区，盆地位于海陆交互区（图 7-3-1-1），主体位于海上，部分地区延展到陆上。盆地总面积大约为 34776.8km²，其中海上面积 24900km²，陆上面积 9876.8km²。

1. 勘探开发历程

阿劳科盆地的油气勘探经历了区域勘探、勘探发现和勘探再评价 3 个阶段。

区域勘探阶段（1950—1966 年）：于 20 世纪 50—60 年代中期以早期地质勘探为主，了解盆地的地层及构造演化。

勘探发现阶段（1967—1979 年）：1968 年和 1979 年分别发现了莱布（Lebu 2）和摩卡岛（Mocha Island）两个小型天然气田，天然气 2P 储量分别为 $1000 \times 10^6 ft^3$ 和 $10000 \times 10^6 ft^3$，证实了阿劳科盆地的含油气性。

勘探再评价阶段（1980 年至今）：一直未能继续扩大勘探成果，以油气成藏再认识、有利区带再评价为主。

截至 2018 年，盆地共发现两个气田，累计发现油气 2P 可采地质储量 $1.88 \times 10^6 bbl$ 油当量，其中凝析油、天然气分别为 $0.05 \times 10^6 bbl$ 和 $11.00 \times 10^9 ft^3$。

截至 2018 年，盆地尚未投入开发。

2. 区域地质

阿劳科盆地为弧前盆地，盆地演化可划分为三个阶段：古生代基底演化阶段（408.5—245Ma）：盆地处在弧前汇聚边缘，形成泥盆系—二叠系变质岩基底。三叠纪—中侏罗世构造挤压阶段（245—157.1Ma）：区域构造挤压应力形成系裂断裂，在陆架区和斜坡上部沉积了厚层海相碳酸盐岩。晚侏罗世—更新世挤压阶段（157.1—0.01Ma）：盆地主要沉积地层发育时期，沉积了海相、过渡相—陆相地层。受弧前构造挤压影响，主要形成断块、区域隆升—弧。

3. 石油地质特征

1）烃源岩

推测盆地发育有下三叠统—中侏罗统和下白垩统等潜在烃源岩。

2）储层

盆地储层包括古生界裂缝基岩、白垩系和新近系砂岩以及始新统碳酸盐岩建造。

3）盖层

为上白垩统—始新统层间盖层。

4）圈闭类型

主要发育古潜山圈闭和断块型圈闭。新生界三角洲和水下扇砂岩也可能形成岩性圈闭。

4. 常规油气成藏组合

推测盆地存在3套成藏组合，由下至上依次为：古生界基岩、白垩系和新近系组合。其中白垩系和新近系为证实的成藏组合，古生界为潜在成藏组合。

5. 典型油气田

1）摩卡岛（Mocha Island）气田

包括白垩系和新近系成藏组合，位于智利中南部摩卡岛上，地表高程13m，发育构造圈闭，发现于1979年。截至2018年，共发现油气2P可采储量 1.72×10^6 bbl油当量，其中天然气 $10.0 \times 10^9 ft^3$、凝析油 0.05×10^6 bbl（表7-3-1-1）。

气田储层为上白垩统和中新统砂岩，其中主要储层为上白垩统砂岩，储层顶部埋深1646m，岩性为砂岩。中新统储层顶部埋深500m，以天然气为主。凝析油重度60°API。

该气田处于发现阶段，尚未投入生产。

2）莱布2（Lebu 2）气田

属于白垩系成藏组合，位于智利中南部陆上，地表最大高程170m，发育断块圈闭，发现于1968年。截至2018年，共发现油气2P可采储量 0.17×10^6 bbl油当量，其中天然气2P可采储量 $10.0 \times 10^9 ft^3$。

下白垩统储层，顶部埋深1491m，最大厚度33m，主要岩性为泥质砂岩。

该气田处于发现阶段，尚未投入生产。

6. 勘探开发潜力

盆地常规油气开发潜力有限。已发现的两个气田40多年来一直尚未投入开发，2P可采储量规模很小。

盆地常规油气勘探潜力一般。中国石油2018年评价认为，盆地常规待发现油气可采资源量为 62.49×10^6 bbl油当量，其中石油 22.92×10^6 bbl，天然气为 $229.48 \times 10^9 ft^3$，待发现的资源量较小。

表 7-3-1-1 阿劳科盆地主要油气田属性表

序号	油气田名称	油气田类型	地理位置	发现年份	主要成藏组合	主要储层岩性	2P 可采储量			
							石油（10⁶bbl）	天然气（10⁹ft³）	凝析油（10⁶bbl）	油气总和（10⁶bbl 油当量）
1	摩卡群岛（Mocha Island）	气田	陆上	1979	白垩系、新近系	砂岩	0	10.00	0.05	1.72
2	莱布 2（Lebu 2）	气田	陆上	1968	白垩系	砂岩	0	1.00	0	0.17

图 7-3-1-1 阿劳科盆地油气田位置分布图

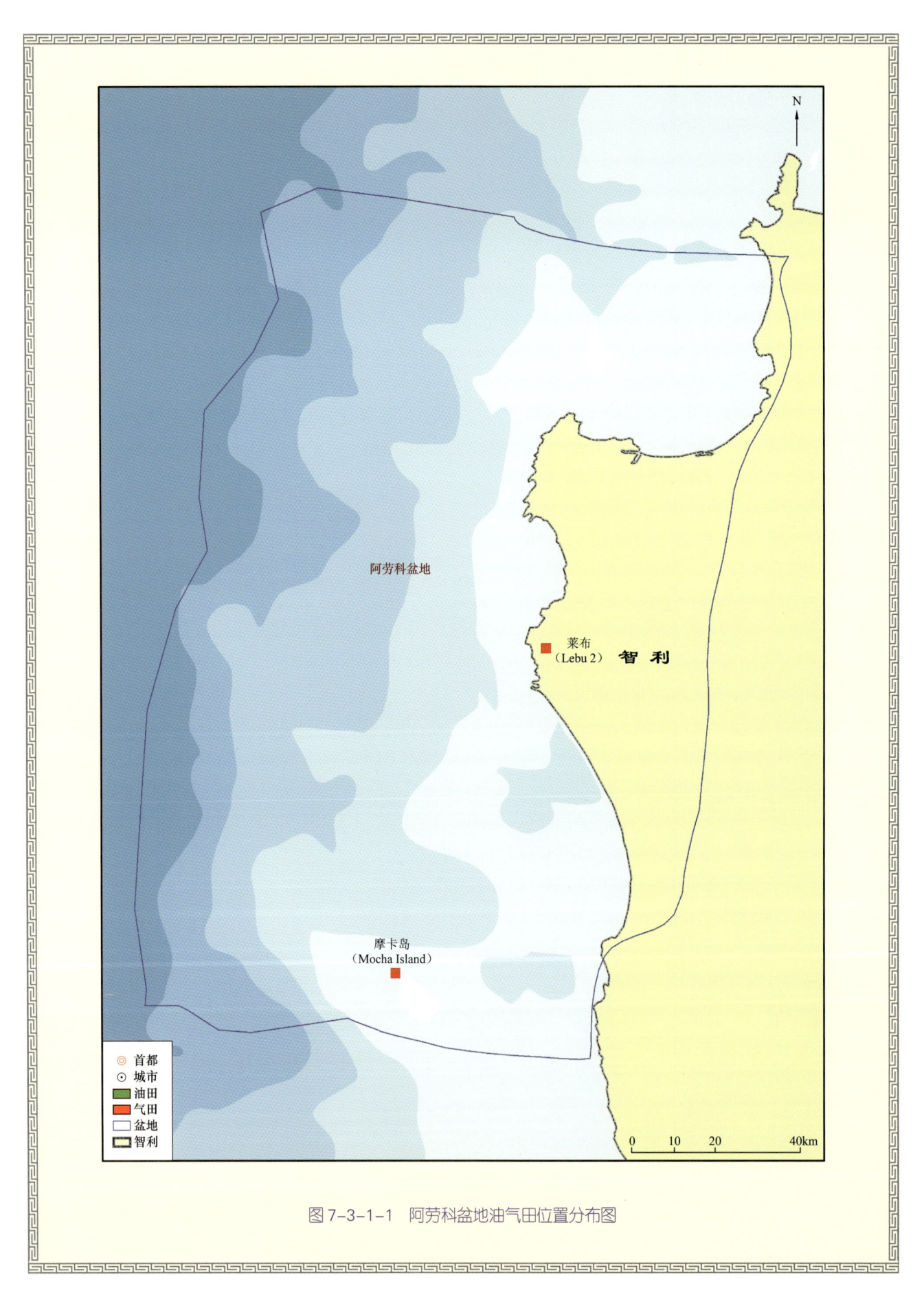

（二）瓦尔迪维亚盆地

瓦尔迪维亚盆地（Valdivia Basin）位于南美洲智利中南部地区，北部和阿劳科盆地相邻（图7-3-2-1），位于海陆交互地区，主体位于海上，部分地区延展到陆上。盆地总面积大约为14632.2km²，其中盆地海域面积11069.2km²，陆上面积3563km²。

1. 勘探开发历程

瓦尔迪维亚盆地的油气勘探经历了区域勘探、勘探发现、勘探再评价3个阶段。

区域勘探阶段（1950—1969年）：在20世纪50—60年代以早期地质勘探为主，了解盆地类型及盆地地层层序。

勘探发现阶段（1970—1979年）：1972年，发现了托尔顿（Tolten）气田，天然气2P可采储量 $30000 \times 10^6 \text{ft}^3$，凝析油 $0.03 \times 10^6 \text{bbl}$，也是盆地唯一发现的气田。

勘探再评价阶段（1980年至今）：一直未能继续扩大勘探成果，以油气成藏再认识、有利区带再评价为主。截至2018年，盆地尚未投入开发。

2. 区域地质

瓦尔迪维亚盆地是侏罗纪和三叠纪时期太平洋板块向南美洲板块俯冲，在岛弧和沟槽之间形成的弧前盆地。

盆地演化可划分为三个阶段：（1）基底演化阶段（408.5—245Ma），主要发育泥盆系—二叠系火山岩，盆地为弧前会聚边缘盆地。（2）三叠纪—中侏罗世挤压作用时期（245—157.1Ma），在陆架区和斜坡区，形成厚层碳酸盐岩沉积。（3）晚侏罗世—更新世挤压阶段（157.1—0.01Ma）：发育海相、海陆过渡相和陆相沉积地层，主要形成断块、区域隆升—弧。

3. 石油地质特征

1）烃源岩

推测盆地发育下三叠统—中侏罗统、下白垩统和始新统等潜在烃源岩层。

2）储层

推测盆地潜在的储层包括古生界裂缝基岩、白垩系、古近系和新近系砂岩。始新统碳酸盐岩具有成为储层的条件。

3）盖层

以上白垩统—始新统层间盖层为主。

4）圈闭类型

发育古潜山、断块型和地层—构造复合圈闭。

4. 常规油气成藏组合

盆地可能存在3套成藏组合，由下至上依次为：古生界、白垩系和新近系成藏组合。

5. 典型油气田

托尔顿（Tolten）气田

属于新近系成藏组合，位于智利中南部海上，最大水深96m，发育地层—构造复合圈闭，发现于1972年。

截至 2018 年，共发现油气 2P 可采储量 5.03×10⁶bbl 油当量，其中天然气 30.0×10⁹ft³、凝析油 0.03×10⁶bbl（表 7-3-2-1）。

储层位于中新统，砂岩顶部埋深 1475m，有效厚度 27m。

该气田处于发现阶段，尚未投入生产。

6. 勘探开发潜力

盆地常规油气开发潜力有限，中国石油 2018 年评价认为，该盆地常规待发现可采资源量为 460.08×10⁶bbl 油当量，其中石油 16.9×10⁶bbl，天然气为 169.25×10⁹ft³。

表 7-3-2-1 瓦尔迪维亚盆地主要油气田属性表

序号	油气田名称	油气田类型	地理位置	发现年份	主要成藏组合	主要储层岩性	2P 可采储量			
							石油（10⁶bbl）	天然气（10⁹ft³）	凝析油（10⁶bbl）	油气总和（10⁶bbl 油当量）
1	托尔顿（Tolten）	气田	海上	1972	新近系	砂岩	0.00	30.00	0.03	5.03

图 7-3-2-1 瓦尔迪维亚盆地油气田位置分布图

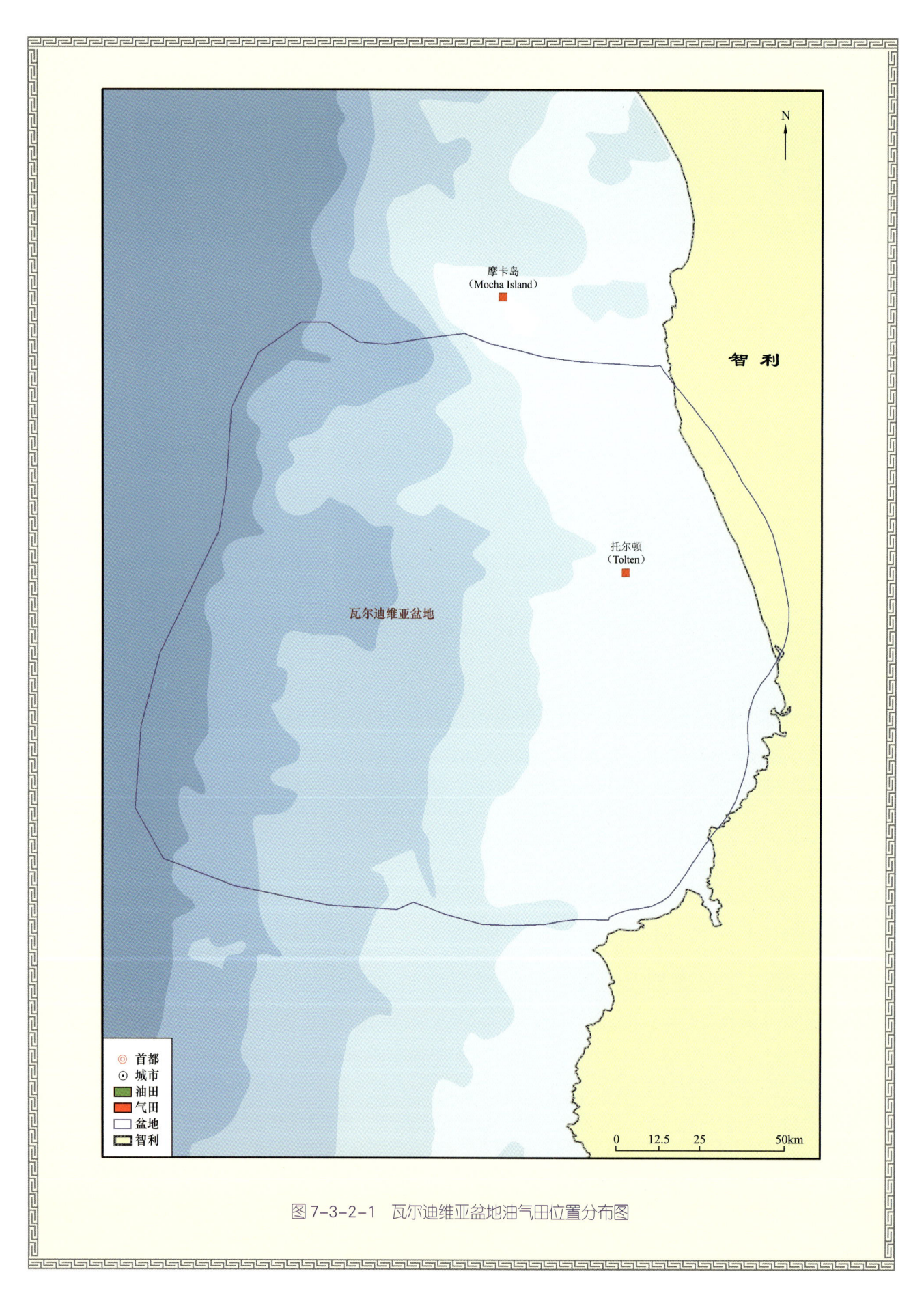

（三）麦哲伦盆地

麦哲伦盆地的区域地质、勘探开发历程、石油地质特征、常规油气成藏组合等信息参考阿根廷部分。

截至 2018 年，该盆地在智利境内共发现油气田 230 个，累计发现 2P 油气可采储量 2537.71×10^6 bbl 油当量，其中石油 465.63×10^6 bbl、凝析油 94.57×10^6 bbl、天然气 11.865×10^{12} ft^3。共发现大油气田 1 个，2P 可采储量 553.3×10^6 bbl 油当量，占总发现量的 21.6%。盆地在智利境内剩余 2P 可采储量 873.30×10^6 bbl 油当量，其中石油 92.52×10^6 bbl，凝析油 44.74×10^6 bbl，天然气 4269.00×10^9 ft^3。盆地在智利境内待发现资源量 1319.14×10^6 bbl 油当量，其中石油 232.70×10^6 bbl，凝析油 76.79×10^6 bbl，天然气 5864.06×10^9 ft^3。

1. 波塞森（Posesion）油气田

属于白垩系成藏组合，位于智利东南部海陆结合部，海上最大水深 30m，发育构造圈闭，呈近北北东向展布，向东北进入阿根廷，在阿根廷境内部分叫 Condor 气田，智利境内圈闭面积 150.9km^2，发现于 1960 年。截至 2018 年，共发现油气 2P 可采储量 553.33×10^6 bbl 油当量，其中石油 20.0×10^6 bbl、凝析油 30.0×10^6 bbl、天然气 3020.0×10^9 ft^3（表 7-3-4-1）。

储层为下白垩统 Springhill 组，顶部埋深 1750m，最大有效厚度 40.0m，平均有效厚度 8.0m，净毛比 20%，主要岩性为河流相砂岩。原油平均重度 34.5°API，凝析油重度 60°API。天然气成分为：甲烷平均含量 90.48%，乙烷 5.48%，丙烷 1.69%，丁烷 0.79%，氮平均含量 0.88%，二氧化碳 0.14%。

1961 年投入生产，2018 年石油、天然气年产量分别为 35850bbl、721×10^6 ft^3。截至 2018 年，累计生产油气 537.557×10^6 bbl 油当量，其中石油 19.0×10^6 bbl、凝析油 27.35×10^6 bbl、天然气 2950.562×10^9 ft^3。

2. 丹尼尔（Daniel）油田

属于白垩系成藏组合，位于智利东南部海陆结合部，呈近北北东向展布，发育构造圈闭，圈闭面积 54.9km^2，发现于 1960 年。截至 2018 年，共发现油气 2P 可采储量 304.17×10^6 bbl 油当量，其中石油 37.5×10^6 bbl、天然气 1600.0×10^9 ft^3（表 7-3-4-1）。

油田储层为下白垩统 Springhill 组，顶部埋深 1728m，最大有效厚度 35.0m，平均孔隙度 20%，平均渗透率 90mD，主要岩性为河流相砂岩。原油最大重度 31.9°API，天然气成分为：甲烷平均含量 91.24%，乙烷 5.13%，丙烷 1.19%，丁烷 0.61%，氮平均含量 1.33%，二氧化碳 0.09%。

1960 年投入生产，2018 年石油、天然气年产量分别为 5897bbl、2259×10^6 ft^3。截至 2018 年，累计生产石油 26.99×10^6 bbl，天然气 772.269×10^9 ft^3。

3. 丹尼尔埃斯特—邓格斯（Daniel Este-Dungenes）气田

属于白垩系成藏组合，位于智利东南部海陆结合部，呈近南北向展布，海上最大水深 30m，发育构造圈闭，圈闭面积 137.2km^2，发现于 1961 年。截至 2018 年，共发现油气 2P 可采储量 158.67×10^6 bbl 油当量，其中石油 42.0×10^6 bbl、天然气 700.0×10^9 ft^3。

储层为下白垩统 Springhill 组，顶部埋深 1619m，主要岩性为河流相砂岩。油气性质：原油平均重度 36°API，天然气成分为：甲烷平均含量 89.9%，乙烷 5.19%，丙烷 2.06%，丁烷 1.02%，氮平均含量 1.01%，二氧化碳 0.09%。

1961年投入生产，2018年石油、天然气年产量分别达到16561bbl、2014×10⁶ft³。截至2018年，累计生产油气132.33×10⁶bbl油当量，其中石油41.6×10⁶bbl、天然544.39×10⁹ft³。

4. 特雷斯拉各斯（Tres Lagos）气田

属于白垩系和古近系成藏组合，位于智利南部陆上，呈近北东东向展布，海拔高度为138m，发育地层和地层—构造复合圈闭，圈闭面积53.2km²，发现于1957年。截至2018年，共发现油气2P可采储量140.1×10⁶bbl油当量，其中石油21.75×10⁶bbl、天然气710.1×10⁹ft³（表7-3-4-1）。

储层为下白垩统Springhill组和古新统Chorrillo Chico组，其中Springhill组是主要储层，顶部埋深1650m，岩性为三角洲相砂岩。原油最大重度40.1°API，天然气成分为：甲烷平均含量90.64%，乙烷4.54%，丙烷1.88%，丁烷1.06%，氮平均含量1.17%，二氧化碳0.12%。

1966年投入生产，2018年石油、天然气年产量分别达到21363bbl、1628×10⁶ft³。截至2018年，累计生产油气132.33×10⁶bbl油当量，其中石油17.47×10⁶bbl、天然气646.27×10⁹ft³。

智利

表 7-3-4-1 麦哲伦盆地主要油气田属性表

序号	油气田名称	油气田类型	地理位置	发现年份	主要成藏组合	主要储层岩性	2P 可采储量			
							石油（10⁶bbl）	天然气（10⁹ft³）	凝析油（10⁶bbl）	油气总和（10⁶bbl油当量）
1	波塞森（Posesion）	气田	海/陆	1960	白垩系	砂岩	20	3020	30	553.33
2	丹尼尔（Daniel）	油田	海/陆	1960	白垩系	砂岩	37.5	1600	0	304.17
3	丹尼尔埃斯特—邓格斯（Daniel Este—Dungenes）	气田	海/陆	1961	白垩系	砂岩	42	700	0	158.67
4	特雷斯拉各斯（Tres Lagos）	气田	陆上	1957	白垩系、古近系	砂岩	21.75	710.1	0	140.10

563

四、油气管道

（一）输油管道（图 7-4-1）

智利有两条原油进口管道，一条是连接玻利维亚和智利的 OSSA2 管道，另一条是连接智利和阿根廷的 OleoductoTrasandino 管道。

（1）Cochabamba-Arica（OSSA2）：起点为玻利维亚科恰班巴省（Cochabamba）的 Valle Hermoso，终点为智利北海岸的阿里卡（Arica），于 1997 年投入运营，管道全长 562km，输油能力 125×10^4 t/a。

（2）OleoductoTransandino：起点为阿根廷内乌肯省的 Puesto Hernández 炼油厂，终点为智利的 Concepcion，管道全长 428km，输油能力 600×10^4 t/a。

（二）输气管道（图 7-4-1）

（1）Gas Atacama：起点为阿根廷北部查考盆地的 Ramos 油田，终点为智利的梅希约内斯（Mejillones），于 1999 年投入运营，管道全长 925km，输气能力 27×10^8 m³/a。

（2）Gasoducto NorAndino：起点为阿根廷北部查考盆地的 Aguarague 油田，终点为智利的梅希约内斯（Mejillones），于 2001 年投入运营，管道全长 880km，输气能力 29×10^8 m³/a。

（3）Gasoducto GasAndes：起点为阿根廷内乌肯省的 La Mora，终点为智利的圣地亚哥（Santiago），于 2004 年投入运营，管道全长 459km，输气能力 36×10^8 m³/a。

（4）Gasoducto del Pacifico：起点为阿根廷内乌肯省 Loma la Lata，终点为智利的 Concepcion，于 2004 年投入运营，管道全长 537km，输气能力 35×10^8 m³/a。

图 7-4-1 智利油气管线、炼厂分布图

五、石油加工

智利主要有3个炼油厂，均由智利国家石油公司（ENAP）或其子公司运营。最大的是 Bio Bio 炼油厂，位于圣地亚哥北部。

（1）Bio Bio 炼油厂：位于比奥比奥省（Biobio）塔尔卡瓦诺（Talcahuano），由 Enap Bio 运营，于1966年建成投产，处理能力为 580×10^4 t/a。

（2）Aconcagua 炼油厂：位于瓦尔帕莱索省（Valparaiso）康孔（Concon），由 Enap Acg 运营，于1955年建成投产，处理能力为 520×10^4 t/a。

（3）Bahia Gregorio 炼油厂：位于麦哲伦省（Magallanes）格雷戈里奥（Gregorio），于1980年建成投产，处理能力为 85×10^4 t/a。

六、对外合作

综合油气资源潜力、财税条款、政治经济、环境及安全等因素，将全球主要资源国合作环境划分为10个等级（图0-3），智利处于6~7级，合作环境较好。

智利的油气勘探开发受智利宪法以及五项具体法令管控：财政部1960年颁布的第302号法令；1975年矿业部的第1089号法令；1978年矿业部的第2224号法令；《采矿法》（1983）和智利国家石油公司（ENAP）管理法规（1991）。在智利，私营企业和财团根据"特别经营合同"（CEOP）经营，最长期限为35年。目前智利正在执行的勘探开发区块18个，其中9个区块（图7-6-1）的作业者为 ENAP 石油公司，控制了已发现2P可采储量的89%（图7-6-2），其次为 GeoPark 公司，控制了已发现2P可采储量的9%。

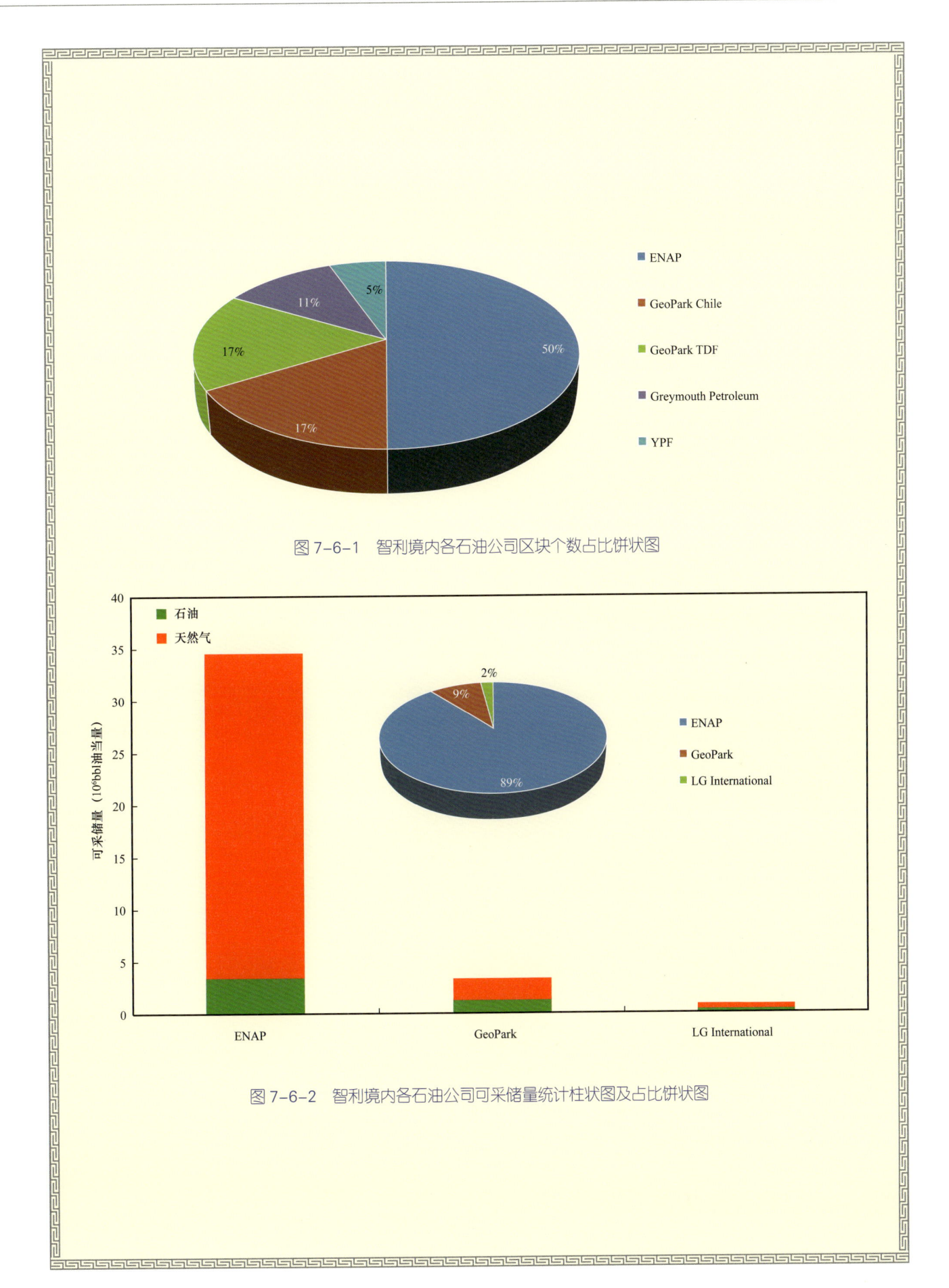

图 7-6-1　智利境内各石油公司区块个数占比饼状图

图 7-6-2　智利境内各石油公司可采储量统计柱状图及占比饼状图

第八部分 圭亚那

一、国家概况

圭亚那位于南美洲北部，西北与委内瑞拉交界，南与巴西毗邻，东与苏里南接壤，东北濒大西洋，国土面积 $21.5\times10^4km^2$，属热带雨林气候，年降雨量 1500～2000mm，年均气温 24～32℃。

圭亚那划分为 10 个区，由地区民主委员会管理，并设主席一职。首都乔治敦（Georgetown），是圭亚那唯一城市和全国政治、经济、文化和交通中心。2017 年全国人口 73.8 万。英语为官方语言和通用语，也使用克里奥尔语、乌尔都语、印第安语和印地语。居民 34.8% 信奉基督教新教，24.8% 信奉印度教，7.1% 信奉天主教，6.8% 信奉伊斯兰教。

宪法规定总统为国家元首、政府首脑和武装部队最高统帅议会实行一院制。

圭亚那经济以初级产品生产为主，铝矾土、蔗糖和大米为三大经济支柱。2017 年国内生产总值 35.91 亿美元，人均国内生产总值 4662 美元。自然资源丰富。矿藏有铝矾土、金、钻石、锰、钼、铜、钽、钨、镍、铀等，其中铝矾土蕴藏量丰富，约 3.6×10^8t。森林面积 $16.4\times10^4km^2$，占全国土地面积的 83%。水力资源丰富。2015 年起，圭亚那近海斯塔布鲁克区块先后发现大量石油资源。工业以采矿业和制糖业为主，主要开采铝矾土、黄金和钻石。农林渔业产值约占国内生产总值的 30%，出口额约占圭亚那出口总额的一半。

对外关系奉行独立、不结盟的外交政策，与各国发展友好合作关系。1972 年 6 月 27 日，中国与圭亚那建交。2018 年 7 月，中圭签署共建"一带一路"谅解备忘录。中圭贸易以中方出口为主。据中国海关总署统计，2017 年中圭双边贸易额 2.27 亿美元，其中中方出口 1.89 亿美元，进口 0.38 亿美元，同比分别增长 9.9%、5.8% 和 35.8%。中方主要向圭亚那出口机电产品、船舶、纺织品、钢材、高新技术产品、塑料产品、农产品、轮胎等，进口木材、锯材及农产品等。

二、油气勘探开发现状

圭亚那境内主要是圭亚那盆地（Guyana Basin）（图 8-3-1-1），至 2018 年，共发现油气田 8 个，均位于海上。

截至 2018 年底，圭亚那累计发现 2P 可采储量 4128.68×10^6 bbl 油当量（图 8-2-1），其中石油 3427.01×10^6 bbl，凝析油 1410.5×10^6 bbl，天然气 $4.21\times10^{12}ft^3$，尚未进行生产。

圭亚那常规油气资源勘探潜力很大。中国石油 2018 年最新评价结果，常规待发现油气资源量 14900.76×10^6 bbl 油当量，其中石油 5836.00×10^6 bbl，凝析油 82.00×10^6 bbl、天然气 $52100.00\times10^9ft^3$。

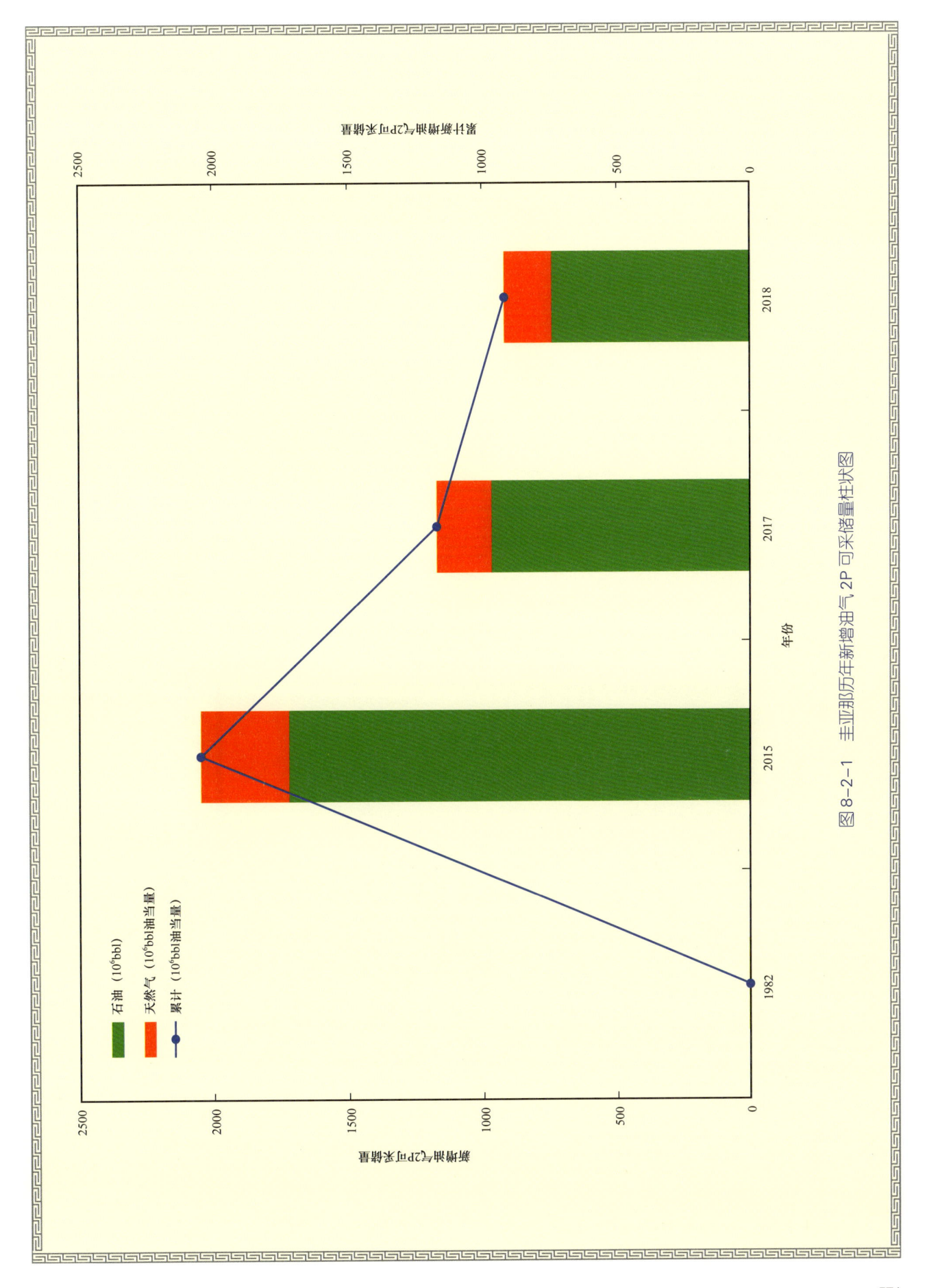

图 8-2-1 圭亚那历年新增油气 2P 可采储量柱状图

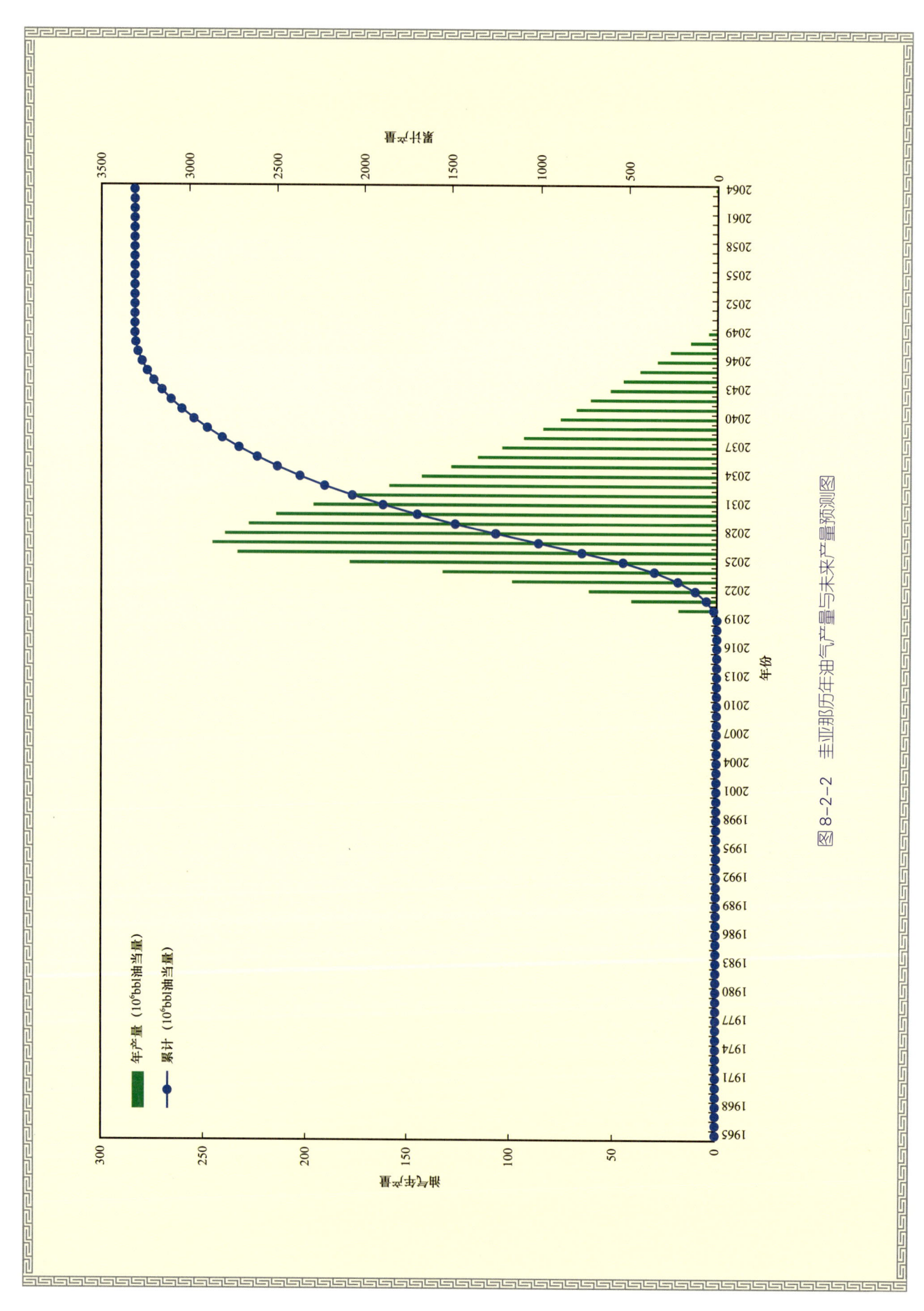

图8-2-2 圭亚那历年油气产量与未来产量预测图

三、石油地质特征和勘探开发潜力

圭亚那盆地

圭亚那（Guyana）盆地位于圭亚那和苏里南北部和东北部的海上（图8-3-1-1）。盆地东部边界为Demerara高原，与东委内瑞拉盆地的海上边界为Pomeroon高地，盆地东西边界为早期裂谷阶段中大西洋转换断层。盆地总面积227651km²，其中陆上面积49915km²，海上面积177736km²。

1. 勘探开发历程

圭亚那盆地的油气勘探经历了早期勘探、勘探停滞阶段和重大突破3个阶段（图8-3-1-2）。

早期起步阶段（1930—2007年）：1938—1942年，在海岸附近进行地震勘探，发现了一个小背斜，并钻井一口，未取得发现。至20世纪60年代，共钻探井21口，均无油气发现。1960—1969年共钻探井28口，其中1965—1966年苏里南地质与矿产服务公司在浅层古新统（152～182m）钻遇油砂；1968年发现塔姆巴莱约（Tambaredjo）油田，2P可采储量为150.5×10⁶bbl油当量。1970—1979年，共钻探井14口。1980—1989年，共钻探井59口，苏里南国家石油公司与海湾石油公司共同开发塔姆巴莱约油田浅层古新统油砂。1990—1999年所钻探井都位于塔姆巴莱约油田周边，共钻探井91口。其中两口井为油井，61口井为油显示井。2002年发现塔姆巴莱约西北油田，2P可采储量55.17×10⁶bbl油当量。2007年发现POC U-02油田，2P可采储量为0.2×10⁶bbl油当量。

勘探停滞阶段（2008—2014年）：该阶段勘探工作逐渐减少，进入休整期。

重大突破阶段（2015年至今）：2015年海域发现了特大型油田——利扎（Liza），2P可采储量达2045×10⁶bbl油当量，其中石油1720×10⁶bbl、天然气1950×10⁹ft³，是迄今为止圭亚那盆地最大的油田，勘探获得重大突破。2017年又发现了3个油田和1个气田，2P可采储量为600×10⁶bbl油当量（其中气田位于苏里南），2018年又在圭亚那海域发现了3个油田和1个气田，2P可采储量为708×10⁶bbl油当量。

截至2018年，盆地共发现油气田14个，累计发现石油、凝析油和天然气2P可采储量分别为3649.23×10⁶bbl、凝析油2.25×10⁶bbl、4365×10⁹ft³，2P可采储量占全球0.056%。盆地储量前10的油气田为：利扎、帕亚拉（Payara 1）、兰格尔（Ranger 1）、龙泰尔（Longtail 1）、斯诺科（Snoek 1）、图尔博特（Turbot 1）、塔姆巴莱约、哈默海德（Hammerhead 1）、帕克拉（Pacora 1）、塔姆巴莱约西北。其中前两个油田为大油气田，总储量2645×10⁶bbl油当量，占总发现量的60.4%。盆地石油年产量6×10⁶bbl，累计产量88.76×10⁶bbl。

2. 区域地质

圭亚那盆地是被动大陆边缘盆地（图8-3-1-3），在南美洲板块和非洲板块的分离过程中形成。圭亚那深海坳陷范围对应2000～3000m海水等深线，呈北西—南东走向。盆地基底主要为新元古界火山变质岩，基底由下至上依次覆盖白垩系、新近系和古近系。

盆地由Bakhuis地堑和圭亚那深海坳陷两个地质单元组成，其中Bakhuis地堑主要为裂谷早期阶段残留地层组成（图8-3-1-4）。盆地构造演化划分为三个阶段：前裂谷基底阶段、同裂谷期阶段和被动大陆边缘。

3. 石油地质特征

1）烃源岩

盆地重要的烃源岩为白垩系Canje组（图8-3-1-5）。该烃源岩沉积于塞诺曼期，主要为海相页岩和泥灰岩，有机质类型以Ⅱ型为主。Canje组厚度300～400m，总有机碳含量达到7%，目前在盆地中部地区达到成熟。

潜在烃源岩包括近岸地区古近系Georgetown和Pomeroon组潟湖相泥岩、陆架边缘含沥青的碳酸盐岩和页岩以及深水泥岩。下白垩统湖相页岩生烃潜力。

2）储层

圭亚那盆地发育多套储层（图8-3-1-5）。塔姆巴莱约油田的产油气层为古新统Saramacca组，孔隙度最高达33%并在Borneo储层中有油气显示。

Pomeroon组有孔虫碳酸盐岩和新Amsterdam组砂岩为次要储层。

此外，中新统Coesewijne组砂岩储层，在Calcutta油田测试见油。

3）盖层

层间页岩、泥岩和灰泥岩为储层提供封盖条件。盆地主要盖层为古新统Saramacca组内部泥岩，厚度3～8m（图8-3-1-5）。

4）圈闭类型

盆地以地层圈闭和构造—岩性复合圈闭为主。

4. 常规油气成藏组合

盆地可划分为两套成藏组合（图8-3-1-5），由下至上依次为：下白垩统—上侏罗统成藏组合和上白垩统—新近系成藏组合。

5. 典型油气田

1）利扎（Liza）油气田

属于上白垩统—新近系浊积砂岩—石灰岩成藏组合，位于圭亚那盆地北部深水区，长23.3km，宽17.52km，油田面积224.19km²，于2015年发现。截至2018年底，石油和天然气2P可采储量分别为1720.00×10^6bbl和1950.00×10^9ft³（表8-3-1-1）。

主要储层为上白垩统土伦阶—马斯特里赫特阶砂岩，最大厚度为90m，平均孔隙度25%，平均渗透率3000mD，构造顶深为3000m，最大水深为1743m，为构造—岩性复合圈闭。

目前处于评价开发阶段。

2）兰格尔（Ranger 1）油气田

属于上侏罗统下白垩统碳酸盐岩成藏组合，位于圭亚那深海坳陷，长7.57km，宽6.37km，面积为35.7km²，于2018年发现，截至2018年底，石油和天然气2P可采储量分别为300×10^6bbl和400×10^9ft³（表8-3-1-1）。

主要储层为上侏罗统—下白垩统碳酸盐岩，最大厚度为70m，平均孔隙度25%，平均渗透率3000mD，构

造顶深为 6250m，最大水深为 1743m，为构造—岩性复合圈闭。

目前处于评价开发阶段。

6. 油气勘探开发潜力

圭亚那盆地油气勘探潜力巨大。中国石油 2018 年评价认为，常规待发现油气资源量 14900.76×10^{6}bbl 油当量，其中石油 5836.00×10^{6}bbl，凝析油 82.00×10^{6}bbl、天然气 52100.00×10^{9}ft^3。最有利勘探区位于盆地东北部海上陆坡带，目前发现油气藏均位于该区带之上，陆坡是盆地海上生油中心有利的油气运移指向区，同时该区域又是更新统浊积砂岩和白垩系碳酸盐岩储层有利的发育区。

表 8-3-1-1 圭亚那盆地主要油气田属性表

序号	油气田名称	油气田类型	地理位置	发现年份	主要成藏组合	主要储层岩性	2P 可采储量			
							石油(10^6bbl)	天然气(10^9ft^3)	凝析油(10^6bbl)	油气总和(10^6bbl油当量)
1	利扎（Liza）	油气田	海上	2015	上白垩—新近系	砂岩	1720.00	1950.00	0.00	2045.00
2	兰格尔（Ranger 1）	油气田	海上	2018	下白垩统	碳酸盐岩	300.00	400.00	0.00	366.67

圭亚那

图 8-3-1-1 圭亚那盆地油气田位置分布图

油气田名称：1.利扎（Liza）；2.兰格尔（Ranger1）；3.塔姆巴莱约（Tambaredjo）

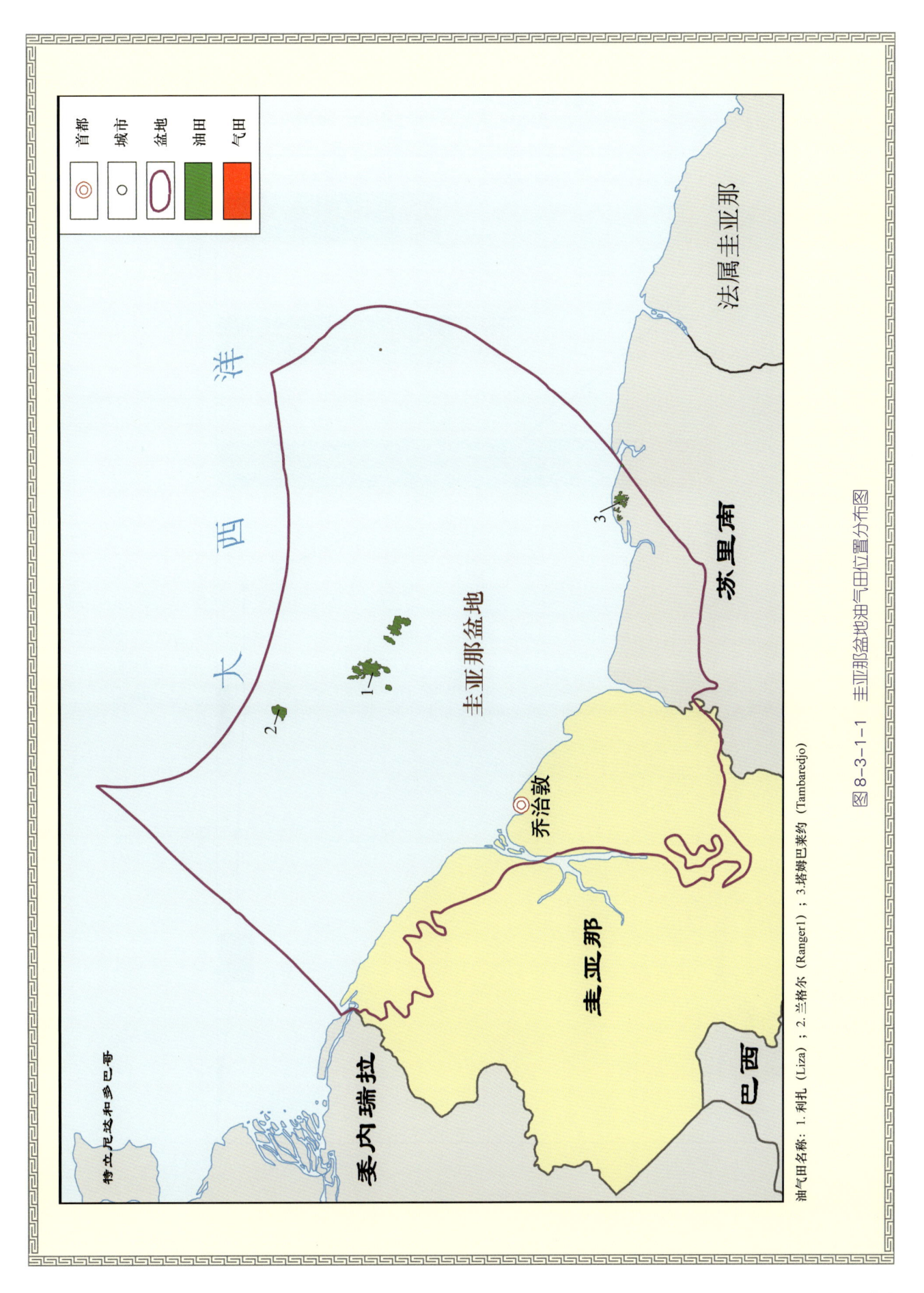

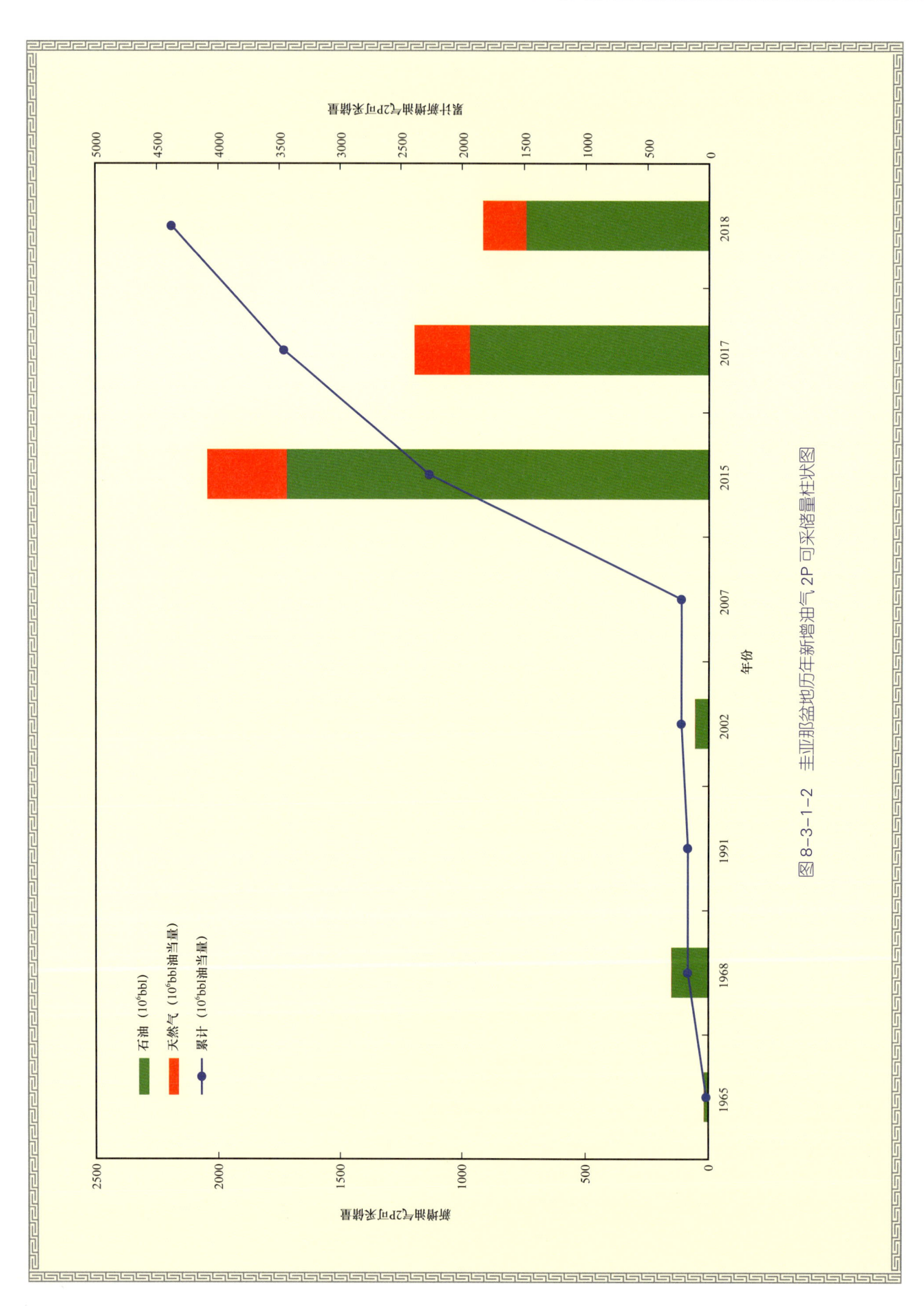

世界油气勘探开发与合作形势图集 | 南美地区 | South America

图 8-3-1-2 圭亚那盆地历年新增油气 2P 可采储量柱状图

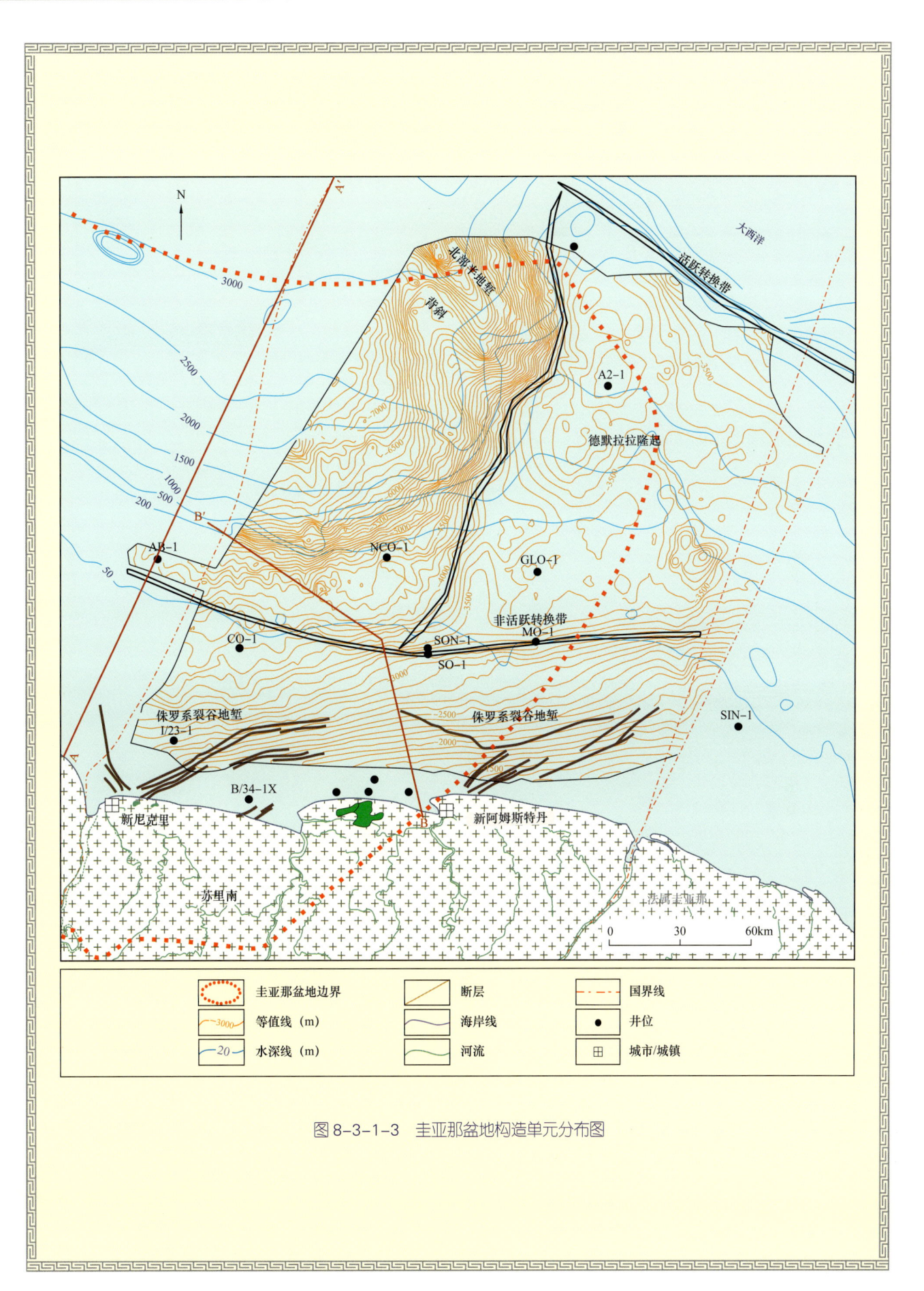

图 8-3-1-3 圭亚那盆地构造单元分布图

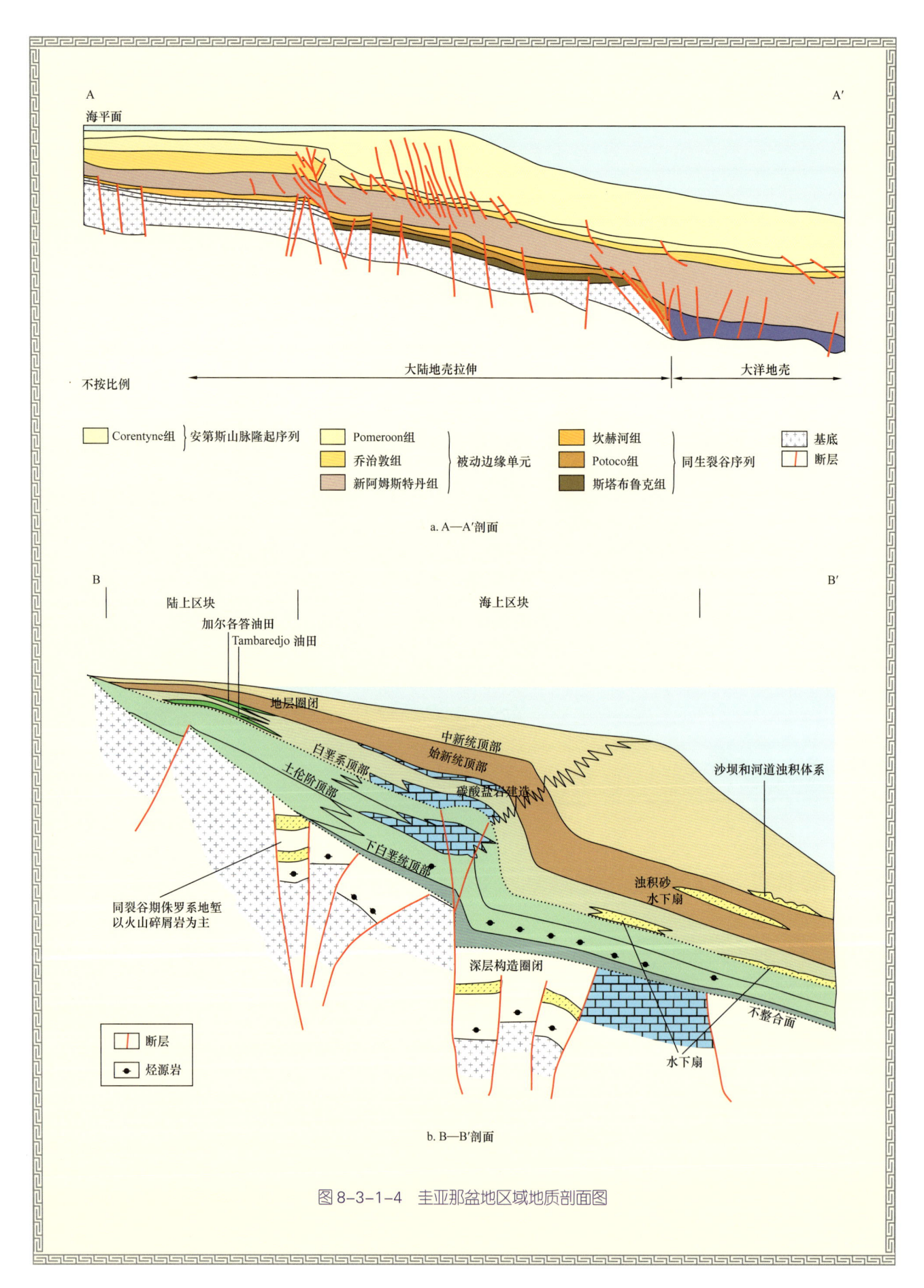

图 8-3-1-4　圭亚那盆地区域地质剖面图

圭亚那

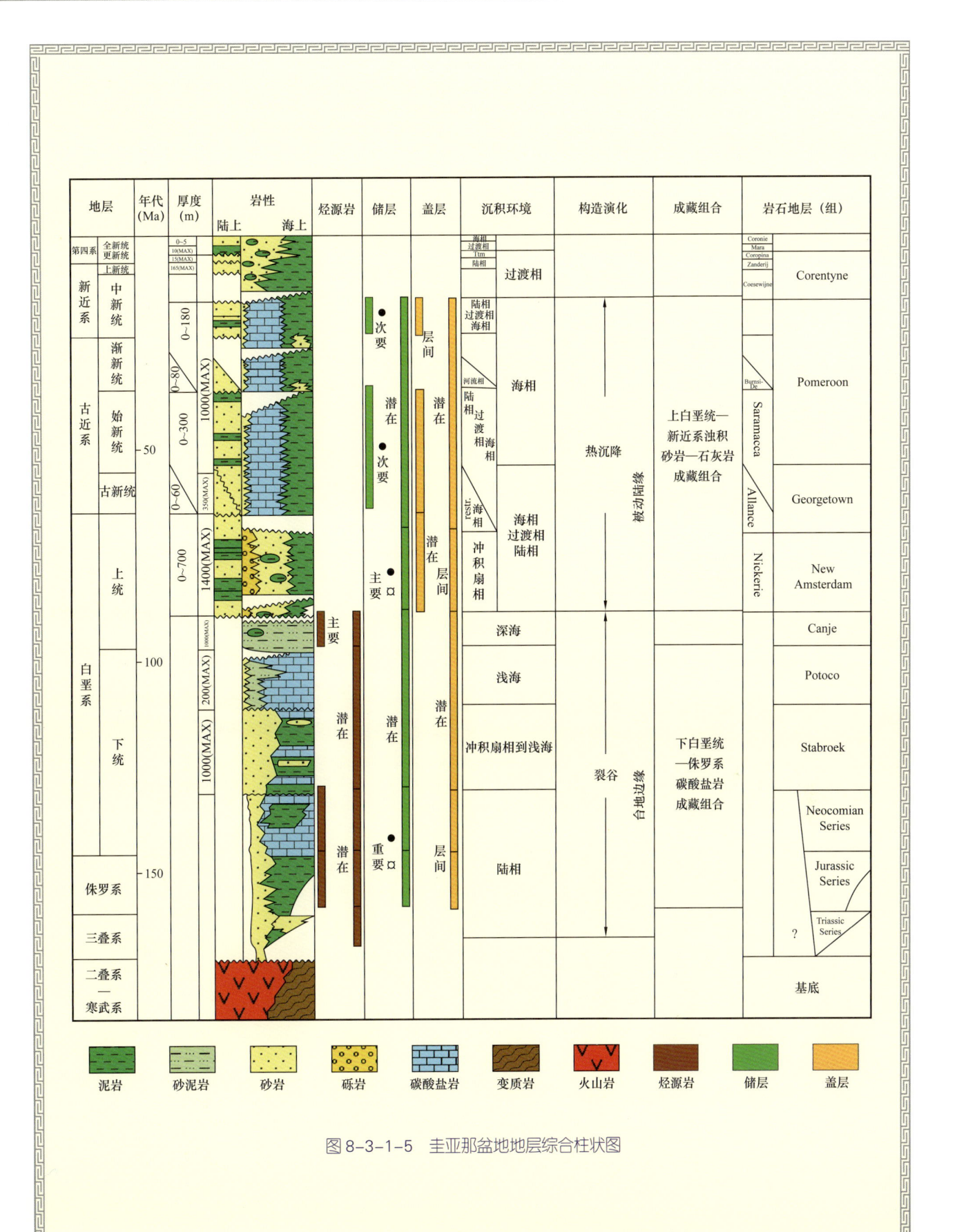

图 8-3-1-5 圭亚那盆地地层综合柱状图

四、油气管道

圭亚那到目前为止尚无石油和天然气基础设施。

五、石油加工

圭亚那到目前为止尚无炼油厂。

六、对外合作

综合油气资源潜力、财税条款、政治经济、环境及安全等因素，将全球主要资源国合作环境划分为10个等级（图0-3），圭亚那处于6~7级，合作环境较好。

圭亚那政府颁布了四项有关石油勘探和生产的关键立法：1938年的《石油生产法》，1986年的《石油（勘探和生产）法》第3号，1986年制订的石油生产分成协议和2004年的石油上游法律规定。2016年政府曾宣布，在发现利扎油气田之后，将考虑更新石油法案。目前，ExxonMobil石油公司在圭亚那的油气行业中占主导。圭亚那正在执行的勘探开发区块7个（图2-6-1），其中3个区块的作业者为ExxonMobil石油公司，控制的已发现2P可采储量的45%，其次为Hess公司，其控制了已发现2P可采储量的30%（图2-6-2）。

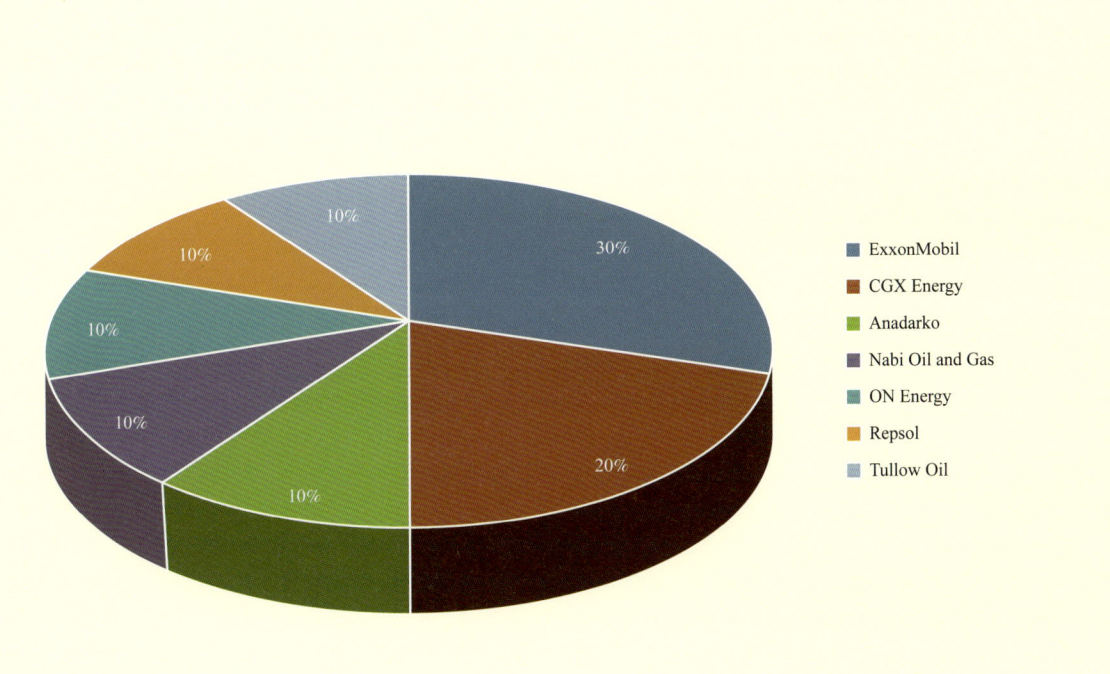

图 8-6-1　圭亚那境内各石油公司区块个数占比图

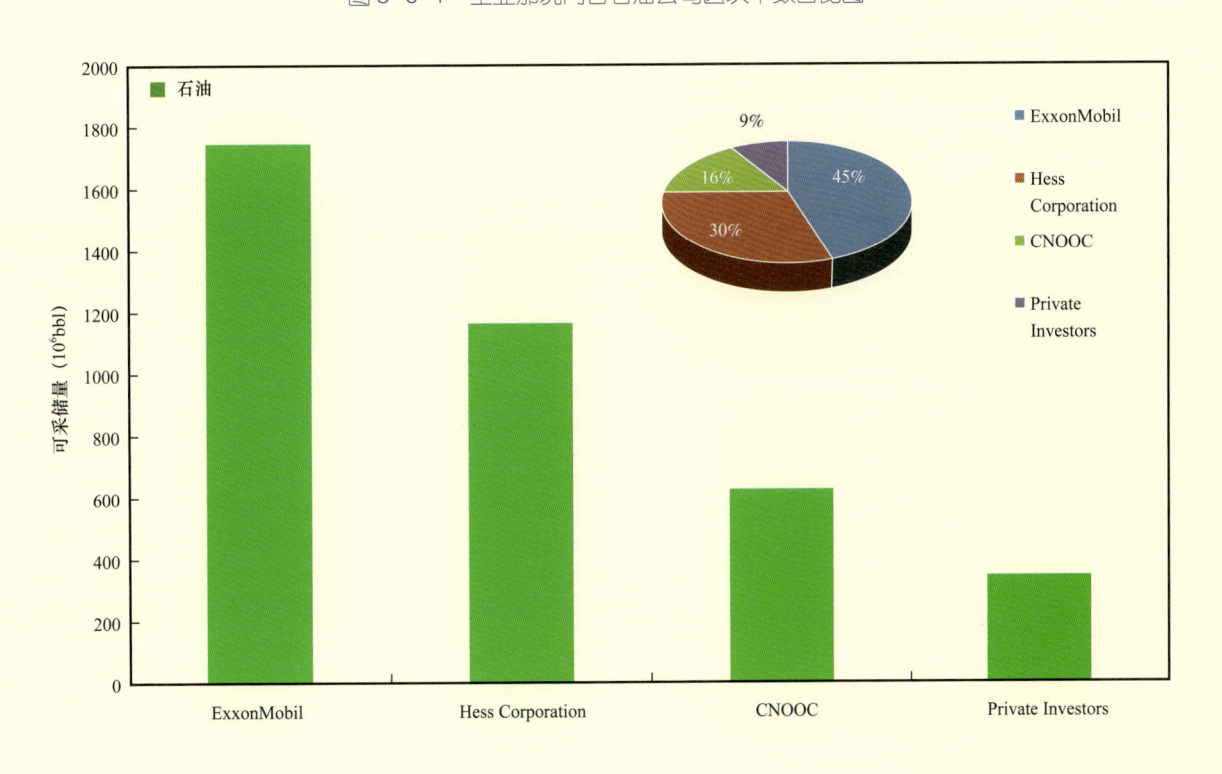

图 8-6-2　圭亚那境内各石油公司石油可采储量统计及占比图

▶ 第九部分
玻利维亚

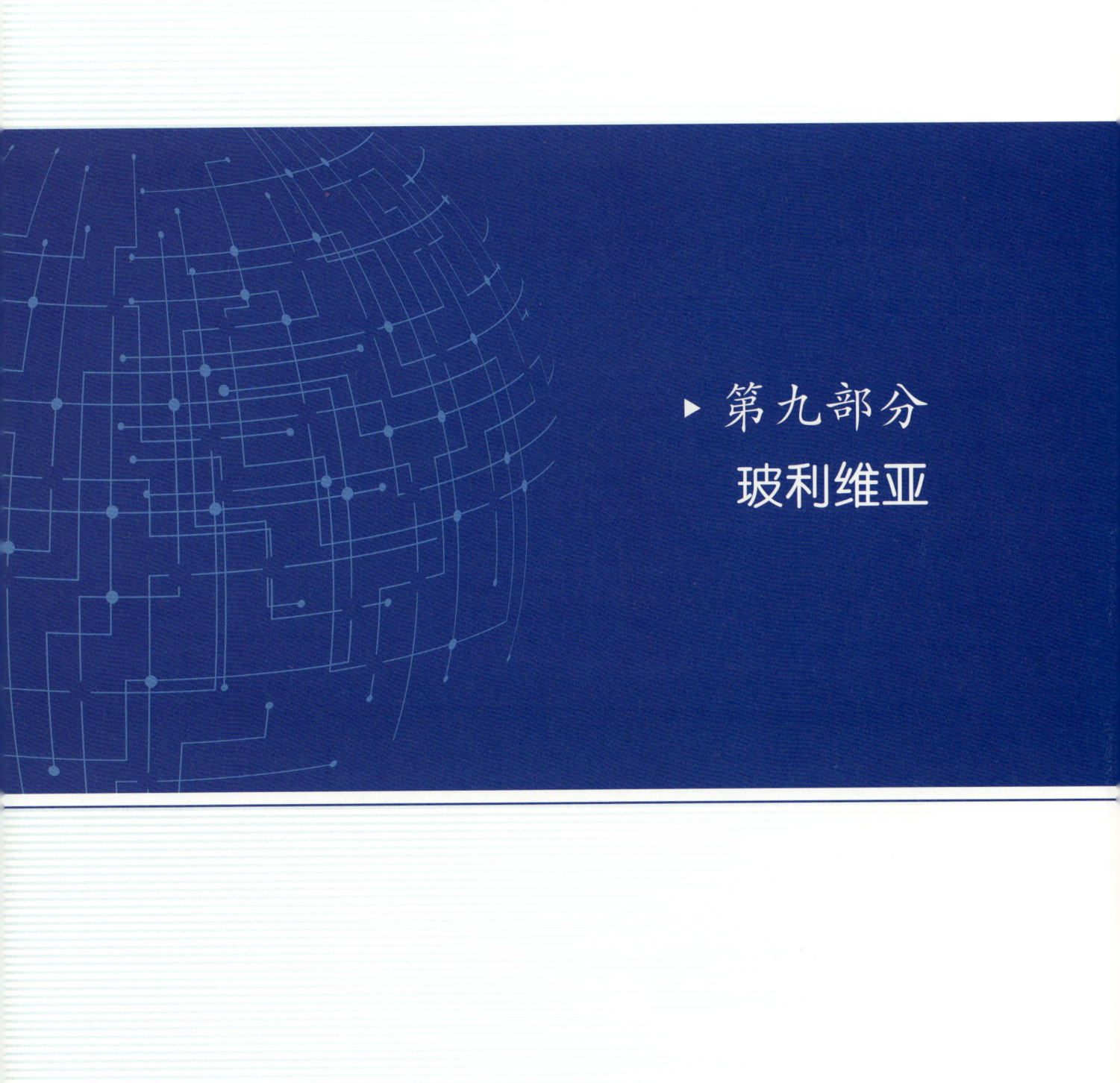

一、国家概况

玻利维亚位于南美洲中部，东北与巴西交界，东南毗邻巴拉圭，南邻阿根廷，西南邻智利，西接秘鲁，属温带气候，国土面积 $109.8\times10^4 km^2$。人口 1121.6 万，其中印第安人占 54%，印欧混血占 31%，白人占 15%。官方语言为西班牙语和克丘亚语、阿依马拉语等 36 种印第安民族语言。多数居民信奉天主教。

玻利维亚全国共分为九省，分别是贝尼、丘基萨卡、科恰班巴、拉巴斯、奥鲁罗、潘多、波多西、塔里哈和圣克鲁斯省。

玻利维亚拥有丰富的自然资源，锂、锡、锑、金、银、铜、铁、锰、钨、锌等矿藏丰富，其中锂储量达 $1050\times10^4 t$，居世界第一，还拥有大天然气田。近年来推进石油、天然气、矿业、电信和电力等支柱产业国有化，重点促进能源矿产生产和基础设施建设，加大天然气开发投入，并推动土地改革。有关举措取得积极成效，财税收入稳步增长，宏观经济运行平稳。近年来，玻利维亚经济增长率高于地区平均水平。2018 年玻利维亚国内生产总值为 402.88 亿美元，经济增长率为 6.5%。玻利维亚大力开拓天然气出口市场，并制定了旨在成为市场能源供应地的战略。现与世界 80 多个国家和地区保持着贸易关系。2017 年，玻利维亚外贸总额 171.34 亿美元，同比增长 9.8%，其中出口额 78.46 亿美元、进口总额为 92.88 亿美元，分别同比增长 8.8%、10.2%。主要贸易对象为巴西、中国、美国、阿根廷、哥伦比亚、委内瑞拉。

1985 年 7 月 9 日，中国和玻利维亚共和国建立外交关系。近年来，双方贸易额增长较快，经贸合作发展迅速，在能源矿产、基础设施和高科技等领域合作成果丰硕。2018 年 1—9 月，中玻双边贸易额 18.13 亿美元，其中中国出口 14.68 亿美元，进口 3.45 亿美元。中国成为玻利维亚全球第二大贸易伙伴，第一大进口来源国和第七大出口目的地国。中国主要出口汽车、摩托车、轮胎、高新技术产品等，主要进口矿砂、皮革、原木和锯材等。

2018 年 6 月双方共同宣布中玻建立战略伙伴关系。

二、油气勘探开发现状

玻利维亚境内涉及查考、玛德莱德迪奥斯和阿尔蒂法诺 3 个沉积盆地，这三个盆地分别延伸至巴西、秘鲁、阿根廷和巴拉圭（图 9-2-1）。

至 2018 年底，玻利维亚共发现油气田 108 个，累计发现 2P 可采储量 $6033.51\times10^6 bbl$ 油当量，其中石油 $382.71\times10^6 bbl$，凝析油 $655.42\times10^6 bbl$，天然气 $4985.37\times10^6 bbl$ 油当量（图 9-2-2），发现大气田 4 个，总储量 $2412.87\times10^6 bbl$ 油当量。

2018 年，玻利维亚石油、天然气年产量分别为 $20.77\times10^6 bbl$ 油当量、$109.67\times10^6 bbl$ 油当量。截至

2018年，累计生产油、气分别为402.25×10⁶bbl油当量、1806.12×10⁶bbl油当量，基本达到了产量高峰期（图9-2-3）。

中国石油2018年评价认为，玻利维亚常规待发现油气资源量8719.54×10⁶bbl油当量，其中石油842.10×10⁶bbl，凝析油914.10×10⁶bbl，天然气40387.39×10⁹ft³。玻利维亚非常规油气勘探开发尚未开始，具有较好发展前景。

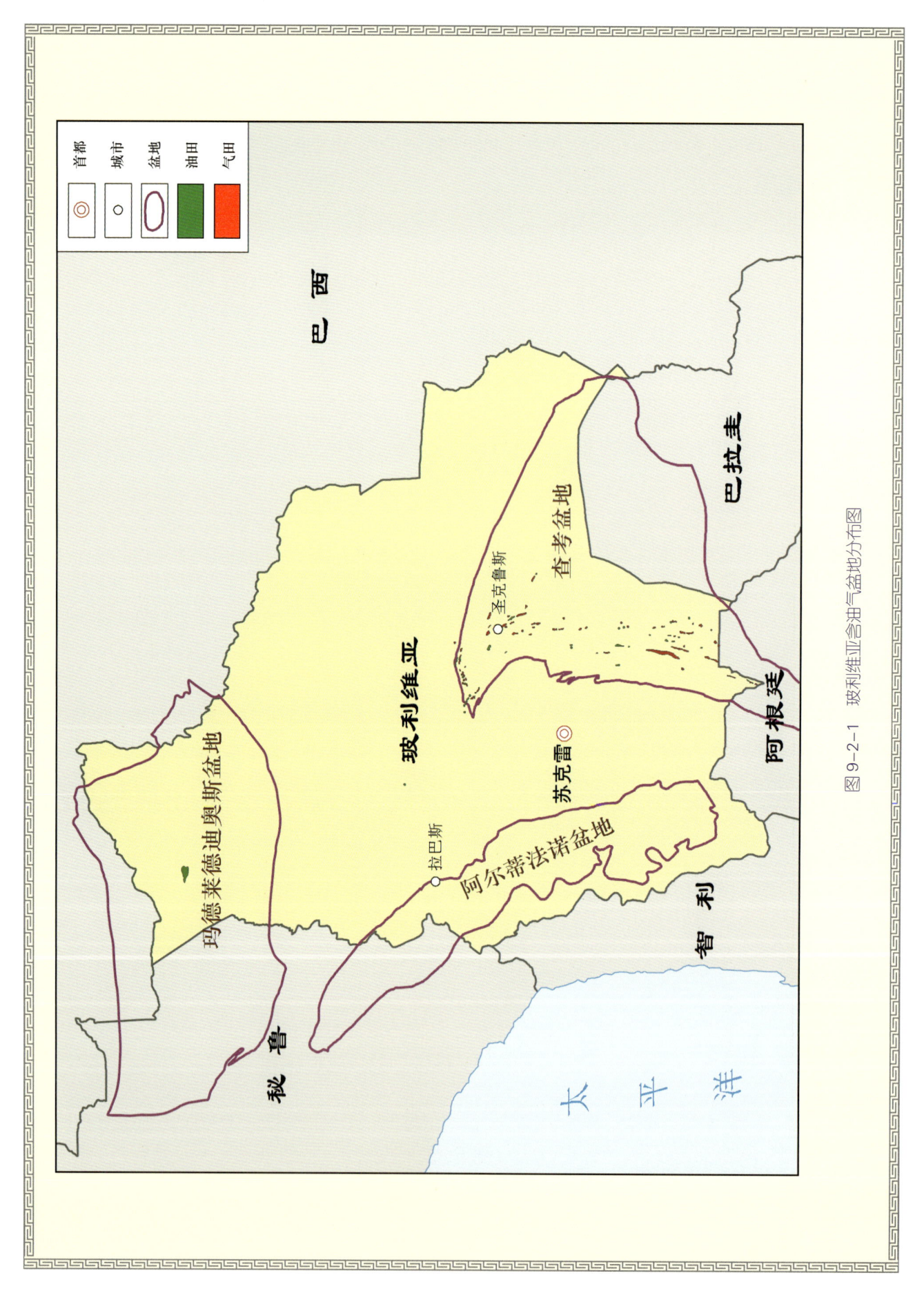

世界油气勘探开发与合作形势图集 | 南美地区 South America

图 9-2-1 玻利维亚含油气盆地分布图

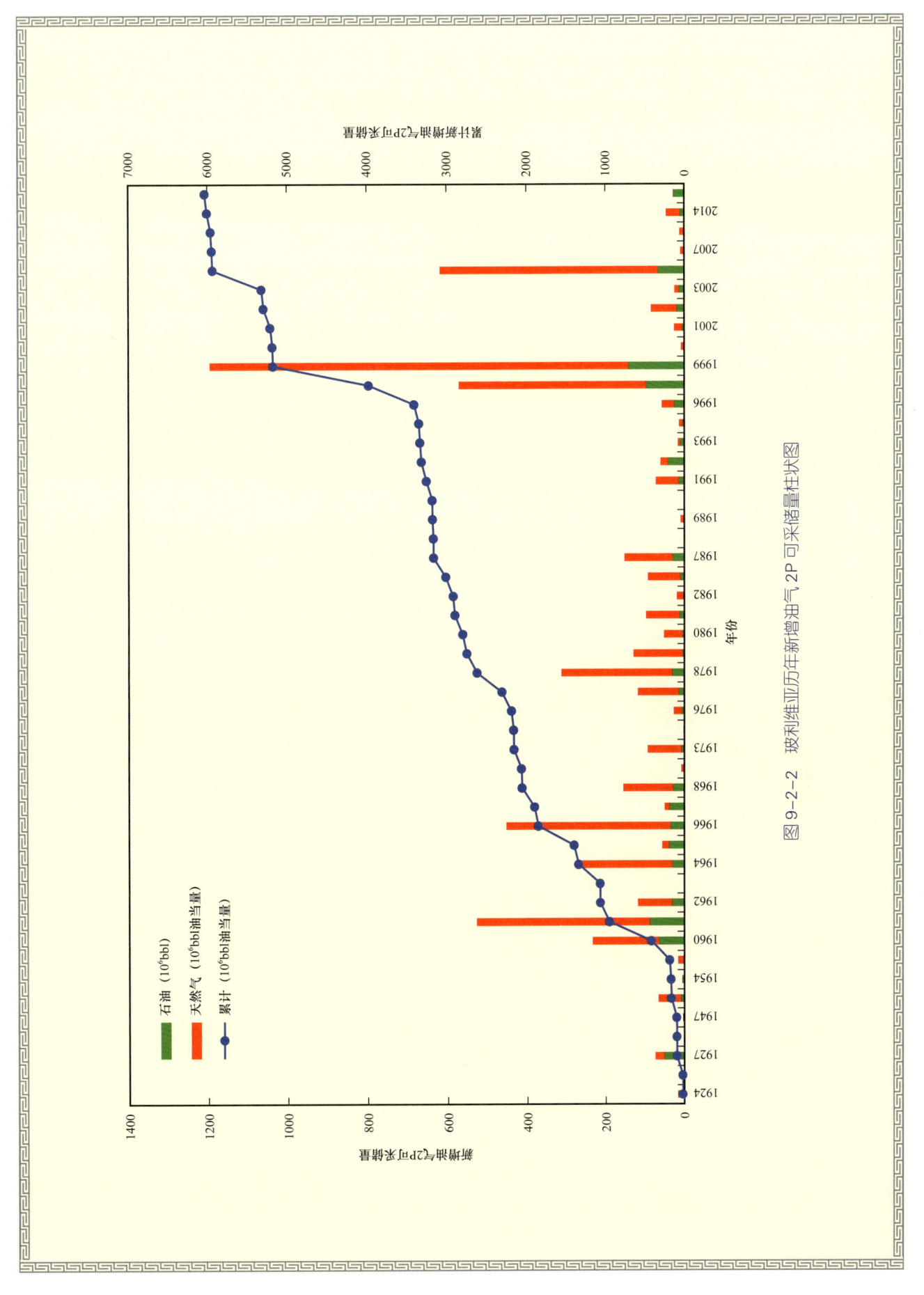

图 9-2-2 玻利维亚历年新增油气 2P 可采储量柱状图

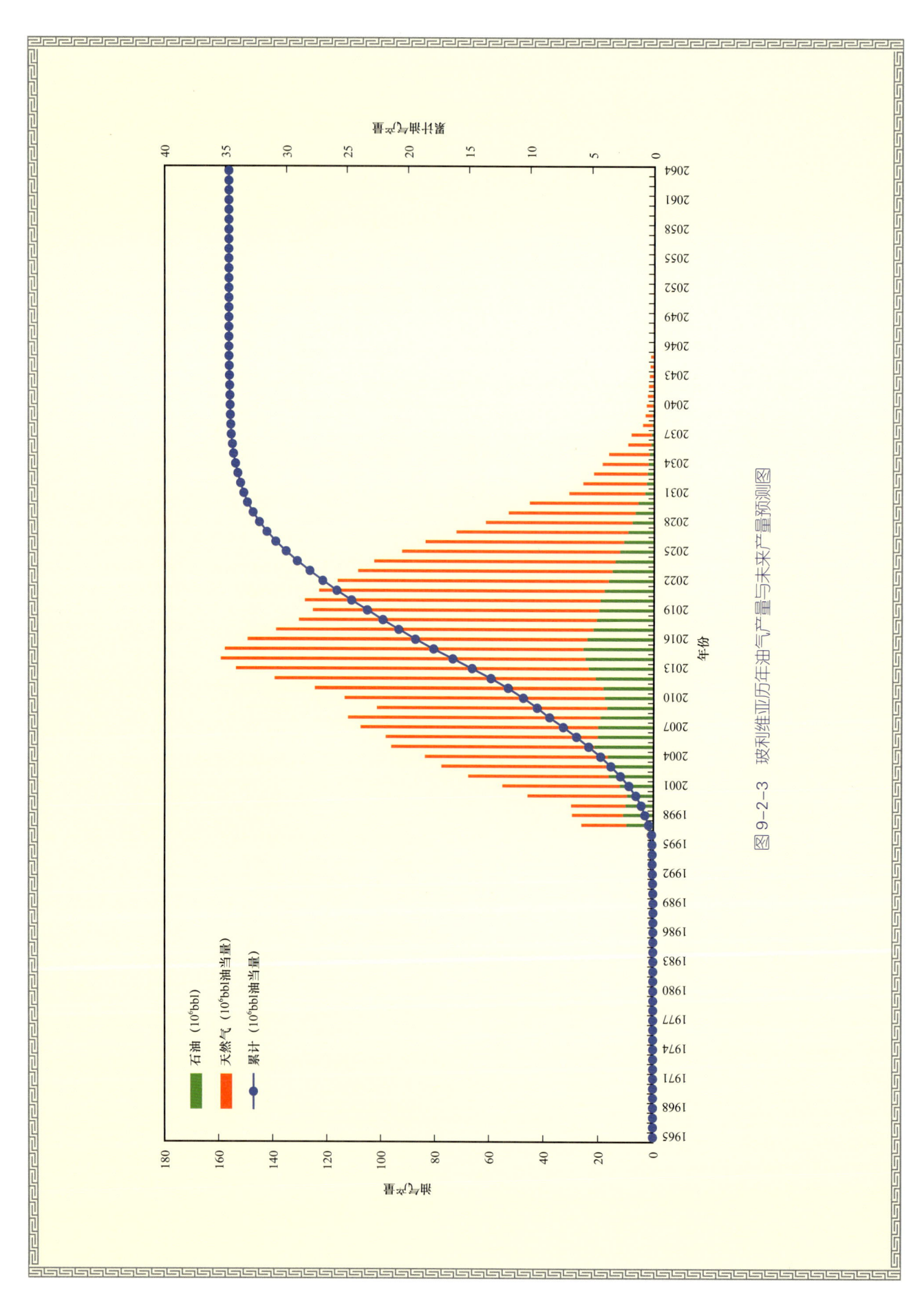

世界油气勘探开发与合作形势图集 | 南美地区 South America

图 9-2-3 玻利维亚历年油气产量与未来产量预测图

三、石油地质特征和勘探开发潜力

（一）查考盆地

盆地的勘探开发历程、区域地质、石油地质特征、常规油气成藏组合等信息参考阿根廷部分。

1. 典型油气田（表9-3-1-1）

1）拉佩纳（La Pena）油田

属于上石炭统砂岩成藏组合，位于查考盆地西部安第斯山脚下，长11.6km、宽5.1km，发育构造圈闭和地层—构造复合圈闭，圈闭面积39.3km²，海拔高度为353.57m，发现于1965年（图9-3-1-1）。截至2018年，共发现油气2P可采储量57.4×10⁶bbl油当量，其中石油38.42×10⁶bbl、凝析油0.784×10⁶bbl、天然气109.13×10⁹ft³。

油田储层分3套，分别是上石炭统San Telmo组La Pena段砂岩、Escarpment组Bolivar段砂岩和Piray组砂岩。其中前两套砂岩为主要储层，La Pena段砂岩顶部埋深2235m、厚度平均120m，有效厚度15~35m，气油界面-2247m，油水界面-2268m，为细—中粒长石岩屑砂岩，孔隙度4%~28%，平均21%，渗透率0.3~3450mD，平均1023mD。Bolivar段砂岩顶部埋深2360m，孔隙度8%~26%，平均23%，渗透率5~354mD，平均90mD。原油重度42°API，黏度0.45mPa·s。

1970年投入生产，到2018年，累计生产油气48.98×10⁶bbl油当量。

2）里奥格兰德（Rio Grande）气田

属于上石炭统、下石炭统、上泥盆统和渐新统砂岩成藏组合，位于查考盆地西部安第斯山脚下，呈近北北西向展布，发育构造圈闭和地层—构造复合圈闭，长26.2km、宽4.69km，面积84.21km²，海拔高度为339m，发现于1961年（图9-3-1-2）。截至2018年，共发现油气2P可采储量511.7×10⁶bbl油当量，其中凝析油80.0×10⁶bbl、天然气2590.0×10⁹ft³。

储层有上石炭统San Telmo组、下石炭统Tupambi组、上泥盆统Iquiri组和渐新统Petaca组共4套。其中上石炭统San Telmo组砂岩为主要储层，顶部埋深2425m，最大有效厚度32m，平均孔隙度30%，平均渗透率36mD，最高地层温度86℃。气水界面-2490m，含气高度65m。凝析油重度73.7°API。气体成分：甲烷87.2%、乙烷4.95%、丙烷3.0%、正丁烷1.1%。

1967年投入生产，到2018年，累计生产油气367.17×10⁶bbl油当量，其中天然气2169.119×10⁹ft³，凝析油74.57×10⁶bbl。

3）卡兰达（Caranda）油田

属于新生界、中生界和古生界砂岩成藏组合，呈近北西西向展布，长10.8km、宽5.4km，面积42.5km²，地表最大高程330m，为构造圈闭和地层—构造复合圈闭，发现于1960年（图9-3-1-3）。截至2018年，共发现油气2P可采储量218.52×10⁶bbl油当量，其中石油59.0×10⁶bbl、凝析油5.28×10⁶bbl、天然气925.43×10⁹ft³。

南美地区 South America

表 9-3-1-1 查考盆地（玻利维亚境内）主要油气田属性表

序号	油气田名称	油气田类型	地理位置	发现年份	主要成藏组合	主要储层岩性	2P 可采储量			
							石油(10^6bbl)	天然气(10^9ft³)	凝析油(10^6bbl)	油气总和(10^6bbl油当量)
1	拉佩纳（La Pena）	油田	陆上	1965	上石炭统	砂岩	38.42	109.13	0.78	57.40
2	里奥格兰德（Rio Grande）	气田	陆上	1961	石炭系、上泥盆统、渐新统	砂岩	0	2590.00	80.00	511.70
3	卡兰达（Caranda）	油田	陆上	1960	新生界、中生界、古生界	砂岩	59.00	925.43	5.28	218.52

共发育有 11 套储层，包括新近系中新统 Yecua 组、古近系渐新统 Petaca 组、上白垩统 Cajones 组、下白垩统 Yantata 组、Tacuru 群、上石炭统 San Telmo、Taiguati 组、上泥盆统 Iquiri 组、下泥盆统 Huamampampa 组、Robore 组和上志留统 Sara 段砂岩。其中，上石炭统 Taiguati 组、下泥盆统 Huamampampa 组和 Robore 组砂岩是主要成藏组合，分别拥有 47.8×10^6bbl 油当量、43.1×10^6bbl 油当量和 45.2×10^6bbl 油当量的 2P 可采储量。上石炭统 Taiguati 组砂岩顶部埋深 1780m，沉积环境为冰川环境，最大厚度 200m，原油重度 59.2°API。下泥盆统 Huamampampa 组砂岩储层顶部埋深 3301m，沉积环境为浅海沉积。下泥盆统 Robore 组砂岩储层顶部埋深 3301m，沉积环境为浅海沉积。

1962 年投入生产，至 2018 年累计生产油气 126.56×10^6bbl 油当量，其中石油 58.69×10^6bbl，天然气 372.326×10^9ft^3，凝析油 0.32×10^6bbl。

2. 勘探开发潜力

中国石油 2018 年评价认为，该盆地常规待发现可采资源量为 7862.55×10^6bbl 油当量，其中石油 930.00×10^6bbl、凝析油 836.00×10^6bbl、天然气为 35360.00×10^9ft^3，具有较大的勘探潜力。

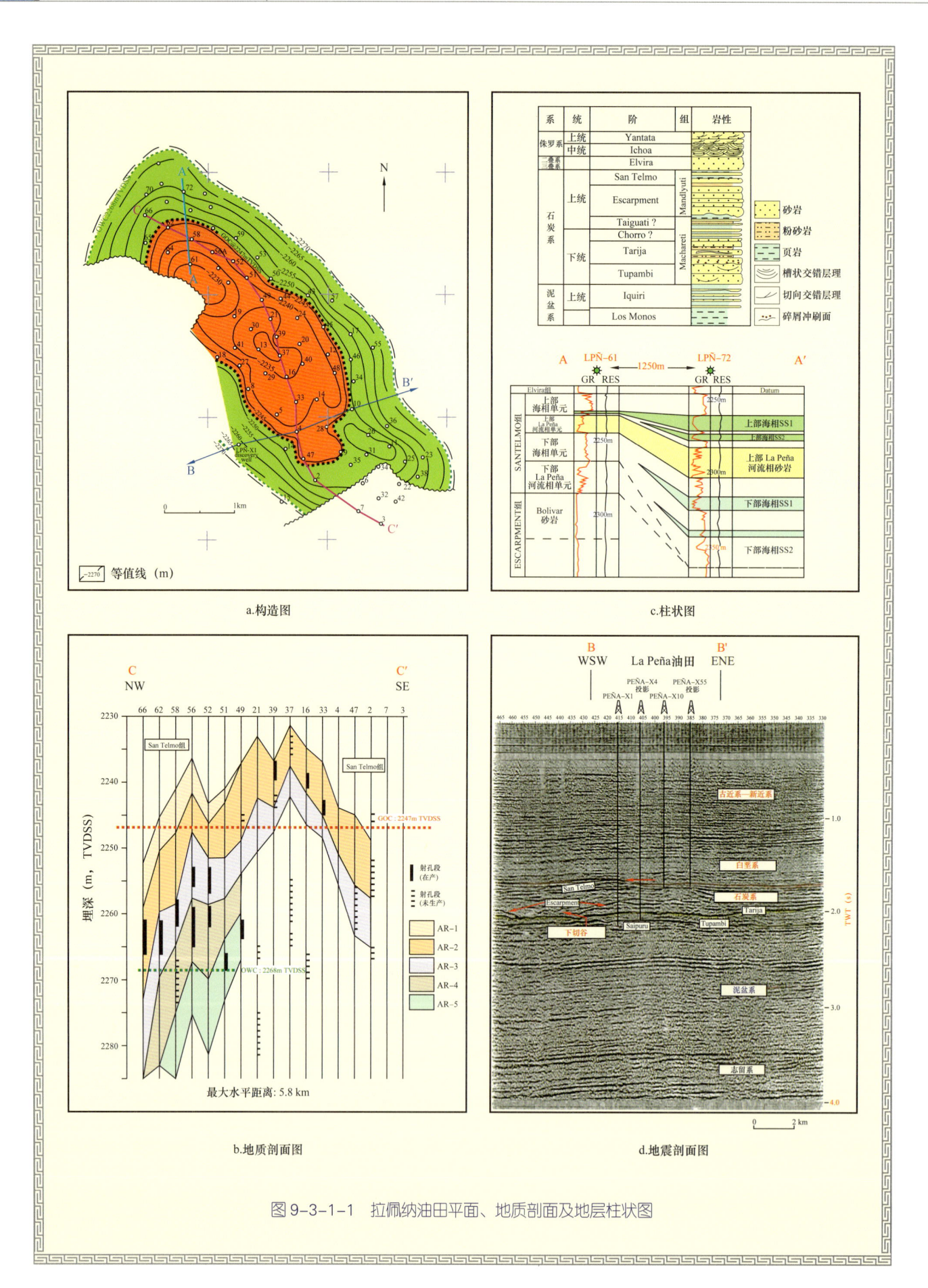

South America 南美地区

图 9-3-1-1 拉佩纳油田平面、地质剖面及地层柱状图

a. 构造图
b. 地质剖面图
c. 柱状图
d. 地震剖面图

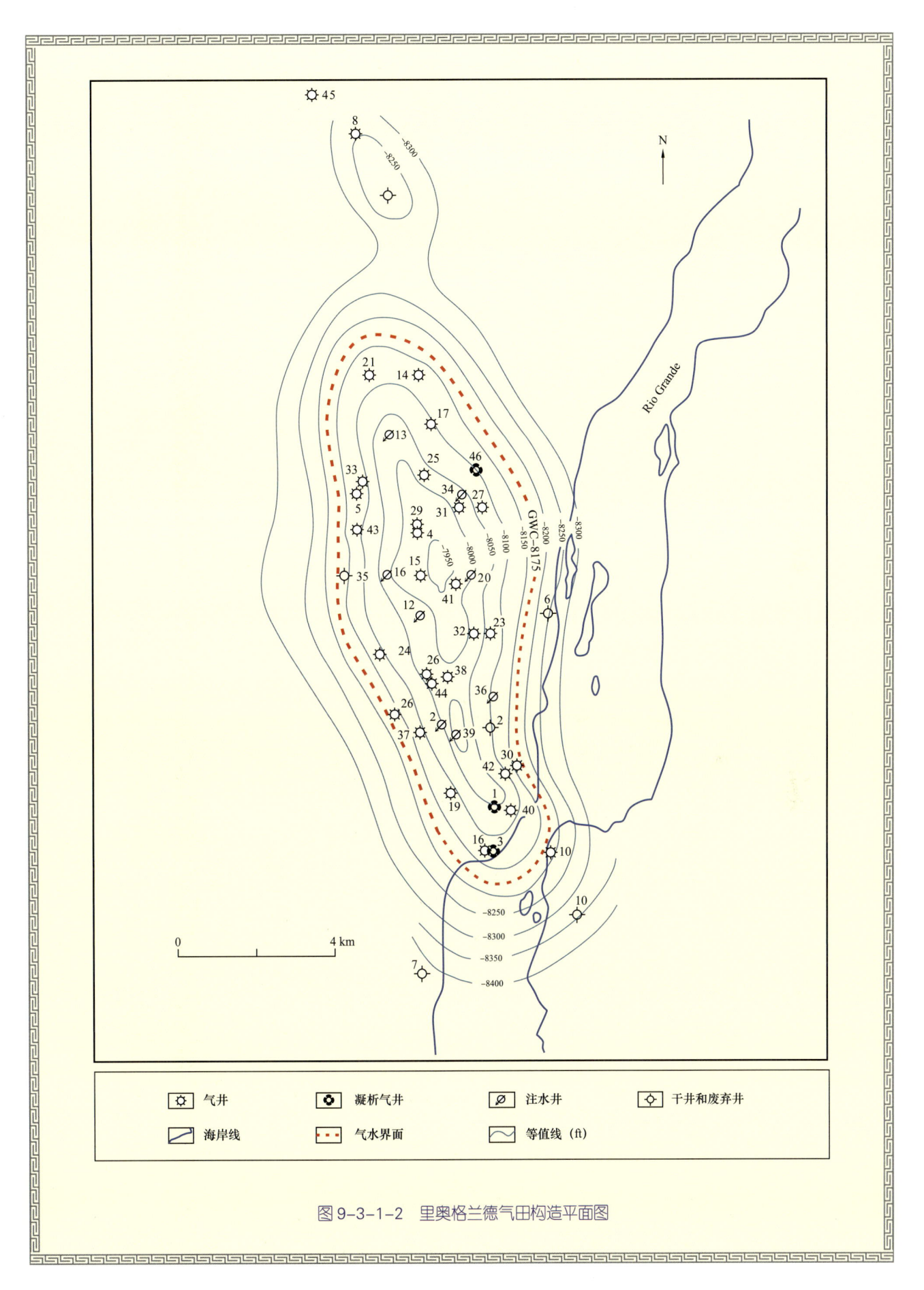

图 9-3-1-2　里奥格兰德气田构造平面图

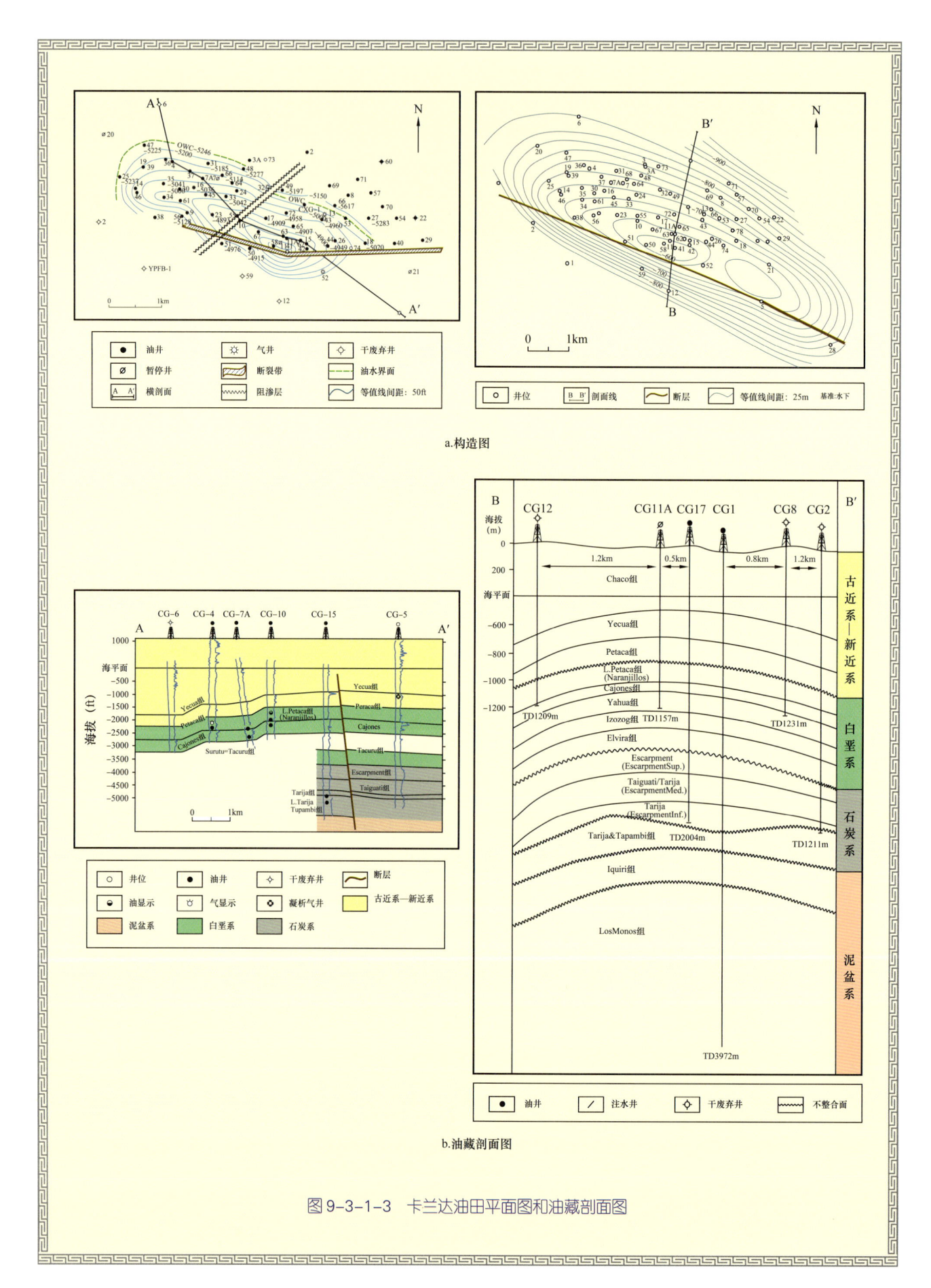

南美地区 South America

a. 构造图

b. 油藏剖面图

图 9-3-1-3　卡兰达油田平面图和油藏剖面图

（二）玛德莱德迪奥斯盆地

盆地的勘探开发历程、区域地质、石油地质特征、常规油气成藏组合等信息参考秘鲁部分。

截至 2018 年，该盆地在玻利维亚境内已发现油气田 1 个。

中国石油 2018 年评价认为，该盆地常规待发现油气可采资源量 7704.90×10^6 bbl 油当量，其中石油 284.00×10^6 bbl、凝析油 825.00×10^6 bbl、天然气 38256.00×10^9 ft^3。在玻利维亚境内常规待发现油气可采资源量 7335.75×10^6 bbl 油当量，其中石油 189.89×10^6 bbl、凝析油 550.00×10^6 bbl、天然气 25504.00×10^9 ft^3。

典型油气田

潘多 X-1（Pando X-1）油气田

属于泥盆系成藏组合，位于玻利维亚西北部陆上，地表最大高程 206m，呈近东西走向，发育构造—地层复合圈闭，东西长 35.51km，南北宽 14.99km，圈闭面积 312.89km^2，发现于 1991 年（图 9-3-2-1）。截至 2018 年，共发现油气 2P 可采储量 1.03×10^6 bbl 油当量，其中石油 1.0×10^6 bbl、天然气 200.0×10^6 ft^3（表 9-3-2-1）。

储层为上泥盆统 Tomachi 组砂岩，埋深 1266m，厚度 36m，沉积环境为三角洲平原相，发育气顶和油环，油水界面 –1276m，含油高度 10m，原油重度 34°API，最大含硫 0.14%。

油田尚未投入开发。

表 9-3-2-1 玛德莱德迪奥斯盆地（玻利维亚）主要油气田属性表

序号	油气田名称	油气田类型	地理位置	发现年份	主要成藏组合	主要储层岩性	2P 可采储量			
							石油(10^6bbl)	天然气(10^9ft^3)	凝析油(10^6bbl)	油气总和(10^6bbl 油当量)
1	潘多 X-1（PandoX-1）	油田	陆上	1991	泥盆系	砂岩	1.00	200.00	0.00	1.03

玻利维亚

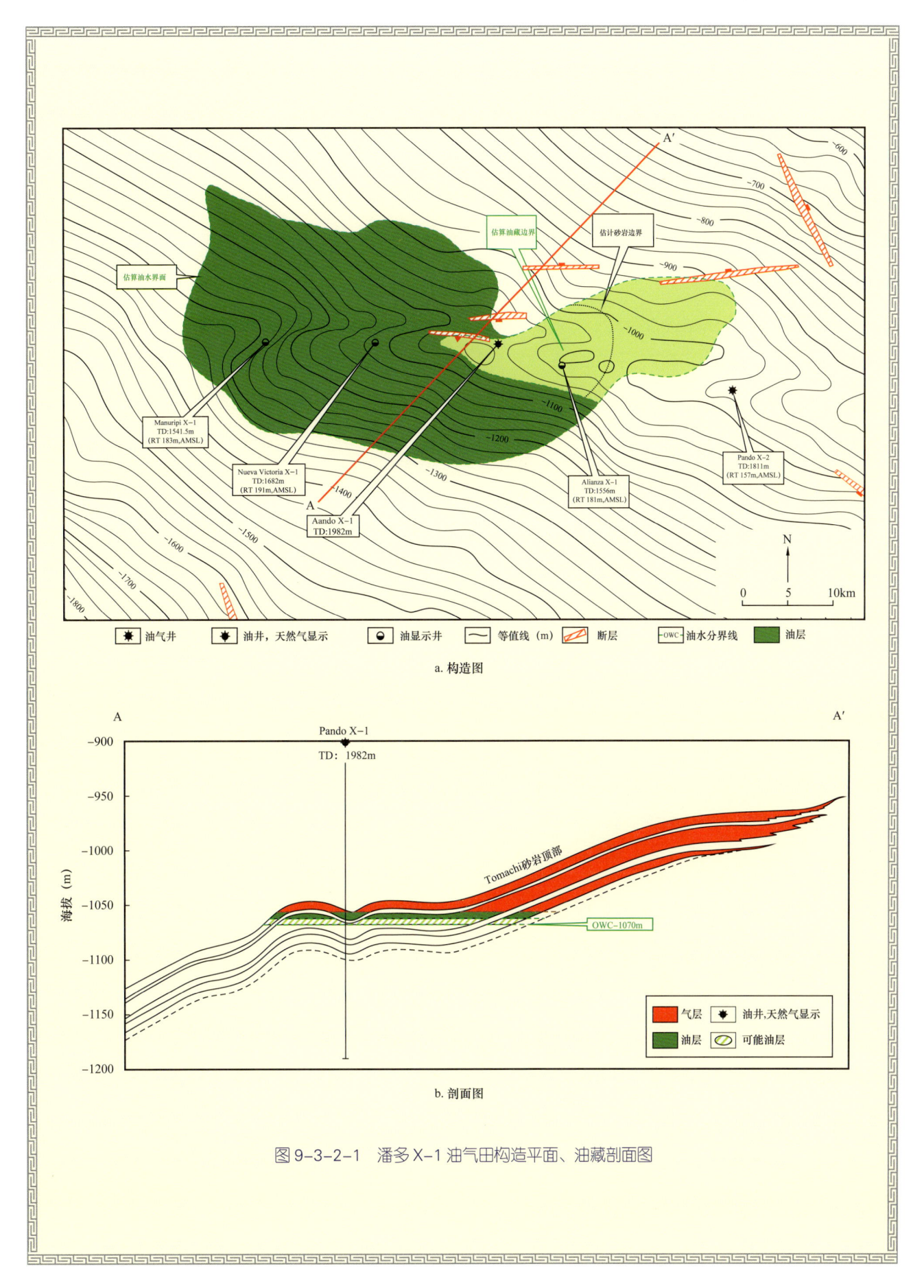

图 9-3-2-1　潘多 X-1 油气田构造平面、油藏剖面图

四、油气管道

（一）输油管道

玻利维亚拥有 3500 多公里的原油管道，将原油从圣克鲁斯（Santa Cruz）地区输送至各地炼油厂或港口（图 9-4-1）。

（1）Cochabamba–Arica（OSSA2）：起点为科恰班巴省（Cochabamba）的 Valle Hermos 炼厂，终点为智利北海岸的阿里卡（Arica）港口，于 1966 年投入运营，管道全长 562km，输油能力 125×10^4 t/a。

（2）Yacuiba–Camiri：起点为玻利维亚南部塔里哈省的亚奎瓦（Yacuiba）地区，终点为查考盆地 Camiri 油气田，管道全长 421km，输油能力 150×10^4 t/a。

（3）Santa Cruz–Cochabamba（OSSA1）：起点为圣克鲁斯的 Palmasola 炼厂，终点为科恰班巴省的 Valle Hermos 炼厂，管道全长 411km，输油能力 175×10^4 t/a。

（4）Camiri–Santa Cruz：起点为查考盆地 Camiri 油气田，终点为圣克鲁斯的 Palmasola 炼厂，管道全长 269km，输油能力 150×10^4 t/a。

（5）Carrasco–Cochabamba（OCC）：起点为科恰班巴省的 Carrasco 油气田，终点为科恰班巴省的 Valle Hermos 炼厂，于 1997 年投入运营，管道全长 245km，输油能力 100×10^4 t/a。

（6）Carrasco–Río Ichilo–Caranda：起点为科恰班巴省的 Carrasco 油田，终点为查考盆地的 Caranda，于 1998 年投入运营，管道全长 126km，输油能力 100×10^4 t/a。

（7）Caranda–Santa Cruz：起点为查考盆地的 Caranda 油气田，终点为圣克鲁斯的 Palmasola 炼厂，于 1998 年投入运营，管道全长 60km，输油能力 100×10^4 t/a。

（8）Río Grande–Santa Cruz：起点为圣克鲁斯的 Río Grande 气田，终点为圣克鲁斯的 Palmasola 炼厂，于 2002 年投入运营，管道全长 54km，输油能力 115×10^4 t/a。

（二）输气管道

（1）BBPL Spur：起点为玻利维亚的圣米格尔（San Miguel）地区，终点为巴西的库亚巴（Cuiaba）地区，管道全长 630km，输气能力 9×10^8 m^3/a（图 9-4-1）。

（2）Taquiperenda–Cochabamba：起点为圣克鲁斯的 Taquiperenda，终点为科恰班巴省的 Valle Hermoso 炼厂，于 2007 年投入运营，管道全长 581km，输气能力 2.4×10^8 m^3/a。

（3）Gas TransBoliviano（BBPL）：起点为圣克鲁斯的 Río Grande 气田，终点为苏亚雷斯港（Puerto Suarez），于 2013 年投入运营，管道全长 557km，输气能力 110×10^8 m^3/a。

（4）Gasoducto al Altiplano（GAA）：起点为圣克鲁斯的 Río Grande 气田，终点为拉巴斯城（La Paz），于 1988 年投入运营，管道全长 453km，输气能力 7×10^8 m^3/a。

（5）YABOG：起点为玻利维亚南部塔里哈省的亚奎瓦地区，终点为圣克鲁斯的 Río Grande 气田，于 1972

年投入运营，管道全长441km，输气能力$51\times10^8m^3$/a。

（6）Carrasco-Cochabamba（GCC）：起点为科恰班巴省（Cochabamba）的Carrasco油气田，终点为科恰班巴省（Cochabamba）的Valle Hermoso炼油厂，管道全长251km，输气能力$12\times10^8m^3$/a。

（7）Carrasco-Yapacani-Colpa：起点为科恰班巴省（Cochabamba）的Carrasco油气田，终点为查考盆地的Colpa油气田，于2002年投入运营，管道全长180km，输气能力$7\times10^8m^3$/a。

（8）Colpa—Rio Grande：起点为查考盆地的Colpa油气田，终点为圣克鲁斯的Río Grande气田，于2002年投入运营，管道全长130km，输气能力$7\times10^8m^3$/a。

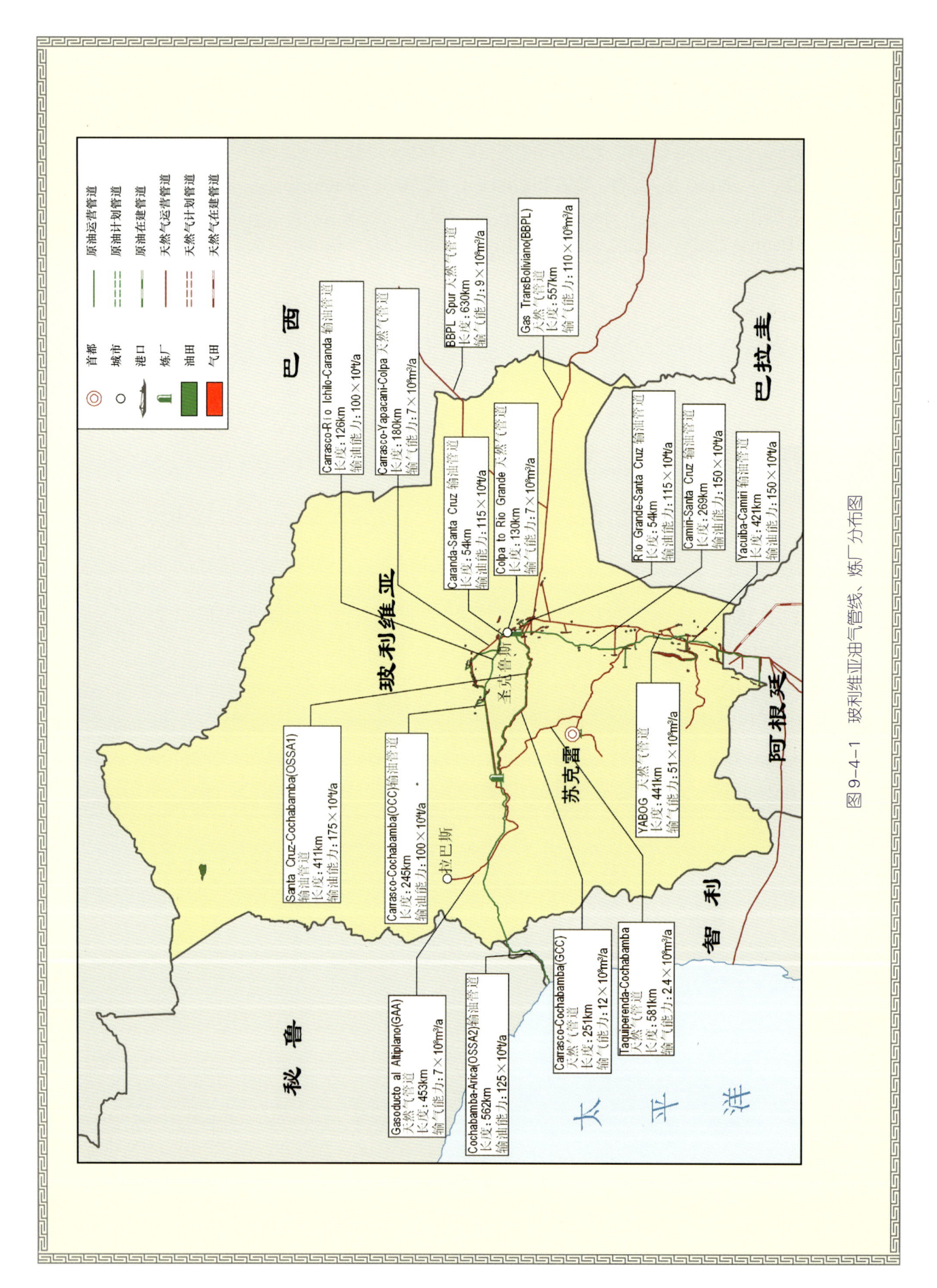

世界油气勘探开发与合作形势图集 | 南美地区 South America

图 9-4-1 玻利维亚油气管线、炼厂分布图

五、石油加工

玻利维亚主要有 3 个炼油厂。

（1）Valle Hermoso 炼油厂：位于科恰班巴（Cochabamba），由玻利维亚国家石油公司（YPFB）运营，于 1948 年建成投产，处理能力为 130×10^4 t/a。

（2）Palmasola 炼油厂：位于圣克鲁斯（Santa Cruz），由玻利维亚炼油公司运营，于 2002 年建成投产，处理能力为 95×10^4 t/a。

（3）Sucre 炼油厂：位于苏克雷（Sucre），由玻利维亚国家石油公司（YPFB）运营，处理能力为 15×10^4 t/a。

六、对外合作

综合油气资源潜力、财税条款、政治经济、环境及安全等因素，将南美地区主要资源国合作环境划分为 10 个等级（图 0-3），玻利维亚处于 4~5 级，合作环境一般。

玻利维亚的油气勘探开发受其石油法制定的监管条例和财政条款的限制。1990 年 11 月制定了第 1194 号石油法，允许私营公司经营炼厂和管道。1996 年 4 月制定了第 1689 号石油法，引入共担风险合同（SRCs），并对石油进行了重新定义。2007 年，几家上游作业者签署了 44 份新的"作业合同"，涵盖所有油田和勘探区块，但仍保留 50% 的特价权使用费。Repsol、Total 和 YPFB 石油公司主导整个油气行业。目前玻利维亚正在执行的勘探开发区块 137 个，其中 69 个区块的作业者为 YPFB 石油公司（图 9-6-1），拥有已发现 2P 可采储量的 18%（图 9-6-2），Repsol 和 Total 公司分别拥有已发现 2P 可采储量的 20% 和 19%。

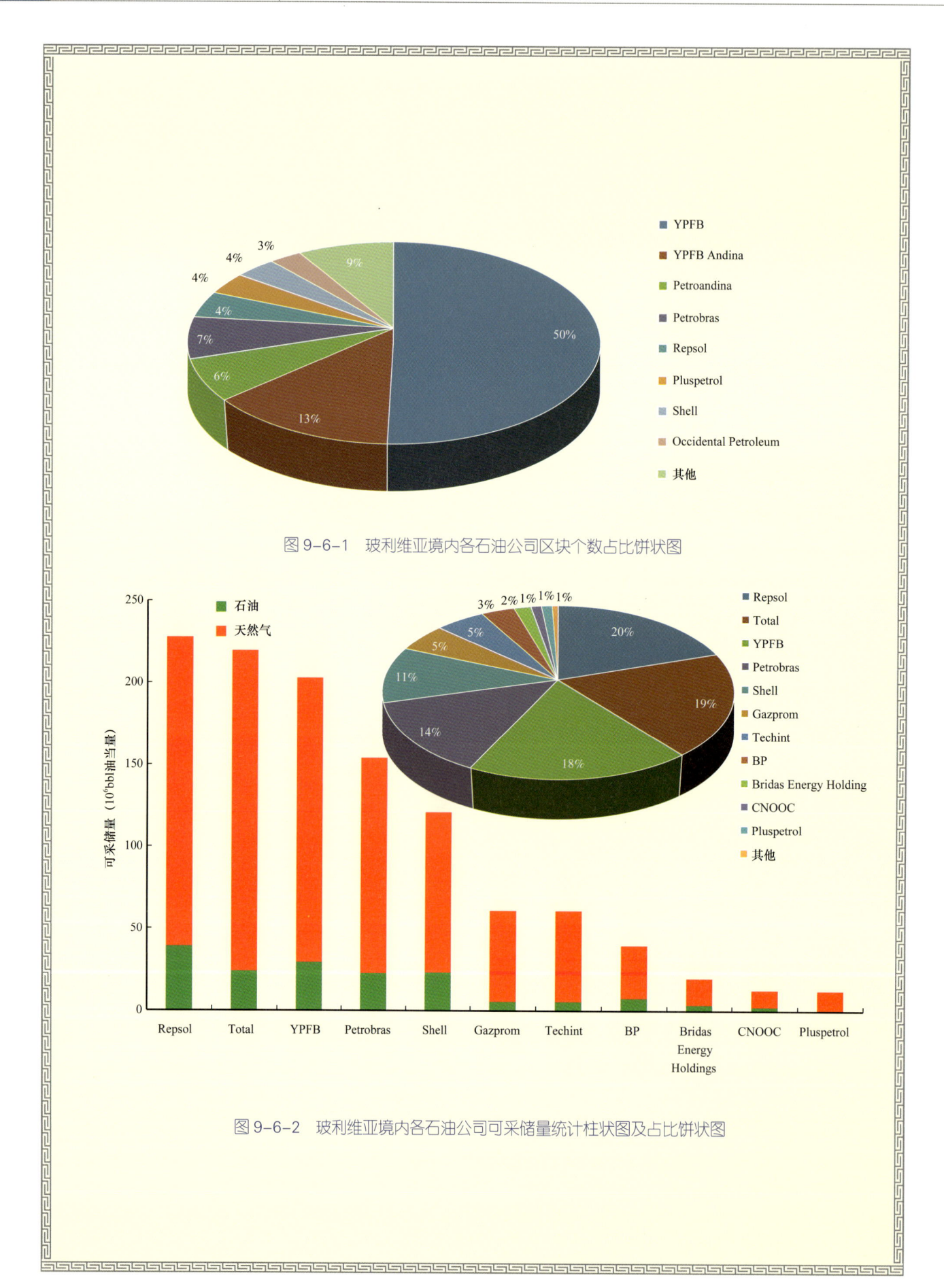

图 9-6-1　玻利维亚境内各石油公司区块个数占比饼状图

图 9-6-2　玻利维亚境内各石油公司可采储量统计柱状图及占比饼状图

参 考 文 献

田纳新，姜向强，郭金瑞，等 . 2018. 南美洲玻利维亚重点盆地油气地质特征和勘探潜力评价［J］. 现代地质，32（2）：374-384.

温志新，童晓光，张光亚，等 . 巴西被动大陆边缘盆地群大油气田形成条件［J］. 西南石油大学学报（自然科学版），2012，34（5）：1-9.

谢寅符，赵明章，杨福忠，等 . 2009. 拉丁美洲主要沉积盆地类型及典型含油气盆地石油地质特征中国石油勘探，（1）：65-73.

叶德燎，徐文明，陈荣林，等 . 2007. 南美洲油气资源与勘探开发潜力［J］. 海外勘探，（2）：70-75.

赵红岩，于水，胡孝林，等 . 2013. 南大西洋被动大陆边缘盆地深水盐下油气藏特征分析［J］. 油气藏评价与开发，3（3）：13-18.

赵厚祥，谢东宁，杜宏宇 . 2019. 桑托斯盆地西南陆架区盐上地层异常压力与油气运移成藏［J］. 海相油气地质，24（4）：38-46.

Agencia Nacional do Petroleo. 2014. Area de Barra Bonita. 1-5. Agencia Nacional do Petroleo.

Alves TM, Cartwright J, Davies RJ. 2009. Faulting of salt-withdrawal basins during early halokinesis: Effects on the Paleogene Rio Doce Canyon system (Espirito Santo Basin, Brazil). Bulletin American Association of Petroleum Geologists, 93 (5), 617-652. American Association of Petroleum Geologists, Tulsa, OK, United States.

Anderson JL. 1945. Petroleum geology of Colombia, South America. Bulletin American Association of Petroleum Geologists, 29 (8), 1065-1142. American Association of Petroleum Geologists, Tulsa, OK, United States.

ANH. 2006. Colombia 2005-2006. Unraveling the hydrocarbon potential of a fold-thrust belt. 1-5.

ANH. 2009. Open Round Colombia 2010. Agencia Nacional de Hidrocarburos (ANH Colombia), 1.

Araripe PT, Saito M, Shimabukuro S, Cunha CHR, Kehle RO. 1982. Barra Nova salt domes province, Espirito Santo Basin, Offshore Brazil. Bulletin American Association of Petroleum Geologists, 66 (5), 543. American Association of Petroleum Geologists, Tulsa, OK, United States.

Arthaud MH, Caby R, Fuck RA, Dantas EL, Parente CV. 2008. Geology of the northern Borborema Province, NE Brazil and its correlation with Nigeria, NW Africa. West Gondwana: Pre-Cenozoic Correlations Across the South Atlantic Region, Special Publication Geological Society of London, 294, 49-67. Geological Society of London, London, United Kingdom.

Asmus HE. 1972. Espirito Santo-pattern of Brazilian marginal basins. Bulletin American Association of Petroleum Geologists, 56 (3), 601-602. American Association of Petroleum Geologists, Tulsa, OK, United States.

Ayala RC, Bayona G, Cardona A, Ojeda C, Montenegro OC, Montes C, Valencia V. 2012. The Paleogene synorogenic succession in the northwestern Maracaibo block: tracking intraplate uplifts and changes in sedimentary delivery systems. Journal of South American Earth Sciences, 39, 93-111. Elsevier, International.

Bally AW. 1983. Seismic Expression of Structural Styles: a Picture and Work Atlas. American Association of Petroleum Geologists Studies in Geology, 15, 2, 66-69. American Association of Petroleum Geologists, Tulsa, OK, United States.

Banks LM, Diaz de Vivar V. 1975. Exploration in Paraguay reactivated. Oil and Gas Journal, 73 (40), 160-168. Pennwell, Tulsa, OK, United States.

Biassusi AS, Avila RSF, Guirro AC, Silva JGR, Frota EST. 1998. Urucutuca-Urucutuca petroleum system in Espirito Santo Basin,

Brazil. Bulletin American Association of Petroleum Geologists, 82 (10), 1893. American Association of Petroleum Geologists, Tulsa, OK, United States.

Bigarella JJ, Mabesoone JM, Caldas Lins CJ, Mota FO. 1966. Palaeogeographical features of the Serra Grande and Pimenteira formations (Parnaiba Basin, Brazil). Palaeogeography, Palaeoclimatology, Palaeoecology, 1 (4), 259-296. Elsevier, International.

Bigarella JJ, Salamuni R. 1967. Some palaeogeographic and palaeotectonic features of the Parana basin. Problems in Brazilian Gondwana Geology, 235-301.

Bigarella JJ. 1973. Geology of the Amazon and Parnaiba basins. In: Nairn, A.E.M., Stehli, F.G. (ed), The Ocean Basins and Margins: 1, The South Atlantic, 25-86. Plenum Press, New York.

Bruhn CHL, Walker RG. 1993. High resolution sequence stratigraphy, reservoir geometry and facies associations of Cretaceous and Tertiary turbidites from rift and passive margin Brazilian basins. American Association of Petroleum Geologists 1993 Annual Convention, 80-81. American Association of Petroleum Geologists and Society of Economic Paleontologists.

Bruhn CHL, Walker RG. 1997. Internal architecture and sedimentary evolution of coarse-grained, turbidite channel-levee complexes, Early Eocene Regencia Canyon, Espirito Santo Basin, Brazil. Sedimentology, 44, 17-46. International Association of Sedimentologists, International.

Campbell CJ, Burgl H. 1965. Section through the Eastern Cordillera of Colombia, South America. Bulletin Geological Society of America, 76 (1), 567-590. Geological Society of America (GSA), Boulder, CO, United States.

Campos CW, Delaney JV. 1989. Finding oil in Brazil. Bulletin American Association of Petroleum Geologists, 73 (9), 1142. American Association of Petroleum Geologists, Tulsa, OK, United States.

Campos CW, Miura K, Reis LAN. 1975. The East Brazilian continental margin and petroleum prospects. Proceedings 9th World Petroleum Congress (Actes et Documents-9eme Congres Mondial du Petrole), 9 (2), 71-81. John Wiley & Sons, Chichester, International.

Campos CW, Ponte FC, Miura K, 1974. Geology of the Brazilian continental margin. In: Burk CA, Drake CL. ed. The Geology of Continental Margins, 447-461. Springer-Verlag, New York, USA.

Caputo MV, 1986. Late Devonian glaciation in South America. Palaeogeography, Palaeoclimatology, Palaeoecology, 51 (1-4), 291-317.

Cardoso JN, Neto FR, Rodrigues R, Trindade LAF. 1986. Evolution of polycyclic alkanes in the Espirito Santo Basin. Organic Geochemistry, 10 (4-6), 991-995. Pergamon Press, Oxford, United Kingdom.

Carlos A Dengo, Michael C. 1993. Covey. Structure of the Eastern Cordillera of Colombia: Implications for Trap Styles and Regional Tectonics. The American Association of Petroleum Geologists Bulletin. V 77, No. 8, p 1315-1337.

Cediel F, Shaw RP, Caceres C. 2003. Tectonic assembly of the Northern Andean Block. In: Bartolini, C, Buffler, R.T., Blickwede, J.F. (ed), The Circum-Gulf of Mexico and the Caribbean: Hydrocarbon Habitats, Basin Formation, and Plate Tectonics, Memoir American Association of Petroleum Geologists, 79, 37, 815-848. American Association of Petroleum Geologists, Tulsa, OK, United States.

Chaboureau AC, Guillocheau F, Robin C, Rohais S, Moulin M, Aslanian D. 2013. Paleogeographic evolution of the central segment of the South Atlantic during Early Cretaceous times: paleotopographic and geodynamic implications. Tectonophysics, 604, 191-223. Elsevier, International.

Chang HK, Kowsmann RO, De Figueiredo AMF. 1988. New concepts on the development of East Brazilian marginal basins. Episodes, 11 (3), 194-202. International Union of Geological Sciences (IUGS), Ottawa, ON, Canada.

Chang HK, Kowsmann RO, Figueiredo AMF, Bender AA. 1992. Tectonics and stratigraphy of the East Brazil Rift System: an overview. Tectonophysics, 213 (1-2), 97-138. Elsevier, International.

Cosmo CA, Palhares A Jr, Rangel HD, Wolff B, De Figueiredo AMF. 1991. Lagoa Parda. American Association of Petroleum Geologists Treatise of Petroleum Geology, Atlas of Oil and Gas Fields, A-06, 349-360. American Association of Petroleum Geologists, Tulsa, OK, United States.

Dauzacker MV, Schaller H, Castro ACM Jr, De Souza MM. 1986. Geology of Brazil's Atlantic margin basins. Oil and Gas Journal, 83 (9), 142-144. Pennwell, Tulsa, OK, United States.

Davison I. 1991. Brazil's many sedimentary basins offer attractive exploration targets. Oil and Gas Journal, 89 (31), 52-55. Pennwell, Tulsa, OK, United States.

Davison I. 1991. Brazil's many sedimentary basins offer attractive exploration targets. Oil and Gas Journal, 89 (31), 52-55. Pennwell, Tulsa, OK, United States.

De Brito Neves, BB, Fuck RA, Cordani UG, Thomaz FA. 1984. Influence of basement structures on the evolution of the major sedimentary basins of Brazil: a case of tectonic heritage. Journal of Geodynamics, 1 (3-5), 490-510. Pergamon Press, Oxford, United Kingdom.

Della Favera JC. 1982. Devonian storm and tide dominated shelf deposits, Parnaiba Basin, Brazil. Bulletin American Association of Petroleum Geologists, 66 (5), 562. American Association of Petroleum Geologists, Tulsa, OK, United States.

Della Favera JC. 1982. Devonian storm and tide dominated shelf deposits, Parnaiba Basin, Brazil. Bulletin American Association of Petroleum Geologists, 66 (5), 562. American Association of Petroleum Geologists, Tulsa, OK, United States.

Duarte L, Silva Santos R. 1993. Plant and fish megafossils of the Codo Formation, Parnaiba Basin, NE Brazil. Cretaceous Research, 14 (6), 735-746.

Eva AN, Burke K, Mann P, Wadge G. 1989. Four-phase tectonostratigraphic development of the southern Caribbean. Marine and Petroleum Geology, 6, 9-21. Elsevier, International.

Gallagher JJ, Tauvers PR. 1992. Tectonic evolution of northwestern South America. In: Mason, R. (ed), Proceedings 7th Basement Tectonics International Conference on Basement Tectonics, Proceedings International Conference on Basement Tectonics, 1, 123-137. Basement Tectonics Committee, (location varies), United States.

Garcia-Gonzalez M. 2000. Evaluation of coal-bed methane potential of Colombia. AAPG 2000 Annual Meeting, Marching into Global Markets-A World of Resources. New Orleans, Louisiana, Search and Discovery Article #90914, 1.

Garcia-Gonzalez M. 2010. Coalbed Methane Resources in Colombia. AAPG International Conference & Exhibition, September 12-15, 2010, Calgary, Alberta, Canada. American Association of Petroleum Geologists, Tulsa, Oklahoma, United States.

Grahn Y, Caputo MV. 1992. Early Silurian glaciations in Brazil. Palaeogeography, Palaeoclimatology, Palaeoecology, 99 (1-2), 9-15.

Grahn Y, Young C, Borghi L. 2008. Middle Devonian chitinozoan biostratigraphy and sedimentology in the eastern outcrop belt of the Parnaiba Basin, northeastern Brazil. Revista Brasileira de Paleontologia, 11(3), 137-146. Sociedade Brasileira de Paleontologia, Rio de Janeiro, Brazil.

Grahn Y. 1992. Revision of Silurian and Devonian strata of Brazil. Palynology, 16, 35-61. American Association of Stratigraphic Palynologists, Dallas, TX, United States.

Harrington HJ. 1962. Paleogeographic development of South America. Bulletin American Association of Petroleum Geologists, 46(10), 1773-1814. American Association of Petroleum Geologists, Tulsa, OK, United States.

Haught L, Colley B, Belding H. 1945. Geology of the Cesar-Rancheria valley and Commisary of Guajira. Tropical Oil Company Geologic Report No. 449, Bogota, Colombia, 1-45.

Hedberg HD. 1931. Cretaceous limestones as petroleum source rocks in northwestern Venezuela. Bulletin American Association of Petroleum Geologists, 15(3), 229-244. American Association of Petroleum Geologists, Tulsa, OK, United States.

IHS Markit. Basin Monitor [DB/OL]. www.IHS.com.2018.

Keith JF Jr, Perez VE. 1989. Frontier petroleum basins of Colombia. American Association of Petroleum Geologists Annual Convention; Papers, Bulletin American Association of Petroleum Geologists, 73(3), 371. American Association of Petroleum Geologists, Tulsa, OK, United States.

Laya JC, Tucker ME. 2012. Facies analysis and depositional environments of Permian carbonates of the Venezuelan Andes: palaeogeographic implications for northern Gondwana. Palaeogeography, Palaeoclimatology, Palaeoecology, 331-332, 1-26. Elsevier, International. doi: 10.1016/j.palaeo.2012.02.011

Mesner JC, Wooldridge LCP. 1964. Maranhao Paleozoic basin and Cretaceous coastal basins, north Brazil. Bulletin American Association of Petroleum Geologists, 48(9), 1475-1512. American Association of Petroleum Geologists, Tulsa, OK, United States.

Milani EJ, Thomaz Filho A. 2000. Sedimentary basins of South America. In: Cordani UG, Milani EJ, Thomaz Filho A, Campos DA ed. Tectonic Evolution of South America, 389-450.

Milani EJ, Thomaz Filho A. 2000. Sedimentary basins of South America. In: Cordani UG, Milani EJ, Thomaz Filho A, Campos DA(ed). Tectonic Evolution of South America, 389-450.

Milani EJ, Zalan PV. 1999. An outline of the geology and petroleum systems of the Paleozoic interior basins of South America. Episodes, 22(3), 199-205. International Union of Geological Sciences (IUGS), Oslo, International.

Oliveira DC, Mohriak WU. 2003. Jaibaras Trough: an important element in the early tectonic evolution of the Parnaiba interior sag basin, Northern Brazil. Marine and Petroleum Geology, 20(3-4), 351-383. Elsevier, International.

Schiefelbein C F, Zumberge J E, Cameron N C, et al. 2000. Geochemical comparison of crude oil along the south atlantic margins, in M. R. Mello, and B. J. Katz, eds., Petroleum Systems of South Atlantic Margins [J]. AAPG memoir, 73: 15-26.

Tschanz CM, Marvin RF, Cruz B, J, Mehnert HH, Cebula GT. 1974. Geologic evolution of the Sierra Nevada de Santa Marta, northeastern Colombia. Bulletin Geological Society of America, 85(2), 273-284. Geological Society of America (GSA), Boulder, CO, United States.

Vasquez M, Torres EJ, Garcia-Gonzalez M. 2009. Structural interpretation and geochemical modeling of the Barco-Los Cuervos Formation and analysis of coal bed methane in northeast Colombia. AAPG 2009 Annual Convention & Exhibition, 7-10 June 2009, Denver, Colorado. American Association of Petroleum Geologists, Tulsa, OK, United States.